献给

中国科学院成都生物研究所60华诞

以及我的亲人和朋友

On the Evolution of Behaviors

From Animal Instincts to Human Civilizations

行 为 进 化

从动物本能到人类文明

唐业忠　著

By

TANG Yezhong

科 学 出 版 社

北　京

内 容 简 介

为纪念创刊 125 周年，2005 年 *Science* 杂志评出了 125 个最重大的科学问题，其中“意识的生物学基础”排在第二。意识的本质是生命科学探索的重要目标之一，而对行为的起源和进化的研究是迈向该目标的第一步。神经科学一直存在一个逻辑矛盾，即动物（包括人）能够瞬时完成记忆，而记忆存储所依赖的基于化学突触的神经元网络却不能瞬间形成。因此，大脑必然预先储备大量的“冗余”神经元网络，以编码不可预测的内外环境输入。然而，化学突触是高度可塑的，长期不用或无刺激输入就会衰退。动物和人表现出的形形色色看似无用的行为现象，实质是为了保持冗余神经元网络的活性。本书详细地讨论了冗余神经元网络的概念、结构和竞争，即间接选择的过程。基于这一过程，在很大程度上不但可以解释诸如玩耍、成瘾、做梦、性欲和同性恋等依据现有进化理论所无法理解的现象或行为，同时也能够理解本能行为的起源以及人类文明进化的原始驱动力。

本书作为一本学术著作，利用大量的文献资料来阐述了相关科学理论，其中有一些属于作者的个人观点或假说，仅供读者参考。本书可作为生物学专业人士的参考用书，也可供其他相关领域（社会科学、人类学、人工智能等）的研究生和科研人员阅读。

审图号：GS(2020)3412号

图书在版编目（CIP）数据

行为进化：从动物本能到人类文明 / 唐业忠著. —北京：科学出版社，2022.3

ISBN 978-7-03-071756-6

Ⅰ. ①行… Ⅱ.①唐… Ⅲ. ①生物化学 Ⅳ.①Q5

中国版本图书馆 CIP 数据核字（2022）第 037276 号

责任编辑：马 俊 孙 青 / 责任校对：严 娜
责任印制：吴兆东 / 封面设计：图阅盛世

科学出版社 出版
北京东黄城根北街 16 号
邮政编码：100717
http://www.sciencep.com
北京建宏印刷有限公司印刷
科学出版社发行　各地新华书店经销
*
2022 年 3 月第 一 版　开本：787×1092 1/16
2025 年 1 月第四次印刷　印张：35 1/4
字数：836 000
定价：298.00 元
(如有印装质量问题，我社负责调换)

序

进化生物学研究的主要内容是生命的起源及生物多样性的形成与演变。自达尔文开始，科学家提出了诸多理论试图解释生物进化之谜。至今，仍然有很多有趣的生命现象，其适应性进化的意义众说纷纭。例如，昆虫和鱼类的趋光性，动物和人类的玩耍、睡梦、超常刺激和成瘾等。上述每一种行为或现象，都有众多的假说或理论，试图阐明它们的适应性，但尚无统一的认识。

人的大脑是极复杂的系统，即使现代高新技术层出不穷，神经科学家仍然不能一窥究竟。意识的本质，既是一个科学问题，也是一个哲学问题，但归根结底是一个科学问题。意识的神经基础是什么？是否只有人类才具有“真正的”意识？意识是如何进化的？这些问题都等着我们来回答。

和大量的实验性研究相比，探索行为及其神经系统的进化研究是比较少的。唐业忠研究员所著新书《行为进化：从动物本能到人类文明》是新的有益尝试。

神经元是大脑解剖结构的基本单元，神经元通过化学突触相互连接组成神经元网络。化学突触的特点是形成速度较慢、可塑性强、稳定性弱。神经元网络不能瞬间构成。人和高等动物能够瞬时记住一些重要事件，甚至能够记忆终生，这就需要一些神经元网络预先存在，以备随时调用。这些备用神经元网络是冗余的，如果没有及时被调用就有可能降解，因为化学突触是动态的。为了保存这些冗余神经元网络，动物（人）就需要为神经系统提供各种刺激。作者认为这些刺激似乎是无目的的、随机发生的。

作者提出了间接选择的假说。他在书中作了如下阐述：遗传的基础是基因，本能行为（无论简单或复杂）的背后是神经元网络。本能行为是完全遗传的，因此基因必须能够编码神经元网络，才可实现行为的遗传。如果基因只能控制到神经元一级，行为则无法被基因编码并遗传下去。哺乳动物的高级神经中枢具有均一的结构，如大脑皮层，且包含重复的结构单元，如皮层柱。从解剖结构和功能来看，皮层柱就是一类神经元网络。非哺乳动物的核团，可能也存在大量的冗余神经元网络。这些冗余神经元网络的存在，可能并不会显著地增加额外的能耗，因为能耗只与神经元的数量密切相关。神经元网络的冗余性和同质化，必然导致网络之间的竞争。为了存活，神经元网络会竞争外界或内部的刺激输入。相对自然选择和性选择直接以基因为选择单位，中枢神经的上述过程则是基因通过神经元网络间接地参与竞争和选择，作者称之为间接选择。

为了克服神经系统习惯化过程所造成的刺激效率下降，动物的奖赏系统得以进化。奖赏系统以正反馈的方式工作，以吸毒为例：开始小量吸，然后大量吸，到小剂量注射，再后是大剂量注射，最后导致个体死亡，系统崩溃。外界的刺激通过奖赏系统，对冗余神经元网络的保活效果，可能要高于直接的刺激。奖赏系统可能是为了这个目的起源的，尽管有明显的副作用但却有极为重要的功能，因此普遍存在。而其他的功能则可能是后来衍生的副产物。人类的性欲，远远超过了繁殖的目的，而且有明显的负选择效应。进化生物学家、人类学家和心理学家都选择性地避开这个话题，主要是无法阐明性欲的适应性。人的大脑具有如此多的冗余神经元网络，性活动过程中的强烈刺激正好满足了其保活的需求。大量的冗余神经元网络使人类的信息处理能力发生革命性的进步，促进了人类文明的起源。

作者大胆地提出了一系列新颖的观点和假说，但由于问题的复杂性和相关基础理论的薄弱性，现在还很难评判其中的对错成分，需要读者仁者见仁，智者见智。我之所以为该书作序，一方面唐业忠研究员是我的老同事，另一方面也是更重要的，他的观点和假说有其思考和逻辑，我希望新的看法能带给读者新的思考，从而促进科学争鸣。科学的发展就是不断检验假说的过程，今天成熟的科学理论都历经了长期无数科学实验的严格检验和相应的科学争鸣。

中国科学院院士

中国科学院副院长

2019年3月15日于北京

目　录

第二篇　间接选择原理

第三篇　动物行为进化的驱动力

绪　论

维多利亚时代（1837～1901 年）是英国工业革命的顶峰，也是大英帝国经济文化的全盛时期。维多利亚时代的伦敦，被称为世界之都。1842 年，查尔斯·罗伯特·达尔文（Charles Robert Darwin）举家搬到位于伦敦南部奥平顿的“唐豪斯”（Down House），一个占地 20 多英亩（>8 万 m^2）的庄园。达尔文的妻子艾玛生完第三个孩子以后，因为难以忍受伦敦市区的喧闹和嘈杂，于是他们在伦敦东南部的一个叫“道恩”的小村庄旁买下了这处房产。艾玛按照英国最流行的园艺设计，精心打造了一个甜美的庄园，包括花园、农场（真菌试验场）、“思考之路”、植物实验室等。在这里达尔文及全家（包括仆人）舒适而有尊严地过着优越的生活。达尔文在此读书、整理资料、思考生命进化，并于 1859 年发表了《论依据自然选择即在生存斗争中保存优良族的物种起源》一书（即后世简称的《物种起源》），书一出版就售罄。随后，达尔文又发表了多本对后世影响颇深的重要著作。1882 年 4 月 19 日，达尔文离世，终年 73 岁。

1849 年，卡尔·海因里希·马克思（Karl Heinrich Marx）携带家人来到伦敦市区。因为经济拮据，居无定所，不得已多次搬家。由于年代久远，很多地方已经不见了旧日的踪影，只有迪恩街 28 号的住处还保留着原貌。而在此居住的 5 年时间里，马克思撰写了著名的《路易·波拿巴的雾月十八日》等一大批重要著作。在伦敦的大部分时间里，马克思一家过着饥寒交迫的生活，女儿因病夭折，爱妻生病却无钱医治。位于罗素广场的大英博物馆，是马克思较为固定的工作（读书、收集资料、写作）地点。马克思于 1867 年发表的德文版《资本论·政治经济学批判》第一卷（即后世简称的《资本论》），就是在这里写成的。《资本论》的第二卷和第三卷也是在伦敦完成初稿，由弗里德里希·恩格斯（Friedrich Engels）整理发表。1883 年 3 月 14 日，马克思病逝，终年 65 岁，长期的劳累和贫困严重地损害了他的健康。

在 1849～1882 年的 33 年里，英国伦敦地区同时生活着那个时代最伟大的两位思想家。从大英博物馆到唐豪斯的直线距离不到 30km，而两人的境遇却如此大相径庭，令人唏嘘。达尔文的成就虽然很多，但概括起来主要有两点：①生物是进化的，强调所有生物都来源于共同的祖先；②直接选择（自然选择、性选择和人工选择）是生物进化的驱动力。马克思的成就，根据恩格斯的总结，主要也是两点：①剩余价值理论，是马克思主义政治经济学的核心内容；②辩证唯物主义和历史唯物主义，是马克思主义哲学的基本世界观。于是就有了 1883 年恩格斯在马克思葬礼上的讲话："正像达尔文发现了有机界的发展规律一样，马克思发现了人类历史的发展规律。"然而，100 多年以来，"进化论"与"资本论"就像铁路上的两条钢轨，相望相守，就是无法并线融合。马克思在《资本论》第一卷出版之初，就给达尔文寄去一本，然而没有引起后者的注意。也许是因为学科跨度太大，虽然达尔文不能理解马克思的思想，但仍给予一封非常礼貌的回信以示绅士风度。似乎那 30km 的距离，在理论上犹如天堑般的鸿沟，难以跨越。

当然，也不是没有人考虑过将基因遗传与文化传承融为一个体系。长期从事社会性昆虫行为研究的爱德华•奥斯本•威尔逊（Edward Osborne Wilson）博士，1975 年发表《社会生物学——新的综合》，提出了社会生物学是系统地研究一切社会行为的生物学基础。威尔逊研究包括动物以及人类的群体结构、社会等级、通信交流和一切社会适应性背后的生理学内容，认为当代社会学在高度复杂的人类社会研究中，由于其基本的结构主义方式和非基因倾向，与社会生物学相距甚远。社会学企图以最外部表现型的经验描述和孤立的直觉来解释人类行为，而不参考基因意义上的进化解释。因此，社会生物学的一个功能，就是把这些学科纳入现代综合的框架内，重构一些社会科学的基础。然而，真社会性昆虫（蚂蚁、蜂类、白蚁）的社会结构，完全是建立在由基因决定的本能行为之上，并没有文化的传承。

威尔逊的社会生物学建立在这样一个观点上：有机体只是 DNA 制造更多的 DNA 的工具。来自塞缪尔•勃特勒（Samuel Butler）的名言"小鸡只是一个鸡蛋制造另一个鸡蛋的工具"。威尔逊认为下丘脑和边缘系统知道自己的天职，那就是维持 DNA 的永存不朽。然而，社会生物学不过是一种简单的机械唯物主义，生拉硬拽地将人类社会进化的根源直接归结于基因，即人类社会也不过是 DNA 自我复制的工具。全然漠视人的主观能动性、社会意识、创造性、感情等人的基本要素，将人类等同于昆虫。因此，社会生物学在解释人类的精神需求和心理特征，如欲望、情感、贪婪、博爱时，显得特别无能为力。根据威尔逊的观点，社会组织是离基因最远的一种表现形式。它是由个体行为和群体统计性质衍生出来的，而这两者本质上又是高度综合性的。个体行为模式在进化上的一个小变化，可以通过社会生活中的倍增放大而产生重要的社会影响，这种现象就是多倍效应。当个体行为受到特殊的社会经验的强烈影响时，多倍效应就能够加速社会进化，这个过程称为社会化。社会化成为生物谱系发育中趋向智力较高物种的一种动力，并在高等灵长类中发挥了最大的影响。在基因之上加一个多倍效应，就从昆虫社会的特征推导出人类社会的本质，岂不显得过于生硬！

威尔逊期望在"唐豪斯"与"大英博物馆"之间构建一座大跨度桥梁，但只收获了一条彩虹。彩虹虽然美丽，但是人却不能借此到达彼岸。这 30km 的跨度实在是太大了，如欲建桥则中间必须要有一个桥墩。那么这个桥墩是什么呢？

与威尔逊的基因决定行为的观点相反，行为决定论者认为所有的行为皆为环境刺激的产物。美国心理学家伯勒斯•弗雷德里克•斯金纳（Burrhus Frederick Skinner）被称为激进的行为主义者，是一位对社会学和心理学都有深远影响的科学家。他认为所有的心理现象从本质上来说都是行为的，包括公开的或外部的行为，以及隐秘的或内部的行为（如感情和思想）。所有的行为，不管是外部的还是内部的，都可以由产生它的环境后果来解释。从行为学的角度，基因决定的行为多为本能行为，而环境塑造的行为以学习行为为主。目前，尚无一个理论框架能够完美地诠释本能行为和学习行为的共同本质。难道两者是由不同的进化和选择机制所驱动？

人类社会作为人类文明的载体，人是其中最基本的元素。然而，社会的人与生物的人却有着本质的区别。按照马克思的定义，“人的本质是一切社会关系的总和”，这与威尔逊所追求的“人是 DNA 制造更多 DNA 的工具”截然不同。马克思认为，经济基础决定上层建筑（政治）。人类社会的进化驱动力是生产力和生产关系的矛盾，其实质是财富积累与分配之间的冲突。生产关系就是社会中人与人之间的关系，在一定的生产力条件下，人们会结成各种各样的关系，包括社会分工和产品分配关系。生产力发展也就意味着人们创造财富能力的提高和社会财富的积累。这时如果仍然按照原有的生产关系进行社会管理和分配，就会损害大部分人的利益。当生产力和生产关系发生尖锐矛盾时，就需要改变生产关系（即社会组织），使生产关系适应生产力以促进生产力的发展。于是人类社会就不断向前发展。生命世界里也存在这样的矛盾，即生物遗传性倾向于保持性状的稳定；而为了适应环境，生物却不得不改变自己。当环境发生改变时，原来的遗传性状就可能因为不适应而被淘汰，而适应的新性状则会扩散。也正是遗传与适应这对协同发展的因素，促进了生物的进化。

人是社会的成员，没有人也就没有人类社会，人也是独立的生理和心理单元，其生理需求往往通过心理和行为进行表达。即使作为社会的一个零件，人也是具有个性的零件。不仅如此，人还有情感和意识，以及由此衍生出来的道德、艺术、科学和宗教。如将社会成员的心理因素考虑在内，生产力和生产关系的矛盾就成为一种表象，它的背后还存在更深层次的驱动力。人的欲望是奖赏系统的外在表现，奖赏系统脱离了基因的直接调控，且违背基因的“基本法则”（即通过表现型的适应性维持和扩增其基因型的拷贝数），如吸毒、赌博、性享乐等对适应性有害的行为都是奖赏系统的典型表现。

一、生命的进化

生命在地球上诞生数十亿年之后，人类才发现了进化规律。

不同于物理世界的统一性，生命世界的表现倾向是分化或多样性。然而，多彩的生命现象背后，是同一套编码体系——基因，其本质是 DNA 的 4 种碱基排序。生命如何从早期的简单形式，变成现在的复杂系统的？其背后的驱动力是什么？19 世纪后半叶，达尔文在《物种起源》、《人类的由来及性选择》和《动物和植物在家养下的变异》中，分别提出了自然选择（natural selection）、性选择（sex selection）和人工选择（artificial selection），作为驱动生物进化的主要机制。

首先，即使是同一种生物，个体间也是有差异的，且差异是可遗传的。这些差异在一定条件下，变成可被观察到的结构和功能（如体色），称为表现型；也可能观察不到（如抗药性），称为基因型。其次，产生的后代数多于环境的容纳量。过度繁殖的直接后果是，个体间产生竞争，既为存活竞争也为繁殖竞争。

“适者生存”（survival of the fittest）即个体具有适应当时当地环境条件的性状，就能生存并成功繁殖，反之（不适者）就会被淘汰，这其实是对自然选择的不完整理解。首先，如何评判生物的个体或物种对环境的适应性，一直没有准确或具体的标准。适合度（fitness）是最常被用于表征生命体对环境适应性的概念。但适合度的概念本身却陷入循环论证的漩涡：适合度高是指产生较多的后代，而产生较多的后代就是适合度高。在没有更好标准的前提下，大家都用适合度来描述生命体的环境适应性。孤立地看一个个体，或者一个基因，是不存在所谓“适合”与否的概念的。只有对放在某个特定的环境中的实际存在的物种进行比较、考察，适者的概念才有具体的意义。“适者生存”的概念是赫伯特·斯宾塞（Herbert Spencer）对达尔文理论的不正确解读，不能完整全面地阐明自然选择的结果。首先，自然选择完全作用在群体水平，而“适者生存”则强调个体水平。其次，自然选择压力由弱到强构成一个 0～1 的谱系。例如，使用农药而造成的选择压力，对昆虫的抗药基因的作用为 1，对体色基因的作用为 0，对取食相关的基因的作用则在 0～1。因此，“适者生存”仅是自然选择的一个极端现象，而那些选择压力较弱，即受到的压力接近于 0 的基因，则构成了生物多样性的大部分，即遗传多样性。

既然自然选择的单元可以是基因或个体，那么，竞争就可能发生在基因之间或个体之间，带来的必然后果是它们的极端“自私性”。这样看来，基因的终极目的应当是尽量扩大自己在自然界的拷贝数量。一切的生物学过程，都应当是围绕这个终极目的运转的。然而，自然界的利他行为虽然不是到处都是，但的确普遍存在。蜂类、蚂蚁和白蚁等真社会性昆虫，个体的行为不能直接用基因的自私性来解释。在天敌入侵时，兵蚁以死相搏，护卫巢穴。工蚁辛勤地采集食物，抚育其他个体的后代。当天敌靠近群居性动物时，负责警戒的个体发出警告鸣叫，使其他个体获得了更多的逃逸时间，警戒个体显然使自己处于十分危险的境地。这类利他行为明显与自然选择相悖，因为任何将存活和繁殖机会让出的基因或个体都会被淘汰。那么，利他行为是如何进化的？具有什么适应意义？

1964 年威廉·唐纳德·汉密尔顿（William Donald Hamilton）提出了亲缘选择（kin selection）理论。该理论认为利他行为的原动力仍是基因个体的自私性，但表达形式则在基因组合的群体水平。每个有性生殖的后代，携带了父亲 50%的基因和母亲 50%的基因。亲缘关系越近则相同基因的比例越高，兄弟姐妹之间大约也有 50%× [$(0.5)^2+(0.5)^2$] 的基因是相同的，而堂或表兄弟姐妹之间的基因大约有 12.5%相同。当警戒鸣叫拯救了 2 个以上兄弟姐妹或 8 个以上堂或表兄弟姐妹的生命时，利他行为就获得了大于行为表达者的牺牲回报，编码利他行为的基因也因此得到保留和扩散。后来，克林顿·理查德·道金斯（Clinton Richard Dawkins）在他的名著《自私的基因》中指出，自然选择的基本单位既不是物种，也不是种群或者群体，而是作为遗传物质的基本单位——基因。因为群体或者种群随时都处在动态的变化中，只有基因是稳定的，并通过“复制”或“拷贝”

的形式永恒存在。

达尔文在发表《物种起源》以后，针对自然选择所不能解释的一些性状，如第二性征：雄鸟绚丽的体色、雄孔雀的长尾羽、雄鹿的大角、雄蛙洪亮的鸣叫等，于1871年提出了性选择的理论。因为这些特征没有明显的适应意义，相反很容易吸引天敌的注意，对生存极为不利。达尔文认为，第二性征在繁殖时的求偶竞争中发挥作用，并将产生第二性征的进化过程称为性选择。在《人类的由来及性选择》一书中，达尔文强调了性内竞争在第二性征进化中的重要地位，并阐述了性选择如何采取两种截然不同的形式："性选择依赖于同性别中某些个体超越其他个体的成功，这与种群的繁殖有关。性内竞争有两种，一种是同性之间（通常为雄性）为了驱逐或消灭对手而进行的战斗，而此时雌性表现得相对被动；另一种则是同性之间为了吸引异性而进行的斗争，雌性主动出击以选择最佳配偶。"

相对自然选择理论的轰动效应，基于雌性择偶偏好的性选择理论则是命运多舛。由于达尔文没有清楚地阐明雌性的择偶偏好是如何进化的，性选择理论招致诸多的刁难。与达尔文同时代的阿尔弗雷德·拉塞尔·华莱士（Alfred Russel Wallace）独立发现了自然选择原理，是坚定的适应主义者。他认为没有适应意义的修饰（ornament），需要额外的能量来形成和维持，因此不是雌性的择偶偏好导致的结果（因为没有适应意义），而是动物生理过程的副效应（side-effect）。解决这个问题的是罗纳德·艾尔默·费希尔（Ronald Aylmer Fisher）提出的失控（runaway）假说，他认为即使夸张的性修饰在任何方面都一无是处，但由于雌性偏好，在种群中也会越来越普遍。而且，一旦开始这个夸张过程，就会越来越夸张。因为它们的雌性后代继续保持对夸张的偏好，而雄性后代则只有产生更为夸张的性状才能满足雌性的偏好。

除自然选择和性选择之外，达尔文又提出人工选择的概念。他在《物种起源》和《动物和植物在家养下的变异》两部著作中，援引大量事实说明人工选择的原理和方法。其要点如下：一切栽培植物和饲养动物皆起源于野生的物种；人工选择淘汰对人没有利的变异而保存对人有利的变异；大多数品种是由微小变异，特别是延续性变异逐渐积累而成的；人工选择往往青睐一些极端变异的类型，经过多代的重复过程，很容易从一个祖先分化出不同的品种。例如，狗起源于狼，经过一万多年的驯养，纯种狗的品种有4000多种之多。

二、达尔文理论之外的现象

利他行为是最早被发现违背自然选择原理的，一度甚至使达尔文放弃了选择发生在个体水平的观点，而被迫考虑群体选择的可能性。后来，汉密尔顿的亲缘选择理论解决了达尔文的难题，也彻底埋葬了群体选择理论。然而并不是所有的生物学性状，都可以通过自然选择、性选择、人工选择或亲缘选择来解释。总有一些性状似乎故意出难题，使达尔文的理论无法阐明其适应意义。

一些普遍存在的行为现象，难以找到其适应意义，具体叙述如下。

（1）趋光性：夜行性昆虫、深海鱼类及洞穴物种，在遇到光照射时，会疯狂地扑上去。这些动物躲在黑暗当中，就是为了避免被天敌发现，为什么还要自己暴露呢？让-亨利·卡西米尔·法布尔（Jean-Henri Casimir Fabre）在他的《昆虫记》中记载了这样一个令人困惑的现象。将未经过交配的雌蛾和灯火放在同一个房间，大多数雄蛾会被灯火吸引，无视雌蛾的存在。为何灯火能够战胜异性的强烈诱惑呢。对于昆虫而言，趋光性的生态适应意义似乎难以明了。另外，即使没有人造光源，森林火也是致命的。飞蛾扑火这个自古以来就让人感到神奇的现象，今天仍是一个未解之谜。而一些在完全无光环境进化的动物，如深海鱼类也趋光，使适应主义者倍显尴尬。

（2）超常刺激：比正常的自然刺激更能有效地释放动物某一特定行为的刺激信号。自然信号对于动物的刺激不一定是最佳的，相反，一些非自然的异常信号或人为信号反而更能诱发动物的反应。如果为地面营巢的一些鸟类（蛎鹬、喧鸻、银鸥和灰雁）提供比它们正常卵更鲜亮或更大的模型蛋，它们更喜欢把这些模型蛋收回巢内孵化，这种现象称为“集卵行为”（egg retrieval）。例如，蛎鹬正常情况下通常一窝下 3 枚或 4 枚卵，但它却喜欢孵 5 枚卵。尼古拉斯·廷贝亨（Nikolaas Tinbergen）认为这些刺激能够激发生物的本能反应但目的却偏离了进化的本意，难以用自然选择或性选择解释。

（3）玩耍：界定玩耍行为的“五大”准则。①有限的现实功能；②源自内心或内在驱动；③变化的行为结构或动作时序；④重复表演；⑤在放松的场所。

玩耍行为具有 12 个特征，即没有明确的现实功能、连续可变、快速且耗能、夸张、不完整或笨拙、未成年中流行、角色分解、有特别的信号、是不同情境下行为模式的混合、相对缺乏威胁与屈从、寻找刺激以及开心效应等。

按照动物玩耍的形式，把它们分成三种最基本的类型：单独玩耍、战斗游戏、操纵事物的玩耍。关于玩耍的机制，从达尔文到现代，有十几个理论来解释。目前较流行的有 3 个，即能量过剩理论、本能练习理论、重演理论。目前这些理论都难以圆满解释：动物在游戏玩耍中表现出来的智能潜力、自我克制能力、创造性、想象力、狡猾、计谋、丰富多彩的通信方式等，都远远超出人们对它们的估计。那么，动物为何要消耗宝贵的能量来重复进行这种没有明确功能的行为呢？

（4）睡梦：达尔文曾指出，狗、猫、马以及可能所有的高等动物，都有鲜明的梦。在人的睡眠过程中，有一段时间脑电波频率升高而振幅降低，同时还表现出心率加快、血压升高、肌肉松弛、阴茎勃起，最奇怪的是眼球不停地左右摆动。为此科学家把这一阶段的睡眠，称为快速眼动（REM）睡眠，此期间会发生梦境。REM 以外的其他睡眠，因为频率低但振幅大而被称为慢波睡眠或非快速眼动（NREM）睡眠。

脑组织只占体重的 2%，然而其活动却消耗全身 20%～25%的能量，优化脑的能量代谢显然有很大的适应意义。在睡眠时可以关闭大部分功能特别是那些与记忆、情绪和认知相关的功能，只需保留唤醒功能处于警戒状态即可。既然做梦消耗大量的能量，在自然界获取能量是如此不易的条件下，自然选择为什么没有淘汰做梦现象？

（5）成瘾：从可卡因、海洛因、大麻、酒精、烟草、食物、赌博、性痴迷、上网、电子游戏到运动，有关成瘾的方式时刻都在更新。显然，无论对动物自身的生存还是繁殖后代，成瘾现象都十分有害。解剖证据显示，大鼠和人有相似的快感中心和神经连接通路，因此，动物也会成瘾就不奇怪了。但是成瘾不但没有任何适应意义，而且对生存和繁殖十分有害。令人奇怪的是，自然选择不但没有淘汰成瘾现象，而且允许成瘾在动物中普遍存在。

（6）同性恋：许多动物特别是灵长类都存在同性性行为，同性恋在人类中持续、高比例、跨文化地存在。根据群体遗传学的模型，同性恋基因在很短的时间内就应该被彻底淘汰，然而却没有。同性恋不完全是由人的社会性决定的，而是有其遗传和生理基础的。针对兄弟姐妹和双胞胎的大量研究以及分子生物学数据表明，基因在性取向中所扮演的角色非常复杂。同性恋倾向（即发生概率）在兄弟姐妹之间呈以下规律：同卵双胞胎＞异卵双胞胎＞亲兄弟姐妹＞领养兄弟姐妹。生活在同性恋家庭中的儿童，成年后的同性恋倾向大于异性恋家庭的儿童。由此可见遗传与环境共同作用于性取向。

此处仅罗列了6种常见行为，自然界还存在很多以现有进化理论无法解释的现象。也许是根深蒂固的思维惯性，当代科学家在解释这些现象时，总是为它们寻找适应环境的证据，且都归于自然选择的结果。无法解释一些常见的生物学现象，也是进化理论屡屡遭到抨击的主要原因之一。人们对上面讨论的6种行为现象，都提出了达尔文范畴内的解释，少的一两个，多的十几个。但还没有一个理论，可以解释上述的所有行为现象。

三、关于脑体[①]

一旦涉及人类文明的起源和进步，进化生物学家往往采用“鸵鸟政策”，回避人的社会性。德斯蒙德·约翰·莫里斯（Desmond John Morris）在《裸猿》（即*Naked Ape*，一本专门探讨人类起源和进化的专著）中不止一次地写道：“……在此我们必须立即刹住，因为这个问题已经快要跳出生物学领域，转入文化的领域了”。翻开西方流行的进化生物学教科书，总会在最后的一章或几章讨论人类进化，但都毫无例外地只关注生物学意义上的进化，其依据不是化石就是基因。研究灵长类的学者，试图从行为、心理、生理和遗传等角度，探讨人类社会进化的源头。其代表人物是弗朗斯·德·瓦尔（Frans De Waal），代表作为《起源之树》（*Tree of Origin*）。人类学家刘易斯·亨利·摩尔根（Lewis Henry Morgan）的《古代社会》在《物种起源》出版18年之后问世，在文化人类学领域，这是一本可以与达尔文的《物种起源》相提并论的巨著。虽然《古代社会》包含了进化的基本思想，但完全没有受到《物种起源》的影响。从《起源之树》到《古代社会》，代表了从灵长类进化到现代人类，这中间有一个几百万年的跳跃。

由此可见，进化人类学和文化人类学两者泾渭分明，几乎没有交叉。近年来的一些研究揭示，人类的文明进步使一些基因，如乳糖水解酶有关基因受到选择。乳糖只存在于哺乳动物的母乳之中，因此，原始人类在成年后几乎不需要乳糖水解酶。后来，农业革命为人类提供了奶制食物，但所含乳糖会导致消化不良而腹泻的现象（即“乳糖不耐受”现象）。而基因的突变使乳糖水解酶在部分成年个体中持续分泌，持有该突变的个

① 脑体是本书尝试提出的名词。在本书中，脑体不但指脑的物理构成，还包含其所承载的信息数据，如行为、意识、知识、技能、情感和道德等。在本书之前，还没有相关研究将脑的解剖结构与所编码的知识放在一起定义，也没有一个合适的名词来描述这一现象。这在后文还将详细解释。

体由于乳糖耐受性的营养优势而留下较多的后代。从群体角度来看，那些没有突变的个体由于营养劣势，留下的后代少而导致基因频率下降。正是农业革命提供了这样一个选择压力，如果没有农业革命，乳糖水解酶基因的突变的意义就不能表现出来。该基因发生突变使成人也获得了分解乳糖的能力，促进了农牧文明的快速扩散。这是一个发生在距今一万年前后的大事件，此时，正值农业革命的开端。

生物进化与文明发展之间，是否存在一个共同的机制，驱动了从动物的本能行为到人类文明的起源？问题的焦点是：人类的直立行走、脑容量、灵巧的手，这些特征几乎完全由基因控制；而语言、艺术、宗教等文化的发展进步与基因的关系即便有，也非常的遥远。要解决这个问题，首先要对“人”有一个恰当、明确、完整的定义。从生物学的角度，人类首先是一个物种，自称为智人。我们不同于其他物种，我们是“裸猿”“穿上裤子的猴子”“有文化的灵长类”“理性的动物”“符号的动物”。我们有极高的智慧和高度复杂的社会结构、制造并使用精致的工具，有时也会破坏自然环境等。抽象定义也有很多，《韦氏词典》的定义则是“人之所以为人的素质或状态”（原文如此）；而伊曼纽尔·康德（Immanuel Kant）提出，人只有不受感觉世界的支配，服从自己理性发出的绝对命令，才是一个自己主宰自己的真正意义上的人。由此我们可以将人的本性分为自然属性和社会属性，而社会属性才是人的本质属性。总之，人的内在生命物质本体与特定的大脑意识本体构成整体的自然人；自然人通过亲缘和文化纽带构成一个完整的社会体系，形成系统的内外矛盾关系。

人和动物的区别在哪里？不同的学科有不同的回答。一般意义上的本质区别，在于“脑体”。到目前为止，还没有一个词，可以准确地描述脑的物理结构及其含有的经验、知识和意识的集合。试想一下，一对同卵双胞胎出生后立即被带到两个差异很大的社会，比如把他们送往信仰不同宗教的家庭。成年后，他们脑的物理结构的相似性可能高达99%以上，但承载的知识以及以此为基础的意识形态可能完全相反。另一种极端的情景，如果一个人自幼离开人类社会，如广为人知的“狼孩”（或被其他动物养大的人，有文献证明其真实存在），试想一下他或她成年后的状况：①肯定不会开口说话，因为错过了语言（即符号）学习的关键时间窗（大约 7 岁以前）；②其思维模式应该是“狼”本能式的，而不可能像人一样有抽象思考，因为抽象思考建立在符号基础上；③智力停留在儿童期，将来即使经过特殊教育，智力的提升可能也很有限；④不能直立行走，即使能够也不习惯，还是倾向于四肢着地。从伦理学和生物学的角度，我们承认这是一个“人”；但从社会文化的角度，即使他或她的脑解剖结构与正常人高度相似或者处于正常人脑的变异范围之内，由于缺乏人的基本知识和技能，无法融入人类社会，不能称其为真正意义上的“人”。

脑是一个纯生物学的名词，是以神经元为物理元件构成的一个功能器官。作为中枢神经系统的主要部分，位于躯体的前端（四足运动）或顶端（人和鸟类）。动物越高等，脑的结构越复杂、功能越完善。脑内分布着很多由神经元集合而成的神经元网络（neuronal network）、神经网络（neural network）、神经核团（nucleus）或神经通路（pathway）。近年来兴起的人脑连接组（connectome）项目试图解析所有可能的功能性的神经通路，将解剖结构与功能进行系统地整合。总之，新生儿的脑就相当于没有安装软件的计算机硬件。随着人的成长，经历的增加、知识的积累、技能的学习，脑的物理结构中编码和存储了大量信息。这些信息带有个体的特征。一个含有知识、经验和技能的脑，构成一个功能主体，这就是脑体。每个人的脑（结构）很相似，但脑体却很不一致。

生命世界的脑体与信息世界的计算机，有相似的构成要素：既要有硬件，也要有软件。脑体的一些基本子系统是天生的，是维持生命所必需的，如吸吮和呼吸，犹如计算机硬件自带的 BIOS。脑体的绝大多数“软成分”是通过学习由外界输入的。因此，外界的环境不同，形成的脑体也就大相径庭。脑体一词不仅可用于人类，应用在动物中也很适合。例如，宠物猫不会捉老鼠，显然是脑体的差异造成的。由内在生命本体与特定意识本体所构成的自然人，其本质区别就是脑体。因此，是“狼孩”的脑体而不是脑结构，使之与真正的人相区别。计算机与脑体的本质区别在于，计算机软件不能修改硬件，而人的经历却可以在一定程度上改变脑的细微结构。

四、神经元网络

脑体由脑和知识构成。那么，脑是如何存储知识的呢？

神经系统的主要作用是接收和处理信息，然后基于这些信息进行决策，发布指令控制行为和意识。信息编码和传递的最基本单位是比特（bit），由二进制的数字 0 和 1 构成，借助物理元件的两种状态进行表征。神经系统的基本构成单位是神经元，由细胞体、树突和轴突组成。树突有很多分叉（多级分枝），轴突只有一条。信息即电信号从树突输入，在细胞体整合（主要是加和计算），如果整合后的电压大于兴奋阈值，则轴突输出 1（即动作电位），反之无输出或输出 0。因此，神经元的动作电位也是一个以比特为单位的二进制编码系统，而神经元本身相当于计算机的基本物理元件。由于神经元的结构远较物理元件复杂，因此其功能也更加高级。现在已知，运动控制的神经系统相对简单，由几个神经元构成的网络即可完成；而信息编码和处理的网络系统则极为复杂。

信息存储的基本单位是字节（byte），以 8 个二进制的数字排列构成，即 8 比特（bit）组成一个字节。一个英文字母由一个字节编码，如“X”的字节是 01011000，“Y”是 01011001。每个汉字则由二个字节编码，如“中”的字节为 1101011011010000，“国”为 1011100111111010。神经系统编码“字节”是通过多个神经元组成的神经元网络实现的。当然，一个神经元网络不只含有 8 个或 16 个神经元。每个神经元网络包含的神经元数量可能高达 100～1000 个，而且同一个神经元也可以组合到多个神经元网络中，使得神经元网络数量似乎“无限制”。但是，即使对于一个简单的信息编码，单个神经元也是无能为力的。从这个角度来看，神经元就是“建筑材料”，只有将它们放在合适的位置，才能建起“高楼大厦”。因此神经元仅仅是结构单元，只有神经元网络才是信息处理相关的功能单元。

由以上可知，神经元网络能够编码信息（可能编码最基础的信息，如视觉中的线段朝向等），有其物质基础且存在边界，因此可看作一个神经系统的基本单元发挥作用并受到进化选择。神经元通过突触结构而连接成为神经元网络，中枢神经的突触都是基于化学机制，即化学突触。突触连接上游神经元的轴突和下游神经元的树突，但化学突触的形成速度很慢，常以小时或天计。如果在需要的时候才开始进行突触连接，根本不可能实现实时记忆。而人和动物却能够瞬间记住一些强烈刺激的事件，如突发性灾难场景。这就带来了一个逻辑困境，一方面是神经元网络不可能在极短的时间内形成，另一方面神经系统却能够瞬间完成记忆。简单的解决方案，就是保持大量的备用神经元网络。在它们没有被调用时，是冗余的。一旦需要进行学习记忆，它们就可以从储备库里调出来。这个过程可以在很短的时间内完成。学习能力越强的动物，冗余神经元网络也许就越多。当需要存储的信息发生爆炸性的增长时，就必须扩充脑容量以包含更多的冗余神经元网络。

大脑神经网络的组织形式为多尺度的层级结构（hierarchical structure），即由神经元网络（如皮层中的功能柱，简称皮层柱或皮层小柱）集成为初级网络或称神经网络，再由初级网络构成次级神经网络或称局部网络，后者直接或再集成而组成脑区。神经元网络中的少数神经元即枢纽成员（hub member）与多个在空间接近或不接近的其他神经元网络的同类连接，构成所谓的“富人俱乐部”（rich-club）。现在已知，枢纽成员与所处神经元网络内的其他成员有更多的连接，而与该网络单元外的其他成员相互之间的连接较少。因此，中心成员对内起“领导”作用，对外起“联络”作用。

五、基因、网络形成与自组织

一些简单的本能行为是单基因决定的，从“一个基因控制一个本能行为”可以推测“一个基因主导一个神经元网络的构建”。如果基因的作用止步于神经元水平，而神经元又不能行使行为控制，那就无法解释行为的遗传机制（由于不能编码行为，因此无法遗传行为）。基因必须能够控制神经元网络这样的基本功能单元的形成或维持，才能够与行为调控建立联系。就是说，基因必须能够作用到神经元网络的水平，才能够控制行为并传递给下一代。神经元的形态是极其多样的，如人类大约有 1 万种神经元。每种神经元有其独特的形态和功能，由多基因进行编码调控。而一个神经元网络，也许只允许由一个基因（低等动物或高等动物）或基因亚型（即高等动物的选择性剪切产物）进行编码和构建。

在神经元网络的产生过程中，其构建机制是什么？“同步者连接”是指某些特异的基因受内源“节拍器”的控制，在表达时间或空间上有严格的限制。现在已经知道，有物理接触的神经元如果同步放电（如自发放电）就有可能建立新连接或在突触“提炼”（refinement）过程中保持连接。而这些自发放电，又可能是基于基因表达的时空特性。例如，一些基因或基因亚型在 9 点达到表达高峰（“9 点”神经元），而另一些则在 12 点形成峰值（“12 点”神经元）。假如这些基因的表达，激活了神经元的自发放电，促进突触形成或维持。这些“9 点”神经元尽管在空间上存在一定距离但能够互相接触，由于同时自发放电而构成神经元网络。当然，“12 点”神经元也构成自己的网络。我们知道，基因表达的同步是相对的，总有一些神经元的表达“喜欢”拖后腿。因此，一些“9

点”神经元延后者就可能与“12点”神经元先行者重叠，两者因同步放电而形成突触。这样一来，一些神经元就可能参与到两个或两个以上的神经元网络中，成为连接两个或多个神经元网络的“中心成员”。此过程支持“网络内部神经元之间的突触连接，显著多于网络之间神经元的连接”的结论。

高一级的神经网络的形成，具有高度可塑性，因此不可能完全由基因决定。现在已知，此类网络的结构特点是，它们既不同于有序组织（均匀性），也不同于随机类型。神经网络的形成是基于自组织的“小世界”法则，导致其连接状态介于有序与随机之间。神经元树突形态结构的稳定性，决定了突触连接的非随机性；而树突结构的复杂性，则极大地削弱了突触连接的有序性。各级神经网络的形成，可能是外界刺激输入与内部自组织性相互作用或矛盾协调的结果。

六、间接选择

中枢神经的神经元网络以及神经网络都是经由化学突触连接而成。化学突触的可塑性强但稳定性弱，而神经元网络作为一个基本的功能单元或进化中的选择单元，需要一定的稳定性，这是一对难以调和的矛盾。这带来的一个大问题是：如果没有持续的刺激输入，突触的连接会慢慢消退，导致连接强度减弱，神经元网络解体。而维持大量的冗余神经元网络，又是应对环境变化所必需的。如何维持，是神经系统面临的一个很大的挑战。储备的神经元网络在没有被调用之前，其功能是不固定的，因此是多能的。例如，盲人的听觉较正常人精细，显然，听觉皮层占用了视觉皮层的部分资源，如编码轮廓和细微结构的神经元网络。大脑皮层是哺乳动物特有的，是一个相对均一的结构。包含大量神经元网络的现在已知的解剖单元有两类，即皮层柱和小斑块。到目前为止，这是最接近神经元网络定义的解剖结构。

皮层柱（cortical column）又被称为微型柱，其直径约30μm，接近一根蜘蛛丝的直径，垂直穿过皮层的所有的“层”。最著名的是视皮层的朝向柱，其中所包含的神经元似乎都偏爱特定倾斜角度的线条或线段、轮廓。例如，一个皮层柱中的神经元对倾斜45°的线条有最大反应，而另一些皮层柱中的神经元则偏爱水平和垂直的线条，不一而足。对颜色敏感的皮层神经元趋向于聚集在小斑块（blob或puff）中。与皮层柱不同，小斑块并不穿过皮层的所有层次，仅限于水平方向与内部信息交换有关的浅表层中。它们并不是完全由“颜色专家”组成；在一个小斑块中可能只有30%的神经元对颜色“感兴趣”。

大脑皮层的结构特点是分层，同一层中的神经元形态相似，不同层的神经元形态相异。由于皮层柱是垂直分布，包含不同层的神经元，也就包含了不同形态的神经元。每个皮层柱都包含组成相似的各种神经元，导致神经元网络结构相似，保证了其通用性。皮层柱边界可以是重叠的，也可以是不重叠的。小斑块是水平分布的，也就包含了同一层中的神经元，或者说构成小斑块的神经元种类较单一。毫无疑问，同一个神经元既可以在皮层柱中编码线段的朝向，也可以在小斑块中编码目标的颜色。因此，无论是皮层柱还是小斑块，其神经元网络结构都有同质化的趋向。同质化带来的后果，就是竞争。由于内外界的输入是有限的，而冗余的神经元网络又太多，这必然在网络之间发生竞争。神经元网络的竞争基于四个条件：结构稳定、数量冗余、同质化、可替代性。

对于一个具体的行为事件，那些成功被调用的神经元网络相当于在特定事件的竞争中获胜。竞争是最普遍的生物学规律，发生在生命的每个层次。细胞内的信号分子（如激素和神经递质）竞争受体，底物则竞争酶蛋白上的位置。大自然不会让多余的失败者消失，而是让这些“多余者”存活，以维持竞争压力。神经系统也是这样，少数神经元网络获胜，也需要保持其余神经元网络的存活，以维持系统的活性。

获胜的神经元网络将会得到持续的刺激，其突触连接也就维持在很强的水平。例如，编码光栅朝向的神经元网络，每次动物睁眼看世界，都会调用该网络。现在已知，视觉图像由大量的各种朝向的线条构成。如果把刺激作为神经元网络的能量来源，获胜的神经元网络得到了稳定的“食物”供给。而没有获胜的神经元网络，如果没有“粮食”输入，必然面临散架的局面。对于高等动物，视觉是最主要的信息采集器官，高达 80%～90%的信息通过视觉输入中枢神经。长期生活在黑暗中的动物，神经元网络缺乏必要的“粮食”。一旦有任何视觉刺激的出现，都会疯狂地扑上去。

达尔文和汉密尔顿的“四大选择”过程，直接作用于基因，可以较好地解释形态结构、生理生化及大多数行为。因此，将它们归结为直接选择。而上面讨论的神经元网络之间的竞争和选择机制，由于涉及系统的自组织性，与基因的关系比较弱，故称为间接选择。间接选择的基础是神经元网络的冗余，是神经元网络对输入（或刺激）的竞争。为了保持最大化的冗余神经元网络的存活，神经系统寻求每一个可能的刺激，包括外界和内部（心理活动）的刺激。而维持大量的冗余神经元网络，可使动物和人保持强大的学习能力，更加有利于对快速变化的环境的适应。因此，也就提高了自身的存活机会，留下更多的后代。可以说，一些自然选择是通过间接选择而发挥作用的。

一旦成年，大脑中的神经元数量就基本固定。大脑只占 2%的体重，但要消耗 20%以上的能量。神经系统的功能几乎完全依赖电活动，而产生和传递电信号则需要消耗大量的能量。神经电的基础是膜电位（电势），即建立在细胞膜内外的离子浓度差。例如，钠离子在细胞外浓度为 145～440mM（mmol/L），细胞内浓度为 5～50mM；钙离子细胞外浓度为 1～10mM，细胞内浓度为 0.0001mM；钾离子细胞外浓度为 5～20mM，细胞内浓度为 140～400mM。虽然钾、钠离子的胞内外浓度差值不如钙离子，但浓度高（即离子数量多），钙离子的数量不多但差值非常高。如此逆浓度转运离子是需要消耗大量能量的。另外，巨量细胞（神经元和 10 倍的胶质细胞）的新陈代谢也是比较耗能的。与此相比，静态突触几乎不耗能，动态突触的能耗也可以忽略不计。成年人的大脑包含 860 亿个神经元。脑的能耗与神经元的数量正相关，如果神经元数量固定，则每日的能耗也就基本固定。神经元之间的连接关系几乎与能耗无关（即使有关，也极低）。也就是说，一个神经元无论与其他神经元是否连接或连接多少，它的能耗基本都是一样的。由此可知，神经元网络的维持，无需额外的能量消耗。脑中保留大量的冗余神经元网络，不会给身体带来负担，也就不会增加自然选择的负向压力。也许，“聪明”的大脑与“木讷”的大脑，在能耗上没有本质的区别。而储备大量的冗余神经元网络，在认知（学习与记忆）方面，具有极大的优势。维持冗余神经元网络，并不需要额外的能量，只需获得足够的刺激输入。

七、奖赏系统

习惯化是神经系统的另一个基本特征。其具体表现是，反复给予同样的刺激，神经系统的反应将逐渐下降直至完全消失。也就是，简单地给予光照刺激，对于简单的神经系统是有效的，而对于复杂的神经系统基本无效，这也是为什么两栖动物、爬行动物、鸟类和哺乳动物很少有趋光现象。复杂神经系统有较强的记忆，一旦习惯化，可能长期甚至终身习惯化。因此，神经系统需要一个机制，以克服习惯化对保持冗余神经元网络“活性”的损害。奖赏系统的起源和进化就是一个较有效的解决方案。如果把习惯化看作是一个负反馈机制，那么奖赏系统就是一个正反馈机制。当然，任何机制都有副作用，正反馈机制尤其如此。至于奖赏系统那些看似有用的功能，应该是后来衍生的。奖赏系统与免疫系统、消化系统和生殖内分泌系统的关联，是在高等脊椎动物中进化的。无脊椎动物（果蝇）中也存在奖赏系统，但尚未发现其生理功能。

奖赏系统的兴奋阈值也在不断进化。低等动物对一些简单的光刺激都会有反应，而高级一点的动物需要的刺激带有形状和颜色，更高级的动物需要有一定内容的图像，最高级的人类则需要“触动灵魂深处”的影视作品。从发展的角度看，人类的兴奋阈值在迅速提高。当奖赏系统向正向发展到达极限后，就会逆向发展。如何理解何为正向，何为负向？正向刺激就是甜味、鲜味、香味、美丽的色彩、对称的图形、适当的温度、柔和甜美的声音、清洁的界面、轻柔的抚摸、喜剧等带来愉悦感的刺激；负向刺激包括辣味、腥味、臭味、不协调的色彩、不规则的图形、刺耳的声音、肮脏的界面、过高或过低的温度、针尖穿刺、悲剧等带来不适感的刺激。所有这些只是浅表、直接的感知过程，并没有触及心灵深处。这些看似固化了的奖赏，也是可以逆转的。这就是为什么人们在喜剧看多了后则可能偏好悲剧，爱情戏看多了后则可能热衷恐怖电影，香味闻多了后就可能喜欢臭豆腐。

奖赏系统似乎只有很少的好处，而带来大量的损害。第一，消耗大量的能量，如玩耍。在食物获取十分不易的自然界，任何浪费能量的行为都会被自然选择所淘汰。第二，招引天敌的注意，如玩耍和模仿等怪异行为。第三，强烈损害个体存活，如成瘾和自杀，直接挑战自然选择的法则。第四，不利于繁殖后代，如超强刺激现象和同性恋等。从直接选择的角度，奖赏系统的劣势明显大于其所带来的好处。自然选择没有淘汰奖赏系统，并且奖赏系统还广泛地存在于动物界。因此，奖赏系统一定有极大的生存或繁殖优势。

奖赏系统的起源和进化，如果与间接选择联系在一起，似乎上述一切都得到了合理的解释。间接选择建立在冗余神经元网络竞争刺激输入的基础上，因此，神经元网络的数量必然大于编码现时刺激的需求。欲保持冗余神经元网络的活性，就必须要对这些神经元网络给予大量的、“无用的”刺激。对于动物而言，必须尽量多地获得内部、外部刺激。外部刺激可以直接刺激神经元网络，如简单的光刺激，但对复杂神经系统的效果较差且容易习惯化；也可以通过奖赏系统间接地刺激神经元网络，以克服习惯化。内部刺激包括情绪、感情和睡梦，都能够大面积刺激神经元网络。为保持尽量多的神经元网络的活性，内部、外部刺激必须有最大的覆盖面，且无针对性，即对一个神经元网络的刺激具有随机性和无目的性。这是与调用神经元网络的最大区别，而有目的地调用一个神经元网络，则是反复地、有针对性地刺激该网络。基于这样一个需求，我们就可以阐明上面提到的诸多现有进化理论无法解释的行为现象。

八、本能行为与学习

基因与行为之间的“黑箱”太大，可能的组合太多，根本无法厘清两者的对应关系。因此在研究行为的起源和进化时，如果直接以基因为选择单元，则面临涉及的基因太多、相互关系极其复杂的困境。神经元与行为之间的关系似乎要近得多，几个神经元构成的网络就可以控制肌肉的收缩和舒张。然而，对于多细胞生物来说，细胞从来就不是一个进化上的选择单元。“动作是行为的基本单元，系列动作构成行为”，一个动作由一个神经元网络控制。因此，任何行为都可以分解为一系列的动作单元，其后台就是神经元网络的集合。因此在神经元网络与行为之间就几乎不存在黑箱了。正如前面讨论的那样，“一个神经元网络由一个基因决定”（也可能是同一个基因的不同亚型或可变剪接，或同一个基因的神经元网络与其他基因的神经元网络的镶嵌分布，即按“四色”原理），一个或少数几个基因（或亚型）就能够决定一个本能行为。这是因为人的基因只有 2 万个左右，而神经元网络的数量则近乎“无限”。有了神经元网络这个桥梁，行为进化的研究就可以跨越到基因水平——以神经元网络为基本单元的间接选择。

条件反射是一种关联性学习。例如，重复给小鼠足部以电击，动物很快就产生僵直反应。如果每次电击的同时给予单一频率的鸣声（如 1kHz 的纯音），条件反射形成后的动物听到鸣声都会产生僵直反应。在条件反射建立之初，除条件刺激本身外，那些与该刺激相似的刺激也或多或少具有条件刺激的效应，这种现象称为条件反射的泛化。例如，用 1kHz 的音调与电击关联建立的条件反射，在实验的初期阶段，许多其他相近频率的刺激，如 800Hz 或 1.2kHz，也可以引起僵直反射。只不过与 1kHz 的频率差别越大，所引起的条件反射的概率就越小。到后期，如果持续只对条件刺激即 1kHz 的纯音进行强化，而对近似频率的刺激不给予强化，泛化反应就逐渐消失。有些情况下，动物只对强化的刺激产生僵直条件反射，而对其他近似刺激产生抑制效应，这种现象称为条件反射的分化。

条件反射的泛化和分化，隐含关联学习的神经机制——神经元网络的竞争。在条件反射建立的过程中，接收、编码、处理 1kHz 及其邻近频率（如 0.8～1.2kHz）的所有神经元网络由于在空间上比较接近，都试图通过竞争而参与其中。如前面讨论过的那样，这些神经元网络是同质的，谁都有最终获胜的机会。在大脑皮层的听觉区域，其处理各频率信息的神经元网络是按音调拓扑（tonotopy）的方式排列的，即相近频率的神经元网络排在一起。刚开始听到一个 1kHz 的声音时，激活了编码处理 0.8～1.2kHz 声音信号的所有神经元网络（可能由于信息分辨不精确，范围扩大），但反复受到 1kHz 的刺激后（相当于“数字信号处理”中的叠加——平均滤波的过程，可不断提高信噪比），其中一个（或几个，但在同一个神经网络的调控下）位于正确位置的神经元网络胜出。为了提高对频率的分辨率，对于有重要生物学意义的频率，大脑皮层将更大（或更多）的脑区分配给该频率。更大的脑区也就意味着更多的神经元网络通过竞争胜出，参与该频率的编码处理。

认知学习是通过对环境新信息的感知和判断以及对自身的内省，而获得新知识的过程。因为涉及新知识的获取、编码、存储，所以需要调用储备的神经元网络。也就是一些从来没有被派上用场的网络，或通过一些神经系统的生物学过程（如记忆抹除）清空出来的网络。从某种意义上讲，这些未启用的神经元网络都是“冗余”的。冗余神经元网络的存在，就是动物为了在面对新的信息输入时，神经系统有足够的可用神经单元来表征信息的每个元素。

为了编码不可预测的外部世界，神经系统必须储备足够多的神经元网络，以备不时之需。非洲象有时面临极度干旱的窘境，这时，寻找水源是头等大事，关乎整个种群的存亡。有经验的母象可以凭借也许是很久以前的经历，带领象群踏上漫长的寻水之路。大象不但能够熟记领地内的地形地貌、食物资源、天敌状况等，还对经历过的偶然事件有记忆。很多鸟类有储存坚果的习性，为的是在食物短缺的季节不至于饿死。存储的地点分散在整个家域的地面和树干。山雀最多可以有上万个食物藏匿点，而且还能记住存储的先后顺序。储藏食物是为了在需要的时候找出来，因此，脑里必须有一个地图。不管是非洲象还是山雀，脑里的地图都是精确而记忆持久的。单是编码储食地点，小小的鸟脑就需要亿万个神经元网络。动物个体的死亡，即意味着一生积累的经验和知识的完全消失，形成一个“死亡即清零”的怪圈。人类是如何克服这个怪圈的呢？

九、语 言 革 命

关于人类起源的驱动力，有多种理论，其中“自动催化模型”和“劳动创造人”比较突出。前者强调一个事件触发另一个事件，但触发机制尚不明了。后者存在逻辑矛盾，以及定义不明确等问题。本书在自动催化模型基础上去探究进化事件的触发机制。

语言是人类发明的第一种符号，使人们的通信和交流摆脱了对具体对象的依赖，带来了信息编码的革命。语言不但使通信的效率大为提高，而且使信息传播突破了时间和空间的限制。信息可以在人们的视线以外（空间限制）传播，也可以在代际（时间限制）传播。有了代际传递，经验就得到积累，并逐渐转化为知识，即反复经历一些具体的事件，就获得了相应的经验，多人的经验变成共识，智者将共识提升，形成知识。知识以语言为媒介，以神经元网络为存储介质。有了语言，知识完成积累，即在个体死亡之后，经验和知识不会被清零。知识的积累需要更大的存储容器，即更多的神经元网络，这促进了脑容量的膨大。而脑容量增加，使神经元网络呈指数增加，脑连接结构的复杂性更是空前地提高。与我们的近亲黑猩猩和倭黑猩猩相比，人的脑体不但是“软件”的数量和质量大大超过它们，而且“硬件”（脑容量及其神经元网络）也发生了革命性的改变。复杂的脑结构是意识产生的前提。尽管其他高等动物具有产生意识的神经基础，但目前尚无法确认动物是否有主观意识。对于那些有自我认知能力的动物，可能已经有主观意识的萌芽。

语言是意识的符号。意识含有被动和主动两个成分。①清醒状态（被动）：除了昏迷、熟睡、麻醉等之外，都算是有意识，即能够对一定强度的刺激做出有目的的反应。②意识经验（主动）：在清醒状态下，我们的感官经验（视、听、触、味、嗅）以及某些认知活动的感觉，意即“感受性”。自然科学研究的一般是客观实体，要尽量避免研究者的主观体验，但意识研究恰恰涉及主观体验本身。没有语言，就不能表达我们的主观意识。没有语言，也就没有了抽象思维的载体。有了主观意识的交流，才能产生思想。如果前述的“狼孩”没有语言能力，那他/她还有普通人的意识吗？

意识是创造的充分必要条件。正因为有了意识，人类才能突破本能和学习的桎梏。本能和学习不一定需要意识的参与，但很难想象，发明创造是在没有意识的前提下完成的。创造本身就是意识的重要组成成分。从这个角度来看，凡是有创造能力的物种都有意识，尽管不能与人类同日而语。对动物而言，制造和使用工具应该是创造力的最高形式和具体表现。早期人类打制石器，肯定是有意为之。语言和制作工具是人属各物种的基本特征，使意识从类人猿延续到现代人类。在延续过程中，意识获得了质的跨越。人的意识是可以通过语言表达的，因此属于可以语境化（contextualization）的范畴。语境化的前提是意识必须有清楚的内涵、逻辑的结构和明确的边界。

十、美食与穴居

没有哪一种动物像人一样，对美食表现出如此的渴求。

随着东非大裂谷的形成，东非草原的降雨减少、植物干燥，森林火灾频发。被火烧死的动物躯体发出了诱人的香味，即所谓的“美拉德”（Maillard）反应。现代人类对烤肉的喜爱，可能源自远古的火灾。烹饪过的食物在进入结肠时大部分已被消化，相当数量的能量被吸收。相对于生食，身体可从烹饪过的燕麦、小麦和马铃薯中多获得 30%的能量，以及从熟鸡蛋的蛋白质中获得极高的能量。因为烹饪可以断裂连接肌肉组织的胶原蛋白，破坏植物的细胞壁以释放内部的淀粉和脂肪。所有这些都是为了维持大脑“富人俱乐部”的高能耗运转。但一组巴西科学家用数学模型进行研究，却得出截然不同的结论：考虑到动物性食物的比例大幅增加，原始人类的神经元数量与觅食效率更加相关。原始人类脑容量的增加，并不依赖于控火技术的进步，即食物的热加工与脑容量增加无关。进一步的实验显示，热烹饪食物中的肉类可能并没有提高小鼠对能量的摄取量。

烹饪不仅使淀粉和蛋白质变性，还可以使化合物的成分复杂化，即氨基酸和碳水化合物在热条件下的芳香化反应。这也是咖啡和面包皮美味的来源。原始人类的食物加工不可能有现代烹饪的工具，如锅、碗、瓢、盆，也就是说基本上没有水煮的条件。通过原始烹饪来裂解肌肉中的胶原蛋白和破坏植物细胞壁以释放细胞的内含物，效率可能很低。原始人类唯一可能的烹饪就是烧烤，它与水煮最主要的区别在于温度，即水煮可控制温度在100℃以下而烧烤在100℃以上。因此，烧烤更容易产生美拉德成分，即香味。由此推断，原始人类的烹饪，提高能量吸收是次要的，而增加食物的美味才是主要的。后者带来味觉革命，激活奖赏系统而促进大脑的进一步发育。

人在饥饿时，需要的是食物；而在吃饱之后，追求的是美味。由于味觉奖赏与营养获取有着密不可分的关系，味觉的奖赏功能并不纯粹。尽管如此，对美味（首先是鲜味和甜味，而后扩展到酸味、苦味和麻味等）的追逐，在几乎没有娱乐的远古时期无疑是重要的奖赏刺激。食物在经火的加工过程中，不但改变了其味觉体验还会散发出特有的气味，诱发人类的嗅觉感知。现代研究发现，我们对美食的享受，是由味觉和嗅觉共同激发的。味觉感知是根本，嗅觉感知是“锦上添花”。味觉系统可能是人类在进化过程中，第一个专门服务于奖赏系统的感觉系统。味觉奖赏要求有精美的食物、敏锐的化学感觉和复杂的奖赏系统，三者缺一不可。

但在人类文明进化史上，火的最重要作用应该是取暖和照明。正是因为能够控制和使用火，人类开辟了洞穴空间的资源利用。有了洞穴，就有了固定的“家”。这从生理到心理，对人类的进化都产生了极为重要的影响。因此，固定居所的起源，可以看作人类进化史上与用火和制造石器相提并论的大事件。

在雨雪交加的天气和漆黑的夜晚，洞穴中的火塘可以成为信息交流的中心。也许，更多的时候，可能是闲聊。人在无聊的时候，就会无话找话说，编瞎话可能是解决无聊的有效方法。闲聊是需要较高智商的，而编瞎话还需要想象力。《人类简史》的作者尤瓦尔•诺厄•哈拉里（Yuval Noah Harari）认为，虚构而且是共同虚构故事的能力是智人称霸地球的主要因素。因虚构故事而产生宗教、神话、巫术及现代社会的公司文化、品牌的架构等。而更重要的是，一起虚构故事使智人有了共同的精神信仰。智人的社会不再仅依赖血缘，还建立在共同的信仰之上。

火的使用带来了美味、营养以及洞穴之“家”，性奖赏在此基础上起源和进化。

十一、性革命的成果

当人类借助火的使用与控制而解决了“温饱”问题之后，接下来需要解决的就是“性”的问题。性欲表现为性念头、性感受、性幻想、性梦，以及渴望接近心仪的异性，希望与伴侣发生性行为等。性欲，促使人的性器官和性感觉都变得敏感。性欲如果不是人类独一无二的，那至少也是在人类中表现得极端突出的。性欲之性，是脱离了生殖本意的纯性之性。性欲之性与繁殖之性有本质的不同，虽然两者有密切的关联。首先，目的不同：繁殖之性是为了产生后代；而性欲之性是为了满足欲望。其次，繁殖之性通常是一年一次；性欲之性则可能非常频繁。再次，繁殖之性是尽量减少求偶和交配的次数，提高受精的成功率；性欲之性则相反。最后，繁殖之性没有爱情；性欲之性是“性爱”。性欲可以看作是味觉奖赏的延续：味觉奖赏改变了人类的食谱，更多的肉食提升了性欲望；火给原始人类带来温暖，使人们更容易产生爱意。

相对于其他动物，人类的性欲可能更强烈，而脑是人类最大的“性器官”。现在已知，性欲中心可能是杏仁核，这也是奖赏系统中最重要的核团。直接以电极刺激杏仁核可引起雄鼠的勃起和射精行为。人类的性欲是个复杂的现象，它结合了三个情感过程：性吸引（sexual attraction）、依恋（attachment）和爱情（love）。男女的性欲是有显著差异的，源自性激素及其受体在大脑中的分布。男性大脑中雄激素受体的分布区，比女性大脑中的雌激素受体分布区大 16%。当受到性感的视觉刺激时，男性杏仁核的活动明显比女性的强烈。由此可见，男性有更强烈的性冲动。

人类的性奖赏如此强烈，几乎没有任何其他奖赏可以与之相提并论，也不是其他动物的性奖赏所能比拟的。性的驱动力如此强大，也如此具有侵犯性，以致进化“导演者”企图给它套上缰绳，就是我们称之为“爱情”的美丽手铐。性行为，从远古时代的两年一次的求偶交配到现代人类可能每天都有的性爱，间接选择对性欲之性的选择比对繁殖之性的选择，其选择压力大得多。

从进化和适应的角度，如果人类的性活动仅仅是为了繁殖，断然不会出现脱离此目的的性行为。人类的性行为是性欲之性，当性兴奋的阈值过高，常规的或性兴奋的内容在“正常”范畴之内的刺激无法激活性奖赏系统时，一些“异常”的性行为就派上了用场。而当性兴奋的阈值过低时，容易形成性相关的强迫症。既然性奖赏的强度是如此之大，那么出现奖赏异常的状况也就容易理解了。但从性奖赏的角度来看，所谓的“异常”其实也很“正常”。虽然不能与味觉奖赏的逆转完全一样，但也有一定的相似性。

强烈的性奖赏导致前所未有的性冲突，破坏了人类社会的原始秩序。秩序是人类社会文明的核心和源头，以道德为基准，建立在对个体行为的压抑和限制之上。性秩序可能是所有人类秩序的先行者，原因有两个。其一，性奖赏的强度太高，常常导致人类的性追求过度。其二，性享受涉及两人，当两人的意愿不一致时，必然引起冲突。人类与非洲大猿（大猩猩、黑猩猩和倭黑猩猩）有共同祖先，都是社会性很强的动物。人与大猿的社会性最大的区别在于，人有强烈的情感而猿类的情感即使有也弱得多。一旦有了情感，是非曲直的判断就带有强烈的主观性。

追求味觉奖赏和性奖赏是人的本能。既然性欲满足是日常的生活必需品，如何提高奖赏的获取效率就成为人类进化需要解决的首要问题。如果每天都重复一遍求偶或求爱的仪式，日积月累就浪费大量的时间，更不要说能量的消耗和天敌（对手）的威胁。更重要的是，不是每次求偶都能够如愿以偿，一个完整的求偶仪式可能持续数天至数年，怎么办呢？固定配偶显然是一个好的解决方案，因为它最为经济实用。

人类的性爱是相互的，即男女双方可以获得对等的回报。这就需要一个协调的过程，而且需要爱情的参与，最后方能达成和谐的性享受。在这方面，单配制具有很强的优势。

性奖赏在女人也是必需品，在采集-狩猎社会中，女性的地位是比较高的，其性要求能够得到足够的重视，可能只有单配制才能够满足女性的性欲。另外，由于人是有强烈感情和偏好的动物，所以混交制存在诸多的社会冲突。在混交制中，每一个雄性可以与每一个雌性交媾，这必然带来诸多的冲突与矛盾。性冲突强烈的群体，是不能构成稳定社会的。针对这种情况，最经济的也是最简单的解决方案，就是一雌一雄或一夫一妻，可以使性冲突的强度降至最低。固定伴侣，将每天都可能遇到的冲突，降低至一生只有一次（最理想的状态）或几次，而且人人有份，形成性的公平。当然，这种公平不是绝对的，有的男子可能拥有不止一个配偶，而有的男子终生没有配偶。这样的两个极端在人类社会历史中都不会占多数。男人拥有的配偶越多，在社会群体中的比例就越低，如皇帝在一个国家只有一个。如此，人类社会总体是一夫一妻，而统计上的中位数也很接近1∶1，从古至今皆如此。实行绝对一夫一妻的长臂猿，其体重的性二型系数显著小于1.1（即雄性体重与雌性体重的比值小于1.1），而智人的相应系数为1.1～1.2（不同的测量有少许偏差）。这就是说，人类是以一夫一妻制为主兼有少量一夫多妻制的社会系统。性公平是人类社会进化历史上的一个里程碑。尽管人类社会的历史主流是一夫一妻的单配制为主，但现代社会的边缘或原始部落还存在多配制。由于这些多配制固有的社会冲突矛盾，无法构成庞大而稳定的社会体系，也就没有稳定的社会分工。因此，文明的曙光，难以照耀到这些原始或边缘区域。

家庭起源于单配制的社会结构，性欲是驱动人类家庭起源和进化的重要因素。人类对爱情的向往是天生的。人，天生就青睐一夫一妻的爱情，而不是在受到道德的制约时才履行夫妻义务和职责。一男一女相互爱慕并生活在一起，家庭就此诞生。家庭的生产和养育后代的功能，只不过是顺水推舟、顺理成章的事，是次生的。性与爱在家庭中起着重要的作用，这与动物的单配制截然不同，后者纯粹是为了繁育后代。

人和高等灵长类都有公平的倾向，特别是食物公平和性公平。不公平的社会结构一定不能够形成很大的社会群体。严格一雄多雌的哺乳动物最多能聚集几十个雌性（如非洲狮群，不但没有性公平而且食物分配也极度不公平），对于混交制或不严格的一雄多雌的灵长类，其社群可多达300多只个体。家庭有固定的边界和核心，作为人类社会的基本单元，其重要性犹如细胞结构对于动植物的进化。性冲突在社会矛盾中占首位，家庭则可以解决社会的性公平问题。没有家庭作为人类复杂社会的结构和运行单元，人类社会是不可能在结构和体量方面得到长足发展的。而没有足够大的社会体量、复杂的社会网络，人类文明也就不可能出现。因为无论如何，人类文明是不可能在孤立的小社会群体中起源和进化的。

十二、人类文明的起源

西方人类学家重视证据，而有关史前人类最重要的证据就只有化石、石器和基因。灵长类终归是一类动物，其大多数的行为表达必然有其适应环境的意义。这类研究基本依据了达尔文的自然选择和性选择理论，认为人类的进化纯粹是一个被动的过程，完全将人的主观能动性置之不理。然而，人类文明的进化绝对不是一个纯生物学的过程，其间夹杂着诸多的文化元素。中国的人类学家在研究诸如家庭、文化和行为的进化时，多数基于马克思和恩格斯的理论框架。马克思理论强调人类与动物的差异性和间断性，将人类社会的主体，即人本身抽象为一个个同质化的社会本体。如此这样，导致在达尔文的生物进化论与马克思的历史唯物主义的理论之间，存在一个峡谷。威尔逊的社会生物学将人类社会的固有属性还原为基因的本质，这对达尔文主义和马克思主义都是一种损害。因此，迫切需要一个新的理论作为桥墩，才能在两大体系之间架设一个桥梁。这个桥墩就是：间接选择。

人和部分灵长类社会的重要特征之一，是极其复杂的多重层级结构。只有人类，能够基于重层结构，构建起巨大的社会群体，其核心机制就是性公平。人类社会的性公平基于强烈的性奖赏。无论哪个性别，对性的垄断都必然加剧社会矛盾的激化，最后导致人类社会的崩溃。在经历过无数次的崩溃之后，一夫一妻制为基础的家庭结构在早期人类中成为主流。这样不但保证了基本的性公平，而且给繁育后代也带来莫大的优势。以家庭为社会单元或社会细胞，人类社会几乎可以“无限”扩大。就像细胞，尽管很小但可以构成像蓝鲸一样的巨大动物。文明的起源都是在相对庞大的社会群体中发生的。

脑体的进化一旦达到产生主观意识的程度，必然会自觉或不自觉地试图摆脱基因的控制。脑体借助欲望控制生命体，使其成为欲望的“奴隶”，而脑体则成为其背后真正的“主人”。生命体具备了有自主意识的脑体，就不会心甘情愿地专门为基因的终极目的服务。它希望能够为自己做点什么，于是就有了诸多的达尔文主义者所不能理解的现象。基因为了高效传播自己的拷贝，“设计”出生命系统。生命系统的作用就是传播基因，是否有意识，并不重要。例如，动物不能够提出“活着为什么”的问题，一点也不影响它繁育后代的功能。在这一点上，动物与人有本质的区别。

人的主观意识源自欲望代表的神经元网络竞争。有了主观意识，人们才有创造性。道德、宗教、艺术、技术才有可能被创造出来。然而，人的欲望是无限的，这就导致了人类进化的“失控”。人类文明建立在欲望的基础上，而欲望却“水涨船高”。满足了欲望，人就获得了“幸福”吗？几乎每个人都会问：人活着的意义何在？难道就是为了满足欲望？对于这些问题，即使是圣贤和先知也无法给出一个完美的答案。脑体在动物或人类的进化过程中到底有什么用呢？地球上的大型动物，种群数量最大的也就几百万只个体，而智人则有 70 多亿。意识的形成，使人从纯生物的人脱胎为具有自由意志的人。

源自脑体的贪婪是欲望的极度表达形式，是地球的“不治之症”。到目前为止，对于这一“不治之症”还没有良药可用。地球就是一个表面积约为 5.1 亿 km^2 的悬在太空的球状物，这个表面有约 71%被流动的水所覆盖。从太空俯瞰地球，人类的居住点（各个大城市）犹如灰色的增生物一样镶嵌在绿色的生态景观之中。科学家们更新了 20 世纪 70 年代罗马俱乐部用于预测地球资源有限程度的计算机模型，从而得出了这一结论：“……基于对这些极限的合理猜测，21 世纪末整个社会将会崩塌，尽管这些极限究竟是什么还存在很大的不确定性。如果是基于物质消耗，增长不可能无限继续，且不会根植于我们对地球的有限土地和资源的理解。”如果由于人类的过度消耗而导致地球生物圈的崩溃，人的基因和脑体都将大量消亡，岂不是“聪明反被聪明误”。

费希尔的失控理论不仅适合于解释动物的性特征夸张，也适合解释人类社会发展的轨迹和惯性。就像人为什么用两条腿走路，是因为灵长类的前后肢分化，特别是手脚形态显著特化，即腿和脚具有直立行走的原始形态。灵长类的前后肢源自哺乳动物祖先的四肢，而四足类动物四肢的进化，究其源头是鱼的胸鳍和腹鳍。如果现代人要变成真正的“蜘蛛人”，即有八只脚，整个进化过程就要从鱼之前的阶段推倒重来。人的生物性是这样，人类的社会性也是这样。当一个社会系统经过许多年的高效运转之后，如果要从根本上推翻，就会损害绝大多数人的利益。

人类社会越来越“进步”，人的欲望也随之水涨船高。但资源总是有限的，无休止地对自然索取，迟早会受到惩罚的。问题是，人类能停得下来吗？

十三、关于本书

人类文明的诞生和进步是人的欲望使然，而欲望的生物学基础是奖赏系统。有许多副作用甚至负作用的奖赏系统（如成瘾、追求刺激、享乐等）的进化则是由间接选择所驱动，间接选择的物质基础是冗余神经元网络（相当于自然选择中过度繁殖的后代）。冗余或备用的神经元网络是实时编码信息所必需的，是学习和记忆的基础。学习和记忆能力对于动物的生存和繁殖具有极大的优势。化学突触是构建神经元网络的基础，而这种突触是高度动态的。没有刺激输入，突触就会退化。动物看似无用的行为，正是为了获得必要的神经刺激以维持冗余神经元网络。在这里，人类文明的起源被还原到亚细胞水平的化学突触。难道冗余神经元网络是动物行为进化和人类社会进步的共同基石，连通基因与文明？

我期待间接选择理论能够成为意识进化领域的“第一性原理”，即作为不依赖参数的基本概念。间接选择的“材料”是当今神经科学的各前沿进展，可以说非常丰富，所缺乏的是使它们形成整体的内在逻辑联系。本书基于生物进化的原理，在这方面做了一个尝试。神经元网络竞争和间接选择不仅仅是归纳的产物，它更是一个新理论内核的科学表征以及推演。马赫说过：“科学可以认为是一个最小化的问题，它包含对事实最全面的表述和最经济的思维。”因此，我认为一个好的理论，①必须能够解释许多不同的现象（而现实是，一个现象有很多的假说来解释）；②有严密的逻辑结构，基于归纳或演绎；③同时要能够自恰、互恰和续恰。可以说，间接选择理论基本上做到了这三点。科学领域的重大突破往往是由理论牵引的，然后通过实验验证而获得确认。间接选择过程的实验验证，就目前的技术水平而言是极为困难的，因此该理论在短时间内可能难以为科学界所接受。然而，间接选择理论具有可证伪性，因此寄希望于不远的将来，随着研究手段的发展而得到验证。

这是一本集教学用书、科学著作和科普读物为一体的作品，可能更是一本“三不像”的作品。本书所涵盖的学科跨度较大，从分子系统学、神经生物学、行为生态学、人工智能、人类学到哲学等。就内容的丰富度而言，每一章都可以写成一本书。而在一本书中，将这么多内容整合在一起，只能是纲领性的。本书共含 28 章，其中 4 章（第一章、第二章、第十八章和第十九章）是引导性的，是讨论行为和人类进化的基础，相关专业的读者可以跳过。

作为一本严谨的科学著作，我力争做到书中的每一个论点都有文献支持，重要论点以多篇文献支持或引用专著为主，书稿中来源于文献的图片，在图题末尾以上角标[i]、[ii]...标识，对应的完整文献在文末文献列表的最后对应列出。那些没有文献支持的论述，基本上就是我的新观点。而引导性的四章，可能不完全正确，请专业读者见谅。为求消除原则性的错误，每一章节都请该领域的国内外专家审稿（致谢见“后记”）。书中所有涉及政治、法律和宗教内容的责任以及版权问题，均由我本人负责，与任何人无关。书中的一些内容在不同章节有少许重复，难以避免，敬请原谅。

我本人是中国科学院成都生物研究所的研究员和中国科学院大学的岗位老师，所从事的研究领域仅限于神经生物学和动物行为学，对其他学科的把握可能不准。书中不妥之处，在所难免，请读者不吝赐教。

第一篇
达尔文理论及其扩展

如果说自然选择和性选择是进化的主要驱动力，那么竞争就是自然选择和性选择的内核。

进化的观点首先是苏格兰地质学家詹姆斯·赫顿（James Hutton）基于地层越古老，所包含的化石越简单的现象提出来的。在较大尺度范围内，生命结构由简单到复杂，伴随的生命过程则越来越高效。诚然，在微小尺度范围内，较难判别生物结构是进步还是退步，但生命世界总的趋势是“进步”的。彼得·鲍勒（Peter Bowler）在其《进化思想史》中指出，达尔文虽然并不是一个简单的进步论者，但是他并不怀疑整个地球上生物史具有方向性。中国一些学者（主要是社会科学领域）将evolution翻译成演化以强调适应的无方向性，这其实是考虑问题时没有将时间和空间放在进化的尺度所致。当时间尺度以万年为单位时，似乎无法看出进化的方向；当将时间尺度拉长到以亿年为单位时，就可以明显地看到进化轨迹。例如，软骨鱼先出现，然后是硬骨鱼，再后是两栖动物登陆。这个过程绝无可能反过来，因为埋藏化石的地层呈现明显的证据。结构简化或退化在自然界的确存在，如在一些寄生性的种类中就有，但这绝对不是生命进化过程的主流。另外，“适者生存”也是对生物进化的不完整解读。自然选择驱动的进化过程完全基于群体水平，而不是个体。“适者生存”强调个体，显然不准确。另外，自然界存在不同强度的选择，完全无选择压力的条件下产生一些性状，如蓝眼与绿眼；而高强度的选择压力，如杀虫剂，则导致敏感基因的携带者死亡而抗性基因的携带者存活。在零压力选择和死亡压力选择之间，存在一个由弱到强的选择压力谱。由此可见，“适者生存”只是自然选择的一种极端状况。在著名的教科书 *Evolutionary Analysis* 里，作者这样描述自然选择的结果：从一代到下一代，种群的组成发生改变（The composition of the population changes from one generation to the next）。

达尔文的主要贡献是三大“选择”理论，包括自然选择、性选择和人工选择，这构成了生命进化的重要驱动力。其主要观点如下：①过度繁殖而资源有限，产生同质化的冗余个体，竞争资源；②个体间性状的适应性不完全相同，决定竞争的输赢；③这些性状作为进化的基础，是可遗传和累加的。竞争的主要目的是为了自身生存和繁殖更多后代。然而，达尔文的理论无法解释普遍存在的利他行为。为此，汉密尔顿引入了第四个“选择”，即亲缘选择理论，强调利他行为的适应意义是通过亲缘关系很近的个体传递那些与自身等同的基因。亲缘关系越近，传递自身基因的比例越高。因此，选择的基本单元是个体（达尔文）或基因（汉密尔顿），但以群体的形式表现出来。

达尔文和汉密尔顿的四个“选择”，仍然无法解释广泛存在的大量行为或现象，如趋光性、玩耍、做梦、成瘾、自杀、与繁殖无关的性欲、同性恋等。这些行为或现象普遍存在，似乎没有适应意义，而且还消耗宝贵的能量。每种行为或现象，都有几个甚至十几个理论和假说，试图解释行为的适应性。至少到目前为止，还没有获得完全成功。所有这些行为或现象的背后是否存在一个共同的机制？人类巨大的脑容量，也是一个不解之谜。狮群和狼群都可以有效地组织狩猎，狒狒和黑猩猩的社会群体平均为150只个体（与普通人的朋友圈相当），但它们的脑容量并没有像人类那样膨大。因此，自然选择似乎并不青睐硕大的头部。男女间在脑容量上没有本质的区别，虽然绝对脑容量是男性胜出，但相对脑容量则是女性占优。所以，也不可能是性选择的结果，因为性选择的后果是性二型（即雌雄性状的相异性，如男人的胡须和女人的乳房）。达尔文在《物种起源》第一版的引言里说道：“我深信自然选择是生物种变化方法中最主要的，但不是唯一的。”因此，我相信自然界一定存在着第五个“选择”。

第一章

自然选择理论——从历史走来

世界万物的起源，是所有智慧民族都关心的问题。每个民族几乎都有自己的理论，但多属于神话。生命起源和生物进化的思想在古代就有。2000 多年前古希腊哲学家阿那克西曼德（Anaximandros）曾经说："人由鱼变成，然后从水中来到陆地"。关于中国古代是否有进化思想的萌芽，是一个很有争议的问题。庄子和王充等的自然观包括生物进化思想，但不够明确[1]。生物进化的过程和驱动力问题在科学范畴（以自然过程解释自然现象）内，一直没有得到阐明。

本章结合分子生物学和进化生态学的最新发展，在现代科学的基础上对达尔文的自然选择进行归纳总结，同时对一些主流理论进行评论。由于一些主题具有较大的争议，读者可以仁者见仁，智者见智。在生物学教科书中，经常用有机体泛指生命，是英文 organism 的意译。这是一个还原主义的表述，不适合描述有智慧的高等动物。因此，我在本书中将采用生命体或生物，而避免使用有机体一词。就我的理解，"生物"侧重静态和结构，"生命"则强调动态与过程。当然，两者并无明确的界线。本书既然讨论进化，就从自然选择开始吧。

一、自然选择的基本过程

大约在 138 亿年前，宇宙从一个质点爆炸开始形成。大爆炸作为一切的起始，在此之前，既没有时间也没有空间①。时间缓慢地过了 90 亿年之后，太阳系开始成型。地球作为太阳系的一个重要行星，诞生之后逐渐冷却，空气中的水分子冷凝为液态水。生命从水中起源，经过 30 多亿年的繁衍进化，形成了现代绚丽多彩的生态系统。生命是目前人类所知的最复杂的系统，她是如何产生的？直到达尔文于 1859 年[2]在《物种起源》

---

① 从前流行的关于宇宙无边无际、时间无始无终的哲学观念，没有任何科学证据支持。宇宙"大爆炸"理论却有越来越多的科学证据：星系的特征谱线移向长波区，即红移（暗示宇宙在膨胀），宇宙背景辐射（大爆炸遗留的热辐射在宇宙中均匀分布），原初元素丰度（宇宙中氢与氦各占 25%和 75%，氦极端稳定，其形成超出了恒星核反应的温度范围，只能在大爆炸之初的极高温度下产生）。

中提出了自然选择理论，才基本解释了这个根本问题。

达尔文的自然选择理论的前提条件：①生命过度繁殖；②存在可遗传的差异；③激烈的生存竞争而导致只有④部分个体存活。由于当时的生态学还处于萌芽期，不可能对这些“前提”做科学的定量描述。后人多次重新梳理总结了达尔文的理论基础，将其归结为 5 个“观察”和 3 个“推论”[3, 4]。

观察 1：种群在环境无限制时（理论上存在），以指数增长。

如起始数量为 5，即 5→25→125→625⋯，在 n 次循环后种群数量达到 5^n。这类增长模式可以用以下公式表达

$$N = N_0 \times \mathrm{e}^{rt}$$

式中，N 为增长后的种群数量；N_0 为起始种群数量；r 为每次繁殖的后代数的增长率；t 为繁殖代数。

如果物种的寿命大于一个世代（人的世代为 20 年而寿命为 70 年），则种群数量更大。在这一点上达尔文受到托马斯·罗伯特·马尔萨斯（Thomas Robert Malthus）[5]的影响，后者在《人口原理》中指出：人口（或种群）在无限制时以几何级数增加，而生活资料只能以算术级数增加。种群指数增长的曲线呈“J”形（图 1.1 细虚线框），这是理想状态，仅在一个物种入侵一个全新领地的早期有可能发生。例如，驯鹿引入海岛后的 50 年内种群都处于“J”形增长期，到 50 年后才因栖息地资源破坏而致种群数量下降，随后围绕一个平衡值上下波动（图 1.1）。

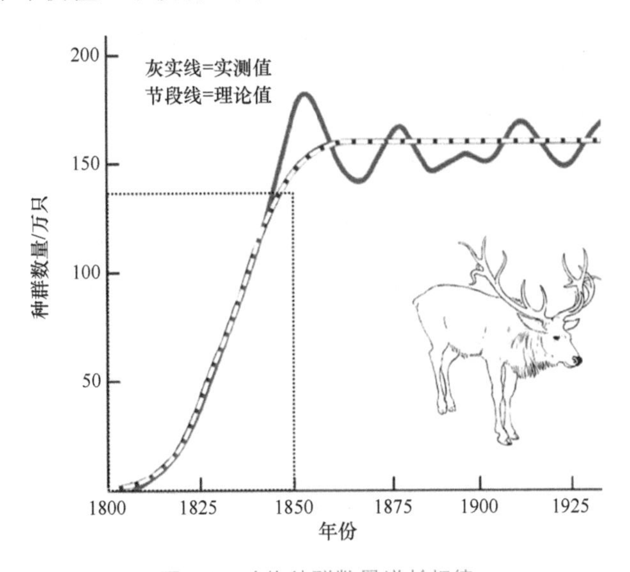

图 1.1　动物种群数量增长规律

无限制环境 vs.有限制环境

观察 2：在自然界的真实世界中，资源总是有限的。这些资源包括食物、配偶、空间和时间等。当种群在一个有限资源的环境中增长时，随着种群密度的上升，个体间必将竞争有限的资源。从而导致种群的出生率降低、死亡率增高，使种群数量的增长率逐渐降低并无限接近于零。

种群增长的曲线如图 1.1 中的节段线，这也就是种群生态学中著名的逻辑斯谛（Logistic）曲线。公式推导如下

$$\frac{dN}{dt}=rN\left(1-\frac{N}{K}\right)$$

式中，K 为环境容纳量，即资源；N/K 为资源的消耗量；$1–N/K$ 为剩余资源量。当 K 无穷大时，资源就无限可得，种群为“J”形增长。将上式积分后，得

$$N=\frac{K}{1-e^{a-rt}}$$

式中，参数 a 与 N_0 有关，表征曲线相对原点的位置[6]。

观察 3：当种群数量达到环境条件所允许的最大值时，种群数量将停止增长，K 值保持相对稳定或围绕 K 值进行有限的波动（如图 1.1 的 1870 年后的灰实线）。依照其繁殖策略，物种可分为 r-对策者和 K-对策者，从进化生态学的角度，它们又被称为 r-选择和 K-选择。

r-对策者的特征是快速发育、世代周期短、成体小型化；产生数量多而小的后代；把有限的资源投入到繁殖更多的后代；死亡率高，但高的繁殖率（即大 r 值）又能使种群迅速恢复；扩散能力强使其迅速离开不利环境，有利于建立新的种群和形成新的物种。采取 K-对策的生物表现为出生率低、寿命长、个体大；具有较完善的后代保护机制；有很强的种群调节能力，使种群数量维持在 K 值附近；扩散能力较弱，即把有限的能量资源投入到提高后代的竞争能力上[7]。由此可知，r-对策者的种群数量波动很大，在很短的时间内可以从销声匿迹到泛滥成灾，典型例子如蝗虫；而 K-对策者的种群数量相对稳定，变幅不大，著名的如大型海鸟——军舰鸟。

观察 4：种群内的个体存在性状差异，有些差异我们的感官能够感觉到，而更多的差异我们感觉不到。感觉到的是外在表型（phenotype），而感觉不到的可以是表型，也可以是基因型（genotype）。个体的性状差异是如此的多样，以至于无法全部囊括在一本书中。而正是对生命现象这种多样性的膜拜和崇敬，使一些研究进化的生物学家对其背后的机制复杂程度感到绝望，而最后投身到上帝的怀抱。一切归咎于上帝的创造，既简单又明了。

一些性状，如形态和行为的变异可以通过我们的感觉系统感知。人类鼻子的形态，千奇百怪，超乎你的想象。已被命名的大约有 10 余种，如鞍鼻、驼峰鼻、鹰钩鼻、朝天鼻、蒜头鼻、宽鼻、吉利斯鼻、罗马鼻、犹太鼻、鹿鼻、波状鼻等。人的鼻子之所以有如此多的种类，是对居住环境的适应。一般而言，北方居民的鼻孔较小、扁且长，而南方居民则相反。这是因为冷空气经过狭长的鼻腔，可以被预热以减少对肺部的刺激[8, 9]。然而，人的虹膜和耳郭（特别是耳垂）的变异很难阐明其适应意义。也许是还没有发现，也许根本就没有适应性的差别。

每类性状又有很多的亚类，它们的组合构成极其繁复的多样性。每个人的声音千差万别，我们很容易分辨。这是因为每个人的发声器官都有微小的差别，通过计算机软件对声音的一些参数进行统计分析，可以自动识别说话人的身份，即所谓的语音指纹。每

个人带有本民族和个人的“气味”，虽然我们的嗅觉系统不能区分，但很多动物可以辨别不同个体的“气味”。这些差异部分源自遗传背景，部分源自发育环境（如食物）。有趣的是，对于我们的感官不能感知的一些表现型，可能受到更大的自然选择压力。例如，细菌和昆虫的抗药性在自然界不表现差异，不是抗药的性状不存在，而是没有相应的环境选择压力所以无法表现。但在多次连续用药后，细菌和昆虫的抗药性就会显现出来，成为检验自然选择的最佳材料。

性状变异可以有两个来源：遗传变异和发育改变。变异的遗传学本质，是基因的突变（mutation）和组合。发育则是基因与环境相互作用，形成一定的表现型。波动不对称性（fluctuating asymmetry）是围绕一个零均值的随机不对称，是生物体偏离双侧对称的量度。其实质就是围绕中轴，两侧是否对称。而其生物学本质是在不良环境条件下，基因组能否成功地控制发育过程，以形成良好的表现[10]。这是一个非常好的进化发育测度。基因与环境相互作用，非常复杂，互相缠绕。

观察 5：很多性状具有可遗传性，可以从亲代（父母）传递给子代。传递的是信息，载于 DNA 分子序列之中，是线性排列的。

基因型与表现型的关系遵从“中心法则”（central dogma），是弗朗西斯·克里克（Francis Crick）[11]最初于 1957 年提出的概念：DNA→RNA→蛋白质（图 1.2）。它说明遗传信息在不同的大分子之间的转移都是单向的，不可逆的。只能从 DNA 到 RNA（转录），从 RNA 到蛋白质（翻译）。细胞中蛋白质行使最基本的生命功能：构成细胞和组织结构，催化生物化学反应。蛋白质由 20 种氨基酸构成，可以形成海量的组合，造就极其多样的结构和功能。DNA 由 4 种核苷酸（A、T、C、G）组成，任意三种核苷酸构成一个“三联体”密码子。4 种核苷酸可形成 64 个“三联体”，编码 20 种氨基酸。现代分子生物学的成果对“中心法则”做了一些修改，如逆转录病毒（retrovirus）的遗传信息不是存储在 DNA 而是存储在 RNA 上，RNA 可以进行自我复制且能通过逆转录酶将 RNA 转成 DNA 再插入宿主的基因组[12]。朊病毒（prion）是一种蛋白质感染颗粒（proteinaceous infectious particle），是牛海绵状脑病的致病因子[13]。它能使正常蛋白质变成感染蛋白质（即 PrPc→PrPsc），被认为是一种自我复制，虽然可以在个体间传播，但不涉及遗传信息的传递。

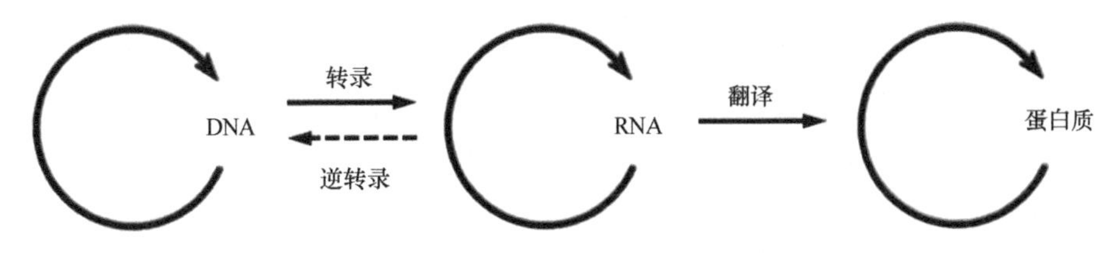

图 1.2　更新后的中心法则示意图

有性生殖的物种，每一个个体都含有 50%的父亲核基因和 50%的母亲核基因，但细胞质遗传的基因几乎全部来自母亲。所谓的受精，即是将来自父母的核基因融合为一体。为了不使后代基因的数量翻倍，生殖细胞在增殖时基因自动减半，其过程称为减数分裂。

占据染色体同一个位置或遗传位点（locus）的基因，我们称其为等位基因[①]。例如，决定花颜色的植物基因，*A* 来自父本开红花，*a* 来自母本开白花。当父母本融合后，*A* 与 *a* 竞争。如果 *A* 是显性基因，就会抑制隐性基因 *a* 的表达，因此花的颜色是红的。由于等位基因编码同一个性状，不但在表达时竞争，而且在遗传给后代时也竞争。竞争是残酷无情的，因此道金斯提出基因的本性是“自私的”[14]。竞争是生命特有的本性，生命世界里竞争无处不在：基因竞争传递、神经递质竞争受体、精细胞竞争受精、个体竞争存活、雄性竞争配偶等。

推论 1：不是所有的后代都能存活或有机会繁殖后代。既然繁殖过度，而资源又是有限的，就必然存在剧烈的竞争。食物的有限性导致部分个体死亡；配偶和领地的有限性导致部分个体失去繁殖机会，两者都会带来基因无法传递的后果。

推论 2：一些个体在生存和繁殖能力方面天生就比另外一些个体强。这些差异不是后天发育导致的，而是源自遗传基因的不同。即使是同胞的兄弟姐妹，在同样的家庭环境中成长，成年后的能力都会有很大的区别。这是因为每个父母都带有优良（“优良”和“不良”只是相对而言，此处仅是指在个体所处环境中具有较强的适应意义的为“优良”，反之为“不良”）基因和不良基因，后代的基因就会有很多种可能的组合，有些后代的优良基因较多而另一些后代的不良基因较多。

推论 3：个体的生存或繁殖机会不是随机的，那些能够适应当时当地环境的个体有更多的机会生存，也就有更多的机会将基因遗传下去。因此，带有这些性状的个体，在种群中所占的比例就越来越高。与马克思同时代的英国社会学家斯宾塞把达尔文的自然选择理论简化成 survival of the fittest，即“适者生存”。这显然是对达尔文进化论的不完整理解，自然选择过程绝非如此简单。要说明一点，最适应的个体，从进化生物学的角度看，不一定是最健康的、最强壮的或者跑得最快的。需要强调的是，选择本身（生存和繁殖）作用在个体，但改变的是种群。权威地说，这才是达尔文式的进化：种群随时间的渐变[15]。另外，“适者生存”还存在一个逻辑缺陷：适应的指标是生存或繁殖，即生存能力强或繁殖率高就是适应性强，而适应性强等于生存概率高或繁殖后代多，两者循环论证。这也是被反达尔文主义者经常诟病的地方。因此，道金斯提出稳定者生存（survival of the stable）的观点[14]，也是强调个体而不能完整地体现自然选择的过程与结果。

凡是影响到个体生存和繁殖的遗传差异都要受到自然的选择。如果一个基因编码所产生的特征使下一代的生存率降低，那么这个基因便将被逐渐淘汰而消失。反过来如果基因对疾病感染具有一定程度的抗性，或成功逃避天敌的捕食，并能成功地选择有生育能力的配偶，就会在种群中扩散。似乎受到自然选择的，是基因而非个体。

自然选择的一个著名的实例是桦尺蛾，在英国工业化前它们都是灰色类型，与树干上灰色地衣的颜色相近（图 1.3A）。1850 年左右发现了黑色的个体（性状差异），

① 考虑 4 个性状（头发、虹膜、眼皮、耳垂）的情况，为简化起见，假设它们都是单基因控制的性状。每个性状有两个等位基因，如头发直或曲、虹膜蓝或褐、眼皮单或双、耳垂有或无。这 4 个性状的组合，在父母与儿女之间的相同概率为 50%，在同胞兄弟姐妹之间也为 50%。当然，对群体而言每个遗传位点可能有多个等位基因，如人的虹膜不止有蓝色和褐色还有绿色和灰色，但对具体的个体而言则只可能有两个等位基因。

其实黑色个体应该一直都有，只是数量少不引人注意（图 1.3B）。19 世纪后半叶，随着工业化的发展，废气中的硫化氢杀死了树皮上的灰色地衣（一种环境指示物），煤烟又把树干熏成黑色。结果，原先歇息在地衣上得到保护的灰色类型，这时在黑色树干上却易被鸟类捕食（淘汰）（图 1.3C）；而黑色类型则因煤烟的掩护免遭鸟类捕食反而得到生存和发展（适应）（图 1.3D）。于是黑色类型的比例迅速提高，灰色类型的比例则不断下降。到 19 世纪末，黑色类型已由不到 1%上升至 90%以上；灰色类型则从 90%以上下降为不到 5%（此升彼降，比例变化）。随着英国的去工业化，环境得到改善，灰色类型的比例恢复到工业化前的水平。这表明自然选择通过保留有利基因和淘汰不利基因，导致种群基因频率的定向变化，使种群产生的适应新环境的类型得到发展[16]。

图 1.3　英国桦尺蛾的体色变化与环境的变迁

自然选择就像一把精细的剪刀，将各物种裁剪“得体”以适合特定的环境条件，即生态位。有人认为达尔文的自然选择之“自然”太过笼统，没有特定的时间和空间定义，建议以“生态位选择”代替“自然选择”[17]。生态位选择的确更加精确，然而达尔文虽采用自然选择的术语，但其实质是指生态位选择。再说，经过一百多年的沿用，已无更名之可能性了。任何性状（包括形态、生理生化以及行为）的形成和维持都是有代价的，这些代价既可以是能量消耗和营养补给也可以是疾病传染和天敌捕食等。但是，只要在进化中获得的收益大于付出的代价，性状就会被选择出来并扩散开来。可以说百益而无一害的性状是不存在的。

现在以细菌和昆虫的抗药性为例，探讨环境剧烈变化所带来的强选择压力如何在很短的时间内改变种群的遗传结构。一般而言，基因的自然突变以恒定的概率发生，理论上每个基因都有可能突变。但如果某一个基因的突变，正好适应了新的环境（小概率事件），突变就会保留下来。如果种群极其大，这种小概率事件就会发生。

金黄色葡萄球菌感染人群的死亡率为82%，青霉素在1944年投放市场，挽救了大多数人的生命。1947年第一例抗药性的临床报告出现，到1952年超过75%的细菌对青霉素有抗性。其他抗生素的情况，相差无几，都是在临床应用几年后产生抗药性。抗药性可以是多方面的：细菌产生一些酶，如β-内酰胺酶（β-lactamase）降解抗生素；产生一些青霉素结合蛋白质（penicillin-binding-protein）使之失去活性；改变抗生素作用靶点的生化性质等[18]。这似乎不能用事先存在的抗性差异来解释，因为细菌的基因组太小且很少进行重组。抗性基因可能有两个来源：一是自身基因的突变；二是从其他抗性细菌转入[19]。由于抗性基因保住了宿主的生命，该基因也借此而得到传播。

在昆虫中，故事则是另外一个版本。双对氯苯基三氯乙烷（DDT）于1874年首次合成，但是这种化合物具有的杀虫剂效果的特性却到1939年才被瑞士化学家保罗·米勒（Paul Müller）发掘出来。第二次世界大战期间，DDT的使用范围迅速得到扩大，在疟疾、痢疾等疾病的防疫方面大显身手，挽救了很多人的生命，而且还带来了农牧业的增产。为此，米勒获得1948年的诺贝尔奖。DDT对环境的副作用（参考《寂静的春天》一书[20]）以及昆虫抗药性在20世纪50年代就凸显出来。美国斯坦福大学的保罗·拉尔夫·埃尔利希（Paul Ralph Ehrlich）①实验室最早开展昆虫抗DDT的机制研究。

首先，在含DDT的固体培养基中饲养果蝇的幼虫（实验一）。先用很低浓度的DDT，致使大部分个体死亡，极少的个体存活。然后用存活个体为亲本繁殖，后代在稍高浓度的DDT环境饲养。重复这一个过程，依次增加DDT的浓度。大约经过10代，果蝇的抗性品系得以形成。这些抗DDT的果蝇甚至以高浓度杀虫剂为“开胃酒”（aperitif），而在此浓度下敏感品系的果蝇（即在无DDT培养基中生长的个体）100%死亡[21]。此结果似乎特别符合典型的拉马克主义（Lamarckism）。法国人让-巴蒂斯特·拉马克（Jean-Baptiste Lamarck）[22]在1809年写成《动物学哲学》并提出了两个著名的原则，就是“用进废退”和“获得性遗传”。前者指经常使用的器官较发达，不用则会退化，如长颈鹿的长脖子就是它经常吃高处的树叶的结果。后者指后天获得的新性状可以遗传下去，如脖子长的长颈鹿，其后代的脖子一般也长。关于拉马克主义，在后面有关行为的表观遗传学论述中将做详细的介绍。

① 本书涉及两个埃尔利希和两个摩尔根。埃尔利希：一个是此处的美国进化生物学家（Paul R. Ehrlich），另一个是获得诺贝尔奖的德国细菌学家和免疫学家（Paul Ehrlich）；摩尔根：人类学家刘易斯·亨利·摩尔根（Lewis Henry Morgan）和遗传学家托马斯·亨特·摩尔根（Thomas Hunt Morgan）。书中将采用美国埃尔利希和德国埃尔利希，人类学家摩尔根和遗传学家摩尔根，以示区别。

美国埃尔利希实验室[21]的第二个实验是，将同父母的果蝇后代分成两组：一组在含DDT的培养基上饲养（探雷组），而另一组在没有DDT的条件下饲养（同胞组）。如果探雷组在DDT培养基中死亡，则淘汰相应的同胞组。反之，如果探雷组在DDT中存活，则其同胞组用于繁殖下一代。重复此过程，大约10代后测试同胞组的抗药性。发现其抗药性与实验一的结果一致，然而实验二同胞组的果蝇自始至终都没有接触过DDT。因此，实验二很好地模拟了自然选择的过程，这是非常著名的否定拉马克主义的早期实验研究。

由上面的3个故事，我们可以看出环境的变化驱动了进化的过程。那么，在稳定的环境中是否就没有进化发生了呢？当然不是。对于一个特定的生命体，周围存在两种环境因子：非生物的物理环境和其他生物个体构成的生物环境。当物理环境稳定时，生物个体之间的竞争一刻也没有停止。美国芝加哥大学进化生物学家利•范•瓦伦（Leigh Van Valen）[23]于1973年提出红皇后（red queen）假说，源自《爱丽丝奇遇记》中红皇后的名言："Now，here，you see，it takes all the running you can do to keep in the same place"。翻译成中文就是"你必须尽力地不停奔跑，以使你保持在原来的位置"。其情景相当于长跑竞赛，跑在中间的运动员，如果没有夺冠的实力就只有拼命跑才能不被甩在后面。

最好的实例则是自然界的"寄生物-寄生"系统，李维•莫伦（Levi Morran）等（2011）[24]用秀丽新小杆线虫与其天然寄生物——沙雷氏菌直接验证了红皇后假说。此线虫的生殖是兼性的，既可行有性生殖，亦可行无性生殖。从未感染寄生菌的线虫群，有性生殖产生的后代比例一直保持在20%。沙雷氏菌的感染性或毒性易变，可与线虫协同进化。感染了这种沙雷氏菌的线虫，有性生殖的后代比例迅速上升，最后稳定在80%～90%的水平。因此，协同进化的寄生物促进了寄主的有性生殖。在另一组实验中，设法固定沙雷氏菌，使其不变。然后用这种不变化的菌株去感染线虫。开始若干代，线虫有性生殖的百分比几乎直线上升，然后就不断下降至稳定的20%。是与寄生物的协同进化而不是寄生物本身，对有性生殖施加了选择压力。进一步通过遗传变异和筛选，培养了两组线虫：一组只进行有性生殖；另一组只进行无性生殖。然后让这两组线虫各自与未参与前期实验的可变沙雷氏菌协同进化。结果，纯无性生殖那组不到20代就灭绝，而纯有性生殖那组一直未有灭绝的迹象。并且协同进化的沙雷氏菌的毒性，也一代比一代强。这些实验结果表明在协同进化中，落后者注定要灭亡；有性生殖在应对环境变化方面有显著优势。这一理论，又被戏称为"军备竞赛"。

天花病毒是被人类用技术手段彻底消灭的第一种烈性传染病的致病因子。流感病毒是一种严重影响人类健康的疾病，到现在每年仍有数以百万计的人因此而丧命。1918年的大流感，在全球10亿人中传播，导致几千万人死亡[25]。为什么天花病毒能够消灭而流感病毒却继续肆虐呢？其中主要的原因是，天花病毒极其稳定，几乎没有变异。人类一旦找到突破性技术就可以一劳永逸地将其清除①。流感病毒则相反，高度变异性导致每年的流感病毒都是新产生的变种，无药可治。

可遗传性是自然选择的基本条件，任何不可遗传的性状或许可借助表观遗传机制在

① 目前在俄罗斯和美国保留了仅有的两株天花病毒，为医药研究之用。欧洲殖民者将天花病毒带到美洲，导致美洲土著人口减少了90%（2000万→200万）[26]。

几代内传递性状，但不可能进化。基因是遗传的物质基础，是进化的核心因素。基因在真核生物中以分散的形式（被内含子分割）存储而以连续的形式（多片段连接）发挥作用。个体是基因的组合，躯体死亡是基因组合的解散。经历有性生殖的后代，不是前一个基因组合的全拷贝，而可能是与原来不在同一个个体的基因重新组合。在生理时间尺度，基因是不变的；在进化时间尺度，基因是可变的。

二、“自私”基因的利他行为

英国生物学家道金斯[14]写了一本非常有名的著作《自私的基因》，书中强调一切生命现象都是围绕基因的自我复制这个核心。当然，所谓“自私”只是一种拟人的比喻。细胞和躯体都是基因的物质载体，生命活动是复制基因的过程。基因像钻石一样恒久永存。“……它一代又一代地从一个生物个体转到另一个生物个体，用它自己的生活方式和为了它自己生存的目的，操纵着它们；又在一代接一代的生物个体进入衰老死亡之前，就抛弃它们。”基因具有相对稳定的结构和清晰的边界，可以与其他基因进行组合。

基因作为选择单位，最早不是道金斯提出来的。1966 年，乔治·威廉姆斯（George Williams）[27]在他的名著《适应与自然选择》中指出，“自然选择产生于一个孟德尔种群中的个体之间、最终是基因之间的生殖竞争。一个基因的选择仅在此意义上进行，即在所有的个体中，它的平均效应使得基因在未来子代中的存在能够最大化”。基因的本质是什么，与双螺旋结构的 DNA 序列的关系怎样①？DNA 序列是基因的物质基础，4 种核苷酸的排列规律编码了基因信息②。基因不仅可以通过复制把遗传信息传递给下一代，还可以使遗传信息得到表达以发挥功能。现在已知，人类基因组大约含有 2 万多个基因[28]，每个基因的平均大小为 1.0 万～1.5 万个碱基对。人类基因组中仅有 1.5%的 DNA 序列用于编码蛋白质组，其余 98.5%是冗余的[29]。

DNA 分子的生命是有限的，在活体内最长不过几百年（如大型海龟）。在特殊环境，如自然界的琥珀和实验室的有机溶剂中，可存活上万年，但远不是永恒的。老的 DNA 降解，基因则通过复制寄生到新的 DNA 上，获得传递。因此，基因的本质是信息，是依托 DNA 序列进行编码的信息。如果说生物体是 DNA 的寄主，那么 DNA 就是基因信息的寄主。从这个意义上来说，生命世界的本质就是由“信息”操控物质为其服务，并使得“信息”获得永恒。在生命世界里，基因是强势的，似乎可以操控一切。

基因的“自私性”表现在只求自身拷贝的增加和扩散，而“不考虑”整体的利益。一个典型的例子是 *FGFR2* 基因，其变异将导致新生儿颅缝早闭症（craniosynostosis）和 Apert 综合征[30, 31]。颅缝早闭症和 Apert 综合征的个体很难存活，即使勉强活下来也不可能繁育后代。研究发现，这两种病的发病率随着父亲年龄的增大而升高。这是因为当父亲的年龄变大时，正常精子的活力衰弱，但含 *FGFR2* 基因变异的精子却仍然保持高

① DNA 分子的空间结构在第五章有图片介绍，读者也可以从教科书或互联网获取相关信息。

② 基因的物理结构，在 DNA 分子上呈间断排列。一个完整的基因由多个外显子（exon）构成，外显子转录成 RNA 后连接成完整的模板，进一步翻译为蛋白质（图 1.2）。蛋白质在发挥作用之前，往往还有必要的修饰，如磷酸化。基因组里的外显子被内含子（intron）（非编码区）隔离，呈现外显子与内含子相间排列模式。

昂的活力[30]。年轻父亲的精子活力都较强，变异精子的“优势”就无法凸显出来。显然，单个基因的“自私”行为，导致了整个系统的崩溃。

关于自然选择的基本单位，达尔文早期认为是个体。从争食的小鸟到抢奶的小猪，个体间的竞争在自然界中处处可见。这类竞争的结果，导致群体中总有一些“僵鸡”或“僵猪”存在，它们存活概率和繁殖能力显著低下。极端的利己竞争，如南极洲帝企鹅在下水之前为了确定水中是否有海豹，往往相互往水中推搡，让同伴做替死鬼[32]。更加极端又常见的自私行为是同室操戈，一些禽类，如橙嘴蓝脸鲣鸟，先孵化的幼鸟将后孵化的兄弟姐妹直接杀死或推出巢外，以便独享父母的照料[33, 34]。动物的自私现象，不胜枚举。这种利己行为，似乎构成了基于个体的自然选择的基本要素。显然，自然选择仅适用于动物社会，如果直接照搬到人类社会，既缺乏逻辑联系又带来不良后果。人除了动物的本能，还有人性，即意识、博爱、文化、宗教、道德、法律等。在人类社会中，文化的认同完全能够克服遗传的差异。

最早的新达尔文主义是乔治•罗马尼斯（George Romanes）赋予奥古斯特•魏斯曼（August Weismann）关于种质（germ plasm）的理论：生物体由种质和体质所组成。种质即遗传物质，专司生殖和遗传；体质执行营养和生长等机能[35]。后来的新达尔文主义主要是指自然选择理论的“现代综合”，即结合遗传学的自然选择。格雷戈尔•约翰•孟德尔（Gregor Johann Mendel）的豌豆遗传学实验结果在 1865 年发表时以及 1900 年重新被发现后，都无法为自然选择奠基。原因是孟德尔的遗传因子假说，带有粒子性，似乎暗示进化是离散的或“跳跃”式的；而达尔文式的进化被认为是连续的、缓慢的、积累性的。遗传学家摩尔根和他的学生将基因定位在染色体上，认为连续变异可以是来自多个间断的基因位点的整合作用。但真正为自然选择赋予遗传学基础的是数学家和生物学家费希尔、摩尔根的学生西奥多西娅•多布赞斯基（Theodosius Dobzhansky）、鸟类学家恩斯特•迈尔（Ernst Mayr）、生物学家休厄尔•赖特（Sewall Wright）与约翰•霍尔丹（John Haldane）等，他们把群体遗传学引入进化理论研究中。1937 年多布赞斯基[36]发表了《遗传学与物种起源》，标志着新达尔文主义的成熟。从此之后，以达尔文的自然选择学说和孟德尔的遗传学相结合为特征，构成现代综合进化论的主线。

有意思的是，DNA 中不仅仅含有基因，也含有“无用”的序列区。不但在基因的外显子之间存在非编码的内含子，基因与基因之间也存在大量的非编码区，这些非编码区只有少部分起转录调控作用，大部分作用不明[37]。其实，非编码区的作用就在于减数分裂时，同源染色体片段交换中保持基因的完整性。由于非编码区的 DNA 序列远远多于编码区序列，交换发生在非编码区的概率就很大，这样可以避免对基因完整性的破坏。研究非编码区的人那么多，为什么就不从这个角度考虑呢？冗余 DNA 片段是有作用的，需要谨慎对待。贯穿本书的一个基本观点就是，任何冗余结构和成分都是有适应意义的。

如果个体是自然选择的目标或对象，那些具有利他行为倾向的生物个体在竞争中会处于不利地位。因为，利他行为对其他个体有利，这样必然增加了其他个体的适合度，同时这也意味着降低利他主义者自身的适合度。因此，从个体选择的角度很容易推导出利他主义不可能进化的结论。然而，利他行为在生物界普遍存在。例如，吸血蝙蝠会把自己吸到的血液捐献给没能吸到血液的蝙蝠，以使它们不会挨饿。一些鸟类群体中，幼鸟经常会得到非父母成鸟的帮助。成鸟保护其他个体的巢不受捕食者的入侵，并帮助喂养幼鸟。在狒狒群中占统治地位的雄性，当群体其他成员觅食的时候会把自己置身于一个暴露的地方，以便观察动静[38]。如果有捕食动物或竞争性群体接近，它就狂叫报警；也可能以威吓的姿态向入侵者冲去，其他的雄性也会跟它一起冲。部分地面筑巢的鸟类，如波斑鸨（杨维康博士私人通信），当捕食者靠近其巢穴时，作迷惑性表演（distraction display）[39]。亲鸟围绕巢穴以折翼受伤的姿态缓慢瘸行，引诱捕食者跟随，然后远离巢穴。狐獴居住在南非的卡拉哈里沙漠，它们表现出经典的利他行为，即在其他狐獴觅食或嬉戏时一只或多只狐獴承担起警戒的责任。当发现捕食者时，哨兵对其余成员发出警报后，才躲进散布在它们地盘里的洞内。哨兵也是第一个从洞口探头观察捕食者的动静，持续鸣叫使其他成员保持在洞内。威胁消失后哨兵才停止警戒鸣叫，其他成员才安全地现身[40]。在蚂蚁、黄蜂、蜜蜂、白蚁等真社会性昆虫中，不育的工蜂或工蚁（通常为雌性）把一生都贡献给整个蜂群或蚁群，建造和保护蜂窝或蚁窝，觅食和抚育幼虫，这是一种极端的利他主义行为[41]。由于他们自己没留下任何后代，因此，个体的适合度为零，但种群的适合度很高。可能正是利他行为，使真社会性昆虫分布在世界的每一个角落。

草原猴行群体生活，当发现天敌时，成年猴发出编码天敌种类的警戒鸣叫，幼猴需要学习才能获得这种能力。研究记录到的三种鸣声，分别对应三种天敌的临近：豹、蛇、鹰。对猴群回放这三种鸣声，观察被试猴群的行为反应，发现：对“豹”警报，迅速上树；对“蛇”警报，向下看；对“鹰”警报，向上看[42]。黑头山雀的警戒鸣叫含有 chick 和 dee 两个音节，其中 dee 音节的重复次数与天敌的翼展和体长有显著的关系。天敌越大，dee 音节越少[43]。

基于动物中普遍存在的利他行为，康拉德·洛伦茨（Konrad Lorenz）[44]在《论攻击行为》一书中提出任何动物行为类型都是“为了有利于物种”（for the good of the species）。暗示群体选择观点，但没有提供任何其有利于生存的证据。廷贝亨非常欣赏洛伦茨的行为具有生存价值的观点，其他学者也基于同样的理由赞同。群体选择（group selection）理论认为，选择发生在群体水平，这样可以解释利他行为。然而，群体作为选择单位，带有致命的硬伤。群体是一个统计单位，经常以平均数和变异范围为量度。但当性状平均后，同一物种的群体与群体之间几乎不存在显著差异。如果群体之间存在显著差异，有可能是源自两个不同的物种或亚种。亲缘选择（kin selection）理论的提出，导致群体选择几乎被彻底遗弃，随后沉寂了几十年。2010 年当大名鼎鼎的威尔逊等[45]重新企图以多层次选择（包括群体选择）理论，解释广义适合度时，惹恼了 137 位进化生物学家。他们辩论道：“……他们（指威尔逊等）是基于对进化理论的误解和经典文献的误读。……群体选择如果存在也是特例，仅局限于真社会性的昆虫”[46]。即使现在，群体选择理论还不甘心退出历史的舞台[47]。

其实，利他行为可以用亲缘关系（kinship）来解释。霍尔丹（Haldane）和费希尔首先注意到亲缘关系在动物社群活动中的重要性。真正在理论上阐明亲缘选择的是汉密尔顿，他于 1963 年[48]发表一篇短文，然后在 1964 年[49]发表长篇大论。汉密尔顿规律可用

一个不等式表达，即

$$br>c$$

式中，b 为行为受益方所得到的收益；c 为行为动作方所付出的代价；r 为两者的亲缘关系。汉密尔顿称这种自然选择原理为间接或广义适合度理论。简单地说，利他行为发生概率与亲缘关系直接相关。如果个体的利他行为，能够保证两个直系后代（各含该个体50%的基因）免遭死亡，从基因的角度来看，获得的收益与付出的代价相等。但如果能够保住三个后代免遭死亡，收益大于付出，利他行为就会发生。由于这些后代都持有该个体的部分基因，很可能包括利他行为相关的基因，因此利他行为就会被保留和扩散。说到底，冠冕堂皇的利他行为的背后还是有自私基因的黑影。亲缘选择理论成为击垮群体选择理论的最后一根稻草。动物个体间如何识别亲缘程度，这需要很高的智慧，所以利他行为经常在哺乳动物和鸟类中发现。一些昆虫也进化出高度利他的真社会性行为，它们的神经系统和认知能力远逊于脊椎动物。

为什么利他行为在真社会性动物中极为常见呢？蚂蚁和蜜蜂是最常见的真社会性昆虫，两者有着相似的遗传和生殖体系。几乎所有蚂蚁种类的蚁后都能够生产两种后代，即受精卵和未受精卵。多数受精卵发育成无繁殖能力的工蚁，少数发育成雌性繁殖蚁（蚁后）；而未受精卵则发育为蚁王。因此，工作蚁和蚁后是二倍体的雌性，蚁王是单倍体的雄性。同样的情况也发生在蜂类，只是命名有所不同，即蜂王是具繁殖能力的雌性。以蜜蜂为例，蜂王和工蜂是具有 32 条染色体的雌性，雄蜂只含有 16 条染色体。对于受精卵的后代，含有父母各 50%的基因。对于单倍体的父亲而言，基因 100%遗传给了后代；但母亲却只有一半的基因传给了后代。工作阶层，如工蚁、兵蚁和工蜂，相互之间的基因相似度高达 75%。它们都不能留下自己的亲生后代，却为了建设、保卫和维持家族无私地奉献了一生。其进化驱动力，正是源自姐妹间基因的高度相似性。对于真社会性昆虫，牺牲自己如果能换来两个姐妹的存活，就多赚了 50%的基因；而对于父母都是双倍体的物种来说，需要拯救 3 个兄弟姐妹才能达到同样的效率。

同样是真社会性昆虫的白蚁，其遗传与繁殖系统则有所不同。白蚁通常由蚁后生产后代，但也存在着会抚育后代的蚁王。白蚁的巨大巢穴由不会进行繁殖的雌雄工作阶层（工蚁和兵蚁）共同建设和保卫。自然界也存在一些白蚁种群，实行单性繁殖（又称为孤雌繁殖），即雄性完全没有存在的必要。此类白蚁的母女之间和姐妹之间，基因的相似度为 100%，真社会性行为（极度利他性）借此进化。但正常有性生殖的白蚁，其工作阶层有雄有雌，真社会性的进化驱动力尚不得而知。

达尔文在讨论社会性昆虫时写道："进行选择以达到有利的目的，不是作用于个体，而是作用于整个家系。因此，我们可以断言，与社群中某些个体的不育状态相关的构造或本能上的微小变异，证明都是对该社群有利的，结果使这些获利的可育雌体和雄体得以兴盛，并且可以将产生具有同样变异的不育成员的这一倾向传递给它们的可育后代。"

早期达尔文认为自然选择作用于个体，后来倾向于既作用于个体也作用于群体。但威廉姆斯认为，自然选择的单位必须是一个有较强稳定性的实体，即被选择的实体必须"有一个高的稳定度和低的内在变异度"。如此一来，个体选择和群体选择都不具备成为自然选择的单元的能力。首先，表现型的自然选择不能产生累积性改变，因为表现型是极其暂时的表现形式。表现型的集合就是个体，所以个体不能成为选择的单位；其次，基因型也不能产生任何累积性的效果，因为基因型也是暂时性的东西。例如，在减数分裂中，基因型在不停地改变。所以，基因型也不能成为选择的单位。一个成功的自然选择单位必须具备三个特性：长寿、生殖力和精确复制。然而，只有基因符合这三个条件。基因是稳定的，并通过“复制”或“拷贝”的形式永恒地存在[14]。如上所述，抗药基因受到最极端的自然选择压力；而一些基因在没有受到明显的选择压力的情况下，也有变异存在。

三、中性选择

自然选择理论提出来100年后，受到来自分子生物学的挑战。对乳酸脱氢酶（LDH）同工酶的研究显示，尽管电泳行为（即条带位置）有非常明显的差异，但不影响其功能。1968年日裔美籍科学家木村资生[50]提出分子进化的中性学说：自然界中多数或绝大多数突变都是中性的，即无所谓有利或不利，对于这些中性突变不会发生自然选择。强调生物进化的主导要素不是自然选择，而是在分子水平上的中性突变。生物的进化，主要是中性突变在自然群体中不断积累所致。分子种类不同，分子突变的速率也不同，进化速率也不同。

中性突变可以发生在3个层面。

（1）同义突变（synonymous mutation）：即核苷酸的替代不影响对氨基酸的编码。遗传密码是简并性的，即决定一个氨基酸的三联体密码子不止一个。64个三联体编码20种氨基酸，有44个冗余。三联体中第三个核苷酸的置换，往往不会改变对氨基酸的编码。例如，CCC是脯氨酸的密码，其中最后一个C如果为其他3种核苷酸的任何一种所取代，形成CCT、CCA或CCG，这3个三联体也仍然是脯氨酸的密码。虽然发生了突变，但新的密码和原来的密码编码同一个氨基酸，这种突变即是同义突变。如果核苷酸的替换改变了氨基酸序列，就是非同义突变。同义突变和非同义突变的比率可以在一定程度上表征自然选择的压力、性质、方向[51, 52]。

（2）非功能性突变：DNA分子中含有一些不转录的序列，如内含子与重复序列等。这些序列对合成蛋白质的氨基酸序列没有影响。因此，这些序列中如果发生突变，对生物体也无影响。目前研究不多，因为检测此类突变的计算量太大。人类基因组有大约30亿个碱基对，其中约29.5亿个碱基对是非编码的。

（3）不改变功能的突变：结构基因的一些突变，虽然改变了由它编码的蛋白质分子的氨基酸组成，但不改变蛋白质原来的功能。例如，不同生物的细胞色素c的氨基酸组成可以有一些置换，但它们的生理功能却是相同的。蛋白质一般含有多个功能区，有些核心功能区是不能变的，否则会导致功能丧失；但也有一些功能区是辅助性的，改变氨基酸（缺失、插入、替换）不会导致功能的变化。

根据中性学说，同义突变的频率是很高的，加上非功能性的突变和不改变功能的突变，可以说，绝大多数突变都是中性突变。大量的核苷酸替换并在种群中固定下来，这在选择上是中性的。分子进化的中性学说曾一度被广泛接受（木村资生也因此被诺贝尔奖提名），在很大程度上是因为当时数据处理的方法局限，而看不到自然选择的存在。其实所谓的中性突变并不是真正的中性，它也是达尔文进化论中有益变异的一种表现形式。前面提到的抗药性现象，细菌和昆虫种群内天然存在大量的“中性”变异，来自中性突变的积累。其中就有对某抗生素或杀虫剂表现不同敏感度的一些酶或蛋白质的变异。在没有环境压力时，它们是“中性”的；一旦出现选择压力，即使用抗生素或杀虫剂时，它们就会受到自然选择[18, 21]。人们更换抗生素或杀虫剂后，由于选择压力的消失，没有用处的抗性基因或因为有副作用（基因的多能性）或因为耗费能量，在种群内的频率将逐渐降低。新抗生素或杀虫剂的使用会导致另外的一些抗性基因的频率增加，而当前这些抗性相关的新基因在旧的抗生素或杀虫剂存在时是无用的、“中性”的。现在已经证明，即使是内含子的核苷酸序列和非翻译区片段，也受到正选择压力[53~55]。然而，也正是这些中性突变的发现，为日后的分子系统学发展奠定了基础。

一直以来，乳酸脱氢酶的同工酶被认为是中性选择的“标杆”。由两个亚基（蛋白质单位）组成：H（表示 heart）和 M（表示 muscle）。它们按不同的形式排列组合形成含 4 个亚基的 5 种同工酶，即 LDH_1（H_4）、LDH_2（M_1H_3）、LDH_3（M_2H_2）、LDH_4（M_3H_1）、LDH_5（M_4）（图 1.4A）。所谓同工酶，就是指它们的功能是一致的。结构不同但功能一致，这是中性选择的理论源头。编码 H 亚基的基因有两个：$Ldh\text{-}B^a$ 和 $Ldh\text{-}B^b$，电泳时可清楚地显示两个条带。然而，底鳉鱼（mummichog）中 $Ldh\text{-}B^b$ 的基因频率与纬度有关（图 1.4B），受温度的“选择”，不是纯“中性”的[56]。支持中性理论的人常常以血红蛋白为例：不同生物体内的这种功能蛋白的 DNA 序列差异很大，从 4 亿年前的鱼到今天的马，形成血红蛋白的基因碱基对改变了 66 个，而人与马的碱基对差异也有 18 个，但都具有很好的携氧功能。之所以看不出差异，是因为没有适当的选择压力。另外，一个基因的变异如果对主要功能没有影响，那就可能表现在与其他蛋白质或环境的相互作用方面。将马的血红蛋白基因克隆到鱼体内，可能是致命的。因此近年来，中性理论更多地作为自然选择的零假设（null hypothesis）而获得新生[15]。

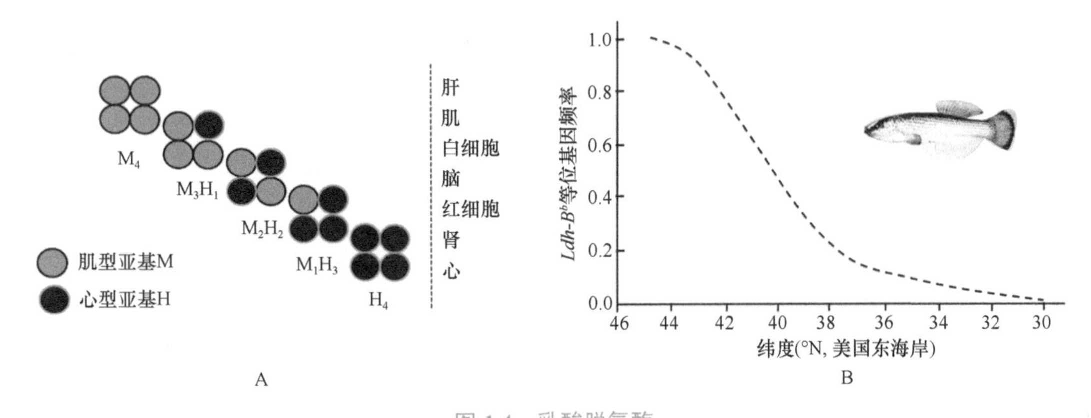

图 1.4　乳酸脱氢酶

A. 两个亚基形成 5 种组合的四聚体，具有相同的功能；B. 编码 H 亚基的基因之一是 $Ldh\text{-}B^b$，在鱼类种群中的基因频率呈现纬度梯度分布格局

遗传漂变是指由于某种机会，群体（尤其是小种群）中某一等位基因频率出现世代传递的波动现象。这种波动变化导致某些等位基因的消失，另一些等位基因的固定，从而改变了群体的遗传结构[57]。该过程可在任何种群发生，但对于大种群而言，这种漂变易被淹没。设想一下，如果把一枚硬币向上抛 1000 次（相当于大种群）。落地的结果可能是，接近 500 次正面（假设 505 次）以及接近 500 次反面（假设 495 次）。假如只上抛 10 次（相当于小种群），得到的结果有可能是 2∶8 或 7∶3，如果将来种群扩张而该基因频率保持不变，就可以产生极显著的后果。同样的道理，小规模人群中的无规律的基因频率变化，在几代之内就能产生惊人的后果。这在人类的进化史中多次发生，现代人类的繁衍可能具有一定的偶然性，称为瓶颈效应（参阅第十九章）。

由于有了中性突变理论，我们可以通过计算一些 DNA 序列的差异来代表物种之间的距离。尽管中性理论存在不可克服的缺陷，但其遗传距离的计算方法却是可行的。具体就是挑选一些受到很弱自然选择的基因，在理论上近似中性，其基因频率没有受到选择而发生改变，作为种群遗传学的基础，对进化过程进行量化。系统发育树（phylogenetic tree）非常形象地展示了进化的过程和结果（具体的构建过程，参阅第三章）。由图 1.5 我们可以看出生物的进化时序规律，时间节点需要借助化石记录对系统树的枝长进行标定，这里的枝长代表支系独立进化的时间。如果结合样本的地理信息，系统树甚至能够显示物种的迁徙路线。我们构建了一个全球的蝮亚科蛇类各个属的系统树，发现红外颊窝的进化减轻了眼睛的选择压力。研究暗示，一个新性状（如红外感知）的出现大大加速了蝮蛇类的进化，形成了远比蝰亚科（无红外感知能力）丰富的多样性[58]。红外感知系统的起源和进化，使蝮蛇具有在夜间和洞穴捕食温血动物的能力，极大地扩展了生态位。全世界的蝮亚科有 250 种之多，而蝰亚科只有 67 种，两亚科是亲缘关系很近的同科类群。

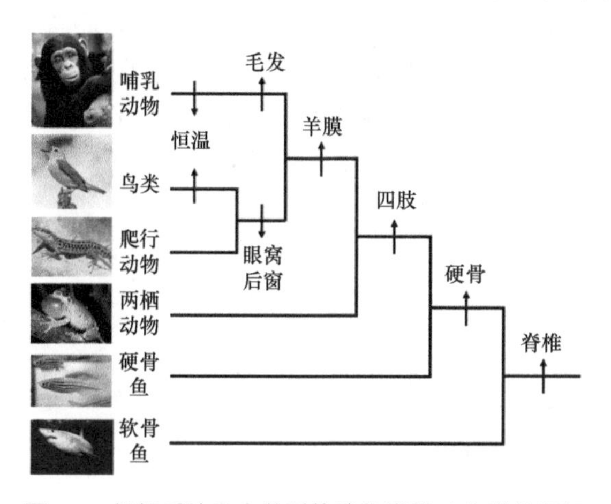

图 1.5 根据系统发育关系构建的脊椎动物进化框架

四、选择压力与“物种起源”

尽管我们强调生物进化是缓慢的连续过程，但具体的观察对象则是界线分明的非连续体。生物个体可以归为各个分类阶元，即我们熟悉的界、门、纲、目、科、属、种、亚种。实际上，只有种（即 species，常常又称为物种）有明确的科学定义，而在它以上的分类阶元的划分都有一定的随意性。亚种更多的是一个地理概念，即由于某个物种的分布范围太广以至于形成带有自身特征的地理种群。物种是生物分类的基本单位，是具有相同的形态、生理特征和分布区的生物类群。生物种的命名依据瑞典人卡尔·冯·林奈（Carl Von Linné，其英文名为 Carolus Linnaeus，生物分类学的鼻祖）创立的拉丁名双名命名法：前一个词为属名，要求用名词；后一个词为种名，要求用形容词。例如，现代人的生物学名是 *Homo sapiens*（即智人），归人属、人科、灵长目、哺乳纲、脊椎动物门、动物界。

不同物种的个体间在自然状态下一般不能进行有性生殖，或交配后产生的后代无生殖能力，形成所谓的生殖隔离。Mayr[59]于 1982 年对物种重新进行了定义，他认为物种是由居群组成的生殖单元并且与其他单元在生殖上是隔离的，在自然界占据一定的生态位。生殖隔离的机制有十余种之多[60]。受精前隔离机制主要表现为近缘种之间的：①发情时间不同步，包括季节不同步和昼夜不同步；②地理隔离，即异域分布；③求偶通信系统不兼容，导致求偶效率低下；④生殖性状替代，即近缘种之间在异域分布区的求偶信号趋同而在同域分布区的求偶信号趋异；⑤体型不匹配，如岩羊和矮岩羊，两者在遗传上的亲缘关系极近但体型相差很大；⑥外生殖器不匹配。

受精后隔离包括如下几个方面。①配子体隔离，即不能受精，指一个物种的精子不能够进入到另一物种的卵内，或者它在另一个物种的输卵管中不易存活。②杂交不亲和，指能够发生交配，但是不能够完成受精过程。③杂种不活，指能够完成受精过程，但是受精后合子（胚胎）不能够正常发育，或不能发育到性成熟阶段就死亡。例如，绵羊与山羊的杂种，在胚胎早期发育正常，但在出生前死去。④杂种不育，指杂种后代不能产生具有正常功能的配子。例如，马和驴杂交的后代——骡是不育的。当然在自然状态下，马和驴不会交配。⑤杂种衰退，指杂种后代（子二代 F_2）的生存力或育性减退。例如，树棉与草棉之间的 F_1 杂种是健壮而可育的，但是 F_2 个体则很衰弱，以致不能够生存。

经典的物种概念在鱼类和爬行类（尤其是龟鳖目）的分类研究中受到严峻的挑战，许多鱼类和龟鳖类的杂种具有可育性。早在 1888 年就有记载，蠵龟和玳瑁杂交的杂种海龟。近年来，在美国、加拿大、巴西、澳大利亚、墨西哥、日本、巴哈马群岛等地，鉴定出 7 个类型的自然杂交海龟[61~63]。与此同时，其他龟鳖类动物的自然杂交现象也不断被发现。从生态类型来看，生态型差别大的龟鳖之间不杂交，如陆龟与水龟；而相同生态型或者交配繁殖环境相近的龟鳖之间的杂交则较多。水栖的三线闭壳龟与半水栖的锯缘闭壳龟、水栖的乌龟与半水栖的黄缘闭壳龟均有杂交的后代。有些杂交种的后代在自然界是可育的，久而久之形成新的物种。物种的杂交起源是较常见的，尤其在植物界[64]。

科学和技术在前进，物种的概念也在发展。现在使用的物种概念至少有 22 个[65]。上面描述的生物学意义的物种划分，归根到底是基于分离（isolation）与识别（recognition）的机制。生态学意义的物种，是指具有同等生态位或适应带（adaptive zone）的群体，即同种生物以同样的方式与环境的各个成分相互作用[66, 67]。进化意义上的物种，则具有独特的进化角色、趋势和历史命运[65, 68]。与此相似，分子系统学定义的物种，即具有共同进化历史的居群，在系统树上表现为一个独立的分支（clade），包含四类特性。①Hennigian 性（源自 Willi Hennig 的姓）：祖先在世系分歧后灭绝。②单源性：由一个祖先和所有后裔组成，且常共享衍生特征。③谱系性：一个基因的所有等位基因是从一个共同祖先等位基因传下来的，并排除等位基因合并。④诊断性：具有可鉴定性，即有定性的固定差异[69]。

生物的适应与进化，是因为受到自然的、性的、人工的选择压力。选择压力常常是指驱动特定性状向一定方向进化的动力。它不是一个物理意义的力，而是指一个物种的自然变异与环境因子之间的相互作用而导致一定的性状优于其他性状。因此，可以理解为是一个“压力”，驱使生命体朝向某性状最大化的方向“前进”。基于选择压力的自然选择不仅仅有两种极端的状态，即“适者生存”和“中性选择”；从普适性来说，它是一个选择谱（selective spectrum），选择压力从 0（全无）到 1（全有）（图 1.6）。如果考虑负选择效应，情况就更加复杂。例如，抗生素和杀虫剂的使用，对一些生物而言是极强的选择压力，直接导致个体死亡。但这类选择压力是罕见的，自然界更常见的是中等强度或弱选择压力的情况，如乳酸脱氢酶的 *Ldh-B*^{b} 基因。基因的多能性也模糊了特定环境中的“适者生存”与“中性选择”之间的差异。正是各种选择压力以及生命的应对方式，驱动生命体去填充各种生态位的同时又创造新的生态位，形成了生命世界万紫千红的多样性。

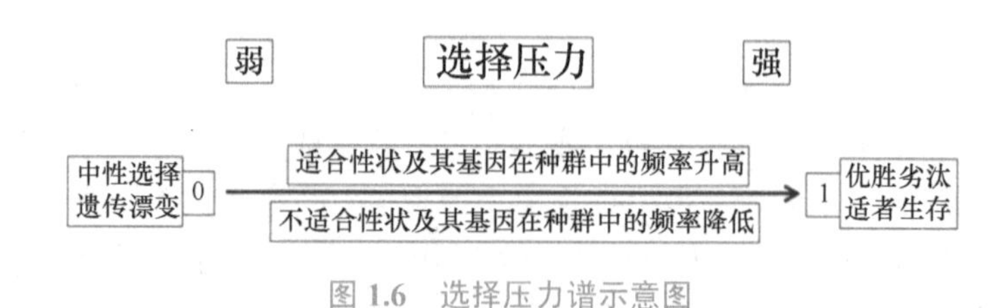

图 1.6 选择压力谱示意图

分子生物学技术（特别是基于 PCR 的基因扩增）的普及，使计算基因的选择压力成为可能。例如，分别计算非同义（*N*）与同义（*S*）突变的频率及其比值（即 d*N*/d*S*）：如果 d*N*/d*S* 大于 1，为正选择；小于 1，为负选择或纯化选择；等于 1，为中性选择。我们实验室对阳离子通道蛋白 TRP 家族的过膜区（含 6 个过膜片段及其连接片段）氨基酸序列做了选择压力分析，发现具有冷传感功能的蛋白质没有受到选择，而热传感蛋白受到显著的正选择（d*N*/d*S*＞1）。所有受到选择的氨基酸位点全部在细胞外侧的过膜区之间的连接片段上，似乎与感热的功能有关[70]。

有人送我 *Atlas of Creation* 的第一卷（一共出版了 3 卷）。该书收集了数千个化石证据，试图阐明自有生命以来，动植物的形状几乎没有发生改变。令人崇敬的是该书作者哈伦·叶海亚（Harun Yahya）[71]用了大量不重复的语句，来描述进化没有发生以及进化论是错的。孑遗物种的确给进化论带来了不少麻烦，如新西兰的楔齿蜥以及中国的大熊猫和水杉等，不管曾经有过多么辉煌的历史，不适时而变只能“濒危”。正如种群里总有少数僵化个体，生命系统中也有一些“僵化”物种。亿万年里，地球沧海桑田般变化，在这些“僵化”物种中竟没有引起一丝涟漪。

如果我们以比较的眼光审视各种系统树，可以发现很多树具有相似的拓扑结构，即阶梯状。这种阶梯结构在各个分类阶元都可能存在，从种下的谱系地理结构到脊椎动物系统发育关系。让我们沿着图 1.5 的结构，展开想象的翅膀，逆着进化的方向，顺阶梯而下回到远古时代。首先，体温调节生理功能的出现，使哺乳动物和鸟类在时间和空间上有了极大的扩展。由于恒温，动物可以在冬天活动，可以将空间延伸到地球两极和高海拔地区。这些生态位原来都是空着的。所以恒温动物的出现，虽然抢占了一些变温动物的生态位，但总体而言是开拓了生态位而使生物多样性大大增加了。下一个台阶，羊膜卵出现了，让爬行类、鸟类和哺乳类彻底摆脱繁殖对水的依赖。从此，这部分脊椎动物可以定居森林、草原、荒漠甚至沙漠之中，开辟了两栖动物无法利用的生态位。再下一个台阶，四肢的进化是脊椎动物抢滩登陆的必要条件，两栖动物开拓了全新的大陆，这是鱼类很少涉足的生态位。相对海洋生态系统，陆地生态系统的结构要复杂得多，环境异质性也大得多，为后期进化阶梯的形成创造了条件。水的密度和热容量太大，使水体的环境异质性小得多。海洋温度在小范围（4～30℃）波动，长期稳定的环境是生命起源于海洋的先决条件。硬骨的出现，使鱼类变得极为繁盛（硬骨鱼的种类远比软骨鱼多）。而这一切都源自脊椎的产生。看起来生命越到后期，才越进化出适应各种恶劣环境的机制。

正如前面说过，生命系统倾向多样，因此进化的主要策略是开拓生态位、创造生态位，当然有时候也抢夺生态位。如果已经存在一个物种，完美地适应了一个生态位，就完全没必要再产生一个新物种去代替。大自然不会如此愚蠢地去改变适应良好的特征，而是把多余的“力气”用在开拓新的生态位。由此看来，一些物种亿万年都没有变化，也就不稀奇了。如前所述，一个新性状（四肢、羊膜、恒温、骨骼、脊索）的“发明”，带来一个新类群的繁荣。如果某个性状具有极好的适应性，就会被不同类群反复地“发明”，即多次独立起源。例如，在有鳞目（蜥蜴和蛇）毒腺系统有四次（毒蜥科、眼镜蛇科、蝰科、颈槽蛇族）独立起源，蛇亚目的红外传感系统有三次（蟒科、蚺科、蝮亚科）独立起源。

尽管反对达尔文理论的呼声从未间断过，但是反对派从没有提出一个科学理论来对抗进化论。为了区分科学的进化论与宗教的创造论，我们需要对科学理论作一个限定：具备科学理论最基本的特点，就是必须使用纯自然的过程来解释一切现象。凡是用超自然的方法创造出来的非人类理性可以理解的，都不在科学范畴之内。《审判达尔文》[72]一书对进化论的质疑主要包括：①自然选择可以解释微进化，但不能解释宏进化；②自然选择产生种内的变异不能促进新物种的产生，人工选择即使有意识地参与但也不能培育新物种；③如果变异（或基因突变）是随机的，不可能产生诸如眼睛和翅膀之类的复杂结构；④所有生命都源自共同的祖先是一个假设（assumption），无法验证；⑤“自然选择”是同义反复无谓之重复语；⑥关键化石的缺失，即不存在过渡型化石。

据说约翰逊（Johnson）教授对中国文化极其热爱，给自己起了一个中文名“詹腓力”。他的书被译成 7 种文字，在世界范围内传播。在此，值得花时间对书中的观点一一讨论。

首先是微（micro-）进化与宏（macro-）进化的问题。虽然詹教授重点强调达尔文的自然选择不适用于宏进化，但他也没有给出微进化和宏进化的界限。物种形成（speciation）算不算微进化？詹教授认为自然选择不能促进新物种的产生，但现代科学已经积累足够的证据，阐明了纲、目、科、属、种的进化是自然选择所为。如上面提到的重要新性状的出现，导致两栖纲、爬行纲、鸟纲和哺乳纲的起源。寒武纪“动物大爆炸”的现象，是进化论反对者最锐利的武器。因为，动物界中所有不同体形构造、门一级分类阶元的动物“同时地、一次性地、以爆炸性”的姿态出现，完全没有渐进的痕迹。而从那以后，再也没有新的门出现，传统的进化论受到挑战[73]。古生物学家斯蒂芬·古尔德（Stephen Gould）和奈尔斯·埃尔德雷奇（Niles Eldredge）认为，从化石记录看生物的进化，遵循这样的模式：长时间只有微小变化的稳定或平衡，被短时间内发生的大变化所打断。也就是说，长期的微进化之后出现快速的大进化，渐变式的微进化与跃变式的大进化交替出现，即所谓的“间断平衡”理论[74]。另外，即使是所有的“门”都出现，那也是原始物种，其他典型物种的出现则要晚得多。本人对古生物学不甚了解，但我坚信进化过程肯定不是匀速的，生命占领一定生态位之后就会“短暂”停滞，等待新的突破。反过来，当大量生态位空出时，短时间就会有大量的新生命去填补。每一类动物的出现，同时为其他物种提供了新的生态位。新生态位反过来促进新物种的形成，如此产生级联放大效应。而且，所谓的“大爆炸”也不是一两年的事，而是数以百万年、千万年的累计。可能是因为海洋藻类长期的光合作用，导致地球氧分子的大量积累（空气中的氧浓度远高于现代），促进了生命的大繁荣。生态位空出，可能是因为重大的地质和天文事件，这在早期地球是经常发生的。6000多万年前发生过的一次小行星撞地球，导致恐龙的灭绝，空出的生态位被鸟类和哺乳类迅速占领。恒温动物在地球上6000万年的繁荣，对地球和宇宙的历史而言也只是短暂的“昙花一现”，或许也可称为“大爆炸”？

物种的概念有定性的，如生殖隔离；也有定量的，如系统发育树的亲缘关系。有些近缘物种在形态、行为、生理上无差异，但是有不同的进化历史。近年来，基于分子系统学发现越来越多的隐存种就是很好的例证。隐存种在形态上与近缘的姐妹种无差异，但已经有长期的独立进化历史，与其他种没有基因交流。人工选择是不会产生新种的，只会带来新品系（种），我们所说的物种是一个限定在自然状态下的概念。自然选择，不管是正选择、纯化选择或中性选择，都是新种形成的主要驱动力。性选择在新种形成中也会起到推波助澜的作用。对这一点，我们似乎不需多费口舌。然而，对于一些超乎想象的精密繁复结构和复杂协调过程，自然选择是如何对随机变异进行定向“剪切”的呢？

五、近乎不可能

基因的突变是随机的，有目的性的突变是难以想象的。新基因的起源是很复杂的，可能有各种机制，不会只有突变之“华山一条路”。华裔教授龙漫远博士，是研究新基因起源的权威。他以中国神话中的“精卫”命名第一个发现的新基因（300万年），因为它在进化过程中经历死而复生，最后成为一个新基因，并被赋予新的功能[75]。最近，龙博士实验室发现有几十个新基因在人类大脑的前额叶表达[76]，而前额叶是决定我们喜怒哀乐的感情，决定我们智慧的地方（后面有详细讨论）。伴随这些新基因的出现，我们同其他动物区别开来：创造出优美的艺术、隽永的文字、璀璨的宗教，研究我们存在的世界（私人通信）。

达尔文说，变异是随机的，选择是定向的。问题是，一些极其精细的结构，如眼睛、耳朵和翅膀能够仅仅靠这个过程而产生吗？眼睛是动物全身中最精致的器官，如果说是通过随机变异及自然选择而形成，那的确是非常不可思议。

视网膜是一个层状结构，共有 10 层。由里到外，依次为内界膜、神经纤维层、神经节细胞层、内网层、内核层、外网层、外核层、外界膜、感光层（感光细胞）、色素上皮。光线经过瞳孔进入眼内，照射在内界膜上，需要穿过内部 8 层结构才能到达感光层。感光细胞将光转变为电信号，再反向传输到神经节细胞，在这个过程中视觉信号得到初步的处理，如侧抑制等。然后借助神经节细胞的神经纤维将信号传入中枢神经。这些神经纤维聚集成束，称为视神经，位于视网膜的中心。由于神经纤维太靠近里面，向外传输就必须再反向穿过 9 层结构（图 1.7A）。在视神经穿过的地方，因为感光层在此位置没有感光细胞，形成所谓的视觉盲点[77]。视网膜的这种特异结构，带来一个严重的后果，就是视网膜容易脱落。同样具有良好视力的章鱼眼，其结构就显得比较“正常”：感光细胞在内，视觉纤维在外（图 1.7B）[78]。

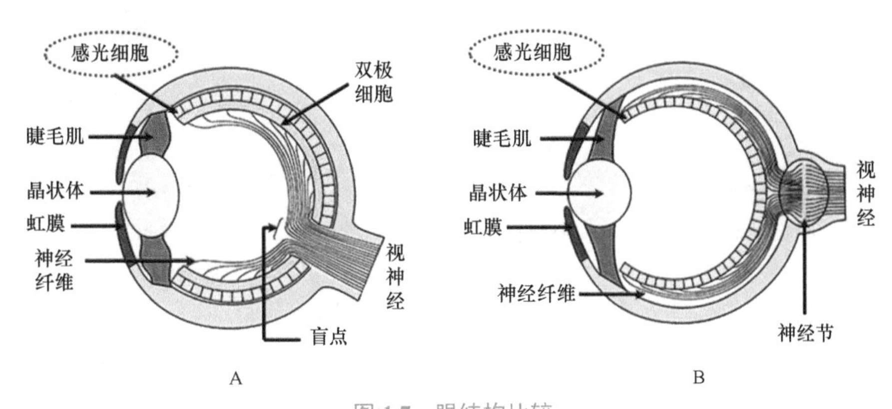

图 1.7 眼结构比较

A. 人眼，感光细胞在视网膜最外侧；B. 章鱼眼，感光细胞在视网膜最内侧

对绝大多数高等动物而言视觉是最重要的传感系统，为我们提供了 90%以上的信息，一定会受到很大的选择压力。如果眼睛具备以下条件，是不难用进化理论解释的。第一，起源非常早，进化时间足够长；第二，眼睛相关的变异具有积累效应，即可以逐渐改进结构和功能；第三，形状和结构有很强的可塑性；第四，眼睛的结构和功能并不完美。

关于眼睛起源，直到 20 世纪 80 年代，人们普遍认为自然界中眼睛形态差异巨大，如昆虫的复眼和脊椎动物的眼睛，是多次独立起源的结果。但这带来一个疑问：眼睛结构和功能是如此精妙，处理视觉信息的神经系统是如此复杂，神奇的自然选择似乎超过了我们限定的“自然”范畴了。达尔文将复杂的眼睛结构极度简化，猜想最原始的感光器官由两个细胞组成：一个感光细胞接受光线刺激并转化为电化学信号，另一个色素细胞则遮挡一定方向的光使得动物能够感知未遮蔽方向的光。涡虫的眼睛就是这样一种功能结构，一旦有了这样的结构，自然选择就可以将其不断完善，促成器官的分化（图 1.8）。Pax6 蛋白是一个转录调控因子，为非常保守的 *pax6* 基因家族的产物。把小鼠的 *pax6* 转移到果蝇中，仍能介导眼睛的发育。进一步研究发现，所有动物眼睛发育的主导基因，都是 *pax6* 基因家族的同源基因[79]。显示该基因的极度保守性以及在动物眼和其他感觉器官发育中的关键作用[80]。据此推测，所有的眼睛都是某个单次起源的后裔，进化历史可以追溯到生命起源的最初阶段（图 1.8）。

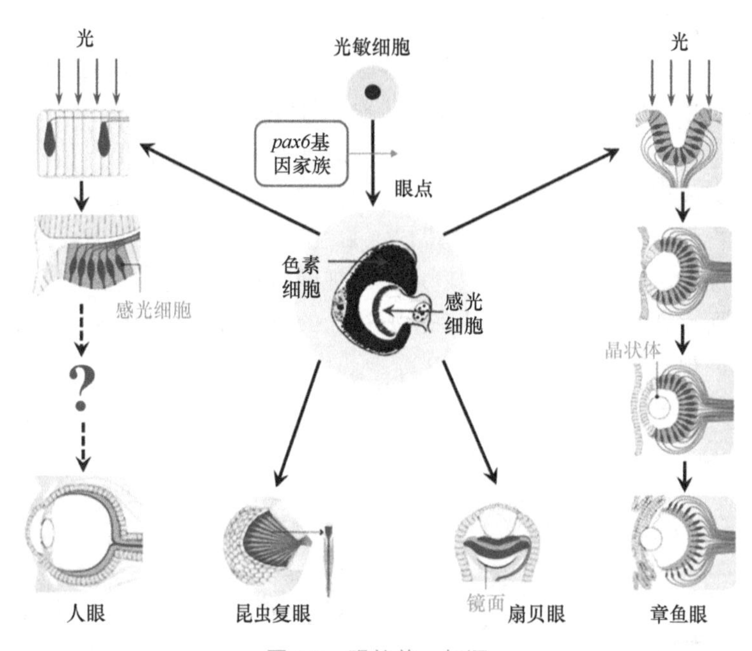

图 1.8 眼的单一起源

四种不同的眼结构及其进化路径之推测

1994 年，瑞典的达恩 • 尼尔松（Dan Nilsson）和苏珊 • 佩尔格（Susanne Pelger）发表了一个模拟模型，计算从达尔文的眼点进化到鱼眼所需要的时间[81]。他们做了如下几个假设。①从简单眼点到复杂眼睛是无数微小的变异积累。将每一个微小变异设置为 1%的改进（作者认为 1%太大，应该设定在 0.01%较合理。因为进化后期的眼睛趋近完善，任何大的变化都有可能使功能偏离最优），可以算出从眼点到鱼眼共需要 1829 个 1%的改进，也就是需要 1829 个步骤。这 1829 个变异独自“按部就班”地发生，而不是有几个步骤同时发生，所用时长相当于 $(1+0.01)^{1829}$（进化时间单位）。②这些微小的变异会影响生物的生存，尽管每个影响都很小，但经过很长的时间，其累积效应仍然是惊人的。③这些变异是能够遗传的，为保守起见将眼睛的遗传率设为 50%，这显著小于其他特征的遗传率（如人身高的遗传率为 79%）。在做了种种保守的估计以后，代入方程式计算（计算优势的遗传变异在种群中的扩散时间），结果：从眼点进化出鱼眼，只需要 364 000 代。如果平均按一年一代计，这个过程仅需要小于 40 万年的时间，似乎太快了。如果假设每一个微小变异为0.01%的改进，整个过程大约需要几亿年的时间，是比较合理的。

尽管眼睛的正常功能对动物是生死攸关的，但其结构（至少形态结构）具有较强的可塑性。我们对游蛇和蝮蛇的研究发现，蛇类的眼睛几乎不受遗传的影响，而是对特殊生境的适应。例如，夜行性游蛇的眼睛显著小于昼行性的同类[82]，而在壁虎、水鸟和灵长类等动物中夜行性种类的眼睛大于昼行性的同类。遗传和适应共同作用于水鸟的眼睛[83]，而在爬行动物中，遗传的作用似乎非常小［即亲缘关系近的种类并没有相似的眼睛类型，专业术语称这种现象为“系统发生独立”（phylogenetic independence）］。如果将生物多样性看作是广袤的太平洋，那么遗传与适应就分别是汇聚于太平洋的黄河与长江的源头。在蛇眼的进化中，黄河似乎断流了，只有长江依然在滔滔不绝地向太平洋注入新鲜活力。

眼睛并非像我们想象的那么“完善”，如前所述，脊椎动物的视网膜是一种颠倒性结构（图1.7A），光进入眼球要穿过血管、神经节细胞才能抵达感光细胞，这不是降低成像质量了吗？另外，神经节细胞会聚成一束，统一穿过中层和外层连接中枢神经，此处形成了视觉盲点。为了克服这两个缺陷，专门进化出复杂的机制，即微眼动和双眼互补及其相应的中枢神经处理网络。这些缺陷不仅导致了成像的障碍而加重了大脑的负担，还会造成一系列疾病，如眼底出血导致阴影和视网膜脱落等。与脊椎动物的眼睛结构相反，章鱼的眼睛就不是倒装的。章鱼眼与脊椎动物眼的结构相似，球状且有晶状体。但是光透过晶状体后，就直接投射到感光细胞上（图1.7B），而无须先穿过神经、血管。章鱼眼睛的传入神经细胞位于感光细胞的后面，直接连接大脑而无须穿透视网膜再往回绕弯[84]。

飞翼有三次独立起源，昆虫、鸟、蝙蝠。虽然结构差异很大，但功能是一致的。詹教授认为鸟翼的结构过于复杂，而且与呼吸系统协同进化，不是随机变异及自然选择可以阐明的。鸟羽和兽毛被认为是由爬行动物的鳞片进化而来，其基本功能是恒定体温，翼羽（以下称飞羽）的飞翔功能是后来衍生出来的[85]。鸟羽具有极强的可塑性，尤其是飞羽和尾羽。看看雄性雉类（如孔雀）的尾羽，很容易理解这点。虽然与眼睛相比，飞羽的进化历史要短得多，但飞羽的出现使鸟类拓展了空间生态位，因此受到极强的正选择压力。早期飞羽应该是在滑翔时起作用的，呼吸系统不需要特化。如果鸟类偶尔扇动一下飞羽，使滑翔距离增加，肯定在生存竞争中占据优势。如果呼吸系统再改良一点，鸟类的飞羽扑动时间便长一点，那么就开启了飞翔的进化之旅[86]。可以想象，飞羽结构与呼吸系统在短的时间尺度不会完全平行。一是飞羽改善在先，对呼吸系统形成需求；或是呼吸系统进步在前，促使飞羽变化。这种进化也是有积累效应的，现代鸟类翅膀的飞羽与呼吸系统的完美协同是数千万年累积的进化结果。关于进化累积的问题，在后面还有详细的阐述，这里先讨论另一个进化难题。

六、共同祖先

必须承认，达尔文的进化论和现代分子系统学理论和方法都是基于一个假设，那就是存在“共同祖先”。这种共同祖先出现在各个层次的生命系统。例如，所有蝮蛇有一个共同祖先，所有蛇类有一个共同祖先，所有爬行动物有一个共同祖先，所有脊椎动物都有一个共同祖先（图 1.5）……所有生命都有一个共同祖先。由于共同祖先现在都消失了，所以无法证明其存在或曾经存在过。

古希腊数学家欧几里得（Euclid）[87]把人们公认的一些几何知识作为定义和公理（公设），在此基础上研究图形的性质，推导出一系列定理，构成演绎体系。欧几里得几何学的第一个假设就是“两点确定一条直线”，或两点之间以直线距离最近，以此作为几何学的公理（即不证自明）之一。公理化方法是现代科学发展的基本特点之一，是科学理论成熟和数学化的一个主要特征。共同祖先假设作为进化理论的公理，是分子系统学的理论及其方法学的基础。分子系统学的本质就是基于 DNA 序列的模型化定量运算，借助计算机高速运算而实现的数学模型的数值解（参考第三章）。共同祖先作为进化论的出发点，似乎无法证明。然而基于这样一个出发点，得出的谱系（phylogeny）关系在不同阶元都高度一致，而且互相支持（自恰）。从大尺度来看，现生脊椎动物包含了鱼类、两栖动物、爬行动物、鸟类和哺乳动物五大类，分子系统树的阶梯结构（图 1.5）显示鱼类最古老，其次是两栖动物，然后是爬行动物，最后出现鸟类和哺乳类。最古老的鸟类绝不会比最古老的两栖类更古老，这也与化石证据十分吻合。小尺度的研究显示，果蝇在夏威夷附近岛屿的形成规律：老物种占据旧岛，新生物种出现在新岛，而且这 7 种果蝇都源自一个共同的祖先（图 1.9）。

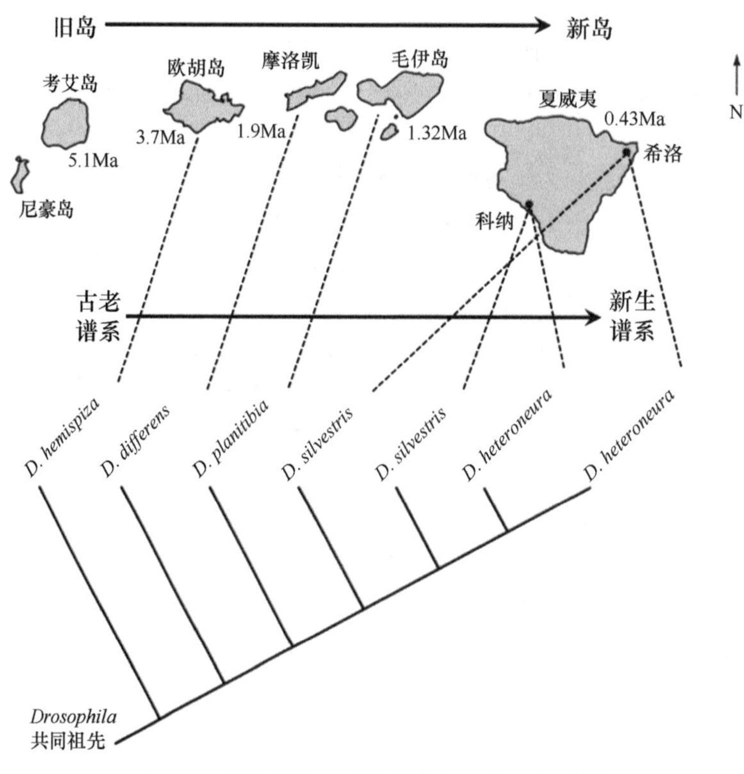

图 1.9 果蝇新物种随着新岛的形成而出现[88]

Ma=百万年

所有这些反证了共同祖先这一假设的合理性，但却不能用分子系统学的结果去验证该假设的真实性，否则将陷于循环论证的尴尬处境。

让我们从基因的构成来讨论共同祖先的起源。尽管生命世界展现出极端的多样性：从无细胞结构的病毒，到单细胞的细菌和藻类，再到高等动植物，它们的信息系统却是出奇地完全一致。生命的结构、功能、过程都编码在DNA或RNA的碱基序列里。一般来说，DNA和RNA仅仅是遗传信息的载体，没有直接的生物学效应，相应的功能是通过蛋白质和脂质（膜）实现的。现代研究表明，在生命起源的早期，RNA具有酶的活性，即一些特殊的RNA片段具有识别、剪切和拼装其他RNA的功能，称为核酶（ribozyme）。托马斯·切赫（Thomas Cech）和悉尼·奥尔特曼（Sidney Altman）[89]针对在出现细胞之前的“原始汤”中没有蛋白质的条件下，RNA如何实现自我复制这一重大科学问题，将大肠杆菌核糖核酸酶P（RNase P）的蛋白质部分除去。发现在体外高浓度Mg^{2+}存在下，余下的RNA部分（M1RNA）仍具有与全酶相同的催化活性。由于核酶的发现，两人于1989年获诺贝尔化学奖。后来，核酶在多种植物病毒卫星RNA及类病毒RNA的自我剪接研究中被发现，但数量较少且功能单一，对复杂的生命过程而言似乎远远不够。对此，人工合成大量的具有特异结构的RNA片段，并对其酶学活性进行逐个筛选，借此获得了生命过程所需要的全部功能的核酶。这项工作有两个方面的意义：RNA具有全能性，能单独完成蛋白质的功能；自然界不存在此类RNA是因为其功能被更高效的蛋白质取代，因此被自然选择淘汰。

早期生命也可能存在另外一个或多个与现有DNA和RNA完全不同的生命信息系统，在长期的进化过程中被淘汰了。被淘汰的原因可能有很多，如不稳定、效率低、复制时容易出错等。当现有的DNA或RNA处于双链状态时，是极其稳定的，DNA的半衰期是521年。DNA和RNA复制和转录的精确性也是极高的。也许早期也存在效率低下的问题，但后来通过优化、高效的蛋白质（酶）系统提高了效率。生态系统的一个基本规律是竞争排斥，具有完全相同生态位的两个生命体系（具体说，如两个物种）必然发生竞争，最终只有一个存活。可以想象早期生命信息体系的竞争，发生在“原始汤”里，那时候细胞还没有出现，可用的材料（有机分子）极度缺乏，竞争必然非常激烈。最后RNA取得完胜，通过自身的序列指导合成DNA，构成DNA和RNA信息系统。DNA与RNA是同源双生系，两者之间仅有一个碱基的不同以及核糖上一个氧原子的差异。这套DNA和RNA体系构成了生命的源头，地球上所有的生命体内都使用相同的信息系统。如果地球上所有生命不是从一个共同祖先进化而来，那么就必然存在其他的信息系统。

最新研究发现，一种被称为二酰胺磷酸盐（DAP）的化合物，能够在相同条件下同时磷酸化地球早期生命形式中的三种最重要的化学物质——短链核苷酸、短链肽和脂质。科学家认为，早期生命过程中这三种化合物的磷酸化对大分子自我组装起到核心作用。但此前尚未找到一种磷酸化剂，能在相同条件下同时催化这三类分子，这也成为地球生命起源的化学历程中缺失的一个环节。DAP可以磷酸化水中RNA的4个核苷，并在咪唑的催化作用下，促发这些磷酸化结构形成RNA样的短链。此外，DAP与水和咪唑相互作用，能有效地将甘油和脂肪酸磷酸化，导致一种小型磷脂质胶囊的形成。这种被称为囊泡的磷脂质结构，是细胞的原始形式。在室温下，DAP能使水中的甘氨酸、天冬氨酸和谷氨酸磷酸化，然后将这些分子连接成短肽链。DAP还可以有效地磷酸化各种单糖，从而有助于构建早期生命形式所涉及的含磷糖类。最重要的是，DAP能在同一位点同时触发短链核苷酸、短链肽以及封装它们的细胞样结构的反应，使这三类重要分子聚集在一起[90]。这可能是生命起源中非常重要的化学反应环节，最终诞生了第一个原始生命形式——地球上所有生命的共同祖先。

七、协同进化

从一个共同祖先衍生出来亿万的“子孙”或物种，它们之间不可能只存在纵向的关系。物种或个体之间发生大量的相互作用，其中最神奇的莫过于协同进化。

大自然最鬼斧神工的表现，当属动植物之间的协同进化。协同进化是不同物种的相互适应，一个物种的性状变化导致另一物种发生适应性改变的进化类型。1980 年丹尼尔·詹曾（Daniel Janzen）[91]严格定义了一对一的协同进化：一个物种的个体行为受另一个物种的个体行为影响而产生的两物种在进化过程中发生的变化。自然界存在大量的协同关系，但不全是一对一的。后来有人将詹曾的定义扩展为：一个或多个物种的特征受到多个其他物种特征的影响而产生的相互进化现象。典型的协同进化是有花植物与传粉动物之间的“相爱相杀”。特别是兰花科与蜂、蛾和鸟的形态，已经特化到一种极致水平。

著名的摩根天蛾（可能已灭绝）与达尔文兰的故事，最为人们津津乐道。当年达尔文收到从马达加斯加邮来的兰花标本时，对极度伸长的花蜜管（20～35cm）大为吃惊，并推测存在一种昆虫具有相匹配的喙。1903 年摩根天蛾在马达加斯加被发现，它具有20cm 长的喙，可从特殊的兰花种类中摄取液汁，证实了达尔文的猜测。

新大陆热带雨林中很多种兰花完全依赖某一类蜂（兰花蜂，euglossine bee）进行花粉传播。这些兰花对传粉动物的要求极其细致，体型过大或过小的蜂种类都不适合兰花的形状，因而不能触及其生殖器官。这些兰花不分泌花蜜，但可以从花瓣分泌细胞中释放香气，不同种类的兰花分泌不同类型的香气，模拟雌蜂的外激素以引诱雄蜂[92]。或者释放雄蜂合成性外激素的前体，雄蜂为获得这类前体化合物而频繁进出兰花，兰花因此而传粉。不同种类的蜂选择不同的芳香型，正是基于这些不同芳香型的化学前体，各种雄蜂合成了物种特异的外激素。因此，生活在同一区域的兰花各自吸引与其“对眼”的兰花蜂。兰花种与蜂种之间一一对应，不但体型是高度匹配的，前体化合物也是其专一传粉的雄蜂所需要的。

另外，全球有 60 多种蜂兰（bee orchid），不同种的蜂兰由不同种的雄蜂为其传粉。为“勾引”不同种类的雄蜂，蜂兰对雌蜂外形的拟态也各不相同。蜂兰也因此成了自然界最完美的“伪装大师”，蜂兰模仿的雌蜂完全可以以假乱真。不仅蜂兰的唇形花与雌蜂的外表极为相似，它的腹唇上甚至都有细细的毛，酷似雌蜂的腹部。这样雄蜂就会被兰花吸引，试图与其交尾[93, 94]。当雄蜂落到蜂兰上，便沾上了兰花的花粉。交配未成，雄蜂便飞开寻找更适合的配偶，而将花粉传给另一朵蜂兰。

蜂鸟用它细长的喙从花蕊深处吸食花蜜，其喙的形状与花朵的形状是如此的相配，以至于使人不禁要问：是花朵的形状促使蜂鸟的喙进化成细长的形态还是花朵为了适应蜂鸟才进化成如今的形状[95]？这是一个先有鸡还是先有蛋的悖论。研究发现长喙隐士蜂鸟成年雄性的喙比雌性蜂鸟更尖更长，在求偶竞争中凭借其尖利的喙将对手刺伤。当有雌鸟在附近时，雄鸟会按照规矩在空中先进行一场精彩的“面部击剑”赛。胜者在将其竞争者驱逐出境后，为“心上人”献上一小段舞蹈，借此获得雌性的青睐。而战败一方的喉咙则会被对方刺破，伤重者甚至死亡。因此，鸟喙似乎受到双重（取食和争斗）的选择压力，进化速度更快，可能在与植物的协同进化中起主导作用。夏威夷和澳大利亚没有蜂鸟，蜂鸟的生态位由旋木雀类（honey creepers）和食蜜鸟类（honey eaters）填补，两者都有细长的喙，取食花朵深处的蜜。

榕树和榕小蜂的协同关系，已经发展到极致，因此也最令人着迷。一些榕树仅依赖一种榕小蜂传粉，而一些榕小蜂只为一种榕树传粉，两者形成生死相依的关系。一个种的灭绝必然会导致另外一个种的消亡。这种生死关系，也存在于渡渡鸟和大颅榄树之间，两者都是生活在非洲岛国毛里求斯的本地物种。大颅榄树又名卡伐利亚树，靠渡渡鸟吃下种子消化掉硬壳后，才能发芽生长成树木。自从渡渡鸟灭绝后的300多年里，大颅榄树再也没有更新而濒临灭绝[96]。渡渡鸟的灭绝是人为过度捕猎还是气候灾害事件，已成为历史公案。但灭绝的时间正好在西方的大航海时代，就足以让人类自责了。

拟态不同于协同进化，是单向性的适应。如果说对于协同进化的“领导者”和“追随者”是一笔糊涂账的话，那么对于一些拟态现象中的谁先谁后，是很明确的。拟态现象十分普遍，在动植物的不同类群中均有发现，是多次独立起源的。拟态动物以有毒物种为模板，克隆其形貌，如一些无毒毛虫模拟有毒毛虫。鸟类有极强的学习能力，误食一次有毒毛虫导致的呕吐反应，其痛苦足以使其终身回避这类毛虫。因此有毒的昆虫和蛙类，由于无须隐藏而形成鲜艳的体色对其天敌示警。对天敌而言，鲜艳的颜色就意味着危险[97]。2013年夏天我在匈牙利多瑙河流域的胡焦格（Hugyag）做野外调查，那里的湿地是铃蟾的繁殖场，铃蟾几乎24小时鸣叫，即使有多只涉禽类在附近觅食时也不会间断。当我捕捉一只铃蟾时，一种奇怪的行为发生了，它在我的手掌自动翻身，腹部朝上（图1.10）。

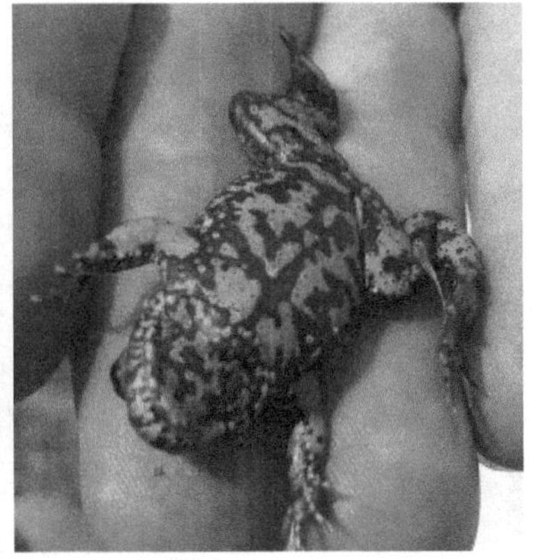

图1.10 铃蟾背部和腹部颜色比较

我的同伴安德拉斯·魏佩特（András Weiperth）博士告诉我，铃蟾有毒，腹部颜色鲜艳，遇到危险时自动翻身以露出腹部的警戒色。

一些没有毒腺的毛虫，偶然产生鲜艳的颜色，存活的概率就大一点，因为食虫的动物很难区分这种微小的差异。由于不用耗费能量去合成毒素，拟态的无毒毛虫在生存竞争中具有明显的优势。

很多植物的叶有成对的眼斑，风一吹很像动物的头部。一些蝴蝶和蛾类成虫的翅也有眼斑，整个看起来极像鸮类的脸。更神奇的是天蛾的幼虫尾部特化，形成蛇的三角头部，完全可以以假乱真。这个现象被称为贝茨氏拟态（Batesian mimicry）：被拟者的色斑、形状、体色、行为等通常具有所属类群的典型特征；而拟者的则相反，与所属类群的其他种类截然不同。拟者和被拟者经常同时生活在同一地区。拟者和被拟者的相似性仅限于外显性状等，不涉及解剖和生理生化特征。拟者的外形需要一个大的变化，所以大多数拟态性状是由单基因控制的。拟态发生的可能性不仅取决于原模型的存在和恰当的突变，也取决于模拟同一原模型的拟态种的数目。在没有其他拟态种时，拟态容易建立。一些动物另辟蹊径，模拟栖息环境，其逼真程度有时候连人都难以识别。著名的有枯叶壁虎、枯叶蛾、兰花螳螂、珊瑚海马、树蛙、树蜥等。

趋同进化既不同于协同进化，也不同于拟态。而是由于共同或类似的选择压力，使一些亲缘关系很远的动植物，形成相似的结构和功能。海豚类和蝙蝠类都独立地进化出回声定位的能力，*prestin* 基因（与听觉发育相关）序列在这两类动物之间的相似性比与各自的近缘种都高得多[98]。最新研究表明，海豚类和蝙蝠类趋同进化的基因位点（loci）有近 200 个之多[99]。一些亲缘关系很远的动物，如昆虫、蜘蛛、壁虎以及激流中的鱼类都进化出共同的黏附系统——纳米级的刚毛。刚毛的直径与身体体重呈反向相关，即体重越大的动物其刚毛就越细[100]。刚毛通过范德瓦耳斯力相互吸附，但范德瓦耳斯力的作用距离极短，在 Å（1 Å=10^{-10} m）级水平，只有细到纳米级才有可能获得如此近的作用距离。

总之，即使是奇妙无比的协同进化或精密复杂的传感器，也都是基于遗传基因的随机变异和自然的“定向”选择而存在的。

八、表观遗传

讨论了“达尔文”，现在来关注“拉马克”。

上述的生物学现象，都在经典达尔文自然选择可以解释的范围之内。原苏联经常诞生一些生僻的科学理论，伊万·弗拉基米罗维奇·米丘林（Ivan Vladimirovich Michurin）学说就是其中之一。该理论认为，生命与其生活环境是高度统一的，生命遗传性是其祖先所同化的全部生存条件在后代的表现。如果生存条件能继续满足这些遗传性的要求，则遗传性保持不变；否则，遗传性将发生变异，由此获得新的性状并与新的环境条件相适应，并遗传下去[101]。米丘林学说与拉马克理论既有相似之处，但又有独特的地方，即获得性遗传是可变的。以现在的生物学基础来看，米丘林学说可能描述的是一种介于生理可塑性与表观遗传的过程。

近些年，表观遗传学的发展和一些现象的发现使人们的眼光再度投向拉马克的获得性遗传理论。其定义为，在基因的 DNA 序列不发生改变的情况下，基因的表达水平与功能发生可逆的变化，并产生可遗传的表现型。通过一些目前尚不很清楚的机制，体内外的刺激信号诱导了特异片段 DNA 的甲基化、组蛋白的修饰、基因组的印痕和非编码 RNA 的调控等过程。上述任何一个过程的后果都能够改变相关基因表达的时空特性。

1999 年，英国植物学家恩里科 • 科昂（Enrico Coen）[102]发现植物的 *Lcyc* 基因中核酸甲基化导致基因完全关闭，扰乱了花的外观对称性。他们还证明这种甲基化能通过种子遗传给后代。动物中，雄性大鼠的高脂饮食，可从其女儿胰腺组织的 DNA 上发现异常甲基化。低蛋白饮食的雄性大鼠（最近有人发现低蛋白饮食可以长寿），其后代肝胆固醇基因表达发生改变。如果处于糖尿病前期小鼠的精细胞 DNA 存在异常甲基化，后代发生糖尿病的危险性增加[103, 104]。

欧洲流行病学调查显示出人类的表观遗传学现象，引起了公众的关注。1944 年冬，在荷兰的一场饥荒中，至少有 2 万荷兰人死于饥饿或者营养不良。1945 年荷兰解放后，“饥饿冬天”的影响仍在继续。在饥荒期间孕育出生的孩子容易出现多种健康问题，包括糖尿病、肥胖症和心血管疾病等。更有甚者，其下一代的出生体重也不足。第一代健康的损害还可归结为胎儿发育期遭遇了营养不良，但到第二代出生之时，荷兰已经是一个相当富庶的国家了。然而，其影响仍在通过遗传延续[103, 105]。来自瑞典一个根据历史记录的研究显示，在青春期前曾遭遇饥荒的男性，比那些富裕家庭的男性，孙辈发生心脏病和糖尿病的可能性明显降低。英国的类似研究也发现，父亲 11 岁以前吸烟，儿子容易超重[106]。

华盛顿州立大学迈克尔 • 斯金纳（Michael Skinner）教授实验室[107]，将怀孕大鼠暴露在高剂量农药后，这些动物的子代成年后出现器官损伤，而雄性后代的精子异常 DNA 甲基化至少可以持续 4 代。遗憾的是，另外两个实验室没有能够重复出这一研究结果。2010 年，调查发现斯金纳实验室的一个博士后在一篇文章中存在研究数据造假，这一文章已经被作者撤回。但斯金纳认为已有其他实验室重复出他们的研究，而没有重复出来的实验室是因为研究方法不同。庆幸的是，2014 年他们的小组再次重复出那篇被撤回的论文结果。

以上的真实案例说明，人的身体健康可能受到祖父母饮食状况的影响。这种经历可以用表观遗传学现象来解释。亲代的饮食可能改变其子孙的表观遗传指令，以便调整新陈代谢应对当时的营养环境。而反过来，它又会影响糖尿病等，从而造成健康风险。基因组似乎能够“记忆”它所接触过的某些环境影响。表观遗传效应通常只影响成人的体细胞，关闭基因表达或调控基因活性；不过，有些表观遗传也能改变精子和卵细胞，这样就能将获得的性状遗传给后代。关于行为相关的表观遗传学讨论，参考第十三章。

最后，让我们讨论一下“进化”名词本身。很多人反对使用进化一词，认为这个词含有进步、方向、优化等含义，推荐用更加中性的“演化”取而代之[108]。他们认为：生物的自然演替，不单单是进步也有退步，演化一词更加中性。然而，英文中 evolution 的权威解释就是由低级向高级、由粗糙到精细的变化过程。另外，从地质年代也可以看出生命的变化确实是从简单到复杂、不断进步的过程。简单生命体出现在早期，而复杂生命体只出现在晚近期；晚近期可以包含有简单生命体，但早期绝对没有复杂生命体。争论还是存在：复杂的就是进步的吗？答案虽然不是绝对的，但从进化的时间尺度来看，肯定是对的。复杂的生命系统，有更高的物质和能量利用效率、更快速可靠的信息处理或处理更复杂信息的能力。当核酶体系进化到“RNA+蛋白质”的协同，其结构和效率都大为提高；当早期生物的简单眼点演变为哺乳动物的眼睛结构；当恒温体系出现，使动物生存时空大为扩展，难道还不能说这是进步吗？另外，从反对神创论的角度，进化一词显然比演化要有力得多。生命从简单到复杂，是个漫长的过程，不是永恒不变的。

如何评价生命系统的“好”和“不好”呢？还是应该回到基因的本质，即最大限度地复制和传播自己：数量和稳定性，两者缺一不可。因此，在一个特定时间窗内，保有基因的拷贝数可以作为一个定量指标。由于每个细胞有一套完整的基因组，以细胞为单位就可以计算基因的拷贝。例如，一个细菌只有一套很小的基因组，而一个成人却可能有很多套基因组，且每套人基因组所含有的基因数量也比细菌要多得多。一个人的基因可以稳定存活几十年，而一个细菌的基因在同样的时间内可能已经复制了许多次。繁殖速度快伴随变异风险的增加，导致细菌基因的稳定性远不如人的基因。道金斯认为稳定性是基因“追求”的主要目标之一，即“稳定者生存”。也许，基因的目标从以“数量为王”转变为“质量制胜”，这个质量就是稳定性。自然选择在增加数量与稳定结构之间进行平衡。从这个角度看待进化，不同物种之间的适合度是具有可比性的。

总之，基因的“贪婪”表现在：既要使自己的拷贝最大化，又希望拷贝稳定地存在。进化就是围绕这一对矛盾展开的。

第二章

性选择与人类进化

雌性，就是任性。

为什么有性，即性为什么会起源，这是一个看似简单其实非常难以回答的问题（已有 20 个以上的假说）。高等生物几乎都行（不是全部）有性生殖，但有性生殖的遗传效率只有无性生殖的一半。另外，无性生殖的物种可以完全免去寻找和选择配偶的难题，而有性生殖的物种却无法避免这个困境，这需要耗费大量的时间和资源。《为什么要相信达尔文》一书的作者科因（Coyne）于 2009 年[1]感叹道："为什么会进化出性别来？这实在是进化理论最大的谜团之一"。这被认为是进化生物学理论问题上的皇冠[2]。要解开这个谜团，就必须先搞清楚有性生殖有哪些足以抵消其劣势的繁殖收益。众所周知，有性生殖与基因重组是紧密关联的，因而产生基因多样化的后代。无性生殖的后代与母亲完全相同（除了突变），有性生殖的后代是父母的基因组合，而组合的变异是近乎无穷的。如前所述，子代与父母一方各有 50%的相同基因，同胞之间只存在 25%的基因相似性。遗传多样性可使后代同时拥有较多的生态位。基因相同的个体往往对食物、居所、活动时间等有相同的需求，而基因多样化的个体则在生存需求方面稍有偏差，因而有更广阔的生存空间[3, 4]。这也意味着，基因多样化的同胞之间减少了为了生存而彼此直接地竞争。遗传变异性在应对多变且未知的环境方面有巨大的优势，如前面提及的天花病毒和流感病毒的命运，而有性生殖正是提供这样的变异。

还有一个好处就是基因重组可以中和有害的突变。其原理是等位基因通常有两个，即使其中一个发生了有害突变，另一个可以起掩盖作用。如果只有一套基因，一旦发生有害突变，就是致命的。另外，因为重组首先需要分离，就有可能将同一染色体上的优良基因与不良基因分开，使一些后代成为优良基因的组合。性的进化可以在以下几种情况下发生，首先是选择压力或方向因时间或空间而改变，其次是生物的适应性变低，再就是发生在有限种群。

对于高等动物，有性生殖的第一步，就是求偶：一方展示独特的信号，以吸引另一方与之配对——短期交配受精或长期合作育幼。

一、性修饰与性炫耀

为了吸引潜在的配偶，动物（一般是雄性）产生醒目的性修饰和强烈的性炫耀。很多雄性动物的性修饰和性炫耀极为夸张，如鹿的角（图 2.1A）、鸟的羽及其夸耀动作、狮的鬃毛、男性的胡须、柄眼蝇超常的两眼间距（图 2.1B）、鸣禽和蛙类的鸣声等。多数雌性则没有相应的夸张性状，这种雌雄差异，称为性二态[5]①。这些夸张的性状对物种生存没有实际用处，甚至有害，显然与自然选择理论相左，达尔文对此也感到很困惑。1871 年达尔文[6]发表了《人的由来与性选择》，从此对性二态现象有了理论解释。性选择越强烈的物种，性二态就越明显。达尔文的性选择包含雄性个体之间的竞争和雌性对雄性的抉择。因此，雄性具有攻击性，雌性具有挑剔性。由于雌性常常是性选择的最终决定者，性选择压力主要作用于雄性。因此与未成年个体的外貌及行为比较，成年雄性相比成年雌性的变化，通常要大得多。例如，雄鸟的体色鲜艳、能歌善舞；而雌鸟则体色黯淡、沉默寡言。

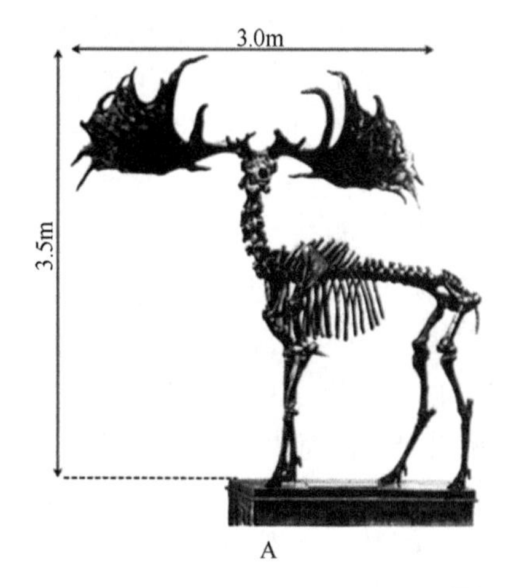

A

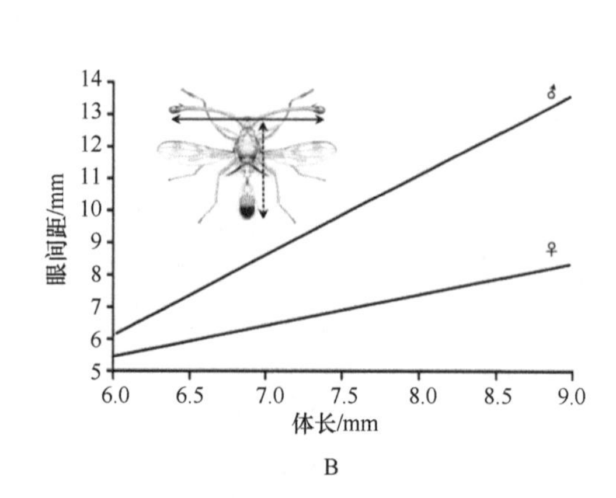

B

图 2.1 极度夸张的性特征

A. 爱尔兰雄麋鹿的大角；B. 柄眼蝇（stalk-eyed fly）的眼间距（如双箭头横实线所示）[7]，显示雌雄的显著差异性

相对自然选择理论的轰动效应，基于雌性择偶偏好的性选择理论则是命运多舛。由于达尔文没有清楚地阐明雌性的择偶偏好是如何进化的，性选择理论招致诸多的刁难。达尔文同时代的华莱士[8]独立发现了自然选择原理，是坚定的适应主义者。他认为没有适应意义的装饰，需要额外的能量来形成和维持，因此不是雌性的择偶偏好导致的结果，而是动物生理过程的副产品。只是这些副产品，如鲜艳的颜色和嘹亮的歌声，没有受到自然选择的淘汰而已。因此，越是活跃的器官，越显得颜色艳丽。这是一种自然倾向，

① 性二态是雌雄之间在形态、行为和生理等方面的差异。一般情况下，性二态与性二型经常混用，但在本书中有意将两者分开使用。性二态泛指雌雄的形态、行为和生态等方面的差异，而性二型特指雌雄的体重差异（见第二十三章）。

源自器官的化学和生理基础。一些学者将性选择作为自然选择的一种补充形式，也阻碍了性选择理论的发展。另外，那个时代男权主义的心理天然地排斥“雌性偏好塑造雄性特征”，可能也是性选择受到质疑的原因之一。1903 年遗传学家摩尔根强调“(性选择）理论在每个侧面都有致命的缺陷”[9]。

拯救性选择理论的“白马王子”直到 1915 年才出现，天才数学家、生物学家、心理学家和农学家费希尔发表了关于性偏爱的进化论文[10, 11]，提出性修饰作为适合度的指针（indicator of fitness)。1930 年又提出了著名的“失控”(runaway）假说。两者构成了性选择理论的两个重要基石，解决了达尔文遗留的雌性偏好的进化机制问题，即雌性为什么偏好夸张的性修饰。由于性修饰的形成与维持是一个非常耗能的过程，因此性修饰越夸张，维持成本就越高。具有夸张性修饰的雄性，也具有较高的适合度。在此基础上，汉密尔顿和美国行为生态学家马琳•祖克（Marlene Zuk）于 1982 年提出了“好基因”理论[12]。例如，北美家雀雌性偏好与体色明艳的雄鸟交配，因为这种雄鸟的越冬成活率较高。与之交配，雌鸟的后代可以提高越冬存活的概率。因此，明艳的体色就代表了越冬存活率高的好基因。失控假说认为，即使夸张的性修饰在任何方面都一无是处，但是由于雌性偏好（任性啊)，因此在种群中就越来越普遍。然而，遗传学家摩尔根 1903 年[9]提出疑问，如果雌性的偏好超过了雄性特征所能达到的阈值，会怎样呢？这个看似无解的问题，间接催生了“预先存在偏好”(pre-existed preference）和“红皇后”两个假说。

预先存在偏好假说又被称为感官开发理论，是指求偶/择偶的过程中，选择者（雌性）偏好一些性状，它们并不存在于同种的被选择者（雄性）个体。而这样的雌性偏好，诱导雄性的性修饰和性炫耀的进化方向，即雄性开发雌性已存在的感官偏好[13]。在第一章介绍红皇后假说时，借用的是寄生者与寄主的关系，该理论同样适合雌性与雄性的关系[14]。由于雌性的“任性”偏好，雄性为了不断满足雌性的偏好，导致性修饰越来越夸张。与此同时，雌性的偏好也越来越朝极端方向发展。当然，雄性之间的竞争也是诱因之一。

性炫耀又被称为求偶展示，基本上以雄性为主体。雄蛙在繁殖季节聚集在湿地、河流或水体周围展现的广告鸣叫，既有吸引雌性的功能也有保卫领地的作用[15, 16]。鸟类中的鸣禽类也在繁殖季节以鸣叫（鸣啭）做“广告”，很多鸟类则以舞蹈求偶。雄蛙和雄鸟的鸣声结构由发声控制神经、发声器官、体能和体型所决定。因此，鸣声编码了发声者的身体特征或是否有“好基因”。舞蹈比鸣叫更加耗能，而打斗是最耗能的性炫耀。能量的消耗意味着生存能力的降低，打斗还往往直接导致死亡。

为什么多是雄性而不是雌性耗费宝贵的能量并甘冒巨大的风险，进化出夸张的性修饰和性炫耀呢？

二、繁殖投资

安格斯•贝特曼（Angus Bateman）在 1948 年发表了一篇被认为在性选择理论研究中仅次于《人的由来与性选择》的重要文献。原本这是一篇默默无闻的论文，但在罗伯特·特里弗斯（Robert Trivers）重点引用后变得非常热门。该论文主要结论是，性别内（或雄性个体间）交配次数的变异（V_{NM}）与繁殖成功率的变异（V_{RS}）密切相关。相对雌性而言，雄性的交配次数变异更大，繁殖成功率变异也更大。后来在其他动物中的一些相关研究都重复了贝特曼的结果[17]。该研究是如此经典，其结论被捧为"贝特曼法则"。然而，最近有人强烈质疑贝特曼工作的可靠性[18]，建议将"贝特曼法则"改为"贝特曼假说"。我们且不管贝特曼的结论是否可靠，先来看看交配次数对后代数量是否有影响。

粗皮蝾螈在繁殖季节集聚在水塘，雄性多于雌性且雌雄都可以多次交配。通过收集每个雌性的卵并做父权鉴定，结果发现：①大部分雄性没有父权，即没有交配机会；②雌性的交配次数（配偶数量）与后代数量有极微弱的线性相关，而雄性的交配次数（配偶数量）与后代数则呈显著线性相关（图 2.2A）。回归线的斜率（即 Bateman gradient），雄性远大于雌性。因此，性选择施加在雄性的压力大于雌性[19]。管鱼和海马类的雄性为后代提供育儿场所及全程照料，其繁殖投资大于雌性。雌性将卵产在雄性的育儿袋中，然后离开。亚当·琼斯（Adam Jones）等 2000 年[20]在瑞典沿岸捕捉繁殖前的雌雄个体，带回实验室进行繁殖。第一轮实验：4 个雄性配 4 个雌性；第二轮实验：2 个雄性配 6 个雌性。后者的性比与在自然状况下相似。实验结果正好与粗皮蝾螈的结果相反，雄性的交配次数（配偶数量）与后代数有极微弱的线性相关，而雌性的交配次数（配偶数量）与后代数则呈显著线性相关（图 2.2B）。由此看来，性选择压力的分配，主要基于繁殖投资和性比。

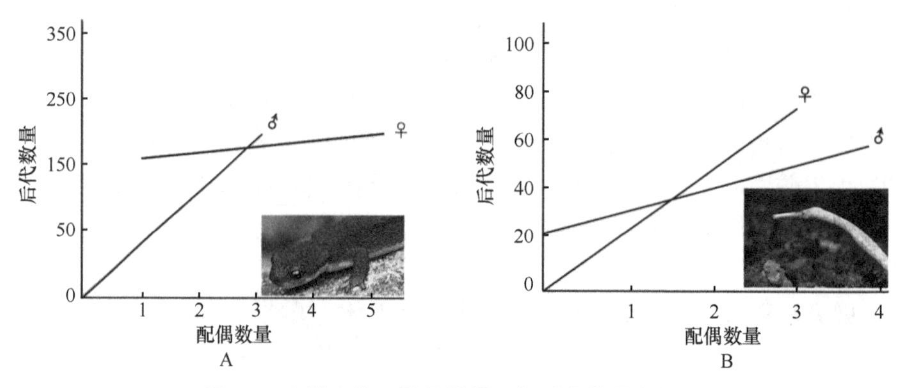

图 2.2 交配次数（配偶数量）与后代数量的关系

A. 粗皮蝾螈的雌性繁殖投资大；B. 管鱼的雄性繁殖投资大

亲代投资（parental investment）的差异是显而易见的，除少部分类群外，大部分物种雌性的投资显然大于雄性。这个概念是特里弗斯于 1972 年首次提出的[21]，他将亲代投资分为两部分：生理投资和行为投资。脊椎动物精子具有特殊的鞭毛型结构，即头、颈和尾三部分。部分无脊椎动物，如甲壳类的精子无尾。外形变异较大，这与种类有关，而与年龄和体型无关。长度可从几微米到几毫米，如人的精子头长 3.5～5.0μm，头宽 2.0～3.0μm；体长 5.0～7.0 μm，体宽 1.0μm；尾长约 45μm。能够自主运动，一次排精的数量极大，数以亿计。卵子的形状较规整，多为圆球形或椭圆形。非羊膜动物（鱼类和两栖类）的卵较小，以 1～10mm 居多。鱼类一次排卵量在 1 万枚以下，两栖动物在 1000 枚以下。羊膜动物（爬行类、鸟类和哺乳动物）的胚胎发展出几层大面积的膜（羊膜、绒毛膜、尿膜)，胚胎可以直接成长为适合陆地生活的形式。因此，羊膜动物的卵更大，产卵量也更少[22]。哺乳动物的卵子虽然不是很大，但是胚胎在体内发育，出生的婴儿重量（质量，余同）比与哺乳动物体重相当的鸟的卵还重。

行为投资指对后代的孵化和照料。冷血动物的卵依赖环境热量孵化，而温血动物鸟类则利用体温进行卵的孵化。一些鸟类的孵卵任务由雌雄轮流承担，而另一些鸟类则由雌性独自承担。少数情况下，雄性为孵卵和育幼的主力[23]，如椋鸟、喜鹊和矶鹞类。所有哺乳动物和少数鸟类（鸽、火烈鸟和企鹅）能够分泌乳汁，哺育后代[24]。在哺乳动物中，只有雌性具有哺乳的能力；而在鸟类，雌雄都可分泌乳汁。喂食行为皆发生在晚成性动物，如树栖的鸟类、食肉的哺乳动物等。一些雌性树蛙也有喂食行为，但不是捕捉其他动物，而是用自己未受精的卵喂食[25]。从昆虫到哺乳动物，护幼行为是普遍存在的。鱼类护幼常可见于雄性，极端情况可见于海马。繁殖投资还包括育幼场所的建设，这通常是由雄性或雌雄共同完成的。峨眉弹琴蛙的雄性用头在水塘周边的湿泥中挖出一个洞巢，用于蝌蚪发育（图 2.3A)。总而言之，尽管很多种类的雄性参与育幼，但雌性育幼更为普遍，特别是哺乳动物。雌雄的繁殖投资差异越小，性二型就越不显著，雄性个体的竞争就越弱，雌性也越不挑剔。

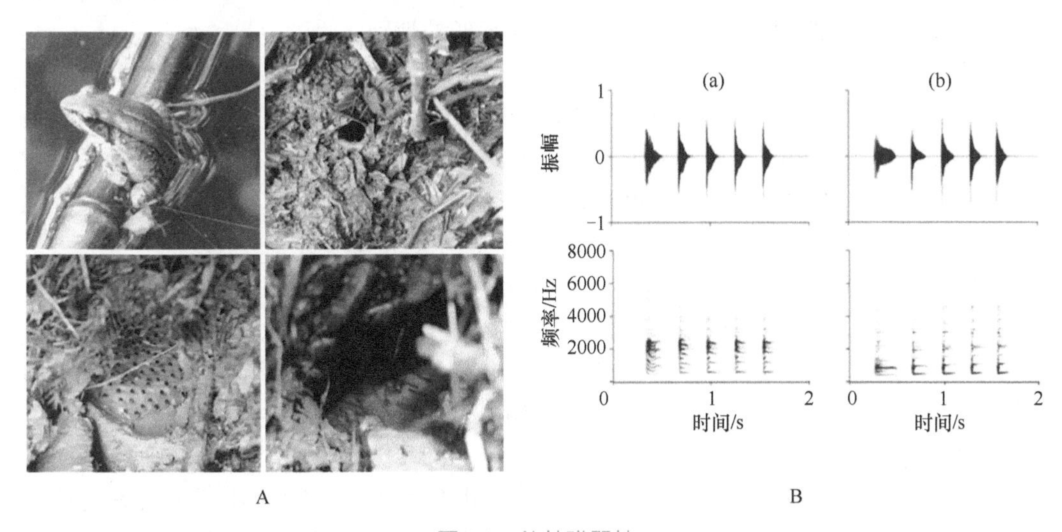

图 2.3 仙姑弹琴蛙

A. 依次为雌蛙、洞穴（雄蛙建筑）、卵、蝌蚪；B. 同一只雄蛙的鸣声，(a) 洞外的鸣叫，(b) 洞内的鸣叫

四川峨眉山的弹琴蛙因其鸣声优美悦耳，又被称为仙姑弹琴蛙。雄蛙在池塘边的泥地挖洞筑巢（繁殖投资），并在洞穴中鸣叫（图 2.3A)。洞的结构是口小腔体大，通过与腔体共振起到声音滤波器的作用，所以洞内鸣声与洞外鸣声有很大的差异（图 2.3B)。因此，鸣声的一些声学成分表征了洞的结构特点。回放结果显示，约 70%的雌性选择洞内鸣声，2/3 的雄性倾向于洞内鸣叫竞争[26, 27]。由于雄蛙主要在洞内鸣叫，雌蛙看不到雄蛙，因此雌蛙在洞口附近发出特有的刺激鸣叫召唤雄蛙。雄蛙听到后，会爬出洞外迎接雌蛙，然后一起回到洞内。雌雄蛙在洞内交配产卵后离去，卵在洞内孵化，蝌蚪在洞内发育直到雨水将它们带到池塘中[26]。雄蛙构筑的巢穴，是弹琴蛙真正的“家”，雄蛙

广告鸣叫中携带了巢穴的结构信息。这是除人类以外，迄今发现的唯一能够做“房地产广告”的动物。我们的研究结果引起了国际上的广泛关注，*Nature* 和 *Science* 杂志都给予高度的评价[28, 29]。雌蛙更看重雄蛙建筑的巢穴，因此其鸣声携带的雄性个体信息就很少，或许个体信息被洞穴结构掩盖掉了。

总之，不管是雄性还是雌性，凡是在有性生殖中投资较少的一方，都展现出明显的性性状（sex trait），以便投资较多的一方挑选。一般而言，雄性作为被选择一方，只有不断努力提高自己的性吸引力，才有可能在竞争中立于不败之地。

三、雄性竞争与雌性选择

所谓选择，一般是发生在“供大于求”的情况下。绝大多数动物的一般性比都是接近 1∶1，只有少数例外，如寄生在其他昆虫体内的寄生性昆虫，雌性远多于雄性。费舍尔用亲代支出来解释性比，并预测两性的亲代支出是均等的。因此，1∶1 的比例也被称为“费舍尔式”性比；那些偏离 1∶1 的性比则被称为“非费舍尔式”或“反常”的，只能发生在费舍尔模型的假设被打破的情况下。1967 年汉密尔顿进一步假设产生均衡雄性与雌性的条件为消耗的能量相同[30]，否则能耗低的性别将“胜出”。

假如雄性的产生低于雌性的产生，即性比偏雌，这将导致一个雄性后代较一个雌性后代有更多的交配机会，因而可预期该雄性有较多的后代。其后果是，遗传上倾向于生育雄性的亲代，将具有多于平均数的孙代。因此，趋于生育雄性的基因就会扩散，使生育雄性变得更普遍，最终导致性比偏雄。多次反复后，性比就趋近 1∶1。类似的推理在把雌性替换为雄性的情况下亦成立，因此 1∶1 是均衡比率。

如果性比恒定在 1∶1，那么在性选择时就不会出现选择压力的性别差异。实际上，在求偶场的性比是远离 1∶1 的，常常是雄多雌少。操作性比（operational sex ratio）被定义为，参与性竞争的性成熟雄性与雌性的个体的比值，或在一定时空范围内可受精的雌性与性活跃的雄性之比值[31]。操作性比越偏离 1∶1，竞争强度越大。操作性比偏雄，显示雄性间的性竞争强于雌性之间的性竞争（粗皮蝾螈），反之亦成立（海马）。影响操作性比的因素：①照料后代的时间或恢复性活跃状态的时间，雄性的操作性比高可能是由于不参与或少参与后代的照料；②操作性比与两性的“潜在繁殖率”密切地正向关联，即潜在繁殖率的差异导致操作性比的偏向；③性成熟的年龄；④性别在空间分布和迁移的差别，可导致季节性的操作性比的变化；⑤性别特异的死亡率；⑥温度，部分爬行动物的性别是由孵化时的温度决定的，全球性升温可能对一些动物的性选择有影响。

从繁殖投资和操作性比的差异来看，贝特曼法则在总体上是成立的。雄性之间的“战争”形式主要有：打斗、炫耀和精子竞争。

打斗是雄性之间为争夺领地和与雌性配偶的交配权，以身体伤害性接触和恐吓为主要手段，驱赶、伤害甚至杀死对方的行为。打斗行为导致强壮的、躯体庞大的雄性得到配偶，也促使雄性进化出强大的“武器”系统。达尔文列举了很多例子，其中象海豹最具有代表性。每年雄海豹比雌海豹提前半个月从取食场到达繁殖场，到达后立即展开争夺最佳位置的战斗。只有最强大的雄性，能够在战斗中取胜。一只获胜的雄性可以占有十几甚至几十只雌性，意味着绝大多数雄性被排除在繁殖之外。这是一种典型的“后宫制”的婚配模式[32]。雌性之间的打斗行为比较少见，青海沙蜥就是其中之一，这种打斗可能与争夺雄性邻居和领地有关[33]。

脊椎动物的雌雄体重的变异很大[34]，哺乳类和鸟类的雄性大于雌性，两栖类的雌性大于雄性。爬行动物体重的性别差异比较复杂，多数蜥蜴类的雄性大于雌性，多数蛇类的雌性大于雄性，而龟鳖类约50%的雄性大于雌性，另外50%的雌性大于雄性。依赖打斗争抢配偶的种类常常雄性大于雌性，因为个体大具有争斗优势。那些通过性炫耀进行雄性之间竞争以及吸引配偶的种类，雌雄间即使有体重差异也不大，甚至是雌性大于雄性。

进化生物学家常以甲虫和鹿的角为对象，研究与争斗相关的性状进化。由于这两类动物雄性的角（horn and antler）是如此的夸张（图 2.1A），以至于明显不利于生存。事实上，爱尔兰麋鹿的灭绝很可能就是因为其鹿角过于庞大沉重，以至于严重影响到正常行为[35]。费舍尔之所以称他的理论为“runaway”，可能有暗示“进化不可控”的意思。红皇后理论是“军备竞赛”的驱动机制：小角的打不过大角的，大角雄性获胜取得地盘，因此进化青睐大角，且有雌性选择在一旁推波助澜。从现有的研究看，这些角除了用于打斗，还兼有吸引雌性的作用。雄性竞争的两大功能，即割据地盘和吸引异性，常常是不可分开的。例如，柄眼蝇的眼睛着生在由头部两侧伸出的长柄末端，雄性的眼柄明显长于雌性（图 2.1B）[36]。当两个雄性相遇或争夺配偶时，长眼柄往往能够吓退短眼柄，也更能吸引雌性。雄麋鹿的角是战斗的武器，但也常在角上挂一些藤草，以提高对雌性的吸引力。

大量对性选择的行为研究集中在性炫耀。雄性的炫耀行为通常以视觉和听觉刺激作为通信的信号，还有一些物种借助挥发性化合物或振动通信。雄性个体之间相互炫耀自己的性特征，以期获得雌性的青睐以及吓退对手。为达成这个目的，雄性的性特征常常过度夸张。这些性修饰似乎可以无限地夸张下去，有没有限制呢？目前提出的限制假说：①生理极限，无限夸张受到物质和能量的供给限制；②天敌捕食，过度醒目的性修饰容易吸引天敌；③雌性认知，当信号过于复杂时，雌性难以选优[37, 38]。

视觉刺激除了上面提到的兼有打斗和吸引异性功能的大角以外，还包括性二态的体色、花纹和动作。鸡冠的颜色受体内雄激素的调节，在繁殖季节红色更加鲜艳。美洲安乐蜥的喉部有一根软骨，向下打开时可将皮肤伸展构成喉褶（dewlap）[39]，皮肤在繁殖季节呈现鲜艳的紫、橘黄、红等颜色。喉褶的颜色代表情绪、温湿度和健康状况。由于爬行动物无法看到静态的图像，安乐蜥不停地叩头，以向同类发送信号。沙蜥类主要生活在荒漠和半荒漠地区，通过卷尾和摆尾动作进行“广告”[40]。水禽类求偶以舞蹈为主，一些种类雌雄在水面共舞。雉类的尾是性选择讨论中最频繁提及的性状，孔雀开屏是为了向雌性展示其雄性的魅力。白冠长尾雉的尾可长达 2m，这是“失控”的杰作。在日本，人工选育的长尾雉的尾长可达 6m。如果野生雉类有如此长的尾巴，一定无法在野外生存。那么，生理极限到底在哪里呢？ 很难回答，正如没人能确定人类 100m 短跑的极限速度在哪里。

过度夸张的鹿角、甲虫角和雉类的尾，发育过程中一定消耗大量的额外能量。由此可推知，限制性特征过度夸张的因子之一是生理极限。道格拉斯 • 埃姆伦（Douglas Emlen）等[41]在甲虫的发育过程中限制其营养摄取，发现：与对照相比，生殖器缩小 7%，翅和腿缩短 20%，但角则缩小了 60%。从发育的角度，角的发育是弹性需求，而翅和腿等的发育是刚性需求，只有在满足刚性需求后才有可能顾及弹性需求。因此，角的大小是一个很好的营养状况指标。

然而，“失控”是如何产生的呢？想象一个鸟类种群，开始时雌性对配偶的选择是随机的。雄性中尾部稍微长一点的个体在飞行方面略有优势，因此逃避天敌的成功率稍高。这种情况下，一个偏好长尾的雌性基因（也许预先存在）就会胜出，即通过选择长尾的雄性使自己的后代具有长尾。长尾性状在种群中扩散，直到所有的雄性具有长尾而所有的雌性偏爱长尾。然而，一旦这个事件发生，其过程将失去控制。偏好长尾的基因促使雌性在长尾雄性中选择更长尾的配偶，雄性的性状就会变得如此夸张以至于有碍于生存[10]。换言之，是雌性的偏好而不是生存的优势驱动长尾的进化。这方面的实验证据来自杰拉尔德 • 威尔金森（Gerald Wilkinson）和保罗 • 雷略（Paul Reillo）（1994）对柄眼蝇（图 2.1B）的研究。他们首先培育三个柄眼蝇品系：自然品系、长柄品系和短柄品系。在选育 13 代之后，测试三组雌性对眼柄长度的偏好。自然组和长柄组的雌性都青睐长眼柄的雄性，但短柄组的雌性却选择短柄的雄性[42]。这种趋势如果得不到有效遏制，势必造成灾难性后果。过长的鸟尾和眼柄、过大的鹿角，都会置雄性于死地。

“失控”理论提出的初衷是为了解释冗长的雄鸟尾，但该理论包含的思想却博大精深，值得在此多费笔墨。第一，累积效应，任何改进都是建立在前期的基础之上（如牛顿所言“站在巨人的肩上”）。第二，方向明确，一旦踏上某条进化之路就不容回头，所要做的就是改良，而不是要重新“发明车轮”。例如，陆生脊椎动物的前肢源自鱼类的胸鳍，后肢与鱼类的腹鳍同源。这就是为什么我们只有四肢，而不像节肢动物那样有 6 条、8 条甚至更多条腿。第三，互相促进，共同进化：雌性喜欢长尾，雄性的尾就长一点，而后代雌性则喜欢更长的尾。这种相互促进的关系可以发生在个体之间、性别之间或物种之间，这与红皇后理论相似，区别是后者更强调竞争性。因此，“失控”过程可能是一个非常基本的、广谱的生态学机制，在性选择和非性选择的性状进化中都起重要作用。

1970 年，杰夫 • 帕克（Geoff Parker）提出精子竞争的概念：作为交配后的雄性之间的竞争形式，如果两个或两个以上的雄性在短时间内与同一个雌性交配，雄性间的精子为争夺对卵子的受精权而展开竞争[43]。由此可见，精子竞争的前提是一雌多雄或混交的婚配制度。精子竞争在行为上表现为交配后阻止其他雄性接近雌性。在生理方面：产生更多的精子，这需要有较大的睾丸；产生分工明确的精子，即所谓精子异形（sperm heteromorphism）现象（一些负责给卵子受精，即真精子“eusperm”，另外一些协助其他同父权的精子竞争或起协同作用，即外围精子“parasperm”）；具有更长的阳具，以缩短精子的游动距离。

2002 年的一项研究发现，欧洲木鼠（wood mouse）的精子被射出后发生独特的形态转化，彼此连接在一起，使游动的速度比单个精子快[44]。精子的游动速度由精子的长度［绝对长度和（或）相对长度］决定，精子越长则运动越快[45]。既然有竞争，当然是越快越好。竞争不但发生在不同雄性的精子之间，也存在于同一个体的精子之间。雄性动物一次射出海量的精子，数亿精子被射入雌性生殖道后，就开始了它们漫长、艰难的旅途。它们必须游过阴道、子宫颈和子宫，通过输卵管，到达受精部位。它们还需冲过卵子周围的卵丘细胞和放射冠，再通过被称作透明带的结构才得以与卵子结合。只有少数几个精子可穿过放射冠，而通常只有一个精子能够穿过透明带进入卵内受精。每个生命都是在数以亿计的精子竞争中的最终赢家。

精子竞争的重要表象之一是混交制雄性的睾丸较大，以产生数量更多的精子（图 2.4）。长期以来，人们一直认为史前人类社会存在过一段很长时间的混交制，这种观点源自人类学家摩尔根的《古代社会》及深受其影响的恩格斯的《家庭、国家和私有制的起源》[46, 47]。据此推测，史前人类存在过长期的精子竞争。许多教科书都强调人类较大的阳具和睾丸，是精子竞争的结果。但与其他灵长类比较，人类睾丸的体积并不突出，但阴茎相对身体却超常地长和大。最不可思议的是，人没有阴茎骨①而其他猿猴类却都有。哺乳动物的阴茎外形千奇百怪（图 2.5），其多样性的进化显然受到了精子竞争的选择压力。为了让自身的精子受精成功，各阴茎“使出浑身解数”，如从阴道中刮出前面受精者的精子（精液/精囊）、在阴道中形成栓塞、与阴道形成机械锁扣（犬科）等[48, 49]。

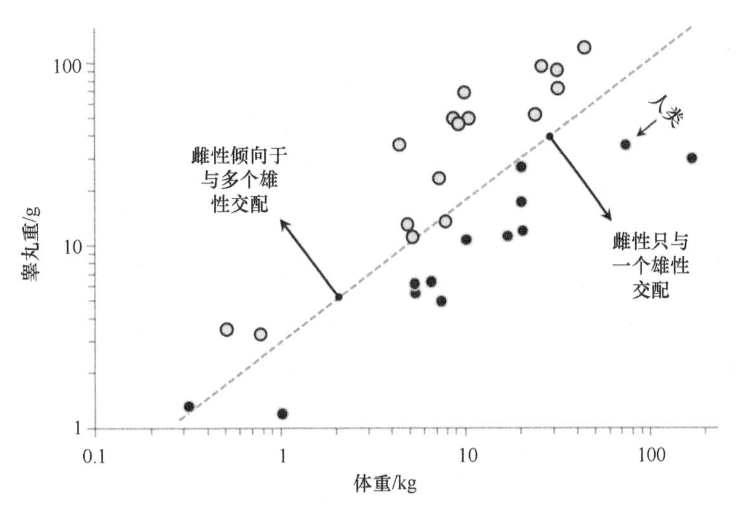

图 2.4　灵长类动物的交配制度与相对睾丸重的关系

从以上的讨论中我们已经知道：性选择似乎与自然选择对立，不利于生存。因此，性选择更加倾向于离开系统发育的束缚，显得非常的“任性”。

---

① 阴茎骨是阴茎顶端的骨结构，是不与身体其他骨骼相连的异型骨骼，存在于大多数的哺乳动物以及所有非人灵长类。其基本结构为棒状，平时隐藏在腹部，需要勃起时才由一组肌肉把它推到阴茎的肉质部分中。

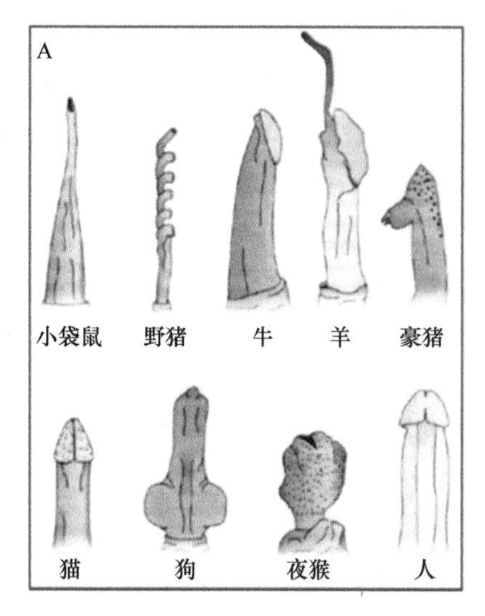

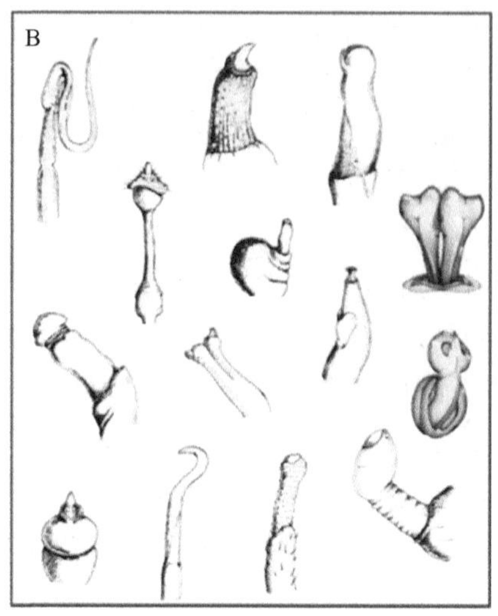

图 2.5 脊椎动物阴茎形态多样性

A. 部分哺乳动物的阴茎；B. 其他动物（含少数哺乳动物）的阴茎

四、生存与繁殖的权衡

类胡萝卜素是免疫系统的重要化合物，同时又是主要的动物色素。动物不能合成类胡萝卜素，只能从食物中获取有限的资源，因此对于类胡萝卜素的利用就存在一个权衡（trade off）。只有那些身体免疫系统特别强的动物，才有多余的类胡萝卜素用于性信号系统。其实，资源永远是有限的，生存与繁殖的投资就永远需要权衡。例如，大角的雄鹿个体在食物资源丰富时的越冬死亡率低于小角的个体，因为营养状态好；但在食物资源不丰富时，小角个体的越冬死亡率要低于大角个体[50]，因为大角个体的繁殖投资过大而降低了其生存投资。

好基因假说可以很好地解释上述现象。想象另外一个鸟类种群，雌性对配偶的选择是随机的。一些雄性携带利于生存的优良基因，但无法在形态或行为上直接表达。如上所述，夸张的性修饰不利于存活，因为产生和维持这些性修饰需要付出额外的能量。只有那些带有好基因的雄性个体才能承担得起高额成本，因此性修饰成为好基因的指针。如此一来，携带偏好性修饰的雌性基因就会在种群中扩散。雌性通过选择性修饰的雄性作为配偶使自己的后代带有好基因。

夸张的性特征也容易受到天敌的攻击，这是长期以来被公认的，但奇怪的是很少有实验来验证。有人以孔雀鱼和蓝慈鲷鱼构建一个“猎物-捕食者”系统，当同时呈现明艳（bright）和黯淡（drab）的孔雀鱼时，蓝慈鲷鱼选择性地攻击颜色明艳的孔雀鱼[51]。绿色剑尾鱼雄性具有伸长的背尾鳍（剑）作为性修饰，吸引雌性。南美慈鲷是剑尾鱼同域分布的天敌，常常被猎物的长剑尾吸引[52]。显然，天敌给凸显的性修饰带来强大的自然选择压力，故也成为限制性特征过度夸张的因子之一。与此不同，美国迈克尔·瑞安（Michael Ryan）实验室发现雄泡蟾的鸣声由长鸣音和 1～7 个短促音构成，增加短促音的数量可提高对雌性的吸引力，但却没有增加被蝙蝠捕食的风险。限制短促音数量过度增加的因子是雌性的辨识能力，如只存在一个短促音差异的两组：第一组 6 个与 7 个而第二组 2 个与 3 个。相比第二组，在前一组中找出差异的难度要大得多，这与心理学中著名的“韦伯定律”相吻合[37]。我们的研究显示，动物通过增加信号的复杂程度，提高雌性的分辨率，可打破“韦伯定律”的限制[38]。

鸟类和蛙类在繁殖季节以鸣声为性炫耀的主要手段。多数鸣禽类具有语音学习能力，以斑胸雀和金丝雀为代表。雄鸟在行为可塑阶段，鸣唱的音节是可变的，可模仿同种其他个体鸣声的时域结构，而一旦定型将不再改变。斑胸雀一生只在性成熟以前学习一次[53]；而金丝雀在每个繁殖季节前都会重新学习，因此与语音学习相关的神经核团体积具有季节性变化[54]（参考第十四章）。对于斑胸雀，由于语音学习发生在雄鸟的发育阶段，幼年的营养状况可以表现在语音学习能力上。对于金丝雀，繁殖季节前的营养状态影响到语音结构，且能够被雌鸟辨识。多项研究显示雌性鸣禽青睐鸣唱复杂的雄性，而鸣声的复杂度与相关神经核团的大小正相关。能够发出复杂鸣声的雄性的后代，适合度明显较高[55]。值得注意的是，一些种类的雌性偏爱的鸣声复杂程度远超出同种雄性所能够发出的鸣声。遗传学家摩尔根在 1903 年预见的“诡异”现象，在自然界其实是普遍存在的。

蛙类的广告鸣叫虽然相对简单，但同样携带了物种、亚种、个体以及资源的信息。繁殖季节同一个水池常常聚集几个物种的蛙，而且鸣叫时间也多从傍晚到午夜。物种之间，特别是近缘种之间，鸣声结构必须有明显的差异，否则雌性无法分辨是否为本物种的雄性。两个互为姐妹种的亲缘关系很近的树蛙（*Hyla ewingi* 和 *H. verreauxi*），在非重叠区域的鸣声结构极为相似，在重叠区域 *H. ewingi* 的鸣声不变，而 *H. verreauxi* 改变其鸣声的时域结构[56]（图 2.6）。这种现象称为生殖性状替代（reproductive character displacement），在昆虫和鸟类也普遍存在[57]。鸣声的主频率与雄性的体重呈负相关，源自共振的原理。

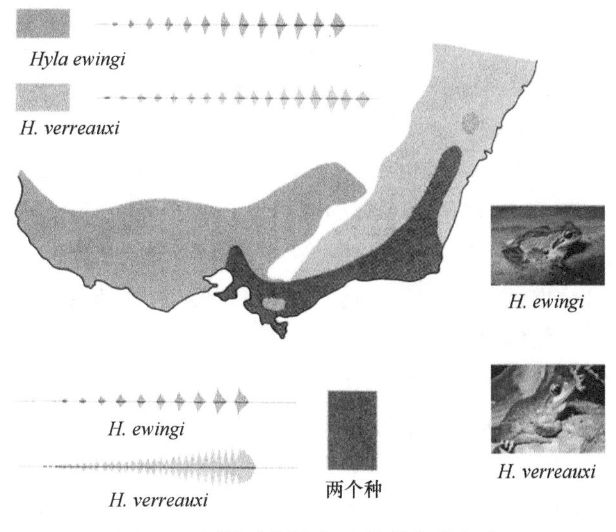

图 2.6　树蛙鸣声的生殖性状替代现象

在雄性与雄性竞争或相遇时，一些个体主动降低主频率，给对手以大个体的假象。如果这种行为用于对雌性的求偶，就带来信号的可信度问题。雌性如何辨识信号的真假，是一个颇具深度的研究课题。我们发现雌蛙择偶时，往往挑选合适体型而不是最大体型，这是因为雌蛙要背负雄蛙从求偶场到产卵场[58]。对树蛙来说，这尤其是一个大的挑战。

五、“失控”的大脑

1871 年，达尔文虽然将人类的进化与性选择放到一起讨论，也只是将人类的性特征（采纳了 18 世纪苏格兰医生约翰•亨特提出的第二性征的概念[59]）与动物的性修饰进行类比，企图阐明人类男女差别是性选择的结果。尽管书名和内容暗示性选择与人类进化有关，但性选择如何驱动人类的进化，书中并没有给予明确的答案。近几十年来，围绕性选择与人类进化之间的关系，人们发表了不少论著，其中影响较大的是杰弗里・米勒（Geoffrey Miller）的 *The Mating Mind* 一书。米勒认为困惑了科学家们近一个世纪的问题是：人类大脑进化的过程是怎样的呢？大多数关于人类大脑进化的理论也企图证明：那些人类独有的心理和行为特性都是能够帮助人类生存的。但这个理论却是有瑕疵的，有很多事情无法解释清楚。例如，人类语言的进化已经远远超出基本生存所必需的功能。而如果从实用性的生物角度分析，艺术和音乐不过是无用的浪费而已。人类的道德和幽默在觅食和躲避追捕的过程中也毫无用途。而且，如果人类的智慧和创造性真的那么有用，为什么其他猿类没有通过进化获得它们呢[60]？达尔文理论在解释人类的本性时，显得是那样的苍白无力。由此看来，米勒似乎触碰到了人类进化的核心问题，即人类的意识、语言、艺术和宗教的起源。

米勒提出人类最特别的特征是巨大的脑容量，根本上是源于我们祖先所经历的性选择。人类的大脑和孔雀的尾屏在生物学上有着异曲同工之妙。孔雀开屏是“通过配偶识别和挑选（choice）进行性选择（sexual selection）”的典型性状。孔雀尾屏的进化动力是因为雌性更偏爱色彩鲜艳、体积更大的尾巴，但在生存方面一无是处。米勒认为人的大脑只有很少一部分功能涉及生存，大部分是多余无用的，就像孔雀的尾屏。人类大脑最出色的能力也有着同样的用途，即吸引异性。米勒是费舍尔的粉丝，强烈地崇拜“失控”理论，认为人的大脑就是“runaway brain”。首先，他强调性选择的发生是基于在选择者和被选择者之间有一个反馈回路（feedback loop）。而自然选择是单向的，即生物适应环境，而环境不会做任何相应的调整，虽然对于相互作用的物种之间，是互为环境的，存在竞争、协同或合作的关系。其次，这个反馈回路是可遗传的。就是长尾的雄性，其雄性后代具有长尾巴，而雌性后代偏爱长尾巴，其情形类似于前述的柄眼蝇实验[42]。当整个种群平均尾长都增加，雌性则偏爱更长的尾巴，由此形成正反馈。最后，一雄多雌的婚配制度更容易导致“失控”，因为此类雄性受到的性选择的压力最大。即便雌性偏爱长尾，但雌性自己的尾巴并没有变长，这与大脑的情形完全不同。

雌雄在体型方面的性二态与婚配制度有关，一雄多雌的婚配系统中，雄性往往比雌性大很多，如象海豹。人类的男女平均体型差：身高＜10%（图 2.7）、脑容量约 14%、体重约 20%。由此推断，史前人类可能是一夫一妻为主、一夫多妻为辅的社会结构。既不是象海豹、大猩猩和孔雀那样一个雄性拥有大量雌性，也不像信天翁实行严格的一雌一雄制。历史上曾经长期存在一夫多妻的社会结构，如从中国皇帝到印加帝国的婚配等级，但这些不是文明社会的主流。在古代的印加帝国，大君主（great lord）可拥有 700 个妻子，权臣（principal persons）可有 50 个，奴隶主 30 个，10 万人的首领 20 个，千夫长（1000 人的首领）15 个，500 人的首领 12 个，百夫长 8 个，50 人的头人 7 个，十夫长 5 个，5 人的头人 3 个[61]①。这样分配下来，平头百姓中的男人根本就没有配偶。如此极端的婚配系统，至少在农业革命发生以前的人类社会应该不存在，因为这需要高度集中的巨大社会财富来支撑。在早期原始人类没有严格的控制意识形态的手段［如通天（灵）、祭祀、图腾］的情况下，社会结构是极不稳定而易崩溃的。

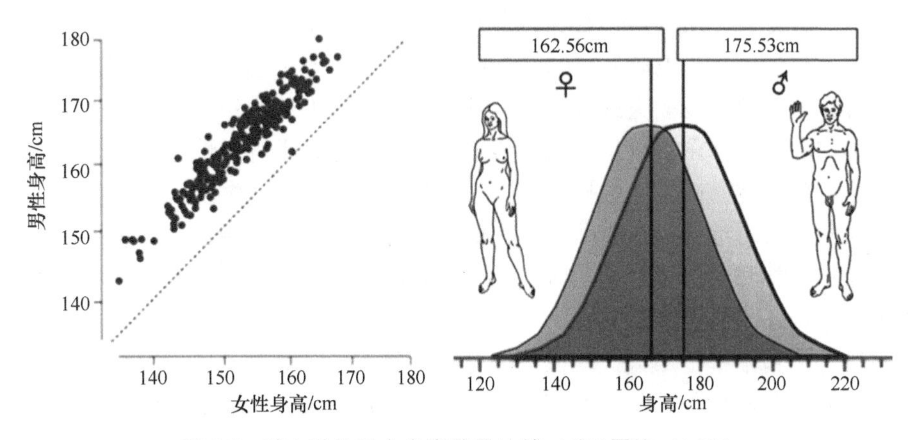

图 2.7　跨人种的男女身高差异比较（♂/♀平均＜1.08）

大而复杂的脑具有高超的创造力，在史前人类表现为工具制作、语言、艺术、建筑、情感和意识等性状。按照性选择的一般规律，男性创造这些性状而女性偏爱这些性状，因为女性的繁殖投资包括怀孕、生产和哺乳，明显较男性大很多。如果上述性状属于性修饰，作为这些性状的物质基础——大脑，在男性要远大于女性才符合逻辑，犹如孔雀的尾羽。不仅如此，智商（IQ 测试）也应该是男性显著比女性高才对。但实际相差却不大。智商和创造力不但依赖绝对脑容量，而且也与相对脑容量密切相关，否则大象和海豚（脑容量都比人脑大许多）在智力方面就应该比人类更具优势。相对脑容量是指绝对脑容量与体重之比，考虑到男女的体重相差达 20%，而脑容量仅相差 14%，因此女性在相对脑容量上反而更有优势。IQ 测试也显示，尽管在一些特异的认知领域男女各有优势，如男性擅长空间辨识、逻辑和抽象思维，女性更擅长语言学习、情感和情绪思维，但总体的 IQ 得分并没有统计上的显著性差异[62, 63]。米勒对此的解释是男女的性选择是交互的，既有女性对男性的选择，也有男性对女性的选择。

女性对男性的选择较易理解，但男性对女性的选择则缺乏生物学基础。考虑到男性

① 在古代中国，皇帝占有大量的女性，其他权贵阶层也是一夫多妻，但占人口绝大多数的普通人群是一夫一妻制的。印加帝国与此不同，呈梯度状分布而导致极度不公。

在繁殖上的贡献与其他哺乳动物雄性相似，那么是凭借什么对女性进行挑选的？脑容量在过去200万年的时间内增加了很多（从约400g增加到1300g以上，各人种略有差异），脑容量的增加不是匀速的，而是非线性加速的[63]。现代人起源于30万年前的非洲，脑容量比直立人略小。米勒依据“失控”理论推测，前180万年的进化没有使脑容量显著增加，真正地快速增长发生在最近的20万年（后期直立人的脑容量有1500g）。现有的证据显示，大脑在300万年前开始膨大，在170万年前后加速膨大，智人从30万年前甫一出现就具有现代人类的脑容量[64]。

有据可依的人类文明发展应该在距今1万年以内，这也应该是人类能够积累财富的时间。也就是说在这个时间段，男性因为积累大量的财富才有资格挑选女性伴侣，才有可能男女相互选择。因此，脑容量和智商的进步显然不能简单地归结于性选择。对米勒理论的进一步评论，以及脑容量膨大的驱动力问题，详见第四篇的相关章节。

依据多方面的证据，史前人类的婚配制度不是严格意义的一夫一妻制，而帕克尔的精子竞争理论则需要一妻多夫或混交制。在这一点上，大脑和生殖器发生了冲突。到目前为止，所谓的性选择充其量是生殖配偶选择，只是当人类有了性奖赏后，才摆脱生殖目的，成为纯粹为性而性的性选择。另外，人类是如此复杂的生物，怎么可能采取单一的选择机制呢？自然选择、性选择以及其他因素在人类的进化中都起了重要作用，况且有些时候自然选择和性选择是无法区分的。谁能说清楚在繁殖季节占领一个好的觅食场所是为了生存，还是为了吸引异性。

既然雄性的繁殖投资那么低，那就很容易多处投资。很多一雌一雄配偶制雄鸟，当雌鸟（主妇）不在场时，雄鸟会引诱其他雌鸟（情妇）与之交配但随后将其抛弃。雄鸟全心全意地与主妇雌鸟育幼，留下情妇雌鸟独自育幼，主妇雌鸟的后代存活率远高于情妇雌鸟的后代。但对于雄鸟而言，增加微小的繁殖投资就获得情妇雌鸟后代的父权，不在乎有多少后代，因为都是额外的[65]。因此，雄性倾向于无挑剔地与更多的雌性交配以获得额外的后代。相反，雌性的繁殖投资是如此地大，对配偶就十分挑剔。对美洲红翼鸫一个繁殖季的雏鸟 DNA 指纹调查发现，50%～64%的巢中至少有一只雏鸟是其他雄性个体的后代[66]。男人渴望婚外恋的程度显著高于女人，是进化痕迹的残留还是因为“作案”风险低？在西方社会越来越多的单身女性独自抚养子女，中国也有这种趋势。

雄性为了获得雌性的青睐也会放低姿态。哺乳动物和鸟类雄性的体型通常大于雌性，对于固定配偶制的鸟类（如红腹灰雀、黄雀、金翅雀），雌性经常啄雄性，而雄性则以躲避的姿态回应。雄狼和公狗在应对雌性攻击时，表现出与红腹灰雀相似的行为。翡翠蜥蜴雌性体重是雄性的2～3倍，因此体型“巨大”的雌性在与同性争斗时十分凶悍。而在年轻羸弱的雄性面前，雌性规矩地低下身来，即使这些雄性才刚刚显露其性特征[67]。

第三章

行为的遗传与适应

在讨论本章主题之前，需要阐明几个英文单词的概念。heredity 是指遗传或遗传性的传统定义；genetics 是以基因为基础的现代意义的遗传学；taxonomy 是生物分类学，强调区分不同的分类单元；systematics 是分类系统学，强调不同分类单元之间的关系；phylogeny 则有不同的翻译，如系统发育、谱系、种系等，强调生命系统的起源、遗传和分化。将 phylogeny 译为谱系，似乎更准确；而 phylogenetic tree 译为系统树，已普遍被采用。我们在这里讨论的行为遗传，实际是指基于系统树的行为的谱系研究。直白地说，就是亲缘关系越近，行为就越相似。这种亲缘关系可以表现在物种以上，也可以建立在种内的群体甚至个体之间。至于基因与行为的关系，留到第五章讨论。

遗传与适应是一对矛盾的统一体。这是基因的“自私性”所决定的，一方面基因要扩大其拷贝数，提高在自然界的存在度；另一方面基因要保持稳定性，因为微小变异的积累最终都可导致基因变得面目全非（详见第一章）。遗传将现有的性状传递给后代，使后代保持祖先的性状。基因的保守性是遗传的基础，也是生命的基础。适应是对基因的改造，使基因的载体即生命体更好地适应环境的变迁，在自然界保有最大化的基因拷贝数。行为就是在这两股力量的作用下，起源和进化。当我们考察行为的动机时，必须放在这样的背景下。因此，所谓行为的遗传就是具有共同祖先的类群，倾向于相似的行为模式；而适应就是遗传背景相似的亲缘种类却呈现不同的行为模式。

一、系统发育与行为

任何一本以进化为主线的书，是不能够绕开系统树进行讨论的。生物的亲缘关系，可以量化为系统树的面貌呈现[1]。系统树被用来表征具有共同祖先的各物种或亚种间的进化关系（图 3.1），因此，谱系进化的研究就是建立在遗传距离计算基础上的系统树的构建。遗传距离有两个概念：①两个基因在染色体上的物理距离；②不同种群或类群之间的亲缘性。在细胞分裂时同源染色体之间（染色体成对，一条来自父本，一条来自母本）经常进行片段互换。摩尔根及其学生发现，两个基因在同一条染色体上的距离越远，则越容易相互交换。因此根据交换的概率，即可算出基因之间的距离。种群间的遗传距离，通过两两比较同种基因的 DNA 序列的相似性而获得半角矩阵（图 3.2）。基于矩阵进行系统树构建的过程，相当于解方程组。对于少数几个物种的方程组，可能有精确的解析解，将这些解析解图形化即可获得一个系统树（图 3.1）。如果涉及的种类很多，又采用很长的基因序列或多个基因，那么就不可能获得精确的解析解，而是得到各种概率保证的数值解[2]。一般来说，分析所用的基因序列越多，涉及的样本越多，就越能准确地反映谱系的发育过程。从无根树变换到有根树，可能有不同的结果。想要获得正确的有根树结构，就需要在分析的时候加入所谓的外群（outgroup）。例如，构建人类的系统树，可以用黑猩猩做外群；而研究灵长类的系统发育，则需要其他哺乳动物做外群。

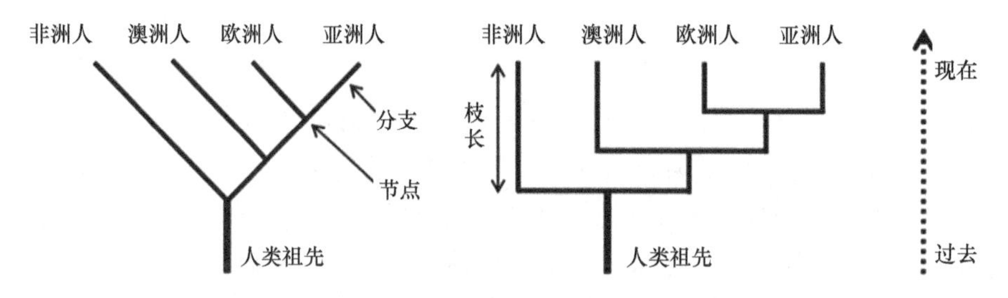

图 3.1　亚种间系统发育示意图

那么，系统树是如何构建的呢？从图 3.1 可以看出，亚洲人和欧洲人亲缘关系近（或遗传距离最短），即两者的 DNA 序列相似度很高，假设只有 3%的碱基位点差异，那么两者就构成一个分支（clade），具有一个共同祖先，暂且命名为亚欧人。以此作为一个单元，比较澳洲人与亚欧人的序列差异，假设有 4.5%的碱基差异，亲缘关系还是比较近的，两者有共同祖先，即涵盖所有非洲以外的人群（也常被称为 non-African）。进一步与非洲人比较，发现非洲人与非洲之外的人之间（假设）有 6.3%的碱基差异。非洲之外的人有较明显的快速分化，非洲人则保留较多古老性状，因此后者更接近共同祖先的特征。具体做法也很简单，先对所有的样本人群一一比较，找到最接近的两个（即基因序列差异最小），进行合并（如图 3.2 的亚洲人和欧洲人）。然后以合并后的分支为单元，与剩余分支比较，反复重复此过程。当然，图 3.2 仅是其中一种可能的拓扑结构，如果遗传距离矩阵还有其他解析解，也可以形成另外的拓扑结构。

20 世纪 60 年代，随着不同生物来源的蛋白质序列的确定，埃米尔·祖卡坎德尔（Emile Zuckerkandl）和莱纳斯·波林（Linus Pauling）发现：不同物种间同一蛋白质的氨基酸替换数与物种间的分歧时间，有近似正线性关系，进而将分子水平的这种恒速变异称为“分子钟”[3]。但是分子钟并不恒定，有类群特异性，因此常常需要相关化石的地质时间进行矫正。另外，通过 DNA 序列计算得到的进化历史时间，常常有很大的变异范围[4]。如果 DNA 的碱基突变导致的序列差异是以恒定的速度发生的，就可以计算出各单元的分离时间。从图 3.2 就可以看出亚洲人和欧洲人的分化时间在 3 万～4 万年前；而澳洲人与亚欧人的共同祖先分开的时间在 5 万～6 万年前；非洲人与非洲之外的人群分开在7万～10万年前（参考第十九章）。依此类推，我们就可以重建一类（种、属、科、目）动物的进化历史，确定其共同祖先生活的地点和时间（图1.9）。当然，这些都是建立在基因变异（即DNA或氨基酸位点突变）的速度是恒定且线性的假设基础上的。

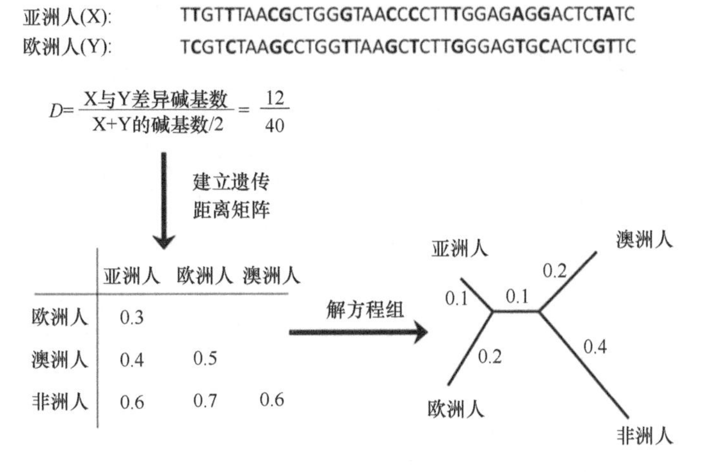

图 3.2 系统树的构建

首先比对每两个物种的基因序列，计算两者的遗传距离（D）；集合所有的遗传距离，构建相似性矩阵；最后两两比较，根据相似性建立亲缘关系（无根树）

系统树包含了很多信息，而且还能重建祖先的进化历程。系统树由枝（branch）和节点（node）构成，枝的长度代表独立进化的时间，而节点的支持率代表分化点的可信度或概率保证。系统树的基本单位是支系（clade)，一个支系代表一个共同祖先的分化，支系之下所有成员共享进化历史（图3.1）。系统树的支系呈现嵌套结构，使得传统的分类阶元（亚种、种、属、科……）之间的界限变得不清晰，因为支系可能跨越阶元，也可能在阶元内形成支系。谱系分析方法将进化、生物地理和分类等研究由定性转为定量[5]，而定量研究在生物学当中是少有的。

如果希望构建的系统树能够准确地反映物种的进化关系，选取的基因就很重要。选取的标准之一是那些受到选择压力小，或近似中性选择的基因。如果研究物种以下的系统，如谱系地理或种群遗传学，需要选择容易变异的基因；而如果研究高阶单元的谱系发育，需要选不易变异的基因。但是以少数几个基因构建的系统树，很难准确地重建进化历史，因为真正的中性选择基因是不存在的，因此选取尽量多的基因是解决方案之一。以全基因组序列构建系统树，被认为是最终解决方案。

单有系统树还不能阐明行为的遗传与适应，必须比较基于行为特性和生态因子的相似性/差异性构建的拓扑结构与基于“中性”基因构建的系统树结构。Adrian M. Paterson及其同事1995年[6]对18种海鸟（包括信天翁、海燕和企鹅）的行为（采食、争斗和繁殖）及生活史构建了行为与生活史（behavior and life history，BLH）相似性关系树，同时也基于电泳条带和12S RNA序列构建了亲缘系统树。比较BLH关系树与亲缘系统树的结构（图3.3），可以看出两者结构的相似性显著大于随机性。

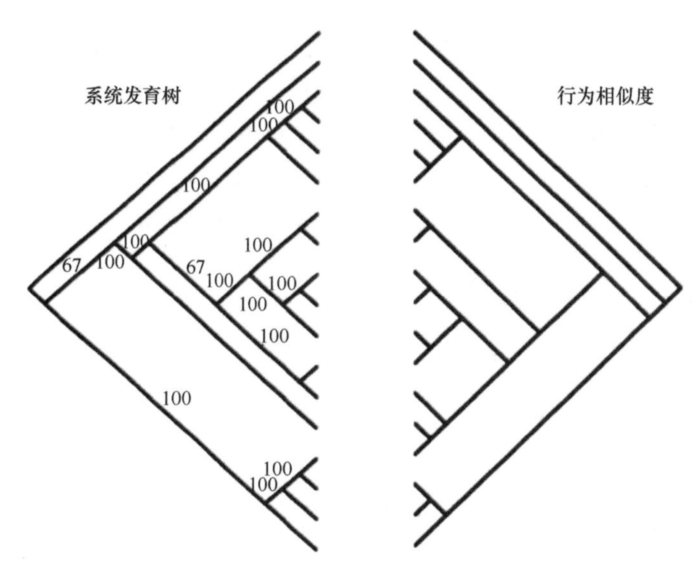

图 3.3 种间系统发育关系与行为相似性的比较

还有一种常用的方法是将行为与生态特征标记（mapping）到物种系统树的相应分枝。苍鹭是一种常见的涉禽，全球约有 64 种，生活在各种生境，如湿地、沼泽、河岸、潮间带、红树林、草地、稀树草原、森林等。图 3.4 的最左边是北美苍鹭的系统树，然后依次向右为鸣声语图（sonogram）、频率测量，最右边是生境类型。将这些行为和生境参数与物种在系统树上的位置对应后，就可以辨别哪些特征是源自遗传的，哪些是

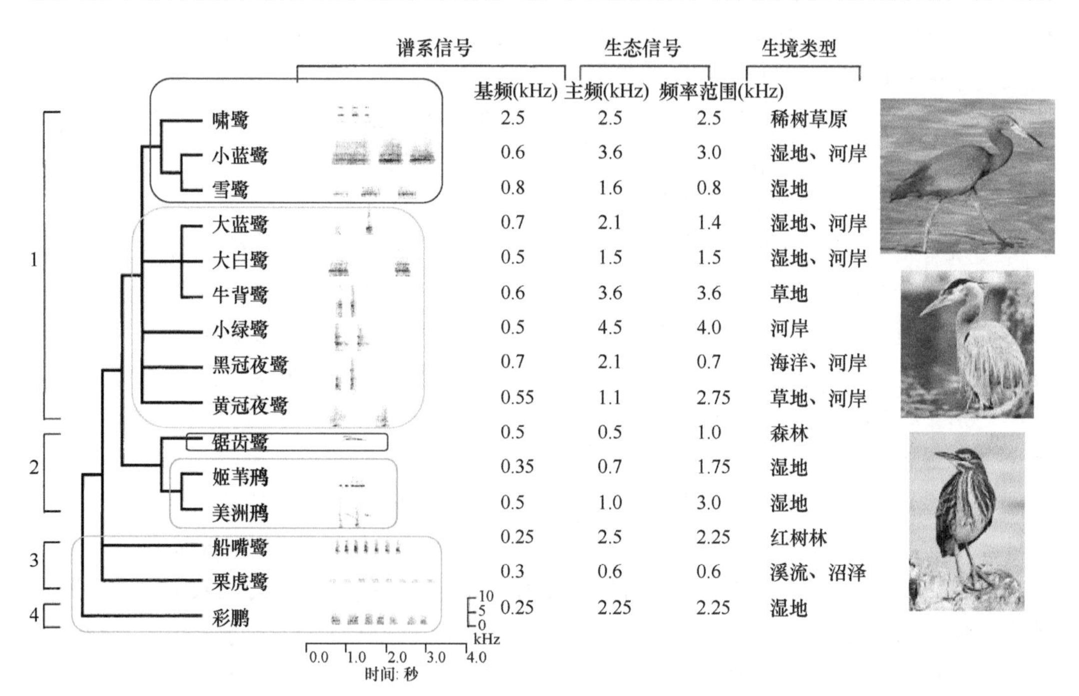

图 3.4 苍鹭鸣声成分的遗传与适应

尽管音节频率和音节长度各不相同，但音节数量在支系内是一致的（虚线框）

适应过程导致的。鸣声的频率范围和第一峰能频率（主频）主要是因为生态适应的趋同效应，谱系信号（phylogenetic signal）很弱。音节数、音节的结构和基频主要由谱系主导，生态因子的作用很小，这些性状反映了遗传发育所调控的发声行为和鸣管结构[7]。

二、环境适应性

如果说遗传过程是维持祖先特征，那么适应过程就是使生物“本土”化。一些种类即使亲缘关系很近，其性状差异也很大，即在同一个支系中独立起源或进化。猫科动物经常发出长距离的吼叫，进行社会通信。声音的传播受物理定律的限制：低沉的声音比尖锐的声音传得更远。低沉的声音意味着较低的主频率，而鸣声的主频一般与体重负相关。但猫科动物的鸣叫主频不受体重的影响，而是与生境对声音的传播效率有关。相对于生活在密集丛林的同类，在开阔环境中生活的猫科动物趋向于发出低主频的长距离吼叫[8]。我们对蝮亚科蛇类的眼睛与颊窝（红外传感器）的研究，也显示在剔除系统发育的影响后，两种传感器的感受面积呈负相关[9]，即眼睛大，则颊窝小，反之亦然。

外耳道和鼓膜的进化，是动物接收高频声音的物理基础。基于语音通信的需要，两栖动物的部分蛙类已经出现鼓膜。其结构较原始，特化度低而且较厚，对高频音仍然不敏感[10, 11]。已知有两种蛙类，即生活在中国黄山的凹耳臭蛙[12, 13]和马来西亚砂拉越州的凹耳胡湍蛙[14]，由于求偶场靠近瀑布和河流，形成了深凹的耳道和极薄的鼓膜，可以接收超高频率的声音。与此相应，雄蛙的鸣声含有超声成分或频率全部位于超声范围（＞20kHz）。这两种蛙同属蛙科（Ranidae）但分属不同的属，亲缘关系较远，为适应流水噪声环境而产生了适应性趋同（图 3.5）。爬行动物中只有蜥蜴类和鳄类具有耳道和薄鼓膜，其他类群不具备。因此，在爬行动物中也只有在这两类进化了语音通信，因为动物鸣声的频率一般都较高。据此可以推断，动物对高频段声波的利用受到正选择，该性状的起源和进化开辟了新的生态位[15]（图 3.6）。

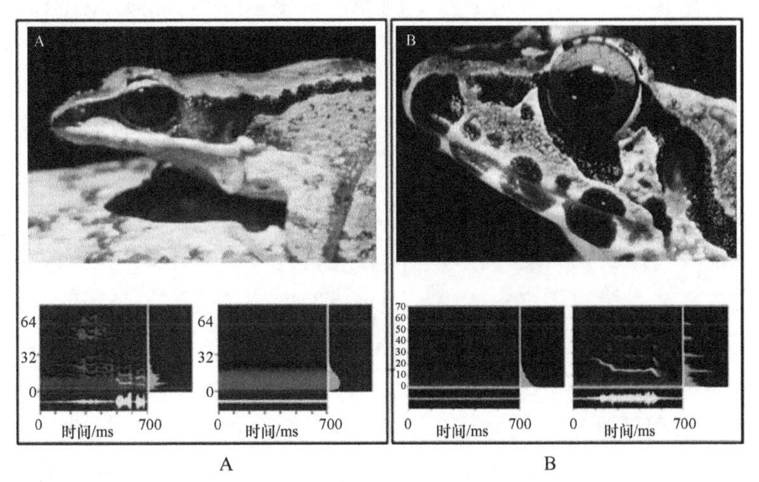

A　　B

图 3.5　凹耳蛙类的耳道及其鸣声语图

A. 凹耳臭蛙的耳道（上），蛙鸣+瀑布（左下），瀑布（右下）；
B. 凹耳胡湍蛙的耳道（上），蛙鸣+瀑布（右下），瀑布（左下）。注意 20kHz 以上的声音成分（纵坐标）

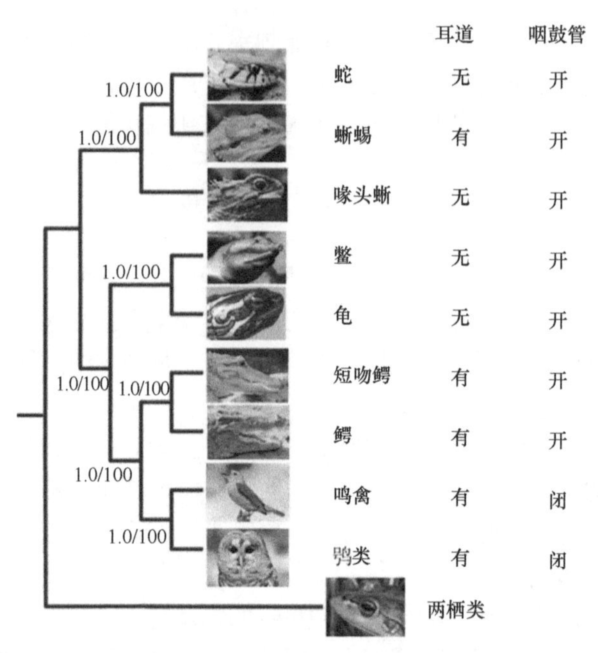

图 3.6 爬行动物和鸟类（进化研究中鸟类归并于爬行动物）的耳道和咽鼓管的多次起源

部分哺乳动物，如蝙蝠和跳鼠的听觉系统特化到极端。由东到西，分布在中国北方的跳鼠呈现耳郭和听泡逐渐增大的趋势[16]。对于新疆荒漠的长耳跳鼠，耳郭占体长的2/3，而肥尾心颅跳鼠的左右听泡，则占整个颅骨的2/3。听泡是中耳道的极度膨大，听泡处的颅骨极薄且脆。目前我们正在研究其工作原理，推测它具有声音放大功能。通过跨物种比较，我们发现具有大耳郭的跳鼠，听泡小；而听泡大的跳鼠，耳郭小（未发表的资料）。进化总是遵循一种简约原则，这是因为任何一个性状在一个方面的适应性变化，很可能带来在其他方面的反适应性。例如，食虫蝙蝠和长耳跳鼠，其超大超长的耳郭，一定妨碍其快速灵活的运动。而听泡又大又脆弱，同样不利于野外生存。因此，自然选择在正向作用于一个特征时，就会释放针对与该功能重叠的特征的选择压力。眼睛是很精致且脆弱的器官，含有大量的血管，一旦受伤感染就可能致命。而蝮蛇的红外传感器（颊窝）是一层极薄的膜（15μm），非常脆弱。显然，后者的起源，释放了自然选择对眼睛的压力[9]。这就是所谓的“进化简约”原则吧。

那么，是什么选择压力驱动一些性状的极度特化呢？在蝙蝠，是因为夜空中捕食飞虫需要借助超声雷达系统。昆虫那么小，回声肯定弱，大耳郭是必需的。跳鼠是食种子的类群，大耳郭的选择压力可能有两个：对热环境的适应［阿伦（Allen）定律在起作用①］；侦测天敌的声音。从中国东北到西北的生态系统的变化规律为东北林区、内蒙古东部草原、内蒙古西部和新疆东部的荒漠、新疆的沙漠。由东向西，植被的覆盖度逐渐降低，也就导致跳鼠栖息地的隐蔽效果越向西越差，为躲避天敌所需要的逃跑距离也越

① 阿伦定律指出，恒温动物身体的突出部分（如四肢、外耳、尾巴等），在气候寒冷的地方有变短或在热带地区有变长的趋向。

远。对跳鼠而言，尽早发现天敌，及时逃避，其适应意义不言而喻。为什么不是阿伦定律在起作用呢？中国北方荒漠地带的夏天，即使在白天也不是很炎热，而且跳鼠多在夜间较凉爽的时间活动。大耳郭是听觉代替视觉发挥探测天敌的功能的体现，而不是为了散热。

至于通信适应，由于动物多集中在春季繁殖，而适合繁殖的场地总是有限的，聚集于求偶场的不同物种间求偶通信系统难免相互干扰。繁殖性状替代就是一种适应这种情形的机制，在行为上表现得尤其明显（图 2.6）。性状替代是很普遍的一种现象，也是维系生物多样性的机制之一。与此类似，动物对噪声环境的适应速度，可能快得超出人们的想象。比较公路边和森林深处的同种鸟鸣结构，发现公路边上的鸣声频率显著高于森林中的鸣声频率，而且噪声强度越大，鸣声频率提升得越高[17]。蛙鸣的主频和低频成分也与公路噪声显著正相关。这种频率升高到底是神经可塑性导致的临时性状，还是自然选择形成的固有特征？通过测量公路边的蛙体特征，如体长和体重等，发现它们显著低于林中的同类[18]。动物借助共振以提高声音强度，而共振频率与共振体的质量成反比，即个体越大，频率越低；个体越小，频率越高。这就是为什么一些蛙类在与对手竞争时，经常主动降低鸣声的频率[19]，以虚张声势夸大其体型。由此可知，在公路旁求偶的蛙，是自然选择的结果[18]。智人出现在地球上只有 30 万年，大规模改变地球景观开始于一万年前的农业革命。自然生态系统还没有足够的时间来适应人类这一强势物种的改造行为，但局部种类已经通过自然选择而产生了适应性的变化。

假死（feigning death）现象在昆虫、两栖类和爬行类常见，在其他动物也存在，因此是多次独立起源的。在遭遇天敌时，一些运动能力较弱的种类，如金龟子、象甲、叶甲、麦叶蜂以及黏虫幼虫等都会假死，一段时间后不管天敌是否离开都恢复活动状态[20]。假死的前提是，天敌不取食死尸或看不见静止的目标，因为除鸟类和哺乳类外，其他动物只能检测运动的目标而看不见静止的图像。假死提高了存活率，受到了正向选择，有很强的适应意义。

冬眠是很多动物为躲避冬季寒冷无食的条件，而采取的长时间静止不动、降低体温和代谢率的一种适应策略。温血动物，如熊类和黄鼠的体温可降至 1～2℃，体温过低会有生命危险，因此隔一段时间，冬眠动物会自动苏醒，使体温回升。然而，多数啮齿动物（鼠和兔）却不冬眠。变温动物的体温则完全随环境温度变化而变化，加拿大的木蛙（wood frog）在结冰的水体中冬眠[21]。零度以下的体温，是生命的禁区，因为冰晶的生长会破坏细胞的基本结构。木蛙是如何突破这一禁区并且在水中快速复苏的呢？有理由相信，对木蛙冬眠的研究一定对人类的太空旅行有极大的帮助。

应对冬季，运动能力较弱的动物采取冬眠的策略，而运动能力强大的动物，如大型鹿科动物和很多昆虫、鸟类和蝙蝠，则定期在南北之间迁徙（迁飞）。这是一种在生物多样性地区与资源可获得性地区之间的切换。所谓“南”是指靠近赤道的地区；而“北”是指接近两极的地区。离赤道越近，生物多样性越高，但每种生物的生物量较少，竞争激烈。而在远离赤道的地区，生物多样性低，但那些能在该地区存活的物种的生物量却很高。因此，迁徙（迁飞）动物在秋冬季到赤道附近度过严寒季节，在春夏季返回高纬度地区繁殖，以保障自身和后代的食物充足[22]。

三、行为的起源与丢失

如前所述，很多适应性行为是多次独立起源的，这导致亲缘关系与行为相似性的脱节。但总体而言，亲缘关系越近的种类，行为相似的概率就越大。真社会昆虫都归属于膜翅目和等翅目，包括所有的白蚁和蚂蚁、大多数蜜蜂以及部分胡蜂。在膜翅目中，真社会性有三次独立的起源（图 3.7A），而其共同祖先则没有真社会性[23]。真社会性的群体结构在哺乳动物中也有两次独立的起源[24]。侏儒鸟求偶时通过扇动翅膀进行视觉展示，同时翅膀互相拍打，产生听觉刺激。其“边对边炫耀”（side-to-side display）行为的进化如图 3.7B 所示，侏儒鸟祖先没有这类行为，其起源如下：首先在 A 点获得“短跳”（short hop）；一个种在 B 点丢失该行为；而在 C 点“短跳”进化为“短飞”；在 D 点进化为“大跳”；在 E 点进化为“长飞”。这个例子形象地展示了自然进化路径[25, 26]。

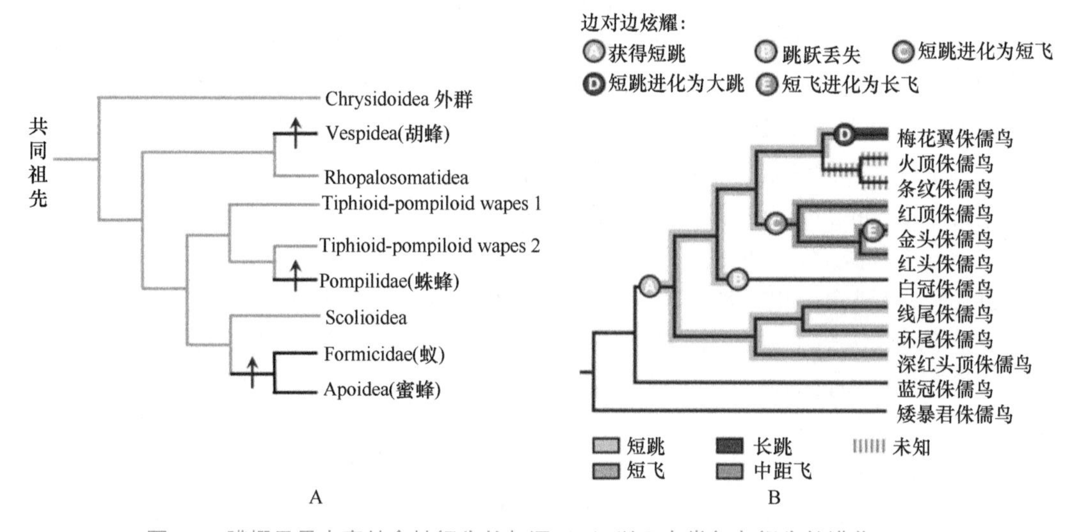

图 3.7　膜翅目昆虫真社会性行为的起源（A）以及鸟类复杂行为的进化（B）

许多时候很难确立特定行为是多次独立起源，还是共同祖先所具有的行为在后代中丢失。系统树的结构告诉我们，直接与“树根”相连且具有最长的“枝”的物种一般都最具有祖先性状。具有假梳理行为的物种包括黑背鸥和两种信天翁。黑背鸥独立进化的历史很长而两种信天翁独立进化的历史很短。因此，假梳理行为的进化可能有两种途径，即二次独立起源（图 3.8A）或祖先性状后来有三次丢失（图 3.8B）[26]。

壁虎的语音通信则是另外一个故事。城野哲平博士[27]在我的实验室从事博士后研究两年，发现许多以前认为不会鸣叫的壁虎种类实际都是用语音进行通信，只是因其鸣声很微弱而没有被关注。他对两类鸣声做了记录和分析，一类包含节律很强的音节或脉冲，即音节的间隔是恒定的，称为 Rhythm（节律的）；另一类的音节没有规律，似乎是随机的，

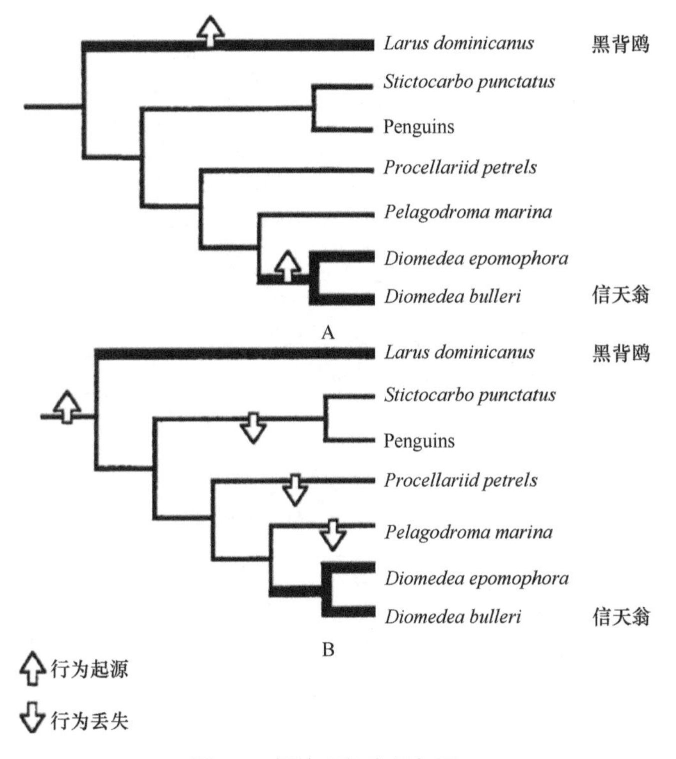

图 3.8 假梳理行为的起源

A. 获得假说；B. 丢失假说

音节的间隔长度是可变的，称为 Rhythmless（无节律的）。调查这两类壁虎的分布区，发现 Rhythm 种类之间有重叠，Rhythm 与 Rhythmless 也有重叠，但 Rhythmless 种类之间没有重叠。进一步研究发现，在 Rhythm 重叠区没有种间杂交，在 Rhythm 与 Rhythmless 的重叠区则有杂交（图 3.9A）。在采集中国、日本和越南的壁虎属样本后，构建了一个基本完整的系统树（图 3.9B）。从系统树上可以看出，所有的 Rhythmless 类型都生活在海岛，而 Rhythm 类型则在大陆和海岛都有分布。壁虎的祖先是 Rhythm 类型，Rhythmless 有三次独立起源，实际是三次 Rhythm 丢失，但这不是所谓的负选择（即纯化选择）。动物维持 Rhythm 鸣叫类型的目的，是通过物种特异的信号系统，避免与近缘种的杂交（未发表资料）。可以推测，当 Rhythm 类型开拓新的小岛时，而岛上又没有其他壁虎种类，由此也就没有必要保持物种特异的鸣声。当维持某一性状的需求不存在时，其选择压力也就随之消失。从脑功能的角度，控制 Rhythm 显然要比控制 Rhythmless 需要更多的神经资源，自然选择永远青睐那些以最低的能量代价获得最多的基因拷贝的性状。

行为毕竟不同于其他的性状，不但受神经系统和内分泌系统的控制，还常常由外界因素触发。神经系统又是宇宙中最复杂的体系，而且不完全由基因主导进行构建。基于系统发育探讨行为的起源和进化，但没有涉及特定行为的具体神经网络，也没有涉及具体的基因。因此，此类研究并不能揭示“神经系统—行为”这个“黑箱子”的奥秘。

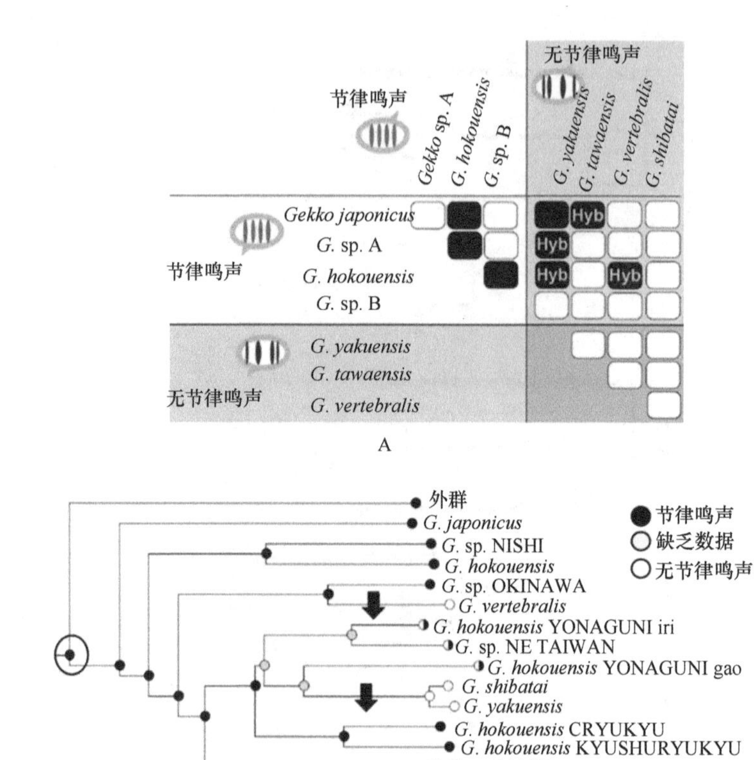

图 3.9 壁虎科动物的鸣叫行为

A. 两类壁虎的地理分布格局（两两比较），白框为非重叠分布，黑框为重叠分布，Hyb 表示有杂交；
B. 壁虎科部分种的系统发育，显示节律型鸣叫有三次丢失（黑箭头）

四、遗传与适应的关联

任何一个性状都是遗传与适应这对矛盾的“妥协”，遗传“希望”维持原状以不变应万变；而适应“倾向”于性状的改变，以占据更多的新生态位。针对某一个具体的性状，如何评判遗传与适应对特定性状的相对作用强度，是一个复杂的计算过程。对于数学建模或生物统计来说，跨物种分析无法满足变量必须完全独立的基本要求。在做相关分析时，如对耳郭与听泡、眼睛与颊窝、皮层体积与社群大小的回归，由于是跨物种的比较而物种间有不同的亲缘程度，导致结果的客观性下降。如何分离遗传与适应对特异性状的相对作用，是进化生物学研究中的一个重要技术。目前已有多个统计学模型可对相关分析中的变量进行系统发育校正[28]，其基本原理如下。

以黑熊、棕熊和北极熊为例，可以很简化地说明如何去除系统发育对适应性分析的影响。动物生态学告诉我们，动物个体越大其领域也越大。图 3.10 显示这三种熊的系统发育、体重和家域的关系。如果直接将家域对体重做相关分析，由于变量不是完全独立而行不通。因此可以根据 DNA 序列，先构建熊科的系统树。系统树显示棕熊和北极熊的分离时间在200万年前，而它们的共同祖先A，与黑熊在500万年前分离。这里的200万年和500万年量化了三个物种的亲缘关系，其系数分别为2和5。具体计算如下：北极熊与棕熊体重差为14kg，除以2等于7kg（残差）；假设祖先A的体重为两者的平均值［(265+251)/2＝258］，与黑熊的差值为165kg，除以5等于33kg（残差）；各自的领域也做同样的计算。最后将体重残差与领域残差进行相关分析，其过程就符合统计要求——独立变量[29]。

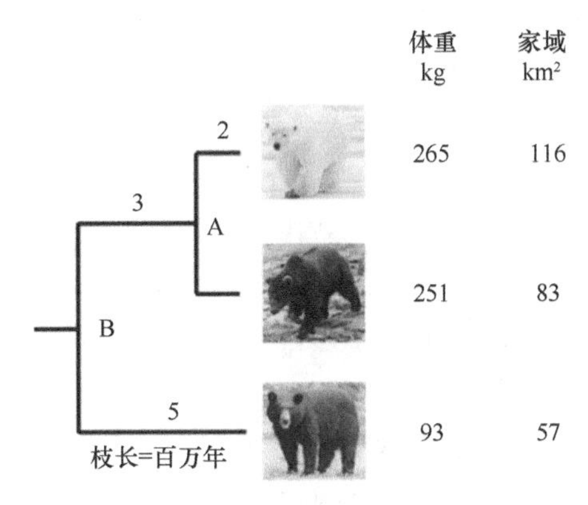

图3.10 三种熊的分离时间、体重和家域

遗传与适应在很大程度上是不可分割的。例如，人的肤色问题就很复杂，既由系统发育决定也是环境作用的结果[30]。毫无疑问，欧洲人的肤色最浅，东亚人次之，而非洲和南亚人肤色最深。这里面既有地理概念也有人种的差异。在一定地理区域内，肤色服从人种；但从全球范围来看，肤色是对阳光辐射的适应。凡是生活在赤道附近的人类，都是深色皮肤。凡是生活在高纬度的人群都是浅色皮肤，而且离赤道越远肤色越浅。肤色相近的人群，也可能在遗传上相距甚远。例如，南亚的孟加拉人、印度人和斯里兰卡人生活在低纬度地区，与同样生活在低纬度地区的苏丹和尼日利亚等撒哈拉以南地区的非洲人有相似的肤色。反过来，肤色有差异的人群，可能具有最后的共同祖先。例如，尽管汉族与藏族在遗传上很接近，但藏族的肤色明显较汉族偏深，是对高原强辐射的适应。

人类肤色与黑色素在皮肤中的含量及分布状态（颗粒状或分散状）有关。早期人类一定受到了强烈的选择。在阳光炙烤的非洲大草原，如果没有黑色素的保护，紫外线辐射可能严重灼伤皮肤并诱发皮肤癌变[31]。在高纬度的寒带，阳光照射严重不足，不但强度弱而且冬季日照时间短。阳光不足则维生素D合成不足，影响钙的吸收。尽量多地吸收阳光辐射成为生存需求，黑色素则成为障碍。肤色是人种分类的重要标志之一，观察皮肤的颜色多采用冯•卢山（Von Luschan）肤色表，观察部位主要是上臂内侧，分为极浅、浅、中等、深、极深5级36色。肤色最浅的是北欧居民，其肤色呈粉色，是由于微血管颜色透过皮肤的缘故。肤色最深的要算巴布亚人、美拉尼西亚人以及非洲的部分人群。

为在特定的地域环境（太阳辐射）下生存，早期人类的肤色发生了改变，获得了良好的适应性。因此，留下来的后代使相关基因得到传承，人种得以形成。人种逐渐繁育扩散，离开原居住地，肤色再次变化。这是遗传与适应相互作用的基本过程，它促进生命的表型多样化。由于男人天生喜爱肤色健康的女人，人类的肤色是否受到性选择，是一个很值得研究的课题[32]。人种之间的肤色是自然选择的结果，人种内部的肤色可能受到性选择的作用。自古以来，东亚人对白皮肤有强烈的偏好；而现代欧洲人则喜欢小麦色皮肤（那古代欧洲人喜欢什么肤色？）。

前面提过，脊椎动物的视网膜结构十分特别（图 1.7A）。尽管如此，不同脊椎动物间有巨大的形态差异。典型的硬骨鱼眼睛瞳孔很大，晶状体为球形，焦距较短且固定[33]。两栖动物的眼球接近球形，角膜和巩膜合在一起，角膜具有脊椎动物的典型特点[34]。龟鳖、大多数蜥蜴和鸟类的眼睛结构都类似，有附着在巩膜上的软骨、前凸的血管组织、深入玻璃体内的锥状突、中部环状增厚的晶状体上皮、环形的晶状体垫和大量光感受器。蛇类眼睛具有视网膜血管与胶原纤维形成的巩膜，跟哺乳动物一样，但没有巩膜软骨[35]。而且其晶状体接近球形且坚硬，因此蛇类只能通过虹膜外围肌肉的扩张带动晶状体前移聚焦，而蜥蜴则是通过附着在脉络膜上的强壮睫状肌往巩膜软骨方向收缩，导致环形晶状体垫对晶状体侧面施压，使扁平柔软的晶状体变圆来聚焦[36, 37]。各类群在基本结构保持不变的情况下，为适应各自的环境产生些许变化，如夜行性动物的眼睛变大而且在视网膜后面有一排称为反光膜（tapetum lucidum）的细胞层。

相对眼结构的变异程度，脊椎动物的耳在适应性进化过程中发生了更大的变化。接听空气传播的声音，是脊椎动物登陆以后才需要的功能。鱼虽然能够听到声音，但普遍认为没有耳蜗结构[38]，也没有中耳。两栖动物没有外耳道（极少数凹耳除外），部分类群有可见的较厚鼓膜（tympanum），部分没有。爬行类中的蜥蜴和鳄类有外耳道和薄鼓膜，蛇类和龟鳖类则没有（图 3.6）。鸟类有耳道但没有耳郭，哺乳动物可能具有最发达的听觉系统，陆生或半水生种类有耳郭而纯水生种类没有。陆生脊椎动物的内耳结构具有相似性，都含有一个耳蜗（形如蜗牛壳）、三个半规管、一个椭圆囊和一个球状囊。三个半规管相互垂直，对应 X、Y、Z 三个向量维度的加速度感知；椭圆囊和球状囊则控制直线平衡，包括重力[39]。鱼类的内耳除了没有耳蜗，其他成分都很完整。

耳蜗内含一个条状的基底乳凸（basilar papilla），沿耳蜗的管道盘旋伸展。基底乳凸上着生成千上万的毛细胞，是声音的最终传感器。对蜗管横切观察，可以发现毛细胞着生在支持细胞形成的基质之上，神经纤维穿过基质投射到毛细胞的底部。毛细胞的纤毛则长在细胞体之上，毛的顶端与胶状盖膜接触，这个结构在哺乳动物被称为柯蒂氏器官（organ of Corti）（详见第十二章）[40]。哺乳动物内耳有三列内毛细胞和一列外毛细胞，其他脊椎动物的毛细胞排列似乎不是整齐的 4 列。两栖动物内耳含有两条乳凸以针对不同的频率，一条仍称为基底乳凸（响应频率＞1500Hz），另一条则被称为两栖乳凸（amphibian papilla）（响应频率＜1500Hz）[41, 42]。如此不同的毛细胞排列各有什么样的适应意义，现在仍不得而知。

除了遗传与适应的作用外，文化的因素也不能忽略。黑猩猩使用工具，非常普遍，共计发现 19 种模式。但不同区域的黑猩猩在使用工具的行为细节上有较大的差别。为解释这个差异，一直以来有两个学派，即遗传决定论学派和文化传播论学派。莱西特（Lycett）等量化了工具使用的地区差异并基于此构建了黑猩猩种群的谱系关系，在比较了 10 个野生种群 30 年的观察资料后，认为行为谱系结构不能映射遗传谱系的结构[43]。工具使用行为应该是社会学习，即文化因素决定了行为模式。关于行为传播的文化因素，请阅读第九章和第十四章。

总之，适应性变化打破遗传的“统治”，种群因此而扩大并形成新的遗传性状。如此不断循环，推动生命世界的进化。一般来说，形态和生理的性状都有明确的适应性，而行为的情况则充满矛盾，尽管进化生物学家相信每个行为都有特定的适应意义。

第四章

自然选择和性选择之外

达尔文理论的光辉是如此的耀眼，以至于使我们暂时性失明了。

前一章列举了大量的行为适应性的研究事例，但自然界仍然存在许多的行为现象，既不能用自然选择解释，亦无法用性选择阐明。约翰·鲍惠斯（Johan Bolhuis） 和卢克·阿兰·吉尔罗迪欧（Luc-Alain Giraldeau）[1]在《动物的行为》一书中也指出："……如果我们拒绝它（指一个关于行为适应意义的假说），那下一步就是转换到另一个功能假说并验证它。这种持续不断地提出假说以阐明适应性的状况，为进化生态学家和行为生态学家带来了坏名声[2]。正是如此，行为生态学家经常被认为是天真的乐观主义者，因为他们认为每个性状都必须有一个目的……"。

那些难以解释的行为现象，或者还没有找到它们的适应性，或者根本就"没有"适应性。如果是后者，大自然存在如此之多的无意义行为，自然选择竟然没有将它们淘汰，实在是不可思议。那么有哪些行为，是不能用达尔文和汉密尔顿的理论解释，或至少到目前为止不能完全解释的呢？

一、趋 光 性

"飞蛾扑火"是最常见的自然现象，也是"违抗"自然选择的行为。

飞蛾这类昆虫为什么自寻死路呢？求生欲望被镌刻在基因的 DNA 序列中，求生是生命中最核心的本能。其实，飞蛾是受到光而不是火的吸引。一些弱小的动物，避光或负趋光也是容易理解的，毕竟黑暗的掩护是逃避天敌魔爪的有效武器①。大量的夜行性（如果不是所有的话）动物有趋光性，最常见的是昆虫。以下所说的趋光性都特指正向

① 这是本书中有争议的论点之一，一些学者认为夜行性动物不能降低被捕食的风险，因为食虫类动物，如蝙蝠也发展出夜间捕食能力；也有学者强调，夜行性动物的趋光性有适应意义。至于具体的适应性是什么？尚不得而知。

趋光。2015 年 6 月，我在成都周边的鸡冠山保护区进行野外作业，那时正是白蚁或蚂蚁婚飞的季节。夜晚，这些昆虫将我们的车灯完全覆盖以至于我们行进都很困难。

飞蛾类本是夜行性动物，选择在夜间出来活动，可能是为了在黑暗中躲避天敌。在人类诞生之前，夜晚最明亮的光源只有月亮。古人认为，飞蛾的趋光性与月亮有关？最早提出科学假说的是德国昆虫学家冯・濮登博（Von Buddenbrock）[3]，他在 20 世纪 30 年代就认为蛾类在夜间飞行时，很可能利用月光作为导航工具。由于月球距离地球非常遥远，蛾子在飞行时，月光和它的相对距离没有变化，在空中的位置看上去是不动的。因此飞蛾可以利用月光进行定位，如在飞行时让月光始终位于右前方 45°的位置，就可以让自己的飞行轨迹保持一条直线。英国学者罗宾・贝克（Robin Baker）等[4]设计了一系列实验验证这一假说。他们在户外立一个支架，伸出悬臂，末端吊一根线，线的下端粘在两种能长途飞行的蛾子——大黄翅夜蛾和警纹夜蛾的背上。蛾子能够自由地飞向任何一个方向，当它飞行时，触动电流开关，记录其运动轨迹。结果显示：在月圆之夜，蛾试图沿着直线飞行。但是如果遮住月光，或者用颜料遮盖蛾的眼睛，它们的飞行轨迹就变得有些杂乱。在树林遮挡月光的地方，实验人员在距离蛾子大约 2m 处放一盏 125W 的灯，蛾子相对灯的位置改变飞行方向，保持与月光相同的相对方位，呈螺旋状行进。对蛾子来说，灯的亮度并不重要，重要的是灯的高度和大小。如果灯距离地面只有 0.6m 高，蛾子要在距离灯大约 3m 以内才会被吸引。如果同一盏灯被放在大约 9m 高的位置，那么蛾子在 15～17m 外就会被吸引。在这个距离上，灯的影像大小看上去和月球的影像大小一样。结果似乎很完美，不是吗？但问题没有这么简单。

在此之前，美国北卡罗来纳大学的亨利・肖（Henry Hsiao）[5]也研究过飞蛾扑火的问题。他把美洲棉铃虫粘在泡沫塑料碎片上，放在水池里，记录这种蛾子“驾驶”泡沫小船的行进方向。没有灯光时，小船在水面上漫无目的地漂荡。在水面上点一盏灯，小船向灯漂去，但并不是像标准答案预测的那样呈螺线逼近，而是直线冲过去。少数直接地撞上灯，多数则是朝向灯的两旁，好像一开始是被灯吸引，但最后一刻又试图逃离。Hsiao 认为，这个实验结果难以用古老的月光导航理论来解释。其实，昆虫趋光的行为不是上述那么简单，是复杂多变的。首先，突然出现的光扰乱了昆虫的正常行为，少数昆虫的反应是背离光源，在植物上躲藏；一部分直接冲向光源；更多个体则围绕光源无休止地转圈，转圈的原因可能是偏离光源后又被吸引回来[6]。或者，50%以上的昆虫在靠近光源的一定距离，收翅落地，终止扑向光源的行为[7]。

法布尔在他的《昆虫记》[8]中记载的一个现象，同样令人困惑。如果把未交配过的雌蛾和灯火放在同一个房间，大多数雄蛾仍然会被灯火吸引，而无视雌蛾的存在。为何灯火能够战胜雄蛾繁殖后代的强烈欲望。对于昆虫而言，趋光性的生态适应意义似乎难以明了。另外，即使没有人造光源，森林火也是致命的。飞蛾扑火这个自古以来就让人感到神奇的现象，今天仍然是个未解的谜[3]。而一些在完全无光环境生活的动物也趋光，使适应主义者倍显尴尬。

穴居动物和深海鱼类，它们的环境没有任何光源，也许一生都没有见到光，但同样有趋光性。穴居鱼类的眼睛是退化的，有的甚至完全无眼。史蒂文・格林（Steven Green）

和阿尔德马洛·罗梅罗（Aldemaro Romero）于1997年发现两种无眼的洞穴鱼有趋光性，推测其感光器官可能位于间脑的松果体[9]。他们的解释是鱼类对洞穴生活的适应是逐渐形成的，而无眼鱼的趋光性是进化残留的痕迹。这个解释似乎难以服众，既然眼睛都退化了，趋光行为为什么还能保留下来？行为改变总比形态变化容易得多啊！有研究显示，无眼的昆虫如土壤下生活的白符跳虫也有趋光性[10]。穴居的昆虫虽然保留着眼睛结构，但眼睛变小，而其趋光性却更为强烈。

角鮟鱇科（Ceratiidae）的物种是分布最广泛的深海鮟鱇鱼（anglerfish），分布于从热带海域到南极区域，终身生活在深海的海底，最大种类（*Ceratias holboelli*）的雌性体长达1.2m，而雄性的体长仅有14cm。很多种类的雄性终身附着并寄生在雌鱼的体表，靠吸食雌鱼血液为生，有些种类的雄鱼甚至与雌鱼融为一体。鮟鱇鱼的另一个神奇之处是猎食的方式，英文 anglerfish 的意思是钓鱼之鱼。鮟鱇鱼的头部向上长出一根或几根长长的细枝，称为 illicium，一些种类的 illicium 端部依靠其内生的荧光细菌发光并轻轻摆动，吸引猎物靠近[11]。它们的猎物也是深海的小型鱼类，亿万年来，终身生活在无光的世界里，却进化出极度敏感的光感系统。anglerfish 正是利用了鱼类的趋光性设置诱饵（图4.1），问题是这些深海鱼类为什么会趋光呢？

图4.1 鮟鱇鱼利用荧光“钓”鱼

二、超常刺激

我们生活在一个超常刺激的世界里，但我们却没有察觉到。

由廷贝亨定义的超常刺激（supernormal stimulus），是指比正常的自然刺激更能有效地激发动物某一特定行为的刺激，即一些非自然的异常信号（或人为信号）更容易诱发动物的行为反应，并诱导出大于正常的反应强度[12, 13]。难道这类行为的进化是为了应答祖先在自然环境中的“正常”刺激，而现在却被超常刺激绑架了？廷贝亨认为这些刺激能够激发动物的本能反应，但其目的却偏离了进化的本意，难以用自然选择或性选择解释[14]。为此，洛伦茨和廷贝亨[13, 15, 16]提出了先天释放机制（innate releasing mechanism）的概念，但没有被广泛接纳[14]。

如果给一些地面营巢的鸟类（蛎鹬、喧鸻、银鸥和灰雁）提供一些比它们的正常卵更醒目、更大的模型蛋，那么它们就更喜欢把这些模型蛋收回巢内孵化，称为“集卵行为”。正常情况下蛎鹬通常一窝下 3 枚或 4 枚卵，但却喜欢孵 5 枚卵。银鸥喜欢孵化那些涂了鲜亮的蓝、黄或红颜色，而且比正常卵要大一些的模型蛋或真蛋[17]。产淡蓝灰色卵的鸣禽，喜欢伏在亮蓝色带黑色圆斑的大假蛋上。廷贝亨的研究暗示超常刺激似乎没有“上限”（相对而言，鸟可能喜欢一个足球大小的模型蛋，但应该不会对一个大的气球有反应）（图 4.2A）。廷贝亨和他的学生们进一步研究了其他类型的超常刺激现象[18]。在详尽分析了诱发银鸥雏鸟乞食反应的刺激特征后，他们在红毛衣针的一端涂画三道白环作为刺激物呈现给雏鸟，所激发的反应比精确仿制的立体亲鸟的头（白色）或喙（黄色，有一个红点）模型的反应幅值还要大。背刺鱼生活在荷兰境内的淡水中，雄性腹部有宽的红条带，是一种领域性很强的动物，经常攻击其他雄性，以吸引雌性。红色的腹部是刺激源，如果腹部没有红色，哪怕是一条真鱼也不会受到攻击。而如果腹部有红色，哪怕是一个外形极度偏离真鱼形状的模型，也会被攻击，而且受到攻击的程度与红色的面积及饱和度正相关[15]。攻击行为是多个动作的集合体，可见一个极简单的特征刺激就足以诱发复杂的行为反应。

A

B

图 4.2 超常刺激的实例

A. 海鸥正在孵化一个大假蛋；B. 甲虫试图与啤酒瓶交配

亲鸟的饲喂行为是由雏鸟的口型和口腔颜色所激发的，而亲鸟倾向为口型和颜色超过正常值的雏鸟喂食。这种超常刺激现象被寄生性的鸟类所利用，寄生鸟的雏鸟常常具有比寄主鸟的雏鸟更加明显的口型和艳丽的颜色。例如，杜鹃雏鸟的嘴裂斑纹就比它们所寄生的寄主雏鸟的嘴裂斑纹醒目得多，这样可以更有效地诱发“养父母”的喂食行为[19]。借助夸张的人工信号，菲斯特 • 霍伦（Øistein Holen）等分析了寄主操作的进化稳定性，发现寄生鸟的信号强度必须低于一个阈值以保证寄主能够接受[20]。阈值是可变的，直接依赖于寄生的幅度。如果信号超过该阈值，寄主即可通过这些信号识别寄生的鸟卵。

1983年，昆虫学家达里尔·格温（Darryl Gwynne）和大卫·伦茨（David C. Rentz）报道了尤洛甲虫与啤酒瓶交配的现象[21]。尤洛甲虫具有棕色的翅鞘，而澳洲的啤酒瓶也常常是棕色的。啤酒瓶上一些微小的突起，能像雌性甲虫翅鞘那样反射光线，而闪闪发光。这让啤酒瓶看起来格外像雌性甲虫的翅鞘。于是，雄性甲虫纷纷奔向瓶子，并急不可待地弹出它们的阴茎，刺向酒瓶（图4.2B）。此项研究获得了2011年的搞笑诺贝尔奖（Ig Nobel Prize）。雄眼蝶青睐与背景色有更强烈对比的黑色雌蝶模型，而不去追逐具有自然色彩的雌蝶。雄性豹纹蝶以雌蝶的翅膀摇曳频率作为物种识别的信号，正常翅膀闪动频率是8～10Hz。当为雄蝶呈现140Hz的人工闪光（闪光，而非翅膀摇曳）时，雄性纷纷向闪光灯求偶[22]。又如，寄生在蚂蚁巢中的巢寄生甲虫幼虫，它们皮肤腺的分泌物能够激发蚂蚁的抚育行为。这些分泌物是模拟蚂蚁幼虫分泌的物质，但它们比蚂蚁幼虫的分泌物更有效，因而可以得到更多的抚育和照顾。

人类在食欲和性欲方面的超常刺激现象，被商人和艺术家充分地挖掘和利用。哈佛大学的心理学家戴尔德丽·巴雷特（Deirdre Barrett）认为，垃圾食物是作为人类对盐、糖、脂肪渴求的夸张刺激[14]。现代人造物激活了人类在远古时代的环境下进化出的本能反应。那时候，脂肪是难得且重要的营养，因此乳房发育对潜在的配偶来说是健康和可育的标记。一项跨文化调查显示，手术隆胸是一种超常刺激。经过隆胸手术的乳房，不管大小如何都比自然的更具性吸引力。有的妇女走路时调节腰部和臀部的摆动以增加源自腰臀比的性吸引力，产生视觉的超常刺激[23]。18～19世纪，西方世界曾经风靡一时的克里诺林式（Crinoline）裙装是人类追求超常刺激的产物[24]。为表现女性纤细的腰身，除了使用紧身胸衣外，还需要极度膨大化的裙子来反衬。克里诺林式裙装的巨大反差效果，带给人们的视觉冲击力是深刻的。

三、玩　　耍

人类的许多所谓文化，其实就是玩耍；玩耍的人多了，就成了文化。

从人类社会角度，玩耍纯粹就是为了消磨时间而没有任何适应意义。动物也会玩耍，这就挑战了自然选择的原则。

在美洲巴塔哥尼亚附近的海面，每当大风扬起，成群的露脊鲸把尾鳍高高抬出水面，尾鳍后端对着来风，形成风帆效应，然后像帆船似的由大风推着驶向海岸。靠近海岸后，这些巨兽又会游回出发地，重复“帆船大赛”。北美洲的渡鸦以喜欢在屋顶滑雪而闻名。冬季在阿拉斯加和加拿大北部的居民区，经常可见一群或一只快乐的北极渡鸦飞到屋顶，然后像孩子坐滑梯那样向下滑雪。到屋檐之后，或飞行或步行，登顶后重新开始滑雪[25]。小猫喜欢与人玩耍，也喜欢自己玩耍。给它们一团纸，就当球踢；用激光笔给它们一个运动光斑，就不知疲倦地追逐。极端无聊的时候，经常追着自己的尾巴转圈玩。

玩耍行为随处可见，高等动物中已经记载有玩耍行为的：鱼类（包括软骨鱼和硬骨鱼）、爬行动物、鸟类、哺乳类。不能肯定但疑似有玩耍行为的：两栖类、单孔类（即消化道与生殖道共一个出口的原始动物）。倾向认为没有玩耍行为的：八母鳗、七鳃鳗、腔棘鱼、肺鱼。一些研究显示，无脊椎动物的昆虫（蚂蚁、蜜蜂、甲虫）、甲壳动物（螃蟹、虾、龙虾）、头足类（蜗牛、蛤、章鱼）有明显的玩耍行为，蛛形目（蜘蛛和螨）疑似有玩耍行为[26]。

海豚和虎鲸非常喜欢玩耍，也是极容易训练的动物。在海洋中，即使没有玩具，海豚也会与船只并行，你追我赶。实在没有任何外来物的刺激时，海豚也会自己高高跃起，在空中翻转（图 4.3A）[27]。鲸类有时也会翻滚，只不过太笨重，只能刚好跃出水面。

猴类倚仗出色的灵活性和平衡功能，在热带丛林里几十米高的树冠层上，玩“荡秋千”、“走钢丝”和“倒立”的把戏（图 4.3B）。它们嬉闹，相互推挤，好像竭力要把对方推下去。可被推的一方总是抓住树枝，巧妙地跳开去，绝不会失足坠地[25, 28]。

A

B

图 4.3 动物的玩耍行为

A. 海豚跃出水面翻转身体；B. 猕猴倒挂树枝“荡秋千”

球是动物们的最爱。从爬行动物到哺乳动物，只要给它们大小合适的皮球，不管是单个还是群体都会玩得不亦乐乎。多数动物用嘴拱，少数动物用脚踢。颜色鲜艳的球状物体，在自然界存在但没有达到如此极端的规整和耀眼，对动物形成新颖刺激，激发玩耍行为。

鳄平时都待在水里，它们玩耍也多在水里。它们身体浸泡在水里，张开大嘴咬水玩；或背着较小的其他鳄鱼到处游荡。而树蜥在闲暇时光里，则更喜欢以怪异的姿态倒挂在树枝上，一动不动地晒太阳。由此可见，爬行动物可能有玩耍行为，但不活跃，与其生存策略相适应。

动物的玩耍，被认为是动物行为中最复杂、最难以捉摸、引起争论最多的现象。尽管有很多的理论，但到目前为止，还不能给出玩耍行为的一般定义。戈登 • 布格哈特（Gordon Burghardt）2005 年[26]从文献中收集了玩耍行为的 12 个特征：没有明确的即时功能；连续可变；快速且耗能；夸张、不完整或笨拙；未成年中更流行；角色分解；有特别的“玩耍”信号；不同情境下行为模式的混合；相对缺乏威胁与屈从；相对缺乏完成性的动作；寻找刺激；开心效应。并在前人研究的基础上，提出了界定玩耍行为的“五大”准则。

（1）有限的现实功能。有功能必有适应性，那就不是玩耍。

（2）源自内心或内在驱动的。只有想玩的时候才玩，方可不亦乐乎。

（3）变化的行为结构或动作时序。一成不变的刻板动作，常常是为了某种目的或是病态。

（4）重复表演。因为喜欢，所以重复。

（5）在放松的场所。有天敌环视时，玩耍就是找死。

按照动物玩耍的形式，把它们分成三种最基本的类型：单独玩耍、战斗游戏、操纵周围事物的玩耍。

单独玩耍的特征是无须伙伴，动物个体可以独自进行。单独玩耍时，动物常常兴高采烈地独自奔跑、跳跃或在原地打圈。例如，马驹常常欢快地连续扬起前蹄，轻盈地蹦跳；猴类喜欢在地上翻滚，拉着树枝荡秋千……单独玩耍时动物显得自由自在，这是最基本的玩耍行为。

战斗游戏需要有两个以上的个体参加，是一种社会行为。战斗游戏时，动物互相亲密地厮打，看似战斗激烈，其实极有分寸。它们配合默契，绝不会引起伤害。研究者认为，战斗游戏可能要比真的战斗更为困难，因为这种游戏要求双方的攻击有分寸，对伙伴十分信赖，动物严格地自我控制，使游戏不会发展成真的战斗。

操纵周围事物的玩耍，在一定程度上表现出动物支配环境的能力。北极熊常常玩这样的游戏：把一根棍子或石块衔上山坡，从坡上扔下来，自己跟在后面追，追上石块或棍子后，再把它们衔上去。野象喜欢把杂草或老藤滚成草球，然后用象牙“踢”草球。

关于玩耍，从达尔文时代到现代，已有十几个理论试图解释此类行为的本质[26, 29]。目前较流行的有 3 个：能量过剩理论（surplus energy theory）、本能-练习理论（instinct-practice theory）、重演理论（recapitulation theory）。其他的理论还包括恢复理论、娱乐理论、消遣理论、装假理论、隐性目的理论、锻炼理论、认知理论、社会化理论。目前这些理论都难以圆满解释：动物在游戏玩耍中表现出来的智能潜力、自我克制能力、创造性、想象力、狡猾、计谋、丰富多彩的通信方式等。这些都远远超出人们对它们的估计。

相比野生动物，人类的伴生动物，如宠物猫和狗，其玩耍行为尤其突出，它们可能受到了人工选择。社会性很强的动物，玩耍似乎有助于它们建立社会秩序。这种可能性是存在的，但更可能是次生功能，因为非社会性的动物，如猫类，同样有多方参与的玩耍行为。有理论认为，玩耍有助于身体的协调性，提高捕猎和逃逸的成功率。但以猫为对象的多个实验都显示，幼猫有无玩耍对成年后的捕鼠成功率没有影响[30]。自然选择使一切生命现象都倾向于如何消耗最小的能量，传播更多的基因。那么，为什么动物要消耗大量的能量来进行这种没有明确功能的玩耍呢？而玩耍行为又是如此普遍？那么，这种行为受到一种什么样的选择压力呢？

四、怪异行为

大千世界，无奇不有。这正是生命的魅力之所在。

“鹦鹉学舌”是一种常见的鸟类行为现象，具有玩耍行为的部分特征，但又不能完全满足玩耍行为的“五大”准则。在自然状态下有语言学习（vocal learning）能力的动物已知有 6 大类，人、海豚、蝙蝠、鸣禽、鹦鹉、蜂鸟。鸣禽大约有 4000 种，是目前研究语音学习的主要模式动物。鸣禽和鹦鹉的部分种类，在性成熟之后还喜欢模仿所听到的一切声音[31]。最著名的当属澳大利亚的琴鸟（即 lyrebird，有三个种），全年鸣啭而在繁殖期达到高峰，可见与繁殖有较强的关联。雄性琴鸟几乎能够模仿所有的声音，如其他鸟类的鸣唱、机器哨音、电锯、链锯、汽车引擎或鸣笛、消防警声、枪声、相机快门、犬吠、婴儿哭、音乐、手机铃声以及人说话。雌性虽然也能够模仿各种声音，但学习能力低于雄性[32, 33]。中国的八哥和鹩哥都是椋鸟科的鸣禽，以善于模仿人的声音而闻名。

非洲灰鹦鹉是已知的几种可以和人类“交谈”的动物之一，这也使得它们成为知名度最高的宠物鸟之一。家养的鹦鹉能够随着节奏强烈的流行音乐而舞动羽翼、摆动头部和腿脚跳跃，灰鹦鹉还会调戏家里的其他宠物，如猫和狗。一只名为 Alex 的灰鹦鹉学会了 100 多个单词，能够辨识不同的目标、颜色、材料和形状[34]。灰鹦鹉极其聪明，具有相当于人类 4～6 岁的认知水平，这已经得到公认。

如果在繁殖季节，雄鸟学习和模仿各种声音，可以归结到性选择的驱动。但是在非繁殖季节，动物（雄和雌）仍然模仿各种声音，这有什么适应意义呢？更加让人感到意外的是，即使禁伐了几十年（或更久），澳大利亚琴鸟仍然在模仿锯木的声音。显然，这种声音是从它们的父辈、祖辈以及曾祖辈传下来的。是不是学习能力强，代表有“好基因”，从而受到雌性的青睐？研究显示，一些雄鸟鸣唱的曲目丰富度与配对成功率或配对速度呈正相关[35, 36]。因此，复杂曲目的进化似乎是由雌鸟的广泛偏好所驱动，但跨物种研究的结果却反对这个观点[37]。最近的文献调研也认为，雌性偏爱复杂曲目的现象在鸣禽类中是部分存在而不是普遍存在[38]。且有研究发现，曲目复杂度与配偶选择、领域大小或资源质量没有显著相关性[39, 40]。一些宠物鸟在被放归自然以后，将在人类社会的一些常用语言带到野外，并教会其他个体。因此，极度的声音模仿，尤其是在非繁殖季节或没有雌性在场的情况下的表现，很难以雌性的偏好来解释。

动物恋尸是所有怪异行为中最为怪异的行为。一些鸟类（乌鸦、渡鸦、松鸡）在面对同类的尸体时，表现出求偶和交配动作。当发现一具同类尸体时，乌鸦发出警报，召集其他的乌鸦过来。它自己则飞到地面上，走到死乌鸦边上，呈现典型的交配前姿势。它们把翅膀垂下来，尾巴翘起来，然后昂首阔步地走到死乌鸦的身边，啄其头顶试图与其交配[41, 42]。大多数乌鸦不会触碰尸体，但在大约 1/4 的观察时间内，发现它们有身体接触，而性接触发生的比例不到 5%[41]。宽吻海豚、座头鲸、地松鼠、蟾蜍以及蜥蜴都曾被发现与同类的死尸交配，哺乳动物肯定能够识别死的同类，但两栖爬行动物可能分别不出死亡个体。最受关注的例子是荷兰人克斯·莫莱克（Kees Moeliker）拍摄的纪录片：一只野鸭与撞死在他家窗户上的野鸭尸体交配。

草原犬鼠（cynomys）也常称作土拨鼠，是一类广布于美洲大陆的小型穴居性啮齿动物。它们经常在巢穴外表达一种十分罕见的行为——仰头尖叫。具体表现为，突然以后足站立，头向后仰的同时发出尖叫。这可以是单独个体的自发行为，也可能是多个个体在一起相互激发。一直以来，该行为被认为是一种报警信号，但野外观察没有发现紧随其后的逃逸或打斗现象[43]。跳羚生活在非洲大草原，时常向上跳跃，在空中保持四肢向下僵持的姿态。这些非常怪异的行为，到目前也没有得到很好的解释。

五、做　梦

从《周公解梦》到《梦的解析》都没有阐明我们为什么会做梦。

睡眠是“静息—活动”昼夜节律的一种极端状况，为什么这么说呢？已经证明很多动物有睡眠，包括哺乳动物、鸟类和爬行类[44]；但也有很多动物没有典型睡眠，而只有不同的警觉（vigilance）状态，静息状态的警觉性低，而活动状态的警觉性高。现代脑电技术提供了睡眠的客观评判标准，如脑电中的纺锤波是睡眠的特征指标之一。我们在静息蛙的脑电中检测到纺锤波，提出睡眠可能起源于两栖类的观点[45]。全水生的哺乳动物，如海豚和鲸类，在水中睡眠岂不是有被淹死的可能。进化已经很好地解决了这个难题，那就是半边脑睡眠而另半边脑清醒，左右脑轮流入睡[46]。尽管睡眠的研究已取得很大的进步，但在为什么需要睡眠这一根本问题上，科学家还有很大的分歧。目前有三种理论比较盛行：修补与恢复理论、生态适应理论、信息巩固理论。

修补与恢复理论认为，睡眠对于生理过程的修复是必需的，以保障身体和精神处于健康状态并正常工作。快速眼动（REM）睡眠于精神功能的恢复是必要的，而非快速眼动（NREM）睡眠于生理功能的恢复是重要的（见后述）。睡眠剥夺和紧张的体力活动导致快速眼动睡眠的增加。睡眠期间的细胞分裂和蛋白质合成的速度加快，是修复理论的生物学基础。最新的研究显示，神经元在睡眠期萎缩以增大细胞间隙，利用流体清除神经活动所产生的有害的毒素。脑的类淋巴系统将这些有害物质带出神经系统[47]。大脑的资源有限，因此工作与清理只能交替进行，这就是为什么我们要睡眠。

生态适应理论又称为进化理论，动物以活动与非活动交替的方式来节省能量。所有的物种都采用在不便于活动或活动反而有害的时间里睡眠的策略，即昼行性动物在夜间睡眠，而夜行性动物在白天睡眠。跨物种比较发现，没有天敌的大型猛兽，如熊和狮，每天睡眠 12～15h；而被天敌环伺的草食动物则每天只睡 4～5h。猛兽贪睡主要是为了节省能量，当然没有天敌而安然入睡也是原因。草食动物的食物营养价值低，不得不大量地进食以保证足够的能量摄入。但尚无证据显示，草食动物的被捕食风险在睡眠期比活动期高。

信息巩固理论声称，人在睡眠时整理白天获得的信息，同时为第二天的活动做好准备，也可以将白天学习的东西转为长期记忆。睡眠剥夺实验展示，缺少睡眠对学习和记忆都有强烈的影响。2006 年的一项研究，证明睡眠的确有巩固记忆的功能。首先训练被试以 A-B 的模式记住一对单词，然后让部分受试者睡眠，之后所有人以 A-C 的模式学习记忆成对的单词。不出所料，有睡眠的被试者记住更多 A-B 模式的单词组，而且面对 A-C 词组的干扰时，有睡眠的被试者对 A-B 词组有更加稳固的记忆。这就说明睡眠改变了他们的记忆，使其更抗干扰[48]。斑胸雀幼鸟白天学到的鸣声在夜间睡眠中退化，翌日晨鸣时再恢复。那些在睡眠时鸣声结构退化越明显的个体，最后的语言学习成绩往往越好[49]。

信息巩固理论早已经受到质疑，因为越来越多的研究发现，一旦被试者真的入眠后，研究者将无法获取任何有关睡眠学习的证据。这方面，查尔斯 • 西蒙（Charles Simon）和威廉 • 埃蒙斯（William Emons）在 20 世纪 50 年代的实验堪称经典[50]。在他们的睡眠实验室里，每名志愿者的大脑通过头皮电极与一台计算机连接，研究人员可以仔细监测他们的脑电图。一旦志愿者入眠，研究人员便开始播放只有 10 个单词的录音带。只要脑电图显示志愿者处于睡眠状态，录音就会一直重复播放。第二天早上，研究人员向志愿者展示一张包含 50 个单词的列表，并让他们指出前一晚播放的 10 个单词。结果是，志愿者们都无法明确指出被播放的单词。

睡眠可能不止有一个功能，也许上面三个理论都对但不全对，而是共同作用驱动了睡眠的进化。或者不同类群的动物，有不同的睡眠驱动机制。既然是修复机体，既然为节省能量，既然要巩固信息，那么为什么还要做梦呢？梦的内容又经常是如此诡异，与这三个方面（理论）似乎不相关啊。

弗洛伊德的《梦的解析》[51]自问世以来，一直备受世人推崇。甚至作为影响人类思想的最重要著作之一，与尼古拉 • 哥白尼（Nikolaj Kopernik）的《天体运行论》和达尔文的《物种起源》相提并论。弗洛伊德认为梦是人的欲望（即 libidinal，主要是指性和攻击的欲望）的替代物，它是释放压抑的主要途径，以一种幻想的形式呈现。如果能体验到这种梦寐以求的本能的满足，就是“愿望达成”。人的很多欲望被压抑在潜意识（subconsciousness）中，这是由于潜意识中的信息不受拘束，表现出来通常会让人难堪。弗洛伊德认为梦代表一种潜意识，人在清醒状态，潜意识中的“审察者”（censor）不允许这些欲望未经改变就进入意识。而在梦中，“审察者”放松了此项职责，于是潜意识中的欲望变换形式，通过了审查而呈现出来。为保护睡眠不被打搅，于是一些不愿为人所知的欲望通过睡梦获得满足或在梦中得以释放。

弗洛伊德以他的潜意识理论对古希腊悲剧作家索福克莱斯（Sophocles）的《俄狄浦斯王》和英国威廉 • 莎士比亚（William Shakespeare）的《哈姆雷特》等作品进行了心理分析。由于初次出现性欲冲动，儿童与其父母之间的关系产生了痛苦的紊乱。潜伏于儿童心中的欲望以幻想形式公开表露，并在梦中求得实现。通过观看《俄狄浦斯王》，我们童年的原始欲望从主人公身上得到宣泄，即将全部抑制力量从那里放开，使这些内心欲望得以释放。而在《哈姆雷特》中，欲望仍然受到压抑，只能从压抑的结果中窥见其存在。梦的象征性（symbolicity）也被赋予广阔的内容，象征性并非梦所特有，而是潜意识意念的特征[51]。在民歌民谣以及神话传奇故事中，都可以发现象征性的痕迹，而梦则“利用象征性来表现其伪装的隐匿思想”。成年后的性欲望为道德所允许，但仍然在梦中频繁出现，与早期的压抑有关。弗洛伊德的性欲理论认为，性的冲动能够转化为社会道德可以接受的创造行为，从而推动文学、艺术、科学以至整个文明的进步[52]。

从科学的角度来看，梦是什么呢？梦是睡眠中经历的意象、思想和情绪。梦可以格外生动或非常含糊，充满欢乐的情绪或令人恐惧的景象，这些景象经常是聚集的、可理解的、不明晰的、混淆的。

在人的睡眠过程中，有一段时间脑电波的频率升高而振幅降低，同时还表现出心率加快、血压升高、肌肉松弛、阴茎勃起，最奇怪的是眼球不停地左右摆动。科学家发现，如果一个人进入 REM 睡眠之后被唤醒，他会报告说正在做梦；而如果在非 REM 期间把他唤醒，则很少报告做梦。由此推测，眼动的这种规律性变化与做梦有关[53]。通过测量相关眼动和脑电波，我们就可以知道梦的发生和发展规律。既然 REM 与梦有关，那么检测到动物的 REM，就可以认定动物也会做梦。

动物的 REM 睡眠与人类如出一辙，但是进入速度更快。一般认为，所有哺乳动物都会做梦，鸟类可能会做梦。其实，达尔文在《人类的由来与性选择》中就指出：“狗、猫、马以及可能所有的高等动物，甚至鸟类，都有鲜明的梦”。动物的脑电研究也显示 REM 的存在，但是一直苦于没有直接的证据。在新千年之初，美国麻省理工学院的科学家证明了动物（至少在哺乳动物）有复杂的梦。他们在大鼠的海马区埋植电极后，以食物作为奖励训练动物转圈。记录动物转圈时的神经元放电模式，然后再记录动物 REM 睡眠时的放电模式。对比发现，转圈放电和 REM 放电的模式非常相似，推测大鼠在睡梦中回放白天的活动[54]。

20 世纪 60 年代开始，出现一些强有力的证据，反对弗洛伊德的理论。对猫脑的损毁实验发现，没有前脑的猫同样有 REM。因此，米夏埃尔 • 茹韦（Michel Jouvet）[55]推测 REM 睡眠源自脑干基部的延髓，即脑桥网状结构（pontine reticular formation）。哈佛医学院的阿兰 • 霍布森（Alan Hobson）教授和罗伯特 • 麦卡利（Robert McCarley）[56, 57]将电极埋植于猫的脑干，记录不同神经递质和神经调质①存在的条件下神经元的放电模式发现，猫在活动状态下，去甲肾上腺素和 5-羟色胺维持中枢神经的清醒和警觉状态的放电模式；睡眠时切换到乙酰胆碱，使大脑的视觉、运动和情绪中心兴奋，形成信号以激活 REM 以及梦中的视觉虚像。睡梦中，中枢神经的乙酰胆碱阻止了运动脉冲的出现，使身体处于麻痹状态[58]。这就是为什么在梦里，当被拿凶器的敌人追赶时，不管怎么使劲都迈不开腿。霍布森[58, 59]认为高级中枢努力去匹配源自脑干的信号，而这些信号似乎随机地工作：这一刻刺激强烈恐怖的感觉，下一刻又刺激自由落体的感觉。

药物和酒精也会影响梦境。酒精会扰乱正常健康的睡眠时间，导致睡眠碎片化。酗酒或者太靠近睡前喝酒可能会改变和减少 REM 睡眠的时间。研究表明，喝酒上瘾的人

---

① 神经递质（neurotransmitter）和神经调质（neuromodulator）由神经元分泌到突触的间隙，前者在神经元之间起信号传导作用，后者对传导起调节的作用。

会做更多的带有消极情绪内容的梦。大麻同样也会干扰和减少 REM 睡眠的时间。研究也证明，戒掉大麻和可卡因后会减少做怪梦的概率[60]。

忧郁和焦虑往往伴随着噩梦，而噩梦的出现则可能表明抑郁的严重程度。研究发现，在所有的重度抑郁症患者中，做噩梦的次数与患者的自杀倾向有关。处于抑郁或者焦虑中的人更有可能做压抑、不安和恐惧的梦，有时甚至会反复做梦[61]。噩梦和不安的梦是创伤后应激障碍的一个标志。患有这种疾病的人会经常地反复做噩梦，在做梦的同时也会手舞足蹈，症状与快速眼动行为障碍症（RBD，指在 REM 过程中不会产生身体的麻痹）相似。RBD 患者在睡眠阶段身子可以活动，而且经常把梦境用肢体演绎出来。这样的动作可以是剧烈的——猛烈摇摆、踢踏、翻下床，可能会伤害到睡觉者自身或者身边的人[62]。在实战中服役过的士兵常有睡眠问题，或由于创伤或由于疾病导致的梦境紊乱。与创伤有关的睡眠障碍，症状包括噩梦、梦游和其他具有破坏性的夜间行为。目前尚不清楚产生的缘由，可能与神经系统的疾病、受伤、戒酒、戒毒和使用一些抗抑郁症药有关。

面对“梦有什么意义”这个问题，霍布森教授的回答比较极端：毫无意义（It does not make sense）[52]。他认为，梦仅仅是脑在夜间运转产生的副产品。有一种“梦境发生器”（dream state generator）启动了海马体及大脑的感觉和情绪区域，这些区域随后利用人们的记忆制造出图像和感觉。在正常生理情况下，梦中天马行空的故事似乎就是为了解释脑干提供的毫不相干的内容而做出的混乱尝试。2000 年，芬兰心理学家安蒂·瑞文索（Antti Revonsuo）[63]认为梦境可被用来模拟险境，做梦可以让人学会更好地面对危险。另一个理论认为，梦会对前一天发生的真实事件进行重组并重现，从而加深对事件的记忆。梦这种独特的夜间活动可能是在物种进化过程中被选择存留，以完成多种功能：模拟威胁、预测、记忆、管控负面情绪、加深记忆、激发新思维以及改善社交生活[52]。但梦中某些零散的内容可能并没有什么功能，其中某些内容仅仅反映了睡眠期间思维运转受到的一些限制，以及对外界的感知。美国神经学家霍华德·罗富沃德（Howard Roffwarg）将这种观点总结为“梦产生于脑干，脑的其他部分将它装扮起来”。

弗洛伊德的相关理论曾被广泛传播，许多普通公众和精神病患者至今仍然相信，但其理论从未获得任何科学验证。恰恰相反，好几项使用了“梦境银行”①资料的实验，得出了与弗洛伊德理论相悖的结论。例如，美国神经科学家伊斯梅特·卡尔坎（Ismet Karacan）就曾在 1970 年要求一群年轻男性两周内不进行自慰或与他人发生性关系，以此来了解他们与情色内容有关的性梦是否会增多。结果是，完全无关[64]！研究者还发现，性的内容在梦中很罕见：只占成年男性梦境的 2%，女性梦境的 0.5%[52]。

大脑只占体重的约 2%，但其活动需要消耗全身 20%～25%的能量，优化脑的能量代谢显然有很大的适应意义。在睡眠时可以关闭大部分功能，特别是那些与记忆、情绪和认知相关的功能，只需保留唤醒功能处于警戒状态即可。犹如当我们在不需要计算机

① 美国加利福尼亚大学设立了一个大型数据库，里面收集储存了真实可靠的梦境，有些甚至可以追溯到 19 世纪末期。该数据库包含 2.2 万个梦境，“存梦”的人分布很广，从声名显赫的科学家到贫困潦倒的救济金领取者，从中年妇女到十几岁的青涩少年，都贡献出了他们的梦。

工作又不想花太多的时间开机时，就将计算机置于休眠状态而仅仅保留唤醒功能。既然做梦消耗大量的能量，在自然界获取能量如此不易的条件下，自然选择为什么没有淘汰睡梦现象？

六、成　　瘾

所谓执着的科学家其实就是"瘾君子"，只不过是对未知世界痴迷。

1954年，加州理工学院的詹姆斯·奥尔兹（James Olds）和彼得·米尔纳（Peter Milner）[65]在斯金纳箱①内对大鼠进行了自我电刺激实验，发现了大脑的快感中心。他们将电极埋植在大鼠脑的伏隔核并连接到一台电刺激仪，刺激仪的控制开关设在斯金纳箱内，由被试大鼠操作（图4.4）。由于刺激伏隔核给动物带来强烈的快感，大鼠学会后持续不断地按压开关直到声嘶力竭。解剖证据显示，大鼠和人有相似的快感中心和神经连接通路，因此，动物也会成瘾就不奇怪了。

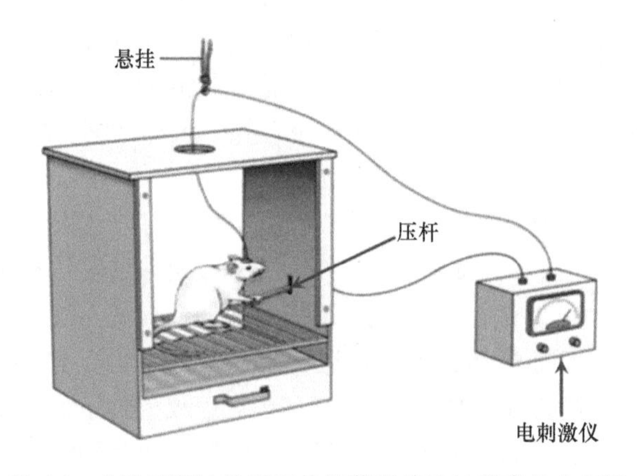

图4.4　大鼠不断地按压开关以获得持续的奖赏性电刺激

从可卡因、海洛因、大麻、酒精、烟草或尼古丁、食物、赌博、上网、电子游戏、运动到色情电影，有关成瘾的研究时刻都在翻新我们的认知。成瘾的概念来自于药物依赖，是指个体不可自制地反复渴求从事某种活动或滥用某种药物。虽然明知道这样做会给自己或已经给自己带来各种不良的后果，但仍然无法控制。从生理和心理的角度，成瘾是一种不顾后果的强制性渴求奖励性刺激的状态，通过刺激中枢神经而造成兴奋或愉快感而形成。多巴胺是一种神经递质，调节运动、情绪、认知、动机和愉悦感[66]。多巴胺能系统主要负责传递令人兴奋或开心的信息，因此与成瘾有关。吸烟和吸毒都可以增加多巴胺的分泌，使上瘾者感到愉悦及兴奋。5-羟色胺也参与成瘾，可能是通过与多巴

① 斯金纳箱是一种操作性条件反射实验系统，是由行为主义领袖人物斯金纳于20世纪30年代在经典条件反射的基础上创立的实验方法。该方法为研究动物的习得性行为而设计一种可由动物进行操作活动的实验箱，实验箱分为食物性和防御性两种。在实验箱中除了非条件刺激（声音或灯光）和条件刺激（奖赏或惩罚）外，还增加了一个操作杆。在察觉到非条件刺激时，动物必须学会按压操作杆，才能获得奖赏或避免惩罚。经典条件反射是指反复地给予动物重复刺激，包括条件刺激和非条件刺激，使之形成对条件刺激的反应（参阅第十四章）。

胺相互作用的机制起作用的[67]。关于成瘾的本质，有人认为是一种病，也有人认为是一种生物学过程所导致的行为现象[68]。致瘾刺激可分为两大类：加强型（reinforcing）——提升个体对刺激反复追求的可能性；内在奖励型（intrinsically rewarding）——作为被期待或正趋向的物体[69]。成瘾行为分为物质成瘾和精神成瘾，前者包括药瘾、酒瘾、烟瘾等，后者包括赌瘾、网瘾、性瘾、游戏瘾等。

成瘾是怎样影响大脑的呢[70]？①成瘾是错乱的奖励——毒品劫持了整个系统，使大脑不能像之前那样仅对美味的食物、美好的性，以及甜美的友谊等一切美好的事物才能产生反应。②成瘾是通过错乱来“学习”，指大脑获得了坏习惯并随之而来的行为反应。③成瘾是环境刺激和脆弱基因的结合体。④成瘾是人们对压力不合时宜的应对措施。虽然所列举的各种观点都不算错，但没有一种完整的解释可以成为标准答案。成瘾是错乱带来的奖励，是习得的错乱，可遗传也可后天发生，环境对其亦有影响。成瘾的人对上瘾物品的反应会变得更加敏感，如闻到香烟的气味儿或是瞥到别人在喝烈酒都可能让他们犯瘾。成瘾物的滥用还会影响其他的奖励因素，如金钱或食物，使它们的相对价值降低。

科学家曾经相信，仅仅是愉悦经历就足以激励人们持续地追求致瘾物质或成瘾活动，但近来的研究显示事情没有那么简单。多巴胺不仅使人经历愉悦，而且在学习与记忆中也发挥作用。正是学习与记忆使我们对某些事物由喜爱转为上瘾。“学习”作为成瘾科学研究的一个热点，已经有十多年的历史。大脑在成瘾物质存在的情况下出现了不同的“学习”模式，也就是说，这是一种适应不良刺激的可塑性[71]。成瘾是在冲动之下主动做出的选择，导致“痛并快乐着”的结果。每种成瘾物都有各自的特点，而且目前科学家所能解释的也只是冰山一角。但有一点是确定的，那就是我们仍然不能理解进化为什么会保留成瘾的神经基础。

在很早以前，人们就发现猫薄荷（荆芥，是真正薄荷的远亲）会对猫的行为产生一些奇怪影响。由于富含芳香精油——荆芥内酯，猫薄荷只需被轻微地触碰就会散发浓烈而复杂的香味，每当猫闻到这种味道，都会引起暂时性的（5～15min）行为变化，如会打喷嚏、咀嚼、摩擦、翻滚、喵喵叫等[72]，也许在幻想追逐老鼠或呆坐着茫然地瞪着眼。但过不了多长时间，又会突然警醒，若无其事地走开。猫喜欢反复地触碰猫薄荷，显然已经成瘾。

动物醉酒的故事，在世界范围内皆有发生。2011 年，一只瑞典的麋鹿吃多了地面的发酵苹果而以一种非常奇特的姿势骑在苹果树上[73]，但不知道是偏爱发酵的苹果，还是地面的苹果容易获得。早在 1839 年，法国博物学家在一些探险传记中描述了从南非祖鲁（Zulu）人那里听来的故事。这是关于非洲象在取食玛鲁拉（marula，一种只生长在非洲亚热带草原上且只能自然生长在荒野里的植物）果实后的奇怪攻击行为。南非的传说：大象搜寻发酵的玛鲁拉果实，以求一醉。但这个广为流传的故事现在已经被科学观察予以否定。2006 年，英格兰动物学家史蒂夫·莫里斯（Steve Morris）发现[74]，大象不吃落地的烂果而选吃刚掉落的果实；因此，玛鲁拉果在发酵前就被食尽了；即使大象取食烂果，那也需要 1400 个果实才能醉。

加勒比的种植园主经常丢弃一些不合格的榨糖甘蔗，绿猴（vervet monkey）从采食发酵的糖蔗中学会了品尝酒精。一项研究显示，当有多项选择时，很多绿猴选择鸡尾酒与糖水的混合饮料，而不是纯糖水[75]。猕猴同样偏爱含酒精的饮料，且与人类饮酒后的行为相似，饮用后有蹒跚、失足、摇摆和呕吐。美国国立卫生研究院斯科特·陈（Scott Chen）描述，"一些成瘾的猴会一直饮酒直到醉倒"，此时，血液中的酒精可达到0.08mg/g，即人类被限制驾驶的水平。进一步研究发现，孤独的个体更趋向于饮酒；犹如人类一样，猕猴也喜欢在黄昏时喝酒[76]。

然而，灵长类不是唯一沉湎于"买醉"的动物，澳大利亚小袋鼠觅食罂粟类植物种子后显得很兴奋，这为当地带来法律方面的困扰[77]。而在昆士兰地区，很多狗对海蟾蜍，即甘蔗蟾蜍（cane toad）分泌的毒汁（炮制后就是中药"蟾酥"）上瘾，这是一类有致幻作用的强力毒素。其后果就是，当地狗攻击人类的案例数在增加[78]。另有观察发现，数只糙齿长吻海豚围在一起吸食河豚毒素，一种能致命的化合物[79]。使动物成瘾是非常容易的事，只要提供致瘾物质即可，但是动物真的是陶醉了吗？

七、自　杀

法国哲人阿尔贝·卡缪（Albert Camus）说过，唯有自杀是真正严肃的哲学问题。

生命的首要任务是生存，即保持"生物机器"这一基因载体在一段时间内相对稳定的形态，以完成传递基因的使命[80]。生命形态既要有变异性，也要有稳定性，只有这样才能开启进化的宏伟航程，因此生长发育与繁殖交替进行。完成繁殖后可以不需要再生存，但在繁殖之前则必须活着。进化对稳态的需求，在生命存在过程中就表现为求生。几十亿年的进化，求生已成为被印痕在DNA序列之中的本能。对于高等动物，求生表现为对死亡的极度恐惧和对生的强烈眷恋。对低等动物，则是趋利避害的基本反射。没有求生本能的物种早就被自然选择所淘汰了，因为它们既没有竞争力也不"想"去竞争。

人类是明知道后果但还是会选择结束自身存在的物种。因此，卡缪问自己，"难道死亡是荒诞所独裁的吗？"回答是，日趋高涨的冲突本身足以使人们极度紧张。作为高度社会性的物种，人类的下丘-边缘复合体"知道"只要它在权衡个体生存、繁殖与利他主义的行为反应中达到和谐一致，后台基因就会有最大的增殖收获[80]。其后果是，任何时候动物遇到紧张局面，该复合体就会将矛盾情绪卷入意识精神当中。攻击、恐惧、高兴、胆怯等混合设计并非为了增加个体的幸福感和生存概率，而是为了有利于后台基因最大限度地遗传下去。因此，这种矛盾心理源自于自然选择的单位之间相反的选择压力，即个体利益与群体利益的冲突[81]。在人类，更多地表现为个性张扬与道德规范的矛盾，个人欲求与社会环境的偏离等。是人的自由意志导致了自杀吗？

《黑色星期天》的传奇，可能很多人不知道。这是由匈牙利人赖热·谢赖什（Rezső Seress）作曲，拉斯洛·亚沃尔（László Jávor）作词的歌曲。据记载，20世纪30年代，欧美各国 100 多人的自杀与该曲有关，被称为“匈牙利自杀之歌”，随后被多个国家禁播。虽然相关性并不代表因果性，但作者谢赖什在临终前忏悔道：“没想到，这首乐曲给人类带来了如此多的灾难，让上帝在另一个世界来惩罚我的灵魂吧！” 然而，社会学家的研究显示，在控制了婚姻、年龄、性别、教育、保守性和宗教信仰等因素后，忧伤音乐与自杀行为的特殊联系并不存在[82]。与此相反，2010 年简·珀基斯（Jane Pirkis）和沃里克·布拉德（Warwick Blood）发表了《自杀与娱乐媒体之评论》和《自杀与新闻媒体之评论》二书[83, 84]，采用严格的计量方法研究了各种案例。结论是，尽管仍然无法明确是否一些媒体或流派能够触发自杀行为，但是肥皂剧《东区人》、医疗剧《急诊室》和一些电视或电影的角色自杀诱发了自杀现象或自杀企图；而歌曲《黑色星期天》的确与自杀潮有时间上的关联。触景生情式的自杀行为有更多的报道，著名的如美国加利福尼亚州“自杀桥”——科罗拉多街桥、澳大利亚“间隙悬崖”、日本“三原山火山口”、英国“比奇角”等。这是一种什么样的心理暗示，导致自杀行为的集中发生呢？

自杀现象在许多动物表现为一种本能的自毁行为。如 2005 年，在土耳其发生 1500 只绵羊跳悬崖，导致 450 只羊死亡的事件［《今日美国》（*USA Today*），2005 年 7 月 8 日］。其他同类的报道也还有很多。

对动物自杀的研究，可能揭示：①自杀是否是由意识控制的；②是否有特定的神经通路，可被内外环境激活；③违反自然选择原理。那么，这背后的进化机制究竟是什么呢？

八、性　　欲

是否只有人类才有性欲，长期以来是一个很有争议的问题。

一直以来，人们以为性欲是人类的专利，现在逐渐倾向认为，一些动物（特别是灵长类）可能也有性快感。跨物种比较，行为观察和电生理记录均显示动物在交配过程中存在性快感周期（sexual pleasure cycle），且与人类的周期有诸多方面的相似性[85]。人和动物的性需求源自性腺激素与外界刺激的相互作用，通过性器官诱发的性奖赏而形成性动机，因此愉悦的性器官刺激成为性学习的主要因素。性需求与性嗜好之间的脑网络结构和神经化学成分都是不同的，人和动物皆如此。而性抑制的脑机制在两者之间是相似的，脑活动对性奖赏相关的刺激响应也很雷同。例如，性刺激都能激活人和大鼠的皮层、边缘系统、下丘脑和小脑[85]。虽然高等动物具备了性快感的基本条件，但性欲作为意识的一个重要组成部分，在动物中是否存在，可能还要继续争论下去。

人类的性活动，在很大程度上（如果不是说完全）超越了生殖目的，而以追求性享乐为目的[86]。考虑到“快感”是一个很模糊的词语，科学家更愿意探索“性高潮”（orgasm 或 sexual climax）。现在已发现雄性猕猴[87]、红猩猩、大猩猩和黑猩猩存在性高潮[88]，其他灵长类还有待测试。事实上，很少有灵长类学家质疑雄性的性高潮，因为射精是一个可观测指标。争论主要集中在雌性动物是否有性高潮[89, 90]。然而，性快感是一个很复杂的过程，是基于大脑的体验；性高潮则是基于性器官的射精动作（易观察）或阴道收缩（不易观察）。性快感需要高度发达的皮层或端脑结构。射精行为在所有的体内受精的动物，包括昆虫、爬行动物、鸟类和哺乳动物中都存在。因此，射精与性高潮并不等同。例如，倭黑猩猩经常以性交作为化解冲突的手段，可能有微弱的性快感，但未必表明它们有性欲。性高潮→性快感→性欲的进化，是一个由外周传感向大脑意识的收敛过程，每一步都是跨越，不是所有的动物都能成功。

反观人类，可能是为了获得更强烈的性快感，我们的体毛退化、乳房膨大、神经末梢在外生殖区密集分布。对性欲的追求，至少带来了 4 个方面的负选择作用[91, 92]。第一，人类的分娩在所有动物中是最痛苦的，反观一些早成性物种，如有蹄类的鹿、牛和羊的生产，其痛苦的程度要轻得多。人类婴儿出生时很不成熟，属于典型的晚成性，也就是说身体非常柔软且形状比较规则，而有蹄类的婴儿是高度成熟的，形状极度不规则。造成生产痛苦的原因之一是人类外生殖道高度密集的神经末梢，这也是产生性快感所必需的。另一个原因是直立行走，导致盆骨发生形变，不利于分娩。第二，皮肤裸露可提高散热效率和触觉敏感化，然而失去了皮毛的保护，既不利于在寒冷环境生存又不利于在强紫外线的照射下生存。第三，非哺乳期的乳房膨大，严重影响基本的运动能力。第四，也是最重要的一点，与生殖无关的高频率的性活动，有很大的风险。对动物来说，求偶和交配是防卫能力最弱的时候。几乎所有的动物都采取提高交配效率减少交配次数以降低风险的方法，而人类则相反。人类在性活动时更加专注，对危险的警觉性更低。第五，频繁的性行为，增加了病菌的传播机会[91, 92]。性传播的细菌和病毒在动物中也有发生，但不如人类普遍，原因之一是性行为过度频繁而增加了感染的概率。

以莫里斯为代表的动物学家，认为性活动有助于建立配偶制家庭，以抚育高度不成熟的婴幼儿。但这似乎得不偿失，自然界很多单配制的物种（基本上是晚成性动物），并不依靠性行为来维持“婚姻”；况且群体集中抚育应该是更好的策略，狼群、狮群、非洲象群就是如此[93]①。集中抚育的优越性也是配偶制抚育所不能比拟的，如亲代死亡的后代仍然可获得必要的照顾，子代之间可以频繁互动等。从生物学角度来说，人类的性欲具有明显的副作用，为什么能够保留至今，这肯定存在一个目前尚不为人知的机制在驱动人类性欲的进化。

九、爱　情

爱情与性欲的关系问题是爱情的根本问题。

鸳鸯作为中国人心目中爱情的标志，历来为人们所喜爱。但实际上，鸳鸯的性二型

① 狮群里幼狮的抚养和非洲象的方式相同，有点像托儿所（communal care）：每只哺乳期的母狮不仅给自己的幼狮喂奶，也允许同群中其他小狮子来吃奶。有时，一只小狮子要想吃饱肚子，会接连吸食三四只、多到五只母狮的乳汁[93, 94]。

非常显著，而专情的鸟类一般都无性二型或性二型不明显。因此，鸳鸯很可能没有人们想象的那样对配偶忠贞不渝。这同样带来一系列疑问，动物真有爱情吗？如果有，爱情与性欲是不可分割的吗？爱情的适应意义在哪里？

帕梅拉•里甘（Pamela Regan）和埃伦•贝沙伊特（Ellen Berscheid）[95]对“性欲”的解释是“一种愿望、一种需要或者一种驱使其寻找性目标或者从事性行为的动力”，受性行为制度的统治，其目标是生殖与性的统一。“爱情”指的是与浪漫相关的痴迷和激动的感情，是受男女感情系统支配的，这种系统下的感情目标是由两个个体之间持久结合来维持的。莉萨•戴蒙德（Lisa Diamond）[96, 97]最近提出了一个全新的爱和性的生理模式，第一，性欲和爱情的发展过程在功能上是分开的，一个人可以没有产生性欲而产生爱情；第二，情感的发展不是内在固有地指向异性或同性伴侣，一个人可能不顾性欲望而与同性或异性对象产生爱情；第三，爱与性欲之间的行为联系是双向的，一个人可能产生一种怪异的性欲望，而最终产生爱情，即使这种欲望是其性对象所不同意的。“爱情的一种极端类型……比平静对等的友谊更接近同性恋的感情”[98]。

相反的观点是，爱情本身就是由情与性所构成的复杂综合体，两者密不可分。人们普遍认为，性对象之间必须有爱的存在。关于同性恋结婚的争论中，最典型的观点是性与爱是统一的，也就是说对同性有性欲的人就会爱上同性伴侣。性欲是爱情的基础，爱情是性欲的“上层建筑”。只有情而没有性，无异于只具备了爱情的躯壳却缺乏爱情的灵魂。而没有情只有性，则纯粹是一种动物进化上的遗迹残留。有人甚至认为，没有性爱便不能称之为爱情，只能算做是异性间的友谊[99]。因此在正常的爱情中，不能排斥情爱或性爱中的任何一个。爱情由性欲升华，但在爱和性的双向联系中却有性别差异[98]。

对于鸟类，雄性没有向外凸起的生殖器，雌性也没有外观可辩的特有生殖器，当然也就没有插入射精的动作。只有在泄殖腔口对口时，雄性向雌性排精。因此，既没有性高潮，更没有性快感。但很多鸟类却表现出至死不渝的“爱情”，当然，这可能更多的是一种依恋。然而，谁又能分得清依恋与爱情呢？因此，爱情和性欲是可以分离的。哺乳动物的雌雄外生殖器有显著的性二态，属于插入式的体内受精。为了尽可能地将精子送达子宫，哺乳动物“发明”了射精“技术”，但只有极少数种类产生了“爱情”，包括草原田鼠、长臂猿和人类等。一些哺乳动物，可能已经有性高潮（不完全等于性快感），但并没有显现“爱情”的痕迹。因此，“爱情”对于哺乳动物来说不是繁殖和育幼所必需的。

就纯粹的爱情而言，只有人类达到了这个高度，但成本却是高昂的。现代人追求爱情的代价远远超过满足性欲的付出。这不但是经济和时间的成本，更重要的是精神和情感的投入。一旦失败，损失也往往是沉重的。

十、同　性　恋

人类对同性恋的宽容，显示了人性的胜利和社会的进步。

20 世纪 90 年代初期美国的一个调查发现[100]：2.4%的男性和 1.3%的女性自认为是

同性恋，而一生中有过同性间性行为或同性认同的高达 7.1%。同性恋不是人类的特产，动物也普遍存在同性恋。

早在 20 世纪 60 年代就发现，实验室饲养的雄性猕猴在两岁时以肛门发生性行为，拟雌的个体表现出雌性发情期的标准姿态，虽然无法确认是否有射精发生[101]。现在已知，大约有 400 种动物存在同性恋的情况[102]。2011 年神农架大龙潭金丝猴科研基地[103]观察到，成年公猴“大杨”走到另一只公猴“一撮毛”身后，紧紧地抱住它的腰部，“一撮毛”做出了类似母猴邀配的请求，“大杨”径直上前爬跨，姿势与两性交配没有两样。这引起基地工作人员的注意，在接下来的几天，又多次观察到金丝猴的同性性行为现象，而且公猴的发生概率大于母猴。处于发情期的雄海豚会接近其他雄性，从它们腹下仰游而过，并用其腹下柔软处摩擦阴茎，直至射精。完全可以认为这是一种同性恋式的性行为。总体来说，雄性动物中 5%～10%的个体有同性性行为[100]。

1978 年，罗格·戈尔斯基（Roger Gorski）发现大鼠下丘脑的视前区（preoptic area，POA）有一对核团，位于第三脑室的两侧，其体积在雄性要比雌性大 5 倍，因此被命名为性二型核团（sexually dimorphic nucleus，SDN）[104]。人为地损毁雄性雪貂双侧 POA 内侧，可以改变其性取向，即正常青睐雌性的雄貂变为喜欢同性个体[105]。雄绵羊的性行为在个体之间变异很大，51%的雄性有正常性取向，即异性取向，31%是双性取向（bisexual），10%无性取向（asexual），8%是同性取向。与大多数物种不同的是，这些同性恋绵羊维持长期的关系。有意思的是那 10%没有性取向的个体，当有另外雄性在场时，可表现出性行为。由于绵羊都是分性别饲养的，公羊在一起生长容易产生同性取向。神经解剖发现雄绵羊视前区的 SDN 核团是雌绵羊的 3 倍，而异性取向的雄绵羊比同性取向的雄绵羊大将近一倍[106]。SDN 的发育是雄激素操控的，对雄性幼鼠进行阉割，导致 SDN 发育受阻。如果对雌性幼鼠注射外源雄激素，可诱导 SDN 过度发育并表现出雄性的性行为[107]。

1991 年美国加利福尼亚州的西蒙·勒瓦（Simon LeVay）博士[108]对 41 具死于艾滋病的尸体进行脑解剖，发现编号为 3 的前下丘脑间质核（INAH-3，图 4.5）的大小与性取向有关，雄性中异性取向的比同性取向的明显大，而后者与异性取向的雌性差不多大小。论文一经发表，批评者的质疑就纷至沓来，指责勒瓦博士的研究存在因果关系不明；没有精确地测量和统计核团的体积差异；缺乏样本的性历史资料。人们后来对转性人 INAH 核团的几个亚核都做了详细的研究，肯定了 INAH-3 的差异性：核团体积，男人比女人的大 1.9 倍；神经元数量，男人比女人的多 2.3 倍。变性手术的男转女，其 INAH-3 体积及神经元数量与异性取向的女人基本一样；而女转男的则与异性取向的男人差不多。即使停止使用雄激素三年，女转男的 INAH-3 体积及神经元数量仍能维持在正常男性的水平。女人在更年期前后，INAH-3 的体积及神经元数量没有显著变化[109]。该研究较明确地表明，INAH-3 的差异是遗传与发育造成的，差异一旦形成，性激素就基本上不再起作用，因此 INAH-3 差异是性取向的“因”而不是“果”。

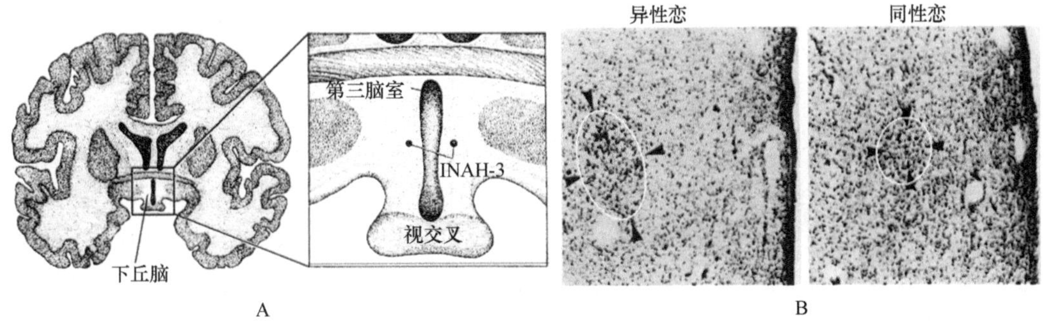

图 4.5　同性恋的神经基础[i]

A. 下丘脑第三脑室两侧的核团位置；B. 异性恋与同性恋的 INAH-3 差异①（比较圆圈的面积）

男同性恋者与异性结婚生子的概率约为异性恋者的 20%，这是一个巨大的差异。根据群体遗传学的模型，同性恋基因在很短的时间内就会被稀释到无法检测的水平。对同性恋的起源和适应意义已有众多假说，以亲缘选择假说、社会声誉假说、联盟形成假说 3 个理论最流行[110]。其中亲缘选择假说，可能因为是由威尔逊（社会生物学创始人）提出来的缘故，最为流行。同性恋个体不在自身的繁殖上投入时间和精力，而是帮助其亲属养育后代，最终使这些孩子身上潜在的同性恋倾向基因在进化中受益。但一项严格的调查并没有显示同性恋者比异性恋者对旁系后代有更多的投入[111]。该假说本身也有明显不妥，既然协助亲属繁育后代可以增加自己的适合度，无性取向就足够好，何必要同性恋呢（毕竟是有代价的）？另外，养育 4 个侄或甥，才相当于一个亲生子女所带来的遗传效果，似乎更是得不偿失啊。真社会性昆虫，如蚂蚁和蜂类的“劳工们”是迫不得已，因为自己没有生育能力[81]。社会声誉假说曾经流行一时，在工业化之前的同性恋男性更有可能成为牧师或者祭司，他们的异性恋亲属也因此获得了较高的社会声誉，并因此占有繁殖优势，从而使得任何共有的同性恋倾向基因得到延续[110]。但同性恋在动物中也广泛存在，则不是因为社会地位高的缘故。恰恰相反，是社会地位低的动物个体更容易有同性“恋”倾向。因此，灵长类学家提出联盟形成假说：同性恋促进同性联盟的形成，特别有助于亚成体雄性获取资源和保护自身。然而，如果该假说成立，那么同性恋应该是主流，而非少数；同性恋的排他性也是该假说的反向证据[112]。同性恋是非适应性的副产物：同性恋没有受到自然选择，而是作为某些优势性状的副产物被保留了下来。这样的优势性状可能是渴望形成配对关系、寻求感情或者生理上的满足等。

总之，到目前为止，还没有一个理论被广泛地接受。假说越多，就说明各假说越没有普适性，也越没有说服力。同性恋是普遍存在的、多次起源的：①许多动物都有同性性行为；②同性恋在人类中持续地、高比例地、跨文化地存在。那么，是什么机制使从动物到人类的同性恋得以保留和扩散？

① 注意：图 4.5B 中的原作者用箭头标记的核团范围，带有明显的主试效应，即研究人员的主观期待；本书作者用白线标记的范围更加客观。

十一、艺术的起源

早期人类显然不能从艺术活动中获利，艺术的商业化是近两三千年发展起来的。因此，艺术的起源令进化生物学家感到十分困惑，被称为进化领域的“斯芬克斯”。任何器物、结构和过程，如果做到极致都可称为艺术。传统上的艺术是指音乐和美术，前者包括歌唱、舞蹈、乐器演奏、歌剧和话剧等，后者包括绘画、雕塑、陶瓷等。本书虽然借用艺术一词，实际上主要涉及音乐。音乐的一些元素似乎可以在动物中找到，研究其起源有据可依；而美术创作需要意识主导，目前认为只有人类才具备这项能力。

首先，让我们来看看音乐的基本元素：旋律是音调的表现及其变化，由许多音乐基本要素，如节奏、节拍、力度、音色表演的方式和方法等有机地结合而成；音调是指频率结构，如基频、主频和调频等；节奏是单位时间重复的次数；和声是音调在频域的叠加。从认知心理学的角度，音调和节奏构成了音乐的基石；从物理学角度，音调依赖声音的基频而节奏是重复的振幅变化[113, 114]。达尔文认为音乐可能是从动物求偶行为演变而来。“……古人或人类的早期祖先可能最先借助嗓音产生音乐节奏，如唱歌……以表达不同的情绪，如爱、嫉妒、胜利……”[115]。鸣禽和蛙类通过语音信号，向接收者传达自身的信息。还有一些动物则以主动或被动的身体和环境装饰加上适当的动作为媒介，通过视觉向接收者传达信息。例如，澳大利亚的园丁鸟（bowerbird），就是以艳丽的色彩物件装饰其求偶场所，在雌性被吸引来到求偶场时跳舞，以此获得雌鸟的青睐。棉顶绒猴以语音为通信媒介，基于它们鸣声制作的音乐，其诱发的行为反应与语音激发的行为反应相似[116]。

音乐是人类特有的产物，目前未发现动物有创造和演奏音乐的能力，但这不妨碍它们欣赏音乐。例如，在音乐环境中，黑猩猩明显提高其社会性行为而减少攻击性行为[117]。另一项研究是为16只黑猩猩轮流播放西非的阿坎（akan）、印度北部的拉加（raga）以及日本的太鼓（taiko）三种不同音乐，黑猩猩花更多的时间待在阿坎和拉加的播放区域[118]。比较人、黑猩猩、狨猴和绢毛猴对音乐的偏爱，人和黑猩猩愿意待在有音乐的地方，而狨猴和绢毛猴更愿意待在没有声音的地方。而如果必须选择音乐，这两种动物都倾向于慢节奏而非快节奏的音乐[119]。一些研究发现，狨猴的大脑中有一些神经元在音调旋律变化时被“激活”。所在的脑区被称为“音调中心”，与人类处理音调的脑区具有同源性。狨猴的音调感知机制与人类的音调感知原理高度相似，暗示灵长类动物可能具有音乐认知的神经基础[120, 121]。

动物的求偶过程基本上就是信号的传递过程，因此对于这些动物而言并没有所谓的婉约优美的声音、高贵典雅的舞蹈和华丽炫目的装饰等概念。这些行为，仅仅是为了传递信息。而传递信息最有力的工具或最有效的方式莫过于人类的语言了。人类语言的起源发生在什么时候，现在还难以确定，最有可能是250万年前。可以假设最早应用语言的场合，很可能是人类的配偶选择时。而在人类的求偶过程中，语言可以在很大程度上或彻底地替代音乐的作用，那么音乐有什么用呢？一种可能的作用是所谓的“莫扎特效应”。有报道称[122]，在聆听莫扎特的钢琴奏鸣曲后可以提高空间推理测试的得分。如果胚胎和出生后生活在钢琴奏鸣曲的环境中，大鼠能够更快地完成“T迷宫”的测试[123]。但是这些研究要么无法重复，如空间推理实验；要么实验设计有缺陷，如胚胎期和胚后发育早期的大鼠根本没有听力[124]。音乐的起源目前有三个流行的假说或模型：直立行走假说、音乐语言假说、视听恐吓模型。①行走带来的噪声可能隐蔽一些致命的声音信息。相比四足动物而言，人类的直立行走更加具有节奏性和可预见性。大脑进化出相应的节奏性，可以提高对非节奏声音的检测[125]。②音乐和语言从原始的音乐语言阶段分化而来，音乐强调声音表达情绪的寓意而语言则强调声音的表征意义[114]。③音乐（可能还包括舞蹈和身体绘画）是早期人类反劫掠系统的一部分，有节律的大声歌唱和击鼓，配合威胁性的身体动作和绘画，构成古代的“视听恐吓展示”[115]。这三个假说似乎都有一定的道理，但都缺乏证据和说服力（更多的假说参阅第二十四章）。

舞蹈的历史应该与音乐的一样古老，但何时成为人类的文化组成部分却不得而知。一些鸟类在繁殖季节“载歌载舞”，如天堂鸟在求偶时不但发出悦耳的鸣啭，而且重复地扇翅、摆尾、跳跃。然而，哺乳动物的祖先似乎没有向这个方面进化，因为极少种类（如果不能说完全没有的话）表现出复杂的、仪式化的重复动作。绘画的起源可能要远晚于音乐和舞蹈，因为这要借助复杂的工具和材料。绘画也许是原始的记事方法，后来演变为文字的雏形。

从目前的状况来看，欲阐明艺术的起源和进化驱动力等问题，似乎还有很长的路要走。

十二、宗教的起源

宗教的起源与迷信、图腾和神话等超自然现象密不可分。宗教使群体更有凝聚力、更加合作、更加友爱等，从而对组织较松散的对手构成强大优势[126]。

宗教的主要特点：相信现实世界之外存在着超自然的神秘力量或实体，该神秘物统摄万物而拥有绝对权威，主宰自然，决定人的命运，从而使人对该神秘物产生敬畏及崇拜，并引申出信仰认知及仪式活动。在这一点上，宗教与科学是对立的。凡是用超自然的方法创造出来的，都是非人类理性可以认知的，不在科学范畴之内。虽然宗教不是科学，但作为一种人类现象，可以从科学的角度采用科学的方法探讨其起源。已形成的多种学说都缺乏有力的证据，比较符合逻辑的有：自然神话说、万物有灵说、图腾崇拜说。

原始宗教脱胎于迷信。早期人类由于认知的局限性，非理性地相信某种现象、行为或仪式具有神奇的效力。实际上，这些行为是将一些没有因果关系的事务联系在一起，认为一些事件是另一些事件的映射，在发生的时间上有先后。“迷信的鸽子”是著名的行为主义大师斯金纳一篇研究报告的主角。斯金纳认为，人们的迷信行为源自他们的相信或推测，在迷信行为和某些被强化的结果之间存在联系，但实际上两者并没有因果关系。

首先，斯金纳对操作性条件反射训练测试箱，即著名的“斯金纳箱”进行改造：设置每15s投送一次食物作为强化刺激，而不管被试的行为反应。换句话说，不管动物做了什么，每隔 15s 它都将得到一份奖励。选择8只鸽子作为被试对象，实验前减少投食量使动物处于轻微的饥饿状态。实验时，让每只鸽子每天在箱内待几分钟，不对行为进行任何限制。在此期间，每15s一次的强化刺激自动出现。几天后，由两个独立的观测者记录了鸽子在箱中的行为。

比较实验前后的行为，发现8只鸽子中有6只产生了非常明显的变化。第一只形成了在箱子中逆时针转圈的条件反射，在两次强化之间转 2～3 圈；第二只反复将头撞向箱子上方的一个角落；第三只重复地展示一种头部上仰动作，似乎是用头从下面抬举一根看不见的杆子。第四和第五只鸽子的头和身体呈现出一种摇摆似的动作，头向前伸，并以从右到左方向做大幅度摇摆，然后慢慢转过来，接着身子也顺势移动。第六只形成了不完整的啄击或轻触的条件反应，作势直冲地面但并不接触。上述的行为都是在实验前未曾观测到的，实际上新的行为和鸽子得到食物毫无联系。然而，它们的表现似乎以为自身行为可以产生食物[127]。可以想象，人类在进化之初，在猿猴阶段就产生了类似“斯金纳箱”中的鸽子的反射，对无法解释的背后现象或获利有着期待（迷信）。待人类进化和语言发展到一定程度时才能将迷信传播并逐步归一化。当一些迷信被逐步加强，占据统治地位之后，宗教就开始启蒙了。

宗教的仪式雏形可能是从一些祭祀活动演变而来，如古代的占卜和星相。龟裂占卜源于古代的巫师用乌龟的甲壳放在火里烧烤，龟甲由于高温炸裂而形成裂纹。古代最初的占卜就是用这个裂纹来预测吉凶祸福。星相学起源于古代两河流域的闪米特人，首先在巴比伦盛行，然后向东传到波斯、印度、中国，向西由希腊传到埃及、罗马和西班牙等地。星相学是星相学家观测天体，即日月星辰的位置及其各种变化后，做出解释并用来预测人世间的各种事物的一种方术。据记载，公元前 1046 年“武王伐纣”（牧野之战）时的星相显示“五纬聚房”①，即指五大行星在某段时期内，于日出前同时出现在东方。中国历代帝王对天象都极为重视，因为他们都认为天象表达了天意。

现代许多宗教依然保留着一些类似的仪式。礼拜是基督教徒日常主要宗教活动，多在星期日（礼拜天）由牧师在教堂主持，内容有祈祷、读经、唱诗、讲道等；而弥撒则是天主教纪念耶稣牺牲的宗教仪式。佛教有朝圣的长期仪式（如藏传佛教徒一生至少要到拉萨朝圣一次），以及拜佛的定期或不定期的短期仪式。现代的宗教仪式，在多大程度上是对古代祭祀仪式的继承呢？

图腾崇拜是一种原始信仰，常与“万物有灵”相联系，与宗教起源密切相关。其产生根源大多是对自然现象，如雷电、地震、山崩等的敬畏，这导致原始民族对大自然的崇拜和畏惧。图腾是古代原始部落迷信某种自然或有血缘关系的亲属、祖先、“保护神”等，而用做本氏族的徽号或象征[128]。触犯图腾禁忌在原始民族里被视为最大的罪恶。原始民族部落中的禁忌、图腾与宗教的核心及本质是长久以来争议的中心。《图腾与禁

① 公元前 1046 年是根据西周各王的在位年数，得出西周持续了 274 年，然后倒推出的武王克商的年份。“五纬聚房”是天文现象，具有极强的周期性，可以准确地推算其发生年代，结果指向了公元前 1046 年 1 月 20 日。

忌》是弗洛伊德[129]对这些难以解答的谜题所做的突破性贡献，是从人类的心理角度，提出的一种宗教起源理论。弗洛伊德将宗教起源归结为如下的宗教形成过程：原始人类的情感矛盾导致禁忌，禁忌发展为图腾，图腾进化为宗教。宗教起源的心理根源是情感矛盾，即所谓“俄狄浦斯情结”。人类对自然的第一种解释（即泛灵论）是由心理作用所造成的。进而弗洛伊德在其他学者研究图腾崇拜起源的基础上，利用精神分析方法逐渐解开了图腾之谜。

文化人类学家对此有不同的解释。他们认为，在原始氏族社会，人们认为梦境里的景象是独立于人身体外的灵魂活动。人活着，灵魂寄居于人身体之中；人死后，灵魂就可以离开人身体而单独活动，便产生了灵魂不死观念。后来，人们把这种灵魂观念扩大到自然界的万物，就产生了万物都有灵魂的观念[130]。原始社会人类生活与自然界之间的矛盾，是原始宗教观念和崇拜仪式产生的基础。

宗教是神话的延续。德国古典哲学家恩斯特·卡西尔（Ernst Cassirer）说过：“……神话从一开始就是潜在的宗教”。人类的认知能力进化到一定程度就发现，人的生命是有限的，意识是有限的，而日月星辰、天空、大地、河川等却似乎是永恒的、广袤无边的。人们对生命的终结——死亡，由衷地感到恐惧，对永生具有无与伦比的渴望。将永恒的自然存在人格化，是原始人为挣脱生命有限性所做的一种努力。可以说有限的生命体对“无限”存在的渴望，催生了神灵。弗雷德里克·马克思·米勒（Friedrich Max Müller）[131]描述了神灵观念发展的三个阶段，即从单一神教到多神教，最后演变为唯一神教。他认为在最初阶段，存在诸多独来独往的神，它们之间既非并列亦非从属，而是在各自领域中都是至高无上的。树有树神，山有山神，河有河神。随着人类认知水平的提高，众神的关系从无序走向有序。“所有的单一神被统一为整体，并出现一位众神之神如宙斯，其他的神都从属于它，但众神之间是平等的，处于同一层次”。后来，人们又进一步认识到，它们追求的其实是“树非树，天非天，地非地……”。因此否定以前所有的神，只追求一位至高无上的神[132]。“它是所有这一切，但比它们更丰富，它超越这一切”。

人类花费大量的时间和物质从事宗教活动，而这些很难增加人类的生存机会或繁殖效率，也就不能用自然选择和性选择加以解释。因此，社会生物学者试图在达尔文的理论框架之内，阐明宗教起源的生物学本性，可能是徒劳无益的。

上面讨论的十二种现象，绝大多数是人类和动物共有的，少数是人类特有的。这些现象其实都不是孤立的，而是有内在联系的。音乐可以理解为听觉的超常刺激，而趋光性是视觉的超常刺激。玩耍、成瘾、性欲、爱情和同性恋都有大脑奖赏系统在背后“推波助澜”。做梦、自杀、音乐和宗教是生命对基因的操控所表现出来的反弹。那么，所有这些内在联系最终指向哪里呢？

许多明显与达尔文“三大选择”和汉密尔顿的“亲缘选择”相悖的现象，我们不是选择性地忽略就是生搬硬套地往上靠。生命是宇宙中已知极复杂的自然现象，一个理论系统很难解释所有的现象，说明所有的本质。因此，我们需要跳出已有的理论框架，从根本上构建新的进化理论，完善人类的知识体系。

第五章

行为的调控机制

回答“动物为什么这样做”或更专业的问题“是什么驱动了行为的发生”，绝非易事。完美的答案应包括所谓的近因（proximate）和远因（ultimate）。近因回答如何（how），而远因回答为什么（why）。第三章和第四章分别讨论了行为的适应性和无适应性的问题（即为什么），然而并没有触及行为的发育、神经系统的直接控制，以及内分泌如何通过神经系统间接控制行为等领域（即如何）。1973 年的诺贝尔生理学或医学奖授予洛伦茨、廷贝亨和卡里 · 冯 · 弗里施（Kari Von Frisch）三位动物行为学家。其中廷贝亨在 1963 年[1]提出了著名的行为学研究四个“为什么”（four “*whys*”）范式。①功能，行为有什么用处？不管是对生存还是对繁殖都得有用，否则就会被淘汰。②机制，行为由什么驱动？环境激发、中枢神经控制、外周效应器执行。③发育，行为是怎样发展的，环境或文化是如何作用于从胚胎到成体的过程的？这涉及遗传的因果关系和学习。④进化，行为是从哪里来的？涉及祖先所受到的选择压力和所谓的谱系通路（phylogenetic pathways）。考虑到第三章已经讨论过行为的进化，本章将重点放到四个“为什么”（four “*whys*”）的前三点。其主题是具体行为的基因调控、发育和神经机制等问题，但不涉及表观遗传学。在很大程度上，这也是行为遗传学的主要研究内容。

任何一个外显行为，不管是简单还是复杂，有适应意义或没有适应意义（或目前尚不明确），都是神经网络控制肌肉收缩和舒张的结果。例如，鸟类和蛙类的鸣叫（唱）行为是通过多个神经网络逐级控制的，最低一级是投射到咽喉部肌肉的舌咽神经网络，控制喉部多个肌肉的协调动作。由于这类行为仅在繁殖季节呈现，因此受到神经内分泌系统的调节。雄性鸣禽在性成熟前学习鸣唱，以继承物种特有的鸣声结构。没有学习模板的雄鸟，成年后只会发出单调的叫声，不可能受到雌鸟的青睐。因此，雌性的选择偏好似乎导致了雄性的复杂鸣唱行为。简而言之，雄性鸣禽产生鸣唱行为的原因，由近至远：①神经网络调节咽喉部肌肉活动的直接结果（时间尺度从“毫秒”到“秒”）；②环境因子，如昼夜光强变化对行为的激活效应（如晨鸣，时间尺度“分—时”）；③该神经网络和相关肌肉受到内分泌激素的调节（时间尺度“天—月”）；④鸣唱的曲目是在未成年时学习获得，受发育的影响（时间尺度“月—年”）；⑤鸣唱行为是为了取悦雌性，以完成交配和繁殖后代，是性选择的产物（时间尺度“年—世代”）[2]。生物学上最远的“距离”，应该是从基因到行为。

一、基因与行为

孟德尔在解释豌豆杂交实验结果时，提出了遗传因子的概念并强调其显隐性、粒子性、独立性和组合性。自从1909年丹麦遗传学家威廉·约翰森（Wilhelm Johansen）提出“基因”一词，经过100多年的发展，现在已成为一个最广为人知的大众科学名词之一。真正确立基因的生物学本质的是遗传学家摩尔根，他于20世纪早期证明基因位于染色体之上且有清晰的边界，符合孟德尔的遗传因子的条件。基因的化学本质（分子结构）是由詹姆斯·杜威·沃森（James Dewey Watson）和弗朗西斯·哈里·康普顿·克里克（Francis Harry Compton Crick）在1953年提出的，即著名的DNA双螺旋结构（图5.1A）。然而基因的生命本质的复杂程度远超乎人们的想象，从自然选择到中心法则的确立，是诸多科学家共同努力的结果[3]。

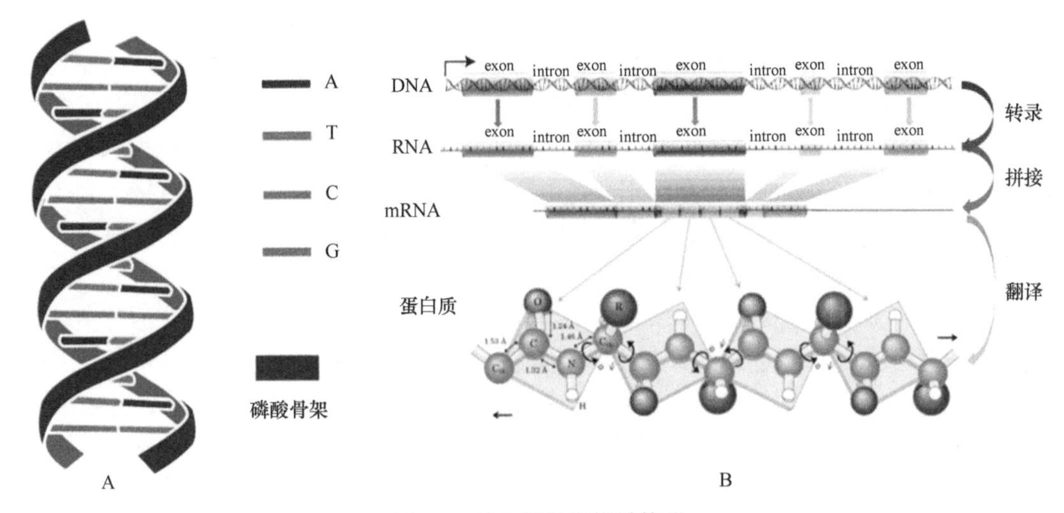

图5.1 遗传信息的物质基础

A. DNA的三维结构图；B. 从DNA→RNA→蛋白质合成的过程[4]。intron，内含子；extron，外显子

现在已知基因只占DNA全序列的很小一部分，即绝大多数的DNA序列是“无用的”，至少目前是如此认为的。大多数真核生物的基因为不连续型，即基因的编码序列在DNA分子上是不连续排列的，被非编码序列隔开。编码的序列称为外显子（exon），是基因表达为多肽链的组成部分；非编码序列称为内含子（intron），又称插入序列。内含子只参与转录形成pre-mRNA，在pre-mRNA过渡到成熟mRNA过程中被剪切掉（图5.1B）。完整的基因结构包含4个区域：①编码区，包括外显子与内含子；②前导区，位于编码区上游，相当于RNA 5′端非编码区或非翻译区；③尾部区，位于RNA 3′端编码区下游，相当于末端非编码区或非翻译区；④调控区，包括启动子和增强子等调控因子，位于编码区的远前端[5]。

DNA 含有两条单链，螺旋式缠绕，但只有一条链（即负链）能够编码信息。DNA的正链作为模板，在复制时指导负链的合成。对于正链，如 ACT GGC CCA TTG，根据碱基配对原则，其负链必定是 TGA CCG GGT AAC。后者编码一条含有“半胱氨酸-脯氨酸-甘氨酸-天冬氨酸”的多肽，即氨基酸的线性排列。因此作为一个碱基，本身不重要，而与其他碱基在 DNA 上的相对位置才重要。

基因的表达调控是神经发育得以正常完成的关键，也是一些生理生化和行为的基础，由所谓的调控因子（也是 DNA 的一段序列）与结合其上的多种蛋白质形成的复合体执行。基因表达有其各异的时空特性，即在适当的空间和适当的时间，表达适当的基因系列。表达（即转录）的初级产物是在细胞核内合成的单链 RNA，然后从细胞核转移到细胞质。细胞质中含有极其稳定的 RNA 酶（100℃条件下都不失活，实验室清除 RNA 酶污染是极困难的工作），在细胞内长期存在，不断降解单链 RNA。如果要留下足够的 RNA 用于蛋白质合成，那么转录产生 RNA 的速度就必须大于 RNA 酶灭活 RNA 的速度。这是一个边合成边降解的过程，其优点是高度动态性和精确性。

基因对行为的控制是间接的，因为基因只能直接作用到（即编码）蛋白质的一级结构。所谓一级结构，就是氨基酸的线性排序（图 5.1B）。二级结构是在氨基酸的物理化学性质以及氨基酸之间相互作用驱使下自动形成的。三级结构依赖自动折叠形成独立的分子，而四级结构则是由多个单分子蛋白质（亚基）聚合而成。三级结构的蛋白质主要是细胞骨架等结构成分，四级结构的蛋白质为细胞膜上的离子通道等。现在知道，二级、三级和四级结构的形成，是物理法则（自由能）在起作用，脱离了基因的直接控制（参考第九章的“自组织”系统）[6]。非蛋白质的物质，如有机小分子，是酶类蛋白质的产物，因此也与基因的表达调控有关。

基因如何编码并遗传或简单或复杂的行为，到现在为止还没有一个可信的答案。本能行为是可遗传的，遗传是依赖基因的。例如，青蛙和蟾蜍的取食行为，是一个外因激发的固定程序。当一只昆虫出现，青蛙首先凝视或瞄准；然后突然发动攻击：扑咬或弹出舌头黏附；回坐，吞咽；前趾刺激嘴角，再吞咽 1 次或 2 次。如果在发动攻击的一瞬间，人为取走昆虫，即扑了空，接下来会发生什么？由于这是一个程式化的动作，青蛙仍然会回坐，吞咽，前趾刺激嘴角，再吞咽[7]。这几乎是所有蛙类取食的标准程序，肯定是遗传的本能，是基因在背后起作用。

诚如威尔逊所说的那样，“（人类）社会组织是离基因最远的一种表现型形式”，行为也是如此[8]。基因肯定能够编码行为，这已经被实验证实。即便如此，基因的直接控制也被限制在基本的本能行为中，而对需要学习才能获得的行为则几乎无能为力。基因对行为的间接控制，表现为通过预先规划动物出生后的行动准则，以应对将来可能要面对的环境挑战。例如，一只狐狸在遇到体型比自己大的狼和羊时，应该分别采取怎样不同的策略。首先要学习识别这两种动物的外形以及对自己的危害性，然后选择离开还是忽略。因此，学习就是最好的行为规划，至于具体学会什么则因环境而异，与基因无关。

基因与行为的这种关系类似于程序员与计算机控制，都是预先设定程序，然后由执行系统自行工作。在工作进程中，基因或程序员都无法进行干预。“正如杨（J. Z. Young）指出的那样，基因必须完成类似预测的任务。在构建一个生存机器的胚胎时，它未来面临的危险和问题是未知的。谁敢说何种食肉动物潜伏在哪个灌丛之后伏击它，或者哪种敏捷的猎物急冲出来并蜿蜒而过？人不能预言，基因也如此。但对一些周期性（或有规律）的现象还是能够预测的。北极熊的基因能够有把握地预计未出生的生存机器的环境必将是非常寒冷的[9]。” 然而，任何行为的发动都需要一定的环境条件，不同的环境有不同的行为模式与之对应。因此，基因无法进行精准预测和控制。

对于无脊椎动物，一些本能行为简单地与一些基因一一对应，但在脊椎动物尤其是哺乳动物，一些行为背后的基因要复杂得多。因为与神经系统相关的基因总数有限，而本能行为或神经反应的种类似乎远多于这些基因数量。

二、行为的控制

绝大多数的行为是有明确的适应意义的，直白地说是有功能的。至于第四章讨论的“异常”的行为现象，既然在动物界普遍存在那肯定有适应意义，只是目前还没有找到其意义之所在。不管适应意义如何，行为的神经控制是一样的。按照斯金纳的观点，所有的心理现象从本质上来说都是行为，那么行为就包括公开的或外部的动作和情绪以及隐秘的或内部的感情和思想。公开的或外部的动作和情绪需要肌肉系统（骨骼肌、心肌和平滑肌）的协调动作，而内部的感情和思想则局限于纯粹的神经活动。

对于“低等”动物而言，主要是四肢运动，有时候包括尾和躯体的配合；而“高等”动物除此之外，还加上面部表情。骨骼肌在脊椎动物行为表达中起主导的、直接的作用，其次是心肌，在遇到危险时心跳加速以便为骨骼肌提供更多的能量。平滑肌不直接参与行为的发动，但可以通过内分泌系统而间接操控行为。

肌肉（特指骨骼肌）的收缩和舒张是完全受神经控制的，神经与肌肉的连接（运动神经元的轴突末梢在骨骼肌的肌纤维或肌细胞上形成接触点，即“神经-肌肉接头”）是其关键结构。位于脊髓前角和脑干一些神经核团内的运动神经元，向其支配的肌肉各发出一根很长的轴突，即神经纤维。这些神经纤维外面包裹髓鞘，一种绝缘结构，以帮助电信号的长距离传输。在接近肌细胞或肌纤维处，每根神经纤维各自分叉形成数十根分支，一根分支通常只终止于一根肌纤维上。这样，源自一个神经元的一条神经纤维就可以控制一群肌纤维。从神经纤维传来的电信号通过特化的化学突触系统，以乙酰胆碱为信息载体，将电信号转变为化学信号，传递到肌细胞膜上的乙酰胆碱受体。其中的 N2 受体位于骨骼肌的终板膜，与乙酰胆碱结合可诱发运动终板电位，导致骨骼肌兴奋，引起肌纤维收缩或舒张[10]。

动物的骨骼肌肉主要有头肌、颈肌、躯干肌和四肢肌。头肌可分为表情肌和咀嚼肌。表情肌位于头面部皮下，多起于颅骨，止于面部皮肤。肌肉收缩时可牵动皮肤，产生各种表情[11]。咀嚼肌为运动下颌骨的肌肉，为咀嚼吞咽食物所必需。颈肌和四肢肌控制头部和四肢的运动和转向；躯干肌控制身体的抖动、扭转和弯曲，并参与头部和四肢的动作。其他肌肉包括控制尾部摆动的肌肉，不同的动物由不同的肌肉控制；一些动物有特殊的皮下竖毛肌，如刺猬；躯干肌控制生物电的产生和发放，如电鳗；躯干肌直接主导运动，如蟒和蚺。

人类中枢神经系统是目前已知的宇宙中最复杂的系统，而低等动物，如线虫和海兔的神经系统则简单得多。高等动物的中枢神经可分为不同脑区：端脑、间脑（丘脑和下丘脑）、中脑、小脑、延脑、脊髓[12]。每个脑区含有数量不等的核团。神经核团是一群神经元在空间的集合，共同执行特定的功能，有或没有明显的边界，如图 4.5B 中 INAH-3。在哺乳动物的皮层没有类似的核团结构，而是以功能柱的形式存在。由于神经网络的物理构成需要神经元在三维空间精确排列，大量的胶质细胞填充在神经元之间的空白处，以固定神经元的空间位置。脑中的神经细胞有两种基本的组合形式：团状（即核团）和层状。层状结构在大脑皮层、中脑视顶盖和小脑中存在，即使是功能柱也有可见的分层[13, 14]。脊椎动物的中枢神经含有几百个神经核团，其形状和容积各异；外周系统的核团类似物是神经节（ganglion）。每个核团可有不同类型的神经元，构成复杂的内部结构，有的核团还包含亚核团或核团分层。核团之间以神经束相连，传递信息。

三、外界的刺激

动物的中枢神经不但经由运动神经元控制行为，还要感知外部环境并做出决策。因此，动物全身都布满了传感器，将外界的物理和化学信号经由感觉神经元传入到中枢神经系统。物理信号有很多种，包括光、电、声、振动、冷、热、湿、干、风、气压、水压、水流等。光传感器是眼或眼点，声传感器在脊椎动物是耳，在无脊椎动物是听器（位于胸部），其他信息都是由皮肤上的机械和冷热传感器完成感知。对大多数动物而言，眼睛是最重要的感觉系统，生活中 90%以上的信息是光及其影像，其次为声音[15, 16]。其他的物理信号对一些生活在特殊环境的动物十分重要，如振动于蜘蛛[17]、热辐射于蛇类和甲虫[18, 19]、水波纹于鳄鱼，以及地磁对于迁徙动物的定向和导航[20]。化学信号的传感器主要有舌、触角、鼻和犁鼻器等。一些鳞翅目昆虫（如霸王蝶）雄虫可以感知 11km 外的一只同种雌虫释放的外激素，可见触角的灵敏性有多高[21]。鼠类的鼻用于寻找食物而犁鼻器则专门接收外激素，如此“术业有专攻”，可大大提高工作效率。

任何行为的展现，都是由特殊的环境刺激而触发的。鸣禽为什么喜欢在早晨和黄昏鸣啭，是因为光照强度的变化[22]。我们为什么下班离开办公室，是因为时间到了，有人开始走了。青蛙为什么加入池塘的大合唱，是因为听到其他个体在那里鸣叫。动物为什么生气，是因为有其他个体闯入其领地。因此，行为又被称为对环境刺激的响应。最近，我们完成了一个很有意思的实验：在青蛙的正后方播放声音，如果是同类的鸣叫声，蛙向右转；如果是它不喜欢的声音则向左转。而且这种奇特的反应与被试动物的生殖状态或体内的激素水平有关[23]。

行为反应大致可分为反射控制、本能行为和学习行为。反射控制由外周神经完成，不经过中枢神经，如膝跳反射。本能行为主要是由基因决定的，是基因事先设计好的程序过程，如哺乳动物的吸吮。学习行为则是在环境的主导下发生的，与神经系统的可塑和重塑过程有关。具体的学习过程与基因的关系不大，但学习能力有物种特异性，即遗传相关的。一只黑猩猩再聪明，可能也学不会相对论或进化论。

在第四章中讨论超常刺激时，曾经提到一些鸟类，如大雁和银鸥的“集卵行为”。当雌鸟看到卵或卵形物体散落在巢穴之外时，出于本能，会用喙部将卵滚回巢中（图 5.2A）。这也是一个程式化的动作，一旦启动，即使卵被人取走，雌鸟也会走完整个程序（图 5.2B）[24]。这说明程序一旦启动，直到完成，不会中途停止。在执行过程中，不需要环境反馈的信息，是一个真正的本能。前一个动作的神经活动作为内源信号，激活下一个动作的神经网络，如此形成固定的程序。这与前面提及的青蛙取食模式是一样的。

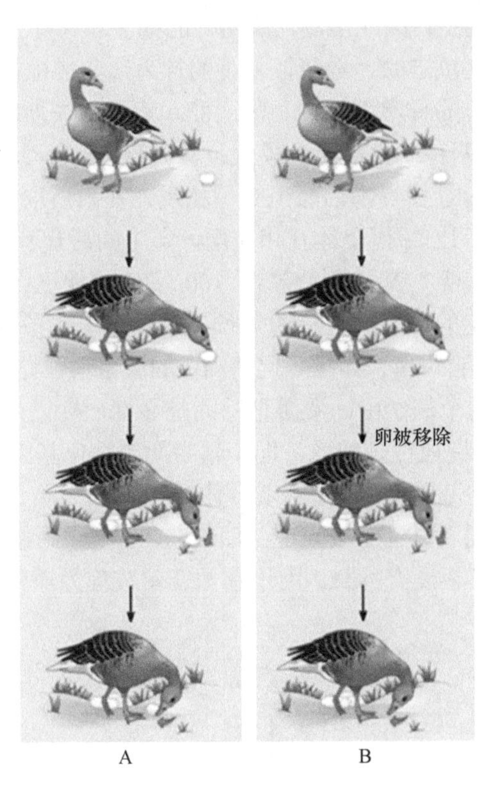

图 5.2 程式化的本能行为（A），一旦启动就要完成全过程而不受环境的影响（B）

丝兰蛾是一种小型的鳞翅目昆虫，幼虫以丝兰的种子为食。在丝兰开花的季节，雌蛾从一朵花上采集花粉，用其独特形状的口器将花粉滚成马蹄形团。然后飞到另一朵花上，先往子房内产几枚卵，然后将花粉团运到花柱的顶部对其授粉，反复几次以确保授粉成功。长期进化使丝兰仅依靠丝兰蛾传粉，而丝兰蛾幼虫只食丝兰种子。这个过程相对较复杂，有环境反馈的参与：如果找不到第二朵丝兰花，产卵和授粉的行为都不会发生[25, 26]。本能行为一般比反射过程复杂，但比学习行为简单。即使如此，相对一些无脊椎动物的“简单”神经系统而言，还是过于复杂。这么复杂的行为，真的是生来就会的吗？

四、行为的遗传

蜜蜂是大群体的群居动物，一旦发生传染病，将导致“全军覆没”。所以，蜜蜂有及时清除死亡个体的行为。1964 年，沃尔特・罗森巴赫勒（Walter Rothenbuhler）[27~29] 发现抗美洲臭巢病的蜜蜂品系有两种行为模式：①清洁蜂，把死幼虫的蜂室盖子揭开并把死幼虫拖出去扔掉；②非清洁蜂，没有清除死幼虫的行为。将两类蜂杂交，产生的第一代（即 F_1 代）都是非清洁蜂。然后将此 F_1 代与清洁蜂回交，产生的第二代（即 F_2 代）中 1/4 是非清洁蜂，1/4 是清洁蜂，1/4 是只揭盖不取出死幼虫，1/4 不会揭盖但当盖子被打开时会取出死幼虫。因此推测，清洁蜂的揭盖和移除行为，是由位于不同染色体上的两个隐性基因独立决定的。看似很复杂的行为，其实由很少的基因编码。

果蝇是研究行为遗传的最常用物种。玛丽亚・索科洛夫斯基（Maria Sokolowski）在 2001 年通过筛选建立两种幼虫的觅食模式：漫游型（rover）和坐等型（sitter）[30]。漫游型倾向于在大范围内寻找食物，而坐等型相反，在附近取食。将这两类果蝇杂交，F_1 代全部是漫游型。然后让 F_1 代个体互相交配，产生的后代有 3/4 是漫游型，1/4 是坐等型。如何解释这个结果呢？其实孟德尔在 100 多年前就已经给出答案了。后代的某些性状是由一对基因决定的，它们互称为等位基因，位于两条同源染色体的同一位点，一个来自父亲，另一个来自母亲。如果等位基因中的一个很强悍（显性），就会压抑另一个（隐性）的表现。在这个例子中，漫游型基因是显性，标记为 R，而坐等型基因是隐性，标记为 r。实验室果蝇往往是纯系，即个体中两个等位基因是一样的，RR 或 rr 的纯合体。而当一个个体的基因型是 Rr 的杂合体时（即 F_1 代），其表现型就是 R 型，只有当个体的基因型为 rr 时，才有 r 型表现（图 5.3）。据说当年孟德尔的论文发表之后，寄给了达尔文，但后者甚至没有拆封。而现在孟德尔被称为遗传学之父，研究遗传学的

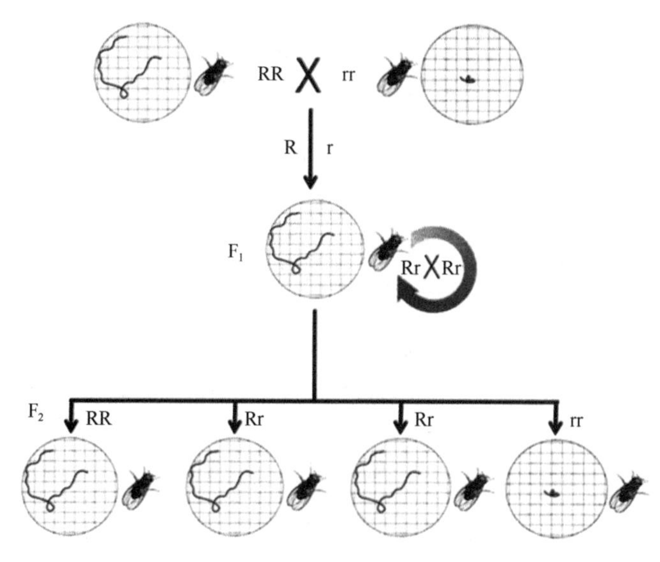

图 5.3　单基因控制的行为遗传模式[iii]

人数远比研究进化论的人多。非生物学背景的读者可以借助孟德尔的理论，自己尝试解释蜜蜂的清洁基因的遗传过程。

单基因控制行为的现象在自然界是比较少见的，大多数情况下是多基因调控的，而学习行为涉及的基因就更多。研究多基因遗传的行为，在后基因组时代成为可能并开始变得热门，如行为相关的神经转录组差异表达。在遗传变异如何影响大脑的功能和社会性行为方面[31]，尤其受到重视。人和动物的许多行为非常复杂，因此也不可能是由某些个别的基因控制的。例如，人的外貌、智商、情绪等，可能不是基因的定性差异，而是由于基因组合上量的差别。这些行为受多种基因的联合作用的影响，且环境也参与其中。罗伯特·特赖恩（Robert Tryon）在20世纪三四十年代[32]开展了系列的行为学习能力的遗传学研究。首先，挑选出在迷宫学习上有差异的两个大鼠家系：一种学习较快（bright），一种学习较慢（dull）。然后在家系内进行交配繁殖，经过这样的选择性繁殖18代之后，产生了在迷宫学习速度上差别极其显著的两个大鼠品系。其实在第9代的时候，bright鼠后代中最迟钝的个体也几乎与dull鼠中最聪明的个体水平一样了。走迷宫并不是大鼠的本能行为，所以再聪明的大鼠也要通过学习才能找到迷宫的出路。由于是选择性的人工繁殖，这种差异特性肯定是由遗传因素决定的。质疑的论点集中在早期的环境因素可能影响学习能力[33]。如果让这些大鼠走另一种迷宫，两组大鼠的表现则没有显著性差异。可见学习能力是多方面的，以考试评价学生能力是多么的局限，数学天才可能是语言白痴，总分最高反而可能没有特长。

五、行为的发育

相对第三章之行为的系统发育，此处讨论行为的个体发育。

按出生后的成熟状态，动物可分为早成型和晚成型。前者包括无脊椎动物、鱼类、两栖类、爬行类的全部以及鸟类和哺乳类的一部分。一般情况是，植食性且出生和生长在开阔无遮蔽的环境的物种，多为早成型，如雉科鸟类；肉食性且出生和生长在受遮蔽的生境的物种，多为晚成型，如啮齿类。洛伦茨[34]基于对早成型的鸟类，如大雁的研究，提出了动物本能行为的固定模式和学习的"印记"（imprinting）效应等概念。印记效应是指早成型鸟出生后对见到的第一个运动物体形成终身记忆的现象。雄性在成年后常常依据印记寻找配偶（图5.4）。晚成型鸟的印记效应都比较弱，一些种类，如杜鹃等寄生性鸟可能不形成印记，否则成年后将向被寄生鸟，即养母的同类求偶。已知所有具有语音学习能力的鸟类都是晚成型的，人类的"幼态持续"（neoteny）是这方面的极端事例，而人类的学习能力也达到顶峰。由此推断，晚成型延缓了神经的发育，使神经系统在外界刺激的环境下成熟，从而对出生环境的适应性更高。同时，也使可塑时间延长而导致学习积累的时间增加。那么，晚成型物种是否就比早成型物种的智商高呢？乌鸦、鹦鹉和山雀被证明是极聪明的鸟类，都是晚成型。

行为发育的遗传与环境之争持续了100年[35]。对于低等动物的本能行为，遗传是主导，环境几乎无法干预。特别是一些与生存密切相关的行为，如哺乳类的吸吮本能是

图 5.4 “祖师爷”洛伦茨被两只大雁“印记”，导致成年后的大雁向他本人“求偶”

与生俱来的。即使是一些很复杂的本能行为，也是纯遗传的。例如，蜣螂先将大型食草动物的粪便制成球状，然后产卵于粪球之中，这样可使幼虫在孵化时，有现成的食物供应。有趣的是，它们往往将粪球滚动到可靠的地方藏起来，以免被别的个体占据。一只蜣螂可以滚动一个比它身体大得多的粪球，这完全源自遗传[36, 37]。但是也有一些本能行为会随发育而发生改变，如蝌蚪偏爱绿色而在变态之后的青蛙则趋向蓝色[38]。与繁殖相关的行为，都是在性成熟之后发生的。最经典的行为发育案例，莫过于鸣禽类的鸣啭学习（详见第十四章）。毫无疑问，激素，尤其是性激素在性行为的发育中起关键作用。

内分泌系统与神经系统的关系极其密切，可以说内分泌产生的激素是一些行为的“调味剂”。没有激素，这个世界该多么的乏味啊！与生殖相关的内分泌系统是个复杂的级联结构，构成一个所谓的“神经内分泌轴”。当动物性成熟后，在特定的环境条件下，如光照时间变长、温度升高或降水等，决策系统就会向下丘脑发出指令。下丘脑激素储藏于神经末梢，接到指令后泌出，通过特异管道，下丘脑激素被运送到脑下垂体，促进垂体释放促激素，如促性腺激素、促黄体生成素（LH）和促卵泡激素（FSH）到血液。因此，下丘脑激素又被称为促激素的释放激素，如促性腺激素释放激素（GnRH）。促性腺激素经血液循环到达性腺，激活性激素（如睾酮和雌二醇）的合成与释放。性激素经血液循环返回到大脑，调节脑功能[39]。哺乳动物的 GnRH 是一个高度保守的短肽，由 10 个氨基酸组成；FSH 和 LH 是糖蛋白类激素，具有物种特异性。性激素为甾醇类的脂溶性小分子（图 5.5），没有物种特异性。由于神经系统的血脑屏障，GnRH、FSH 和 LH 等多肽分子都不可能进入脑神经细胞，但性激素可以透过屏障（脂膜）进入细胞，在细胞质中与其受体结合，然后与受体共同进入细胞核，调控基因的转录，促进调控繁殖行为相关的神经网络和通路的发育。最终在雄激素和雌激素的作用下，分别形成雄性脑和雌性脑[40]。

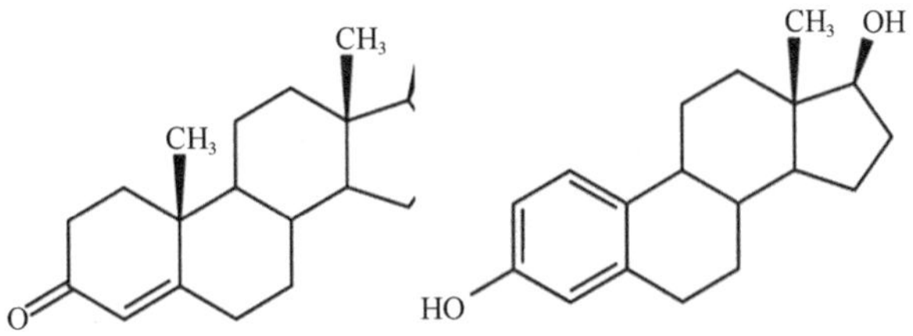

CH_3 CH_3 O
睾酮
A

CH_3 OH HO
雌二醇
B

图 5.5　性激素的分子结构
A. 雄激素；B. 雌激素

脑下垂体还分泌其他的促激素，如生长激素、催乳素、促甲状腺激素、促肾上腺皮质激素和黑色细胞刺激素。这些激素也通过血液循环，运输到各自的作用靶点。其中催乳素调控雌性动物的生产和哺乳行为，也能够促进长期配偶关系的形成，对社会性行为的影响很大（第二十二章和第二十三章有详细讨论）。促肾上腺皮质激素则调控动物的应急状态[41]，提高紧急情况下的生存率。

第六章
非经典达尔文过程

若非照耀在进化的光芒之下，生物学的一切都毫无意义。

经典的进化是指基于达尔文的自然选择作用下的生物多样化过程[①]，即生物为适应环境而占据特定的生态位，同时也创造或改造了生态位，又为其他生物的进化提供环境。每个生物个体都具有与其他个体不完全相同的基因型和表现型[②]，这些差异是随机、无目的、可遗传的。一旦环境中的某个因子发生变化，适应这个变化的个体将取得巨大的生存或繁殖优势。就是说，生命世界存在无限的变异，在等待发挥作用的机会。这个过程不仅仅存在于宏观生命世界，也可能存在于免疫系统和神经系统。

一、免疫系统的克隆选择

自然界微生物的种类和数量多得惊人，少数种类对人和动物是有害的。这些微生物一旦进入人和动物体内，就会对身体造成极大的伤害。在与有害微生物的斗争中，动物进化出高效的免疫系统。例如，适应性免疫系统是通过“抗体-抗原”反应发挥作用的，其特点是极端的特异性、极度高效而且有记忆。又如天花病毒（抗原），一次感染后，人体产生的抗体足以保证终身对该病毒免疫。天花是人类通过知识进步，使用疫苗消灭的第一种烈性传染病。与此相反，流感病毒的疫苗则经常失效至无效。每年注射流感疫苗都未必能预防流感传播。为什么会这样呢？这是因为抗流感病毒的疫苗是根据预测未来病毒的变异而设计的，这类预测未必是准确的。

实际上，抗原蛋白的一部分或外源蛋白的一个片段与淋巴细胞上的受体相互作用，导致抗体的产生，这些结构或片段被称为抗原决定簇。大自然中的抗原是极其多样的，

① 近期教科书上定义进化为“在世代更替的过程中，一群生物在属性上的变化”。

② 基因型相同的表现型也可能不同，因为基因与环境相互作用；基因型不同的表现型也可能相同，如适应趋同。

几乎是无穷尽的，免疫系统如何产生相应的抗体，形成特异的抗体-抗原复合体呢？这涉及免疫系统的作用机制，长期以来存在着两种学说：诱导学说和克隆选择学说①。诱导学说认为，人体有很多淋巴细胞，这些细胞最初并不是分别带有不同抗体，只有在与抗原分子接触后，在抗原的影响下，才分化出与抗原互补的抗体[1]。克隆选择学说认为，动物体内本来就存在着极其多样的淋巴细胞，这些淋巴细胞表面本来就带有与某种抗原互补的受体，当某种抗原侵入后，少数淋巴细胞与抗原选择性地结合。结合的淋巴细胞恢复其分裂能力，产生大量带有相同抗体的淋巴细胞群（图 6.1）[1, 2]。

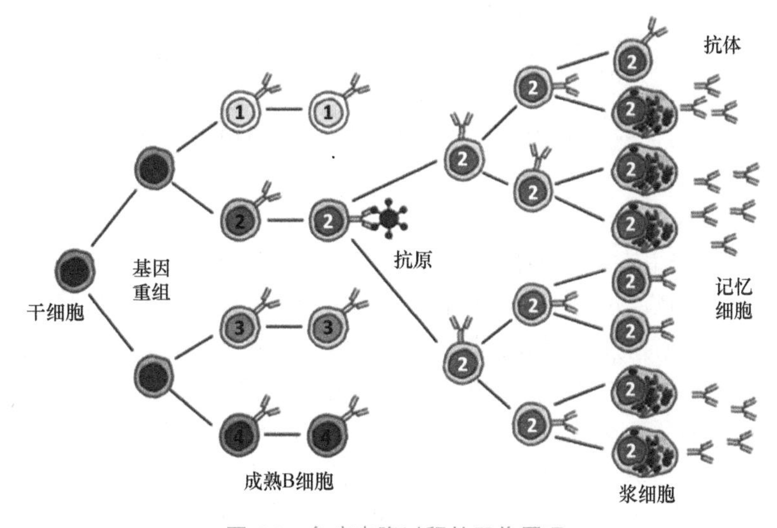

图 6.1　免疫克隆过程的工作原理

图中显示海量的不同抗体储备，其中一个抗体“2”与抗原结合，激活细胞扩增而产生大量的特异抗体

早在 1897 年，德国埃尔利希就提出了抗体产生的侧链学说。其主要观点是，一些细胞的表面表达不同的侧链（实际是细胞膜上的抗体片段），能够与不同的抗原反应。当一个抗原侵入，就会与匹配的侧链结合，导致细胞停止产生所有其他侧链，而扩大合成与抗原结合的侧链并以可溶抗体的形式分泌[1]。这还不是最终的克隆选择概念，但已经有选择的含义了。然而，在接下来的几十年里，诱导学说占据了统治地位，压制着侧链学说。到 1955 年，丹麦的尼尔斯·杰尼（Niels Jerne）[3]认为在感染之前，已有大量不同的可溶性抗体存在于血清之中。入侵的抗原诱导其中一个与之匹配的抗体，形成复合体。在这些细胞中发生对免疫复合体的吞噬作用，并以某种方法复制抗体的结构以产生更多的抗体。

克隆选择概念是澳大利亚的弗兰克·伯内特（Frank Burnet）[2, 4]在埃尔利希的侧链学说和杰尼的天然抗体选择学说的影响下，以及在耐受性人工诱导成功的启发下，于 1957 年提出的，试图阐明在免疫反应之初抗体多样性的形成。该理论迅速被广泛接受，并成功地解释了特异 B 细胞和 T 细胞如何选择性地破坏特异的抗原。B 细胞制造循环于

① “克隆”一词，原意是指通过无性生殖而产生的遗传上均一的生物群，即具有完全相同的遗传组成的一群细胞或者生物的个体群。现代科学家也把人工遗传操作动植物繁殖的过程称为“克隆”。免疫克隆的结果是在有抗原存在时，具有相应抗体的细胞被激活而进行扩增繁殖。因此，免疫克隆与自然选择的过程非常相似。

血液系统中的抗体；而T细胞制造细胞表面结合的受体蛋白，即T细胞受体。抗体与抗原的反应是高度特异的，一种抗体只对一种抗原起作用。免疫系统中预先存在一大群淋巴细胞（B型），在细胞表面存在识别抗原的受体，一个B细胞只产生一种抗体。抗原进入体内后，具有相应受体的免疫细胞随之活化并增殖，最后生成抗体并产生免疫记忆细胞。胚胎期的免疫细胞与自己的抗原相接触，是受到抑制或排除的，因此成体动物失去对“自己”抗原的反应，形成天然自身耐受状态，这种被排除或受抑制的细胞系称为禁忌细胞系。免疫细胞系可突变产生与自己抗原发生反应的细胞系，因此可形成自身免疫反应。这个过程主要发生在脾和淋巴结[5]。

大多数抗原含有各种各样的抗原决定簇，激活抗体的产生和（或）特异T细胞的反应。体内淋巴细胞总数的极少一部分（<0.01%）能够识别并结合到特异的抗原，就是说每种抗原可能只有少数几个细胞能够识别。对于获得性免疫反应，要“记住”和消灭大量的抗原，免疫系统就必须能够区别无穷尽的不同抗原。现在已知，即使不存在抗原的刺激，人体内也保有海量的不同抗体分子[6]。如果完全由基因控制表达，则需要数以百万计的基因来存储产生这么多抗体的信息。根据克隆选择理论，从一出生，人或动物就根据一个小家族基因的信息，随机地合成极其多样的淋巴细胞（每个细胞携带一种抗体）。为了合成每一个独特的抗原受体，这些基因经过了一个称为V（D）J 重组的过程[7, 8]。在此过程中，组成抗体和 T 细胞受体的基因片段通过一系列的序列特异性的重排装配而成，即一个基因的片段随机地与另一个基因的片段组合成一个独特的完整基因。V（D）J 重组分为两步：第一步，对特定 DNA 序列的识别和切割；第二步，切割断裂末端的解离和重接。V（D）J 重组过程中的切割是由 RAG 蛋白介导的，而且在末端重接反应中起结构性或催化性的作用。

此理论不仅阐明了抗体产生的机制，同时对许多重要免疫生物学现象，如对抗原的识别、免疫记忆的形成、自身耐受的建立以及自身免疫的发生等现象都做了解答。此理论已被免疫学领域广泛接受，促进了现代免疫学的发展。诱导学说和克隆选择学说之争，似乎是拉马克主义和达尔文主义在免疫系统的再现。诺萨尔（Nossal）等于 1958 年[9]发表一篇论文，介绍如何用微滴（microdroplet）技术分离单个免疫细胞，然后检测抗体的实验。同时给予从大鼠分离的单个细胞两种抗原刺激，在一个细胞中只能检测到一种抗体。或可以在另外的一个细胞中检测到另外一种抗体，但不会在一个细胞中同时检测到两种抗体。选择学说由于有实验结果支持，已成为免疫学的经典理论；而诱导学说却没有相应的证据，现在基本上不再有人信奉了。随着表观遗传学研究的深入，诱导学说是否能够“咸鱼翻身”，可拭目以待。

比内特于 1960 年获得诺贝尔生理学或医学奖，而杰尼则于 1984 年获此奖。杰尼获奖不是由于天然抗体选择学说，而是因为后来提出的“免疫系统以网络形式发挥作用”的理论。虽然诺萨尔等的论文发表在大名鼎鼎的 *Nature* 上，而比内特的论文发表在名不见经传的 *Australian Journal of Science*（现已停刊）。虽然诺萨尔等的实验采用了当时最先进的技术，实验设计也非常精致可靠，但诺贝尔奖只授予原创的理论。无论是比内特还是杰尼，皆如此。这使我想起著名的沙堆模型创始人之一佩·巴克（Per Bak）说的话：

“与人们通常认为的恰恰相反，当今有成就的科学通常出自于那些只有一两名教授和几个年轻合作者的小组。……让我们看一看最近几位诺贝尔物理奖学获得者：发现半导体中的量子霍尔效应的德国人冯·克利青（Von Klitzing），他所做的只不过是测量了处于电场中的半导体两端的电压和通过半导体的电流；发现高温超导性的 IBM 公司苏黎世分公司的亚历克斯·米勒（Alex Müller）与格奥尔格·贝德诺尔茨（Georg Bednorz）；同样也是 IBM 公司苏黎世分公司的发明了隧道电子显微镜的海因里希·罗雷尔（Heinrich Rohrer）和格尔德·宾尼希（Gerd Binnig）；以及从事聚合物物理学研究的法国人德·盖勒（Der Geller）。这些工作只需花费数十万美元，而且是那些由几名随心所欲且想象力丰富的科学家组成的小组所开展的[10]。”反观当今的中国科学界，极需发掘富有想象力的小型青年团组并对这些团组的必要支持。

二、神经达尔文主义

杰拉尔德·埃德尔曼（Gerald Edelman）原来是一位免疫学家，因为阐明了抗体的分子结构而获得 1972 年的诺贝尔奖。我们现在所熟知的免疫球蛋白的“Y”形结构模型①就是埃德尔曼和罗德尼·罗伯特·波特（Rodney Robert Porter）在 20 世纪 60 年代阐明的[11]。1967 年埃德尔曼和约瑟夫·加利（Joseph Gally）又提出了一个抗体多样性产生的理论。他们认为，免疫细胞的抗体基因存在染色体重排现象，最终可使有限数量的抗体基因产生无限种类的抗体蛋白[12]。这个理论在当时显得非常激进，毕竟体细胞染色体重组被看作疾病发生的一种“病理”方式。后来，利根川进（1987 年获得诺贝尔奖）用实验证实了埃德尔曼理论的正确性——基因重组和体细胞突变是产生抗体多样性的遗传基础[8]。埃德尔曼小组第一个发现细胞黏附分子（cell adhesion molecule，CAM），这是一种与动物细胞分裂、黏附、迁移、死亡以及神经突的延伸和退缩等过程有关的蛋白质。神经细胞的 CAM 在进化上高度保守，因此可通过研究低等动物神经发育机制来理解高等动物的神经发育[13]。

显然，受到比内特的克隆选择理论的启发，埃德尔曼后来转入神经科学领域，倡导神经达尔文主义。虽然在神经科学研究中发表的论文不多，但著作颇丰，前后发表了 12 本相关论著，大多数是围绕认知的神经机制展开讨论。例如，1978 年，埃德尔曼与弗农·芒卡斯尔（Vernon Mountcastle）合作主编了 *The Mindful Brain*，首次提出神经元群体选择理论和神经系统的群体选择概念[14]。其完整的理论体系则在其独自撰写的 *Neural Darwinism: The Theory of Neuronal Group Selection*（1987 年出版）一书中完成。该书试图借助自然选择的理论来解释大脑工作的整体性，即意识起源的物质基础[15]。就在同时期，克里克（DNA 分子结构的发现者之一）也将研究兴趣转到了意识的本质[16]。

埃德尔曼认为，心理学现象与其生物学机制之间的知识断层不能简单地依赖更深、更广的实验观察来填充，而是需要一个新的科学理论。现有知识体系在以下两个方面是

① 抗体由两条轻链（L）和两条重链（H）构成，抗体蛋白与外源分子结合的部分称为抗原结合位点（antigen-binding site），这个结合区由抗体分子的 VL 和 VH 两个结构域构成。V 代表可变 N 端，VL 为轻链变异区，VH 表示重链变异区。C 端氨基酸则相对稳定，它在不同的抗体分子之间没有太大变化。

无能为力的。第一，神经系统的结构和功能为何在动物个体（特别是脊椎动物）之间的变异极大。变异发生在空间和时间维度的多个水平，从分子、细胞、解剖、生理到行为[15]。第二，对于刚出生的人和动物，外部世界的刺激为何不能恰当地被表征为预先存在的、有明确意义的信息，以便基于某种规则进行处理，如计算机的工作原理那样。尽管真实世界的刺激遵守物理定律，但不能特异地被分离为“目标”和“事件”[17, 18]。

在描述大脑如何处理外界信息和新信号的方面存在两个理论：一个理论认为大脑如同计算机或图灵机①；另一个则是基于神经元群体思想的理论。埃德尔曼倾向于后者，因为他认为群体思想在决定如何处理个人大脑的诸多变异性方面有很重要的作用，这种变异真实存在于所有的结构和功能层次中。由于所处的环境不同，不同的个体有不同的先天遗传、不同的表观遗传序列（epigenetic sequences）、不同的肢体反应和不断变化环境中的不同经验。结果导致在神经元化学物质、网络结构、突触强度、记忆和价值系统所控制的激励模式等方面都有巨大变异，最终使人与人之间在“意识流”的内容和类型上有着明显的不同。神经科学家卡尔·拉什利（Karl Lashley）[19]在评论个体神经系统的可变性时，就承认自己还没有做好充分的准备来解释如此多变异的存在。即使大脑很多时候展示了通用模式而没有显示这些变异，它们也不能仅仅被当作噪声处理掉。因为这些变异太多，而且存在于很多组织层次，如分子、细胞和回路（circuits）等。进化完全不可能像一道计算机程序处理噪声一样设计出多重纠错代码，来保护大脑并阻止变异的产生[20]。面对神经系统多变性时的另一种态度是，变异是普遍存在的。基于个体的大脑局部不同而构成的变异群体即生物个体的集合，假如某些约束条件得以满足，那么即使在不可预测的情况下，对这样一个变异群体的选择同样会产生相应的模式，这就是所谓的“适者生存”。然而，这些描述并没有为我们提供一个清晰的理论轮廓，且过多地使用含糊不清的词汇。

埃德尔曼于 1993 年总结了他的神经达尔文主义理论[21]。他认为脑是动态的组织，细胞群由不同的网络个体所构成。网络的结构和功能在发育和行为过程受到不同的选择[22]。他构建了一个“神经曲目”（neural repertoires）的概念来表征选择的物质基础，这很可能是从免疫库和基因库那里借鉴来的。他的神经达尔文理论核心由三部分组成。

（1）发育选择：神经系统的结构多样性不是严格地被基因编码所规划的，而是经历了多样的机械化学（mechanochemical）选择事件的发育过程。源自发育过程的动态表观遗传调节，如细胞的分裂、黏附、迁移、死亡以及神经突（含树突和轴突）的延伸和退缩，细胞表面的黏附分子，如 CAM 和 SAM 参与了这些过程[23~26]。如此产生的多样性，在特定解剖区域构成了以神经元群（neuronal group）或局部环路（local circuit）为特征的“初级曲目库”（primary repertoires）（图 6.2 上）。这其实是指在没有系统外部输入的条件下形成的“空白”神经结构。神经解剖的多样性是在发育中通过表观遗传过程而形成的，即基于对结构各异的神经元群进行的选择。多样性是如此之丰富，以致任何两个动物个体之间在相应的脑区都不会有相同的连接关系。或者说，尽管特定脑区的结构在同种动物的个体之间有一定的相似性，但在细微解剖结构上，如轴突和树突的分枝与连

① 阿兰·图灵（Alan Turing）被认为是计算机科学和人工智能的创始人，其发明的图灵机成为现代通用计算机的原型。

接，在形状、连接和程度上个体之间存在极大的差异[15]。发育选择主要在胚胎发育期间完成。

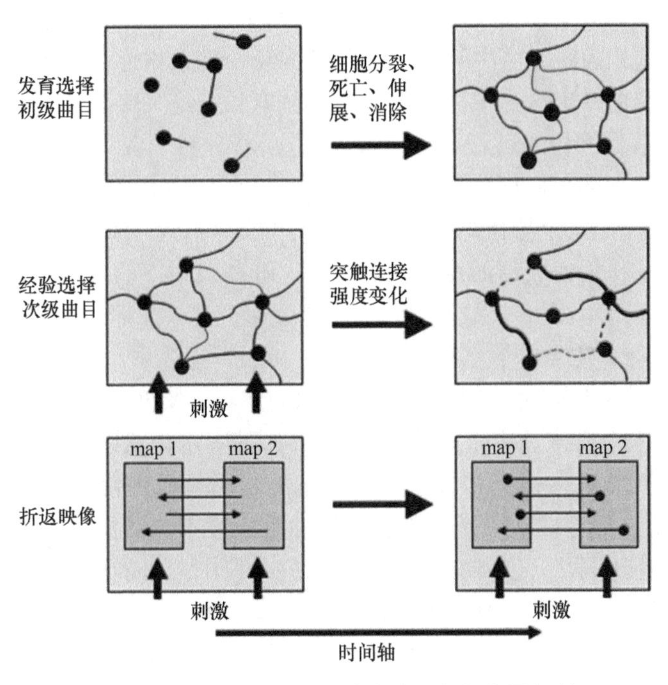

图 6.2　埃德尔曼的神经达尔文过程的作用机制

“在神经元解剖结构建立的早期，发育的神经元之间的联结模式中发生后天的变异，这些变异在每个由无数变异的回路或神经元群体组成的脑区中产生‘曲目库’。在胚胎发育和婴儿阶段，突触上变异的产生就源于这样一个事实：一起放电的神经元串联在一起。”

（2）经验选择：在完成发育选择后，具有特定功能的神经元群继续活动，即进一步动态地受到选择。这类选择的机制是行为和经验驱动的突触可塑性，发生在突触群体之内，即增强一些突触而削弱另一些突触，但不改变基本的解剖结构。经验选择导致神经元群的“次级曲目库”（secondary repertoires）形成，以应对特定的信号类型（图 6.2 中）。这一过程在神经发育中，以“提炼”的形式出现。经验选择主要在胚后发育过程中完成，但最新的研究显示，一些神经提炼在胚胎期间就已开始[27]。

（3）折返信号（reentrant signaling）①：功能上分离的“映像”（map）②或神经映射区及时地通过平行选择进行绑定，这样使不同映像中的神经元群相互关联。这一过程为感知分类奠定了基础。然而，不同的映像是如何协调形成映射区的呢？埃德尔曼认为，通过被称为“折返”的高级选择过程，进行信号交换和协同。折返的定义为：以双向和

① reentrant=再进入，而 signaling=发信号，包含动作。考虑再三，定为折返信号。2014 年郭晓强将 reentrant signaling 译为“重入”[29]。

② map 的本意是地图，在数学中为映射或映像，但也经常被用于神经科学表征神经连接的对应关系，map 译为“映像”，而 mapping 译为“映射”较合适。

循环的方式沿大量有序的解剖连接，在分离的神经元群之间做持续的平行信号发放和接收。信号折返在映像内部和映像之间，以互相投射的方式呈现（图6.2下），如沿皮层与皮层、皮层及丘脑以及丘脑到皮层的投射。“在发育过程中，部分地和全部地建立了大量的交互联结，这就为映射区之间通过交互式神经纤维来传递信号提供了基础。折返就是大脑的各自分离的映射区之间沿大量并行解剖联结（绝大多数都是交互的）不断进行着的并行和递归信号的传递过程。”折返的信号沿着分布于各处的神经元群体之间的交互联结传递，以确保各个脑区中的神经元群体活动的时空相关性①。意识是这样一种过程，它的产生需要一些脑区的活动，但是更重要的是“折返”[28]。它是形成意识的关键，由折返的信号相互作用而联结的神经元群体是大脑高级中枢的选择单元。

埃德尔曼生前费尽心机，“战斗”到生命的最后一息。前期（20世纪70年代后期至90年代初期）的著作着重构建其神经达尔文主义的理论体系，而后期（90年代中后期至2010年左右）的著作则是将理论用于对意识的解释。埃德尔曼于1993年在加利福尼亚州的圣迭戈创建并领导了神经科学研究所。“伴随着意识状态，发育选择和经验选择为分布式的神经元状态多样性和分化提供了基础，而折返则使这些状态的整合成为可能”。但神经达尔文理论被认为是非常有争议的且模糊不清的概念，因此一直得不到神经科学领域的普遍认同[30]，英雄以悲剧落幕。究其原因，可能有以下几个方面。首先，神经系统的细微解剖在动物个体间的差别，在发育水平上无法体现生物学上的重要性。如果深究，所有的性状（不管是基因型还是表现型）在个体间都存在或多或少的差异。这些似乎是“中性”的解剖差异，类似于基因的中性突变，在小的时空尺度难以确立其适应性，在进化的时空尺度可以受到选择（参阅第十五章）。但后者需要适当的选择压力（如“杀虫剂”），以凸显并放大个别的性状（“抗药性”）。其次，神经元群是一个极其模糊的范畴，既没有核心内涵，也没有边界限制，似乎是一个松散的组织。尽管埃德尔曼的本意是神经网络，但没有找到一个共同的基础作为该结构的内核。再次，群体选择理论在进化生物学中，由于其固有的缺陷几乎被彻底地放弃。例如，群体的特性是一些统计参数，在被平均后，同一种类的群体与群体之间几乎不存在显著差异。如果有显著差异，那可能就不是同一个种类（参阅第一章）。没有差异，如何选择？与此相反，个体甚至基因，作为选择单元则个性鲜明。而且，折返信号假说的定义不明确又过于抽象，难以设计实验进行验证。这可能也是埃德尔曼没有发表任何原创性实验论文的原因吧。最后也是最重要的一点，埃德尔曼的理论无法阐明神经系统的“选择”与其进化之间的关系。虽然，他在著作中反复使用表观遗传（epigenetic）一词，但实际是指基因的表达调控，而不是经典意义上的表观遗传学概念[31]。

对神经达尔文主义的批评首先来自克里克[32]。他认为如果神经元群体的形成是由环境介导的，而不是随机变异，那显然不符合达尔文理论的基本要求。近年的批评者，如克里桑塔·费迪南德（Chrisantha Fernando）等[33]2008年提出，神经达尔文机制没有包

① 埃德尔曼借用即兴爵士乐演奏来形容“折返”过程，即开始时每个演奏者用不同的节奏演奏自己的曲调，随着每位乐手的动作，他们无意中会将动作的节律传递给其他人。经过一段时间的合奏后，节奏和旋律就协调一致了[30]。观众在看演唱会鼓掌时，也有此类效应，从凌乱的掌声逐渐产生节拍一致的鼓掌动作。

含约翰·史密斯（John Smith）所定义的选择单元[34]，而且也没有解释信息如何在神经元群体之间传递。费迪南德等以“进化神经动力学”（evolutionary neurodynamics）计算模型取而代之。该模型包含三种突触可塑性机制：①放电时间依赖的可塑性（spike-timing-dependent plasticity，STDP，即突触前后神经元放电的时间差及其时序相关的可塑性）[35, 36]（图 6.3）；②长时程抑制（LTD，相对 LTP 即长时程加强，具体参考下一章）；③异质或不同类别突触间的竞争。同样的可塑性机制能够解释有关婴儿推理学习的实验结果[37]。尽管如此，他们的理论似乎也没有得到普遍的认同。神经达尔文主义存在不可克服的理论缺陷。

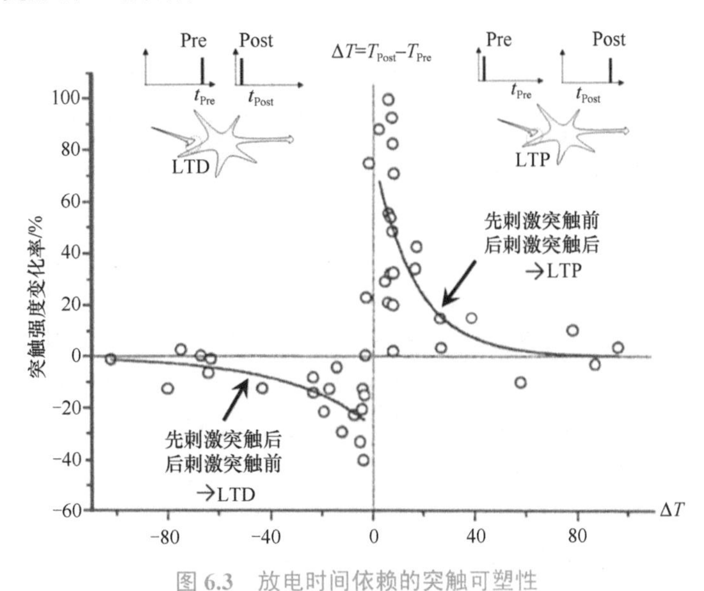

图 6.3　放电时间依赖的突触可塑性

当$\Delta T>0$时（即先刺激突触前，后刺激突触后），突触连接增强；当$\Delta T<0$时（与上相反），突触强度减弱

“几十年来，我们一直谈论着过量产生的突触所面临的选择性存活问题，那只是达尔文主义并不真实的版本而已，就像把一幅图案镌刻在木块上那样。现在我们也看到，大脑的布线可能是充分地按照达尔文过程运转的，这种过程在意识的时间尺度上进行，自毫秒级至分钟级。这是达尔文主义的一种表现方式，它使不十分确定的东西逐渐成形。它包括产生许多一定模式的大脑放电的拷贝，让这些拷贝出现某种变异，然后让那些变异体在一个工作空间范围内竞争以取得主导地位。竞争的结局取决于那些放电的时空模式与‘道路上的沟沟坎坎’（存储于突触强度中的记忆的模式）间契合得有多好[38]。”

第二篇
间接选择原理

19世纪，麦克斯韦在理论上计算出电磁波的传播速度与光速相等。因此，推测光是一种电磁波，其传播速度（c）等于 299 792.458km/s。这也带来了两个逻辑困境。①一个运动速度为 x km/s 的发光物体（如飞机的航灯），在与物体运动同方向上的光速等于 $c+x>c$。基于此现象，爱因斯坦提出了“狭义相对论”，即当物体的运动速度接近光速时，时间变慢，维持了光速是物理世界的极限速度的理论正确性。②既然任何物理量的传播都不能超越光速，那么引力特别是遥远星体之间的引力如何瞬时传达呢？为此，爱因斯坦又提出了“广义相对论”，即强大引力导致引力场空间弯曲形成轨道，星体在轨道中运动。相对论很好地解决了这两个物理世界的逻辑矛盾，有兴趣的读者请参考斯蒂芬·霍金（Stephen Hawking）的《时间简史》。然而，量子纠缠的现象又对麦克斯韦的光速理论带来极大的挑战。世界在等待下一位“爱因斯坦”的横空出世。

如果说宇宙是一个最宏大的系统，那么人类的中枢神经可能就是一个最复杂的系统。这个系统同样也有类似“光速极限”的基本矛盾，只不过被“视而不见”罢了。记忆存储于神经网络，那么这些神经网络是预先储备的还是临时构建的？如果是预先存在，是如何构建的并以何种机制保持这些神经网络，因为化学突触是高度动态的。如果是临时建立的，化学突触的形成相对较慢，如何来得及编码突发事件？这其中是否存在一些基本机制，人类还没有发现。

达尔文的三大选择，即自然选择、性选择和人工选择，加上汉密尔顿的亲缘选择，似乎已经解释了地球上大多数的生物多样性的形成机制。然而，很多的行为和心理现象，其进化驱动难以归根到这四类选择。这暗示还有其他的驱动生物进化的机制存在，在此我命名为“间接选择”。有别于自然选择、性选择、人工选择和亲缘选择等与遗传基因有直接联系（故称为直接选择），间接选择是一个存在于神经系统中的竞争和选择过程，其过程与基因的关系是遥远而间接的。

首先，神经系统是一种多层次的机构。间接选择的单元是神经元网络，一种编码最小信息模块的基础网络结构。其上级结构——神经网络则可以编码和处理较为完整的神经信息，如图像和声音，是对神经元网络的整合、协调和控制。因此，神经元网络负责编码如图像的线段朝向或声音的频率等信息的基本元素。神经元网络是预先存在且相对稳定的，不可能临时搭建。然而，神经网络之间的连接可塑性则较大，以便快速学习。为应对新的环境信息输入，神经元网络的数量是预先存在且冗余的，特别是那些与学习记忆相关的神经元网络。人的神经元总数在一出生就固定了，出生后的变化只有神经元之间的相互连接，因此形成的神经元网络可以多于现实需求。大脑的能耗与神经元的数量呈正相关，与神经元网络的存在与否的相关性相对较弱或几乎不相关。因此，保留大量的神经元网络并不会显著地增加大脑的能量需求，也就避免了自然选择对它们的淘汰。

既然存在大量的冗余神经元网络，那么就必然存在网络间的竞争。首先是竞争存活，即争取获得刺激输入。化学突触的基本特点是可塑性，伴随不可避免的缺陷，即如果没有持续的刺激，突触的强度会逐渐下降。神经元网络面临解体的危险，或被其他信息处理系统借用，如盲人的视觉网络结构被听觉系统调用。虽然神经元网络是相对稳定的（但不是绝对的），但神经网络是高度可塑的。正是由于神经网络调用神经元网络是可调节的，这种高度可塑性导致神经元网络之间的竞争。得到调用或获得刺激输入的神经元网络，就可以较好地存活下来。就神经元网络本身，为了存活就必须“自私”（竞争的本性使然），因此也被赋予了较大程度的自主性。正是神经元网络的这种自主性，使神经系统具有疏远甚至脱离基因控制的趋向。长期受到选择的基因一般都有适应意义，脱离基因的控制也就意味着没有了相应的适应性。神经元网络的冗余和竞争，在很大程度上可以脱离适应意义，甚至起到相反的作用，即对个体的适应和繁殖不利。这就在很大程度上解释了那些用现有理论难以理解的行为现象。

间接选择看似没有适应意义，但保留冗余的神经元网络却带来了其他方面的好处。学习和记忆的能力，直接与神经元网络的冗余量相关。具有的冗余网络越多，可用于存储信息的空间就越大。对于动物而言，这些信息都与生存和繁殖密切相关。对于人类，大量的信息可能没有直接的生存意义，而可能是人类想象出来的东西。正是这些想象的产物，构成了人类的信仰、艺术和哲学等，而语言成为它们的媒介。考虑到学习和记忆对动物的适应性有至关重要的价值，间接选择可通过直接选择发挥作用。

脑体特指结构复杂的物理或生物脑（硬件），以及存储在其中的信息，包括经历、经验、知识、情感和技能等（软件），对于人类来说还有语言的存储。编码信息基本元素的神经元网络的集合，构成了脑体。人与人最大的区别在于脑体中的“软件”。与计算机不同的是，脑体的“软件”可以在一定程度上塑造脑结构。就生物学意义而言，文化与文明是脑体的结果，又反过来改变脑体。

第七章

神经元——结构单元

无脊椎动物的神经系统包括从无到有，从简单到复杂的所有类型。因为果蝇是著名的遗传和分子生物学模式动物，所以昆虫神经系统的研究也极为完整。昆虫的神经系统可分为中央神经系统、交感神经系统和外周神经系统。①中央神经系统又可分为脑、咽下神经节和腹神经节。脑的神经细胞几乎全部是联系神经元（亦称为联络神经元），由位于消化道上的前三个神经节愈合而成。②交感神经系统与脑相连，分布至肠、心脏、气门和生殖腺等系统。③外周神经系统与传感器直接连接，其基端与中央神经系统连接[1]。昆虫具有极其灵敏的传感系统，包括机械感受器、声音感受器、化学感受器、光和图像感受器、温度和湿度感受器等。机械感受器的刚毛遍布全身，感知空气流和振动。昆虫嗅觉极其灵敏而专一，触角上的嗅毛几乎能够检测空气中的单分子外激素，对食物气味也非常敏感[2]。昆虫同时具有复眼和单眼。复眼发达，可形成视觉图像并具有颜色感知，复眼结构特别有利于对快速运动物体的感知。单眼主要是感光，与生理和行为的昼夜节律相关[3]。

脊椎动物的神经系统分为外周和中枢两个部分[4]。外周神经是指脑和脊髓之外的神经纤维和神经节，主要功能是连接中枢神经与肢体肌肉、其他效应器及各种传感器，在中枢神经与躯体其他部分之间起通信作用。区别于中枢神经，外周神经既没有骨骼系统的保护也没有“血脑屏障”，因此直接暴露在机械和化学损伤的威胁下。外周神经系统可分为躯体神经系统和自主神经系统两大类：躯体神经系统又称为动物神经系统，和内脏神经系统共同组成脊椎动物的外周神经系统，可以通过意识加以控制，又被称为随意神经系统；自主神经系统由交感神经系统和副交感神经系统两部分组成，支配和调节机体各器官的活动（包括分泌），并参与调节生理生化过程。

人的躯体神经包括与大脑相连的 12 对脑神经，与脊髓相连的 31 对脊神经。12 对脑神经依次为：嗅神经、视神经、动眼神经、滑车神经、三叉神经、外展神经、面神经、听（平衡）神经、舌咽神经、迷走神经、副神经、舌下神经。实际上，第二对脑神经连接视网膜与脑，在发育上源自间脑，因此不属于真正的外周神经。脊神经实际就是体神经，向中枢神经传入外界的物理信号，如机械触碰和冷热等，向躯体传输中枢神经的控制指令。外周神经系统包括的各种传感器，有光和图像传感器，声音、振动、平衡传感器，化学传感器，温度和机械传感器等。

任何生命单元必须具有功能，才能受到自然选择。具有哪方面的功能，就在哪方面受到选择。有选择，才有进化。神经元是神经系统最基本的结构单元，执行最基本的细胞功能。一个神经元，就是一个细胞。单个神经元基本没有独立处理信息的功能，也没有控制行为的能力。自然选择对神经元的作用或选择压力，集中在其作为细胞的全部功能，如遗传、发育、物质和能量代谢等之上。而对于神经系统本身的功能，即信息处理和行为控制，是以网络结构形式来实现的（见第八章），从这个意义上来看，神经元仅仅是一个结构单元。

一、神经元的特殊结构

生命所有的功能和反应都可以还原为细胞及其产物的物质和信息过程，如分子合成、降解、运输，能量吸收、转换、释放，细胞内信号转导、放大等。但神经元与其他细胞最大的不同是，神经元与神经元以及神经元与其他细胞之间有快速的信号传递。需要注意的是，细胞内信号系统是指大分子之间的相互作用，即一些分子的诱导改变，与之作用的另一些分子也发生改变（如变形、分离、聚合、传送等），形成级联效应[5]。而神经元之间的信号是指神经元通过突触（synapse，特化结构）将信号传递给下一级神经元。这涉及神经元细胞膜上离子通道的开闭，导致膜电位的改变而产生电信号，传导至突触诱导突触递质的释放，递质跨过突触间隙（cleft）到达突触后与其膜受体耦合而产生突触后膜电位[6]。神经元的特殊功能取决于神经元的特殊形态，即树突（dendrite）和轴突（axon）结构。树突顾名思义是一种树形结构，有主干部、分枝及再分枝，枝上有棘状突起（树突棘，spine）。轴突是一支细长的纤维，由细胞体（soma）发出，只在末端形成分枝和再分枝（图 7.1）。树突负责接收信息，整合后传到细胞体，再由轴突传出[7]。如果轴突很长，就需要进行绝缘处理，以提高传导速度、距离和可靠性。Schwann（施万）细胞特化成薄层状，包裹在轴突外面，形成所谓的髓鞘。髓鞘的作用相当于导线外面的绝缘体，

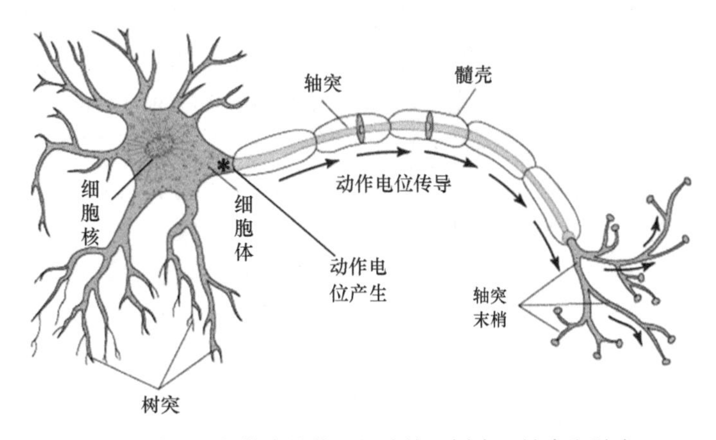

图 7.1　神经元的基本结构（细胞体、树突、轴突和髓壳）

可以极大地减轻电信号的衰减，以便长距离传输。髓鞘之间的郎飞结（Ranvier node）起信号中继站的作用。

神经元刚诞生时，外形与普通细胞没有什么两样。随着发育，细胞长出光秃秃的树突和轴突；然后轴突延伸而树突分枝；最后轴突分叉，树突形成树突棘。神经元的诞生地往往不是它的最终目的地，因此神经元像阿米巴虫那样运动，从出生地“迁徙”到最终区域。对人而言，所有的神经元在出生前就全部诞生并迁徙到位，但一些神经元的形态发育却并未完成。与生命基本活动相关的神经系统，如心跳、呼吸和吸吮等，在出生时就形成，与高级认知功能相关的神经系统则是出生后发育。出生后的一个时期，突触爆发式地形成，随后两年内被广泛修剪。因此，出生是神经系统发育的一个重要转折点，而另一个转折点发生在青春期（15～19 岁）[8, 9]。经典理论认为，大脑皮层中负责思想和记忆的灰质在儿童期增加而在青少年期逐渐减少。最近高分辨的磁共振成像（MRI）研究揭示灰质在青春期早期达到最大，似乎与激素水平骤然升高有关。除此之外，青春期的脑结构与 20 岁后的脑结构有很大不同[10]。暗示在此期间发生了神经系统的重塑，且不同脑区重塑的进程各不相同[11]。

基本形态上，人的大脑有一万多种神经元。基本功能上，这些神经元可归为三大类：感觉神经元、运动神经元和中间神经元。感觉神经元的树突接收感觉器官的信号，再由轴突传入中枢神经，感觉神经元的细胞体一般在外周神经节。运动神经元则相反，树突从中枢神经取得指令，由轴突向外周效应器，如肌肉传达，运动神经元的细胞体在中枢。因此，这两类神经元的轴突都很长，需要髓鞘进行绝缘。中间神经元存在于神经传导通路中，连接上行（一般是指上传的感觉信息）及下行（一般是指下达的运动指令）神经元。其细胞体位于中枢神经系统，起联络、传达和整合的作用。最简单的结构是中间神经元接受感觉（传入）神经元传来的神经冲动，再将冲动传递到运动（传出）神经元。脑或中枢神经含有大量的中间神经元，如人脑新皮层中有 20%～30%的神经元是中间神经元。神经元的形态千姿百态，基于树突的结构还可以大致分为单极、假单极、双极和多极等。感觉神经元一般是单极，运动神经元为双极和多极，而中间神经元常是多极结构[12]。

19 世纪末至 20 世纪初，人们对于神经元及神经网络展开了针锋相对的争论。一派认为神经元与神经元融合在一起，连成一体构成网络结构，称为网格学派（reticularism）；另一派是以西班牙的圣地亚哥 • 拉蒙-卡哈尔（Santiago Ramón y Cajal）为代表的神经元学派（neuronism）[13]。后者认为神经元是独立的，神经元之间没有融合而是通过某种方式连接，即后来英国生理学家迈克尔 • 福斯特（Michael Foster）爵士命名为突触的结构[14]。卡哈尔的另一个伟大贡献是，确立了信号的流向是从树突传入，以轴突传出，即所谓的“law of dynamic polarization”。另外，卡哈尔绘制了脊椎动物各个类群的完整神经系统，特别是神经网络的结构，并推测出一些神经网络的作用原理[13]。可以说正是卡哈尔，奠定了现代神经科学的生物学基础。卡哈尔为此获得 1906 年的诺贝尔奖。

那么神经信号的本质是什么？它们是如何产生和编码信息的？

二、神经信号

细胞膜上离子通道的开和闭导致的膜电位变化，是一个很复杂的过程。首先，细胞膜以双层磷脂质为基底，故又被称为脂膜。双层脂膜的结构是磷脂分子的亲水性一端朝外，而疏水性的一端朝内，与另一层磷脂分子的疏水端相接。如此一来，细胞膜的两面都是亲水性的。虽然只有 30Å 的厚度，细胞膜却将细胞内的分子成分牢牢地包裹住。只有亲脂的有机小分子（如性激素）具有通透性，无机离子、亲水有机小分子和大分子都不能透过双层脂膜。细胞膜上镶嵌了成千上万种的蛋白质分子，其中一些蛋白质参与离子跨膜运输。因此，神经细胞膜的内外离子浓度的差异是很大的（表 7.1）[15]。

表 7.1 细胞内外的离子浓度差异 （单位：$\times 10^{-3}$mol/L）

动物类群	离子种类	细胞内	细胞外
软体动物	K^+	400	20
	Na^+	50	440
	Cl^-	40～150	560
	Ca^{2+}	0.0001	10
哺乳动物	K^+	140	5
	Na^+	5～15	145
	Cl^-	4～30	110
	Ca^{2+}	0.0001	1～2

现在已知，有 4 类膜蛋白质参与了膜电位的产生和维持。

（1）离子泵：通过膜蛋白质的旋转运动（类似旋转门的机制）来变化形状，把钾离子泵进来，钠离子泵出去，以维持细胞内外的浓度差（表 7.1）。由于是逆浓度差运输，所以这种泵的工作是极度消耗能量的[16]。神经系统消耗身体总能量的 20%以上，主要用于维持离子的浓度差，这是神经系统电信号产生和传输功能的基础。

（2）泄漏型离子通道：顾名思义是顺离子浓度，只要打开通道，离子就会自己通过。但每种通道蛋白会有选择性地只让一种离子通过细胞膜。例如，泄漏型钾离子通道只让钾离子漏出去。由于离子泵不停工作，细胞内的钾离子浓度非常高，所以钾离子会不断通过钾离子通道漏出细胞。由于钾离子带正电荷，随着钾离子不断漏出，膜内相对于膜外的电压会越来越负。这个电场会减缓钾离子漏出，最后达到一个“电化学平衡”。此时的膜电位叫作“静息电位”，电压大约是–65mV[17]。

（3）感受器离子通道：对外界刺激极其敏感，这类通道平时都是关闭的，在外力的作用下打开。例如，听觉的毛细胞，其纤毛相对位移对通道蛋白形成机械作用力，导致其构象改变，打开离子通道。施加机械力和热辐射或者刺激性化合物结合到一些 TRP 型离子通道，都可控制通道的开合。一旦打开，细胞外的钙离子大量涌入，这是因为细胞内钙离子很少而细胞外极多（表 7.1），此外静息电位的电场也会推动阳离子进入细胞。大量阳离子的进入导致膜电位转变，如从–65mV 变到–50mV[18]。

（4）电压敏感钠通道：此通道在膜电位为–65mV 时是关闭的。当大量阳离子进入细胞使膜电位升到–50mV 时（钠通道蛋白的阈值电位），钠通道的分子构象会发生变化而打开，形成一个钠离子通道。大量钠离子乘势涌入细胞，使膜电位继续升高。而膜电位的升高反过来又打开更多的钠通道，形成正反馈的雪崩效应。在 0.2ms 之内让整个神经细胞所有电压敏感钠通道都打开，这时膜电位翻转，达到+30mV。这个电压，就是所谓的"动作电位"(action potential)(图 7.2)。实际上，钾离子对动作电位也是有很大贡献的[19]。动作电位过后，短时间内不起反应，将膜电位下调到–65mV 所需要的时间，称为不应期。因为此项工作，阿兰・洛依德・霍奇金（Alan Lloyd Hodgkin）和安德鲁・菲尔丁・赫胥黎（Andrew Fielding Huxley）获得 1963 年的诺贝尔奖。

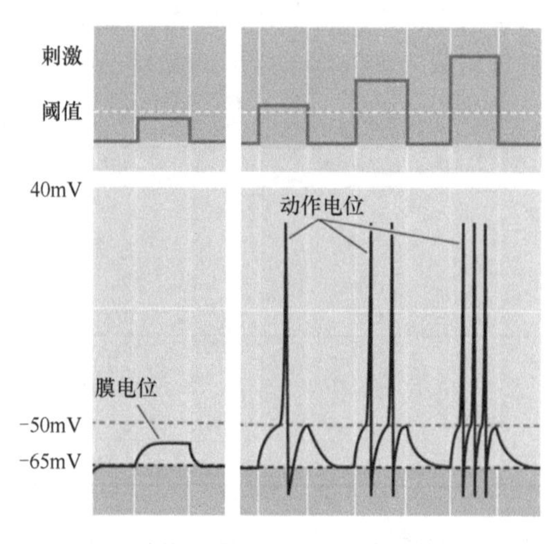

图 7.2　动作电位编码刺激强度的数码形式

如果外界的刺激，仅仅使膜电位稍微升高，如从–65mV 变到–58mV，上述的雪崩效应就不会发生，也就没有动作电位（图 7.2 左边的阈下膜电位）。神经系统的信号采用一种数字式的编码方式，即 0 或 1[20, 21]。超过阈值的刺激使膜电位升高到–50mV，产生动作电位，输出为 1；达不到阈值的刺激不能产生动作电位，输出为 0。刺激越大，诱发的反应越大，产生的动作电位就越多，但动作电位的幅值是恒定不变的（图 7.2 右下）。1943 年，沃伦・麦卡洛克（Warren McCulloch）和沃尔特・皮茨（Walter Pitts）指出[22]，神经元细胞可以像二进制设备（binary device）那样产生"开"和"关"两种动作电位信号。他们在当年发表的一篇论文里指出，由神经元细胞构建起来的神经网络系统可以完成任何一种逻辑运算。动作电位在靠近轴突基部的细胞膜产生，因为此处含有高浓度的离子通道蛋白，沿轴突传递到末梢的突触。

现代数字信息编码和传递的最基本单位是比特（bit），由二进制的数字 0 和 1 构成，通过物理元件的两种状态表示。实现二进制的物理机制主要有以下三种方式：带阈值的电或磁信号，大于阈值为 1，小于阈值为 0；激光打到粗糙的表面，凸起为 1，凹陷为 0；翻转触发器（flip-flop），一种状态为 1，另一种状态为 0。遗传信息的编码与此类似，不过是由"四进制"碱基的 A、C、G 和 T 构成 DNA 双链，即一条正链和一条负链。两者的生物学功能完全不同，正链主导 DNA 复制而负链主导基因转录，后者最终指导蛋白质的合成。数字信息存储的基本单位是字节（byte），以八个二进制的数字排列构成，即八个 bit 组成一个 byte。一个英文字母由一个字节编码，如“A”的字节是 01000001，“a”是 01100001。每个汉字由两个字节编码，如“中”字节为 100111000101101，“忠”为 101111111100000。生命世界中，由于天然氨基酸有 20 种，却只有 4 种碱基对它们进行编码[①]。如果一个碱基编码一种氨基酸，只能编码 4 种氨基酸；如果每两个碱基为一组编码一种氨基酸，可以编码 16 种氨基酸，还是不够。所以自然界以三个碱基为一组（即三联体）来编码氨基酸，最多可以编码 64 种氨基酸，有大量的冗余。

外部世界充满了信号，有物理的也有化学的，这些信号的传输有快有慢。神经系统应对慢信号自不在话下，但接收处理快信号，如光、声波等就需要“群体作战”。人能够听到 20kHz 的声波，相当于每个周期只持续 0.05ms，而神经元完成一个动作电位的时间平均为 4～5ms，加上不应期，动作电位的周期为 5～10ms 或更长。另外，很多哺乳动物，如蝙蝠和海豚，甚至能够感知 20kHz 以上的声波。当声音的频率过高，即声波周期短于神经元的动作电位周期时，神经元对接踵而来的刺激反应是无法完成实时编码的。如果一群神经元协同，情况就大为改观。图 7.3 显示听觉神经对高频信号的反应和编码：每个神经元在一定时间内只对一个声波周期响应，但集合起来每一个周期就都有相应的动作电位进行编码。信息的整合需要多个神经元协同，因此，它们首先要建立一种特殊的连接。

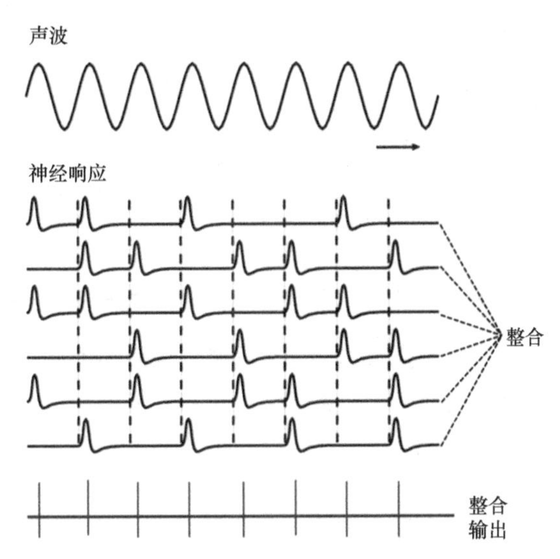

图 7.3 神经系统以群体的方式对“快”信号进行编码

单个神经元不一定每次都响应，但整合后的输出可保证对每个刺激都有对应的动作电位

三、突　　触

突触是一种亚显微结构，连接神经元与神经元以及神经元与传感器或效应器。神经系统的突触有两种：电突触和化学突触。电突触的突触间隙很窄（＜3.5nm），突触前的

① 近年来，人工合成了少数自然界不存在的碱基和氨基酸，已被证明具有生物学功能。

（presynaptic）离子通道与突触后的（postsynaptic）离子通道直接对接，带电离子可直接穿过通道蛋白传递电信号（图 7.4A）。突触间隙两侧的膜是对称的，因此信号可以双向传递。电突触的特点是快速（几乎没有潜伏期）、精准和稳定，存在于外周神经系统，如视网膜中的视杆无长突细胞和 ON 通路①的视锥双极细胞之间。相对而言，化学突触要慢很多，也不能那么精确和稳定地传递信息，然而中枢神经的连接却全部依赖化学突触。为什么神经系统中，化学突触是如此普遍呢？

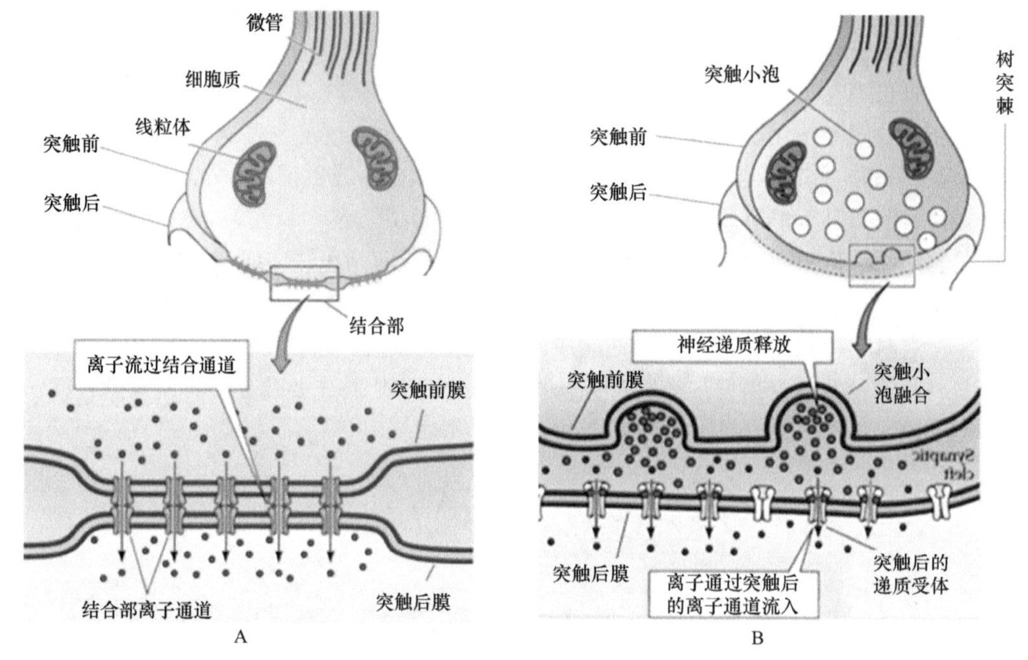

图 7.4　电突触（A）与化学突触（B）的结构比较

前后的对称 vs.不对称；间隙的小 vs.大；神经递质的参与 vs.不参与

化学突触的间隙较宽（20～40nm），突触前和突触后的细胞膜结构完全不同，因此信号只能单向传递。突触通常位于上一级神经元的轴突末梢与下一级神经元的树突棘之间。轴突末梢为突触前，而树突棘为突触后。当轴突的动作电位传到突触前，其膜电位发生去极化，打开钙离子通道，钙离子进入细胞，启动胞内的突触小泡（内含神经递质）之胞吐（exocytosis）过程。神经递质被释放进入突触间隙，然后扩散到突触后细胞膜。突触后脂膜上含有这些递质的受体，与递质结合后的受体被激活，产生突触后电位（图 7.4B）。然后递质被释放出来，返回到突触前，通过胞饮（endocytosis）过程被回收。整个过程很复杂，需要较长的时间（相对电突触）完成，递质向突触间隙以外的区域扩散可导致传导效率的下降[23]。

正是突触，将大脑连成一个有机的功能整体。由于突触连接可以发生在树突的任何地方甚至在下游的细胞体，因此突触后的位置在很大程度上决定了神经元所构成的网络功能。树突的形状非常多样，使得突触后信息的整合方式也各不相同。树突结构在信号

① ON 通路是感光细胞的一种响应模式，与之对应的是 OFF 模式，第八章详细介绍。

处理过程中形成了时间和空间上的维度，即对各种输入信号进行过滤、转化以及运算等处理。从理论上来说，也就是起到了数学基础运算的作用[24]。

传统观点认为，神经元将各种输入信号全都收集起来，如果信号累加达到了一定的阈值，就产生动作电位。位于树突末端区域的突触，由于距离细胞体最远，传导时间最长和衰减最大，似乎在树突信息的加和中贡献最小。然而，蒂亚戈·布兰科（Tiago Branco）博士[25, 26]发现，对于同一枝树突，其末端区域对突触信号具有增益放大作用，即呈现出非常陡峭的S形刺激（人工）响应曲线。而且这一区域对刺激的时相信息极度不敏感，以整合不同时间的输入。树突靠近细胞体的基部，刺激和响应关系就变成非常平滑的线性曲线，增益也非常小，对信号整合的同步性非常好。这是由于沿树突存在阻抗梯度以及NMDA受体的非线性电压敏感性共同作用的结果。神经元细胞的树突结构承担了复杂的信号运算功能，它们能够区分不同信号之间的先后顺序，还可以让神经元细胞根据信号的来源（突触位置）对不同的信号单独进行处理。这说明同一神经元细胞体可以采取多种不同的信号整合机制处理输入的信号。

与普遍认为哺乳动物甚至脊椎动物的神经元的突触数量基本甚至完全相同的观念相左，近来发现即使在哺乳动物的脑中，神经元的突触数量也有很大差异。每个神经元具有的突触数量似乎与脑容量有关，同样是视皮层：小鼠中的突触密度为4.8亿/mm^2，而大鼠密度为12.7亿/mm^2[27]。多项研究也证实了，单个神经元的突触数量与物种无关，与绝对脑容量呈正相关（图7.5）[28~33]。其实质是，神经元的总数量决定每个神经元所拥有突触的数量。在已研究的灵长类中，人的脑容量最大，每个神经元上的突触最多，认知能力也最强。人脑有860亿个神经元，400万亿～500万亿个突触，即平均每个神经元大约5000个突触（变化范围为0～20万）。其中皮层神经元的突触要远高于其他脑区，平均可达0.5万～5万个突触/神经元（图7.5）[34, 35]。看起来在脑功能方面，“数量”决定一切！

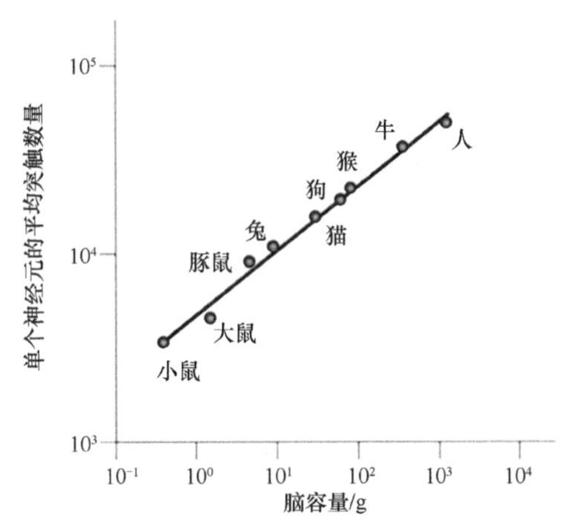

图7.5　哺乳动物的脑容量越大，每个神经元具有的突触数量越多[35]

四、突触的可塑性

化学突触有一个极其重要的特性，使它超越了电突触而在神经系统中占据绝对优势，那就是它的可塑性。一般认为，只有化学突触具有可塑性，而电突触没有可塑性。突触的可塑性就意味着，突触连接既可以增强也可以减弱，换句话说就是神经元之间的连接是动态的。突触可塑性是动物学习与记忆的神经基础。唐纳德·奥尔丁·赫伯（Donald Olding Hebb）是加拿大生理学家，在 1948 年[36]指出："……当细胞 A 的轴突能够兴奋细胞 B，并且给予重复持续的刺激，一些生长或代谢变化将在其中一个或两个细胞发生。如此一来，细胞 A 到细胞 B 的传递效率就会提高。"这就是著名的赫伯学习定律，它是一种无指导式的学习范式。但实际上早在 1894 年卡哈尔就指出，记忆的形成不需要新的神经元产生，而是加强已经存在的神经元之间的联系，改善它们的通信效率即可[37]。

突触可塑性主要分为短期可塑性与长期可塑性。短期的突触可塑性主要有易化、抑制、增强。长期的突触可塑性主要表现形式为，长时程增强（long-term potentiation，LTP）和长时程抑制（long-term depression，LTD），这两者已被公认为是细胞水平的学习记忆活动的生物学基础。挪威科学家泰耶·赖默（Terje Lømo）于 1966 年[38]发现，当以较高频率（＞100Hz）同时刺激突触前和突触后细胞一定时间后，两细胞之间的突触连接就增强。这种加强的维持时间从几分钟到几天，与刺激范式和神经系统有关。这个现象后来被称为长时程增强，实际上就是突触前向突触后的传导效率提高了。再后来又发现，当以较低频率（1～2Hz）同时刺激突触前和突触后细胞一定时间后，两细胞之间的突触连接会减弱。这个现象称为长时程抑制，与 LTP 相对应。可以看出，LTP 和 LTD 就是赫伯所预测的学习机制的一种表现，而其内在机制是突触前后的蛋白质分子的改变。

树突棘是由树突的细胞膜或脂膜向外凸起而形成的结构，主要作为突触的基底或底座（7.4B）。突触在光学显微镜下无法分辨，而树突棘则清晰可见。一个树突棘只锚定一个突触，因此能够以树突棘的密度代表突触的数量。卡哈尔以来，直到 20 世纪 60 年代人们都认为，成熟后的树突棘是稳定不变的。现代研究显示树突棘是高度可塑的，一些树突棘消失，一些树突棘重生，虽然总密度似乎不变。树突棘与邻近轴突形成的突触连接，占总兴奋性突触的 90%以上，人的脑中有 $10^{14\sim15}$ 个树突棘。树突棘的形成、可塑性和维持都受突触活动性的调节（详见第九章）。树突棘主要在大脑皮层和小脑的神经元中发现，在其他脑部（区）较少[39]。这说明执行高级信息处理功能，即分析信号的生物学意义以及协调躯体运动的神经系统可能更需要可塑性，而脑干部的神经网络系统由于执行比较固定的功能任务，即提取信号的物理特征，对神经元连接稳定性的要求大于其可塑性。然而，可塑性和稳定性都是相对的。即使外周和脑干部的突触，其稳定性也不是一成不变的，也会依周围条件变化而加强或减弱，但变化程度相对较小而已。21 世纪以来，由于双光子显微技术的迅猛发展，使可视化研究树突棘的动态变化成为可能[40~42]。树突棘的可塑性调节很复杂，可以是活动依赖的或树突位置依赖的[41, 43]，也可以是非活动依赖的[44]。去输入引起（deafferentation-induced）的树突棘密度下降甚至消除，在多种实验动物中得到证实[45]；一旦恢复刺激输入，树突棘密度可恢复到正常水平[46]。由此可知，突触在神经元之间起连接作用，有些突触是相对稳定的，而有的突触是高度动态的。不仅如此，皮层神经元的树突也是可变的，如闭合眼睑手术可导致视皮层神经元的树突萎缩或分枝消失；而打开眼睑又可使树突重生。

突触有兴奋性的也有抑制性的，完全是由神经递质及其受体决定的。兴奋性突触是指突触前细胞的兴奋，可提高突触后细胞的兴奋性，形成所谓的兴奋性突触后电位（EPSP）。如果一路都是 EPSP，神经电信号借此可以持续传递下去。兴奋性神经递质有乙酰胆碱、谷氨酸、儿茶酚胺、5-羟色胺、组胺等。每种递质有一个或几个受体，如谷氨酸有三类受体，即 AMPA 型、NMDA 型和 Kainate 型。而这些受体由 4～5 个不同的亚基构成，亚基可以是相同的也可以是不同的（如 NMDA 就有 5 种亚基：NR1、NR2A、NR2B、NR2C、NR2D），构成了受体功能的多样性[47, 48]。抑制性突触则表现为突触前细胞的兴奋，可压制突触后细胞的兴奋性，形成抑制性突触后电位（IPSP），其作用是减弱或停止电信号的传导。抑制性递质为 γ-氨基丁酸（GABA）和甘氨酸。每个 GABA 受体由 5 个亚基组成，主要有三类亚基，即 α、β、γ，参与受体的成型。一个神经元如果同时接收到兴奋性和抑制性的突触输入，两者的作用是可以互相抵消的。一个神经元的树突上有成千上万的突触，一些是兴奋性的而另一些是抑制性的，其比例约为 4500∶500[34]。当这些输入同时到达时，神经元是放电（动作电位）还是沉默呢？细胞将兴奋性输入相加，减去总的抑制性输入，似乎是很简单的线性关系。但这种加减如果考虑时间和空间因素，就变得复杂起来。更复杂的是如前所述，树突结构可以形成一套负反馈调控通路，控制每一枝树突接受的输入信号总量[26]。所以每一枝树突都可以单独对输入信号进行处理和调控。实际上，单个突触的兴奋性传入是无法使神经元产生动作电位的，因此，特定时间内只有少数神经元可以被激活[34]。神经元对输入的整合机制，还远没有阐明[49]。

五、神经元的发育

神经元高度特化，从神经干细胞到分化完成的神经元，经历了哪些过程呢？

神经系统的发育，需要经历六个阶段。①分化的外胚层经中胚层信号诱导，成为均一的神经元前体细胞群；②神经元前体细胞分化；③未成熟神经元向其最终落户位置前移；④神经元轴突伸展，向最终靶标区投射；⑤神经元轴突与靶细胞构成突触联系；⑥初始形成的突触经过修饰即精炼，成为成熟的神经元联系模式。这里将着重讨论最后两个步骤，有兴趣的读者请参阅相关的教科书[50, 51]。

在神经元发育的过程中，轴突沿着特定的路线生长、延伸，并伸向未来与之发生突触联系的靶细胞。轴突靠识别行进道路上的导向分子，朝正确方向行进[52]。轴突生长受到细胞外基质、细胞黏连分子（如 CAM 和 SAM）家族及其周围靶细胞释放的可溶性物质，如生长因子的影响，这些物质可增强、吸引、抑制或排斥轴突生长锥的生长[53]。因此，轴突的延伸不是随机的，而是受环境包括其他神经元的控制的。到达目的地后，轴突的生长锥自行崩塌[54]。树突的生长发育要晚于轴突的伸长。轴突从支配的靶区中逆行运输一些化学信息到神经元胞体，启动树突的生长。树突发育早期，会出现过度生长和过多分支。后来通过“修剪”过程，把那些与功能不相适应的分支切除，保留其基本分支[55, 56]。

当生长锥接触到相应目标后即形成了突触。在发育过程中，突触形成的启动是按照一个明确不变的程序发生的。突触后的成分发育在前，突触前的成分发育在后。突触后成分与突触前成分相互作用而形成突触，这其中 Ca^{2+}发挥了重要的作用。突触蛋白聚糖（agrin）在突触形成过程中发挥正性调节的作用。突触出现似乎是突然的，且迅速增多并过量，最后多余无用的突触迅速消失[56]。在中枢神经发育期间，突触的消退被认为是一种消除错误结构的机制。为有利于神经元之间相互作用及其功能发挥，必须消除一些与功能不相适应的突触。通过神经元之间的相互作用，选择性促进神经元之间可以共存和依赖的结构发育，这样可以使得中枢神经的功能与动物的生存环境更加匹配。

突触容量保持不变的情况下，神经元从一种突触方式改变为另一种突触方式，称为突触重排（synaptic rearrangement）。突触重排是轴突定位选择过程中的最后一步，通路形成的早期步骤主要受遗传控制；而突触重排却是活动依赖性的[57]，主要发生于出生后，并且受到婴幼儿感觉经验的深远影响。突触重排过程包括突触分离、突触汇聚和突触竞争[58]。与这个过程相对应的可能是埃德尔曼的“经验选择”。

中枢神经系统的构成成分除了神经元之外，90%以上是被称为胶质细胞的非神经元型的神经细胞。它们分布在神经元之间充当填充物，形成网状系统的支架。神经胶质细胞也具有多突起，但无树突和轴突之分，因此没有感受刺激和传导冲动的功能。但它们参与神经元的活动，为神经元提供支持、保护、营养、修复和形成髓鞘等多种功能。神经元与胶质细胞之间主要是能量和物质的交流，信息交换非常有限。任何神经元都以三维空间结构的形式存在而发挥作用。与细菌、真菌和植物细胞不同，所有的动物细胞由于没有细胞壁而不能在重力场中保持固定形状。神经元的三维结构以及神经元之间的三维连接，完全依赖胶质细胞的支撑[59]。没有任何伸缩性的颅骨在脊椎动物中得以进化，可以全方位包裹中枢神经或整个脑，足以显示其三维结构的重要性。心脏的三维结构也非常重要，但胸腔仍有一定的弹性；而颅骨则完全是刚性的。

第八章

神经网络——功能单元

神经系统的网络结构是理解间接选择的重要基础，这里我将通过各种案例用相对简单的语言进行讨论。首先，神经系统的主要作用：接收和处理信息，然后基于这些信息进行决策，发布指令控制行为和意识。而能做到这一点的，唯有神经网络系统，单个神经元是无能为力的。从这个角度来看，神经元就是“建筑材料”，只有将它们放在合适的位置，才能建起“高楼大厦”。因此，神经元仅仅是结构单元，只有神经网络才是功能单元[①]，记住这一点非常重要。一般意义的神经网络是人工智能的运算模型，由大量的节点（加和器即神经元）[②]相互连接构成（相当于树突的结构）。每个节点代表一种特定的输出函数，称为激活函数。每两个节点间的连接都代表一个通过该连接的信号加权值，称之为权重（对应于突触）。网络的输出则取决于网络的结构、连接方式、权重和激活函数。

在开始之前，让我们对神经元的结构和功能进行数学简化（图 8.1）。

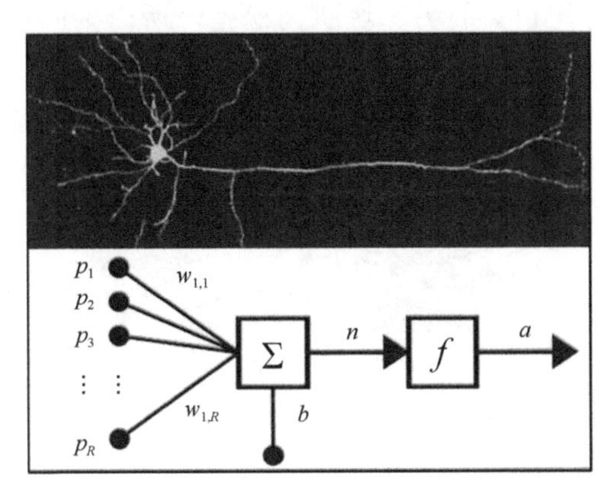

图 8.1　数学简化的神经元结构和功能

① 这一章讨论的神经网络是广泛使用的普通概念，主要是在信息工程研究领域使用。
② 节点（node）一词之所以用于系统树和神经网络，是因为两者的结构有相似之处。

（1）神经元的输入和输出信号是单向流动的，以脉冲方式呈现。

（2）神经元相互连接，其连接强度决定信号传递的效率；连接强度可以随经历而改变。

（3）前面信号对后面信号，可以是增强的（兴奋性），也可以是压制的（抑制性）。

（4）一个神经元接收信号后的整合计算取决于该神经元的树突形态，多输入，单输出。

（5）每个神经元有一个“阈值”，高于此值输出“1”（有脉冲），低于此值则输出“0”（无脉冲）。输出的强度，由单位时间内的脉冲数量编码。

基于这些基本规律，多个神经元就能构成人工神经网络，以数学方程的形式表达其结构、功能和过程。

一、基本结构

人的大脑是宇宙中最复杂的系统。要揭示这个复杂系统的结构，我们需要从最简单的功能单元入手，由简入繁。

一个最简单的神经网络实例，如控制人的膝跳反射，由4个控制元素构成（图8.2）。当小锤轻敲膝盖下面的韧带而牵动相关肌肉，机械刺激经由肌传感器接受，传入神经投送到脊髓，此处神经元的轴突末梢分为两支，一支通过兴奋性突触（2A）直接连到一个运动神经元，控制大腿外展肌的收缩（3A）；另一支兴奋性突触（2B）连接到中间神经元（2C），该中间神经元发出抑制性的投射到控制屈肌的运动神经元（3B）。肌肉在没有控制信号输入时，默认状态是舒张（放松）。抑制信号的输入，使大腿屈肌保持在舒张状态。展肌收缩的同时屈肌舒张，完成膝跳动作（4）[1]。假如展肌和屈肌都接到了兴奋性的输入而同时收缩，腿就只能保持不动，无法完成膝跳动作。让一块肌肉收紧而同时让相关的另一块肌肉松弛，所需要的仅是一个非常简单的网络结构。

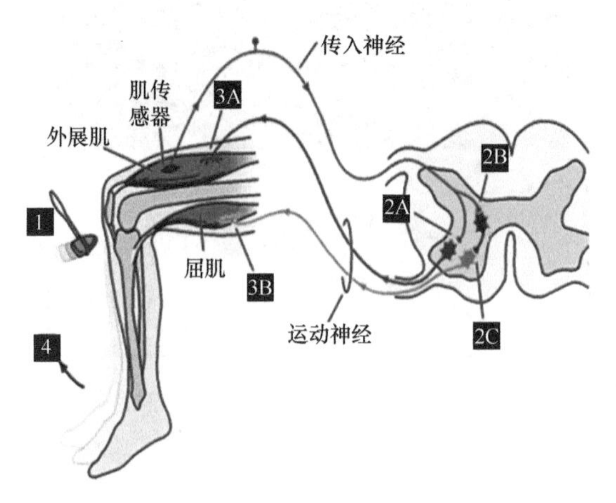

图8.2 控制膝跳反射的神经网络结构

这是一个典型的反射控制，包括信号输入、检测、控制输出、效应器。根据前面总结的神经元结构和功能的5个原则，即数学简化，可以构建最简单的神经网络（图8.3）。这是一个以突触、树突、轴突和细胞体为元素构成的模型。从图8.3中可以看出，神经元是核心，其放电直接决定了系统的输出。突触前神经元的轴突为系统输入①，即图8.3中的$F(g, t)$；突触为权重，如图8.3中的$w_{i,j}$以及$w^{[2]}_{i,j}$；细胞是一个线性加和器，即图8.3中的$\Sigma wF(g, t)$；轴突向后输出，其阈值由图8.3中的激活函数“⌐”决定。比较图8.3上面的神经解剖图和下面的网络原理图，两者是一一对应的。图8.3显示一个神经网络的“通用”模型，与膝跳反射的专用模型有很大的区别。

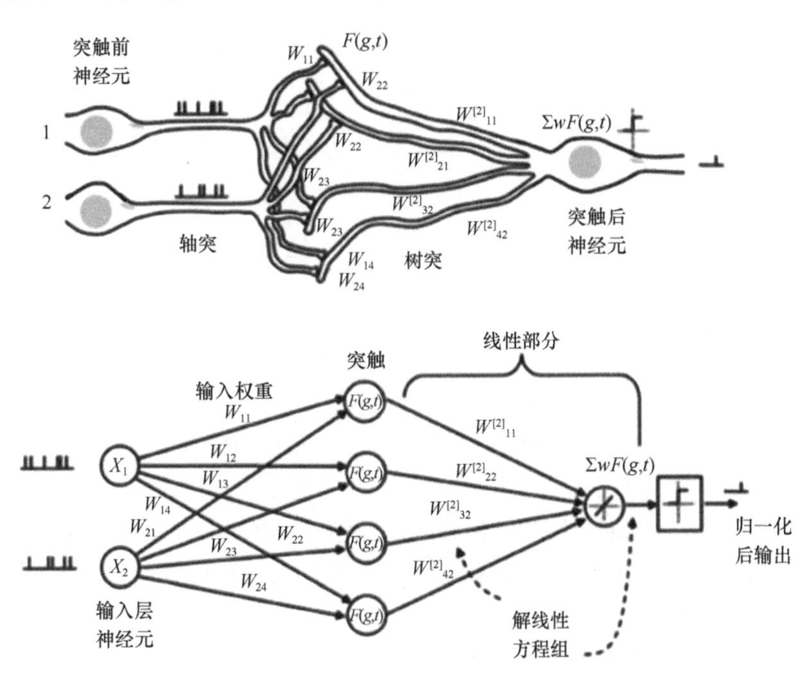

图8.3　神经网络的一般模型结构

膝跳反射网络是一个控制型的结构，不存在信息处理加工，只是起到忠实的传递信号的作用。神经元之间的关系，几乎都是一对一（其中一个一对二）的连接，没有发生信息整合。通用神经网络的基本结构是多输入和单输出，因此，必然存在信息整合或加工的过程。毫无疑问，控制型网络的可塑性很低，功能单一且固定，是机器人控制研究领域的“宠儿”。通用型网络则不同，神经元之间的连接是高度可塑的，多信息输入的整合算法也千变万化。网络本身还可以有多层结构，前一个网络的输出作为后一个网络的输入。目前在信息工程领域，信息整合的算法主要是线性加和，尽管在真实的生命世界里，神经过程更有可能是非线性的。当不同权重的输入经过适当的加和后，如果大于某一阈值，则输出为1，反之为0。这个归一化过程，需要一个激活函数②。这类常用的函数见表8.1，输出格式一般为整数（–1、0、1），也有一些函数输出非整数[2]。

① 神经网络中代表各成分的字母不是完全固定的，如输入经常以I或P表示。
② 函数是指一个数学方程，自变量n或x是输入，因变量a或y是输出；不同函数有不同的x与y的关系。

表 8.1　几种激活函数的计算公式和特性

函数	输入/输出	图标	Matlab 调用
硬限幅	a=0，n<0 a=1，n≥0		hardlims
对称硬限幅	a=–1，n<0 a=1，n≥0		hardlims
线性	a=n		purelin
饱和线性	a=0，n< 0 a=n，0≤n≤1 a=1，n>1		satlin
对称饱和线性	a=–1，n<–1 a=n，–1≤n≤1 a=1，n>1		satlins
对数 S 形	$a=\frac{1}{1+e^{-n}}$		logsig
正线性	a=0，n<0 a=n，0≤n		poslin

二、人工神经网络

这里意图通过对人工神经网络（artificial neural network）的讨论，解释信息工程中的神经网络的工作原理和过程。人工神经网络是一种简化了的结构，与真实的自然神经网络相比还是有较大区别的。例如，树突的复杂结构被忽略，即所有的输入原封不动地直接传导到细胞体。而实际情况是，树突是多级分枝的而每一级结构都可以接受输入，信号在到达细胞体之前已经有多次整合。理解人工神经网络需要较强的工程数学基础，一般读者如果觉得困难可跳过，不会影响对间接选择的理解。

在介绍人工神经网络之前，需要先了解一些基本术语[2, 3]。

权重（weight，$w_{i,j}$）：即每个输入对输出的贡献值，它不但依赖输入信号的强弱，也与树突的空间结构和信号传输等有关。最重要的是，权重可以通过学习或训练获得增强或减弱；不同的权重组合，编码不同的事件。

节点：相当于神经元，是输入整合的位点。节点是构成神经网络的枢纽，正是节点的不同组合，形成了不同的物理网络结构。

加和器：最简单的算法就是线性累加，即输入乘以对应的权重后累加，如“$\Sigma wF(g, t)$”。卷积是一种相对复杂的加乘法，对视觉系统中图像边缘（或轮廓）的检测极其重要。

激活函数：实际作用是对加和器的结果进行“归一化”处理，以便使输出局限在–1～1。例如，硬极限传输（hardlims）函数以 0.0 为界，当 n<0 时，a=0；当 n≥0 时，a=1（图 8.4 和表 8.1）。这只是最简单的函数，较复杂的有逻辑斯蒂（或 sigmoid）函数和双曲正切函数等。

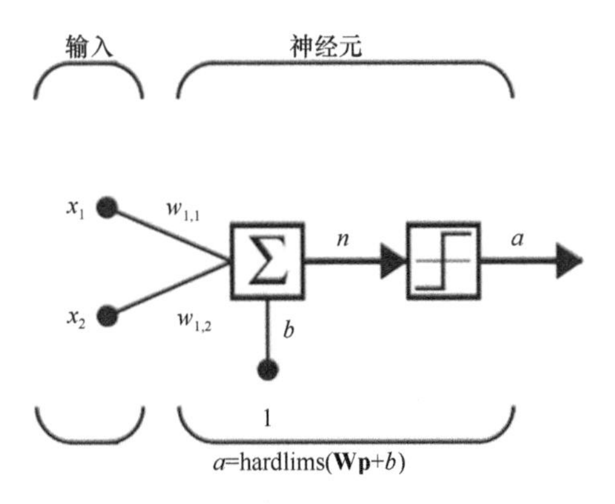

图 8.4 单层神经网络的基本结构

汇聚和发散：神经网络中多个输入投射到一个节点，为汇聚（convergence）；而一个输出同时投射到多个节点，为发散（divergence）。

监督学习（supervised learning）：是一种算法，将标定的训练集（training sets）输入网络，网络根据实际输出与期望输出之间的差别自动调整连接权重。

无监督学习（unsupervised learning）：抽取样本集合中蕴含的统计特性，并以神经元之间连接权重的形式存于网络中。Hebb 学习原理是一种经典的无监督学习算法。

图 8.4 显示一个单神经元（实际有三个细胞：一个神经元Σ，两个传感器 x_1、x_2）系统的数学表达式。虽然单个神经元在动物的信息处理和行为控制中，不能独立地发挥作用，在人工神经网络中可以构成一个功能单元，即输入/输出运算，可以执行简单的“水果分类”任务（图 8.5）。但这不是真正的单神经元网络，因为不同的权重源自于与上一级多个神经元或传感器的连接强度。

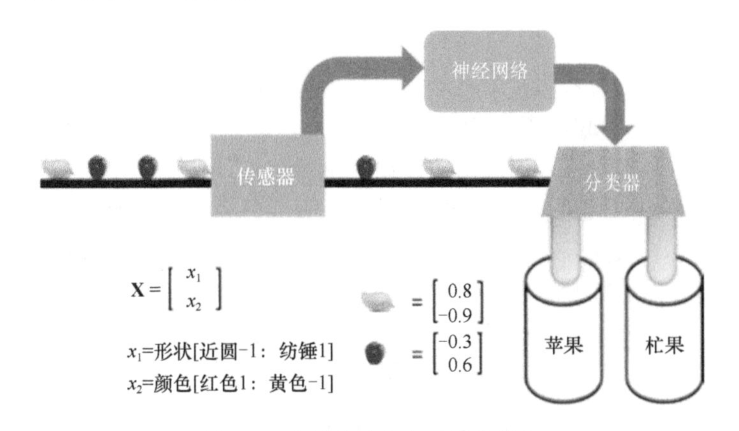

图 8.5 水果自动分类的工作流程

如图 8.5 所示，水果自动分拣机需要区分苹果和杧果，机器自动测量的两个参数分别为：x_1 和 x_2。我们假设 x_1 是水果的形状，而 x_2 是水果的颜色。可以画出两种水果的二维分布区域（图 8.6），苹果在左上区，杧果在右下区。通过以下简单的运算，即可在两个区之间画一条界线。

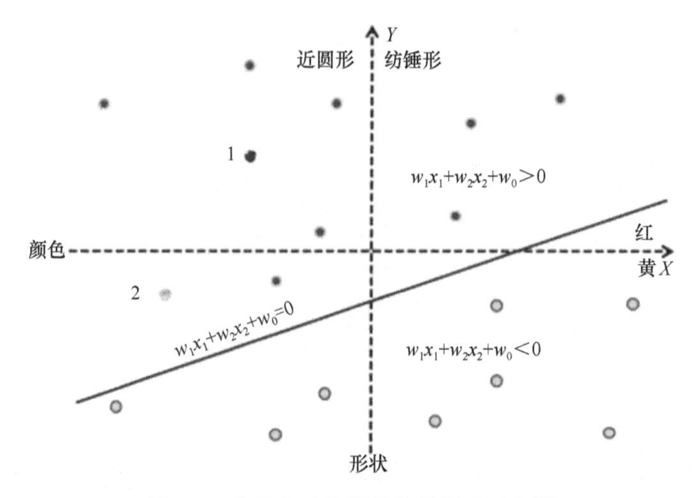

图 8.6　水果自动分类的数学原理示意图

根据图 8.4 的结构，可以获得方程式[①]

$$n = \mathbf{W}\mathbf{x}+w_0$$

$y=f(n)$；f 为激活函数，本例中选取“对称硬限幅”的 hardlims 函数（响应曲线见表 8.1）。

设苹果输出为 $y=-1$；杧果输出为 $y=1$。相当于 $n<0$ 以及 $n>0$。问题就简化为寻找一个权重矩阵 **W**，使 $n=0$，即

$$\mathbf{W}\mathbf{x} + w_0 = 0 \tag{8.1}$$

$$[w_1,\ w_2]\begin{bmatrix}x_1\\x_2\end{bmatrix} + w_0 = 0 \tag{8.2}$$

$$w_1x_1 + w_2x_2 + w_0 = 0 \tag{8.3}$$

由于 **x** 是已知的：苹果或杧果，并且都有相应的颜色和形状测量值。问题的实质就是找到一组 **W** 矩阵，即此例中三个权重（w_0、w_1、w_2）的数值，使方程（8.3）决定的直线能够准确分割两种水果[②]（图 8.6 中的红色实线）。

首先，两个参数相互正交，在平面互为直角。设颜色为 X 轴，则形状为 Y 轴（图 8.6）。颜色将平面分成上下两部分，上面主要是苹果，下面主要是杧果，能够将大部分但不能将所有水果正确分开。形状将平面分为左右两部分，左边主要是苹果，右边主要是杧果，分离效果明显弱于颜色。如果将图 8.6 中的苹果 1（圆形–0.3、红色 0.5）输入系统，结果正好落在正确的区域，分类准确，即方程（8.3）中 w_0、w_1、w_2 的原始值很合适，不需要改动。然后再将苹果 2（黄偏红–0.2、圆形–0.5）输入系统，结果就落在错误的区域，分类不准确。方程（8.3）中 w_0、w_1、w_2 的值有偏差，需要调整。如果我们为 **W** 的调整设定一些规则，如上调或下调后，将输出结果 y 与期望结果 y_e 进行比较（$\varepsilon=y-y_e$）。如果 ε 小于一个设定值，就接受调整后的 **W** 值，如果 ε 大于该值，就放弃该 **W** 值并重新

① W 加粗代表权重矩阵（**W**）、x 加粗为输入向量（**x**）、w_0 为偏置（在图 8.1 中以 b 表示）。

② 这三个方程是等效的，仅表达方式不同。两个输入参数（即两个测量值），相互正交而构成平面；三个参数则需要三维空间来描述；四个参数及其以上，由于互为直角而无法用图来显示，即所谓的超维度。

进行调整，反复计算直到 ε 小于设定值。然后输入下一个水果测量值重复此循环，直到将所有的水果测量值（即训练集）都试一遍，最后将得到一组最优的 w_0、w_1、w_2 值，所形成的直线正好在两种水果之间的中间位置划一直线（图 8.6 中的红色实线）。因为水果的归类是已知的，我们称这个过程为神经网络训练，其实就是一个“试错”模式的学习过程（见“监督学习”）。训练结束后，输入一个新的水果测量值（测试集），让神经网络将该水果进行归类，即可检测神经网络的准确性[2, 4]。

以上描述了一个多输入的简单神经元系统的基本结构和工作原理。通过上面的训练，我们可以推论：①已知输入越多，即训练的循环次数越多或训练集越大，权重矩阵的优化就越好；②水果分类的界限越分明就越容易得到好的训练和测试结果；③设立的预期 ε 值很重要，过大不容易收敛，过小则耗时太多。我们实验室对于临床代谢组数据分类的支持向量机开展训练优化的研究，与常用的方法比较，我们的新方法提高优化速度达 10～100 倍（待发表）。然而，实际的神经网络要复杂得多，如有多个神经元构成的网络，而这一网络又可以与其他网络组成更复杂的网络，即多层网络。但万变不离其宗，神经网络工作的基本原理是大致相似的。输入的参数也可能高达成千上万，其计算过程远比简单神经网络要复杂得多。如图 8.7A 所示，三种待分类物品，每个物品有两个测量值（X 和 Y），理想状况是其测量值聚成团并互相分离。即便如此，一条直线也无法分割，而需要三条。如果测量值是弥散的，即无明确的直线边界，那情况就更复杂了，用直线无法分割（图 8.7B）。因此，对后者的分类，往往需要采用深度学习的神经网络。

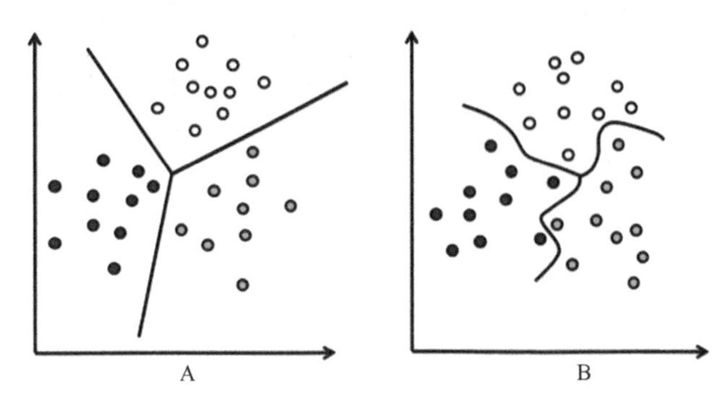

图 8.7 三组类别的数学空间分布

神经网络的三个实际案例

1）语者识别

现在来看一个比较复杂的神经网络如何识别或区分唐业忠（TYZ）与唐丹旎（TDN）的声音，即所谓的语者识别（speaker recognition）或语音指纹①。首先，录制两个人说“Hello”的声音，然

① 与语者识别（speaker recognition）关联的技术，还有“speech recognition”。后者研究语义识别，可作为计算机的输入指令。前者是不管说什么，需要知道是谁在说；后者是不管谁在说，需要知道在说什么。

后对声音做快速傅里叶变换。录音信号如果用非专业软件（如 Windows Media Player）播放和查看，只有波形图（图 8.8 左上方），而波形图只能提供时间（*X* 轴）和强度（*Y* 轴）信息。用专业软件（如免费的 PRAAT）[5]对语音信号进行变换后，就可以得到一幅语图（图 8.8 左下方）。它含有三个方面的信息：时间（*X* 轴）、频率（*Y* 轴）和强度（颜色）。每个人的语图是不同的，哪怕是说同一个词。在同性别的个体之间，这种差异很小；在不同性别间的差异较大。如果我们用语图为蓝本进行语者识别，就变成了图像识别，似乎将简单的问题复杂化了。因为声音是一维的信号，而图像是二维或多维的信号。如果去掉语图的时间信息，即将不同时间的同一频率进行累加，得到如图 8.8 右边所示蓝色包住的白色柱的曲线，即静态的频率（*Y* 轴）和强度（*X* 轴）或称频谱图。如果以柱子代表曲线的值，就可以将各频率所含能量，即强度数字化（图 8.8 右边的白色柱系列）。这个过程看似很复杂，但可以编程让计算机自动完成。

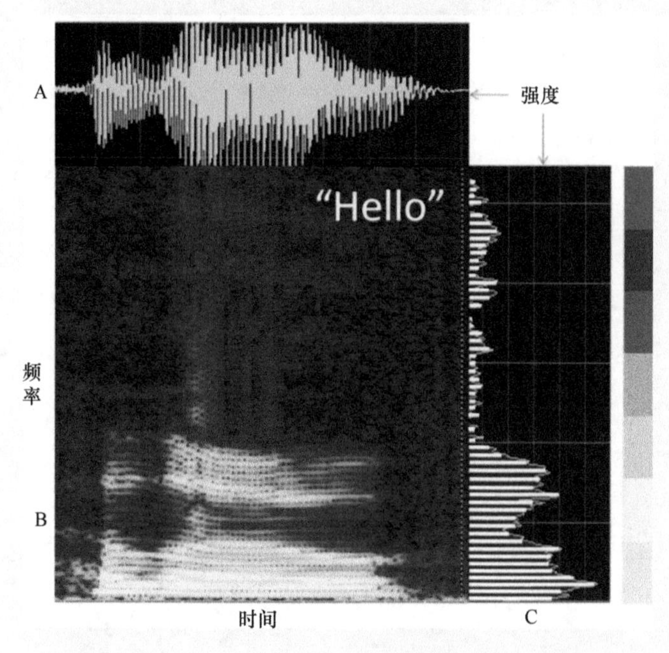

图 8.8　声音"Hello"的结构

A. 波形图，显示声音强度随时间的变化；B. 声音的语图，横轴和纵轴分别代表时间和频率，声强用颜色代表（最右边的色柱：蓝灰色代表最弱而浅绿色代表最强）；C. 柱状图为频率对时间（从左至右）的累加，含频率及其强度信息但无时间信息

基于所谓的频率柱（frequency bin）长度之测量值，通过神经网络对 TYZ 和 TDN 的声音进行识别或分类。为了有足够的训练集，要求每人说 10 遍"Hello"，构成 10 组训练信号集（每集含一对录音）。对每个声音的频谱图沿不同频率由低到高取 60 个样（图 8.8 右边的 60 个白"柱子"的长度）作为输入。然后，构建一个有两层神经元的网络系统（图 8.9）：第一层含有 6 个神经元（隐藏层），每个神经元接收 60 个输入（树突）；第二层神经元含有 2 个神经元（输出层），每个神经元接收 6 个输入（图 8.9）。对这 2 个输出神经元进行设定，0∶1 对应 TYZ；1∶0 对应 TDN。

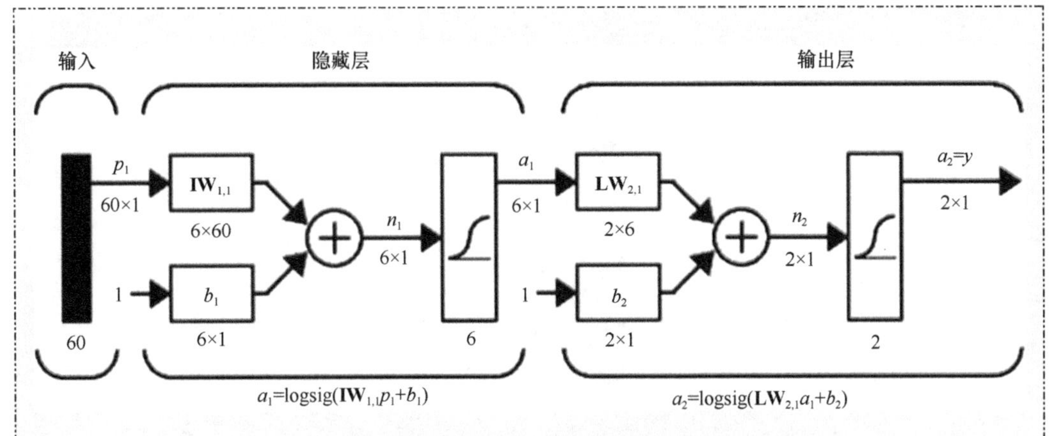

图 8.9 根据目标和输入构建的两层神经网络

从图 8.10A 我们可以看到，当第一组信号集输入神经网络后，其输出分别是

0.43：0.26　　TYZ

0.73：0.55　　TDN

其误差 ε（图 8.10B 和图 8.10C）按下式计算。

$|0.43-0|=0.43$，$|0.26-1|=0.74$；TYZ 的 ε 值 $0.43+0.74=1.17$

$|0.73-1|=0.27$，$|0.55-0|=0.55$；TDN 的 ε 值 $0.27+0.55=0.82$

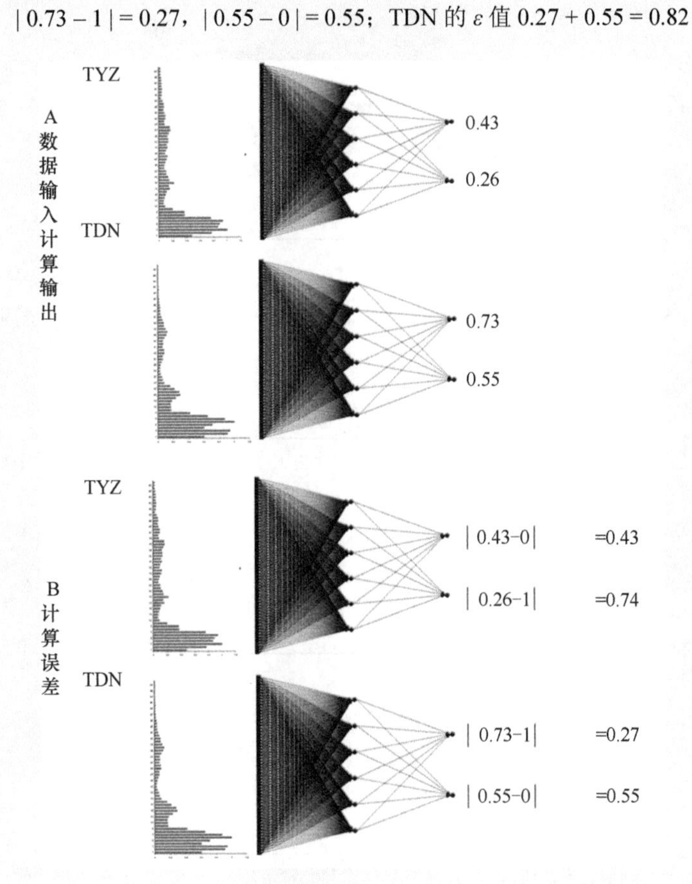

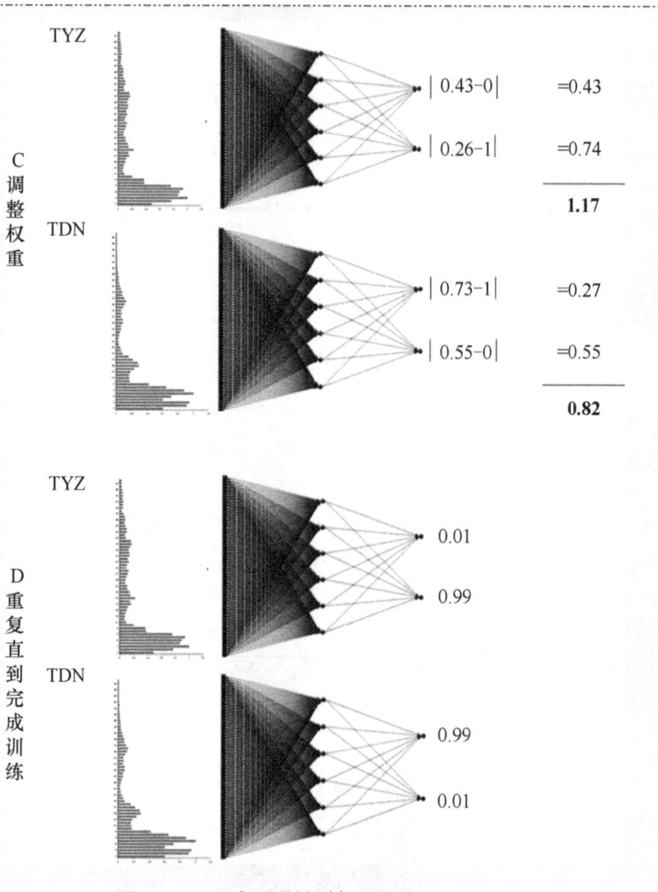

图 8.10 语者识别的神经网络工作流程

按照水果分类中介绍过的计算过程，设定 ε 值并根据 ε 值调整权重（**W** 矩阵），直到获得理想的 **W** 值。然后，用其余的 9 组（对）录音依次对该神经网络进行“督导学习”的训练。最后，训练结束时的输出（图 8.10D）如下：

0.01∶0.99　　TYZ

0.99∶0.01　　TDN

结果非常接近 0∶1 和 1∶0 的设定，神经网络对两人的语音识别正确率接近 100%。

2）印刷字母识别

我们知道书法是对标准文字的变形，如 A 可以写成“𝐀”、“𝐀”、“𝒜”、“𝓐”和“𝒜”等。再看一例神经网络通过图形对字母的识别。首先，利用网格将“A”数字化（图 8.11），得到如下一组数字①：

1，1，−1，0.8，1，1，−1，1，−0.9，1，1，−0.7，1，−1，1，−1，0.8，1，1，−1，−1，−1，−1，−1，−1，−1，1，1，1，−1，−1，1，1，1，−1。每一个数字对应于图 8.11 的一个单元格，构成一个 5×7 的矩阵或一个含 35 个元素的向量。

如此一来，二维的图形就转变为一维的信号，采用上面讨论的两层神经网络，训练之后就可以识别不同信噪比下的“A”。如果将训练集设为不同字体的“A”，最终神经网络就可以识别不同字体的“A”。

① 白色为 1，黑色为−1，灰色介于−1～1。这是因为实际应用中，信噪比经常不是理想状态。因为有灰色区域，测量值就会出现非整数的数字。

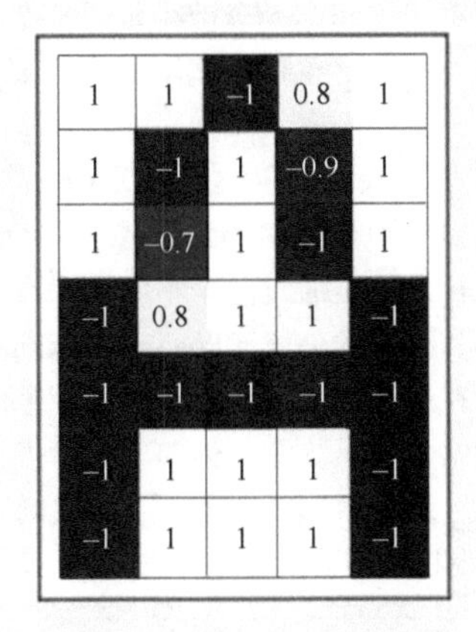

图 8.11　印刷字母 A 的编码，将图形转换为一系列的数字

3）手写数字识别

如图 8.12 所示，手写的“9”首先被网格化，形成一个 28×28 的矩阵（此图以圆点代表矩阵元素，其数字化过程同上例）。将此矩阵转换为一个含 784 个数字的向量，依次输入四层结构的神经网络。第一层含 784 个神经元，为输入层；第二层和第三层各含 *N*（相同或不同，可变）个神经元，为隐含层；第四层为输出层，含有 10 个神经元，依次代表数字 0～9。其中第二层表征线段，基于第一层各点的数值和位置而合成，有不同的朝向。第三层编码数字的基本构成元素，由不同朝向的线段“合成”。由图 8.12 可以看出，第四层代表 9 的神经元接受第三层的第 1 和第 3 个神经元的同时投射。其他数字，如 0，1，7，8 也接受这两个神经元的分别投射，但却没有得到两个神经元的共同投射。因此，代表 9 的神经元有最大概率“胜出”。第三层的这两个神经元是由第二层表征相关线段的多个神经元（如 O 形可由◜、◞、◟、◝片段合成）聚合投射而“合成”的。

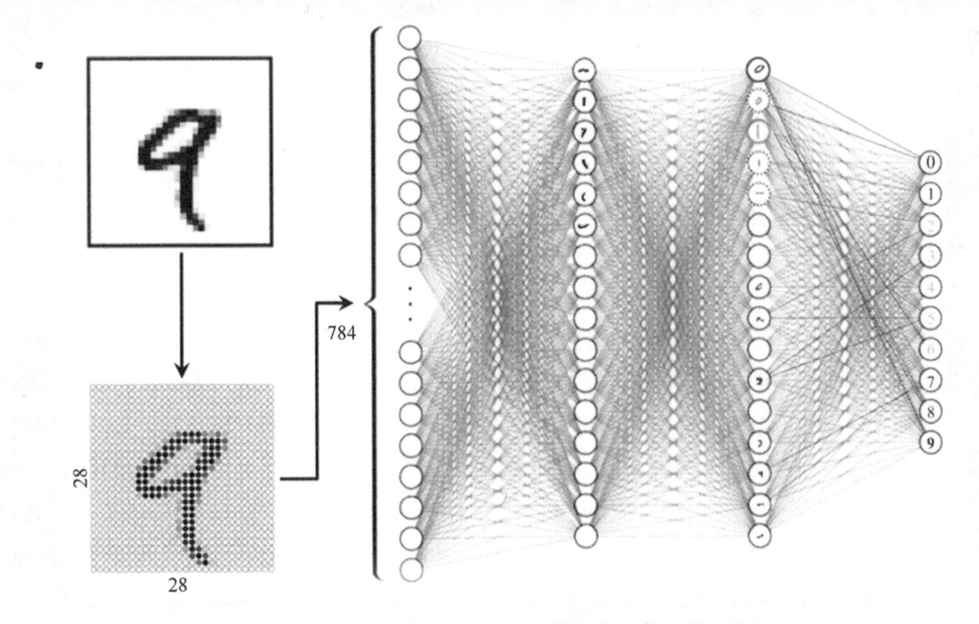

图 8.12　手写数字识别的神经网络及其工作过程

如果输入手写的“7”，则第三层的第3个和第5个神经元同时投射到代表7的神经元。由此可知，第三层的第3个神经元为“9”和“7”神经网络共享。当然，该神经元还是编码数字“1”的主要成分（图8.12）。

2016年谷歌（Google）公司大出风头，阿尔法围棋（AlphaGo）以骄人的成绩战胜围棋世界冠军李世乭。“深度学习”成为人工智能领域的热门话题，其实就是多层的人工神经网络及其基于网络的训练方法。而阿尔法围棋的独特之处是通过两个不同神经网络的合作来改进已有的下棋策略，即移动选择器（Move Picker）网络和棋局评估器（Position Evalutator）网络。选择器（Picker）是一个策略网络，它观察棋盘布局以寻找最佳的落子点，预测每一个可能的落子并计算其最优的概率。评估器（Evalutator）是一个价值网络，它不预测具体的下一步落子点，而是计算每一个棋手赢棋的概率。通过对整体局面的判断来指导选择器选择落子点，即限制后者的选择范围。这样一来使无限的组合转为有限的组合[6]。想一想围棋的组合有多少就知道阿尔法围棋的研究意义之所在。

三、自然神经网络

颅骨内中枢神经的网络结构过于复杂而且难以可视化，所以目前研究得最透彻的系统是颅骨外的视觉系统。我们在第一章中讨论了视网膜的整体结构、原理、进化以及不完美之处，此处我们将注意力集中在视网膜的神经网络：结构与功能。视网膜有两种感光器，即视杆细胞和视锥细胞。前者对光的强度变化敏感而对波长无选择性，后者在一定的光强条件下对光的波长（颜色）变化敏感。我们将讨论重点放在光强的感知方面，选择性忽略颜色感知。霍尔登·哈特兰（Halden Hartline）[7]①通过对牛蛙视网膜的研究，发现并解释了视觉感受野的类型及其神经机制，这是理解视觉系统对图像具有高分辨率的关键所在。脊椎动物对物体影像的细节有极高的辨别能力，源自哈特兰提出的“中心兴奋/周边抑制”（center ON）以及“中心抑制/周边兴奋”（center OFF）两类感受野（图8.13）。哈特兰获得1967年的诺贝尔奖，但他的贡献还远不止于此。

对于center ON神经元（图8.13A），一束光集中照射在中心，则输出较强的电信号（图8.13C）；如果只照射在周边，则无电信号输出（图8.13E）；光线覆盖了中央和周边，有中等强度的电信号输出（图8.13G）。对于center OFF神经元（图8.13B），光线集中在中心，无电信号输出；照射在周边，有较强的电信号输出；如果光线覆盖了中央和周边，有中等强度的电信号输出（图8.13的D、F、H）。感光细胞将光信号转变为电信号，不是直接通过神经纤维传输到中枢或脑，而是经过初步的信息处理。对于中心兴奋/周边抑制型的感受野，具有图8.14的网络结构和感受野结构。当光线抵达中间的光感受器时，光感受器被激活，从感光细胞→双极细胞→神经节细胞的信号传递（简化了的路径）都是兴奋性的，因此电极在神经节细胞的输出纤维记录到的是密集的动作电位（图8.14左）。另一种情况是光线抵达周围的感光细胞，后者向双极细胞传导时是兴奋性的，但双极细胞向神经节细胞传导时是抑制性的，电极在神经节细胞的输出纤维中记录不到电

① 霍尔登·哈特兰（Halden Hartline）的儿子彼得·哈特兰（Peter Hartline）在蛇类的红外传感与成像的研究方面颇有建树，作者实验室在这方面的研究多基于彼得·哈特兰的研究结果。他的论文设计合理、结果准确、逻辑严谨。

信号（图 8.14 右）[8]。神经元具有自发放电的行为，且多是低强度的随机放电，以维持一种反应基线。当抑制性的信号到达节细胞时，甚至压制了后者的自发放电（图 8.13 的 D 和 E）。而对于中心抑制/周边兴奋型的感受野，其信号处理过程类似于中心兴奋/周边抑制，但结果相反。

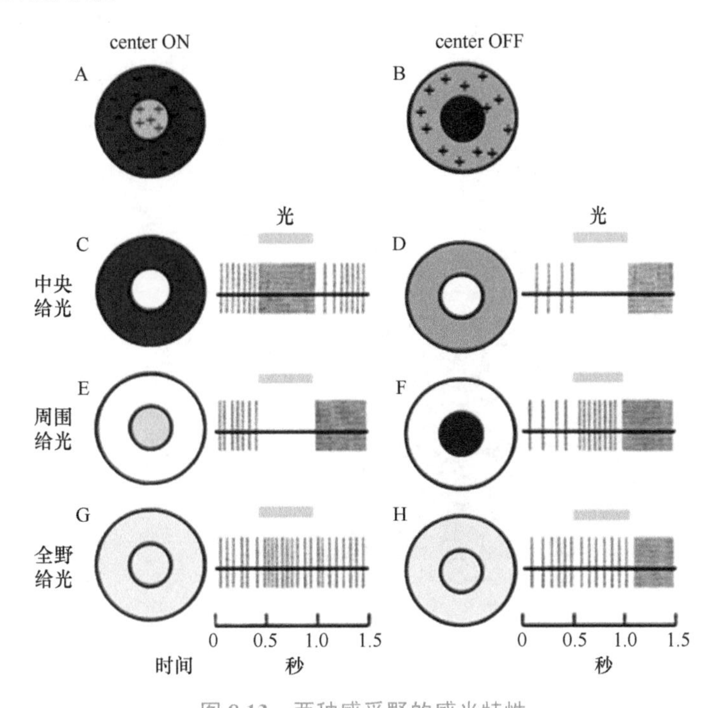

图 8.13 两种感受野的感光特性

A. 中心兴奋/周边抑制；B. 中心抑制/周边兴奋。注意 D、E、F、H 在撤光后的强烈反应

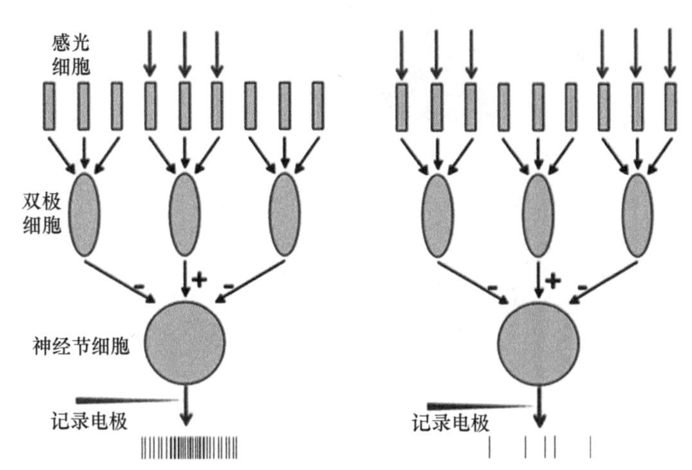

图 8.14 中心兴奋/周边抑制（图 8.13A）感受野的神经网络结构

正负符号分别代表兴奋性和抑制性投射

边缘检测是识别物体轮廓的基础，生物进化形成了一种神经机制，以增加边界的对比度。1868 年，奥地利物理学家恩斯特 • 马赫（Ernst Mach）发现，人类的视觉系统能够

增强视觉边界对象的反差①，在明暗的过渡区域形成所谓的马赫带。马赫带是感知系统产生的，客观对象在边界附近并没有加强的明暗对比（图 8.15）。这种现象的神经网络结构如图 8.16 所示，存在侧抑制投射。其工作原理：虚线左右的双极细胞中，明处细胞投射到暗处细胞的权重为–10（负值为抑制性输出），而暗处细胞投射到明处细胞的权重为–2。这就使位于边界明处的细胞相对于其他明处的细胞，受到的抑制要小；而位于边界暗处的细胞则比其他暗处的细胞受到的抑制要大。侧抑制也是哈特兰在马蹄蟹的视觉研究中发现的[9]，它完美地解释了马赫效应。

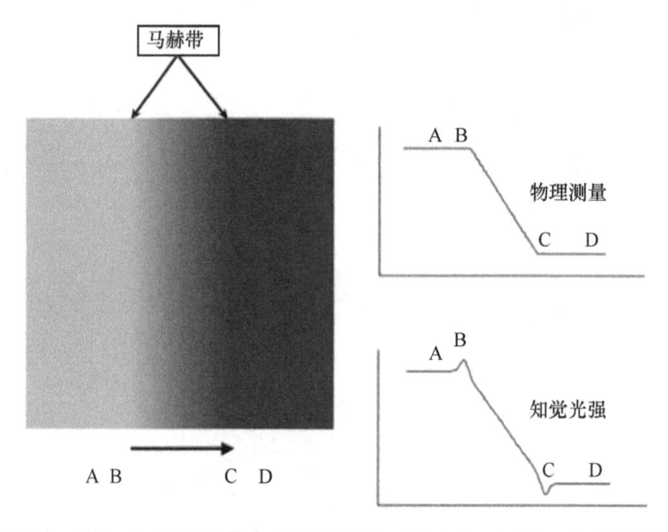

图 8.15 马赫带现象（左）在物理测量中是不存在的（右上），只是一个视觉感知机制（右下）

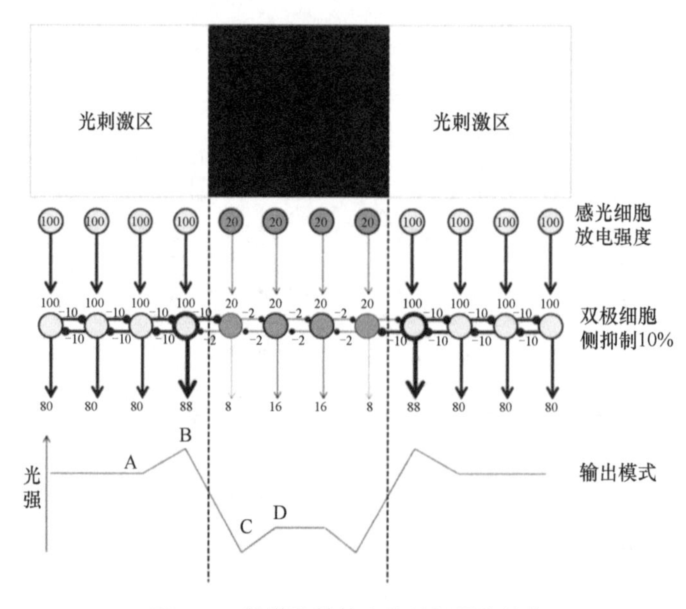

图 8.16 视觉马赫效应的神经网络结构

① 著名的赫尔曼栅格（Hermann grid）“黑影”也源自马赫效应：在接近黑色斑块的白色边缘更白，使白色中心区相对变黑。有兴趣的读者可在网络中搜索相关图片。

侧抑制也存在于触觉系统中。我们的皮肤分布有大量的机械和冷热感受器，当刺激皮肤的一点时，邻近周围一圈的敏感度大为下降。这是因为中心传感器通过一个抑制神经元对周围实施了侧抑制。与视觉系统相似，侧抑制增加了对刺激边界的敏感度，提升了皮肤的触觉空间分辨率[10]。

动物有两只眼，因此能感知视觉距离或深度；两只耳是为了感知声音的方位。通过比较两耳之间的信号在相位（时间）、幅值（声强）和频率方面的差异，可以计算声音的空间来源。动物头部的大小不但决定了两耳间的距离，也影响声音定位的机制。声音是一种波，因此有三个基本要素：频率 f（或周期 T）、相位 p、强度 i（或振幅），在 25℃的空气中声音的传播速度约为 340m/s。频率与周期是倒数关系，即 $f = 1/T$；$T = 1/f$。例如，1kHz 相当于 0.001s 一个周期，每个周期能够跨越 0.34m。人类的头部直径大约为 15cm，约等于 2.3kHz 声音周期的“空间跨度”。波有一个很有意思的特点，当一个周期内的“空间跨度”小于物体的直径或宽度时，就会被部分反射而形成屏蔽效应，而当周期的“空间跨度”大于物体的直径时，则可以“绕”过去。但声音经常含有多种频率成分，所以对人而言，如果声音从侧面来，高于 2.3kHz 的声音成分在两耳之间就会因屏蔽而形成强度的差异（图 8.17A），而低于 2.3kHz 的成分在两耳之间形成相位，即到达时间的差异（图 8.17B）[11]。

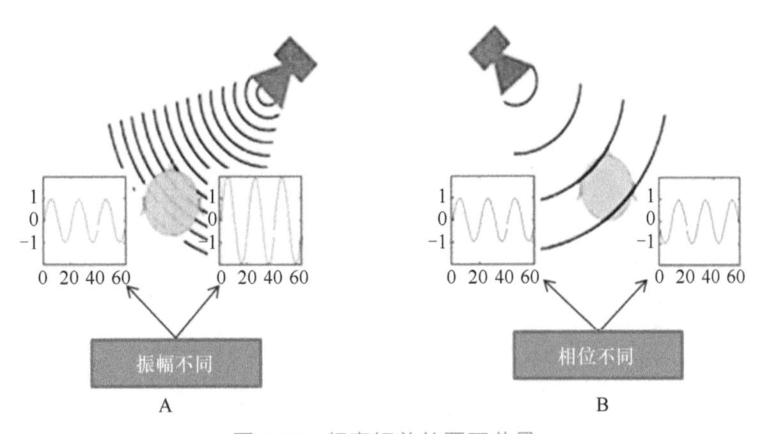

图 8.17　频率相关的两耳差异

A. 高频声音形成振幅差；B. 低频声音形成相位差

这两种信息在人类以及其他哺乳动物的中枢神经是分开处理的。两耳声强差（IID）是在内橄榄核（MSO）进行比较，而两耳时间差（ITD）是在外橄榄核（LSO）进行比较，然后 IID 和 ITD 的信息投射到中脑进行整合[12]。鸟类的情况稍有不同，IID 由角核（NA）初步处理，上传到中脑；ITD 经过巨细胞核（NM）接收，在层核（NL）进行比较，上传到中脑与 IID 信息进行整合[13]（听觉通路参见第十二章）。鸟类中枢神经对 ITD 信息的处理过程，体现了大自然的杰作：神经网络结构之完美，信息处理之高效准确。首先，层核是由一层单细胞构成的片状结构，大致呈水平面展开，如果横切来看就是一个线条状结构（图 8.18）。层核的背面接收同侧的巨细胞核投射（图 8.18 中的红线），而腹面则接收对侧的巨细胞核投射（图 8.18 中的蓝线）。层核的神经元同时接收两侧的投射，那必然是两侧都有树突的双极细胞。这种双极细胞有一个特点，只有左右两侧的信号同时到达（即时间差为零）时，才有最大的放电概率，形成所谓的 ITD 曲线[14]。如果声音来自正前方，同时到达左右耳，两侧的信息在脑内有同样的传导时间或有相同的传导距离，则层核正中间的神经元有最大的放电概率（图 8.19A）。而如果声音从右侧来，先到达右耳，那么右耳的信号传导就比左耳的信号有更多的时间，即传播更远的距离，因此层核左侧的神经元有最强的放电（图 8.19B）。这样一来，声音源在空间的位置信息，就由神经网络中的特定神经元表征，构成著名的杰弗里（Jeffrey）神经地图[15]。相位差异所编码的空间信息远比强度差异的编码要精确得多。尽管如此，由于高频声音不能产生时间差，很多动物只能依赖两耳间的强度差异进行计算。

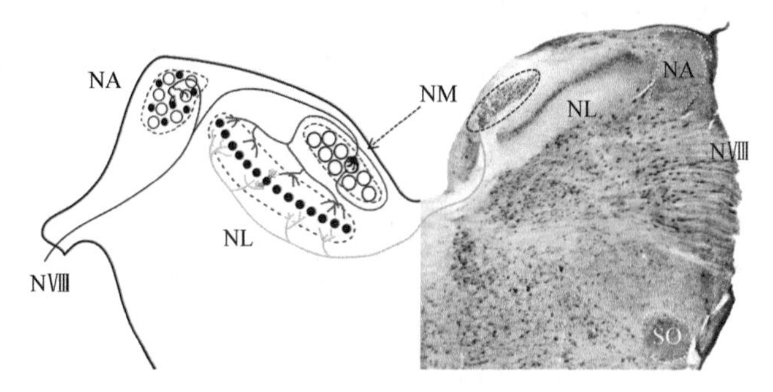

图 8.18 鸟类脑干的听觉核团及其投射

NA. 角核，NM. 巨细胞核，NL. 层核（单列细胞构成），SO. 上橄榄核，NVIII. 第八神经

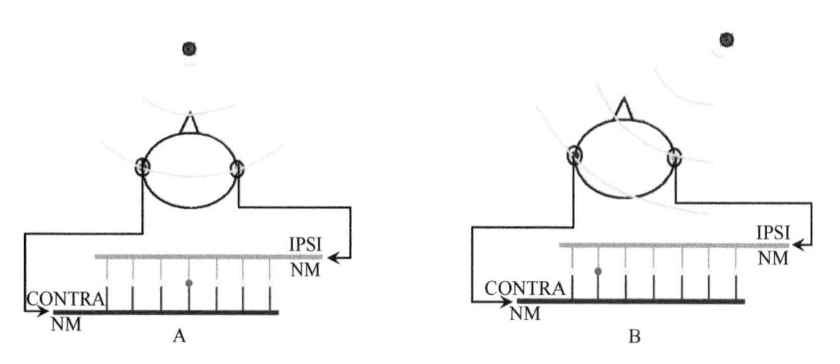

图 8.19 层核神经元对声音空间的编码

A. 正中间的神经元编码正前方的声音；B. 左侧的神经元编码源自右边的声音。IPSI. 同侧，CONTRA. 对侧

仓鸮是一种夜行性的猛禽，在完全黑暗的环境中仅凭听觉就能锁定目标并成功捕获小型猎物。仓鸮借助声音定位目标，在水平方向其精度可达<2°，远优于其他动物和人类，尽管人类的头部比仓鸮的大很多[16]。为什么仓鸮能够如此精确呢？因为它的层核不是单层细胞而是十多层，而且层核的神经元具有很短的树突，这样提高了传导的速度[13]。我的博士后训练是在美国马里兰大学完成的，导师凯瑟琳·卡尔（Catherine Carr）是具有世界知名度的研究动物声音定位的神经科学家。现在，仓鸮的声音定位与蝙蝠的回声定位（echolocalization）的研究一起成长为神经行为学（neuroethology）极为重要的分支。

啮齿动物如鼠类对环境中的化合物极其敏感，个体间的通信以化学信号为主。啮齿动物的化学通信系统包括主嗅系统和犁鼻系统。主嗅系统主要负责检测与生存相关的化学信号，如食物和天敌的气味。犁鼻系统的作用是探究与繁殖相关的化学信号，如种内化学通信。近些年来发展出一种显示神经元活动的实验方法——钙成像技术，可以同时检测成百上千神经元的活动状况。通过基因工程的方法，将一种绿色荧光蛋白（GFP）的基因转入胚胎，在动物细胞内表达。此蛋白质在有钙离子存在时发荧光，而神经元被激活时，细胞膜的钙离子通道打开，钙离子大量涌入细胞内[17]。高浓度的钙离子只能在细胞内维持很短的时间（因为钙对细胞有毒性），所以细胞发荧光的时间也很短（在毫秒至秒水平，与动作电位相当），并且所有被激活的神经元都会发光，只是强弱不同而已，因此可以作为神经元活动的标志。

将 GFP 转基因小鼠的犁鼻器分离并体外培养，然后在营养液中添加不同的化学刺激，钙成像技术可以展现细胞的活动状况。犁鼻器细胞对个体和性别的编码特性显示：对性别有特异性反应的细胞只有很少几个，但参与个体识别的细胞则很多[18]。这很容易理解，常见性别只有两种而个体数很多且无法预测。因此，个体的化学信息编码应该是各种化合物种类与含量的组合，这样的组合理论上可以是无限的。性别则可以仅由几个单分子编码，神经系统就具有足够的信息来区分。由于个体信息是很多化合物的组合，神经网络就必须接收成百上千的输入。这与上述语音识别的网络工作原理具有可比性。不管输入有多少，输出却是极其有限的：邻居或入侵者、盟友或敌人、潜在配偶或竞争对手。因此可以推测，处理化学信息的神经网络必然是收敛的，其实绝大多数网络都是收敛的（图 8.20）。

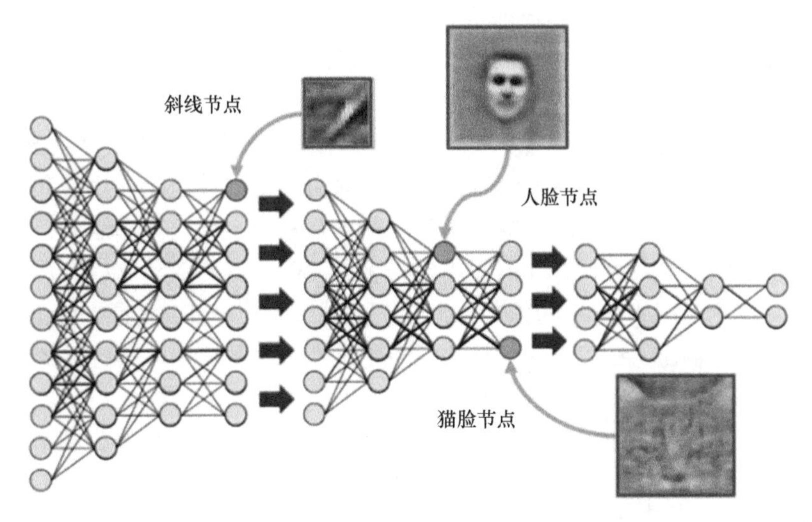

图 8.20　多层神经网络的收敛过程，显示从图像的基本元素斜线到“人脸”再到“猫脸”编码过程及神经网络结构（其工作过程参见图 8.12）

与此类似的一个极端现象是“名人神经元”。一群美英科学家于治疗手术前在 8 名癫痫症患者①的海马区埋植 64 根微电极，然后呈现各种名人、动物和标志性建筑物的照

① 癫痫病需要手术治疗，在手术前埋植电极是为了确定病灶的准确位置。因此，用于认知研究符合相关的伦理要求。

片。发现一个患者的一个神经元（或者说实验中一根电极的位置）对著名演员珍妮弗·安妮斯顿（Jennifer Aniston）的7张不同照片均有强烈反应。接着，在另一个患者脑中也找到一个神经元，选择性的对著名演员哈莉·贝瑞（Halle Berry）①反应强烈。有意思的是，不但贝瑞的照片，就是她的画像甚至名字都能诱发这个神经元的强烈放电。即使是贝瑞面部被猫面具遮蔽的照片，同样有效[19]。因此，这是一种“抽象概念”的神经元，专门储存和处理与贝瑞有关的信息。

当然不可能从头至尾只有一个神经元参与此过程，而更可能是一些神经网络的输出，聚汇到一个神经元。也可能不止一个神经元而是一群神经元，否则怎么就那么凑巧被记录到，而且刚好匹配到所呈现的名人照片（图8.20）。想象一下，你的大脑有多少神经元，一生中你记住了多少名人。其实，早在20世纪70年代，在猴的脑中就发现一小群神经元，特异地对面部有强烈反应，被称为面部神经元[20]。更早的时候，神经生物学家杰尔姆·雷特温（Jerome Lettvin）（1969）[21]就提出了“祖母细胞”理论，即大脑有些神经元是专门用于识别家庭中的（每个）成员，丢失这个神经元“你将不认识你的祖母”。

再来观察运动神经网络——中枢模式发生器（central pattern generator，CPG）的工作原理。这是动物产生节律性运动行为的神经结构，它由一系列神经振荡器组成。中枢模式发生器是神经振荡器与多重反射回路系统集成在一起，组成的一个复杂分布式神经网络。动物节律运动的指令可由CPG独立产生（你走路时并不需要思考），通过神经-肌肉偶联和运动觉反馈系统产生稳定的运动模式[22, 23]。同时，组成CPG的神经网络结构和突触强度的变化受到包括大脑皮层等高级中枢的调控，使动物的节律运动模式具有更好的适应性和可塑性[24]。如此，你的意识就可以调节你的运动模式：跳、走或跑。那它是如何工作的呢？

以七鳃鳗的游泳运动为例，其CPG是由几个中间神经元和运动神经元构成的网络。首先，脊髓CPG的神经元（EIN）同时接收同侧兴奋性中间神经元的投射和对侧交互抑制的中间神经元的投射；EIN本身既投射到同侧的运动神经元，输出运动信号，也投射到同侧的抑制性中间神经元（CCIN），抑制对侧的EIN和CCIN，这样既压制对侧EIN的活动又解除对侧对同侧EIN的压制；此过程完成后，对侧EIN重复此过程，两者交替而形成运动指令输出（图8.21）[25]。这种CPG左右交替放电，其行为类似于一个振荡电路，后者是现代电子计时器的核心设计。

比较一下真实神经网络和人工神经网络，可以发现两者的结构极为相似，工作原理也有一定的相同之处。①输入信息量很大，不管是视觉、听觉、触觉、嗅觉或味觉，都是成千上万的输入。尤其是视觉输入，大脑都来不及实时处理连续的信息流，所以进化出“视觉暂留”，让信息“一波一波地”（digital pattern）而不是“持续地”（analog pattern）输入。正是基于视觉暂留现象，人类才能发明电影和电视。②输出有限，无论从神经元的结构（多树突 vs 单轴突）还是神经网络（收敛结构）来看，都倾向尽量少的输出。这也是信息处理后的结果，交由决策系统发出“最后行动”的指令。③人工神经网络的算法是简化了的线性乘积后累加，而自然神经网络是非线性的，树突的结构不是均

① 贝瑞曾在电影《猫女》中饰演主角，被称为“黑珍珠”。

匀或对称的分叉。人工网络的输入都直达神经元，而自然网络由于神经元树突的多极分叉（图 7.1），输入在到达神经元之前就进行了合并。④学习过程的数学“本质”是调节每个输入所对应的权重，对应于突触的连接强度变化。

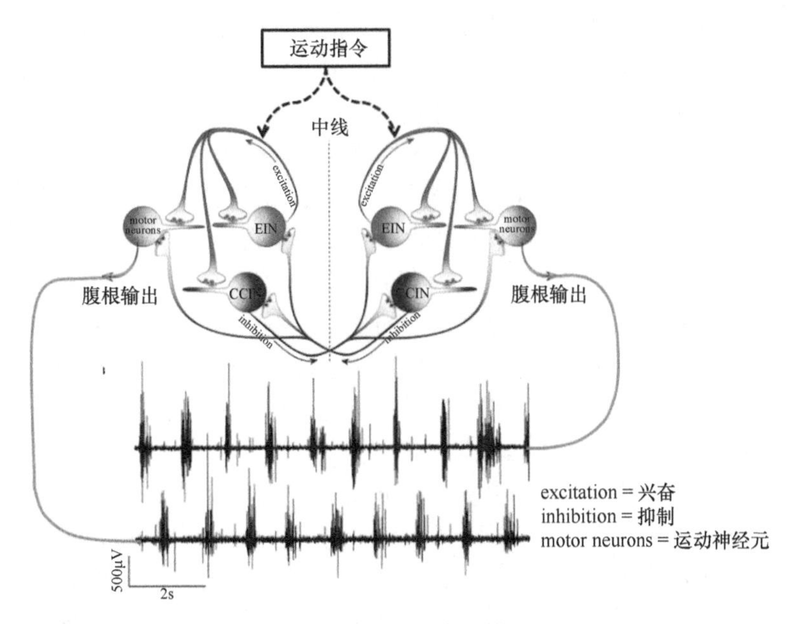

图 8.21　七鳃鳗泳动的中枢模式发生器

1948 年，诺伯特 • 威纳（Norbert Wiener）发表了著名的《控制论——关于在动物和机器中控制和通信的科学》一书，而创建了一个新的学科方向[26]。这是一门研究动态系统在变化的环境条件下如何保持平衡状态或稳定状态的科学。自从瓦特发明蒸汽机，人们开始将身体的工作原理与机器相比较。现在，无论结构还是操作过程，动物的中枢神经经常被比喻为计算机。然而，数字计算机与神经系统还是有巨大的差别的（表 8.2）。人工神经网络更加接近自然神经系统的工作模式。

表 8.2　数字计算机与神经网络的比较

项目	数字计算机	神经网络
原理	演绎推理：将已知的规则用于对输入的运算，以获得输出	归纳推理：提供输入/输出数据，自行建立规则
结构	计算是中央的、同步的和串行的或并行的	计算是集体的、非同步的和并行的
记忆	记忆是打包的、循序储存的，位置可寻址	记忆是分布式的、内在化的、短期的，内容可寻址
容错	不容错：一个单元出错，整个系统停止工作	容错、冗余、责任共担
精确性	精确	不精确
连接方式	静态连接	动态连接
运行环境	需要明确定义的规则和准确的数据输入	规则不需要明确或完整，数据可有噪声或部分数据输入

四、信号特征提取

相比“名人神经元”位于后端的输出，更多的神经元是处于多极（层）神经网络的中间阶段。它们中的许多神经元主导或参与了信号的特征提取，特别是对物理特征的提取。例如，夏天夜晚的萤火虫，在求偶时发出一闪一闪的荧光，每一物种都有自己独特的节奏。当许多种萤火虫在一起求偶时，各自潜在的配偶如何高效地识别同种个体呢？大自然“找到”了一个最根本的解决方案——“内源振荡器”。只要在雌雄双方的神经系统中“安装”同频率的振荡器，即可过滤掉所有其他物种的干扰信号[27]。内源振荡器是如此的有用，可能存在于绝大多数的神经系统中（如果不是所有的神经系统的话），如电鱼的电信号通信[28]。当然，神经振荡器的作用远不止这些，可能在很多信息处理和运动控制中起主导作用。遗憾的是，到现在为止也只是在理论上提出了振荡器神经网络的基本原理而没有找到真实的网络[29]。几乎所有的现代智能机器中，都含有一个时钟系统，就是建立在振荡电路的基础上。

在树蛙①的一项研究中，发现中脑一些听觉神经元只对特异的时域结构有反应，如连续 9 个音节的鸣声。有意思的是，刺激必须是连续的 9 个音节，哪怕是 8 个都不行；9 个音节之间必须有高度均一的间隔长度，节奏不均匀也不行[30]。美籍华裔冯教授（Albert Feng）实验室[31]发现蛙中脑和丘脑的两个听觉核团，即中央核团和后端核团，平行处理声音的时域和频域信息。中央核团的神经元对频率有很高的选择性，即只对一定的频率有明显反应，表现为频率响应曲线的范围很窄而变化很陡。后端核团的神经元对时间的选择性很高，只对一定的声音长度反应较强，过长过短都降低反应程度②。

遵照共振的物理定律，发声个体的体重与所发声音的主频负相关，即体重越大主频越低[32]。因此，听觉系统中编码声音主频（物理属性）的神经网络，实质也编码了发声者的体重（生物属性）信息。对于具有更高级认知能力的动物，如人类，编码信号物理或化学属性的神经网络占比较低，但编码这些信号的生物学意义的神经网络结构占比很高且很复杂。很有可能，编码信号的物理属性和生物学属性的神经网络在空间上是分离的。编码或提取信号物理属性的神经网络的输出，对每个物理属性也许是单一的。但任何一个信号都可以有很多的物理属性，因此输出也必然形成不同组合。接收这些输出的下一层网络或者说更高级的网络做进一步处理，提取其中所包含的具有生物学意义的信息。也可以认为，这其实是一个信息再整合的过程。对于整个神经系统，将视觉和听觉信号的物理属性进行分离，通过不同的神经网络平行处理（参考前面的声音相位和强度信息处理模式）后，最后再整合，提交到决策中枢。这种先“平行”后“整合”的处理模式，既可以发生在单一模态，如视觉或听觉之内，也可以发生在不同模态，如视觉与听觉之间。

---

① 树蛙的鸣声一般由多个音节组成，不同种类的鸣声有不同的音节，音节之间的间隔长短决定节奏的快慢。
② 虽然按原始文献的提法本书一直使用神经元一词，实际是指神经网络。

20 世纪 70 年代，德国科学家利用蟾蜍开展了一系列行为和神经电生理的研究，如有呈现蠕虫运动状的物体时，蟾蜍趋向刺激源并发起攻击行为。实际上，一根像蠕虫大小的木棍只要是沿棍子长度方向运动，都能诱发蟾蜍的趋向行为；但如果沿棍子长度的垂直方向运动（如人直立行走般），蟾蜍则转身回避。其实，此类刺激的特征在视网膜就进行了提取，在中枢神经得到进一步的加工。在视皮层有两类神经元：方向（direction）选择性和朝向（orientation）选择性。前者是指对一定运动方向的刺激有最大放电而后者是对一定朝向的条状物有最大反应[33]。不同的神经元对应不同的最佳方向和朝向，它们都基于前期神经网络对相关信息加工的结果。在猫和灵长类大脑中发现有 30 多个视觉区域同时分别处理视觉场景的不同特征，包括移动、颜色、朝向、空间、形状、亮度、对比度以及其他性状[34, 35]。“术业有专攻”在神经系统是普遍存在的，这大大提高了信息处理的效率。

五、脑网络组学

2013 年 4 月美国宣布启动“BRAIN”，即 Brain Research through Advancing Innovative Neurotechnologies（通过推进创新神经技术进行大脑研究）的缩写。继美国之后，欧盟和其他国家也相继宣布启动相应的研究计划。这次世界范围大规模投入的对大脑的研究，其核心目标是搞清楚大脑的神经网络和通路。鉴于神经元连接关系的复杂性，连接组学（connectomics）横空出世，以研究不同空间尺度的神经网络结构。大脑内有三类网络或连接（connectivity）：结构网络、功能网络和因效网络[36]。结构网络实乃解剖结构，通过传统的神经示踪方法以及最新的弥散张量成像（DTI）技术显示其结构。功能网络是无向的（undirected）统计依赖性，或两个单元之间的相关性。研究手段主要有功能磁共振成像（fMRI）或正电子发射断层成像（PET）结合脑电图（EEG）或脑磁图（MEG）记录。fMRI 和 PET 有很好的空间解析率，而 EEG 和 MEG 有很好的时间解析率[37]。因效网络为分布式响应之间有向的（directed）因果关系，即空间分离的功能单元之间的输入和输出。其研究方法是基于特异的因果动态网络模型，因效连接可从神经整合模型中推导出来[38]。

功能磁共振技术普及以前，神经解剖（结构）和神经活动（功能）的研究是分离的。前者主要依赖神经示踪技术，结果显示静态的空间结构；而后者是基于神经电生理方法，结果是动态的因果关系。fMRI 的原理是当受到外界刺激时，大脑的相关区域被激活，耗能增加，血流加速，反映在血流动力学的变化上[39]。fMRI 首次将功能与结构整合显现，称为功能结构，以对应功能连接。相比 EEG 和 MEG，MRI 的空间解析度要高很多，但仍然不能与传统的神经示踪结果比较。现代 EEG、MEG、MRI 以及 PET 等技术都是非损伤性的，实现了对人脑的研究[40]。由于人的认知能力和操作能力是动物无法比拟的，非损伤技术为我们带来了对大脑全新的认识。然而，针对人的研究必须与动物的研究相结合，才能最终揭开脑的秘密。

脑网络组学（brainnetomics）是以脑网络为基本单元的组学，它由脑网络节点及节点之间的连接两个基本要素组成。这两个要素可以在宏观、介观和微观尺度上来定义[41]。脑网络组的新进展推动了对人类正常脑结构的深度认识以及对非器质性病变（如心理障碍）的准确诊断。中国科学院自动化研究所蒋田仔实验室基于人脑网络组的结果，不但找到了男女的脑结构差异，还将脑区的划分从原来的 52 个区提高到 210 个皮层脑区和 36 个皮层下核团结构（图 8.22），大大细化了脑功能及其结构分区[42]。如果用卫星图像做比喻，就是原来只能识别到“省”，现在可以分辨出“市县”。最近，该实验室将“脑网络组学”与人工智能方法结合，建立了全新的慢性意识障碍（俗称“植物人”）预后预测模型，利用该模型预测意识障碍患者意识恢复的概率，其准确率高达 88%[43]。该研究的理论意义在于，可能打开了研究意识本质的一扇门。

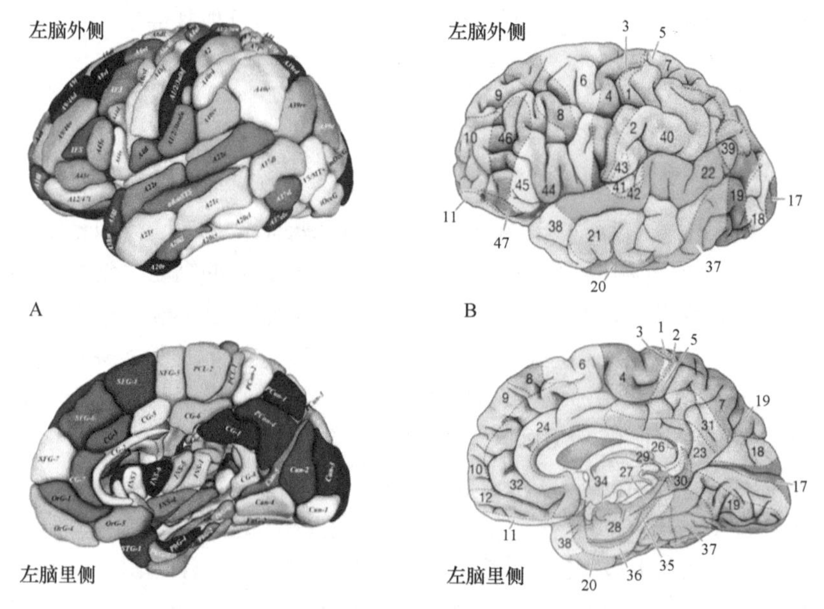

图 8.22　大脑分区比较

A. 基于最新脑网络组学的分区图；B. 传统的 Brodmann 分区图

前面提到的钙成像技术，结合双光子显微技术，可以看到大脑皮层浅表深度下的神经元活动。特别之处在于，显微镜下是一群神经元的亮度变化，表征其活动状态。目前的技术也许还做不到像动作电位那样快的亮度瞬间改变，但新的荧光分子的开发，正在逐步提高钙成像的响应速度。在不远的将来，一定可以做到以细胞的亮度变化来代替对膜电位的直接测量，即动作电位的记录[44, 45]。事实上，该技术的重要意义不在于测量速度，而在于同时测量多个神经元（即神经元群）的活动。如果研究区域放在视皮层，给予不同的视觉刺激，如不同线段朝向，激活的神经元群是不同的。另外一种技术也在快速地进步之中，那就是多通道电极。在一根电极的不同高度开“窗口”，可以记录不同深度的神经元群体的放电；也可以制成电极阵列，同时记录一个水平面的多个神经元放电[46]。钙成像有很高的空间解析度，而多通道电极有很高的时间解析度。

新技术的发展，为我们研究局部神经网络提供了可能性。可以想象，当受到一个刺激时，同时变化（亮度或电位）的神经元群，可能共同组成网络；而呈现另一个刺激，另外一群神经元同时变化，构成另一个网络。这些神经网络之间，部分神经元是重叠的[47]。一个神经元可以对多个刺激都有反应，被认为参与到多个神经网络当中，很可能就是“富人俱乐部”的核心成员（详见第九章）[48]。同一刺激的重复呈现，响应的神经元群可以有一定变异，暗示神经网络是动态的并以特定概率分布的形式存在。海马体是一个结构独特且边界清楚的脑区，神经细胞及其神经网络呈层状排列。海马体包括齿状回、海马、下托、前下托、傍下托、内嗅皮质，主要负责学习和记忆[49]。前面提到的LTP和LTD现象，多是在对海马体的研究中发现的。因此，海马体很可能是一个核心成员的集中区，起枢纽的作用。

比较人工神经网络和自然神经网络的结构，有理由认为上述的中心成员相当于人工网络的输出神经元。而中心成员之间构成的核心结构，是更高一级的神经网络，相当于多层人工网络的后面一些层的结构。

六、神经网络与动物行为

任何行为的背后都有神经网络作为支撑，行为与神经网络的关系如图8.23所示，分别有两类输入和输出。外部输入是一些带有各种信息的物理和化学信号，内部输入如生理状态、激素、情绪和情感等；外部输出即行为，内部输出是一些意识、心理状态与过程、情绪等。很多时候内部的输入和输出是没有明确界限的、难以定义的。在第四章中涉及的鸟类的集卵行为，不但是一种本能的行为而且也是一种超常刺激的现象。图8.24显示简化了的银鸥集卵行为的神经网络示意图，由检测器、选择器、整合器、记忆模块、运动模块、状态模块等成分组成[50]。每个成分都是一个“低级”的神经网络。检测器即视觉输入，输入的信息经选择器进行特征提取。特征信息被送到整合器中，后者将信息与记忆模块中的信息比较，如果识别为一个卵，直接触发运动模块，执行集卵行为[51, 52]。整个过程既受到内部状态的影响，即只有处于繁殖阶段，才能触发集卵行为；也受到外部输入如天敌等状况的影响。非繁殖状态和天敌的存在都抑制集卵行为的发生，触发逃逸行为。

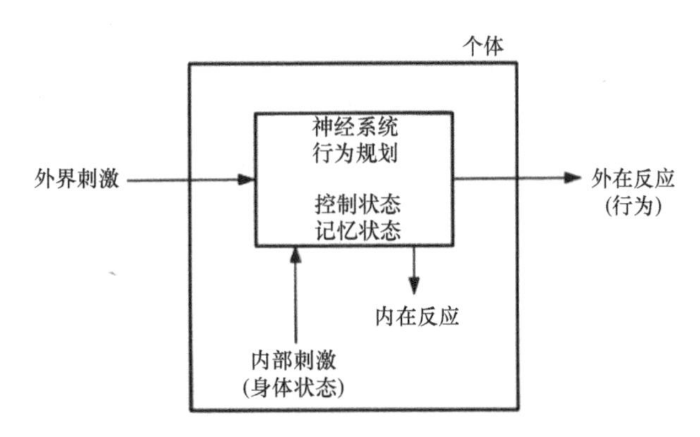

图8.23　神经网络作为行为控制器，包括内外的输入和输出

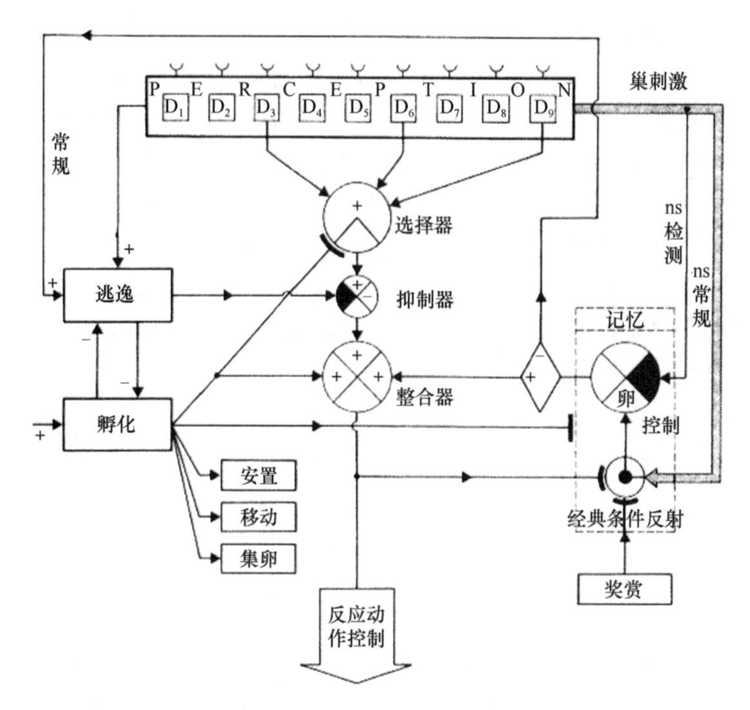

图 8.24 控制鸟类集卵行为的神经网络结构及其可能的工作原理（ns=巢穴状况）

运动模块由一系列的神经网络构成，网络与网络之间以级联形式连接，前一个网络的输出可以作为下一个网络的兴奋性输入，后一个网络的反馈可能抑制前一个网络。一旦信息被送达运动模块，即使刺激物被移除，级联式的程序也停不下来。因为除第一个运动网络之外，其他运动网络没有接收感觉网络输入的接口，而第一个运动网络又只接收最后一个运动网络的兴奋性反馈控制（图 8.24）。这样，只有完成最后一个动作，第一个运动网络才重新接收感觉网络的输入。在第五章中还提到其他本能行为，如蛙类的吞食行为和蜜蜂的清洁行为。可以推测蛙类吞食行为的神经结构可能与鸟类集卵行为的神经结构有共同点[50, 53]。而蜜蜂的清洁行为则与此不同，清洁行为由两个连续的动作完成：揭盖和移除[54~56]，其相关的神经结构，由两个相对独立的神经网络构成。病虫的气味激活第一个网络，蜜蜂将蜂室的盖子打开，但不直接输入第二神经网络；而是完成的结果即被打开的蜂室作为刺激输入蜜蜂的视觉，通过感知识别后启动第二个运动网络。

第九章

间接选择的前提

毫无疑问，直接选择作用于那些明显直接受控于基因的性状。由于基因的直接产物是蛋白质，因此蛋白质分子独立发挥作用的生理生化过程最容易受到选择，其次是蛋白质与其他物质协同的性状，如形态结构。由此可见，越是与基因紧密关联的性状，就越容易用达尔文的选择原理来解释。蛋白质或酶的结构及功能，在特定环境中可以快速进化就是一例。虽然考古学家认为 20 000～25 000 年前，青藏高原就有人类活动，但现有证据表明藏族大约在 4000 年前才到青藏高原定居[1]。生活在平均海拔 4000m 的青藏高原（海拔 3000～5000m）的藏族居民（以及高原动物），其血红蛋白的氧结合能力显著地高于平原地区的汉族。这源自血红蛋白的结构改变，即基因序列的变异，是自然选择的结果。一项对藏族基因组的扫描研究发现，低氧应急反应的转录因子（*EPAS1*）受到了最强的自然选择。*EPAS1* 基因周围的单核苷酸多态性（即 SNP，注释见第十九章）位点也显示极端多样性：生活在海拔 3200～3500m 的藏族与低地汉族存在 8 个 SNP 的差异；而在海拔 4200m 生活的藏族有 31 个与血红蛋白浓度相关的 SNP 位点，呈现高度的连锁不平衡性[2]。高原白足鼠的血红蛋白氧结合能力随海拔的抬升而增加，这种变化基于 5 个氨基酸残基的变异[3]。

与此相反，动物的一些行为现象和人类的一些心理和认知过程，却很难找到自然选择或性选择的痕迹，因为“行为离基因的距离太远”。它们受神经网络的控制，远离基因的调节，自然选择难以发挥作用。行为决定论曾是一个很大的心理学流派，几乎全盘否定内在因子和遗传的作用，认为所有的行为起源于学习。然而，这种观点无力解释动物行为的可遗传性，特别是低等动物复杂的本能行为。因此，在基因与行为之间，必然存在一个进化过程，作为基因控制行为的桥梁，这就是间接选择，一个类似于达尔文自然选择的神经机制或过程。然而，这里的间接选择与埃德尔曼的神经达尔文主义却有本质的区别。埃德尔曼以神经元作为选择单位，虽然也涉及神经元群，但他主要强调大脑结构的个体差异，以契合达尔文理论。

在第一章中，详细地介绍了自然选择理论成立的五个观察“事实”和三个推论[4]。那么，间接选择理论成立的前提条件有哪些呢？这里讨论两个假设（神经元网络及其冗余法则）和四个事实（神经系统的自组织性、突触可塑性、非遗传的行为传承、神经同质化结构）。假设与事实在逻辑上都是成立的，其区别在于实验证据的多寡。随着相关研究的展开，这两个假设将来可能变为事实。

一、神经元网络

已知神经元不能独立完成信号处理或行为控制的任务，因此不可能是间接选择的基本单元。神经网络是发挥这些功能的结构，但却存在定义不明确、边界不清晰、概念被泛用、与脑网络混淆等问题。它到底是指由多个神经元组成的基础网络，还是指由多个基层网络构成的上级网络，或是不同核团连接构成的脑网络，抑或是基于数学模型的人工神经网络。作为间接选择的基本单元，必须有清晰的边界、明确的功能和可认知的物质基础。因此，有必要提出一个新的概念，即神经元网络，以区别常用的神经网络，作为最基本的功能单元。从进化生物学的角度，神经元网络相当于基因，而神经元则相当于构成 DNA 的碱基。本书继续使用神经网络的概念模糊性，描述“凌驾”于神经元网络之上的协调者（coordinator）。神经元网络的形成是由基因表达调控的，与此相反，神经网络的形成主要是环境使然。神经网络也是基于化学突触将神经元连接而成，在空间上与神经元网络没有分离（图 9.1）；在功能上是介于神经元网络与神经通路或核团之间的结构，不是间接选择的单元。在更宏观层面，神经通路或核团也是基因操控发育而形成，也受到自然选择。

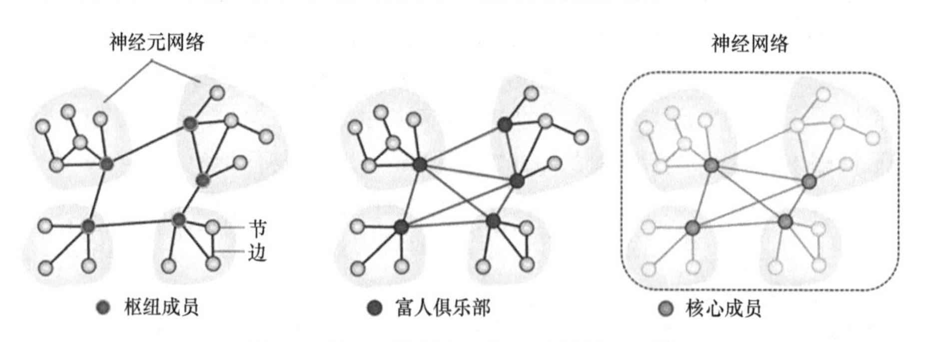

图 9.1 神经系统的多层级组织结构原理[5]

多个神经元相互连接构成神经元网络（稳定），多个神经元网络通过“领导”神经元相互连接构成神经网络或局部网络（动态）。依据“领导”神经元的关系网特征，神经网络可呈现三种形式

简单地说，神经元网络是由多个神经元通过突触连接的网络结构（图 8.3），编码神经信息处理中的最基本的元素。这些元素包括诸如视觉信息的线段朝向、听觉信息中的频率、行为表达中的固定动作以及认知过程的基本模块等。它们本身不能够完整地编码一个事件（episode），只是作为其中的一个构成模块（block 或 module）。由多个这样的神经元网络作为基本的网络单元，相互连接构成二级、三级神经网络或上级网络。神经元网络预先存在，受基因调控而形成。这是因为化学突触的建立需要较长的时间，不可能即时完成。

人（动物）脑的神经网络呈现多尺度的异质层级结构，从神经元、神经元网络、神经网络、核团到脑区皆如此。从网络结构来看，最底层的网络是由神经元（节点）和突触（边线）组成，与人工神经网络极为相似（图 8.3）。这些基本的网络单元，对应单一的功能，并与其他的网络单元共同构成神经网络，进行初级整合。由神经网络构成局部网络，局部网络经再（多）次整合，最后达成全局整合。网络单元之间不是均匀分布和连接的，而是形成所谓的“富人俱乐部”组织结构[6]。几个网络单元围绕一个“富人俱乐部”构成局域网络，通过俱乐部的枢纽成员与其他神经元网络连接，中心成员之间构成核心结构（core structure）（图 9.1）[5, 7]。同时，中心成员与网络单元内的其他成员有更多的连接，而与网络单元外的其他成员相互之间的连接较少。因此，中心成员对内起“领导”作用，对外起“联络”作用。网络连接关系，可以是发散的或汇聚的（见“人工神经网络”），意味着一个事件可能由多个网络编码和处理，而一个网络可能处理加工多个事件。由于技术原因，现在还无法检测“高级”网络单元和局域网络的结构（期待不远的将来有所突破）。但在更高层面，如脑区之间的连接证明，一条结构连接对应多条功能连接，或功能连接受限于结构连接[8]。

确定编码一个具体事件或信息模块的神经元网络，以目前的技术还是很困难的。关于解剖结构的三维重建，有越来越多的报道见于神经系统各个层次：树突棘、神经元、神经网络、脑区、全脑。基于电子显微镜（简称电镜）图像对局部脑区的重建，可以获得极为详细的特异脑区内神经元网络连接的全景图。因为是静态（离体）图像，所以无法与功能关联。钙离子成像可以获得与特异事件相关的神经元群的反应（在体）图像，但限于分辨率而无法得到神经元网络的全景图，即无法清楚显示突触连接的细节。结合这两个技术，可以获取具体事件相关的特异神经元网络信息。然而，将钙成像中的神经元（活的）与电镜图像中的神经元（死的）一一对应，是极其困难的。一个国际研究小组完成了这个看似不可能的工作，针对大鼠初级视皮层，目标锁定在皮层的 2/3 层的锥体神经元。钙成像范围 320μm×320μm×200μm（图 9.2A），电镜取样范围 450μm×450μm×50μm（图 9.2B），共制作 3700 张电镜切片和约 1000 万张电镜图片。视觉刺激变量①为正弦光栅的朝向（图 9.3A），设立 8 个刺激光栅的朝向，由此得到 8 个编码神经元网络。比较这 8 个神经元网络的内部和外部连接，发现以下几个特点。①网络内神经元之间的突触连接，显著多于网络间神经元的连接，暗示每个或部分神经元参与多个神经元网络[9, 10]。②具有相似朝向偏好的锥体神经元趋向于形成突触连接，构成一个编码朝向的神经元网络；然而，所有参与编码朝向的神经元的树突与轴突在空间上几乎是等概率分布的。因此，③神经元构成网络的可塑性被限制在树突棘的长度动态范围内[10]。这项研究揭示了神经元网络的一些结构特征。也可以说是神经元网络客观存在的解剖学证据。

① 该研究的视觉刺激由一系列漂移正弦光栅（图 9.3B）构成，刺激变量还包括不同的空间频率、时间频率、光栅朝向和运动方向。

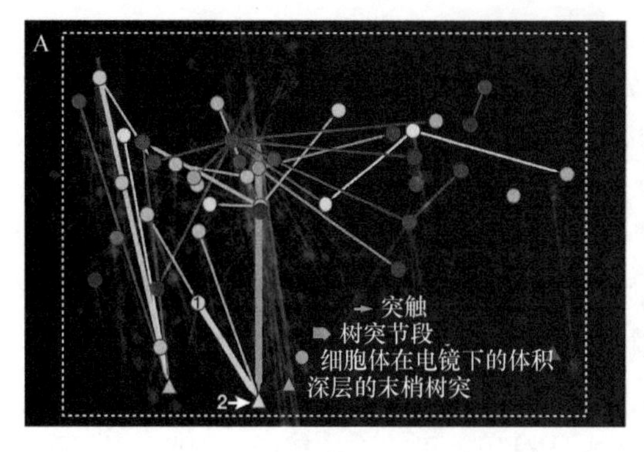

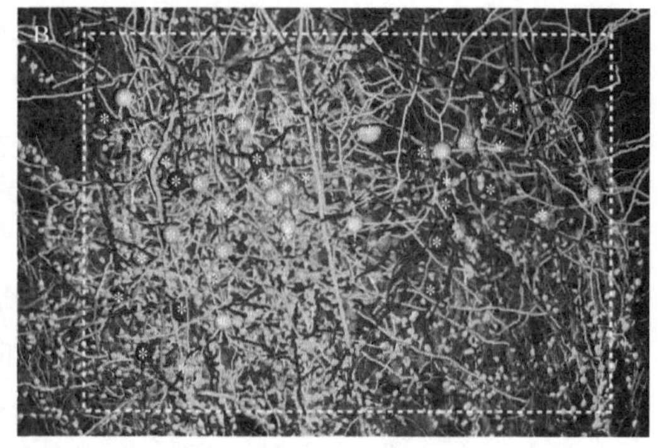

图 9.2　神经元网络实例的视皮层对线段朝向的编码[iii]

A. 钙成像显示被特定线段朝向激活的神经元群；B. 依据电镜图像重构的编码朝向的神经元网络结构

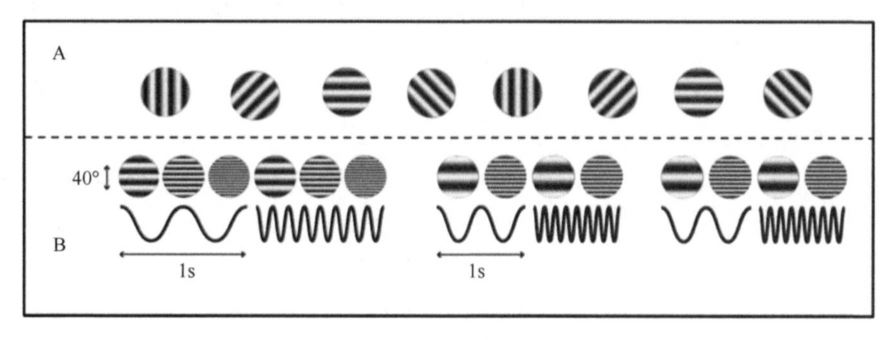

图 9.3　用于视觉刺激的光栅

A. 八个朝向的光栅，其空间频率（线条的宽度和密度）和时间频率（黑白变换/秒）不变；

B. 朝向不变（水平），但有不同的空间频率和时间频率

结合神经解剖、电生理和视觉计算等研究，现在已明确神经系统对图像轮廓或边界的处理单元是线段。作为图像构成的最基本元素——图形轮廓，最后都被神经系统分解为小线段的有序集合（学过素描的人都知道）。视网膜上的细胞排列方式构成了适合感知线条的网络结构（图 9.4），即感受野呈条状排列[11]。当刺激被限制在兴奋性感受野（图 9.4 中的加号）时，神经放电达到最大（图 9.4A）。输出电信号的强度是兴奋性感受野与抑制性感受野（图 9.4 中的减号）的加和（图 9.4B～D）。而当刺激覆盖兴奋性感受野和抑制性感受野的各一半时，网络的兴奋性与抑制性相互抵消，只存在自发放电（图 9.4E）。此时的放电状态与无刺激（图 9.4F）时一样，即兴奋性与抑制性对等而相互抵消。将每个刺激的神经放电累加对刺激朝向作图，可得到神经元网络的输出全景（图 9.4G）。因此，刺激覆盖的范围或方式，决定了神经元网络的最后输出。

可以推测，每个朝向都应该有一个相应的神经元网络与之匹配。然而，朝向是一个连续变量，在 360°范围内变化。哪怕是 0.1°的变化，也不是最小的差异，还可以有 0.05°甚至更小以至于无限小的变化。但神经元网络是有限的，这就需要以有限的系统编码无限的信息。通过一个“协调者”神经网络整合多个神经元网络的响应，即可以达成这个目的。任何一个朝向的神经编码都是多个神经元网络整合的结果。图 9.5 和表 9.1 阐明了 7 个神经元网络反应如何由神经网络整合，编码 90°和 92°的刺激朝向。其中第四个

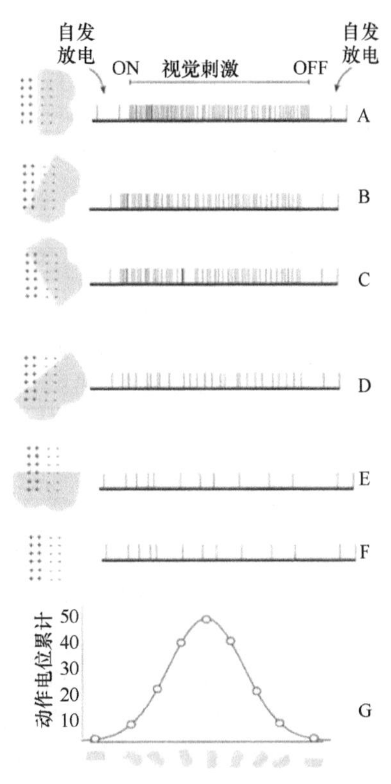

图 9.4　神经元网络实例之视网膜，感知线段朝向的工作原理

左边四列神经元构成一个抑制性网络（粗点）和一个兴奋性网络（细点），灰“B”代表光刺激区域[13]

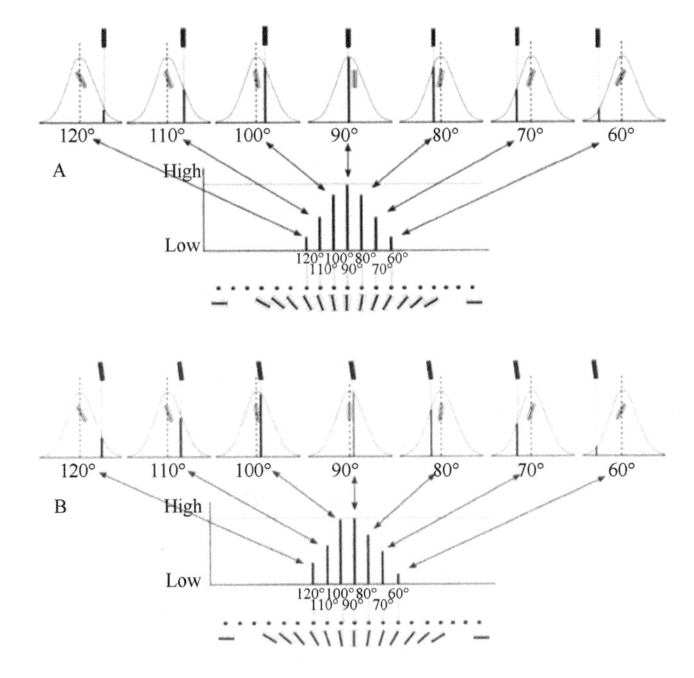

图 9.5　神经网络作为“协调者”整合神经元网络的工作原理

A. 七个神经元网络分别对 90°朝向的刺激响应；B. 同一个系统对 92°朝向的编码过程，均由神经网络整合后输出[13]

表 9.1 含三个神经元网络的神经网络，编码任意视觉朝向的计算过程[13]

特征朝向/（°）	神经放电率/s	放电率权重	朝向计算	注释
80	35	35/120≈0.29	80°×0.29≈23.43°	以 90°朝向为刺激，获得 120 个动作电位/s（图 9.5A）
90	50	50/120≈0.42	90°×0.42≈37.52°	
100	35	35/120≈0.29	100°×0.29≈29.17°	
	120		23.43°+37.52°+29.17°≈**90°**	
80	20	20/110≈0.182	80°×0.182=14.56°	以 92°朝向为刺激，获得 110 个动作电位/s（图 9.5B）
90	48	48/110≈0.436	90°×0.436=39.24°	
100	42	42/110≈0.382	100°×0.382=38.20°	
	110		14.56°+39.24°+38.2° =**92°**	

神经元网络的特征朝向（指对某朝向有最大的反应）是 90°，正好与 90°刺激朝向匹配（其结构见图 9.4），而与其他 6 个网络的特征朝向（80°、100°、70°、110°、60°、120°）或多或少与此有些偏差（图 9.5A）。然而，92°的刺激朝向与 7 个神经元网络的特征朝向都不完全匹配（图 9.5B）。对应 90°和 92°的刺激，这 7 个神经元网络的输出分布型是不同的（比较图 9.5 中的两个神经网络的输出）。表 9.1 显示多个神经元网络的输出是如何通过权重平均法，整合为一个表征正确角度的输出[12, 13]。为简化计算，这里只取三个邻近的神经元网络为例。这些线段朝向的信息会一直保留，即使在大脑皮层，也可以找到编码各个朝向的位点。每个位点就是一个神经元网络并占据一定的空间，否则研究电极很难巧合到靠近或接触单个编码朝向的神经元。

二、冗余法则

既然神经元网络是预先存在的，那么其数量是否够用呢？脑容量是有限的，主要限制因子包括空间和能耗。首先，脑的大小必须与身体的大小协调，不能过大，否则就“头重脚轻”了。其次，神经系统的运行是最耗能的，脑的总重量相对身体只占到全身的 2%，但能耗却占到全身的 20%～25%[5, 14]。脑容量与能量消耗呈正向线性相关，能量主要消耗在神经元的电活动。现代 fMRI 技术就是检测脑中的血流（氧）变化进行成像的，在外界刺激下，特异脑区被激活，耗氧增加导致血流加快。

哺乳动物的脑/体比，一般来说生活在水里和地面的动物相对较小，而树上的动物相对较大。跨物种比较可知，脑重与体重呈现非线性关系。绝对脑重不能完全解释人的认知能力，许多大型动物（如象、海豚和须鲸类）的脑都比人脑大；但相对脑重也不能完全解释人的智慧，如一些啮齿类的脑可占体重的近 10%[15]。脊椎动物的脑，依据结构可以明显分为 5 个部分。鸟类和哺乳类在端脑基础上，有了进一步的皮层发育，故又称为大脑。高智慧的哺乳动物，如灵长类、大象类和海豚类，由于没有更大的空间供大脑皮层伸展，只好形成褶皱。哺乳动物的皮层含有功能柱的重复结构（图 9.6），皮层的表面积越大，容纳的功能柱就越多。形成褶皱就是在不增加脑容量的前提下，增加功能单元，从解剖结构上突破脑容量的限制。

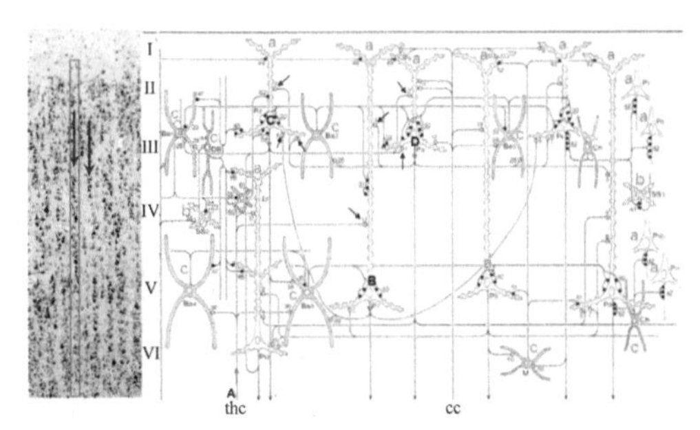

图 9.6 哺乳动物皮层的细胞构成及其连接

左：横切面的显微图像，显示神经元细胞呈垂直排列。右：典型皮层的神经元连接示意图。空心细胞是兴奋性神经元，包括锥体神经元类（绿 a）和点状神经元类（绿 b），灰色细胞是抑制性神经元，即双极神经元类（绿 c）。红箭头指向闭循环的突触；绿箭头表示闭循环的信号流向。thc 表示丘脑-皮层之间的投射纤维；cc 表示皮层-皮层之间的投射纤维

皮层的精细结构特征：第一，锥体神经元在皮层总神经元中占 80%～85%（图 9.6 左图中近三角形的细胞），是构成皮层柱的主体成分，其他神经元统称为非锥体细胞，主要有双极神经元和点状神经元。第二，锥体神经元和点状神经元是兴奋性的，双极神经元是抑制性的。第三，兴奋性神经元可以相互投射，构成闭合的循环结构。如图 9.6 右侧所示，从丘脑传入的信号 A 首先到达 B 神经元的树突，其轴突投送到 C 神经元的树突，后者的轴突投送到 D 神经元的树突，而 D 的轴突则将信号再投送到神经元 B 和 C 的树突。第四，抑制性的神经元投射到兴奋性和其他抑制性神经元，但不互相构成的闭循环（图 9.6 右）[16]。兴奋性神经元的闭合回路是一种正反馈系统，有什么意义呢？这三个神经元相互间如果都是兴奋性投射，就构成一个正反馈环路。一旦有输入，信号将会被放大至临界态，然后发生所谓的雪崩效应。如果其中一个或两个神经元的投射是抑制性的，就构成负反馈环路，使系统处于稳定状态。处于同一个神经元网络中的每一个细胞通过输出兴奋性脉冲而相互支持，结果导致在一定的神经空间形成有界线的活动“山丘”（作者注：比喻神经活动区域成为“热点”）。由于存在于不同脑区的众多神经元网络是被独立激活的，其整体输出就能够表征数以亿计的各种神经状态[17]。

2005 年前，如果你问任何一个神经科学家，人脑共有多少个神经元？你可能立即得到答案：1000 亿，每个神经元与 1000 个神经元互联[17]，再加上 10 倍于此的胶质细胞。如果你再问，谁数过？可能就失望了，没人数过，也没人知道这个数字从哪里来的。巴西女科学家苏珊娜•埃尔库拉诺和乌泽尔（Suzana Herculano-Houzel）找不到 1000 亿的出处，决定自己数。首先，她获得了四个成年男性的脑；然后，将整个脑组织用生物化学的方法去掉细胞膜，使有结构的脑变成一锅“脑汤”；取一小勺的“脑汤”，在显微镜下计数神经元细胞核的数量。她成功地改写了教科书：成年男人的脑约有 860 亿个神经元。就神经元的数量来看，人脑不是最多的，非洲象有大约 2670 亿个神经元。但人的大脑皮层含有 190 亿～230 亿个神经元，远大于象脑皮层的 110 亿的计数[18, 19]。大脑皮层主管高级认知功能，脑的其他部分则与身体的感知和调控有关。身体越大，需要的神经元也就越多。人的脑容量小于非洲象，皮层的体积也小，而皮层的神经元反而多，那么皮层神经元的体积必然小。神经元小，其能量消耗也小，但信号的传播速度要慢一些。人脑神经元还有一个特点，就是每个神经元含有的突触很多。具体的数据争议很大，每个

皮层神经元有0.5万～5万个突触，估计人脑皮层的总突触为10^{14}～10^{15}个（图7.5）[5]①。

总而言之，神经系统从几个方面突破脑容量的限制。以人脑为例：皮层起褶皱、神经元变小、神经元数量增多、每个神经元具有更多突触。尤其是神经元的突触增加，使皮层的神经网络连接关系更加复杂化。但是即使我们知道总的神经元数量和突触数量，我们仍然无法估算神经元网络的数量。我们甚至不知道神经元网络的平均大小。但可以做一个大胆的假设：神经元网络作为基本功能单元，是相对稳定的，那它们的大小也可能比较一致，可以有一定的变异范围，但不应该变化太大。那么，是否可以将每个行为事件分割为基本单元，神经元网络与之一一对应呢？完全可以！

考虑一下动物的自然状态，大脑面临的环境信息基本上是不可预测的，而神经系统必须能够对新的刺激形成记忆。如果神经元网络的数量刚刚够用，那么，就无法存储新的信息输入。由于无法预测出生后遇到的环境因子或变量，自然选择能够做的就是尽量将神经系统的容量变大。正如现实生活中的那样，在设计一些公共场所，如车站和医院时，最理想的状态是容纳量冗余化。这样的车站才能满足高峰，如中国的春节和西方的圣诞节期间的运输流量。这样的医院才能满足突发性事件的诊疗要求，如流行病暴发、地震、战争等。基于同样的理由，神经元网络的储备也应该是冗余化的。神经元网络的数量可以远远多于实际需求，这是因为有860亿个神经元，且每个皮层神经元有0.5万～5万个突触，每个神经元可能参与构成多个神经元网络。对非人类动物而言，大脑所拥有的神经元网络也是冗余的，只是不如人类那么极端。保持冗余，大自然为神经系统处理不可预见的内外界信息提供了必要的物质基础。

化学突触可分为两类：一类锚定在树突棘和树突枝上（Gray's type I）；另一类锚定在树突枝和细胞体上，无树突棘（Gray's type II）[20]。前者主要存在于大脑或端脑、小脑以及海马区，可能与学习、记忆、运动协调和认知有关；后者存在于所有脑区（包括大脑），主要编码一些比较固定的信息处理过程。因此，树突棘突触在形态上是不对称的，在功能上更加动态；非树突棘突触在形态上是对称的，在功能上可能更加稳定[21]。对于后者，神经元网络构建完成后的突触如果没有活动的话（即稳态突触，homeostatic synapse），几乎是不消耗能量的。神经元网络如果被调用，会有一定能耗。那些基于树突棘突触的神经元网络的构建和维持的能量成本也不会很大。另外，在神经元网络之间起连接作用的突触，即"富人俱乐部"的枢纽成员的突触，更是高度动态的。系统的构成单元越多，系统的结构越复杂，所需要的动态突触（dynamic synapse）就越多。它们的活性维持，需要额外的刺激，可能还要消耗一定的能量。相对其他哺乳动物，人脑含有的神经元不是最多的（鲸类和大象的神经元都比人类的多），但具有的动态突触可能是最多的。因为人类具有最强大的学习和记忆能力，以及看似无用的高级认知和意识功能。

神经元突触的能耗相对于维持神经元活性所需要的能耗，是微乎其微的。如第七章

① 人脑皮层含神经元约200亿个，小脑含神经元500亿～600亿个，其他脑结构总共有神经元约100亿个。现在尚不知道小脑为什么有那么多的神经元，但发现皮层单个神经元的突触数量远高于小脑单个神经元的突触数量。这暗示皮层神经元构成的网络远较小脑网络复杂。

所述，中枢神经浸浴在一种特殊的离子溶液（脑脊液）中。神经元含有高浓度的钾、低浓度的钠和极低浓度的钙。“高浓度”钙对细胞有毒，必须尽快排除。这三种离子都带正电荷，其中钠和钾各带一个单位的电荷，钙离子含两个单位的电荷。大脑所消耗的能量主要用于维持这种离子浓度的海量离子泵运转，它们逆浓度将钠和钙离子泵出细胞，钾离子泵入细胞。如此使得神经元外部的钠离子浓度高出内部 8～10 倍之多；钙离子的浓度差则高达 1 万（脊椎动物）～10 万倍（无脊椎动物）；钾离子的浓度梯度正好相反，神经元内部的钾浓度是外部浓度的 20～30 倍（表 7.1）。神经系统离子浓度差产生的电势能，是产生动作电位和阈下电位的基础[22]。动作电位的产生和传输，其能耗也是不可忽视的。因此，没有这些必要的能耗，神经系统就完全瘫痪或至少不能发挥任何功能。大脑能耗的另外一个重要方面是细胞（神经元+10 倍数量的胶质细胞）的基本功能，即新陈代谢维持，也占较大的比例。总体而言，神经元网络和神经网络的构建和维持的能量成本是很低的。想象一下，在一间房内有很多台计算机组成局域网，耗电主要是用来维持计算机主机（CPU、风扇、硬盘）的运行，而计算机内部或计算机之间信息输送的耗电是很少的，几乎可以忽略不计。再如，100 个有正常工作能力的人，是不是组成一个功能单位，如研究所，与他们的食物消耗无关。人一出生，神经元的数量就已确定，唯一的改变是神经元之间的连接（详见第八章）。全脑的神经元如果不连接，未必就比那些连接起来的神经元耗费更多的能量。因此，冗余神经元网络的存在以静态突触为基础，不是以消耗大量的能量为代价的。也唯有这样，才不会被自然选择所淘汰。

有限的神经元可以构成“无限”的神经元网络。前提是每个神经元不止参与一个网络结构，而是可以重复出现在多个网络中。来看一种极端简化了的情况，5 个神经元可以构成多少个四神经元网络呢？答案是 5 个，这相当于 80%的神经元重复参与每个神经元网络，而每个神经元只需要有 3 个突触就能实现。人类的皮层神经元有 0.5 万～5 万个突触，理论上每个神经元可以参与到 0.5 万～5 万个神经元网络当中。而人脑共有 860 亿个神经元，与认知密切相关的大脑皮层也有大约 200 亿个神经元。这 200 亿左右的神经元，可以构成的神经元网络是难以计算的，何况还存在树突形状和树突棘的变异。但考虑到神经元树突的空间局限性，大脑皮层的神经元网络可能不是无限的。

神经元重复参与多个网络的构建，已得到诸多研究的证实。常规电生理和钙成像的证据显示，不同类型的刺激常可诱发同一个神经元的反应。

除此以外，还有基因表达方面的证据。有一类基因受到刺激时，在被激活的神经元中特异地表达，称为即刻早期基因（*IEG*）①，包括 *egr-1*（哺乳动物）或 *zenk*（鸟类），以及 *c-fos*、*arc* 和 *jun* 等常见基因或基因家族。这类基因表达有特异的时间序列，最先在细胞核中以 RNA 的形式出现，刺激发生几分钟后就可以检测到；RNA 在细胞核中合成后，迅速转移到细胞质中，30min 后达到高峰，然后被 RNA 酶降解；在细胞质中，RNA 指导合成蛋白质，一般在 60min 后可检测到[23]。利用 RNA 在细胞核和细胞质的时

① 即刻早期基因中转录较快者有 *c-foc*、*egr-1*（*zenk*）、*arc* 等，转录较慢者有 *H1a*。即刻早期基因是在受到内外部刺激时，细胞最先表达的一类基因，参与细胞的正常生长和分化过程、细胞内信息传递和能量代谢过程，在学习和记忆中起重要作用。

间差，可以检测编码不同刺激事件的神经网络[24, 25]。设计这样一个实验，实验动物分成三组：A 组在给予天敌气味的刺激 10min 后立即处死；B 组在给予配偶气味刺激 10min 后等待 20min 再处死；C 组先用配偶气味刺激 10min，等待 10min 后再用天敌气味刺激 10min，立即处死。可以预测 *IEG* 基因的表达空间：A 组动物的 RNA 大都在细胞核（RNA 刚刚合成，尚未转移出细胞核），编码天敌（图 9.7A）；B 组的 RNA 大都在细胞质（等待 20min 后，RNA 已经到达细胞质尚未被 RNA 酶降解），编码配偶（图 9.7B）[24, 25]；C 组既含有单独细胞核标记（天敌）或细胞质标记（配偶）RNA，也有细胞核和细胞质都被 RNA 标记的神经元（图 9.7C），后者同时参与了对天敌和配偶的编码。

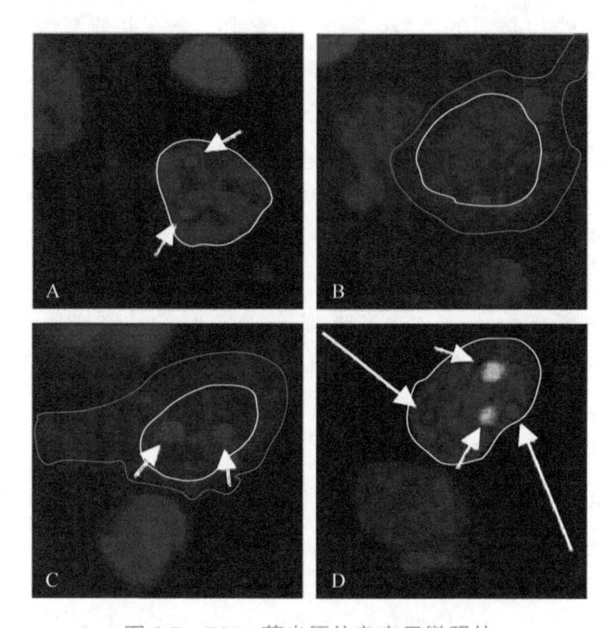

图 9.7 RNA 荧光原位杂交显微照片

A. RNA 刚合成，滞留在细胞核；B. 合成一段时间后 RNA 到达细胞质；C. 双刺激诱导 RNA 同时分布在细胞核和细胞质；D. 双色荧光探针标记不同基因的表达，红色为 *arc*，绿色为 *Hla*

RNA 可以用原位杂交的方法检测（以荧光素标记探针），而蛋白质可以采用免疫细胞化学的方法检测。如果用第一种荧光蛋白标记一个快速反应基因，如 *arc*（图 9.7D，红色），而用第二种荧光蛋白标记另外一个延迟反应基因，如 *H1a*（图 9.7D，绿色），结合细胞核和细胞质的空间差异，就可以同时探讨 4 个刺激事件的神经元群结构[24, 26]。例如，雄鼠作为实验对象而刺激分别是蛇、猫和雌鼠的气味时，检测相关脑区的基因表达（这次是 *c-fos* 基因的最终产物——蛋白质）。这三种气味激活的神经元群，既有特异的，也有共同的。图 9.8 中的绿色表征神经元对蛇气味刺激的应答，红色神经元对应猫或雌鼠的气味，黄色神经元则显示对双刺激的响应（绿色与红色的混合即为黄色）。结果显示天敌（蛇和猫）气味共同激活的神经元（21 个，图 9.8A），明显多于天敌（蛇）和配偶（雌鼠）气味共同激活的神经元 （10 个，图 9.8B）[27, 28]。由此可见，一些神经元参与对完全不同生物学意义的行为的编码，这是神经元参与多个不同神经元网络的有力证据。

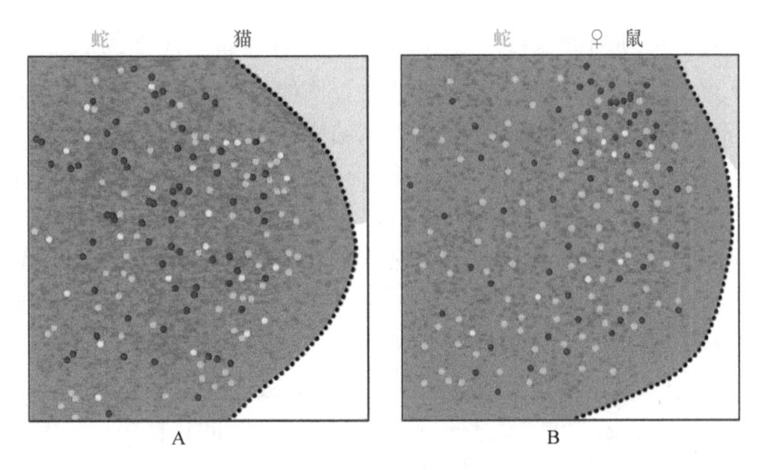

图 9.8　雄小鼠脑中 *c-fos* 表达分布[22] [iv]

A. 绿色是被蛇气味激活的神经元，红色是被猫气味激活的神经元，黄色是被蛇/猫气味激活的神经元；
B. 绿色是被蛇气味激活的神经元，红色是被雌鼠气味激活的神经元，黄色是被蛇/雌鼠气味激活的神经元

如果 IEG 直接与荧光蛋白的基因连接，而不是用荧光素标记 RNA 探针，那就可以直接观察活体 IEG 的表达。例如，将绿色荧光蛋白 GFP 连接到 *arc* 基因之后，当 *arc* 被激活其转录时，插入的 GFP 基因也被转录。通过转基因手段将重组的 IEG-GFP 基因导入胚细胞，使细胞质中合成的 ARC 蛋白带有 GFP 显色基团，受到激发时即显荧光。在颅顶开个“天窗”，借助双光子显微技术，就可以观察大脑皮层表面以下 100～500μm 范围内的神经元活动状况[29, 30]。其技术优势是不用处死动物就可以在细胞水平观察基因的表达，也就很容易对动物实施重复刺激，以比较不同刺激下神经元的基因表达模式。一个高级认知相关的实验，研究了雄鼠和雌鼠的视觉刺激对雄鼠脑的 *c-fos* 基因表达的影响：即使是对完全不同性质（如情敌与配偶）的信息编码，仍然有较多的共同神经元参与构成对这两个信息编码的神经网络。神经元可分为三类：①只参与构成“配偶”神经网络；②只参与构成“情敌”神经网络；③同时参与“配偶”和“情敌”神经网络[28]。

三、神经系统的自组织性

所谓自组织（self-organization）是一个物理学概念，指混沌（chaos）系统随机地相互作用时形成耗散（dissipative）结构的过程，即初始的无序系统，通过系统内各局部区域的成分之间的相互作用，而形成的整体有序或协同的过程。这个过程是自发的，系统按照相互默契的某种规则，各尽其责而又协调地自动形成有序结构，就是自组织[31]。它可以被随机扰动触发，并被正反馈放大。最后得到的结构在总体上对所有的系统成分都是散布式的，即分散（decentralized）的和（或）分布的[32]。如此一来，系统结构是“鲁棒”（robust，即强健的）的，可生存于扰动之中，甚至可以修复损伤的系统。自组织可以发生在物理、化学、生物和社会等领域以及认知和机器人系统，如晶体生长、流体的热对流、化学反应的振荡、动物集群和神经系统[33, 34]。自组织现象无论在自然界还是在人类社会中都普遍存在。一个系统自组织功能越强，其保持和产生新功能的能力也就越

强。例如，人类社会比动物群体自组织能力强，人类社会也就比动物群体的功能更高级。

现在通过一个例子，来阐述自组织的特性。例如，一大群凤尾鱼聚集形成的鱼群，其中每条鱼是不可能看到或感知到整个鱼群的结构、大小和去向的（系统成分是散布式的）；因此，每个个体只与其前后、左右、上下的其他个体发生联系（局部区域的成分相互作用）①。当某个鱼在看到其他鱼转向时，它也跟着转向（形成有序结构），而不是去想其他鱼为什么会转向。跟得好，它就保持在中央；跟得不好，就被甩到边上（系统是动态的）。当天敌攻击时，一条鱼受到惊吓，改变方向，其他鱼跟着改变方向，导致整个系统发生变形（系统受到扰动并正反馈放大）。而当天敌消失后，鱼群又恢复原样（系统自我修复）[34]。凤尾鱼聚集成群是为了抵御天敌的捕食，因为它们的个体几乎没有防卫本领。因为聚集成群可以：第一，干扰天敌攻击时的目标锁定，因为动物的中枢神经一次只能跟踪一个目标；第二，即使少数被捕食，大多数仍可存活；第三，遇到天敌的概率降低，因为大多数天敌具有领域性，喜欢独霸一定区域。所以，一些昆虫、鸟类和蝙蝠也采取同样的策略[35, 36]，主要是抵御天空中的食虫鸟和猛禽。因此，群体的自组织结构是受到了很强的自然选择的。

神经系统是一种什么样的自组织结构呢？神经系统被认为是一个"小世界"（small world）结构②。

那什么是小世界呢？一般而言，具有连接关系的拓扑结构要么是完全有序的（即有规律性），要么是完全随机的。有序网络的结构特征是局部连接同质化，如图 9.9A 所示。平面正方形的中央，与其上下左右的四个点（最近）连接而构成五点局部网络。六边形的每个顶点与邻近的三个点连接，构成四点局部网络。按这样的法则，所有连接的范围都被限制在局部。随机网络中任意点，与其他点的连接无规律可循。图 9.9B 中共有 16 个点，假设每个点平均有三个连接。任一点既可以与邻居连接，也可以与远方的点连接，连接范围覆盖全局。连接点的数量也是随机的，因此有的点可能只有一个连接，而有的点则有 6 个连接之多（图 9.9B 左）。平均而言，有序网络中连接任意两点的路径（不是距离）是最长的，即跨越的节点数最多；而随机网络中任意两点的路径最短，即平均跨越的节点数最少③。

然而，诸多的生物学、技术和社会网络结构介于两者之间。例如，第八章讨论的大脑之层级结构，其组织形式为：多个神经元组建神经元网络（最小范围），多个神经元网络构成神经网络（可能有多级），后者构成脑的局域网络（local network，中等范围），再由多个局域网络整合为全局网络（global network）或脑网络。因此整个大脑中的神经元

① 德国行为生理学家埃里克•冯•霍尔斯特（Erich Von Holst）曾经以手术移除普通米诺鱼的前脑（一般认为前脑控制聚群行为）。无前脑的米诺鱼像正常个体那样搜寻、摄食、游泳，唯一的区别是它不再在意是否离群以及是否有陪伴。由于正常个体在试图游向一定方向时通常会观察同伴是否跟上来以确定自己的下一步行动，但无前脑的鱼不会顾及于此。当它看到食物或有其他原因而改变方向时，整个鱼群就会紧随其后。因此，"无前脑"的鱼成为群体的领袖[37]。高等动物甚至人类，也有此类盲从的现象，这是值得深入研究的课题。

② 小世界一词，是匈牙利作家弗里杰什•考林蒂（Frigyes Karinthy）提出来的。他试图证明，通过人际关系找到世界任何角落的一个陌生人，只需要 5 个中间连接，即所谓的"六度分离"（six degrees of separation）！

③ 读者如果有兴趣，可以计算图 9.9B 中连接任意两点的节点数作为路径长度的指标。例如，将左上角与右下角的两顶点连接，在有序结构需要 6 步，而随机结构最少仅为 3 步（图 9.9B 右）。

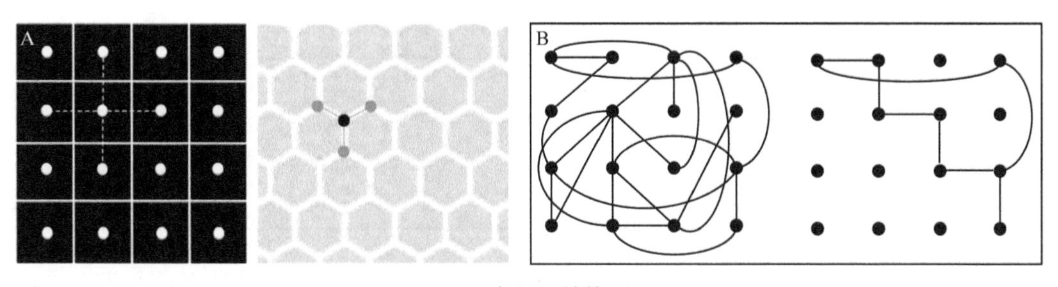

图 9.9　自组织结构原理

A. 有序结构的两个实例；B. 左为随机结构，右为有序连接和随机连接的比较

相互连接，既不是完全有序的，也不是完全随机的，而是一种小世界模型①。1998 年邓肯・沃茨（Duncan Watts）和史蒂文・斯特罗加茨（Steven Strogatz）建立了一个简单网络模型，很好地阐明了介于完全有序与完全随机之间的连接方式，称为“小世界”系统[38]。有序网络借助重新布线（rewired）提升系统的无序程度。这样的网络既是高度聚集的，如格栅结构或称局部结构（图 9.10A）；又具有短的特征路径，像随机网络图那样。如图 9.10A 中最左边的 20 个点，每个点与最近的 4 个点连接。例如，3 号点与 2 号和 4 号点连接，也跨越这两个点与 1 号和 5 号点连接，构成局部结构。最右边也是 20 个点，但连接是随机的，平均连接的节点数也是 4 个。中间的图则是从有序向随机的过渡，随机性指数 p 值由 0（完全有序）增加到 1（完全随机）。

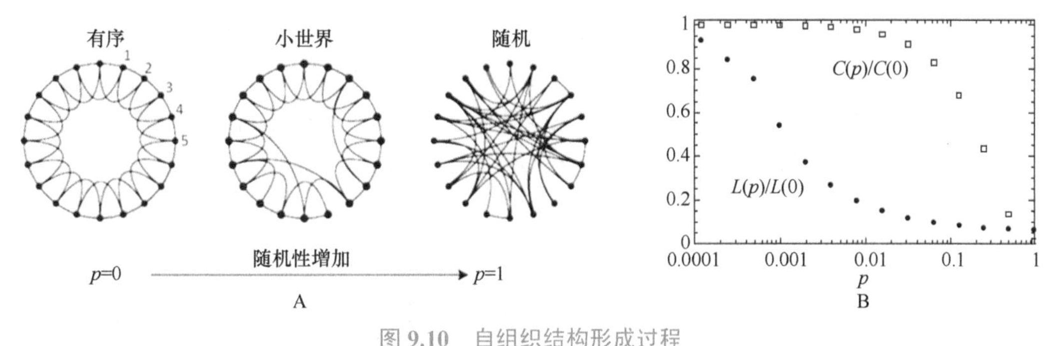

图 9.10　自组织结构形成过程

A. 从有序到随机的变化；B. 系统测量值，路径长度 L（p）和聚集系数 C（p）由有序向随机转变

在这篇经典论文中，他们考量了两个指标：特征路径长度［L（p）］和聚集系数［C（p）］。路径长度是前面提到的任意两点之间连接的节点数［L（p）为所有可能连接的平均值］，聚集系数描述非均匀分布（或局部聚群）的程度。计算这两个指标的相对变化率，即与 p 等于 0 时的测量值比较：L（p）/L（0）和 C（p）/C（0）。从图 9.10B 中可以看到，随着 p 的增大，L（p）/L（0）和 C（p）/C（0）都呈现非线性下降。两者变化曲线的规律不同，L（p）/L（0）在 p 值较小时变化显著，而 C（p）/C（0） 在 p 值较大时变化显著。随后通过实例验证了理论模型：比较三个现象的路径长度和聚集系数的实际值和随机值（表 9.2）。

① 小世界模型已经成为神经科学研究中，被普遍认同的理论[8, 39]，并在不同动物基于不同技术手段的研究实例中得到印证[40]。另外，自闭症、精神分裂症和阿尔茨海默病可使小世界的特性，即路径和聚集发生改变。

表 9.2 小世界理论的三个实例验证

项目	$L_{实际}$	$L_{随机}$	$C_{实际}$	$C_{随机}$
电影演员	3.65	2.99	0.79	0.000 27
美西电网	18.7	12.4	0.08	0.005
线虫神经	2.65	2.25	0.28	0.05

电影演员必须与其他演员合作，但这种合作关系既不是固定的也不是随机的。演员经常更换合作演员，既有一定的偏向性（互相看对眼），又希望与尽量多的演员发生合作关系，以塑造多样的艺术形象。因此，演员的合作关系，可以构成一个网络图。美国西部的电网由用户点和输电线组成，其点线关系，构成服务网络图。线虫是一种非常简单的动物，其神经系统共有 279 个神经元，通过 2287 个突触连接在一起，在整体水平构成神经网络图。对这三个实例进行小世界分析，发现其实际的路径长度和聚集系数都比完全随机状态下的相应值明显高，说明它们的网络结构具有小世界特征。利用小世界模型，作者还模拟了一个动态的网络结构——疾病传播过程，同样证明疾病传播也是小世界方式[38]。小世界结构是自组织系统的一种表现形式。

神经系统在局部范围是有序的，而在全局层面是随机的。可以推测：最基础的神经元网络结构在很大程度上是由基因及其表达的时空变化所决定的，因为遵循外界指令所以有序；而神经元网络之间的连接就会存在一定的随机性，但又不完全随机，受树突物理结构的限制，具有“小世界”的特征。然而，更大范围的连接其物质基础属于宏观结构，即神经纤维在不同脑区的铺设。脑中的主干神经纤维是固定的、很少变化的，因此也是基因控制的（图 9.11）。就如人类在城市之间架设输电线、电缆或光缆，是政府主导的基础建设，但服务的供应商和用户则是不固定的或可变更的[38]。其他例子，如机场、航空公司与乘客，也是如此。神经元网络既然是由基因决定的，是一种固化了的结构

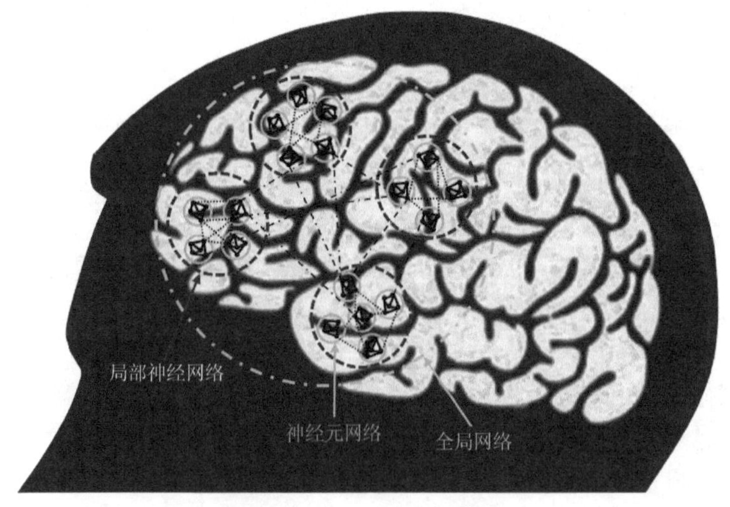

图 9.11 人脑的层级结构

神经元网络（黑实线）、局部神经网络（黑点线）和全局网络（点划线）。参考图 9.1

也是很稳定的有边界单元，即使有变化也是很少发生的；而在此层面之上的网络或连接结构是动态可变的，其连接强度是一种所谓的“弱节”（weak tie）模式（图 9.11）[40]。然而，弱节具有强关系性，体现在现实生活中就是，大量的朋友很少联系但社会覆盖范围广，经常联系的只有很少的朋友。神经网络对神经元网络的信息整合计算，表 9.1 是一个经典的实例。间接选择是基于神经元网络，或者说神经元网络是间接选择的基本单位。作为选择单位，神经元网络具备了相对的独立性、稳定性、传递性、变异性以及明确的边界。

神经系统的自组织特性，主要体现在神经系统的形成，即发育过程。就是说，神经元网络而不是神经元本身作为一个“鲁棒”性很强的解剖和功能单元，与其他神经元网络构成多层级脑结构的过程是遵循“小世界”原则的。借助神经元网络的竞争和选择机制完成并维持。

自组织现象在自然界普遍存在，在物理、化学、生物、计算机和人类社会都有大量实例。“在生命系统中，自组织是一个这样的过程，系统总体模式完全是基于系统下级成分之间的大量相互作用。此外，系统成分的相互作用仅限于局部信息的处理，与总体模式无关[41]。”以下的生命过程表现为自组织特性[42]。

（1）蛋白质和其他大分子的自发折叠。

（2）细胞膜双脂层结构的形成。

（3）体内平衡（从细胞到个体，系统属性的自主维持）。

（4）模式形成和形态发生，或个体的发育及生长（猎豹和斑马毛色的斑纹等）。

（5）人体运动的协调，如双手自主协调。

（6）社会性动物，如蜂、蚂蚁、白蚁和一些哺乳类社群结构的形成。

（7）聚群行为，如鱼群、鸟群、兽群。

（8）生命从自组织化学系统中起源，如超循环和自催化网络等理论。

（9）地球生物圈的组织，广义上以一种有益于生命的方式展开（此处尚有争论）。

神经系统是一个自组织的结构，目前已基本达成共识。但神经系统这个自组织是否处于临界态，仍然备受争议。在讨论神经系统的自组织临界性（self-organization criticality，SOC）问题之前，先介绍由丹麦的佩尔·巴克（Per Bak）、中国学者汤超和美国人库尔特·维森菲尔德（Kurt Wiesenfeld）于 1987 年基于沙堆模型提出并建立的自组织临界性理论[43]。通过简单装置让沙子一次一粒地落在桌上，逐渐形成一个不断增高的沙堆。基于视频和计算机仿真等技术，他们分析了沙堆顶部每落下一粒沙，会带动多少颗沙粒位移；开始，下落的沙子对沙堆整体的影响不大；但当沙堆达到一定的高度以后，一粒沙子的落下可能引发整个沙堆的崩塌。就是说，沙堆达到“临界”状态后，所有的沙粒都维持在一个整体的状态，既互相依存又互相牵制。新落下的一粒沙子会在局部产生扰动，尽管扰动很微小，但能在整个沙堆中传递和放大，悄悄地改变整个沙堆的结构。沙堆的结构将随每粒新沙的落下而变得愈加脆弱，最终发生沙堆的崩塌。临界态即崩塌时的沙堆大小与出现频率呈幂函数关系：即处于临界态的大沙堆是很少出现的，绝大多数崩塌发生在小沙堆阶段。符合所谓的“幂次定律”，事件的烈度与发生频率呈负幂关系。

雪崩是指当山坡积雪内部的内聚力抗拒不了它所受到的重力牵引时，便向下滑动，引起大规模的积雪崩塌。处于临界态的积雪，一个很小的外力，如人说话，都可能引发大雪崩。雪崩的规模与发生频次也服从幂次定律：大雪崩很少发生，但小雪崩则很常见[44]。现在的相关研究喜欢用雪崩一词，而鲜有用沙堆者，可能是因为雪崩比沙堆的气势大很多，易引人注意的缘故。

什么是临界？以水为例，临界温度是 0℃和 100℃。在这两个温度点，水发生相的转变：固体↔液体↔气体。因此，临界就是物质的属性发生相变的外界条件。在低温下，磁性物体的磁向是一致的（有序），只有这样才能黏附到含铁的物体表面。在高温条件下，由于分子运动和碰撞，磁向被打乱而呈随机状态（无序），失去黏附能力。从有序到无序，也存在一个临界点[45]。

如何才能找到这个磁向的临界点呢？图 9.12A 显示磁向从有序（左）到随机（右）的过程，这中间需要经过临界状态（复合体）。以磁向变化对时间作图，可以发现一些有趣的现象。在低温下，虽然磁向一致但无任何变化，因此其统计的动态相关性很低。而高温下，磁向存在显著变化却是随机的，导致磁向不一致，其统计的动态相关性也很低。从统计学的观点看，只有那些随环境（如时间）的变化而变化，且有较一致变化趋势的变量，才有高的相关性。图 9.12A 的右侧显示两个介于有序和无序之间的状态，部分磁向朝上部分朝下，之间以虚线分割。这种状态既随时间变化，又有一定协调性，其变量具有很高的相关性。如果以相关性对温度作图，可以看到相关性在某一个温度点突然升高（图 9.12B）。这一点就是磁向从有序到无序转变的临界点，即相转换点。总之，在有序和无序的状态，动态相关性都很低，只有在临界点才有最大的相关性[45]。

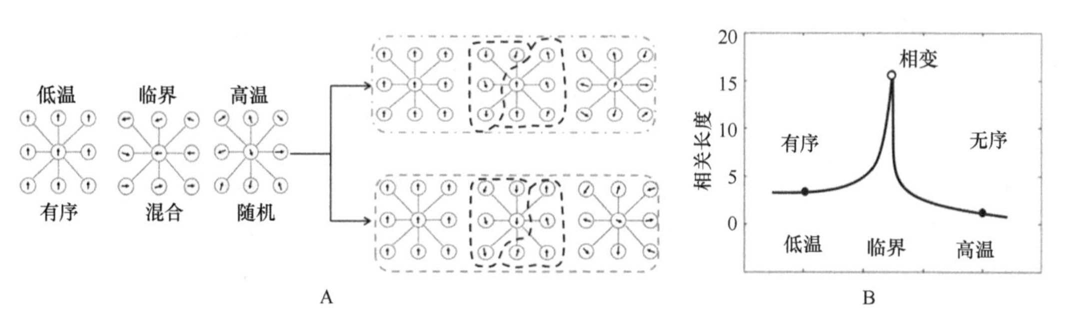

图 9.12 磁向随温度的变化

A. 从有序向随机的转变过程；B. 有序到无序的相变临界点

现在来看几个自组织临界性的实例

森林火灾：美国的黄石国家森林公园占地面积约 9000km^2，是美国最负盛名的自然保护区和旅游胜地。森林火灾也同样出名，1988 年的大火给我的印象极深，以致 2005 年我们全家到黄石公园游览时，我还专门到火迹地去看了一看。黄石公园地处偏北，以针叶林为主，寒冷干燥的气候使脱落的松针不容易被分解，积累成为易燃物。虽然记录显示有多次人为引起的火灾，但大多数时候是自然火灾——雷电引起，即“nature ignites”。落叶（特别是松针）的累积，加之天气干旱导致植物含水减少，使森林系统逐渐处于临界点。一个烟头或一次雷电，就能导致一场大火灾。对全美 1986～1995

年 4284 次火灾的规模统计发现，“过火面积-发生频次”符合幂次定律[46]。1972 年之前，黄石公园对野火采取零容忍政策，一旦发现野火就尽量将其扑灭。这就使林木的密度大为增加，人为地维持并放大系统的临界性，最终导致一场大火烧掉了 32 万 hm^2 森林，占黄石公园面积的 36%。可见小火灾对维护此生态系统的稳定性是有好处的。

地震：巴克在他的《大自然如何工作》中写道：“地震可能是自然界中自组织临界现象中最干净而且最直接的例子。大多数时间里，地壳是静止的，处于郁滞时期。这种显而易见的平静有时被很强烈的间歇性爆发的活动所打断。于是产生少数非常大的地震，但更多的是小地震[47]。”古滕贝格-里希特（Gutenberg-Richter）定律认为：地壳的运动积累了能量，而能量的积累最后导致板块的断裂，从而释放能量。这个能量释放可能会引起一个级联反应，形成大的地震。Bak 和汤超在完成他们的经典 SOC 论文之后，参加了一次戈登会议。这不是正式会议，而只是类似“神仙会”的学术讨论会，不同领域的科学家可以展示并和人们讨论他们最新的进展。每年夏天，戈登会议在新罕布什尔州美丽的湖泊、森林及山脉附近的小学院举行。在这次会上，他们听到了加州大学洛杉矶分校的雅各布・卡甘（Yakov Kagan）关于古滕贝格-里希特定律的演讲：基于过去 70 年里世界范围内的地震资料，统计表明地震的量级分布是幂次的。随后，他们比较了地震的弹簧块阵模型与沙堆模型，认为两者有相似之处。其他科学家也提出类似观点，地震可以被看作是一种自组织临界态现象。因此，古滕贝格-里希特定律表明地壳运动的自组织到达临界状态[48]，这种理论暗示，地震是不可预测的。

神经系统：尽管巴克在他的书里用了一章的内容，试图说明大脑是一种自组织临界态，但十分苍白无力[47]。真正的突破是 2003 年约翰・贝格斯（John Beggs）和迪特马尔・普伦茨（Dietmar Plenz）[49]基于 60 个通道电极对活的脑切片中神经元进行胞外长时间的记录，发现自发放电的时空规律：①自发放电在时间轴上是间歇性的，即两次放电之间有一定的时间间隔；②在空间分布是随机的；③每次都有数量不等的神经元“同时”放电。是否为“同时”，依赖于取样的时间窗。当时间窗很短时，放电神经元在时间和空间都是分离的，而当时间窗足够长，则放电在时间轴上不可分辨。贝格斯和普伦茨将时间窗设为 4ms，可使一次自发放电（通常维持 10ms）在连续的几个时间窗中出现。以每次自发放电的时间窗个数（X 轴）为指标，统计自发放电的频次分布（Y 轴），得到一个幂次曲线。这个曲线显示，放电出现在一个时间窗的发生概率最大；时间窗越多则发生概率越低。最大的时间窗个数可超过 20 个，但发生的频次极低，符合雪崩规律。

对其他神经系统的研究，也表明神经元雪崩现象的存在。动物在体（*in vivo*）脑电的研究中，记录静息态（无信息输入的 rest 或 sleep 状态）的局部场电位，以电压即场电位的幅值代替上述实验中的时间窗。同样得到电压幅值与发生频次的幂次规律，据此推测在动物或人脑中发生了神经元雪崩。在癫痫症患者的脑中埋植 64 通道的电极，重复了贝格斯和普伦茨在大鼠脑切片中的结果。当癫痫发作时，幂次曲线发生相应的改变[50]，与贝格斯和普伦茨在脑切片的培养液中添加兴奋性突触或抑制性突触的拮抗剂结果具有可比性。近年来，神经系统的自组织临界性研究越来越受到重视，已成为神经科学的一个重要方向[51, 52]。

但质疑的声音也很响亮，如在清醒的动物和人脑中得到的一些结果不符合幂次定律。另外一些结果看似符合幂次定律，但解释存在错误。一些研究可以用其他理论阐明，可能因为这些系统不具有自组织临界态[53]。例如，乔纳森・图布尔（Jonathan Touboul）和阿兰・戴斯特赫（Alain Destexhe）于 2010 年[54]仔细地分析了局部场电位后发现，通常的统计方法的确能够得到幂次曲线，但其结果对检测阈值改变的“鲁棒”性不够强，即在采用更严格的统计条件时，结果不稳定。进一步研究认为，随机（stochastic）过程在没有自组织临界态存在的条件下，产生了不真实的幂次曲线。

然而更有疑问的是，凡是幂次曲线的系统就具有自组织临界性吗？这是该领域目前遇到的最大挑战。因为很多行为都可以产生幂次曲线，甚至随机过程的一些测度也可以。2005 年，纽曼（Newman）[55]分析了 15 个系统，包括物理、生物、地球、行星、经济、金融、计算机科学、人口和社会等，其中 12 个系统的强度与频次之间表现为典型的幂次曲线。有意思的是，森林火灾不在上述 12 个系统之中，尽管也是幂次曲线但存在指数截止（exponent cutoff）现象，这与布鲁斯 • 马拉默德（Bruce Malamud）等 1998 年[46]的结果略有不同。幂次曲线产生的原因，可能包括：①指数组合（combinations of exponentials）；②互为倒数（inverses of quantities）；③随机游动（random walks）；④Yule 过程；⑤相变和临界现象[56]。可见临界性只是众多导致幂次曲线的机制之一。

总之，抛开自组织的临界性，神经系统的自组织特性是得到广泛认同的，显示神经系统不完全受基因的表达调控，神经网络系统还有自己的运行法则。高级神经中枢是具有小世界特征的自组织系统，即使临界态的“鲁棒”性不强。达尔文的自然选择能够部分但不能完全解释神经网络及其所控制的行为，就在于此。对于基因完全能够控制的过程，如消化和呼吸，毫无疑问是受到自然选择的。具有一定自主性的神经系统，却试图“摆脱”基因的控制，远离自然选择的“魔爪”。

相对而言，神经元网络是稳定的，连接神经元网络的神经网络是动态的。绝对而言，网络都是动态的，因为网络的基础——化学突触的可塑性。

四、突触的动态性

让我们暂时离开抽象的物理理论，来看看具体的神经解剖结构。如前所提，树突棘是一种细胞膜突起，因为生长在树突的枝上，故名。皮层中的大多数突触是锚着在树突棘上的（图 7.4B），脑干部的突触可以直接与树突膜连接，极端情况是极少数突触直接搭在细胞体的膜上。在高级中枢，突触与树突棘是二位一体的，因此，树突棘的产生和消亡几乎等同于突触的形成和溃退。树突棘存在于脑中主要神经元的树突上，如新皮层的椎体神经元、纹状体的中型多棘神经元和小脑的浦肯野细胞。一个神经元的树突有成千上万个树突棘，一个树突棘通过突触接收单个轴突末梢的输入，即轴突末梢为突触前而树突棘则为突触后（图 7.4B）。尽管存在抑制性突触与兴奋性突触共享一个树突棘的情况，但一般情况下树突棘只接收轴突来的兴奋性投射[57, 58]。因此，树突棘/突触的递质受体，以 NMDA 型和 AMPA 型等受体为主。NMDA 受体是学习和记忆的主导分子，与长时程增强（LTP）和长时程抑制（LTD）的机制有关[59]。

树突棘具有丰富多样的形状和体积，具有基于神经活动和个体经历的可修饰性。长期以来树突棘被认为是突触可塑性的形态基础[60]。由此推断，树突棘应该是突触强度记忆的储存地，也是突触后电信号的起源地。另外，树突棘极大地增加了树突枝的表面积，即增大了神经元之间的连接途径。尽管有不同的外形结构，典型的树突棘有一个膨大的头，即棘头（0.01～0.8μm^3）；一个细颈部，连接棘头与树突枝（图 9.13A）。棘头的顶端是突触后膜，除了有递质受体以外，还有大量的 PSD95 蛋白。后者作为突触后膜的基本成分，起富集和锚定各种功能蛋白质的作用。树突棘的形状维持与变化，都依赖一种细胞骨架分子——F-肌动蛋白（F-actin）。而另一种细胞骨架蛋白微管（microtubule），则主要维持树突枝的形态。相对而言，树突枝是较稳定的，树突棘是易变的。棘头内含有很多的光面内质网，一方面是作为“钙库”而存在，另一方面便于在本地合成蛋白质，如 PSD95 和 F-肌动蛋白。本地合成的策略使得树突棘结构与功能的调节既快速又精确[61]。树突棘生长变化，是内部 F-肌动蛋白的灯丝蛋白通过数量和分枝的增减来完成的。大致有 4 个阶段：树突棘萌发、丝状伪足伸长、棘头形成、树突棘成熟（图 9.13B）[62]。

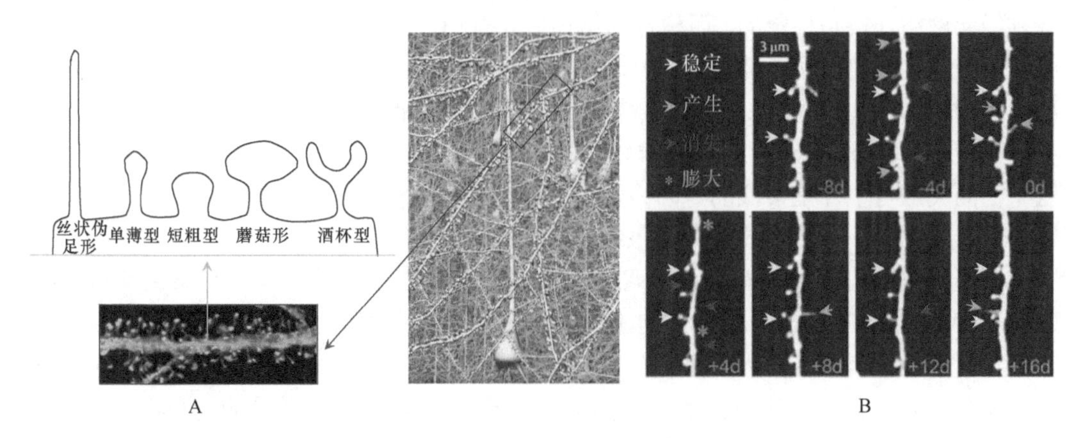

图 9.13 树突棘的形态与发生

A. 树突棘的形态分类，下方是高倍双光子成像实例；B. 树突（垂直）及其着生的树突棘（箭头）的动态显微照片，以天为计时单位

树突棘最早由卡哈尔于 19 世纪末在小脑神经元上发现，并提出：树突棘是神经元之间的连接点。然而，直到 50 年后电子显微镜的出现，才证实了卡哈尔的观点。在很长一段时间内，人们普遍认为树突棘是在胚胎发育阶段形成的，出生后稳定且维持不变。双光子激光共聚焦显微镜技术，使得在高倍下观察活体神经元的结构成为可能。随后，大量的文章都报道树突棘为动态结构：体积变大或变小，整体消失和再生，这些现象一生中均有发生（图 9.13B）[63]。在第七章中，讨论了 LTP 和 LTD 现象及其与学习和记忆的关系。已有研究表明，LTP 的形成伴随树突棘的头部增大，而 LTD 过程则伴随棘头的缩小[64, 65]。树突棘的外形和体积变异被认为与棘-突触的强度和成熟度有关。那些强连接突触的锚定树突棘，一般都有一个较大的棘头，如图 9.13A 中的蘑菇形。

根据外形，树突棘大致可分为：丝状伪足形、单薄形、短粗形、蘑菇形以及酒杯形（图 9.13A），前两种是动态生长的，后三种可能是成熟稳定的。当然，这个分类不是截然的，实际上这些形态之间存在过渡类型[66]。不同形态的树突棘表现出不同的可塑性。幼鼠中，丝状伪足形的凸起可在数小时内发生膨胀和萎缩，是动态的，而这类树突棘在成年鼠脑中则不存在[67]。在一个月龄小鼠的皮层，13%～20%的树突棘被抹除，而只有 5%～8%是新生的。随着动物成熟，丝状伪足形的树突棘大量消失。成年后，不断发生树突棘的消失和再生，但随动物的逐渐老化，消失多于新生[68]。在视皮层发育的“关键期”，约 73%的树突棘在一个月内保持不变，多数变化与树突棘的抹除有关。成年鼠中，约 96%的树突棘在 13 个月内（等于小鼠寿命的一半）是稳定的[69]。总的来看，大多数树突棘是稳定不变的，少数是动态的。可能正是这少数动态的树突棘，与学习和记忆等神经可塑性过程相关。例如，对成年鼠进行运动训练，在几个小时内，新树突棘开始形成[70]。

稳定的树突棘形态与神经元网络的构成有关；而动态的树突棘涉及神经元网络之间的连接，即构建神经网络。一方面，小世界理论和脑网络层级构架理论认为，基层网络或神经元网络连接是稳定的，而稳定的结构需要有稳定的连接。另一方面，网络与网络，脑区与脑区，它们的连接是弱节的、动态的、与任务相关的[40]。需要强调的是，稳定连接也是相对的，只是可能在没有刺激输入的条件下衰退得较慢而已。树突棘的可塑性是突触可塑性的基础，对于可塑性要求较低的神经系统，突触就直接锚在树突枝的主干上。脑干部的突触可塑性是很低的，因为此处的神经系统执行一些“刚性”任务，如呼吸节律和声音定位等，不允许改变神经系统的结构。

神经网络的可塑性具有很强的可逆性。美国心理学家乔治·马尔科姆·斯特拉顿（George Malcolm Stratton）在 1897 年做了一次有趣的实验[71]。他将一个两端各装有一个凸透镜的管子，牢固地安装在他的右眼上，不让光从旁边漏进去，再用不透光的东西把左眼蒙蔽起来，只让右眼通过管子看东西。第一天开始练习时，看到的人和物都是脚朝上，头朝下，且左右互换位置。想拿右边的东西，手却伸向左边；想拿地面上的东西，手却伸向天花板。三天以后，混乱的现象有了显著的改变，到第八天，混乱情况差不多完全得到了克服，觉得很习惯了。想拿什么东西，手就会很自然地伸向放着那个东西的正常位置。当他撤去右眼上的管子和左眼上的遮蔽物后，又感觉到一切物体都是上下颠倒、左右互换的了，再经过一段时间的训练，感觉才恢复正常。上述实验中，如果把右眼蒙蔽，让左眼戴上管子，情况也会一样。这就证明，视网膜的成像和一个凸透镜所形成的像一样是倒立的，只是由于大脑的习惯作用，把它改正过来了。神经元网络不会变，因为它们编码处理图像中最基本的结构模块，而只能是在此之上的神经网络是高度可塑的。

树突棘稳定性的丢失，与一些涉及感知、认知、记忆和行为的神经和精神疾病有关。在阿尔茨海默病、帕金森病和其他神经退行性变性疾病患者的皮层，突触和树突棘的密度显著降低[72~75]。精神分裂症患者的皮层树突棘的密度也明显变低[72, 76]。亨廷顿舞蹈症的中型多极神经元，随着病情的发展，树突棘密度早期升高，后期降低[77]。现在还不知道树突棘消失与患病的因果关系，但神经网络的连接被破坏，是导致认知障碍的主要原因[78]。这些病例显示树突棘的稳定性对正常脑功能是非常重要的。

五、行为传承

尽管以斯金纳为首的行为主义学派强调所有行为都是通过学习而获得的，但有强烈的证据显示本能行为是遗传的。目前所知的行为或信息的传递有 4 个层级，即基因、文化、语言、文字。

1）基于基因的行为传递

第三章和第五章都涉及了行为的遗传性，其中第三章重点讨论行为的谱系发育，即进化路径，而第五章阐明了调节行为的基因。在大时间尺度上，行为既是稳定遗传的，又是动态变异的。当然，所谓的变异是物种甚至物种以上的分类阶元为适应特定环境而发生的性状改变。这些改变了的行为，在短的时间尺度上，即世代之间又是稳定遗传的。生物遗传都是借助蕴藏于 DNA 序列当中的基因或基于 DNA 本身的分子修饰，进行信息传递的，这种传递是单向的，即从亲代到子代。可能所有的反射行为和本能行为都是可通过基因遗传的，甚至一些行为是由单个基因编码的，但复杂行为是多基因编码的[79]。考虑到每个具体行为都特异地关联到至少一个神经元网络，因此"基因—网络—行为"是对应的，是"三位一体"且在进化上是等效的（请参阅第十二章，在此不赘述）。

从网络复杂性来看，控制单一行为或动作的神经网络可以是很简单的，甚至可能就是一个神经元网络。然而，处理外界和内在信息的神经网络是极其复杂的。这就很好地解释了本能行为遗传的普遍性，而认知和意识相关的神经网络却很少遗传。到现在为止，尚无法确定婴儿的"恐高"行为是否与生俱来。一些经典的研究结果，现在也已经被推翻。例如，短颈理论认为小鸡对飞鸟纸模型（鹰或雁）的反应是遗传的，后来的实验推翻了原来的结论，现在基本肯定是学习的[80]（参考第十四章）。因为对天敌与非天敌的识别，涉及较高级的认知过程。

2）基于"文化"的行为传递

所谓文化，就是通过学习的方式扩散并固定下来的某种行为。对动物而言，通过观摩其他个体尤其是年长个体的行为，反复练习后获得。还有一些行为是对自身经历的总结，如初次产子的雌性动物对幼子的照料没有经验，常导致子代死亡。然而，第二次繁殖时该现象就有明显的改善[81, 82]。目前研究得较多的，包括求偶行为、捕食行为、育幼行为、社会行为等，都发现具有文化的基本要素。

求偶可能是自然状态下最复杂的行为过程。动物鸣叫行为的进化主要是性选择的压力，虽然其他如警戒行为和社会行为有时候也涉及鸣声。绝大多数动物的鸣声结构是固定的，因此是遗传的，有少数动物的鸣声是可变的。在自然状态下具备语音学习能力的动物已知有八大类，人、海豚、蝙蝠、象、海豹（海狮）、鸣禽、鹦鹉、蜂鸟[83]。鸣禽大约有 4000 种（不是所有的鸣禽都能学习语音），是目前研究得最多的语音学习模型。就学习类型而言，鸟类大致可分为：①终身学习型，如八哥和鹦鹉，②季节学习型，如金丝雀；③一次学习型，如斑胸雀。鹦鹉、八哥和琴鸟等，在性成熟之后也喜欢模仿所听到的一切声音（详见第四章）。季节学习型的鸟类，其语言学习相关的神经核团和神经元都是极端可塑的，即在非繁殖季节凋亡而在繁殖季节再生。每年的早春时段，受长光照的作用，此类核团中的神经元大量再生，导致核团增大。经典理论认为，动物一经出生，神经元的数量就固定了，不会有新神经元产生。由于鸟类的这些成果，催生了鼠类和人类成年神经再生的医学研究。斑胸雀是原产于澳大利亚的鸣禽，作为宠物被引入世界各地，现在已成为语言学习的主要模式动物。一项基于800只个体的行为遗传学研究，显示雌鸟的非习得性鸣叫声是高度遗传的，即亲缘关系近的个体，其鸣叫声更相似；而雄鸟的鸣啭声只有很低的遗传力，声音结构与“导师”的鸣声相似[84]。同一个物种，雌性的行为以基因进行遗传，而雄性的行为则以学习传递。据此也可以推测，雄性的鸣声更容易发生变异或“文化创新”。

与琴鸟对任何声音都能模仿的极端学习能力不同，金丝雀和斑胸雀的学习是很有局限的。后者虽然能模仿有一定变异的声音，但都倾向学习同物种或同亚种的鸣啭。保罗·芒丁格（Paul Mundinger）于1995年饲养繁殖了金丝雀的两个亚种，即Roller和Border，两者的鸣声有较大的差异[85]。为Roller或Border的幼鸟同时播放Roller和Border的鸣啭，最后结果：Roller幼鸟跟Roller导师学习，Border幼鸟跟Border导师学习，而杂交幼鸟既跟Roller学也跟Border学。播放其他物种的鸟鸣给处于学习阶段的斑胸雀，后者也能够学习，但学习效率明显低下。而且一旦听到本种的鸣声，立即忘记之前所学，转而学习本种的声音。有两种近缘山雀重叠分布，两者鸣啭完全不同。将它们的幼鸟隔离，其鸣声虽然与正常的差异很大，但明显含有自己种类鸣声的基础架构。这些研究暗示有语音内模板的存在，而内模板的表达需要听觉反馈。如果在语音学习之前人为致聋，最后导致这两种鸟的鸣声结构极相似[86, 87]。由此推测，琴鸟和八哥可能没有内模板，听到什么学什么，没有选择性。

金丝雀和斑胸雀的语音学习受到内模板的限制，而内模板是遗传的，它们成年后的语音结构是内外因共同作用的结果。这些鸟类有“方言”也就不奇怪了；相反，琴鸟和八哥不可能有“方言”。所谓方言，对动物鸣声或对人类的语言来说，就是具有共同的基本特征，也就是伴随种群扩散而发生的地理变异。因此从某种意义上看，方言具有文化的基本特征。在西方学者的眼里，凡是能够在种群内扩散的行为，都是文化现象。自然选择作用驱使动物适应局部环境，而性选择需要进行物种识别和个体识别，前者驱使鸣声在种内趋同而后者青睐鸣声在种内趋异。因此，方言是自然选择和性选择相互竞争和相互妥协的结果。

有些种类需要几十甚至上百千米距离才能产生不同的方言，如非洲莺鸣声的地理变异跨越广袤的撒哈拉以南地区。音节的类型沿地理分布连续地逐渐改变，即使是在两个亚种的边界地区也不中断这种渐变[88]。而另一些种类只需要间隔很小的距离，就有方言。例如，黄冠太阳鸟，一种庭院鸟，伴随人类的定居而扩散，在狭窄的以色列境内即可形成显著的地理差异。对该鸟的鸣声结构做聚类分析，可以将70%的方言归到正确的地理种群；对鸣声结构做网络分析，可将方言分为几个网络社群[89]。

在大鼠群体中存在一种借助情绪传递的快速信息系统，更重要的是，存在一种习得性经验的保存和传递机制。如果发现一种未知的食物，通常由首先发现的大鼠决定全家族成员是否食之。“如果几个群体成员过手但不食之，其他成员也会拒食。如果前几只大鼠拒食毒饵，它们就会在毒饵上撒上尿液或粪便。……”最令人不可思议的是，有关特定毒饵的危险知识会一代一代地传下去，知识的寿命比第一个经历者的寿命要长很多。……大鼠基本上采取了与人类相同的方法，那就是，在闭合的社群内进行经验的传递和扩散[37]。

20 世纪 70 年代，西方曾流行一个很荒唐的理论，“第一百只猴子效应”。该理论源自日本猕猴的行为现象[90]。日本有个著名的猴岛——幸岛（Koshima），位于日本宫山最南端的半间市境内，是灵长类研究的理想之地。“1952 年，研究人员常将番薯扔在沙地上喂猴子。猴子喜欢吃番薯，但讨厌被泥沙沾染。一只小猴子偶然发现用小溪里的水可以解决泥沙问题，它把这个发现传给了妈妈。不久其他个体也学会了水洗方法。1952～1958 年，所有年轻的猴子都学会了清洗番薯上的泥沙。而成年猴子中，只有效仿自己孩子的猴子才掌握了该技术，其他的成年个体还在吃泥沙番薯。1958 年的一个秋日，不可思议的事情发生了，仿佛是一夕之间岛上几乎所有的猴子都学会了洗番薯。更让人惊讶的事情是，清洗番薯的行为跨越了海洋……其他岛屿以及大陆上的猴子也开始洗番薯[91]。”第一百只猴子效应的大意是，当第一百只猴子被同化时，增加的能量或信息以某种方式强化了，从而形成群体效应，产生一种能够远距离传播思维的功能。我们暂且不去讨论该理论是否具有科学的合理性以及是否符合逻辑[92]，日本猕猴学会用清水洗番薯并迅速在种群内传播，确有其事[93]。猴子洗番薯的行为是猴子自己发明的，很难进行诸如行为起源、扩散和传播之类的研究。

英国科学家在山雀野生种群中人为地引入一个新行为，研究其扩散规律。首先在每个种群中捕捉两只山雀，训练它们学会推门开食盒的方法，但不同种群来源的鸟在开食盒的方向上有区别。例如，A 种群的鸟由左向右推门，而 B 种群的鸟则由右向左推门。训练 4 天后，将它们在捕捉点放归回原种群，并在附近设立食盒。在随后的 20 天内记录种群内其他个体的取食行为。正如预测的那样，A 种群绝大多数个体从左向右推门，而 B 种群倾向于从右向左推门。其实食盒的门向左向右推，都是可以打开的。社会网络分析显示，与两只受训者接触越多的个体，学得就越快，构成一个强局域网络。实验当然不限于两个种群，还有更多的种群作为重复。然后中断实验 9 个月，待第二代长成，继续测试其开盒方向。发现原来的偏好依然保持，显然是子代从亲代那里学习获得[94]。

行为可以基于学习获得，也可以因条件缺乏而丢失。一些猫科动物的捕食行为，由于长期人工饲养已完全丢失。例如，家庭养的宠物猫，似乎已没有捕捉小动物的本领①。而一些人工饲养繁殖的中大型猫科动物如猎豹，在放归野生环境之前要进行艰苦的捕食训练。与猫科动物不同，猛禽类似乎天生就具有捕食猎物的能力。这与成长环境和条件有关，猫科动物从小跟在母亲身旁，观摩母亲捕猎动作和策略，一些有经验的母亲还会将活猎物带回让幼兽练习如何猎杀。而猛禽类成长于远离地面的巢穴中，在飞行之前根本无法进行任何练习，其捕猎的本领是通过基因遗传的。

在这里，需要将文化的概念泛化，所有通过模仿其他个体而获得的能力，不管模仿是主动的还是被动的，都是“文化”现象。但前提条件是，通过个体自己的“试—错”得到的经验，必须得到传播。否则，就不在此范畴。

① 宠物猫不会捉鼠，可能是因为有人喂养。猫捕鼠更多是源自本能，也可能是从母亲教导中学习到的。

“一个行为，一个神经网络”或“一个动作，一个神经元网络”。一个行为是由多个动作模块构成的，而一个神经网络也是由很多的神经元网络构成的。可以延伸到，“一个多级神经网络对应一个完整信息的编码”。这个概念不但适用于本能行为，对学习行为同样适用。学习与记忆的过程，就是通过“演示—模仿”过程，建立神经网络的过程。学会一个新行为，就建立一个新的神经网络；而丢失一个行为，就失去一个神经网络。行为和神经网络是对等的，行为的传递就是神经网络的传承（图 9.14）。从父母那里学习捕猎行为，实际就是以非基因的模式传递编码捕猎的神经网络。与基因传递模式不同的是，文化传递是非物质的间接传递，因此既可以是顺向的，即亲代流向子代；也可以是横向的，甚至是逆向的，即子代流向亲代。后者如猕猴的水洗番薯行为。

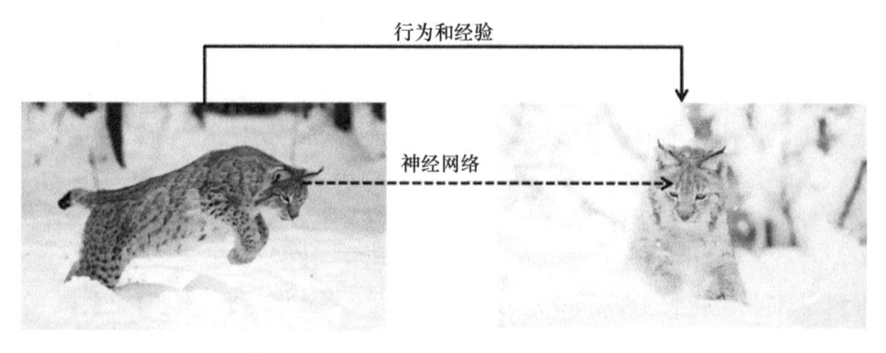

图 9.14　习得性行为的传承本质是神经网络的再构建

本质上，与其说是文化的传递，还不如说是对神经网络的继承（图 9.14）。文化传递可以与基因传递同轴，如亲代与子代之间（伴随基因流）；也可以不同轴，如配偶或同伴之间（无基因流）。通过文化体系传递的是神经网络而不是神经元网络，因为神经元网络是通过基因遗传的。“导师”脑中的神经网络化为外显行为，“学生”学习该行为，相当于在自己的脑中重构同样的神经网络。通过学习而进行复杂行为的传递，其实质是传递较高级的神经网络，即神经元网络的集合模式（排列组合），或“学生”将脑中已有的神经元网络按“导师”传授的方式进行组合。

3）基于符号的信息传递

相对于“演示—模仿”的行为传递方式，符号传递的效率要高得多，也复杂得多。通过符号传递习得信息，目前已知只有人类。符号主要有两类，语音和文字，其他如图画、歌唱和乐器都可归为此两类。故有学者将人定义为符号的动物。

这里说的语音，其实就是语言，由于是通过声音传递的，所以强调语音符号。在后面的讨论中，语音和语言通用，以区别文字。语言就广义而言，是一套在一定人群中共同采用的通信符号、表达方式与编码规则。符号可以通过视觉、声音或者触觉方式来传递。语音传递的特点是个体之间的交流，而且是双向的。“演示—模仿”模式往往是单向的，而且传授者和被传授者都必须亲临现场。语音符号则克服了“演示—模仿”传递方式在时间和空间上的局限性。时间上，信息传递可以跨世代传播，知识得到积累。空间上，由于不需要亲临现场而使信息能够在广大地域内扩散，知识得到传播。但由于语音需要直接对话，知识积累和传播在时间和空间上还是很有限的，而且可靠性还很差。为克服这些局限，文字就应运而生①。

文字的发明是人类文明的最大进步。世界上有九大语系：汉藏语系、印欧语系、阿尔泰语系、闪-含语系、乌拉尔语系、高加索语系（伊比利亚-高加索语系）、南岛语系（马来-波利尼西亚语系）、南亚语系和达罗毗荼语系[95]。遗憾的是，绝大多数文字都出现在欧亚大陆，非洲和大洋洲的原住民都没有文字的诞生。文字符号克服了语音符号的所有局限性。从神经网络的角度比较语音和文字，可以发现语音传递信息仍然需要神经网络的参与，而文字本身就是储存介质。这类符号对行为（广义）的编码，完全不需要基因和神经网络的参与。

六、神经元网络的解剖实例

尽管从逻辑、功能和数学上都证明了神经元网络的存在，但如果能够“看得见”，似乎就更完美。目前尚不能确定神经元网络的解剖结构是否存在，但有两个实例非常接近理想的神经元网络模型：皮层柱和斑块，存在于哺乳动物的新皮层。

三合一大脑（triune brain）的假说是保罗·麦克莱恩（Paul MacLean）于20世纪60年代提出的理论[96]。此理论根据进化史上出现的先后顺序，将人类大脑分成：爬行动物脑、古哺乳动物脑和新哺乳动物脑[97]。

“爬行动物脑”是进化中最先出现的脑结构。它由脑干（延髓、脑桥、中脑）、小脑和最古老的基底核（含苍白球与嗅球）组成，又称为基础脑。对于爬行动物来说，脑干和小脑对行为起着主要的控制作用。这些脑结构调控和维持着生命的一系列重要生理功能，包括心跳、呼吸、睡眠和觉醒，以及本能行为模式：死板、偏执、冲动、贪婪、屈服、多疑、妄想等。“在记忆里烙下了祖先们在蛮荒时代的生存经历。”即使其基本结构是神经元网络，但特化程度较高即同质化程度较低，冗余度和竞争性相应较低。

“古哺乳动物脑”又称边缘系统（limbic system，由麦克莱恩于1952年提出），是指由古皮层和旧皮层演变而来的大脑组织以及与这些组织密切联系的神经结构和核团的总称，与大部分尤其是进化早期的哺乳动物的大脑类似。边缘系统的重要组成包括海马、海马旁回及内嗅区、齿状回、扣带回、乳头体以及杏仁核等，与情感、直觉、哺育、搏斗、逃避以及性行为紧密相关。多种情绪，如恐惧、欢乐、愤怒、愉悦、痛苦等，也都源自边缘系统（参阅第十六章）。情感系统一向是爱恨分明的，一件事物要么“可以”要么“不行”，没有中间状态。在恶劣的环境中，哺乳动物的远祖正是依赖这种简单的“趋利避害”原则，才能生存。这个结构中的神经元网络，特化程度降低而同质化升高，神经元网络之间有一定的竞争性。

① 关于文字，有西方的拼音文字和中国的表意文字。大家都认为拼音文字音形相连，会说就会写，对文明的普及有不可比拟的优势。汉字的音形分离，学习困难。然而，正是汉字的音形分离，才使中华民族作为一个整体屹立于世。语音是易变的信号，大约分离600年就不能互相理解。语言是文明的载体，文字需要稳定性，所以比语音更重要。各民族说话可以不同，但书写互通，就能互相理解，容易达成共识而互相认同。

“新哺乳动物脑”，又称新皮层或新皮质（neocortex）。按细胞与纤维排列的情况，自皮层表面到髓质大致可分为 6 层。麦克莱恩将新皮层称为“发明创造之母，抽象思维之父”，因此又被称作理性脑。新皮层在灵长类动物的大脑中占据主要的成分，且有深邃的褶皱。其他哺乳动物种类虽然也有新皮层，但是相对较小，很少甚至没有褶皱。没有褶皱就意味着新皮层的表面积、复杂度或发达程度都较低。有研究证明，小鼠失去新皮质，短期内仍然可以正常活动。人类大脑中，新皮层占据了整个脑容量的 2/3，分为两个半球，即左右脑。右脑倾向于处理人的空间感、抽象思维、音乐感与艺术性，而左脑则更多地控制着人的逻辑思维、理性思考与语言能力[98]。此外，新皮层还能抑制一些低级中枢，如爬行动物脑的活动，以防止一些不恰当行为的表达。理论上，新皮层含有大量的、同质化的冗余神经元网络。

从结构上，人的新皮层可分为额叶、顶叶、枕叶和颞叶四个大区；从功能上，可分为运动区、感觉区和联合区等。每个大区还可以分为很多不同的亚区，如感觉区又可分为视皮层、听皮层、嗅皮层等，每个亚区还可以多次细分（图 8.22）。但功能分区是相对的，难以截然分离。例如，中央前回主要管理全身骨骼肌运动，称运动区，但中央前回也接受部分的感觉输入。中央后回主管全身的体躯感觉，但刺激该区也可产生少量运动。皮层除一些特定功能的中枢外，人类皮层大部分区域称联合区[99]。皮层的神经元之间联系十分广泛和复杂，皮层的不同部位，各层的厚薄、各种神经细胞的分布和纤维的疏密稍有差异。相对而言，皮层还是比较均匀的，故又被称为均质皮层（isocortex）[100]。

早期对功能区的研究主要依靠意外的脑部创伤，著名的如盖奇案例①，探讨局部脑损伤对认知和运动功能的影响。由于无法控制损伤的范围，因此细致的功能分区主要依靠电刺激。电极可以做得很小，定位可以限制在极小的区域。其缺陷是绕过了外周感官，直接施加电刺激到脑的不同部位，因此只能阐明运动控制区的分布。现代研究更多地依赖非侵入性的技术，以弥补电刺激的不足。不同类型的信息直接激活大脑的不同区域，而且一个刺激往往只能激活一定的脑区，但情绪、想象、创造等高级刺激，可以同时激活多个脑区。由于现有技术的分辨率有限，上述的功能分区也只限于宏观水平[101~103]。一些有趣的案例，暗示皮层处理信息的模块化结构。肥皂剧里的常有情节，如外界撞击头部导致的片段性（时间）失忆，在现实生活中也不罕见。可以据此推测，大脑的记忆空间是按时间排列的，外界撞击可能使得连接某时间段的记忆模块的神经通路暂时或永久性关闭或受到抑制。加拿大安大略省的品酒师卡特里特（Carteret）女士，本来有良好的嗅觉和味觉感知。然而，在一次冰壶运动中，由于动作幅度过大而仰面跌倒。因脑部受伤而晕倒，醒来后失去嗅觉感知能力，但味觉保持不变②。机械撞击不太可能破坏受体蛋白的空间结构使所有的嗅觉细胞失去传感功能，而可能导致了中枢神经的相关连接关闭、抑制或错位。幸运的是，半年后品酒师的嗅觉得到恢复。头部撞击受伤导致嗅觉

① 1848 年 9 月 13 日，美国佛蒙特州一个名叫菲尼亚斯·盖奇（Phineas Gage）的铁路工人，不幸在一次爆炸事故中被一根铁棍击穿头颅。幸运的是，他活了下来。但是原先那个严谨、谦虚和勤奋的盖奇消失了，取而代之的是一个毫无恒心、胡言乱语、攻击性很强的酒鬼。后来的研究发现，盖奇大脑中控制语言和情绪的脑区缺失了。

② 信息来源，电视系列节目《感官奥秘》。

丧失的案例，还远不止品酒师一个[104]。

间接选择涉及的是微观水平的神经元网络，只有微米级的成像技术才能够观察。目前发展的活体钙成像技术，正在逼近神经元水平。例如，华中科技大学开发的高通量双色成像方法，以细胞水平的高分辨率，对整个小鼠脑进行 3D 图成像和重建（但还远不够细微）[105]。神经元网络在哺乳动物皮层可能是以柱状的形式存在，即许多具有相同特性的皮层细胞，在（视）皮层内按照一定的规则在空间上排列并连接（图 9.6）。现在倾向于认为这类皮层的垂直结构是由皮层柱以及皮层小柱（cortical minicolumn）构成的功能单元。皮层小柱大概包含 80 个神经元，50～100 个小柱构成一个皮层柱[106, 107]。这种按功能排列的皮层结构，即皮层的功能构筑，沿着皮层的不同层次呈现柱状（图 9.15A），如方向柱、方位柱、眼优势柱、空间频率柱以及颜色柱等分布。一项基于双光子钙成像的研究，揭示了一些皮层柱的基本特征。大鼠的视皮层中这些功能上编码不同光栅朝向（图 9.3）的皮层柱没有结构上的差异；而在猫的视皮层，编码光栅相反运动方向的两个神经元群（应为皮层柱，原文如此）在三个维度空间有极其精细的区别；皮层柱相互分离且边界有 1～2 个细胞的宽度[108, 109]。可见不同动物的皮层柱可能存在结构上的差异。现有的研究都集中在视皮层，但其他功能区也被证明有同样的结构。人类初级视觉皮层的区域内，总共大约有 4 亿个神经元排列在皮层柱镶嵌阵列里，每个皮层柱包含数千个具有相同朝向敏感性的神经元[108]。

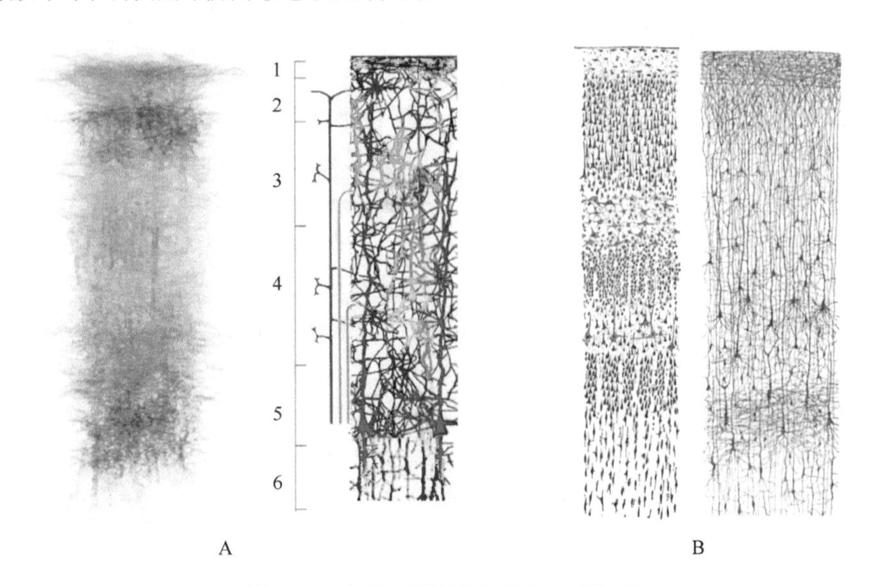

图 9.15　皮层柱的形态结构和内部连接

A. 单个皮层柱的多色荧光显示详细结构（左）和彩绘高尔基染色结果显示神经元的连接；
B. 多个皮层柱的细胞种类（左）和连接，显示皮层柱之间无物理界线

最先提出皮层柱概念的弗农 • 芒卡斯尔（Vernon Mountcastle）认为，一个皮层柱在水平面直径约为 500μm，且相互不重叠。其他研究估计皮层柱的大小应该为 200～800μm [110]，每个皮层柱含有 50～100 个小柱（minicolumn），每个小柱含有约 80 个神经元[106, 107, 111, 112]。但也有人估计，人的大脑皮层含有 100 万～200 万个皮层柱，每一个柱内有 1 万个左右

的神经元。还有人认为，每个皮层柱由 110 个神经元组成，人的新皮层具有 1 亿个这样的皮层柱，如果皮层柱的边界是相互重叠的，则皮层柱的数量更多[113]。角田一成（Kazushige Tsunoda）等认为，皮层柱的边界是相互重叠的，因此相互难以区分（图 9.15B）[114]。由此可见，不同的研究者对皮层柱和皮层小柱的定义是不一致的，而且互相混用；边界是否重叠亦有很大争议。根据神经元网络的定义，皮层小柱似乎更符合要求。

从结构和排列来看，皮层柱似乎有同质化的倾向，也可有明确的边界。皮层柱垂直穿过所有的皮层结构并在大脑皮层重复地整齐排列（图 9.6），因此应该是一种典型的神经元网络。对于没有哺乳动物大脑皮层结构的动物，如鸟类和爬行类，最近也证实有类似皮层柱的结构存在于大脑，至少在听觉区域是如此[115]。皮层柱以外的其他类型的神经元网络，也可能存在于皮层以及其他脑结构当中。哺乳动物以外的脊椎动物大脑并没有显著的层状结构，大的功能单元以核团的形态呈现。可以推测，神经元网络是构成核团的基本功能结构，而且在一个核团内，其神经元网络很可能在结构上是相似的。由于核团的边界较为清晰，其所包含的神经元网络相对大脑皮层的神经元网络，受到较大的空间限制。

大脑皮层的神经元网络具有良好的通用性。因此，可以被主要功能以外的系统调用，如盲人的视皮层可被语言激活[116]。天生的盲人或幼年失明的患者通常具有远超出常人的对听觉频率和时间的敏感性及分辨率[117, 118]，更加精细的触觉空间分辨率等。例如，常人无法用手指识别的盲文，盲人却可轻易分辨。由此可推测在皮层内部，这些功能单位不但可以在功能区内部进行相互调用，而且在功能区之间也可以相互借用。位于低级脑结构（如爬行动物脑）的神经元网络，其通用性可能要低得多。

20 世纪 70 年代末，威斯康星大学的华人教授黄赖利（Margaret Wong-Riley）博士偶然发现斑块系统。她用细胞色素氧化酶（CO）对猴脑皮层染色，显现出一种独特的结构[119]。在皮层的第 2/3 层（且限于该层内）上会显现出圆斑阵列，斑块之间有间隔，称为斑块间区。在第 6 层中也有此类结构，但没有那么清晰的边界。这些斑块与眼优势柱（即左右眼分别对应的视皮层柱相间排列）匹配得很准，每个斑块都落在单个眼优势柱内部。可以把它们看作是初级视皮层（V1）中的一个单独结构，因为斑块倾向于与别的斑块形成突触连接，而斑块间区则与别的斑块间区也有突触连接，其后的相关研究也进一步证实了这些观察。事实上，在 V1 区外也可以找到斑块系统。斑块内的细胞与周围的细胞有所不同，它们没有朝向选择性，但是大约有 30%的斑块对颜色很敏感[120~122]。

皮层柱和斑块以两种完全“对立”的方式构成，皮层柱是垂直结构而斑块是水平结构。关于这两种结构单元的理论构建，从一开始就处于争论当中。一方以大名鼎鼎的戴维·洪特尔·胡贝尔（David Hunter Hubel）和托尔斯滕·尼尔斯·维泽尔（Torsten Nils Wiesel）以及皮层柱的发现者弗农·芒卡斯尔（Vernon Mountcastle）为灵魂人物，认为皮层柱和斑块都是有功能的解剖结构。有大量的证据显示，每个皮层柱编码信息的一个基本元素或模块，如视觉的任意光栅朝向以及视觉优势柱。但他们也承认，跨物种的研究是决定该理论普适性的必由之路。反对者都是一些“初生牛犊”，所依据的证据也都比较间接，包括：①尚没有找到皮层柱的微网络结构及其遗传基础；②眼优势皮层柱在一些动物不存在，没有开展有或无该皮层柱的生理差异研究；③眼优势皮层柱在同种的个体间差异较大；④甚至在同一个个体内，视皮层柱之间也不一致[123]。这些“不利”因素，随着研究的深入正在逐步得到解决。近年来发展起来的高强磁场 fMRI 已经达到显示微皮层柱水平，在动物中证明了皮层柱内神经元的连接关系及相关的编码功能[109, 124, 125]。

现在已知，除了鸟类听觉系统具层状结构外[126]，鸟脑的视觉系统也确定有类似结构。最近借助三维偏振光成像技术对鸟类大脑的视觉皮质（Wulst 区）和背侧心室脊（DVR）感觉亚区的神经元及其神经纤维做了仔细地观察。发现大脑的感觉区域由两个在空间正交的重复结构组成：平行堆叠层和类柱状结构。平行堆叠层带有切向输入带和切向轴突束，类柱状结构含有局部环路且与前者垂直[127]。如果与哺乳动物的皮层进行类比，前者类似于斑块结构而后者应该是皮层（小）柱的同源物。神经示踪结果显示，鸟类的类柱状结构局部环路是由多个不同的神经元连接构成的有闭循环结构的系统，与图 9.6 右侧的哺乳动物听觉皮层的局部环路非常相似。另外，DVR 非感觉亚区的神经元排列却类似马赛克结构，且神经纤维的走向也不一致[127]。可以推测，如果这种重复结构在哺乳类和鸟类的共同祖先就存在，那么在爬行动物端脑中也极可能普遍存在[115]。这种重复结构有什么功能？它是如何起作用的呢？

维兰努亚·苏布拉马尼安·拉马钱德兰（Vilayanur Subramanian Ramachandran）教授是印度裔美国神经病学家，以研究幻肢（病人在失去全部或部分肢体后，仍然声称断肢的存在甚至产生剧烈的疼痛感，这种幻觉中的肢体称为幻肢）而蜚声世界。他在 *Phantoms in the Brain*[128]中记述了一名因骑马而失去膝盖以下左腿的医学女研究生的报告，她声称在发生性行为时总能体验到左侧腿上的奇异感觉，同时生殖器也似乎更加敏感。最令人称奇的是，将猕猴脊椎中连接某手臂投射的背根神经切断，导致该手臂及其手指无法向中枢神经传递刺激。经过 11 年后，再用电生理仪器记录该手臂关联脑区的神经放电。科学家惊奇地发现：触摸猕猴的脸颊，原来接受切断神经的手指投射皮层有强烈的放电；而触摸切断神经的手指，该皮层脑区却没有任何反应[129]。就是说，接受手指感觉投射的皮层区域，被脸部感觉投射侵占了。这种现象被称为皮层映射重组。拉马钱德兰认为，这是因为手指的投射区与脸部的投射区在相邻的皮层（图 9.16A）。受这项研究的启发，拉马钱德兰检测了断肢病人的皮层映射重组情况，结果在断肢同侧的臂膀和脸颊分别发现了手指的对应区。在触摸臂膀和脸颊的特定位置，病人报告说，“你触碰了我的大拇指”。重复这个过程，拉马钱德兰在臂膀确立了拇指、食指、中指和小指的投射区；在脸颊确立了拇指、食指、中指、无名指和小指的投射区（图 9.16B）[130]。重新审视断腿与性反应的报告，拉马钱德兰指出，皮层映射中，腿部与性器官的感觉投射区相邻（图 9.16A）。

拉马钱德兰在书的注释中问道：“……研究成人脑中不断变化着的皮层映射区，但问题依旧存在。即映射区重组的功能是什么呢？这只是一种副产物吗？或者说是由婴儿期残留下来的可塑性？还是成人脑中继续存在的一种功能？例如在手臂截肢后，皮层中脸投射区的扩大是否有助于提高脸上的感觉分辨率或是触觉超锐度（tactile hyperacuity）？”重要的是，皮层映射重组可在两天内完成，空间跨度可超过 1cm[128]。这些研究显示，大脑皮层的神经元网络是高度同质的重复结构，完全可以进行跨模态调用。这种现象在动物和人类中普遍存在，其进化适应意义难以用传统理论解释。

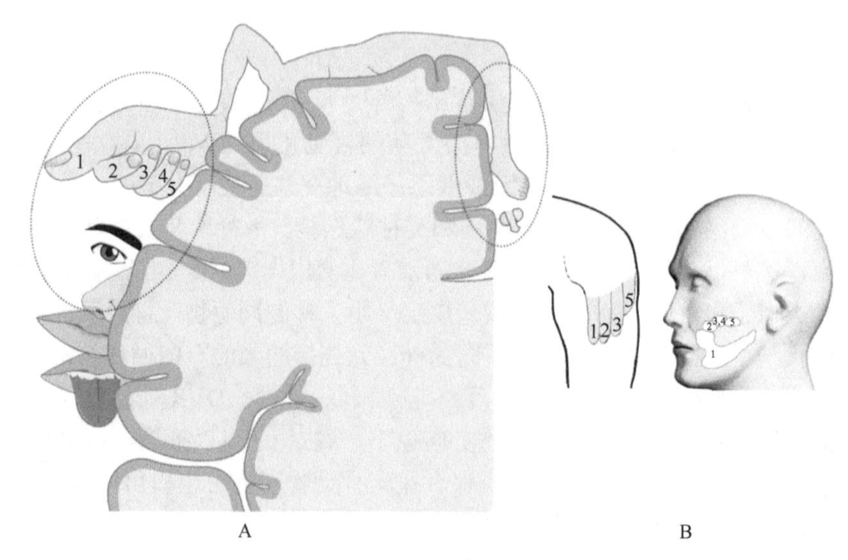

图 9.16　人脑皮层感觉映射区的结构与重组

A. 皮层映射区又称为 Penfield 结构，研究显示手指区与脸区接近而生殖区与腿区相邻；
B. 失去手臂后，显示手指的投射脑区被臂膀和脸部的脑区侵占后的触摸反应

无论如何，皮层柱和斑块可能仅仅是神经元网络的两种形式，肯定还存在其他形式的神经元网络[131]。然而，间接选择涉及的神经元网络是一个一般意义的概念（如自然选择中的基因、个体或群体概念），并不特指某一个具体的网络，强调神经元之间以突触连接而构成一个相对固定的基本功能单元。这个功能单元可以有独立的解剖结构，如皮层柱和斑块，也可以没有清晰可辨的解剖结构，如在核团之内的神经元网络。后者可能是更为普遍的现象，由于众多神经元网络交织在一起，故无法一一分辨。

第十章
间接选择的作用机理及推论

在讨论这个主题之前，必须先解决间接选择的单元问题，即选择发生在什么物质基础之上，是神经元、神经元网络还是更高级的神经网络？前面已经对神经元的结构和功能做了简单的介绍，神经元本身执行细胞的基本功能，如维持细胞的存活，即能量代谢、物质循环、基因表达调控、保持空间形状等。有别于其他细胞，神经元受到刺激时能够产生和传导动作电位，并与其他神经元形成突触连接。然而在真实生命世界，单独的一个神经元不能完成哪怕是最基本的任务，如编码最简单的事件或控制最简单的动作。任何“选择”，不论是自然选择、性选择、亲缘选择、人工选择还是间接选择，都是对功能单元的选择。没有功能的结构是不可能受到选择的，而边界模糊且组织松散的功能单元，如种群或群体，由于其时间和空间的可变性以及个体之间无物理连接，也没办法作为选择单元。由于其固有的缺陷，中性选择和群体选择理论都已被淘汰出局。达尔文和汉密尔顿的直接选择是以个体或基因作为选择的单位，因此间接选择也需要这么一个单位。

一、间接选择的单位

作为高等生命，动物个体是以细胞为基础构建的，但动物体内的细胞却不能像单细胞生物那样能够独立地生存。动物细胞相互作用而组成一个生存单元——个体，个体的存活就保证了所有细胞的存活。个体却不是繁殖功能单元，因为有性生殖需要两个或多个个体（即种群）的合作。不像种群那样，个体的边界是明晰的并且在一定时间内是稳定的，因此可作为自然选择和性选择的单元。基因有明确的功能和清晰的边界而且相当的稳定，也可以是选择的单元。细胞是基因的集合体，单个基因不能独立存在，单个个体也不能维持物种的存在。

从逻辑上来看，任何事件都可以被分解，只有能够分解的结构、过程和功能才可以被改良，即进化。环境信息如一个语音，可以在无限多的维度进行无限等级的分解。就语音的频率而论，可以有无限的测度，如频率范围、主频、基频、谐波、包络、调频、共振峰……，以及这些参数随时间的变化或与声强的关系。而频率是连续的变量，感知系统只能以频率分辨率（能够区分的最小频率差 Δf）来衡量；频率也是随时间变化的，时间本身也是连续变量。图像也是如此，只是更复杂。虽然信号的物理属性是有限的，如声音可以用三个维度的度量描述：频率、振幅、相位。但它们编码的生物学信息却是无限的。基于化合物的信息，其化学属性可能要复杂一些，但也是有限的。行为动作是可以分解的，甚至可以分解为每一块肌肉的收缩。毫无疑问，收缩强度也是连续变化的。虽然这个世界是连续的，但感知系统和控制系统是离散的、数字化的。因此，任何事件，这里特指行为（依斯金纳的观点，所有的心理过程都是行为），都可以分解为最基本的单元。由基本单元构成模块，再构成整体，这中间也许有多级模块。对应的神经系统也是可以拆分的，以神经元网络为最基本的功能单元，构成单级或多级神经网络，在此之上可以构成更上一级的局域网络，最后局域网络组成脑网络系统。现在还无法确定在神经元网络与脑网络之间究竟有多少层级（图 9.11）[1~3]。不同感知系统或运动控制系统，也许有不同的层级结构。整个脑网络的层级结构，现在已知是极其复杂的。

在 Wei-Chung Allen Lee 等 2016 年的文章中[4]，定义编码所有朝向的系统为神经网络，而编码每一个朝向的单位可能是神经元网络。我更愿意指定最小的功能单位为神经元网络，在此之上的为神经网络或局部神经网络。然而，一旦涉及间接选择，就必须有明确的定义。因此，脑网络中最基本的功能单元定义为神经元网络，对应行为构成中的最基本元素，如洛伦茨定义的固定行为型（fixed action pattern，FAP）。形成“一个神经元网络，一个行为单元”[5]。因此，间接选择的单位，就是神经元网络。

虽然这里的间接选择过程并非是经典达尔文式的机制，而是达尔文选择理论的一个极端变异，但还可归属于达尔文的理论体系。因此间接选择的理论体系，也需要服从达尔文理论体系的一些基本原则。而作为选择单位，就需要满足：①相对固定的功能；②在一段时间内稳定；③有明确的边界；④既相似（竞争）又有差异（选择）；⑤可传承（遗传或文化）。

功能单元：有哪个方面的功能，就在哪个方面受到选择。同样是哺乳动物的肺，在蝙蝠受到飞行时高耗氧压力的选择，在海豚则受到潜水时缺氧压力的选择。但两者的生殖系统却不会随之而变。同样，神经元执行常规细胞的功能，受到“直接选择”；而神经元网络执行编码或控制功能，受到“间接选择”。

稳定性：选择无法作用在一个漂浮不定的选择单位。动物个体是最稳定的单元，缺少身体任何部分都会带来极不利的影响。多数动物的种群是一个松散结构，有利则聚在一起，无利则分开。一些真社会性动物种类，个体之间高度依赖、相互“利他”，构成一个密不可分的整体，如蜂、蚁、白蚁、滨鼠[6]。威尔逊以研究此类昆虫起家，对“群体选择”念念不忘，也正是基于此。而这些动物的利他行为，汉密尔顿已经用亲缘选择理论解释清楚。相对而言，个体是稳定的，基因也是稳定的。

在小世界理论的研究中，已经显示低级网络是稳定的，在此之上的连接是动态的[7, 8]。据此推测，最低级的神经网络（即神经元网络）也是稳定的。当然，这种稳定不是绝对的。树突棘的研究也证明大多数突触是稳定的，部分是易变的，然而即使是非树突棘突触也不是绝对不变的[9~11]。稳定的突触构成神经元网络内部的连接，动态的突触构成神经网络等级或之上等级的连接（详见第九章）。因此，神经元网络内部的可塑性是有限的，神经元网络之间（即间接选择的单位之间）的可塑性是很大的。但这种稳定是相对的，如果一定时间没有输入，神经元网络就有可能衰退，因为化学突触的本质是其可塑性。

网络的边界：功能上，一个神经元网络编码一个最小信息元素或动作单元[5]。结构上，有限的神经元相互连接构成一体。一些神经元可能同时参与多个神经元网络，每个神经元网络是有明确的功能边界的，但可能没有结构边界，如图 9.15B 所示。例如，边界可以是空间隔离，如皮层柱之间的边界，也可以在空间上交错但功能上分离，如皮层柱与斑块之间。从逻辑上考虑，两个神经元网络的成员只要不是 100%的重叠，就可以明确分开。例如，一支足球队是 11 人，一个乐队也是 11 人。哪怕其中有 10 个人既参加球队又参加乐队，这仍然是两个队伍，只是两者的边界就比较模糊了。重叠的人越少，边界越清晰。如果每个神经元只在一个神经元网络中发挥作用，则整个神经系统的组建效率大为下降而物质能量消耗显著上升。每个神经元如果参与到执行不同功能的神经元网络当中，则能很好地解决这个难题。在视皮层中，皮层柱主要编码图形线段的朝向而斑块主要编码图像的颜色。因此，位于皮层 2/3 层的神经元，就可以同时参与处理图像的线段朝向和颜色信息[12~14]。

差异性：神经元网络的差异性主要表现在与上一级神经网络的连接关系，其次是神经元网络内部结构的差异，尽管同质化似乎是“主旋律”。即使相邻的神经元网络之间也有可能“侧向”并行连接以相互传递信息，但更主要是受上级神经网络的调用，如皮层的神经元（网络）可接受来自丘脑的信号[15]。例如，一个公司中，每个人既大致相似但又各有特点，与经理的关系也有远有近，在分配任务时既有一定的随机性也有一定的指向性，具有小世界特征。正是由于神经元网络具有结构相似性，而且与上级网络的关系是高度可塑的，因此视皮层的神经元网络才可以被听皮层调用[16]。当然，神经元网络结构的相似性也不是绝对的，正如同种动物个体间也是存在差异的。而这些差异在一些本能行为，如通信的起源中，起重要的作用。

传承性：在第九章曾讨论神经元网络可能由两种方式传承：基因和文化。通过基因的传承性受直接选择的作用，如编码本能行为的神经元网络（参阅第十三章）。借助文化因素进行的传承，主要受间接选择的影响，与学习过程密切相关（参阅第十四章）。

二、神经元网络的竞争与选择

间接选择的定义：在基因的作用下，大脑产生海量的神经元网络，多于即时的需求；每个神经元网络是同质化的，当有刺激输入时，这些网络相互竞争；如果被调用的神经元网络能够产生较好的输出，则该网络“胜出”，在将来的竞争中获得优势。

对动物个体而言，自然选择实际上是抢占生态位；性选择常常是雄性之间的竞争以及雌性对雄性的选择；人工选择是根据人类的需求而进行的性状极端优化。对单个基因来说，选择就是抢占等位基因的位点，以便在 DNA 合成时被复制并在转录时被表达。间接选择的本质则是神经元网络抢占信息资源。具体地说，信息资源是外界刺激的输入或内在刺激在脑区之间的相互传输。那些获得信息资源的神经元网络，就可能比没有获得资源的同类变得更加强大而存活，甚至可能压制其他神经元网络的强度[17]。神经元网络在这个意义上是一个孤立系统，有输入和输出。信息的变化多端，犹如生态位的丰富多样。神经元网络是在发育过程中产生的，因为化学突触形成需要一定的时间。不可能在被调用的瞬间，神经元才相互连接以构成神经元网络。对于那些瞬间完成的记忆，神经系统直接调用神经元网络并将它们按一定规律连接起来。这可能是基于一种将神经元网络核心神经元之间的“弱节”突触，瞬间变为“强节”（strong tie）突触的机制（图 10.1）[8, 18]。在人类社会，这种弱节（强关系性）很容易转变为强节，如普通朋友给予一次大帮助，不管费力或不费力，都可大为加强二者的联系。

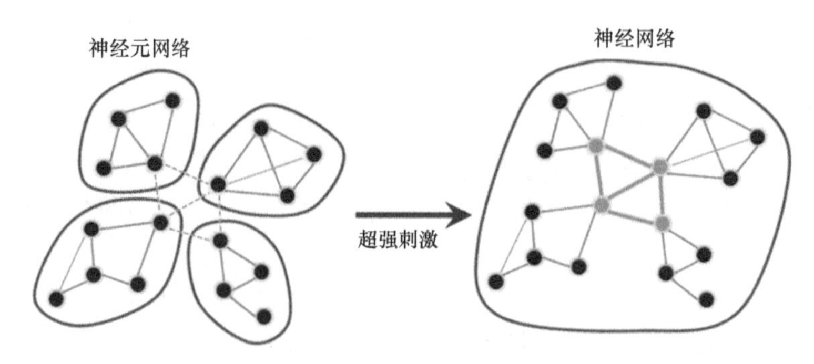

图 10.1 神经系统快速存储信息的可能机制

形成的“强节”可能是短时程的，随着时间而消失。对应于工作记忆或学习记忆，前者是潜意识控制，后者受显意识支配。如背单词，需要反复学习才能形成长期记忆。长期记忆涉及突触的结构改变，与基因表达和蛋白质合成相关。一些超强刺激，如车祸、坠机、地震、战争等，可以将“弱节”瞬间变为“强节”，形成永久记忆。其分子机制与普通学习不同，可能是形成后加固模式，因为基因表达和蛋白质合成需要较长的时间。

由于无法预测究竟需要多少神经元网络才能满足编码信息的需要，而外界信息也是难以预测的，所以预先产生大量的备用神经元网络就是最好的策略。如前所述，每个神经元有 0.5 万～5 万个突触，且可以参与多个神经元网络的构成。因此，神经元网络是近似“无限”的，所以是冗余的。冗余神经元网络的存在，就必然会产生竞争。上级神经网络对神经元网络的刺激分配是动态的，因此存在一定的随机性。这也是神经元网络竞争的前提条件。某类刺激的输入越多，编码这些信息的神经元网络就越“强大”，可以侵占其他弱势神经元网络的资源。

当有一定形态的信息输入，就会有一些神经元网络获得此输入刺激。每个信息的存在，都有一批与之相关联的神经元网络被激活。被选择的神经元网络，神经元之间的突触数量和强度得到加强。相对而言，没有被选择的神经元网络就受到削弱而衰退。一个极端的例子，如先天性盲人的视皮层，其神经元可能都存活但其构成的神经元网络被别的感知系统征用[16]。这就是为什么盲人的听力特别好，甚至可以做到听声辨物的水平[19]。同样的情况，发生在先天聋人的听皮层。从这一点来看，视皮层和听皮层的神经元网络结构，应该没有本质的区别。否则，即使长期没有视觉输入，其他感觉系统也无法调用视皮层的神经网络。

同功能区内部（如听觉皮层）的神经元网络也存在竞争。在条件反射研究中，将一个特定频率（如 6kHz）的声音与奖赏（如食物或水）进行关联训练，在形成条件反射之后，编码该频率的皮层区域就会在原部位扩大或占用其他频率的部位（图 10.2）[20]。再来看一个“没有输入，突触衰退”的研究。大家都知道，当人渐渐变老时，听觉细胞感知高频声波的能力衰退。听觉传感器是一群毛细胞，声波与基底膜共振，导致着生其上的毛细胞纤毛发生摆动，形成机械牵张，开闭离子通道（离子通道见第七章），产生膜电位。由于是机械工作原理，磨损在所难免，对声音刺激的响应随年龄增加而减弱。图 10.3 显示，与青年鼠相比，老龄鼠的听觉毛细胞上的突触数量明显减少[21]。显然是毛细胞的活动减弱，传输需求下降，导致突触数量减少。在生活中避免强噪声的刺激，可以很好地保护听觉毛细胞；而长期听声强很高的音乐，将加速老龄后的听觉衰退。一般来说，外周和低级中枢的突触可塑性比高级中枢的突触可塑性要弱得多。如果听觉毛细胞的突触数量都会因为活动衰减而减少，那么高级中枢的突触衰减则有过之而无不及了[22]。

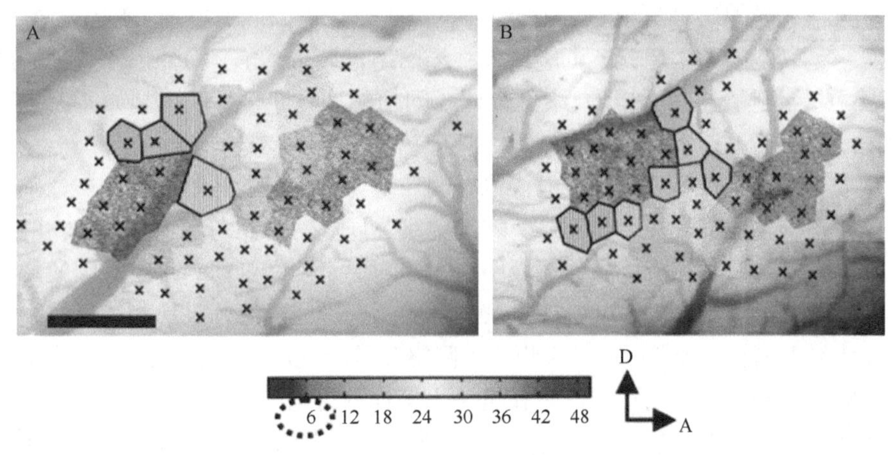

图 10.2　声音（6kHz）在训练前（A）后（B）的皮层空间表征，显著占用其他频率空间[v]

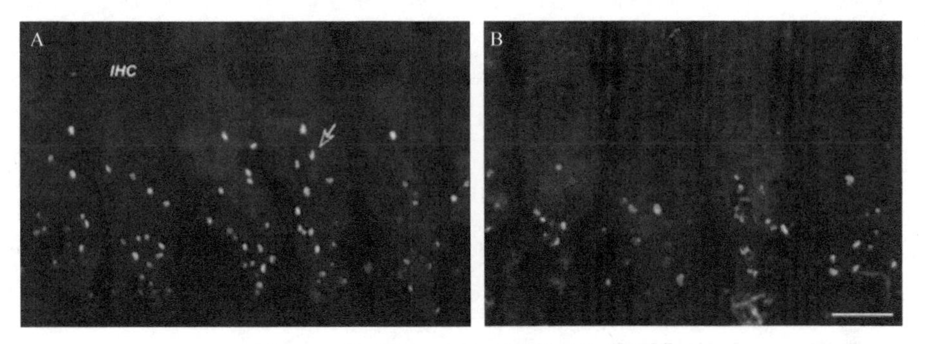

图 10.3　鼠内耳毛细胞的突触数量变化[vi]

A. 4 周龄；B. 144 周龄

神经系统的竞争是无处不在的，任何决策都是竞争的结果。即使我们正常迈步，也存在先左脚还是右脚的竞争，只是我们没有意识到这种发生在低级中枢神经的竞争而已。

神经元网络的选择过程与前面讨论的克隆选择过程不同，被选择的神经元网络不会被放大但会增加其强度。这与“综合进化”过程相似，即适应特异生态位的基因可提高其在种群中的比例。如图 9.14 所示，学习行为的本质是神经网络及其旗下的神经元网络的重建。如果通过学习获得的行为有助于个体的生存或繁殖，那么该网络就保留下来并可能扩散。这些网络是不稳定的，遗忘此类行为，也就等于该网络的解体。

不管是个体还是“借壳还魂”的基因，竞争驱动进化。生命世界的普遍规律是，只要有冗余、同质化以及可塑性，就会有竞争。克隆选择系统，虽然有冗余但没有可塑性，也没有同质化，“一个萝卜一个坑”无从竞争。但神经元网络和基因既有同质性的冗余又具备可替代性，如等位基因（见第一章）和同功能基因。个体水平也是如此，繁殖季节求偶场的雄性几乎永远多于雌性，因此，雄性之间“打得头破血流”。对于雌性来说，每一个同物种的雄性都具备交配的能力，那何不挑个最好的呢？神经系统中的神经元网络是冗余的，与上级神经网络之间的连接具有高度可塑性，功能相近的网络之间一定存在竞争。信息是千变万化的，不可能每一个信息（或信息元素）正好有一个神经元网络与之 100%的匹配，因此可塑性就在此时发挥作用。上级神经网络做出适当地调整，以契合对特异信息的编码。功能近似的神经元网络也可以做如此调整，这就必然形成竞争。神经元网络是稳定的基本单元，可能组成神经网络，参与竞争，如处理一些独立的事件（刺激输入或行为输出）的神经网络集合体或同功能群。遗传系统也是如此，基因不是独立起作用的，而是诸多基因集合组成个体作为竞争或自然选择单元。

虽然信息种类可以是无限的，但特定时间和地点的信息输入是有限的。竞争是普遍的，发生在各个层级，从神经元网络、神经网络、局域网络到左右大脑。动物的奖赏体系，如多巴胺系统，至少可以涵盖局域网络水平，更可能在脑网络水平。因此，一次奖赏的获得，即赢得刺激输入，可使该体系之下的所有神经网络，包括神经元网络都得到好处。作为胜利者的“战利品”，这些神经网络和神经元网络更加稳固。关于奖赏在神经元网络的竞争和选择中的作用，将在第十六章详细讨论。

神经元网络竞争的本质就是突触的竞争。最近的一项重大研究可作为神经元网络竞争的一个强有力的证据。研究采用配对刺激方法，控制单个神经元树突上的部分突触的激活。具体做法：在视皮层放置一个固定发光物使光覆盖一定脑区，然后变动外界视觉刺激范围（或移动感受野），使内外刺激形成配对①；使极小范围内的突触可以接收到配对联合刺激，以诱导该范围内的突触增强。研究发现，当一个突触增强时，相邻 50μm 内其他突触（即异质突触，heterosynapse）的强度就会显著下降。研究者强调周围突触强度被削弱，可以阻止神经元的“断开”[17]。如果这些同质突触（homosynapse）属于同一个神经元网络，而异质突触属于另外的神经元网络，这种一个突触增强导致周围突触减弱的模式，是一种典型的竞争现象。此处的神经元网络就如同动物个体竞争食物那

① 这是因为视皮层的每个特定部位都映射视觉空间的特定区域，维持光覆盖一定部位不变（内刺激），然后移动视觉刺激的空间位置以找到特定区域（外刺激）。

样，已分出输赢了。在食物有限时，获胜者吃饱的同时必然导致失败者饿肚子。阻止神经元的“断开”，就是不要让失败的神经元网络解体（只是“饿肚子”而不是“死亡”）。

竞争主要发生在高级神经中枢，即低等脊椎动物的端脑和高等脊椎动物的大脑，与信息识别和行为决策相关的脑区。外周感受器接收和传递信号，在低级神经中枢进行信号分离。例如，前面讨论的鸟类声音信号处理，第八对神经纤维传入声音信号到脑干，声强信息通过角核而相位信息经过巨细胞核，两者按 tonotopic 排列模式①保留了频率信息。角核对相位不敏感而巨细胞核对声强不敏感，因此，角核的作用相当于一个相位过滤器，而巨细胞核相当于一个声强过滤器[23]。脑干似乎不发生神经网络的竞争，因为信息完全不同质（频率网络不可能与行为网络竞争），且在空间分离。中脑的听觉系统进一步提取声音信号的特征，可能也是基于过滤器原理。对信号特征分离得越细，特征的界限就越模糊，编码网络就越相似。例如，如果都是处理频率的神经元网络，就会高度同质化。声音的信号特征在间脑得到更进一步的细分。但在什么地方或部位，信号的物理特征被转变为生物学意义的信息，目前还无法确认。这里强调的神经元网络竞争，应该更多的是基于生物学意义的信息而不是物理特征。对于低级脊椎动物，中脑和间脑就可能有神经元网络的竞争。但可以肯定的是，端脑或大脑是神经元网络竞争的主战场。解剖结构也支持这一推断，如鱼类和两栖类的端脑结构异质性远不如间脑、中脑和脑干[24]。实质上，蛙的端脑只能分区，无法确认核团。鸟类和哺乳类的大脑，含有可见的重复层状和柱状结构[25]。可以推测，每个重复结构内部，神经元网络也有大量的重复。

竞争是自然界无处不在的现象，从小分子、大分子、基因、细胞、神经元网络到个体、种群和群落都有发生。人类（以及部分高等动物）社会的竞争也是多重的，家庭内部的兄弟姐妹之间的竞争（个体），家庭与家庭的竞争（主要是自然村落内部，在现代都市中则表现为单位小群体之间的竞争），村落与村落的竞争，氏族与氏族的竞争，国家与国家的竞争等。发生在分子和细胞水平的竞争，由于没有传承性，效应无法积累，故没有进化上的意义。而发生在基因、神经元网络和作为基因集合体的个体的竞争，由于具有遗传、传承和传播的能力，是进化得以进行的基础。根据辩证唯物主义和历史唯物主义的观点，人类社会是可以进化和进步的，而驱动力就是具有可传承性和积累效应的竞争。

获得刺激的神经元网络是如何激活以保持突触的强度的呢？前面讨论了皮层的神经元网络构成特点，即兴奋性神经元，如锥体神经元（占 80%~85%）和点状神经元，是皮层的主体成分，抑制性神经元只占少数（图 9.6 和 9.15）。兴奋性神经元可以相互连接构成闭循环，而抑制性神经元则无此结构。功能上，兴奋性闭循环是一个正反馈系统，一点小的刺激输入就可能被显著地放大。身体内外的刺激包含的能量是有限的，而且在外周传感器中就被消耗殆尽。如光线和声波的能量，可能只够使眼睛和耳产生神经电信号，能量太高反而会造成传感器的损坏。神经电信号本身携带的能量是极低的，要激活

① tonotopic 可译为频率拓扑或音调拓扑，是指编码声音频率的神经元在空间依序排列，即编码相近频率的神经元排列在一起。

诸多的脑区（神经元网络）是不够用的。正反馈的闭循环则很好地解决了这个难题，很低的信号能量就可激活尽可能多的神经元网络。当然，这需要适当的终止机制在适当时候的抑制性投射的加入，起到“刹车”的作用（图 9.6 右），否则这种放大可能就会一直循环下去而导致系统崩溃。反之，如果抑制性神经元也构成闭循环，则信号的传输很快就归零，毫无意义。真实的网络结构肯定不会如此简单，而是兴奋性神经元和抑制性神经元交织投射（图 9.6 右），但兴奋性投射占据绝对的优势。如人脑神经元平均含 5000 个突触，其中 4500 个为兴奋性，500 个为抑制性[26]。鸟类的皮层中是否也存在兴奋性神经元之间的闭环连接，目前尚不得而知。从网络冗余与竞争（间接选择）的角度推测应该存在[27]。

三、间接选择的推论

间接选择的实质，就是神经元网络的竞争及其结果：获胜或失败。基于间接选择的前提和过程，可以做出哪些推论呢？

外周感觉器官必须与中枢神经的神经网络协同，才能发挥作用。一些中枢神经的器质性病变，如涉及视皮层，就会导致个体部分或完全失明，称为皮层视觉受损（cortical visual impairment）[28]。同样，也存在皮层致聋（cortical deafness）现象[29]。由此可见，外周感受器和中枢处理机构，两者缺一不可。长期以来，对外周和中枢的协同进化充满争议。大多数学者认为，外周感受器的起源驱动了中枢神经相关网络或通路的进化，如耳膜的起源导致听觉核团的进化[30]，这实在是一个误区。第一，如果外周感受器先进化，在没有相应的中枢神经处理信息的条件下，外周感受器获得的信息完全无用。而任何传感器（特别是视觉和听觉）相对正常皮肤而言都是充满血管的、脆弱的，一旦受伤，很难痊愈。自然选择压力很快就会淘汰无用且脆弱的外周器官。第二，外周感觉器官往往是换能器，即将一个形式的能量转变为另外一种形式，即细胞膜电位，因为涉及两种完全不同性质的物理要素，结构都是极端复杂的。发育也是非常烦琐和耗能的，这在自然选择中带来劣势。第三，中枢神经的网络是通用的、冗余的，构建和维持神经元网络的能量及物质成本相对较低。因此，完全可能是中枢神经先进化，做好准备迎接外周感受器的起源。反过来，即使外周的感受器退化了，如洞穴鱼的眼睛，其视觉中枢神经依然存在，但很可能因为神经元网络之间的竞争，被挪作他用。一旦恢复外周感受器，立即可以启用。因此，基于间接选择，我们可以推测对于大多数感知系统，中枢神经处理相关信息的结构预先存在。

啮齿类动物的色觉蛋白质通常只有两种：短波（440nm，紫色）和中波（550nm，绿色）的视紫红质（rhodopsin）。高等灵长类才有第三种视紫红质，即长波（580nm，黄色）视紫红质。虽然每种视紫红质的光吸收峰值固定在这三个波长，但覆盖范围很大（400～700nm）（图 10.4）①。视网膜缺乏长波视紫红质的动物，看不到红色。仅基于从

① 三种视锥细胞分别有其独特的波长响应曲线（图 10.4），作为动物色彩感知的基础（Ragnar Granit）。乔治・沃尔德（George Wald）、朗纳・格拉尼特（Ragnar Granit）和哈特兰共享了 1967 年的诺贝尔生理学或医学奖。

这三种波长传感蛋白质而来的信息组合，普通人就可以辨别数万种颜色，专业人士可达到百万种。如果在正常小鼠中转入人的长波视紫红质基因，并让其在视网膜中正常表达，那这个转基因小鼠，能不能看到红色呢？杰拉尔德·雅各布斯（Gerald Jacobs）等证明，转入人的长波视紫红质基因后，小鼠的确能够辨识长波长范围的颜色[31]。这充分地显示，即使小鼠以及它们的祖先并没有感受红色的传感器，中枢神经也储备了处理红色信息的神经元网络以及神经网络。也许，这些网络结构正在耐心地等待长波视紫红质的起源。

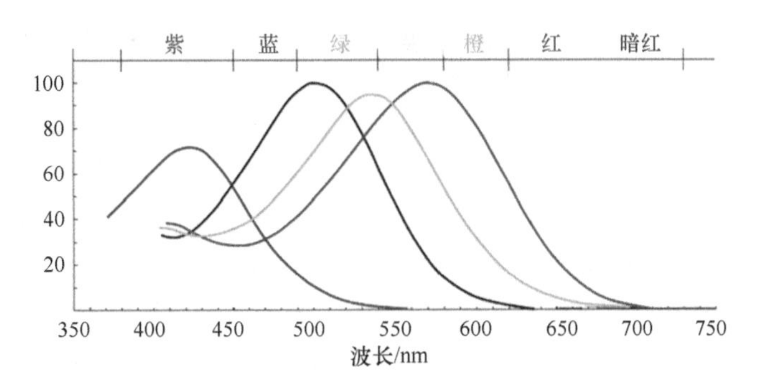

图 10.4　三种视锥细胞（蓝、绿和红）和视杆细胞（黑）对波长的响应曲线

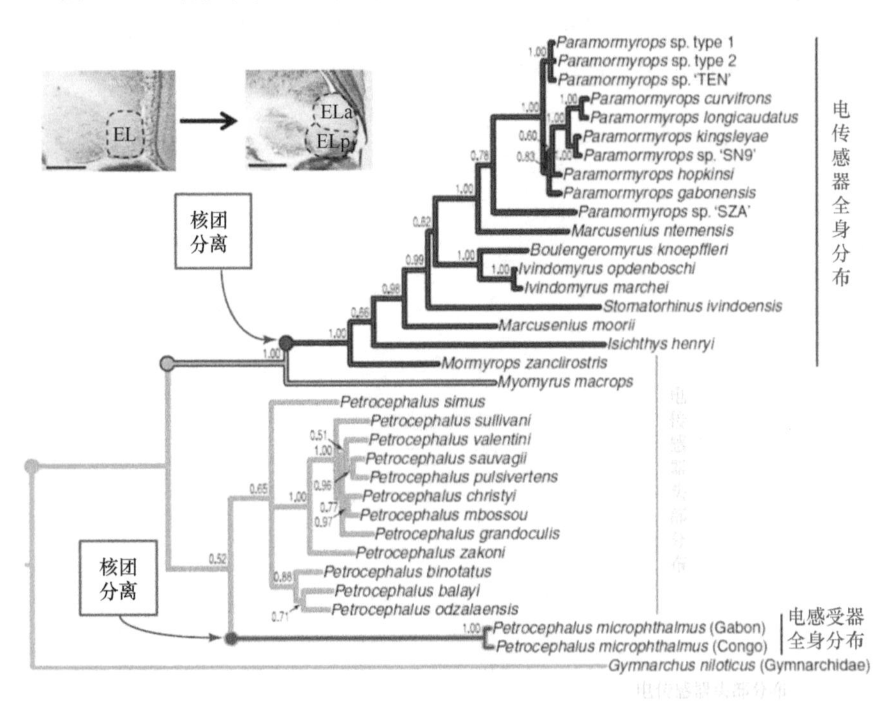

图 10.5　电鱼中脑外侧核的分化（分离）促进了外周电传感器在全身的分布以及物种的多样性[vii]

电鱼的放电有两个作用，强电可高达 600～900V，用于捕食，弱电用于种内通信和环境信息检测。弱电鱼不但可向外放电，而且在身体上分布电感受器以接收电信号。中脑的外侧核（exterolateral nucleus，EL）是处理电信号的重要神经核团，正是该核团的分化（即 EL 一分为二：ELa/ELp）促进了外周感受器的进化。图 10.5 显示，原始的外

侧核是一个单一的结构，在系统树上的两个节点独立分化为两个亚核。含有两个亚核的电鱼种类，在处理电信号所携带的信息方面，具有更大的优势，即分工并行处理更多的感受器传入的信息或分别处理信号的不同特征。中枢神经更强的信息处理能力，为增加电感受器的数量奠定了基础，使电感受器分布到全身。这带来了巨大的适应优势，使这类动物在竞争中获胜，占据更多的生态位。因此，中枢神经的先行分化，驱动了电鱼种类的多样化（图 10.5）[32]。这是一个中枢神经进化在先，外周感受器进化在后的例子。

拉马钱德兰在 1998 年就假设，成人的脑中原本存在大量冗余的连接（即突触），然而其中大部分没有功能或者没有明显的功能。它们作为后备力量，只是在有需要的时候才被征用，参与“行动”[33]。如从脸部传入中枢的刺激或信号，即投射到皮层映射的脸区，同时亦投射到手区[34]。这种跨区投射，在视觉和听觉之间较为常见。如在视皮层可记录到对听觉响应的神经元，并可形成局部场电位，说明这类双模神经元不在少数[35, 36]。在正常情形下，双模神经元的“主体”功能抑制“客体”功能，类似于等位基因的显性基因抑制隐性基因的表达。而当“主体”的输入丢失时，“客体”的输入就反客为主。因此，触摸断臂人的脸部就可体验手指的感觉（图 9.16B）[34]，而盲人的听觉则比健全人要灵敏。这种跨模态相互作用或替代，提示不同模态或脑区之间的神经元网络在组成和结构上具有较大的相似性。双模神经元应该是所谓的“富人俱乐部”成员，在两个或更多的神经元网络中起主导或协调作用[37, 38]。

第十一章

间接选择与直接选择的关系

间接选择不是直接针对基因的。一部分神经元网络竞争/选择的结果(本能行为相关)通过基因传递；而另一部分神经元网络竞争/选择的结果（学习行为相关）则是通过文化和符号传递。这是因为中枢神经的高级功能结构是一个基于自组织的系统，基因最多只能作用到高级功能结构的最底层结构——神经元网络。借助基因表达的时空特征，组建大量的神经元网络，构成冗余的网络库或曲目。而执行高级功能（认知、情感、意识）的神经结构，是以竞争和选择为基础的。在此过程中，可能只有一部分的神经元网络在竞争中有幸胜出而被选择，大多数自始至终是“默默无闻”的。如何保持这数量庞大的“多余的、无用的”神经元网络的存活，是维持神经系统正常运转的一项巨大挑战。

其他组织器官由于功能的可塑性很弱，基因的表达调控基本上就决定了其解剖结构。因此，这些组织器官受到强大的直接选择，即“一步到位”。而神经系统的结构与功能，是由基因和环境（包括内外环境）共同作用决定的。直接选择作用于脑的体积、神经元的数量、神经元网络、神经系统的基本结构，如神经通路等。间接选择在直接选择搭建的基础上，以最低一级的结构层级，即神经元网络作为任务单元。因此，间接选择对直接选择有很强的依赖性，而且从某种意义上说，间接选择的本身就是自然选择的结果。

前面提过，行为的机制从近因到远因可分为：神经控制（包括环境刺激）→内分泌调节（季节变化）→结构发育（基因表达及学习）→生态适应（遗传与进化）。毫无疑问，达尔文的选择机制是最后的远因。而埃德尔曼的神经达尔文主义实际与进化毫无关联，仅仅涉及神经发育。间接选择在这四个“近因→远因”谱中，覆盖后面两个阶段。间接选择的一部分借助直接选择起作用，或者说直接选择与间接选择共同作用驱使某些性状的进化。而另外一些间接选择是在直接选择之外的，独立地作用于一些性状的进化。下面从几个方面比较直接选择与间接选择的本质、原理、过程和结果。

一、竞　争

当可获得的资源少于需求时，竞争就必然发生。根据“自私基因”的理论，基因总是使自己的拷贝数最大化[1]。即使在某些资源充足的情况下，每个个体都可以得到完全的满足，但是发展到后期，资源总是匮乏的。因此相对资源来说，总有一些个体是多余的。每个动物的大脑保有的神经元数量是一定的，但由有限的神经元却能够组合出近似无限的神经元网络。对一个具体的时间和空间来说，环境信息相对神经元网络数量来说是匮乏的。尤其是当这种匮乏通过神经系统的过滤和特征提取（相当于数学上的降维处理）后，环境信息的体量大为减少，使供需矛盾更加突出。

竞争是生命的基本特征之一，普遍存在于生命世界。

细胞内游离的核苷酸和氨基酸大多是“备胎”，逮着机会才能“上岗”。可以肯定的是，结合进 DNA/RNA 的核苷酸以及结合进蛋白质的氨基酸占总核苷酸和总氨基酸的少数。游离核苷酸和氨基酸在细胞内部的分布不是均匀的，一些细胞器较多而另一些细胞器较少。正因为局部区域大量的游离核苷酸和氨基酸存在，才能使合成体系高效运转。否则，就会出现“停工待料”的局面。核苷酸不会与氨基酸竞争，不同核苷酸种类之间或不同氨基酸种类之间也不会发生竞争。同种的核苷酸个体之间以及同种的氨基酸个体之间，才存在竞争。这种竞争是被动的，机会主义的。任何一个稳定的动态系统即具有反馈机制的体系，都具备竞争的可能性，而几乎所有的生命系统都具备此类反馈机制[2]。大多数的微生物种类是异养性的，所以它们主要竞争营养和能量物质。藻类和植物是自养性的，所以它们除了竞争营养物质外，还需要竞争阳光。动物都是异养性的，它们主要竞争领地，因为领地往往意味着食物和配偶。

竞争排斥原理又称高斯原理[3]，在生态学领域是指不同物种在对同一种短缺资源的竞争中，一些物种被排斥或被取代的现象，是格奥尔基・高斯（Georgy Gause）在研究两种生态位重叠的草履虫（双小核草履虫和大草履虫）竞争时提出的，而后发现该原理适用于所有的生物。当在酵母介质中分别培养时，双小核草履虫比大草履虫增长快。当把两种草履虫加入同一个培养容器中时，双小核草履虫占有优势，最后大草履虫消失[4, 5]。如果调节培养条件，如温度或营养成分，竞争的后果是可以逆转的。资源不单指食物，它可以是生存和繁殖的各种需求，如时间、空间、化合物、温度、阳光、信号、配偶等。而每种生物都有自己特定的需求，即所谓的生态位[6]（参阅第十九章）。例如，褐家鼠和小家鼠，都是人类的伴生种类，有时候生活在同一所房子，其行为习性和对环境的要求也非常相近。但它们在空间的生态位是分离的，虽然都是夜行性，但褐家鼠以沿墙脚活动为主而小家鼠以在房梁活动为主。反过来，如果两个物种在空间的生态位重叠，那一定在时间生态位分离，如白天与夜间错开取食[7]。诸如此类，不胜枚举。现在已经确认，不存在两个生态位完全重叠的物种。即使两者在很多方面是一致的，但总有至少一个方面是分离的。因为两者之间的竞争，导致其中的一方获胜，可以留在原来的生态位继续生存。另一方为了生存，只能拓展新的生态位，即改变习性（如原来昼行性改为夜行性，达到时间上与获胜的一方分离)。正是这种竞争，生物不断开拓生态位，同时自己又作为新的生态位为其他生物提供生存环境。例如，为避免对传粉昆虫的竞争，植物产生了形态多样的花，而这些花作为生态位又促进了昆虫种类的分化。地球生命的绚丽多彩，多来自竞争导致的生态位分化。发生在个体水平的竞争，更多地表现在行为上。为了物种的延续，自然选择青睐一些机制来缓解同种个体间的冲突。如果同种的个体之间存在“残酷斗争，你死我活”，那么这个物种一定难以为继，很快被淘汰。

竞争也驱使同质化的结构趋异。竞争只会在生态位接近的物种之间发生，猫不会与羊竞争，浮萍不会与松树竞争。近缘物种如果高度特化就失去了可塑性，也难以参与竞争。例如，大熊猫（单食性，专一食竹）不会与黑熊（杂食性，但不食竹）竞争食物，尽管现在来看两者是异域分布，但历史上可能同域分布。因此，竞争的前提是一定程度的同质化和可塑性。

作为神经系统中的最基本结构，高级中枢的神经元网络具有以下特点：①稳定的，如果有变化也是很小的，但这种稳定也是相对的而不是绝对的；②冗余的，即在与高级脑功能相关的中枢系统内大量形成；③同质的，即各子系统（如视觉或听觉）的神经元网络是相似的或通用的；④通过中心神经元（即 hub 成员）将神经元网络连接起来，构成第二级的神经网络，而神经网络的中心成员（也是神经元）构成第三级的神经网络（图 9.1）[8]；⑤中心神经元与外部的连接是高度可塑的。因此，发生在神经系统的竞争应该是神经元网络之间，而不是神经元网络的内部；更高级的神经网络也可以有竞争（相当于神经元网络“组团”竞争）。小世界理论研究也支持基础网络连接（相当于神经元网络）是稳定的，高级的连接则更加动态，而且是弱节连接（详见第九章）。大脑海马体可能是一个神经元的聚集区，具有高度的可塑性，因此特别容易诱发长时程增强（LTP）和长时程抑制（LTD）现象[9]。基于神经元网络的间接选择，其竞争过程更类似于同种动物个体之间的竞争，不是彻底排斥性的。

网络数量最大化的法则始终在起作用：储备的神经元网络越多，就越容易处理新的环境输入，在面对未知世界时也就越“从容”。而经济学的原理也在其中起“杠杆”作用，“你若不用，那么给我用”。因此，神经系统的竞争甚至可以发生在不同的子系统（图 9.16B）。如果一个系统的外周感受器受损，无法执行功能时，其相关的神经系统就会被“挪作他用”。就解剖而言，对于人类和高级动物（哺乳类和鸟类，可能包括爬行动物)，神经元网络的竞争主要发生在大脑皮层；在其他动物，由于端脑发育程度低，这种竞争也可以发生在低级中枢。就功能来说，神经元网络竞争主要是在学习和记忆有关的过程。对于感觉中枢系统，竞争主要发生在编码生物学意义的神经元网络之间，而在编码信号物理属性的神经元网络之间如果有竞争的话，可能也是次要的。

格式塔（德语 Gestalt 的音译）心理学[10]之经典认知范式如图 11.1A 所示，凝视之，我们的知觉就在一个花瓶与腿之间不断地切换。对应到高级认知功能的神经网络，应该是一个局域网络（“瓶网络”）与另一个局域网络（“腿网络”）在相互竞争。可以肯定的是，神经元网络编码图形的一些细节，如线段和灰度，为上级网络服务。这些神经元网络是相对固定的，其输出受到注意（top-down 过程）的调节。因此，“瓶网络”与“腿网络”的竞争不是由“当事”神经元网络自主的，而是发生在“高层”之间的较量。同样的认知过程，发生在图 11.1B 中的鼎与臀之间的竞争。

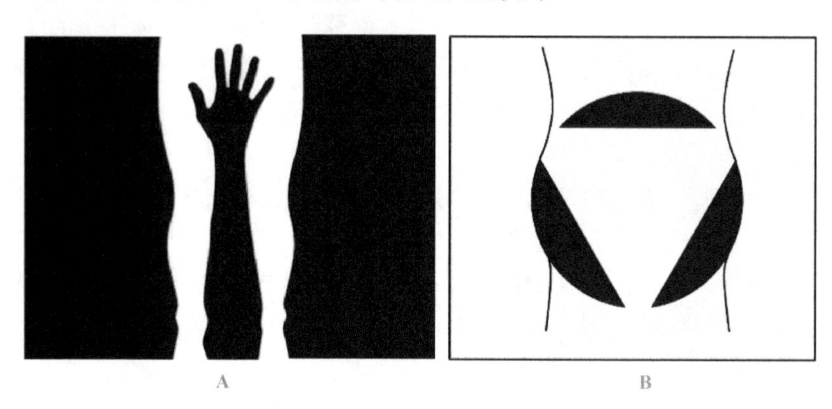

图 11.1 “高层”神经网络的竞争

A. 花瓶与腿；B. 鼎与臀

二、选 择

选择对于生物而言可以是一个被动的过程，如杀虫剂消灭了没有抗性基因的昆虫，那么具有抗性基因的个体就受到了正选择[11]。大量的昆虫被杀灭，留出大量的生态位，能够利用这些生态位的种类或个体就大量增加。选择也可以是一个主动的过程，如一个基因的突变产生一种新的功能，开拓新的生态位。选择对神经元网络来说，则是一个不同版本的故事。哪个网络越能获得刺激的输入，哪个网络的结构就越稳定。而那些没有获得刺激输入的网络，其结构就变得越来越动态。这些输入可能来自外部的环境刺激，也可能是神经系统内部的信息流动。

红皇后理论强调，在生态系统中的每个物种都必须努力地适应环境的变化，以保持原来的生态位[12]。形象地说，类似当今人类的划艇竞赛。如果竞赛是在静水中展开，所有的赛艇都奋力向前，有的在前有的落后。然而静水中，即使不划桨也只是在原地不动。这就是为什么自然界里一些物种在短时期内快速进化，而有些物种亿万年来都未曾改变。神经系统中的间接选择，却不是在“静水”中比赛，而是在逆水中行舟（sailing-up）。如果不能前进，则被水流推走。神经元网络如果竞争不到刺激输入，突触就会缓慢退化以致逐步消失，而相应的神经元网络就解体。长此以往，相关的上级神经网络也将被彻底改造，形成新的网络结构，服务新的系统，如视觉的神经元网络服务于听觉系统。在这一点上，直接选择与间接选择有所区别。

对于一些特别重要的基本通路，在发育阶段由基因的特定时空表达来调控完成。例如，简化版的哺乳动物视觉通路：视网膜（感光细胞）……→视神经节→视交叉→外侧膝状体→初级视皮层→次级视皮层→……信息整合中心；听觉基本通路：听觉基底（毛细胞）→听神经节→耳蜗核→橄榄核复合体→外侧丘系→中脑下丘→内侧膝状体→初级听皮层→次级听皮层→……信息整合中心（图 11.2）。这些通路是固定的，如果有可塑性，也是极其有限的[13]（参阅第十二章）。正如国家高速信息网，其基干线路或光纤工程是固定的，只有用户端或用户群是可调的。因此，神经网络系统的选择，相当于对“用户”的筛选。

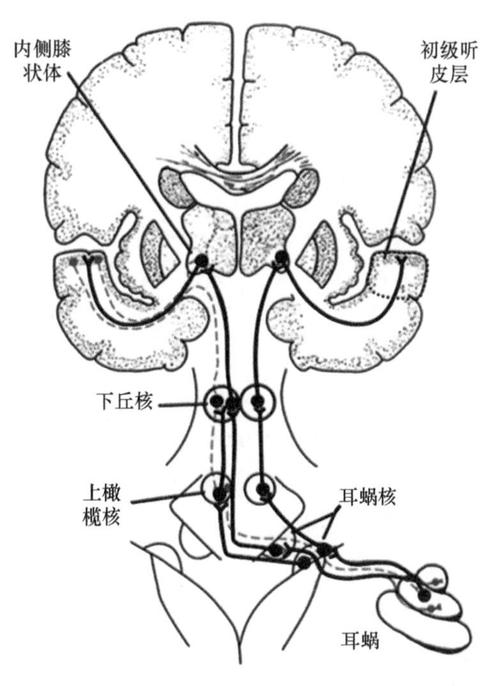

图 11.2 人脑听觉信息处理通路

总之，作为直接选择的载体，基因决定了神经系统的两端，即神经元网络和高层级通路。由于间接选择的基本单元是神经元网络，而神经元网络又是由基因决定的（详见第十二章），间接选择发生在神经元网络之间。因此，直接选择与间接选择既有明确的界限，又密不可分。

三、传　　播

如果选择的结果不能传递，也就无法扩散，这样的系统是不会进化的。达尔文理论体系的五个“观察”和三个“推论”中的第五个观察就是性状的可遗传性。因此，直接选择结果的传播和扩散完全依赖遗传基因。这套体系具有稳定和精准等优点，但也存在单向（亲→子）传递和效率低的缺点。由于通过 DNA 分子，必须有直接（体内受精）或间接（体外受精）的物理接触，才能完成传递。另外，制造适合传递的 DNA 载体（精子和卵子）需要很长的时间（性成熟），这进一步降低了传播效率。

间接选择的结果也需要传播，无论是遗传体系，还是文化体系和符号体系。本能行为完全依赖遗传基因，进行单向传递。文化体系的本质是学习，可以进行顺向（由亲到子）、逆向（由子到亲）和横向（平辈之间）方向的传播。多数学习不需要物理接触，通过示范—模仿的过程即可达成。但这仍需要面对面的传授，效率不够高。符号体系是人类独有的传播系统，具有可以脱离具体事件进行传播的优势。通过符号对具体事件进行编码，传播就不受时间、地点、空间和世代的限制。最重要的是，由符号编码的信息可以积累。这种累计，不但可以发生在个体的整个生命周期，而且还可以跨世代进行。符号传播体系具有极高的效率，但稳定性和准确度都不如遗传体系。

四、积　　累

生命由低级向高级进化，结构和功能越来越复杂，所需要的基因也就越来越多。每一种生物的单倍体基因组 DNA 总量被称为 *C* 值，即基因组大小[14]。就脊椎动物而言，肺鱼和有尾两栖类的基因组最大。最大的基因组，如蝾螈可达 50G 的碱基对（base pair）。当然，绝大多数是冗余的 DNA 片段，编码蛋白质的基因数量只占极少数[15]。在一定的种群中，物种越古老，积累的 DNA 就越多，尽管积累的多是冗余片段[16]。例如，软骨鱼比硬骨鱼古老，有尾两栖类比无尾两栖类古老，爬行动物比鸟类古老；基因组也是前者比后者大，当然这种比较需要限定在一定的类群之内。

从大范围来看，DNA 的含量与基因的数量是呈正相关的。这种正相关，在原核生物和真核生物中表现不同，真核生物比原核生物的基因组中含有更多的冗余片段。人类基因组大约有 3G 的碱基对，含有 2 万～3 万个基因（基因数目可能还要进一步下调）[17~19]。最新发现章鱼有 3.5 万个基因，比人类多，而且有 3500 个基因是人类所没有的[20]。现有的研究，不支持动物越高等，基因越多（图 11.3）。但相对低等动物来说，高等动物的基因表达调控要精确得多，蛋白质作用网络也复杂得多。总体而言，生物进化与基因组或基因数的积累是并行的。

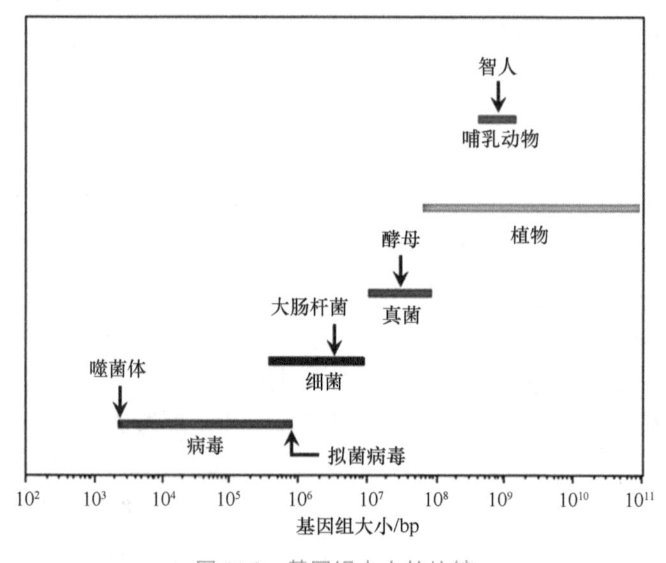

图 11.3　基因组大小的比较

神经系统可能起源于6亿年前的海蜇或其近缘种，含有少量几个具有双重功能的神经元：既可以感知外界信息，又可以控制运动。两侧对称动物的出现，促进了神经系统的分化。在无脊椎动物中产生了腹神经束，而在脊索动物中形成了背神经束，后者借助脊索支撑。由此产生了中枢神经，在此基础上开始了头部形成（cephalization）的过程。随进化时间的推移，脑结构及其行为变得越来越复杂。毫无疑问，这是基因主导的过程。有意思的是，海蜇的神经元与人类的神经元在结构上很相似，但神经元的数量却完全不可同日而语。适应性进化选择了与高级脑功能相关的基因，这些基因的表达调控形成了脑的复杂结构。随着脑容量的增大，神经元网络的数量呈指数式增加，然而高层级的基本连接不会改变。例如，人脑比小鼠脑大很多，但视觉和听觉基本通路是基本一致的[21]。因此，动物行为进化与神经元网络的数量积累是并行的。由于几乎所有的本能行为都是通过遗传系统传递的，因此不但神经元网络在积累，而且更高一级的网络结构也能积累。因为即使是一些简单的本能行为，也可能是由多个神经元网络编码的，这就需要一个协调系统。

文化传递只发生在鸟类和哺乳类，这类动物都具有育幼行为。目前在无脊椎动物、鱼类、两栖类和爬行类中还没有发现文化传递现象。基于任何行为都有相应的神经网络支撑，行为的传播促进了神经元网络和神经网络的积累。考虑到文化传播主要有两种模式，即亲代向子代传递和种群内部扩散，此类行为相关的神经元网络主要在群体内积累。当信息积累到一定程度时，作为信息载体的一个基本单元，神经元网络的数量必须发生重大的飞跃（详见第二十章）。这可比喻为计算机，当硬盘全部存满后，数据既不能进也不能出。唯一的解决办法是在没有完全存满之前进行扩容。动物的文化积累是一个缓慢的过程，一些文化起源和传播，另外一些则会消失。因此，动物对神经元网络总量的要求不是太迫切。

在符号发明之后，情况有了革命性的变化。有能力使用符号的动物，只有人类（详见第二十章）。而所谓的符号，在文字发明之前，就只有语音。前面提到的鸟类语音学习，严格意义上讲不是真正的语言。对语言的一般定义是，以语音为载体，由词汇和语法构成并能表达人类思想的符号系统。人类语言具有：创造性、结构性、意义性、指代性、社会性与个体性。语言最重要的特性是，词汇的不同组合所带来的表达编码的多样性。语言的起源，革命性地改变了文化的传播和积累[22]。语言的应用使文化的传递摆脱了个体与个体的直接联系。更重要的是使文化的跨代和跨地域传递成为可能，导致知识呈指数式积累。在文字发明以前，知识的载体唯有人的记忆，其实质是神经元网络及其相互连接。

符号的使用所导致的知识积累，建立在大量新生神经元网络的基础上。神经元网络作为储存介质，装满了知识。编码各种知识的神经元网络集合，就构成了脑体（brainer）（图11.4）。根据此理论，可以推测人类语言的诞生，必然伴随脑容量的急剧增大。在这里需要强调的是，人类的进化，除生物学意义上的进化之外，还存在“符号→脑体→道德”的文明进化轨迹。人类进化的研究，如果仅仅局限于基因和化石的证据，那就只能阐明我们为什么能够直立行走、身体无毛以及雌雄有别的性征等[23]。

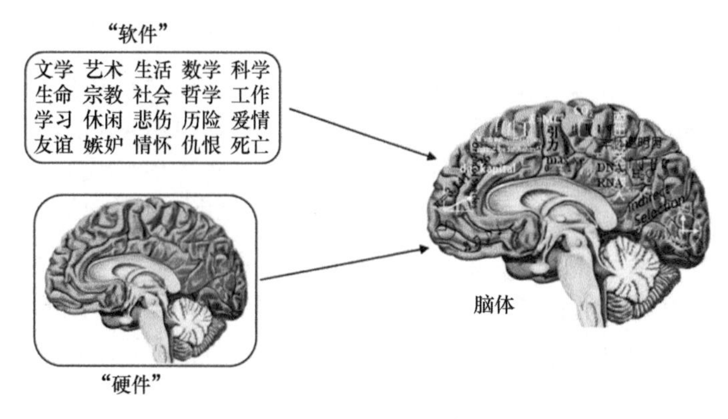

图 11.4 脑体的结构和形成的示意图

五、间接选择转化直接选择

间接选择的基础是神经元网络的冗余，导致网络对刺激的竞争。为了保持最大化的神经元网络的存活，神经系统寻求每一个可能的刺激，包括外界环境因子和内部心理活动的刺激。间接选择的结果，即冗余的神经元网络，为个体提供了学习和记忆的物质基础。由于适应所处环境的能力有了提高，动物的生存和繁殖效率也相应地增加。在第四章中提到的那些似乎没有适应价值的行为，如果直接或间接（通过奖赏系统）地对储备冗余的神经元网络有贡献，也就提升了动物的生存和繁殖概率而形成价值。

任何间接选择的过程和结果，如果在进化中绑定其他有适应意义的性状，也会以“搭便车”形式受到直接选择。“好奇”是很多高等动物才有的特性，可以看作是一种主动寻求刺激的行为。但好奇同时可以加快动物对陌生环境的熟悉，在遇到紧急情况时可以有效地使用环境。尚无法区分好奇起源于何种原因，也许是为了增加刺激输入，毕竟维持冗余神经元网络这一机制更为古老。例如，昆虫都会设法寻求刺激输入（见第四章的“夜蛾扑火”），而好奇是只有高等动物才有的现象。如此看来，好奇的生态适应意义可能是后来形成的副产品。推而广之，那些具有多重意义的性状，在进化中可能容易受到青睐。例如，动物（鹿和甲虫）的角，既能够吸引异性警告同性，又可用作武器进行打斗[24, 25]。这种“一石二鸟”的性状容易被选择，应该归结于进化的经济学原理和简约化原则。

一些神经元网络被选择，就会逐步加强而形成固定的联系，将来再有类似的刺激输入，往往就优先获得。如果这种网络之间的连接能够帮助个体或种群在获取食物、逃避天敌以及竞争配偶中取得优势，就可能通过遗传、文化或符号传递下去。相反，如果网络连接妨碍上述过程，就将被自然选择或性选择淘汰。奖赏系统原始的功能可能是为了促使神经系统主动获取刺激的输入，以维持尽量多的冗余神经元网络的存活。因此，很多奖赏是没有直接适应意义的（见第四章），另外一些可能具有多重功能。动物的食欲可能也是一种次级演变，因为在很多动物，如昆虫、鱼类、两栖类、大部分爬行类甚至鸟类，对食物的欲望是饥饿驱动的。食物带来的满足感，可能是从原始的奖赏系统进化而来的。哺乳动物尤其是人类对美食的贪婪，不仅仅是饥饿驱动，还有奖赏系统驱动对美味食物的主动追求。这部分的奖赏系统就获得了直接选择的青睐。

生命最根本的目的是基因的传播。间接选择的作用位点，无论离开基因有多远，也跳不出基因的“掌心”。人的脑体不管有多不愿意，也不得不栖身于基因当中。没有基因，就没有生命。没有物理实体的人，哪来的人类文明？脱离人的生物学本质，谈论社会进化就是建设“空中楼阁”。而将人类社会的进步，完全或主要归结于基因的作用，也是一种对生物进化和社会发展相关理论的“伤害”。因此，直接选择借助间接选择而作用于其所力不能及的性状，从而控制所有的生命过程；间接选择的成果需要通过直接选择过程转化为生态适应性。

第三篇
动物行为进化的驱动力

一个基因，对应一个神经元网络，控制一个动作。

行为与基因的关系似乎很紧，又好像很松。一些基因的突变，直接后果是行为的改变。但是基因突变如何影响行为，却似一个大黑箱，尚无从知道其中的细节。从基因到行为，需要经过：基因→蛋白质→神经元→神经元网络→神经网络→神经通路（环路）→行为。根据间接选择原理，基因能够直接控制神经元网络的形成。基础神经元网络亦可受环境的作用，但其作用可能相对较小。神经元网络是构成神经元网络高级结构的基础，因此是沟通基因与行为的跳板。作为自组织的高级神经网络及其以上的层级结构，则受环境的影响较大，即根据环境条件而优化。因此，基因的调控即使有作用，可能也相对较小。如果没有基于神经元网络的间接选择过程，基因在面对快速变化的环境时必将束手无策。对于高等动物，大脑存储的经历和经验构成的脑体，在应对多变的环境方面具有很强的优势。

本篇将阐述基因对行为的作用：结构、内容、边界和过程。如果基因只能作用到神经元为止，那么行为就不可能遗传，因为神经元无法编码行为。因此，基因必须能够控制到神经元网络一级，本能行为以及学习能力才可能遗传下去，因为只有神经元网络才是行为的直接基础。进化理论表明，有哪方面的功能，才能在哪方面受到选择。控制运动的神经元网络相对信息处理的神经元网络要简单得多，因此本能行为比学习能力容易遗传。神经元网络是构成神经网络和神经环路的基本单元，参与神经系统的自组织过程。因此，神经元网络是从基因到行为的“中继站”，同时本身也可以直接控制行为。本能行为的遗传建立在基因的基础上，简单本能行为可能是神经元网络控制而复杂本能行为可能是神经网络控制。因此在逻辑上，基因与神经元网络必然存在直接的联系。

虽然后基因组时代主要是研究每个基因的功能，但蛋白质组与小分子如何搭建更复杂的结构，仍然不得而知。至少目前还无从知道，细胞是如何构建起来的。

至于基因构建神经元网络的机制，现在只能靠已有的知识进行猜测[1]。神经元网络的构建，是基于某个基因表达的时空局限性，即多个在空间接近的神经元同时在一定时间内表达可兴奋神经元的基因，促使突触的形成，构成网络。“一个基因，一个神经元网络。”

一些简单的行为是由单个或几个简单的动作构成的，最简单的如膝跳反射，对于这样简单的行为，神经元网络就可以完成控制行为，不需要神经网络。一些具有相对简单神经系统的动物，其本能行为也是神经元网络控制的。而较复杂的本能行为，可能是一连串的简单动作构成，因此受一系列的神经元网络控制，这就需要上一级网络（即神经网络）的控制协调。复杂本能行为中，一个动作的完成触发下一个动作。在此过程中，外界刺激参与了触发。当一个基因突变时，相应的神经元网络发生异常，而无法完成其控制的动作。由于这些本能行为是由神经元网络控制的，即受到基因的直接作用，因此能够受到直接选择。“一个神经元网络，一个动作。”

学习与记忆是不可分割的。从本质上来看，学习不记忆等于没有学习。记忆的先决条件是存储空间的即时可获得性。根据间接选择的原理，记忆存储的基本单元是神经元网络。冗余神经元网络的保有量越高，学习就越容易，记忆能力就越强。在神经元数量保存不变的条件下，冗余神经元网络的存在并不增加太多的额外能量消耗。但由于化学突触的高度可塑性，如果没有刺激的输入，神经元网络将降低连接强度甚至解散。如何保留大量的冗余神经元网络，是所有动物面临的根本性问题。为达此目的，动物经常表现出许多的“无用”行为，如趋光和玩耍等。

考虑到神经元网络的高“性价比”，动物的中枢神经保持大量的冗余神经元网络，为处理外周传感系统传入的信息作储备。据此可以推测，对于具体的通信体系，接收方的中枢神经先准备好处理信息的神经系统以“等待”发送方的进化。如果发送方先起源而接收方未准备好，则信号（如声音、颜色或气味）不但完全无用而且会引起其天敌和猎物的警觉。同样的理由，如果外周传感器先进化，而中枢神经没有具备处理这些信息的神经元网络/神经网络，外周传感器的负选择作用就会凸显。传感器的结构复杂且极其脆弱，不但需要投入大量的能量，而且外伤时容易大出血并不易愈合。

没有间接选择理论，奖赏系统的适应意义难以阐明，但其副作用却非常清楚。假如奖赏系统没有直接的意义，那么间接的作用是十分明显的，那就是为保持冗余神经元网络而存在。因为神经系统对重复刺激的习惯化，导致外界输入维持冗余神经元网络的效率下降。奖赏系统的出现，正是为了克服习惯化，哪怕由此带来显著的副作用。由于神经反应所需要的刺激越来越高，同等剂量的刺激逐渐失去作用，奖赏要求也就越来越强烈。由此可知，奖赏系统是以一种正反馈的模式工作，最终可能导致系统的崩溃，如吸毒成瘾那样。

---

① 著名物理学家文小刚先生说过：“新颖远比正确更重要。”“……必须强调大胆猜想，是否正确留待以后证明。如果光寻求正确的话，就不容易跳出原来的框架。如果有新东西（想法或理论），哪怕它不正确，哪怕自相矛盾，以后的修补也可能解决这些矛盾，也许还能产生全新的理论。而且一般来说，就算当时想错了，事后大家讨论，发现哪里错了，也容易修正。但如果连个新想法都没有，那就什么都没有了，也就无所谓修正不修正了。”

第十二章

基因编码神经元网络

如果性状完全由基因决定，直接选择的效应就非常明显。虽然选择压力作用于性状而不是基因，但如果性状是单基因决定的，选择压力就集中在该基因；反之，如果性状是多基因决定的，选择压力就相应地分散到每一个基因。当然，后一种情况下每个基因受到的选择压力也会降低。而在性状不完全是由基因决定的情况下，对基因的选择压力将进一步降低。动物的行为发育中，环境因子起重要的作用，认知能力高的动物尤其如此。毫无疑问，中枢神经中那些与认知相关的结构和功能，是基因与环境共同作用的结果。但中枢神经或脑的基本宏观结构和功能，即使不完全是，也主要是由基因决定的。这些宏观结构，犹如主干光纤，必须是“顶层设计”的。

一、神经系统的结构

从外周到中枢，神经元网络的特异性降低，同质化增强。

不同部位的神经系统，特化的程度有相当大的差异。一般而言，外周传感器最特化，视觉感知光波信息而听觉感知声波信息，两者绝无转换可能。信息传导到哺乳动物的皮层后，接受处理这两类信息的神经元网络，其最基本的结构，即神经元网络的相似性高且可以互相转换或借用。听觉、振动觉、平衡觉以及躯体触觉等信息经脑干、中脑、间脑送达端脑，相关的神经网络的特异性逐渐降低而通用性逐步提高。对于一些低等动物，信息在中脑或端脑就处理完毕并发出相应的行动指令[1, 2]。

1）外周传感器

前面提过，脊椎动物的视网膜结构十分奇特（图 1.7A），是进化研究中最难以捉摸的现象。其实，内耳的结构和工作原理也是如此。

所有脊椎动物的眼都具有相似的基本结构。将眼睛比作照相机，发现眼睛的各个构成都有相机的部件对应。眼角膜即“黑眼珠”，相当于相机的镜头，是光线进入眼球的门。瞳孔对应光圈，控制进光量使视网膜接受最佳的光强。因此，瞳孔和光圈都可以根据光的强弱调整孔径，即光线强则瞳孔缩小，光线弱则瞳孔变大。晶状体是全自动变焦镜头，它位于瞳孔虹膜后面，是呈双凸的“透镜”。正常人既能看近又能看远，全依赖于晶状体的调节：远眺时，晶状体被悬韧带拉扁；近看时，晶状体依靠其本身弹性变凸。通过如此调节，使光线能聚焦在视网膜黄斑上。虹膜起到光圈叶片的作用：瞳孔的括约肌收缩，瞳孔缩小；瞳孔的开大肌（在虹膜中呈放射状排列）收缩，瞳孔变大。有意思的是，虹膜内含色素的不同，使之呈现不同的颜色：东亚人呈棕色；非洲人和南亚人呈黑色；而白人的虹膜则非常多样——棕、灰、蓝及少数绿色。巩膜即眼白，功能类似于相机外壳，白色不透明支撑整个眼睛的结构。视网膜相当于 CCD 或 CMOS（即图像传感器），结构很复杂，含有的感光细胞（视锥细胞和视杆细胞）将光信号转变为电信号①。其中视杆细胞感知亮度，对弱光极其敏感；视锥细胞感知色彩，但需要在一定的光强下（图 10.4），这就是我们在夜间看不到颜色的原因[3]。

声音转变为电信号的过程似乎比光转变为电信号的过程更复杂。声音的物理本质是空气振动，而这种振动信号的能量极低，衰减很快。空气振动直接带动耳膜振动，耳膜很薄，所以微弱的能量就可以带动。耳膜的进化，主要是为响应高频振动，因为高频声音能够携带更多的信息。鼓膜后面的中耳腔内，有三块相互连接的听小骨。紧挨着鼓膜的是槌骨，通过砧骨与镫骨相连。三块听小骨实际上形成了一个杠杆系统，起到放大信号的作用[5, 6]。声音在耳蜗内的毛细胞上转变为电信号。耳蜗是一个外形似蜗牛的结构，在蜗牛壳上有一个极小的薄膜区，称作卵圆窗，与镫骨的另一端相连。因此，卵圆窗被镫骨底板及其周围的韧带封闭，而鼓膜的振动通过听小骨之杠杆，最后驱动卵圆窗振动。卵圆窗的里边充满了淋巴液，当卵圆窗振动时，液体也随之波动（图 12.1A）。浸泡在液体中的条状基底乳凸因液体波动而发生相应的共振。基底乳凸靠近基部的片段与高频信号共振，末梢（在耳蜗顶部）片段与低频信号共振[7]。如此，沿基底乳凸的基部至顶部就形成了由高到低的频率响应，即频率拓扑[8]②。基底乳凸的共振，致使着生其上的毛细胞滑动。毛细胞的纤毛由于与胶状盖膜粘连，而发生牵扯，导致毛细胞局部轻微变形（图 12.1B）。纤维基部的细胞膜的变形与复位，操控该部位膜上离子通道的开/闭，带电离子过膜流动产生膜电位③。总之，视觉：光能转变为神经电信号是通过可逆化学反应；听觉：声音转变为神经电信号则通过机械过程。

花费这些篇幅来描述脊椎动物的眼和耳的结构与工作原理，目的是为了说明外周神经系统末梢之传感器的极端特化。眼和耳的结构与工作原理，是如此的精妙以至于很容易让人怀疑：仅依赖随机变异加自然选择，真的能够通过进化形成这样复杂的结构与工作原理吗？如此复杂的结构，必须要有基因的“设计蓝图”，不可能是自组织系统。其他的感觉系统，如触觉（体感或触须）、嗅觉（鼻）和味觉（舌）等的传感器也很特化，但远不如眼和耳复杂。另外一些传感器只在一些动物类群中存在，如昆虫和蛇

① 光线进入感光细胞后，被视紫红质吸收。视紫红质是视蛋白和 11-顺式视黄醛的混合物，光所携带的能量导致 11-顺式视黄醛转化为全反式视黄醛。而视紫红质相应地转变为活化视紫红质，从而打断环化核苷酸 cGMP 的环，最终导致离子通道的关闭。整个过程在很短的时间内完成[4]。

② 匈牙利科学家格奥尔格·冯·贝凯希（Georg Von Békésy），因发现基底乳凸的频率拓扑排列而独享 1961 年诺贝尔生理学或医学奖。

③ 耳的结构以及声音信号转变为电信号的过程很复杂，有兴趣的读者可以在优兔（YouTube）或优酷视频搜“How does the ear work”。

类的红外感器、鱼类的电感器和鸟类的磁感器等，都非常特化[9]。由于磁场具有极强的穿透力，磁感器的位置、结构和原理目前尚无定论[10]。就眼和耳而言，光和声转变为电信号，传入中枢神经。那么，处理视觉和听觉信号的高级中枢是否也如此特化呢？答案是否定的。

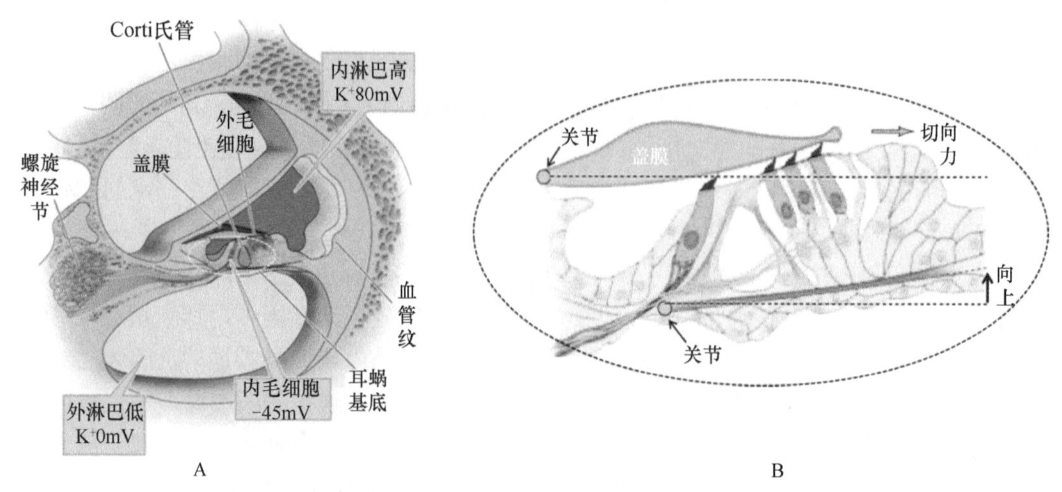

图 12.1　内耳结构及其工作原理

A. 耳蜗的局部横切面，显示复杂的特化结构；B. 耳蜗基底条板的横切结构，展示了盖膜相对毛细胞滑动而作用于纤毛的过程

2）初级中枢

视神经向后投射经视神经节进入颅内，形成视交叉，后延为视束。在视交叉中，只有部分神经纤维交叉，即来自两眼视网膜鼻侧的纤维交叉，投射到对侧视束中。颞侧的纤维不交叉，沿同侧向中枢投射。因此，左侧视束由来自两眼视网膜左侧的纤维组成，右侧视束则含有来自两眼视网膜右侧的纤维。多数视束纤维投向间脑的外膝状体核，其神经元发出的轴突组成视辐射，终止于大脑的枕叶区或称视皮层（图 12.2A）；少数视束纤维经上丘臂向中脑的上丘区和顶盖前区投射。由此可见，中枢神经主要处理视觉信息的核团或脑区是外膝状体和视皮层。哺乳动物的中脑在视觉信息处理中的作用不明显，但其他脊椎动物，如爬行动物的中脑视顶盖则是极重要的视觉信息处理中心。哺乳动物的视皮层和爬行动物（含鸟类）的视顶盖具有极为相似的层状解剖结构[11]。

外膝状体核是一个层状结构的视觉核团，因结构弯曲如膝状而得名。核团由六层弯曲的结构组成，上面四层的细胞较小，称小细胞层（P-层），下面两层的细胞较大，称大细胞层（M-层）（图 12.2B）。焦油紫组织染色显示，细胞结构明显不同。一侧的外膝状体之 1 层、4 层、6 层接受对侧视网膜（鼻侧）的投射输入；而 2 层、3 层、5 层接受同侧视网膜（颞侧）的投射输入（图 12.2）。视网膜位点投射到外膝状体的各层极有规律：将外膝状体各层接收投射的相应细胞位置连接起来，可获得与各层边界垂直的线，称作投射线。外膝状体投射到初级视皮层，这种视网膜位点的信息被保留了下来，构成所谓的视网膜拓扑（retinotopic）结构[12, 13]。

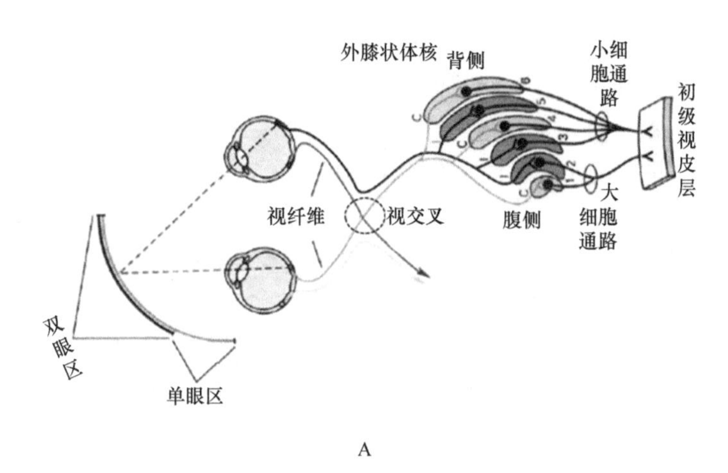

A

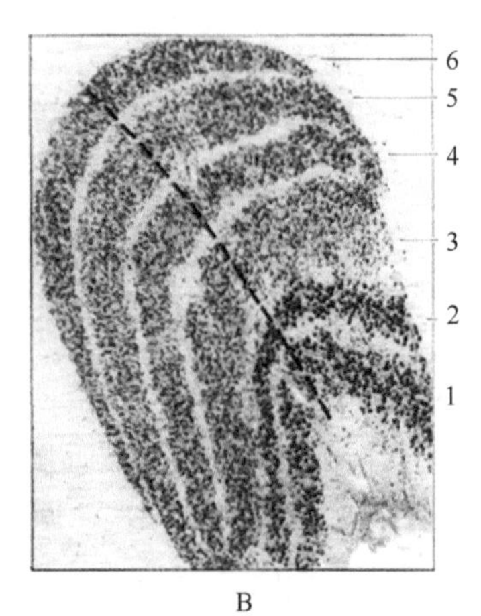

B

图 12.2　人脑的视觉通路

A. 信息传导从视网膜到初级视皮层（在外膝状体的投射）；B. 外膝状体核结构，共分为六层（虚线为投射线）

声音转变为电信号，经第八神经（包含听神经和前庭神经）投射到脑干。听觉信息处理的神经通路似乎比视觉更复杂：如爬行动物和鸟类的听觉通路，包括第八神经→耳蜗核系→上橄榄核系→外侧丘系→听觉中脑核（爬行动物：semicircularis；鸟类：MLd）→听觉间脑核（爬行动物：medialis；鸟类：ovoidalis）→初级听觉端脑核（爬行动物：mDVR；鸟类：field L）。哺乳动物听觉通路，参见图 11.2。目前尚不清楚爬行动物的端脑是否存在次级听觉核团，鸟类在旧大脑皮层有两个核团（NCM 和 CMM）接受 field L 的投射[14, 15]，故为次级听觉端脑系统。哺乳动物的听觉通路与爬行动物和鸟类的结构极为相似，投射到听皮层之后还有分级，即初级听皮层、次级听皮层甚至三级听皮层。

如前所述，鸟类的耳蜗核系由三个核团组成：巨细胞核、角核、层核。听神经进入脑干后分叉为两支，一支投射到巨胞核，另一支投射到角核（图 8.18）。在维持频率拓扑空间结构的前提下，巨细胞核提取信号中的相位信息而角核提取强度信息[16]。由于声音到达两耳的时间差（相位差）在微秒级，为处理如此精细的时间信息，就需要不但可靠而且速度极快的传导。因此，巨细胞核中的神经元大而圆，即所谓的“巨大细胞”。听神经的轴突末梢不但跳过树突直接与巨细胞的胞体形成突触，而且末梢膨大形成球状结构包裹巨细胞的胞体[17, 18]。陆生脊椎动物脑干的听觉系统的主要功能是确定声音的空间来源，其工作原理详见第八章。

总之，第一级视觉核团是外膝状体，然后直接到达视皮层；第一级听觉核团是耳蜗核系，经过四级核团后才能到达听皮层。初级中枢神经系统显然是非常特化的，设想如果人为将视觉与听觉通路互换，肯定不能执行正常的功能。那么高级中枢呢？哺乳动物视觉和听觉最后都投射到大脑的皮层：视皮层位于枕叶（脑后部），听皮层位于颞上回（脑侧面）。

3）高级中枢

人类大脑皮层有 190 亿～230 亿个神经元，平均厚 2.5～3mm。根据皮层的不同特点和功能，可将皮层分为若干功能区（图 9.16A）。虽然皮层的厚薄、神经元形状及大小、细胞的分布和纤维的疏密等方面有差异，但各功能区都有相同的层数，就是说整个大脑皮层的基本结构是相似的[19]。正是由于基本结构的相似性，各功能区才具有可替代性。临床实验证明，某一区域的损伤，并不使人永久性完全丧失该区域所管理的功能[20]。我的一个前同事做了单侧颞叶部分切除手术，对学业和生活没有任何影响，目前在美国做医师。人的大脑在结构上是冗余的，经过适当的治疗和功能锻炼，常可由其他区域的代偿而使受损功能得到一定程度的恢复[21]。例如，盲人的视皮层可能完全无用而被其他系统调用，最有可能是被听觉和触觉系统“瓜分”。人类回声定位的能力是普遍存在的，但盲人的能力更加突出。受试者可以聆听自己发出声音的回声来判断目标物的方位、距离和形状等[22~24]。通过 fMRI 测量脑部血氧水平发现，早期致盲的人在进行回声定位的时候视觉皮层被激活，声音信号很可能在视觉皮层中进行处理[25, 26]。而且通过训练，普通人也可以获得类似的能力[27]。

层状结构在非哺乳动物的中脑顶盖区也存在，爬行动物的视顶盖可明确分为 13 层。与哺乳动物的大脑皮层相似，中脑的层状结构在垂直方向有各种神经元，而在水平方向的结构极为相似。视顶盖的功能分区，与视觉感受野的拓扑结构有关。例如，响尾蛇的视顶盖上半部是视觉的感受野拓扑结构区，而下半部则是红外感受野拓扑结构区，两者的分界线在 7a 层。比较视觉和红外的感受野拓扑图，可以知道它们的基础结构是相似的，只是视觉系统更加精细[28]。在 7a 层含有所谓的双模神经元，它们既对视觉刺激有反应，也对红外刺激有反应，作为视觉和红外信息融合的桥梁[29]。

美国杜克大学的神经生物学家贾维斯 • 戴维 • 埃里克（Jarvis David Erich）博士，长期致力于鸟类的神经系统进化研究。2004 年，他在杜克大学召集全球的鸟类神经生物学家，对鸟类的大脑皮层结构重新进行划分和定界[30]。如图 12.3 所示，鸟脑皮层由原来认为的极小区域改为绝大多数区域，使皮层或哺乳动物皮层的同源结构占大脑的比例与人脑相似。除了脑的绝对大小在人和鸟类之间有巨大的差异，皮层的相对比表面积在人类也大得多，因为鸟类皮层是平滑表面而人类皮层有大量皱褶。尽管如此，鸟类皮层与哺乳动物甚至于灵长类的皮层都具有可比性[31]。主要的不同表现在，鸟类皮层的基本单元是核团，而哺乳动物皮层的基本单元是皮层功能分区（参阅第九章）。

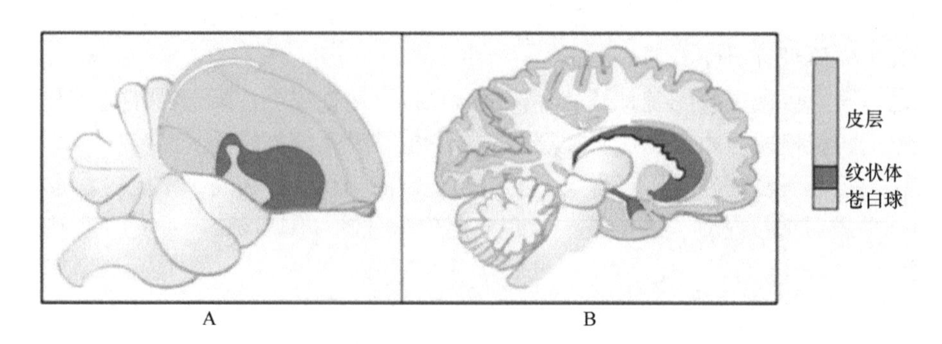

图 12.3　鸣禽（A）和人脑（B）的三个控制复杂行为的脑区（皮层、纹状体和苍白球）比较

二、神经元网络的再讨论

神经元网络的很多特征在前面没有进行充分的讨论，主要是为了避免阅读疲劳。作为一个选择单元，即使是选择强度相对较低的间接选择，神经元网络的结构和边界都必须非常明确。人的大脑约有一万种神经元，然而这个数字也是一个估计值。神经元形态的变异很可能是一个连续谱，这给分类带来很大的难度。既然如此，那就将注意力集中在哺乳动物的皮层吧。艾伦•彼得斯（Alan Peters）和爱德华•琼斯（Edward Jones）根据形态结构，将皮层的神经元大致分为锥体类和星型类。锥体类神经元有一根“优势”树突向上，指向皮层的表面，大且长。树突上有大量树突棘，后者是突触的形态基础（见第七章和第九章）。树突在不同高度的分枝，构成了皮层的层状结构主体[32]。不但树突有多种结构，细胞体也有各样的形状，如圆锥形、球形、椭圆形、菱形等[33]。因此，锥体神经元又可分为很多的亚类。星型神经元又被称为非锥体神经元，缺乏所谓的“优势”树突。相对锥体神经元所具有的统一基本结构，星型神经元则显得更加形态多样化。马丁•费尔德曼（Martin Feldman）和彼得斯按树突的结构特征将其分为：多级、双极、少棘、无棘（平滑）等[34]①。

尽管皮层柱的基本元素尚有争议，即不同的研究者对皮层柱的大小、数量和边界估计有很大的差别。一个皮层柱似乎可以包含这个空间内所有种类和亚类的神经元，而且每个亚类又含有多个神经元。考虑到皮层柱是一个空间概念，可以有或没有明确的空间边界；那么神经元网络的边界可能就不仅仅是指空间边界。就是说，每个神经元参与到不止一个神经元网络当中，在不同的网络里担当的角色也不一样[35]。由于一个神经元在多个网络中的物理空间位置不同，与其他神经元的连接关系也就不一样，所以起的作用也不尽相同。例如，同一个神经元在有的网络中靠近输入端，而在另一网络中靠近输出端。

按照人工智能或计算机模型领域的流行概念，一个神经网络中的所有神经元是同质的，即具有相同的形态结构。查看任何一本相关教科书或网站，可以发现表征神经元的符号一致：都是圆圈。输入层和输出层结构相似而且整体基本对称[36]。这是对实际状态的一种简化，以便于编程、建模和模拟。实际的神经系统中，任何一个功能单元（如皮层柱或小柱），都含有几种或几十种不同形态的神经元。那么在单元内部，是否如人工智能的神经网络那样，由相同的神经元（主要是指形态相似）相互连接组成网络？这是有可能的，相同的神经元很可能具有相似的基因表达轮廓（express profile），也就更容易相互激活连接。相似的基因表达可能导致神经元的同步化，容易形成和维持连接关系。这相当于特化的神经元，升级为特化的神经元网络，如鸟类脑干的层核。而特化的神经元网络可能主要存在于初级中枢的核团之内，或是跨核团的网络结构。因为，特化的神经网络只能执行固定的任务，而且可能是量身定制的，因此不存在网络间的竞争。

① “级”在这里指树突；“棘”为树突棘。

高级中枢的情况则很不一样。在同一个功能单元内，不同形态或种类的神经元在空间上更加相互接近。例如，锥体类神经元之间夹杂星型类神经元，一个皮层柱的空间之内所有种类的神经元都参与神经元网络的构成（图 9.15）。因此这些神经元网络中的神经元种类具有很高的异质性，如此一来网络与网络之间就具有很高的相似性。因此，至少在哺乳动物和鸟类的皮层结构中，神经元网络具有同质性。网络之间的竞争就在所难免了，竞争发生在功能区内以及功能区之间。而这类神经元网络在动物和人类的认知、学习、记忆、创造以及运动控制中发挥不可替代的主导作用。在非哺乳动物的皮层，核团代替了皮层的结构，神经元网络被局限在一个核团之内。可能也是由异质神经元组成，神经元网络的结构和功能相似，因此存在竞争。

总之，初级中枢的神经元网络可能是由相同或相似的神经元构成，神经元网络之间互不相同，即网络内部同质化，而网络之间异质化；高级中枢的神经元网络由不同的神经元构成，神经元网络结构可能相同或相似，即网络内部异质化，而网络之间同质化。网络竞争和间接选择只适用于同质化的神经元网络。从鱼类到哺乳动物，同质化的神经元网络占比越来越高，到人类达到最高。

高级中枢的神经元网络可能都是由这种不同的神经元所构成。即使神经元的形态相似，但基因表达的多元化也可以区分不同的神经元种类。最先进的基因表达调控技术可以让各种神经元呈现不同的颜色。这多亏了绿色荧光蛋白（GFP），及其各种基因突变体相关的技术进步[37]。突变后的 GFP 因改变了激发和发光的波长，可以呈现不同波长的荧光①。技术的改良，使得用不同颜色同时标记不同的神经元的梦想得以实现（图 12.4）[38]。但仅仅依赖有限的 GFP 突变体，对神经元的标记仍有很大的局限性。如果将所有种类的 GFP 随机地与小 RNA 拼接并混合转染神经元，则每个神经元含有比例各异的各种 GFP，即能够显示独特的颜色[39, 40]。

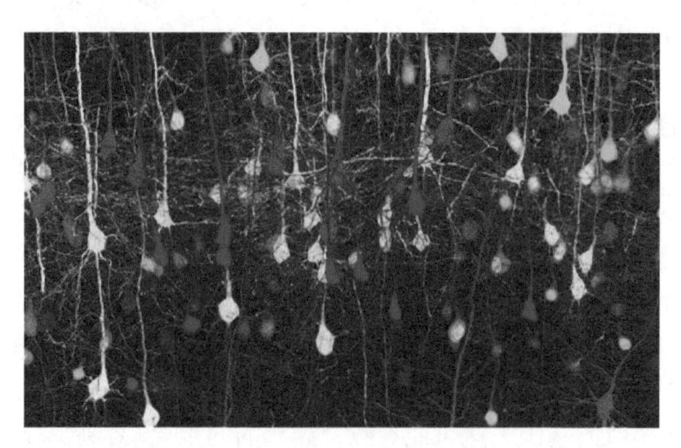

图 12.4　以不同颜色标记的皮层神经元

问题是：相同颜色还是不同颜色的神经元连接构成神经元网络？

同质化的神经元网络在空间上是有局限的，即局部范围（核团或皮层柱）内的神经

① 华裔科学家钱永健（钱学森的堂侄），因为研究出可发不同波长的荧光（可转变为不同颜色）的方法而获得 2008 年的诺贝尔化学奖。

元相互连接，组建网络。跨核团的神经元网络只可能存在于外周和低级中枢，很难想象高级中枢，如皮层中的两个距离遥远的神经元会直接连接构成神经元网络，但“富人俱乐部”成员则有可能互相连接。考虑到不同物种的脑结构千差万别，本节论述将局限在哺乳动物的端脑（大脑）及其连接的脑区。如果将皮层比喻为工作区或办公区，皮层柱为工作间，那么每个工作间的计算机都要连接到机房的集线器，这个“机房”可能就是丘脑或海马区[38, 41, 42]。当然，“机房”不可能只有一个，其他区域，如杏仁核区和其他间脑核团也连接皮层。在皮层，神经元网络可能被局限在哺乳动物的皮层柱或鸟脑的类柱状结构内，如果每个神经元不参与多个神经网络，那么神经网络的数量终究是有限的。例如，人脑皮层 200 亿个神经元，假设皮层柱的边界不相互重叠，则只能形成 2 亿个皮层柱（每个皮层柱含 100 个神经元）或 2000 万个皮层柱（每个皮层柱含 1000 个神经元）。如果一个皮层柱是一个神经元网络，就只有 2 亿（或 2000 万）个神经元网络可用。而一个神经元网络其实只能编码一个非常简单的信息单元，如此一来，一个简单的视觉信息处理过程可能就需要调用成千上万个神经元网络。只有当每个神经元参与多个功能不同的神经元网络，如皮层柱和斑块那样，才能生成“无数”个神经元网络。只有大脑具有“无限”的神经元网络，才能有效地应对反复无常的环境变化。

神经网络是如何相互连接的呢？芝加哥大学默里·舍曼（Murray Sherman）教授[42]的研究可以很好地回答这个问题。传统观点认为，外周神经获取的信息经丘脑上传到皮层的感觉区。感觉运动区作为中继站接收感觉区的信号进行加工处理，形成决策后直接输出到皮层的运动区（图 12.5A）。舍曼教授以视觉系统为例提出，尽管皮层的脑区之间有直接的连接关系，但信息输入却主要依赖丘脑核团不同亚区向皮层各脑区的投射，同时也存在反向的投射关系，并且各个丘脑区各自向皮层运动脑区投射。就是说，皮层区域间的通信可能是间接的，以丘脑为“中继”完成（图 12.5B，参考图 8.21）[42]。皮层脑区之间的连接是大区功能单元之间的关联，但这是否就意味着皮层柱之间，即使有边界重叠也不可能在皮层的水平方向进行横向的信息输入和输出？

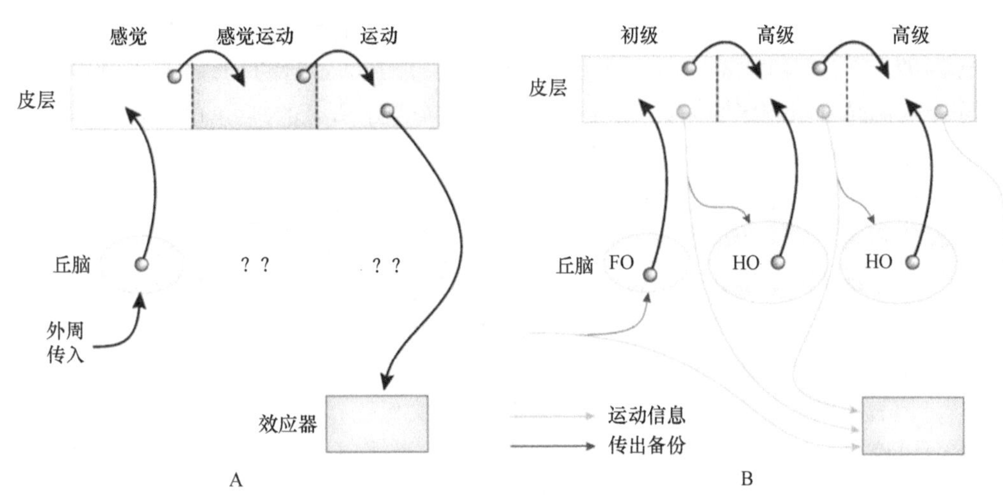

图 12.5　皮层各脑区的连接模式

A. 传统观点；B. 新观点（FO=first order，第一级；HO=higher order，更高级）

2001年，美国陆军在《目标部队方案白皮书》[43]中提出了“行动单位”（unit of action）和“使用单位”（unit of employment）的概念，作为设计目标部队编制或体制的基础。行动单位是目标部队的战术作战单位，包括旅及旅级以下的单位。机动作战的行动单位是指能够独立完成任务的最小规模的诸兵种合成部队，具有在多次交战之间进行转换的能力。如果将美陆军的这个方案比作神经系统，可以发现：①每个行动单位包含诸多的技术兵种，相当于神经元网络由不同种类的神经元组成；②行动单位的构成是标准化的，各个单位的功能是可重复的，即同质化的神经元网络；③使用单位相当于神经系统的丘脑核团（“集线器”），指挥和协同行动单位，而行动单位之间没有隶属关系。不同的是行动单位的数量是极其有限的，而皮层神经元网络的数量可能是“无限的”。当任务有限时，“无限”多的神经元网络将竞争任务，即从“集线器”获得输入。

总之，外周的传感器（如眼和耳）极度特化，低级中枢的神经元网络或神经网络也是高度特化的，但高级中枢（皮层）的神经元网络具有同质化的趋向。每个神经元可能参与到多个神经元网络，使同质化的神经元网络数量趋于“无限”多。如此复杂的结构是如何形成的呢？

三、基因决定神经元网络

意大利人高尔基于1873年发明神经元镀银染色技术，留下一个迄今无人能破的谜团：那就是仅有5%的神经元能够着色。当然，如果所有的神经元都染上色，必定是一片漆黑，根本无法观察单个神经元的结构以及神经元间的连接了（见第七章）。由此也可以推测出神经元具有极强的“个性”，这种个体特性构成了神经系统在细胞水平的异质性。毫无疑问，神经元水平解剖和功能的差异是源自构成细胞的物质差异，可能主要是结构蛋白的种类和数量差异。追根溯源，是基因表达差异、蛋白质转译差异和蛋白质修饰差异的集成。

神经元的分类依据其解剖结构和发放电特性。考虑到神经系统的可塑性，其分类可能是动态的；考虑到神经元结构的复杂性，其分类只能是非定量的。现代基因测序技术，开创了单细胞转录组测序的新纪元。但是除非将整个脑中所有的神经元都进行独立转录组测序，否则还是无法对神经元进行准确的分类。这在现阶段还做不到，相信将来一定会有人尝试去做。既然现在不能在转录组水平做单细胞的分子标记，那可以做一个或几个基因在细胞水平的表达，即分子标记。我的博士学位论文的主要内容之一，是检测大壁虎中枢神经系统的雄激素受体表达。由于缺少爬行动物特异性的抗体以识别和标记雄激素受体蛋白，只有通过RNA杂交的方法检测雄激素受体的转录状况。结果显示，仅在少数神经元中发现雄激素受体RNA的阳性信号，即雄激素受体神经元在脑中的比例很低[44]。但表达雄激素受体的神经元是否相互间有突触连接，就不得而知了。

前面讨论过，每个细胞内的DNA一级结构是一样的，细胞的特异性表现在基因转录为mRNA，mRNA翻译成蛋白质以及后期蛋白质修饰的阶段。RNA在细胞核内合成，随即被转运出核，在细胞质里存活一段时间。就是在这段时间里，RNA受到各种剪切而产生"无限"的亚型①，然后作为模板指导相关蛋白质的合成。

尽管大多数的 mRNA 指导蛋白质的合成，即有 RNA 就有相应的蛋白质，但 RNA 数量与蛋白质数量不是简单的线性关系。直接检测蛋白质的数量和功能，能够更好地阐明神经元的特异性。目前主要依赖免疫组织化学或免疫细胞化学的方法，使目标蛋白质显色。简单来说，带有荧光标记的抗体，识别并结合到目标蛋白质，通过激发荧光使目标显色。由于荧光显色技术的发展，现在有很多荧光物质可供选择，也就可以进行多重着色[45]。如果每种抗体用不同种类的荧光标记，就可以同时在一张切片上显示多种蛋白质。如果每类神经元只表达其中的一种蛋白质，那么神经元的类别就能够用不同的颜色显示。尽管尚无人检测相同的颜色是否有相似的形态，或不同的颜色标记不同形态的神经元，但从现有的一些结果来看，似乎是一种颜色标记不同形态的神经元。具有相同的颜色表明具有相同的蛋白质表达，如果这是与突触形成有关的蛋白质，那么这些相同颜色的神经元是否就会连接成网络结构呢？至少现在还没有研究报道。

图 12.6 显示小鼠视皮层的神经元在受到视觉刺激时的 *arc* 基因表达状况，实验分两组：A 组，连续两天为动物呈现水平线段刺激，记第一天为 A1 和第二天为 A2；B 组，第一天为水平（B1）而第二天为垂直（B2）刺激。*arc* 基因表达神经元在四组刺激下呈现各不相同的类型。一些神经元（特异神经元）只在特异刺激下呈现，另一些神经元在

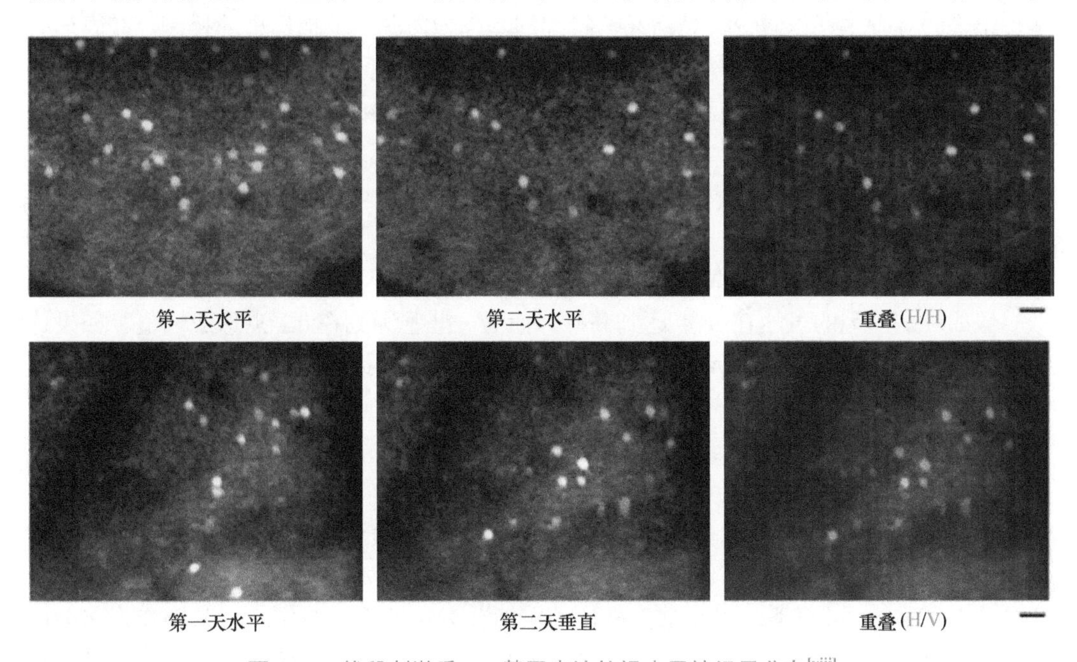

图 12.6　线段刺激后 *arc* 基因表达的视皮层神经元分布[viii]

上：连续两天给予水平方向的刺激；下：第一天水平刺激而第二天垂直刺激。以红色标记第一天而绿色标记第二天的结果，分别重叠两天的表达类型，一些神经元呈现黄色（绿+红=黄），即为共表达的神经元。H=水平，V=垂直

① 虽然人类的基因数量比起某些较为原始的生物更少，但是在人类细胞中发现了大量的选择性剪接，又译为"可变剪切"（alternative splicing）。将转录产物中那些穿插在内含子中的外显子以选择性的方式进行剪切及保留，形成不同的 RNA 剪切产物，这使得一个基因能够制造出多种不同的蛋白质（引自百度百科"人类基因组"）。

不同刺激中均出现（共同神经元，即彩图中呈黄色的神经元）。毫无疑问，A1 与 A2 有更高比例的共同神经元，而 B1 与 B2 之间的共同神经元占比就较低[46]。

如果没有外界刺激或刺激非常稀缺时，神经元网络的构建机制或内在驱动力是什么呢？作者认为有两个：随机性连接或同步者生存。神经元在生长过程中，树突和轴突延伸，与其他神经元的轴突和树突产生物理接触而形成突触。当然，这些神经元在空间上必须是相互靠近的。这必然存在一个机制，以防止神经元自身的轴突和树突在有物理接触时形成突触[47]。这种假说的依据来自培养皿中的神经元发育实验，即当来自不同神经元的树突与轴突随机相遇时，可有效地形成突触结构[48]。这个过程在新生儿（或动物）中同样发生，即使一些形态还没有最后完全成熟，刚出生的幼体已经具有所有的神经元。这非常符合行为学派和神经达尔文学派的观点，即人脑生来是“白板”（*tabulae rasa*），仅带有诸如爱、恐惧和愤怒等少量内在本能，人的精神特性和行为模式完全是由社会因素决定的[49]。突触在出生初期（2 岁以内）大量形成，随后又大量消退[50]。这个过程被称为“突触重排”（synapse rearrangement）或“提炼”[51~53]。然而，哪些突触保留和哪些突触消除？突触之间存在的竞争[54]，其实质是神经元网络之间的竞争。

晚成性动物在出生时，外周传感系统还远没有成熟。在没有足够多的刺激输入的条件下，似乎不能指望外界刺激在婴儿的神经元网络，即突触的维持过程起主导作用。这里提出“同步者生存”假说，是指某些特异的基因受内源“节拍器”的控制，在表达时间和空间上有严格的限制[55]。现在已经知道，神经元如果同步放电（可能是一种高强度的自发放电）就有可能形成新连接或维持已有的突触连接，即著名的“cells that fire together，wire together”[56, 57]。而那些不同步放电的神经元之间的突触将逐渐地消退[58]。这些自发放电，可能与基因表达的时空特性有关。假设一些基因（无脊椎动物）或基因亚型（脊椎动物）的产物——蛋白质，控制神经元的放电特别是自发放电，其表达的时空模式就与神经元网络的形成密切相关了。

假如一些基因的表达在 9 点达到高峰，而另一些基因则在 12 点形成峰值。如果这些基因的表达，激活了神经元的放电，就会促进突触形成或维持。这些“9 点”神经元即使可能已经与其他神经元有突触连接，但也只有那些同时放电的神经元之间的连接得以保存。当然，“12 点”神经元之间的连接也因为同时放电而存活下来。我们知道，基因表达的同步是相对的，总有一些神经元的基因表达“喜欢”拖后腿①。因此，一些“9 点”神经元延后者就可能与“12 点”神经元先行者重叠，两者因同步放电而形成突触。这符合 Lee 等的结论，“网络内神经元之间的突触连接，显著多于网络间神经元的连接[59]”。还有一种可能，就是基因表达的空间分离和重叠。例如，A 基因亚型在全体 α 神经元群表达，B 基因亚型在全体 β 神经元群表达，C 基因亚型则在部分 α 神经元和部分 β 神经元中共同表达，这样就可以构成三个神经元网络。如果一个神经元重复表达这类基因或亚型，就可以参与多个神经元网络的构成。

① 细胞的基因表达及其很多生物学事件的时间模式，遵循埃尔朗分布（伽马概率分布的一种特例），即事件的发生多集中在刚开始的一段时间内，但有少数会拖得很靠后。典型例子如动物在繁殖季节的求偶鸣叫，大多数个体选择在繁殖季节的早期鸣叫形成鸣叫高峰，但总有一些个体的鸣叫拖到繁殖季节的结束阶段。

相对一些古老的类群，哺乳动物的基因组比较小。人类的基因总数最多不超过 3 万个[60]，不同的研究有不同的估计，甚至有研究认为可能少于 2 万个。考虑到神经元网络是一种固定的结构，其形成是基因表达调控的结果。那么，每个神经元网络必须对应一个基因，这在低等动物中是可行的，因为它们的神经元网络很少而基因却很多。但在哺乳动物特别是人类，神经元网络“无限”多，而基因总数却极为有限。有两种机制，可以克服基因少而神经元网络多的矛盾。其一是基因的可变剪切，即基于 mRNA 转录前体所产生的 RNA 外显子，以多种方式通过 RNA 剪切并重连的机制[61~63]。通过这个机制，单个基因可以产生高数量级（orders of magnitude）的基因变体，从而极大地提高了蛋白质的多样性[62]。其二是通过“四色”原理①，即只要相邻的神经元网络表达不同的基因，所有神经元网络的形成理论上就只需要四个不同的基因。现在已知，人脑中有 53 种原钙黏蛋白（protocadherin）表达，只有当两个神经元具有相同的原钙黏蛋白时，它们之间才有可能形成突触连接[64]。依据不同的功能，每一个神经元的细胞表面可以表达十多种原钙黏蛋白，因此可以与十多种神经元构成网络。

在完成神经元网络的构建和提炼之后，基因的表达终止，任由新生成的神经元网络“自生自灭”。如果在神经元网络完成之后，这类基因持续表达而导致网络的高强度自发放电，不但耗费能量，而且更重要的是神经元网络无法正常工作。因此，一些细胞内分子的随机过程，激活神经元不规则的低强度自发放电，以保持突触在低水平的存活。

放电时间依赖的突触可塑性（STDP）可能依赖突触重排或提炼背后的机制（参阅第六章）。该理论证明，在突触前神经元放电先于突触后神经元放电的条件下，该突触得到加强的效果要显著大于相反的情况，即突触后神经元的放电先于突触前神经元放电的模式。突触前后两个神经元的放电必须被严格地限制在一个很短的时间窗内，才会产生突触的可塑性加强（图 6.3）[65~67]。如果一个神经元 A（突触后）的放电活动在另一个神经元 B（突触前）的放电之后很快发生且时间差小于 5ms 时，B 到 A 连接权重就会增加约 70%；而相反地，由 A 到 B 的连接权重就会减弱 20%。STDP 可部分地解释长时程增强（LTP）和长时程抑制（LTD）的发生过程，因此这其实就是一个典型的赫伯学习机制[67, 68]。

若要验证同步者连接假说，需要对每一个神经元做转录组测序。这似乎是不可能完成的任务。近年的一项“空间转录组”的研究犹如黑暗中点燃的一支烛光，照亮了一小片天空。2016 年帕特里克・斯托尔（Patrik Ståhl）等[69]在直径为 100μm 的面盘表面沉积 1 亿个寡核苷酸，共制备了 1007 个这样的面盘。每一个面盘含有独特的空间信息和通用转录引物，将面盘均匀地贴附到一张脑切片上 6.2mm×6.6mm 的范围内，面盘中心之间的距离为 200μm。在加入适当的酶和试剂后，mRNA 被反转录成 cDNA，然后将面盘取下来进行体外放大测序。由此得到的序列，与常规脑组织的转录组测序结果比较，其相关系数达到 0.94，基本可获得具有高度空间解析度的转录组序列。但 100μm 还是

① 所谓（地图）“四色”原理，是指任何一张地图只用四种颜色就能使具有共同边界的国家着上不同的颜色。数学语言表述为，将平面任意地细分为不相重叠的区域，每一个区域总可以用 1、2、3、4 这四个数字之一来标记而不会使相邻的两个区域得到相同的数字。

太大，覆盖的神经元太多，空间解析度不能够达到单细胞的水平。2018年，庄小威实验室[70]基于单细胞测序技术对下丘脑视前区100万个神经元细胞进行转录组测序，发现该区域神经元大约可分为70个类群。其中40个为抑制性的神经元群，30个为兴奋性的神经元群。不足之处是对分离的细胞而不是原位对神经元进行测序。无论如何，李（Lee）等[59]视觉编码的神经元网络，Ståhl等[69]微米级空间解析度的转录组以及庄小威实验室[70]的大规模神经元测序，在基因与神经元网络关系的探索上迈出了第一步。

对于无脊椎动物，基因控制的神经元网络编码本能行为，其突触是相对稳定的。而处理输入信息的神经元网络，其突触是相对动态的。到目前为止，还没有证据支持脊椎动物天生具备区分父母和天敌的能力。因为编码这类信息，不但涉及大量的神经元网络，而且需要大量的神经网络协调，过于复杂。基于线性化DNA的遗传系统，无法编码如此复杂的信息。实际上，对父母的识别是通过印痕效应形成的，即新生幼体具有视觉后最先看到的动态物体即识别为父母。对天敌的识别则受益于所谓的新颖刺激效应，即幼体对没有见识过的动态物体，一律采取躲避的行为。如果观察到成年个体不予躲避，则将该刺激作无害化处理（详见第十三章）。

神经元网络数目的“无限性”是相对的，受其分布的空间所局限，不是所有的神经元都可以随意连接。另外，“无用”的神经元网络可能会因为无刺激而弱化其内部突触连接，或甚至解体。就是已经被派上用场的神经元网络，也不是“一劳永逸”的，也可能随时间的流逝而溃变。例如，记忆相关的神经元网络，随时间的流逝而丢失一些细节，这样就可以空出大量的神经元网络。“用进废退”在神经元网络的世界里似乎是存在的。

四、基因对行为的直接调控

如果基因只能控制神经元产生或成熟，而不指导神经元网络形成，那么对行为的调控就非常的微弱或没有。对人而言，大脑早期发育期间构建的神经元网络系统，在其后几十年的时间内都能发挥作用，那么基因的存在感就几乎趋为零。但基因作为生命体的终极主宰，是不会轻易放弃对行为的操控的。不管神经元网络如何独立运作，都毕竟是由神经元构成的。神经元只是特化了的细胞，但凡是细胞都会受基因调控。基因通过调控神经元的构成和状态，直接调控情绪和行为。在这方面，神经递质及其受体起到了“先锋”作用。

神经递质是一类内源的化合物，作为特别的信使在神经元之间（也包括在神经元与肌肉或腺体细胞之间）进行信息传递[71]。它们合成之后被包裹在位于突触前末梢的突触小泡中，通过一种称为“胞吐”的过程被释放到突触间隙。神经递质迅速扩散，到达突触后的脂膜，那里存在许多的受体专门接受递质。许多神经递质是从繁多的化学前体，如氨基酸转化而来的，而这些前体有些在食物中存在，有些是通过少数步骤生物合成的。目前尚不明确具体存在多少种神经递质，而已鉴定出来的就超过100种[72]。

基因就是通过控制神经递质及其受体的种类和数量，达到对神经元网络的启动、运行和关闭的调控。如果说神经元网络是一个稳态的存在，那么神经递质就是一个动态的过程。尽管有很多神经递质，但按其化学性质可分为四类，即生物原胺类、氨基酸类、肽类、其他。生物原胺类神经递质是最先发现的一类，包括：多巴胺（DA）、去甲肾上腺素（NE）、肾上腺素（AD）、5-羟色胺（5-HT）（也称血清素）。氨基酸类神经递质包括：γ-氨基丁酸（GABA）、甘氨酸、谷氨酸盐、天冬氨酸、组胺类、乙酰胆碱（ACH）。肽类神经递质有：内源性阿片肽、P 物质、神经加压素、胆囊收缩素（CCK）、生长抑素、血管加压素和缩宫素、神经肽 Y。其他神经递质分为：核苷酸类、花生酸碱、阿南德酰胺[72]。一氧化氮也被普遍认为是神经递质，它不以胞吐的方式释放，而是凭借其溶脂性穿过细胞膜，通过化学反应发挥作用或灭活。

其中重要的递质包括如下几种[73]。

谷氨酸盐主要存在于脑和脊髓中的快速兴奋性突触，以及大多数可调节突触，增强和减弱所在突触的强度。可调节突触被认为是主要的记忆存储单元，参与学习与记忆过程。

γ-氨基丁酸主要存在于大脑中部分的快速抑制性突触中，而甘氨酸则是脊髓中的抑制性递质。

乙酰胆碱是第一个被发现的递质，在外周和中枢神经，尤其是神经肌肉结点都存在。乙酰胆碱在大脑的很多区域也发挥作用。

多巴胺具有许多功能，包括运动行为的调节、快乐相关的动机、情绪唤醒等，在奖赏系统中起关键作用。一般认为帕金森病与多巴胺水平过低有关，而精神分裂症与多巴胺水平过高有关。

5-羟色胺为单氨类神经递质，主要存在肠系（大约 90%），其余在中枢神经，调节食欲、睡眠、学习与记忆、温度、情绪、行为、肌肉收缩、心血管系统和内分泌系统。可能与抑郁有关，因为在抑郁症病人的脑脊液和脑组织中发现低于正常的 5-羟色胺代谢物浓度。

肾上腺素和去甲肾上腺素都是酪氨酸的衍生物。前者参与睡眠，即警觉性的调控，以及“战-逃”反应。后者参与睡眠、注意和警觉等过程。

组胺类主要存在于下丘脑和中枢神经的肥大细胞。

戴尔原则（Dale’s principle）规定，一个神经元轴突的全部神经末梢均释放同类的递质。极端情况是一个神经元只存在一种递质，所有神经末梢只释放同一种递质[74]。少数特例如下，在无脊椎动物的神经元中，观察到多巴胺和 5-羟色胺递质可以共存。在高等动物的交感神经节发育过程中，去甲肾上腺素和乙酰胆碱可以共存。此外，在大鼠延髓的神经元中观察到 5-羟色胺和 P 物质共存[75]；在颈上交感神经节的神经元中观察到去甲肾上腺素和脑啡肽共存。有人认为肽类递质可能都是与其他递质共存的。另外，除肽类外，其他递质都是有机小分子，基因只能通过调节合成与降解相关酶系而间接控制这类神经递质的种类和数量[76]。神经递质可分为快递质和慢递质，前者如谷氨酸和 γ-氨基丁酸；后者包括所有其他递质。快递质作用在 1ms 左右即可完成；慢递质需要数百毫秒至数秒的时间才起作用，而且作用方式也要复杂得多。显然，慢递质涉及第二信使系统以及基因的转录调控[77]。可能与长期记忆的形成和维持有关。

神经递质受体（简称神经受体）是一类膜蛋白质，主要存在于突触后的细胞膜上，可被神经递质激活。神经递质的受体共有两类：配体门控（ligand-gated）受体类和 G 蛋白偶联受体类[72]。配体门控受体类既可以被谷氨酸和天冬氨酸所兴奋，也可以被 γ-氨基丁酸和甘氨酸所抑制[78]。相反地，G 蛋白偶联受体类既不是兴奋性的也不是抑制性的，而是调节兴奋性和抑制性神经递质活动的[79]。然而，大多数的神经递质受体是 G 蛋白偶联型的。配体门控受体实际上是一类离子通道型受体，这类通道蛋白在与细胞内外的特定配体结合时发生反应，引起门通道蛋白的一个成分发生构型变化，使“门”打开[78]。G 蛋白偶联受体是肽类膜蛋白受体的统称，其共同点是立体结构中都有 7 个跨膜 α 螺旋，且其肽链的 C 端和连接第 5 和第 6 个跨膜螺旋的胞内环上都有 G 蛋白（鸟苷酸结合蛋白）的结合位点[80]。在突触后的细胞膜上，神经递质与其受体的结合使后者发生构象变化，或者打开离子通道或者使 G 蛋白的 α 亚基与 β 亚基、γ 亚基分离而激活下游信号。无论是哪种受体激活，最终结果都是导致突触后的膜电位改变。

受体都是蛋白质，受到基因的直接调控。现在知道，每种神经递质都有多种受体与之对应。例如，谷氨酸有四种受体，分别为：NMDA、AMPA、Kainate 和 Metabotropic Glu，前三种是配体门控受体而后一种属于 G 蛋白偶联受体[81]。其中 NMDA 受体与谷氨酸结合后，打开离子通道，Na^+和 Ca^{2+}进入胞内而 K^+溢出胞外。Ca^{2+}的进入不但改变膜电位，而且激活胞内的相关信号通路，参与基因的转录调节[82]。因此，NMDA 是学习与记忆的关键分子。其他神经递质状态也类似，一般都有 3～5 种受体，既有配体门控型也有 G 蛋白偶联型。受体的种类和数量都是动态的，受基因调控的，即使在成熟的神经网络中也是如此。

基因直接参与行为控制的另一个机制是通过神经内分泌系统，特别是与繁殖相关的性激素及其受体，几乎可以重塑动物和人类的大脑。动物在繁殖季节和非繁殖季节的行为有天壤之别，就是源自大脑的结构和功能的变化。在人类，没有繁殖季节与非繁殖季节之分，而有性成熟与性未成熟或更年期之分。人类性成熟发生在 14～16 岁，即所谓的青春期。多数动物繁殖季节的长短与纬度和海拔有关，高纬度和高海拔生活的种类通常有很短暂的繁殖季节。而人类性成熟后的繁殖期很长，尤其是男性。青春期时，人类的性激素开始急剧地增加分泌，这不但控制着骨骼和肌肉的发育，而且显著地影响大脑的神经网络[83]。性激素与社会因素共同作用，几乎重新塑造了人的社会角色，催生新的社会意识特别是性意识[84, 85]。

动物在非繁殖季节，生活的重心是营养（采食/猎食）和生存（逃避天敌）。而在繁殖季节，对于雄性来说其重心是守卫领地和吸引雌性，常采用的策略是直接打斗或广告炫耀。无论是打斗还是炫耀，不但降低对天敌的警觉还吸引天敌的注意。而对于雌性而言，则是仔细挑选配偶，但由于已经怀卵或育肥并且在耀眼的求偶场出现，也是非常危险的。因此，在繁殖季节，成功繁殖成为第一要素。相应的行为及其神经基础都发生改变，就在意料之中了。

鸣禽在繁殖季节具有复杂的鸣啭行为，控制鸣啭的神经核团和通路已有 40 多年的研究历史了（图 12.7A）[86]。其中控制语音学习和鸣啭的 HVc、X 区和 RA 等核团，季节可塑性非常强[87]。安东尼·特拉蒙廷（Anthony Tramontin）等于 2003 年[88]对白头雀实施手术，切除雄鸟的性腺，然后分成五组分别注射睾酮（T）、脱氢睾酮（DHT）、雌二醇（E_2）、DHT+E_2 以及盐水对照。凡是有补充雄激素（T、DHT、DHT+E_2）的雄鸟，鸣啭数量都显著高于对照组和 E_2 组。在 37 天后对大脑解剖，四个处理组的 HVc、X 区和 RA 体积都显著大于对照组。考虑到多数鸣禽是热带种类，生活在无明显季节变化或甚至无季节变化的环境，另一组科学家比较了赤道褐颈雀在非繁殖期和繁殖期对外源激素的反应。雄激素处理能显著增大繁殖期和非繁殖期的 HVc 和 RA 的核团体积，但对 X 区没有作用[89]。直接比较繁殖期（春天）和非繁殖期（冬天）的 HVc、X 区和 RA 体积，可以很容易发现它们之间的显著区别（图 12.7B）[87]。核团的萎缩，意味着神经元的减少。那么，是维持神经元网络的数量不变，减少每个网络中的神经元数量呢？还是保持每个神经元网络中神经元数量不变，减少神经元网络的数量？根据间接选择的原则，应该是后者。因为神经元网络作为一个行使功能的基本单元，是相对稳定的。

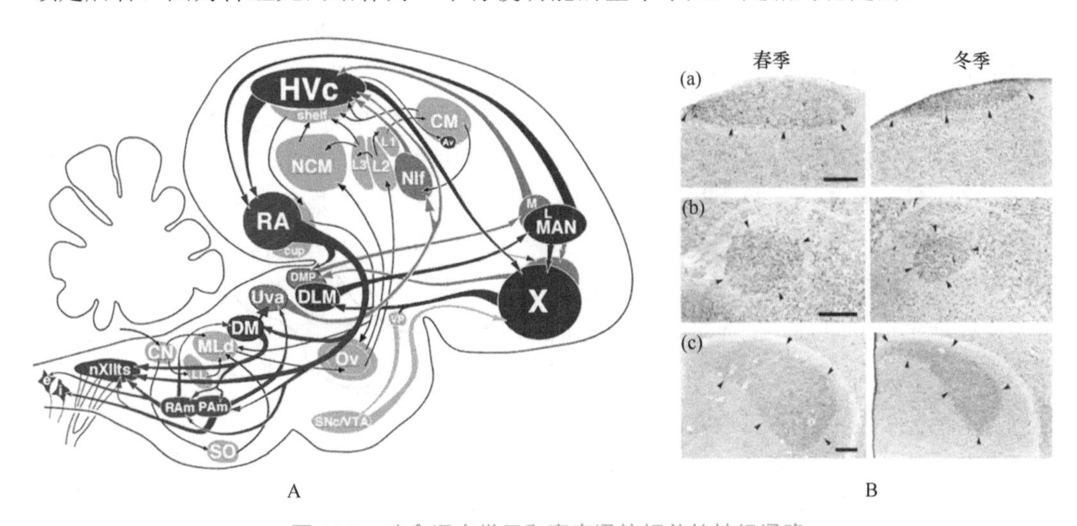

图 12.7　鸣禽语音学习和声音通信相关的神经通路

A. 灰色标记的通路是听觉系统①，蓝色的是发声控制通路，砖红色的是语音学习通路，紫罗兰色的是发声相关的呼吸控制通路；B. 三个季节性变化明显的语音相关核团，（a）HVc，（b）X 区，（c）RA

2015 年，一组德国科学家[90]以金丝雀为对象，从转录组的角度研究了 HVc 的基因表达。首先将研究对象分为三组：长日照（LD）、短日照（SD）以及短日照补充睾酮（SD+T）。行为上，LD 和 SD+T 的雄鸟产生正常的特有鸣啭，而 SD 只有简单的鸣叫。同时，相比于 LD 雄性，SD 的睾丸退化，睾酮水平很低甚至测不到。基因的 GO 分析显示，重要生物学过程相关的基因在 LD 和 SD+T 雄鸟的 HVc 中有相似的表达谱。比较 LD 与 SD 的 HVc 中表达上调的基因，34.9%的差异是与神经系统分化和神经元分化（神经发生）以及突触传导有关的基因。比较 LD 与 SD+T 的 HVc 基因表达差异，在 LD 组以细胞器构建和 GTP 酶介导的细胞信号通路的基因网络为主；而在 SD+T 组则以上皮

① 语音学习需要听觉反馈，这就是为什么聋儿必哑。

形态发生（包括血管生成）和胶质细胞再生相关的基因网络占优。由于血管生成和胶质细胞再生在雌性金丝雀 HVc 可以被睾酮诱导，因此睾酮诱导的基因网络可能只有短暂的活性。这种转录组的季节性变化在RA中则没有表现为神经元分化和突触活性的差异。

人类青少年常常具有自私、鲁莽、不理性、急躁和易怒等特性，因为青少年时期，大脑的容量也许已经足够大，但神经网络之间的连接仍然是一个没有完成的工作。那些使人非常不愉快的青少年特性很可能是性激素（主要是睾酮和雌二醇）肆虐的产物。位于马里兰州的美国国立精神卫生研究所的杰伊·吉尔德（Jay Giedd）及其同事跟踪研究了近 400 名儿童的成长过程，每两年就对其中一些孩子的脑部进行 MRI 扫描，直到他们长大成人[91]。结果发现，这些儿童进入青春期后，大脑的灰质逐渐减少，每年减少大约 1%，直到 20 岁以后。由于灰质减少，童年快速成长期产生的、没有用过的多余神经元连接也随之减少。这一过程首先从感觉和运动区开始，这些区域最先成熟；然后是与语言和空间定位有关的区域；最后是与高级信息处理和执行功能有关的区域，如位于额叶最前端的背外侧额前区，这一区域负责控制冲动、判断和决策[92]。随着灰质的逐渐减少，脑部的白质不断增加。这是一个围绕着神经元轴突的髓鞘形成的过程，有助于加快电脉冲的传导速度以及维持神经元连接的稳定。

进入老年期，毫无疑问人的大脑不再和以前一样。到了 65 岁，人的脑细胞将不断减少，特别关键的是海马体细胞，这是信息处理的集散中枢。研究表明，虽然 60 岁以上老人的大脑杏仁核（大脑中激活情感的区域）运转正常，但是它与大脑中其他部分的联系已发生变化[93, 94]。与年轻人相比，杏仁核与海马的联系不再紧密，而老年杏仁核与大脑中控制情绪的部分联系更加密切。青春期是性激素急剧升高的时期，而更年期则是性激素逐渐消退的阶段。毫无疑问，青春期的大脑改变要剧烈得多，相应的行为也就出现诸多的不和谐。

一些复杂的行为、情绪和心理现象，具有强烈的可遗传性。这些都是全局性的神经过程，更适合通过神经递质、神经调质和激素以及它们的受体为媒介，协调不同系统的神经网络来完成。而这些系统中所有元素的合成与降解，都是生理生化过程，很容易受到直接选择的作用。例如，田鼠中与依恋相关的行为，就是由精氨酸加压素系统所控制的。改变其受体的时空特征，即可调节相关行为[95]。那些作用在神经元网络的基因，即使参与这些复杂过程的遗传，可能发挥的作用也是十分有限的。

简单总结一下，从外周到低级中枢，再到高级中枢，神经元和神经元网络的结构特化不断降低，神经元网络的结构越来越趋向同质化，形成重复结构，如皮层柱（图 9.6）。神经元网络的形成，可能是借由某些基因或亚型在神经元中的特异时空表达，导致特定神经元的自发放电而保持连接。虽然神经元网络具有相对稳定性，但基因还是可以通过神经递质调节网络的参数而控制行为。

第十三章

本能行为的起源

动物生来并不完全是一块“白板”，海豚出世即知道怎么游泳，蜣螂不用学习就会滚粪球，蜘蛛天生就能够结网。同是哺乳动物，海豚天生会游泳，但人却需要学习才会。本能是天生的，因此是可遗传的，且具有物种特异性。“……然而，考虑到从动物界发现的某些神奇的本能，我们就必须承认，学习的因素有时根本就不存在。在某些例子中，简直就不能想象学习和实践怎么可能出现。以丝兰蛾精致得令人难以置信的繁殖本能为例，丝兰花只开一个晚上，丝兰蛾从一朵花中采得花粉并把它揉成一个小球。此后它飞向另一朵花，咬开雌蕊，把自己的卵产在胚珠之间，然后把花粉球塞进雌蕊那漏斗型的开口中。如此复杂的行动，丝兰蛾在自己的一生中仅仅从事一次[1]”。

欲讨论本能行为的起源，表观遗传现象似乎是绕不过去的。尽管有相当数量的文章讨论表观遗传现象的进化问题，但似乎都无法触及自然选择的基础，即随机变异及其可遗传性。本能行为的起源如果不借助拉马克主义的现代躯壳——表观遗传学，是否也能自圆其说？本章将基于间接选择，做出恰当的理论解释。

一、获得性遗传

任何行为，如果不依赖以前的经历或经验，对外界刺激有固定的反应模式，都属于本能。最简单的本能行为表现为固定动作模式（FAP），实际是针对特定刺激的、持续时间较短的、刻板的动作序列。复杂的本能行为则是一系列的 FAP 在特定时空的有机组合[2~4]。简单如婴儿吸吮和哭泣、狗摇尾巴等，复杂如昆虫和鸟类筑巢、蜜蜂传递信息的舞蹈、雄性的求偶炫耀。尽管眨眼和膝跳反射因为由局部神经网络（“不过脑”）控制而经常被排除在本能行为之外，但却最能体现本能行为的本质。任何行为都直接受神经元网络或神经网络控制，行为的起源其实就是特异网络的起源。

用进化生物学现有的理论着实难以阐明行为的起源，毕竟行为与基因的跨度太大而且关系太间接、太复杂。在间接选择理论诞生之前，我们无法想象基因怎样编码行为，并遗传给下一代。即使基因能够直接编码行为，那么这一切是如何开始的呢？难道是依靠基因频繁的随机突变，产生了大量的蛋白质，构成必要的神经元，后者再在适当的空间以适当的方式互相连接，形成神经通路和网络结构，支配复杂行为？从随机突变中产生复杂行为，其成功概率之低恐怕不亚于让家里的小猫在计算机键盘乱敲，碰巧写出了一本《物种起源》。需要多少突变，才能让其中极少一些与行为相关的突变凑到一起，产生复杂的本能行为。当然，遗传的变异不仅仅来自基因突变，还有很多其他方式，如基因重组、插入、丢失、染色体变异等。但所有这些过程都有一个基本的共同点，那就是变异的随机性，而这也是自然选择的基本前提[5]。一些简单的性状，通过基因的随机性变异而起源是可能的；但复杂性状如繁殖行为，则难以想象。这是自然选择理论在行为学领域受到的最大挑战。

拉马克早于《物种起源》问世 50 年前就提出“用进废退”和“获得性遗传”理论[6]，但早已被综合进化理论彻底打翻在地，长期被冷落在无人理会的犄角旮旯。“环境能够直接改变性状，并且这些性状能够被后代承袭”的理论，非常直观但显然不符合遗传学逻辑。近些年，表观遗传学的发展和一些现象的发现使人们的眼光再度投向拉马克的获得性遗传理论[7]①。表观遗传学的定义是：一门研究在不改变 DNA 序列的前提下，能够调节 DNA 功能、决定基因表达或关闭的，成为可遗传的基因表达的分子生物学过程的遗传学分支学科。表观遗传学涉及许多微观的分子反应过程，这些反应过程显著影响了基因组的各项有序活动。由此观之，生命的调控过程永远不只是单方面地依靠经典遗传学发挥作用，但也绝不会一面倒地转向表观遗传学；相反，表观遗传学与经典遗传学的作用方式是相辅相成的，两者不能脱离彼此而单独发挥作用。然而，一旦表观遗传机制加入经典遗传过程，更大的后果却是细胞癌变[8]。

最新理论认为，如果表观遗传学要在进化过程中起作用，一个必要的先决条件就在于，它所带来的改变必须要能够遗传给下一代，就像 DNA 序列或 DNA 序列上的基因突变一样。但是，与表观机制相关的遗传却并不遵循经典遗传学和新达尔文主义的孟德尔遗传定律。而可能是环境造成表观遗传差异，促进了基因的随机突变，即基因型的多样性（未有定论）；表观遗传学和经典遗传学共同作用于表型的变化，自然选择再加以筛选。因此，是新达尔文主义和新拉马克主义机制共同驱动生命体进化，两者相互交织。由于环境造成的表观遗传机制能够直接增加群体中的性状差异——这让自然选择更加游刃有余[9]。

通过一些目前尚不很清楚的机制，体内外的刺激信号诱导了特异片段 DNA 的甲基化、组蛋白的修饰、基因组的印痕和非编码 RNA 的调控等过程，从而改变相关基因表达的时空特性（表观遗传学的其他事例，参阅第一章）。以下案例分别是在大鼠、小鼠和线虫中发现的习得行为的跨代传递，而非经典意义的遗传。

大鼠：母鼠中的一些个体具有较强的照料（high caring，HC）行为，而另一些个体倾向忽视照料（low caring，LC）。这种行为差异具有遗传性，即 HC 后代中雌性个体具

① 获得性遗传理论的倡导者还有一个著名人物——原苏联的米丘林[10]。他通过嫁接，在有限程度上实现了获得性遗传，即砧木中的遗传物质伴随树体储藏营养的上运而进入接穗的生殖器官，处于感受态的接穗生殖细胞和胚胎细胞无意中将这些遗传物质整合进染色体组。

有较强的抚幼行为且表现较低的焦虑症程度；LC 后代的雌性仅有较弱的抚幼行为且易患焦虑症。然而，将 LC 的后代交由 HC 的母鼠代养，成年后雌鼠则热衷于照料自己的后代而且焦虑症降低；相反，将 HC 的后代交由 LC 的母鼠代养，成年后雌鼠照料行为频次略有下降（未达到统计显著性）但仍然表现为低焦虑程度（图 13.1）。转换了的抚幼行为，可以维持 4～5 代，表现出可获得性遗传的特点[11, 12]。

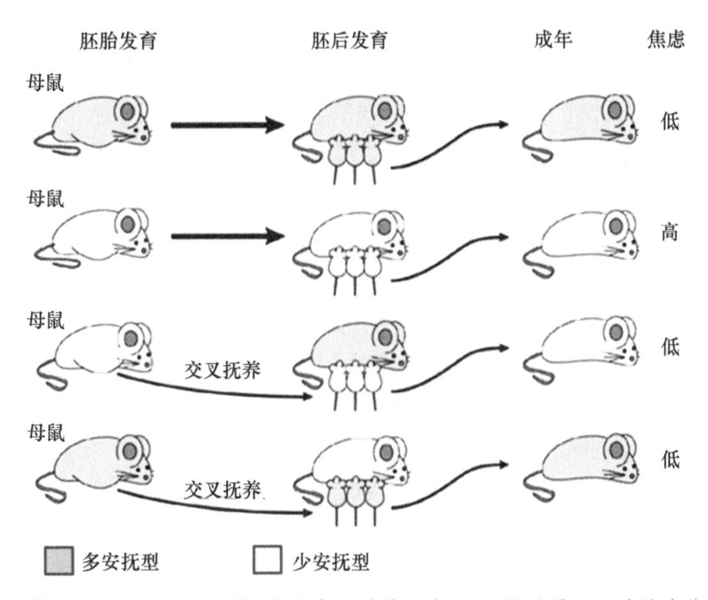

图 13.1 雌性大鼠的仔鼠照料行为的表观遗传现象，即通过后天经验改变先天行为

小鼠：乙酰苯是一种有甜杏仁味的化合物，美国埃默里（Emory）大学的科学家[13]将雄鼠暴露在乙酰苯环境下，然后给予它们每天 5 次中等程度的电足刺激，连续 3 天。这些动物会对这些刺激产生恐惧，一旦察觉到乙酰苯味道就会僵住。10 天后，让这些雄鼠和正常雌鼠交配。研究者为了排除交配过程可能存在的信息传递，他们采用人工受精的方法。交配产生的子代成年后，大部分对乙酰苯敏感，当暴露在这种气味下，听到意外声音就会惊慌失措，其孙辈仍会对乙酰苯敏感。研究发现，祖孙三代小鼠的 M71 肾小球结构增大，对乙酰苯敏感的神经元数量显著增加。

线虫：获得性遗传在线虫的研究中取得突破性进展，找到了相关的神经元和蛋白质分子。例如，线虫在学会了如何防止被致病性铜绿假单胞菌（PA14）感染之后，通过父系或母系将这种习得信息成功地传递给后代，并持续到第四代子孙。即便这些子孙线虫从未遇见过此类致病菌，也会对其“敬而远之”。这种跨世代表观遗传的避害行为通过感觉神经元的转化生长因子（TGF-β）信号通路和 Piwi Argonaute 小 RNA 通路（即 Piwi/PRG-1 Argonaute）来调节[14]。一项相似的研究揭示，神经元中 RDE-4 蛋白依赖的小 RNA 特异性合成，在至少三代内调节内源性小干扰 RNA（siRNA）的世代放大以及基因表达。这些小 RNA 的产物通过 Argonaute HRDE-1 通路，控制子孙每个世代的趋化行为[15]。

这些成果引发了一系列的神经生物学和表观遗传学的思考，但由此提出的三个问题仍然无法解答：①环境信号如何激活细胞内的分子信号系统？②被激活的分子信号系统的使者（蛋白质）如何定位特异基因的物理位置并对转录调控区进行表观遗传学修饰？③这种修饰是否最终能够改变 DNA 序列，如果不能，表观遗传机制是否能够受到自然选择？最近有人提出，这可能是行为起源和进化的主要机制。吉恩·鲁宾逊（Gene Robinson）和安德鲁·巴伦（Andrew Barron）（2017 年）[16]认为，本能行为可以从学习中进化而来，并与学习共享相同的细胞和分子机制。例如，在昆虫（蜜蜂和果蝇）中，先天性的嗅觉和后天学习的嗅觉行为响应是由同一神经环路所控制[17]。在啮齿类动物中，控制先天和后天恐惧的神经回路是重叠的，取决于杏仁核中 5-羟色胺的调控[18]。

“可塑性优先”（plasticity first）模型主张，行为可塑性可先于并有利于进化适应。基因组可动态响应一系列行为相关的刺激，通常伴随着大脑中基因表达的巨大变化。该模型已用于解释各种现象，包括刺背鱼个性化差异的进化、达尔文雀的行为多样性、灵长类动物快速的结构和行为进化。同时，一些本能行为可能由传统的“突变优先”（mutation first）模型进化而来。在这种情况下，突变可改变神经回路的发育时间窗。一旦进化，即通过更复杂的学习形式进化，行为的内在成分的有效性将会进一步加强。这些学习形式作为本能行为的成分，随着自然选择会越来越精细化[14]。行为的先天性成分和后天习得成分交织在一起，因此可被相同的神经机制调控。

从上述的大鼠抚幼行为、小鼠对乙酰苯的反应到线虫的正负趋性，都倾向于表观遗传过程能够介导习得行为的跨代传递。这似乎为习得性行为快速地转变为本能行为提供了一个良好的机制或模型。由此可以认为，本能行为是对环境做出特殊反应的“祖先记忆”[16]。对于某些学者来说，这实在是最省事的办法，一旦想不通行为与基因的关联，就翻出拉马克的理论，而现在是借助表观遗传学。这与一些研究生命起源的生物学家一样，一旦理不清生命的起源机制（原始汤中的小分子，如何就相互碰撞出极其复杂的生命体呢），就开始考虑创造论。但本能行为是通过孟德尔方式遗传的，表观遗传能够转变为基因遗传吗？对基因的修饰如果可行，那么基因就是被定向改变的，而不是随机突变的。农业科学家的转基因研究，就是通过定向改变农作物和牲畜的基因结构以获得所需要的农艺性状。凡是非随机变异的过程，都不是由达尔文主义的机制驱动[5]。

现在发现，诸多的表观遗传过程是基于精子来完成跨世代传递的。在哺乳动物的单细胞胚芽阶段，大部分精子内的甲基化会被剥离。随着胚胎发育和分裂，细胞开始分化为不同的细胞类型，甲基化才又逐渐重建。问题是，在这个过程中，精子的甲基化如何被记忆和重现？在这个过程后，即使来自父亲的一些信息可以保留下来，其后代的原生殖细胞（最后发育成精子和卵子）在受精过程中还要遭受一次表观遗传的清洗。印记基因也许能部分地解释这个疑惑，因为有些基因专门负责在受精过程中逃避被重新编程①。例如，有一类印记基因，它们中来自父母的一个拷贝被甲基化而保持沉默[19]。这些已经沉默的标记可以在精子和卵子阶段突然出现，并在胚胎中保留下来[20]。到目前为止，还

① 印迹基因是哺乳动物体内的一类单等位基因表达的 DNA 序列，其表达依赖于等位基因的亲本来源，来自父方和母方的等位基因在通过精子和卵子传递给子代时发生了修饰，使带有亲代印记的等位基因具有不同的表达特性，即在某些组织和器官中特异性地只表达父源或母源的等位基因。

没有任何证据显示，对基因的表观遗传修饰能够改变基因本身的序列。另外，行为的表观遗传案例还很稀少，不足以动摇传统的进化理论的根基。

洛伦茨在他的《论攻击》[21]一书中，描述攻击行为的仪式化是从功利行动开始的，然后进化成越来越程式化的动作，最后完全成为象征性的、非功利的，并具有通信的功能。用洛伦茨自己的话来说，“因此，当煽动性信号（雌性在交配中特殊的攻击行为）在赤麻鸭和埃及雁中被表达为‘赶他走，揍他！’时，对于潜鸭（攻击行为被进一步仪式化的物种）则意味着‘我爱你’。在一些类群如赤膀鸭和水凫中，介于这两种极端情况之间，即意味着‘你是英雄，我依赖你’。”洛伦茨还特别强调，所谓的“功能转换”是行为进化的一种模式。由此可见，这种认为学习获得的行为通过某种机制转变为本能行为或通信的想法，由来已久。

二、本能行为的定义和分类

达尔文指出[22]：“我们自己需要经验才能完成的一种活动，被一种没有经验的动物，特别是被幼小动物所完成，并且许多个体并不知道为了什么目的却按照同一方式去完成时，一般就被称为本能。”人之本能被认为是与理性行为对立的那部分行为，后来被延伸为具有某种固定模式（动物）或潜意识（人）的那部分行为。本能行为是可遗传的复杂反射，是神经系统对外界刺激所做出的先天正确的反应，这种反应已构成整个动物遗传结构的一部分。由此可将本能行为分为纯内源反应和受外界诱发或调节的反应。有时候很难区分纯内源反应是生理过程还是行为表现，如呼吸过程既可以受大脑意识直接控制也可以自主调控，如跑步时呼吸加速。

第二种本能行为是外界因子通过与内在因子联动来诱发和调节的行为反应，过程非常复杂。典型的例子是蛙类和鸟类的广告鸣叫，首先是年变化的长日照使动物体内的激素水平升高（经由松果体→下丘脑→垂体→性腺），然后是日变化的光照和温度等启动鸣叫行为，而求偶对象（常是性成熟的雌性）的呈现则加剧行为的表现强度[23]。由于本能行为具有显著的适应意义，因此是在长期进化过程中通过自然选择形成的。

先天的本能行为必须符合四条准则：①行为模式是固定的；②同物种的所有个体都表达；③即使是隔离发育成长的个体，也照样表达这种行为；④如果该行为暂时被压制，当压制条件消失后仍会表达[24]。依照洛伦茨的理论，本能行为是由独立的单元组成的：对刺激情景的识别；一种激活机制；动作组件（神经+肌肉，或外分泌腺）；一个对应的内在动机（或功能）[21, 24]。这里讨论的本能行为种类，既可以是一个物种从简单到复杂的行为谱，也可以是一个分类阶元内所有物种的行为谱。例如，普通鸟类刮和啄的动作非常简单，而织巢鸟在筑巢时的打结行为则非常复杂。从功能上看，动物和人的本能行为不是为了生存就是为了繁殖。

从行为结构来看，运动可分为以下三类。

（1）无定向运动：指动物受某种刺激后做出的一种随机的无定向运动反应（即身体长轴没有特定的持续指向），最终间接地趋向于有利刺激源或避开不利刺激源，其反应程度与受到的刺激量呈正相关。无定向运动主要在无脊椎动物，特别是昆虫中发现，如家蝇受到驱赶时四处乱窜。

（2）趋性运动：是动物接近（正趋性）或离开（负趋性）一个刺激源的定向运动，即沿着动物身体长轴直接指向或背向刺激源的方向运动。趋性有很多类，如趋光性、趋声性、趋化性、趋温性、趋湿性、趋流性（包括趋气流和趋水流）。我的一个博士研究生曾研究峨眉山的仙姑弹琴蛙对不同声音的反应。他发现弹琴蛙在听到其他弹琴蛙的广告鸣叫时，趋向右转；听到其他个体在被蛇咬住发出的鸣叫时，趋向左转或向左逃离。这种左右趋性偏好，在其他动物中也广泛存在，该现象被称为“右耳/左脑优势”[26]。

（3）固定动作：指动物按固定的时空顺序进行肌肉收缩的活动，外在表现为一系列的动作。固定动作是一种刻板不变的行为模式，每一物种都有自己特定的固定动作行为。这些固定动作都有一定的生物学意义，因此受到自然选择或性选择的作用。例如，黄蜂拖拽猎物（昆虫）的触角将其带回巢，人为地将猎物触角剪除，黄蜂就会放弃[27]。尽管拖拽猎物的腿或翅，也可以将猎物带回，但这超出了黄蜂本能行为的范围。

织巢鸟属文鸟科（Ploceidae），是一类会使用草和其他东西编织巢穴的鸟。全世界大约有 145 种，主要生活在非洲、澳大利亚和南亚。它们编织的鸟巢是如此的精妙（图 13.2A），以至于很难让人相信这是动物所为。20 世纪初，欧仁·马雷（Eugène Marais）[28]发现年轻的织巢鸟在筑巢时并未仿效它们年长的伙伴，难道是一种先天的本领？为了排除年轻个体通过学习获得技能的可能性，马雷从鸟巢中取走几粒卵，把它们偷偷地放到自己喂养的金丝雀巢中孵化育幼。获得的子一代长大后被转移到一个没有筑巢材料的房间，进行交配产卵。产下的卵又被取走，继续让金丝雀孵化育幼，获得子二代。如此反复直到子四代，金丝雀养大的织巢鸟不但没有见过父辈的技能，也没有见过筑巢的材料和样本。

A

B

图 13.2　依靠本能构建的复杂建筑

A. 织巢鸟的巢穴，其开口垂直向下；B. 蜘蛛的捕猎网

他想知道，如果此时为织巢鸟提供足够的筑巢材料，它们还能够像祖先那样建筑出复杂的鸟巢吗？于是他在鸟笼里放进一小撮毛草、一些小枝条和植物纤维物后，织巢鸟

就在笼内利用这些材料开始工作。很快，鸟儿就编好了悬挂在笼子里的巢，而且与它们祖先所筑的巢在外观和结构上一模一样。它们天生就知道用柔软的毛草垫底，用有韧性的小枝条或植物纤维搭建外壁。小鸟还会在适当的位置做带有个性的标识，形成广告效应。如此复杂的建筑结构，是否需要在大脑中预先存有一个“蓝图”？

类似的例子还有蜘蛛织网（图 13.2B）[29, 30]。第一步，蜘蛛从一棵树上它的立脚点，引出许多根长度足以到达对面的长丝，于是这些丝就顺风飘荡，好似几丝透明的带子飘在空中。在此过程，它时刻用脚去测试蛛丝的固着点。如果有哪一根丝拉不动了，就意味着这根丝已经缠在对面的树上，“天索”架成了。蜘蛛从该蛛丝通过，到另一头将其加固（如果没能黏附住，蜘蛛将蛛丝拉回吃掉）。第二步是蜘蛛爬行到蛛丝的中段（图 13.3A），依靠自身重量吐丝下坠，固定到地面，形成“Y”形（图 13.3B）；重复此过程，完成辐射丝的构建。第三步，在辐射丝的基础上，以“米”结点为网的中心，由里向外用干丝拉起临时的螺旋丝，各圈螺旋丝之间间距较大（图 13.3C）。第四步，完成干丝网后，蜘蛛由外向里依次拉起带黏性的紧密捕虫螺旋丝。一边结网，一边把先前结的不带黏性的干螺旋丝吃掉（图 13.3D）。

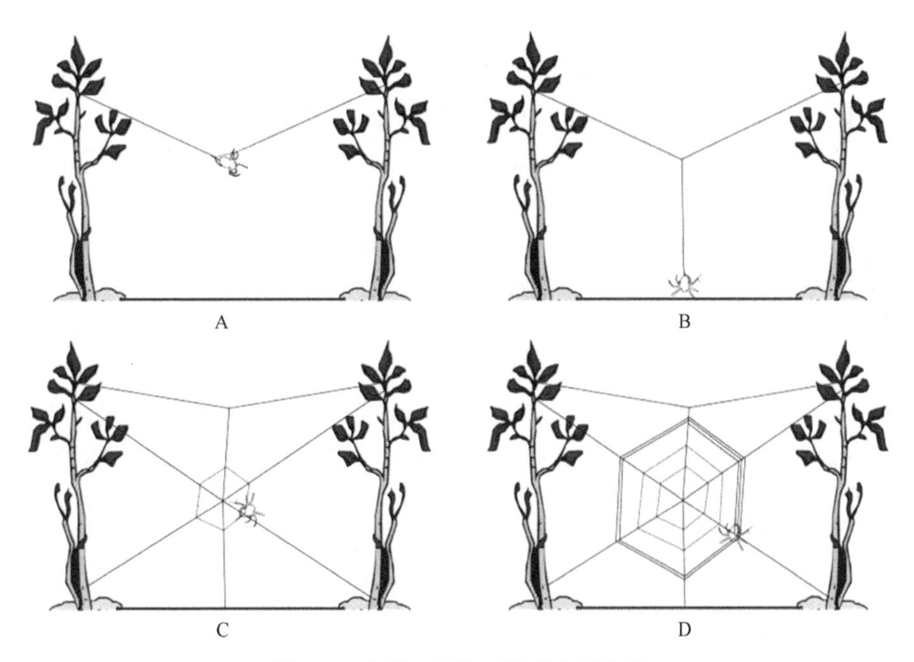

图 13.3　蜘蛛结网的过程简化示意图

A. 拉一根横丝；B. 在横丝中间拉一根垂直丝；C. 由内向外，干丝结网（间距宽，内圈）；D. 从外向内，湿丝结网（间距窄，外圈）

虽然无脊椎动物可以借助条件反射训练将不同刺激关联起来，但没有证据表明它们具有操作性条件反射的学习能力。如果条件反射都不能使动物学会某种操作，那么，自然条件下学会复杂行为的可能性是难以想象的。何况，绝大多数种类的母蜘蛛在产卵后便离开，蛛卵自主地孵化。幼蛛孤独地成长，要避免与其他蜘蛛，甚至包括父母的接触，以免成为它们的腹中之物。可以说蜘蛛在结网前没有看过任何织网过程，而到了一定年龄它们却知道如何织网。同样的问题是，难道蜘蛛脑内存在着蛛网结构的“构思”，以及“施工”方案？

马雷的织巢鸟实验明确了再复杂的本能行为也可以没有学习的参与。那么，就只能归结于遗传基因了。如此复杂的行为，DNA 如何编码？而基因的实质仅仅是核苷酸在 DNA 中的线性排列秩序！每个神经元有多少基因参与其细胞功能的实现过程呢，现在还没有确切的证据，但可能很多。一个复杂的本能行为需要多少神经元控制呢，现在也没有确切的证据，也可能很多。再加上基因之间的相互作用，神经元之间的相互协调，复杂的本能行为的遗传的确让人难以理解。难道真如马修·费希尔（Matthew Fisher）所期待的那样，量子物体的奇异特性（如同时位于两个地方的叠加态以及相距甚远还能实时相互影响的量子纠缠等）控制着神经系统，即所谓的“量子意识”[31]①？嗯，这太诡异了，还是回到神经网络吧。

三、“模块化”的本能行为

如果将本能行为进行分解（能够分解才能改良和进化），那么再复杂的行为过程都可以看作是一系列简单行为的集成。一个简单的行为都是不同动作或 FAP 在时间和空间的有序集合，任何一个动作都是不同肌肉协同的结果。“那些每天发生的、共通的、‘廉价的’、固定的动作模式（即 FAP），我称之为‘物种保存的小仆人’，通常是受到不止一个‘大’驱动的支配。尤其是运动的行为模式，如跑、飞、游泳等以及那些啄、咬、掘，能够服务于摄食、繁殖、争斗和攻击，即所谓的‘大驱动’。由于这些小仆人在通向不同高层系统的……‘共同的最终通路’中起次要作用，我称它们为工具性活动（tool activity）”，洛伦茨如是说[21]。这与复杂人工系统的“模块化”设计，有异曲同工之妙。

现在让我们从智能机器蜘蛛（robotic spider）的角度，对蜘蛛织网行为进行“模块化”分解。如果一个智能机器蜘蛛要完成如此复杂的织网任务，可以有两种策略。①“顶层设计”（top-down 式）策略，即预先有一个总体“蓝图”，在此基础上将系统拆分成子系统，如有必要还可再次拆分。各子系统完成后，再逐级向上组装（人类社会的复杂工程基本上都是如此运作）。这也是一种垂直分阶层的社会模式，每个个体的角色完全不一致。②“蚂蚁搬家”式策略，其中每个蚂蚁相当于一个独立的工作模块（或复杂中枢系统的一个神经网络），任务就是将蚁卵搬走并转运到新家安放。整个过程没有总指挥，每个工蚁都是自主行事。但是，没有总指挥却有规则（bottom-up 式），这些规则可以是大自然的物理法则，也可以是遗传的神经反射（或行为反馈）。犹如天空中急驰飞翔的鸟群，大洋里快速游弋的鱼群，个体之间的距离既不会太近也不会太远。现在研究表明，高速运动中的动物只关注前后、左右、上下的个体的行为，前方的动物转弯则自己跟着转弯，前方的动物直行则自己也直行[32, 33]。因此，领头的个体不一定是首领，只是位置在最前方而已，随时可能被替换。这是一种并行的独立运行模式，每个个体的角色即使

① 该理论认为意识是一种量子力学现象，认为大脑中存在海量的处于量子纠缠态的电子，意识是从这些电子的波函数的周期性坍塌中产生。

不完全一致，也不会相差太大。

Top-down 策略需要极高的智慧，而且能够通过学习加以改良。除了高智慧的动物，目前还没有发现无脊椎动物具有这样的能力。Bottom-up 策略则只要求每个个体单元做好本职工作，其他都“听天由命”，交给自然法则去完成。对于复杂的本能行为，其中的一个法则就是“神经—行为—反馈”。我们现在假设一群蚂蚁修建一个“金字塔”，第一只蚂蚁将第一粒沙子放到平地，第二只蚂蚁将第二粒沙子放到第一粒沙子之上，那么第二粒沙子有两种命运：位于第一粒沙子之上，或掉下在第一粒沙子边上。这都不要紧，仅需第三只蚂蚁继续将沙子放到第一或第二粒沙子之上。如此反复，只要后面的蚂蚁将自己搬运的沙粒往上堆，而自然法则，即重力让沙粒滚落。最后，“金字塔”就能够建成。不需要蓝图，也不需要总指挥。对蚂蚁来说，神经—行为—反馈就极为重要。如果第二只以及后面所有的蚂蚁，不在前面的基础上往上堆，就无法利用重力构成“金字塔”。所以当第二只蚂蚁见到已经有一粒沙子在地面，对它而言就是一个信号，刺激它将自己搬运的沙粒堆上去。如果没有第一粒沙子，它就将沙子放在地面。非常简单的过程，前面个体的工作结果，形成对后面个体的刺激而改变其行为。

机器蜘蛛织网可分为两个阶段：构建辐射状蛛丝连接，在此基础上构建同心状蛛丝连接。第一阶段的第一步，沿树枝垂直向上爬，选择一个合适的高度（外部信号 1）；第二步，向四周任意水平方向爬，到达枝叶的末端（外部信号 2）。第三步，向“前”（即树枝的外端）射出蛛丝，“发射即不管”，任其在空中飘荡。一旦蛛丝的另一端附着在“前方”的固体上，必然改变蛛丝的张力（外部信号 3）。第四步，蜘蛛沿着蛛丝前行，到达另一端（外部信号 4）。第五步，加固另一端的附着强度（内部信号，完成后激活下一步行动）。第六步，原途返回，到达中点（此处的位置因重力而最低，外部信号 5）（图 13.3A）。第七步，依靠自身重量吐丝下坠，到达地面（外部信号 6）。第八步，将该蛛丝与地面固定（内部信号，完成后激活下一步行动）（图 13.3B）。第九步，返回“米”结点（外部信号 7）。第十步，重复上述过程，完成其他辐射蛛丝的建筑。具体步骤稍有差异：从“Y”点出发沿已有蛛丝到达原固定点后，离开一定距离再固定辐射蛛丝。

第二阶段的第一步，以新的“米”结点为中心（外部信号 1），由里向外。第二步，在辐射蛛丝之间拉起疏松的干性丝，每完成一段的结果（内部信号），作为输入而刺激下一步的动作，如此重复（图 13.3C）。第三步，在到达第一个辐射蛛丝的外端固着点（外部信号 2）时，刺激蜘蛛反向由外向里依次拉致密的带黏性的湿蛛丝。第四步，每完成一段的结果（内部信号），作为输入来刺激下一步的动作：吃掉干性丝并向前拉黏性蛛丝（图 13.3D）。如此重复。第五步，到达中心（外部信号 3），静伏直到昆虫被黏住挣扎引起蛛网的振动（外部信号）。

从上面可以看出，没有“蓝图”，也没有“总指挥”，只要有神经—行为—反馈加上自然界的物理法则（如重力和风），就可通过简单的重复过程完成复杂的工程①。因此，我们可以简化复杂的本能行为为一系列的“动作+反馈”，每个动作都由一个神经元网络

① 如果大自然是有建筑“蓝图”和施工“总指挥”的工程，不就是“上帝”的杰作了吗？

支配，每个反馈通路可能包含几个神经元网络。一个神经元网络支配一个动作，这些动作类型不同但是各自固定的。不同的固定动作，就可以有很多时空组合。对于本能行为而言，固定动作之间的组合在时间维度上是固定不变的。就是说，一个动作的完成，启动下一个动作。反馈也可以启动动作，但更主要的是校正动作。为了更加简化，我们只考虑纯由动作构成的行为，即行为一旦启动就不受外界的干扰。尽管一个动作涉及多个肌肉的协同，但不需要分开来考虑。例如，我们走路，不需要特意控制某个肌肉，而是由结构非常简单的中央节奏发生器总体协调。因此，一个动作仅需要一个神经元网络，就足够了。

本能行为不需要顶层设计，只需要一些独立的模块，一个模块的输出作为另一个模块的输入。因此可以看作是一系列动作在时序上的启动和关闭，有固定的程序，即动作的顺序不变。学习而来的技能，如骑自行车和游泳，就是将原来没有关联的动作，即没有关联的神经元网络，进行排序，并最终固化而变成自主行为。其他复杂的本能行为如蜣螂滚粪球、白蚁筑巢、蜜蜂育幼等，也都可以如此解释。

四、本能行为的起源和进化

基因与行为之间的“黑箱”太大，相互之间的关系太复杂，根本无法厘清两者的对应关系。因此在研究行为的起源和进化时，如果直接以基因为选择单元，则面临涉及的基因太多、相互关系复杂的困境。神经元与行为之间的关系似乎要明确些，几个神经元就可以控制肌肉的收缩和舒张，前提是构成网络结构。根据“动作构成行为”的主张，任何行为的基础都是神经元网络或其集合体，因此在神经元网络与行为之间就几乎不存在黑箱了。本能行为背后的神经元网络，可以肯定是特异的、不重复的。正如前面讨论的那样，“一个神经元网络由一个基因决定”，那么一个或少数几个基因就能够决定一个本能行为。有了神经元网络这个桥梁，进化就可以在基因水平进行。这个过程就是以神经元网络为基础的间接选择。如果基因的控制只能作用到神经元为止，则基因与行为是断裂的。而基因如果能作用到神经元网络层面，就相当于建立了一个“中继站”来沟通基因与行为。

系列的动作构成行为，是在时间上的有序排列。因此，本能行为的神经基础，实际上是在时间上顺序启动或关闭的一系列神经元网络。因此，本能行为就是神经元网络在时间上的工作排序，因此是固化了的顺序。前面提到技能学习就是将无关联的支配动作的神经元网络进行排序，并优化这个排序。学习完成，也就固化了神经元网络启动的顺序。而此顺序可以由高一级的高度可塑的神经网络所协调并编码、固定。进化与学习过程一样，其本质都是“试错”的过程。

行为试错，最典型的就是走迷宫。行为学实验中常用的八臂迷宫（图 13.4），为“米”字结构，空旷的行为场通常只有一个通道是真的，其余七个是假的。实验动物如小鼠，第一次被放到行为场中，都会随机地选择任一通道，试一试是否能出去。运气好的很快就找到真的通道，运气不好就要多找几次[34]。婴幼儿学习语言，也是一个试错的过程，只不过语言学习太复杂，必须有导师才行。我们日常生活中常见婴幼儿或发音不准确或表达不准确，父母加以校正并诱导他们改正或改进。很多时候，行为的试错过程没有太大的不良后果，错了就从头再来。

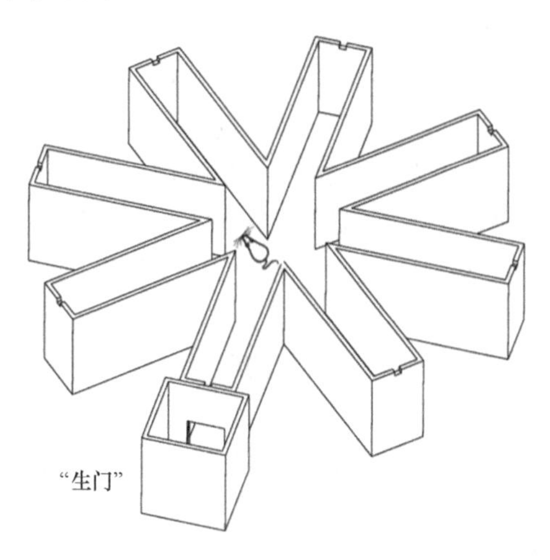

图 13.4　八臂迷宫结构：“生门”和“死门”，类似于进化的随机变异和自然选择

大自然也会试错，具体表现为“变异是随机的，但自然选择是定向的”。想象一下，大自然的“八臂迷宫”，这八个通道只有一个“生门”，其余都是“死门”。多数随机变异走了死门，这些个体自行灭亡；如果恰好一个随机变异（如 1/8 的概率）适合走生门，则该个体存活。大自然的试错是如此的残酷，走错“门”就只有死路一条。因此，生命体只能尽量多地繁殖后代，供大自然挑选。这个过程，应该也在本能行为的起源与进化中重现。为简化起见，以蜜蜂清洁行为为例（参见第五章），即清洁蜂具有把死幼虫的蜂室盖子揭开并把死幼虫拖出去扔掉的行为[35, 36]。因为蜜蜂是大群体的群居动物，一旦发生传染病，将“全军覆没”。清洁行为由几个动作构成，首先发现死亡幼虫；然后揭开死幼虫的蜂室；再将死幼虫拖出；最后扔出巢外。可简化为：发现→揭盖→拖出→扔掉四个动作。其中，发现死幼虫后揭开蜂室的盖子由一条染色体上的基因控制。而拖出并扔掉的动作由另外一条染色体上的基因控制。在行为的起源之初，当清洁蜂发现死幼虫（多半是根据气味），嗅到“死亡”的味道，很容易激活一个反应，这种探测本能很可能原先就存在（毕竟生与死是生命的根本界线，受到极强的选择压力）。接下来的动作可以是：离开、围着转、踩踏或揭盖等，是随机变异的结果，而且每个动作的背后都有相应的神经元网络（基于冗余性）。然而，离开、踩踏、转圈、揭盖行为，都会为居群带来很大的风险。到这一步，揭盖动作并没有显示进化上的优势，反而可能对群体有害。而接下来的一步还有很多可能的动作突变供自然选择，当然其中一个是拖出（即图 13.4 的“生门”）。其他每一个错误的动作，都对族群遗留一个大的祸害（“死门”）。第四个，扔掉动作很可能原来就存在（扔垃圾），社会性动物居所的洁净度是刚性需求。现在，蜜蜂的清洁行为就简化为揭盖和拖出两个动作了。在同一个个体内，同时突变了两个基因，一个基因产生的神经元网络控制揭盖动作，而另一个基因产生的神经元网络

控制拖出动作。当然，基因的随机突变在恰当的时间和恰当的地点产生一个有用动作，其自然概率是极其小的，更不要说在一个个体上拥有两个有用的突变基因。更有可能，这两个基因突变不是同时发生，而是一个先，一个后，两者可以间隔很多代。先出现的基因及其神经元网络，由于没有派上用途，成为冗余结构。可以推测，应该先有拖出动作的基因出现，其行为的启动需要揭盖动作激发。由于这个动作本身及其背后的基因或神经元网络没有直接的副作用，被存储下来。反过来，如果先有“揭盖”基因的突变，对群体就十分不利，因为这会将有病幼虫直接暴露在蜂巢中。

发生在不同个体的基因突变，可以通过染色体交换而整合到一个后代中（参考第二章）。同一个个体具有这两个基因，由于具有巨大的优势，迅速从一个居群扩散到整个种群[①]。对于生死攸关的行为，自然选择的压力是极其高的，选择强度也是十分巨大的。在这种情形下，不管多么小概率的突变都会被选择放大，“是金子总会发光的”。揭盖和拖出动作，在最初的“大脑”里也许没有为它们排序，只是揭盖动作暴露的幼虫尸体，刺激并激活了拖出动作的神经网络。因此，死亡幼虫的气味激活了揭盖动作，死幼虫的视觉刺激诱发了拖出动作，环境信号的反馈激活了扔出动作。为什么“揭盖”和“拖出”基因不是分别在不同个体发生有益的突变呢？其实，两个个体的联动也可以完成蜂巢的清洁过程。这可能是因为增加了个体被感染的机会，而被自然选择淘汰吧。一个个体完成清洁工作和两个个体共同完成同样任务，后者的风险大一倍。而且，必须要这两个个体同时在场，大大降低了工作效率。

总之，自然选择的过程与动物的学习过程，在本质上有共同之处，都是通过“试错”模式完成。对于复杂行为，可以分解为各个动作模块；每个模块只需要一个神经元网络提供支配；而一个神经元网络由一个基因或亚型产生。大自然不可能循序突变多个基因，产生连贯的动作，而是积累（中性选择）独立的基因变异，即独立存在的冗余神经元网络。一个神经元网络支配的动作结果，作为输入激活下一个动作。只有当这样的“结果—激活”连贯起来，才能完成一个复杂的行为。例如，蜜蜂的清洁行为，由四个动作构成。其中只要有一个神经元网络/动作（如揭盖）尚未到场，整个行为就会失去意义。因此，在这种“三缺一”情形下，已经到场的只能耐心地等待。值得注意的是，每个神经元网络都已经与一个动作对应，只是这个动作暂时还没有派上用场。由于一时还无法行使其功能，因此也可以看作是冗余的，至少在进化的某些阶段是如此。

如此看来，脑内保留的神经元网络很可能不是真正的“白板”，而是编码了许多的“无用的”动作，在等待派上用场。如果一个神经元网络对应一个基因，基因是有限的，所以无脊椎动物的神经元网络都可能用于编码动作；而不像在脊椎动物那样，是一个神经元网络对应一个基因亚型或可变剪切，可以有近似无限的组合。但不管是纯白板的神经元网络还是编码了无用动作的神经元网络，都需要额外的刺激来“保活”。总之，冗余神经元网络不但是学习的基础，也是行为起源和进化的前提。

---

① 需要说明的是，突变发生在繁殖蜂才能有意义。因此，此处的种群是指整个物种。

第十四章

学习与记忆

学习是一个试错过程：对的保留、错的淘汰。从中获取新知识、新技能，或修正或加强已有的知识、行为、技能、价值倾向，提高行为主体的生存和繁殖的成功率。与本能行为相反，习得行为（learnt behavior）①源自经验，因此不能通过基因遗传，而是借助神经（元）网络外化—行为模仿—神经（元）网络重建的方式进行传递（图 9.14）。动物出生时并不存在的行为模式，通过对经历和经验的记忆或观察其他个体的表现而获得，因此与记忆密不可分[1]。学习和记忆，是一个相辅相成的过程。对人类而言，学习分为两种：狭义学习是指主动地通过阅读、聆听、研究、观察、理解、探索、实验、实践等手段获得知识或技能的过程，是一种使个体可以得到持续变化（知识和技能，方法与过程，情感与价值的改善和提升）的行为方式；广义学习则是人和动物在生活过程中，无意识或有意识地通过获得经验而产生的行为或行为潜能的相对持久的行为方式。对动物而言，学习则分为认知学习和技能学习。对应的研究范式就是经典条件反射和操作性条件反射。前者如小鼠在多次听到铃声后给予足部电击，一段时间后小鼠只要听到铃声都展示一种恐惧行为，即僵持（freezing）姿态，哪怕没有电击也如此[2]。后者常常是让饥饿的小鼠在听到铃声后，必须用前足压一个手柄即可获得食物。学习的本质之一是将不同事件进行关联，如看到闪电后将听到雷声。赫伯于 1949 年提出神经网络的学习过程发生在神经元之间的突触部位。突触的连接强度随着突触前后的神经元活动的增强而增强[3]。

学习与记忆的分子细胞基础，都已阐明或接近阐明；然而对学习和记忆的神经网络基础的认知却基本空白。第七章讨论了介于两个神经元之间的突触连接强度的研究：在突触前后的神经元同时受到刺激后，突触就会出现长时程增强（LTP）或长时程抑制（LTD）的现象，此为赫伯学习和记忆的细胞基础之一。记忆分为短时记忆（short-term memory）、工作记忆（working memory）和长时记忆（long-term memory）。短时记忆是指在很短的时间（以“秒”计）内涉及很少的信息处理，不能被调制的记忆保留能力。

① 学习行为：learning behavior；习得行为：learnt behavior。前者强调学习的过程，后者强调学习的结果。

工作记忆为在短时间（以“分”计）内涉及少量的认知过程，可以被调制的记忆保留能力[4]。长时记忆经常是短时记忆经多次重复后转变而来，记忆时间可以维持很长甚至终生[5]①。由于它还有很多其他特性，因此长时记忆又被称为表述记忆、情景记忆、语义记忆、回溯记忆、程序记忆等。

短时记忆的形成主要是对已存在的突触结构中的蛋白质进行修饰，如磷酸化，暂时性改变突触的连接强度。20 世纪 70 年代，埃里克 • 坎德尔（Eric Kandel）在海兔研究中明确了环磷酸腺苷（cAMP，第二信使分子）在短时记忆中起主导作用，神经递质 5-羟色胺和蛋白激酶 A 参与其中，整个过程局限在突触部位[6]。80 年代，坎德尔发现，如果短时记忆转成长时记忆，则需要启动基因的表达和新蛋白质合成，甚至需要新突触的形成。这需要调动整个神经元，包括细胞核和内质网在内的参与，而不仅仅局限于突触部位[7]。90 年代，坎德尔将海兔的研究复制到小鼠，证明无脊椎动物和脊椎动物中学习与记忆的分子机制的进化保守性，阐明了神经递质、第二信使、蛋白激酶、离子通道和转录因子（如 CREB）在此过程中的作用。2000 年，坎德尔因学习和记忆的分子机制而获得诺贝尔奖，他主编的《神经科学原理》是该领域经典的教科书。

一、纠缠不休的本能行为与习得行为

社会生物学家威尔逊指出：关于“在生物学的历史上，造成最大语义学困境的就是本能与学习之间的差别”。

不管是人还是动物，本能行为天生就会，源自遗传；而习得行为则是后天学习得来的。然而，习得行为也是建立在一定的遗传基础之上的，总不能期望一只黑猩猩能学会微积分吧。习得行为被定义为动物在遗传因子的基础上，在环境因素的作用下，通过生活经验和学习所获得的行为。因此，基因和环境都是外在因素，而试错才是学习的核心因素。逻辑上，本能行为与习得行为应该界线分明；然而一些行为或能力却难以归于两者之一。

印痕效应最早是由洛伦茨于 1937 年②提出并定义的，指在特定阶段对任何动态刺激所快速产生的学习和记忆[8]。这里的“特定阶段”非常重要，印痕一般在出生的头几个小时至几天内完成。印痕的独特之处在于，一旦形成则完全固定并终生保留。所有读过动物行为学经典著作的人，都对洛伦茨被两只大雁当作同类的照片印象极其深刻（图 5.4）。普通学习所形成的记忆，常常会随时间而淡忘，即记忆抹除，但印痕却不会。如果把本能行为比喻为编码事件的电路（硬件），只要不进行物理性破坏，编码的事件就一直存在；而如果将习得行为理解为编码事件的程序（软件），就可以随时存入也可以随时删除。印痕更像是通过软件写入，随即被固化成硬件。许多动物在出生之前，大脑并没有父母的信息。印痕的作用有两个，在幼年时代识别父母以便获得照料，在成年

① 著名的埃宾豪斯（Ebbinghaus）遗忘曲线显示，在短时记忆还没有完全被忘却之前进行重复刺激可显著提高对该事件的记忆时间和效率。

② 第二次世界大战爆发后，洛伦茨参加了战争，幸好最后保全了性命[13]。战后任职于刚刚成立的马普研究所，继续从事动物行为学研究。

后识别配偶以求成功繁殖[9]。人为将斑胸雀的幼鸟交给近缘种的养母育幼，长大后的雄鸟趋向对养母同类的雌性求偶，而对亲母的同类没有兴趣[10]。那么，寄生性的鸟类，如杜鹃和响蜜䴕是如何解决这个难题的呢？目前尚不得而知。

行为学研究历史上有名的“短颈”（short neck）假说，由奥斯卡·海因罗特（Oscar Heinroth）于 20 世纪初提出[11]，后来被“习惯化”假说取代。1937 年洛伦茨和廷贝亨在奥地利 Altenberg（洛伦茨的家里）做了一个有趣的实验：在控制条件下，为没有任何经验的小鸟呈现纸板模型，这是一个可反转的“鹰/雁模体”（hawk/goose dummy）（图 14.1），即当以短的一头向前运动，看起来像老鹰（即短颈），而以长的一头向前运动，则看起来像大雁（长颈）。根据行为学结果，洛伦茨和廷贝亨分别写了论文发表，但结论则不完全相同[12]。廷贝亨的报告指出：完全人工喂养并从来没有被捕猎经历的实验小鸭，对许多不同形状的模型（如圆圈和三角）显示强烈的逃避反应。其他物种（如灰雁、火鸡和家鸡）则对天空中每次飞过的短颈鸟模型产生“捕食者反应”（如蹲伏、躲避、恐吓）。因此，他认为的“短颈”假说是成立的。洛伦茨则认为：模型的形状没有可识别的行为差异或作为刺激没有导致被试动物不同的反应，或对灰雁和小鸭而言没有产生统计上可靠的效应（即差异）。而在看到模型以“短颈”向前运动时，小火鸡的反应是非常强烈的，其反应强度可以借助报警鸣声的频次而量化。两人都是世界级的大师，怎么可能对同一个实验，做出不一样的解释呢？可见，没有视频手段，早期研究多少都有主观偏好。暂且不管两人报告的差异性，但一切似乎都在暗示，动物（至少一些种类）天生就在大脑中有天敌“模板”存在，与学习无关。

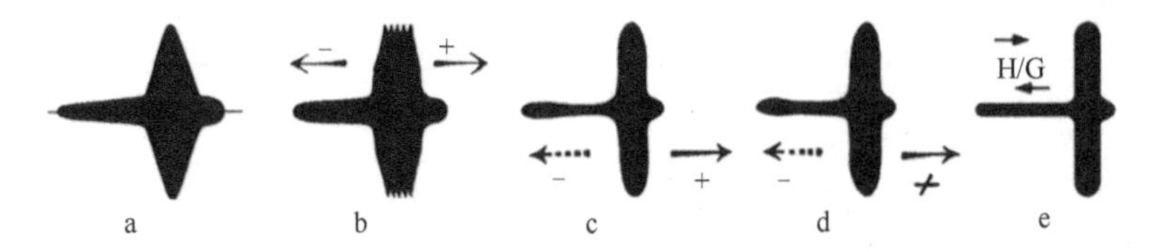

图 14.1 洛伦茨和廷贝亨在行为测试中用到的鹰（H）/雁（G）模体及其变形体

1961 年，洛伦茨和廷贝亨在德国斯维森（Seewiesen）再次合作，还是以火鸡、家鸡、灰雁、鸭的新生幼体为被试，但设计了三种实验。第一，纯自然研究，将被试动物置于野外，观察它们对天敌的反应。斯维森周围有三种猛禽，常见的秃鹰以小哺乳动物为主要猎物，其他两种鹰和隼则很罕见。似乎所有被试都对这三种猛禽有强烈的防御行为，如站立僵直、侧眼观察、警告鸣叫等反应，且行为有较强的传染性。但是，天空中的气象气球以及鹳（一种涉禽，不猎食其他鸟类）也能诱发类似的反应。洛伦茨曾强调，慢速飞行物的刺激更大，被试的防御行为也更强烈（类似于天敌在搜索）。第二，半自然研究，“天敌”由卡片模型扮演，即在离地 8.3m 的高度牵一根细线，模型在线上移动。结果显示，鹰/雁模体的运动方向，不能诱发有统计差异的反应。等体积的黑色圆盘，同样可以刺激动物产生强烈的行为响应。重复呈现刺激，动物的反应消退，表现为习惯化，且与模型的形状无关。第三，实验室研究，被试全部在室内饲养和实验。由前两个实验，基本可以推测出动物是对新颖刺激有响应的。基于此，他们设计了奇异（oddball）实验范式，即在多次重复的某一刺激（即标准刺激）中随机加入一个其他刺激（即偏差刺激）。例如，给被试反复呈现“雁体”，但每11次中有1次是以“鹰体”代替；或反过来，10次呈现“鹰体”，随机插入1次“雁体”。被试动物在对标准刺激习惯化后，其响应逐渐减弱，但对偏差刺激的响应则很强烈。在这里，偏差刺激就是新颖刺激，因此习惯化假说得到了验证[12]。那么，是否就可以认为大脑中没有学习内模板呢？

鸣禽以鸣声婉转动人而闻名，但最令科学界瞩目的是它们卓越的语言学习模仿能力。雄性在体内激素升高的驱动下，学习将来吸引雌性的鸣叫。以斑胸雀为模式动物的研究，发现几个有意思的现象。第一，语言学习的前期是模仿阶段，对导师，即父兄或其他成年同种雄性的语音十分敏感；后期是练习巩固的阶段，对外界的语音不敏感，即很少模仿新的声音，最后是鸣声结构的固化[14]（图14.2）。第二，如果提供近缘种的雄鸟做导师，斑胸雀幼鸟可以成功地学习异种导师的鸣叫。第三，如果在模仿阶段提供异种导师，练习巩固阶段再提供同种导师，尽管幼鸟已经过了对语音新刺激的敏感时期，但还是可以很快地改学本种导师的鸣声[15]。第四，如果将幼鸟与成鸟隔离或将幼鸟致聋，幼鸟性成熟后仍然可以鸣叫。但与正常学习的兄弟相比，其鸣叫的频次显著降低，而且鸣声结构混乱。暗示斑胸雀的语音学习有内模板的存在，但需要外模板（即同种雄性成鸟的鸣声）的激活。这个例子也模糊了本能行为与学习行为之间的界线。

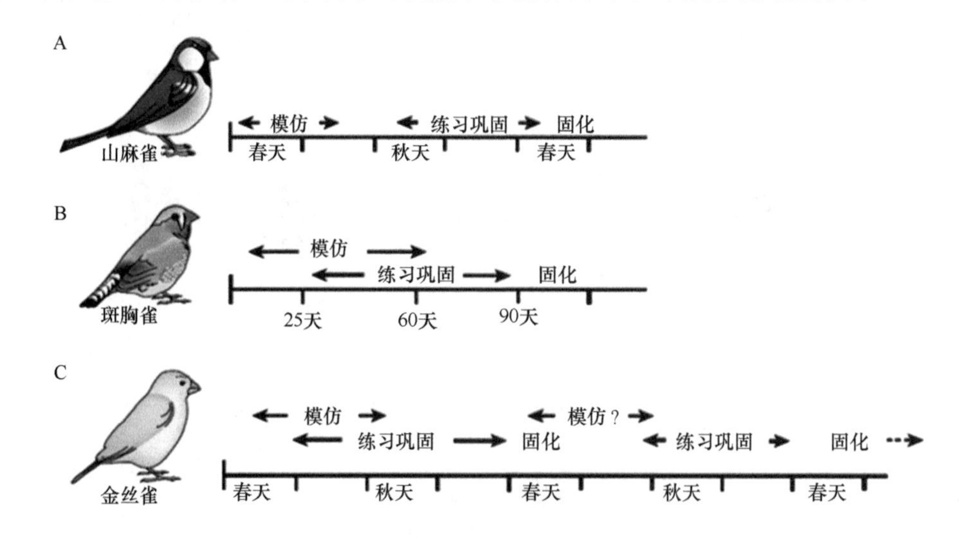

图14.2　三种鸣禽语音学习的模式

A. 山麻雀需要一年的学习和固化；B. 斑胸雀无季节性，在三个月内完成学习和固化；C. 金丝雀每年春季重新学习

二、学习行为

学习行为一般被分为习惯化、模仿、印痕、联想、推理等几类。但实际上远不止这些，还包括空间学习和社会学习。前面已经讨论了习惯化过程和印痕现象。模仿行为在动物适应环境上有重要意义，因为它使得动物能从同种其他个体的经验中学习知识，还可以绕过完全依赖遗传机制的途径直接继承一些行为。联想学习的行为外化就

是条件反射。19 世纪末期，俄国生理学家伊万·巴甫洛夫（Ivan Pavlov）进行了一系列条件反射的实验，他通过研究狗对铃声产生唾液的种种方式，揭示了一些学习行为的本质[16]。推理学习是动物学习的最高级形式，又称悟性学习，即动物凭直觉对新生事物的因果关系做出判断的过程。德国科学家沃尔夫冈·科勒（Wolfgang Köhler，格式塔心理学的创始人之一）研究了黑猩猩的学习行为，证明黑猩猩的确有推理的能力。他把香蕉挂在天花板上，屋内有三只木箱，黑猩猩只有把三只木箱叠在一起才够得到香蕉。开始时黑猩猩到处乱跑，一会儿它安静下来了，仿佛在思考问题，最终把三个箱子叠在一起拿到了食物[17]。

学习相关的神经机制是什么？前面提到突触连接强度的改变，是学习记忆的分子基础。然而，突触连接的具体物质表现形式是神经元网络。如前所述，神经元网络是一个由很多个神经元相互连接而构成的基本结构，是学习与记忆的基本单元。从神经元网络的角度，可以将学习行为分为简单学习、关联学习和认知学习。

1）简单学习

这类学习行为属于非关联学习（non-associative learning）。当反复地呈现某种刺激时，哪怕刺激既没有与其他刺激有关也不与奖赏或惩罚事件有关，动物仍然会改变对刺激的反应强度。简单学习的神经机制，是通过对“正在使用”的神经元网络进行突触连接强度的调节。简单的动物本能行为的习惯化和敏感化，就是这种机制，如海兔腮缩反射①的习惯化（图 14.3 左）。腮缩反射是为数不多的被阐明神经元网络的简单行为（图 14.3 右）。在海兔的腹神经节中，虹吸管系统有 24 个感觉神经元。对皮肤上某个点给予触觉刺激，激活其中 6 个神经元。这 6 个感觉神经元将触觉信息传递给 6 个运动神经元，而触发腮缩反射[18]。腮缩反射是一个简单的本能行为，连续给海兔呈现 40 个刺激就会诱发其习惯化，即同样强度的刺激所诱发的反射强度会越来越弱。

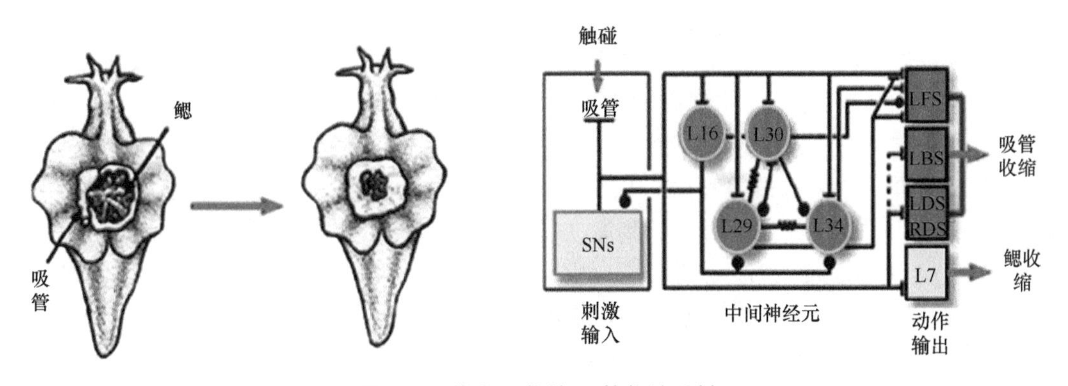

图 14.3 海兔腮收缩/吸管收缩反射

解剖结构显示收缩过程（左）；收缩反射的神经控制网络（右）

① 海兔是一种大型的深海蜗牛，神经结构十分简单，仅有 20 000 个神经元，分别聚集在 9 个神经节。每个神经节只具有少量的神经元细胞，如腹神经节只有 2000 个神经元。缩腮反射由腹神经节控制（图 14.3 右）。腮是海兔的辅助呼吸器官，它位于外套膜围成的外套腔里（图 14.3 左）。外套膜终止于虹吸管，后者是一个肉质的管道，负责将外套腔里的海水和废物排出去。轻微的触碰虹吸管诱发一个快速的防御性反射——虹吸管和腮迅速地缩到外套膜里。少量机械感受器分布在皮肤表面，投射到腹神经节。因此，腹神经节作为“大脑”，调控包括缩腮反射在内的多个行为：心律、呼吸、产卵、喷墨、释放黏液等。

习惯化是由于刺激重复发生而无任何有意义的后果，致使个体对这类刺激，如警报、防御、攻击的自发反应减弱或消失。非常古老的简单动物都有习惯化现象，显示其存在的历史可以追溯到生命进化的早期。因此，习惯化有重要的适应意义。如果没有习惯化，我们穿着的衣物与皮肤接触，将持续向中枢神经发送全身的触觉信号①。大脑就需要将大量的资源投入到处理无用的触觉信息，而无法顾及其他重要的有用信息。而且非常简单的神经元网络都能够习惯化，可见这是神经系统一个普遍的基本过程。高等动物也有习惯化，当然不只是简单学习过程，还有其他过程参与其中。

2）关联学习

典型的关联学习（associative learning）是指巴甫洛夫的经典条件反射以及斯金纳的操作性条件反射。还有一类以运动神经元网络为基础的技能学习也属于关联学习一类，如动物的行走、鸟类的飞翔、人类的游泳和骑自行车等，通过重复练习即可获得技能。关联学习的神经机制就是，将所涉及的神经元网络在时间和空间进行新的连接。这些神经元网络是已然存在的，也许一些已经派上用途而另一些也许还没有进行安排。关联学习完成后，这些习得行为就转变为“本能”行为。一般认为，基底核（basal ganglia）②控制或协调了这个转变。

巴甫洛夫的实验是把食物展示给狗，并测量其唾液的分泌状况。在这个过程中发现，如果伴随喂食而反复呈现一个不相干的刺激，即一个并不能引起唾液分泌的中性刺激，如铃响，狗很快就学会将铃响与喂食关联起来，即使只有铃响的情况也分泌唾液[19]。总之，将一个中性的刺激，即条件刺激与一个能引起某种反应的刺激，即非条件刺激相结合，会使动物学会对条件刺激做出反应。经典条件反射不但能以奖赏做非条件刺激，也能够以惩罚为非条件刺激，使动物产生恐惧或回避反应。如上所述，给小鼠足部以微弱电击，每次电击的同时给予单一频率的鸣声（如 1kHz 的音调），条件反射形成后的小鼠只要听到 1kHz 的声音时都会有僵直反应[2]。

条件反射的泛化，即在条件反射建立之初，除条件刺激本身外，那些与该刺激相似的刺激也或多或少具有条件刺激的效应。“一朝被蛇咬，十年怕井绳”。例如，用 1kHz 的音调与电击关联，建立条件反射。在实验的初期阶段，许多其他相近音调（如 800Hz 或 1.2kHz）也可以引起僵直反射。只不过与 1kHz 的音调差别越大，所引起的条件反射效应就越小。后期，如果只对条件刺激（即 1kHz 的音调）进行强化，而对近似的刺激不给予强化，泛化反应就逐渐消失[20]。相反，如果动物只对强化的刺激产生僵直条件反射，而对其他近似刺激产生抑制效应，这种现象称为条件反射的分化[21]。

条件反射的泛化与分化，隐含关联学习的神经机制——神经元网络的竞争。在条件反射建立过程，接收、编码、处理 1kHz 及其相近频率（如 0.8～1.2kHz）的所有神经元

① 2015 年初春，我参加一个国际蛇类研究组在斯里兰卡进行的野外作业。作业区内的山蚂蟥数量极多，几乎每一步都能踩到山蚂蟥。所有其他队员都穿全身的防护服，只有我和向导是短裤。后果令人吃惊，我和向导每人身上只被 2～3 只山蚂蟥叮咬，其他人身上至少有 10 只。有经验的人都知道，蚂蟥叮咬是不痛的，仅有触碰的感觉。由于我的腿上没有裤子，皮肤始终处于敏感状态，有蚂蟥的叮咬立刻就能感受到。而穿长裤的人则由于裤子的摩擦，对蚂蟥的叮咬失去敏感性。所以，某些情况下，去习惯化也非常重要！

② 基底核是位于大脑皮质下的一群运动神经核的统称，与大脑皮层、丘脑和脑干相连。人的大脑基底核包括：纹状体、苍白球、黑质、丘脑下核。其主要功能包括自主运动控制、整合调节细致的意识活动和运动反应等。

网络都会试图参与其中。如前面讨论的那样，这些神经元网络是同质的，谁都有最终获胜的机会。将该过程形象化，如为某个岗位选拔合适的职员：先给出基本要求（虚拟听觉过程）以便符合条件的申请者报名，初步过滤后（划定频率范围）去除大部分，剩下的少数人（0.8～1.2kHz）进行面试（竞争），最后选出最合适的申请人（1kHz）。刚开始听到一个 1kHz 声音的时候，可能激活了编码处理 0.8～1.2kHz 声音信号的所有神经元网络，源自听觉系统对信息的提取不够精确，使范围扩大。但反复受到 1kHz 的刺激后，听觉系统就能不断提高信噪比［其过程参见听觉脑干反应（ABR）原理（图 14.4）①］，最后一个或几个位于正确位置的神经元网络胜出（编码各频率的神经元或网络的空间排列，依照所谓的频率拓扑结构②）。为了提高对频率的分辨率，对于有重要生物学意义的频率，大脑皮层将更大或更多的脑区分配给该频率（图 10.2）[22]。更大的脑区也就意味着更多的神经元网络通过竞争胜出，参与对该频率的编码处理。

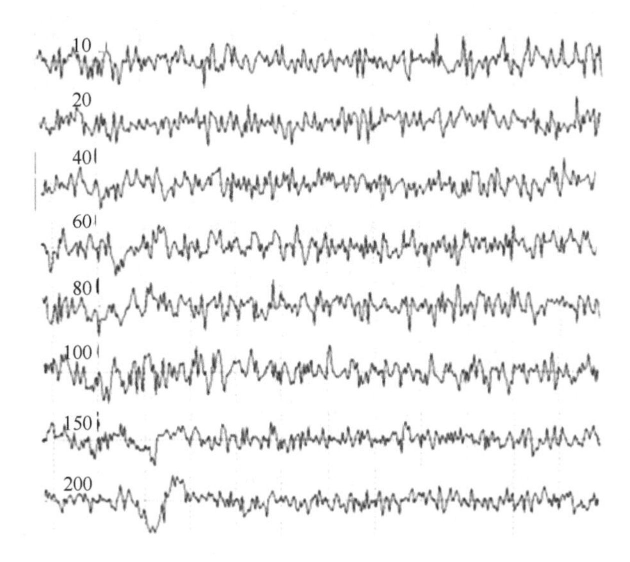

图 14.4　听觉脑干反应，数字为实验叠加次数，随着不断叠加，听觉曲线逐渐成形

操作性条件反射[23]之所以能够形成，是因为动物的探究行为。很多高等动物（主要指爬行动物、鸟类、哺乳动物）都有好奇心，特别是对环境中出现的新元素[24]。例如，宠物猫对家中新添置的家具或虽是旧家具但重新摆放，都会表现出浓厚的兴趣，以至于经常打碎新买的摆件[25]。这种学习方式称为“潜在学习”。正是动物具备这种学习潜力，“斯金纳箱”中的小鼠才会去按动操作杆，实验才有可能成功。

① 听觉脑干反应，即 ABR 研究范式：将电极置于人或动物听神经附近的头部表面，神经电信号经颅骨可以扩散到皮肤，但是其信噪比极低；每次声音刺激可记录到一个神经反应，但被噪声隐蔽而无法看到信号（图 14.4 上部）；反复多次（如 200 次）给予动物同样的声音刺激，再将 200 次刺激获得的神经电信号进行叠加后计算平均值，可获得一条较明显的听觉反应曲线（图 14.4 下部）。这是因为噪声是随机产生的，平均后就会相互抵消；而信号是定时出现的，反复叠加就会逐渐增大。精准听觉条件反射的建立，也可能如此。

② 频率拓扑实例：内耳毛细胞线性排列于耳蜗基底（图 12.1）的条板之上，不同频率的声音导致基底条板相应的部位共振（图 14.5 上，如低频使末端共振而高频使基端共振），相应位置的毛细胞的膜蛋白，即离子通道因机械力开闭而放电；每个毛细胞的信号独立地投射到中枢神经，所以这种位置-频率的关系在中枢神经被维持；一直到初级听皮层，都保持不同部位的神经元编码不同的频率（图 14.5 下）。

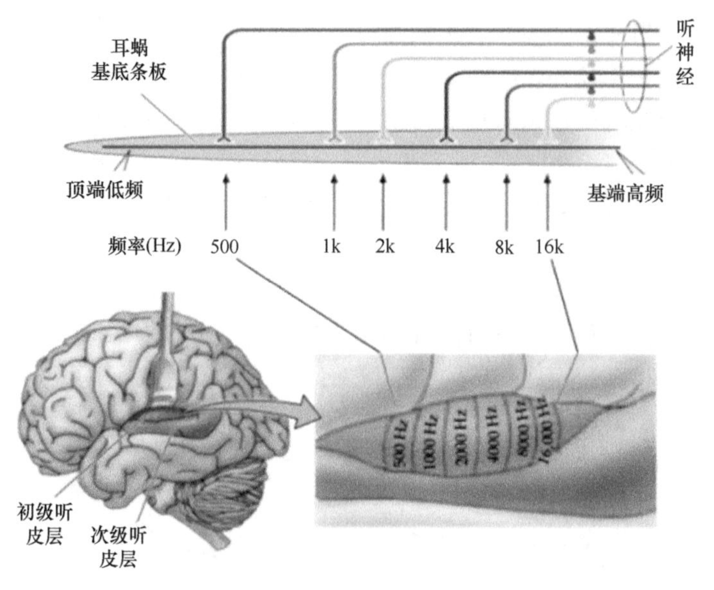

图 14.5 听觉系统的频率拓扑的产生（上：内耳基底）和维持（下：初级听皮层）

技能学习是指通过反复地试错练习，而形成的行为能力。最典型的是人类的游泳和骑自行车，前者是自然界存在的条件而后者则是现代社会才有的条件。在第十三章中讨论了本能行为的起源和进化机制，将行为分解为动作，每个动作由一个神经元网络控制。对于正常人类而言，骑自行车所需要的任何动作，在学会这项技能之前都已经具备。简化之，就是一个双足轮流蹬踏的动作，加上手的转向动作。骑车技能学习的实质就是蹬踏动作与转向动作的时空协调。从初学者骑车时，车头左右急剧晃动可以看出两个动作之间的关系。游泳也是上肢、下肢和躯体的协调。这些神经元网络可能存在于脑干、小脑和脊椎神经之中，而高级认知功能的神经元网络可能在学习过程参与其中，以促进这些网络的相互衔接。一旦神经元网络之间的连接完成，即构成一个特异时空序列的神经网络，并通过反复练习得到强化，这种针对特定行为的神经网络就会固化，在学习过程中参与的高级中枢神经元网络最终会退出。因为没有谁在游泳和骑车时，高级中枢还会思考如何操作每块肌肉，正如走路和跑步一样。

打过乒乓球的人有这样的经验，很多时候对方将球打出己方的球台后缘，但自己仍然有挥拍迎球的动作。因为乒乓球来速太快，如果完全根据球的速度和路线信息由高级中枢进行加工，则根本来不及。乒乓球练习，经常可见重复一个动作。因此，可能是肌肉产生记忆（实质是控制神经形成记忆），运动控制与感觉系统的神经网络打通新路径，建立直接联系。一个视觉刺激输入直接激活已形成的肌肉记忆，构成反射。由此可以推测：一些技能学习，是以模块化的方式进行的，即各个肌肉形成记忆，使动作固化；脊椎神经与感觉系统直接连接，绕过高级中枢形成捷径。打羽毛球的过程则很少产生类似的反射。一来羽毛球的打法多样，球路相对较难预测；二来速度不如乒乓球快。因此形成固定的反应模式，反而不利于接球。

3）认知学习

认知学习是通过对环境新信息的感知和判断以及对自身的内省，而获得新知识的过程，如前面提到的联想、推理、模仿等过程，都可归为认知学习。环境空间相关和社会关系的学习，也属于此类。因为涉及新知识的获取、编码、存储，因此需要调用储备的神经元网络。所谓储备的神经元网络，既可以是一些从来没有派上用场的网络，也可以是一些神经系统的生物学过程，如记忆抹除而清空出来的网络。从某种意义上讲，那些未启用的神经元网络都是“冗余”的。冗余神经元网络的存在，就是动物为了在面对新的信息输入时，神经系统有足够的可用功能单元来表征信息的每个侧面。一个简单的鸣声（图 14.6），不考虑时间维度的信息，它包含的频率主要集中在五条带上[26]。然而，编码声音频率的神经元网络，肯定不止五个。这与动物能够感受的频率范围以及对频率的分辨率有关，频率范围越大（正常人类：20Hz 至 20kHz）或分辨率越高（音乐家比常人的频率分辨率要高得多），编码频率的神经元网络就越多。音乐家脑中与频率相关的神经网络，可能“纠集”了更多的神经元网络。而神经网络的工作原理，可能借用了视觉中朝向编码的计算机制（图 9.5 和表 9.1），如此以有限的神经元网络编码“无限”的频率。因此，编码声音频率的神经元网络的数量，是动态可变的。频率是一个声音的物理属性，如果连编码一个基本物理属性的神经元网络都不是固定的，那么编码物理属性背后的生物学意义的神经元网络就更应该是动态可调的了。

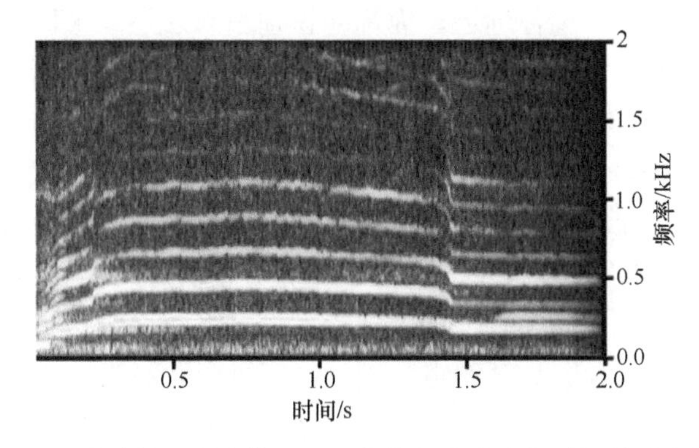

图 14.6 狼吠的语音结构，显示少数频率成分与时间的对应关系

为了编码不可预测的外部世界，神经系统必须储备足够多的神经元网络，以备不时之需。例如，非洲象有时面临极度干旱的囧境，可能是很多年才能遇到一次。这时，寻找水源是头等大事，关乎整个种群的存亡。有经验的母象可以凭借也许是很久以前的经历，带领象群踏上漫长的寻水之路，一些弱小的个体往往经受不了缺水的胁迫而倒在路上。大象不但能够熟记领地内的地形地貌、食物资源、天敌状况等，还要对经历过的偶然事件有记忆。很多鸟类有存储坚果的习性，为的是在食物短缺的季节不至于饿死。存储的地点分散在整个家域的地面和树干，山雀类最多可以有几千甚至上万个藏匿点，而且在很长时间内不会忘记这些位点[27]。储藏食物是为了在需要的时候找出来，因此，大脑里必须有一个地图。储食行为在动物中普遍存在，松鼠也是储藏食物的高手。与鸟类不同，松鼠经常忘记储食的地点，因此直接传播植物种子[28]。不管是非洲象还是山雀，

脑里的地图是精确而记忆持久的。

灵长类的大脑皮层的相对值（皮层/脑干），与社群的大小显著相关[29]。显然在社会交往过程中，个体之间的关系复杂度随社群个体数的增加呈指数增加。例如，两个个体只有一个关系，三个个体会有三个关系，四个个体则有六个关系，五个个体达到十个关系，依此类推。这还是在不考虑社会等级的条件下，否则关系更为复杂。社会性昆虫也面临同样的问题，但它们没有能力也不需要进行个体识别。尽管如此，社会性昆虫是所有昆虫中最聪明的类群，如对蜜蜂的研究显示其认知和通信能力都十分出色[30]。洛伦茨和廷贝亨在1937年和1961年的实验结果，暗示新生动物的神经系统并没有存储天敌的图像信息[12]。但这并不能排除动物通过遗传系统传递天敌的声音或气味信息给后代。也许前者信息的编码太过复杂，涉及的神经元网络太多之缘故吧；而后者的信息编码涉及的神经元网络较少。

大多数动物以及人类，对外界信息的获取主要是通过视觉。但是视觉信息实在是太复杂，一幅现实图像至少需要七个维度的编码：空间三维（XYZ）、亮度一维、颜色三维（三原色）。这还只是对图像物理属性的编码，生物学意义的编码需要占用更多的资源。以视觉认知的“恒常性”为例，任何物体都有大小、颜色、形状、方向、亮度等维度的变化。所谓恒常性，是指当客观条件在一定范围内改变时，我们的知觉映象在相当程度上却保持着它的稳定性。例如，你看一张椅子，不管从哪个角度，不管椅子是正立或倒放，不管是什么颜色，不管离你远近，你都能识别出来那是一张椅子。再如，当我们看到一个人向我们走来时，虽然我们的视网膜上的“人”映象在不断变大，但我们所知觉到的这个人的大小却是相对不变的[31]。视觉恒常性的例子很常见，听觉可能也有恒常性。

格式塔心理学派由奥地利及德国的心理学家在20世纪早期创立，它强调经验和行为的整体性，反对当时流行的构造主义元素学说（即所谓的“砖块和灰泥”构建的心理学“大厦”）和行为主义“刺激—反应”公式（以斯金纳为代表）。强调整体不等于部分之和，意识不等于感觉元素的集合，行为不等于反射弧或动作的循环。格式塔心理学派认为，人类不需要学习、天生具有的组织倾向，使我们能够在视觉环境中对事物空间自动地进行排列，感知环境的整体与连续。视觉认知中最常见的恒常性，格式塔理论认为是人类大脑对物体的影像重构。这显然是整体论，反对将有机体逐步还原的方法论。目前一般将生命的结构与功能还原到分子水平，不过已经有人试图还原至量子水平[32]。但是，恒常性真的是天生具有的吗？

20世纪50年代，人类学家科林·特恩布尔（Colin Turnbull）[33]进入扎伊尔［现在的刚果（金）］的伊图里（Ituri）森林研究俾格米人的生活和文化。他聘请了一名来自当地一个俾格米部落的向导，叫肯格（Kenge），大约22岁。一天，他们到达一座小山的东边，那里为了建一个传教点而把树木全部砍伐了。由于场地空旷，能够越过森林看到远处高高的鲁文佐里（Ruwenzori）山。因为伊图里森林十分茂密，这种情景很难看到。肯格有生以来从未看到过远处的风景，他指着鲁文佐里山问：那是山还是云雾？特恩布尔告诉他那是山，但是这些山要比肯格在自己生活的丛林中所看到的要高大得多。然后他们驱车一同前去更近地观察那些山峰。在行使过程中由于大暴雨使能见度降低到大约

90m，肯格无法看到渐渐接近群山的过程。最后，他们到达了位于山脚下的爱德华（Edward）湖边的国家自然公园。特恩布尔写道：“当我们驱车穿过公园的时候，雨停了，天空也放晴了，呈现在面前的风景真是难得一见，鲁文佐里山没被一丝云雾遮挡，整座山耸立于傍晚的天幕下。它那积雪覆盖的山顶也在阳光下熠熠生辉。我停下车，肯格极不情愿地迈出车外。”

肯格扫了一眼周围，断言这是一片贫瘠的土地，因为这里没有树。然而，当他抬头仰视群山时，他简直说不出话来。俾格米人的生活和文化都受到茂密丛林的限制，因而在他们的语言中没有可以描述眼前风景的词汇。肯格被远处白雪皑皑的山顶所吸引，他将其解释为一种岩层构造。他们准备离开时，发现广阔的平原渐渐清晰地映入眼帘。在平原上放眼望去，肯格看到一群野牛正在几英里①外吃草。要知道相隔那样远的距离，野牛投射到肯格视网膜上的映像是很小的。肯格转向特恩布尔问道：它们是什么昆虫？特恩布尔回答说那是野牛，这些野牛甚至比肯格以前在丛林里看到的还大。肯格立刻笑了起来，认为他是在开玩笑，并再次询问那是些什么昆虫。“然后，他自言自语，觉得他的这个同伴实在不够聪明，并试图把野牛比成他所熟悉的各种甲虫和蚂蚁”。

特恩布尔立刻做了一件在那种情况下大家都会做的事。他回到车里，和肯格一起开车接近吃草的野牛。肯格是个勇敢的年轻人，但当他看到动物的形体在不断增大时，他挪到特恩布尔身旁，小声地说这应该是魔法。最后，当他们到达野牛身旁，看到野牛的真实大小时，肯格也不再害怕，但他仍不明白为什么刚才它们看起来是那样小，并且怀疑它们是不是在短时间里长大了，或者这其中是不是有人在搞幻术。

当两个人继续驱车来到爱德华湖边的时候，发生了类似的情况。这是一个很大的湖，在两三英里外有一艘渔船。肯格不相信几英里外的那条船大到足以能装下几个人。他断言那不过是一块木头，直到特恩布尔提醒他有关野牛的那次经历后，肯格才惊异地点头表示同意。在回到森林前的日子里，肯格观察远处的动物并试着猜测它们是什么[34]。

原始丛林中长大的俾格米人，缺乏大视野范围的大小和距离恒常性，是因为视觉空间的极度限制。这个故事告诉我们，恒常性（或至少是部分，更可能是全部）是后天习得的。

美国斯坦福大学人工智能实验室主任、华裔教授李飞飞博士，是一个具有传奇色彩的女性。她试图教计算机像人一样学习，不但自动识别各种情景里的各类目标，而且还要主动“说出”（语音输出或字符显示）所“看到”的内容[35]。研究早期，为计算机程序输入各种猫的图片，训练计算机识别猫的技能。结果的确不错，对于“正常体态”的猫，几乎都能识别。然而猫身体的柔软性极强，可以摆出怪异的体态，对于“非正常姿态”的猫（图 14.7），计算机就“干瞪眼”了，显然，计算机不具备认知恒常性。但是即使 3 岁的幼儿也能够识别各种不同体态的猫。那么，小孩的认知恒常性是天生的吗？如果是这样的话，人工智能就要走入死胡同了。从特恩布尔的观察结果，我们知道事实

① 1 英里=1609.344m，下同。

不是如此。所幸李飞飞教授跳出了思维的惯性，她认为人类的视觉恒常性是一种深度学习的机制造就的。儿童的知觉恒常性的建立是基于体验和经历，是一种“无导师”的学习。想象一下，对于中等亮度的光刺激，人眼视觉暂留时间为0.05～0.2s。如此，人脑每秒钟要接收5～20幅图像的刺激。简化之，以每秒10幅计算，三岁的幼童理论上最多可以接收到946 080 000幅图像。当然，去除睡眠时间，实际接收的图像为最大值的1/3～1/2。即使如此，也是数以亿计的图像训练样本（training samples）。从这个角度考虑，李飞飞教授与普林斯顿大学的李凯教授合作，于2007年建立了图片网络（ImageNet）数据库，收集了几十亿张图片，用于训练机器学习[36]。得益于软硬件和网络技术的进步，计算机的深度学习研究获得突破性进展。尽管尚不完美，但机器学习的进步已经可以实现像人一样的思维和表达，即具备初步的认知恒常性[37]。

图14.7 机器无法识别的“非正常体态”猫

由此可知，人的认知发育就是一个典型的深度学习过程。机器的深度学习需要大容量的存储器和高速的CPU，而人类的深度学习同样需要大量的神经元网络。表面看起来再复杂的认知现象（恒常性），也都可以还原到其基本元素——神经元网络。当然，所需要的神经元网络储备也是巨大的，肯定是以亿而不是以万为单位的。在大数据时代，整体论不断受到挑战。

三、学习行为的进化

本能行为作为一个相对固定的自然选择或性选择单元，进化轨迹比较清晰。也许对于同一个生物学目的，可以有多个行为方式来实现。例如，为吸引配偶，雄鸟可以“歌唱”亦可以“跳舞”。一个行为也可以有多个功能，如雄蛙在繁殖季节的鸣叫，既可以吸引潜在的雌性配偶也可以驱赶其他雄性。亲缘关系越近的种类，本能行为，即遗传驱动的行为也越相似。由于“竞争排斥”的存在，相近的物种出现“性状替代”的现象，如在同一区域分布的动物为了避免杂交而使求偶信号分化。正是这种遗传与竞争的相互作用，驱动了本能行为的进化。

但是习得行为，没有固定的行为模式，是如何进化的呢？从海兔鳃缩反射的习惯化，到人类的语言交流，的确反映了学习行为的进化。然而，习得行为是如此的多样化，或主要是因环境而异，它们之间难以有可比性。虽然行为本身不包含进化轨迹的信息，但与本能行为比较，就习得行为的种类（以相对和绝对数量计算）而言，越高等的动物习得行为越多。社群性动物的学习行为要强于独居性动物。

学习的好处是使动物对环境的变化有较大的应变能力，这对于长寿物种（主要是脊椎动物）来说更具有优势。此外，身体的大小与学习能力也有关系，因为高度发达的学习能力需要有相应的脑容量做基础，而小动物的脑容量不可能很大。但鸟类似乎例外，一方面为了飞行需要尽可能减轻体重，另一方面复杂的行为需要较大的脑组织。一项研究发现，鸣禽和鹦鹉的大脑每克组织所含有的神经元数量是灵长类脑组织的一倍以上[38]。自然选择的作用也使同等体型的动物具有不同的学习能力，以适应它们各自不同的生活方式。例如，膜翅目和双翅目的昆虫大小和寿命都差不多，但是膜翅目昆虫除了具有丰富的本能行为以外，还具有极强的学习能力。蜜蜂在三周的时间内就学会辨认巢箱的方法，熟悉各种蜜源植物的空间配置[30]。它们在一天中经常变换采食地点，它们似乎知道每一种花朵在一天什么时刻产的蜜量最大。双翅目昆虫则完全不同，虽然它们也表现出一定程度的学习能力，如习惯化，但是它们适应环境主要是依靠本能反应。

推理或顿悟学习是动物利用已有的经验解决当前问题的能力，包括了解问题、思考问题和解决问题。最简单的推理学习是绕路问题，即在动物和食物之间设置一道屏障，使动物只有先远离食物然后才能接近食物。章鱼不能解决这个问题，鱼类和鸟类经过多次的尝试才能获得成功，哺乳动物能很快学会解决这个问题[39]。一只乌鸦从瓶子中取食的实验，向我们展示了鸟类的推理能力超乎想象。在一个瓶子中加一定的水，水面漂浮乌鸦最爱的食物——昆虫，但仅凭喙的长度是够不着的；然后提供外形一致的小石子和比水轻的塑料，乌鸦似乎已经知道只要抬升水面即可获得食物；仅需要 1～2 次试错，乌鸦就学会向瓶中只投石子而不投塑料[40]。另外一个实验的设计相当精巧：在不同地点、以不同方式给 8 只灌丛鸦喂食它们爱吃的食物。①在第一处地点，研究人员不为灌丛鸦提供早餐，一段时间后灌丛鸦会在前一天晚上储存松子，作为次日的早餐。②将这些灌丛鸦移到另一处地点，每隔一天为它们提供早餐，结果这些鸟储存食物的量仅为前一地点的 1/3。③在两个不同地点分别放上松子或狗粮（饼干）碎渣，一段时间之后选择一个晚上同时放置这两种食物。结果发现，灌丛鸦在鸟舍里储存通常没有的那种食物，以均衡营养[41]。对未来的预测以及安排的能力，看来不只是人类才有啊。从推理能力的角度，大致可以得出脊椎动物的排序：两栖动物＜鱼类＜爬行动物＜鸟类/哺乳动物①。平均而论，鸟类与哺乳动物的聪明程度，不分伯仲。

① 两栖动物的确比鱼类还“笨”，我实验室的一个主要研究方向就是研究蛙类的通信与认知。

比较心理学家一直非常好奇，除人类以外的其他动物是否也有自我意识（self consciousness）或自我认知（self recognition）的能力，但一直没有好的办法来证明。戈登·盖洛普（Gordon Gallup）也对此着迷，整天冥思苦想而不得其法。1969年夏季的一天，他正在镜子前往脸上涂剃须膏时，突然想到如果在实验对象的额前涂抹颜色后，再让其照镜子会怎样呢？他推测：如果动物有自我意识，那它应该擦拭额头；如果没有自我意识，那应该是擦拭镜子。他首先选择灵长类做测试，在被测试的猿类中，只有黑猩猩通过测试（后来进一步研究发现，75%的个体能通过，且与年龄有关）[42]。这样一个小小的实验，后来成为比较心理学具有较大影响力和较大争议的话题之一。现在已知，亚洲象、宽吻海豚、虎鲸、欧亚喜鹊也通过了测试，这些都是高度社会化的动物。当然，随着参加测试的动物越来越多，这个名录还会增加。不知道可不可以从进化的角度，认定动物的自我意识是最高级的认知学习形式？

随着神经系统的进化，神经元网络及其协调者——神经网络就越来越复杂，提升了动物主体的学习能力：从鳃缩反射到自我认知。而随着学习能力的进化，意识的起源就是不可避免的了。但人的主观意识，是天生的还是后天学习获得的，抑或两者兼而有之，尚无定论。

四、知识的积累和传播

与遗传系统并行的，还有一套知识传递系统。其传递的主要形式就是行为模仿，包括后代对亲代的模仿以及社群中个体之间的相互模仿。模仿行为主要存在于鸟类和哺乳类，最近在爬行动物也发现了社会模仿行为[43]。考虑到爬行动物端脑与鸟类端脑的高度相似性，而与两栖动物端脑的巨大差异，具有社会性模仿能力是可以理解的。再回到洛伦茨和廷贝亨的实验，虽然最后没有证明新生小鸟具备内禀的天敌识别能力，但明确了小鸟对任何新颖刺激都有应激反应行为。后来的研究显示，如果在天敌或天敌模型出现时有亲代发出警戒鸣叫并有躲避行为，那么小鸟很快就学会对天敌的识别[44]。猫科和熊科动物捕猎技巧，也主要通过模仿母亲的行为并加以练习获得。

只有非亲子之间的社会性行为模仿，而且要具有地域的局限性，才具备“文化”的含义。只有具备了文化，知识才能积累。文化一定要有一个发明和积累的过程，而传播与积累相互促进。社会性的行为模仿就是知识传播的一种。如果以此为标准，爬行动物是否已具有文化或具备文化的雏形呢？鸣禽的地方口音（accent）和方言（dialect），就是广义上的“文化”孤立，有助于种群分化和亚种形成[45, 46]。对人类而言，语言的分化是民族的诞生和维系的重要因素之一，另外一个因素是地理隔离。

英国山雀偷牛奶的故事，具备了典型的文化发展规律，即发明/发现→传播→积累→再发明/发现①。20世纪初期，英国乡村配送到顾客家门口的牛奶瓶是没有盖子的，仅用

① 1921年首次在英国斯韦斯林（Swaythling）地区报道了牛奶瓶被打开，表层的奶酪被盗食。人们最先怀疑不良少年或流浪汉，但盗食事件迅速扩散到其他地区，人们很快就发现罪魁祸首其实是山雀。接下来数年内，农场几度更换瓶盖，但收效甚微。到后来，成群的山雀每天在居民区等待早晨送牛奶的工人。该行为也迅速扩散到英国以外的欧洲地区。

纸封线扎，这使得山雀与红知更鸟很容易啄破纸封口，免费享用牛奶。最早应该是一瓶牛奶的纸封口偶尔破裂，使鸟类知道了里面的牛奶。然而，随着厂商加装铝制封口，这个获取食物的途径暂时中断。但是到了 50 年代，所有的山雀都学会了刺穿铝制封装取食牛奶。在此之前，有个别鸟发明了刺穿铝封装的方法。这只鸟可能是最笨的那个，不能区分纸和铝，却以坚毅的努力获得了奖赏；也可能是最聪明的那个，通过试错发明了新的开瓶方法。而红知更鸟却只有少数学会，也没有扩散到整个种群。虽属同类，为什么却有如此大的差距呢？原因是，山雀在性成熟之前是聚群行动，8～10 只个体为一群，集体活动达数月之久[47]。而红知更鸟是领地性较强的鸟类，家域内不允许其他鸟侵入，因此个体间没有太多交流。就是有互动，也基本上是以敌对方式来展开。由此可知，社会性是文化起源的根本要素。现在尚不知道，“啄纸封口”的经验是否在“穿刺铝封装”的发明过程中起到促进作用？科学家也提出了几种模型描述“文化”传播的规律，其中以逻辑斯谛（Logistic）方程和线性波浪推进（wave-of-advance）模型最具代表性[48]。

伦敦大学的拉斯·希特卡（Lars Chittka）实验室研究大黄蜂的行为，发现它们具有山雀的智慧。首先，让大黄蜂认识到花状的蓝色塑料盘中央有糖水；然后，将塑料盘置于透明的玻璃板之下，并用线连接到塑料盘而将线头留在外面。一只大黄蜂在一朵花上盘旋，想要确认人造花的真实性。这只大黄蜂可以看到蓝色花朵，但它却因为玻璃而无法触碰到它。大黄蜂要做的就是拉动绳子，将塑料盘拽出来，就可获得糖水。当大黄蜂解决了它要怎样做才能接触到人造花朵后，其他同类也从它身上学会拉绳取花的技巧，甚至它们的技巧比原来的那只大黄蜂更娴熟。即使当发现这种方法的大黄蜂死去之后，这种技巧依然在蜂群中继承下来[49, 50]①。

最近的一项研究，揭示了年幼猫鼬跟随成年同伴（既非父亲亦非母亲）进行猎食和防御天敌，目的竟是为了学习与父母完全不同的方法。基于这种机制，一个猫鼬种群可维持两种行为策略，并且平行地向后代传播[51]。社会性模仿导致并促进了“文化”的起源和传播，加速了知识的积累。毫无疑问，这些积累起来的知识如果没有适当的存储设备的话，将会散失殆尽。端脑大量的冗余神经元网络，在这时被调用。这些知识是非常“功利”的，当环境中发挥这些知识功能的客观条件消失后，知识也很快丢失。那些被调用的神经元网络也同时被清空，归零后重新成为冗余。知识的积累和传播是如此的缓慢，在人类之前的动物，“文化”几乎没有显著进步。问题就出在传播的模式上，所有动物的知识传播都是采取直接的方式，这要求模仿者和被模仿者在物理时空上的完全重叠。因此，每次传播都是面对面的近距离学习交流。象牙海岸的黑猩猩都会用石头做锤子，砸开坚果获得食物；而生活在河西岸的同类却鲜有此能力，但是对两地的黑猩猩来说，坚果和石头的可获得性却是相似的。因此，差异很可能是文化传播障碍造成的[52]。

革命性的进步发生在 200 万年前，人类语言的起源和发展，促成了知识传播的间

① 希特卡（Chittka）说：“我简直无法相信自己看到的场景。”原来，大黄蜂也可以通过互相学习，并将知识世代相传。希特卡的实验室曾在 20 世纪 90 年代进行过另一个实验，他们想要弄清楚蜜蜂是否能够计数，结果显示它们的确拥有数学天赋。学习拉绳只是我们现在已知的大黄蜂的绝技之一。

接模式，即以语言为媒介的传播。其优势就在于：①可以形成“一对多”的传播模式；②在时间轴，知识可以进行跨世代的传播；③在空间域，知识可以进行视野以外的传播。知识作为信息的主要形式，存储在大脑里；而大脑本身仅仅是一个存储介质（硬件），装满了信息的大脑发生质的飞跃，构成所谓的脑体。每个人的大脑结构是相似的，但脑体是截然不同的。脑体而不是个人，成为构成人类社会的基本元素。在此基础上，知识以前所未有的速度积累。

第十五章

动物通信的起源

通信行为通常是指同种动物个体间的信息交流，这些信息可以借助光线或图像（视觉）、声音（听觉）、挥发性化合物（嗅觉）、肢体接触（触觉）、振动（听觉或平衡觉）、电场（电感觉）等方式传递①。通信可以完全基于单一途径，也可以多个途径同时传递，前者被称为单模态，后者为多模态。毫无疑问，多模态信息更加可靠，但也面临信息整合的难题，特别是在信息之间存在差异，即“失匹配”。信息之间的失匹配，既可能是空间的也可能是时间的[1~3]。对于性成熟的雌雄个体，通信的目的是配偶识别，通常是雄性进行性炫耀供雌性选择。在求偶场，多个雄性以鲜艳的色彩或优雅的舞蹈或悦耳的鸣声相互竞争，以求得到雌性的青睐。雄性个体之间的通信是为了占据最佳位置并驱赶其他雄性，以避免发生打斗。亲子通信是为了使后代获得更好的照料。社会性动物的种群内通信，则可能是为了传递天敌靠近的警戒信号或食物资源信息，也可以借此建立社会等级。那么，作为动物通信的信号，都具备什么特征呢？

一、信号结构和信息编码

1）视觉信号

由于视觉信号的复杂性，需要多维度的编码系统才能适当地表征信号所包含的信息。在这里，视觉信号被简单地分为动态信号和静态信号。

动态信号是指信号发送者本身的视觉特征不明显，主要依赖动作表达信息，最有名的莫过于蜜蜂的舞蹈信号。作为一种社会性昆虫，蜜蜂集群生活在一起并形成一个有机整体——蜂群（swarm），其功能比单个蜜蜂要强得多。1901 年，莫里斯 • 梅特林克（Maurice Maeterlinck）[4]描述了这样一个实验：首先让工蜂在一个装有糖水的碟中采食，然后标记该工蜂；等标记蜂返回蜂巢后再次出巢时，抓住标记蜂，不让该工蜂去采食；观察糖水碟中其他工蜂的采食活动，发现它们是来自与标记蜂同巢的工蜂，因此梅特林

① 动物通信是行为生态学研究的重要领域之一，已有诸多专著。这里只做最基本的介绍，重点放在神经元网络竞争的原理以讨论通信行为的起源和进化。

克推测标记蜂一定以某种方式告诉了同群工蜂有关糖水碟的信息。20世纪20年代，弗里施和他的学生发现：回巢后，标记的工蜂在巢脾上做有规律的运动，像人类的舞蹈。蜂群内其他工蜂会跟随标记工蜂一起做运动，并用触角接触标记工蜂的腹部，而标记工蜂会分给跟随舞蹈的工蜂一些刚采集回来的食物[5]。当时人们想当然地认为，蜜蜂的嗅觉传递了食物的信息。

显然这种解释是难以让人信服的，因为采集工蜂能飞到几千米外去采集。在这个过程中，不同距离都有可能存在相似气味的食物，但工蜂们仍然能准确地知道食物位置。因此，弗里施设计了另外一个实验，即在不同距离和不同方向放置装有不同气味的糖水碟，发现在同一地方调换不同气味的食物时，工蜂照样来采集，这说明蜜蜂的嗅觉不能传达食物的空间信息。通过连续多年观察，研究人员最终发现蜜蜂以舞蹈来编码食物的数量、方向和距离。同时还发现蜜蜂具有色觉，能感知太阳在空中的位置、偏振光等。目前已发现了许多种类的蜜蜂舞蹈，如圆舞、镰刀舞、摆尾舞等。其中以摆尾舞（又称为“8”字舞）研究得最透彻，摆尾仅发生在两个圆圈结合的中线上。这条中线的方位以及蜜蜂在中线上的行走方向，透露了食物的空间信息（图15.1）。蜂巢到蜜源的距离与舞蹈动作的快慢有直接关系。距离越近，舞蹈过程中转弯越急、爬行越快；距离越远，转弯越缓，动作也慢[6]。体表上残留的花香，表明了蜜源植物的种类。如果蜜源距巢的距离超过100m时，就对重力方向保持一定的角度：先划直线，然后向右或左旋转，再恢复原来的位置。在这种情况下，直线与重力方向所形成的角度，等同于从蜂巢看太阳方向与食物方向的角度[6]。

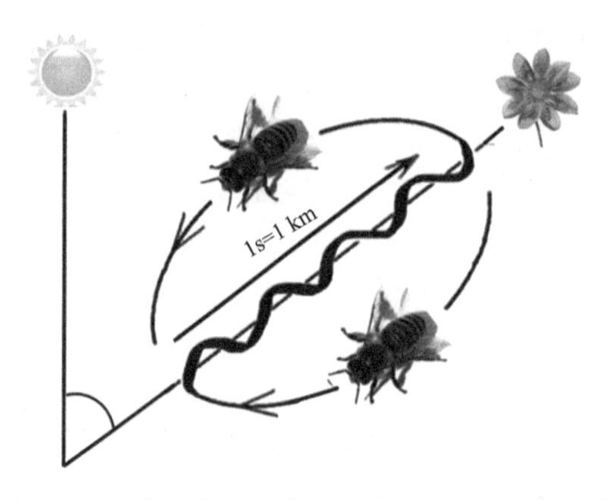

图15.1 蜜蜂“8”字舞的中轴与蜜源和太阳的关系

无论雄性还是雌性，蓝顶蓝饰雀（blue-capped cordon-bleu）都会在求偶期间互相对唱，同时上下摇摆头部。它们的舞步之快，以至于用肉眼都很难发觉。借助高速摄像机科学家第一次捕捉到了它们快速跳“踢踏舞”的场景。如果与可能的交配对象站在同一根树枝上，它们的舞步就会变得更快[7]。其他动态视觉信号，如水禽鹤类，求偶时翩翩起舞。夏日里的夜空中，萤火虫闪闪发光。而中国海南地区的小湍蛙在求偶时，向对方抬脚致意，因为这类两栖动物是在溪流边繁殖，而溪流的噪声会干扰其求偶鸣声[8]。南美洲的箭毒蛙也有此动作。诸如此类，不胜枚举。

静态信号由一些特殊的颜色和形状构成，即使静止不动也可以向对方传达想要传达的信息。雄孔雀的尾羽很长，开屏时呈现剧烈的视觉刺激。公鹿的角可以极度夸张（图 2.1），不管用于打斗或是吸引异性，都能够较准确地传递身体的品质信息[9]。树蜥类的头部在受刺激或遇到雌性个体时，能够迅速地变得通红（个人观察）。雄性的静态信号，是为了向雌性传达自身的遗传质量、体型大小、健康状况，如鸟类羽毛或皮肤的颜色与寄生虫数量密切相关[10]。

雄性园丁鸟（bowerbird）善于建造精美的“新婚洞房”来吸引雌鸟，它们会采集各种有颜色（特别偏爱蓝色）的物品来装饰洞房，似乎很有美学上的品味[11]。不过，产生实际效果的不是“洞房”的装饰，而是其中可以形成透视的布局。研究人员发现，雄性园丁鸟之所以如此建造“洞房”，是因为当它站在“洞房”前面时借助透视原理形成的视错觉（visual illusion）而显得更加高大。使得在洞房外面的雌鸟眼中，雄鸟会显得更加“相貌堂堂”。那些在制造视错觉上最为成功的雄鸟也最受雌鸟的欢迎，最可能获得交配的机会[12]。

2）声音

虽然通常认为声音是一维信号，即只随时间轴而变化，但声音含有强度（dB）、频率（Hz）和相位（角度）三个要素。由于接收方有两个空间分离的传感器——耳，因此可以获得声音的位置信息，可以认为是接收方对信号进行分解和重组，而构成声音的空间三维信息。语音是指由动物特定器官发出的声音，如昆虫的翅或肢相互摩擦及脊椎动物的声带摩擦产生的声音。语音的结构相对复杂，从物理属性角度看，具有音高、音强、音长、音质四个方面的要素，一般称为语音的四要素[13]。基于这四个要素的组合和变化，语音可以完成对物种、种群、个体大小、资源等信息的编码。

语音可以编码物种特性：对于蛙类而言，仅用少数几个声学参数就可以区分同域分布的不同物种。例如，欧洲水蛙及其两个姐妹种（湖侧褶蛙和莱桑池蛙），三者同域分布且能够产生有生殖能力的杂交种。尽管这三种水蛙的鸣声有明显的种内变异而且属于地理渐变型，二维的判别函数分析（DFA）就能准确地划分这三个种（图 15.2A）[14]。

语音可以编码种群变异：绿树蛙是一个北美洲的广布种，其鸣声在地理区间有较大的变异。阿斯奎特（Asquith）等 1988 年[15]分析了伊利诺伊南部（IL）、密西西比北部（NM）、密西西比南部（SM）、路易斯安那（LA）、佛罗里达北部（NF）和佛罗里达南部（SF）的 6 个地理种群（图 15.2B），基于 7 个鸣声变量的 DFA 分析显示种群间存在显著的差异。随机选择地理种群的正确期望概率为 16.7%，而用 DFA 计算出的正确选择概率是 66.5%。密西西比北部和佛罗里达北部种群有最高的正确检出概率（均为 86.7%），而密西西比南部和路易斯安那显示较低的正确检出概率（分别为 43.3%和 37.9%）。DFA 分析产生 4 个显著的判别函数，解释了 98.4%的种群间变异。两个频率峰值（高频峰和低频峰）在 DFA 种群分类中占主导（图 15.2B），而且呈南北向的地理渐变。

语音可以编码个体大小：体重与主频率成反比，即体型较大的个体其鸣声的主频率较低[16, 17]。在某些蛙类鸣叫的变异方面，地理因素和体型可能共同起作用，即南方种群个体小、主频高，北方种群个体大、主频低[18]。一些物种的雄性在与其他个体竞争时，甚至能够主动降低主频，欺骗对手[19]。

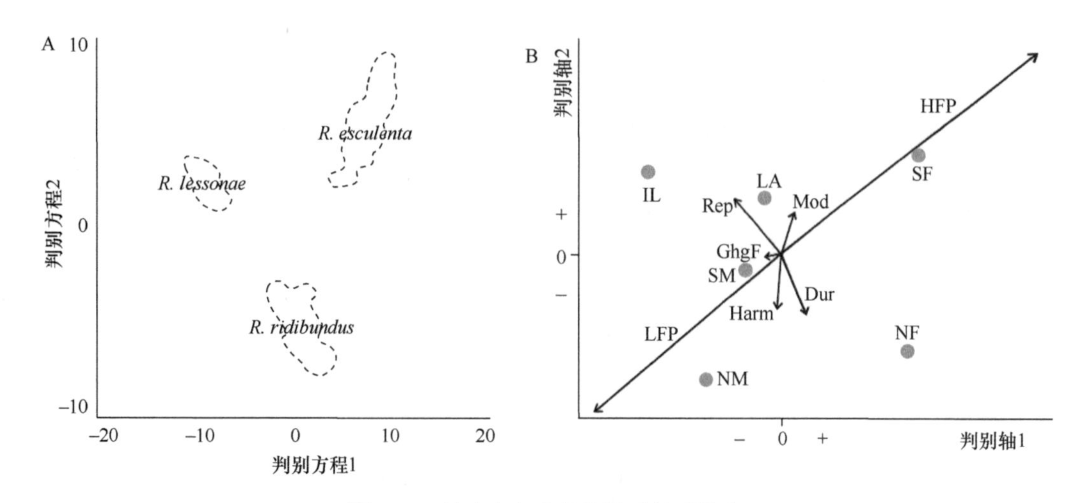

图 15.2 蛙鸣中包含的物种或地理信息

A. （欧洲）水蛙属三个近缘种，明显分离；B. 绿树蛙的地理变异，HFP=高频峰频率，LFP=低频峰频率，Rep=重复/s，Mod=高频调频，ChgF=高频峰强度变化，Harm=高频峰值/低频峰值，Dur=鸣声持续时间

如前所述，仙姑弹琴蛙的雄性于繁殖季节在靠近水边的泥中打洞筑巢（口小肚大），完成后在洞内鸣叫，因此鸣声在洞穴内共振。正是如此，鸣声就带有洞穴的信息：中频和基频与洞口面积反向相关，音节长度与洞深正向相关[20]（图 2.3）。

雄性小鼠会通过独特的高音“歌唱”来吸引雌性，甚至能飙到超声波的范围。这种声音类似哨声，是通过喉部的气流反馈而产生的，与小鼠通常交流时的声音有很大不同。科学家对小鼠发声时的喉部进行了高速拍摄，拍摄频率达到每秒 10 万帧，从而揭示了这一机制[21]。尽管这种情歌令人印象深刻，但雌性小鼠显得十分挑剔，雌性小鼠更喜欢与自己在亲缘关系上更远的雄性所发出的声音。这种偏好源自它们早期的生活经历[22]。

3）化学信息素

相对内激素，如甲状腺素、肾上腺素和生殖激素等，性外激素是由体表分泌到空气中的可挥发性的小分子，起信息素的作用。其生物学功能主要是引诱同种异性个体前来交尾。目前研究得较为透彻的是昆虫类和哺乳类，在害虫防治中已有广泛应用。性外激素具有特殊的气味，能够吸引很远范围的雄虫飞来与雌虫进行交配；各种昆虫的性外激素具有专一性。目前已经阐明若干种昆虫的性外激素的化学结构，大多属于酮类、醇类和有机酸类[23]。昆虫的性外激素通信系统有着极强的灵敏性和特异性，如雄性王蝶能够凭借性外激素找到 11km 以外的一只雌性王蝶[24]。可以想象，一只雌性王蝶的性外激素在这么大的范围内挥发扩散，雄性王蝶能接收到的也许就是单个分子了。

长期以来，人们都认为鸟类只有视觉和听觉通信；现在发现，鸟类也有性外激素。通过对虎皮鹦鹉的研究，中国科学院动物研究所张建旭及其团队[25]证明了鸟类的身体气味可以用于嗅觉的性识别或性吸引。多数鸟类具有的最重要的外泌腺——尾脂腺，分泌活性小分子成分，即性信息素。在虎皮鹦鹉中，尾脂腺分泌的十八醇、十九醇和二十醇的比例在雄鸟中显著高于雌鸟，并对雌鸟有显著的吸引作用，组成了雄性信息素。鸟类通过梳理羽毛的行为，将这些活性小分子成分涂抹到羽毛表面之后进行传递（利于挥发)。这也颠覆了以往的观点，即认为尾脂腺在鸟类中只起羽毛防水和折射不同波长光的作用[25]。

脊椎动物除了嗅觉系统之外，还有专门接受性外激素的器官——犁鼻器。这是位于鼻腔前面的一对盲囊，开口于口腔顶壁的一种化学感受器。哺乳动物的主嗅觉系统专业处理与食物有关的化学信息，而犁鼻器则专门负责配偶识别[26]。犁鼻器是一个非常保守的器官，在两栖动物和爬行动物（鳄除外）也存在。但鸟类、大多数的蝙蝠和海洋哺乳动物均无犁鼻器。哺乳动物的信息素主要存在于尿液、肛腺和泪腺，以及人的腋下[27, 28]。

目前科学家认为气味编码信息的方式主要有两种，即数字（digital form）和模拟（analog form）。前者是指不论物质的含量或者相对浓度的大小，根据气味中某些化学成分的存在与否编码有关的信息，即物质成分的构成轮廓（profile）；后者是指根据气味中每一种物质的相对含量编码有关的信息。也有人提出动物采用的是“马赛克式”编码方式，即某一种物质成分单独可能并不具有通信的功能，几种不同的化学成分混合在一起才能够起到化学通信的功能。后一种理论，在大熊猫和北美河狸的研究中得到部分验证[29]。

与声音的功能类似，化学信息素也能够编码个体信息，如性别、年龄、社会地位、繁殖状态、遗传特征和身份等[30]。除动物个体带有标志性的气味信号外，集群动物往往还拥有特殊的群体气味。通过对群体气味的识别，同群成员友好相待，对陌生群体的个体发起攻击。群体气味的来源较为复杂，有三种可能性：一是群体内优势个体的气味；二是群体内各成员个体气味的混合；三是群体内各成员个体气味中包含的共有气味成分。通过化学信息素的种间比较，可看到系统发育关系在信息编码中的体现，即亲缘关系越近则信息素的构成越相似[31]。

麦克林托克效应：玛莎 • 麦克林托克（Martha McClintock）于 1971 年[27]发现，居住在同一个房间（如监狱、学生宿舍、女修道院）的妇女，经过一定时间后，月经周期趋向同步（menstrual synchrony）。有趣的是，大家似乎都向一位“主导者”看齐。进一步的观察发现，趋于同步的不只是住在同一宿舍的人，而且常在一起的密友也一样。麦克林托克收集主导者腋下的汗水，让参与实验的女子擦在上唇，对照组擦一般的医用酒精（75%浓度的乙醇溶液）。4 个月后，前者的周期趋于一致，而对照组则维持不变。

4）其他模式

黑寡妇蜘蛛是一种广泛分布于热带及温带地区的大型毒蜘蛛。雌性黑寡妇蜘蛛的体型相当于雄性的两倍，因此雄性在靠近雌性的蛛网时要倍加小心，以免在交配还没开始前就被当作猎物吃掉。为了表示自己的身份，当雄性黑寡妇蜘蛛靠近雌性的蛛网时会剧烈地抖动“臀部”，通过蛛丝传递信息。它往前走一步，摆动、暂停，再往前一步，摆动、暂停，这与猎物被蛛网黏住时短暂而不规则的动作完全不同。雄性蜘蛛制造的振动在振幅上小于猎物的振动，后者的变化更多，而且更加短促[32]。

电鱼共有数百种，主要分布在非洲和南美洲的淡水水域（图 10.5）。弱电鱼用电信号进行种内通信，因为此类电鱼既有放电器官，也有接收器官。放电器官一般在鱼尾部，含有几千个放电细胞（electrocyte），可产生从几伏到近千伏电压的电器官放电（EOD）。

但作为信号，EOD 一般只有几伏，可形成两类信号：波形（wave）和脉冲（pulse）。不同周期的波形或不同节奏的脉冲，就构成了物种特异的信号系统[33]。同域分布的电鱼，电信号有显著的差异，以避免杂交[34]。

二、信号特征与接收偏好

如果信号的发送者和接收者共同进化足够长的历史，那么，信号的一些重要特征与接收者对信号的偏好相匹配。该领域的研究起始于 1988 年瑞安（Ryan）和维尔钦斯基（Wilczynski）[35]在美国得克萨斯州的一项发现，在相隔约 70km 的两地，蟋蟀鸣声主频有显著差异。例如，奥斯丁种群的鸣声主频为 3.56kHz，而巴斯特罗普种群的主频为 3.77kHz；相应种群的听觉敏感频率分别为 3.52kHz 和 3.94kHz。我们的工作也证实，在大壁虎的声音通信中也存在此类的协同进化现象。以前一直认为大壁虎是一个物种（含两个亚种，红点大壁虎和黑点大壁虎），现在已经倾向于大壁虎包含两个独立的物种[36, 37]。2010 年作者与美国同行合作，针对红点大壁虎开展听觉脑干反应，即 ABR（图 14.4）的研究，发现大壁虎对两个频段特别敏感（即响应阈值最低）：0.6～0.8kHz 和 2～3kHz[38]。2011 年与泰国同行合作，开展大壁虎鸣声结构的地理变异研究，发现多数红点大壁虎的鸣声含有两个能量富集的频段，分别为 0.5～1kHz 和 2～4kHz[39]。比较鸣声中的主要频段与听觉的敏感频段，很容易发现两者在很大程度上是重叠的（图 15.3）。对于古老的

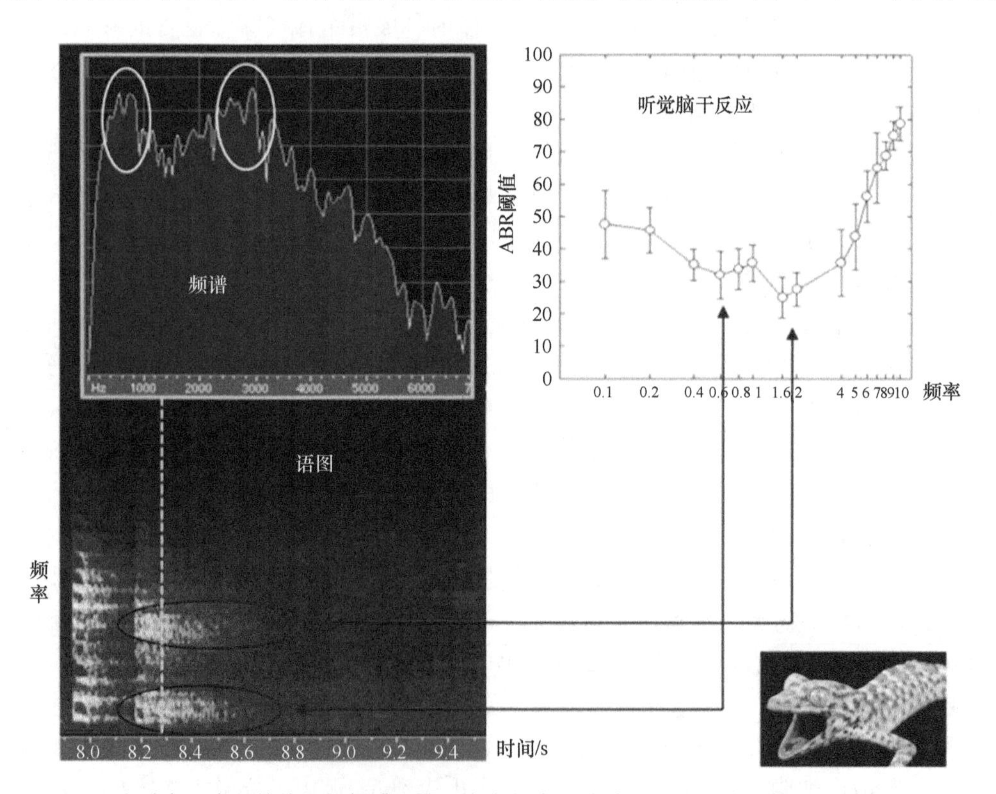

图 15.3 大壁虎语音通信信号的频域匹配，声音频率的峰值对应听觉响应曲线（ABR）的谷值

类群，如壁虎科动物，这种信号特征与接收偏好的匹配可能是普遍存在的[40]。但对于新近形成的物种，这种匹配可能还没有来得及建立。我们在海南地区开展的研究显示，树蛙鸣声的频率与听觉的频率有一定的重叠，但在鸣声主频与听觉最敏感频率之间尚有显著差异[8]。这是否暗示，生态匹配还在进化当中？

除了上述的频域匹配（蟋蟀蛙和壁虎）或不匹配（树蛙）之外，还有时域的匹配案例。一类生活在非洲刚果河的电鱼，会发声进行通信，其声音信号是一连串间隔 18ms 的脉冲（55Hz）。由于很多鱼类都可以发出脉冲信号，声音对水体的穿透力强而能够传播较远，因此，水下可能存在各种声音干扰。有意思的是，这种鱼的听觉系统也进化出了相同的节奏，即中枢神经有 55Hz“节拍器”。当同种的脉冲传入，由于与“节拍器”匹配而产生共鸣效应，能够提取环境中的微弱信号[41, 42]。电生理实验显示，如果以间隔 18ms 的脉冲刺激其听觉系统，可以获得非常精确的锁时响应（图 15.4B）；但如果给予间隔 10ms 或 33ms 的刺激，响应就很混乱（图 15.4A 和 C）。同域生活的另外一个近缘种，以 22.7ms 间隔的脉冲发送声音信号[43]。这种滤波模式被人类用在无线通信中，如在收音机中就设计了一个“本机振荡”线路，当与目标无线电信号频率一致时产生共振，用于提取特定频率的微弱电磁波。

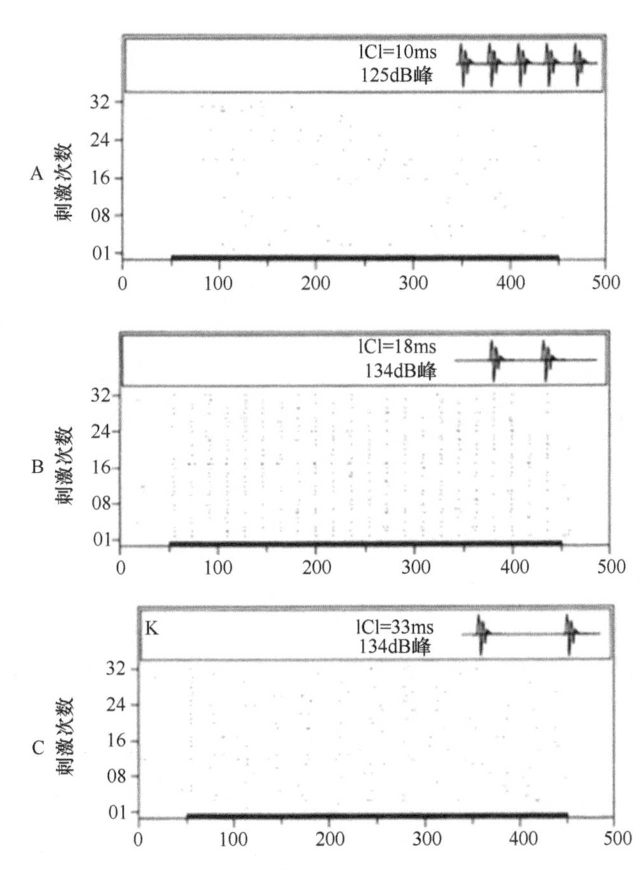

图 15.4 长颌鱼的声音通信，显示信号时域特征与接收方脑内固有节奏相匹配[ix]

视觉也存在信号特征与接收偏好相匹配的现象。人和其他哺乳动物的视觉对光波的感知范围是 400～700nm。而很多的鱼类和鸟类却能够接受紫外光波长（＜400nm）的信号。虎皮鹦鹉的雄性颈部有几片羽毛能受激而发紫外光，当用防晒霜涂抹这些紫外羽毛，屏蔽掉紫外光，雄鸟的性吸引力就大为下降[44]。很多昆虫和鱼类也能够感知紫外光和偏振光，这些能力哺乳动物都没有。

一个极端的信号结构与接收匹配现象，是昆虫的化学信息传递。昆虫的触角是化学感受器的所在，其超级的灵敏性可能源自其高度的特异性。受体分子（或膜蛋白）可能存在一个凹陷，其形状正好与信息素分子的空间结构高度契合，如同锁和钥匙的关系。只有结构上这种高度匹配，才有可能过滤掉所有其他的挥发性化合物的干扰[45]。如果没有这种锁-匙关系，就可能对很多分子都有反应，其信号系统的信噪比就非常之低。如果将昆虫的传感机制研究透彻，可以为仿生设计新型超级传感器提供新原理和新材料。

经过长期的进化，信号接收方的传感器和相关神经系统能够很好地与信号的特征相互匹配，这种耦合效应可以提高通信的特异性。这也带来一个进化上的谜团，即信号特征与接收偏好是如何起源和进化的？是一方先存在，等待另一方的出现，还是同时在一个地方出现？

三、信号和接收，哪个先出现？

随机突变不是“万能药”！

通信至少涉及两个主体：信号的发送者和接收者。两者如何协同进化，到现在都是一个很大的谜。洛伦茨和廷贝亨曾认为，动物的很多信号都是起源于某些偶然的动作或反应，其伴随条件是这些偶然的动作或反应碰巧在动物个体间起到了信息传递的功能，自然选择在此基础上发挥作用。这些信号通过自然选择的作用而加以改进，以利于提高信号传递信息的效率。仪式化（ritualization）是指某些动作或形态结构通过进化而得到改造以提高其信号功能，在信号的进化中起关键作用，即刻板守旧、动作夸张和重复进行的仪式化动作有利于提高通信效率，准确传递信息[46, 47]。

尽管一些通信行为可以通过学习获得，但大多数的通信行为属于天生的本能行为。现在让我们来质疑洛伦茨和廷贝亨通信信号起源的假说：①“偶然”的动作—反应是本能的还是习得的？有遗传的背景吗？如果有，那么②“碰巧”的概率有多大？如果没有，则③通信功能如何传递下去？在同一时间和同一地点，信号的发送者和接收者突然能够同时分别编码并解码同一个信号？假设在最简单的情况下，发送和接收信号都是由单一基因控制的，这两个基因同时突变，携带突变基因的两个个体相遇且进行了有利于生存和繁殖的通信。假设“碰巧”的概率很大，那么基因的变异性就一定大到无法维持物种或基因作为自然选择和性选择单元所需要的稳定性；如果“碰巧”的概率很小，又无法解释通信信号和通信方式的多样性或多次独立起源现象[48, 49]。

退一步来说，上面两个问题都暂时不考虑。假设通信行为是通过学习，然后固定下来的，而且这些偶然的动作或反应碰巧传递了信息。带来的问题是，这个过程是如何被基因记录下来，并传递给子孙后代的呢？然而，即使求助经典拉马克主义和现代表观遗传学，也无法解释这个过程是如何发生的。现在已经知道，通过基因序列编码信息的过程，唯有基因突变或重组才能产生。至少到目前为止，没有任何证据表明表观遗传学过程能够改变 DNA 序列。表观遗传学过程只能够改变基因表达的时空动态，但不能改变 DNA 序列本身。

基于神经元网络竞争原理，可以很好地理解通信行为的起源。首先，信号接收方的中枢神经系统储备有足够的冗余神经元网络，它们具有一定的可塑性。当有新的信号输入时，神经元网络相互竞争，获胜者编码处理该信号。前面说过，一个神经元网络只对应一个基因或基因亚型的组合。因此，每个神经元网络都是相对独立的，虽然基本结构在所有神经元网络是相似的。这就像人类社会中的每个人都有直立行走的基本特征，但每个人又都有自己的特性（有的人聪明，有的人健硕，还有的人灵巧），在社会活动中扮演的角色也各不相同。对于高等动物，大脑中由冗余神经元网络构成的曲目库，其本质是基因型或亚型组合库。一旦其中的一个神经元网络通过竞争匹配上信号特征，对个体的生存或繁殖带来好处，那么带有该神经元网络或基因型的个体就可能留下更多的后代。这个神经元网络一旦被调用，就可通过自然选择或性选择而固定下来，并在群体中扩散。

这个过程犹如抛绣球择偶的场景。一位待嫁女性随机地从阁楼向下扔下一个绣球（发送信号），但她心上人却在随机的时间出现在随机的空间位置（接收信号）。那么，这种随机对随机的过程，砸中的概率是非常小的。这个过程相当于洛伦茨和廷贝亨的“偶然”和“碰巧”。反过来，如果楼下长期聚集了很多候选人在等待（冗余神经元网络，而且每个神经元网络都编码一个潜在的行为单元——相似或不同的动作），当绣球抛下来的时候大家都去争抢（间接选择过程）。那么，即使这位女性的出现是随机的，那么砸中的概率也会大很多。

这种接收方先行起源提前预备的机制，有没有证据呢？自然界有一些很奇怪的现象，如配偶选择过程中，一些雌性个体偏爱的性特征，在同物种的雄性中并不存在。相反，这些性特征存在于近缘种的雄性中。偏好这类性特征的雌性物种往往比较古老，而具有该特征的雄性往往属于较年轻的物种[50, 51]。这种现象被称为预先存在的雌性偏好，诱导着信号的进化方向。图 15.5 显示剑尾鱼的进化规律：①如果雄性有剑尾，同种的雌性肯定偏好剑尾；②如果雄性没有剑尾，则同种的雌性偏好分两种情况：与有剑尾种类异域分布，则雌性偏好剑尾；与有剑尾种类同域分布，则雌性讨厌剑尾。后一种状况很容易理解，如果雌性都偏好有剑尾的雄性，则无剑尾的鱼类被淘汰，最后就只剩下有剑尾的鱼，而实际是有剑尾和无剑尾都存在。对于通信系统，时间上的共进化是不存在的（概率太小），总有一方领先于另一方。后进化的一方就需要通过试错匹配先进化一方的感知特性，即所谓的感觉开发假说（sensory exploitation hypothesis）[50]。

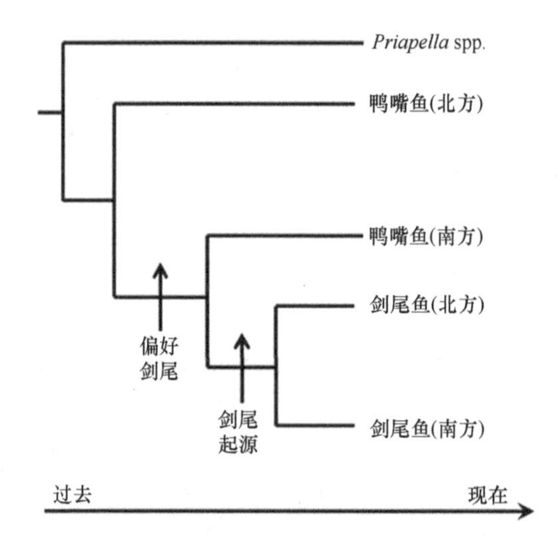

图 15.5 剑尾鱼的系统树，显示对剑尾的偏爱起源于南方鸭嘴鱼（无剑尾）和剑尾鱼的共同祖先，而剑尾却只在剑尾鱼的祖先中起源[49]

任何信号的产生和发送，都是一个高耗能的过程。对于动态信号，视觉通信如舞蹈，听觉通信如鸣叫，都消耗大量的能量[52, 53]。对于静态信号，如动物的特殊体色（皮肤、鳞片、羽毛）或结构（鹿角）虽然在炫耀时不需要太多的能耗，但是其形成过程是极其消耗资源的。如鹿角消耗大量钙或蛋白质，有的种类（梅花鹿）每年秋冬季节鹿角脱落春季再生长。而体色构成的主要成分——类胡萝卜素，是免疫系统的重要化合物。如果将有限资源用于性展示，则免疫力下降；反过来，如果分配类胡萝卜素给免疫系统，则性信号不明显。这是一个两难选择，即著名的权衡（trade-off）现象[54]。总之，如果接收方没有先进化，发送信号不但消耗大量的资源，而且引来天敌，自然选择很快将其淘汰。

相反，中枢神经本来就供养了大量的神经元，构成冗余神经元网络的成本和风险相对要低得多。同样的机制，也出现在外周传感器与中枢神经处理系统的协调进化过程。外周传感器与中枢系统是同时起源/进化，还是先有外周器官后有相应的中枢神经，抑或先有中枢的神经后有外周传感器？这是一个经常被提及的话题。根据神经元网络竞争原理，肯定是先有中枢处理系统后有外周传感系统。前面曾讨论过的两项研究，强烈支持这一理论，即人工引入视紫红质蛋白的基因使小鼠识别红色[55]和处理电场信号的中枢神经的分化加快了外周电感受系统的进化[56]。对小鼠而言，如果没有处理红色信息的神经元网络预先存在，仅在视网膜中表达 LW 基因是不能够使动物识别红色刺激的。

外周传感系统由于受到极大的选择压力，具有很高的可塑性，其演变的时间窗甚至可以短至数十万年[57]。例如，洞穴鱼类，有些只是与地表隔离几十万年，眼睛就极度退化。是什么原因导致眼睛的快速退化呢？受伤出血！抽过小鼠血的生物学的学生都知道，从眼眶取血最容易。一旦眼睛受伤，极可能导致出血过多而死亡。另外的原因，可能是眼的发育十分耗能，而在洞穴中食物又非常短缺。如果给洞穴鱼转入正常调控眼睛发育的基因，使洞穴鱼的眼睛获得新生，可以肯定它们能够重见光明并具有普通鱼类的视觉认知能力[58]。然而到目前为止，还没有转基因相关研究的报道。

从能量经济学的角度，也应该是先有几乎可以通用的中枢神经而后有高度特化的外周传感器（参阅第十章）。进化或发育外周传感器官，需要耗费大量的能源，而且一旦形成只能专用不能分享。中枢神经系统则不同，维持神经元网络并不需要太多的额外能量（但需要刺激），预先起源和进化并不会受到太大的选择压力。

第十六章

奖赏系统的进化

奖赏是指由吸引性的或调动积极情绪的刺激所引发的趋性行为过程，或者任何刺激、客体、事件、活动或情景，具备引起人或动物趋近和着迷的潜能，就是奖赏。奖赏大致可分为基本奖赏、内禀奖赏和外源奖赏。基本奖赏关系到自己和后代的生存，包括代谢平衡（如可口的食物）和繁殖（交配和亲代投资）的奖赏。内禀奖赏由于其遗传的快乐本性，因此是非条件反射性的吸引和激励行为。外源奖赏是条件性的吸引和激励行为，但不是遗传的快乐本性而是源自其激励价值，如彩票大奖，作为与内禀奖赏相关联的一个学习（条件反射）结果[1]。奖赏系统的一个关键物质是多巴胺，这是一种与愉悦和兴奋情绪有关的神经递质[2]。人和动物在受到奖赏性刺激时，相关神经元产生兴奋性冲动，并分泌一定量的多巴胺。现在已知，多巴胺和5-羟色胺是中枢神经中非常重要的两个神经递质，直接作用于奖赏神经系统。

在讨论奖赏系统的进化之前，有必要阐明其神经基础。

一、奖赏系统的神经机制

哺乳动物和鸟类的大脑存在边缘系统（limbic system），是否爬行动物中也存在，尚有争议。边缘系统掌控情绪，因此与奖赏过程密切相关。经典的奖赏通路，即中脑边缘（mesolimbic）通路或其延伸的中脑皮层边缘通路，连接几个相互作用的脑区[3]。中脑的腹侧被盖区（VTA）含有多巴胺能神经元所构成的网络，且突触后膜兼有两种谷氨酸受体（AMPAR 和 NMDAR）。VTA 支撑学习和感知，并释放多巴胺到前脑和伏核[4]。这些神经元可被奖赏性的刺激激活，所有成瘾药物似乎都能提高中脑边缘通路中多巴胺的释放。而伏隔核（腹侧纹状体）作为 VTA 的投射接受区，在条件反射中主导学习和行为激发，因此在成瘾过程中对药物的敏感性形成正反馈[5]。

人和动物的脑中都有相似的奖赏神经系统，镶嵌于皮层—基底核—丘脑—皮层的环路中。考虑到奖赏信息的神经处理涉及经验、情绪和认知等过程，中枢神经的奖赏系统在解剖结构上与其他系统有复杂的相互作用，在功能上受到其他脑区和神经化合物，如多巴胺和5-羟色胺的调制。奖赏神经通路的核心结构位于脑的边缘系统中，这是一个原始的脑结构（图16.1）。边缘系统的功能主要是调节内在平衡、记忆、学习以及可体验的情绪，因此是驱动性行为、觅食行为和其他动机行为的核心成分[6]。边缘系统的主要解剖结构包括下丘脑、杏仁核、海马、中隔核和前扣带回，以及在功能上非常重要的纹状体边缘区。后者又包含伏核、腹侧尾状核和豆状核[7]。另外，下丘脑作为边缘系统与脑垂体的整合部位，沟通内分泌和自主神经系统。下丘脑涉及内分泌、内脏和自主神经功能的每一个侧面，因此影响到吃、喝、性活动、厌恶和愉悦。环境刺激也可以经由神经内分泌轴作用于奖赏系统。

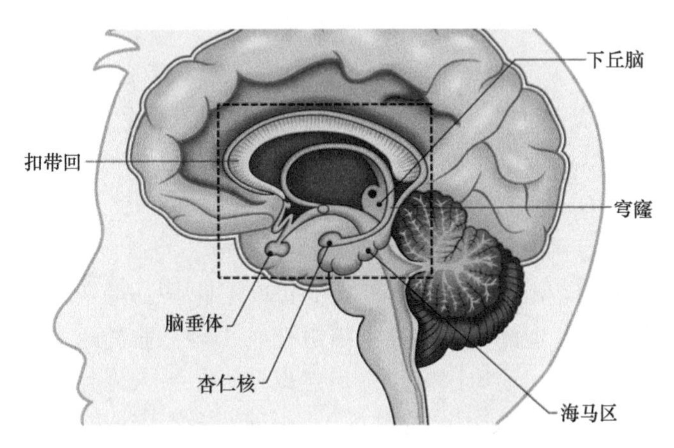

图16.1　人脑边缘系统的位置及其解剖结构

奖赏系统组成：腹侧被盖区、伏核和嗅结节、背侧纹状体（包含尾状核和豆状核）、黑质（包含密质部和网质部）、前额皮质、前扣带回、海马、下丘脑、丘脑（多个核团）、丘脑下核、内外苍白球、腹侧苍白球、臂旁核、杏仁核、扩展杏仁核余部等[8]。另外，背缝神经核和小脑似乎也调制奖赏相关的认知（即联想学习、激励性和积极情绪）和行为[9]。奖赏系统的核心构成包括伏核、杏仁核、腹侧被盖区。前脑内侧束作为很多神经通路的集散地并调节刺激性奖赏，也是奖赏系统的一部分。比较边缘系统和奖赏系统，可以看出两者是高度重合的（图16.1和图16.2）。

多巴胺是下丘脑和脑垂体腺中的一种关键神经递质，直接影响人和动物的情绪。中枢神经系统中多巴胺的浓度受精神因素的影响，神经末梢的多巴胺有抑制促性腺激素释放激素（GnRH）的作用。理论上来说，这种物质是多能的，不但能让人兴奋，而且能令人上瘾[10, 11]。多巴胺能神经元是指以多巴胺为神经递质与其他神经元连接的神经元，作为奖赏系统的一部分由腹侧被盖区向外投射（图16.2A）。多巴胺能神经元主要分布于前脑和基底核[8]。基底核的基本功能是处理恐惧的情绪，但由于多巴胺的缘故，恐惧的感觉被削减。因此在很多情况下的上瘾行为，都是因多巴胺而起的[11]。在这条通路中，多巴胺结合其受体，经由D1受体激活或经由D2受体抑制环磷酸腺苷（cAMP）的合成。纹状体的γ-氨基丁酸的中型多棘神经元也是奖赏系统的成分之一；丘脑下核、前额叶、海马、丘脑和杏仁核中的谷氨酸能神经元连接奖赏系统的其他部分[12]。

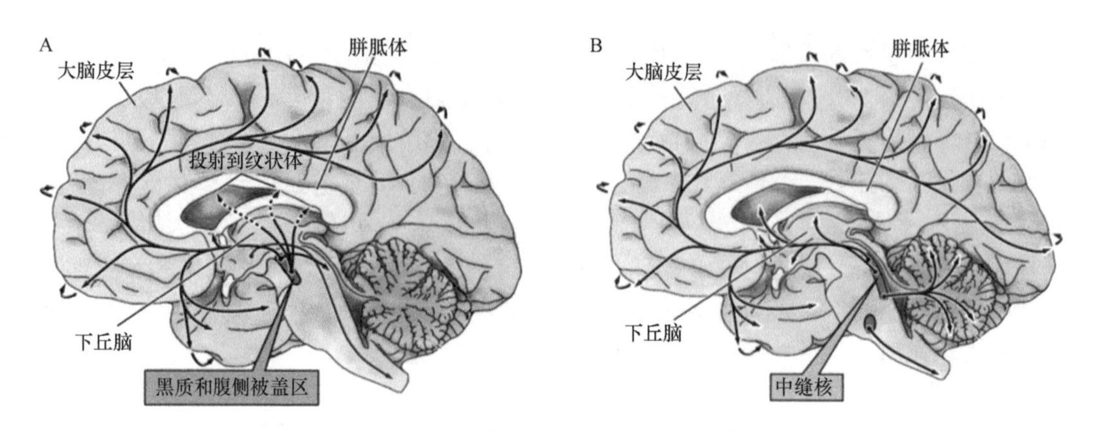

图 16.2 与奖赏相关的神经递质投射

A. 多巴胺能神经元的投射；B. 5-羟色胺能神经元的投射。两者覆盖的皮层非常广泛，尤其是 5-羟色胺系统

另一个重要的神经递质是 5-羟色胺，它是一种能产生愉悦情绪的信使。5-羟色胺几乎影响到大脑活动的每一个方面，从调节情绪、精力、记忆力到塑造人生观（图 16.2B）[13]。5-羟色胺水平较低的人群更容易发生抑郁、冲动、酗酒、自杀、攻击及暴力等行为。在小鼠脑内注射 5-羟色胺，可减少其攻击性[14]。可见 5-羟色胺也是一种多能的神经活性化合物。有趣的是，女性大脑中合成 5-羟色胺的速率仅是男性的一半，这可能是女性容易患抑郁症的原因之一；当然也反证了男人为什么比女人更躁狂，这可能与领地或家域保护也有关[15]。有时候，躁狂也许给人带来的快感最强烈。哺乳动物背缝神经核中的 5-羟色胺类神经元，可以显著地被多种奖赏，如糖水、食物、社交和性行为所激活；而惩罚信号，如苦味和痛觉刺激，则没有激活的效果。除了对奖赏的获得本身会有激活，5-羟色胺类神经元在期待奖赏到来的阶段也呈现持续的活性升高，通过所谓的“音调—然后—相位”（tonic-then-phasic）的方式分别编码奖赏的期待与获得。相反，背缝神经核中的 γ-氨基丁酸类神经元被奖赏抑制，而被惩罚激活[16]。

腹侧被盖区多巴胺能神经元主要投射到前额叶以及其他皮层区（似乎枕叶除外）（图 16.2A），而背缝神经核的 5-羟色胺类神经元投射到大脑皮层更大的范围（图 16.2B）。从奖赏系统的解剖结构，可以推测奖赏过程不但激活奖赏通路中的各个核团，还可以激活相应的皮层区域。通过功能磁共振成像技术与正电子成像技术联用，人们获得异性恋健康男性在阴茎勃起和性唤起过程的脑影像（图 16.3）。被激活的区域或核团包括前扣带回、脑岛、杏仁核、下丘脑以及次级体觉皮层区[17]。而在女性的相关研究显示在性高潮期，多个脑区，如下丘脑室旁核、内杏仁核、前扣带回、额叶皮层、顶叶皮层、脑岛和小脑被激活（图 16.4）[18, 19]。考虑到奖赏输入依赖视觉、听觉、味觉、触觉和嗅觉系统，任何奖赏都将激活相应的感觉皮层区域。脑影像的研究中，在有奖赏刺激时皮层的激活程度（亮度）似乎不如边缘系统的核团那么强烈，可能是因为核团的神经元更密集而皮层中的神经元均匀分散的缘故。

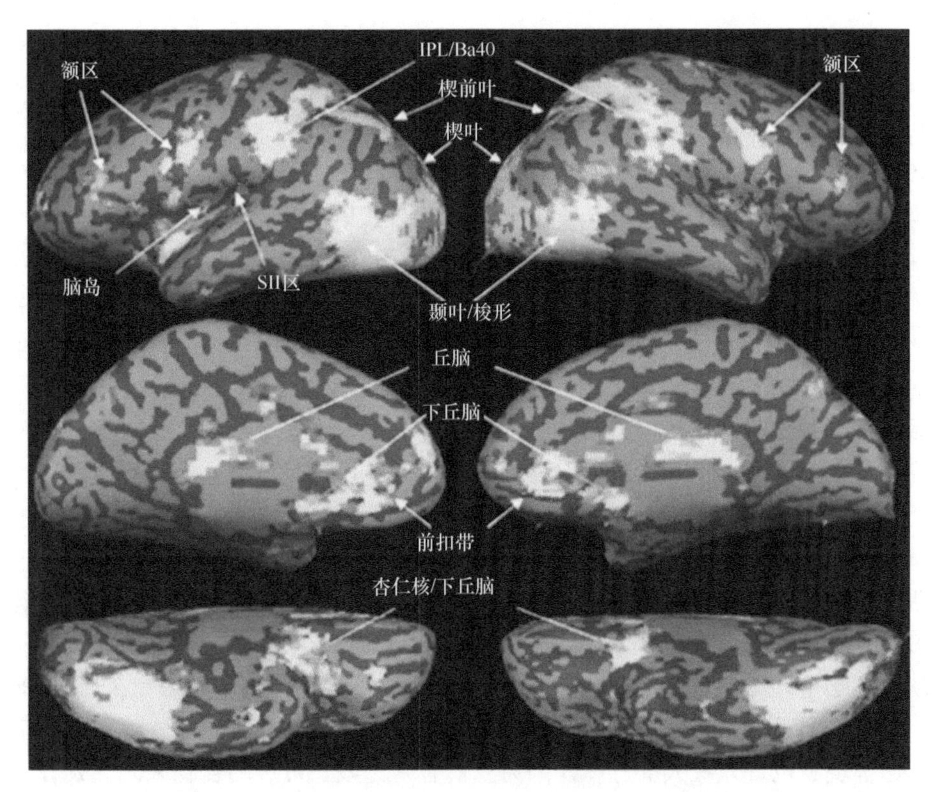

图 16.3 健康男性在性唤起阶段的激活脑区（黄和橘黄），主要是多巴胺系统区域[x]
上：左右脑矢状外视图；中：左右脑矢状内视图；下：左右脑水平下视图

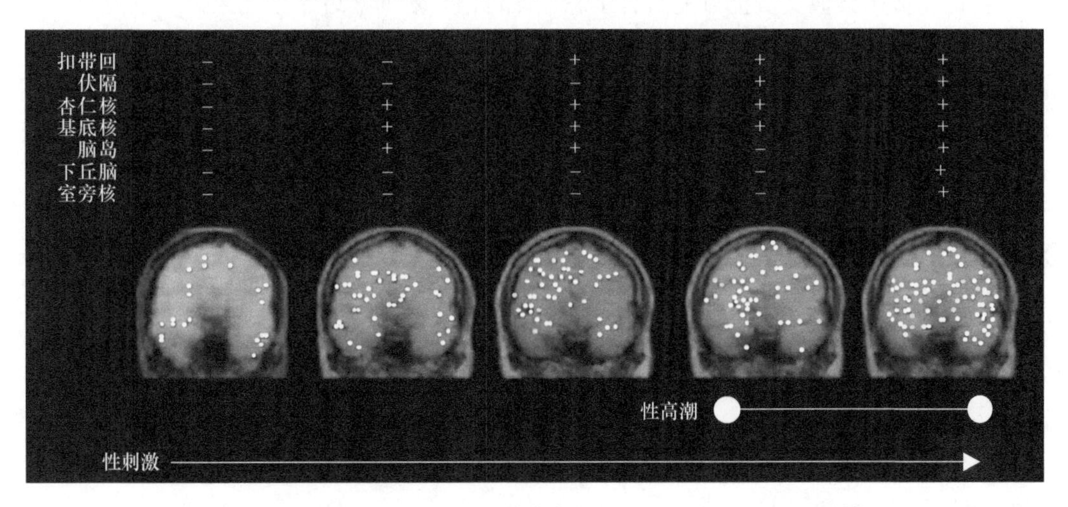

图 16.4 健康女性，由开始刺激到性高潮的脑区激活变化全景（冠状视图）

二、奖赏系统的起源

奖赏系统对动物以及人类的生存或繁衍有什么作用呢？

人们常说，愉悦的心情有利于健康。在医药研究中，经常采用安慰剂作为空白对照。

但令人尴尬的是，即便患者接受的是无效的治疗，症状仍可能因病人对疗效的期待而发生缓解，这就是神秘的安慰剂效应（placebo effect）[20]。以色列一个研究小组，借助一种很特别的化学遗传学技术选择性地激活小鼠脑内特定的奖赏系统神经元，发现经过处理的“愉悦组”小鼠与“情绪稳定”的对照组小鼠在对细菌的免疫力方面有显著的差异，即愉悦组小鼠免疫细胞的吞噬作用变得更强，杀菌效果也更为显著。在细胞层面，一些免疫细胞分泌的蛋白质，如干扰素-γ的产量也明显多于对照鼠[21]。遗憾的是，这方面的研究太单薄，证据不强。而且这个结论还有进化上的逻辑悖论：如果愉悦情绪可带来免疫力的提升，那么悲哀情绪则可能降低免疫力（生活中屡见不鲜）。长期的适应性进化应该淘汰了所有的负性情绪，那为什么我们现在的负性情绪还与正性情绪一样多。因此，奖赏系统的起源不可能是为了提升机体的免疫力，其与免疫系统的关系应该是一种进化副产品。

奖赏系统可能在一定程度上作用于人和动物的生存和繁殖，如味觉奖赏可以平衡身体的营养。口味不仅是对某种味道的偏好，还可能隐藏着营养失衡的“密码”。一些营养学研究发现，口味和身体营养状态息息相关[22]。例如，想吃巧克力，可能意味着体内缺乏B族维生素，尤其是维生素B_6和B_{12}；想吃甜食，证明体内能量缺乏；爱吃肉，可能是缺铁；吃得太咸，是过度疲劳的表现。有人说，“想吃什么就是缺什么”。馋嘴与阵发性饥饿有明显差异：当你饥饿时，你什么都想吃；但当你嘴馋时，就特别想吃某一种食物。这种现象也许只在人类存在，因为我们有“无限”可选的食物来源，或者人类在味觉上已经超级进化了。对于多数动物而言，可能是另外一个故事。

食物奖赏比其他奖赏更可能具有生态适应价值。然而，近年来在果蝇、小鼠和大鼠中发现存在味蕾之外的感觉系统，且能鉴别营养成分。2008年，Ivan E. de Araujo发现敲除*TRPM5*基因（一种感知甜、辛辣和氨基酸的关键蛋白质[23]），小鼠仍然不减对糖的喜爱[24]。另一组科学家经过长期筛选，获得了甜味感知缺陷的果蝇品系，并进行了行为测试。实验开始时，这些果蝇没有表现出在糖水和白开水之间的偏好；但经过15h禁食后，这些昆虫开始倾向于选择糖水[25]。这表明即使它们无法尝出甜味来，还是能感知到这种糖水里含有维持生命所需的热量。它们可能通过某种独立于味觉的方式，辨别卡路里含量。这种营养感知能力也许是一种进化保护系统，有助于动物发现味觉无法获得信息的潜在食物。例如，这种感觉系统可以告诉动物，没有浓烈味道的某些淀粉类食物能够提供有用的热量[26, 27]。在果蝇大脑神经元发现了一种受体能作为果糖传感器，不仅能在果蝇饿的时候促进它们进食，而且在饱了后，也会使其停止进食[28]。纽约大学的一个团队还发现在果蝇神经元中含有一种蛋白质，能够感知葡萄糖和半乳糖，帮助果蝇区别没有营养的甜味剂和富含能量的糖。

从上面的研究结果可以看出，味觉系统的工作过程非常复杂但对动物获取食物并没有什么实质性的帮助。实际上，神经细胞与肠道之间可以相互作用，传递信息。因此，肠道很可能不仅仅是一个精巧的消化系统，而且是动物的“第二个脑”——“肠脑”。肠内分泌细胞与迷走神经形成了快速的兴奋性突触，以谷氨酸为神经递质。这个肠道—脑的直接信号体系，刺激肠道的感觉信息能够影响大脑的特别功能，导致特定行为，如食物选择[29]。肠道作为动机和情绪的主要调节器，激活肠道投射的迷走感觉神经元，有刺激脑奖赏神经元的显著作用。右侧迷走感觉神经节的活化，是维持自我刺激行为、条件化的味道和位置偏好以及黑质分泌多巴胺等所必需的。神经示踪显示，非对称的迷走上行通路源自整个大脑。迷走神经的肠道→大脑轴线是神经奖赏通路的整合成分[30]。Wnt 信号通路（一个非常保守的系统，在无脊椎和脊椎动物都存在）在跨细胞调控远端组织产生非自主的线粒体应激反应中起关键作用，与肠道的信息传导功能有关[31]。由此可以推断，动物的味觉和嗅觉可能就纯粹是起奖赏作用。

奖赏系统在动物界是普遍存在的，那么，奖赏系统有什么进化上的适应价值呢？人们想当然地认为，奖赏系统对于动物（特别是人类）的生存和繁殖很重要。但近年来的研究显示，对绝大多数动物而言，味觉奖赏可能是不重要的，而性欲奖赏可能不存在。至于触觉奖赏对社会结构的维持作用，可能仅存在于灵长类动物[32]。非社会性的动物中，触觉奖赏也是存在的。不信你顺毛触摸任何一只宠物猫，那享受的模样绝对不是装出来的。虽然奖赏系统的激活可以提高机体的免疫力[21]，但奖赏系统的压抑也可能降低机体的免疫力。这是一把双刃剑，既可助人亦可伤人。另外，自然界存在大量的奖赏，明显不利于动物的生存和繁殖。由此，可以认为现在已知的这些功能需求，应该都不是奖赏系统进化的原动力。

相对其他动物而言，人类对美食和性的追求，如果不是独一无二的也是极度夸张的，远远超过了营养需求和配偶选择的界线。对大多数动物而言，饿了找食、渴了找水、到了发情季节找配偶是很自然的事，似乎只需要适当的反馈系统，不需要那么复杂的奖赏系统。例如，对于囫囵吞枣式进食的一些鱼类、两栖类、爬行类、鸟类、海豚及鲸类，美食奖赏是不可能存在的[33, 34]。同样，体外受精的鱼类和两栖类，性交快感肯定是不存在的；爬行类和鸟类没有像哺乳类那样抽插式的交配，应该也没有性交快感；一些哺乳动物的雄性可能存在射精快感，越来越多的观察证实了动物（松鼠、蝙蝠和灵长类）的自慰现象[35~38]。雌性动物的性快感则普遍缺乏，目前只在人类和倭黑猩猩中发现。至于其他哺乳动物的状况，即使雌性有性高潮其性交快感可能也是极微弱的（后面有专门的讨论）。那么，奖赏系统有什么进化上的适应价值呢？

神经系统对外界刺激有一个习惯化的现象，就是反复接受同一个刺激，会弱化神经的反应[39]。同样的现象，也表现在行为上。由于习惯化过程使得神经系统接收到的外界刺激逐渐变弱，其好处就是神经系统避免处理大量的无用信息而降低能耗，但也使得保持突触稳定所需要的刺激效率降低。突触连接是如此的重要，而其可塑性又是一切学习与记忆的物质基础。如果长时间没有调用这些记忆，一定时间后与此相关的突触强度就会自动减弱至最后“归零”，这个过程称为突触消除（synapse elimination）[40~43]。刺激主要是从外部输入，也可以内部自主产生，如人类的思维、回忆（梦境）以及情绪。为了克服对反复刺激的习惯化，奖赏系统的起源和进化为此提供了一个有效的解决方案。如果把习惯化看作是一个负反馈机制，那么奖赏系统就是一个正反馈机制。当然，任何机制都有副作用，正反馈机制尤其如此。至于奖赏系统那些看似有用的功能，应该是后来衍生的，因为奖赏系统与免疫系统、消化系统和生殖系统等的关联，是在高等动物中进化的。低等动物（果蝇）也有奖赏系统，但尚未发现有生理作用，如免疫功能。

三、阈值不断提高的奖赏系统

奖赏系统的兴奋阈值也是不断进化的。低等动物对一些简单的光刺激都会有反应，而高等一点的动物需要的刺激带有形状和颜色，更高级的动物需要有一定内容的图像，如天敌或食物，最高级的人类则需要“触动灵魂深处”的艺术作品。从发展的角度，人类的兴奋阈值也在迅速提高。当电影刚刚发明时，人们看到屏幕中街上的行人在雨中打伞行走都兴奋得尖叫。现在呢，则需要所谓的“大片”才能激活人们的奖赏系统。同样的事情，发生在成瘾过程。刚开始，一小点刺激就能够兴奋不已；然后是不断加大刺激的剂量。如果是毒品，就由吸食转为注射，最后是过量注射，结局是死亡。烟和酒的成瘾也大致如此，只不过程度弱一些，后果没有毒品那么严重[44]。

当奖赏系统向正向发展到达极限后，就会逆转向负向发展。如何理解何为正向，何为负向？正向就是这样一些刺激，它们能够带来愉悦感，如甜味、鲜味、香味、美丽的色彩、对称的图形、适当的温度、柔和甜美的声音、清洁的界面、轻柔的抚摸等[45]；负向刺激包括：辣味、腥味、臭味、不协调的色彩、不规则的图形、刺耳的声音、肮脏的界面、过高或过低的温度、针尖穿刺等带来的不适感。所有这些只是浅表的、直接的感知过程，并没有触及心灵深处。毕加索另类的画和摇滚乐的震耳欲聋，反而也带来另类的享受。土耳其沐浴、芬兰桑拿和文身的刺疼，乐在其中的大有人在。

心理学家早就研究为何有人对恐怖片陶醉如斯，并发现着迷于过山车、赌博和极限运动者的寻求刺激型人格的共同特点。很多人倾向于选择如短线投资交易员、试飞员、脑外科医生和拆弹专家等刺激肾上腺素的工作[46, 47]。罗曼·波兰斯基（Roman Polanski）在 1965 年拍了《冷血惊魂》，当时被很多人认为是“看过的最恐怖的电影”。一些人避之不及，而另外一些人则甘之如饴，看完还饶有兴趣地讨论女主角的病态心理。恐怖片让有的人不快，但喜欢的观众也有很多。恐怖影片发展到今天，恐怖、血腥、惊悚程度早已远远超越当年的《冷血惊魂》。人类为何能从最负面的情绪中获得快感？然而，奖赏不一定等同于快感，恐惧感也许能够激活更多的神经元网络。

最新研究发现，南太平洋新喀里多尼亚（New Caledonian）岛上的乌鸦（简称新喀鸦）不但能够制造工具[48~50]，而且很享受制作和使用工具的过程[51]。这些鸟在完成此类复杂任务之后，通过“半杯水”效应①测试，表现出乐观的行为。研究人员将肉块加在两片玻璃之间，一些情况下，新喀鸦可以直接用嘴叼住肉块；而在另外的情况下，新喀鸦够不着里面的肉块，所以不得不使用木棍作为工具以获得肉块。然后，研究人员为这些乌鸦呈现放在中间位置的“半杯水”食盒作为奖赏。结果显示，刚才由于使用工具而

① 所谓“半杯水”效应，就是在获得半杯水时，悲观的人认为它有一半是空的，乐观的人认为它有一半是满的。该研究中，研究人员在实验台左边的食盒中放三块肉而在右边的食盒中放一块肉，轮流呈现并观察被试者朝向食盒的起飞时间。经过短暂的训练，新喀鸦朝向左边的起飞时间比朝向右边快 5 倍。当把食盒置于试验台的中间位置时，乐观者快速扑过去而悲观者则会犹豫。

获得回报的新喀鸦起飞潜伏期为 12.14s，那些没有使用工具就取得收获的新喀鸦则犹豫了 22.5s。为了剔除是否因为“努力”而乐观的缘故，研究人员将一块肉切成四份并放在不同地点（努力）或一整块肉放在一个地点（轻松）。研究人员惊讶地发现，轻松而不是通过努力获得食物的新喀鸦更加乐观。虽然乐观不完全等同于快乐，但也肯定与正性情绪相关联。通过创造而获得正性情绪即奖赏期待，其奖赏阈值之高超过绝大多数灵长类而与类人猿相似。

奖赏系统的结构和功能都很复杂，它的进化目的可能是为了保持神经系统的兴奋性，而且是在尽可能大的范围内保持兴奋。这个过程的最终目的是维持尽量多的冗余神经元网络处于一种“预备役”的状态。考虑到奖赏系统如此明显的副作用甚至负作用，奖赏系统带来的生存或繁殖优势就必须十分突出。冗余的神经元网络可以为学习和记忆提供坚实的基础，在应对变化的环境方面有显著的优势。环境随时随地都在改变，从毫秒级的瞬时变化到年周期的缓慢变化。一些周期性的变化，甚至是跨年度的，如“厄尔尼诺”现象。这些长期的变化，如洪涝和干旱，在很多情况下对种群的存活与发展带来致命的影响。这时候，保存在大脑的经验和知识将发挥决定性的作用。最典型的例子，当属前面提到的在干旱年份年长的母象能够带领象群找到水源。而母象之所以能找到水源，是因为在其生活中曾经历过同样的干旱，而这也许发生在十几或几十年之前。建立在冗余神经元网络基础上的学习与记忆，在关键时刻挽救了整个种群。奖赏系统虽然对动物的生存至关重要，但作用是间接的，是通过维持冗余神经元网络以保障学习和记忆的物质基础来获得的。因此，哪怕由奖赏系统带来了一些副或负作用，也没有被自然选择所淘汰，反而得到发展。

奖赏系统的进化，从无到有，从简单到复杂。简单动物包括从海绵动物到环节动物等 20 多个门（分类阶元），没有奖赏系统。对相对低等动物（软体动物、节肢动物、鱼类和两栖类）而言，内禀奖赏停留在最原始的感官刺激，如黑暗中的光、单调背景中的色彩；对相对高等动物（鸟类和哺乳类）来说，内禀奖赏不再局限于视觉，如变化的色彩，也包括触觉、味觉和嗅觉等。人类的奖赏极端丰富，包括所有的感官：视觉、触觉、听觉、味觉和嗅觉，其中听觉奖赏，即音乐为高等灵长类所独有，而触觉奖赏在人类则发展到极致——性爱。即使是内禀奖赏，人类对刺激的要求也是非常高的。例如，仅仅是悦耳声音的重复播放，很快就被忽略，因此必须要有一定的动态变化，即旋律。外源奖赏即“身外之物”，是通过学习获得的，如赚钱、升职、被接纳等。动物的外源奖赏包括条件反射形成的对食物奖赏的期待，以及宠物狗对外出玩耍的期待等。

人类对外源奖赏的期待，构成了整个人类社会的心理基础。在很多情景下，期待比获得更加让人激动和兴奋[52]。对人而言，外源奖赏又可分为直接奖赏和间接奖赏。直接的外源奖赏虽然也是学习获得的，但作用于人的初级情感，如升职和加薪、获得异性的青睐、通过考试等，甚至慈善捐赠都属于此类，强调现世的生活品质和社会地位，时间和空间都仅限于个人的一生。间接的外源奖赏则多与宗教有关，是宗教对现世的约束，对“来世”的承诺。在此之上，更高级的外源奖赏是“看穿世事，以求得心灵的平静”。最高级的奖赏则无所谓内禀或外源，“无欲无求”“四大皆空”“灵肉合一”，放眼宇宙之浩大，俯瞰生命之渺小。

科学可能也有奖赏的作用，或者体现在对奖赏的期待。如果说宗教是对未来（即“来世”）的期待，那么科学则是对未知世界的求解欲望。这就造成了许多人对宗教信仰的痴迷，以及少数人对科学探索的献身。当然，最普遍存在的是娱乐奖赏。世界上有一些人群沉迷浅显的娱乐奖赏，如看热闹、打麻将、赌博、迷恋球赛或影视剧等。一个民族如果仅对一些非常表象的东西深感兴趣，沉溺于一些简单重复的娱乐，那么这个民族如何登上科学、技术、文学、艺术的顶峰[53]？脸书（Facebook）创始人马克・扎克伯格（Mark Zuckerberg），送给新生女儿的礼物居然是《量子物理学的婴儿读本》（*Quantum Physics for Babies*）。不仅如此，他还亲自念给襁褓中的婴儿听。如果我们的奖赏系统少一些家长里短、扑克麻将、明星八卦、狗血影视[54]，那我相信未来世界的科学、技术、文学、艺术殿堂将镌刻更多中国人的名字。

第十七章
对非达尔文主义行为的解释

在第四章中，我用大量的篇幅讨论了一些达尔文和汉密尔顿的“四大选择”无法解释的行为现象，并将之统称为“非达尔文主义行为”。本章借助基于冗余神经元网络的间接竞争原理，对其中一些人和动物共有的行为进行解释。其他人类独有的内容，如味觉奖赏、爱情和宗教等，将在第四篇中结合人类文明的起源进行讨论。

一、趋光行为

具有趋光行为的动物类群，主要是昆虫和鱼类。其特点是，生活在昏暗的，即使不是完全无光也是光线极弱的环境，如洞穴或深海。最新研究显示，深海里的暗光鱼属鱼类的眼睛含有一种类视杆细胞的视锥细胞（rod-like cone），集视杆和视锥细胞的特性于一体，因为两者在中光条件下都不能有效发挥作用，二合一可能是高效而经济的优化视觉的解决方案[1]。本来这些动物选择黑暗，是为了躲避天敌或者避免与其他物种的竞争，但它们见到光就奋不顾身地扑上去，为什么？作为具有一定学习能力的动物，其神经系统保持了一定数量的冗余神经元网络。而这些冗余网络如果没有受到适当的刺激，将难以维持，这是由化学突触的性质决定的。突触的连接既可以被较高频率的刺激所加强，也可以被极低频率的刺激所压制[2, 3]，而没有刺激的话则只有衰弱而没有增强。为了维持尽可能多的备用神经元网络，夜行性昆虫和鱼类的趋光性的目的就可以理解为：获得额外的刺激。这些刺激在它们正常生活中可能不存在，所以是新颖的。视觉信息占所有信息输入的绝大部分（例如蜻蜓的复眼），所以趋光很划算。这也解释了为什么没有无选择的趋声行为，因为进化不但有简约原则，也有经济原则。趋光行为应该是神经元网络竞争的结果。这个竞争过程表现为正反馈：越多的神经元网络需要光刺激，动物就越靠近光源；而越靠近光源，神经元网络被激活得就越多。

如果仔细观察，可以发现一些很小的昆虫也在灯光附近飞行。难道这么小的昆虫的神经系统，也有冗余的神经元网络，答案是肯定的。研究显示，小小的果蝇（体长1.5～4mm）也有很强的认知和学习能力[4, 5]。当然，小昆虫只有比较简单的学习能力，正因为如此，它们才对刺激的要求很低，只要有光就可以了。否则，像人这种神经系统高度发达的动物，对刺激的要求就非常之高。洞穴由于完全无光，生活在其中的鱼退化了其眼睛结构，或变小，或没有。眼睛的结构如此复杂，其发育要消耗不少的资源，而洞穴的资源往往很匮乏。维持冗余神经元网络的需求是如此强烈，以至于即使无眼也要趋光。事实上，它们的趋光行为是由松果体介导的[6]。在洞穴中，与维持无用且高能耗的眼睛相反，维持无用的神经元网络的成本却很低。但是成本低的结构不稳定，不像眼睛一旦形成终生保有，而神经元网络则需要依赖持续的刺激来维持。

二、超常刺激

所谓的超常刺激，相对于正常刺激而言是一种非正常的刺激。超常刺激不但在昆虫和鱼类仍然存在，而且在高等动物，如鸟类和哺乳类也普遍存在[7~9]。显然，这是一种比单纯“光”刺激要复杂得多的刺激，如果是用于维持冗余神经元网络，所能激活的网络数量也可能很多。只是目前尚不知，有趋光性的动物是否也对超常刺激有超常反应。动物越高等，神经系统越复杂，高级中枢的控制也越强。如果单纯的“光”刺激所激活的神经元网络是低级或高级中枢的话，那么复杂的超常刺激所激活的就只有高级中枢了。由于存在高级中枢对低级中枢的抑制性控制，低级中枢对简单刺激的反应就受到压抑。这就需要一种机制，对高级中枢进行激活。

高等动物的复杂大脑，所需要激活的神经元网络极多。神经元网络的数量与神经元的数量呈非线性关系，一个神经元可以作为多个网络的成员。神经元和神经元网络的数量与脑容量，也是非线性关系，脑容量成线性增加则神经元网络成指数增加。简单刺激所能激活的神经元网络太有限，只有复杂刺激才能激活高级中枢，从而激活更多的神经元网络。显然，超常刺激比正常刺激激活的神经元网络明显要多。一些地面营巢的鸟类，在受到超常刺激后的行为表现，显然不利于繁殖后代[10]，这种现象应该是神经元网络竞争带来的负效应。从这一点来看，神经元网络的竞争甚至击败了自然选择或性选择的作用。这是“脑体对抗基因”的一个具体表现。

冗余神经元网络原本就需要外部刺激来维持，当然是刺激越多越好，超常刺激正好迎合了这种需要。超常刺激本身是一种很诡异的现象，可能是通过奖赏系统进化的一个正反馈。现代社会的不少商业活动，就是广告的超常刺激结合消费而激活奖赏系统的一个例子。女人性感和迷人的一些外在体现，如穿高跟鞋、束腰、走“猫步”等是建立在对异性的超常刺激上的，但这些行为对于原始人类的生产和生活可能都是有害的[11]。而且，这有悖于性选择理论，女性的繁殖投资要比男性高得多，为什么还要进行性炫耀？

三、奖　赏

一些行为作用于神经元网络，是通过奖赏系统展开的。没有奖赏系统，习惯化很快就使外界的刺激失效[12, 13]。为了对抗习惯化，动物需要一个正反馈体系，奖赏系统就应运而生。不同于负反馈系统的稳定性，正反馈极容易发生“雪崩”式的失控[14]，如毒品成瘾。尽管我们现在对奖赏系统的神经结构和工作原理已经有较深入的理解，但其进化的驱动力在本书之前仍不得而知。只要找到奖赏系统的适应意义，即为神经元网络的存活提供刺激，就可以解释下列行为与现象的生态价值。

1）玩耍

忠实于达尔文理论的进化生物学家和行为生态学家，始终没有放弃寻找玩耍行为的适应意义或功能，但基本上以失败告终[15]。不能否认玩耍过程对肌肉的协调性有正效应，但不是绝对的。儿童的玩耍，可能对将来的学习和社会交往有益，但这也可能是通过间接选择来实现的[16]。猫作为人类社会的伴生动物存在已有上万年的历史，人们一直认为猫特别是幼猫的玩耍行为是为了练习捕猎。一些早期的研究推翻了这个流行观点，限制未成年动物的玩耍似乎不影响其成年后的捕食能力。例如，从出生就进行社会隔离或在全黑暗环境中饲养的小猫，在 11 个星期之后测试它们的捕猎能力，没有发现其与正常饲养的猫有任何区别[17, 18]。而动物在成年后已经建立了捕猎习惯，依然会玩耍。如果玩耍是为了肌肉的协调性，那么这样的玩耍就不该被定义为玩耍，而应该定义为“锻炼”。另外，一些玩耍明显不能达到锻炼的目的，如露脊鲸的“帆船大赛”和渡鸦的“屋顶滑雪”。玩耍的目的就是好玩，就是“to have fun”，娱乐身心而已。但其背后的机制，依然是神经元网络的竞争。

最新研究显示，大鼠也醉心于“高级”玩耍行为——与人类捉迷藏。实验中要求大鼠轮换角色，即这一轮作为“躲藏者”，下一轮作为“搜寻者”。这是一个非常复杂的游戏，大鼠既要明白自己在每轮游戏里的角色，还要遵守游戏规则，甚至还要有策略地选择躲在哪里[19]。更有意思的是，大鼠们玩捉迷藏，很可能不是为了奖励，而是因为它们很享受游戏的乐趣。例如，研究者注意到，在成功找到了躲藏的研究人员时，大鼠都会兴奋地尖叫，甚至还会高兴地跳起来。本文的通信作者 Michael Brecht 教授在接受采访时说：“很多哺乳动物在玩耍时会高兴得跳起来。玩耍本身就是目的，孩子们就是为了玩而玩，不是为了达到什么特别的目的。”

玩耍的娱乐效应不在于控制玩耍行为的运动神经系统，而在于玩耍过程中感知系统的反馈输入及高级中枢的“奖赏”。想一想世界杯的足球比赛，运动员的场上表现得到上万人的现场喝彩，是一种怎样的感知反馈和神经奖赏。对于球员和球迷，都有奖赏。沉迷于球类的普通人，从中得到的乐趣不是局外人所能体会的。一些超级球迷，对于球类都有兴趣，而且兴趣很大，即使出差也随身带个足球，走到哪里也要踢几脚。“臭棋篓子”到处都有，却很可能是棋臭瘾大。不一定玩得很好，但就是喜欢。也许，玩耍能够激活的神经元网络最多，从感知、决策到运动控制的都有。这也是为什么玩耍行为最普遍。越是聪明的动物，冗余神经元网络就越多，对玩耍也就越痴迷。两栖动物不玩耍，但也可能很笨，鱼类会玩耍，所以比两栖动物聪明得多。目前，我们正在开展动物玩耍与智商的关系研究。考虑到捕猎比就地取食植物要困难得多，肉食动物应该比植食动物要聪明。熊科动物包含纯肉食性的北极熊、杂食性的黑熊和棕熊、纯植食性的大熊猫，推测肉食性的最聪明、植食性的最蠢笨、杂食性的居中。据此可以预期，北极熊最喜欢玩耍，黑熊和棕熊次之，大熊猫玩耍最少。玩耍可能是维持冗余神经元网络最有效的方式之一。

一些怪异行为，如“鹦鹉学舌”，也可归为玩耍行为，这些行为既不利于生存也不是为吸引雌性，在非繁殖季节也表达这类行为或雌雄都有此类怪异举动。那些模式固定且反复表达的“搞怪”行为，如何刺激神经元网络，还需要进一步探讨。

2）成瘾

正反馈的失控现象，在成瘾上表现得淋漓尽致。成瘾是一种超乎寻常的嗜好和习惯性，这种嗜好和习惯性是通过刺激中枢神经，造成兴奋或愉快感而形成的[20]。巴甫洛夫的条件反射理论涉及的非条件刺激有两类：奖赏和惩罚。奖赏有很多种，成瘾就是其中的一种极端情况。在哺乳动物脑中存在一个奖赏回路，当用电刺激该回路中的相关脑区时，实验动物，如大鼠表现出极享受的表情。奖赏回路也称为边缘系统多巴胺奖赏回路，是由包括伏隔核、尾状核、壳核、丘脑、下丘脑、杏仁核等大脑深部核团及内侧前额叶等部位共同组成的神经回路（详见第十六章）。边缘系统是古皮层和旧皮层演变成的大脑组织，以及和这些组织有密切联系的神经结构和核团的总称，与情绪密切相关。因为与其他脑结构，如新皮层、丘脑、脑干等有广泛联系，所以边缘系统可以在中脑、间脑和新皮层之间进行信息交换。奖赏回路的功能是加工处理与奖赏有关的刺激等。1954 年，奥尔兹（Olds）和米尔纳（Milner）将电极埋植在伏隔核，让动物自己控制电刺激的开关，结果动物就一直按个不停直到力竭（图 4.4）[21, 22]。随着医学影像技术的进步，与奖赏或快乐相关的人类脑区也陆续被发现（图 16.2～图 16.4）[23, 24]。这些脑区可以被毒品、赚钱、美食和性等刺激激活，甚至在阅读幽默故事或看漫画时也会被激活。

一些奖赏，如毒品、酒精、烟卷、赌博、性欲等，不但没有正向的适应意义而且明显有损进化的目的——基因传递和扩散。自然界中已然存在一些动物喜爱吸食酒精（即发酵的植物果实中所含的酒精）和毒品（如罂粟类植物所产出的毒品）及蟾蜍毒腺分泌物的报道（详见第四章），可见成瘾有其进化历史。即便奖赏有提高机体免疫力的效果（基于少量研究的证据）[25]，成瘾的副作用也大大地降低了其进化适应性。既然成瘾几乎全是负性作用，为什么自然选择没有将其淘汰掉反而广泛存在？

事情只有回到神经元网络的竞争上来，才能得到合理的解释。当进化促使中枢神经系统向越来越复杂的方向发展，简单的刺激已不能激活沉睡的冗余神经元网络的时候，就需要一个专业的系统进行统筹和协调，这就是奖赏系统，它一定在维持冗余神经元网络中起着非比寻常的作用，才使它有如此的优势对抗达尔文提出的自然选择的压力。以奖赏系统为核心构建的脑体在对抗以基因为代表的达尔文主义（适应意义）时，两者互为对手，既要相互协调又要相互对立。作为矛盾的两个方面，推动系统的发展——动物进化。但如果两者的对抗过于剧烈，而且脑体获胜了呢？

3）悲剧与自杀

自杀是一种完全与达尔文主义背道而驰的行为，比成瘾还要直接地与自然选择对抗。借助奖赏系统，神经元网络获得了存活所需要的刺激，动物也基于此而提升了学习能力，更好地适应了环境。因此，奖赏系统具有了进化适应的价值而得到发展。人们都认同正性情绪，如幸福、愉快、兴奋等，这属于奖赏。那么负性情绪呢？负性情绪包括愤怒、忧虑、郁闷、恐惧、嫉妒、伤心、痛苦、悲哀等，引起人和高等动物的一些情绪波动，从而导致机体生理紊乱，主要表现为内分泌失调[26]。负性情绪本身可能与奖赏有一定的间接关系，但负性情绪的表达却可以直接归为奖赏。大家都有过的经历，即遇到痛苦的事，大哭一场后心情会好转。负性情绪的控制中枢在大脑的前额叶，这里是高级功能的整合区域[27]。

负性情绪与负性情绪的表达也会成瘾。例如，一些人爱看电影或电视剧，有时候哭得一塌糊涂，但还是要继续看下去。在人类的历史长河里，无论是什么形式的艺术，悲剧都占据着浓墨重彩的一笔。流传千古的喜剧很少（至少我不知道），但悲剧却很多。从中国的《梁山伯与祝英台》《牛郎和织女》《白蛇传》到西方的《哈姆雷特》《罗密欧与朱丽叶》《俄狄浦斯王》等，都是些耳熟能详的名著。为什么悲剧比喜剧会流传更长、更广呢？喜剧能带给人们的是直接刺激，难以激活藏在心底最柔弱的一角。而悲剧如鲁迅先生说的："悲剧是把有价值的东西撕碎在你面前！"正因为你目睹了"有价值的东西"的毁灭，所以内心情不自禁地感到震撼。亚里士多德认为悲剧的目的是要引起观众对剧中人物的怜悯和对变幻无常的命运的恐惧，由此使感情得到净化[28~30]。悲剧中描写的冲突往往是难以调和的，具有宿命论色彩。也许，观看悲剧更容易引起观众的代入感，即让观众不知不觉地将自己代入到剧中的悲剧角色。在大学时代，我读过一本汤显祖的传记，还记得书中写到的有关汤显祖在写作时将自己代入到他所创作的角色中，哭泣到上气不接下气，以至于写不下去的内容。"真性情"是这个明朝才子一生最独特的"标签"。欣赏悲剧所获得的是深层次的奖赏，所以悲剧的持续影响力也更久。

你可以天天看喜剧，天天发笑，但笑过之后，长留心里的往往却微乎其微，皆可能因内容和艺术表达过于肤浅。喜剧看多了也就麻木了，激活神经元网络所需要的阈值越来越高。但像《美丽人生》这样的电影，也许你看一遍就不忍心再看，保持激活神经元网络的刺激阈值在较低的水平，容易被再次激活。当一种方式的刺激越来越效率低下时，切换到相反的刺激方式不但多了一种刺激选择，而且在一定程度上恢复了前一种刺激的有效性。因此，负性情绪对奖赏系统来说，也是必不可少的，是一种"另类"的奖赏。大小白鼠可能还没有负性情绪的奖赏机制，而部分灵长类、大象、鲸类和海豚类等动物显然已经具备。任何动情都可以激活很多的神经元网络，但悲剧诱发的动情在强度和持久性方面都胜过喜剧。不管是喜极而泣还是悲痛欲绝，只要具有保活冗余神经元网络的作用，自然选择就会将其保留下来。

自杀，是负性情绪表达的极端方式。似乎在脑体与基因的剧烈对抗中，脑体获胜。作为自组织系统的脑体，天生具有摆脱基因控制的倾向，但如果在这条路上走得太远，就会失去控制而走向一种极端。

生命的首要任务是生存，即保持生物体这一基因载体在一段时间内相对稳定的形态，以完成传递基因的使命。自杀特别是处于繁殖年龄的个体自杀，显然破坏了基因的目标，违背了基因的初衷。道金斯曾说，基因在生物个体衰老、死亡之前，就抛弃了它们[31]。自杀则是不等生命体进入衰老、死亡，就自己抛弃了自己。而且许多自杀发生在基因还没有来得及复制、传播之前。显然，对于基因的复制和扩散，自杀是极其有害的。其有害的程度，远比那些跑得慢一点或隐蔽得差一些等性状在猎物与捕食者间的竞争中失败要严重得多。自杀对抗基因，是直接的并且似乎是“故意”的甚至是“敌意”的。

4）性欲

性欲即对性的渴求（sex desire），可能不像其表面看起来那么简单，常常与性快感（sex pleasure）、性需求（sex wanting）、性嗜好（sex liking）、性奖赏（sex reward）、性抑制（sex inhibition）及性反应（sex response）等名词密不可分。与性选择之“性”不同，性欲之“性”是纯粹的、无目的的愉悦之性。人类的性活动，在很大程度上以追求性享受为目的。性欲就像其他奖赏，如成瘾一样，有强烈的副作用[32, 33]。首先，丛林或原野中的性行为是很危险的事情。由于在性行为中，人们的注意力高度集中，几乎完全忽视了环境中的天敌、情敌及其他对手。如果每天都冒险的话，即使是一些小概率事件，如被毒蛇或毒虫咬伤，也有可能发生。因此，与生殖无关的高频率性活动，具有极强的负选择效应。对动物来说，求偶和交配是防卫能力最弱的时候。几乎所有的动物都提高交配效率减少交配次数，而人类则相反。人类在性活动时更加专注，对危险的警觉性也更低。一些人在性高潮时甚至短暂地失去知觉。

人有大而复杂的皮层，人类也是具有强烈性欲的物种，难道这是偶然的吗？两者无关联吗？除人类外，目前所知还没有其他动物具有如此强烈的性欲。与人类性欲相比，倭黑猩猩的性奖赏就显得太弱了。首先，人类的阴茎很大而睾丸却不大，倭黑猩猩的阴茎中等但睾丸很大。后者显然是混交制的交配体系的特征，就是说其性行为是以繁殖为目的的。人类的阴茎大而睾丸小导致刺激大而排精少，很可能就是为了性享乐，服务于奖赏系统。其次，雌性倭黑猩猩几乎没有显著的乳房（与雄性无二），而人类女性的乳房则高高挺起，成为性享乐的内容之一。人们往往把乳房的大小作为衡量女人是否性感的重要指标，丰乳和缩腰被许多男性青睐，当然也成为不少女人的追求[34]。毫无疑问，远古人类外露的阴茎和乳房从日常生活来说有显著的副作用：①容易受到伤害和受到攻击；②影响基本的运动能力，特别是对女人来说；③带来乳腺方面的疾病[35~37]。人类大脑可能含有最多的神经元网络，保持这些网络的活性的任务也最重，而性活动可带来极强烈的快感。爱情也能带来剧烈的奖赏情绪，虽然往往不如性行为剧烈但却可以在很长的时间中持续发挥作用。

性奖赏与自然选择冲突：为了获得视觉性享受，现代人类青睐苗条的身材。其实，苗条的身材既不利于怀孕也不利于分娩。一般来说，人类的生产困难是由于直立（行走）导致的骨盆变窄。分娩疼痛与盆骨也有很大的关系[38]，但有一点是不能回避的，人类外生殖器周围布满了神经末梢，这可能也与获得强烈的性快感有关。

5）同性恋

同性恋不完全是由人的社会性决定的，而是有其遗传和生理基础的。针对兄弟姐妹和双胞胎的大量研究及分子生物学数据表明，基因在性取向中所扮演的角色非常复杂。X 染色体上的等位基因 *Xq28* 可能与性取向有关，但有关研究的结论却互相矛盾，难以确认[39]。同性恋倾向（或发生概率）在兄弟姐妹之间呈以下规律：同卵双胞胎＞异卵双胞胎＞亲生兄弟姐妹＞领养兄弟姐妹[40]。生活在有同性恋成员的家庭中的儿童，成年后的同性恋倾向大于异性恋家庭的儿童[41]。由此可见，遗传与环境共同作用于性取向。

相关研究常以果蝇和小鼠为对象，研究5-羟色胺对性偏好的影响[42]。例如，把两个含有5-羟色胺相关基因突变的雄果蝇（5-羟色胺能神经元没有或大幅减少）置于行为测试场时，可发现雄性之间相互求偶的现象。当把基因突变的雄蝇与野生雄蝇（即基因未突变）放入行为场，表现出突变雄蝇追逐野生雄蝇，而野生雄蝇却不追逐突变雄蝇。所以，是基因突变造成的性取向改变[43]。这种现象在小鼠中得到重复，即将两只5-羟色胺能神经元缺失的雄鼠放在一起，出现雄鼠对雄鼠的爬跨行为。一系列实验显示，缺乏5-羟色胺能神经元的雄鼠没有性偏好：正常雄鼠在有雌雄可选时，选择雌鼠；而突变雄鼠则没有这样的选择性。性奖赏可能主要由多巴胺激活，5-羟色胺则协调性取向以使性奖赏走"正路"。

同性恋是由遗传基因和社会环境共同造成的，是一个非常典型的"本性与后天"问题。同性恋之间的性爱，所获得的奖赏与异性恋相当，甚至更高。对于同性恋人群，与同性的性行为可获得与异性性行为相当或更强烈的性愉悦。

对同性恋的起源和适应意义，至少已有七个假说：亲缘选择假说、社会声誉假说、联盟形成假说、群体选择假说、平衡多态假说、性别对抗选择假说及非适应性的副产物假说等[44, 45]，以前三个最受关注。在第十六章讨论了奖赏系统的激活阈值越来越高，人们越来越难以获得奖赏。同性恋与异性恋在性奖赏方面是一致的，所不同的是：异性恋搭上了繁殖这趟"快车"，而同性恋没有。就性奖赏的进化而言，维持尽可能多的神经元网络的存活是基本目的或初始功能，繁殖反倒是衍生的或次生的功能。

四、睡　　梦

人和其他高等动物的24h节律可分为两个形态，即睡眠和清醒。对于低等动物而言，则表现为不同的警觉状态而没有明显的睡眠周期。睡眠时的心率及呼吸减慢，体温及基础代谢率降低，有利于保存能量。做梦则不然，神经活动要消耗大量的能量。在最需要保存能量的时候，却消耗"不必要"的能量，为什么[46]？

如前所述，睡眠包含REM和NREM两个分期，两者交替进行（图17.1A）。睡眠时脑区的活跃程度，在这两个分期有很大的不同。在REM期，许多与长期记忆和情绪相关的脑区极为活跃（图17.1B），暗示REM睡眠参与了记忆巩固[47, 48]。有些事情，我们需要反复地学习才能记住，如英语词汇；而有些事情，我们瞬间就记住了，如爆炸性新闻。根据坎德尔（Kandel）理论，反复输入的单词调节了基因的表达，即改变了突触的结构[49]。因此，我们可以长期甚至终生记忆。对于瞬间记住的事件，却只有突触中的蛋白质做了一些修饰，没有形成长期记忆所需要的结构改变[50]。对于动物和原始人类来说，突发事件所包含的信息对将来的生存更有价值。例如，自然环境中，山洪暴发、沼泽泥潭、悬崖落石、野兽攻击等，以及社群中的同类竞争或援手相助等。在刑事案件调查中，很多目击证人能够在极短的时间内记住嫌疑人的外貌。

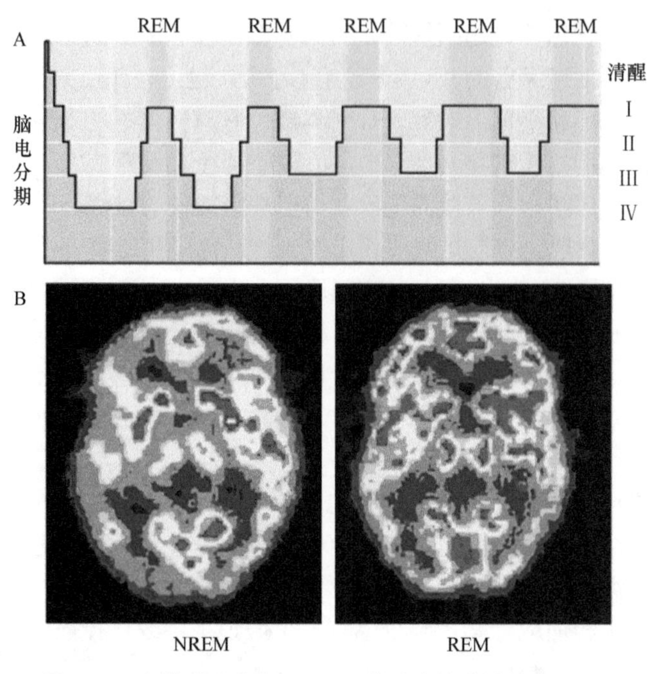

图 17.1 人类睡眠分期（A）及其对应的脑活跃度（B）

不同于其他过程仅仅是为了保持冗余神经元网络，做梦可能还用以维持已经被调用了的神经元网络的存活（图 17.1B、图 17.2）[51]。很多人都有这样的梦境，如考试，不管过去了多少年，还经常梦到考试。如果没有梦的不定时记忆加强，随年龄的增长我们对考试应该很快遗忘。“梦产生于脑干，脑的其他部分将它装扮起来。”这个过程与神经元网络对“无意义”刺激的竞争有异曲同工之妙。梦就是由脑干将无关联的记忆事件在大脑中进行随机“播放”。现在已知，我们大部分的梦并没有留下任何的遗迹可对其追踪。最新的研究显示，我们梦后往往记不住做梦的内容，是因为大脑中存在一种主动遗忘的机制。产生黑色素浓缩激素的神经元（即 MCH 神经元）的激活或抑制，分别损害或改善海马区依赖性记忆。而 MCH 神经元在 REM 睡眠期表现活跃，正是为了清除梦境的记忆[52]，以腾空神经元网络。如果梦境被记录下来，则必然占有神经元网络，做梦的生物学意义就会被抵消。显然，梦在我们无意识的时候，强化了我们的记忆元素——神经元网络，而且在我们醒来时将大部分甚至全部梦境忘记，不影响第二天的正常生活。

人一生中睡眠会发生显著变化，其中与梦境相关的 REM 睡眠的比例，从出生时的 50% 降至中年的 25%，到晚年只有 15%。在已研究的猫、狗和大鼠的一生中，REM 期的睡眠比例也随年龄增加而出现下降的现象。将人类的睡眠时间与其他哺乳动物相比，人类约处于中间的位置。比例最高的是鸭嘴兽，约有 60% 的睡眠时间都处于 REM 状态；最少的则是海豚，REM 睡眠仅占 2%。在哺乳动物各个物种中，REM 睡眠的比例与脑的大小或结构并无明显的关联[53]。无论是人还是动物，随着年纪的增加，冗余神经元网络逐渐地减少。大脑就不需要耗费过多的宝贵能量用于做梦。REM 睡眠期，大脑的温度升高；NREM 睡眠期，大脑的温度降低[54~56]。可见做梦是比较耗能的，如果没有显著的适应意义，肯定被自然选择所淘汰。

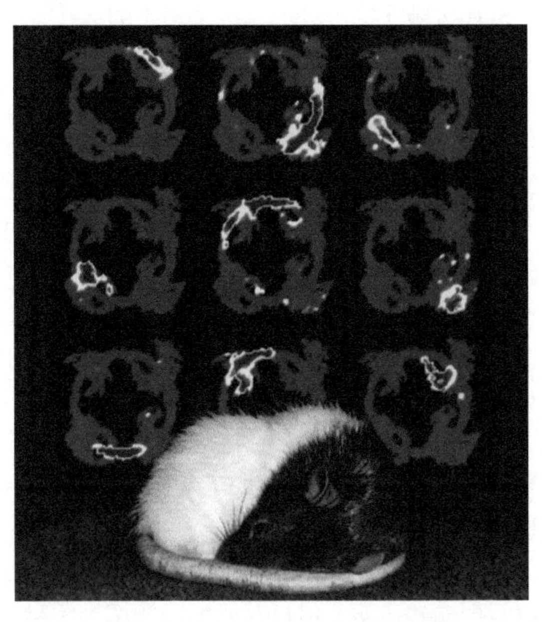

图 17.2　大鼠在睡眠中神经系统的放电模式与“白天”行走轨迹的放电模式相似，暗示睡梦的重复学习过程[xi]

跨物种比较，人们发现一个奇特的现象。鸭嘴兽在哺乳动物中属于单孔目，其神经系统也非常原始；海豚类的神经系统非常发达，绝对脑容量甚至超过人类。但为什么鸭嘴兽 REM 睡眠比例最高，而海豚 REM 睡眠比例最低呢？这要回到第四章讨论的玩耍。人们发现这两类动物的行为正好与 REM 比值相反，即海豚玩耍的频次高、强度大、难度也大，而鸭嘴兽的玩耍行为几乎不可观察。因此，后者的玩耍行为即使自然存在，可能也是非常之弱。这种玩耍与 REM 睡眠的关系，显然不是偶然的巧合。考虑到玩耍和做梦都服务于保持冗余网络而且效率很高，进化简约原则“规定”了这些无必要的“奢侈”过程①。另外，海豚作为纯水生的动物其睡眠是左右脑轮换的，REM 睡眠少，可能与此特征有关，是无奈之举。人类既有最多的玩耍，也有很高的 REM 睡眠比例，是因为有一个硕大的脑和海量的冗余网络。

五、自发放电

神经元的自发放电现象，一直是个谜。自发放电的特征包括：①不受内外刺激的调控；②放电的时间是持续的或随机的；③几乎所有脑区的神经元都可能产生。中枢神经的自发放电有两种类型，有节律型（regular pattern）和无节律型（irregular pattern）。

节律型自发放电在神经系统的发育中起非常重要的作用。神经系统发育分为两个阶

① 在其他性状也存在这样的现象，如蝮蛇的红外传感器大则眼睛小，反之亦然，因为都是用于检测辐射信息；跳鼠的听泡大则耳郭小，反之亦然，因为都是用于检测声音信息。

段。第一阶段，早期的发育不依赖活动，基本结构在胚胎期完成。神经元发育成独特的形态，迁移到目的地，相互接触连接。这种连接是初步的、冗余的，相当于埃德尔曼的“初级曲目”（参见第六章）。第二个阶段是活动依赖的，属于胚后发育，此时更容易获得外界刺激。一些连接，如果没有获得刺激就会消退，该过程称为“提炼”。提炼后的神经系统相当于埃德尔曼的“次级曲目”[57~60]。现在的一些证据显示，在胚胎期外界刺激就开始调节神经系统的发育。自发放电在神经发育过程特别是神经元网络的发育中，是必不可少的。人为改变自发放电的类型，会严重地扰乱神经系统的提炼过程[61, 62]。

成年后的动物或成熟的神经系统，自发放电的研究相对较少，且多为节律类型。流行的观点认为，节律型自发放电是神经系统产生振荡的根源。神经元放电的脉冲系列，实际为许多单个神经元动作电位的时间分布。振荡现象的主要功能是使神经系统同步化，起时钟的作用，同步发生在神经元、神经元网络、神经网络、脑区等各层级，可能是许多认知功能，如信息传递、感知、运动控制和记忆[63, 64]的外在表现。更大范围的神经振荡，构成了脑电图（EEG）的各成分：Delta（＜4Hz）、Theta（4～7Hz）、Alpha（8～15Hz）、Beta（16～31Hz）、Gamma（超过 32Hz）等频带[65]。

无节律自发放电是指放电的时间没有规律可循（图 17.3）。有节律和无节律的自发放电可能源自不同类型的神经元，如节律自发放电的频次大于每秒 3.5 次，而无节律的放电小于每秒 3.5 次[66]。一项早期对大鼠新纹状体神经元的研究，包括对 34 个多棘神经元和 94 个其他神经元的记录分析，显示新纹状体的神经元都倾向于不规则的自发放电[67]。一个很有意思的现象是，皮层椎体细胞的自发放电在脑内原位表现为无节律型，而在离体培养的条件下变为节律型[68]。一些研究力图解决无节律放电的机制，即来源问题。而长期以来，对成年后的无节律自发放电的作用，没有一个合理的解释。自发放电无疑会导致能量的消耗，而且这种消耗似乎是昼夜不停。如此一来，累计的消耗就不容忽视了。所以从放电强度来看，与动作电位的放电相比要弱得多，可能是为了减少能耗。如果自发放电的强度很大，就不仅仅是消耗能量的问题了，神经元网络将因为自身的超高噪声而无法正常工作。

从信息系统的角度，自发放电相当于背景噪声，尤其是无节律型的自发放电，对信号的处理极为不利。实际上，动物的中枢神经在处理信号时，会降低这类背景噪声。通过训练沙鼠自己按键来控制声音的播放，如果在动物按键之后人为阻断声音，即在应该听到声音的时间窗内没有听到声音，记录该时间窗的自发放电，发现其放电的强度减弱了 26%，可见神经系统通过某种机制降低本底噪声[69]。自发放电是动态可调的，很多药物或创伤都能有效地改变自发放电的强度，很多情况下是提升单位时间内自发放电的频次。自发放电可能受到基因的表达调控，但它的功能是什么呢？

理论上，自然选择应该已经淘汰了成熟的神经系统自发放电的现象。如果考虑间接选择所涉及的大量冗余神经元网络，为了保活这些网络，自发放电不失为极为有效的解决方案之一。既然神经元网络有大量的冗余，能够被选中的毕竟是少数。那些没有获得刺激输入的神经元网络，就会越来越弱，直至消失[70]。维持一定的自发放电需要耗费能量，但只要将强度限制在一定范围之内，所获得的收益就大于付出。因此，自发放电的

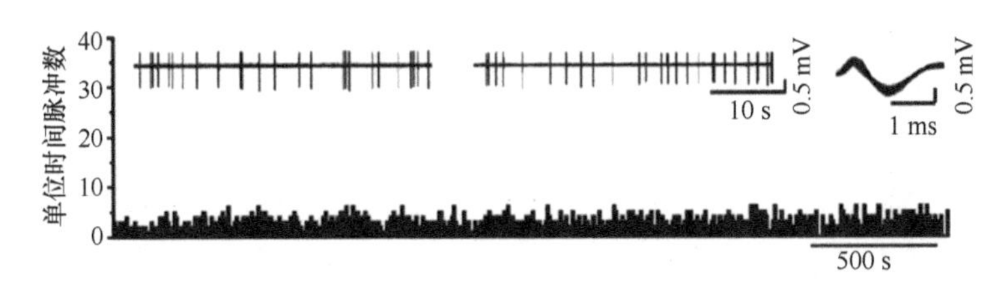

图 17.3　无节律自发放电的一个实例，显示放电时间的随机性

强度应该是在尽量节省能耗与维持冗余神经元网络最低需求之间寻求平衡。低强度的自发放电只能维持神经元网络在较低程度上的存活，神经元网络自身的增强就需要竞争内外环境的刺激输入。如此这样，一旦有刺激输入，受到无节律放电影响的神经元网络就更容易在新一轮的竞争中取胜。

上述几种难以用现有的进化理论解释的神经和行为现象，皆可以认为是为了保持冗余的神经元网络或保持已被调用的神经元网络（如睡梦）。后者不会参与神经元网络的竞争而是被固化保存起来，因此可能不适用间接选择；但前者具有竞争的需求，受间接选择的作用。需要强调的是，这些性状的一部分也许受到多角度的选择，但保活冗余神经元网络则是贯穿全部性状的机制。

第四篇

人类文明——进化中的革命

在科学界流行的人类起源理论之中，“自催化模型”（autocatalytic model）格外耀眼。其核心是，一个事件的完成触发另外一个事件的开始。上新世的全球气候变化（主要是温湿度降低）导致东部非洲热带森林退化，稀树草原扩大。大猿被迫从树上下到地面，自然选择青睐直立行走，手被特化以执行操作性动作。如此便有利于工具的制造和使用，智力也在这个过程中得到提升。智力的提高使狩猎过程中的协作完善化。这进一步提供了智力进化的新动力，智力进化转而导致工具的制造和使用水平的提高。随着智力和技能的日益增长，物质文化的基础发展了起来。于是这种因果循环就不断发展。自催化模型包括这样的命题，即在向大规模狩猎活动的转化中加速了精神进化的过程。另一个命题是分工合作：男人专事狩猎，女人照料孩子并从事大部分植物性食物的收集工作。人类性行为与家务生活的许多细节很容易从这种分工中得到说明。尽管自催化模型具有内在一致性，但它有一个致命的疏忽——缺乏触发因子。是什么因素触发了每个事件或加速了事件的过程?

在教科书中，往往强调劳动创造了意识、劳动创造了语言、劳动创造了大脑、劳动创造了艺术等，而且特别强调劳动创造了人本身。然而，关于“劳动创造了人”的论断，却暗藏着根本的逻辑矛盾。首先，劳动的定义没有明确的行为和生态学边界[①]。人类为了生存去获取食物是劳动，如远古人类的采集-狩猎生产模式下的捕猎行为。农业是在一万年前发展的，而人类文明早已在此之前出现。动物（如狮和狼）的捕猎行为算不算是劳动，人类劳动与动物狩猎之间有何本质不同？假如两者有本质的区别，如人在狩猎中使用了工具（即生产资料）而动物的捕猎全靠尖牙利爪。那么是先有人还是先有劳动？如果先有人，人从何而来？如果先有劳动，此时人还没有被“创造”出来，还只是动物，那么动物的觅食行为就是劳动。这就从一个“有本质区别”的假设，推导出一个“没有本质区别”的结果。

---

① 劳动的定义：a.《资本论》定义，“劳动力的使用就是劳动本身。劳动力的买者消费劳动力，就是叫劳动力的卖者劳动。”显然，这是指商品社会中的劳动概念，强调劳动的商品属性。b. 一般意义下的劳动，是为了某种目的或在被迫情况下从事体力或脑力工作，强调劳动的社会和阶级属性。c. 发生在人与自然界之间的活动，其实质是通过人的有意识的、有目的的自身活动来调整和控制自然界，使之发生物质变换，即改变自然物的形态或性质，为人类的生活和自己的需要服务。这一定义强调劳动的自然属性，适用于“劳动创造了人”所需要的劳动定义。

反过来，假设人与动物的劳动没有本质的区别，如很多动物也使用工具觅食，那为什么其他动物没有进化出类似人类的文明来？因此，劳动不是人类文明起源和进化的驱动力。

在这一篇里，基于间接选择原理，将逐个回答人类进化史上自催化模型中每个事件的触发因子。

首先，基因突变导致人类的语言交流起源，使知识的跨世代传播和积累成为可能。知识的积累需要存储，存储介质单元是神经元网络，因此触发了脑容量的膨胀。神经元网络的急剧增多，使脑内的连接关系迅速复杂化。大脑的进化促进了奖赏系统的发展，首先是味觉，即食欲的进化。火的利用使食物加工和照明甚至取暖成为可能，前者导致营养改善，后者导致定居生活。营养和穴居触发了性革命，即性活动由繁殖目的转变为日常需要的性欲。对于成为生活"常需品"的性爱，一夫一妻制是最经济实惠的，即只有固定配偶才能不用求偶而每天都有性奖赏。强烈的性欲导致人类的性公平，即一夫一妻制。而后者直接触发了家庭的起源，成为社会的细胞。由于家庭有效地减少了社会冲突，社会群体得以"无限"地扩大。最后，在复杂的大社会群体中，认知革命发生，人类文明开启。

600 多万年前，当气候变化导致非洲热带森林消退，人类远祖面对稀树草原时的茫然无助，一定不亚于沉船后飘零在茫茫大海上的船员。除了要适应完全不同的食物种类，还要面对数量庞大的猛兽，如非洲狮、猎豹、鬣狗等。在稀树草原，直立显然有很多的好处，其中之一就是能提前发现天敌。当时生活在非洲的大猿数量应该很多，构成一个很大的基因库，有的腿长点而有的腿短点。自然选择淘汰了绝大多数的个体，有一小部分个体因为腿稍微长一点，不但先行发现天敌而且在逃避天敌的时候跑得较快而存活了下来。这些腿长的大猿，就成为人类的祖先。

每一个物种都有自己的生态位，大量个体的死亡即意味着腾出大量的生态位。长腿大猿必然会趁机扩大自己后代的生产，以填补这些生态位。如果长腿在平原生活的确有优势，那么再长一点的腿就更加有优势。人类语言的起源迄今还是一个谜。唯一可以确定的是，处理语言信息的中枢神经进化在前，产生复杂语音信号的系统进化在后。因为黑猩猩都能够理解并牢记大量的人类词汇，尽管它不能说话。200 多万年前，人属（*Homo*）在非洲起源并逐渐辐射到欧亚大陆。人属之前的南猿已经具备了理解语言的能力，也许只是到人属起源后才进化出说话的能力。否则，人属是凭借什么优势而在残酷的竞争中胜出？

知识的传播和积累，又对存储系统提出了强烈的需求。脑是唯一具有信息存储功能的生物器官。*MYH16*、*MCPH1* 和 *ASPM* 等基因的突变为脑容量膨大提供了物质基础，即可能性。有需求的牵引加上实现的可能性，人类的脑容量在 150 万～200 万年间呈现指数膨大。没有需求即没有适应性，脑容量膨大带来的负面作用，如极度耗能、分娩困难、易受伤害等就会被自然选择所清除。脑容量的膨大必然包含更多的神经元，组建起更多的神经网络。由此带来更多的连接关系，使脑结构进一步复杂化。以极度复杂的大脑为物质基础，以生产和娱乐为认知实践，人类产生具有主观能动性的意识。

关于文明的起源，具有意识的大脑才有可能发明创造，即设计制作更加精细的工具，处理更加复杂的社会关系，提高对生活环境的认知能力。这些都有显著的适应意义。复杂的大脑也使奖赏系统得到长足的进步，首先是味觉奖赏，然后是性奖赏。无论是味觉奖赏还是性奖赏，都是由中枢神经主导的，似乎只有人类才具备此类奖赏。这些奖赏常属于娱乐性质，没有显著的适应性，似乎是脑容量增加和结构复杂化的副产品。然而，这两种奖赏与人类的“生产”活动，即生存和繁殖直接相关，具有多能性。此外，味觉奖赏促进了食物加工的进化，性奖赏则导致了家庭的起源。

食物加工起源于火的控制和使用。烤熟的肉类是否更容易被消化吸收，尚存在争议，但一定提高了嗅觉的感受。现在已知，味觉奖赏是由嗅觉和味觉系统协同作用的。味觉奖赏具有高度的可塑性，甚至可以被逆转，如辛辣味成瘾。味觉奖赏促进了火的使用，使定居成为可能。定居增加了人们的社会交流，进一步促进知识的积累。如此循环，脑容量不断膨大，脑结构更加复杂化。最后，迎来了“性革命”。

性革命的核心是将性活动从纯粹以繁殖为目的而存在中独立出来，变成了为性欲而性。繁殖之性以年为周期，因此性竞争带来的冲突较弱。性欲之性则以天为周期，性竞争导致的冲突非常强烈。性欲成为日常生活的必需品，短时间内就希望得到满足。由于人类不分性别都有强烈的性欲，不但男性个体之间竞争，女性内部也充满了竞争。因为个体在容貌和体型等存在差异，必然带来性对象的偏好，性别之间产生冲突。性作为必需品，而每天求偶却导致资源的极大浪费。若每天都有性享受，其最优途径就是固定配偶，实行一夫一妻。

大约在 30 万年前，智人出现在非洲。智人首先席卷了整个非洲，扫除了其他人种。然后走出非洲，辐射到地球的每个角落，先后战胜并灭绝了欧亚大陆的尼安德特人和丹尼瓦尔人。智人的优势在于复杂的感情认知系统，因此具有凸起的前额。尼安德特人的前额是扁平的，因此感情简单且相关认知能力低下。具有感情基础的一夫一妻制，最终产生了家庭结构。很多脊椎动物中存在一夫一妻的婚配制度，它们都是非社会群体中的单配制，即夫妻独居生活。只有人类的一夫一妻制是从社会群体中进化而来，并作为复杂社会结构的基本单元。一夫一妻制在很大程度上缓和了性冲突，而性冲突是社会冲突的主要成分。

如果社会冲突降低，社会群体就可以膨大。另外，起源于爱情的感情参与到社会活动中，使人类合作从以利益为基础向以感情为基础转变，后者的合作更加持久稳定。庞大且稳定的社会，使得智人在与尼安德特人和丹尼瓦尔人的竞争中具有巨大的优势。

在智人走出非洲的同时，一场认知革命也悄然开始。原始的艺术、道德、宗教、政治等相继出现，文明的曙光显现，人类文明由此诞生。

第十八章

人类的进化轨迹

听石头讲那过去的故事。

45.67亿年前[1]“盘古开天地”，地球逐渐冷却，生命开始起源。经过漫长的进化，生命结构越来越复杂。到了地球年龄约45.6亿岁的时候，东非开始变得干旱，森林退化。类人猿开始下地故称为地猿（*Ardipithecus* sp.，阿迪的祖先），尝试直立行走，由此吹响了人类进化的号角。过了300万～400万年，东非大峡谷东边的稀树草原上，露西和她的南猿（*Australopithecus* sp.）家族以坚果和块根为食，也捕捉昆虫和小型脊椎动物。就这样过了大约100万年，真正的人类（*Homo* sp.）才登上了进化的舞台。时间又过了200万年，一个名叫“唐业忠”的智人（*Homo sapiens*）坐在计算机前，撰写行为进化的机制及其如何驱动人类文明的起源。

人类与动物的最大区别，在于人会提问：我们是从哪里来的？我活着是为了什么？这类好奇，促使人类特别热衷于探讨自身的起源和进化。一直到这本书，所有的科学探索都集中在人类生物学的起源，因为化石和基因只能够告诉我们这些信息。石器也许携带了某些生产信息，但含有的社会、文化和文明的信息极其有限。动物也有文化，而且有文化的动物并不一定是智商最高的。文明只在人类发祥，是在文化积累的基础上实现的认知飞跃。那么，是什么驱动了文明的起源和进化？或者说，是什么促进并加速了文化的积累？要回答这个问题，还需要对生物人类的进化有基本的了解。首先，我们需要定义一个生物人类的标准。

古希腊哲学家柏拉图曾经给人下过定义：两脚行走且没有体毛的动物。看似很有道理，但两脚行走的动物（如鸟类、袋鼠、跳鼠）很多，没有体毛的动物（鲸、海豚、牛、象）也很多，然而两者的统一体却只有人。这似乎太肤浅了，没有涉及人类的本质。后来的定义为：人，使用工具的动物。20世纪60年代，一个英国姑娘——瓦莱丽·简·莫里斯-古道尔（Valerie Jane Morris-Goodall），中学毕业后立志研究古人类。她来到非洲，就住在黑猩猩生活的原始森林中，近距离观察黑猩猩的生活。长时间的观察后她发现，黑猩猩能够制造工具[2]。过程是这样的：黑猩猩首先把树棍的枝杈去除，然后就用这个树棍插到蚂蚁窝里。由于蚂蚁对任何外来的东西都认作入侵，因此就死死地咬住树棍。黑猩猩把树棍抽出来，将“钓”出来的蚂蚁用嘴抹下来吃掉。这项成果不但改写了定义人类的标准，也开启了借助灵长类行为研究探讨人类进化的先河。

既然“使用工具”无法区分人与猿，那还得回到身体结构的本身。在柏拉图的定义中可提取有用的部分，那就是两脚行走，再加上身体直立。现在干脆就简化为“直立行走”（upright walking），“简单的就是最好的”，而且很容易通过化石进行界定。因此，我们对人类进化的探索之旅，就从化石开始吧！

直立行走的判断依据如下所述：①足弓，即脚骨发生了变化（图 18.1）。这对直立行走非常重要，除了提供必要的弹性，走路更省力气，还能保护大脑免受步行的巨大冲击。②骨盆的上面承接着脊椎，下面连接着双腿。人类的骨盆必须更加强壮，才足以支撑起上半身的重量。③膝盖骨不只保证双腿能够曲弯自如，还必须承担弹跳奔跑时的大力冲击。④为了适应双足交替行走的方式，所以骨盆不能太宽，其副作用是分娩困难且风险增大[3]。

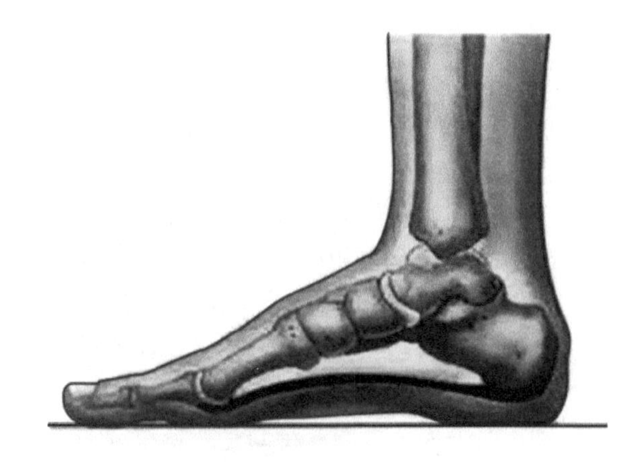

图 18.1 现代人类的正常足弓

人类学家们比较认同的观点是，古人类的形成发展大致可分为 5 个阶段：地猿（阿迪）、南方古猿（露西）、能人、直立人以及智人，后四类人种都是两足直立行走，特别是南方古猿，其他性状大都像猿，但由于两足直立行走所以属于人而不是猿。地猿和南方古猿的下肢适合直立，而上肢适合爬树，显示从猿到人的过渡。

地球那么大，人类起源于地球的哪个角落呢？目前关于现代人类起源有两种观点：多地区起源假说（理论）和非洲起源假说（理论）。多地区起源假说认为直立人起源于非洲的东部，大致在 100 万年前走出非洲，迁移到欧亚大陆。现代各地的人种，是这些直立人在当地独立进化的，但不排除有基因交流。非洲起源学假说认为现代人类来自 10 万年前及后来的两次“出非洲”迁移，走出非洲以后完全取代了其他土著的古人种。

一、多地起源理论

达尔文和托马斯·亨利·赫胥黎（Thomas Henry Huxley）①根据对黑猩猩与人的比较解剖，先后提出人类起源于非洲的假说。达尔文在《物种起源》中写道："在世界上每一个大的区域里，现存的哺乳动物都与在同一区域产生出来的物种关系密切。非洲现在生存有大猩猩和黑猩猩两种猿。因此，非洲过去可能生存有与它们密切相关的已灭绝的猿类。而现存的两种非洲猿是人类最近的亲属，因而我们早期的祖先更可能是生活在非洲，而不是其他地方。" [4]

非洲大陆生活着现生四种大猿②中的三种：大猩猩、黑猩猩和倭黑猩猩（图 18.2），其中倭黑猩猩是在达尔文去世后发现的新种。但在当时由于还缺乏化石证据，科学家们对达尔文的这一论断没有给予足够的重视[5]。19 世纪发现了最早的人类化石——欧洲的尼安德特人，而当时认定尼安德特人最早的年代不超过 10 万年，所以认为人类起源于欧洲且只有 10 万年的历史。19 世纪的晚期发现了爪哇人，20 世纪的早期发现了北京人，将人类的历史往前推了几十万年，且将人类的起源地修改为东亚地区。20 世纪 30 年代，德国人类学家弗朗茨·魏登赖希（Franz Weidenreich）在研究北京人时认为：人类的种族是由各地的古代直立人独自演变为今天的智人的。与此同时，基因流动发生在不同的人类之间[6]。

大猩猩

黑猩猩

倭黑猩猩

图 18.2　三种非洲大猿的形态差异

一直到 1959 年，在非洲坦桑尼亚的奥杜瓦伊（Olduvai）峡谷，玛利·利基（Mary Leakey）发现了一个人的头骨。在此之前，利基夫妇花费了将近 30 年的时间，在坦桑尼亚的荒野山谷里寻找古人类的化石。在这个头骨的同一地层，他们还发现一些人造的石器（当时鉴定为人类而非古猿的通用标准）。通过放射性同位素钾和氩的测年法，确定的年代是 175 万年前。这是当时能够知道的最早的人类化石，出自非洲。这个头骨先被命名为津杰（Zinj），后改为鲍氏傍人（*Paranthropus boisei*）。傍人的意思就是指现代人类的非直系祖先[7]。10 年之后，他们的儿子理查德·利基（Richard Leakey）怀着同

① 托马斯·赫胥黎著有《人类在自然界中的位置》（1863 年）一书，自称是"达尔文的斗犬"。赫胥黎家族在英国历史上是名门望族，在生物学、人类学、工程学、物理学、文学都有显赫的地位。朱利安·赫胥黎著有《行为的进化》；奥尔德斯·赫胥黎著有《美丽的新世界》，两人的著作享誉西方。安德鲁·赫胥黎因研究神经元的动作电位而获得 1963 年的诺贝尔生理学或医学奖，奠定了神经电生理的重要基础。

② 现存的猿类有两大类：小猿和大猿。小猿一般单列为一个科，即长臂猿科；大猿都分在人科。

样的梦想，秉承享有盛名的“利基幸运”(Leakey luck)，前往肯尼亚北部的特卡拉湖畔。几乎是在他母亲发现津杰的同一天，找到第二具鲍氏傍人的头骨。20 世纪 80 年代，美国密歇根大学教授米尔福德·沃尔泼夫（Milford Wolpoff）提出人类多地起源理论：在 150 万年前，人类的祖先（匠人，*Homo ergaster*，或直立人，*H. erectus*）离开非洲后，便开始在世界各地独自进化，包括尼安德特人、北京人和爪哇人等，并适应当地的环境[8]。世界各地的人类同时平行演变成今天的现代人，暨东亚人独立发源于黄河流域和长江流域。因此，在世界上形成三个起源中心：非洲东部、中西欧和东亚（图 18.3）。

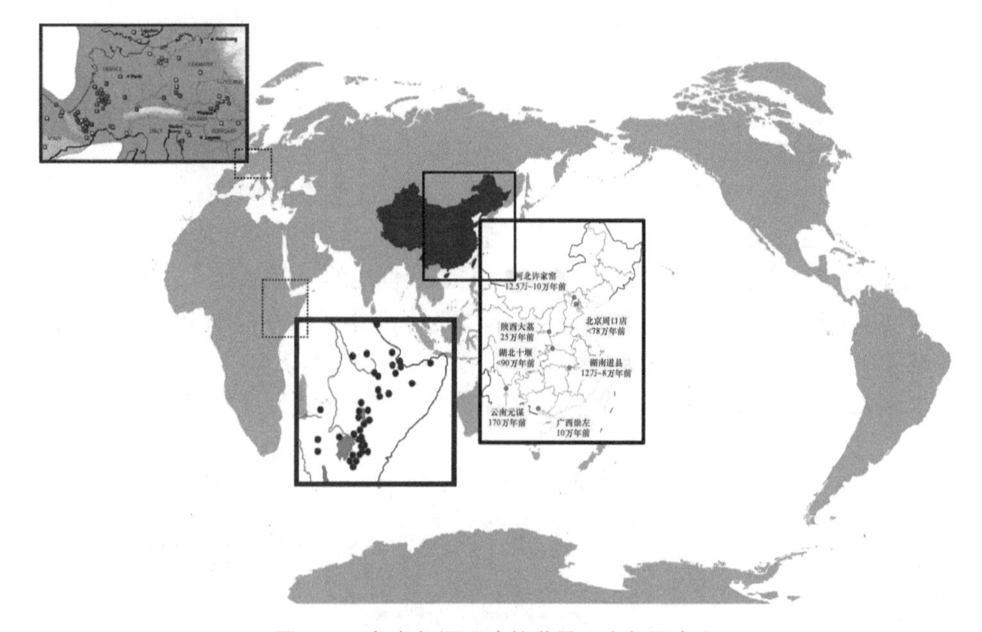

图 18.3　多点起源理论的世界三大起源中心

通过考古学家的工作，在中国各地已经陆续地发现：800 万年前的禄丰古猿（云南），200 万年前的早期直立人——巫山人（重庆），170 万年前的元谋人（云南），115 万年前的蓝田人（陕西），50 万年前的北京人和郧县人（湖北），30 万年前的安徽和县人和南京汤山人，20 万～10 万年前的早期智人——辽宁金牛山人、陕西大荔人、内蒙古河套人、安徽含银山人、山西许家窑人、丁村人、广东马坝人、湖北长阳人，10 万～8 万年前的河南许昌人，4 万～1 万年前的晚期智人——广西柳江人、北京山顶洞人、云南丽江人、四川资阳人、贵州穿洞人、陕西黄洞人等（图 18.3）[9]。这是一个近乎完整的人类进化系统，因此有相当数量的中国古人类学家认为现代中国人（包括整个东亚人）是独立起源于中国的。

非洲的鲍氏傍人有 175 万年历史，而中国的巫山人有 200 万年的历史，似乎多地独立起源还是有根据的。但是后来在非洲大陆陆续地发现一些 300 万年以前的人类化石，逐步确认了非洲是人类的故乡。看来中国的禄丰古猿最终没有进化成人类的祖先啊。如果沃尔泼夫的理论是对的，那么将面临一个难以解释的事实，就是最早的人类起源于非洲，然后迁徙到亚洲、欧洲、美洲和大洋洲的。这个事件应该发生在史前 200 万年前后（最新证据 212 万年前[10]），而那时候的原始人类（直立人）认知能力和身体功能十分低下，活动范围非常狭小。个子矮小且刚开始直立行走，远距离迁徙的能力应该十分有限。对生存空间的概念只局限于自己生理（即觅食）的需求，是什么原因驱使他们离开自己熟悉的环境？完全不具备从非洲到亚洲或从非洲到欧洲长达上万千米长途跋涉所需要的知识和体能，更别提跨越一些地理障碍，如高山、江河、海洋和大漠。

就凭在非洲大地上找到那么多的早期人类化石，大家也应该承认非洲是全人类的发祥地啊。但中国考古学家认为，非洲是黑人的发源地，欧洲是白人的发源地，而我们东亚人则发源于黄河与长江流域[11]。不然，如何解释那么多源自中国的古老化石与现代中国人头骨的相似性。例如，在中国发现的上门牙化石都是呈铲形的，即从后面看，牙齿的两边鼓出来而中间凹进去像铲子一样。这种铲形门齿的分布，现代中国人中约有 80%，欧洲人小于 5%，非洲人在 10%左右，大洋洲土著中为 20%。那么这样延续下来的性状，是不是就证明了中国人的进化也是延续的呢[12, 13]。因此，多地起源和单一（即非洲）起源的争论，一度白热化，直到现在都能感受到其余温。近几十年来发掘的早期化石，逐渐指向非洲，而真正让现代人类非洲起源的理论占据绝对优势的突破，是分子生物学的介入。然而，最近“许昌人”的发现，再次将中国人的起源推到风口浪尖。许昌人的年代介于北京猿人（距今 70 万～20 万年前）与北方早期现代人（距今 4 万年）之间，是中国北方人类延续性进化的过渡。而且许昌人与非洲古人类之间的相似性很低，因此许昌人可能是一个新的人种[14]。

二、非洲起源理论

1974 年在埃塞俄比亚，美国古人类学家唐纳德·约翰松（Donald Johanson）和同事伊夫·科庞（Yves Coppens）、荻·怀特（Tim White）等发现了古老的人类化石——露西（Lucy，源自披头士的歌“Lucy in the Sky with Diamonds”，发掘时他们正在听这首歌）。露西的“年龄”为 320 万年，属于南方古猿（简称南猿）①阿法种（*Australopithecus afarensis*）[15]。这是一具完整性达 40%的女性骨架，20 多岁，根据其骨盆推算生过孩子，脑容量为 400ml。被认为是第一个直立行走的人类，也是目前所知人类的最早祖先[16]。而在同时代，玛利·利基带领一个英国的中学毕业生，在坦桑尼亚另外一个地方发现了一些 300 万年前人类的脚印。从脚印的形状可以看出，这是两个人在直立行走，而且步幅也可以量出来。根据脚印的大小，可以推测那个时候的人类，比现代人矮小[17]。

脚印是怎样留下来的呢？火山爆发喷出的火山灰覆盖大地。下雨使火山灰变成了水泥。此时，如果南方古猿在这个地方走过，当然留下了脚印。太阳出来了，烤干了脚印。然后火山再度喷发，新的火山灰把原来的脚印覆盖了，脚印也就保留了下来。经过几百万年的侵蚀，脚印又暴露出来了。从脚印可以看出，留下足迹的南方古猿在开阔地是直立行走的，走的路线很直。虽然整个脚踝与现代人已经很相似了，但是大脚趾与其他脚趾却依旧分得很开，这样的结构仍然较适合爬树。

骨骼化石和脚印都趋向于得出结论，即人类起源于非洲，有 300 多万年的进化史。

① 南方古猿有时也被称作南方猿人，以强调其过渡地位。

大约发现露西 20 年后，一组美国科学家在埃塞俄比亚找到一些更古老的人类化石——阿迪（Ardi），认定为南猿始祖种［后改名地猿（*Ardipithecus ramidus*）］，约有 440 万年的年龄[18]。阿迪是个女性，拥有很小的大脑，具较小但类似人类的犬齿（其上犬齿像人类，又短又秃，而不是如黑猩猩的那般长且尖锐）和上盆骨，能够直立行走。她的大脚趾却能够对握，可方便抓握树枝。直立行走（人）但脚趾对握（猿），似乎找到了人类进化史上那“缺失的一环”[19] ①。

2000 年前后，发现了一批化石新种，如南猿惊奇种、肯尼亚扁脸人、原初人土根种、撒海尔人乍得种[20~23]。尤其是法国科学家在非洲发现的一些原初人土根种的大腿骨化石，可以凭此推测出该物种能够直立行走。原初人土根种和撒海尔人乍得种都生活在距今 600 多万年前，因此将人类的起源往前推进一大步。由于在其他大洲没有找到比 600 万年还早的人类化石，非洲作为人类的发源地的地位因此而确立。但它是现代人类的祖先吗？根据化石的估算，南猿阿法种组的身高为 139cm，体重 44kg；南猿非洲种的身高为 132cm，体重约 37kg；南猿粗壮种/东非种的身高大约为 154cm，体重 51kg；直立人的平均身高为 170cm，体重 60kg[24]。

人类的进化历程，应该是从人亚科（Homininae）的共同祖先开始，即前面提到的原初人土根种和撒海尔人乍得种，他们孤独地生活在 600 万（也有说 700 万年）～400 万年前的地球上。从 400 万～200 万年前，人族（Hominini）的共同祖先，如地猿和南方古猿，在非洲大地上繁衍生息。到目前为止，故事只发生在非洲。后来从南方古猿当中分离出一个新的物种，那就是能人。再后来进一步分化为能人和鲁道夫人。到 180 万年前的时候，又出现一种新的物种，叫做直立人。大约从 200 万年前伊始，人属（*Homo*）——我们现代人和其他已灭绝人类的共同祖先，开始出现在这个蔚蓝色的星球上，并崭露头角。也就在这时，人类（能人和直立人）逐渐走出非洲[25]，开始了波澜壮阔的征服地球的进化历程（图 18.3）。从此，人类的脚步踏遍了整个欧亚大陆，并延伸到其他地方。

而待在非洲老家的人属“同胞”也没有停下进化的脚步，大约在 30 万年前，一个新的人类物种横空出世（为什么起源总是发生在非洲呢？）。这个新种不但完全改写了整个人类的进化历史，也将彻底地改变地球景观。这就是我们自己——智人。有必要说明的是，人类进化不是阶梯状的由简单到复杂，而是树丛状，有很多分枝。除智人以外的那些“分枝”在进化的不同时间点相继走进了死胡同，最后全部灭绝（图 18.4）。

根据理查德 • 利基的观点，人类史前时代经历了四个关键性的阶段。第一阶段是人族（人科—人亚科—人族）本身的起源，700 万～600 万年以前，古猿类的动物转变为两足直立行走的猿人。第二个阶段是距今 600 万～200 万年前，两足的猿人演变成许多不同的物种，每个物种适应于稍微不同的生态环境，是人科物种的繁荣期，生物地理学家称之为适应辐射。在这些繁衍的人种当中，在距今 300 万～200 万年前，出现了一个脑容量明显较大的物种。脑容量的增大是第三个阶段的标志，也是人属（*Homo*）出现的信号，正是人类的这一支以后发展成直立人并最终进化出智人。第四个阶段是现代人的起源，是像现代人一样具有语言、意识、艺术想象力的人种出现[16, 26]。

① 所谓“缺失的一环”是一些宗教质疑进化论，认为从猿到人的关键过渡环节缺乏化石证据。

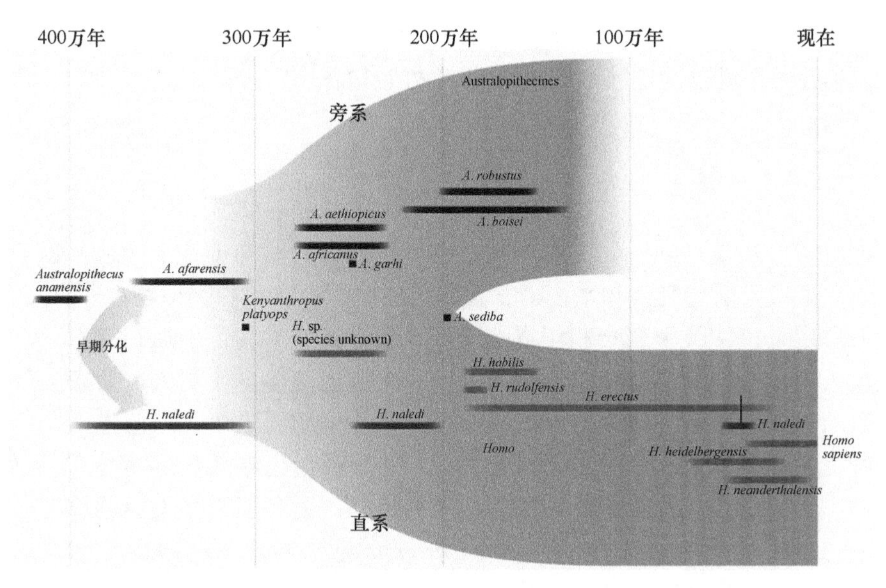

图 18.4　人类进化历史

地猿属→南猿属→人属，虚线箭头显示可能的进化关系

从分类学的角度，人类属于灵长目动物的人科（Hominidae）。人科之下又分为两个亚科：猩猩亚科（Ponginae）和人亚科（Homininae）。猩猩亚科只有猩猩属（*Pongo*），包括婆罗洲猩猩及苏门答腊猩猩两个物种。而人亚科又细分为大猩猩族及人族（Hominini）。大猩猩族就只有大猩猩属，大猩猩属包括西部大猩猩与东部大猩猩两个物种。人族则包含人属（*Homo*）及黑猩猩属（*Pan*）。黑猩猩属包括黑猩猩与倭黑猩猩两个物种，目前已发现人属有 10 多个种。灵长类动物的进化系统树如图 18.5 所示，该系统树基于 DNA

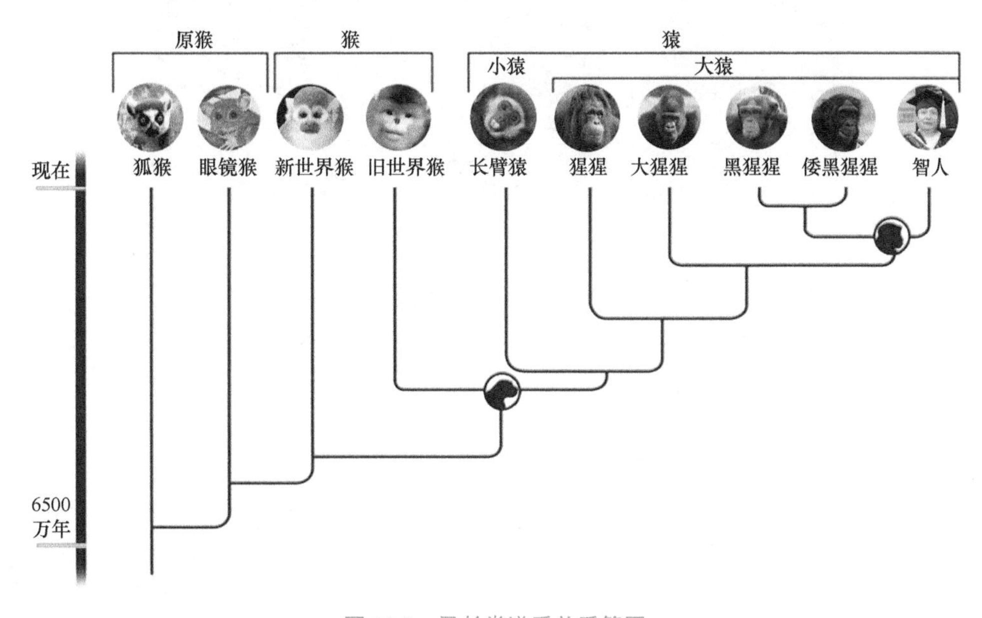

图 18.5　灵长类谱系关系简图

猿与猴的区分：有尾为猴，无尾为猿

序列构建，有较好的定量关系，因此进化关系比较确切[27]。人属的进化系统树，根据化石构建，相互关系难以确定（图 18.4），准确性也较低[28]。

三、“亚当和夏娃”

根据《圣经》里“创世纪”篇记载，上帝用六天的时间创造了天地万物。第一天创造了光；第二天创造空气和水；第三天创造陆地、海洋和各类植物；第四天创造日、月、星辰和定昼夜、节令、日和年岁；第五天创造各类动物；然后在第六天，上帝以自己为模板用尘土创造了亚当。亚当是第一个人类也是第一个男人，后来上帝又用亚当的一根肋骨创造了第一个女人——夏娃，并让他们结为夫妻，共同生活在伊甸园。后来夏娃受蛇的诱惑，偷食了善恶树的禁果，并让亚当也吃（图 18.6）。上帝发现后，把两人逐出了伊甸园，两人因此而成为人类的祖先。爱尔兰天主教会的詹姆斯·厄谢尔（James Ussher）大主教（著有 *Ussher Chronology* 一书），根据圣经记载及历法考证把世界的创生定于公元前 4004 年 10 月 23 日上午 9 时。基于他的历法，截至本书出版，这个世界只存在了“6026 年”。

图 18.6 《圣经》里的亚当和夏娃，受蛇诱惑偷吃禁果

根据现代科学理论推测，宇宙源自距今约 138 亿年前的一次“大爆炸”。尽管《圣经》的记载我们无法给予科学的证实或证伪，但是根据进化理论的基本前提，即“共同祖先”假设，亚当和夏娃在理论上应该是存在的。

但是，怎样找到亚当和夏娃呢？

分子遗传学是一门研究生命信息传递的物质基础的学科。所谓物质基础就是：RNA（部分病毒）和 DNA（所有其他生物）。由于高等生物以 DNA 为遗传物质，因此我们的讨论仅限于此（结构见图 5.1A）。对于动物而言，DNA 又可分为核 DNA 和细胞质 DNA。其中细胞质 DNA 是纯母系遗传的，就是说当精卵结合时，精子只向卵子注入了核 DNA 而细胞质 DNA 则被阻挡在外。细胞质 DNA 被存储在细胞器，如线粒体和叶绿体（植物）中，线粒体 DNA（mtDNA）约含有 1.6 万个碱基对。因此，动物细胞的线粒体 DNA 的序列变异，只包含了母系进化历史的信息。参考第三章如何基于 DNA 序列变异即位点突变，构建生物系统进化历史的原理和方法，借助 mtDNA 序列和分子系统学的方法，通过溯祖分析，我们就能够找到人类的夏娃。可是，那些已灭绝了的、只留下化石的人类祖先可能永远都无法找到其 DNA 信息了。

开创性论文发表在 1987 年，该论文的研究包含了 145 个人类胎盘以及 2 株细胞系中提取到的线粒体 DNA 序列。样本采集涵盖：撒哈拉以南地区的非洲，20 个；东亚和东南亚，34 个；欧洲、北美洲和中东，46 个；大洋洲原住民，21 个；新几内亚原住民，26 个。分析发现，有一种高度雷同的特征，即全部样本的线粒体 DNA，序列的平均差异率竟然只有 0.32%左右，甚至比非洲大猩猩不同群族之间的差异还小，而线粒体 DNA 的碱基替换（即序列改变）速度是核基因的 5～10 倍。这个发现使他们确定，现代人类的线粒体 DNA 均源自非洲大约 20 万年前的一位女性，她是人类各种族的共同祖母[29]。威尔逊等说："我们可以将 20 万年前这位幸运的女性称为夏娃，她的种系一直延续至今。"这就是著名的线粒体夏娃（Mitochondria Eve）。2009 年，相似的研究将线粒体夏娃的年龄估算为 15.2 万～23.4 万年[30]。但在 2013 年，两个研究小组重新对线粒体夏娃进行测序和计算，分别认定为 16 万年[31]和 9.8 万～14.8 万年[32]。我个人倾向于线粒体夏娃出现的时间为 15 万～20 万年前[33]，因为有其他证据显示智人走出非洲的时间大约在 10 万年前。走出非洲，必须有由足够的人数组成的较大群体，这需要时间。

让我们将目光转向核基因，人类有 23 对即 46 条染色体，一半来自父系一半来自母系。其中一对在男性是由不同的染色体构成，即性染色体，为异形的 XY，其余 22 对是由同样的染色体构成。X 染色体来自母系，Y 染色体来自父系。女性的染色体包括 23 对相同染色体，又称同源染色体，其性染色体是一对 XX。就像线粒体 DNA 都源自母系一样，Y 染色体 DNA 都源自父系。毫无疑问，对 Y 染色体 DNA 序列进行部分测序（全染色体含有 6000 万个碱基对）和计算，即可获得现代人的共同祖父的信息。Y 染色体亚当（Y-chromosomal Adam）的年龄估计似乎比较复杂，因为 Y 染色体 DNA 比线粒体 DNA 大很多。

1995 年，两个独立研究小组估计的 Y 染色体亚当的年龄分别为 18.8 万年[34]和 27 万年[35]。另外三个小组基于不同的样本来源和基因测序，计算值分别为 12 万～15.6 万年[32]、10 万～23.9 万年[36]和 34 万年[37]。2015 年，基于全基因组的序列，估计 Y 染色体亚当的年龄为 25.4 万年[38]。2016 年，通过对尼安德特人和现代人的 Y 染色体 DNA 序列的比较分析，认为现代人的亚当有 27.5 万年[39]。基本可以排除 5.9 万年的估计值[40]，因为那个时间段在欧亚大陆，现代人正在与尼安德特人纠缠不清，或战争或通婚，而在大约 3.5 万年前尼安德特人消失了。因此，综合考虑 Y 染色体，亚当的年龄在 20 万～30 万年比较合理。

2017 年，一个国际研究团队在摩洛哥的杰贝尔伊劳德（Jebel Irhoud）发现了智人的骨骼化石、石头工具和动物骨头等遗迹。此次发现将智人的起源追溯到大约 30 万年前，是迄今为止发现的关于智人出现最早的可靠化石证据[41]。杰贝尔伊劳德发现的化石形态和年龄也暗示，在南非弗洛里斯巴（Florisbad）发现的神秘头盖骨残片来自最早期的智人。早期智人在20万～30万年前就遍布整个非洲大陆，如摩洛哥的杰贝尔伊劳德（30万年）、南非的弗洛里斯巴（26万年）、埃塞俄比亚的奥莫基比什（Omo Kibish）（19.5万年）和赫托（Herto）（16万年）[42]。现在，智人的起源时间和地点从东非20万年前修改为北非30万年前。

人类体质或生物人的进化，主要遵循自然选择和性选择的规律。然而，人类的文化和文明，则是因“人工”选择，即人类的自主选择而进化，由间接选择所驱动。亲缘选择可能在生物人和文化人的进化过程都起了作用。人类由于高度发达的智商和情商，使得亲缘选择具有强烈的自主性。

四、石器文化

长期以来，人类学家用生物进化的规律来论证人类的起源和发展，把人和动物简单地等同起来。但人毕竟不是一种普通动物，人与动物有本质的区别。这种区别在于“动物仅仅利用外部自然界，简单地通过自身的存在引起自然界的变化；而人则通过他所做出的改变来使自然界为自己的目的服务，来支配自然界”。这便是人与其他动物的最终的本质区别，而造成这一差别的又是劳动[43, 44]。什么是劳动？如果从哲学的高度对劳动进行定义，劳动是维持人类自我生存和自我发展的一种手段。狭义的劳动通常是指能够对外输出劳动量或劳动价值的人类活动[44]；而广义的劳动则是指人类（包括动物）为了生存和繁殖所表现的所有外显行为，即所有具有生物适应意义（适合度）的活动。因此，觅食、捕猎、防卫、筑巢、求偶、交配、育幼等都是动物的“劳动”。从动物向人类的蜕变过程，也就是广义劳动向狭义劳动的转变过程。早期人类（依照前面确定的“直立行走即为人”定义）的劳动除了包含所有的动物“劳动”之外，还包括制造工具。而且制造工具的劳动，逐渐地演变推进了人类的技术进步。

除了前面提到的用修整过的小树枝钓蚂蚁之外，黑猩猩还会用牙将较粗的木棍一端咬尖，伸进洞里杀死小动物[2]。后来又发现生活在南太平洋的新喀鸦[45]和一种夏威夷乌鸦[46]也能够修整小树枝。它们将树枝拆成适当大小并在一端保留一个倒钩，伸进树洞中将甲虫的幼虫钩出来。与鸟类所不同的是，黑猩猩通过两前肢的联动，修整树枝；而鸟类则是借助喙与脚趾的配合，修整树枝。对小树枝的修整，仅需要技巧就能完成；而对石头的修整，则不但需要技巧同时也需要力量，只有大猿才具备这方面的能力。在埃塞俄比亚发现的260万年前的石器被认定为世界上最古老的石器，所发现的石器与人属动物的出现时间恰好吻合[47]。人属近年来被认定出现于约280万年前，是在人类开始直立行走300万～400万年之后。经历了如此漫长的岁月，猿人的手臂变短而手指却更加灵活，控制手指的脑区也更大（图9.16B）。最重要的变化是脑容量，从整个人类进化史上来看，脑容量一直在增大。前期的增大很缓慢，后期加快，构成一个指数增长曲线。指数增长的拐点发生在180万年前，对应的脑容量约为600g（图18.7）。石器出现的年代远在脑容量膨大之前，似乎有什么地方不对啊！应该是脑容量先增加，或者至少脑容量增大与制造石器应该同时出现啊！有人提出人属是 250 万年前从南猿中起源，石器技术与人属是共同进化的[5, 47]，即脑容量的增大与石器的制造同步。但最新研究发现，石器最早可能出现于 330 万～340 万年前 [48, 49]，此时离人属的出现还有近百万年的时间。黑猩猩、鸟类和南猿都能够制造工具，因此制作工具不是人类独有的现象。据此可以推断脑容量的膨大不完全是由工具的制造和使用所驱动，因为小的脑容量同样可以制作复杂的工具[50]。那么，脑容量增大就一定存在另外的驱动力。这个驱动力是人类特有的，而其他所有动物（包括灵长类）没有！

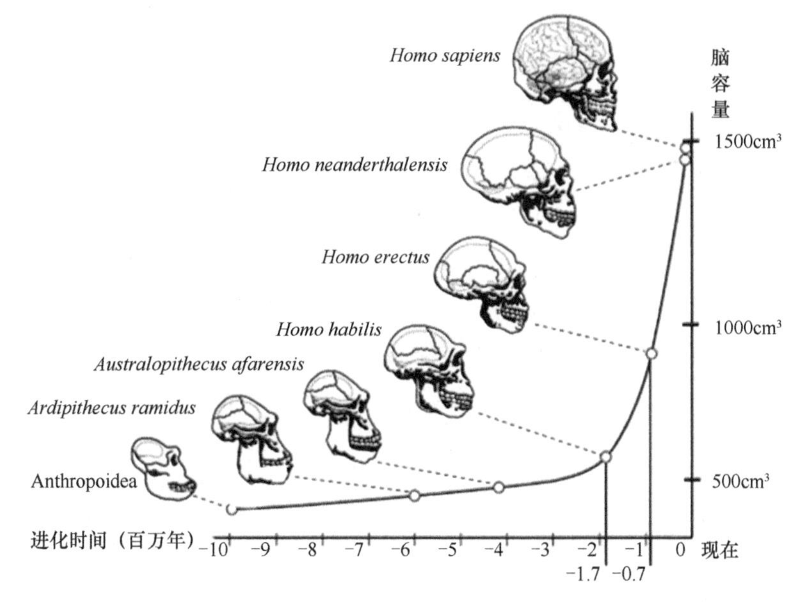

图 18.7　人类进化中的脑容量非线性增大过程，后期加速膨大

1865 年，约翰·鲁波科（John Lubbock）在其经典著作《史前时代》[51]中，根据人类对工具的使用程度将史前时代划分为三个时期，分别称为“石器时代”、“青铜时代”和“铁器时代”。石器时代是他的三代法（three-age system）中的第一级，又被细分为旧石器时代（Palaeolithic）、中石器时代（Mesolithic）和新石器时代（Neolithic）。受篇幅的限制，这里只讨论石器时代。毕竟从青铜器时代伊始，人类生理和心理中的“动物性”已所剩无几，那就留给历史学家去研究吧。

石器时代指人们以石头作为工具使用的时代，这时因为技术不发达，人们只能以石头制造简单的工具。石器由各种不同的石头做成。例如，燧石和角岩被削尖或切成薄片作为切东西的工具或武器，而玄武岩和砂岩则被制成石制磨具，如手摇磨[52, 53]。另外，木材、骨、贝壳、鹿角和其他的材料也被广泛地使用。石器时代包含了人类进化过程中的第一次技术大范围传播，以及人类从东非稀树草原地区向世界其他地区的扩张[54]。随着农业、畜牧以及冶铜技术的发展，石器时代结束。这段时期被称作史前时期，因为人类还没有开始书写传统意义上的历史。一般认为，石器时代开始于大约 300 万年以前，即当第一件人造工具在非洲出现。大多数南方猿人很可能并不使用石器，而石器大概是傍人罗百氏种（*Paranthropus robustus*）发明的[55]。

1）旧石器时代

旧石器时代在古地理学上，是指人类开始以石器为主要劳动工具的文明发展阶段，是石器时代的早期阶段。旧石器时代又可分为初期、中期和晚期，大体上分别对应于人类体质进化的能人和直立人阶段、早期智人阶段、晚期智人阶段（表 18.1）。这段时期在距今约 250 万～约 1 万年前，对旧石器的时代分期既有重叠也有断裂，地质时代属于上新世晚期的更新世。旧石器时代初期在非洲存在着两大石器文化：奥杜韦（Oldowan）文化[56]和阿舍利（Acheulian）文化[57]。旧石器时代中期的代表，在北非有莫斯特（Mousterian）文化和阿替林（Aterian）文化；在撒哈拉以南地区，有中非的山果（Sangoan）文化。旧石器时代晚期，非洲气候极为干旱，发现的遗存数少，在北非有伊比利亚-莫鲁斯（Iberomaurusian）文化，在撒哈拉以南地区则有阿方托瓦戈拉（Afontova Gora）文化等①。尽管在晚期时代的人类也使用木质和骨质工具，但旧石器时代的典型标志是使用借助敲打石头制成的石质工具（故称为打制石器）。这个时候发现的手工制造物和自然物主要包括棍棒、凿尖的石头、石刀、石手斧、石铲、石矛头、弓箭、镖、骨针、刮锥等；人们的生活主要依赖采集和狩猎；原始族群一般不超过 150 人[58]；居住以洞穴为主，后期在临近湖泊和河流的地方建筑茅屋、骨牙或皮制帐篷[59, 60]。

表 18.1 旧石器时代的分期及其代表性文化

分期	时间	代表性文化
旧石器时代初期 （能人和直立人）	约 250 万～约 30 万年前	奥杜韦文化（坦桑尼亚） 阿舍利文化（法国） 克拉克顿文化（英国） 北京人文化（中国北京） 元谋人文化（中国云南） 蓝田人文化（中国陕西）
旧石器时代中期 （早期智人）	约 30 万～约 3 万年前	莫斯特文化（法国） 阿舍利文化（北非） 丁村人文化（中国山西）
旧石器时代晚期 （晚期智人）	约 4.5 万～约 1 万年前	奥瑞纳文化（法国） 梭鲁特文化（法国、西班牙） 马格德林文化（法国） 山顶洞人文化（中国北京） 萨拉乌苏遗址（中国内蒙古）

大约在上新世末期的非洲，一支被称为能人（*H. habilis*）的现代人类的祖先，制作出了已知最早的石斧器（choppers）（图 18.8）。能人被认为是掌握了利用石片（stone flakes）和石芯（stone cores）制造工具的技艺，创造了奥杜韦文化[61]。大约在 180 万年前，直立人，一支进化程度更高的人种出现了[62]。直立人不但学会了掌控火以及制造复杂石器如更先进的手斧等技巧，而且其活动范围由非洲扩张到了亚洲，如中国的

① 中石器时代的文化遗址，在世界范围有大量的发掘，本章只关注非洲著名遗址。其他地区的文化，不详细列举。

周口店。这个时期的人们主要是制造简单的工具以作打猎和采集的用途。以中国周口店发现的北京人为例，他们主要居住于山洞中，使用石器和木棍来猎取野兽。从其洞穴中发现木炭、灰烬、桡烧石、烧骨等痕迹，显示当时的人们已掌握了使用火的技术，并会砍取树木作燃料[63]。

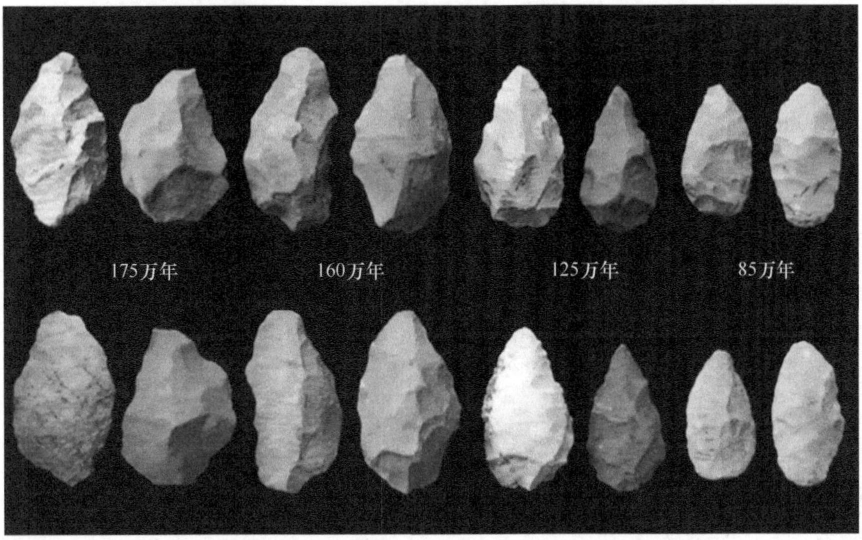

图 18.8 旧石器时代的石斧器，显示 90 万年间的精细化过程

旧石器时代占据了人类文明起源的绝大多数时间，可见早期的技术创新和积累是非常缓慢的（图 18.8），与脑容量的增长密切相关。如果脑容量增大的早期启动不是因为制作工具，那么，中后期的加速增大应该与石器制作有关。是石器制作驱动了大脑的进化（马克思和恩格斯的观点——劳动创造了人），还是大脑的扩容奠定了石器文化的基础（达尔文的自然选择和性选择理论）？

旧石器中晚期开始，世界各地频繁地发现雕刻品和洞穴壁画。在南非克莱西斯（Klasies）河口的发掘过程中，发现了 10 万年前的人类栖居的洞穴，其生活空间与后来的采集狩猎者的空间非常相似。这种安排方式，被认为是具有现代认知能力的间接证据。然而，判断认知能力的变化，仍然需要直接的证据。幸运的是，在克莱西斯河口不远处的布隆波斯（Blombos）洞穴，发现了一件据今 7 万～8 万年前的艺术品（图 18.9）[64]。这只是一个平平的赭石，上面绘着规则的几何图案。这看起来非常简单，代表不了什么，但是你见过动物能够自发创造出这样的图案吗？虽然人们现在无法明白这个图案究竟代表着什么，但可以肯定的是，这个图案无论如何也应该会代表着什么含义。那么，能够把一些含义附加到抽象的符号上面，就是很直接的认知能力进步的证据。在这个地方，古人类学家还发现了镂空雕饰的海螺壳，串起来作为项链或者可以系到身体其他什么地方作为装饰品。这件装饰品上还有颜色的痕迹，显示出绘画的初级技能。身体装饰毋庸置疑是动物生存和传宗接代之外的社会行为，是现代人独有的。这些证据表明，生活在旧石器中期时代的人们，已经具有了能够成为现代人的认知能力。

图 18.9 最早的人类艺术作品

布隆波斯也不是单独的，在埃塞俄比亚的波卡-埃皮克（Porc-Epic）洞穴，同样发现了一些装饰品，年代是距今 7 万年。在东非和南非，都出土了稍微晚一些的饰品，是使用鸵鸟蛋壳制作的小珠子。这些珠子中间有孔，有被串起来的痕迹。一些珠子还有被携带过的磨损痕迹，这都意味着这些珠子是项链或者手链、脚链、腰链、腿链的一部分[65, 66]。这些物品的年代没有最终确定，但是可以肯定都在 5 万年以上。这些具有现代抽象思维能力的人类，显然是从那些没有这个能力的祖先那里进化来的。但是，这种能力的得到，应该是在逐渐积累的基础上，完成了一次认知革命的结果。具有这种能力的人类新物种——早期智人，一登场就立刻显露出对动物或其他人属物种的优势。

2）中石器时代

中石器时代开始于约 1.5 万年或 1.8 万年前的更新世末期，结束于农业的出现（0.8 万～1 万年前，开始和结束的时间，不同研究有较大差异）。此期间对应的体质人类学，是现代智人。这个时期既有打制石器，也有磨制石器。中石器时代与新石器时代、旧石器时代文化相互重叠，其特色是巨大的环境变迁和文化变革，是对当地特殊环境做出的不同适应性改变。此时代的特点是细石器的制作以及石器的小型化。用燧石组合成的小型工具，即将细小石器镶嵌在矛柄、骨头、鹿角、木器和不常见的磨光石器上。此期间的艺术成就包括雕刻品和洞穴壁画，与之前的作品相比，此期作品对人类和动物的描绘更为精细[67]。

在大约 2 万年前，最后的冰河渐渐消退，人类开始改变生活习惯。因为自然气候变暖，使采集和渔猎经济有了较大的发展。而为了在新的环境中生存下去，新的发明和创造陆续出现，而且种类比旧石器时代时更多。在某些地区可以找到捕鱼工具、石斧以及像船和桨等的木制物品。生活仍是以狩猎渔业为主，但一些地方可以看到森林地开始被开发的迹象。开始出现氏族社会，发明了弓箭、渔矛、渔网等打猎工具，并开始驯养狗、羊和猪。发明了房屋建筑技术和交通工具，如独木舟[67, 68]。

3）新石器时代

以磨制石器为主的新石器时代，大约从 1 万年前开始，结束时间从距今 7000 多年前至 2000 多年前。森林地被快速开垦，因为农业而需要更多土地空间。人类开始从事农业和畜牧，将植物的结实加以播种，并把野生动物驯服以供食用。人类不再只依赖大自然提供食物，因此其食物来源变得稳定[69]。同时农业与畜牧的经营也使人类由逐水草而居变为定居，节省下更多的时间和精力。栽培农作物兴起，小麦在西亚起源而水稻在中国起源[70]。人类亦已经能够纺织和制作陶器、农具，人们的生活得到了更进一步的改善[71]。虽然新石器时代的人口密度仍然非常低，每平方千米只有约 1 个人，但已开始聚集生活，财富也开始集中。新石器时代末期某些部落开始出现酋长，阶级开始产生。有闲阶级开始关注文化事业的发展，人类文明开始萌芽[72]。

旧石器中期以后到农业革命的这段时期，应该等同于马克思历史唯物主义者所定义的社会发展的原始社会阶段[73]。在原始社会里，主要的劳动是采集（女人为主）和狩猎（男人为主），物质极度短缺而没有剩余的积累，因此人人赤贫但一律平等，共同生活、共同劳动。获取的食物一律平分，做到有饭同食，有衣同穿。这是人类历史上最平等的时期，被称为原始共产主义社会[74]。然而，虽然追求公平是植根在人类（可能还有灵长类）的基因当中的，但基因的本质是“自私”的，后者导致人性的自私。真正的平等，可能从来就没有实现过，而只是现代人在美化我们的祖先。

由于生产资料归全体原始部落的人所有，因此不存在任何形式的私有。与此对应的社会形式，是没有家庭单元的均匀结构。社会结构的演变：原始人群→氏族公社→国家。婚配制度的演变：混交制（无辈分禁忌）→群婚制（同辈无禁忌）→对偶制（无固定配偶）→夫妻制（固定配偶）。恩格斯的《家庭、私有制和国家的起源》一文，实质是人类学家摩尔根《古代社会》一书的读书笔记[75]。恩格斯的“读书笔记”加进了大量的独特思考，在当时就被译成多种文字并多次再版。然而，依据间接选择理论，这些人类社会的发展规律需要重新考虑。

欧洲人到来之前，北美印第安人还处于石器时代或原始社会阶段，以狩猎、捕鱼和采集为主要活动。人类学家摩尔根一生的大部分时间，是在易洛魁人（“刀耕火种”的印第安人）中度过的，并且被塞纳卡人部落（一个易洛魁人的部落）收养入族。摩尔根基于在部落内部的生活经历，特别是部落成员对亲属的称呼，总结出印第安人的社会结构，如氏族、部落、对偶制等[72]。而恩格斯则通过对其他地区（如印度、非洲和南美洲）的原始部落的比较，将摩尔根的观点进行了泛化[75]。然而，约翰・雅各布・巴霍芬（Johann Jakob Bachofen）[76]提出并得到摩尔根和恩格斯支持的原始社会结构，即存在过“母系社会”阶段，其实没有考古学证据的支持，其理论在现代西方的人类学和考古学界几乎无人认同。

西方学术界为什么要抛弃母系（母权）社会的学说①？雌性主导（female dominance）社会的理论基础是进化论，而进化论的基础源自于达尔文的理论。达尔文在《人类的由来与性选择》一书里暗示母系（权）社会的存在不符合性选择原理。越来越多的证据表明，母系社会很可能并没有广泛存在过，全球母系社会现象不超过 15%[77~79]。因此，母系社会顶多是一个地区性的社会形态，或者某个氏族的阶段性现象，并不具有

① 学术界明确区分母系社会与母权社会两个不同的概念。即便是母系社会，女性不一定掌权，故不一定是母权社会。

普遍性。近年来，一些基于种群遗传学的间接证据暗示，在过去数千年里，撒哈拉以南地区的狩猎和采集社会倾向于偏雄扩散，即女性与自己的母亲以及亲属留在原部落而不随丈夫的家庭生活[80, 81]。似乎只要自己的母亲和姐妹能够相互帮助照料子女，后代就倾向母系而不是父系的社会结构[82]。然而，对非洲的研究，并没有证明母系社会结构在全球其他地区的广泛存在。正如对“孑遗”物种的探讨，无法解释全球生物多样性的形成那样；对“孑遗”社会的探索，无助于阐明人类主流文明的诞生[83]。在人类开拓地球的历史长河中，始终是男性主导的，这一点毋庸置疑（参阅第二十二章）。

五、古环境的影响

在讨论古环境之前，需要对地质年代有个基本了解。就像生物分类那样，地质年代也采用层级分类结构：宙、代、纪、世（图 18.10）。例如，现在的地质年代是显生宙、新生代、第四纪、全新世。人类的进化横跨了第三纪的上新世、第四纪的更新世和全新世。前面说过，人类的起源是从直立行走开始的。是什么原因促使一个非洲的猿类采用这种新的行动方式呢？或者更客观地说，直立行走对什么环境具有较高的适合度？如果我们是忠实的达尔文主义者，那么我们必须坚信：基因变异产生了很多的站立和行走的方式，但自然选择青睐于直立行走。显然，选择直立行走不会是因为森林环境，直立行走既不利于在林中伏击猎物和追捕猎物，也不利于爬树采集果实。

人类学家一直认为，早期非洲的类人猿离开森林到空旷的稀树草原上跨步行走，这是很有想象力的一种戏剧性场景，但可能完全错了。科学家分析了东非许多地区的土壤，提出非洲的稀树草原有动物群的大规模迁徙的时间远在最早人类出现之后。非洲在 1500 万年前从西到东覆盖着一片连续的森林，居住着形形色色的灵长类。与今天的情况相反，那时猿的种类远比猴的种类多。其后的 300 万年里，环境发生了很大的变化，生物群落或景观也发生了相应的改变。具体过程是，非洲大陆东部的地壳，沿红海经过今天的埃塞俄比亚、肯尼亚、坦桑尼亚等地一线裂开，导致埃塞俄比亚和肯尼亚的陆地隆起，形成海拔 2700m 以上的大高地[84]。这些高大的隆起不仅改变了非洲的地貌，也改变了非洲的气候。隆起的高地使东部成为少雨的地区，丧失了森林生存的条件。连续分布的森林变成了灌木、孤独的乔木和草地镶嵌的环境。

大约在 1200 万年前，地质构造持续变化，在东非逐渐形成一条从北到南的裂谷。从太空往下俯瞰，这条长度相当于地球周长 1/6 的“地球表皮上的一条大伤痕”——东非大裂谷①，气势宏伟、景色壮观。大裂谷两侧为抬升的山体，在第三纪的中新世晚期隔断了湿气，在下风口形成雨幕（rain shadow）[85]。这条裂谷和两侧山体调节热带非洲

① 东非大裂谷位于形成地壳的巨大板块构造运动的主线上，长约 2000km，北到厄立特里亚，南至莫桑比克。图尔卡纳湖、维多利亚湖、坦噶尼喀湖等湖泊分布在它的周围。这条地理线如同一只沸腾的大锅炉，火山、湖泊、高山、河流轮番登场。因此它的地层非常丰富：土壤、火山灰、湖底沉淀物等不断地被抛上又沉下。随着地理的变化，一个接一个的历史故事也在东非上演。

宙	代	纪	世	距今年数	生物的进化
显生宙	新生代	第四纪	全新世	1万	   人类时代 现代动物 现代植物
			更新世	200万	
		第三纪	上新世	600万	  被子植物和兽类时代
			中新世	2200万	
			渐新世	3800万	
			始新世	5500万	
			古新世	6500万	
	中生代	白垩纪		1.37亿	 裸子植物和爬行动物时代
		侏罗纪		1.95亿	
		三叠纪		2.30亿	
	古生代	二叠纪		2.85亿	 蕨类和两栖类时代
		石炭纪		3.50亿	
		泥盆纪		4.05亿	  裸蕨植物鱼类时代
		志留纪		4.40亿	
		奥陶纪		5.00亿	 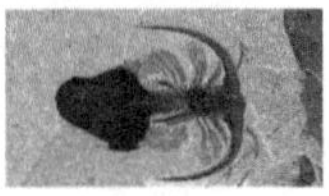 真核藻类和无脊椎动物时代
		寒武纪		6.00亿	
隐生宙	元古	震旦纪		13.0亿	
				19.0亿	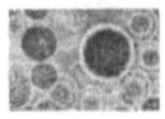 细菌藻类时代
				34.0亿	
	太古			46.0亿	地球形成与化学进化期
				>50亿	太阳系行星系统形成期

图 18.10 地质年代的层级分类

注意“世”的更替：中新世→上新世，猿类开始直立行走；上新世→更新世，人属出现；全新世伊始，农业革命发生

各地区的干旱程度以及早期人类所需要的水资源。大裂谷也妨碍了动物种群的交流，形成一道生物屏障。正是这道屏障，导致“人猿相揖别”。大峡谷以西仍然是湿润的丛林，非洲猿类像祖先那样无忧无虑地生活；而大峡谷以东则变得干燥、开阔、食物匮乏，非洲猿类不得不改变自己以适应这个富有挑战的新环境。人类学家科庞（Coppens）称这种情景为“东边的故事”[86, 87]。

一个一度广泛且连续分布的物种，被隔离在多个局部区域（即生态学上的“生境片断化”现象）之后，将面临新的自然选择压力。进化生物学的研究发现，生境片断化可加速物种的分化[88]。这是很容易理解的，片段化阻断个体或种群之间的基因流，大量的“中性”突变被保留，形成局部的地方“特色”。如果有基因流，这些变异就会被稀释或被均匀扩散。而当各自的特色积累到一定程度，即使后来因某种原因，如生态廊道的形成而恢复了这些被孤立种群之间的基因交流，也不能交配产生可育后代，生物学意义上的物种分化就此完成。这一过程很可能是人类物种多样性进化的基本驱动力之一，导致了如理查德·利基所形容的“一个拥挤的人科”[16]。

大多数个体由于环境改变而降低了适合度，其所携带的基因在群体中慢慢地被稀释，而那些能够适应变化后环境的基因则提高了在群体中的比例。700 万年前在大裂谷的东边，大量的猿类物种消失了，可能只有一个物种或种群发生了有益突变，获得直立行走的能力，存活了下来。现在仍没有找到直立行走的相关基因，考虑到整个骨骼系统也随之改变，涉及的基因应该不在少数。由此可知，直立行走的产生也就是一个渐变的过程。直立行走的优势在于：①解放双手以携带物品，②行走的能效更高，③视野更开阔[89]。这些优势只能存在于特定的环境，即稀树草原中。携带东西有什么适合度呢？猿人的生殖很慢，每 3～4 年才产一仔。如果雄性猿人能够从远距离带回肉食，对繁殖后代具有莫大的好处，前提是一夫一妻制的婚配制度。但 400 万年前的猿人，似乎还不是一夫一妻制（在后面将详细讨论）。两足行走理论强调：当森林萎缩时，疏林生境的食物资源也变得太分散，使猿人无法采用传统的方法加以有效利用。两足行走似乎能够解决这个难题。但与四足动物相比，两足行走和奔跑却没有优势。至少在少年时代，我跑不过村里的中华田园犬。然而，彼得 • 罗德曼（Peter Rodman）和亨利 • 麦克亨利（Henry McHenry）指出[90]，合理的比较应该是在人与黑猩猩之间进行。为了监视猛兽，需要超出草的高度去观察；在大白天搜寻食物时，需要采取有效的身体姿势。

其他重大事件是非洲板块与欧亚板块的渐进式复杂碰撞，开始于 1500 万年之前，对人类进化产生了重要的影响。首先，在不同的时间段为动物和人类往来两大陆，提供生物地理廊道。其次，不同海平面状态下的碰撞导致在第三纪中新世晚期，直布罗陀海峡的封闭以及地中海从大西洋分离，其结果就是 700 万～500 万年前地中海蒸发[91]。这些地质事件深刻地影响了局部地区的气候和生态系统，非洲与欧亚之间的生物地理廊道形成[92]。地中海海平面的变化历史也改变了尼罗河的历史，后者是热带非洲、裂谷系统和欧亚之间的生物地理廊道。

上新世期间，美洲大陆不断漂移，巴拿马地峡形成。这一事件对全球气候有着重大影响，温暖的赤道洋流就此被切断，来自极地的寒冷洋流进一步降低了被封闭的大西洋的温度[93, 94]。同时，北美洲的食肉目动物通过巴拿马地峡南下，造成南美洲原有的大型有袋类动物几乎完全灭绝。上新世时代的气候较为干燥凉爽，季节分明，类似于当前的气候。距今约 300 万年前，南极冰盖生成，其显著标志为氧同位素比例的突然变化和大西洋、北太平洋海床中的冻土层鹅卵石出现。中纬度地区的冰川可能于上新世的末期开始形成。上新世时期的全球变冷可能导致了森林的消失以及草原和稀树草原的扩大[87]。

更新世时期的气候特点是反复出现的冰川周期，在某些地方，大陆冰川一直推进到中纬度地区（即 40°纬度）。四个主要的冰期活动和大量相关小事件已经确定，其中一个主要活动是普遍出现的冰川涨落，即冰期与间冰期的周期性交替。而在每一个冰期之内，冰川都会有少许进退，这种少量的进退称为“小冰期”，两个小冰期之间的时段称为“小间冰期”。每一冰川在其 1500～3000m 厚的冰盖中都封存了体积巨大的水，暂时性地造成全球海平面下降了 100m 左右。而在间冰期，海岸线被淹没是经常发生的事情。生活在非洲的原始人类没有直接受到冰川的影响，但他们也经历了周期性的气候变化。随着温度和湿度的上下波动，撒哈拉沙漠以及热带稀树草原这样的开阔栖息地与森林交替地扩张和收缩[95]。

从上新世到现在，地球气温在持续下降，期间的小波动则频繁发生。进入更新世后，气温波动的幅度明显增大。人类进化的几个大事件，似乎都位于温度起伏较大的节点上（图 18.11）[96]。这里的因果关系应该是这样的：温度的降低带来湿度的减少；两者共同作用导致热带森林退化为稀树草原；促使类人猿下到地面活动；自然选择青睐直立行走，人类开始起源。然而，历史越久远，断代就越困难，精度也越低。我们现在只做大尺度分析，如 200 万～700 万年前，温度在逐渐下降，即使有波动，其波幅也相对较小。从 200 万年前开始，温度下降减缓但波动幅度增大。智人首次出现于冰期 MIS-6①的起始阶段[97]，而尼安德特人崛起于更新世中期的极端寒冷的欧洲[98]。后者跨越了快速变化的冰期和间冰期，直到 3 万年前灭绝。

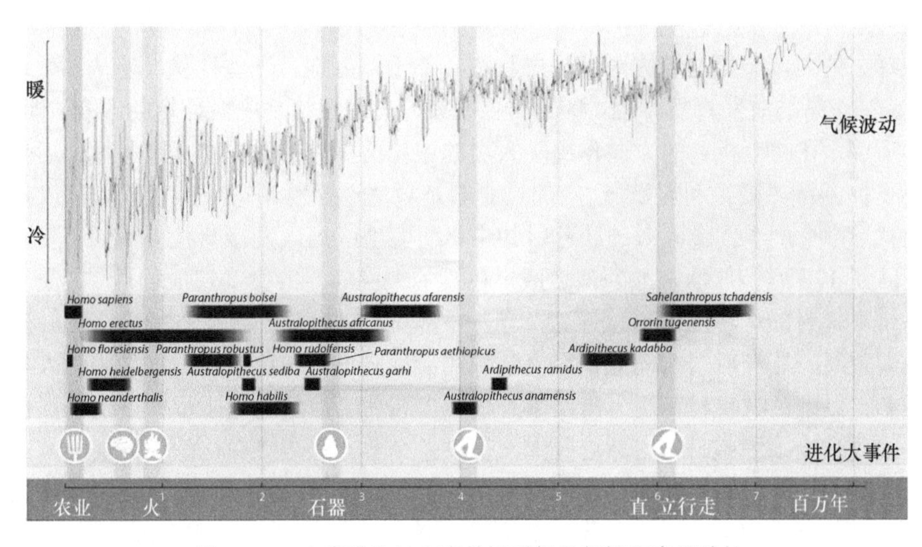

图 18.11　人类进化的大事件似乎都是气候巨变导致的

传统人类学家的研究，多依赖地质学证据，如地层、化石、石器、遗址等。新兴的分子遗传学为人类学研究注入了一股崭新的溪流，革新人们的思想，冲击经典理论。从此以后，人类学家不仅仅是基于形态的描述性特征构建进化历程，也可以借助可量化的 DNA 序列比对构建系统发育关系[99]。进一步，将形态性状或地质年代标注到分子系统树上，完成化石与基因的完美统一。

① MIS 是 marine isotope stages 的缩写，指依据与温度变化相关的氧同位素数据（从深海岩芯样品获得），推断出的地球古气候中的冷暖交替阶段。数字的含义：偶数为冰期，奇数为间冰期。由现代往前计数，如现代属于 MIS-1 阶段，MIS-2 是从距今约 2.65 万年至 1.9 万～2 万年的末次冰盛期开始等。

第十九章 现代人类的起源

地球上的人，无论是基因还是形态特征，都千差万别。一些性状（遗传、生理、形态、行为等）是系统发育主导的，即遗传；而另外一些性状是应对环境的改变，即适应。遗传和适应，在两个相反的方向作用于人类的进化历程。遗传的作用是尽量使后代保持性状不变，维持“既得利益”。适应的过程则是自然选择对不适应性状的淘汰以保留适应的性状。举个例子，研究人的肤色时如果将研究地区局限在撒哈拉以南的非洲，那么黑色皮肤是120万年前酪氨酸酶（合成黑色素的关键酶）的突变造成的[1]。人类祖先居住在热带高辐射的环境而保留该性状，因为强紫外线辐射易导致皮肤的癌变和叶酸被破坏。当人类离开非洲后一路向北，酪氨酸酶的活性降低，肤色变浅。这是因为人类合成维生素D（促进钙吸收和转运）需要紫外线，当高纬度地区的太阳辐射变弱，黑色素阻碍紫外线到达皮下细胞时，自然选择淘汰黑肤色个体。而当“白化”了的人类南下进入南亚次大陆后，皮肤因色素增加而再次变黑。因此，每一地区皮肤的色素多寡是抵抗紫外辐射与吸收紫外辐射的动态平衡。只看非洲地区（辐射强度一致性），黑色皮肤似乎是系统发育主导；而放眼全球范围（辐射强度异质化），皮肤色素则是对环境的适应[2]。

人类的进化正是在这种遗传上的“保守”与为适应环境的“改变”的矛盾当中，吹响了进步的号角，完成了人类的“脱胎换骨”并“羽化成人”。

一、智人的出现、扩散和分化

由于各种证据互相矛盾，新的证据又不断涌现，使得智人进化的过程变得异常复杂。例如，印度尼西亚弗洛雷斯（Flores）岛上发现1.8万年前的哈比人残骸，复原其中一副相对完整的骨骼，显示这个哈比人仅有1m高。而从骨架碎片来推测，大多数哈比人可能更矮。哈比人的脑容量大约是420cm^3，约为现代人类的1/3。然而，从与哈比人的骨骼一起被发现的石制工具可以推测出其复杂的行为活动[3]。现代人的祖先在1.8万年前早已横扫欧亚大陆，怎么可能还容忍哈比人的存在呢？而且身高1m和脑容量420cm^{3}的物种，只存在于300万年前的南猿露西。直到100多万年前才有直立人（身高约1.7m，脑容量＞800cm^3）走出非洲，难道是走出非洲的人属某物种发生了身体变化但保留了文化？这岂不让人发狂！然而，事实的确如此。

许多岛屿生态学研究发现，小岛上往往是小型动物长得较大（巨型化），而大型动物长得较小（微型化）[4, 5]。因此，在马达加斯加、毛里求斯和撒丁岛上生活着巨型的鼠类和蜥蜴，以及身材矮小的河马、大象和山羊。小型动物变大，是因为没有天敌；而大型动物变小，则是因为资源短缺。显然，弗洛雷斯岛上原始人类没有摆脱自然选择的魔爪，可怜地变小了。

基于这种状况，这里不打算讨论那些“不守规矩”的证据，因为本书的重点是关于人类文明起源的原动力问题。因此需要简化人类的生物学进化过程，明晰进化主线。而过于简化人类进化历程肯定是危险的，因为一旦出错就可能将整个人类进化史都搞错了。但在别无选择的时候，那就只能冒这个风险。

智人起源于非洲东部、南部或北部，仍然存在争议，但多数证据支持东非起源。起源的时间，也争议颇大。分子遗传学证据显示一个很大的时间跨度，即 34 万～5.9 万年前[6, 7]。而化石证据表明，30 万年前的非洲已有智人的活动了。因此，智人起源于 34 万年前的结果更可靠，或者起源时间至少接近 30 万年前[8]。现代人类的始祖“亚当”和“夏娃”，已分别通过 Y 染色体和线粒体的 DNA 序列，认定为 20 万～30 万年前的一个男人和 15 万～20 万年前的一个女人。

现在的问题来了，最“年轻的亚当”和最“年长的夏娃”可能才能同时代，暂且不论他们是否生活在同一个地区。美法联合研究小组对 Y 染色体和线粒体同时进行深度测序，认为 Y 染色体亚当和线粒体夏娃生活在同一个时代，即亚当 12 万～15.6 万年前，而夏娃 9.9 万～14.8 万年前。然而这些分子证据同时显示，“亚当从没遇见过夏娃”[9]。那么，现代人类是同一对夫妻的后代吗？尽管我们现在还不知道亚当和夏娃的基因发生了怎样的突变，具有什么进化优势。唯一可以明确的是，亚当和夏娃的基因发生了变异并且带来适应环境方面的好处。但这一切不一定要同时发生！考虑到大多数基因突变都是有害的，在同一个时间和同一个地点有两个个体的基因同时发生有益突变，而且正好是一男一女，而且正好年龄相当，而且还配对产生了后代，这概率该是多么小！

故事更可能是这样的。在 20 万～30 万年前的某一个时间，非洲大陆的某一个角落，诞生了一个男婴（就是“亚当”），携带了发生有益突变的基因。这个男婴长大成人后，应该很吸引女性，留下了很多的后代。由于具有较强的适应环境的能力，经过 5 万～10 万年后，该男性的后代扩散到大陆的每个角落。在 15 万～20 万年前的某一个时间，在非洲大陆的同一个或另一个角落，诞生了一个女婴（即“夏娃”），携带了另外的有益突变的基因。而这个女婴应该是亚当的后代，由于同时具有亚当和夏娃的有益基因，因此留下了更多的适应能力更强，即高适合度的后代。因此，亚当和夏娃不是夫妻，夏娃就是由亚当的一条“肋骨”捏成的。

还有一种可能，“夏娃”只是目前世界上所有女性线粒体 DNA 的最近共同祖先。但“夏娃”并不是当时世界上唯一的女性，只不过与“夏娃”同一个时代的其他女性，在漫漫历史长河中因某种原因，在一个时间段没有留下女性后裔，而导致线粒体的遗传信息中断了。她们其他的遗传信息，很可能仍然存在于她们的男性后代以及之后的男女后代里面。“亚当”也同样如此，他绝对不是当时世界上唯一的男性。只不过当时世界上其他男性的后代，在某一代中因为没有男性后代，而导致 Y 染色体的遗传信息中断，他们其他的遗传信息非常可能仍然在流传[10]。因为这个原因，所以 Y 染色体亚当和线粒体夏娃根本不需要相互认识，更不需要生活在同一个地点和时代。实际上，图 19.1 显示男性的遗传信息与女性的遗传信息的传播路线都有所不同。本来么，相差了至少 5 万年的两个个体，遗传信息的传递为什么一定要相同呢？2011 年以来，一种观点受到关注，就是线粒体 DNA 和 Y 染色体 DNA 在 10 万年的某一时刻融合（coalescence）了。但这是不是就意味着“亚当”和“夏娃”的结合呢？目前尚无法肯定[9]。

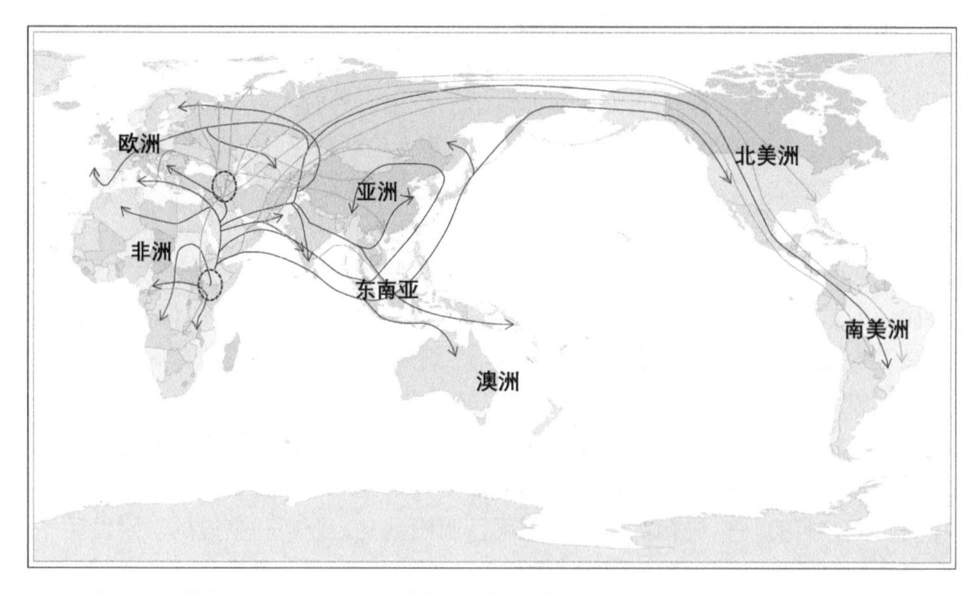

图 19.1 线粒体 DNA“夏娃”（橙色）和 Y 染色体“亚当”（蓝色）的迁徙路线

好吧，相信先进的分子遗传学技术，接受“亚当”和“夏娃”是现代人的祖宗。那么，他们的祖先又是谁呢？或者说，他们是在什么人种的基础上突变而来的呢？幸亏有了新的 DNA 测序技术，使我们能够从严重降解的组织中获得基因组的序列。通过对尼安德特人和丹尼索瓦人的全基因组解析，我们知道了现代智人与这两个已灭绝的人种在 60 万～70 万年前分开进化，其共同祖先可能是海德堡人（*H. heidelbergensis*）。如此一来，存在三种可能的进化路径。

（1）存在一个人种，与冰期 MIS-8 之后的尼安德特人和现代人有大量的共同形态特征。这样一个人种，应该是海德堡人和现代人的过渡物种，很可能就是赫尔梅人（*H. helmei*）[11]。与此对应，介于海德堡人与尼安德特人之间的则很可能是斯德海姆人（*H. steinheimensis*）。除非每个物种起源时有一个大的形态变异，否则赫尔梅人与智人以及尼安德特人与斯德海姆人的界线都是模糊不清的[12]。而且，最后的共同祖先与早期的智人和尼安德特人在形态上，可能本来就难以区分。

（2）另一个选项是放宽对智人和尼安德特人的定义，以包含自最后的共同祖先分化以来的所有化石样本。早期现代人被冠以古智人，早期尼安德特人被称为先尼人。现代人和灭绝的尼安德特人分别是古智人和先尼人的直系后代。但这两个支序包含了相当大的形态变异和灭绝种群[13, 14]。

（3）线粒体 DNA 指向的最后共同祖先，生活在 40 万年前，相当于海德堡人的起源。但有证据显示，此时尼安德特人已经独立进化了，证据就是来自 40 万年前的西马（Sima）化石，具有典型的尼安德特人特征。因此，尼安德特人与最后的共同祖先分开的时间应该更早。一项基于人类基因突变率的估算，尼安德特人与智人在 55 万～76.5 万年前分道扬镳，暗示海德堡人不是最后的共同祖先[15]。另外一种可能，先人（*H. antecessor*）是智人和海德堡人的共同祖先，而海德堡人是尼安德特人的祖先。有学者认为，先人在欧洲逐渐被尼安德特人取代，在非洲则被智人取代。基于形态差异和分化时间的矛盾，海德堡人可能不是智人和尼安德特人的共同祖先。如果这样，谁是智人、尼安德特人和丹尼索瓦人的最后的共同祖先，即“祖先 X”呢[14]？也许在将来的某一天，我们会搞明白。现在唯一值得庆幸的是，不管最后的共同祖先是海德堡人、先人还是祖先 X，他们可能都是直立人的后裔[16]。根据目前现有的形态证据，直立人则可能是匠人或能人的后裔[17]。当然，现有的进化路径都是依赖现有的化石，随着将来新的化石出现，人类的进化历史一定会被进一步调整。

基于对上千人的基因研究，现在生活着的 70 多亿人都可以追根溯源到一个共同的祖先人群。据计算，这个人群生活在 20 万～30 万年前的非洲，可生育的人数总计不到 1.4 万。现在非洲以外的所有人都起源于一个可能不到 3000 人的初始人群[18]。现生的人类所有遗传性状中，有 85%的变异是源自个体差异，7%的变异存在于同一大陆内部的种族之间，8%的变异存在于不同大陆之间[19]。即使后来的统计学包括遗传数据的关联成分，而调整了上述变异的比例[20]，也显示人类是高度同质化的物种。这种情况与其他灵长类动物形成鲜明对比，以黑猩猩为例，其全部的遗传变异在每个种群中都存在的比例不到 40%[21, 22]。

还有一个争论较大的话题是，现代人在进化过程是否曾经遭遇过种群瓶颈[8]。由于 7.4 万年前印度尼西亚 Toba 超级火山的爆发，造成灾难性的环境（气候）后果[23]，现代人类的种群曾一度下降到 1 万～3 万人[24, 25]。同样遭遇过种群瓶颈的物种还有黑猩猩、大猩猩、猕猴、猩猩和虎。由于种群数量的下降，加速了遗传信息的融合，包括线粒体 DNA、Y 染色体 DNA 和其他核基因[26]。是不是因为瓶颈效应，人类祖先的“亚当”基因与“夏娃”基因才有可能进行了融合，尚不得而知。种群瓶颈同时也降低了人类的遗传变异程度，即离非洲越远遗传多样性越低，形成一个遗传变异的线性梯度。人类进化中可能发生过两个大的群体遗传事件，导致种群数量急剧下降。一个发生在“出非洲”的地方（5 万～7 万年前），另一个发生在白令海峡（1.5 万～2 万年前）[27]。但这两个事件可能与环境灾变无关，而与迁徙有关。随后的研究显示气候变化远没有之前认为的那么大，而且线粒体 DNA 与 Y 染色体 DNA 的融合也发生在 10 万年前。

“出非洲”（out of Africa）是指人类在非洲起源，随后走出非洲扩散到全球各个角落的过程。“出非洲”一词显然借用了《圣经》里的“出埃及”（out of Egypt）。原始人类曾多次走出非洲，而现代人类的祖先可能分 2～3 个批次“出非洲”，大约发生在 7 万年前和 5 万年前（具体时间尚有争论），也有人认为 10 万年之前还有一次。最新研究趋向于以单次“出非洲”为主，同时暗示多次“出非洲”，但对现代人的遗传贡献极小，难以确证[28]。正是走出了非洲这片“热土”，人类为适应不同的物理环境（特别是光照和温度）而发生了巨大的改变，才形成各色人种（race）。

人种是具有共同遗传体质特征的人类群体，也称种族。不同的种族相当于在一个物种下的若干变种，都起源于一个共同祖先。不同的人种虽然在肤色、眼色、发色、发型、头型、身高、体毛等特征上有所区别（图 19.2），但这些特征差异是由于人类在一定地域内长期适应当地自然环境，又经长期隔离所形成的。目前，根据形态特征，人种可分为四个主要生物学亚种，种群数量由多到少依次为：高加索人种、东亚人种、尼格罗人种和大洋洲人种[29, 30]。区别不同种族最常用的特征，如皮肤和眼睛的颜色、鼻子的宽度等，是由相对而言极少数的基因控制。在短暂的 20 万～30 万年智人进化史上，这些基因的变化是为了适应环境所带来的巨大压力。

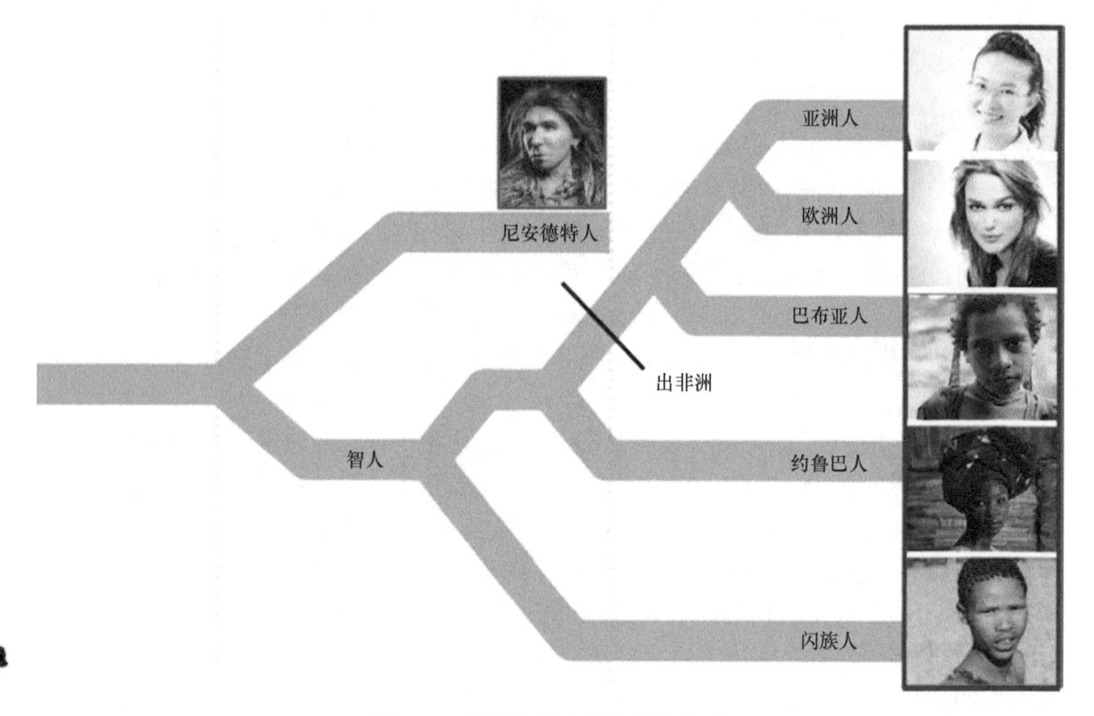

图 19.2　世界主要人种的亲缘关系

高加索人种（Caucasian）又称白种人，是世界上人口最多的人种，占世界总人口的 54%左右。在全世界分布较广泛，主要集中分布的地方是欧洲、亚洲西部、非洲北部以及北美洲北部等地。

东亚人种，昔称黄种人或蒙古人种（Mongolian），人口数量占比约 37%。蒙古人种得名于13世纪欧洲人对蒙古帝国无情的扩张和大屠杀的恐惧，现在国际上统称东亚人种（即Asian，但一般在前不加East）。因其肤色浅且与高加索人种没有间断性的差异而是由东向西的渐变，欧美国家早已取消了黄种人的用法①。主要分布在东亚、中亚和东南亚。

尼格罗人种（非洲人），约占世界总人口的8.5%。除北部非洲之外，撒哈拉以南地区皆属于此人种。在遗传上与非洲之外的人种有较大的差异，而且种族内部的遗传变异也非常大。

大洋洲人种皮肤呈棕色，包括澳大利亚土著人、美拉尼西亚人、巴布亚人和维达人。人口数量较少，主要分布于大洋洲、南亚次大陆和南太平洋群岛等地区。

基于最新的全基因组序列，研究人员构建了最准确的人类系统发育树，反映了现存人类的进化关系。在遗传上可明确区分：布须曼、俾格米、尼格罗、尼格利陀、大洋洲人、欧洲人、东亚人、印第安人八个亚种[31, 32]。

令人遗憾的是，人种的变异和种族分类本来是纯科学或基于医学考虑的研究，但经常被种族主义者利用，做出一些突破人类道德底线的行动。

种族差异是客观存在的，但我们要尊重这些差异，容忍差异的存在。与极少量基因决定人的肤色和外表相反，人的智力、艺术天赋和社交能力等却由数千基因所决定，而且是以复杂而相互关联的方式起作用[33]。另外，生活在同一地区的人，某方面基因的差别可达80%～90%，因生活地区不同而产生的这些基因差别只占10%～20%[19]。近年来，由于政治上反种族主义的需要，西方遗传学界提出特别的观点，认为种族的概念是没有遗传学根据的，其证据主要是种族之间都存在过渡类型，没有绝对的界线；大多数基因等位型在各个种族内都有一定的频率分布[32, 34]。

实际上，种族主义的错误在于认为种族有高低贵贱之分，这导致了人类历史上的多次种族灭绝惨剧。反对种族主义，是要反对种族在先天上有优劣之分以及反对种族歧视，而不是否认种族在外形、遗传和进化历史上的客观独特性（图19.2）。种族无所谓优劣之分，只不过一些人适合协调性的运动，而另一些人则擅长逻辑思维。这个世界不是哪一个种族的，也不仅仅是人类的，而是所有生命共有的。我们不但要尊重各个种族和每个民族，也要尊重其他生命形式，保护地球生态系统并维持生物多样性。而且，我认为有关种族差异的科学研究是符合伦理的，如果说非洲人与欧洲人在生物学上没有差异，这显然不符合客观事实。不能因为怕被扣上种族主义的帽子就放弃正当的研究，因为种族分类对于研究人类的起源和迁移、实践精准医疗都是必不可少的。

科学家在种群遗传研究中发现一个有意思的现象，在物种的起源地具有最丰富的遗传多样性。因为许多基因变异是中性的，在一定的条件下没有显著的适应意义，但却为自然选择提供了物质基础（参见第一篇）。由于物种在起源地的存活时间最长，积累的变异最多，因此分化也最深刻。这在遗传学上有一个专用名词：最深遗传分离（deepest

①从反对种族主义的角度，建议不再使用肤色划分人种的范式，而是根据国际潮流按地域划分为：东亚人、欧洲人、非洲人、大洋洲人。

split），描述两种群之间分化时间的久远程度。如果把地球上的人群都两两配对，观察分离时间，如果有一对的分化时间最久远，那么他们之间的遗传分离也最深。基于全基因组测序的研究发现，非洲人群保留了大量细分的遗传结构，而且人类最深遗传分离存在于撒哈拉以南的非洲人群当中[35]。说“咔哒语”（click language）的闪族人（图 19.2）群内部保留了人类最深的遗传分离，且这种分离估计发生在 11 万～16 万年前[35, 36]。然而，线粒体 DNA 或者 Y 染色体遗传标记结合语言学的研究揭示，最初说咔哒语人群的分布可能更加广泛；现在除了在非洲南部，其他地区的闪族人都消失了。其他说咔哒语的人群，包括现在居住在东非坦桑尼亚的哈扎人（Hadza）和桑达韦人（Sandawe），但与非洲南部的闪族人在遗传上的亲缘关系较远[28, 37]。闪族人是地球上已知最古老的民族，携带了大量的远古基因[38]。

基因组多样性表明，非洲人在所有的现代人群中有着最高的多样性，并且有着广泛的群体分化。这个结果与人类线粒体 DNA 谱系根部在非洲的结果相吻合。人类线粒体谱系分为三大支：L1、L2 和 L3。其中 L1 和 L2 局限于撒哈拉以南的非洲地区，L3 的一个亚支——M 谱系为“出非洲”人群的后裔所独有[39]。一份基于 3000 个非洲人样本的全基因组分子标记的研究，在非洲鉴定出了 14 个祖先人群。这一人群划分结果和非洲的地理、文化以及语言有着广泛的相关性[40]。非洲人保留了人类遗传多样性的 80%，而走出非洲的人群由于快速扩张所积累的遗传多样性仅占全人类的 20%[41, 42]。这就是说，即使有一天由于地质或天文灾害导致人类灭亡，但只要在非洲撒哈拉以南有一小块避难所，人类的遗传种质就能够大部分保存下来。再过 20 万年，可能又将有一个高度文明的人类社会。

解剖意义上的现代人扩散“出非洲”（图 19.3），在所有非洲以外的现代人遗传变异中都留下了很强的信号：较低的多样性和更强的连锁不平衡（两者均指向“出非洲”的人群有较近的共同祖先）。在中东地区或黎凡特（Levant）稍作停留（几千年或上万年？）[43]，古智人分成两支：一支向西，进入由尼安德特人占据 15 万年之久的欧洲；一支向东，沿着南亚海岸经东南亚向北进入中国。这一次“出非洲”可能发生在 10 万年或 7 万年以前，遭遇了欧洲的尼安德特人和亚洲的丹尼索瓦人的强力反击。欧洲分支可能全军覆没，而亚洲分支进军中国的人群也可能没有逃脱覆灭的厄运[44~46]。但在东南亚有一支继续向南，躲避了丹尼索瓦人的进攻或以基因交换为筹码向丹尼索瓦人妥协。这支人群最后到达大洋洲和南太平洋群岛，独立而缓慢地进化成现代大洋洲人[47, 48]。

现代人在大约 5 万年前，再次“出非洲”，沿着前辈的道路向西和向东。这一次的形势发生了逆转，现代人的祖先，取代了欧洲的尼安德特人和亚洲的丹尼索瓦人，占据了整个欧亚大陆[44~46]。亚洲一支继续向北，在最后一次冰期末，跨过白令海峡陆桥，进入北美大陆[49, 50]。美洲分支一路向南，直达南美洲（图 19.3）。现代人在横扫欧亚大陆的古人类之外，还随手灭绝了欧亚大陆和美洲大陆上的许多大中型动物（参阅第二十六章）。然而，准确的起源位置、“出非洲”的次数、迁移的路径及具体时间等重大问题仍然存在很大争议[28, 51]。

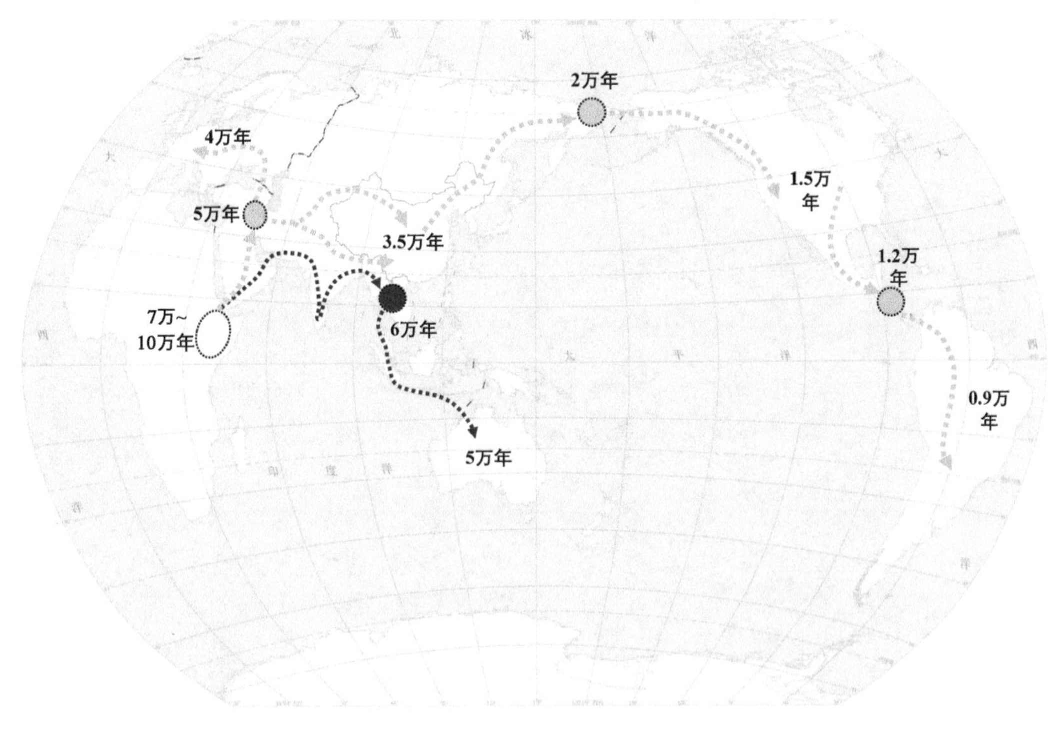

图 19.3　两次“出非洲”后扩散的时间节点

红虚线代表第一次的扩散路线，橘黄虚线为第二次的扩散路线；图中的时间均为倒推时间，如“5 万年”指“5 万年前”

5 万年前的现代人类祖先究竟具备什么优势，在与盘踞欧亚大陆 10 多万年之久（或更久）的尼安德特人和丹尼索瓦人的竞争中获胜，并灭绝了体型比自己大许多的动物。作为智人的后代，现代人带着先进的社会组织、技术工具、卓越的认知能力，无情地开始了对全欧亚大陆的统治，其标志是奥瑞纳的（Aurignacian）石器的出现[52]。在同一个时期或稍晚一些，现代人开始在亚洲殖民，周口店的山顶洞人是其代表[53]。山顶洞人的石器虽然不典型，但骨器和装饰品制作得十分精美。

二、华 夏 民 族

关于中国人的来源，人类遗传学的研究逐渐揭开了谜团。中国科学院昆明动物研究所的团队发现，汉族人和藏族人在 M122（L3 的一个亚支，突变发生在 3 万～4 万年前）和 M134（进入中国后发生）基因上都有相同的突变[54]。当中国陆地上的冰川（第四纪冰期）不断消融时，一支带着 M122 突变基因的南亚语人群进入了中国。目前发现南亚语先民进入中国后有三条分化路线，共有两个入口，一个是在云贵高原，一个是在珠江流域（图 19.4）。

（1）南亚语人群沿着云贵高原西侧向北跋涉，最终在 1 万年前到达了河套地区，黄河中上游的盆地，这里应该是中华文明的真正起源地。汉藏语系的祖先也被后人称之为先羌。0.5 万～0.6 万年前，其中一个亚群体发生了汉族特有的两个基因突变，先是 M134

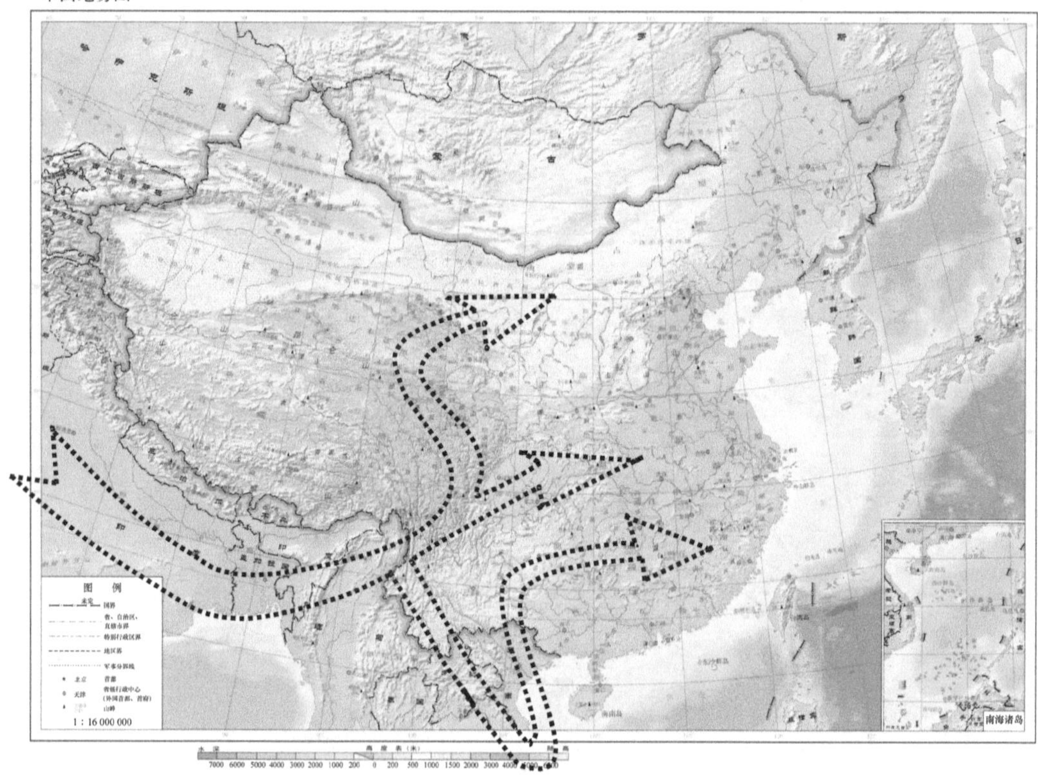

图 19.4　三四万年前进入中国的现代智人，成为中华民族的共同祖先

与图 19.3 比较，不同的基因研究显示的迁徙路线存在差异

然后是 M117。由于粟谷农业已经出现，新石器文化开始在这个地区发展。人口增长的压力使群体扩散到新的居住地，汉藏语系的两个民族开始分野[54]。

带着 M122 和 M134 的藏族先民开始挺进青藏高原，在大约 4000 年前定居于青藏高原并发生了适应性的遗传变异。一项对藏族基因组的扫描研究，发现低氧应急反应的转录因子（*EPAS1*）受到了最强的自然选择。*EPAS1* 基因的单核酸多态性（SNP）①在藏族和汉族之间存在 78%的频率差异，显示低氧环境下的相关基因惊人的进化速度[55]。而带着 M134 和 M117 的汉族先民则一路向东而来，一直到渭河流域才停留下来。他们掌握了农业文明，开始以农耕为生。这个群体就是华族，也就是后来所称的汉人的前身[56, 57]。

（2）百越民族先于汉藏民族，从珠江流域进入两广地区，向北穿越南岭（作者的家乡）成为越国的祖先。而岭南的越人自秦汉以来一直往广西山区迁移，南宋时候又向西迁移，后来形成侗族。所以，现在浙江一带越人的语言和侗族的语言有相同之处。岭南和东南沿海地区的人群具有一些特有的面部形态特征，当然也形成了极具鲜明特色的岭南文化[43]。

（3）吴国人从何而来呢？当初南亚先民从云贵高原西侧进入中国后，一支人群与汉藏民族分开而行，他们沿着长江往下走，这个人群在洞庭一带形成了苗瑶语系。吴人就

① 分子遗传进化或种群遗传学研究中，经常检测在基因组水平上由单个核苷酸的变异所引起的 DNA 序列多态性（如 A↔T 或 C↔G 互换），称为单核苷酸多态性（single nucleotide polymorphism，SNP）。

是苗瑶人东进与南下的汉人同化后形成的，所以他们遗传结构的变化多而复杂。因此，吴越两国根本不是同源同宗，而是统一语言后才相互接近。汉族的遗传构成非常复杂，中原汉族与东南沿海汉族的遗传背景差异大于南方的汉族与当地少数民族的差异[43]。因此，汉族更重要的是一个文化的民族而非遗传的民族，足见汉文化的强大与包容。由于历史原因，构成华夏民族遗传多样性的少数民族大多生活在边缘山区，导致推导的民族迁徙路线是沿山区行进的（图 19.4）。

到目前为止发现，除已知智人之外，在欧亚大陆还曾广泛分布过其他人种。

三、尼安德特人和丹尼索瓦人

在离德国诗人海因里希·海涅（Heinrich Heine）家乡杜塞尔多夫（Düsseldorf）城不远的地方，有个叫尼安德（Neander）的峡谷。1856 年 8 月，采石工人在这个峡谷中一个名为费尔德霍费尔（Feldhofer）的山洞里发掘了人的一些头盖骨和其他骨骼骨架。这并不是首次发现，类似的骨骼化石最初在 1829 年发现于比利时，但当时未被重视。1864 年，爱尔兰一位解剖学家对这些化石研究后，认为与现生人类有显著差别，是一个新的人种，定名为尼安德特人（*H. neanderthalensis*）（图 19.2），根据其生活特点又被称为穴居人[58]。晚更新世，尼安德特人广布于欧洲和中亚：西起欧洲的西班牙和法国，东到中亚的乌兹别克斯坦，南到巴勒斯坦，北到北纬 53°线。大约在 20 万年前尼安德特人就已经出现，由于冰期的兴盛，约在 3 万年前灭绝[59, 60]。根据来自克罗地亚的三位女性尼安德特人基因组的研究结果，初步断定这三个尼安德特女性都有黝黑的皮肤和棕色的眼睛，其中一个是红色头发，另外两个是棕色头发[61]。与此不同，以前的观点基于西班牙和意大利的样本认为是白皮肤和红头发。为适应寒冷的环境，体表覆盖浓厚的毛发[62, 63]。

尼安德特人曾经纵横欧洲大陆至少 15 万年之久，最后黯然地退出历史舞台。关于尼安德特人灭绝的原因，人类学家推测有：与智人竞争、气候变化、食物短缺、环境污染等。早期的学说认为可能是由于气候突然寒冷起来，尼安德特人为避寒而躲进山谷，群体之间缺乏联系，近亲交配增多；加上智人与之竞争，导致了尼安德特人的灭亡。反对的意见是尼安德特人未必被智人灭绝，反而可能因为遗传上居于劣势，所以被智人同化。特杰德·昂德里克·冯·安德尔（Tjeerd Hendrik Van Andel）等[62]认为在大约 3 万年前的间冰期，气候相对温和。到了 2 万年前的冰期，欧洲中北部都笼罩在冰下。但尼安德特人的衰败并非天气的原因，而是由于赖以生存的、温顺的成群野牛和庞大麋鹿等草食动物的减少。一个国际考古团队对南欧的格拉诺利纳（Granolina）、戈罕（Gohan）、皮鲁乔（Pirucho）等岩洞穴居人遗址的遗迹进行考察后，认为一些洞穴环境中存在重金属。这些重金属污染可能与长达约 45 万年的鸟粪和蝙蝠粪便积累有关，对生活在洞穴中的尼安德特人的健康造成了负面影响[64]。

另外，尼安德特人的社会结构非常分散，他们分成许多小的部落，每个部落相对独立，并且都有自己制造工具的方法。一些人类学家甚至认为，不同的尼安德特部落使用不同的语言（这很有可能），进一步加剧了部落间的分离状态。不论这是否真实，这种分散的结构很可能是尼安德特人适应冰川时期北欧寒冷气候的结果。因为彼此分散，他们可以在较广阔的范围里寻找食物资源，获得食物的机会更多，正是这种生活方式形成了分散的社会结构[65]。

关于尼安德特人为什么会灭绝有多种解释，其中的一种比较有说服力，而且有考古发现和基因数据作为证据。那就是因为智人的祖先全面占领了欧洲，与尼安德特人发生冲突。但事实上，几乎找不到发生过种族屠杀的具体证据，在法国和西班牙都没有发现史前战场的遗迹，而且出土的尼安德特人的遗骸也没有大量被屠杀的迹象。当然，也许考古学家还没有发现尼安德特人的“滑铁卢”，但至少从表面上看，没有种族间发生大冲突的证据。很有可能，对他们进行种族灭绝的不是智人的祖先，而是自然选择在起作用。

这些假说也许能够解释欧洲尼安德特人的消亡，但不能解释在同样的环境条件下智人为什么能够存活并发展壮大。尼安德特人在 20 万年前就来到欧洲，而现代智人最早可能是 7 万年前和 5 万年前才来到欧洲。从适应性进化的角度，后来者没有更多的时间积累足够的变异以适应完全不同于非洲的寒冷气候。从生态行为的角度，先来者占据了最好的领地，即有丰富的食物和较少的天敌之区域。还有，尼安德特人的脑容量高于智人的脑容量，身体也比智人强壮。那么，智人采用的生存策略尼安德特人也应该可以采用，智人能够实施的计划尼安德特人也能够做到。在应对自然环境的变化方面，尼安德特人未必不如智人。但最后在与大自然的斗争中和与智人的竞争中，欧洲的尼安德特人落败了。其主要原因是环境恶化呢，还是智人入侵？毕竟尼安德特人与智人重叠生活的时间达 4 万年之久，竞争是必然的。

丹尼索瓦人（Denisovans，尚未定拉丁学名）是生活在上一个冰河时代的人类种群，属于一个全新的人类物种。2008 年在西伯利亚南部阿尔泰山丹尼索瓦洞的古遗址中发现[66]，化石包括一块指骨和一颗牙齿，以及一些饰物。通过对古代遗留的牙齿和指骨化石提取的 DNA 进行分析，证明该化石为一名 5～7 岁的女性，被称为“X 女”。基于这些证据，科学家确立了在更新世晚期生活于亚洲大陆的丹尼索瓦人的存在[67]。虽然是依据俄罗斯的化石样本命名，但这一人种主要分布在中国的金牛山、大荔、马坝、许家窑等遗址。大约 45 万年前，丹尼索瓦人从原始尼安德特人中分化出来。28 万年前，他们到达辽宁金牛山地区。经过 8 万年的生存斗争，他们淘汰了本土的北京直立人[68, 69]，成为东北亚地区唯一的人类居民。之后他们曾在中华大地上反复游荡、迁徙。根据全基因组序列，丹尼索瓦人携带有与当今人类黝黑皮肤、棕色头发和棕色眼睛相关的等位基因[70]。

早在 13 万年前，迁徙到广东马坝地区的丹尼索瓦人就与第一批走出非洲的古智人有过接触（不要被这个时间所困扰，考古的时间不但不精确而且互相矛盾。前面提过智人有两三次出非洲的迁徙，第一次也许就发生在 10 万年以前）。但当时的古智人尚未掌握日后的先进技术，再加上水土不服，与丹尼索瓦人相比并无优势，被丹尼索瓦人轻松压制。然而，5 万年前开始，当丹尼索瓦人返回华北之后，更高级的第二批智人（古亚洲人）来到中国。凭借着更为先进的社会结构以及文化技术，打得已成为“土著”的丹尼索瓦人节节败退，不断向北退缩，最终在2万～3万年前消失在西伯利亚原野的茫茫风雪之中。丹尼索瓦人的基因已经渗入东亚各民族包括汉族、傣族和日本人之中，藏族对高海拔的适应也可能得益于丹尼索瓦人的某些基因[71, 72]。

近来一些研究强调，尼安德特人的智慧不比现代人差，甚至可能还比我们聪明那么一点点[73, 74]。那为什么智人存活下来而尼安德特人彻底地消失了呢？旧石器时代后期的一个突出变化是社会结构的复杂化。正如我们在后面章节将要看到的那样，这一变化的核心过程是知识积累牵引的脑容量膨大、性公平导致的家庭革命以及由此带来的社会结构改变和体量膨大。由于智人拥有庞大的社会体系，懂得如何集体协作，其社会行为的资源利用效率要远远高于尼安德特人。从出土的尼安德特人的遗骸上也能发现这一点，他们的生活十分艰难。大部分在生前发生过骨折，可能暗示尼安德特人所倚重的只有个人的身体力量。由于体力负荷过大，他们的寿命都不长。一项基于牙齿磨损的研究显示，大多数尼安德特人的寿命只有30多岁[75]。这意味着，知识的积累和传承都难以有效地完成。

进入21世纪，全基因组学兴起为进化生物学研究带来革命。而完成尼安德特人和丹尼索瓦人的全基因组测序，将使全球基因库的人属物种不再孤独地存在。

四、人族基因组的比较

人类基因组约含有31.6亿个DNA碱基对，但只有2万～3万个基因（不同学者的估计不同，但比原先预期的少得多），分布于23对（46条）染色体之上。外显子或基因片段，也就是能够制造蛋白质的编码序列，只占总长度的约1.5%[76]。内含子，即断裂基因的非编码区，占据DNA序列的绝大多数。内含子可被转录，但在mRNA加工过程中被剪切掉，故成熟的mRNA中无内含子序列（图5.1B）。基因转录的调控序列，在基因序列的前端，通常不被转录。目前已经发现和定位了人类26 000多个功能基因，其中的15 000个基因已知其功能。人类基因小于3万个，比某些较为原始的生物还少[77]。但是在人类细胞中存在大量的选择性剪接或可变剪切，将转录产物中穿插在内含子中的外显子以选择性的方式进行剪切及保留，形成不同的RNA剪切产物。这使得一个基因能够制造出多种不同的蛋白质，导致人类的蛋白质组规模更加庞大。

单核苷酸多态性（SNP）是人类可遗传的变异中最常见的一种，占所有已知多态性的90%以上。在人类基因组中广泛存在，平均每500～1000个碱基对中就有1个，估计其总数可达300万个甚至更多。前面提及的非洲具有最丰富的人类遗传多样性，就是基于单核苷酸多态性的分析结果。这个指标也被广泛地用于人种之间的比较。在全基因组上进行单核苷酸多态性的分析，可以构建比较可靠的系统关系。

尼安德特人的基因组与现代人的基因组，相似性高达99.5%，非洲以外的现代人基因组中有1%～4%似乎来自尼安德特人。当一个拓殖群体与一个土著群体相遇时，如果前者接着发生了显著的扩张，那么即使少量的杂交都可能在拓殖群体的基因组中得到放大。因此，在现代人的基因组中含有相对较低的尼安德特人DNA，显示当时的杂交次数是相当有限的。尽管存在着其他可能的解释，但最简单的情景之一是早期的智人在离开非洲之后及向欧亚扩散之前，在中东与尼安德特人发生了杂交（图 19.3）[70, 78]。研究认为，现代人类的一些疾病，如抑郁、肥胖、心脏病、吸烟习惯等可能与人类含有的尼安德特人基因有关[79]。

美拉尼西亚群岛位于澳大利亚北部和东部，其中包括新几内亚岛。在现代美拉尼西亚群岛的居民身上，研究人员发现了丹尼索瓦人 DNA 的痕迹，说明丹尼索瓦人曾与美拉尼西亚人的祖先通婚，因此他们可能曾广泛分布在亚洲太平洋地区[80]。研究人员对 40 个藏族人和 40 个汉族人的 *EPAS1* 区域进行了高覆盖度的重测序研究，并与世界各地的现代人及古人类基因组数据进行比较，发现这个受到定向选择的单倍型仅在现代藏族人和古代丹尼索瓦人中大量存在，表明丹尼索瓦人的基因在藏族人对高原的适应过程中起了重要的作用[81]。

黑猩猩的基因组与人类的基因组之间，有 98.77%的相似性或者说只存在 1.23%的差异，而黑猩猩与倭黑猩猩之间的基因相似性则高达 99.6%。每一个人类蛋白质的标准编码基因，与黑猩猩同源基因平均仅相差两个氨基酸（≤6 个核苷酸的差异）。有将近 1/3 的基因在人类与黑猩猩是同源的，能够转译出相同的蛋白质。黑猩猩的 12 号与 13 号染色体，在人类则融合成为 2 号染色体，这是人类与黑猩猩基因组之间的主要差异[82]。撇开我们现在知之甚少的非编码区（占整个 DNA 序列的 98.5%），单就基因而言，1.23%的差异基因相当于 571 950 个核苷酸序列的区别，造就了人类的辉煌和黑猩猩的窘境。这些有差异的基因都是与哪些功能有关呢？通过与尼安德特人基因组的比较，发现现代人类中与认知、能量代谢和骨骼发育相关的基因受到了正选择[83]。然而，智人为什么那么没有"人性"地将尼安德特人和丹尼索瓦人从地球上清除了呢？和平共处不好吗？

五、生态位理论与人种灭绝

不管我们是什么亚种，我们都属于智人这个物种。目前全世界也就只有这一个人属的物种。一个非常有意思的现象是，到目前为止，所有的人类物种都起源于非洲。难道说非洲是人类的"种质资源库"？是的，作为"人类的摇篮"，非洲积累了大量的人类遗传资源，具有最丰富的遗传多样性。做动植物育种的人都知道，育种工作第一步就是收集相关的种质资源，也就是建立遗传基因库，然后才能进行各种的杂交，选育出新的品种。同样的过程是否在非洲古人类中自然发生了呢？是否有过杂交抑或仅仅是突变？人类不断地从非洲发源，又不断地走出非洲。问题是，后出非洲的人类把先出非洲的人类都"斩尽杀绝"了。这又是怎么一回事？

如前所述，生态位是生态系统中每种生物（即物种）生存所必需的最小生境阈值单位[84]。生境中最常见的成分有空间、时间、食物，组成所谓的三维生态位。任何一种生物或个体，都需要这样一个基本的最小空间，这与生物的体型有关。体型越大，所需要的空间越大；体型越小，所需要的空间也越小。空间因素又与食物相关，食草动物的空间要求小而食肉动物的空间要求大。如果体型和食性相似，那么就必须在时间维度分离，或者白昼活动或者夜间活动或者晨昏活动。如果在三维生态位还无法分离，那就要考虑超维生态位（即在第四个维度或更多维度）上的差异，如栖息地、光线、水分或水源、通信信号、水体 pH 等。图 2.6 显示两个近缘种的鸣声通信，在各自的分布区两者的鸣声结构很相似，但在重叠区的鸣声结构差异增大，否则就会因为配偶识别困难而产生杂交[85]。性状替换理论强调，一种生态位（如空间）的重叠驱动另一种生态位（如时间）的分离。后来又发展出了功能生态位概念，特指物种在群落或生态系统中的地位和角色，如天敌抑或猎物。

生态位宽度是指在生态位空间中沿某个方向的直线距离，是生命体利用已知资源幅度的测度，等同于生态资源利用谱。只能利用其中一小部分资源的为狭生态位物种，反之，能利用大部分生态资源的为广生态位物种。广生态位的物种之间，容易发生生态位重叠，形成竞争。而狭生态位的物种则较容易在局部形成共存。例如，加拉帕戈斯群岛上的达尔文雀，喙的不同形状表征了食谱的高度特化与分离[86]。喙长的雀以浆果为食，喙短的雀以坚果或种子为食。生态位分离是指生态学上接近的两个物种不能在同一地区生活，或者说生物群落中的两个物种不能占据系统的相同生态位。如果生活在同一地区，则往往在栖息地（微生境）、食性或活动时间等方面有所分离。因此，生态位分离是生物多样性形成和维持的基本机制[87]。生态位分离也是物种进化的主要策略，包括“特化”和“泛化”。泛化是指资源不足时，捕食者往往形成杂食性；相反，在食物丰富的环境里，劣质食物将被抛弃，只追求最优质的食物，即特化[84]。熊科动物是杂食性，分布很广，大熊猫是食性特化的典型，显然是为了避免竞争。智人则在很多方面都泛化了，导致强烈的资源竞争。

生态位扩充与压缩：生物都有无限增长的潜力（如在不受限制的环境中呈指数增长），我们将由于生物单元（个体或物种）的无限增长所引起生态位的增加称为生态位扩充，这是生物进化和生态系统演替的动力，是由生命的本质特性所决定的。生态位扩充是当所处环境对生存和繁殖有利时才会发生的。而当环境条件不利于该物种或有外来物种入侵时，本地物种如果竞争不过外来物种，就表现为生态位压缩，即压缩它们对资源的利用范围[88]。

如果两个或两个以上的物种在所有生态位维度上都高度重叠，如智人和尼安德特人，会发生什么？无外乎三种结果：改变，一个物种让出原来的生态位改为适配其他生态位；杂交，特别是在与繁殖相关的生态位不能分离的情况，产生可育后代；灭绝，一个物种将另外一个物种完全消灭/取代/驱赶，即竞争排斥原理（参阅第十一章）。

当原始人类还没有完全成为真正意义上的“人”之前，意识中的兽性占据主导地位。据此不难理解，原始人类的行为没有多少人性，因此完全受生态学法则，即竞争排斥原理所驱使。直立人灭了匠人和能人，尼安德特人和丹尼索瓦人灭了直立人，最后智人灭了尼安德特人和丹尼索瓦人。可能是血淋淋的斩尽杀绝，也可能是生态位竞争而导致对手没有生存空间。这也许就是严复所谓的 “物竞天择，适者生存”吧。由于大型动物往往占据较大的时间和空间生态位，人类又是杂食性动物，人种之间的竞争是不可避免的。生态位决定了人属各物种之间无法“兼容”，最后是智人获胜。

“适者生存”是严复基于达尔文《物种起源》的进化观，撰写《天演论》[89]时援引的斯宾塞的简化版“survival of the fittest”。现在看来这个简化既不严谨（适者是什么？指个体、种群或物种？）也不客观（还有负选择、遗传漂变）。且不说其循环论证的逻辑问题（适者能够生存；能够生存的就是适者），“适者生存”含义的引申，就是“不适者灭亡”。具体的进化过程却并非如此简单。首先，不管是“渐进”式还是“跳跃”式，进化都是在现有的基础上进行，而不是无中生有。当一个基因发生突变，如导致古人类的腿变长，这在稀树草原中无论采集或是狩猎都有优势。有较多的食物，就能供养更多的后代。假设这个“长腿”与一个“短腿”婚配，可以养育 8 个孩子。考虑到等位基因的随机重组，将有 4 个 “长腿”和 4 个“短腿”。假设，两个“短腿”后代只能养育 6 个孩子。那么，因为“长腿”而多出来的 2 个后代，其中一个是“长腿”的。不要小看这一个“长腿”，每一代都多一个；几十代之后，“长腿”就会遍布整个种群。如果优势很明显，种群就会扩大。其他的基因除了“短腿”以外，也都搭上顺风车，趁机增加了自己的拷贝数。整个古人类群体就会拔高一截而保持其他性状不变，成为下一次突变的基础。但如果“长腿”突变发生在森林种群，没有优势，这个基因也就无法扩散。如果“长腿”对森林生活反而有羁绊的话，突变就成为有害而被淘汰。同样，对于一些“马背”上的民族，上身高很重要而长腿则未必有优势。

如果一个突变，既没有优势也没有劣势，那么也可以在一定范围内存在。这类突变可能以一定概率发生，累计起来作为自然选择的源泉——变异库。在第一章中讨论过的细菌和昆虫的耐药性进化，其基础就是有不同抗性的个体存在。药物作为选择压力，清除了敏感个体且保留耐受个体。耐受个体独占资源，趁机扩大种群。只要有足够大的群体，就有足够的可能性（哪怕概率很小）在耐药的基础上产生更加耐受的突变个体[2]。当压力不存在时［即压力释放（pressure relaxation）］，耐受个体竞争不过敏感个体，而逐渐被取代。因为产生和维持耐药性，总是要付出能量代价的。类似的例子还有英国的桦尺蛾。这几个例子，就很难简单地用“适者生存”概括，它们其实就是群体中基因（性状）的比例或基因频率在变来变去[90]。这种基因频率的变化，有时候不一定有选择压力在驱动。在小种群中由于偶然因素而引起的基因库改变，会造成下一代的基因频率发生不同于这一代的变化。在种群数量小时，含有某个基因的个体如死亡，或者迁移出种群，都会引起基因漂失。

即使放宽我们的定义，承认“适者生存”有一定的道理，那描述的也是进化的结果而不是进化的过程。对于进化的研究，时间跨度之长，涉及地域之宽，过程远比结果重要。何况，现在的结果，不正是未来的过程吗？因此，罕有正规的进化生物学教科书使用“适者生存”（中文书）或“survival of the fittest”（英文书）的字眼。即使后来达尔文本人也认同斯宾塞的说辞，但这种说法也只是源自当时的认知局限。

第二十章
语言与脑容量膨大

人类文明发展到今天，已经极度复杂，很难阐明什么是主流，什么更重要。寻找文明的源头，必须在全人类的框架里，跳出民族和种族的束缚，站在进化历史的高度。人类进化的自动催化模型[1]，强调一系列的进化事件造就了现代人类。这其中，每个事件都由特定的触发因子所引起，事件的结果可作为下一个事件的诱因。那么，这一系列事件的源头因子是什么？它必须是人类特有的，出现很早，现在尚存在或不存在，一开始就为原始人类带来很显著的适合度。此类因子，我们可以列举许多：直立行走、石器、火、语言、性欲、脑容量等。

前面说过制造和使用工具发生在脑容量急剧膨大之前，而且脑容量小的人类和一些动物都能制作工具，暗示脑容量增大与工具的制作和使用关系较小。语言的起源最有可能是第一个转折点，使得人类进化由体质为主线转为以文明为轴心。这不是因为我本人的研究领域是动物的语音通信，而是人类的语言具有非常独特的作用，那就是，作为知识传递和存储的媒介。环境中充满了各种声音，只有由动物主动发出的声音被称为语音。语音用于个体间通信以传达信息，一般发生在同种个体之间，少数在异种个体之间。尽管动物也有语言，但却没有知识传递和存储的功能。那么，动物的语音与人类的语言到底有多大的差异呢？

一、人类语言及其起源

我们在这里讨论的是文字发明以前的人类语言，那时的语言符号只有语音，后来才有文字。动物也能够进行语音通信，如繁殖季节的鸟类鸣啭和蛙类鸣声。雄性歇斯底里地鸣叫，仅仅是为了得到雌性的青睐，因此，这类动物的“语言”与孔雀的尾羽没有功能区别。动物，特别是社会性动物的鸣声可以报警，鸟类鸣声的一些结构能够编码天敌的体型[2]，而灵长类的叫声中包含天敌的种类[3]。动物也有“语言”文化，而且是通过学习，获得“说话”的能力。这些物种包括鸣禽、鹦鹉、蜂鸟、蝙蝠、海豚和鲸类等，但它们的语音学习却各不相同。鸣禽，一般是雄性在繁殖季节鸣啭，雌性很少发声。鸣禽的学习有两种：①在未成年学习，一旦学成终生不变；②每年开春重新学习（图 14.2）。鹦鹉的雌雄都发声，但雄鸟的学习能力要强于雌鸟，而且是终生学习。一些种类的鸣禽，如画眉和八哥，鹦鹉如非洲灰鹦鹉等，学习能力超强（网络上有大量的视频）。鸟类的语音学习主要表现为时域结构的改变，而蝙蝠的语言学习则是频域结构的变化[4]。时域结构的改变，相当于语义的重新组合；频域结构的变化可能仅仅是个体的口音融入主体种群。非常奇怪的是，人类具有最强的语言学习能力，而非人灵长类却没有相应的能力。因此，人类语言一定是独立起源的，由适应机制所驱动。

人类语言的特征，包括以下 6 个方面[5,6]。

（1）任意性（arbitrariness）：即对语义的约定性，是符号最重要的特征。语言的声音和意义之间没有必然的本质联系，完全是社会的约定。例如，“yi”的发音，在普通话是指“一”，而在粤语是指“二”。中文表示“好”用声音“hao”，英文用声音“gu…d”。没有任意性或任意性程度很低，说明其符号性很弱。因此，符号性与任意性是相辅相成的一对。任意性越低，其符号所编码的信息就越固定。例如，绿树蛙的鸣声编码雄性的身体状况，即体重[7]，而仙姑弹琴蛙的鸣声编码居住巢穴的结构[8]，两种蛙类的声音编码不能互换。因此，动物“语言”中一定程度的任意性，不能说完全没有，但都局限于一个极小的范围。

（2）语义性（semanticity）：指以任意性和非任意性的信号或符号表达一定的含义，如事件、思想、感情等。人类语言是由基本语音元素，即音素和音节构成的，音素以音标为记录符号。由音素和音节构成语音的单元，单元与单元之间有清晰的界线，这也是人类语言所独有的。因此，人们能够解析出单元并进行单元的组合。动物的“语言”也有语义性，常以固定在时间序列上连续的鸣声或舞蹈动作来表示一个固定的意思[9]。因此，无论是借助声音还是形体来表达某种含义，总体上都是不可分的。没有边界，也就没有单元，组合就无从谈起。

（3）结构层次性（pragmatic structure）：人类语言是一种两层的结构系统，音位层和语法层。两个层面上都有大小不同的基本单元，以数量有限的基本单元按照有限的规则组合起来，生成无限多的大单元。在理论上，人类语言可以编码无穷的信息。

人类绝大多数不同语言的规则是相同的。一般语序为“主—谓—宾”的结构，如中文和英文。少数是“主—宾—谓”的结构，如日语和韩语。还存在“谓—主—宾”，如《圣经》中的希伯来语和古典阿拉伯语等[10]。现实生活中，语言的主、谓、宾可以是无穷尽的，由此组成的句子呈指数增长。来看一种最简单的情况，即四个主语（你、我、他、她）、四个谓语（说、拿、要、给）以及四个宾语（书、笔、杯、药），可以有 64 个组合。任何一个成分的改变，所编码的意义就完全不同。如果再加上其他限定，如时间和地点等，则有更多新的含义。因此，语言的本质就是编码信息，并且作为信息传播和存储的载体。动物“语言”的时序是固定的，任何改变都导致信息的不可识别性，而无法达成语言的基本目的，即信息的编码、传递和解码。

（4）开放性（creativity）：运用有限的语言手段通过替换和组合创造出新的语句来，即人们能够说出并理解从未说过或听到过的句子。动物的“语言”只能通过固定的结构表达固定的信息，即刺激→反应，因此受到刺激类型的限定。由于人类语言的开放性，很容易创造新的单元来编码新的信息，通过语境化使抽象思维有了立足之地。因此，这才是区分人与动物最根本的标准。

（5）传授性（cultural transmission）：人类的语言能力是先天具备的，但是掌握什么语言，则是后天学会的。由于缺少语音环境，聋儿一般都学不会正常说话。一项针对美国新移民的研究显示，7 岁以前移民到美国，不管原来的母语是什么，都转变为以英语为母语；8～17 岁的新移民，英语母语化的能力随年龄增加而呈线性下降；18 岁以后的移民，基本能够保持原母语[11]，如果继续受教育的话，会形成双母语的情况。一般认为，动物的“语言”是与生俱来的本能，不用学习。但这不包括鸣禽、鹦鹉、鲸类和豚类，它们都有很强的语音学习能力。一些似乎有无限语音学习能力的鸟类，其“语言”并没有任意性和语义性。

（6）无限制性（ambiguity and variety）：指语言的应用范围可以无限制，从传播“八卦”的小道消息到表达深邃的哲理，从激烈的争吵到内省自己的得失。这个世界可能只有人类能用语言说古论今，传道解惑。而动物的通信则是特定的刺激所诱发，是对具体情景的反射性反应，只能传递某种特定信息，既不能陈述过去发生过的事情，也不能畅谈未来的远景。

语言是知识积累的先决条件，而语言符号则是知识的载体。原始人类因为语言革命，获得了编码知识的媒介。由于发明了符号即语言，人类的个人经历就变为群体经验，并在代间（前辈→后辈）传递。有了代间传递，经验得到积累，并逐渐转化为知识，即反复经历一些具体的事件，就获得了相应的经验，多人的经验变成共识，智者将共识提升，形成知识。知识，是人类独有独享的财产。

思想是人们对现实世界的认识，而思维是指认识现实世界时的神经活动过程，即“动脑筋”。思维过程就是通过比较、分析、推理、归纳，以认识世界的本质。思维过程需要语言，语言和思维是两种独立的现象，但形影相随，不可分离。语言不但是思维的工具，也是认知成果的存储媒介。思维离不开语言，必须在语言材料的基础上进行。聋哑人和常人一样，生活在人类社会中，有健全的大脑和发音器官。他们的大脑也分左右半球，各有分工。即使是使用手语（符合以语音为载体的语言所有的特征），也不影响他们的正常思维。由此可见，没有依托的思维是不存在的。因此，“语言是思想的外衣”，塞缪尔·约翰逊（Samuel Johnson）（英国著名诗人和语言学家）如是说。总之，人类语言的丰富程度是无与伦比的。

根据间接选择原理推断，接收和处理语音的系统进化在先，发音器官及其控制神经的进化在后。就接收方而言，中枢神经处理语音信息的系统进化在先，外周接收系统的进化在后。尽管很多动物不能发出复杂的语音，却具备理解复杂语音的能力。一个著名例子是 33 岁的倭黑猩猩坎茨（Kanzi），与坎茨相处过的科学家认为她能听懂英语。有人曾经让坎茨把一个微波炉拿出去，她照做了。而对坎茨来说这是一个很新的指令，因为她从前没有听说过微波炉。她可以用计算机与人类交流，掌握的符号或者说词汇达到 348 个[12]。但是坎茨却不能够用词汇顺序的不同组合来编码新的信息，而人类从幼年时就具有了这种能力。很多动物都具备理解人类语言的能力，特别是人工选育和专门训练过的工作犬。这是很容易理解的，如果一种动物喜欢嗷嗷乱叫而又不能传递有意义的信息，肯定被自然选择所淘汰。

从上面的分析可知，语言交流的关键是发声器官和神经控制系统的发展，以及与此密切相关的高级认知功能。改变舌头的位置和延长咽部结构，对合成丰富多样的声音十分重要。语言学或人类学可能永远回答不了一个关键问题，即人类语言的起源时间。是 200 多万年前，随着人属的兴起以及制造和使用石头工具而开始讲话的呢？还是 30 多万年前智人的出现才有了真正的语言，又或许是过去 10 万年中随着认知革命而发展起来的呢？

在这个问题上，存在两个截然相反的观点。第一种观点认为，语言在大约 5 万年前的某一时刻出现，是对文化快速发展的响应[13, 14]。推测现代人类就是凭借语言优势才在与尼安德特人的竞争中获胜[15]。第二种观点为大多数科学家持有，即语言具有悠久的进化历史，可以回溯到人类的动物祖先[16~18]。甚至可以追根到蛙类和鸟类，这些动物的脑结构像人脑那样，其左脑控制发音[19~21]。从非哺乳动物→灵长类→人类，可能存在一个语言系统发育的连续谱系。草原猴和猫鼬能够用语音标记不同种类的天敌，如猛禽、蛇或豹等[3, 22]。类似地，山雀也可以用语音结构编码天敌的体型大小[2]。有学者认为，250 万年之前的南猿种群，可能存在语法结构十分简单的原语言（protolanguage）[23]。

为什么只有人类能够完整发出语言的所有元音，而其他灵长类无此能力。即使是人工养大的黑猩猩或倭黑猩猩，也无法训练其完整的发音功能。自达尔文以来，两个对立的假说争论了大半个世纪。一种说法是，非人灵长类的中枢神经没有语言发音的相关通路控制和协调咽喉的肌肉和骨骼；另一种理论是，其他灵长类没有进化出发音的外周机械或管道系统。两个独立的国际研究小组分别对猕猴和狒狒的声道进行了动态研究，发现两者都具备发元音所需要的低位咽喉（low larynx）结构。首先借助 X 射线对猕猴发声时的声道变化进行成像，用计算机模拟整个声道，即从声门到嘴唇，在詹姆斯·洛顿·弗拉纳根（James Loton Flanagan）提出的有损管道模型平台上计算声道的转移方程（transfer function），最后获得了具有人类元音结构的声音。用该模拟模型，他们合成了猕猴的“语音”。这两项研究都支持中枢神经理论，并暗示人类在进化的早期就具备了语言的可能性[24, 25]。然而，研究者可能对结果过度解读了，猕猴和狒狒的声道同时也是气管系统，呼吸控制才是其原初功能。真正的发声结构可能是直立行走的进化产物，南猿咽喉结构与猿相似（ape-like）（图 20.1A），智人则在 30 万年前就已经与现代人一样（图 20.1B），直立人呈现中间过渡状态[26~28]。由此可以推测，南猿可能还没有真正的语言但可能能够简单地表达直接的意境。真正的语言是从直立人开始的。直立人的脑容量从早期的 800cm^3 到后期的 1200cm^3，储备了足够多的神经元网络，为“开通”复杂发声的控制系统奠定了基础。除脑容量增大之外，左右脑的分工也是语言进化的关键，其中左脑涉及人类语言交流的两个核心脑区：语言发音的控制中枢布罗卡氏区和语义理解的关键中枢韦尼克区。

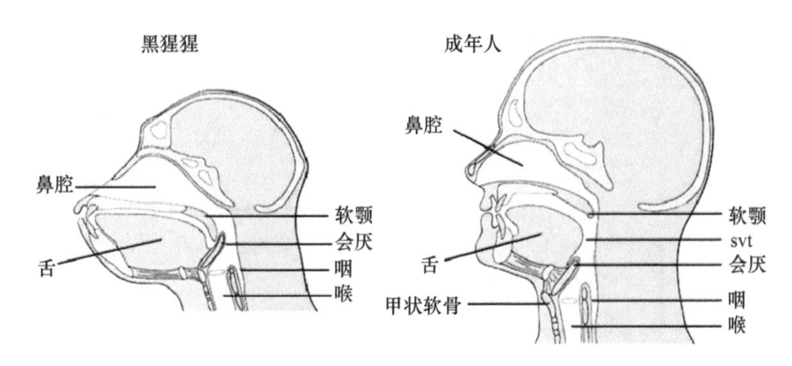

图 20.1　发声器官比较解剖

A. 黑猩猩没有上喉声道（SVT），不能发出很多声音元素；B. 成年人的会厌下移使声道与口腔连为一体，同时舌更具伸缩性

路易吉・卢卡・卡瓦利-斯福尔扎（Luigi Luca Cavalli-Sforza）[29, 30]长期研究语言的演变，并将语言相似性与人类亲缘关系进行比对。1988 年，他和同事在世界范围取样，收集了 42 个人群的 DNA。基于 DNA 所携带的标记，构建样本人群的谱系树。结果发现，这个遗传的谱系树拓扑结构与样本人群所使用的语言相似性高度一致。例如，说印欧语人群的亲缘关系更近，而非洲说班图语的人群则聚在一起。同时，还清晰地显示出了中国的北方人和南方人之间的遗传距离较远，几乎与我们在第十九章中讨论过的迁徙模式完全吻合。这意味着基因数据可以用来研究语言的起源和扩散。

尽管正常人都能进行语音通信（聋哑人用手语，与正常语音等效），但是需要长期的学习（从出生开始）。因此，语言能力是遗传的，而语言是习得的。语言相关的基因突变，是人类语言通信的必要条件。

二、语言相关基因

在尼安德特人的遗骸中发现了对语言发音十分重要的舌骨，推测他们能够像现代人一样说话。一个与语言密切相关的基因的发现，也支持其他人类早已具备语言的能力。*FOXP2* 是控制语言能力发展的基因，位于人类第 7 对染色体上。寻找 *FOXP* 基因的工作始于对“K”家族的研究。该家族的一些成员患有遗传性的语音或说话障碍，且三代在世的家族成员都深受其害。这些成员并没有感知系统或神经方面的损坏，智力也比较正常[31]。

沃尔夫冈・埃纳尔（Wolfgang Enard）等[32]针对 FOXP2 基因系统发育的研究，显示人类的 FOXP2 蛋白与黑猩猩的相应蛋白在两个氨基酸位点（911 和 977）有区别，与小鼠有三个氨基酸的区别。而亲缘关系很远的黑猩猩与小鼠之间，却仅有一个氨基酸的差异（图 20.2）。在尼安德特人的 FOXP2 蛋白序列中，911 和 977 的氨基酸位点发生了与现代人一致的变化，暗示语言相关的基因改变出现在现代人和尼安德特人的共同祖先中[33]。考虑到现代人与尼安德特人的分离发生在 65 万年之前，FOXP2 蛋白序列 911 和 977 的氨基酸位点在此之前就发生了有利于语言发育的变异。反对的意见认为，尼安德特人 *FOXP2* 基因的变化是源自现代人的基因渗入而非共同祖先[34]。最新的研究证实，*FOXP2* 基因的现代人版本不但存在于尼安德特人的基因中[33]，也在丹尼索瓦人的基因组中发现，这有力地支持 *FOXP2* 基因的适应性变异是源自共同祖先的观点[35]。

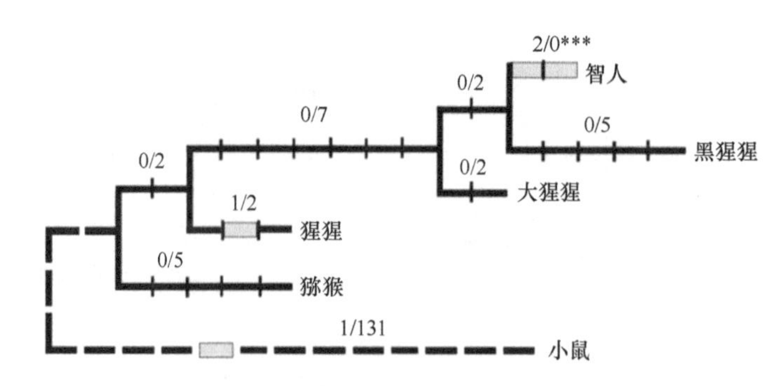

图 20.2　语言相关的 *FOXP2* 基因突变位点（灰色）比较

***表示存在极显著差异（$P<0.01$）

现代人、尼安德特人和丹尼索瓦人的共同祖先可以追溯到 60 万～70 万年之前，暗示语言相关基因变异发生的时间要比预期早得多。由于无法获得更早期的人类组织样本，只能基于大猩猩、黑猩猩和倭黑猩猩（大猿）与现代人、尼安德特人和丹尼索瓦人的基因组进行溯祖分析。而这种分析不能准确地显示 *FOXP2* 基因那两个位点变异发生的时间。变异可能发生在人类与大猿分离后的任何祖先，即地猿、南猿阿法种、能人、匠人、直立人、海德堡人。正是从人属开始，脑容量急剧增大，控制和使用火，人类第一次走出非洲。从这些证据考量，倾向于支持 *FOXP2* 基因的有益突变发生在南方古猿向人属的转折点。人属的起源、进化和扩散，很有可能是由于语言的使用。有意思的是，*FOXP2* 基因在鸣禽的语音学习关键阶段，也在相关的核团中表达，显示其功能在进化中的高度保守性[36]。

这原本是一个非常清晰的故事，但最近的一项研究使事情变得复杂起来。Enard 等的研究（基于 20 个欧亚人但没有包括非洲人的基因），显示 *FOXP2* 基因的两个突变（即 911 和 977）在人类中存在选择性清除（sweep）现象（有利的基因突变迅速在群体中扩散，而不利的突变会被消除）[32]。新研究则分析了 50 个现代人（包含非洲人群）的基因组，并与尼安德特人和丹尼索瓦人的基因组比对，没有发现选择性清除现象，没有显示 *FOXP2* 基因在智人中经历过特殊的选择作用[37]。虽然新研究并没有否定 *FOXP2* 基因在功能上与语言的相关性[35]，但昭示人类语言的进化历程比原先认识的更复杂。同时也强烈暗示 *FOXP2* 基因的选择性清除可能发生在智人之前的人属进化当中，即人属的共同祖先开始有语言的起源和进化。

语言相关的基因不会是少数几个，应该是很多基因的协同作用而促进人的发声器官及其控制神经的协同发育，形成语言能力。语言是如何驱动脑容量的显著增大的呢？

三、脑容量膨大的内外因素

直立人的脑容量已经明显增大，早期成员的脑量就已经达到 800ml 左右，晚期成员则上升为 1200ml 左右。而且，大脑不仅仅是体积增大了，它的结构也变得更加复杂并进行了重新改组，导致直立人相当复杂的文化行为的进化。大脑左右两半球开始出现不对称性，暗示直立人已经具备掌控有声语言的能力[38]。直立人分布范围之广（欧亚大陆），存在时间之长（200 万年），在地球上所有的人种中是独一无二的。在他们身上应该发生了一个革命性的重大突变，那就是语言驱动的脑容量快速增大。

脑小症（microcephaly）①被定义为小于年龄相关的脑容量平均值 3 个标准差的变异[39]，且没有其他综合征和显著的神经缺陷。典型脑小症的脑容量降为 430g 且大脑皮层不成比例的缩小。尽管如此，脑回轮廓却得到相对的保持，仅有很小的皮层结构改变[40, 41]，但认知能力受到损坏[42, 43]。脑小症为隐性遗传的性状，必须是父母双方的基因都发生了突变，而且发病个体在基因重组时两个等位基因都是突变体。即使父母各携带一个突变体，大脑发育也正常，因为隐性的等位基因突变被其显性的等位基因压抑而没有表现脑小症。*MCPH1*②和 *ASPM*③的突变被确认为与脑小症相关。反过来考虑，*MCPH1* 和 *ASPM* 基因的正常功能应该是维持正常脑容量所必需的。这两个与脑容量相关的基因在现代人类的进化历史中，受到了强烈的自然选择。因为选择发生的时间太晚（分别为 3.7 万年和 0.58 万年），研究带来的困惑比结论更多。然而，*MCPH1* 和 *ASPM* 基因在人类进化的晚期受到强烈选择，并不否认在早期也受到选择。研究强调，由于这些基因的功能是如此的重要，而持续地受到选择直到现在。

作为人类进化史上的一个重大事件，脑容量的增加是非线性的。在 200 万～300 万年前，脑容量缓慢增大；而在 200 万年的时候突然加速，对应了人属（能人、匠人、早期直立人等）快速进化的时间（图 18.7，表 20.1）[46]。这暗示人属的起源可能是因为与脑容量发育相关的基因发生了突变。*MCPH1* 基因的单倍型 D（haplogroup D）出现在 3.7 万年前的非洲以外的人群中，因受到强烈的选择而快速扩散。反对者认为该单倍型起源于 110 万年前的另一支人类祖先（即不是现代人的直系祖先），通过杂交导致基因

表 20.1 大猿、类人猿和人属各物种的绝对脑容量比较[52]

物种	脑容量/cm³	物种	脑容量/cm³
现生大猿		人属	
Sumatran 或 *Bornean orangutan*	275～500	*Homo habilis*	550～687
Pan troglodytes （包含各亚种）	275～500	*Homo ergaster*	700～900
Gorilla gorilla （含同属的种）	340～752	*Homo erectus*	600～1250
古猿人		*Homo heidelbergensis*	1100～1400
Australopithecus afarensi	438	*Homo neanderthalensis*	1200～1750
Australopithecus africanus	452	*Homo sapiens*	1400
Paranthropus boisei	521		
Paranthropus robustus	530		

渗透，被引入现代人的基因库中[47, 48]。其在现代人群中展现的丰富变异型，可能是人类

① 脑小症患者的不幸却为大脑皮层各区域的独特功能研究提供了另一类例证[44, 45]。尽管他们的脑和类人猿的脑差不多大，但他们的所作所为完全体现人类特征。他们能掌握人类语言，尽管只有几百个字的词汇量，能从事一些简易职业。和大猩猩相比，他们的脑甚至还要小，然而肯定包含有专属于人类语言的脑区（布罗卡氏区和韦尼克区）。实际上由于他们矮小的身材，其脑体比指数仍高于大猩猩。

② *MCPH1* 基因的蛋白质产物是脑小素（microcephalin），在人类婴儿期（此时头部快速增大）的脑中大量表达，其突变体的表现型为脑萎缩。

③ *ASPM* 是非正常类梭型微脑症（abnormal spindle-like microcephaly）的相关基因。

种群扩张和达尔文正选择的联合作用导致[49]。*ASPM* 基因在人类脑容量膨大（约 300 万年）之前就加速进化了，但其变异型在 5800 年前才出现在现代人类之中。受到强大的正选择压力又如此年轻的基因变异型，显示人类脑容量仍然在快速地适应性进化当中[50, 51]。

美国蓝田（Bruce Lahn）实验室[51]最近的一项研究表明，在智人的进化过程中，自然选择的压力驱使这两个基因发生了重大变化。证据表明，（无缺陷的）小脑症基因 *MCPH1* 顺着整个灵长类世系加速进化，而（无缺陷的）*ASPM* 基因则是在人类和黑猩猩分开之后进化得最为迅速。可以推测，这两个基因在人类从猿类中脱颖而出的过程之前、之中和之后都有重要贡献。甚至有研究指出，语言的发音与这两个基因的适应性单倍型的种群频率有关联，即特定的等位基因偏好语言学习或相关的神经控制，因此可以通过重复的文化传递而影响语言演变的轨迹[53]。

在 300 万年前的人类祖先（南猿）的脑容量开始增大（图 18.7），是什么基因的突变导致的呢？猴和大猿的头盖顶有一个矢状嵴结构，作为咀嚼肌的连接点。咀嚼肌从头顶穿越颧骨，到达下颌骨，虽然增加了牙齿的咬合力但却限制了脑容量的膨胀（图 20.3）。肌球蛋白重链基因 *MYH16* 的蛋白质产物，是咀嚼肌的主要构成。大约在 240 万年前，*MYH16* 基因发生了移码（frame shifting）突变，伴随古人类的肌纤维和整个咬肌的显著减少。这不但暗示古人类的食物结构发生了重要的变化，而且更重要的是咬肌附着点下移为脑容量的扩增腾出了空间（图 20.3）[23, 54]。

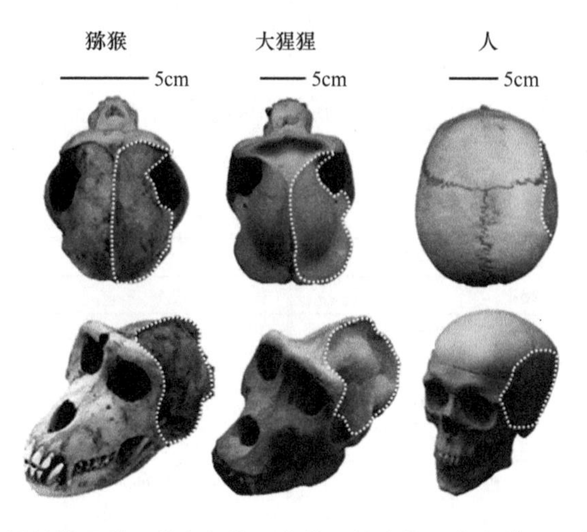

图 20.3　灵长类咀嚼肌着生部位（虚线）的变化，在人类已经完全侧移

虽然腾出了空间，还需要产生足够多的神经元来填充。最新报道，在过去 300 万～400 万年中人类的 *NOTCH2NL* 基因家族发生了复活转化，加倍后形成新的基因型（A、B、C）。同样的过程在大猩猩和黑猩猩中没有发生，这两类动物中只存在无活性的 *NOTCH2* 假基因①加倍现象。因此，*NOTCH2NL* 基因型是人类所特有的，并且在大脑皮层的干细胞中强烈表达[55]。前期的研究发现该基因家族与神经发育疾病相关。基于人类

① 假基因：其结构与正常基因相似，是丧失正常功能的 DNA 序列，往往存在于真核生物的多基因家族中，是基因组中一类与编码基因序列非常相似的非功能性基因组 DNA 拷贝，一般情况不被转录，且没有明确生理意义。

多能干细胞的体外皮层发育模型，对该基因进行功能检测，发现 *NOTCH2NL* 能够显著增加培养细胞的数量，从而产生更多神经元。在小鼠胚胎人为上调 *NOTCH2NL* 的表达，能够增加胚胎中的祖细胞数量。如果从人类干细胞基因组中移除 *NOTCH2NL*，将使大脑皮层干细胞过早分化成为神经元，将使最终产生的神经元数量大为减少[56]。此外，人类特有的 *ARHGAP11B* 基因，通过提高祖细胞的扩增能力也能促进大脑皮层的增大。

总之，*MYH16* 突变为脑容量膨大腾空了位置，*MCPH1* 和 *ASPM* 突变促进脑的体积增大，*NOTCH2NL* 和 *ARHGAP11B* 则通过保持神经母细胞的分裂活性以产生更多的神经元。因此，*MYH16*、*MCPH1*、*ASPM* 和 *NOTCH2NL* 基因是脑容量增大的必要条件或内因（随着研究的推进，将来还会发现越来越多的相关基因），但都不是充分条件。通俗地说，没有这些基因，就不可能增大脑容量以及增加神经元以填充其中；但有了它们，也不一定就能够增大脑容量①。那么，脑容量增大的外因或充分条件是什么呢？

在此，回顾一下作者经历过的计算机发展史。1985 年秋，在云南大学计算机系选修福传（Fortran）语言，上机实习时第一次接触微型计算机。那时候，对硬件没有概念，应该是英特尔公司的 186 CPU，机型是 IBM-XT。20 世纪八九十年代是 X86 的天下，经历了 286、386 和 486 时代；进入 21 世纪后，奔腾（Pentium）系列，即奔腾 1（相当于 586）、奔腾 2、奔腾 3 和奔腾 4 雄踞天下，然后是酷睿四核、I7、二代 I7 等。存储器容量也发生了天翻地覆的变化。1956 年，IBM 发明了第一块硬盘 RAMAC 350，也就是随机读取器。以前打孔和磁带都是顺序读取的，速度极慢。1981 年，个人计算机的硬盘存储容量仅为 5MB（希捷公司）（80 年代 3.5 英寸软磁盘的容量为 1.4MB，如果文件大于 1.4MB 时，电脑会提示更换磁盘）；1991 年，扩展到 1GB（IBM）；1999 年，ATA 硬盘为 10GB（Maxtor）；2000 年，高速硬盘问世，存储容量最高为 75GB（IBM）；2002 年，AFC 技术诞生（IBM）；2007 年，发售 1TB 的硬盘（日立）；2010 年以后，500TB 上市；现在的最大容量以 PB②为单位。

尽管计算机技术在每个方面都得到了迅速发展（速度越来越快，容量越来越大，而体积却越来越小，能耗越来越少），然而存储器的发展，与大脑容量的扩增最具有可比性。一些技术突破，如密封、接口、薄膜磁头、磁阻磁头和热辅助磁记录等的发展，为硬盘容量的大规模增加奠定了基础。高度自动化的流水生产方式，为用户持续提供便宜可靠的产品。而对存储技术需求的指数增加，则是硬盘发展的市场牵引，是硬盘容量剧增的真正驱动力。例如，作者最早存储一些自己编写的福传（Fortran）程序以及运行程序的少量数据（KB 级别），20 世纪 90 年代中后期开始保存一些文档材料（MB 级别），然后在多媒体时代（2000 年以后）则保存一些音像资料（GB 级别）以及现在的大数据存储（TB 级别）。如果没有市场需求，技术发展就失去原动力。如果没有技术突破，市场的需求无法得到满足。若将古人类的脑容量发育与硬盘发展进行比较，基因突变就好比是技术突破。那么，大容量脑的“市场需求”在哪里呢？

前面提过，神经元网络是编码神经信息的最小单元。就像 DNA 编码蛋白质序列一样，

① 这里我并没有按严格意义上使用逻辑学的充分必要条件，而是借用这两个名词。必要条件相当于内因、基础、前提等；充分条件等同于外因、需求、生态适应等。

② 1PB=1024TB，1TB=1024GB，1GB=1024MB，1MB=1024KB，1KB=1024Bits。

三联体（即连续排列的三个核苷酸）是最小编码单元。一个神经元就如一个碱基或碱基对（bp），是结构单元但却不是功能单元，没有独立编码的能力。一个人或一个动物，一生积累很多的经历，许多神经元网络被调用。因此，年纪越大就越不容易记住新的事件。这是因为，一方面，神经元可塑性下降；另一方面，保有的冗余神经元网络用完或接近用完。在这方面，人和动物的最大区别是：动物的死亡，意味着所有的经验被抹除，后代要完全从头学起；而人则不然，个体死亡并不意味着经验完全丢失，而是将部分信息通过符号（语言和文字）传给后代。在第十六章中曾经描述过，年长母象在干旱季节带领象群找水的案例。想象一下，如果大干旱很久没有发生，时间长度甚至超过母象的寿命。当唯一知道水源的母象亡故后，整个象群就再也无从知道水源了。而人类却不会有信息“断代”之虞，原因就在于语言。哲学家约翰·杜威（John Dewey）说过：“人之有别于低等动物是由于他保留了过去的经历”[57]。看看现代的图书馆，建筑越来越大，藏书越来越多。与此同时，电子存储介质的发展又促进了信息存储的微型化，降低了存储成本，导致更多的信息被保留下来。不仅如此，电子存储介质优于纸质存储介质的地方是能够保存音频和视频（动态的图像）信息。

人的大脑约在 10 岁时就停止了生长（男孩的脑重达到成人水平）[58]，此时身体的其他部分尚未发育成熟。灵长类大脑和身体的绝对值以及两者之间的比例，反映了其生态适应策略和进化历史。毛里齐奥·冈萨雷斯-福雷罗（Mauricio González-Forero）和安迪·加德纳（Andy Gardner）[59]针对已有的假说（生态-智力、社会-智力、文化-智力），构建了一个精细的模拟模型，以检测生态、合作、个体竞争和群体竞争四种挑战在脑容量膨大中的贡献。模拟结果显示，当模型包含了 60%的生态权重、30%的合作权重以及 10%的群体竞争权重时，模型输出与真实测量值（即女性：脑重 1.25kg，体重 50kg）有最好的拟合度。而个体间的竞争对大脑的膨大没有实质性贡献。如果模拟基于 50%的生态权重和 50%的合作权重，可以最好地拟合女性的脑容量；如果模拟基于 80%的生态权重和 20%的个体竞争权重，可以最好地拟合女性的体重[60]。研究结论是，生态挑战而不是社会挑战驱动了脑容量的膨大，并且可能受到文化因素的强烈促进[59]。遗憾的是，该研究没有能够模拟文化因素在脑容量膨大中的作用。如果福雷罗和加德纳的结论是可靠的，古人类女性的神经元网络中 60%就是用来学习和记忆生存环境中的重要信息，如食物的成熟季节、栖息地范围、水源方位（母大象的实例）、天敌种类等。剩余的神经元网络则可能存储与配偶识别、亲缘关系、社会地位等行为相关的信息。毫无疑问，原始人类的生态信息才更具有积累价值（如象群找水）；而社会合作和竞争在同一个世代内是重要的，跨世代即失效。因为新一代个体间的社会关系需要重新构建，因此积累的意义不大。

文字的发明和使用，虽然暂时解放了一些神经元网络，但是由于加快了知识的积累，反而需要更多的神经元网络来支撑。*ASPM* 基因的变异型在 5800 年前出现，并持续进化[51]，这可能导致现代人类比 6000 年前的古人有更大的脑容量以保有更多的神经元网络，因此也更加聪明。在现代社会中生存，不但需要很多的技能（包括工作技能和生活技能），还要处理更复杂的人际关系。人类社会发展的趋势之一，是社会分工越来越细，协作要求越来越高，需要掌握的信息也就越来越多。由此可知，自然选择使得现代人的脑皮层中冗余神经元网络也多于古人。让一个一万年前的儿童来到现代小学，一定跟不上其他同学。有研究认为，即使是一两百年的年代差，都会有智商上的区别[61, 62]。在社会结构变得越来越复杂的同时，个人的生活也越来越复杂，完全违背了生活的快乐本性。古代人是否更快乐些？可能吧。

文字发明之前，人类的知识就只有一种存储介质——神经元网络。存储介质不可能在被需要的时候才被制造出来，一定得是预先制备并保留在适当的地方以备用。一定得保留足够的冗余神经元网络，才能够有效的学习和记忆。有谁能够想象，一个程序员在要保存写好的脚本的时候，才临时去设计制造一个硬盘。即使有预先连接的硬盘，但已经写满或即将写满，同样不能快速保存信息。所以，要及时完成保存文件的操作，不但要有硬盘而且要预留足够的空间。对于人脑而言，就是预留冗余的神经元网络。如果真的有一个“造物主”，那么他在设计人脑时，就一定考虑到了这个需求。同样，自然选择也能够解决这个问题，只不过花费了长得多的时间而已。知识的积累不断地占用预留的神经元网络，而遗忘则是不断地腾空神经元网络。但总的趋势是，随着年龄或经验的增加，可用的神经元网络越来越少。

如果知识不能够积累，就像动物那样死亡即清零，那么脑容量就没必要增大。食肉目动物的狩猎技巧是需要学习的，主要是跟随母兽模仿。有时候母兽也会捕捉活的猎物，供幼兽练习。这类动物一旦被人类捕获，饲养于动物园中，后代就会失去捕猎技巧。这个时候你就可以看到，吃肉长大的狮、虎、豹捕捉一只鸡都是很困难的。这种动物死亡导致经验消除的现象，非常类似于计算机的内存条（RAM）的工作过程，一旦关机则内存清零。古人类在200万年前开始脑容量增大的加速，显然是为了克服经验或知识“清零怪圈”的限制。大的脑容量如果没有足够的优势，自然选择一定很快清除这一性状，因为它的劣势实在是太显著。其劣势主要包括：分娩困难[62]、行走时头重脚轻、搏斗中容易受到伤害、消耗全身20%～25%的能量以及大量的营养[63]等（图20.4）。从图20.4中可以看出，人脑的能耗值没有偏离哺乳动物的相关性直线。显示单个神经元所消耗的能量与其他哺乳动物一致。这也暗示突触数量的增多（图7.5），并没有提高神经元的能耗水平。

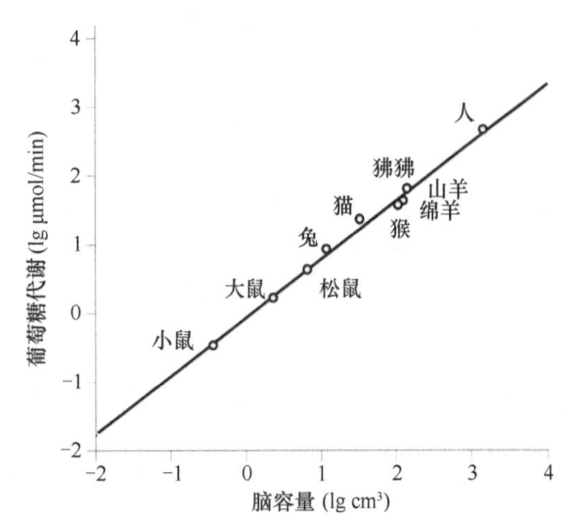

图 20.4　脑的能耗与脑容量或神经元总数量正相关

脑容量扩增在发育上需要更多的营养物质，在功能维持上需要更多的能量投入。对于大猿来说，仅仅依靠取食一些难以消化的植物成分，如树叶、花果和根茎等，是难以为大脑提供足够的营养和能量的。而习惯于消化植物的猿类消化系统，对动物肉类的消化吸收能力较弱。火的应用改变了人类的食谱，提高了动物蛋白的摄食比例。经过火的热加工，动物蛋白易于被植食性动物的肠胃消化和吸收[64]。可能因为学会了用火，使我们的祖先从植食性为主的类人猿转变为杂食性的原始人类。古人类对火的其他重要用途，包括照明和取暖（参考第二十一章）。

关于脑容量增加的优势，一种理论认为是社会性生活中群体认知的需求。社会群体越大，所需要认识的个体就越多，因此大脑皮层的相对值也就越大[65]。这显然与福雷罗和加德纳的结论[59]不完全一致。无论如何，脑容量的膨大是为了记忆更多的信息，而不管这些信息是生态的还是社会的。现有的多方证据表明，早期原始人类的群体并不比黑猩猩或狒狒的群体大。那么，是否是合作关系的复杂化导致脑容量的增加呢？然而，复杂的合作在许多食肉目动物（如非洲狮、狼、狐獴等）中广泛存在，相对它们的近缘物种其脑容量并没有显著增大。语言，正是语言的出现，实现了经验传播和传承的革命，最终导致知识的积累，人类认知因此而突飞猛进。正是因为知识的积累，需要很大的存储空间，牵引了脑容量的增大。

如果说脑容量相关基因的突变是“技术突破”，火的应用改善了营养供给相当于提升了大脑之持续“生产能力”，那么，知识的积累和存储就是脑容量（实质是神经元网络的数量）增大的“市场需求”。反过来说，人类脑容量的增大是为了适应学习与记忆的需要，因此必然伴随着语言的发展和知识的积累。

世界上公认最早出现的三种文字，分别是公元前 3000 多年前两河流域的楔形文字，公元前 3000 年左右埃及的象形文字，以及公元前 2500 年左右腓尼基的字母文字[66, 67]。因此，楔形文字是世界上最早的文字（有观点认为，世界上最早的文字出现在 7000 年前中国河南的贾湖地区[68, 69]）。青铜时代的苏美尔（Sumer）人借助泥板，以图画的形式记录账目。这些账目符号渐渐地演化为表意符号，至于那些无法描绘的东西则用任意指定的办法来表达，文字由此发明。可见发明文字的原初目的是为了记录账目[67]。那么，在没有文字之前，这些账目是靠人脑来记的。以前到过新疆的人可能对维吾尔族餐馆的记忆，除了美味烤肉和手抓饭之外就是艾肯里克（维语）。传统的维吾尔族人的餐馆专设一人点餐，记忆不是用笔和纸，也不用智能终端，而是他的大脑。艾肯里克不但要记住每桌客人（一般有十来桌）所点的饭菜种类，而且还记得每样菜的分量和价格，包括中间添加的菜品等。结账时要准确地报出每桌总的消费金额。据说艾肯里克的记忆能力从十来岁的时候开始培养。可惜这一独特的文化现象已经基本消失，我于 2007 年还有幸见识了艾肯里克的技能。

《荷马史诗》是两部长篇史诗 *Iliad*（《伊利亚特》）[70]和 *Odyssey*（《奥德赛》）[71]的统称。两部史诗各分为 24 卷，其中《伊利亚特》共有 15 693 行，《奥德赛》共有 12 110 行。据说荷马是大约公元前 850 年前后的一位失明的吟游诗人。《伊利亚特》的主题是在特洛伊战争中，阿喀琉斯与阿伽门农间的争端。《奥德赛》是关于特洛伊沦陷后，奥德修斯返回伊萨卡岛上的王国，与妻子珀涅罗珀团聚的故事。《荷马史诗》是早期英雄时代的大幅全景，也是艺术上的精妙之作。它以整个希腊及其地中海为主要情节背景，充分展现了自由主义的艺术情怀，并为日后整个西方社会的道德观念，树立了典范。《荷马史诗》不但文学价值极高，也是古希腊公元前 11 世纪到公元前 9 世纪的唯一史料，反映了迈锡尼文明。如果说在公元前 850 年就有盲文，那肯定是难以令人置信的。那么，这总共 27 803 行的诗，就全靠盲人的大脑记忆。即使黑猩猩再聪明，也只有 450g 重的脑，总不至于能记得住这么多的内容吧。《荷马史诗》也不可能是荷马自己胡编的，一定是从先辈那里听来的。考古研究已经发掘了关于特洛伊战争真实性的证据[72]，这段历史全靠大脑存储并传递了两三百年。

除此之外，希伯来的《圣经》、印度的长诗《摩诃婆罗多》、佛教的《大藏经》，刚开始也是口述作品。这些作品世世代代靠的是口传，就算没有发明文字，也还会继续传下去。这种依靠口头传递知识的事例，在很多没有文字的世界各民族中也普遍存在。在广西的壮族中，普遍流行的山歌，就是口口相传的。脍炙人口的“刘三姐”的山歌，在没有文字的年代①，靠的就是口述脑记。

四、脑容量与智慧

毫无疑问，人在自然界中是最具有智慧的物种。然而，不管是绝对脑容量还是相对脑容量（脑重/体重之比，简称脑体比），人在动物界都不是最大的。大象、鲸类甚至部分海豚，都有比人类大得多的绝对脑容量。人类平均脑重 1450g，蓝鲸的脑重是人类的 5 倍（$1450 \times 5 = 7250$g），难道说它比人类聪明 5 倍？然而，它要控制更为庞大的身躯，大脑结构就相对简单。其脑容量仅占体重的 0.01%，人类的大脑占体重的 2%，非洲囊鼠的大脑占体重的 10%。看起来靠单一的绝对值或相对值，都无法解释人类的智慧。人们以象鼩、小鼠、狗、马、非洲象等动物的测量建立了哺乳动物脑体比的平均值（图 20.5）[73]，一些动物在平均值之上，而另一些动物在平均值之下。人类和海豚在平均值之上，人类的脑体比值离平均值最远，海豚次之。我们是否可以认为，在一定绝对重量的基础上，有较大的相对于身体的脑比值，就具备了人类文明的智商基础。

脑容量与智力的关系，针锋相对的争论已有一个多世纪。早在 1836 年，德国解剖学家、哲学家弗雷德里克·蒂德曼（Frederick Tiedemann）就指出：“脑容量同个人所展现的智力之间存在着无可争辩的联系”[74]。美国心理学家迈克尔·麦克丹尼尔（Michael McDaniel）博士指出，“……所有年龄段的人，无论男女，其脑容量同智力是相关联的。……这种相关性，女人强于男人，成人强于孩子”。麦克丹尼尔博士专门从事智力和工作能力等方面的探索，所进行的研究是同类研究中最为全面的一个，该项结果是在总结此前国际上报道的 26 项涉及脑容量与智力的研究（多数为近期研究）后所得出的结论[75~77]。一组来自欧洲多个国家的研究团队，对近 30 年来的核磁共振脑影像进行元分析（meta-analysis），整合了

① 现在广西使用的拼音壮文，是在 20 世纪 50 年代才创造的。

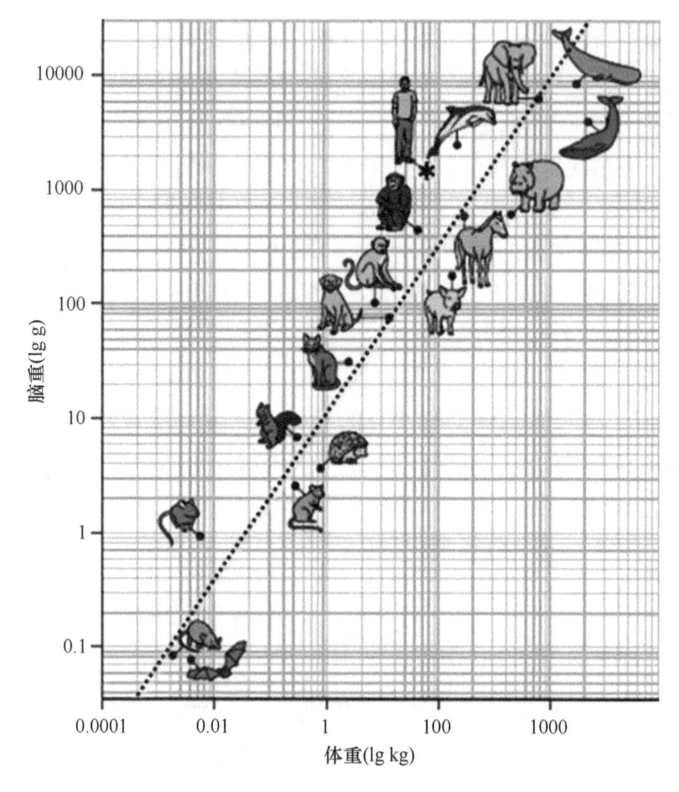

图 20.5 哺乳动物之脑重与体重的比值
人、黑猩猩、海豚和囊鼠明显高于平均值

88 个研究的 8000 多个样本资料，最后得出结论：脑容量与智商显著正相关，而且其结论在考虑到年龄、性别、IQ 测试模式等因素后仍然成立。但同时他们也指出，在以往的研究中这种关系被过度解读了[78, 79]。然而，脑容量与智力的关系，绝不是那么简单。一项借助脑影像技术的研究显示，脑容量的大小与智商高低并没有太大的关联（只有微弱的相关），大脑的结构才是关键[80]。我们似乎可以得出这样一个风险较小的结论，即在脑结构一致（或相似）的前提下，脑容量越大就越聪明（图 20.6）；而当脑容量相同时，取决于脑容量与身体的比值；如果绝对脑容量和相对脑容量都差不多，脑结构起关键作用。

一些较大型的哺乳动物，大脑皮层具有相似的褶皱结构，因此脑容量的绝对值在一定程度上可以作为智商的代表。虎鲸和海豚不但在捕猎时进行团体协作，甚至雄性在求偶时也临时组团以排挤情敌[81]。非洲象可以记住从前走过的路线或曾经见过的偷猎者面容，即使过去了很多年。然而，大象和海豚的绝对脑容量比人类的大，但相对脑容量却不如人类，特别是大象。尽管如此，人类的绝对脑容量，也具有一定的可塑性。印度尼西亚的哈比人，其脑容量只有大约 430g，但他们也有制造和使用复杂工具的能力[82]。如果能够发明和驾驭复杂工具，就很可能有语言能力。哈比人的微型化是由岛屿效应驱动的。靠 430g 的脑容量，显然不能产生人类文明，但在与世隔绝的岛上生存还是可以的。我小的时候，在县城有位严重的小脑症患者，我们都叫他“老哥哥”，就是长不大的意思。“老哥哥” 的头明显萎缩，只有正常人的一半那么大。但他具有在现代社会独立生活的能力，言语表达

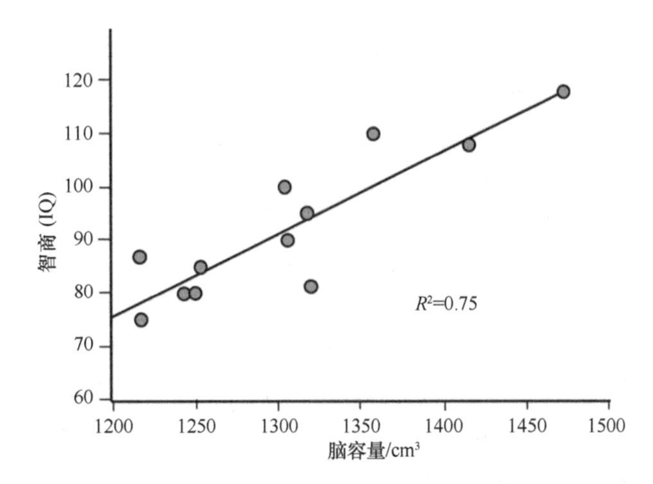

图 20.6 跨人种的脑容量与 IQ 值测量，显示两者之间的显著正相关性

基本正确，很喜欢看电影。上学读书是不能奢望的，即使是小学也不可能。由此可知，脑萎缩主要影响认知功能，如学习与记忆，对语言的表达和接受，也有一定的影响。

根据对典型欧洲各地尼安德特人化石的观察，发现他们的主要特征：头骨低长和眉脊发达，近似于直立人；但其枕骨较为圆隆，不似直立人有明显呈角状的转折[83]。脑量略大于现代人的平均值，但无法确定尼安德特人的智力是否高于现代人。尽管他们的脑容量已经超过现代人的脑容量，但是头颅与脑形态却与现代人有明显的不同。尼安德特人的前额低矮，脑颅的前后轴线较长。相对而言，现代人的天庭饱满，额叶比较发达，颅顶较高，前后轴线较短（图 20.7）[84~86]。从神经心理学的角度来看，前额叶区域涉及规划复杂的认知行为、个性表达、创造、推理、决策和调节社会行为等复杂的认知功能[87]。2014 年的一项研究表明，前额叶背外侧皮层可能是人们诚实与否的“开关”。一旦

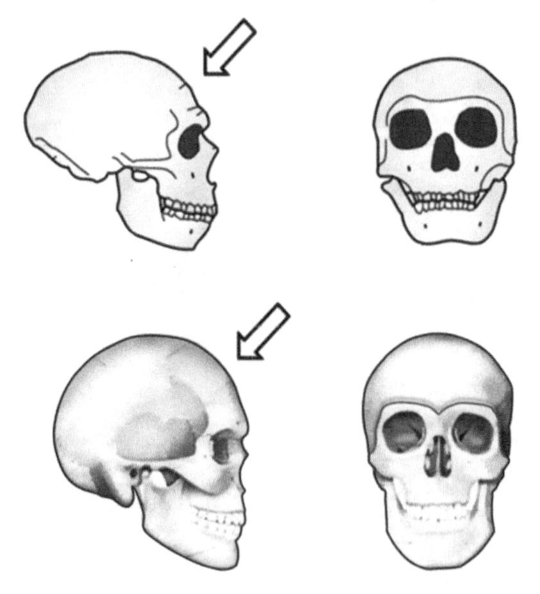

图 20.7 尼安德特人与现代智人的头颅形态比较，箭头显示前额叶的明显差异

这个脑区受损，人们便倾向于因为私利而说谎[88]。看起来尼安德特人与现代人可能在认知能力和情感方面有差异。福雷罗和加德纳的模拟结果[59]也支持这个假说，即驱动尼安德特人脑容量的增大，生态权重占 80%而合作权重仅占 20%（无竞争权重），这与智人脑容量的驱动因子差异极大。然而，一个没有竞争的社会，必定缺乏活力，这也许是与智人竞争失败的原因之一吧。从另一个角度说明，智人的社会生活中合作占主导地位（3/4），但竞争也不容忽视（1/4），因此更有活力。

鸟的脑容量绝对值远小于灵长类的脑容量，但其智商却不比后者差。前面的一些章节描述过鸟类的行为，如制造和使用工具、预测和计划未来、欺诈、逻辑思维等，与黑猩猩尚能一比。这小小的鸟脑，究竟有什么诀窍呢？原来鸦类和鹦鹉类大脑单位重量的组织里含有的神经元，比灵长类动物的脑神经元多一倍不止（图 20.8）。与灵长类、哺乳动物和其他鸟类相比，鸦类和鹦鹉类脑神经元更多地集中于端脑皮质区[89]。蜂鸟是最小的鸟类之一，但其脑体比却很高，因此具有很高的智慧，如语音学习[90]和地图记忆等。它们不但记得每一枚花朵的位置，而且还记得上次的访问（采吸）时间[91]。总之，与智力密切相关的神经测量，必须包括：绝对脑容量、相对脑容量、脑连接、神经元数量。绝对脑容量的增大带来了神经元数量的增多，呈指数关系，由此产生的神经网络数量可能会更多。而如果脑容量增大却维持神经元数量不变，是否能提高认知能力呢？从第七章中我们知道，神经元只占脑细胞的 10%，如果神经元数量不变，则胶质细胞会增多。对艾伯特·爱因斯坦（Albert Einstein）脑的解剖，发现其左脑 39 区（图 8.21）的神经元与胶质细胞比值，显著低于普通人脑[92]。这是因为胶质细胞增多，而不是神经元减少[93]。

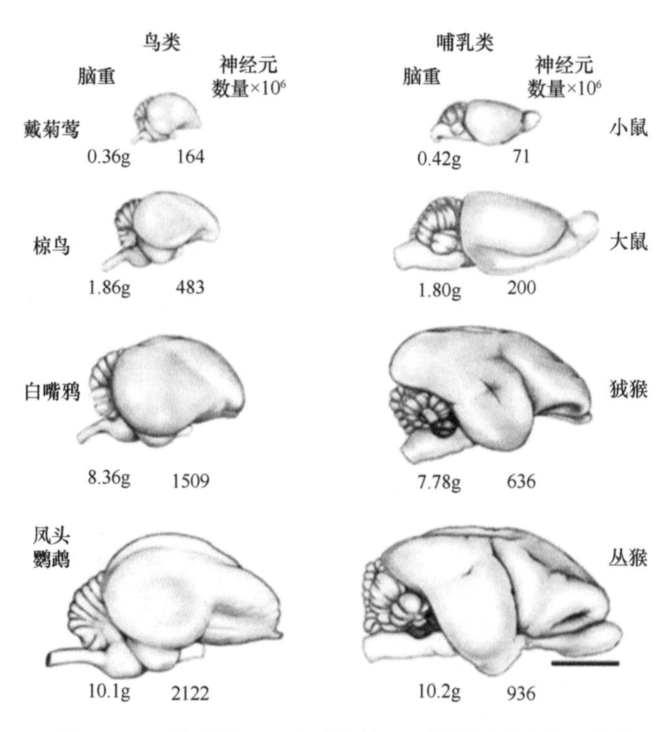

图 20.8　同等重量下，鸟脑的神经元数量是兽脑的一倍多

五、脑进化的思考

总之，人类语言的发展，突破了知识传递的瓶颈。大量的知识不必亲身体验，仅靠“道听途说”就可以获得，使得知识的来源没有地理和时间的限制。并且知识可以在世代之间传递，形成知识的积累。而积累起来的知识，如果没有合适的载体，同样也会被“清零”。存储积累的知识，就成为脑容量增大的驱动力。如此推测，真正意义上的人类语言的起源应该在200万～300万年前的某个时期。早期人类的语言可能很简单，但已经具备真语言的6个基本特征。通过词汇的组合，对事物进行简单的编码。现在已经知道，主动发音表达一定的意思比被动地理解语音的含义要困难得多。一些灵长类动物甚至学会了用特定方式与它们的人类管理者交流。一些科学家认为，尽管黑猩猩和其他大型猿类能学会用手语词汇来表达其需求，但它们仍无法理解语法这一人类语言的关键要素[94]。

400万年前的类人猿脑容量（500cm^3）已显著大于现生的黑猩猩（370cm^3）和倭黑猩猩（400cm^3）[95~97]，理解语言的含义没有任何障碍。任何信号都存在暴露信号发送者的危险，在接收方还没有做好准备的情况下，自然选择将淘汰这些无用且有害的性状。如前面讨论的那样，信号接收方的神经系统必须优先进化，尽管暂时无用但却没有明显的副作用（参考第十五章）。知识的积累，在一定程度上构成了脑容量增大的充分条件。这必然存在一个正反馈的机制，脑容量增大保有更多的冗余神经元网络，可以存储更多的知识，而知识有利于个体的生存和繁殖成功。“聪明人”的大量出现，加剧了个体间在知识层面的竞争，需要更大的脑容量。正如“红皇后”理论指出的那样，“你必须不停地奔跑，才能维持你现有的地位”。

石器自发明以来，在200万年间几乎没有改良（图18.8），显示原始人类的想象力和创造力或许没有太大的进步。而石器制作的快速改进，显然是智人的祖先完成的。由此也可以想象，语言的发展、知识的积累是多么的艰难和缓慢。这个说法有据可查：黎凡特地区早期智人与同样生活在中石器时期的尼安德特人共存或者争斗了4万～5万年，就说明了两者有类似的认知能力。只有在新石器时代到来，解剖上的现代人类拥有了全新的认知能力之后，这种共存的平衡才被打破。那个时候一定发生了什么事情，使得这种认知的潜能得以开发，并且立刻表现出对其他人种的优势。

一旦大脑装满了知识，我们就不能够简单地称之为脑，因为它已经升华为脑体。脑体一词专门用来描述脑的神经网络及其所编码的信息。脑体的形成相当于我们从商店买回来的空硬盘，如移动硬盘，连到计算机后往里面拷贝我们的科研数据。装满数据的硬盘，其价值绝对不能等同于刚买回的空硬盘。对于科研人员来说，科研数据的价值远远高于硬盘本身。脑体就是这样一个装满知识和经验的“硬盘”，既有物理结构，又有信息资源。因为存储数据的需要，促使人类开发了越来越大的硬盘；同样，因为保存知识的需要，自然选择驱使人类的脑容量越变越大。

相对于整个大脑的功能，皮层的绝对容量比相对容量可能更重要。皮层与脑的其他部位的容量之比，即皮层指数（neocortex ratio）。对于灵长类甚至整个哺乳类而言，皮层指数与社群大小正相关[97]。这个很好理解，随着社群的扩大，成员之间的相互关系呈指数增加。对于灵长类动物以及其他社会性哺乳动物，个体识别和成员社会等级的确定是社群稳定的基础。每个成员之间需要互相认识，并记忆其相应的社会地位。所以，不管社群结构有多复杂，个体的认知能力归根结底是记忆。我在前面讨论过，哪怕最高级的知觉过程，如恒常性（包括结构恒常性、大小恒常性、颜色恒常性等），都是建立在大量的学习与记忆的基础上（参见第十四章）。美国谷歌公司的阿尔法围棋系统，可以战胜世界上最强大的对手，也是通过所谓的深度学习而获得超强的能力。因此，学习与记忆是所有高级脑功能的基础，皮层是记忆的存储器，这也对应了人类的脑容量变大，实际是皮层的扩增这一事实。

虽然我们不能轻易否定其他认知能力在脑容量扩增中的作用，这些能力包括抽象思维、发明创造、艺术、幽默、幻想、情绪、情感等，但也很难接受这些能力不是建立在知识积累之上的假设。知识是我们经过体验、学习和记忆而获得的对物质世界以及精神世界探索的总和。抽象思维是对具体现象和过程的归纳与提升，以获得一般性的认识。发明创造和艺术创作大多都是在前人的基础上（“站在巨人的肩膀上”）进行的创新活动。牛顿如此，贝多芬也是这样。我在美国工作和生活过好几年，自认为用英语进行学术交流没有障碍，但还是无法看懂美国的情景喜剧，即便每句话都听得懂就是不知道笑点在哪里，显然这是因为我缺乏必要的经历。幻想都是有具体的对象，且来自人生体验。情绪和情感几乎就是被个人经历以及家族、民族和种族的历史所控制。然而，这些因素在脑容量扩增中的驱动作用，如果有也是很微弱的，可能作用于脑的结构而不是脑容量。

作为人类社会的基本元素，脑体决定了社会的基本结构和运行模式。脑体包括“硬件”和“软件”，其中硬件主要是遗传决定的，但软件则几乎都是后天学习的。计算机软件是不能改动硬件的，与此不同，动物和人的学习可以对大脑有反馈调节的作用。对于人和动物，其硬件可能存在量上的差异，如脑容量。然而脑容量的差异决定了神经元数量的差异，又造成了认知能力方面的区别。脑容量和脑结构（含神经递质及其受体）在族群内部也有显著的差异，造就了所谓的“个性”。人类文明的基本要素可以说都包含在脑体的“软件”之中。意识形态的差异可导致战争，甚至族群灭绝。脑体成就了人类，也可能会毁灭人类，这是一把双刃剑。

第二十一章

味觉奖赏和定居

2012 年，一部纪实电视节目《舌尖上的中国》红遍了大江南北。世界上有华人的地方，就有“舌尖”。中国人对美食的追求，已经达到了“登峰造极”的地步。对于正常人来说，味觉的奖赏是每天都要发生几次的事件。我们对于味道的渴望，已经远远超出身体对能量和营养的需求。特别是对一些与营养和能量几乎无关甚至完全无关的味觉追求，更是有过之而无不及。川菜凭借其“麻、辣、烫”，已经成为风靡世界的美味。中国科学院成都分院南门正对的科院路，短短的几百米，有十几家川菜餐馆。四川人对川菜的热爱和执着，导致只有极少数其他菜系在成都能够“存活下来”。川菜不一定是最辣的，湖南、贵州和云南等的菜系也同样很辣。其实，辣椒起源于中美洲，随着“新世界”的发现，逐渐普及到地球上的每个角落。一些味道明明不携带任何营养的信息甚至可能是有毒害的标志，而人们却趋之若鹜。

一、奇妙的味觉

中国人常说，人生五味，酸、甜、苦、辣、涩。然而，现代科学对味觉的分类却是：酸、甜、苦、咸、鲜（图 21.1）。每种味觉都对应一种传感器，其他的味觉感受基本上是这五种基本味觉的组合[1, 2]。我们味觉的源头，实质上包括了化学传感器、热传感器和机械传感器。而化学传感细胞的种类有上述五种，这些传感细胞聚集在一个叫味蕾的结构中。味蕾位于舌上皮内的卵圆形小体，长约 80μm，厚约 40μm。每个味蕾都含有几种“味”细胞。正常成年人有一万多个味蕾，绝大多数分布在舌头背面，尤其是舌尖部分和舌侧面，舌头腹面，以及口腔的腭、咽等部位也有少量的味蕾（图 21.1）。在儿童时期，味蕾分布较为广泛，而老年人的味蕾则因萎缩而减少。

辣味是由辣椒中的辣椒素结合到辣椒素受体（离子通道 TRPV1，参阅第七章），打开通道激活受体细胞，从而产生的一种痛觉。这是一种非常独特的受体，它既可以被

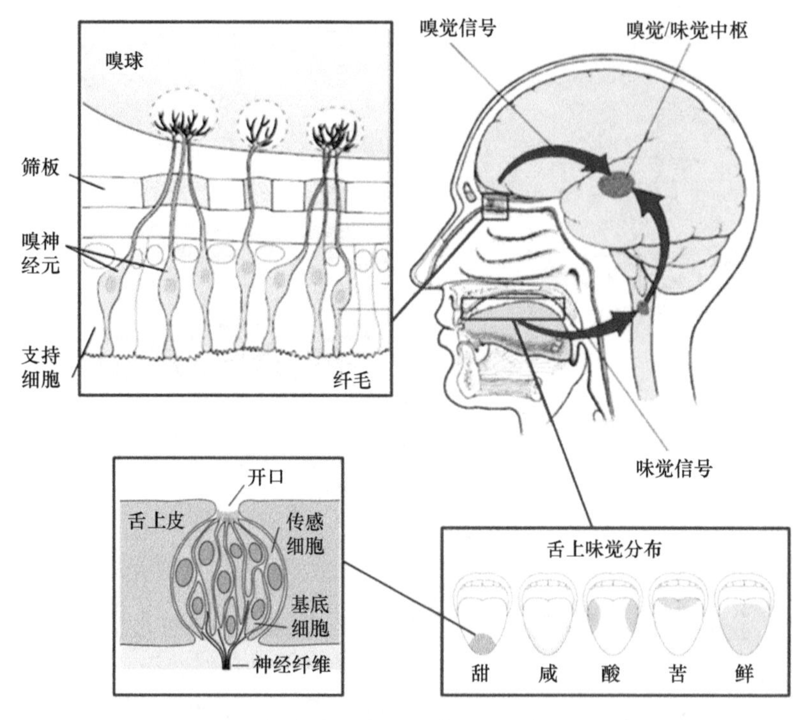

图 21.1 人的味觉和嗅觉传感器及其信息处理中心

辣椒素激活，也可以被 43℃以上的温度激活，产生一种灼痛感[3]。而麻味呢，它既不是痛觉也不是触觉，而是一种震动感。2013 年，英国的科学家发现了麻的本质，这是一种接近于 50Hz 的震动[4]。而涩味是一些化学成分刺激口腔，导致蛋白质凝固而产生的一种收敛感觉。因此，涩味不是食品的基本味觉，而是刺激触觉神经末梢造成的结果。

我们对味觉的体验，是中枢神经的奖赏系统基于个体的偏好，整合了来自味蕾和其他传感器的信息而获得的。个体发育的早期经历，决定了一生的味觉趋向。其实，我们并非天生喜欢辣味。第一次被长辈逼着尝试辣椒，不被辣哭的孩子即使有，也是极少的。然而，一旦习惯了辣味，就爱上了辣味。我的一个同事对味觉形成有独特的认识，“刚开始觉得难吃的食物，以后一般都会上瘾”。不仅仅是食物，烟、酒、毒品等皆是如此。人类天生对于味觉的辣、麻、苦、涩，以及嗅觉的腥和臭等的拒绝，是因为它们代表了食物不好的一面：或有“毒”（辣、麻、苦），或变质（腥、臭），或难以消化（涩）。然而，味觉相关的奖赏系统却反转了这种偏好。而使人真正沉迷其中的，恰恰是这些“负性”的味觉体验。

中国的大西南，不但普遍喜食辣味，而且也喜欢腥味。记得 1985 年作者从广西去云南上学，第一次知道了鱼腥草（也叫折耳根）可以凉拌生吃。那时候，只要餐桌上有一碟折耳根，作者都会反胃呕吐；大约一年后，能够容忍在餐桌上有折耳根的存在，但还是尽量远离。后来，在朋友们的鼓励下，尝试吃一点。到最后爱上折耳根，这前后有 3～4 年的时间。而 2008 年来到成都时，实在是不喜欢花椒的麻味。每次吃饭，都将花椒仔细地一一挑出。而现在，花椒的香味可以牵着我不由自主地走向火锅。但我可能又是那种对某些味觉很难成瘾的人，至少到现在还无法容忍湖南臭豆腐①，哪怕是从臭豆腐摊走过，也受不了。芥末的辛辣刺激，使一些人趋之若鹜，我也是在多次品尝后接受了，但尚未成瘾。苦味是我喜爱的一种味道，两广人都偏爱苦味。桂林的苦瓜酿，湘南的苦瓜炒鸭，都是我儿时的记忆。广西的苦丁茶，云南少数民族的青刺尖（果），峨眉山的苦笋，都是当地人民离不开的美食。

如果说中国食谱中的腥和臭是分开的，那么北欧人的一些食物则是更甚。瑞典鲱鱼罐头（surströmming）的制作：每年四五月捕获怀卵的鲱鱼，在浓盐水中浸泡 20 小时后除血，去头和内脏。转入淡盐水中发酵 1～2 个月，随后不经过杀菌就直接封装成罐头，使发酵在罐头中继续。最后当消费者打开罐头时，由于发酵产生的气压使令人作呕的液体喷出。根据日本专家的估算，鲱鱼罐头的臭味值是臭豆腐的 20 倍。只有冰岛的哈卡尔（hákarl）可以与之相比，后者是鲨鱼的发酵物。其制作过程是先将鲨鱼肉切成大块，放在露天的木桶中自然发酵，所产生的腐肉汁从木桶下流出。发酵 2～3 个月后，将鲨鱼肉悬挂干燥数月即可。由于含有大量的胺以及鱼腥味，哈卡尔闻起来就像是海鲜市场旁疏于清理的厕所味道。但这些似乎都是“小巫”，格陵兰岛的腌海雀（kiviak）才是“腥臭之王”。首先捕捉一只肥海豹，掏空其内脏，把几百只海雀囫囵地塞进海豹。缝合后放在野地，以石块封压，发酵约三个月。取出海雀，去毛后直接食用或制作酱料。然而，最令人不可思议的是，当地人剪除海雀的尾巴从肛门直接吸食海雀已发酵的内脏（画面过于惊世骇俗，请读者自行想象）。此处仅客观陈述不同地区的一些饮食习惯，编者对于捕食野生动物，特别是捕食受保护的野生动物的行为都是不赞同的。

二、对大脑的味觉奖赏

明明是有害的味道，为什么我们还那么喜欢呢？这其实就是奖赏系统的本性使然。人类以及很多动物，天生就喜欢吃甜、酸、咸、鲜的食物。那是因为，甜味是可以补充热量的信号；酸味是食物发酵以及维生素的信号；咸味是帮助保持体液平衡的信号；而鲜味则是蛋白质来源的信号。我们喜欢这些味道，是因为可以帮助我们获得营养丰富的食物，有明确的进化适合度。然而，任何好吃的，吃多了也就腻味了。我们的奖赏系统饱和了，习惯化了。这时候，一些怪异的甚至负性的味道，轻而易举地激活了奖赏系统。因此可以说味觉奖赏系统的习惯化，导致我们对新奇味道的发现和发明。从这个角度，味觉刺激导致的奖赏偏好可以分为原始味觉偏好（初级）和变异味觉偏好（次级）。前面讨论过的喜剧和悲剧，一般而言，喜剧对人的身心健康有益，而悲剧起相反的作用。对应地，喜剧是初级的而悲剧是次级的奖赏刺激。由于次级奖赏是在初级奖赏的基础上演变而来，因此能够更加持久地激活奖赏系统的神经网络。这也解释了我们当中的一些人，每顿饭都离不开辣椒，或特别喜欢看悲剧，边看边流泪。

任何奖赏都离不开中枢神经系统，因此有人甚至说：美味不存在于食物当中，而是由大脑产生[5]。我们的外周传感器与中枢神经的关系，远非解剖学显示的那么简单。

① 尝过臭豆腐的外国人中，有少数喜欢，并认为那是香的。

由于所有的感（知）觉信息都是在大脑处理，因此意识、疼痛和奖赏信号等都汇聚到中枢。适当的味觉搭配能够进一步提升奖赏的效率，如低温与啤酒、热与辣椒、生鱼与芥末。从图 9.16B 中看出，感觉中枢分配给口舌鼻的脑区占比很高，其目的之一是为了服务于味觉奖赏。

史前人类是否也喜欢刺激性的“负性”味觉，已无从可知。唯一可以确定的是，人类在所有动物当中，味觉是最完整的。奖赏系统的原初目的是为了保持冗余神经元网络的存活；而与适应环境有关的过程，可能都是奖赏系统的副效应，味觉也不能例外。如前所述，消化系统完全可以绕过奖赏系统而直接获得所需营养的信息[6, 7]。早期人类，随着脑容量的快速增大，功能越来越多，保有的冗余神经元网络也呈指数增长。任何外界刺激，只要能够激活奖赏系统，都会保持神经元网络更多的冗余。而如果这些刺激，同时还带来身体发育、代谢维持和求偶繁殖等方面的优势，那么就形成了具有进化适合度的附带效应。而这种附带效应，常常起到意想不到的作用。基因突变奠定的基础，知识积累对存储器的需求，导致原始人类的脑容量增大。脑容量的增大也意味着发育阶段对营养的需求加倍，而大脑的运行，则需要大量的能耗（图 20.4）。味觉奖赏所带来的营养来源的多样性恰好满足了这个需求。对鲜味的追求，可以帮助获得蛋白质供应；而对甜味的趋性，可以获得高能食源。如果一个性状，具有多方面的适应性，肯定是优先获得选择。

三、火改变营养更改变味觉

火在人类进化中的核心作用，是怎么高估都不为过的。哈佛大学的人类学家和进化生物学家理查德 • 兰厄姆（Richard Wrangham）认为，原始人类在迁徙过程中，必然携带两样基本的东西：语言和火。语言的起源和进化没有留下物质遗迹供后人研究；但燃烧过程却会遗留显著的痕迹。一次性野外燃烧，即森林过火，一般不会在地面遗留痕迹。然而，反复地在同一地点燃烧，地面土壤或岩石都会因高温而发生永久性的改变。最早的地表用火遗迹，发现在非洲多个地点，如库比福勒（Koobi Fora）、切苏旺加（Chesowanja）、盖地博（Gadeb）、斯瓦特克朗（Swartkrans）等地，约有 150 万年的历史[8]。地表面的用火遗迹，由于自然风化，证据不甚可靠。目前发现的最早洞穴用火遗迹，大约为 100 万年前的南非旺德维克（Wonderwerk）洞。其他大陆的用火遗迹则晚得多，只有几十万年（如北京直立人）或甚至几万年。由于遗迹是在洞穴之内，保存完好，结果可靠[9]。

大约距今 200 万年前后，语言已经产生并普遍应用，脑容量得到初步增大，石器开始被发明和制造，携带这些优势的原始人类走出非洲，前往欧亚大陆。然而，控火和用火的起源和传播则在此之后，因此存在两种可能性：第一，非洲以及非洲以外的原始人类独立多次发明；第二，100 多万年前在非洲首先发明，以后“出非洲”，传播到其他地区。考虑到人类进化过程中，几乎所有的关键改变都发生在非洲，然后再传播开来的“惯例”，第二种可能性似乎更大。作为一个重要的生态因子，火的作用很明显：加速生态系统的物质循环、促进植物更新、诱导种子萌发。在人类能够控制火之前，雷电是引发森林火的唯一火源。森林火在热带雨林极少发生，因为降雨丰沛，植物含水量高。但在东非大裂谷形成后的东部稀树草原，降雨减少，植物干燥，森林火灾频发。以此时人类的智慧，一定能够在火灾发生时找到逃生之路，而其他动物则未必。被火烧死的动物躯体，也肯定发出了诱人的香味。现代人类对烤肉的喜爱，可能源自远古的自然火灾。

兰厄姆教授早年与古道尔合作，在贡贝溪（Gombe Stream）国家公园研究黑猩猩的行为。与其他研究者不同的是，他咀嚼和吞咽黑猩猩的食物，主要是一些树叶和果实。就人的口味而言，大部分黑猩猩的食物实在是难以下咽。桂皮树的果实十分热辣，人哪怕吃一枚，消化起来也很痛苦。黑猩猩却能吃一堆，而对此似乎很享用。尽管他本人不喜欢吃“红肉”（即牛、羊、猪肉），兰厄姆教授还是将生山羊肉与树叶一起咀嚼，以验证黑猩猩是否利用树叶增加牙齿与肉的摩擦。他发现树叶能够提供牙齿以拉扯力，作用于滑且韧的生肉表面[10]。

生食饮（raw-food diet）对小孩可能相当危险，但对于健康成年人，这是“一条极端的减肥之法”[11, 12]。“即使胃里填满了生的食物，也面临饿死的危险。”在野外即便能获得肉类，人类不借助烹饪也很难生存。城市里的生食主义者经常体重过低，且半数女性因为营养不良而停经，即使任何时候都可以买到香蕉、坚果类以及高品质的农产品[11]。消化系统中，仅有一小部分的生淀粉和蛋白质的能量可以直接被小肠吸收，其余大部分被送到大肠，在那里由微生物进行降解，但微生物自己吸收大部分能量。

相反，烹饪过的食物在进入结肠时大部分已被消化，相当比例的能量被吸收。相对生食，身体可从烹饪过的燕麦、小麦和马铃薯中多获得 30%的能量，以及从熟鸡蛋的蛋白质中获得高达 78%的能量。蕾切尔·卡莫迪（Rachel Carmody）是兰厄姆教授的助手，发现吃熟食的比吃生食的实验动物（小鼠）体重增加得更多。一旦吃过熟食，实验动物就似乎爱上了熟食[13, 14]。烹饪过程不仅仅是加热，也包括砍切和研磨，这进一步提高了能量的吸收效率。烹饪可以断裂连接肉组织的胶原蛋白，软化植物的细胞壁以释放内部的淀粉和脂肪。烹饪不仅仅使淀粉和蛋白质变性，而且可以使化合物的成分复杂化。例如，所谓的“美拉德”反应成分，是氨基酸和碳水化合物在热条件下的芳香化反应的产物[15]，这也是咖啡和面包皮美味的来源。

人类的脑组织只占体重的 2%，但要消耗全身 20%以上的能量。大脑的能量代价与细胞数量线性相关（图 20.4）[16]，尽管神经元只占整个脑细胞的 10%。大猿的代谢限制源自每天可利用的取食时间，特别是低质量的食物，如树叶和草，需要大量的进食。能量有限，大脑消耗多了，身体的其他部分就得减少消耗。能量在大脑与躯体之间的分配权衡，是“昂贵组织假说”（expensive tissue hypothesis）的核心。该理论由莱斯莉·艾洛（Leslie Aiello）和彼得·惠勒（Peter Wheeler）在 1995 年提出，认为取食肉类在很大程度上驱动了人类的进化[17]。兰厄姆教授则强调火与烹饪的作用。与大猿相比，人类的躯体更加纤细；而大猿的脑容量则比人要小得多。巴西科学家基于现生猿类的体重和每日的觅食时间，用数学模型模拟了原始人类的脑体比、体重和觅食所需的时间。认为能量代谢的限制可能被直立人通过烹饪食物的方式所克服，即提高了能量和营养的吸收效率[18]。火，作为人类进化主要的正驱动力，加速了人类脑容量的增大。然而，另一组巴西科学家用同样的数学模型，得出截然不同的结论：考虑到动物性食物的比例大幅增加，可预测原始人类的神经元数量与觅食效率更加相关。古人类系谱中脑容量的增加，并不依赖于控火技术的进步，即食物的热加工与脑容量增加无关[19]。进一步的实验显示，热烹饪的肉类并没有提高小鼠对能量的获取。

植食性动物与肉食性动物的消化系统是截然不同的。一般而言，植食性动物的胃相对（与躯体的比值）更大，肠的长度更长。肉食性动物的胃较小，肠较短，食物流动快[20]。当然，所分泌的消化液也是有针对性的，如植食性动物分泌较多的纤维素酶而肉食性动物分泌更多的蛋白酶。由于烹饪后的食物易被消化，所以现代人的牙齿、胃、肠道的尺寸和功能都发生了显著性变化。因此，火改变了营养，改变了味觉，也改变了人类身体各器官的结构与功能进化。

在觅食策略上，差异更加显著。食草动物将大量的时间都用在采食上，而食肉动物则用大量时间睡觉以保持较小的能量消耗[21]。另外，物质和能量在大脑与躯体之间的分配，所谓的权衡实际更像是一个跷跷板，重的一头落则轻的一头起。当身体发育的资源不够分配时（即轻度或中轻度的营养不良，不包括极端的营养缺乏之状况），首先是减少肌肉和骨骼的供给，然后是内脏。即使是严重营养不良，大脑似乎也很少变小，此类儿童看起来都是头大身子小（网络上有很多非洲饥民儿童的照片）。至少对人类而言，大脑的发育是最优先的。因此，火的应用以及食性的改变，受益的主要是躯体而非大脑。但如果没有强壮的身体支持，再聪明的大脑也难以发挥其全部功效。如此这样，火对脑容量增加的直接作用，就值得进一步地商榷。

东非大裂谷的形成，导致非洲东部地区的干燥。首先，是植物区系发生巨大的改变，热带雨林中的多数植物物种依赖温暖潮湿的生境，在凉爽干燥的环境中无法存活。而一些耐旱喜凉的植物种类，或因自然选择而改变或由其他地方迁移而来，逐渐形成新的植被类型和植物区系[22]。随之而变的是动物区系，适应稀树草原的大中型动物，如长颈鹿、非洲象、斑马、角马、羚羊、非洲狮、鬣狗等迅速进化。热带雨林转变为稀树草原，不仅仅是生物种类的改变，而是生物群落结构和生态系统的变化[23]。随着生物多样性的降低（热带雨林是所有陆地生态类型中生物多样性最高的生态系统），优势物种在群落中的优势度就越发突出。作为可供利用的资源，自然是数量越多越好。斑马、角马、羚羊等植食性动物的种群数量急剧增加，成为大型食肉动物的主要食物来源，构成了非洲草原上的食物链的基础。

原始人类也加入到猎食大军中来，成为食物链中的重要一环。即使在人类的强烈干扰下，如偷猎，现生的非洲狮种群还有 2 万～3 万只，可以想象这需要多么大的食草动物种群来供养。远古人类走出雨林，来到草原，人口数量肯定是急剧增加。只有巨大的种群数量，才有可能保有大量的遗传变异库，为进一步的进化奠定基础。进化生态学告诉我们，小种群是不可能进化的，如果没有人类的刻意保护，种群小到一定程度物种一定会灭绝。历史上的教训，数不胜数，最著名的当属旅鸽的灭绝。欧洲人到达美洲之前，旅鸽的种群数量数以亿计。但当人类猎捕到还剩几十万只时，旅鸽这一物种的命运已经不可逆转了。

原始人类的食谱改变，还可能是纯植物性的。大约 250 万年前，人类祖先开始尝试采集和狩猎的食物获取方式。为了适应这种巧妙的生活方式，远古人类的身体开始向现代人转变。首先是直立行走，然后是又大又厚的臼齿和宽大的脸盘，以适应食用水果以外的食物，如块根、块茎、种子和坚果等。热带雨林可以提供大量的嫩叶、鲜花和浆果，这些食物富含水分和水溶性维生素，但能量很低。稀树草原凉爽干燥的环境，可以生长大量的坚果类植物。这些果实富含能量物质，如淀粉、蛋白质、油脂和脂溶性维生素等，更有利于动物的营养供给。然而，坚果类往往有硬壳包裹，难以食用。这对其他动物可能是不可逾越的障碍，而对灵长类来说，此挑战尚可克服。现在尚无证据告诉我们，原始人类是如何打开硬壳取食果肉的，但南美洲的卷尾猴（僧帽猴）的故事可以提供相应的启示[24~26]。这类猴都会用石头砸开坚果的硬壳以获得果肉。首先，选择一个合适的凹陷以及一个大小、重量、形状都合适的坚实石头，将坚果安放在凹槽内，双手抬起石头用力向下砸，直到坚果开裂（图 21.2）。僧帽猴甚至将树上的棕榈坚果采下来，去掉外壳后扔到地面暴晒几日，然后再用石头砸开。这不但涉及技能学习，还需要提前计划，如没有高智商是做不到的。

图 21.2 僧帽猴砸坚果，显示高超的技艺和智慧

火的作用不仅改变食物的理化性质，还能够灭活有毒物质（一些豆类的皂苷和血球凝集素，对一些人是致命的）的活性、杀死食物中的寄生虫和细菌、烘干肉类以便长期保存。经过热加工以保存食物对于原始人类具有革命性的意义。很可能是一种仅次于石器制造的技术突破。原始烹饪可能主要有两种方式：一是将淀粉类食材放到热灰中，二是将肉类架在火苗之上烘烤，利用高温使淀粉和蛋白质变性。这不但提高了营养的吸收效率，也改变了口感。使之闻起来更香，吃起来味道更美。随着神经系统越来越复杂，奖赏系统的刺激阈值也水涨船高。简单的刺激不能够激活人的奖赏系统。味觉可能是人类在进化过程中的第一个专门服务于奖赏系统的感觉系统。这要求有精美的食物、敏锐的味觉和复杂的奖赏系统，三者缺一不可。人在饥饿时，需要的是食物；而在吃饱之后，追求的是美味。由于味觉奖赏与营养获取有着密不可分的关系，味觉的奖赏功能并不纯粹。尽管如此，对美味（首先是鲜味和甜味，而后扩展到酸味、辣味、苦味和麻味等）的追逐，在几乎没有娱乐的远古时期无疑是少有的奖赏刺激。然而，是对营养的需求开发了味觉奖赏，还是在对味觉奖赏的追逐中带来营养的多样化？

当人类习惯了食用烹饪后的熟食，奖赏系统又开始难以激活了。因此，人类又青睐生食饮。生食蔬菜水果，在全人类都很普遍；但生食肉类则有民族性和地域性。在中国，对食生鱼的喜爱，莫过于广东人、海南人和广西南部人。一些地方的居民几乎什么肉（牛肉、羊肉、猪肉、鱼肉、虾和蟹等）都可以生吃。日本人也爱生食，吃生鱼却只限于海鱼的一些种类。西方人则偏好带血的牛肉，半生半熟的肉似乎更鲜美。很多地方的人们倾向认为，未经过加工的生食，保存的营养更完整。这与兰厄姆的理论背道而驰，也带来一个疑问，食物经过火的热加工真的带来了营养革命吗？毕竟有些维生素和有机小分子是很容易受热分解的。

四、嗅觉提高味觉奖赏

食物在经火的加工过程中，不但改变了其味觉体验；而且还会散发特有的气味，诱发人类的嗅觉感知。我们对美食的喜爱，是由味觉和嗅觉共同激发的。味觉感知是根本，嗅觉感知是“锦上添花”。加热使很多的挥发性化合物气化，形成嗅觉刺激。嗅觉感受器位于鼻腔内由支持细胞、嗅细胞和基细胞组成的嗅上皮中。在嗅上皮中，嗅觉细胞的轴突形成嗅神经。嗅束膨大呈球状，位于同侧脑半球额叶的下面。人类（可能包括灵长类）的嗅觉信息和味觉信息[27]，投射到皮层的嗅/味觉中枢（图 21.1）。这里也是美食的奖赏中枢，因此嗅觉丧失可严重地影响到美食的奖赏作用。

嗅觉受体属于 G 蛋白偶联受体，是一种细胞表面蛋白。每个受体都是一条跨膜 7 次的多肽链，构成一种黏合球囊，气味物质可以黏附其上。一旦嗅觉受体与特定的气味分子结合，它们的构型就会发生改变。这个过程引起 G 蛋白发生变化，进而诱导环磷酸腺苷（cAMP）的形成。cAMP 是一种信使分子，可打开离子通道，导致细胞被激活而诱发一个动作电位，最终投送到嗅球。嗅觉受体蛋白属于一个庞大的基因家族，琳达•巴克（Linda B. Buck）和理查德•阿克塞尔（Richard Axel）在 1991 年[28]发现人类大约有 1000 个嗅觉受体基因，两人因此项成果而共享 2004 年的诺贝尔奖。这是人类最大的一族基因，大约占基因总数的 1%。在第六章的“克隆选择”中证明了的现象，即免疫系统的每个细胞只表达一种抗体，这一规律在嗅觉系统重演了，即一个嗅觉细胞只表达一种受体蛋白。因此，有多少受体蛋白，就有多少类型的嗅觉细胞。然而，人类能够检测的气味有上万种之多，这区区一千种嗅觉受体基因，明显不够用啊！而且在人类仅有 400 个受体基因能够转录和翻译为蛋白质，更加剧了这一矛盾。

奥妙在于，一种受体蛋白能够特异地与多种气味分子结合，一种气味分子也可以和多个受体结合。而且，大多数气味是由多种气味分子组合构成的，形成所谓的气味类型。由多个受体蛋白进行时空协同，构成所谓的气味模式。这些气味类型和气味模式，可以构成数以万计的组合（参阅第十五章）。这可能是动物，如昆虫、脊椎动物、人类等感知气味的普遍机制。嗅觉细胞投射到嗅球，后者包含约 2000 个界线明确的微小区域，即球囊。表达同一受体蛋白的嗅觉细胞的轴突汇聚到同一个球囊，使球囊也具有特异性。球囊一一对应地投射到下一级的僧帽细胞（mitral cell），后者把信号分别传递到大脑的几个部位。这样的组织结构保证了气味的特异信息在向中枢的传递过程中得以保持。大脑皮层整合分别传入的信息，进行识别和记忆[29, 30]。

与味觉的生态编码不同，嗅觉的生态编码是好闻（花和果）的气味往往没有益处甚至有害。而有营养和含能量较高的食物却往往没有好闻的天然气味。在人类掌握了火的使用之后，这种现象才得以改变。脂肪、动物蛋白和植物淀粉在高温中都能释放特有的气味，不同来源的有机物质其气味也不一样。一般认为，人类在进化过程中由于视觉高度发达，减轻了对嗅觉的依赖而导致人类嗅觉的灵敏度降低。诚然，相对一些哺乳动物，如狗、猪和熊等[31, 32]，人类的嗅觉简直不值一提。人类只能闻到加热后食物发出的味道，而很多动物能够嗅到动物和植物在正常温度下发出的微弱气味。这是因为那些动物具有远比人多的嗅觉细胞。在人的嗅觉系统，有一个很有趣的现象，那就是一些气味在低浓度时闻起来是香的，而在高浓度时闻起来却是臭的。如果人类的嗅觉像狗一样灵敏，那很可能对我们现在觉得很香的气味闻起来很臭，而不利于奖赏效能。香有很多种，臭也有很多种。人们对于香和臭的嗅觉奖赏，也可能发生翻转。榴梿对普通人来说是臭不可忍，但一旦习惯了就觉得香甜可口，吃上瘾的人还不少呢。湖南臭豆腐那简直是臭气熏天，而好此者却说是唇齿留香。

不可否认，火在提升食物的营养摄取以及取暖和照明等方面有显著作用，但热加工食物所带来的味觉和嗅觉的奖赏功能，却常常被忽视。人和动物都对一些嗅觉和味觉刺激，如酒精、麻辣味、烟草、毒品等成瘾。这些刺激其实为神经系统所青睐，对动物适应性进化并没有多少益处。这是典型的脑体抗拒基因，是间接选择与直接选择互相矛盾的事例。因此，成瘾更大程度上是心理上的牵引，而生理的需求是次要的。吸毒人员在戒毒后的复吸，不是因为毒瘾发作，而是自己想念毒品带来的极度体验[33]。嗅觉和味觉奖赏系统，可能起源于动物，但在人类掌控火之后加速进化。因此，原始人类的营养改善，可能是味觉奖赏的副产物。由于味觉奖赏，我们开辟了更多的食物来源。原先不吃或不喜欢吃的食物，通过奖赏逆转而成为美食。单一食物的缺陷是营养不全面，易导致所谓的“木桶效应”①。

2007 年，美国的 40 余位专家在耶鲁大学联合提出了“食物成瘾”的概念。食物成瘾的表现，首先是身体质量指数（BMI）大于 28；其次是吃东西停不下来，停止吃东西就感到不舒服。通过影像学检查发现，食物成瘾患者的大脑神经影像与海洛因依赖患者相似。高脂肪和高糖分的食物与快餐都是食物成瘾的“导火索”。“贪吃”不仅会导致体型的“横向发展”，还会损伤大脑的脑白质，让人变得愚笨[34, 35]。食物成瘾应该是现代病，在原始野外环境，食物匮乏是难以满足成瘾的物质条件的。当食物无限可获得时，触发了味觉奖赏的正反馈以至于停不下来。

五、动物的味觉丢失

味觉不是生存必需的，至少在很多动物是如此。绝大多数鱼类、所有的两栖类、多数爬行类和鸟类、少数的哺乳类，进食是整体吞入，不与味觉系统发生联系。这类动物

① 木桶效应是讲一只水桶能装多少水取决于它最短的那块木板。一只木桶想盛满水，必须每块木板都一样平齐且无破损。而多样的食物，可以起到平衡营养的作用，填补短板。

的肠道神经系统直接向中枢神经反馈有关饥或饱的信息[36, 37]。一组中外科学家[38]仔细检测了七种齿鲸和五种须鲸的 3 个甜味和鲜味受体基因（*T1R1/T1R2/ T1R3*）以及 10 个苦味受体（*T2R*）基因的序列，发现在十二种鲸类中这 13 个基因全部假基因化（pseudogenized）了。进一步研究发现，鲸类的酸味标志基因（*Pkd2l1*）也是个假基因，而咸味基因是有功能的。显然，鲸类在进化过程中丢失了五种味觉受体基因中的四个，仅保留了与海水盐分有关的咸味基因。分析十二种食肉目动物的甜味基因序列，发现在三种猫型动物和四种犬型动物中假基因化了，而且是独立发生的。行为测试显示，带假基因的亚洲水獭不识甜味，而有正常基因的眼镜熊对甜味有偏好。对甜味没有感知能力的物种还包括海狮和宽吻海豚[39]。这项研究提示，即使是咀嚼食物的部分食肉动物也灭活了甜味基因，可见甜味在食物种类的选择上不是必需的。

人们普遍认为，熟食容易消化，而消化不良通常导致腹泻。生食的习惯存在于东西方的文化中，并且有一定的代表性。根据我的调查，经常吃生肉的广东人没有消化不良的现象。反而是不吃生肉的人，吃到没有做熟的肉类容易腹泻。由此可知，肠胃的消化功能是高度可塑的，胡慧建研究员（广东省生物资源研究所）的观点是肠道微生物群发生了适应性的改变。假如熟食对现代人都不是必需的，那对于原始人类就更不重要了。人类从猿类的植食性转变为杂食性，相关基因产生了变异。正如从狼到狗的驯养过程，10 个消化淀粉和脂肪的关键基因受到了正选择[40]。有证据表明，黑猩猩也不是纯植食的，偶尔也捕食绿猴以补充动物性蛋白质。兰厄姆的理论面临严峻的挑战，即用火对食物的热加工可能不是人类营养革命的关键一步。火在原始人类的饮食过程中，可能仅仅是使食物更加香醇美味，以提升其奖赏的效能。相比其他奖赏系统，味觉和嗅觉的奖赏所需要的中枢神经系统是原始的、相对简单的。因此，动物的大脑也容易形成此类奖赏。例如，自然条件下，非洲象偏爱发酵的水果；而在实验条件下，大小鼠都会酗酒[41]。毫无疑问，早期人类具有味觉和嗅觉奖赏，并且在进化中获得了极大的加强。

味觉和嗅觉奖赏是由中枢神经产生的，而味觉细胞和嗅觉细胞仅仅起到传感器的作用。嗅觉不全是很常见的现象，我本人就对几种化合物，如麝香（酮）和榴梿气味等无感觉。嗅觉丧失并非少见，而味觉丧失则很罕见（疾病，如感冒导致的除外，疾病痊愈后可自动恢复）。例如，第九章提到的加拿大卡特里特（Carteret）女士由于头部碰撞导致嗅觉丧失，是中枢神经而不是外周传感器的损伤。头部碰撞的常见后遗症是失忆，肯定也是中枢神经受损所致。从这个角度来看，味觉和嗅觉的奖赏可以有效地刺激大脑以维持更多的冗余神经网络，从而在进化中取得优势。

尽管味觉和嗅觉奖赏需要的神经系统可能不如其他奖赏的复杂，但也不是简单的神经系统。正是语言的革命，带来了脑容量的膨胀，同时也使脑结构复杂化，这才有了人类特有的（如果不算是特有，那也是极度加强了的）奖赏系统的神经基础。发达的奖赏系统，才具有奖赏翻转的可能性，因为奖赏翻转是以学习为基础的。味觉和嗅觉奖赏对杂食性动物最重要，植食性动物次之，肉食性动物最不重要。人类是典型的杂食动物，这在嗅（味）觉奖赏和营养摄取都具有极明显的优势。火的使用，可能促进了原始人类从植食性向杂食性的转变。

六、火使穴居成为可能

在人类进化史上，火的另一些重要作用应该是取暖和照明。正是因为能够控制和使用火，人类开辟了洞穴空间资源。因为洞穴往往比较潮湿、阴冷、黑暗，没有对火的控制，根本无法利用洞穴。有了洞穴，就有了固定的家。这从生理到心理，对人类的进化都产生了极为重要的影响。因此，洞穴的开发，是人类进化史上可以与用火和制造石器相提并论的大事件。有野外工作经历的人都有体会，遇到大雨而无处躲避是多么的令人沮丧和难受。如果连续下雨的话，可造成大量动物尤其是未成年个体的直接死亡。淋雨导致的感冒发热，对于原始人类也是致命的。而动物个体越大，就越难找到避雨场所。另外，洞穴生活使人类有更多的时间聚在一起，交流信息和经验。北京大学心理学系的李量教授是研究人类听觉的专家，他们实验室发现人类对两个声音的时间分辨阈值是10ms[42]，远大于蛙类的0.5ms[43]。就是说，两个声音前后相差必须在10ms以上，人类才能区分；否则就会被理解为一个声音。这有什么意义呢？李量教授是这样对我解释的：10ms对应的传播距离为3.4m（声音在25℃的空气中传播速度为340m/s），而对应的回声距离是1.7m。考虑到坐起来的人头部距离地面0.7～1.0m，原始人类青睐的洞穴高度应该是2～3m。太高不容易保温，太低则活动不便。长期（几十甚至上百万年）在洞穴中生活，人类进化在保持尽量高的时间分辨率与克服回声对语音交流的干扰之间达到了平衡。即使是现代人的居室，大多也是2～3m的高度。

有了光热的洞穴，在雨雪天气和夜晚，洞穴中的火塘可以成为信息交流的中心（图 21.3）。但更多的时候，可能是闲聊。人在无聊的时候，就会寻找话题，最有效的

图 21.3 人类在洞穴中生火以对洞穴进行有效利用

方法当然是编瞎话。闲聊是需要较高智商的，而编瞎话则还需要想象力。因此，瞎话编得好即成为“花言巧语”，也更容易得到异性的青睐，想象力也许因此而进化。人类早期的虚荣心，应该是在这种无聊的“吹牛”中起源的。虚荣心也受奖赏系统的调节，而且容易成瘾。以色列历史学家尤瓦尔•哈拉利（Yuval Harari）认为，“虚构故事”的能力，特别是大家共同虚构的能力，是智人称霸地球的主要因素[44]。因“虚构故事”而产生宗教、神话、巫术以及现代社会的公司文化、品牌的架构等，使智人有了精神信仰和连接在一起的精神依靠。因而可以组成足够大的群体，消灭以小群体为主的尼安德特人。尼安德特人也懂得用火，为什么就没有进化出先进的文明呢？

火还可被原始人类用于驱赶猛兽。用带火的木块投掷，可以有效地驱赶猛兽。而野兽也似乎对洞穴或黑暗中的火光有直接的趋避作用。有了火，人类就可以安然入睡，而不是像有蹄类（食草动物）那样在警醒中休息。充足的睡眠对脑的发育和维持神经系统的可兴奋性，都有极为重要的意义。火之热，也温暖了退除体毛的原始人类。没有了体毛再加上发达的汗腺，人类长时间地奔跑在非洲的稀树草原上，不至于体温过高而丧命。而人类能够在烈日下长距离地奔跑，提升了逃命和围猎的效率。围猎效率的提高，改变了原始人类的膳食结构，即增加了动物性蛋白质的比例。

第二十二章 性 革 命

性和爱是文学艺术永恒的主题。

在人类借助火的使用与控制而解决了"温饱"问题之后，接下来需要解决的就是"性"的问题。社会生物学家威尔逊这样描述乌干达伊克人的生存状态："由于能量的缺乏，性活动也极少，而性活动的快乐被认为跟排泄差不多。"可见人类的性活动是建立在温饱之上的奖赏。熟食加工和穴居生活都离不开火的使用，因此，可以说性革命是控火或用火的间接结果。

一、性选择与性爱

达尔文的性选择理论，所依据的核心还是适合度，即留下较多后代的性状被选择而不管这些性状是否有利于生存。因此，达尔文的性选择其本质是繁殖选择。米勒试图以性选择为理论核心，诠释与认知能力相关的人类意识、语言、艺术和宗教的起源[1]。他把这些高级认知能力的产物，都归结为源自吸引配偶的目的。但是性性状是在繁殖过程中为投资较小的一方（一般为雄性）所具备[2]，而人类的高级认知能力却为男女双方所共有，因此这不是性性状。米勒的解释是，人类的性选择是男女相互的。然而，米勒的假说违背了特里弗斯的繁殖投资法则。该法则的基本点是，投资小的一方（多为雄性）夸大并展示性性状，接受投资大的一方（多为雌性）的挑选。双方在繁殖中的投入越接近，则性选择的强度就越弱，雌雄的性状就越趋同。反过来，双方在繁殖中的投资差异越大，投资较小一方的性性状就越明显。从生理的角度看繁殖投资，男人无法与女人（怀孕）相提并论；从行为的角度看繁殖投资，男人也比女人（哺乳）少很多。

性成熟后或在繁殖季节，雄性动物通常产生第二性征，而雌性与未成年比较基本保持不变。在人类，男人和女人都表达第二性征，虽然男女的第二性征截然不同。例如，男人的声音低沉、肌肉发达、体毛较多；女人的声音高调、皮肤细滑、体毛较少，这些特征肯定受到了强烈的性选择[3]。人类的性选择的确是男女相互的，但仅限于第二性征，而且互不相同。反之，人类男女的脑体是极为相似的，因此所受到的性选择必然十分微弱。由此推理，人类的意识、语言、艺术和宗教等不可能是性选择的结果。

令人百思不得其解的是，为什么世界上那么多的人类学家和进化生物学家，却没有人考虑性欲在人类进化中的作用[4, 5]。性欲表现为性念头、性感受、性幻想、性梦，渴望接近心仪的异性，想要发生性行为（独自或者与伴侣一起），以及性器官变得敏感等[4]。性欲如果不是人类独一无二的，那至少在人类也是极端突出的。性欲之性，是脱离了生殖本意的纯性之性。性欲之性与繁殖之性有本质的不同，虽然两者有密切的关联[6]。首先，目的不同。繁殖之性是为了产生后代；而性欲之性是为了满足欲望。其次，与人类体重相当的动物，其繁殖之性通常是一年一次[7]，热带地区的动物可以周年繁殖；性欲之性则可能是一天一次。再次，繁殖之性是尽量减少求偶和交配的次数，提高受精的成功率；性欲之性则与之相反。最后，繁殖之性没有爱情；性欲之性是“性爱”。性欲可以看作是味觉奖赏的延续：味觉奖赏改变了人类的食谱，更多的肉食提升了性欲望；火带给原始人类以温暖，使人们更容易产生爱意。

性爱是以发达的大脑为前提的。大脑处理性欲的神经系统先行进化，为性奖赏做好准备。需要再次强调的是，中枢神经催生新的神经元网络并不需要很多的能耗，只是在原有的神经元基础上搭建一些突触连接。与之相连的外周传感系统是在中枢神经准备好了以后再行进化的。如果视皮层还没有准备好，有眼睛也是无法看到外部世界的。如果没有巨大的收益，自然选择一定会淘汰这一无用的外周器官，如洞穴鱼的眼睛。这一原则同样适合于性欲系统。不管是男性性器官还是女性性器官，都含有极度发达的神经末梢（图 22.1）。一旦受伤，其痛楚难以言表。经过语言革命以及味觉/营养革命的洗礼之后，原始人类的大脑得到了充分的进化和发育，也就为迎接性革命的到来做好了物质上的准备。中枢神经并没有将大量的资源分配给性器官，反而给了手、唇和舌（图 9.16B 和图 22.2），导致它们最后也被人类用作“性器官”。大量的触觉传感器分布在性器官，提高了这些部位对触摸的敏感性和空间分辨率。但中枢神经似乎不介意性器官的分辨率，所以只有很小一部分脑区处理性器官的信息。灵敏度信息可能不需要较大的脑区来处理，因为只需要能够感知轻抚，就足够了。快感来自性器官，但我们似乎并不需要知道来自性器官的具体细节部位。

除人和倭黑猩猩以外，所有哺乳动物一生中的绝大部分时光，都过着“无性”的生活。只有在发情季节，它们才会交配。因为雌性只有在发情期间才会排卵，可以受孕。雌性哺乳类也许无法意识到排卵的时间，但她们的身体会自动向外界（主要对雄性）“广告”。例如，许多雌性灵长类发情时，阴道四周的区域会肿胀，变成红色、粉红色或蓝色。有的物种，雌性的臀部与乳房也会有类似的变化。女人排卵没有征兆。科学家也是直到 1930 年后才搞清楚女性的生理周期，每个生殖周期中只有固定的短暂时刻才能受孕[8]。就是说，人类隐蔽了发情信号，形成了所谓的“隐性排卵”。向雄性隐瞒其生理周期状况，这有什么进化优势呢？

图 22.1 按照单位体表面积神经末梢的数量绘制的人体（左）与实际人体（右）的比较，神经末梢集中在唇、手、阴茎和阴囊、脚

图 22.2 按照在大脑感觉皮层占区比例绘制的人体，中枢神经资源主要分配给手、口、舌（参考图 9.16B）

在已研究的 68 种灵长目动物中，按照排卵的特性分为三种类型。排卵期无征兆的有 32 种（包括人类），轻微征兆的有 18 种，明显征兆的有 18 种[9]。隐性排卵有什么进化或生态适应意义呢？目前有六个假说，试图对此现象给予解释。

（1）可以提升社会的凝聚力。如果雌性显现其发情信号，会加剧雄性（猎手）的竞争。雄性之间就会爆发剧烈的竞争甚至打斗，从而破坏合作的基础。反之，隐瞒发情可以降低雄性间的相互敌意，促进合作。合作在猎捕大型动物时，起决定性作用[10]。这个假说用在人类身上的缺陷是，虽然隐瞒发情信号暂时缓解了男人间的竞争，但女性的第二性征可能使这种争斗长期化了，加剧了猜疑，导致总的竞争强度可能不是减弱了而是提高了。

（2）可以巩固“夫妻”的纽带。雌性隐藏发情信号，就能够一直维持对雄性的性吸引力而将雄性拴在身边，协助抚养子女[11]。如果强调性的繁殖作用，隐藏发情则降低了对雄性的吸引力，又如何将雄性“拴”在身边呢？

（3）可以持续获得雄性提供的食物，主要是肉类。从繁殖的角度，雄性更愿意与发情的雌性分享其狩猎所得[12]。但如果雄性无法得知对方是否发情，如何愿意将珍贵的肉食献给雌性。

（4）可以保障雄性的忠贞。如果雄性知道雌性的生理周期，那么在非受孕期就可能“离家出走”。如果发情信号被隐藏，雄性更愿意留在“家里”，以保证自己后代的父权[13]。为什么不能反过来，隐藏发情使雄性的戒备心降低而四处游荡呢？

（5）可以避免雄性的杀婴行为。许多灵长类，包括猴子、狒狒、大猩猩与黑猩猩等，都有雄性杀婴行为。当然是杀死其他雄性的后代，以便促使婴儿的母亲尽快恢复发情[14]。但是杀婴行为几乎都发生在一雄多雌的婚配体系，早期人类（如南猿）可能如此。但当人类的脑容量急剧增大而有了情感之后，杀婴可能会起反作用，即抑制发情。

（6）可以提高后代的存活率。人类婴儿刚出生时，远没有成熟，而且需要十几年的时间才能发育到性成熟，即所谓的“幼态延续”。雄性参与婴幼儿的照料，可大大提高其成活率。但如何留住雄性，是雌性面临的重大挑战[15]。如果性纯粹是繁殖目的，隐蔽发情可能适得其反。

仔细分析上述研究，其实也就是四个假说，第二个和第四个无本质区别，而第三个和第六个极其相似。这四个假说各有合理及不合理的地方，但都强调其进化适应性。考虑到隐性排卵与持续交媾的密切关系，如果隐性排卵有很大适合度的话，那么持续交媾也有很大的适合度。进一步推理，性欲之性也就有很大的适合度了。人类的性欲及其满足性欲的行为，有什么适应性尚不得而知，但其进化劣势则是显而易见的。

人类虽然隐藏了排卵的信号，但进化出了极其明显的第二性征，作为性成熟即持续发情的信号。对人类来说，发情更多的是一种心理性状，是愿意追逐异性、被异性追逐以及交媾的内在驱动和表象。青春期发育后，男性的身材开始变得高大，喉结突出，声音变得低沉粗犷，肌肉结实，长出胡须，出现遗精；女性变得皮肤细嫩，嗓音尖细柔润，乳房隆起，肌肉柔韧，月经来潮。性成熟后的青年人类，对异性表现出强烈的好奇和爱慕[16, 17]。一旦发现与异性的“游戏”所获得的奖赏远超过此前所经历过的任何奖赏，人类开始专注于“性”。与其他动物比较，人就是一种对性爱过度痴迷的动物。

求偶和交媾需要耗费大量的时间和能量，而且在自然环境中也是一件危险的事情。不但可能受到猛兽的袭击而且也容易被同类攻击，两者都是致命的。这就是为什么其他动物要尽量减少求偶交配次数并提高受精效率的原因。这里做一个简单的计算，如果一次求偶和交媾需要花费一个小时，每两天进行一次，这等同于在15～45岁年龄段（30年）有>2%的时间是处于浪费能量和危险之中。即使按60岁的寿命（原始人类多数达不到）计算，一生中平均也有1%的时间是处在这种负选择的状态。就是说，只需要经过很短时间的自然选择，具有此性状的种群就会被淘汰。在如此强烈的负选择条件下，还保留下来的性状，一定有超强的适应优势。

二、精子竞争

还有一个奇特的地方，雄性人类的阴茎和雌性人类的乳房都不成比例的膨大（图22.3）。与非人灵长类比较，人类阴茎的尺寸是最大最长的（图2.5和图22.3）；但与其他哺乳动物相比，就不那么突出。例如，马科动物的阴茎在勃起时可达30～50cm，远比人类的长，这源自雌性超长生殖道的位置和深度。人类阴茎的平均勃起长度是12～15cm，长短与人种有关，也与身高密切相关。这很容易理解，身体高大者，其生殖器成比例变大。因此，阴茎的长度相对身体的高度在人类是比较一致的。人类的近缘，黑猩猩约为7.5cm，大猩猩仅有3～4cm。雄性黑猩猩的体型是雄性大猩猩的1/4，但前者的睾丸重量（平均150g）反而是后者的4倍。人类的睾丸大约只有 50g，是黑猩猩的 1/3[19]①。

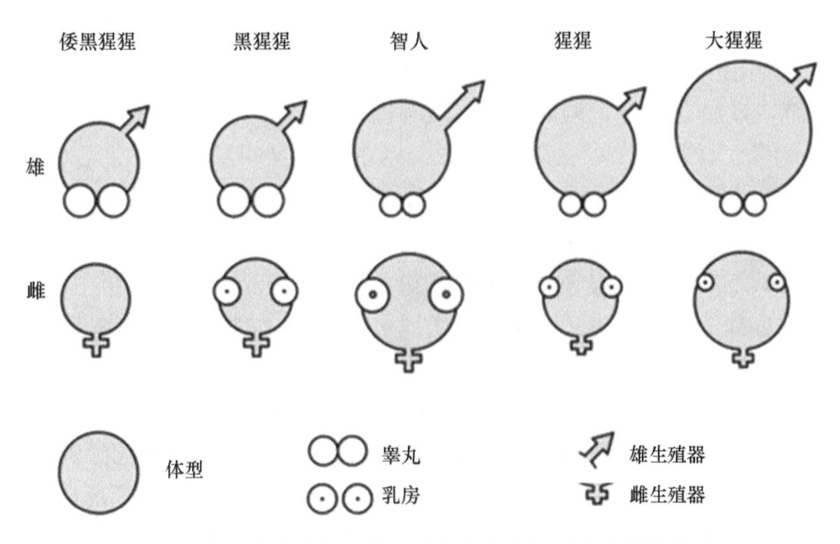

图 22.3 跨物种的“性”器官与身体相对大小的比较

基于对昆虫交配行为的观察，帕克尔提出了精子竞争假说[20]。其要点是，如果一个雌性与多于一个的雄性交配，则雄性的精子之间展开竞争以获得与卵子的结合权利（参阅第二章）。在灵长类多雄一雌的交配体系中，如果雄性具备如下优势，其精子将独占鳌头，即正确的交媾姿势、阴茎足够长，以及射出精子的数量大且泳动速度快。在对精子竞争进行总结时，亚历山大·哈考特（Alexander Harcourt）等指出[21]：“从体型大小、睾丸尺寸与繁殖体系的比较研究中我们可以肯定，凡是一妻多夫制的灵长类动物，在体型比例上会有较大的睾丸。”据此推测，人类具有较大的阴茎但睾丸并不大，黑猩猩具有较大的睾丸但阴茎较小，难道都是一妻多夫或混交制？据古道尔报道，一只名叫芙洛的雌黑猩猩，在发情时异常兴奋。翘起粉红色的臀部，与同一群里几乎所有的雄性交配，一天当中要跟众多不同的公猩猩交媾 60 次左右[22]。考虑到黑猩猩与人类的亲缘关系比黑猩猩与大猩猩的亲缘关系还要近，很自然相信原始人类也是混交式的配偶系统。也就是说在人类也存在精子竞争，尽管人类的睾丸不够大但胜在阴茎大且长（图 22.3）。相反的观点，灵长类动物的精子竞争发生在运动层面，一雌多雄的黑猩猩和猕猴的精子明显比人类和大猩猩的精子跑得更快[23]。如此看来，人类不但精子数量不够多而且跑得也不够快。这可能是因为人类和大猩猩在一个繁殖周期中，雌性个体一般只会与一个雄性交配[24]，而黑猩猩和猕猴一般都要与群体中的多个雄性交配。留下的疑惑是，阴茎的尺寸能够弥补精子的数量吗？如果答案是肯定的，则原始人类有精子竞争，也就是混交配偶制；如果答案是否定的，则人类可能很早就是单配制的。如果是后者，阴茎增大不是为了精子竞争，而是为了别的什么目的。

① 另外一个指标，就是睾丸与体重的比例。采取混交制的灵长目动物的睾丸占体重的比例较大，如黑猩猩的睾丸重量占体重的 0.27%，倭黑猩猩的比例更大。一雄多雌制虽然有竞争，但不依赖性器官竞争，这类动物的睾丸占体重的比例小，大猩猩的睾丸占体重的 0.02%。一夫一妻制面对其他雄性的竞争较少，睾丸占体重的比例也较小。在这个指标上，人类在灵长目动物中偏低，其睾丸占体重的 0.08%。

大猩猩的婚配是后宫制的，一个银色后背的雄性（银背大猩猩是指雄性在年龄和体型达到一定的程度后，背部会变灰而成为α个体）占有多个雌性。由于垄断了交配权，就没有必要进化出大的阴茎和睾丸[25]。但需要与其他雄性竞争，因此体型和犬齿则越来越大。这在哺乳动物是一个普遍的规律，即雄性体重显著大于雌性的物种，基本都是后宫式的交配制度（详见第二十三章）。非社会性的猩猩又叫红猩猩，生活在婆罗洲与苏门答腊的丛林中，通常是独居或与配偶组成小家庭，其性活动很有节制，所以雄性的外生殖器也很小[26]。

黑猩猩及其近缘种倭黑猩猩都是混交的婚配体系，有精子竞争的存在。因此，人类、黑猩猩和倭黑猩猩的共同祖先（图 18.5）也很可能是混交制的。进一步推测，早期人类也很可能是混交制的。黑猩猩和倭黑猩猩都有较大的睾丸和中等尺寸的阴茎，人类有较大尺寸的阴茎和明显变小的睾丸。性选择似乎在睾丸和阴茎之间进行了权衡[21]。人与黑猩猩的差异是进化的某阶段分离之后发生的吗？那么，共同祖先的情况是怎样的呢？如果考虑黑猩猩和倭黑猩猩的生活环境（热带森林）和生活模式（四足行走）在近 1000 万年的时间内没有显著的改变，他们现生的生殖性状很可能就是共同祖先的性状。与此相反，人类的身体结构及其生活方式，在近 700 万年内发生了翻天覆地的变化，所有性状的进化都有加速，因此其现生的生殖性状应该是衍生的。那么是什么力量驱动了人类的阴茎膨大而睾丸缩小的进化趋势？

三、触觉快感

触觉是前面已详细讨论过的视觉、听觉、味觉、嗅觉之外的第五种感觉系统，主要分布在皮肤表层[27]。此类感觉系统中包含有至少 11 种不同的传感细胞或神经末梢，其中机械传感细胞就有四种：梅克尔细胞、麦斯纳小体、巴西尼小体和罗菲尼小体。梅克尔细胞对轻触刺激有灵敏的响应，特别是 5～15Hz 的刺激频率最敏感，大量分布于手指尖。麦斯纳小体对轻触也敏感，分布于手指和口唇处，其最敏感的频率为 10～50Hz。巴西尼小体是一种快速适应性传感器，可能主要是检测接触面的粗糙度。罗菲尼小体检测皮肤的伸张度，即对持续性压力刺激响应较好，为慢速适应性传感器。皮肤上有数以百万计的感觉末梢，且其分布极其异质化或不均匀。一般而言，触觉敏感性在每一小块皮肤都与另一小块皮肤不同。触觉感受器在头、面、嘴唇、舌和手指等部位的分布都极为丰富，尤其是手指尖（图 22.1）[28, 29]。由于没有了体毛的保护，人类的体表触觉感受可能比其他哺乳动物要敏感得多。

在所有灵长类中，唯有人类脱去了体毛，成为莫里斯称谓的“裸猿”[30]①。在书中，莫里斯指出：“哺乳类动物……需要保持恒定的体温以保障其精密、娇嫩的身体充分发挥功效。而厚厚的体毛就是用来隔热的，可以防止体热散失。天气炎热时，它又可用来阻止过多的热量进入体内，特别是防止因阳光暴晒而损伤皮肤。”但褪去体毛有哪些好处呢？

① “裸猿”即人类，在所有现生灵长类动物中唯有人类是裸露无毛的。

少数几种体型很大的动物，如水牛（buffalo）、犀牛、象等热带纯陆生的哺乳动物，体毛退化，有利于散热。这类动物的体重一般都有 1000kg 左右或更重，其相对体表面积很小而不利于散热，而人类的体重普遍都不到 100kg 啊，显然不属于此列。或者说两者退毛的进化驱动机制是不同的。关于人类体毛的退化，有三种解释比较流行。第一，避开跳蚤，跳蚤的卵和幼虫生活在土壤或地表，而成虫则附着在动物体表吸血。灵长类没有固定的栖息场所，即使身上有跳蚤，那也可以避免第二代跳蚤上身[31]。但如果有固定的过夜场地，跳蚤就会越积越多。解决方案之一，是脱掉毛发使跳蚤不易附着，当然其他寄生虫也可以避免。但有一利必有一害，没有了毛发，非寄生性的吸血昆虫，如蚊蝇类则更容易得手。第二，利于散热，特别是在狩猎过程中需要长途奔跑。猎豹等动物可以短时、快速追捕猎物，但长时间奔跑会因体温过高而死亡。体毛退化了的人类，同时获得了发达的汗腺，很好地解决了散热问题[32]。体毛和汗腺是无法共存的，因为汗液可将毛发黏附在一起。第三，性奖赏，脱去毛发使个体间的肌肤直接接触而产生更强烈的触觉快感。体毛在一定程度上是受性选择的，因为男女有别：一些男人还保留了胸毛而女人没有。体毛特征还有人种差异，高加索人种的体毛发达，尤其是男性，而非洲人种和蒙古人种的体毛退化较完全。“人类的性活动特点与体毛的丧失有关系”[30]。

人类在什么时候退化了毛发，已无法获得直接证据。但黑猩猩浓密黑毛之下竟然暗藏了可爱的粉红色皮肤，这提供了一个难得的机会，因为现代人的肤色从深到浅，但绝无粉红色。据此可以推测，早期人类的皮肤也应该是粉红色。肤色是最容易改变的性状之一，在人类也最具有多样性。例如，大约 3500 年前，白皮肤的亚利安人进入南亚次大陆，到现在，这些地区已经是各种肤色都有了。一项研究显示，非洲黑人几乎都有一个相同的肤色基因突变，时间大约在 120 万年前[33]。肤色的变化必然发生在体毛退化之后不久，否则退毛的“裸猿”很容易受非洲高强度的紫外线辐射而致癌。毛发退去之后，汗腺和触觉均获得很大的发展空间。因此，从汗腺和触觉的角度来看，散热和性奖赏可能是体毛退化的两个主要驱动力。

散热理论越来越受到重视，在非洲平原的炎热气候中，紧张的狩猎追捕时，裸体可以更好地散热。人体表有 200 万～500 万个汗腺，远远多于其他任何一种灵长类动物。人是独特的依赖出汗降低体温的动物，保温和散热永远是一对尖锐的矛盾。对于恒温动物，热带地区的散热和寒带地区的保温，构成对温度环境的主要适应意义。生活在热带非洲的原始人类，散热是十分必要的。

触觉快感不是来自皮肤，而是源自中枢神经。触觉带来快感，不一定是性接触。例如，自己抚摸自己，难以带来快感（自慰除外）。但如果是由他人抚摸，即使是异性取向的同性间抚摸非敏感区也会带来一定的愉悦感。当然，异性的抚摸能够带来较为强烈的愉悦。如果是年轻美丽或帅气的异性，那就更强烈了。而如果是由年轻美丽或帅气的异性抚摸敏感区域，那愉悦程度可能就更强了。这种愉悦性的触觉感知有专门的传递系统，即 C 纤维传入（C-fiber afferent）[34]。这种触觉愉悦或快感体验可能是经由梅克尔细胞和麦斯纳小体传导，是在中枢神经处理的结果。梅克尔细胞和麦斯纳小体只是忠实地将触碰转变为电信号，传感器无法区分是男人的手还是女人的手在实施刺激。中枢神经依据其他感官的信息，如刺激者的性别、年龄和外貌等，提升或降低触觉刺激的奖赏程度。例如接吻，异性取向对同性接吻可能感觉很恶心，但如果是异性间的接吻就美得很。反过来，同性取向的同性接吻很美好，异性接吻则很恶心。由此可见，并非真正的性交媾才有性奖赏。

触觉奖赏在动物中也广泛存在，如母兽舔子、亲密偎依、猴子理毛等。当然，由于中枢神经相对简单，这些动物所获得的奖赏强度相对较弱。这些行为有很明显的进化适应性，即构建社会关系[35, 36]。

当然也不可否认，性快感离不开身体刺激，人类的快感区主要集中在皮肤、黏膜和生殖器官。越来越多的证据表明，性快感并不只是性器官的产物。例如，嘴唇本不属于性器官，只是消化道的入口，但当接吻被赋予了爱情或性爱以后，就已经具备了性的价值（图 22.1、图 22.2）。再如，抚摸皮肤，其实并不只是女性喜欢，男性也会逐渐喜欢这种方式。男女之间的肌肤爱抚提供源源不断的性刺激，而心理上更让人能体会到愉悦感、安全感和亲近感。也有观察表明，体内一些与肾上腺素、多巴胺、内啡肽等相关的生理过程，在达到相当程度时也能引发性的兴奋[37]。有些孕妇的性需求比平时强烈，就可能与机体的生理变化有关。那么快感神经又在哪里呢？不少学者确信从中脑经大脑边缘系统延伸到前额叶称之为 10 区的神经通道，最有可能性[38]。

现在知道，处在舒适的温度环境，才能诱发性欲。过高和过低的环境温度都难以使人产生性的欲望。早期人类的智慧和创造能力，已经能够解决身体的保温。首先是依赖对火的控制，开辟洞穴居住；然后是将兽皮制成保暖衣物。因为通过智慧解决了保暖，所以降温只能交给大自然，进行无情的自然选择——体毛丧失。因此，穴居是性爱进化的前提，脑容量膨大，即冗余神经元网络增加则是其生物基础。

四、脑才是“最大的性器官”

性愉悦不仅仅是眼看、耳听、肌肤接触，更体现在中枢神经对性刺激信号的处理和决策[39~41]。因此，从某种意义上来说，人类的大脑就是一个典型的“性之脑”（图 11.1）。

人类的性欲是个非常复杂的过程，它依次结合了三个情绪步骤：性吸引、依恋和爱情。性吸引源自性幻想，是性幻想的外化表象。性幻想是指人（特别是青年男女）在清醒状态下对不能实现的、与性爱有关的事件的想象，是大脑自编的带有性色彩的“连续故事”。这是大脑皮层活动的产物之一，介于意识和潜意识之间，是对现实生活中暂时不能实现的欲望的精神满足。处于青春期的少男少女，对异性的爱慕和渴望非常强烈，但又不能与所爱慕的异性发生性行为。这样她（他）们常常就会把曾经在电影、电视、杂志、文艺书籍、故事中看到过或听到过的人物、情爱镜头和故事，经过重新组合，虚构出自己与爱慕的异性在一起的情景，以满足自己的欲望。平均而言，男性每天产生的性幻想次数是女性的 1.83 倍[42, 43]。

医学影像技术的发展，使我们能够“看到”人脑在各种刺激下的变化（图 16.3、图 16.4）。现在已知，男性在性高潮时，右侧脑的前额叶皮质最活跃，而且性欲亢进的患者右半脑明显更为活跃[44]。因此，左侧脑似乎和性欲（慢性）有关，而右侧脑则与性高潮（急性）更相关[45]。眼窝前额皮质损伤的病例，显现无力控制性欲，甚至导致性欲亢进、滥用毒品、沉迷赌博等症状。瑞士苏黎世大学的拉尔斯·米歇尔斯（Lars Michels）实验室[46]利用 fMRI 技术发现，刺激阴蒂激活的大脑位置与刺激阴茎时激活的脑区基本相同，支持阴茎和阴蒂在进化上同源的观点[47]。美国罗格斯（Rutgers）大学的巴里·科米萨鲁卡（Barry Komisaruk）实验室[48]还证实，刺激女人的乳头不但可激活与胸部关联的大脑皮层，还激活了管辖生殖器的脑区。他们用同样的方法，在女实验者的大脑中分别找到了阴蒂、阴道和子宫颈的皮层映射位置。对脊椎损伤女性病例的研究发现，传递性高潮信号的神经不是通过脊髓，而是经迷走神经传递的[48, 49]。

性欲的产生中心可能是杏仁核，这是奖赏系统中最重要的核团。直接以电极刺激杏仁核可引起雄鼠的勃起和射精行为[50]，以及极度的愉悦感[51]。PET 成像显示，男性射精时杏仁核及其关联的腹侧纹状体（共同负责愉悦感的产生）极度活跃，与吸食海洛因后极度兴奋的情况极为相似[52]。尽管如此，我们尚无从得知，动物的射精是否可以直接带来快感体验，即使有，其强度可能也很低。男性的性快感显然是源自射精—快感的关联过程，随着大脑的膨大和结构的复杂化进一步强化了这个过程并调动身体的各个系统（神经内分泌、肌肉、呼吸、心血管）一起参与其中[53, 54]。

研究发现，一些啮齿类和蝙蝠动物可能有射精快感[55, 56]。动物很可能意识不到性的奖赏作用，也没有证据显示动物通过学习将勃起或射精与极度的愉悦感关联起来。否则，雄性动物尤其是哺乳动物都会疯狂地追求性奖赏了，然而这种现象并没有发生。动物不会放过任何自我愉悦的机会，奥尔兹和米尔纳（1954）的实验已经验证了这一点。如果将性奖赏的进化历程压缩到个人之性发育的时间框架，我们可以发现，动物的性奖赏程度大致相当于人类性成熟之前的性奖赏。在弗洛伊德之前，“连科学界也深信儿童是没有性生活的……孩子被假设为纯洁的、天真的”。他认为，性是原欲之一，与饥饿相同，天生就存在。弗洛伊德心理哲学认为，这是一种力量、一种本能。原欲甚至在出生之前就具备。B 型超声波显示，子宫内的男性胎儿偶尔有阴茎勃起的图像，而女婴则有生殖器肿大和阴道润滑的现象[57]。“婴儿们喜欢反复演练其吸收营养时所不可或缺的动作，但并没有真正地吸取任何营养；所以他们如此动作，并非迫于饥饿。因此我们遂称这种动作为‘快乐的吸吮’（即德语 lutschen）。……吸乳的欲望，实含有追求母亲胸乳的欲望；所以母亲的胸乳就是性欲的第一个对象。……既然营养的吸收显然充满了快感，那么排泄作用当然也不例外”[58]。从刺激鼠类的杏仁核（快感中心）激发射精到灵长类同性间的体外性行为射精，可以推测动物与人类婴幼儿一样都有原始的性愉悦，但其程度与成年人有天壤之别。究其原因，动物的大脑还没有进化出专门的性奖赏系统；婴儿则是大脑还没有发育出建立在高级脑功能和经验之上的复杂的性奖赏系统。

男女的性欲是有显著差异的，源自性激素及其受体在大脑中的分布。雄性的主要性激素是睾酮（图 5.5A），而雌性是雌二醇（图 5.5B），两者都是甾醇类化合物，分别调节男女的性生理和性心理。这类脂溶性小分子可以透过血脑屏障，穿过细胞膜，直接与受体结合。性成熟后，体内的性激素水平飙升。性激素浓度在动物体内有显著的年周期变动，早春升高夏秋降低，冬季维持在最低水平。性激素的一个特点是，激素水平的升高，可上调其受体的表达。男人的激素种类较单调且水平变化不大，但女人的激素种类多一些，有显著的月变化。如果怀孕，则激素种类和浓度发生更大的变化。这也是为什么男人对性的要求相对来说比较稳定。稳定是相对的，当雄性产生性欲时，其血液中的睾酮含量显著增加[59]。男女还有一个主要的差异，那就是脑中性激素受体的数量和分布。正是这些激素种类及其受体的分布，决定了男女的性行为和性心理的差异。男人大脑中雄激素受体的分布区比女人大脑中的雌激素受体分布区大 16%[60, 61]。当受到性感的视觉刺激时，男性杏仁核的活动明显比女性的强烈。由此可见，男人有更强烈的性冲动。

需要强调一点，性欲和性行为明显不同。性欲是一种心理感受，不一定反映在行为上，尽管性欲有时伴随着生理反应，如性器官会在无意识的情况下被唤醒。

五、性高潮与性奖赏

艾尔弗雷德·查尔斯·金赛（Alfred Charles Kinsey）博士在 20 世纪四五十年代，通过大量的问卷，调查了 18 000 名美国男女的性行为和性态度。内容涉及性交频率、手淫习惯以及同性恋经历等。他总结发表了著名的《金赛性学报告》，成为性学研究的“圣经”[62, 63]。随后，威廉·豪厄尔·马斯特斯（William Howell Masters）及其助手弗吉尼亚·约翰森（Virginia Johnson）对人类的性行为、性心理和性反应做了客观的观察。在完成对 10 000 个（7500 女性+2500 男性）完整的性反应周期的记录后，他们发现并命名了“人类性反应周期”的四个阶段。这些阶段依次为兴奋期、持续期、高潮期和消退期[64]。马斯特斯和约翰森也因此成为人类性行为研究的同义词，2013 年，索尼影视公司还将其研究过程拍成了电视连续剧《性爱大师》，受到全世界的热捧。

关于性高潮的研究，多数是针对女性。在性高潮时，由于中枢神经系统的兴奋，导致血压升高、肌肉收缩、有氧代谢加快。对氧气的需求增加，以致呼吸、心率加快。呼吸次数可达 40 次/min，有时伴有节奏性的呻吟。心率增加到 120 次/min，个别甚至高达 150～160 次/min。部分女性会出现意识模糊，视觉、听觉减退，甚至出现暂时性晕厥，并伴有味觉、嗅觉减退或消失[64~66]。毫无疑问，这对古人类是非常危险的。

女人复杂且神秘的生理和心理构造，使得性高潮也变得复杂。现代研究显示，性高潮的关键在大脑。当女性达到高潮时，感觉由生殖器开始，一路向上传递到大脑，诱导大脑中关于快乐记忆的区域活跃。“高潮会让大脑变笨”，这是因为血液流向前额叶和颞叶，而使流向大脑其他中枢的血液减少[67, 68]，导致对周围事物的认知发生改变、意识开始模糊、恐惧感也会消失。男人们高潮后需要“冷却时间”以恢复兴奋，女性的大脑则可在高潮后继续对接收到的刺激做出反应，重复多次性高潮。女人的 α 脑电波在“接近高潮”时，即感觉最放松、体会最棒的时候出现。不过一旦达到高潮，α 脑电波就会慢慢下降。因此，快感最强烈的时刻不是高潮而是接近高潮的瞬间[69]。

男性的性高潮相对简单。具体表现为皮肤泛红、心跳加速、呼吸加重、肌肉有规律地收缩。起初的几次收缩最为强烈，接着几次可能就较不规律和不强烈。脑电波的模式发生很大的变化，知觉状态有所改变，高潮使人失去理智。相对女性全身性的、多次的、缓慢持续的高潮，男性的高潮来得急速、猛烈、集中而具有爆发性[52, 65]。如果说雄性哺乳动物，尤其是灵长类有一定程度的射精快感，那么除人类之外的雌性动物的性高潮是相当缺乏证据的。即使有，与人相比可能也是可以忽略的。人类的性欲之性最独特的地方也在于此。关于女性的性高潮，进化生物学家和人类学家从来没有放弃寻找其适应意义[70]。比较流行的有如下方面[71]。

（1）保护幼儿的需要：女性高潮有利于保护其幼儿免于男性杀手的攻击。被个性坚贞的女人吸引的男人，如果遭到她的强烈反抗，就会去攻击她的孩子，这在灵长类并不罕见。该理论的内在逻辑联系较弱，难以服众。

（2）“中奖”假说：女人要是比男人更早达到高潮的话，那她们在男人射精前已经性趣乏乏，从而降低受精怀孕的机会。

（3）平躺假设：性爱中平躺的女性更有利于精子的游动，因为平躺时阴道是斜向下方的。

（4）提高受孕率：在实验室观察中，马斯特斯和约翰森发现男女采取面对面的性交姿势最容易达到性高潮。女性在性高潮时阴道收缩，把精液送到子宫；而子宫受压可使宫腔排空，在高潮过后子宫复原时可形成负压以吸收精液。

对于第一个假说，不一定需要女性自己有性高潮，只要在性行为过程中表现出足够的温柔，男性能够性高潮就足够。后三个理论都有一个致命的缺陷，那就是要求女性必须容易获得高潮则几乎每次都能够高潮。但实际上排卵前后的性交才有可能受孕，其他时间的纯粹是“瞎耽误工夫”。另外，女性在怀孕后也有性高潮，这也解释不通啊。如此强烈的反应，带来如此大的副作用，如“意识模糊，视觉、听觉减退，甚至出现一时性晕厥；并伴有味觉、嗅觉减退或消失”等，实在是得不偿失。因此，性高潮的背后一定另有原因，那就是“性奖赏”。强烈的性高潮带来极度的性奖赏，考虑到人类具有极其膨大的脑，含有的冗余神经元网络必然很多，所需要的刺激也是“暴风骤雨”般。也只有这样，才能维持如此众多的冗余网络的活性。因此，人类进化成具有强烈性欲的物种，不是偶然的。

倭黑猩猩与黑猩猩有最近的亲缘关系，两者的分布仅一河（刚果河）之隔。但就其社会行为而言，却不尽相同。尽管他们都是以雄性为基础的社会结构，但前者更加趋向暴力而后者更加趋向和平。一般认为，尽管有明显的性二型，但倭黑猩猩的社会是由雌性主导的[72]，而黑猩猩社会则是由雄性主导的。这两个物种仅有很短的独立进化历史，可能是在 100 万年前刚果河短期干枯，部分黑猩猩迁徙过河，后来河水恢复，阻断了两岸的基因流，形成隔离[73, 74]。尽管在遗传和形态上两者极为相似，但它们的社会行为却截然不同，似乎分别是人性中“善”与“恶”的起源之地。

倭黑猩猩的整个社会都建立在性的基础之上。在解决争端时，倭黑猩猩并不采用暴力方式，而是倾向于性。“Make Love，Not War”，是弗兰斯·德·瓦尔（Frans De Waal）在撰写“爱神之猿：倭黑猩猩与人类社会进化”一文中用的小标题之一[75]。一旦发生冲突，雌性倭黑猩猩似乎倾向于通过性奖赏的方式解决问题。此外，性还是它们问候对方、道歉或向对方提要求的方式。倭黑猩猩群体中，雌雄都会自淫、相互手淫，甚至同性之间也会发生性关系。对于倭黑猩猩群体中的母亲来说，除了自己的子女外，它们会与其他任何同类发生性关系。社群中成年个体基本上每天都在交配，发生在雄性间、雌性间、雌雄之间[76]。然而，虽然它们的交配频次非常高，但交配持续时间却很短。在圣地亚哥动物园的观察，平均为 13s；野外稍长，为 15s[76]。与人类相比，实在是太快了，到底能产生多大的性快感呢？如果人类的性交也维持这么短的时间，肯定无法获得必要的性享乐了。

似乎在倭黑猩猩中也存在性快感。日本学者高良卡诺（Takayoshi Kano）[76, 77]记录道：“以面对面的性交体位为例①，一开始是一只雌性主动接近，并盯着另一只雌性的脸部。随后这两只雌性倭黑猩猩相互拥抱，并有节奏地重复摩擦双方的生殖器。”显然，生殖器的相互摩擦为双方带来了触觉上的愉悦，构成一定程度的性奖赏。由于生殖器能够带来愉悦，在倭黑猩猩中发生手淫行为也就不足为奇了（图 22.4）。黑猩猩和倭黑猩猩都是人类最近缘的“亲戚”，从它们身上可以一窥人类祖先的行为特征。那我们是否就可以说，人类的性欲就源自倭黑猩猩呢？显然不能，性奖赏可能是倭黑猩猩祖先和远古人类在 600 万～700 万年前的人猿分离之后，分别独立起源。起源的时间都不可能太久（＜100 万年），这实际是一种趋同进化。倭黑猩猩拥有非人灵长类中最大的脑组织（400g，考虑相对值，则更加突出），而且也是智商最高的。具有不同于其他类群的性奖赏，就容易理解了。

图 22.4 雌性倭黑猩猩在“光天化日”之下自慰

人类的性奖赏是如此的强烈，没有任何其他奖赏可以与之相提并论，也不是其他动物的性奖赏所能比拟的。性的驱动力如此强大，也如此具有侵犯性，以致进化企图给它

① 倭黑猩猩是已知的唯一面对面交配的非人灵长类动物[76]。

套上缰绳，就是我们称之为“爱情”的美丽手铐。味觉奖赏虽然不如性奖赏来得强烈，但胜在频繁。而性奖赏呢，现代人类平均可能三天才一次，但青春最旺盛的时候也可能是每天都有。

六、性 羞 涩

如果从性方面的表现来阐释人类的高贵和“万物之灵”的美誉时，其主要表现为人的性羞涩。亚当和夏娃这一对人类的“先祖”，由于被蛇引诱而偷吃了禁果，彼此发现了对方赤裸的身体，他们有了羞耻感，就从智慧之树上摘下了一片叶子遮住了自己的私处（图 18.6）。这说明人在异性间裸露全身时具有一种羞涩感①，而这是动物们所不具备的。与动物的性行为比较可以发现，人类的性行为极具特色的一个方面是其隐蔽性。害羞是人类特有的高级社会认知功能，目前尚无证据显示动物有害羞的行为或心理（图 22.4）。

动物没有性羞涩。除人之外，没有动物有遮挡性器官的行为。相反，为了吸引异性，动物经常暴露性器官。雄性动物对于第二性征的炫耀，更是普遍和频繁。雄性为了显示对雌性的占有，倾向于在别的雄性面前交配。更有甚者，一些灵长类会故意在人类面前做交配动作。中国科学院昆明动物研究所在昆明西郊一个叫花红洞的地方，建有一个饲养场。其中有几十只猕猴，分别养在不同的笼舍中。有一只雄性不知从什么时候开始，喜欢在被人注视时做爬跨的动作。大约在 1988 年，一次我路过他的笼舍，我一看他，他就立即爬到附近一只雌猴的背上做交配动作。我走过之后，他立即下来，但只要我一回头，他立即又爬跨。我有意识的做了几次测试，每次都如此。时至今日，我也没有明白这个举动的意义。

为什么要讨论性羞涩呢？这是因为羞涩，尤其是性羞涩存在显著的性二型，即女性比男性要更容易对性产生害羞的心理和行为。因此，性羞涩可能是性选择的结果，此处的性选择当然是纯性之性的性选择。尽管有证据显示，害羞是遗传的，可能是多种基因及其与环境交互作用的结果。例如，同卵双生子在害羞上的相关系数为 0.50～0.70，而异卵双生子的相关系数基本不超过 0.30[78]。但人类性羞涩应该是后天发育的，主要是受环境的影响，抑或有遗传的调控？观察幼儿的性意识的觉醒，可能有助于理解性羞涩的发育。幼儿园的儿童厕所是不分男女的，但孩子们却不会有任何不适的感觉。但是到小学之后，男女儿童开始有性意识就不再同厕了。再往后，青春期开始，性羞涩出现，如见到喜欢的男孩，女孩会脸红。不只是女孩子，青春期的男孩子也容易害羞。

性羞涩能够给双方带来更好的性爱体验而受到选择。“欲迎还拒”与上面提到的遮羞（本身也是一种性隐蔽），有异曲同工之妙。如果人类的性行为仅仅是为繁殖而为，性隐蔽则殊无必要。日本学者栗本慎一郎著《穿裤子的猴子：人类行为新析》一书[79]，认为人类的性行为是为了消耗过剩的能量。人穿裤子则是为了避免每日被性所刺激，

① 这里的羞涩和害羞是“shyness”的等意词，但羞涩更显专业。

因此“借裤子将‘性’遮掩起来，把‘过剩’的性欲望积蓄起来，以便在某一时间将裤子脱去或被脱去，显露出‘性’来，于是，得到人所独有的兴奋和陶醉。”栗本慎一郎先生似乎理解了裤子的遮羞作用，但把人类性行为的终极目的搞错了。第一，性活动不能消耗很多能量；第二，早期人类的能量摄入并不富裕而且还可能经常不够维持日常所需。

人类为什么要穿上衣物，是为了保暖吗？可能吧。达尔文[80]在研究了富埃戈（Fuego）岛的居民习性后，推翻了这个看法。这个岛位于南美大陆的南端，离南极大陆很近，是个极冷的地方。但是，那里的原始居民却几乎不穿衣服，他们赤身露体地在冰冻前的海水里游泳，或者躺在冰冻的地面上睡觉。而生活在北极的爱斯基摩人（因纽特人），以冰和雪搭建的小屋在极寒冷的北极地区能够维持零度左右的室温。爱斯基摩儿童在室内玩耍时都是赤身裸体的，不穿任何衣物。可见人和动物一样，体温的调节能力是很强大的。当然，有毛的哺乳动物往往能够耐受零下 40℃的低温，人类大概不能够长期耐受零度以下的温度。还有一种可能，火的使用导致人穿上衣物。但当被火温暖的身体离开火源时，人会特别怕冷。人类起源于热带地区，即使走出非洲，也长期生活在热带和亚热带地区（如黎凡特地区）或沿南亚和东南亚向东迁徙，至多在间冰期到达过温带地区。无论如何，衣物穿戴的进化是为了保暖或遮羞，或两者都是。

第一次穿衣是什么时候的事？可能永远都难以找到相关的证据。2003 年，一项极有意思的研究，为人类何时穿上衣物提供了一些线索。人身上有两类（亚种）虱子，一种是头虱，一种体虱。这两类虱子在人体的分布有严格的局限，即头虱只在头发而体虱只在衣服内。通过线粒体基因的序列比对构建人虱的系统发育，发现两者的分离时间大约在 7.2 万（±4.2 万）年。而这个时间点正好与人类走出非洲吻合[81]。从 120 万年前人类褪去体毛[33]，到 7.2 万年前人类穿上衣服，时间跨度有 100 多万年。难道在这 100 多万年里，人类都赤身裸体地生活在非洲原野上？在 7.2 万年之前，头虱和体虱已经开始分化，而在 7.2 万年的节点上，两者完成分化。那就是说，在炎热的非洲大陆上人类早已经开始尝试穿戴衣物，应该不是为了保暖。保暖是走出非洲之后才会需要，因为欧亚大陆的大部分地区都比较寒冷，尤其在冰期。

既然在非洲的人类穿戴衣服不是保暖的需要，那就是为了遮羞。几乎所有现存的原始部落，都有遮羞行为。哪怕是最原始的社会，女性都会在阴部的前面悬挂一块小布片或其他物体，而男性却往往赤身裸体。其实女性的生殖器官完全被隐蔽在阴毛中，反而是男性的生殖器更容易外露，逻辑上更需要遮蔽。为什么会出现违反逻辑的现象呢？当然是由于女人比男人更加性羞涩。性羞涩的进一步发展就是遮蔽女性的胸部，而男人的胸毛却可以随意袒露。显然女性的性羞涩，更容易使男人得到性满足[82]。神经系统的基本特征之一就是习惯化，如果感官一直受某种刺激就会减弱对刺激的反应。从性羞涩的角度，可以推测男性的性奖赏进化在先，女性在后。性遮蔽同时也是为了更好地保护女性，以免受到好“色”男性的伤害。为什么雌性动物不怕雄性的伤害呢？可能是人类已经进化出强烈的自我意识和情感，而动物没有。另外，动物只在发情季节，雄性才有强烈的交配愿望，其他时间很少对雌性感兴趣。社会性动物，如狼和狗，则显示无季节性地、持续地对异性感兴趣。

性羞涩不但导致人类在日常生活中注重遮羞装束，也促进了性爱的隐秘性进化。洞穴中的人类都是集中居住，隐秘的性行为有很大的难度。当人类进化到纯粹地为性而爱的时候，就需要解决性隐秘的问题。早期人类在河边或林中空地搭建小型的茅屋，在高大树木上构建巢屋，最初的目的之一可能就是为了躲避天敌或敌人的袭击，带来安全，同时也为性行为带来隐秘性。不知道从什么时候开始，人类的性活动如果被打搅（如偷窥或干扰），会感觉特别扫兴、生气甚至恼怒。如果穿衣是因为性羞涩，那么发生在认知革命阶段，难道是偶然吗？即使是现代人类，在面对陌生人时多少都会显得羞涩。穿上衣物的人类，有效地解决了性羞涩并控制了性侵害，社会大群体得以建立。

隐蔽交配并不是人类特有的，在黑猩猩和大猩猩中屡有发现[83]。在象牙海岸的泰（原文 Taï）林区，一项长达 17 年的野外黑猩猩研究中，并没有发现雌性与群外雄性的交配行为。但该群体的 13 个子女中有七个不是本群雄性的后代。很显然，部分雌性成功地避开了本群雄性和科学家的视线[84]。这种交配行为是否由基因编码，具有可遗传性？如果是，人类的性羞涩就有了进化根基。然而，倭黑猩猩却经常在公开的环境展示性行为（图 22.4），肯定还没有形成性羞涩。

七、性 禁 忌

性行为的正常与异常之间没有断然分界，绝大多数人的性行为是正常的。有的性行为异常是条件性的，即当正常的性行为受条件限制时而产生的。所谓“异常”，仅仅是偏离了多数人的行为准则。以伤害对方来获得性快感，是道德问题，另当别论。

性行为异常[85, 86]的主要表现有：恋物癖，指在强烈的性欲望与性兴奋的驱使下，反复收集异性使用的物品。露阴癖，指在不适当的环境下在异性面前公开暴露自己的生殖器，对异性紧张情绪反应感到性兴奋。施虐狂，指从肉体上或精神上虐待异性，从对方受到痛苦和羞辱的表情之中得到性满足。受虐狂，指在性活动中要求对方残暴地对待自己，从而激起自己的性兴奋和性满足。异性装扮癖，以穿着或触摸异性衣裤、饰品等激起性兴奋。性成瘾（sex addiction），是一种与性行为相关的强迫症，或“不惜一切代价寻求性的满足”，情况极端者还可能患有“持续性冲动症”，患者会不自觉地非常渴望与其他人发生性行为，因此需要不断更换性伴侣来满足自己。性欲亢进（hypersexuality），也是一种强迫症，原因不明，主要症状就是需要靠满足性欲来减缓心理压力。

从进化和适应的角度，如果人类的性活动仅仅是为了繁殖的目的，断然不会出现此类怪异行为的。而人类的性行为是性欲之性，当性兴奋的阈值过高，常规性刺激无法激活性奖赏系统时，或性兴奋的内容不在“正常”范畴之内时，这些“异常”的性行为就派上了用场。而当性兴奋的阈值过低时，又容易形成性相关的强迫症。既然性奖赏的强度是如此之大，那么出现奖赏异常的状况也就容易理解了。但从性奖赏的角度来看，所谓的“异常”其实也很“正常”。虽然不能与味觉奖赏的逆转完全一样，但也有一定的可比性。

长期以来人们一般认为，动物无法分辨它们的血亲，所以也无法避免近亲交配（即生物学的近交回避）。例如，对长臂猿的研究中发现，雄猿有时会与所生的雌猿交配，而雌猿有时也会与所生的雄猿交配。非洲狒狒有独特的繁殖系统，事实上排除了乱伦的可能性。其他猿猴也多少有与生俱来的乱伦禁忌，如母猕猴避免和它的儿子交配。其实世界上的绝大多数动物也能和人类一样，避免近亲繁殖，从而保证它们的后代健康地繁衍下去[87, 88]。例如，北美洲的白足鼠，未成年个体喜欢结伴嬉戏。一旦成年就会远离旧穴，到新的地方找伴侣，永远不会回旧穴找儿时的同伴[89]。性交频繁的田鼠，即使在出生后被分开，性成熟时如果相遇，它们也会辨识亲缘个体而回避与它们交配[90]。鸥科鸟类喜欢结群生活，但婚配却绝不混乱。鸥类是靠舞姿来辨认近亲与远亲的。如果雌鸥发现求偶者是近亲，便仿效雄鸥跳同一种舞步，雄鸥见状就会放弃，而另找舞姿不同的雌鸥交配[91, 92]。母狮构成狮群的稳定主体，狮王则是“竞争上岗”。如果狮王是同胎兄长，母狮的性成熟期就会明显地推迟。而如果外来的雄狮登上了狮王宝座，母狮就加快性成熟的速度[93]。同样的事件也发生在社会性灵长类动物[94]。

乱伦禁忌肯定是为了克服近交衰退的影响，也就是说是为了繁殖之目的。有一种观点非常流行，即在远古时代，人类有过一个漫长的群婚与杂交阶段。然而很多学者（包括我）对在人类历史上是否存在过群婚与混交体系表示怀疑（详见第二十三章）。美国学者摩尔根从印第安人部落的一些原始习俗、亲属关系以及其他方面的分析，推断出部落的群婚与杂婚的生活状况。摩尔根的发现受到了恩格斯的热捧，认为他的发现“在原始历史的研究方面开辟了一个新时代”。

人类在蒙昧时代初期，是血统混乱的关系。一切男子为一切女子所有，一切女子也属于一切男子，夫妻、儿女都为共有。进入“血缘家庭”阶段后，即实行同代人的两性关系[95]。例如，祖父母同辈的男女为一代，父母同辈的男女为另一代，隔代人之间是不发生性行为的。此后，人类初步懂得近亲间婚配的危害，并开始从家族外寻求配偶，从而基本上结束野蛮婚配状态，进化到摩尔根所谓的“亲爱的伴侣”时期。摩尔根把乱伦禁忌理解为早期人类后天学习的结果，与本性无关。

瑞士人类学家巴霍芬提出，在旧石器时代初期和中期，人们通过血缘关系维持着家族内部的关系，为原始人群。在血缘家族内部，婚姻按照辈数来划分。同一辈分的人可以互为婚配，而不同辈分之间则不能婚配，称为群婚制。这样的一个家族就是一个社会结构和生产单位。两性有分工：男性狩猎，女性采集和抚育后代。到了旧石器时代晚期，随着生产力的发展，人类转入了相对的定居生活。人口逐渐增多，同时认识到近亲婚配对人类体质的危害，逐渐形成了外婚制，原始人群为氏族公社所取代。互相通婚的两个氏族就形成了部落，一个氏族的成员必须和另一氏族的成员通婚[96]。在这种情况下，人们“只知有母不知有父”，氏族的世系只能按母系计算，所以叫作母系氏族，其社会形态被称为母系社会。新石器时代，母系氏族达到全盛，婚姻制度由群婚向对偶婚转变，形成了比较确定的夫妻关系。在氏族内部，除个人常用的工具外，所有的财产归集体公有。有威望的年长妇女担任首领，氏族的最高权力机关是氏族议事会，参加者是全体的成年男女，享有平等的表决权。每个氏族都有自己的名称、族内有共同的信仰和领地[96, 97]。人类历史上出现过四种婚姻家庭形式，即血缘家庭、普那路亚家庭、对偶家庭、一夫一妻制家庭。与其相对应的是血缘婚、伙婚、对偶婚、单婚。血缘婚、伙婚是有限制的群婚，前者限制了父母与子女间的婚配关系，后者又进一步限制了兄弟姐妹间的婚配关系，而对偶婚则是从群婚向单婚的过渡。

然而，历史真的是这样的吗？

源自巴霍芬被人类学家摩尔根和恩格斯发扬光大的“知母不知父”的母系社会学说在西方和中国经历了两种不同的学术命运。在西方，它作为一个学术命题已被基本否定，但在整个 20 世纪乃至 21 世纪初的中国社会科学界却仍然被广泛接受[98~100]。动物都有避免近亲交配的机制，在人类反而没有了。难道这印证了哲学家的感叹：不知文明是种进步还是倒退。如果不是倒退，那么从大猿向人类蜕变的过程中，应该保留了动物的近交回避机制。毕竟性的最基本的生物学意义是繁殖后代。1891 年爱德华 • 韦斯特马克（Edward Westermarck）[101]提出一种效应，即人类和动物为了避免近亲繁殖，针对幼年同伴（即兄弟姐妹）而发展出来强烈的性厌恶。经典的研究来自以色列的集体农庄，显示从小一起长大的玩伴成年后相互缺乏性吸引力[102, 103]，但反对者认为农庄内部的婚姻可能比预期要高[104]。最新研究显示，韦斯特马克效应在女性中有统计显著性但男性则具有相反的效应，即熟悉的面孔对男性更有性吸引力[105]。

对于从原始部落研究中获得的证据，英国动物学家莫里斯在他的名著《裸猿》[30]一书的前言中，写道：“早期人类学家曾奔波于世界各地，以求发现人性的真谛。他们走遍遥远的、落后的部落社会，但这些社会既不发达又不典型，而且几乎都已濒临绝境。……但是，就典型的“裸猿群体”的典型行为而言，它（指这类研究）却什么也没有告诉我们。这一点只有通过对主流文化中一般成员的行为模式的考察，才有可能做到，而唯一稳妥的方法就是从生物学角度加以考察。”现存的原始人类社会，在整个人类文明进化的历史长河中一定不是主流，而是在进化上走入死胡同的支流。犹如消化系统的盲肠，无法再前进一步。由于历史地理的原因，印第安人、澳大利亚土著、非洲和南美洲的原始部落，文化长期停滞不前，古代文明迟迟没有萌芽。对这些部落的研究，不可否认有一定的启发意义，但要生拉硬套在人类主流文明的源头则难以服众。

莫里斯认为，乱伦禁忌的产生不是早期人类文化的一种限制性措施，而是出于生物学的原因，其进化的基础源自动物的近交回避制度。但是，人类的远祖却并非如此，因为群体狩猎的需要，而不得不改变动物祖先的婚配习性。莫里斯说，这种改变“其年代之久远肯定早于任何原始文化”“因为裸猿一开始就需要形成自己独特的繁衍方式，否则是绝无可能从其他灵长目动物中脱颖而出的”[30]。弗洛伊德试图以其无意识心理分析理论，解释乱伦禁忌的形成问题。儿子对母亲的情感称为“恋母情结”（oedipus complex），女儿对父亲的情感称为“恋父情结”（electra complex）。但是，他（她）们都必须压抑自己这种情感以避免受到远比他（她）们强有力的父亲（或母亲）的惩罚。乱伦的厌恶感正是在这种背景下形成的[106]。

近交禁忌对于繁殖之性，毫无疑问是有很强的适应意义的，但对于性欲之性呢？人都有逆反和好奇的心理，“越是禁止的，人们越想去尝试；越是得不到的，人们越想去拥有。”法国作家弗朗索瓦·拉伯雷（François Rabelais）如是说。违背禁忌的快感，比遵守禁忌带来的快感更加强烈。早期人类（包括现在的一些非洲和南美洲部落）首先遮挡的是生殖器官，为什么？在高纬度或高海拔的寒冷地区，衣物首先是为了御寒；但在低纬度的非洲和南美洲，衣物则是为了“遮羞”。而“遮羞”反而提高了性吸引力。“欲迎还拒”比直接袒胸露怀，更能激发男人的征服欲。相反，未开化民族普遍裸露胸怀，却并不提高对男性的性唤起。人类学家玛格丽特·米德（Margaret Mead）在其著作《萨摩亚人的成年》中描述，“由于萨摩亚人在性层面非常开放，性在生活中所占据的地位反而不如在我们这样性禁忌的社会中高”[82]。人们觉得这是自然而然的事，因此便不把很多心思放在其上。越是遮蔽，越是引人遐想。性遮蔽是性禁忌的原始形态和萌芽。

人类在追逐性奖赏的路上，越走越远了，慢慢地脱离了生殖的本意。当然，也就出现了偏离“正常”性奖赏的行为。其中有些行为破坏了人类社会的原始秩序。秩序是人类社会文明的核心和源头。秩序以道德为基准，建立在对个体行为的压抑和限制之上。性秩序可能是所有人类秩序的先行者。为什么呢？其一，性奖赏的强度太烈，常常导致人类的性追求过度。其二，性享受涉及两个人，当两人的意愿不一致时，必然引起冲突。人类与非洲大猿有共同祖先，都是社会性很强的动物。人与大猿的社会性最大的区别在于，人有强烈的情感而猿类的情感即便有也要弱得多。一旦有了情感，是非曲直的判断就带有强烈的主观性。

八、乳　房

隐蔽排卵并非是人类的“专利”，有32种灵长类的排卵期无征兆或无明显征兆。其中10种（约30%强）隐蔽排卵属于一夫一妻制的婚配方式（占一夫一妻制的91%），或者说90%以上的单配制灵长类是隐蔽排卵。昭示排卵的18种灵长类中有14个是群婚制的方式（占混交制的41%）[107]。单配制与隐蔽排卵之间似乎存在某种关联。是单配制形成之后，排卵信号逐渐消失；还是隐蔽排卵加强了两性之间的联系，导致单配制的形成？隐蔽排卵的进化驱动力是什么？

一些雌性灵长类在发情时，性皮肤肿胀或性肿胀，即卵泡期（follicular phase）生殖器附近的皮肤组织在大小、形状、膨胀度以及颜色等方面发生显著变化。性肿胀在排卵期达到最大的面积和肿胀度[108]。狭鼻猿类的某些种类，如黑猩猩[109]、猕猴、狒狒和倭黑猩猩[110]，具有极其夸张的性肿胀，且多发生在那些多雄多雌的社会结构中[111]。主流的解释有两个：可靠指标假说和等级信号假说。前者强调，性肿胀真实地反映了雌性体质条件，如是否有繁殖价值[112]；后者指出，性肿胀的夸张程度代表了排卵的可能性（或概率），即越夸张越有可能排卵[113]。与倭黑猩猩比较，黑猩猩性肿胀的颜色更加醒目（鲜艳），体积也更大。

由于雌性的繁殖投资很大，如果性的目的仅仅为了繁殖后代，性肿胀的可靠性就非常重要。反过来，雄性的性信号经常是具有欺骗性的，企图“浑水摸鱼”。但如果性行为还有其他用途，如倭黑猩猩中的非繁殖目的的社会性联系，那么性肿胀也可能带有一定的欺骗性。最近的一项研究显示[108]，倭黑猩猩性肿胀的持续时间变化极大，从一天到一个月都有，使雄性无法做任何预测。性肿胀所对应的排卵也是不可靠的：在性肿胀达到最高峰时，发生排卵的概率仅为 0.53；而大约 11%的性肿胀，根本就没有排卵。很明显，这是一种半隐蔽排卵的模式，目的是吸引更多的雄性与之交配。令人最困惑不解的是，雌性倭黑猩猩的乳房极不显著（图 22.3），如何持续地吸引雄性呢？

人类已经是完全隐蔽排卵，其目的或进化动力有各种猜测。比较流行的是：①避免杀婴，雌性有意模糊其后代的父权[114]；②幼态持续的需要，人类超长的幼态发育需要雄性参与育幼[13]；③降低雄性之间的冲突[12]，雌性在其中可以起到润滑剂的作用。根据帕梅拉·道格拉斯（Pamela Douglas）等 2016 年对倭黑猩猩的研究[108]，推测人类隐蔽排卵是因为性的目的发生了根本性的改变。既然人类的性活动以性奖赏为主要目的，昭示排卵就没有必要了。排卵信号的消失，不但对雄性保持了一定的神秘性（往往引起好奇心），而且可以提高雌性的免疫力（颜色主要来源于与免疫相关的类胡萝卜素）。

毫无疑问，作为第二性征的排卵信号消失也降低了对雄性的性吸引力，缺乏了必要的“性感”元素。为了解决这个问题，人类有意识的凸显性别差异，如女人保留长发而男人则剪短发；女人穿裙子而男人穿裤子；女人出门拎包、男人出门戴表等。更有甚者，为了提高女人的“性二态”，人类“强迫”女人束腰、隆胸或裹脚。大自然也做了同样的事，女人夸张乳房、发育臀部；男人长胡须和胸毛、凸显喉结。作为性肿胀的替代，女人的乳房和臀部受到性选择。而米勒认为人类脑容量及其新功能（即脑体）是性选择的结果，显然没有道理。脑体是直接选择和间接选择共同作用的结果，是由多因素造成的。

女人的乳房和臀部不仅仅是持久性的性信号，而且逐渐演变为“性器官”，这当然是为性奖赏服务的，因为亲吻和轻抚女人的这两个部位，可以为双方带来愉悦。经典进化理论认为，女人的乳房越大，暗示其哺乳能力强大。男人为后代着想，趋向挑选大乳房的女人为配偶[115~117]。这实际是对乳房现实功能的误解，因为乳房的大小与产后乳汁分泌没有必然联系。而且令人尴尬的是，乳房的大小与哺乳期的泌乳能力无关[30]。因此，男人喜欢乳房大的女人[117]，是不是因为自己没有乳房呢？

九、性冲动与创造力

1905 年，当弗洛伊德提出“力比多”概念的时候，法国生理学家查尔斯·塞夸尔德

（Charles Sequard）发现了雄激素①。现在知道，力比多的生理基础是性激素，特别是雄激素。弗洛伊德认为人的创造力源于天生的性欲与后天习得的社会规范的深层冲突。

正如种族间存在差异一样，男女之间也有显著不同。如果否定一切差异，追求绝对平等，也不是理性的态度。2003年，新西兰坎特伯雷（Canterbury）大学的科学家[118]发现男性的最高科学成就或者犯罪，背后的驱动力都是雄激素（睾酮）。男人结婚后，雄激素因为性爱而下降，但是人又不能都不结婚呀，怎么办呢？最好的办法是结婚后有规律的禁欲，让身体的雄激素值恢复到较高水平，让雄激素激发自己的创造力[119]。

男人对性的渴望是既紧迫又热烈，正是在这种欲望的迫切驱使下，男人才会展现出前所未有的想象力、勇气、意志力、毅力和创造力。性欲就跟洪水一样，只能压抑一阵子，最终还是要找一个出口。一些人成功的目标可能就是为了可以有能力满足自己的性欲，而把这种力量转换成某种创造性的努力。再回过头来看米勒的理论，他显然没能够区分人类的繁殖之性和性欲之性。其实，两者有本质区别。繁殖之性受生物本能的驱使，基本上是雄性做炫耀（漂亮或雄壮）而雌性（平淡或矮小）做选择；性欲之性则受奖赏系统的驱使，雌雄互相选择。在前者，雌性是裁判，基于自己的发情状态主导求偶和交配的过程。而在后者，雄性由于具有强烈的性欲，主导整个性爱的进程。雌性由于失去了发情信号以及缓慢的性唤醒过程，多数情况下只能被动接受。从繁殖后代的角度，雌性由于繁殖投资大，对雄性十分挑剔；而雄性由于繁殖投资少，倾向于与所有可能的雌性无选择地交配。对于性奖赏来说，由于是为了享乐，对双方的内涵和外貌的要求都提高了。现代男女的爱恋，首先互相吸引的是外貌和气质。而这些特性与繁殖无关或甚至起反作用，如高挑的身材可能带来分娩困难。

男人的成功是多方面的，不仅仅是财富。历史上的政治领袖、诗人、作家、科学家、艺术家、将军等所谓成功人士，绝大多数是男性。除了有较大的脑和较高的雄激素以外，男人做事情通常更加专一。这种专一在性活动中也得到体现，如男人专注于性的本身，而女人则还关注其他，如浪漫、情调、财产、情敌等。就身体的性敏感区而言，男性较集中，而女性较宽泛。为了得到更多的“性”（更漂亮的女人和更多的情人），男人需要“成功”。

一些艺术家的不羁生活往往与感情（性）纠葛联系在一起，在他们的作品里也经常出现露骨的性主题。彩绘、素描、雕塑、行为艺术、电影以及其他艺术媒介，一直在为性欲的表达提供机会。情色是性幻想最直接的创造性表现，被艺术家升华为艺术。画家巴勃罗·毕加索（Pablo Picasso）说：“艺术绝不贞洁。纯情之人不该接触艺术，没有做好足够准备的人也不该接触艺术。是的，艺术很危险。贞洁的东西，就不是艺术。”他的作品，性和情色意味很浓，表现了他的多情和异常丰富多彩的性爱生活（交织着不忠和激情）[120]。海明威的创作也总是与女人的性爱联系在一起[121]。

创造力和性欲之间到底是什么关系？让这一问题变得更为复杂的是，很多人对性生活都讳莫如深。很多传记作家都很困惑：要不要写主人公的性生活。“女人是男人成功

① 塞夸尔德通过给自己注射狗和豚鼠睾丸提取液，强烈地逆转了自身的衰老：增强了体力和智力，缓解了便秘，甚至射尿的弧距都更远。

的动力，每一个成功的男人背后都有一位或多位‘出色’的女性”。出色这个词用到此处，真是再贴切不过了。睾丸不但产生精子，还产生雄激素。男人的力量、勇气和智慧，在很大程度上都源自雄激素。英雄气概是男人的血性使然，但血性的背后则是雄激素。男人的雄心壮志，在血气方刚的年龄达到最高[118]。

一般而言，在性选择当中大多数物种的雄性都是被选择者，人属之前的人类祖先也不例外。如果性活动仅仅是繁殖的一部分，男性尽力地求偶，如果不被女性看中，就会默默地走开，如大多数求偶失败的雄性动物那样。在性奖赏出现之后，情况发生了巨大的变化。正是由于女性也有性奖赏的需要，使得男人从一个纯粹的被选择者，转变为一个选择者或至少得到与女人互相选择的资本。女人承担怀孕和生产育幼的主要责任，即使是有强烈的性奖赏，也要承担巨大的怀孕风险。因此，没有主动求偶的需求，也就没有了强烈的、对创造的需求。女人天生就是选择者，而男人只有经过努力才能成为选择者。另外，女人怀孕生产的年龄也正是创造的黄金时间。

十、弗洛伊德的性理论

弗洛伊德说过：“分析人类的任何一种情绪，不管从表面上看，它和性欲是多么的不相干，但是深入挖掘下去，你就会发现这一原始冲动。生命因为性欲而永存。” 弗洛伊德把性欲视为高于一切、决定一切的根本因素，认为性是一种本能、一种生存冲动的力量，即“力比多”，因此他的理论又称为性力学说或泛性论（pansexualism）。其实，泛性论诞生在弗洛伊德之前，如德国哲学家阿图尔·叔本华（Arthur Schopenhauer）[122]坚称：“性爱才是这个世界真正的世袭君主，它已意识到自己权力的伟大，倨傲地高坐在那世袭的宝座上，以轻蔑的眼神驾驭着恋爱。当人们用尽一切手段想要限制它、隐藏它，或者认为它是人生的副产品，甚至当作不足取的邪道时，它便冷冷地嘲笑他们的徒劳无功。”随后尼采把艺术创造与性活动关联在一起，认为“艺术家究其本质而言，恐怕难免是好色之徒”“一个人在艺术构思中消耗的力和在性行为中消耗的力是同一种力。” 力比多是包含在“性”之中的所有本能力量，这种力量必须获得施展，性冲动必须得到释放，若受到压抑，就会导致精神疾病[123]。从人类性奖赏的强度和广泛性来看，即使我们不能说性就是人类一切心理和行为的动力，但其在社会行为中的主导作用却是不容置疑的。

所谓“泛”是指性的无处不在、无时不有。性在生活中纵横交错：在纵向上，人类文明史同时也是一部性文明史[124]；在横向上，生活中到处充满着性或性的替代物。其实，弗洛伊德的性不单指男友关系意义上的性，而是社会情感与生物本能的集合。作为社会情感的性，即希腊神话爱神丘比特所代表的一切与爱欲相关的那些原始的力、自爱和各种形式的爱；作为生物本能的性，包括口唇、肛门和生殖器三个感受区域，分别与摄食、排泄和繁殖三种基本生物需求相适应。弗洛伊德认为这三个感受区域在行使其功能时都带来快感，而口唇和肛门快感是性快感的原始形态，在人的发育过程中首先得到发展。生存与繁衍是生命的最基本特征，摄食和交配是动物能够自主的最重要的行为[125, 126]。如果将人类的进化与人的个体发育做一类比，那么味觉奖赏相当于口唇快感，都是早期“性快感”的替代品。味觉奖赏可能是在人类成年后的婴幼儿口唇快感的拓展和加强。

依据弗洛伊德的观点，文化即是用性欲来解释人的一切实践和创造行为，是得不到实现的人的生命本能的升华[127, 128]。

弗洛伊德的泛性论从一开始就受到了猛烈的攻击。反对者认为[129]，泛性论片面地夸大了性在人类生活中的作用，强调人的生物性，抹杀了人的社会本质；把人的心理发展完全归之于本能或性本能，完全排除社会、文化、意识、道德、教育对人的重大作用。然而，性在人类进化中的作用以及在人类社会中所扮演的角色，无论如何夸大都不为过。正是因为有了强烈的性欲，人类才最大限度地化解了冲突并促进了合作（物极必反啊，详见第二十三章），并激发了无尽的创造力。弗洛伊德理论的最大缺陷不是将性的作用泛化，而是将与性密切相关的爱情完全排除在外。他把人类的性奖赏简化为肉欲，过度强调性的外周感觉性质或感官体验，而没有考虑中枢神经的核心作用。没有爱情的性，其实质就是力比多的宣泄。但是性宣泄只是构成性奖赏的一部分，而不是全部。

十一、爱情的起源

许多动物一旦结成夫妻则终生不离。这在鸟类较多，著名的如鸳鸯、黑颈天鹅、大雁、相思鸟、喜鹊、乌鸦等。哺乳动物中较少，哺乳动物中约 9%的种类采取单配制[130]。对单配制的生理机制研究，主要是在田鼠中开展。在北美洲中部，生活着一种平原田鼠，而在附近山中，生活着一种山地田鼠。尽管两者的亲缘关系很近，但这两种田鼠的繁殖行为区别很大。平原田鼠交配之后形成“夫妻”（pair bond），双方共同筑窝，哺育后代直到它们断奶[131]。在此期间，如果有其他田鼠进入它们的巢穴，就会受到它们的攻击，根本不会和对方交配。而山地田鼠则完全不同，交配以后雌雄就分道扬镳。雄性继续去寻找下一个目标，留下雌性独自抚育后代[132]。即使在抚育后代方面，山地田鼠也没有平原田鼠细心和周到。平原田鼠除了喂奶之外，还有其他的育幼行为，如叼回窝外的仔鼠以及不停地亲抚它们。而山地田鼠很少有对仔鼠理毛等抚慰行为，仅仅能把乳鼠喂大。

这种行为差异的分子神经机制是精氨酸加压素（arginine vasopressin，AVP）及其受体 V1aR（AVP 有三种受体，但只有 V1aR 与“爱情”有关）在脑中表达区域的差异带来的。腹侧苍白球（VP）是下丘脑的一个结构，与杏仁核一起，控制奖赏。在平原田鼠的 VP 区发现 V1aR 的高表达，而在山地田鼠几乎没有表达。那么，如果在山地田鼠脑中注射带 V1aR 的病毒，强制在 VP 区域表达 V1aR 受体，是否可以得到“一夫一妻制”的山地田鼠呢？答案是肯定的。现在已经证实，凡是在 VP 区表达 V1aR 受体的物种，都是典型的单配制动物（图 22.5）。至于为什么在单配制动物中 V1aR 特异地在 VP 区表达，情况就比较复杂，与 V1aR 基因前端的调控区，即启动子的序列多态性有关[133, 134]。

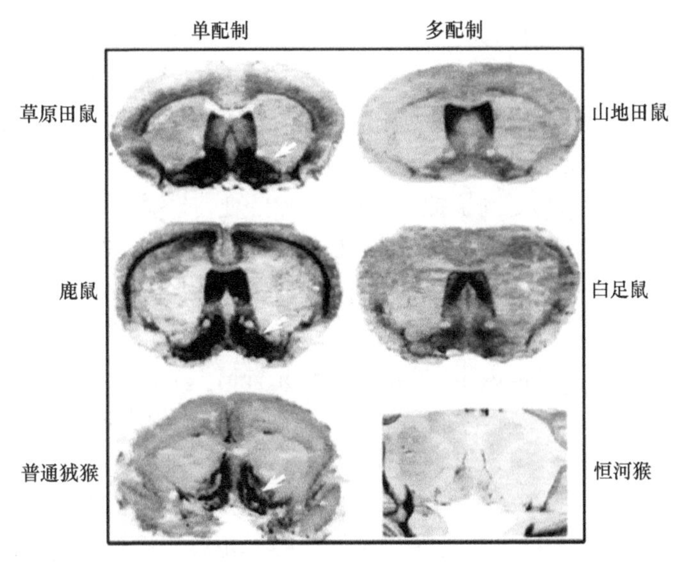

图 22.5 精氨酸加压素受体（V1aR）在不同婚配制度的动物下丘脑的分布

单配制动物的 VP 密集分布 V1aR（白箭头指向），而多配制则较稀少

动物能够形成一对一的配偶，显然很难等同于天然的爱情，这种关系往往停留在依恋的层面。依恋甚至可以在人与其宠物之间形成。日本研究人员发现[135]，狗主人和他的狗越是彼此注视对方的眼睛，人和狗就都越容易产生催产素（oxytocin，一种控制分娩的激素）。催产素由下丘脑视上核和室旁核的神经元合成并分泌，但它并不是女性所特有的，男女都会分泌催产素。催产素释放后，与位于细胞膜的受体结合，作用于中枢神经系统，影响动物的很多社会性行为。但这种关系仅限于狗主人和其宠物狗之间，在陌生人与狗之间或饲养员与狼之间都不会产生这个效应。催产素还被称为“忠诚激素”，已婚男性在吸入催产素后，会在第一次跟其他女性见面时保持更远的距离，但是他们对女性的普遍看法和态度却并没有显著改变[136]。

人在恋爱时大脑会产生一种化学物质——苯乙胺（phenylethylamine，PEA），这是一种兴奋性的神经调质。无论是一见钟情也好或者日久生情也好，只要让头脑中产生足够多的 PEA，那么爱情也就产生了。因此，PEA 又被称为“爱情激素”[137]。人类陷入迷恋（infatuation，即从依恋过渡到热恋）可能是由于我们的感情中枢——边缘系统里的神经元被 PEA 或者与其他化合物协同所激活，并进而刺激整个大脑。事实上 PEA 是一种神经兴奋剂，它能让人感到一种极度兴奋的感觉，使人觉得更加有精力、信心和勇气[138]。这就是为什么情人们可以彻夜不眠地述说着柔情蜜语并且拥抱抚摸，变得兴奋异常、乐观开朗、非常合群、浑身充满活力，似乎处在自然的“亢奋”状态。由于 PEA 的作用，人的呼吸加速、心跳加快、手心出汗、颜面发红、瞳孔放大。特别是瞳孔放大与否，可以作为判断真爱还是敷衍的一个标准。PEA 的副作用：①自信心的极度膨胀；②容易产生偏见和执着，丧失客观思维的能力。

“爱情激素”和“忠诚激素”，代表了爱情的两个方面，即兴奋性和排他性。但这还不够，还需要高度的自我认知能力，才能从动物的依恋进化到人类的爱情。爱情不仅仅是依恋（被动性），还有感情的共鸣（主动性）。性爱的兴奋尽管很强烈，但持续时间太短。恋爱中的男女，大脑可以持续兴奋。英国伦敦大学曾经招募处于热恋阶段的青年男女作为志愿者，采用 fMRI 技术记录他们的大脑在受到相关刺激时的活动状态。脑影像显示，在看到自己恋人照片的时候有四个特定脑区的血液流量急升，而在同时，大脑中负责记忆和注意力的区域则受到了抑制。于是，那些处在恋爱中的男女就自然地“变笨”了[139, 140]。就奖赏程度而言，性爱奖赏强烈而短促，爱情奖赏则显得柔和绵长。

“一见钟情”是一种社会现象，就是在极短的时间[141]，将对方的相貌映入自己的大脑，并立即产生爱意。国内外都有很多的“一见钟情”而终生相爱或相伴的爱情故事，尤其是我国历朝历代很多爱情故事大都是以“一见钟情”开头的。西方学者早已提出“爱之图”一说，即说每个人的大脑深处早就有一幅相恋对象的图像。现实生活中若遇到与这幅图像相似的人，就会产生强烈的亲近和爱恋之感。越是相似，爱恋的感觉越强烈越真实[142, 143]。神秘感对于浪漫爱情是很重要的，陌生感是两性互相吸引的先决条件之一。“爱之图”如果真实存在的话，可能源自洛伦茨的“印痕”机制。由于动物的辨识能力有限，早期对父母的印痕，转变为成年后的“爱之图”[144]。人类的“爱之图”可能在细节上要远胜于动物的“印痕”，以至于带有强烈的源自经历的个人色彩。

在现实的两性关系中，男方往往更关注性爱，而女方更重视情爱[145]。男方性爱之易变，必然影响女方情爱的发展，所以当女方更接近男方的“爱之图”时，夫妻爱情的持续和发展才有更好的保障。人的性爱是可变的，只是男人变得更快，女人变得相对慢一些。正因为男人性爱有较大可变性，相对于女人而言男人更趋向于多妻或者婚外恋[146]。即使夫妻互为“爱之图”，男方婚外恋趋向仍大于女方。只有女方比男方更符合于对方的爱之图时，夫妻之间的爱情才会更趋向于专一。男人的花心很多与爱情无关，这可能是进化的遗留痕迹。柯立芝效应在动物行为的表现：如果引入可受孕的新的伙伴，雄性和雌性动物都会表现出持续、高亢的性行为。在几乎所有做过测试的哺乳动物身上，都能观察到柯立芝现象。自然，人也不例外[146]。

人类往往不但对家庭成员缺乏“性趣”，而且对非常熟悉的人也性趣乏乏。一项在以色列集体农场进行的研究非常清楚地表明了这一点。农场里，白天大人们去工作，孩子们便成群地过着集体生活。在 10 岁之前，这些孩子们经常玩一些性别相关的（角色扮演的）游戏。但当他们进入青少年时期，男孩和女孩之间的关系变得疏远和紧张。接着进入青春期，他们之间产生很强的兄妹关系。对 2769 场集体农场婚礼的调查显示，只有 13 对是在同一集体长大的新郎新娘。而且这 13 对中的每一对都有一个在 6 岁之前就离开了共同生活的集体农场[102]。人类学家阿瑟 • 沃尔夫（Arthur Wolf）曾在我国台湾地区对 14 400 个妇女的婚史作了考察。这些妇女中许多都曾是童养媳，从孩提时代起就认识了自己未来的丈夫。沃尔夫将这种女性的婚姻与非童养媳婚姻进行对比，分别以离婚率和生育率作为衡量婚姻幸福程度的标准。结果显示：夫妻间少年时代的早期熟识损害了成年时的婚姻和谐[147, 148]。很显然，在儿童时代的一个特定时期，大多数人都永远地失去了对那些他们经常见面之人的性欲望。

从繁殖之性到爱情，奖赏从纯粹外周神经的唤起过渡到中枢神经的意识。性欲之性作为两者之间的桥梁，同时涉及外周和中枢神经系统。除倭黑猩猩之外，动物的性活动围绕繁殖的目的，活动频次以年为周期。远古人类开启了性欲之性，活动频次以日为周期。在智人中产生了爱情，活动频次甚至可达以小时为周期，而热恋中的人们可能时时刻刻都在想念对方。爱情导致的持续而热烈的兴奋，有效地维持着中枢神经的冗余神经网络的活性及可获得性。有爱的性，给予人类热烈而持久的奖赏。虽然性和爱不分家，但是“性”是“爱”的具体形式，而“爱”则是“性”的影子。

十二、性欲的进化

南非地松鼠拥有与体长不成比例的大阴茎。当它们坐在地上时，双手扶持阴茎向上，低头就可以咬到阴茎。它们上下摇摆着躯干，不一会就随着震颤到达“快乐的顶点”。松鼠随后舔舐喷射而出富含高蛋白的精液[149]。华东师范大学的一项研究发现，犬蝠在交配结束后，身段柔软的蝙蝠也有舔舐自己阴茎的习惯。另外，雌性蝙蝠在交配前期和交配中也会舔舐雄性蝙蝠的阴茎。研究人员推测这可能是出于清洁的需要，因为口水具有消毒杀菌的作用[150]。雄性动物的自慰可能极其普遍，除了那些口舌和前肢因结构而无法触及阴茎的物种，似乎一切身体条件允许的动物都有自慰潜能。我认为这是一种性奖赏，且只存在于雄性。相对雄性，雌性的性奖赏极为少见，起源也很晚。

到目前为止，雌性的性奖赏只在智人和倭黑猩猩中发现。这也可能是地球上仅有的两个如此疯狂地喜爱性活动的物种。现存的所有猿类，都没有表现出有性欲的现象，更不要说其他动物。人类和大猿的共同祖先是否有性欲，可以从灵长类的谱系关系上找到答案。灵长类大约在 6500 万年前起源，现存的原猴类最接近共同祖先的特征即原始特征。猿类是人类的近亲，起源于 2500 万年前（图 18.5）。猴类的起源时间和形态特征，介于原猴类和猿类之间。进化生物学流行的观点是，原始特征更能代表共同祖先的特征，因此灵长类的共同祖先和猿类的共同祖先是没有性欲的。核心问题是，人与猩猩属的共同祖先有性欲吗？

从系统发育来看（图 18.5），人属与黑猩猩属形成一枝，具有最近的共同祖先——人科动物。这一枝现在已完成 5 个物种，即智人、尼安德特人、丹尼索瓦人、黑猩猩和倭黑猩猩的全基因组。现在已知智人和倭黑猩猩有性欲，黑猩猩无性欲，而尼安德特人和丹尼索瓦人的情况不明。如此，存在两种可能：其一，共同祖先有性欲，黑猩猩在进化过程中丢失了；其二，共同祖先没有性欲，智人和倭黑猩猩独立进化出性欲。如果共同祖先是有性欲的，尼安德特人和丹尼索瓦人有性欲的可能性就很大，反之就很小。

要推测共同祖先是否有性欲，就要搞清楚黑猩猩和倭黑猩猩的分化关系。由于黑猩猩和倭黑猩猩的亲缘关系很近，没有直接证据阐明哪个种更接近共同祖先。然而，黑猩猩的遗传多样性显著高于倭黑猩猩，前者已分化出了三个亚种[151]。从现有的地理分布来看，黑猩猩过去的分布范围是很广的，现在的不连续分布是人为的生境破碎化的结果[64]。根据物种分化的一般规律，遗传多样性高或分布广的类群更加古老。由此推断黑猩猩比倭黑猩猩更接近共同祖先，暗示共同祖先没有性欲。进一步的证据显示，倭黑猩猩是 100 万年前趁刚果河枯竭时到达南岸并定居的黑猩猩的后代[74]。因此，倭黑猩猩是从黑猩猩分离出来的，其独立成种应该是近几十万年的事件。这也意味着，倭黑猩猩的性欲是独立起源的。

人类的始祖在 600 万～700 万年前开始独立进化，与黑猩猩属的共同祖先一样，是没有性欲的。也就是说，早期人类是没有性欲的，直立人的性欲是后来独立起源的。智人祖先与尼安德特人及丹尼索瓦人的共同祖先在大约 65 万年前分开了，现代智人的直系祖先在大约 30 万年前出现在非洲大陆。而尼安德特人与丹尼索瓦人在大约 45 万年前分离了，分别占据了欧亚大陆的东西两端[152]。尼安德特人与丹尼索瓦人是否有性欲，化石是无法提供直接证据的，也许通过深入地挖掘比较已有的人类基因组可能找到答案。我倾向于认为这两种已灭绝人类可能有性欲但没有爱情，原因有二。第一，尼安德特人的前额颅骨扁平，与感情相关的前额脑区或没有或很小。第二，尼安德特人与丹尼索瓦人没有形成大社会集群。他们早于智人走出非洲，并占据了欧亚大陆最好的栖息地。是什么原因使他们败于后来的智人呢？可能就是以感情为基础的、大而复杂的多层社会结构！

对于人类巨大的脑容量、极度冗余的神经元网络，常规的刺激强度显然不能满足其维持网络活性的需要，性奖赏作为极其强烈的刺激就应运而生了。

第二十三章 家庭导致的社会革命

人类社会的特点是在层级结构中形成家庭单元。

自然界存在着多种多样的婚配制度，每一种婚配制度都被诸多物种所采用。在动物界，主要存在三类：单配制、多配制和混交制。单配制是指一雌一雄（在人类指一夫一妻），这种关系可以是长期的，也可以是短期的。多配制则包括一雄多雌、一雌多雄、多雌多雄，同样存在长期的和短期的配偶关系。多雌多雄是指群体中一个雄性与两个或多个雌性维持配偶关系，而一个雌性与两个或多个雄性维持配偶关系。混交制则是群体中的一个成员可以与另一性别的任何个体交配，该群体必须是由多个雄性和多个雌性组成[1, 2]①。哺乳动物的婚配制度常常与社会结构相关，一雌一雄的社会成员最少，如长臂猿仅包括夫妻和未成年的幼体；一雄多雌，如象海豹的社会平均有 48 个雌性成年个体，一雌多雄和多雌多雄制的成年群体都少于 30 个成员；混交制，如狒狒的社会最多可达 150～300 个成员[3]。然而，一些海鸟的繁殖群体，可达几百上千只个体甚至更多，其婚配制度是一雌一雄。

灵长类婚配制度的研究，对人类家庭的起源很有启迪意义，因此备受关注。猿猴大致有四种稳定的社会结构：独居、成对、后宫制和混交制。在已研究的 68 种猿猴中，一夫一妻制 11 种，一雄多雌制 23 种，群婚制 34 种[4]。由于行为不可能遗留任何化石线索，只能依赖基于现生灵长类系统树的贝叶斯比较模型，对社会结构的进化做一些推测（图 23.1）[5]。结果显示，独自觅食是最原始的阶段，独居也是最古老的社会结构；在大约 5200 万年前进入第二阶段，即大群体的多雌多雄结构；1600 万年前，由第二阶段继续进化，灵长类形成单雄后宫制和一夫一妻制[6, 7]。

---

① 婚配制度的分类和命名都不统一，如混交制、群婚制和多雄多雌制的界线不明确，后宫制与一雄多雌制混用，成对制、一雄一雌制、配偶制和一夫一妻制几乎是指同一种制度。

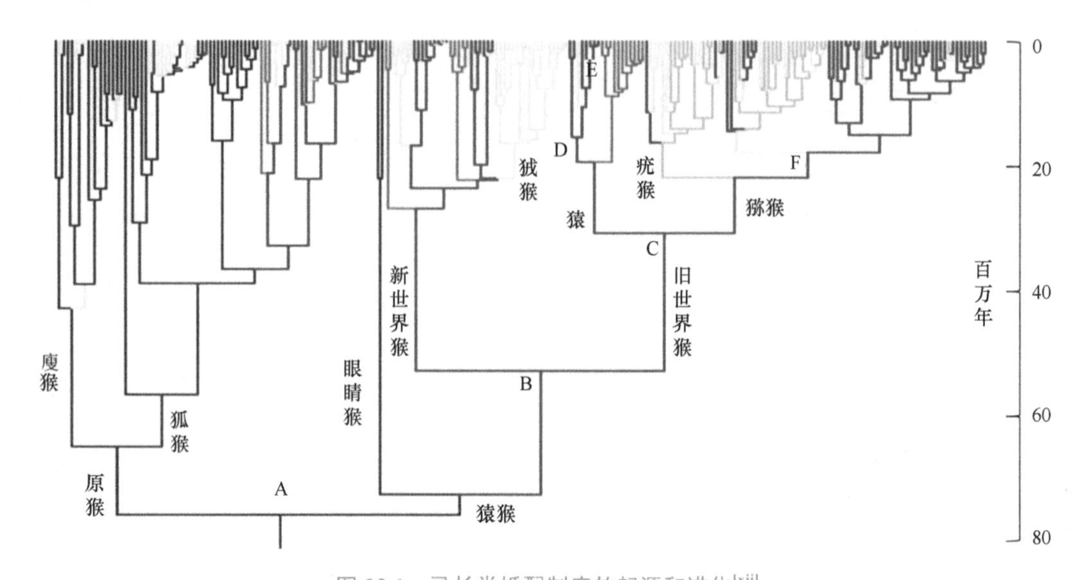

图 23.1 灵长类婚配制度的起源和进化[xii]

紫色—独居；橙色—单雄；红色—多雄；粉色—配偶；灰色—支持率＜0.7。

进化节点：A.灵长类根；B.类人猿根；C.狭鼻猿根；D.大猿类根；E.傍人/人类根；F.旧世界猴根。根≈共同祖先

将灵长类的大脑皮层指数即皮层与脑干的比值①，与社会结构复杂度关联。图 23.2 显示灵长类社会群体的大小与皮层指数显著正相关[8]。对此现象的一种解释是，群体越大个体越多，就需要大的皮层，以应对繁重的个体识别任务。而相关分析显示，无论是对灵长类的跨物种比较，还是对哺乳动物的跨物种研究，大脑皮层与社群的大小都有显著的正相关性[4]。到底是大脑皮层先行增大，为复杂社会结构的形成奠定基础；还是社会群体的增大驱动了皮层的膨大。这其中的因果关系较为复杂，相互缠绕。不同婚配

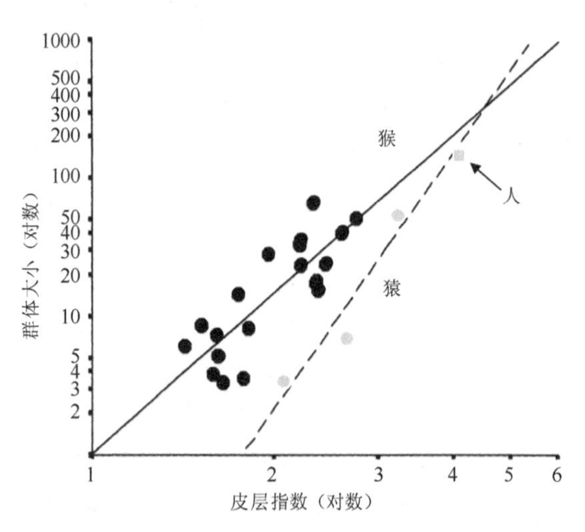

图 23.2 灵长类社群大小与皮层指数

黑色圆为猴类；灰色圆为大猿

① 具体做法：计算所有动物皮层指数的平均值，以此为基线；然后将每一类的测量值与平均值比较，如果大于平均值为正，小于平均值则为负。

制度也需要不同的认知能力，图 23.3 揭示相对其他婚配体系，脊椎动物一雄一雌婚配制具有较大的皮层指数，而灵长类动物中一雌一雄制具有最高的皮层指数测度[9, 10]。

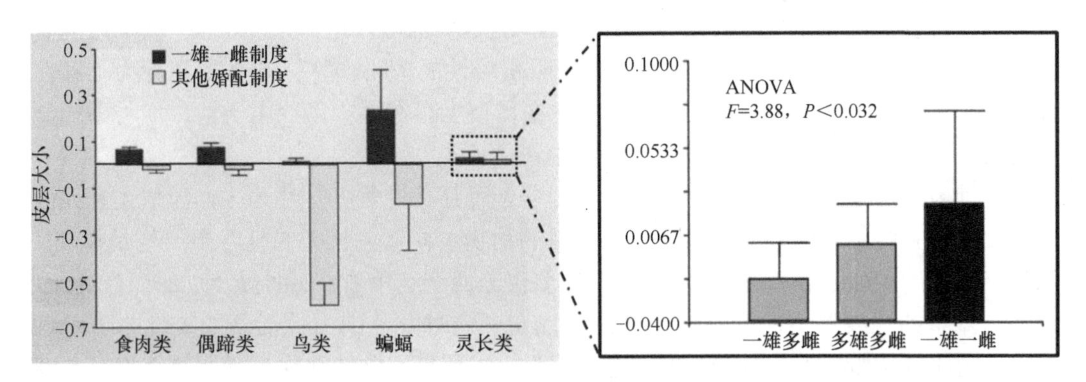

图 23.3　脊椎动物婚配制度与皮层指数，一雄一雌制在所有类群中皮层指数高于其他婚配制度（左）。在灵长类中，皮层指数以单雄制最低，多雄多雌制次之，一雄一雌制最大（右）

通过对 2545 种哺乳动物（除人类以外）婚配制度的分析，迪特尔·卢卡斯（Dieter Lukas）和蒂姆·克拉顿-布罗克（Tim Clutton-Brock）[11]确定其中大约 9%的哺乳类采取单配制。单配制的产生与雌性生活密度较低及较小的领地重叠有关。不同的觅食策略也影响了单配制在不同哺乳动物种类中的分布。灵长目和食肉目的食谱中食物的营养价值较高但丰度较少，这些动物采用社会性单配制的比例相对较高（灵长目中有 29%、食肉目中有 16%采用单配制）。而食物资源相对丰富的食草动物中甚少出现社会性单配制。鉴于所有的非洲猿类都采取多配制和群居制，原始人类始祖的婚配模式很可能也是一雄多雌的。然而人类在进化过程中，却从群居的多配制变为了社会性单配制，这在哺乳动物中是独一无二的。

一、性二型与婚配制度

为了与第二章的性二态区别，这里的性二型特指体型大小或体重的雌雄差别。由于自然界的性比始终是维持在 1∶1 的水平，此时如果一个性别（如雄性）的个体占有另一性别（如雌性）的多个个体，则必然导致这一性别（雄性）的其他个体没有配偶。既然一些性别成为稀缺资源，为什么不能打破 1∶1 的比例呢？例如，对于一雄多雌的物种，为什么就不能多产生一些雌性个体呢？生态学家约翰·史密斯（John Smith）和乔治·普赖斯（George Price）[12]在总结以前理论的基础上，提出进化博弈理论的基本均衡概念——进化稳定策略（ESS）。如果占群体绝大多数的个体选择进化稳定策略，那么小的突变者群体就不可能侵入到这个群体。或者说，在自然选择压力下，突变者要么改变策略而选择进化稳定策略，要么退出系统而在进化过程中消失。拿性别来说，在一雄多雌的系统中，显然雄性的繁殖效率，即传播基因的效率要高于雌性。此时，趋向产生雄性的基因或突变体就获得繁殖上的优势，其后果将是系统内的雄性多于雌性；如此一来，雄性个体数量很快就超过雌性个体数量，导致雄性间竞争加剧；其后果是雌性成为稀缺一方，导致雌性繁殖效率高于雄性，因此倾向于产生雌性的基因就获得优势。因此，性比 1∶1

就是进化稳定策略的一个具体体现，任何打破进化稳定的企图都将是徒劳的[13]。

性二型在动物的各个类群中都普遍存在。性选择越强烈的物种，性二型就越明显。性二型既可以是外貌和行为的差异（如鸟类和蛙类），也可以是体重的不同（如象海豹），或兼而有之（如非洲狮）。靠竞争和炫耀来吸引雌性的策略，往往在外貌和行为上存在性二型；而靠打斗来占领雌性的策略，往往在体型上存在性二型。由于性二型与婚配制度的关系比较复杂，让我们先把注意力集中在大猿类。

一雄多雌的猿类雄性由于强烈的配偶竞争，而且其竞争以打斗为主，体型大且犬齿大的个体具有明显的优势。显然，与食肉目的动物一样，灵长类的打斗主要也是靠咬。例如，一雄五雌的交配体系，获胜的雄性需要击退四个竞争者。前面提及过的操作性比，即参与竞争的性成熟雄性与雌性个体比例或在一定时空范围内性活跃的雄性与可受精的雌性之比值，加剧了竞争的烈度。这是因为在求偶场，雄性往往显著比雌性多（参阅第二章）。根据我们的野外观察发现，在一个水塘中有很多的雄蛙在鸣叫，却经常只有很少的雌蛙光临。操作性比为 10∶1 属于正常现象，最高可达 50∶1，如黄山的凹耳蛙（私人通信）。对这类大猿来说，体型成为打斗制胜的法宝。猿类（包括人类）的体重性二型，显然与交配制度，即雄性之间的竞争强度有密切的关系（表 23.1）。但这种关系中，还需要考虑其他因素的影响。

表 23.1　猿类的性二型与交配系统

物种	交配系统	性二型系数（♂/♀）
大猩猩（*Gorilla* 属）2 种	后宫式一雄多雌	1.5[14]，2.09[15]
猩猩（*Pongo pygmaeus*）1 种	独居的一雄多雌	2.0[14]，2.03[15]
长臂猿（Hylobatidae 科）16 种	独居的单配制	1.02[14]，1.00～1.06[15]
黑猩猩（*Pan troglodytes*）1 种	多雄共存的一雄多雌	1.3[14]，1.37[15]
倭黑猩猩（*P. paniscus*）1 种	雌性主导的一雄多雌	1.2[14]，1.44[15]
智人（*Homo sapiens*）4 亚种*	单配制为主	1.1[14]，1.18[16]，1.16[17]，1.22[15]
尼安德特人（*H. neanderthalensis*）	雌性主导的一雄多雌?	1.28[18]
非洲直立人（*H. erectus*）	单配制为主?	1.2[19]
能人（*H. habilis*）	后宫式一雄多雌？	1.625[16]
东非直立人（*H. ergaster*）	单配制为主?	1.18[20]
南猿阿法种（*Australopithecus afarensis*）	后宫式一雄多雌？	1.52（近人）[15]，1.78（近猿）[15]，1.55[16]
南猿非洲种（*A. africanus*）	多雄共存的一雄多雌？	1.37[16]
傍人粗壮种（*Paranthropus robustus*）	多雄共存的一雄多雌？	1.25[16]
鲍氏傍人（*P. boisei*）	后宫式一雄多雌？	1.44[16]

* 种族之间有差异（图 2.7），如中国北方人身高（cm）：男 175，女 166，身高性二型系数为 1.05[21]；略小于美国人的平均值 1.09，即男 178，女 164[22]。注：身高（一维信息）的性二型与体重（三维信息）的性二型不完全相等。

首先，除婚配制度外，性成熟的年龄和雄性的育幼行为也影响性二型和性内（即雄性之间）竞争。雄性参与育幼就增加了他的繁殖投资，雄性间的竞争自然减少；而当雄性的繁殖投资大于雌性时，就该雌性互相竞争了（海马即如此）。此外，微生境，如树栖和地栖的差异对婚配制度也有影响。一般而言，地栖型物种的性二型要比树栖型的显著。例如，同样是一雄多雌制，地栖的狒狒比树栖的疣猴有更大的性二型。这是因为在树上打斗，体重的重要性有所降低而灵活性显得更重要。吃果实的种类比吃树叶的种类有稍大的性二型，原因尚不明确。最后，大型的物种比小型的物种有更大的性二型。一种理论认为，灵长类在向大型化进化的过程中，雄性变大的速度快于雌性[23, 24]。

大猩猩和长臂猿是猿类中的两个极端。大猩猩是严格的一雄多雌的社会结构，雄性体重是雌性的近 2 倍。长臂猿是独居的单配制，雌雄体重相当。其他现存的大猿，介于两者之间。从性二型来看，人类的远祖，如南猿似乎是一雄多雌的体系，逐渐过渡到一雄一雌为主、一雄多雌为辅的现代体系。男人的睾丸（不管是绝对值还是相对值）小于黑猩猩，也证明早期人类不是混交制的[25, 26]。值得注意的是，现代人类虽然在体重上有性二型，但犬齿并没有雌雄差异。显然随着一雄一雌制度的建立，雄性之间的竞争由暴力为主转为非暴力或炫耀为主。同时暗示雌性在一雄一雌形成过程中的作用增强[27]。

性二型的极端案例是南方象海豹，雄性平均体长 5m，体重 4～5t；雌性象海豹体长 3m，体重小于 1t。雄性的体重是雌性的 4～8 倍，不同研究略有差异[28]。在繁殖季节，一只雄性象海豹平均占有 48 只雌性，因此这种交配制度又被称为后宫制[28~30]。如此一来，就会有大量的雄性被排除在繁殖之外。非洲狮也是后宫制的，一个狮群通常由一只（少数情况两只）雄性和几只到十几只雌性组成。雄性经过激烈打斗，驱逐对手，占据地盘和雌性。成年雄狮平均体重 190kg、体长大于 1.8m；雌狮体重约 125kg、体长小于 1.8m[31, 32]。当然，雄狮还有威风的鬃毛，用以吸引雌狮。毕竟是狮子嘛，所以母狮的威风一点也不亚于母老虎。因此，雄狮需要“恩威并施”，才能获得雌狮的认可。一旦新的雄性登上“狮王”的宝座，第一件事往往是杀死群体中未成年的幼狮。目的是终止母狮的育幼过程，迅速进入新的繁殖周期（发情）。自然选择和性选择在基因的自私本性驱动下，露出了嗜血的獠牙[33]。杀婴行为在灵长类甚至人类原始部落中也存在，其原因是多样的：资源开发与竞争、亲代操纵、性选择、社会病态等[34]。

鹿科动物中，也存在一雄多雌的交配系统，性二型明显的如马鹿和麋鹿。雄性麋鹿的肩高 130cm 左右，体重可达 250kg。有多级分枝的角，最大可达 80cm。雌性肩高为 100cm 左右，体重 120～180kg，无角[35]。一般在一年中最炎热的日子里开始发情。发情公鹿很少吃草，它在沼泽地里滚一身黑泥，不时发出短促的吼叫，并用鹿角挑起地上的青草和藤蔓挂在鹿角上。发情公鹿为了争夺配偶发生剧烈的冲突，优势公鹿会驱逐其他企图靠近雌鹿群的公鹿，垄断了与雌鹿交配的机会。雌鹿却仅在短短几个小时的发情时间内接受交配。由于占群公鹿的体力消耗大，因此常常被强壮的“挑战者”取而代之。在一个发情繁殖季节，优势雄性公鹿轮流占群，形成了一个系列的占群循环[36]。

二、性爱经济学法则

雄性之间的冲突，其本质往往就是交配权的竞争。如果交配的目的是繁殖后代，那么最优化的策略将是尽量减少交配的次数，提高受精效率[37]。前面提过，交配前的求偶以及交配过程本身是与自然选择原理不符的。到过中欧沼泽湿地的人，可能见识过雄蛙的狂鸣。那是一种不计代价的疯狂鸣叫，简直是振聋发聩。一些鸟类的求偶舞蹈也是歇斯底里，直到筋疲力尽为止。这些行为不但容易招来天敌，而且极耗能量[38~40]。对于一年一次或一个季节一次的求偶交配，如此疯狂的举动似乎是可以接受的；但如果每天或每几天就发生一次，则是难以承受的负担。具体到人类的性活动，如果纯粹是为了繁殖，那么大约每两年才需要进行一次（10 个月怀胎，加 12 个月以上的哺乳期）。如此耗费能量的求偶行为，如果每年只有 0.5 次，大概自然选择不会将其淘汰。但如果每天都要进行这类求偶行为，其选择压力或者说其风险就大幅提高，很容易被淘汰。

雄性的求偶，不管是打斗或是炫耀，都容易招致天敌的注意。对于雄性，这是一个两难选择，求偶信号不醒目，雌性看不到或看到了也不被吸引；信号太醒目，容易获得配偶的青睐，但也吸引了天敌的注意。雄性在吸引配偶和招引天敌之间，必须有一个权衡[41, 42]。或者，发展出一种专有信号系统，使天敌无法侦测。昆虫的性外激素，具有极高的特异性，雌性发出的挥发性分子，只有同种的雄性能够感知[43]。动物进行交配时，通常心无旁骛，对外界的警觉性降至最低。这时候，不管是天敌抑或是有敌意的同类，都很容易袭击得手。如果每年或每个繁殖季节进行一次，这种行为所面临的选择压力还是可以承受的。为了繁殖后代，冒险是值得的，因为有明确的回报。但是人类的性活动仅有很少的目的是为了繁殖后代，更多的是为了性享乐。

性目的的这一转变，改写了人类的进化驱动力。前面强调过，性奖赏是极其剧烈的，能够逆转自然选择和性选择的适应意义。即使在现代人类的生活中，性奖赏仍然扮演着极其重要的角色。追求味觉奖赏和性奖赏是人的本能。既然性欲满足是日常的生活必需品，不管男人女人都需要，如何提高获取的效率就成为进化需要解决的首要问题。如果每天都重复一遍求偶或求爱的仪式，日积月累就浪费大量的时间，更不要说能量的消耗和天敌或对手的威胁。如何克服？固定配偶显然是一个好的解决方案，最为经济实用。固定配偶可以是一人对一人（单配制），也可以多人对多人（对偶制），前提是每人都有配偶。单配制的好处是效率最高，然其缺陷则是，男人没有“新鲜感”而容易形成刺激钝化，弱化了性奖赏（这就是为什么婚外情大量的存在）[44, 45]。对偶制需要每天做出选择，这在一定程度上相当于求偶，其优势是，相互之间维持一定程度的“新鲜感”。然而，人类的性爱是相互的，即男女双方可以获得相同的回报。这就需要一个协调的过程而且需要爱情的参与，最后方能达成和谐的性生活。在这方面，单配制具有很强的优势，足以克服男人喜新厌旧的偏好。

如果原始人类一开始就是后宫制的婚配制度，与象海豹和非洲狮类似，我们来看看会是怎样的情景。在一小片区域，或河边或山洞，一个强壮的男人（暂且称为 α 男，灵长类研究中经常称“猴王”为 α）占有 20～30 个育龄女子。为方便就算有 20 个妻子，这就意味着有 19 个精壮男子没有配偶。这 19 个男子显然都会想去争当 α 男，那么原有的 α 男就不得不应对 19 个男子的车轮战。当然，前提是这 19 个男子是单打独斗，不会拉帮结派。那么就会导致两种结果，一是原来的 α 男赢，继续当王，社会结构维持不变；二是产生新的 α 男，而原先的 α 男则加入到 19 个人的“光棍”队伍。不管是哪种结果，这种社会结构都是不稳定的，不断有血气方刚的男性试图打破旧秩序，如前面提到的麋鹿那样。如果人类像象海豹和非洲狮那样，一年交配一次，纯粹是为了繁殖后代，那么在繁殖季节的雄性打得头破血流也还不会导致整个种群的崩溃。而当性奖赏成为日常生活的必需品，即刚性需求，这种打斗将可能天天发生，负选择压力就无限放大。另外，性奖赏在雌性也是刚性需求。例如，倭黑猩猩的社会，雌性有权主导谁将成为“猴王”，而且也正是倭黑猩猩的雌性显示出一定程度的性奖赏行为。黑猩猩是通过雄性间打斗和小团队诡计的帮助，产生 α 猿[46]。这种小团队由非亲缘关系的雄性组成，在繁殖竞争中协同作战，在海豚中也存在[47]。有意思的是，倭黑猩猩的雌性之间用外生殖器相互摩擦就可以获得性满足，因此对她们而言有没有雄性的区别不大[49, 50]。现代研究发现，狮群和狼群的“王”上位，雌性不是被动地接受而是主动地参与到这场“争霸战”之中[51]。想象一下，如果母狮和母狼都有强烈的性奖赏，她们还会允许一个“王”霸占一群雌性吗？

那么，混交制能否解决这一矛盾呢？其实，社会性动物进化中的一个重要环节，是缓和个体之间的冲突，性冲突尤其为甚。动物的性冲突主要表现在雄性之间，因为繁殖投资小，但由于是繁殖需求，总体冲突强度不大（“一年一次”）。当人类的性享乐出现且两性都有性享乐期待时，混交制的性冲突就变得非常复杂，其强度也大大提升（“一天一次”）。在混交制中，每一个雄性可以与每一个雌性交媾。但如果两个雄性看中同一个雌性，或两个雌性喜欢同一个雄性，还有就是雄 A 喜欢雌 A，但雌 A 爱上雄 B，性冲突就会发生在雄性之间、雌性之间、雌雄之间。当然，真实的混交制社会结构可能还要复杂得多。

针对这种情况，最经济的也是最简单的解决方案，就是终生一雌一雄或一夫一妻制。如此这样，性冲突的强度降至最低（“一生一次”）。而且人人有份，谁也不用争抢，形成性的公平。当然，这种公平不是绝对的，有的男子可能有不止一个女子，而有的男子终生没有配偶。这样两个极端状态在社会结构中都不会占多数，如果各占 10%，那么 80%的社会成分是一夫一妻的[52]。男人占有女人越多，在社会群体中的比例就越低，如皇帝就一个。在对 250 种文化进行考察之后，人类学家乔治・默多克（George Murdock）承认：数学统计明确地显示，已知所有的人类社会都是一夫一妻的，尽管在绝大多数社会中男性都喜欢一夫多妻，而且在很多社会中的确也存在一夫多妻的现象[53]。

实际上，女人倾向于拥有一位配偶，世界各地 99.5%的女人在一定时间内只嫁给一个男人。在所有社会中，只有 0.5%的女人同时拥有多个丈夫。如此，社会总体平均是一夫一妻，而统计上的中位数也很接近 1∶1，从古至今皆如此[52, 54, 55]。从表 23-1 中也可以看出，实行绝对一夫一妻制的长臂猿，其体重性二型系数显著＜1.1，而智人的相应系数为 1.1～1.2（不同的测量有少许偏差）[14, 15]。从性二型的趋势来看，也支持人类以一夫一妻制为主兼有少量一夫多妻制的社会系统。

嫉妒情绪也会促进稳定的配偶关系的形成。这种情绪在高等动物中普遍存在，只是程度上有差异。雄性长臂猿会把别的雄性长臂猿从家庭领地上赶走，而雌性长臂猿也会驱赶其他雌性个体，黑猩猩也有同样的行为。在坦桑尼亚的固北河国家公园，雌黑猩猩帕西（Passion）引诱一只年轻的雄性，但这只雄黑猩猩可能没有看到帕西的性姿势，反而开始与她女儿帕姆（Pom）发生性行为。源自妒忌的愤怒，帕西赶过去狠狠地打了这只雄黑猩猩[56]。人类学家大卫•巴拉什（David Barash）设计了一个有趣的实验：在一对蓝鸟筑巢地的附近，趁雄鸟外出觅食时，将一只同种雄鸟模型摆放在离巢穴 1m 远处。雄鸟返回后立即发出尖叫并猛烈攻击模型鸟。同时，还攻击自己的伴侣，从她身上啄掉一些羽毛[56]。达尔文强烈否定原始人类中存在混交制，其重要证据之一就是人类的强烈嫉妒情绪[57]。

有了固定的性伙伴，不需要每天求偶就有交媾的机会，何乐而不为呢？而且大大减少了雄性与雄性、雌性与雌性，以及雄性与雌性之间的冲突。最关键的是，在固定性伙伴的基础之上，人类家庭诞生，这是人类文明起源的基石。家庭对于人类社会的发展，其重要性犹如细胞起源对于动植物的进化。没有细胞作为新陈代谢和遗传变异的基础结构，高等动植物不可能进化出多姿多彩的生命世界。同样，没有家庭作为人类社会运转的基本单元，人类社会是不可能在结构和体量方面得到长足发展的，人类文明也就不可能出现。无论如何，人类文明是不可能在孤立的小社会群体中起源和进化的。因此，较大的社会体量是人类文明产生的先决条件。

三、人类婚配制度的演变

现在已经无法知道，原始人类是如何求偶的，只能从对现生大猿的研究中寻找答案。与大多数灵长类不同，黑猩猩和倭黑猩猩是雌性扩散（female dispersal）而雄性留驻（male philopatric）[58]。黑猩猩社会是雄性主导的，交配制度表现为三种差异显著的类型。①机会主义者，非竞争性的求偶，发情的雌性可以与群内所有的雄性交配。②占有制，一个雄性与一个发情雌性形成特殊的短期关系，防止低序位的雄性与之交配。③配偶制，一雌一雄离群独处，避开其他个体。当雄性开始建立自己的占有制和配偶制时，雌性必须配合以便成功地发展这种关系。高序位的雄性在占有雌性并与之配对时更有优势[59]。倭黑猩猩社会是雌性主导的，在野外和饲养条件下，倭黑猩猩的雄性都形成具有野心的小团体，但似乎并没有获得求偶优势[60, 61]。反而，母亲在社会群体中的序位，对儿子的繁殖成功起重要作用，即社会地位高的母亲的雄性后代，成为 α 猿的概率更大[62]。

根据人类的近缘大猿和古人类化石的性二型资料，我们也可以就原始人类的婚配制度做出合理的推测。人类从地猿、南猿（包括始祖种、粗壮种和阿法种）、直立人（以及能人、匠人和海德堡人）到智人的进化，婚配制度发生了与之相适应的显著变化。有证据显示，南猿的雌雄在体型方面有较大的差异，即性二型显著。人类祖先的南猿阿法种之性二型显著大于现代人类和黑猩猩，为中等偏高水平（moderately high，论文原话）[15]。然其性二型系数为 1.55，与大猩猩和猩猩相似（表 23.1，不同研究者对性二型的测量标准不一致）。如此明显的性二型，肯定不会是像现代人类那样的一夫一妻制的婚配制度（有较小的性二型，图 2.7），而可能是如大猩猩和猩猩那样的后宫式一雄多雌制[15]。南猿粗壮种也具有显著的性二型，有人推测它们也如银背大猩猩那样是一雄多雌制的婚配制度[63]。然其性二型系数仅有 1.25，因此后宫式一雄多雌的推论受到了质疑，更有可能是多雄共存的一雄多雌[64]。具有较大性二型的物种不可能形成较大的群体和复杂的社会结构，理由如下：如果雌性的体型显著比雄性小，那么她们的脑容量也相应变小。其他动物的体型性二型分离，常常导致食物生态位的分离，即雄性捕食大的猎物而雌性捕食小的猎物。这一点对杂食性的古人类的影响相对较小，但在脑容量上的巨大差异可能导致认知能力的差异，对人类社会进步的影响却是巨大的。不能够想象，人类复杂的社会结构建立在男女之间在认知能力上存在巨大鸿沟的基础上。相对男性的硕大脑容量，女性的小脑袋可能只有“白痴”的智力水平，至少，男女之间的沟通将存在巨大障碍，这显然是不可能的。由此，可以推测地猿和南猿可能还没有真正的语言。而如果女性的理解能力低下，男性再高的智商也是白费。通信的首要功能是求偶，在所有动物皆如此，人可能也不例外。在求偶过程中，语言发挥的作用比任何信号形式都重要。这种现象的其他可能的缺陷还包括：雌性的社会地位低下、无法享受性爱、新生儿幼体过小等。

对于性二型的雌性，由于体型小容易受到雄性的排挤，且 α 猿过度强势，也会导致雌性的社会地位进一步低下。前一章曾强调过，性享受是大脑依赖的，或者说是对中枢神经的性奖赏。因此，性奖赏是建立在大脑高度发达的基础上的，这也是为什么在解决了大脑发育所需要的营养之后，才有可能出现性奖赏。地猿和南猿的平均脑容量只有 500cm^3 甚至更低（图 18.8），雌性则更小，因此性奖赏程度较低。这也从另外一个角度解释，性奖赏在大猩猩的雌性（脑容量 300～400cm^3）中不存在。当然，大猩猩的雄性（绝对脑容量为 530cm^3，但相对脑容量很低）也没有发现性享乐。而性享乐在性二型系数较低的倭黑猩猩的雌性中则普遍存在[65]。因此，性二型系数小于或等于中等程度（性二型系数 1.25），是雌性的性奖赏的必要条件。当然，性二型低的，脑容量不能是性奖赏形成的唯一先决条件，还要考虑绝对脑容量，否则长臂猿的雌性应该比倭黑猩猩雌性更加沉迷于性享受之中。雌性的体型小，生产的婴儿自然小。子代（特别是新生儿）的体型大小主要取决于母亲的体型大小，父亲的贡献其实有限[66]。至于为什么倭黑猩猩没有在复杂的社会结构中，形成一雌一雄的婚配制度，可能与绝对脑容量较小有关。如前所述，脑容量膨大是语言驱动的，倭黑猩猩缺乏真正的语言交流系统。

直立人起源于 200 万年之前，从南猿阿法种中产生。同时代还有其他人属的物种，如能人和鲁道夫人，但只有直立人存活了 200 余万年且足迹遍布欧亚大陆。也就从那个时候开始，原始人类产生了。然而，到目前为止没有任何直接证据显示直立人当中存在性奖赏。早期直立人的性二型系数大于现代人类[67]，不太可能有性奖赏的存在，至少对雌性而言是如此。直立人的性二型系数在 180 万～250 万年前开始下降[68]。但现在无从得知，雌性体型增加具体是在什么时候完成的，保守估计在中后期。驱动性二型变化的原因有两个：语言和性奖赏，两者都需要男女之间有相似的脑容量。语言的表达和理解需要大的脑容量，而性奖赏能够维持大的脑容量。身体性二型的改变是为了与硕大的头部相匹配和适应。与南猿雌性比较，直立人的雌性体型增大了 50%以上，雌性体型增大使性二型系数相应地下降，而能量消耗则成比例增加[69]。很容易计算，即使是性二型系数很高的物种，在雌性增加体型的 50%以后，该系数都大为变小。有人推测，中后期的直立人可能已经失去了性二型[16, 19]，同时体毛也完全脱落[70]。根据直立人的性二型系数等于或小于现代人类，结合其脑容量迅速增大（从 800cm^3 到 1300cm^3）的事实（图 18.7），可以推测中后期的直立人：第一，女性可能有性奖赏；第二，社会结构可能以单配制为主，并进一步促进脑容量膨大；第三，社会群体可能突破 150 人[9, 10]。

智人和尼安德特人的共同祖先很可能是起源于直立人[71]（有不同观点，参见第十九章），考虑到两者的分离时间有 65 万年之久，其共同祖先的独立进化必定更早。这三种人类（直立人、尼安德特人、智人）的性二型比较接近，雄/雌的体重比都在 1.2 左右。但显然智人和直立人的性二型较相似，而尼安德特人的性二型更加明显[18]。因此，即使都存在性奖赏，可能在程度上仍有较大差异。根据性二型的特点推测其社会结构，尼安德特人属于雌性主导的一雄多雌制的可能性较大。结合尼安德特人的头颅特征（图 20.7），可以认为与智人和后期直立人比较，尼安德特人的性奖赏和情感不发达，没有在单配制的基础上形成以家庭为基本单元的社会结构，因此也就没能形成较大体量的社会群体。

直立人作为现代人的祖先（不一定是直系祖先），后期的性二型与现代人相当，说明在 200 余万年的进化过程中，婚配制度发生了巨大的变化。早期的直立人可能还是从南猿那里继承过来的一雄多雌制度，而晚期的直立人可能已经实行一夫一妻为主导的制度。从南猿向人属过渡，脑容量开始增加；早期的人属物种，如直立人，发明了可以灵活编码信息的语言，使得知识积累成为可能，驱动脑容量非线性地加速膨大；100 多万年前，直立人学会了使用和控制火，形成味觉奖赏，食性也由植食为主转变为杂食性，而使营养来源更加丰富。借助火的应用，直立人开发了穴居，解决了保暖问题。在直立人的后期，性活动由繁殖为主要目的变更为娱乐为主要目的，形成一夫一妻制。显然，脑容量扩增是性奖赏的前提。

尽管人类社会的历史主流是一夫一妻的婚配制为主，但现代社会的边缘或原始部落还存在多配制。由于这些多配制无法构成庞大的社会体系，文明难以诞生，因此始终处于原始的社会形态。又或者，古人类迁徙到条件恶劣的地区后，进化出来了非单配制的与环境相适应的婚配制度。

四、家庭的起源

人类学家和史前历史学家经常将单配制等同于家庭，显然是过分地简化了原始人类的社会进化。家庭起源、隐蔽发情信号和女性性高潮的适应意义常常被交织在一起：①保障雄性的忠贞；②避免杀婴行为；③雄性为雌性及其后代提供食物；④共同抚育后代；⑤降低雄性之间的冲突等[72]。比吉塔·西伦-图尔贝里（Birgitta Sillén-Tullberg）和安德斯·麦乐尔（Anders Møller）[73]在比较了 68 种灵长类的性信号与交配体系之后，得出在人类进化的早期，隐蔽排卵的出现先于单配制起源的结论。由于没有找到性奖赏的适应意义，因此有意识地将人类的性欲因素排除在家庭起源、隐蔽排卵和性高潮的进化驱动之外。性欲在人类社会中的作用是如此的重要和普遍，怎么可能在家庭的起源过程中无所作为呢！

家庭起源于单配制的社会结构，但增加了诸多的其他因素。性欲是驱动人类家庭起源和进化的首要因素，除了性高潮带来的强烈瞬间快感，性爱还有一种温暖的、缠绵的、意犹未尽的感觉。不论男女，它都是由垂体释放的催产素所调节，并受下丘脑的控制。阻断催产素释放不会影响性高潮和瞬间快感，但确实影响了这种意犹未尽的感觉[74]。这种感觉被认为在性配偶关系的形成中起重要作用。其实，催产素系统涉及了配偶关系形成的许多方面，而不只是性过程本身。在分娩和母乳喂养期间，母亲脑中催产素的波动和变化是催化母亲和孩子关系发展的重要纽带。前一章提到的田鼠婚配体系和宠物狗与主人的关系，也都涉及催产素的作用。可以肯定，性爱催生的柔情直接诱发了爱情和家庭的起源。

家庭起源也可以从现代人的婚姻行为中找到端倪。进入青春期后，在性激素的驱使下，青春期的少男少女们（14～16 岁）开始春心萌动。刚开始可能仅仅是对异性好奇，这时候可能对每个异性都产生兴趣，接下来开始对特定目标加以特别的关注。此时，特别希望能够吸引对方的注意，为此目的少男少女经常会有一些奇怪的行为举止。为了显得与众不同，男孩子常常做出显示男子汉气概的事情，如冒险、出风头、违反社会秩序。女孩子打扮成性感成熟的模样，为人处世则处处模仿成年女性等[75]。

到了 16～18 岁的年龄，一些早熟的男女已经有了具体的目标。整天幻想着爱情的甜蜜，梦见与心上人在一起的快乐。这段时间，爱情以幻想为主，夹杂着性幻想。开始为对方写诗，做任何讨好对方的事情。青涩的爱情就这样以美好的幻想开始了[76]。有谁在接触异性的一刹那，想的是繁殖后代？当然也不会有人去考虑爱情和家庭有什么生态适应意义。这个阶段，男女的大脑和观念产生了分歧。男性在追求爱情的同时，希望能够与对方有肌肤接触以获得性奖赏；而女性则更关注爱情的精神层面，并不希望在性方面有实质进展。然而有了爱情为基础，性享受就提上日程了。对于人类尤其是现代人，性爱的首要目的是享乐。不管是否举行了仪式，性爱都会发生。不管是否有后代的产生，家庭在不经意间诞生了。

西方人类学家重视证据，而史前人类的证据只有化石、石器和基因。灵长类终归是动物，其行为学表达必然有其适应环境的意义。这类研究基本被局限于达尔文的自然选择和性选择理论之内，人类的进化纯粹是一个被动的过程，完全将人的主观能动性置之不理。然而，人类的进化绝对不是一个纯生物学的过程，其间夹杂着诸多的文化元素。中国的人类学家在研究诸如家庭、文化和行为的进化时，多数在马克思和恩格斯的理论框架内。马克思强调人类与动物的差异性，将人类社会的主体，即人本身抽象为“生产关系的总和”。当然，将达尔文的纯生物的进化论与马克思的历史唯物主义有机地结合，实非易事。生搬硬套对达尔文主义和马克思主义都是一种破坏，因此，这需要一个新的理论作为桥梁。

智人在 30 万年前登上了历史的舞台，而且在很短的时间内（相对进化过程动辄百万年计而言）横扫地球，必然有其独到之处。那 30 万年前的智人到底发生了什么？身体更加强壮？大脑更加发达或更聪明？具有更多的知识积累？我认为是在性爱的基础上，出现了家庭这种社会细胞。前面提及尼安德特人与智人在颅骨形态上的差异，即尼安德特人的前额扁平而智人的前额凸起（图 20.7）。前额叶皮质与杏仁核为主的奖赏系统直接连接，由多巴胺能神经系统主导（图 16.2A）。男性在性高潮时，右侧脑的前额叶皮质最活跃[77]，当前额眼窝皮质损伤时，表现为无力控制性欲以致性欲亢进、滥用毒品、沉迷赌博。额叶与随意运动、言语及精神活动等密切相关，额叶皮质的外侧面和背侧中部的一些区域与组织复杂行为及其高度特化的学习与记忆有关[78, 79]。

表 23.2 大猿的脑和 A10 区的容量比较 （单位：mm^3）

物种	脑	A10 区
人	1 158 300	14 217.7
黑猩猩	393 000	2 239.2
倭黑猩猩	378 000	2 804.9
大猩猩	362 900	1 942.5
猩猩	356 200	1 611.1
长臂猿	88 800	203.5

现代人类的感情起源，得益于前额的隆起。事实上，人类外侧前额叶的 10 区是倭黑猩猩的 5 倍大，是黑猩猩的 6.3 倍大（表 23.2）[80]。第 10 区涉及的功能包括记忆和规划、认知灵活性、抽象思维、开展适当行为、阻碍不当行为、学习规则以及从感官知觉中提取相关信息。而尼安德特人的前额扁平，可能在性奖赏、情感、逻辑思维、学习记忆甚至语言方面都不能与智人相比。智人因为强烈的性需求，驱动了家庭的形成，家庭作为构建大社会的细胞。在尼安德特人中，这些可能都没有发生。社会结构也没有改变，仍然是从直立人那里继承而来的小型家族式结构。数以百计的考古遗址证明，尼安德特人缺乏智人发明新工具、采取新行为、用艺术尽情地表达自我的倾向性[81]①。而现代智人在大约 5 万年前旧石器时代晚期甫一出场，就创造了艺术品，使科学家能够识别离散分布在不同时间和空间中的独特文化。

事实上，在世界大多数社会习俗中，都出现过多配偶制。但即使在多配偶制存在的地方，也只有少部分人选择多配偶关系。绝大部分人会两两结合形成长久的、在性关系上具有排他性的夫妻关系。大多数人类社会，就是在这一假设前提下形成的。因为，维持多个配偶是一项艰难的工作，需要消耗很多精力与其他男性打斗、保护女性。作为减少精力消耗的最佳途径，一夫一妻制便出现了[83]。

配对契约是人这种动物的标志吗？是的，爱情是智人镌刻在基因里的性状[52]。

真正实行群婚的民族数量很少，其中有印度北部的帕哈里部落。在那里，娶妻非常昂贵，有时候兄弟俩不得不凑钱才能付得起一位新娘的“价钱”，她也就嫁给了两人。如果这对兄弟“发达”了，他们会再买一位新娘。这样，兄弟两人共享两位妻子。群体婚姻在美国也出现过，最典型的莫过于昂内达（Oneida）社区。这块殖民地是 19 世纪 30 年代由约翰·诺耶斯（John Noyes，一个宗教狂热主义者）所创建的一处基督教“乌托邦”，存在了 34 年（1847～1881 年）。在其鼎盛时期，有 500 多男人、女人和孩子们共同生活

① 2018 年伊始，科学家开始承认尼安德特人也拥有一定程度的抽象和符号表达的能力[82]。他们在西班牙的洞穴岩壁上面发现 6.4 万年前的 1000 多种绘画和雕刻以及一个手制模板（handiwork）。这些图画包括无数的点、圆盘、线条和其他几何形状的模板，以及一些含有红色和黑色颜料的动物象征性图画，如马、鹿和鸟类。在另一个洞穴中发现了穿孔或染色贝壳，其染色年代大约在 11.5 万年前，远远早于现代智人到达欧洲大陆的时间。

在这片土地。所有的东西都是共享的，包括孩子、衣物以及性伴侣。这个实验最有意义的一点，即使最疯狂的诺耶斯也无法阻止男人和女人的相爱并且形成暗中的夫妻关系[55]。事实上，在西方进行的所有群体婚姻实验，最多只能维持几年。人这种动物似乎在心理上趋向与单个配偶形成夫妻[52]。就像著名的人类学家米德所说："不管任何人发明多少种群体居住的方式，家庭形式总会重新占据上风[84]。"

从这些事例中可以得知，人类对爱情的向往是天生的。人，天生就青睐一夫一妻的爱情，而不是在受到道德的制约时才履行夫妻义务和职责。一男一女相互爱慕，浪漫地生活在一起，新家庭就此诞生[81]。生产和养育后代，只不过是顺水推舟、顺理成章的事。这与动物的单配制截然不同，后者纯粹是为了繁育后代。按甲骨文字形来看，家是同处在一个屋檐下，是共同生活的眷属和他们所住的地方。古人对"家"的注解有："家，居也""家人内也""有夫有妇，然后为家"。因此，家庭演变为一个地方，居住着最亲近的以及血缘关系最近的人。

人类的爱情是家庭起源的主导因素，是"因"，其他诸如雌性间距、杀婴规避与父系关怀等都是"果"。爱情起源是人类进化史中的一个史诗般的事件。结合神经科学和人类学的解释，爱和爱情可能是人类社会发展的关键因素[85]。而人类学家却常常因果不分，将果当成了因。考虑到极端的幼态延续，人类婴幼儿的确占据太长的时间，12～15 岁才能独立生存 [86, 87]。幼态延续也大大地增加了父母的负担，有人提出这是家庭起源的诱因之一。幼态延续让大脑在出生后相当长的一段时间内还会继续发育增大，维持很强的学习能力[84]。由于有显著的适应意义，该现象普遍存在于树栖鸟类以及穴居或食肉哺乳动物。这些动物中有一些是单配制，但也有一些是多配制的。后者利用社会群体，也很好地解决了育幼的难题，那就是"动物幼儿园"。最典型的例子是狼群，当母狼不能及时带回食物时，其他个体会呕吐食物帮助喂养[88, 89]。狐獴、大象、非洲狮甚至一些社会性灵长类，都有此类的"保姆"行为。例如，狮群里幼狮的抚养，有点像托儿所：每只哺乳期的母狮不仅给自己的幼狮喂奶，而且也允许同群中其他小狮子来吃奶。有时，一只小狮子要想吃饱肚子，会接连吸食三四只多到五只母狮的乳汁[90]。这种模式仅存在于社会性很强的动物当中，但却有极强的自然选择优势。单配制模式虽然有较高的育幼效率，但经不起系统扰动，在双亲或双亲之一发生意外的情况下很容易育幼失败。而社会群体的育幼模式，由于存在"替补父母"（相当于一个系统缓冲），降低了这类意外事故导致的育幼失败。因此，具有极强的适应意义。

原始人类早已经是社会性的动物，为什么没有采用群体育幼模式呢？不知道原始人类是否试过这种模式，但现代人是尝试过的，但无一例外地失败了[91]。人类之所以不能，是因为人类具有强烈的感情。这种感情源自父母，在爱情中发扬光大，并延伸至后代。就是说人类的家庭观念，也是传承的，可能是通过文化、遗传基因以及表观遗传机制等联合机制。研究人类文明的进步，如果不考虑感情因素，就像是在解剖没有灵魂的躯体。没有性享乐的强力牵引，感情的进化就没有着力点。可以说，性奖赏是加速感情进化的发动机。从多配制到单配制可能花费了很长时间，而从单配制到家庭的产生可能花费的时间不太长。毕竟，脑容量的增加是指数式，后期比前期要快得多，相关进化也相应地加速了。

感情的传递往往跟随血缘的遗传，因此很适合亲缘选择理论的解释。亲缘关系越近，感情越深。伴随着个体之间的矛盾，个体利益与群体利益的冲突，感情与血缘发生分离，其实质是脑体与基因的决裂。

五、人类社会的进化

随着文明的进步，人类社会已经发生巨大的变化，社会结构越来越复杂。而信息技术的发展，正在改变人类的交流和交往模式，由面对面的直接交流为主变为通过媒介的间接交流为主。这使得研究者剥离社会表象，探究人类社会的核心结构越来越困难了。那么，人类社会的基本结构是怎样的？人类社会与动物的社会结构有什么差异呢？前面提出，强大的性奖赏驱动了单配制的性爱体系的建立，后者又导致了人类家庭的诞生。有非血亲成员加入的家庭与血亲关系如何协调，并最后形成社会网络结构的？让我们从社会性动物开始吧！

从动物行为学的角度，人类在一定程度上属于真社会性的动物。所谓的真社会性有以下三个特征：繁殖分工，群体中可分为专行繁殖的阶级以及较少繁殖甚至不繁殖的阶级；世代重叠，群体中的成熟个体可含有两个以上的世代；合作育幼，即一些个体自动照顾群体中其他个体的后代[92]。人类社会具有不典型的繁殖分工，但有典型的世代重叠和合作育幼。地球上的典型真社会性动物包括：膜翅目中的蚂蚁、胡蜂以及蜜蜂（图 3.7），等翅目的白蚁，以及部分的半翅目与缨翅目等昆虫；三种热带寄居蟹；哺乳类中滨鼠科（Bathyergidae）的裸鼹形鼠和达马拉兰隐鼠[93]。这些真社会性动物个体具有极其相似的遗传背景，它们都是血缘关系很近的亲属。亲缘选择是驱动真社会性进化的主要动力。

人类社会的组织基础，掺杂了过多的脑体成分：性与爱。性可能更多地带有情绪的成分，爱更主要的是体现情感，而性与爱的背后“操纵者”是人类特有的奖赏系统。前面提到雄狮的杀婴行为，即新狮王杀死前狮王的未成年后代，可以刺激母狮重新进入繁殖状态。母狮在子女被杀后还能迅速发情，显然还没有进化出产生母子感情的神经系统[33]。感情既不是本能，也不属于意识，与情绪亦截然不同且比情绪更复杂。感情，是人内心的各种感觉、思想和行为的一种综合性的心理和生理状态，包括爱情、友情、亲情。感情是个人的主观体验和感受，常跟心情、气质、性格和性情有关；是对外界刺激所产生的心理反应，以及附带的生理反应。感情可能主要在社会性动物中得到进化，在人类获得巨大的发展。为什么你和他/她的感情好而不是其他男人或女人。如果有感情需求，为什么只有他/她能满足？其他人却无法满足？那么，他/她所给你的感情和其他人给你的感情区别在哪里？感情与情绪最大的区别，就是感情需要培养，因此感情蕴含历史（个人经历以及民族的或种族的或宗教信仰的历史）；而情绪是即时的，是感情的一种表达方式。

感情不是人类的专有，已经发现高等灵长类（猕猴和大猿）、大象、海豚都有感情。这些动物都会对死去的同类表现出不舍和哀伤[94]。考虑到一些鸟类与灵长类有相当的认知能力，不排除鸟类中有感情的存在，如一些鸟类在伴侣离去时仍会在预期会面的地点坚守很长的一段时间。既然动物中存在感情，那么人类感情的起源与进化就有了间接的参照。研究人类的进化，如果不考虑感情因素，终究只是将人作为无感情的生物对待。人类的感情可能在远古时期就已经影响到人类的社会性行为，驱动人类社会结构的进化。与感情不同，情绪普遍存在于脊椎动物。毫无疑问，鱼也会发怒和生气。达尔文认为[95]情绪帮助动物们适应环境，表达情绪与表现动物的身体特点有同样的作用。例如，狗在地盘被侵略的时候愤怒狂吠，让敌人认为它比实际上更具有攻击性。情绪大多有目的性，因此是自然选择的产物。无论如何，感情的起源和进化，仍然是一个大的谜团。

从社会心理学的角度，情感认知包括道德感和价值感两个方面，在心理上表现为一种较复杂而又稳定的生理评价和体验，具体表现为爱情、幸福、仇恨、厌恶、美感等。如此界定的情感认知，显然是感情的内化和升华。此处，情感更多地用于社会群体，而感情则适用于个体。我们常说的“洗脑”实际是对已有情感认知的颠覆，几乎可以完全改变一个人的道德感和价值感。因此，“洗脑”其实是更换脑体中承载的信息，而非脑的物理结构[96]。由此可知，是情感而不是情绪作为构建人类社会的基础纽带之一，血缘或爱情关系是通过感情来体现的，而社会认同则是通过情感认知来表达的。人类具备情感，是认知能力提升到一定程度，导致意识产生的结果。情感认知是社会认知的基础结构之一，是社会认同的核心。情感认知必须建立在意识之上，而情绪则不然。

社会意识必须是在自我意识之后，而自我意识不是人类独有的。目前发现有自我意识的动物，无一例外是营社会性生活的。当然，也只有在社会群体中，自我认知和自我意识才有意义。目前公认有自我意识的动物有亚洲象、黑猩猩、倭黑猩猩、宽吻海豚、虎鲸、喜鹊[97~100]。大象体重的性二型系数接近 2.0，其他几种动物包括人类在内的性二型系数为 1.0～1.3。性二型系数相对较低，暗示雄性在群体中的优势度（dominance）越低，社会成员之间的互动更加频繁也更加重要。例如，喜鹊的雌雄，凭肉眼从外形上难以区分，其自我认知自然也就更加重要。

动物自我认知的测试方法是心理学家戈登·盖洛普（Gordon Gallup）于 1970 年[97]发明的。当时，盖洛普博士刚刚获得一个心理学的教职，苦思冥想如何测量动物的自我意识。一天早上他正对着镜子往脸上涂剃须膏，突发灵感：在黑猩猩的额头做个标记，然后让它照镜子。盖洛普推测，如果黑猩猩知道是自己的额头有个陌生的标记，那么它应该用手去触摸额头；如果没有意识到是自身有标记，它就会去摸镜子。经过多年的测试积累，现在已知大部分（75%以上的测试个体）黑猩猩和倭黑猩猩都通过了测试，少数的大猩猩和猩猩也能够通过测试[101, 102]。其他动物包括人类，则是通过比较未标记和被标记时对镜像的反应，如果有显著差异则可认为是具有自我意识。人类在 18 个月大的时候，就能够认出镜子中的自己；其他动物则是在成年后才具备这个能力。尽管如此，成年黑猩猩的智力相当于人类 5～6 岁时候的智力。有一个令人印象深刻的例子，在一个狭窄杯子底部放一颗花生，杯子被固定在铁架子上不能倒转。第一个实验是提供一杯水，黑猩猩和四岁以上的儿童都想到了将水倒入杯中，使花生浮起，但四岁及以下的儿童几乎都落败了。第二个实验是，周围没有任何的工具可用时，如何取得花生？黑猩猩的解决办法是将尿撒到杯子里，以浮起花生[103, 104]。这一方法连人类儿童都没有想到。

当然，现代人类受到文明和公德教化的约束，不能如黑猩猩那样无拘无束的解决问题。

合作是社会的一种基本形态。正因为有合作的需求，群体才能在功能上进行有机整合。有人甚至将合作称为第三种进化机制，与随机变异和自然选择并列[105]。动物的合作可分为两种：有亲缘关系的利他与无亲缘关系的互惠。前者的进化驱动是亲缘选择，即广义适合度（inclusive fitness）理论（详见第一章）。后者的理论源自特里费斯的互惠利他解释[106]。哺乳动物和鸟类在领地防卫时形成“领域协防队”（territorial chorus），如非洲雄狮构成的协防队可有效地阻遏入侵者[107]，而斑鸫鹛或其他群居鸟类的协防行为有助于划出领地边界以检测入侵者。猫鼬的群起而攻击可驱赶潜在天敌（如蛇类）的侵入。除了这些显然有利于群体中每一个成员的作用之外，物种之间的协同可使每个成员获得的利益大于单个成员的付出。例如，猛禽类与食肉哺乳类之间，不同种的鱼类之间以及不同种的鹈鹕之间，都存在协同狩猎的情况。既然在动物种群内部的个体之间，甚至在不同物种的个体之间，都存在合作[108]，那么人类个人之间的合作与此有什么不同呢？

在人类社会中，成员之间的合作加入了感情的因素。毫无疑问，动物的合作完全是基于利益，眼前看得到的利益即直接利益或将来的利益即互惠[109]。而在人类社会，除了共同的利益，还有共同的情感。有共同信仰的人，可能就算没有利益可图，也会协作。因利益而合作，是短暂的、可变的，今天与你合作，明天就可能与他合作。19 世纪英国首相帕默斯顿（Palmerston）说：“A country does not have permanent friends，only permanent interests.”国家之间没有永远的朋友，只有永远的利益。典型的例子，第二次世界大战，英国与苏联结盟应对德国。战争一结束，英国和苏联却立即形成敌对状态。

国家就是由一群有共同信仰，即有情感或血缘的人在一定地域内建立的社会结构，是一种长期的合作形式，因此更加长久和稳固。那么，这种共同的意识形态是如何起源的呢？以色列历史学家哈拉利在其名著《人类简史——从动物到上帝》中给出了全新的解释[110]。

巴霍芬和摩尔根认为早期人类社会没有家庭单元的均匀结构。然而，这个所谓的早期是指什么时候，巴霍芬那个时代还一无所知，也没有任何推测的依据。有人根据摩尔根对印第安部落社会的研究，推测古代人们通过血缘关系维持着家族内部的关系，同一辈分的人可以互为婚配，但没有家庭结构[111, 112]。这种推测完全凭想象，动物社会都建立了完整的近交回避机制，人类反而不如动物？虽然非洲狮是雌性留居的，而黑猩猩是雄性留居的，但它们都不在群体内部婚配。早期人类除非是在很大范围的区域内孤立生存，否则有什么理由不进行群体，即家族之间的通婚呢？而且，人类的性行为大多不是为了繁殖而是因为性奖赏，混交制就意味着每次性行为之前需要求偶，这不是最经济和最优化的行为体系。即使在那时候存在混交制（无辈分禁忌）和群婚制（同辈无禁忌），那也应该是家族间的配偶交流，即在很早期，如直立人阶段就可能存在族外婚制了。

人类存在一定程度的性二型，显示男性之间存在较剧烈的竞争。竞争的资源无外乎是领地、食物、水源和女性。这种雄性竞争可能发生在群体之间，也可能发生在群体内部。在大脑高度发达的人类为了性享乐，女性的外貌等差异将导致占有而不是共享，即有的女性大家争抢而有的无人理会。因为有性二型，男性可能自古至今都是群体的优势性别。女性作为从属性别，可能会被在群体间进行交换甚至交易。如果母系社会持续了很长的时间，如整个狩猎采集阶段（30 万年前智人起源至农业革命），那么人类的性二型就不应该如此明显。

对于社会公平的追求，依个人需求的程度而确定公平的尺度。如最基本的需求，像衣、食、住等所谓的刚性需求，如果一些人得不到保障而另一些人挥霍无度，则易发生社会动乱而导致社会财富的再分配。这样的事例，在人类历史上一再发生，如中国的农民起义。人类性享乐在几十万年前进化成为一个新的刚性需求，其直接后果是一夫一妻制的起源，建立起人类社会的初级性公平。这不但解决了雄性之间的冲突，也解决了雌性之间的冲突。在此之前，人类也许已经建立了肉类食物公平分配的机制，是由味觉奖赏和营养需求所驱动。生存所需的基本能量可以自己独自获取，如采集植物果实和昆虫，但大型动物的狩猎是集体的成果，是高级营养和美味奢侈品，必须有相对公平的共享机制。回过头来看看动物的性，因繁殖而存在，对高等动物的大多数个体而言不是刚性需求。其表现为，在一些一雄多雌制的物种中的性不公发展到极致。

总之，人类社会结构的演变过程：多雄共存的一雄多雌制小社群；进化到群居社会中的一夫一妻制，家庭起源；以家庭为基本单元，构建“氏族公社”；随着人口增加和社会分工的开端，人类文明萌芽，形成信仰；在对信仰认同的基础上，建立国家。

在真社会性的动物群体中，社会分工是非常明确的。例如，白蚁的阶级，可分为蚁后、工蚁和兵蚁；而蜜蜂群体则分为蜂王、工蜂和雄蜂[92]。真社会性结构是非常稳定的，属于本能行为。对于高等动物基于习得即非本能的利益合作，从来都不是长久的。只有建立在文化与文明的认同基础上，合作才能进化为稳定的社会结构。稳定化的人类社会结构才有可能导致后来的社会分工。与真社会性昆虫不同，人类的社会分工是通过文化传承的，具有较强的可塑性。唯一例外的是印度教的种姓制度，通过遗传体系固化了社会分工。文化认同多少都带有感情的色彩，可以后天培养。具有明确分工的稳定社会所构建起来的复杂系统，其效率和能量都是巨大的。那么，动物和人类的社会结构之异同在哪里呢？

六、动物社会结构的比较

食肉目和灵长目的动物进化出一系列社会结构。其特点是：①多数一个头领，雄性或雌性；②少数两个同性头领（即多雄群体的 α 个体）或一雄一雌头领，头领在繁殖上有优势但也不完全排除其他个体的繁殖权利；③世代不重叠，后代成年或性成熟后离开群体；④合作育幼，或至少存在协助母兽育幼的行为。

狐獴生活在非洲荒漠生态系统，是一种社会性极强的动物。每个狐獴种群通常由数只至数十只个体组成，狐獴群体是母系社会。群体的统治由雄性首领与雌性首领共同承担，雄性首领由雌性首领选出。幼崽在 3 岁后必须离开家族，雄性幼崽将会成为其他族群的首领或组成新的族群，雌性在离开后还可能回到族群。狐獴成员看护群体里所有的幼兽，即使是未繁殖过的雌兽在雌性首领不在时也会为幼兽哺乳。它们全力保护幼兽免于任何威胁，甚至牺牲自己的性命。狐獴最出名的是当其他狐獴在觅食或嬉戏时，会有狐獴主动站出来，肩负起放哨的任务，危险来临时哨兵就会发出警报[113, 114]。

狼曾经遍布欧亚大陆和北美大陆，是适应环境能力最强的动物之一。狼的性二型不如非洲狮明显，可能与雌性在群体中发挥重要作用有关。首领是 α 公狼（狼王），其配偶是 β 母狼（狼后），它们往往是建群者。狼群中等级十分森严，这种等级和地位决定着领取食物的顺序、繁殖后代的权力等。首领的产生是内部竞争的结果。有意思的是，狼群的雄性和雌性还分别有自己的体系，在每个性别体系内必须严格遵守等级制度。因此，头狼的产生不仅仅依靠雄性之间的打斗，雌性尤其是 β 母狼有时候能够主导头狼的产生[88, 115]。头狼策划、执行和主导狩猎的全过程。

非洲狮群的特点是群居、领地性、雌性驻留、合作育幼以及雄性结盟，因此是真正的社会性猫科动物。与狼群不同的是，狮群是纯父系社会，每个狮群只有一只雄狮（偶尔有两只）。作为狮群中的首领，雄狮不参与捕猎，其主要作用是领地防卫。雌性成员之间不存在明显的等级差别，即不存在享有特殊交配权的母狮，因此每一只母狮都具有繁殖后代的权力[116]。雄狮首领地位的获取，不是内部竞争产生的，而是从外部掠夺得来的。

现代人、黑猩猩和倭黑猩猩的社会都是雄性留居而雌性迁移（即偏雌扩散）[58]，暗示我们的共同祖先也是如此（图 23.1）。多雄共存条件下的一雄多雌制，是雄性留居雌性迁移的结果。雌性的攻击性毕竟要低于雄性，群体中的雌性对外来雌性的接纳也要宽容得多。如果是雄性迁移而雌性留居，如非洲狮，则只能形成排他性极强的一雄多雌制。如何解决召集一群雄性去抢夺地盘和雌性以及胜利后的战利品分配，只有人类的智商才能完成。黑猩猩群体间的争斗，常常是致命的，而即使凶猛如雄狮也很少杀死同类雄性。人类社会的一些特征，如战争，应该有其进化的渊源。因此，巴霍芬和摩尔根等仅将家庭作为一个繁殖单元，认为原始人类存在混交制和群婚制有一定的合理性。但当在婚配制度中加入性奖赏和感情的元素时，这些理论就都站不住脚。

一些海鸟在繁殖季节聚集在海岛的适宜区域，形成庞大的繁殖群体。这类动物捕食海域离繁殖地较远，需要父母轮流喂食，因此也都是单配制的[117]。这类海鸟的社会结构很单一，“家庭”的邻居之间没有遗传或结盟关系（图 23.4），而且是非永久性的[118]。有意思的是，巢穴之间的距离出乎意料的均匀，不太远也不太近。根据洛伦茨的观察，椋鸟在电线上的站位间隔是可接触的最小距离，即两只鸟的鸟喙刚好能够互相触碰。椋鸟开始落在电线上时，是零散分布的。很快随着椋鸟越来越多，个体间因过于靠近而不可避免地发生互啄。这种行为持续进行，直到两只个体之间建立如海尼・黑迪格尔（Heini Hediger）所称的“规定”距离。持久性领域也存在间距，如筑殖民式鸟巢的塘鹅，其空间格局的建立过程如椋鸟所为。所不同的是塘鹅不可接触的巢距，即相邻两巢之间的距离使栖于巢中央的两个个体将脖子伸到最长也够不着对方（图 23.4）[119]。海鸟繁殖场的空间格局不是随机形成的，而是一种有序结构（参考图 9.9）。因此，海鸟与其他单配制鸟类的社会结构没有本质差异，只是体量相对比较大而已。与此相反，灵长类的社会要复杂得多。重层社会（multi-level society）又被称为巢式社会（nested society）[120]，是灵长类社会系统进化中最为完善和高等的组织模式，指社群内个体通过两个或多个层次纽带关系维系形成的一种多水平结构的社会模式。这种社会组织模式仅见于狮尾狒（gelada）、埃及狒狒（baboon）和仰鼻猴属（*Rhinopithecus*，金丝猴）少数几个物种中[121~123]。

图 23.4　新西兰的塘鹅繁殖场，显示均匀的空间格局，但邻居之间没有亲缘关系

这三类动物的重层社会结构既有相似之处又各有特点。它们的基本结构大多是由一雄单元为核心，2～4 成年雌性以及少数未成年个体构成。狮尾狒是母系的一雄多雌制重层社会，而埃及狒狒和金丝猴则为非母系的一雄多雌制重层社会（图 23.5）[124]。西北

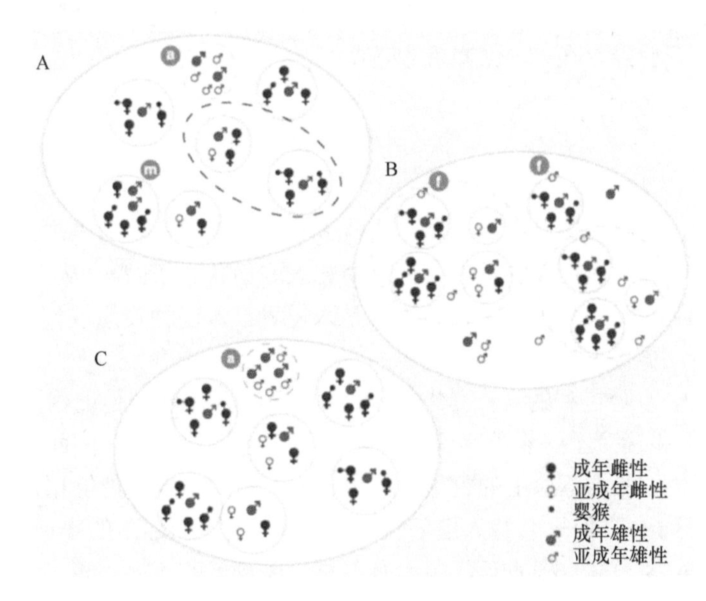

图 23.5　灵长类的重层社会结构

A. 狮尾狒；B. 埃及狒狒；C. 金丝猴

大学的研究团队在对金丝猴长期观察后发现，秦岭川金丝猴中的主雄直接置换只占事件

的一小部分，而且在此过程中雄性之间并没有激烈的打斗。在置换过程中，原主雄会通过攻击等手段驱逐入侵雄性，以稳固自己的地位。入侵雄性则采取不断靠近的策略，吸引雌性迁移到自己的身边形成新单元[125, 126]。原主雄在失去其主导地位后便会从一雄单元中消失[127]。考虑到狮尾狒和埃及狒狒的一雄单元都存在不具繁殖功能的附属雄性以及在其他狒狒属物种或与其亲缘关系较近的山魈属的社会中，都是多夫多妻制的社会结构，理查德·兰厄姆（1987）猜测狮尾狒和埃及狒狒的一雄多雌制多层社会，是由旧大陆猴中广泛存在的混交制模式演变而来[128]。仰鼻猴属的一雄多雌的重层社会是由类似其他叶猴类所具有的简单一雄多雌制社会聚合而来[123]。

雌性成年后留在一雄单元内，而雄性成年后则离开原单元与其他同命运者形成全雄单元。多个一雄单元构成二级结构——群伙（Band）模式，由群伙和全雄单元构成三级结构——团体（Troop）组织[124]。相对而言，重层社会具有高度的稳定性，可以形成灵长类中最大的社群，个体可达 600 只之多[129]。从图 23.5 中可以看到，被排除在一雄单元之外的成年和未成年雄性，或形成全雄单元或独立活动，但都游离在团体领域之内。这类结构特点显示，具有基本组织单元的社会，可以形成较大的体量。就稳定性而言，这种一雄单元较弱，既不如人类家庭结构，也不如一雄一雌婚配制。如果早期的原始人类是混交制，为什么没有像狒狒或金丝猴那样形成一雄单元制的社会结构呢？人类的性奖赏驱动成年个体频繁的性爱，而且男女皆沉迷于此，这将导致全雄单元的极度攻击性，以及一雄单元内的雌性反叛。更有甚者，性爱每时每刻都可能发生，主雄的竞争压力被无限放大。一雄单元的解体，一夫一妻制的出现就顺理成章了。毫无疑问，一夫一妻制的重层社会结构，是一种更加稳定的体制，社会体量可以远超过 600 只个体。这就是性公平的力量。那么，从黑猩猩/倭黑猩猩的混交制向人类复杂社会中的一夫一妻制的过渡中，是否曾经存在过一雄单元制呢？

七、人类独霸地球的奥秘

在智人之前，亚欧大陆上生活着尼安德特人和丹尼索瓦人，后来都去哪了呢？一个比较流行的理论是，被现代人的祖先——晚期智人取而代之了[130]。从生态学的观点看，尼安德特人和丹尼索瓦人是土著种，而智人是入侵种。入侵种要想取代土著种，必须有极其显著的优势。那智人的优势在哪里呢？

以色列历史学家哈拉利的观点是[110]，智人社会的存在基础是虚构（myth，又译为谜思）。通过传播和接受一些想象物或更重要的是一起进行想象，因此传说、神话、神和宗教就应运而生。非洲草原上的野牛、羚羊、大猩猩和智人都能够用语言告诉其他成员：“小心，有狮子！”但只有智人能够说出：“狮子是我们部落的守护神。”再比如给猴子两个选择：A 今天取一根香蕉，明天有两根；B 今天取两根香蕉，明天没有。猴子选 B，但人类会选 A。这也是宗教起源的基础，“奉献今世，许诺来生”。借助共同相信这些想象出来的诸如神、国家、金钱和人权等，智人构建了大尺度的合作系统。这就是宗教、政治结构、贸易网络和立法机构等的起源。以金钱为例，不同于食物和衣物有具体的用途，金钱的本质是想象。就像纸币不过是一张小纸片，甚至现在的支付宝余额也不过是手机屏上的数字。更有甚者，比特币是一种 P2P 形式的数字货币，不依靠特定的货币机构发行而是依据特定算法，通过大量的计算产生[131]。为什么我们全部都愿意相信这些是有价值的呢？哈拉利认为金钱是有史以来最普遍也最有效的互信系统。能够通过金钱这个媒介，将不同性别、信仰、种族乃至完全陌生的人组织起来，然而金钱并非客观存在的。

哈拉利将人类历史分成四个阶段[110]：①发生在 7 万年前的认知革命，使智人开始具备想象能力；②大约 1.2 万年前开始的农业革命，栽培植物和驯养动物；③始于 5000 年前的国家原始形态至 2000～3000 年前的帝国诞生；④开始于 500 年前的科学革命。讨论人类文明的起源，很难绕过哈拉利建立的历史节点。以间接选择为基础的人类进化的观点，作为哈拉利理论的“前传”，讨论认知革命之前的人类进化中的革命。但认知革命开始的时间应该是 30 万年前早期智人的起源，而不是 7 万年前。智人走出非洲，横扫欧亚大陆，应该携带了认知革命的成果。智人用了整整 20 万年的时间，这期间完成了种群数量增加、知识积累、领地扩展、清除非洲大地上的同生态位其他物种。智人的人口膨胀，必然发生在独霸非洲大陆之后。只要还有可争夺的土地资源，智人可能都不会走出非洲。知识积累驱动的脑容量膨大、与用火相关的味觉革命以及性革命在智人之前（可能是直立人）就已经完成。智人的崛起，靠的是什么呢？我认为是以家庭为载体的感情！

前面说过，性奖赏诱发性享乐，导致一夫一妻制的社会结构，长期的性奖赏促进爱情的进化，使夫妻长期捆绑在一起构成家庭的基础。爱情的泛化，即从配偶扩展到子女和兄弟姐妹，再扩展到有血缘关系和无血缘关系的同类，使人类社会从以利益为主的短期合作关系进化到以感情为主的长期纽带关系。而以感情为纽带的合作，可以是全方位的、长远的，对人类进化的影响巨大。而这恰恰是尼安德特人所不具备的，所以他们尽管早于智人起源，但进化却很缓慢，最后被智人超越。毫无疑问，从智人开始的人类进化就不再是被动的自然选择和性选择在起作用，人类的意识开始主导人类社会行为的进化。人，可能是唯一在复杂的重层社会结构中形成一夫一妻制的物种，而重层结构是社会作为一个有机整体运行的基础。犹如细胞构成组织，组织构成器官，器官构成个体。

家庭被马克思誉为人类社会的细胞。正因为有了家庭这一社会细胞，人类社会的进化提速了[132]。地球的生命用了大约 20 亿年的时间，从没有结构的“原始汤”中组合成细胞。细胞的产生是生命起源进化史上最重大的事件，从此，生命有了结构和边界。没有细胞的“原始汤”中，“生化过程”的效率必然是极低的。化学反应建立在分子碰撞的基础上，在非常稀的“原始汤”中，有机化学反应需要的正确底物在正确的时间和正确的地点发生碰撞的概率是极低的。有了细胞结构，生命活动在大大浓缩了的细胞内部的“有机汤”中进行，效率就大幅度提高了。同样的道理，独居者，如猫科动物，相互之间的交流是极少的。社会性动物的信息交流则要多得多，知识加速积累和扩散（比较第十四章的山雀和红知更鸟）。一旦家庭形成，家庭成员之间的距离就缩短到适合交流的空间尺度。信息交流进一步增加，对脑容量的增大和脑体的构建起决定性作用。

细胞与家庭的共同之处是，都有核心（细胞的细胞核 vs. 家庭中的夫妻）、边界（细胞膜 vs. 家域或房子）、分裂和扩增。细胞分裂产生下一代细胞，人类分家也将形成新生家庭。由于有独立的生存和繁殖功能，细胞和家庭都可以无限扩大。前者构成多细胞的复杂生命，而后者构成复杂的人类社会。由家庭构成的人类社会，有效地降低了个人之间的冲突，人类社会就突破了动物社会在体量方面的极限。不管是狒狒还是黑猩猩，社会群体一般都不能超过几百个成员。人类社会群体则可“无限”增大，当大到一定程度后，文明在一些部落诞生了。

哈拉利的谜思理论基础，必须是在建立巨大社会群体之后，才可能使人相信一些子虚乌有的想象。对于一个仅有几百个人的居群，你跟他们说周围山里有神仙，可能没有人相信。毕竟大家相互非常了解，对周围可到达的环境也很熟悉，想象出来的东西不易被传播。而当群体达到一定程度后，个体间互相不认识，远处的环境也不熟悉。这时候，如果你对不认识的人说，在遥远的大山里住着一个神仙，控制着天气、收成和灵魂，就较容易被大家接受。毕竟在遥远的过去，绝大多数人的活动范围很窄，社交圈很小。信息不流通以及信息不对等，才可能从谜思发展到迷信。

第二十四章

认 知 革 命

《牛津词典》给出认知（cognition）的定义：是关于获取知识以及通过思想、经验和感觉来理解世界的精神过程。该过程包括知觉、注意、记忆和工作记忆、判断与评估、推理及“计算”、解决问题和决策、产生并理解语言。人类的认知可以是有意识或无意识的，具体或抽象的，直观或概念的。认知过程涉及应用已有的知识和创造新知识（引自维基百科[1]）。人或动物的脑接受外界的信息输入，经过脑的加工处理，转换成内在的心理活动，进而支配人或动物的行为，这个过程就是认知过程[2]。

人类的认知革命不会是一蹴而就的，是一个缓慢的过程。随着知识的积累和脑容量的膨大，人们对世界包括对自己的认识必然有一个从量变到质变的转变。而这个转变的标志，就是主观意识的产生。尽管已确认多种动物有自我认知能力，现在尚无法确认动物是否有主观意识。认知革命是什么时候发生的，是一个难以确定的问题，哈拉利认为是 7 万年前[3]。关于认知革命，有两种不同的理论。一种是渐变论，即认知革命起源很早，逐渐进步，从远古到现在[4]。另外一种是突变论，在大约 5 万年前的时候认知有一个大跃进，其代表性成果是语言的产生[5~7]。现在越来越多的证据显示，智人是分批次地走出非洲的，早期智人在欧洲与尼安德特人以及在亚洲与丹尼索瓦人的遭遇战中都落败了。然而，最后一批智人在 5 万年前走出非洲，却横扫了欧亚大陆。因此，他们很可能携带了认知革命的成果，那么，认知革命就很可能发生在 5 万～7 万年前的时间段。然而，突变论多依赖一些间接的推测，而渐变论却得到越来越多的证据支持[8]。

一、意　　识

早晨，当你从睡眠中醒来，你的大脑已经启动了“意识模式”。接下来的一整天，你都处于有意识的状态。如果这一天发生了一件特别的重大事件，你就永远记住了这一天。2001 年 9 月 11 日我在美国，早上去一个台湾朋友的办公室，当时他正坐在计算机前看新闻，他告诉我有架飞机撞上了纽约世贸中心的一个大楼。然而当时并不知道是恐怖袭击，等我回到自己的办公室，打开网络新闻时，又一架飞机撞上了第二个大楼。假如那一天你昏迷不醒，即没有意识，就不会有任何信息输入大脑并被保留下来。一个非常有意思的现象是，人的全身麻醉会导致“时间丢失”[9]。多年前，我曾经因为做直肠检测而被全身麻醉过。我妻子送我到医院，我躺在手术床上被推进检测室，她在休息室等待。护士为我注射了麻药后，跟我闲聊一阵，然后就将我推回了休息室。当时，我笑着跟我妻子说：“对不起，我麻不翻，哈哈。”但是，护士和我妻子却对我说，检测已经完成了，可以回家了。

再让我们体验这样一个场景。你下班回到家，看到客厅里父母在看电视，儿子在玩电子游戏，女儿在书房做家庭作业，妻子在厨房准备晚餐。这与你平常下班所看到的，没有任何两样，这似乎不会引起你的特别注意。即便如此，如果此时有人问你，你回家看到了什么？你一定很容易就能够回答有关父母、儿女、妻子的位置以及他们的活动。如果你这次下班，带回一个智能机器人。这个机器人具有最先进的传感器、芯片以及人工智能，它能够做到像你刚才那样关注这些存在吗？要回答这个问题，首先需要搞清楚，人和动物在意识方面的区别在哪里[10]。

这方面，人和动物有本质差异，但两者之间又可能存在连续变化。长期以来，科学界一直认为动物没有意识，意识是人类独有的。动物被看作仅仅是一个输入或输出的机器。现在，这个观点正在发生变化。2012 年有关科学家在英国签署了《剑桥意识宣言》（*The Cambridge Declaration of Consciousness*）。涉及动物部分：“各种证据均指出，非人类动物拥有构成意识所需要的神经结构、神经化学及神经生理基础物质，并且能展现出有意图的行为。因此，证据已充分显示，负责产生意识的神经基础物质并非人类所独有。非人类动物，包括所有的哺乳动物、鸟类，以及章鱼等其他生物，均拥有这些神经基础物质”[11]。有了物质基础，就一定能产生相应的功能吗？欲证明动物具有主观意识，还有很长的路要走。首先需要解决的是，意识的科学定义、内涵和边界。

睡眠和麻醉时没有意识，那持续性植物状态的病人或“植物人”是否有意识呢？加拿大的阿德里安·欧文（Adrian Owen）教授[12]实验室通过 fMRI 探测一些“植物人”的大脑活动后发现，一些陷入植物状态的脑损伤患者虽然无法通过身体发出任何信号，但他们其实仍然拥有大脑意识。他们不仅能听见并理解身边人说的话，并且还能通过一种“特殊的方法”回答一些简单的问题。科学家对一些接受实验的“植物人”询问了一些简单的家庭关系问题，包括父亲姓名和是否拥有姐妹等，结果一些“植物人”通过分别想象打网球场景和在房间中来回走动场景进行回答。很多“植物人”都回答出了正确的答案。实验时 39 岁的斯科特（Scott）在 12 年前（1999 年 12 月）遭遇车祸，导致大脑严重损伤，此后他一直处于植物状态，对亲人和医生的呼唤没有任何反应。然而，斯科特在欧文教授的实验中不但正确回答出了所有问题，并且还通过回答“是”和“否”的方法告诉医生，他现在“并未感到任何痛苦”。

人的意识是从学习和体验中来的，还是天生就有的？考虑到主观意识，即思想和思考活动与语境化密切相关，意识和语言可能都是后天学习获得的。基因只提供了意识的生物基础，个体如果与人类社会隔离，可能不会产生主观意识。人类意识起源于动物，其进化驱动力是什么呢？间接选择的结果提供大量的冗余神经元网络，作为意识形成的物质基础，构成其必要条件。那么，意识形成的充分条件究竟是什么？对于生物进化，充分条件就是那些带来的好处超过其代价的要素。

首先，借助语言进行的知识传授需要主观意识。动物的“文化”传播有不同模式，从完全被动到“师生”互动。例如，前面讨论过的山雀与红知更鸟偷食牛奶的技巧，“导师”（tutor）肯定不会主动传播，因为这将给老师带来竞争，学习完全靠学生的“偷师学艺”[13]。对于哺乳动物的捕食行为，导师们会有“意识”地展示给学生们如何寻找、识别、制服猎物，尤其在灵长类普遍存在[14, 15]。鸣禽类的语音学习中，导师会调整自己的语音结构使学生更容易学习[16]。虽然导师已然参与了学生们的学习过程，但这与人类基于语言的媒介而进行的知识传播是截然不同的。因为主动讲授知识，完全依赖主观意识。因此，语言带来的知识积累，驱动了脑容量的膨大；而语言的应用，驱动了主观意识的进化。知识的积累和传播是人类文明起源的基本要素和前提条件。

其次，意识也是发现、发明和创造的必要条件，这构成了意识形成的充分条件之二。进化就是这样一环扣一环，前一个过程的完成，必然触发下一个过程。正因为有了意识，人类才能突破本能和学习的桎梏。动物的本能和学习不一定需要意识的参与，但发明创造是不能在没有意识的前提下完成的。在这个意义上说，创造本身就是意识的重要组成成分。因此，凡是有创造能力的物种（人和动物）都有意识。对动物而言，制造和使用工具应该是创造力的最高形式和具体表现。早期人类打制石器，肯定是有意为之。语言和制作工具是人属各物种的基本特征，是意识从大猿至猿人再到原始人类的延续[17, 18]。在这个延续过程中，意识获得了质的跨越。人的意识与动物的意识（如果有的话），必然有本质的区别。人的意识是可以通过语言表达的，因此一定是可语境化的。语境化的前提是意识内容必须有清楚的内涵、逻辑的结构和明确的边界。

20 世纪以前，对意识的研究基本上通过“内省”法，也即考察自己内心是怎么想的，其奠基人是爱德华·布拉德福德·铁钦纳（Edward Bradford Titchener），而集大成者是弗洛伊德[19]。然而不同的研究者用这种方法所得结果却有天壤之别，宣告了此方法的非客观性。20 世纪上半叶，行为主义在心理学及脑科学研究中占据主导地位，但该学派只关注刺激与反应，也许是为了对抗在欧洲过度流行的弗洛伊德理论，而将一切心理活动外化为行为表现，把一切内心活动排除于科学研究之外[20]。现代认知科学认为，内心过程是确实存在的并起着非常重要的作用，借助现代技术手段，如脑成像，内心过程也是可以“看见”的。因此，内省其实也是脑功能活动之产物[21]。自然科学研究的对象一般是客观实体，因此要尽量避免研究者的主观先验，但意识所研究的恰恰涉及主观体验本身[22]。

意识问题的独特困难在于，解释脑内的生物物理和生物化学过程，即神经元之间的电/化学转换和传导，怎么导致主观体验。因此，意识的神经基础，是目前以及将来的最重要的研究领域之一[23]。在神经元的电脉冲与人的意识之间存在怎样的关系？人的意识是如何进化来的？这两个问题的答案可能是一个。假设神经元网络有固定的大小，那么随着脑容量的膨大，神经元网络呈指数增加，网络之间的连接也以更高阶指数的形式增加。神经网络在不同层次产生大量的新连接，其复杂度就变得异常高。人的脑容量增大，导致单个神经元所具有的突触数量剧增[24]，使网络连接进一步复杂化。大脑内部的连接复杂度是意识产生的先决条件。考虑到生物学过程都是非线性的，这种量变到质变是意识进化的基本过程。极端的网络复杂度必然导致脉冲信号整合方式的革命，因此，将来对意识的研究很可能是在数学领域首先取得突破。

二、弗洛伊德的“意识”与脑体发育

在弗洛伊德的意识层次理论中，意识被分为三个水平：前意识、意识和无意识（或潜意识）。无意识包括我们没有觉察到的个性的所有方面。前意识包括不在意识范围内，但属于容易得到的东西。许多思想和观念在我们对它们集中注意时或企图将它们代入意识水平时就会出现，但它们并不总是处在意识水平。因此，意识包括处于可以立即觉察到的那个水平的东西[25]。无意识是人们经验的储存库，由许多遗忘了的欲望组成。因此，无意识的物质基础是已经调用的神经元网络，但其唤醒机构处于蛰伏状态。弗洛伊德把无意识看作个性（即脑体）的一部分，并用冰山来比喻无意识的重要性。正如冰山的主要部分（6/7）在水下，人类个性的主要部分也位于意识水平之下。

1923 年弗洛伊德发表了最后一部著作《自我与本我》[26]，以另一种方式来考察人格的发展，即一个包括本我、自我和超我的结构模式。本我是人格中发生最早也是最原始的部分，是生物性冲动和欲望的储存库。本我是按“唯乐原则”活动的，它不顾一切地要寻求满足和快感，这种快乐特别指性、生理和情感快乐[27]。本我由各种生物本能的能量所构成，完全处于无意识水平中（即完全潜意识）。它是人类天生固有的、非理性的、无意识的生命力、内驱力、本能、冲动、欲望等心理能力。因此它是新生婴儿刚出生时具备的初始系统，具备了大量的神经元，但神经元网络内部和网络之间的连接尚未完成，因此基本上处于一种“白板”状态。自我（大部分有意识）遵循现实原则，是从本我的基础上发展起来的。它会约束本我对欲望的满足，用社会可以接受的方式满足本我的需求。自我在出生之后开始发展，发展是在婴儿与环境接触时开始的。神经元网络开始被逐渐调用，上级神经网络（协调者或整合机构）开始建立。但是早期的输入非常有限，根本无法满足神经元网络的存活需求。因此，大量的神经元网络解体，其外在表现为突触的“提炼”。 而“超我”（部分有意识）是良知或内在的道德判断，它遵循道德原则，其功能是监督自我对本我的约束[28]。女人在弗洛伊德的人格学说中，扮演的是“自我”角色，她能调解“本我”同“超我”的冲突。“自我”的主要功能是：获得基本需求的满足，以维持个体生存；调节“本我”的原始冲动，以符合现实环境的要求；管制、压制原始性的盲目自然冲动，“超我”是不接受这种冲动的。“自我”担负起三个“我”之间的协调、平衡、和谐关系。因此，超我是道德方面作为社会之人的脑体的代表。

从行为上来看，本我是人类本能存在的地方，即人之生来具有的生存本能（渴望）和死亡本能。本我代表了人的动物性，即趋利避害。从生物学的角度，遗传只赋予了婴儿呼吸和吸吮等行为本能，两者都属于生存本能，其控制神经元网络可以不受高级中枢的调控。有意思的是，人和哺乳动物在一出生的刹那间，呼吸系统被激活，并不需要主动意识的参与，尽管意识可以随意调节呼吸。此时的婴儿除母亲的心率以外，认知几乎是空白，当然也没有意识。因此，婴儿只有脑而没有脑体，相当于一台只有 BIOS 的计算机，只能进行简单的输入和输出，既没有操作系统也没有存储任何文件，即“知识”。弗洛伊德认为“性”是生存本能的一种表现形式。本能的心理能量驱动人类的活动，这个能量被称为“力比多”，与“性能量”常常是同义词[23]。

弗洛伊德最有意思的观点是死亡本能，又称为死亡愿望。他认为在生命的初期，生命形式很不稳定，生命本身很脆弱且很容易退回到无生命的状态。尽管人类已经远离这种早期的生命状态，内心仍然保持着死亡的趋向，即返回无生命状态的趋向。这可能是系统的热力学性质所决定的，即系统都趋于一个稳定的无序状态（熵增过程）。而生命系统是高度有序的，其进化是通过汲取外界能量而自发地由无序向有序发展的过程，以逆熵增，即耗散结构的形式呈现[30]。对于高等动物，这种趋向以死亡愿望的心理形式出现，以自杀的方式直接表达；也可能间接地出现，如放弃求生。基因的最终目的是保持最大化的拷贝数量，自杀趋向显然位于被自然选择淘汰的前列。然而，当脑体“成长”到具备了摆脱基因控制的趋向或能力时，自杀就成为实现死亡本能的工具。

自我代表着个性朝向客观的一面，它试图对渴望和实际可得的东西加以区分。个性最初只包含本我：通过奖赏系统以保存尽量多的冗余神经元网络，不知道也不考虑现实。现实原则指导着自我，即除了冲动、意愿、渴望和需求之外，还要考虑更多的东西。在大脑接受足够的环境刺激后，神经元网络被逐渐地占用，脑体形成。在人生的早期，由于占用神经元网络的信息都是从外部输入的，激活了信息内外交流的神经通路。这个过程，类似为计算机安装操作系统，以控制更加复杂的输入和输出。自我更多地表现为人的动物性一面，对环境（包括社会环境）刺激的反应是生物的本能。因此，这时候的脑体还不是完全的人，脑体的动物性占据主导地位。

超我代表父母的价值和标准，结合进个体自己的个性之中。超我的影响就像内心的司法系统，即良心和道德。它观察和命令自我，并以惩罚，如内疚来威胁自我。除此之外，超我还可以给予奖励。超我在一定意义上，就是马克思所指的“一切生产关系的总和”。作为脑体，此时学会了社会生存的法则以及积累了必要的经验。正如一台完善的计算机，不但安装了大量的软件，也存储了大量的工作文档。从脑体的发育角度，超我原则指导主观意识。超我就是一个社会化脑体的控制机制，以道德为准则。

三、道德的起源

一个 18 世纪的苏格兰教授说过：“道德是人类成长过程中彼此调整行为的偶然副产品”。关于道德的由来，历来有客体论与主体论之争。

客体论：从道德主体之外去寻找道德的根源，认为道德由神灵或上帝创造。《旧约》认为：道德及其规范是由上帝启示给摩西，然后由摩西传授给教民的，即“摩西十诫”。人的本质是由形式和质料结合而成的肉体与精神的统一体[31]。把道德的起源看作是人自身之外的东西，无疑会使人对道德规范产生敬畏感，也容易树立起道德的权威性和客观性。

主体论：道德植根于我们人类的天性或者人类自然的本能中。主体论主要有天赋说、情感欲望说和动物本能说。天赋说认为，道德是先天的、与生俱来的，是人头脑中固有的“良知良能”“善良意志”[32]。也就是说道德根源于人类自然的天性，或是人生而有之的东西，是人的本能和本性。情感欲望说强调，道德起源于人所固有的情感之中或感性与理性的结合之中。人有趋乐避苦的天性，使人感觉到快乐的行为就是善的，感觉到痛苦的行为就是恶的[33]。因此，人们追求幸福的欲望被视为道德产生的基础。动物本能说认为，道德起源于群居动物的社会性本能[34]。道德不是人类所独有的，一切群居性动物都有道德感。达尔文认为，“道德观念原本发生于社会本能”“任何动物，不管是什么，都与人类一样，都有一种与生俱来的显著的社会本能，包括父慈子孝的情感在内，因此，只要它的智力能够得到良好的发展，或接近于良好的发展，就会不可避免地产生道德感或良心”[35]。其代表就是克里斯托弗·博姆（Christopher Boehm）的《道德的起源：美德、利他、羞耻的演变》[36]。

既然我们在讨论行为的进化，客体论就不予考虑。但达尔文主义者认为凡是社会性动物都有道德，这不但缺乏实验或野外观察的证据，而且是一种机械的唯物主义。然而，人作为具有高级认知能力和意识的物种，试图以机械唯物主义解释其行为显然是行不通的。目前已知的真社会性（eusociality）动物，以及非真社会性动物但智力仅次于人类的鸦类、鹦鹉类、鲸类和大猿类，到目前为止还没有任何证据表明这些动物有道德或良知以及建立在此之上的羞耻感。在这一点上，达尔文主义者错误地将情绪与道德、良知及社会（政治）秩序混为一谈。

道德源自公平，人和动物都有公平的本能并在一定程度上展现出同情[37]。然而，公平和同情体现的是个体行为，道德是社会行为，非超高智慧不可为。对于社会性动物，可能只有一些基本秩序，如进食的次序，而且没有太多的公平可言。而对于人类，则有两个秩序，一个是食一个是性。多一个秩序要求，就多一个平等的砝码。由于人类的性是双方共享和互动的，对平等的需求更加强烈。不但在同性之间，而且在异性之间同样需要公平。因此，性在促进人类社会的公平方面，起到不可替代的作用。从公平需求到道德的起源，一定是发生在人类的意识觉醒之后。道德是意识的产物，意识是道德产生的前提，没有意识就没有道德。人与动物都有利他行为，但程度不一样。动物的利他行为是无意识的、有限的，在大多数情况下是本能驱使的。在前面一章中，强调了原始人类的社会行为有感情元素的加入。人之所以为人，是因为人有强烈的感情。这就使得人类的利他行为更加具有深度和广度，有时候甚至牺牲自己的生命以换取他人的存活，这在很大程度上是人性驱使的。利他行为的这种质变，有时候也源自性奖赏导致的爱情。为爱情献身的，从古至今，屡见不鲜。对配偶的感情首先扩大到整个家庭成员（家人），然后是家族成员（亲戚），再扩大到有联系的其他成员（朋友），最后扩大到民族（文化为主）甚至种族（基因为主），最后扩大到整个物种。良知在这种爱的扩散之中，自然而然地建立起来。道德的建立是为了更加有效地扩散这种善良友爱的感情——人性，使人性逐渐地成为所有人类的共性。建立在人性基础上的社会合作，更加稳固和持久且相互信任。

道德规范的目的是为了压制人的邪恶的一面，即“兽性”。原罪中的三贪（贪婪、贪食、贪色），受中枢神经奖赏系统的控制。在进化过程中有明显的适应意义，而不管这些适应是通过何种机制来实现的——直接选择抑或间接选择。随着人类的进步，其贪性被发扬光大，以至于构成社会冲突的主要因素，需要一个道德体系来平衡。通过宗教的形式进行道德规范，具有很大的优势。第一，道德规范可以来自现实以外的超自然客体，具有更大的权威性；第二，道德规范通过宗教仪式而成为生活中的一部分；第三，给道德注入因果关系，如强调人世间所有的苦难均是人类自身堕落所导致的结果，使人们产生畏惧感。

四、艺术的适应意义

最近，人们在意大利北部维罗纳（Verona）附近的山洞中发现的距今约有 3.5 万年的壁画，是迄今发现的世界上最古老的由智人绘制的壁画。这些作品所表现的复杂主题和创作能力，与此前在欧洲发现的艺术遗迹形成了鲜明的对比。故事回溯到 1922 年，两个好奇的少年不顾警告走进法国卡伯瑞兹的一个山洞的深处时，发现了岩石壁上的画。从此，为人们打开了一扇通往旧石器时代欧洲人内心世界的大门，后来，此处被誉为“西斯廷”教堂①。随后，艺术史学家对法国的十几个山洞进行了详尽的考察，揭示了 3 万多年前的丰富的艺术创作历程。这个山洞壁画中的人与动物形象，与欧洲其他旧石器时代遗址中的一样，虽然很抽象，但表达了明确的概念[38]。

3.5 万年前后，是一个极为重要的时间节点。经过数万年的拉锯战，欧洲“战场”上，智人“完胜”了尼安德特人；亚洲“战场”上，智人成功地将丹尼索瓦人驱逐到西伯利亚以北。从此，整个欧亚大陆成为智人的天下，人们开始安居乐业，艺术开始萌芽，而除个别遗址外，尼安德特人却几乎没有留下艺术遗迹[39]。也许，正是这一微小的差异，导致了极为严重的灭种亡族。情感与艺术创作是密切相关的，尼安德特人的情感远不如智人丰富，并没有创造出“无用的”艺术。而现在的人类社会就是建立在“无用的”的科学、艺术和伦理的基础之上的。由此可见，尼安德特人没有突破文明起源的关键点，始终处于一种前文明状态下的朦胧意识之中。

现保存在奥地利维也纳自然博物馆的维伦朵福维纳斯（Venus of Willendorf）②是已知的最早的雕塑（图 24.1），距今 2.5 万～3 万年，比这更古老的刻画赭石（图 18.9）在南非克莱西斯（Klasies）的布隆波斯（Blombos）洞穴中发现。关于艺术的起源驱动问题一直被学术界称为“斯芬克斯之谜”。艺术的形式大致有三类，即文学、音乐、美术与建筑以及由此衍生出来的影视艺术。其实质就是激活视觉和听觉的奖赏通路及其奖赏中枢。在艺术的起源问题上，我们面临着与玩耍和做梦起源同样的尴尬。那就是，有诸多的理论和假说，试图解释艺术的进化驱动力。所有这些理论，都希望找到艺术对远古人类生存和繁殖的直接适应性。

① 西斯廷教堂在意大利的罗马城中，始建于 1445 年，属梵蒂冈所有。500 多年的宗教艺术积淀，充分地展示了其震撼人心的力量。

② 2013 年作者参观了维也纳自然博物馆，维伦朵福维纳斯被玻璃罩严密保护。为了避免光化学反应对文物的破坏，玻璃罩内的光线极其微弱。奥地利人对文物的保护之严格，令人敬佩。

图 24.1 维伦朵福维纳斯——发现于欧洲的最古老艺术品之一

1）性选择学说——强调生物学起源

达尔文认为音乐源于动物的求偶鸣叫或鸣唱，受自然选择的驱动。以此类推，舞蹈和装饰则源自动物的求偶炫耀。绘画涉及先进的工具和颜料，可能起源较晚。动物的鸣叫和鸣唱并没有绝对的区别，鸣叫一般是指时域结构简短且频域结构单调的动物声音，求偶鸣叫与其他鸣叫十分相似。鸣唱也被称为鸣啭，一般特指雄性在广告领地和求偶时的声音，具有复杂的时域结构（句法）和丰富的频域特征[40]。动物的舞蹈以艾草松鸡、六羽极乐鸟、克氏鹟鹛等鸟类著名；身体装饰则以雉类，如锦鸡和孔雀为最。园丁鸟收集颜色艳丽的塑料，装饰求偶场[41]。通过身体炫耀的方式进行广告和求偶，多为鸟类和蛙类。至于哺乳动物，主要以打斗的野蛮方式占领地盘和配偶，灵长类也是如此。仅仅以繁殖为目的，人类的求偶方式能否从打斗中华丽转身，从野蛮人变为绅士，在理论研究时是需要慎重考虑的。

2）劳动学说——强调社会学起源

审美与艺术起源于生产劳动的观点，在我国学术界与文艺理论界占据主导地位，这种理论的影响一直延续至今。这显然是受“劳动创造人”观点的影响[42]，该理论曾在欧洲也十分流行。主要倡导者是格奥尔基·普列汉诺夫（Georgi Plekhanov），他通过对原始音乐、原始歌舞、原始绘画的分析，基于大量人种学、民族学、人类学和民俗学的文献，系统地论述了艺术的起源和发展问题，得出了艺术源自劳动的观点[43~45]。首先，劳动是原始艺术最主要的表现对象。其次，史前艺术在内容与形式方面都留下了大量的生产活动的印记。然而，劳动不是社会生活的全部，其他社会生活的内容，也与艺术的起源有着密切的关系。艺术起源的核心问题指向社会学和心理学意义上的推动力，即原始人类最初的创作动机究竟是什么。从这个角度来讨论，劳动起源理论是无能为力的。

3）游戏学说——玩耍行为的升级

这种学说是艺术起源研究中较有影响的一种理论，其代表人物是 18 世纪德国哲学家约翰·克里斯托夫·弗里德里希·冯·席勒（Johann Christoph Friedrich Von Schiller）和 19 世纪英国哲学家斯宾塞，后人统称为“席勒-斯宾塞理论”。席勒说过：“小孩子的游戏乃成人艺术的起源”。艺术活动或审美活动起源于人类所具有的游戏本能，它表现在以下两个方面。首先，人类具有过剩的精力；其次，人类将这种过剩的精力运用到没有实际效用、没有功利目的的活动中，体现为一种自由的“游戏”。但该理论似乎并没有解决艺术起源的进化驱动力问题。如果没有实际效用，自然选择是如何保留艺术并将其发扬光大的[46]。

4）语言学说——进化的副产品

并不是所有人都认为音乐具有进化上的适应意义，有些语言学家提出音乐是语言的派生物。他们认为音乐起源于语言音调的抑扬顿挫。例如，法国哲学家让-雅克·卢梭（Jean-Jacques Roussean）和英国哲学家斯宾塞认为人类在感情兴奋和激动时所产生的声调夸张放大，是产生音乐的重要因素。音调和谐波共振是音乐的一部分，但不是全部。节律重复有时候是更重要的音乐成分[47, 48]。现代的脑功能成像研究显示，处理音乐的脑区和处理语言的脑区在空间上不完全重叠。已有证据显示人大脑的偏侧性，即右半脑偏好处理音乐而左半脑趋向处理语言[49, 50]。

5）节奏学说——生理副产物

节奏学说的代表人物是奥地利学者理查德·瓦拉舍克（Richard Wallaschek），他认为音乐的起源在于人类对节奏的偏爱。节奏存在于音乐，存在于运动乃至视觉的形象当中。节律也存在于自然界，如松涛和水流，而中枢神经也许就存在一个节律相关的奖赏和情绪系统[51]。旋律由节奏和音调构成，可以作用于人类和动物的情绪。该学说只道出了音乐起源的表象，没有涉及其进化适应性。

6）社会组织学说

德国心理学家卡尔·施通普夫（Carl Stumpf）在其著作《音乐的起源》中提出，原始人类为了与远方同伴联络，必须通过相互喊叫。所发出的声音若保持一定的时间，就变成了音乐。几个人若同时喊叫则会发出八度音级，从而产生音高的概念。在同一时间更多人喊叫即产生和谐音以及不和谐音的观念[52]。这个观点似乎很牵强，所谓同时喊叫如果没有事前练习，根本不可能精确地同步以产生音乐的声响效果。

7）模仿学说

“艺术起源于模仿”是最古老的一种说法。模仿学派的主要代表人物是古希腊哲学家德谟克利特（Democritus）和亚里士多德（Aristotle），他们认为模仿是人类的天性和本能，所有的艺术都是“模仿”。亚里士多德在《诗学》中指出：一切艺术都是模仿。所有艺术都来源于人类对自然的“模仿”[53]。继古希腊哲学家之后，文艺复兴时期的莱奥纳尔多·达·芬奇（Leonardo Da Vinci）、法国启蒙思想家德尼·狄德罗（Denis Diderot）、俄国作家车尔尼雪夫斯基（Chernyshevsky）等，都不同程度地继承和发展了这一学说[54]。然而，模仿在很大程度上是原始艺术创作的主要方法，而不是动机。

8）巫术学说

法国音乐学家让·孔百流（Jean Conbariou）和英国人类学家爱德华·泰勒（Edward Tylor）以及现代美学家罗宾·科林伍德（Robin Collingwood）等认为，音乐起源于远古的巫术。巫术可能是史前人类的一项非常重要的活动，具有固定的仪式，包含歌唱和舞蹈[55]。但巫术是在社会发展到较高程度后才能产生的，可能远落后于音乐和舞蹈的起源。

因此，巫术可能从音乐和舞蹈中演变而来，而不是相反[56]。

9）表现学说

自 19 世纪后期以来，艺术起源于“情感表现”的说法，在西方文艺界具有较大的影响，流行于现代西方各种美学思潮，其领军人物为英国诗人珀西•比希•雪莱（Percy Bysshe Shelley）和俄国文学家列夫•托尔斯泰（Lev Tolstoy）。西方现代主义文艺思潮的主要理论基础，就是强调艺术应当“表现自我”，显示出这种说法的巨大影响力[57]。艺术的确可以宣泄情绪和情感，触动心灵的最深处，产生共鸣。美国哲学家苏珊•朗格（Susanne Langer）说过，“艺术是表现人类情感的符号形式”。即便如此，“表现自我”只不过是进化的结果，而不是进化的驱动力。

10）多元学说

法国结构主义学者路易斯•阿尔蒂塞（Louis Althusser）认为，社会发展不是一元决定的，而是多元决定的。进而提出了多元决定的辩证法，或者说是结构的辩证法。任何文化现象的产生，都有多种多样的复杂原因，而不是由一个简单原因造成的。芬兰艺术学家席人（Hirn）也认为，艺术本身就是一种综合性现象，因此，研究艺术的起源必须采用社会学、人类学、心理学等多学科相结合的综合研究方法，才能真正揭示艺术起源的奥秘[58]。

这样一个问题，有众多的解释共存，那只说明两点：第一，该问题很重要；第二，尚没有找到问题的最终答案。在讨论进化时，无论是生物进化还是社会进化，都需要考虑每一事件的充分必要条件。所谓必要条件，就是特定事件发生的基础，如基因突变。如果没有一系列的基因突变，人的进化就不可能发生。而充分条件，是指生物或社会性状（social trait）如何满足需求或产生额外的益处，如填补市场空缺或占领生态位。当然，得到的好处要能够压倒由此产生的不利或付出的代价，否则该性状就会被淘汰。回到艺术的起源，人类认知能力的提高、意识的产生是其必要条件。这一点似乎没有争议。艺术起源的充分条件，是各种理论争论的焦点。在远古的人类社会，艺术到底为人类的生存和繁殖带来什么益处？艺术本身是一种社会性行为，为什么一定要强调其生物学意义呢。这是因为在早期人类，生存和繁殖是最主要的基本需求，生物学性状和社会性状都得为它们服务。艺术作为一个社会性状，其充分条件在上述各种理论中都有涉猎；作为生物学上的性状，直接套用达尔文的直接选择（即自然选择和性选择）理论时遇到极大的困难。

让我们来看看，间接选择理论如何解释艺术这个社会性状的生物学意义。首先，艺术就是关于美和审美的人类活动，作用于奖赏系统。与味觉奖赏和性奖赏不同，艺术奖赏源自更高级、更复杂的刺激组合，这些刺激的效果与信息发送者和接受者的经历、情绪、社会地位等息息相关。如果说味觉奖赏是通过味觉和嗅觉系统，性奖赏是以触觉系统为主，那么艺术奖赏就是通过视觉和听觉系统，最后到达相关的皮层。艺术奖赏的生物学作用很可能是长久地激活神经元网络以保持足够的冗余结构。比较一下小提琴的声学结构（图 24.2A，有齐整的谐波并且能量集中在 6kHz 以下）与交响乐的声学结构（图 24.2B，各乐器的谐波交错且有更多的高频成分），可以发现它们都有极其丰富的频率成分。交响乐为多重乐器演奏，频率结构更复杂，激活的神经元网络就更多。从内耳的基底乳突到初级听觉皮层，都维持一种所谓的频率拓扑的结构（图 14.5）[59, 60]。相对而言，狼吠的声音成分就比较简单（图 14.6）。如果声音只有一个频率（如 1kHz），则只能激活该单一频率的听觉皮层所在的一小片区域。因此，频率越多越复杂，如交响乐，则激活的脑区可能就越大。

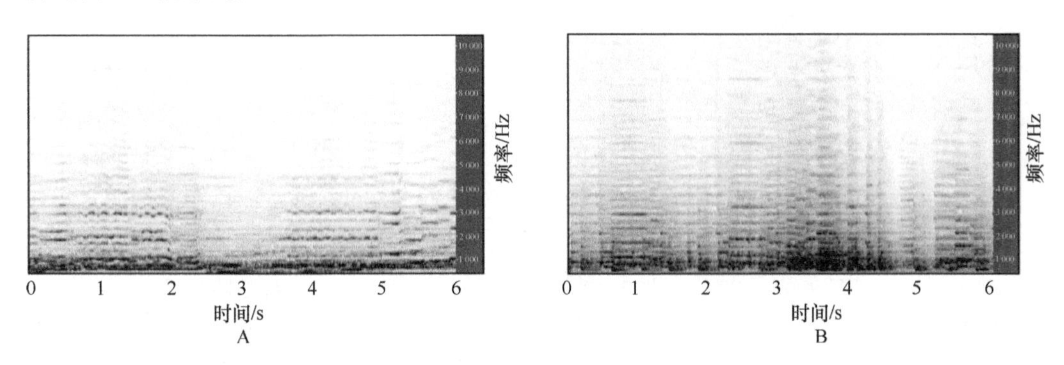

图 24.2 音乐语图的结构

A. 小提琴独奏（“梁祝”一小段）；B. 交响乐（“蓝色多瑙河”一小段）。与狼吠的语图比较，可以发现频率结构差异，交响乐似乎能够覆盖所有的频率。图中仅显示了 10kHz 以下的频率

如果与人的精神产生共鸣，则可以激活更高级的功能区。大脑的很多区域都在听到优美的音乐时，显示出更强的活跃度，包括：大脑正中前额叶皮层、眼窝前额皮质、杏仁体、海马体、右侧额下回、前扣带皮层和体觉与运动区域。有趣的是，伏隔核与这些区域连接活跃度的高低，才是预测被试愿意掏钱购买一首歌曲的关键因素。在被试声称经历音乐高潮的前几秒钟，背侧纹状体达到最高活跃度，因此更多地参与到对奖赏的期待。腹侧纹状体的最高活跃度则恰好发生在被试声称的音乐高潮期间，所以是更多参与享乐过程的处理。背侧纹状体的活跃程度与经历的音乐快感次数相关；腹侧纹状体与经历的音乐快感程度相关[61~63]。

艺术的作用不仅仅是浅表感觉系统的刺激，更重要的是对高级认知功能的开发，以产生情绪的激发甚至是心灵的共鸣。这些深层次的神经活动，涉及的脑区范围更广，持续时间更长。人类进化出硕大的脑，必然包含了更多的神经元网络，冗余的单元也相应地增加。维持众多的神经元网络的活性，单靠原来的浅表刺激已经不够了，必须有深度的刺激以提高神经元网络的保活效率。这是艺术的生物学适应性，也就是它的起源和进化驱动力之所在。

五、宗教与科学

宗教的起源是因为人的意识发现了自身的存在具有不可克服的时空限制。第一，死亡的不可避免，即“生”的短暂本质，使人们想知道个体的“前世”和“今生”，以及死后的去向。第二，除了不可知的时间，还有不可知的空间，如世界的尽头、天上地下以及黑暗中的幽灵等。第三，人类意识的发散性与感知的有限性，形成一对矛盾体，导

致一种超然存在的意识——有什么东西存在于我们的常规感觉之外[4]。

宗教是客观存在的，与社会物质生活及精神文化生活的各个层面有着千丝万缕的联系。宗教可能起源于史前人类对死亡的恐惧，人们面对死亡时极需要一种精神支柱来克服恐惧。一方面，人类质疑生命的意义，是意识对抗基因“自私性”的最高形式。但另一方面，人类也在积极地寻找生命的意义，以缓解对死亡的恐惧。本质上，自觉或不自觉地调和了意识与基因的对立。也许人类对未来死亡的可预见性的恐惧大于对死亡本身的恐惧，即人们对死亡的逐步逼近感到很恐惧，但当死亡真正来临时反而能坦然接受。前者持续很长时间（人的一生），而后者可能是极短的时间内发生。建立来世理论或生命循环的教义，是缓解死亡恐惧的有效的设计。

宗教堪称是人类世界中最古老、最神秘、最不可思议的领域。宗教如何起源，也是一个争议很大的问题。迄今还未能将宗教的秘密真正揭开。首先，对宗教的定义不统一。斯宾塞认为，“宗教是对超越人类认识的某种力量的信仰。”宗教学家彼得·伯杰（Peter Berger）提出：“宗教是人建立神圣世界的活动。”宗教思想家保罗·蒂尔利克（Paul Tillick）解释：“宗教是人的终极关切。”早期人类在面临自然死亡、天灾人祸以及迷惑不解的现象时，希望获得一个合理的解释而又无能为力时，归结于未知的神秘力量是最直接也是最方便的解决方案[64]。“宗教的力量源自恐惧”[65]。原始宗教有两个特点。第一，解释自然现象时颠覆常识，通常是通过非逻辑性的因果关联。这实际是一种思维创新，否则难以给人深刻印象。第二，拟人化，即神秘力量的所有者，通常是人型的载体，这样容易引起人们的心理共鸣。

宗教大都起源于非逻辑的神秘性或迷信。著名的美国心理学家斯金纳，以鸽子为对象做了一个有趣的实验，说明迷信的起源。“如果你认为这是人类特有的行为，那么我将给你一只‘迷信’的鸽子（‘superstition’ in the pigeon）。”[66]。显然，鸽子认为只要它们重复某个动作就能得到食物，其实是一种过度关联的学习现象（详细过程参阅第四章）。迷信的形成，大概是大脑无意间产生的一种“失误”连接。例如，地震过后人们经常“意识到”动物在地震前的反常行为。因此，关于动物能够预测地震，可能也是一种迷信。

法国学者吕西安·莱维-布吕尔（Lucien Lévy-Bruhl）在其经典著作《原始思维》中，对原始人的思维作了非常详细的论述。他定义人类的早期思维模式为原始思维，具有非逻辑性、神秘性、互渗性等特点。什么叫互渗性呢？举例说吧，原始人如果将一支羽毛插在了头上，他就会认为自己拥有了像鸟一样神秘的灵性。原始民族认为，食用图腾动物能让他们得到和图腾动物相同的神圣性，也就是将动物的灵性与自己渗透在一起了[67]。经非逻辑的思维过程与所信仰的神秘因素和神秘力量（灵魂、神与仙等）相联系，并通过这种联系解释一切现象。这与上面鸽子的过度关联学习在本质上是一样的。但这似乎并没有解决宗教的进化驱动问题。

图腾和巫术作为宗教的雏形，可能在狩猎和采集部落中已经广泛存在，因此其起源可能更早。有理由相信，宗教的进化是经由自然选择产生的。如果是这样，它的适应意义表现在哪里呢[68]？也有人认为，宗教是其他精神或心理适应过程的进化副产品，而这些精神或心理性状是为了其他适应而进化的。图腾和巫术都涉及人类与祖先、自然、灾难、疾病等的关系，必然是作用于与情绪和感情相关的神经系统。而凡是与情绪和感情有关的，必然有间接选择过程参与其中。宗教本身或与艺术结合，通过适当的形式可使人们的情绪和感情长期处于活动状态。

宗教起源于非逻辑性的因果关联，科学则基于逻辑性的因果关联。宗教为解释世界的来源、结构和工作原理，建立了自上而下的思维体系，而科学则是采取自下而上的方法学。宗教认为“万物皆天定”，在我们的认知范围之外，存在一个或多个“超人”，创造了世界万物。科学可以将最复杂的结构和过程，还原为最简单的元素和原理。如果宗教的理论框架是正确的，那么在人类探索世界的路途中可少走很多弯路。然而，限于当时的认知水平，宗教只能将世界定义在肉眼可见的空间范围以及可以想象的时间尺度。由于宗教的震撼性、颠覆性理论，一旦起源就迅速成为参天大树。在宗教兴起的时候，科学还是一棵不起眼的小苗。当宗教发现科学已经开枝散叶时，不得不期待科学的帮助以证实宗教理论的正确性。宗教就像一个享有权威的老人，不愿也不能够对教义做任何颠覆性的修改。科学则一直保持年轻向上的心，逐渐脱离了宗教，最终自成一体。宗教体系一旦定型，就难以修正已有的理论；科学则在不断否定自己的过程中成长壮大，这是宗教与科学在方法论上的根本区别[69]。

宗教和科学在解释世界这一基本目标上是一致的，都是为了满足人类的求知欲。好奇心是动物生存的本能之一，是为了应对不断变化的环境。人类的求知欲源自动物的好奇心，但已经超越了生存所需要的好奇心。好奇心和求知欲也可以通过奖赏系统，作用于神经元网络。因此，也可能是间接选择的产物。科学在持续地提升人类的求知欲，不断在“已知”之上发现“无知”。在很多时候，科学是没有具体用途的，常被称为是“无用”的研究。但正是这些看似“无用”的科学知识，在人与动物之间画出一道鸿沟。由此，我们也可以说：间接选择造就了人类。

动物可以有“宗教”，但一定没有科学。一个非常有启迪意义的实验，比较了儿童和非人灵长类的探究行为[70, 71]。实验对象是成年黑猩猩和3～5岁儿童，因为他们有几乎相同的智商。第一步，给他们同样一个“T”形木块，要求竖起来。由于此时T形木块的两臂重量平衡，动物和人都做得很好，轻易地就竖起T形木块。第二步，将T形木块的一端的臂内加重，但外观无任何区别。两者反复尝试，都无法竖起来T形木块。这时候观察他们的行为，可看出巨大的差异。黑猩猩除了反复尝试外，还是反复尝试。儿童在经历过几次失败后，拿起T形木块，比较两臂的差异，开始探索失败的原因。也许，这就是科学起源的心理学基础。

六、技术进步

总体而言，技术进步的初级阶段是为了解放人类的体力劳动。现代社会的技术发展，不但解放体力和脑力劳动，还为大脑提供新型的刺激。技术进步的动力，是人类的欲望。人类希望不付出或少付出，而有获得或获得更多。与大脑需要持续内外刺激以维持必要的冗余神经元网络的过程不同，动物和人的肌肉骨骼系统作为一个机械构件不但耗能而且有固定的使用或磨损寿命。任何机械的构造，都有使用寿命。例如，内耳毛细胞上的纤毛，过度使用导致失聪。奖赏系统的一个进化趋势，就是尽量减少这样的机械做工，行为表现为懒散。人要偷懒，就需要找到代其工作的方式和工具。只有技术进步到一定的程度，人类的生产活动才能够称为劳动。因此，创造和生产是人类劳动的两个最重要的特征。

首先是工具的进步，石器的打制和磨制在前面已经讨论过了。在石器的基础上，人类制造工具的原材料拓展到植物的主干和枝条以及动物的壳、骨、角等。随着制造工具的材料进步，工具的种类和用途也越来越多（图 18.9），从狩猎、肉食砍砸和切割、植物种子和块茎研磨处理、食物热加工到以工具制备工具[72]。一旦有了适当的工具，人类要做的第二件事是建筑。早期的建筑物可能是在大的岩洞中搭建茅屋以避风寒，随后迁移到方便取水的地方，如湖泊和江河岸边。建筑物的另一个极其重要的功能是在从事隐秘性活动时，可以起到遮羞和保护的作用。

人类的狩猎和采集生产方式，是一种通过猎捕野生动物和野外采摘可食用果实的生存技能，而不靠驯养或农业的生存状态。这在原始人类社会中存在很长的时间，可能持续了几十万年[73]。现在的非洲和南美洲一些原始部落，狩猎-采集的生活方式依然存在。对狩猎-采集者的社会结构与功能的研究，有很多的资料，由于与间接选择的关系不密切，在此不赘述①。随着建筑物的改进以及建筑群的兴起，人类开始定居，为农业技术革命奠定基础。

开始于新石器时代（约 1 万年前）的农业革命，以磨制石器工具为主，采用刀耕火种方法，通过简单协作的家族劳动方式来进行生产。从它的发展过程可以看出，农业可能是多地重复起源的，首先是在南纬 10°到北纬 50°之间的一些地方开始。西亚（两河流域）、北非（埃及）、中国、印度及中美洲（玛雅）等地的古老文明的出现，都同农业的起源直接有关。关于农业革命的起源地、起源时间以及文明传播过程，建议读者参阅获得普利策奖的《枪炮、病菌与钢铁》一书。作者贾里德·戴蒙德（Jared Diamond）指出，农业的兴起主要是原生动植物种类决定的。例如，小麦起源于西亚和水稻起源于中国，这是因为这两个地区有麦类和稻类的野生种分布[74]。

人类的欲望或奖赏系统的心理需求促进了技术进步，使人们对自然的控制和改造能力大为加强[75]。技术的进步反过来又刺激了人类新的欲望，这导致所谓的技术进步没有休止。欲望越多，期望越高，人们的幸福感反而越低。为了重新获得幸福感，人们进一步提高满足欲望的能力。如此循环，人类的欲望变成了贪欲。正是贪欲的无限制发展和满足，成就了智人的崛起，造就现代人类“文明”社会。因此，技术的发展，究竟是改良了人类的生活还是恶化了人类的脑体，这是一个值得我们深思的问题。

① 有兴趣的读者，可以参阅 *Hunter-Gatherer Foraging: Five Simple Models* 和 *Hunter-Gatherers: An Interdisciplinary Perspective* 二书（都是非常好的入门著作，遗憾暂无中译本）。

七、交易与秩序

人们长期认为，交易似乎是人类独有的基于高级认知能力的社会行为。现在认为灵长类或是具有高级认知能力的动物，也具备交易的意识。交易建立在公平的基础上，或者交易双方都认可的基础上，即心理公平。公平是一种本能需求，对人类而言主要包括生存公平和性公平。相对于强暴，原始人类的性交易是性公平的一种体现。

让我们来看看耶鲁大学的基思•陈（Keith Chen）和洛里•桑托斯（Laurie Santos）等关于僧帽猴财富分配与消费行为的实验[76, 77]。

第一步是让猴子认识货币。把一些金属小圆盘中间钻孔当货币，恰似中国古代的铜钱。刚开始猴子拿到货币，嗅了嗅，见不能吃，便气愤地扔回给实验人员。后来，实验人员在给猴子货币的同时亮出食物，每当猴子扔出一枚货币，就给猴子食物犒劳。慢慢地，猴子知道了货币可以交换食物，不再随便扔出来，而是保留着。见实验人员拿着食物时，才恭敬地把货币放到实验人员的手里买食物。

第二步对物价做出反应。实验人员给每只猴子 12 枚货币作为它的预算，亮出果冻和葡萄，开始都是一枚货币可任买 2 个。接着让果冻涨价，一枚货币买 1 个，而葡萄价格不变。猴子很快做出反应，更多的时候只买葡萄，减少了果冻的消费量。再接着让果冻降价，一枚货币买 4 个，葡萄价格照样不变。猴子又做出了反应，尽量买果冻吃，减少了葡萄的消费量。

第三步自由竞争获取财富。实验人员改变平均分配法，一次性向大笼子里投入很多货币，7 只猴子疯狂争抢，有的抢到的多，有的抢到的少，有的一枚也没抢到。伴随分配不公的出现，惊奇的一幕上演了。一只抢到大量货币的雄猴子，买了足够的食品吃了个大肚圆圆，竟从剩余的几枚货币中拿出一枚走向一只没有抢到货币的雌猴子，把货币交给雌猴子后开始亲热，竟没遭到任何反抗地与雌猴子发生了性关系。完事后，雌猴子坦然地拿着这枚“卖身”得来的货币到实验人员那里买食物。

第四步终极财富实验。将猴子饿两天，实验人员把大量的货币，给了其中的一只猴子。伴随着极大的分配不公，更令人震撼的一幕上演了！这只猴子双手捧满货币，其余 6 只猴子眼睛都直了，仅仅几秒钟的眼神交流，一哄而上开始抢钱。猴子当然不肯放弃这笔庞大的财富，以一敌六打了起来，结果“富猴子”被抓咬得落荒而逃，身无分文。战斗结束后，六只猴子开始抢落在地上的货币。水果交易开始了，笼内恢复太平。

虽然整个实验都很有趣也很重要，但我更关注僧帽猴的性交易。因为它暗示性奖赏的起源可能比性享乐要早，或许性奖赏与繁殖后代相关联，有明确的适应意义。对于僧帽猴来说，即使没有性快感所需要的完整外周和中枢神经系统，也可能在脑中枢已经开始有了性奖赏的萌芽。到目前为止，没有证据表明除倭黑猩猩之外的动物（至少对雌性而言）有性快感的存在，尽管在一些非人灵长类动物中发现疑似性高潮的表象[78]。同时也显示社会公平不是人类独有的，至少在灵长类已经进化出公平的本能。另一个实验，还是用僧帽猴为被试。两只猴分笼饲养但相互可以看见（透明有机玻璃箱），实验人员给每只猴子一些小石头作为货币。首先，两只猴用石头交换，都获得黄瓜。虽然它们不喜欢黄瓜但还是可以吃，两只猴子反应都很正常。但当实验人员给一只猴子黄瓜，而给另一只猴子葡萄时，得到黄瓜的猴子拍桌子并向实验人员扔石子以示对这种不公正行为的抗议[77]。这两个实验都显示，社会公平比社会富裕更重要。

公平交易不是人类特有的。

这里所说的政治秩序（political order），在很大程度上等同于社会阶级制度。秩序是欲望的本能与公平的本能相抗争的结果。西方民主制度的生物学本质，在一定程度上就是为了降低欲望本能对公平本能的损害。人类的欲望是多方面的，除了食欲和性欲等周期（每天）很短、范围很小的欲望之外，还有持续时间很长、涉及范围很大的欲望，如人们常说的出人头地、升官发财、成名成家等，令人绝望的是绝大多数人看重的是升官发财（2018 年新闻报道，某大学的学生会也排“部长级”和“副部长级”，可见其官瘾之大，危害之严重[79]），这是极端功利主义的表现。

动物的社会等级，其进化驱动力完全来自进食和交配的优先权。到了人类，除此之外还有所谓的“虚”好处。实的好处多是生理性的，即满足生理需求；而虚的好处则多为心理性的，是为了满足心理需求。对于动物，哪怕是有很高智商的大猿、海豚和大象，夺取政治最高序位的目的是为了食物和配偶。为了获得赞美、恭维、顺从等以动物的眼光来看，纯粹是“虚”的东西，而人类则会不惜生命的代价来获取。人类相信有些虚的东西比很多实的东西更有价值。“金钱如粪土，仁义值千金”。这里，我们再次看到脑体与基因的对立。

这里就不得不提及历史学家哈拉利的理论：“虚构故事是人类社会的基础和支柱。”随着历史的不断发展，关于政治、国家和货币的故事越发强大，以至于开始主宰客观世界。用哈拉利的观点，金钱也是虚构的。在间接选择的驱动下，人类从个体水平的欲望（食欲和性欲）朝着社会水平的欲望（政治和阶级）进发[80]。要想满足社会欲望，蛮力打斗是最直接的方式。但这种方式有显著的缺陷，不但容易造成个体伤害和群体冲突，而且效率很低，构建的政治秩序也很不稳定。

“虚构”本身不是重点，最重要的是人类可以“一起”想象，共同编织出各种虚构的故事。不管是《旧约》中的《创世纪》，还是现代所谓的“国家、法律、公司等，都是想象出来的”①。在没有虚构能力之前，人类通过互动，即情感交流来维持的团体，稳定的数目大约是 150 人。这个数目恰好是社会性灵长类，如黑猩猩、倭黑猩猩、狒狒、猕猴等群体数量的最佳值。哈拉利认为，超过这个数目人们就很难深入了解其他人并且信任对方。

这种虚构故事的能力赋予了人类前所未有的社会凝聚力，让我们得以集结大批人力且能灵活合作。最重要的一点是让我们的协作对象从熟悉的个体到无数的陌生人。集合起来的人类，构建起复杂的社会秩序，有机地形成一股合力。这股合力，所向披靡。相继灭绝了欧亚大陆上的尼安德特人和丹尼瓦尔人，也灭绝了欧亚大陆、美洲大陆和澳洲大陆上的很多大型哺乳动物、鸟类和爬行动物[3]。这样做的充分条件是什么呢？虚构故事使得人类聚集成大社会，获得极其显著的竞争优势。必要条件是建立在性奖赏基础上

① 读者如果理解不了为什么国家、法律、公司都是想象的产物，请查阅《人类简史——从动物到上帝》一书[3]。

的家庭，有效地减少了社会成员之间的冲突。

作为社会结构中的成员，人类的生物性或“兽性”被秩序和道德所约束。人类的欲望受到压制，但并没有被泯灭。假设哈拉利的理论是正确的，人类社会的每一个方面都是虚构的。由此推论，我们所追求的一切，平等、道德、地位、名利、财富、权力和权威等也是虚构的，人们追求公平，导致了一夫一妻制；但又希望高人一等，因此构建了等级体系。因此，人类社会是建立在家庭的基础上的复杂等级体系。如果人类没有这些虚幻的欲望，社会等级就失去了其存在的心理价值。

比较进化论和资本论，我们可以发现它们之间的一些有意思的共同基础，那就是都有“冗余”。在达尔文的生物界，后代繁殖过度，产生多于环境容纳量的个体。一些个体存活，一些未能存活。这有性状（基因型和表现型）适应环境能力的差异，也有运气的成分。多余的个体为进化提供了竞争和选择的原材料。在资本论的社会系统，生产利润导致剩余价值。正是这多余的价值，产生了阶级，即剩余价值为阶级分化奠定了基础[81]。追求生产利润，也导致了商业竞争，从而促进了资本主义社会的发展。间接选择也需要多余的神经元网络，导致神经元网络之间的竞争。因此，自然界和人类社会基于冗余结构进行的普遍竞争，似乎是一个生命系统的规律。竞争，是生命体系的最基本过程。

八、文明的多样性及其竞争

人类进入文明的时间很晚，究其原因，主要是原始人群的体量以及物质和信息的交流量没有达到一定程度。社区大小不仅仅表现在一个社区的人口数量，也包括社区之间的交往是否构成一个有效的网络。最古老的文明都出现在大河流域，是不足为奇的。因为河流是远古人类最便捷、最容易利用的交往通道，住在水边的人们最容易与其他人群进行物质和信息交流。中华文明起源于黄河与长江之间的中原大地，印度文明发祥于印度河流域，两河流域文明诞生在底格里斯河和幼发拉底河之间的美索不达米亚平原，埃及文明基本就围绕尼罗河起源和进化[82]，而古希腊文明则是借助了地中海之利。古希腊文明被认为是两河文明和埃及文明的融合体，因没有足够的原创性而被排除在四大古文明之外。玛雅文明是个例外，是美洲印第安玛雅人在与非、亚、欧古代文明隔绝的条件下，在热带雨林中独立创造的伟大文明[83]。其遗址主要分布于太平洋和大西洋之间陆峡的墨西哥、危地马拉和洪都拉斯等地。虽然处于新石器时代，玛雅文明却在天文学、数学、农业、艺术及文字等方面都有极高成就。

文明从一开始就是多种多样的，每一种文明都有它特定的时空背景。两河流域是人类最早的文明——苏美尔文明的发源地，战乱不断。埃及恰恰相反。埃及在公元前3000年就完成了统一，实行神权加王权的统治，但后来却被罗马摧毁了。两河文明和埃及文明后来都被伊斯兰文明取代，其原创文明几乎完全消失。中华文明大约在5000年前，在从黄土高原到东海之滨的广阔土地上，已经形成众多“酋邦”。这些“酋邦”渐渐融合，最终形成统一的国家形态[84]。当欧洲尚处在荷马时代时，周天子已经用分封制规范了土地分配形式和社会等级秩序。而类似的制度，到西罗马帝国崩溃后，才在欧洲法兰克王国逐步形成。印度的原创文明，随着雅利安人的到来而逐渐消失了。在种姓制的严格控制下，印度社会却出奇地稳定[85]。中华文明是唯一的一个延续至今的古文明，尽管可能是最年轻的，那是什么原因导致的呢？

文明有两个载体，一是政治的载体，即国家，二是精神的载体，即意识形态[84]。轴心时代即公元前500年前后，其代表人物为庄子、老子、孔子、孟子、释迦牟尼、苏格拉底、柏拉图和亚里士多德，它之所以伟大，是因为产生了人类多种文明的精神载体。后来各种文明的发展，多少都表现为对轴心时代精神产物的继承与变异。意识形态远比国家更具有传承性，国家的分合在很短的时间内就可以完成，但意识形态可以跨越国度和人种。其改变往往需要很长的时间，具有较强的稳定性。因此，文明也像基因一样，具有扩张的本能。文明的扩张，必然带来文明之间的接触和冲突[86]。国家是意识形态的躯壳，正如身体是基因的躯壳，文明的扩张借助国家的力量。如果扩张过度，必然导致意识形态的认同度下降，最终是国家的分解。

文明圈是人类社会分类的最大一级阶元，任何文明圈都是由多个国家和地区组成的。文明圈既有地域特征，又经常超出地理界线。现在世界的主要文明圈由轴心时代的哲学和后来的宗教所规定。东方文明以中国汉文化为主线，辐射整个东亚和东南亚。佛教圈起源于尼泊尔，曾经在东亚大地流行，现在主要分布在东南亚。基督文明借助西方在19～20世纪的科学和技术优势，在全球范围进行扩散。伊斯兰文明以中东和北非为主要“集散地”向各个方向扩散。每一种文明都有自己的理论核心和边界，都有向外扩张的内驱力。竞争是所有生命现象中最普遍的行为，任何具有固定边界的单元之间都会发生。文明就是这样一个具有边界的进化单元。由于资源永远是有限的，文明在接触之后必然发生剧烈的竞争。竞争的结果常常是以战争的胜负来决定的。

让我们最后来梳理一下基于间接选择原理所推导的人类的进化事件：600万～700万年前，大猿下树，直立行走；200万～300万年前，语言起源，一雄多雌制；220万年前，人属起源，因为使用语言而具有极强的竞争力；100万～200万年前，学会用火，语境化语言或主观意识促进大脑的膨大，一雄多雌制向一夫一妻制转变；30万～100万年前，大脑加速膨大，性二型程度降低，一夫一妻制中出现家庭；30万年前，智人起源，以家庭为“细胞”的社会群体迅速扩大；5万～7万年前，在家庭的基础上形成复杂的社会结构（分工合作即真社会性），认知革命产生，文明起源。

第五篇
失控的进化

本书旨在世界思想库中添加东方智慧。

“上帝对地球的现状很不满意，便让时间倒流 1000 万年。地球上又出现了原始的森林、草木、昆虫、兽类……上帝要离去时，对所有的动物说：‘我把这个世界交给你们了，你们还有什么要求吗？’动物们立刻齐声叫道：‘把猴子灭掉！’”

如果在 1000 万年前，灵长类真的灭绝了，就不会有后来的人类吗？答案是否定的。根据间接选择原理，人类的出现在化学突触第一次被“发明”出来就已经成为定局。人的起源既是偶然的，也是必然的。说它偶然，是因为人的产生是由一连串的事件导致，缺少任何一件就不会有人类的出现。说它必然，即使没有灵长类，也会有其他哺乳动物（啮齿类最有希望，灵活的前肢和强壮的后腿）最后进化到文明的“人”，只要给生态系统足够长的时间。

那么，人是什么？

皮肤裸露、直立行走、手指灵活的动物。——生物的人（柏拉图，公元前 400 年）

一切生产关系的总和。——社会的人（马克思，19 世纪）

会使用符号的动物。——文化的人（卡西尔，20 世纪前半叶）

DNA 复制自己的工具。——基因的人（道金斯，20 世纪后半叶）

会虚构故事的灵长类。——宗教的人（哈拉利，21 世纪）

意识到自身存在并质疑存在意义的脑体。——哲学的人（唐业忠，21 世纪）

在这一篇里，对建立在奖赏系统之上的人的贪欲进行剖析。在纯粹是基因主导的生命世界里，缓慢的进化过程使得整个地球生物圈中各个成分相互依赖、相互协调、相互制约。脑体的出现，逐渐打破了这种平衡。在人类出现之前，一些重大生态事件虽也有发生，但仍然是局部的。例如，连接北美大陆和南美大陆的天然桥梁——中美洲地峡的形成，北美洲的猛兽南下导致南美洲一些大中型草食动物的灭绝。而人类登上历史舞台，在全球范围内进行了物种“大清洗”。从 5 万年前现代人类走出非洲开始，大型野生动物的命运就发生了不可逆转的改变。大型野生动物的灭绝速度之快，灭绝时间之短，生态系统根本来不及产生适应性的变化来阻止人类的疯狂行为。也许，人的出现是大自然的一个“重大失误”。

单位个人消费的自然资源是同体重动物的数十倍，承载 70 多亿人口的地球，早已“不堪重负”。奖赏系统的固有属性，即激活系统所需要的刺激却不断提高，导致人的欲望不断增加。模型研究显示，到 21 世纪末地球上的主要能源和自然资源都基本耗尽。人类社会是一个开放系统，其高度有序的运转是建立在大量的能源和资源输入的基础上的。届时，如果没有完全的替代品，人类社会极有可能崩溃。遏止未来的可能悲剧，每个人都应该行动起来。

另外，人工智能和人造生命已经取得初步进展，突破性进展随时可能到来。由于人工智能打破了人脑的物理限制，即在理论上可以无限扩展。一旦在工作机制方面有所突破，其智慧将可能远超人脑。未来的人造生命系统在结构上不完全与自然生命相同，功能上有可能超出自然生命，“他们”可能更强壮或更聪明。如果将来人造生命和人工智能的结合，共同统治了整个世界，对我们的子孙后代将是莫大的灾难。届时，自然人作为生命体也许还存在，但人类主导的文明将终结。

第二十五章

“邪恶”的奖赏系统

对动物而言，认知的进化基本上是脑结构的进化，也就是认知能力的进化。脑容量的增大及其带来的脑结构的复杂化，显然提高了动物的认知能力。发展到鸟类和哺乳动物，一些种类就形成了自我认知的能力。而且部分动物的绝对脑容量远超过人类。即便如此，也没有带来认知革命。认知革命只发生在人类，就不是单纯的脑容量和脑结构等硬件的因素了。对人类而言，认知的革命是脑体的进化由量变到质变的过程。脑体的硬件和软件是相互促进的，知识的积累驱动脑容量的膨大，即神经元网络的增加，这必然导致连接关系的复杂化。复杂化的神经系统又提高了知识获取的能力，加速了知识的积累。如此循环提升，最终激发了认知革命。

这个过程中，语言和欲望起到关键作用。没有语言，就没有知识积累的媒介；没有欲望，就没有获取知识的动力。而如果语言和欲望都没有，也就没有了严格意义上的意识，以及建立在意识之上的抽象思维。奖赏系统的一头连接欲望和感情，另一头连接神经元网络，承上启下。无论是动物还是人，奖赏系统控制着日常生活的每个方面，同时也参与动物的进化。然而，只有在人类文明的进化史中，奖赏系统才有主导的作用。总之，欲望是人类文明进步的最主要驱动力，它来自奖赏系统。

人类文明建立在欲望的基础上，而欲望却“水涨船高”。满足了欲望，人就获得了“幸福”。几乎每个人都会问：人活着的意义何在？难道就是为了满足欲望？对于这些问题，即使是圣贤和先知也很难给出一个完美的答案。现在评价一个国家的成功，公认的标准是人均国内生产总值或 GDP。根据这一标准，新加坡的人均 GDP 为 56 000 美元，而哥斯达黎加的人均 GDP 仅为 14 000 美元。然而，在连续多次的调查中，哥斯达黎加人的幸福指数都远高于新加坡人。在秘鲁、危地马拉、菲律宾和阿尔巴尼亚这些相对贫困且政局不稳定的国家，年人均自杀率为 0.001%。但在瑞士、法国、日本、新西兰这类富裕且和平的国家，每年的人均自杀率却达到 0.025%。1985 年的韩国，年人均自杀率为 0.009%，到 2016 年上升到 0.03%，相比 1985 年，现在的韩国要富裕得多[1]。不是物质财富积累得太慢，而是欲望需求增长得太快。2017 年美国华盛顿邮报，评选出人间十大“奢侈物”，竟然没有一样与金钱或物质有关。幸福是自由及平和的心境，其本质是降低欲望阈值并分散欲望的目标。欲望应该保持在一个比较合理的范围内，这个范围既能促进人的奋发图强，又能让人保持心态平和。说到底，还是应该有一个中庸的思想，不走极端。

人的欲望除了一些比较实际的物质享受外，还有精神享受，有时候精神享受的非正常表现也可以称之为“虚荣心”。不少人的心态是这样：害怕被别人看不起，但又看不起那些实实在在生活着的人。对这些人来说，除家人和朋友外，那些貌似有名、有钱或有地位的人才会引起关注。法国哲学家亨利·贝格松（Henri Bergson）曾说过：“一切罪恶都围绕虚荣心而生，都不过是满足虚荣心的手段。”虚荣似乎是万恶之源，但人类没有“虚荣心”却很难进步，然而虚荣却让人活得更加卑微，经典如莫泊桑小说《项链》中的主人公。人类对奖赏的过度期待，就是虚荣心的心理基础。

自然选择与性选择的一个很大的区别是自然选择是效率牵引的，实行经济优化原则。具体表现在，以消耗最少的能量扩散并保留最多的基因。性选择则显得很浪费，尤其是一些性特征的极度夸张，如雄性雉类的尾羽。那我们是不是就能够将人类的虚荣心归根到雌性雉类了呢？或者说，人的虚荣心是性选择的结果？

人类的欲望的确造成资源的极大浪费，特别是从进化经济学原则来看，更是这样。从性奖赏到虚荣心，皆是如此。现代人类尽量消耗更多的能量，用于满足个体或群体的欲望，却无意去增加生产后代的数量。当然，这是从人的生物性角度来看。而从人的社会性来看，一些人则有意识地增加后代。与动物相比，人类往往显得极度贪婪。动物一般是根据当前需求来确定获取的资源量，大多既不会为自己遥远的将来存储资源，更不会多占有资源以留给后代。而动物的后代也从来不依靠前代的积累生活，它们都是从头开始竞争。但对于猿类，这种状态却不是绝对的，在群体中占优势的父母可以为后代成为优势个体奠定生物（体质）和社会基础[2]。人类的贪欲源自其生物学特性，人对自然和社会资源的索取，永远比所需要的要多得多。即便彻底满足了自己的需求，人还会想着为自己的血缘后代留下尽可能多的财富。政治、法律和货币制度为这种个人积累和代际传递提供了制度保证。有了制度保障，贪婪的欲望顺理成章地主宰了人类的行为[3]。

一、男人的表和女人的包

这里用表和包来作为人类服饰的代表，因为表和包的实际用途有限，更多的时候是一种装饰品。人类发明衣服有两个目的：一是御寒，二是遮羞。现代人类制作衣物和鞋袜，不仅仅具有这两个功能，而且更主要的是起一种装饰的作用。这往往不是仅仅满足人们的基本需求而是为了满足“奢侈”之欲望。正因为如此，人们不断设计新的款式，每年发布流行趋势。如此一来，生活的必需品（御寒）就成为商品（装饰）。一旦变成商品，其属性就会发生根本性改变。

对于根本不存在的需求，通过培养生活习惯，开发出新的市场，这是商业扩增的模式，源自商人的天性——利润的最大化。扩大规模只是其中的一个手段，提升并保持高昂的价格，也是惯用的方法[4]。那些根本没有用处的，或实际用处很少的东西，反而比生活必需品要昂贵得多。培养了消费者的贪欲，最后满足了商人的目的。商业运作能够将非生活必需品变成生活必需品。例如，手表作为男人“成功”的象征，而手包体现了女人的“身价”。结果为了虚荣心，没钱的男人购买了贵重的手表，贫困的女人也买了名牌包。不知是这个社会出现了问题，还是个人的价值观被严重歪曲了。

英国《镜报》2005年公布的一份调查报告显示，英国14岁以上的女性每个月平均花费124英镑买鞋、衣服和各种配饰。照此计算，如果一个女人能够活到平均寿命79岁的话，她一生将把的近十万英镑花在服装上。英国女人最常购买的是时尚的上衣、鞋子和裤子。女性每次凭冲动购物的平均消费是164英镑，且40%的女性甚至在经济状况紧张的情况下，也会去购买新的衣服。然而，这其中仅有一半的衣服她们是真正穿过的。心理学家克里斯蒂娜·韦伯（Christine Webber）说：“女人花钱通常是为了让自己快乐，或者提升自信。”

商界存在一个寓意非常深刻的传说：在一个美丽的热带海岛，一个跨国公司去推销防毒面具。可想而知，碧绿的青山、湛蓝的海水，有谁会愿意花钱购买毫无用处的东西呢。然而不久，销路打开了，人们纷纷购买防毒面具。因为有人在岛上建起了一个工厂，排出有毒的气体。

有人好奇地问该工厂的工人：“你们在生产什么？”

“防毒面具啊。”工人回答道。

制造无用的东西，胁迫大众消费，少数人获取商业利益。这个故事，可以说是人类社会的过度商业化现象的一个缩影。人们发展经济，以破坏环境为代价，然后用发展经济得到的收入来治理和修复环境。但是，生态系统如果一旦被破坏，诸多功能是不可修复的。例如，一些区域特有动植物一旦灭绝，将永远消失。很多的物种甚至都还没有来得及被科学家发现和记录，就已经灭绝了[5, 6]。美丽的生命路过这个世界，犹如大雁飞过天空，然而除了身影划破云际，却什么痕迹也没有留下。

藏羚，一种优雅、美丽的动物，是青藏高原上的特有优势物种，曾经有100万只之多。就因为有高品质的羊绒，遭到人类（盗猎者）的大量猎杀，致使种群数量曾经下降到不到10万只。中国人从来没有利用藏羚羊绒的传统习俗，至今也没有藏羚羊绒及其产品的消费市场。但在欧美市场，一条用300～400g藏羚羊绒织成的围巾价格可高达5 000～30 000美元。疯狂的价格、巨大的利润，给藏羚带来了灭顶之灾[7]。

二、在斯里兰卡吃面包

追求食物的营养与美味，似乎成为天经地义的事。本人常年往返于中国与美国，对两个国家的民众体型有较深刻的体会。体重超标的比例在美国远高于中国，而且超重不分种族，与受教育的程度和地位有关。在美国的公共场合，很容易看到极度超重的男人和女人，他们甚至移动都显得十分困难。如果说美国的黑人与非洲的黑人存在巨大的体型差异，可能是营养过剩与营养不足导致的差异。那么，同样富裕的欧洲白人与美国白人的体型差异，是什么原因导致的呢？有人曾经考察过这个问题。在比较了欧洲白人与美国白人的遗传体质、营养和能量摄入、运动类型和频次等因素后，并没有发现有显著的不同。于是他提出，如果没有生理因素的差异，那就要考虑心理因素了[8, 9]。

那么，是什么样的心理因素呢？由于农业发达，美国的食品相对其收入是极其便宜的。稍微有点过期或没有及时售出的原料、半成品和产品，都被扔掉。这一方面保证了食品的安全，但另一方面则造成惊人的食物浪费。高度的商业化运行体系，则控制了人们饮食的每个方面。但这些都还不足以造成欧洲人和美国人的巨大体重差异。高度商业化的食品产业，综合体现在无处不在的食品广告、低廉的价格以及超大包装，这才是美国人肥胖的主要原因。广告诱发人们的购买欲望，低价激起人们心底的贪欲，超大包装则起到暗示的作用，“瞧瞧，你并没有吃很多啊[10]。”商家通过各种手段，形成心理暗示：多美味啊，多便宜啊，吃吧！甚至住大房子和开大车，造成的心理暗示作用也不容忽视，因为它影响到人对体型的自我认知。味觉奖赏加上资本家和消费者的贪欲，造就了美国这一众肥胖的群体。资本家为了利润的最大化，全然不顾消费者的健康。肥胖的后果有多严重，人人尽知，中国面临同样的问题[11]。尽管这些商业行为带来了严重的后果，却是合法的，因此受法律保护[12]。难道这不是利用人的贪欲在慢性杀人吗（图 25.1）？你贪吃，我就无限制地满足你，这就是无情的商业法则。现代化农产品的低价格，是通过消耗矿石能源换取的。食物生产的直接能耗是无穷尽的太阳能驱动的光合作用，但间接的能源消耗，如农业机械、化肥生产等，却用的是不可再生能源和资源。一旦没有了矿石能源，现有的农业体系肯定退化，到那时农业还能支撑多少人的粮食供给？

图 25.1 肥胖是味觉奖赏过度带来的后果之一

世界各地的人们，都有自己的食物种类和来源。当地的人或多或少都适应了当地的食物，这与淀粉植物的分布有关。例如，传统的非洲食物是由油棕、木薯、玉米和非洲稻等构成，传统南亚和东南亚国家是以水稻为主[13, 14]。2015 年 2 月，我作为一个国际蛇类研究小组的成员，参加在斯里兰卡科伦坡举行的例会。斯里兰卡是印度洋上的热带岛屿，说她是印度洋上的一颗璀璨明珠也不为过。那里的椰树成林、海产富饶，水稻一年三熟。在我们就餐时，我惊讶地发现，他们提供的主食居然是面包。经过仔细了解我才知道，原来的斯里兰卡人也是以水稻为主的，在英国殖民时期，由于英国殖民者爱吃面包，使得吃面包成为身份的象征。但是斯里兰卡本地不出产麦类谷物，所用的面粉全部依赖进口。后来在资料中看到，非洲地区也是以吃面包为荣，显然也是殖民统治的恶果[15]。撇开面包的营养不说，面包的口味是否就比其他食物好呢。在这个地球上，可能没有哪个民族比中国人对美味有更高的追求了吧！面包在中国并没有受到追捧，说明并不比其他食物好吃啊。在有关味觉奖赏的讨论中，我们知道味觉是从小培养的、可以逆转的。让本地人舍弃本地食物，改吃外来食物，不得不说吃的文化是与时俱进的[16]。但这种改变，是以增加能源消耗为代价的。不发达的地区和国家，为了换取昂贵的进口麦类，就需要开采更多的自然资源。

作为生态系统中居于食物链顶端的人类，每增加一个人，根据生态系统的食物转化率计算，就要侵占 10 只同体重草食动物的栖息地[17]。农业革命带来的粮食产量的提升被人口增长所抵消，算上粮食浪费，在看得见的将来还是需要不断扩大农业用地。2011 年 10 月 31 日凌晨，成为象征性的全球第 70 亿名成员之一的婴儿在菲律宾降生。当时的联合国秘书长潘基文发表讲话，“这个孩子的生日，是个叫人高兴不起来的日子。”独生子女政策在中国实施了 40 余年，取得了显著的效果，为地球人口控制做出了重大贡献。作者曾经与一个印度女知识分子讨论中国的独生子女政策，尽管全世界的政客都在指责中国，但她对中国的政策极为赞赏。是啊，地球就那么大，怎不让有识之士忧心忡忡。控制全球人口增长，任重道远。

三、多大才算豪宅

人类从山洞走来，将村落建成都市。住宅成为人们躲风挡雨、避雪御寒、遮阴纳凉的地方。住宅与巢穴的差异，成为人与动物相区别的建筑标志之一。即使是具有很高智商的黑猩猩，也没有能力搭建一个避雨的简单结构。与其说是没有能力，还不如说是没有意识。但很多动物在下雨时都会寻找可以挡雨的树干下、岩石下、树洞或山洞中，选择比较干燥的地方过夜。早期人类特别是尼安德特人，主要居住在山洞中。北京的周口店有晚期智人居住过的山洞，也是一个典型代表。与人类化石一起出土的，还有兽骨、鱼骨、石器、骨角器和穿孔饰物，并发现了中国迄今所知最早的埋葬。

在美国安那波利斯（Annapolis）海军学院正对面，有一个肯特岛，上面住着马里兰州的富人。很多年前，我去游玩，发现一个很奇特的现象，就是每个房子似乎都不大，但车库出奇地大，成排的房子后面有一条大得出奇的直线跑道。我好奇地问领我去玩的当地友人，他告诉我说，那些是机库。这些富人很多是在华盛顿特区（美国的首都）上班，但住在岛上，上班太远（开车需要一小时，且经常堵车）。于是就开上私人飞机从家后门起飞到科利奇帕克机场降落，然后换乘地铁进首都。当然，岛上也有一些所谓的公馆（mansion）。这些背向海湾，前门有 5～10hm^2 草地的公馆，售价超过 1000 万美元。每个公馆有几十间房，但仅有很少的人住。

在一些稍微偏远的区域，如马里兰州的弗雷德里克郡，房价较便宜。为了吸引业主购房，建筑商在那里修建的房屋每套达 5000 平方英尺（接近 500m^2）的面积。当然，美国的普通住宅面积为 200～300m^2，但一般有两个院子，一前一后。美国人鲜有三代同居的，白人家庭人口一般也就3～4个，人均面积在$50m^2$左右。美国的住房装备是非常齐备的，中央空调、锅炉、洗衣机、烘干机、洗碗机、大冰箱等，属于标准配置，由建筑商在交付时提供。住家温度，一年四季都维持在25℃上下，外面下雪而室内穿短袖是很常见的。富人还经常在度假胜地买房，一年只住很少的时间[18]。

中国近年的住房情况，也在迅速改变。2006年第五次全国人口普查时，成都市平均每户拥有住房建筑面积$91.34m^2$，人均住房面积$29.56m^2$。至2014年末，上海市城镇居民人均住房建筑面积$35.1m^2$，折合人均住房居住面积$17.8m^2$。2016年成都市家庭住房建筑面积大幅提高，平均每户拥有住房建筑面积达$99.39m^2$，人均住房建筑面积达$36.58m^2$。2016年，据国家统计局数据显示，我国城镇居民人均住房建筑面积已增至$36.6m^2$。如此看来，东西部的差异不大，人均都为$30\sim40m^2$的建筑面积[19]。中美商业化住宅最大的差异是，美国多数人住独栋房少数人住公寓，中国绝大多数人住公寓仅有极少数的富人住独栋房。

不管是工业开发，还是住宅开发，都需要占用大量的土地。由于城市大多是在河流形成的冲积平原上建立起来的，而冲积平原的水源充沛、土壤肥沃，一般都是良田。我常年往返成都与华盛顿D. C.，在飞机上经常看到成片的森林被砍伐。水泥构建的高楼大厦替代了原有的植被。走在城市的街道，感受现代文明的成果。但从天上往下看，这些城市看起来就像绿色地球上的一个个不同大小的“牛皮癣”（图25.2）。遗憾的是，作者的家就在这“牛皮癣”当中。

图25.2 华盛顿D. C.及周边的卫星图片

一方面人口不断地增长，另一方面农业用地在持续减少。我不知道土地的最大承载人口是多少，也无法预测地球人口的极限。但我知道，由于性奖赏的驱动，人类很难控制生育（虽然我相信大部分人可能也是不想多养孩子的）；我也知道，由于贪欲的使然，人们在追求更大的物质享受，消耗更多的资源。不管发达国家还是发展中国家，随着技术的发展，人们消费（其实是浪费）的能源和其他资源将越来越多。而在欠发达国家，人口的增加毫无节制。在资源（包括能源）的减少曲线与人口的增加曲线之间，一定存在一个交汇点。一旦达到这个临界值，我们就很难预测人类社会的走向。技术进步是很有帮助的，但绝不是万能的。

四、更快更远

大约在10万年前，原始人类走出非洲。随后，至少用了5万年的时间，人类到达了欧亚大陆的每个角落。踏着冰期的白令海峡陆桥，人类在2万年前登上了美洲大陆（图19.3）。早期文明的传播基于人口迁徙，后期则借助信息的扩散。除了迁徙，人们日常狩猎和采集覆盖一定的范围，也需要移动。行走，是最原始的移动方式，速度慢而且距离近。

船，大概是人类发明的第一个交通工具[20]。独木舟是一种用单根树干挖成的小船，用桨划动。最早的独木舟是在英国约克郡一个沼泽里发现的，大约有近万年的历史。中国新石器时代遗址，如浙江湖州的钱山漾、余姚的河姆渡、萧山的跨湖桥，福建连江、广东化州都出土过独木舟或船桨的残骸，这些文物也都有5000～9000年的历史[21]。埃及和印度等地都发现过类似的考古证据。至今，非洲及美洲印第安人的一些部落还在按照古法制作独木舟。独木舟制作简单，漏水和散架的风险较小。在远古时代，技术工艺原始，制作一艘独木舟是很困难的。首先要砍伐一棵很大的树，局部烧灼后将其挖空，然后运到江河湖海，在没有金属工具的条件下每一项都耗时费力。筏子是原始人类发明的另一个水上运输工具，制作简单容易，但不够牢固。现知的有木筏、竹筏、皮筏。早期智人就是借助这些简单的水上工具，先后到达了澳大利亚、新西兰以及南太平洋群岛[22]。

轮子的发明绝对是人类历史的重大事件。可考证的车轮发明时间，大约在公元前3200年，主要是美索不达米亚地区用于战争或竞赛的双轮马车[13]。然而，有记载的人类文明远不能体现车轮历史的悠久。真正的车轮起源可能要从石器时代开始，也就是大约1.5万年以前。智人在认知革命之后，肯定发现滚动比拖动要省力得多。于是用几个木桩并排放置在承载重物的下方，向前滚动。那时所谓的“车轮”其实就是一个圆木桩，但也面临一个很大的困扰——无法控制其运动方向，即不能持续稳定的向预期的方向滚动。真正轮子的发明，是充满了智慧的一次革命。

飞机的发明是100年多前的故事。人类在一万年前就发明了船，5000年前就发明了车，但要等到近代才发明飞行器。发明得越晚，进步得越快。这些东西到了现代，不但是生活的重要工具，更是战争的主要武器。人们为了争夺领土和资源，动用和消耗大量的国家资源。同样是船、车、飞机，但投入到军用的研发资源远大于民用。现代化的运输工具，皆依赖矿石能源提供动力。从泰坦尼克号的奢华到空客A380的昂贵，人们在奢侈的路上是越走越远了。空客A380上居然有豪华单间、酒吧以及沐浴设备。人类（指有钱人）的生活品质越来越高，个体消耗的能源也越来越多。公共交通工具尚且如此，更遑论私人飞机、游船和汽车[23, 24]。美国的RV（中国人称之为“房车”）就是一个大巴士，搭乘的人员却只有几个。即使通勤的代步车，也越造越大。钱是你自己的，但能源和环境是全人类的！

我在所有的场合，都抨击美国人的浪费行为。大楼不管有人没人，空调都开着、灯都亮着。家里的空调在冬天调得过高而在夏天则过低，使得在冬天穿短袖，夏天穿厚衣。洗衣后的衣物是电烘干的，哪怕院子里烈日当头也不晒衣服。工程车永远不熄发动机，不管还用不用。停车场和很多公共场所的大灯，不及时关停。个人住大房子，开大车。相对而言，欧洲人在这个问题上要显得环境友好得多。瑞士是世界上最富有的国家之一，但路灯都是感应的，衣物都是晾晒的，空调是按需要开关的。2011 年夏天，我们在沙夫豪森（Schaffhausen）生活了一个月，住在苏黎世大学的老教授 Hans-Peter Lipp 借给我们的一幢位于半山腰的独栋小房子里。晚上从窗口放眼望去，是一片灯光暗淡的城区，给人回到了 20 世纪六七十年代的幻觉。节约能源和资源，就是给子孙后代留条活路。人类的未来，全看我们能否遏制住自己的贪欲。

五、长寿的梦想

医学是一项结合了科学、技术、心理和社会的系统工程，不单纯是一门科学。在人类繁衍生息中，疾病伤痛是最常遇到的，也是必须解决的问题。现在医学越来越发达，我们面临的疾病反而越来越多，越来越致命[25]。随着社会的发展，自然科学的巨大进步，使得我们在面临许多疾病的时候有了更多的手段和武器。但是恰恰是由于有这些相对完善的措施保驾护航，使得我们更加为所欲为，如抽烟、酗酒、吸毒、熬夜、纵欲过度等。

原本医学的目的是治病，而追求长生不老的噱头是术士的伎俩。但随着科学和技术的飞速发展，追求长寿已成为可实现的梦想。世界人均寿命在 20 世纪的 100 年里，从 40 岁增加到 70 岁。2016 年世界卫生组织公布了各国平均寿命排行榜，80 岁以上的国家和地区有 24 个，主要是中西欧和东亚的发达国家和地区；70 岁以上的有 88 个国家和地区，包括中国和美国；60 岁以上的国家有 32 个；50 岁以上的国家有 28 个，40 岁以上的国家 9 个[26]。中国的人均寿命变化：1949 年以前 35 岁，1957 年 57 岁，1981 年 68 岁，2005 年 71.8 岁，2016 年 73.5 岁，最新统计为 76.34 岁（2019 年预期人均寿命 77 岁）[27]。人有意识，害怕死亡，活得战战兢兢；动物只有求生的本能而无死亡的意识，活得浑浑噩噩。因此不论是艺术的创造、政治的投入、还是宗教的虔诚，很大部分其实是出于人类对死亡的恐惧。人的求生欲望与生育欲望，性质不同但产生的后果是一样的，那就是地球的人口增加。长寿带来的社会和生态后果，可能比多生多育还严重。

在这里有必要讨论哈拉利的《未来简史》[1]中一个非常有意思的论点——战胜死亡。他认为，死亡是一个我们能够也应该解决的技术问题。人之所以会死亡，是人体运行出了问题，如心脏不跳、大动脉被堵死、肝癌细胞扩散、病菌在肺部繁殖等。对现代人类社会来说，这些都是可以克服的技术问题[1, 28]。心脏不跳可以注射强心剂或电击，动脉堵死可以用溶栓药或纳米机器人清除，肝癌转移可以更换基因工程生产的肝，病菌可以服用抗生素。最重要的是将来，每个老化的器官，都可以置换为人工产品。这些产品可以是基因工程生产的生物质的器官，也可以是微机电工程生产的非生物质（金属和塑料）

的部件。到最后，甚至连大脑都可以替换为半导体芯片。随着技术的进步和成本降低，是否人人都可以永生？

其实，无论从个体的角度还是物种的角度，都是有寿命的。因此，死亡是一种自然现象。死亡与新生是大自然的代谢过程，缺一不可。想象一下，一个只有新生而没有死亡的人类，世界会是怎样的光景。首先有生无死，人口呈现累积性增长；其次是人口年龄结构持续老化，社会失去活力；最后导致人口爆炸，人类社会崩溃。退一步，人不能永生，长寿是否就没有问题了呢。著名物理学家马克思·普朗克（Max Planck）有句名言：科学在一次一次的葬礼中进步。他的意思是，一个科学思想的最终胜利，不是因为说服了它的对手，而是因为它的对手最终都死了。其实，不但是科学，社会的每个方面皆如此。创新，是人类社会发展的原动力。

人们期待的长寿是多少呢？现在有些生物学家在大肆鼓吹，人的平均寿命应该是150 年。这是基于当前的生物医学研究成果得出的推测[28]。再过 50 年，推测的人均寿命将会再次提高。人的贪欲是无限的，在延长寿命到 500 岁之后，与永生就没有本质的区别了。地球上的物种（请注意物种的概念）也是有寿命的，从诞生到灭绝，平均存活时间不过几百万到几千万年[29, 30]。如果没有自然灭绝，地球上的生物种类肯定不只现在这点数目。人类也逃不出这个规律，想一想存活最长久的直立人，也不过是 200 万年。即使将来的技术彻底改造了人类的生存条件，包括人体器官移植和更新，但那还是自然的智人吗？

六、快乐至上

“活着是为了什么”是当人类产生了真正的意识之后，经常扪心自问的一个问题。即使是哲学和科学发展到今天的水平，我们仍然不能回答这个问题。“人生没有意义，只有表现形式”，土耳其作家费里特·奥尔汗·帕穆克（Ferit Orhan Pamuk）如是说。看看美国人史蒂夫·乔布斯（Steve Jobs）的豪言壮语：活着就是为了改变世界①。

宇宙已存在 100 多亿年，地球也有 40 多亿年历史。而人，绝大多数活不到 100 年。宇宙包含数不清的星系，银河系只是其中并不突出的一个星系。我们的银河系包括 1500 亿～4000 亿颗恒星、大量的星团和星云以及各种类型的星际气体和星际尘埃[31]。从地球看，银河系是呈环绕天空的银白色环带，可惜在很多城市由于光污染和大气污染已无缘看到了。即使是太阳系，其直径也有近 2 光年。地球的直径仅有约 12 742km，折合光年约 1.35×10^{-9} 年，地球的质量是 5.972×10^{24}kg。人的平均体重 70kg，是地球的约 8.5×10^{22} 分之一。相对浩瀚的宇宙，人如此的渺小，活着还有什么意义啊？

生命的起源是一个奇迹，生物进化到现在这个格局，是一次又一次的革命性成果。任何生命都有生存的权力，地球是所有生命的地球。自然选择早已淘汰了不怕死的基因。而那些利他行为的“勇敢基因”则通过其亲缘关系很近的个体，流传了下来（参阅第一篇）。总体来说，动物都是怕死的，“蝼蚁尚且偷生，为人何不惜命。”基因给了动物贪

① 其原话更加豪迈，他说只是想“宇宙留痕”（make a dent in universe）。

生怕死的本能，但没有教给动物或人生命的意义。基因为了高效传播自己的拷贝，“设计”出生命系统。从生物学角度来说，生命系统的唯一作用就是传播基因，有没有意识，并不重要。例如，动物不能够提出“活着为什么”的问题，一点也不影响它的传宗接代功能。

当脑体的进化一旦达到有意识的程度，必然会试图摆脱基因的控制。脑体借助欲望控制生命体，使其成为欲望的奴隶，而脑体则成为背后真正的主人。生命体具备了有自主意识的脑体，就不会心甘情愿地专门为基因的终极目的服务。它希望能够为自己做点什么，于是就有了诸多的达尔文主义者所不能理解的现象。这些看似没有进化适应意义的现象，反而使其主体具有了超级力量。

如果我们能够穿越回到过去，也许可能看到这样的情景。在一个晴朗的夏天夜晚，我们祖先中的某一个智者离开部落。独自一人来到湖边，面对银河、仰望星空，看着远处喧嚣的部落，静静地思索着：人活着究竟是为了什么。从这一天开始，真正意义上的人，诞生了！人，就是能够质疑自身存在意义的脑体。

地球上的大型动物，种群数量最大的物种，如角马也就几百万只个体，而智人则有70多亿。人的意识之形成，使人从纯生物的人脱胎为自由意志的人。基因搭上了脑体这辆快车，在最短的时间内收获了最多的拷贝。当狮子在非洲大地狂追角马，羚羊拼命地逃窜，闪过的是基因“狰狞”的面孔；当青蛙在中欧的沼泽狂鸣，孔雀费力地开屏以献媚于雌性，背后是基因“猥琐”的笑容。而当我们质疑人的生命意义的时候，焉不知已经中了脑体对抗基因的“诡计”。基因则“不战而屈人之兵”，笑到了最后。

2500年前的古代圣贤，无论是古代中国的老子、庄子和孔子，还是古希腊的哲学家，如苏格拉底、柏拉图和亚里士多德等，一定都思考过这个问题，而且也一定是百思不得其解。公元前500年前后真是一个神奇的时代，同时在东西方诞生了这么多伟大的哲人[32]。叔本华认为意欲是人生的本质，因此人要么处于意欲得不到满足的状态，感觉人生无意义；要么处于意欲得到满足后的空虚感。于是转而寻求另外一个新意欲，重新开始一个循环，于是人生就变成了一场悲剧[33]。叔本华的学术继承者——尼采说过，“我要在完全无意义的生命中寻找悲剧性陶醉”。因此，“如果非要强说生命的意义，那么我只能说，生命的意义就是它没有意义[34]。”

伊壁鸠鲁的享乐主义学说认为，快乐是生活的目的，是天生的最高的善。解除对神灵和死亡的恐惧，节制欲望，远离俗事，审慎地计量和取舍快乐与痛苦的事物，达到身体健康和心灵的平静，这是生活的目的。康德说过：“人觉得他自己有许多需要和爱好，这些完全满足就是所谓的幸福。” 尽管快乐和幸福在很大程度上是一种欲望，如饥饿和性欲得到满足的自我感觉，但还可以在与同类的比较中获得。人往往是自私的，只要自己生活比别人过得好，就觉得快乐无比。哪怕是好一点点，又或者只是某一个方面好过对方，都会觉得幸福。攀比就是在这种享乐中转变为一种欲望，驱动社会的进步或破坏社会的进步。因此，幸福又可以说是一种社会性奖赏。

人们在满足温饱需求后，有了闲暇时间，就有了娱乐需求。古人的娱乐比较单一，赌博、饮酒、歌舞等，以人为的因素为主，并没有耗费太多的自然资源。现代人们建造豪华的游轮、大型运动场（古代的斗兽场）、歌剧院、拍电影、举办大型的歌舞表演和体育赛事，不是仅仅有人就能够满足的了。建筑要耗费自然资源，运行又要消耗大量的能源。人们用于娱乐的资源和能源，占当年全部消耗的相当大比例。旅游出行带来的消费可能给交通行业贡献将近一半的收入[35]。

为了满足欲望以获得奖赏，完全违背了当初基因赋予生命体的意义。

最后再来看看 “奶头乐”（tittytainment）理论。1995 年，在美国旧金山举行了一个集合全球 500 多名政治经济界精英的会议。精英们一致认为，全球化将造成一个重大的社会问题——贫富悬殊。未来世界 20%的人占有 80%的资源，而 80%的人只占有 20%的资源，成为“边缘人”。届时，有可能会发生剧烈的阶级冲突，而导致社会动乱。美国战略问题专家兹比格纽·布热津斯基（Zbigniew Brzezinski）认为，既然谁也没有能力改变未来的“二八现象”，那就通过心理转移来缓解矛盾。“奶头乐”（即“奶头”+“娱乐”）战略，就是在 80%人的嘴中塞一个“奶嘴”，解除“边缘人”的过剩精力与不满情绪[36]。

“奶嘴”的形式有两种：①发泄性娱乐，如开放色情行业、鼓励暴力网络游戏、制作战争大片以及举办各类职业联赛；②满足性游戏，如拍摄大量的肥皂剧和偶像剧，大量报道明星丑闻，播放众多真人秀等大众娱乐节目。通过让这些令人陶醉的消遣娱乐及充满了感官刺激的产品充斥人们的奖赏系统，最终达到这样的目的：占用人们大量时间并让其在不知不觉中丧失思考的能力。届时，那些被边缘化的人只需要给他们一份工作和足够的娱乐，便会使他们沉浸在“幸福快乐”之中，无心挑战现有的统治阶级。然而，作为“奶嘴”的影视明星和体育明星则赚的盆满钵盈，成为“二”。而追星之众，成为“八”，可悲可叹犹不自知也！

第二十六章
脆弱的生物圈

也许，自主意识的出现是生命进化的一大“败笔”。

宇宙形成之初的一些剧烈碰撞和爆炸，产生了碳、氢、氧、氮、硫、磷等构成生命的主要元素。生命起源的第一步是从无机小分子产生重要的有机小分子，如氨基酸、脂肪酸、单糖、嘌呤、嘧啶、单核苷酸、卟啉、ATP 等化合物。1953 年，美国芝加哥大学的研究生斯坦利·劳埃德·米勒（Stanley Lloyd Miller）[1]设计了一个模拟实验。在这个实验中，一个盛有水溶液的烧瓶代表原始的海洋，其上部球型空间里含有氢气、氨气、甲烷和水蒸气等“还原性大气”。米勒先给烧瓶加热，使水蒸气在管中循环，接着通过两个电极，模拟原始天空的闪电。激发密封装置中的不同气体发生化学反应，而球型空间下部连通的冷凝管，让反应后的产物和水蒸气冷却形成液体，又流回底部的烧瓶，即模拟降雨的过程。经过一周持续不断的实验和循环之后，米勒分析其化学成分时发现了包括 5 种氨基酸和不同有机酸在内的有机化合物。同时还发现了可以合成腺嘌呤的氰氢酸，而腺嘌呤是组成核苷酸的基本单位。

一、生物圈的建立

从有机小分子形成复杂的生物大分子，是生命起源最重要的一步。生物大分子是指蛋白质、核酸、高分子量的碳氢化合物，是由氨基酸、核苷酸、单糖等底物以极其复杂的生化过程合成的。这个过程有遗传信息的指导，多个生化系统的协同。通过遗传密码的演变和前生物系统的过渡，在 34 亿～36 亿年前的地球上最终产生了具有原始细胞结构的生命（图 18.10）。已知最古老的化石是在南非发现的 32 亿年前的超微化石——古杆菌和巴贝通球藻[2]。此后漫长的 20 多亿年中，发现的生物化石一直停留在菌类和藻类阶段，只是由原核生物发展成了真核生物。从原核过渡到真核，完成了细胞进化中另一个重要的一步。原始的真核生物是微小的单细胞，它们进行有丝分裂，能进行光合作用。这种状况一直维持到大约 8 亿年前的震旦纪初期，距今 6 亿～8 亿年前的震旦纪中，出现了多细胞的后生动植物化石[3, 4]。

在史前 4.38 亿～25 亿年，藻类是元古代海洋中的主要生物，如蓝藻、绿藻、红藻等在浅海底部生活，逐渐形成巨大的海藻礁（又称叠层石）。生态系统以自养为主（生产者），结构单一。在距今大约 5.4 亿年开始的寒武纪，以及随后的 2000 万年的时间内，各门类无脊椎动物大量涌现，以三叶虫为最多，占当时动物界的 60%。因此，这个事件又被称为寒武纪生命大爆发[5, 6]，它给生物进化理论带来了前所未有的挑战[7]。至奥陶纪时，各门类无脊椎动物已发展齐全，海洋呈现一派生机蓬勃的景象。经过这 20 亿年藻类的光合作用，地球大气的成分发生了巨大变化，氧气含量升高并维持在极高的浓度。二氧化碳浓度则大为降低，与氧气不同，二氧化碳的浓度并不稳定，左右着地球表面剧烈的温度波动。因为氧气浓度的增加，导致消费者出现，海洋生态系统开始完善[8]。

史前 3.55 亿～4.38 亿年，生物进化史上发生了两个大事件。第一，生物开始离开海洋，向陆地发展。首先登陆大地的是绿藻，进化为裸蕨植物。第二，海洋无脊椎动物进化为脊椎动物，到泥盆纪时出现了真正意义上的鱼类，即盾皮鱼类和棘鱼类，并成为海洋中的霸主[9]。距今 2.45 亿～3.55 亿年，裸蕨植物被石松类、楔叶类、真蕨类、种子蕨类等取代，开始形成原始的森林。昆虫出现并迅速繁茂起来。脊椎动物亦开始向陆上发展，成为两栖类动物祖先[10]。到二叠纪末期，两栖类逐渐进化为真正的陆生脊椎动物——原始爬行动物。

中生代（距今 0.65 亿～2.5 亿年）裸子植物完全摆脱对水的依赖，更能适应陆地生活，形成茂密的森林。爬行动物则演变出种类繁多的恐龙，成为动物界霸主，占据了水、陆、空的生态系统。中生代末期，极度繁荣的恐龙“突然”灭绝[11]。关于恐龙的灭绝，一个非常流行的理论是距今 6500 万年前，一颗直径近 10km 的巨大陨石撞击地球，导致地球持续了数个月的黑暗状态，使得君临地球长达一亿多年的恐龙最终完全灭绝[12]。那次撞击的地点就在墨西哥湾，当时留下了一个直径近 180km 的陨石坑，即希克苏鲁伯陨石坑（Chicxulub crater）（图 26.1）。而撞击释放出的能量相当于 100 万亿 t 的 TNT，是在日本广岛和长崎爆炸的原子弹能量之和的 10 多亿倍。同时，印度次大陆的一次火山大爆发，在 260 万 km^2 范围造成了 2400m 厚的岩浆。重要的是，这个事件也发生在距今 6500 万年[13]。事实上，恐龙所有种类（即使是以较大的分类阶元来考量）的出现、兴盛、衰退和灭绝都不是同时发生的。例如，在侏罗纪极大繁盛的蜥臀类恐龙，其中的蜥脚类在白垩纪就衰退了，仅南半球有少量种类存活到了白垩纪末。大型的肉食龙类除霸王龙外，其余种类在白垩纪也大为减少。在侏罗纪曾一度繁盛的剑龙类，在白垩纪早期就衰退灭绝了。剑龙灭绝之后，甲龙类繁盛。白垩纪早期，出现了肿头龙类，鸟脚类中的鸭嘴龙类也是白垩纪才出现的。而角龙类出现最晚，其寿命也最短，它们只生存了两三千万年的时间。发生在低级分类单元上的小类群灭绝更是经常发生的[12]。

从 6500 万年前伊始，进入新生代（图 18.10）。被子植物取代了裸子植物成为植物界的新霸主。哺乳动物在 2 亿年前由爬行动物中的一支进化而来，进入新生代后，哺乳动物爆炸性大发展，成了陆上霸主。在 600 多万年前人类起源，200 多万年前人属起源并终于在第四纪初出现了现代人类。如果将地球生命的起源和进化时间浓缩到一年，各阶段如下所述。

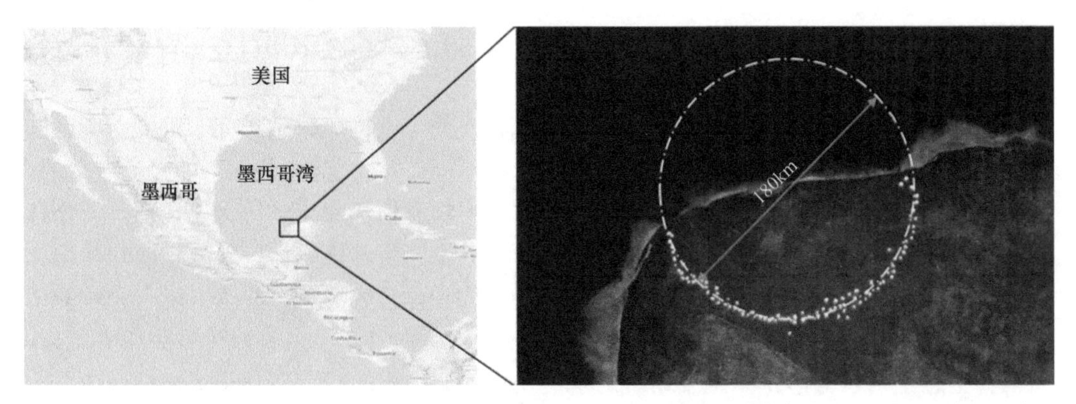

图 26.1　改变地球生物圈格局的古天文地质事件之一，6500 万年前希克苏鲁伯的小行星撞击地球

1 月 1 日至 4 月 11 日，“元旦”，原始细胞出现；古杆菌和巴贝通球藻等缓慢进化。

4 月 12 日至 11 月 9 日，蓝藻、绿藻、红藻大量繁殖，导致氧气大幅上升、二氧化碳大幅下降；为生态系统的进化奠定了基础。到此，已用掉了一年的 80%以上的时间。

11 月 10 日至 11 月 12 日，寒武纪生命大爆发，各门类动物代表在进化舞台“登场”。此时离“年底”还剩 48 天。

11 月 13 日至 11 月 17 日，各类动植物加速进化，生物多样性急剧增加；复杂的海洋生态系统开始进化。

11 月 18 日至 11 月 25 日，生物登陆，裸蕨植物成为陆地优势种；脊椎动物出现在海洋，成为海洋霸主。

11 月 26 日至 12 月 5 日，裸蕨植物灭绝，石松类和真蕨类等茂盛起来；昆虫出现并迅速进化；两栖动物出现，随后逐渐进化为原始爬行动物；顶级群落成熟，复杂的陆地生态系统进化。

12 月 6 日至 12 月 24 日，裸子植物形成茂密的森林；爬行动物迅速发展出种类繁多的恐龙；但随后恐龙灭绝，海洋里很多无脊椎动物也遭淘汰。

12 月 25 日至 12 月 30 日，被子植物取代裸子植物成为植物界的新霸主；哺乳动物成了陆上动物的新霸主；灵长类繁盛，为人类“登场”做“舞美”准备。

12 月 31 日上午 9 点半，人类登上进化的舞台；23 点 12 分，智人登台开始表演，此时离年底仅余 48 分钟。

现在，让我以一个行为生态学家的眼界来观察，大自然用大约“48 天”构建的成熟生态系统，人类如何在短短地“48 分钟”内进行疯狂破坏的全过程。

二、生 态 系 统

生态系统是指在一定的空间内，生物与环境构成的统一整体，生物与环境之间相互影响、相互制约、相互依存，并在一定时期内处于相对稳定的动态平衡状态。无论智人自以为是多么了不起，但始终只是生态系统中的一个构成成分，并没有凌驾于生态系统之上。因此，生态的人可以定义为：地球生物圈中最具优势的消费者种群。

任何一种动物都是以一定数量的群体形式存在的，以构成繁殖单元。因此，所有的“湖怪”“野人”等单个生物是不可能存在的（从哪里来？），至少是不可能自我繁衍的。生态系统中，任何个体之外的同种或不同种的生物以及物理和化学等因素，都是该个体的环境。在一定的时间和空间尺度，同一物种的个体包括雌雄成体、未成年或幼体构成所谓的种群[14]。生活在一定的空间范围内的不同物种，组成群落。群落中所有物种的每个个体都与其他个体相互作用，构成一个有机整体。动物生态学主要以种群为研究主体，而植物生态学则以群落作为主要研究对象。动物种群结构的时空变化很大，种群边界比较分明。例如，很多动物平时单独生活，但在繁殖季节则聚在一起。植物有大量无性生殖的连体生物，各植物在空间交错排列，结构复杂，难以区分种群[15]。

生态系统是在生物群落的基础上产生的，包含非生物的能量、物质和信息，在维持群落运行中有重要作用。生物群落作为生命系统的一个形式或单元，能量和物质的输入是必不可少的。根据物质不灭定律，有输入就必然有输出。因此，生态系统中包括能量流动和物质循环，通过“大鱼吃小鱼，小鱼吃虾米”，构成食物链[16]。例如，一个简单陆地生态系统，虫吃植物，蛙吃虫，蛇吃蛙，鹰吃蛇。但食物关系是很复杂的，蛇也吃鸟，鹰也吃蛙，因此实际生态系统中的食物关系构成网络状结构——食物网[17]。食物网中的一个关键成分的变化，必然引起整个结构的改变。生态系统可以小到一个水池，大到整个地球，即生物圈。如果说生物群落是相对静态的和封闭的，那么生态系统就是绝对动态的和开放的。生物群落是生态系统的“内核”，决定了生态系统的结构和功能。

生物群落一般以植物为主体，动物是次要成分。从功能上分，植物是生产者，而动物是消费者：吃草的动物是初级消费者，吃肉的动物是次级消费者等。近年来的动植物关系研究发现，不但植物之间相互依赖，动物与植物之间也是生死相依的[18]。例如，藤本植物必须攀附在木本植物的躯干之上，否则无法生存。阴生植物必须生活在密林深处，借助高大乔木遮阳。因此，砍伐木材不仅仅是毁坏了乔木，也破坏了整个生态系统。没有了木本植物，藤本植物和阴生植物也会消失。动物与植物的互惠，常见的有两种形式的联系：①动物以植物果实为食，植物借动物扩散种子；②植物花卉为动物提供营养和能量，动物为植物授粉。当然，更常见的是偏利，动物取食植物，以植物作为栖息和繁殖场所。而植物则进化出毒或刺，进行防御。

印度洋的毛里求斯岛上曾经生活过一种不会飞的鸟——渡渡鸟（*Raphus cucullatus*）（图 26.2）。这种鸟在被人类发现后仅仅 200 年的时间里，便由于人类的捕杀和人类活动的影响于 1681 年灭绝，堪称是除恐龙之外最著名的已灭绝动物之一。奇怪的是，渡渡鸟灭绝后，与渡渡鸟一样是毛里求斯特产的一种珍贵的树木——大颅榄树（*Calvaria major*）也渐渐稀少。渡渡鸟喜欢在大颅榄树的林中生活，在渡渡鸟生活过的地方，大颅榄树总是繁茂。到 1980 年，毛里求斯只剩下 13 株大颅榄树，这种名贵的树眼看也要从地球上消失了。科学家想尽一切办法，也没有找出大颅榄树衰退的原因。

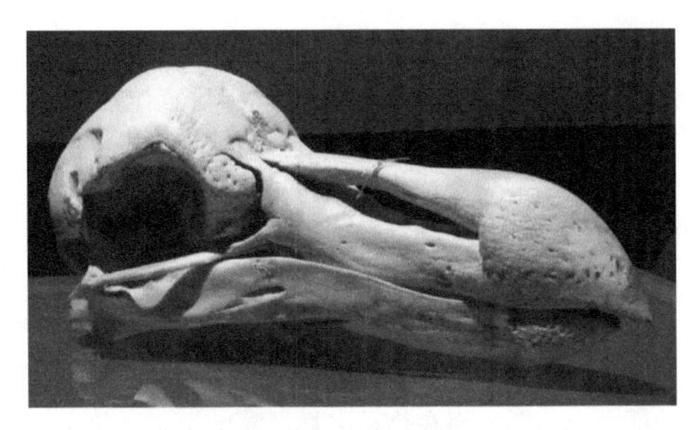

图 26.2　渡渡鸟（被人类灭绝的众多著名物种之一）的头骨

1981 年，美国生态学家斯坦利·坦普尔（Stanley Temple）[19]来到毛里求斯研究大颅榄树。这一年，正好是渡渡鸟灭绝 300 周年。坦普尔细心地测定了大颅榄树年轮后发现，它的树龄正好是 300 年，就是说渡渡鸟灭绝之日，也正是大颅榄树绝育之时。这个巧合引起了坦普尔的兴趣，他到处找渡渡鸟的遗骸。一天，他终于找到了一只渡渡鸟的遗骸，遗骸中还夹着几颗大颅榄树的果实。原来渡渡鸟喜欢吃这种树木的果实。一个想法浮上他的脑际：也许渡渡鸟与种子发芽有关！他让另一种不会飞的鸟——吐绶鸡吃下大颅榄树的果实。几天后，种子排出体外，果实被消化掉了，种子外边的硬壳也消化了一层。坦普尔把这些种子栽在苗圃里，不久，种子长出了绿油油的嫩芽，这种宝贵的树木终于绝境逢生。原来渡渡鸟与大颅榄树相依为命，鸟以果实为生，树借助鸟类消化种子硬壳，帮助发芽。

在第一章介绍过那些协同进化的极端例子，可以肯定的是，只要一方灭亡，另一方也活不长。全球性两栖动物衰减已是不争的事实，但原因迄今不明[20]。科学家推测壶菌传染和全球气候变化是其中的两个主要因素。两栖动物在大多数地方是常见动物，是生态系统中的重要环节，它们捕食昆虫，同时又是中小型动物的猎物。它们运动能力弱，对水的依赖性强，因此对环境变化非常敏感。这些常见动物的衰减，暗示地球环境可能出现了人类目前还不知道的变化。

群落不是一蹴而就的，是通过替代逐渐演进的，与进化截然不同。群落这种随着时间的推移而发生的有规律的变化被称为群落演替（succession）。由于某种原因（如山崩、滑坡或火灾），林地被毁，暴露出岩石面。首先定植在岩石上的生物是地衣，一种真菌和绿藻或蓝细菌之间稳定而又互利的共生联合体，分泌的地衣酸对岩石有腐蚀风化作用，为后来者提供基质。因此，地衣又被称为先锋植物，随之而来的是苔藓类，再然后是草本植物。接着是灌木类，最后是乔木类，此时已经逐步重新发育出一片森林。而在同时，重新孕育出土壤和腐殖质。发育到最后的成熟阶段，称为顶极（climax）群落[21]。当一个群落的总初级生产力大于群落总呼吸量，而净初级生产力大于动物摄食、微生物分解以及人类采伐量时，有机物质便要积累。于是，群落便要增长直到达到一个成熟阶段，积累停止，生产与呼吸消耗平衡。演替路线完全取决于物种间的交互作用以及物流、能流的平衡[22]。

顶极群落生产力并不最大，但总生物储量达到极值，且生物多样性达到最高。此时，群落的结构最复杂，即物种之间以及个体之间已建立起稳定的相互关系，这是生态系统稳定性的基础。当生态系统受到扰动时，其调节能力就是稳定性的保证，通过负反馈机制进行调节。例如，如果草原上的食草动物因为迁入而增加，植物就会因为受到过度啃食而减少；而植物数量减少以后，反过来就会抑制动物的数量，从而保证了草原生态系统中的生产者和消费者之间的平衡。不同生态系统的自我调节能力是不同的。一个生态系统的物种组成越复杂，结构越稳定，功能越健全，生产能力越高，它的自我调节能力也就越高[23]。因为物种的减少往往使生态系统的生产效率下降，抵抗自然灾害、外来物种入侵和其他干扰的能力也下降。而在物种多样性高的生态系统中，拥有着生态功能相似而对环境反应不同的物种，可以缓冲环境变化。极端情况下，即使一种生物灭绝，另一种功能相似的生物可迅速顶替其生态位。因此，物种丰富的热带雨林生态系统要比物种单一的农田生态系统的自我调节能力强，如抵抗蝗灾的能力。

生态学家借用了一个寓言，来阐明生态系统的整体性与稳定性。

“一个旅客注意到一个机修工正在安装他将要乘坐飞机的机翼，完成后发现多出一颗铆钉。于是就过问此事：为什么不拆开重装？机修工解释说这样可以为航空公司节省时间和经费。同时，机修工也向这位震惊的旅客保证，飞机上有上万铆钉，漏掉一个不会有任何影响。事实上这样的事经常发生，也没见飞机掉下来。”

这则寓言的重点在于，我们根本无从知晓，究竟漏掉哪一颗铆钉，才会是导致飞机失事的最后一根“稻草”。因此，对于乘客而言，哪怕漏掉一颗铆钉都是疯狂的行为。然而如此显而易见的道理，在事关地球命运的大问题上却被人们视而不见。在地球这艘大型宇宙航船上，人类正在以越来越快的速度敲掉一颗颗的“铆钉”。生态学家并不能预言失去一个物种的结果，正如乘客无法估计飞机失去一颗铆钉会有什么后果一样。

三、优势种与多样性

热带生态系统，如赤道附近的雨林或季雨林系统，其特点是物种多样性高，结构复杂，稳定性好。虽然有优势种（dominant species），但其优势度并不突出。所谓优势种，是指群落中生物量占优的种类，通常是在群落中数量最多、体积最大、生物量最高、对群落影响最大的种类。生态学上的优势种对整个群落具有决定性影响，如果把群落中的优势种去除，必然导致群落性质和环境的变化；但若把非优势种去除，只会发生较小或不显著的变化[24]。而且优势度越大，对群落的影响就越强。生态系统越向北极或南极，优势种的优势度就越明显，生态系统的结构也越简单。例如，中国的大小兴安岭，森林生态系统的优势种为兴安落叶松。内蒙古典型草原生态系统的优势种是羊草和大针茅。当你乘飞机从大兴安岭飞过，落入眼帘的尽是落叶松。与此相反，走进西双版纳或海南的森林生态系统，你无法确认优势种。

与优势度相对的是多样性，评估群落的多样性，有多套数学方法。其中著名的如香农-威纳指数（Shannon-Wiener index，H'）：

$$H' = -\sum_{i=1}^{R} P_i \ln P_i$$

式中，R 是群落包含的物种总数；P_i 是第 i 个物种的个体数量占群落总个体数的比例。这个公式包含两个因素：种类数目，即丰富度，数目多可增加多样性；个体数量的平均性，即优势度，种类之间的均匀性（优势度低）也会提高多样性。由此推测，如果群落中的某种生物的数量飙升，必然降低整个群落的多样性[25]。

在生物圈中，人是绝对的优势物种。作为大型动物，人口数量远远超过排第二位的角马（又名牛羚）种群，后者估计有 200 多万只。1 万年前地球生物圈是一个生物多样性很高的系统，1 万年后人类正在加速降低生物多样性。作为生态系统的消费者，巨大的人口不但改变了生态系统的结构，也改变了生态系统的物质循环和能量流动的规律[26]。首先是农牧业改变了地球的景观，为了农业生产，许多的森林被砍伐，开垦成为农田和牧场。其次是农作物和牲畜成为陆地生态系统中的优势物种[27]。人及农业动植物，如畜类、禽类、小麦、水稻、玉米等挤占了野生动植物的原来栖息地（图 26.3）。人类的直接猎杀和栖息地的丧失，是导致全球野生动物数量减少以致灭绝的两个主要因素。人类砍伐和农业用地，是导致植被覆盖度减少和土地裸露（石化和沙化）的重要原因。所有这些的直接后果就是地球生物圈的生物多样性降低，生态系统的稳定性下降。

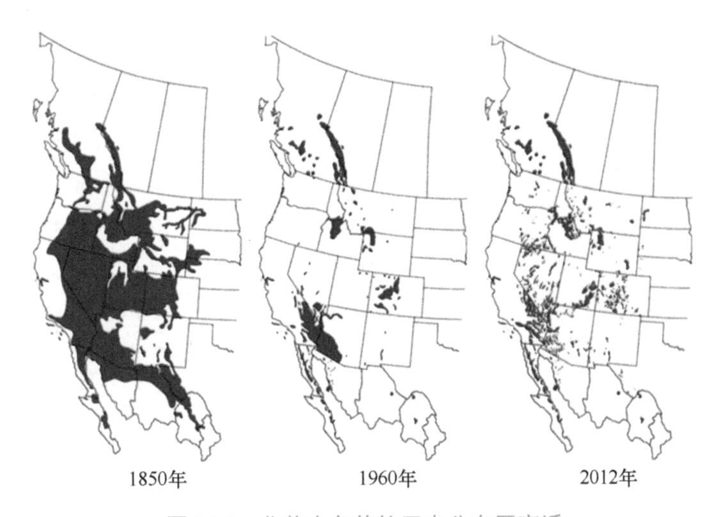

图 26.3　北美大角羊的历史分布区变迁

没有人为干扰的自然生态系统，能量流动是从太阳到达地球，进入生态系统。能量首先被植物吸收并存储，然后少量植物被动物采食，转化为动物的能量，植物和动物死后，被微生物降解，能量以热辐射的形式离开生态系统。人类加入生态系统后，增加了能量输入的途径，即开采化石能源。这些能量一部分被人类直接消耗，如交通、发电、空调等，另一部分间接投入到农业动植物生产，进一步加强了这些物种在生态系统中的优势度。不但如此，化石能源的使用，还改变了生态系统的碳循环。自然生态系统的碳循环是植物的光合作用吸收 CO_2，动植物呼吸代谢放出 CO_2。在生命进化的早期，生物量大积累，碳被固定在植物，主要是低等植物，如藻类和苔藓体中。地质事件将大量的动植物遗骸埋入地下，形成了化石能源如煤炭和石油，也将大量的碳存储在地下。地球大气中 CO_2 浓度大为降低，温室效应减轻，温度下降，人类起源与进化。现在人类的活动又将这些埋入地下的碳释放了出来，地球大气中 CO_2 浓度逐步上升，带来的后果是全球气候变暖[28]。

四、物种灭绝与入侵

2012 年 6 月 24 日美国科学家宣布，孤独的乔治自然死亡，年龄在 100 岁左右，标志着它这个物种的彻底灭绝。孤独的乔治是平塔岛象龟的最后生存个体（重达 90kg，身长 1.5m）。尽管科学家尝试了很多种培育方式，这种象龟再也没有繁殖过[29]。2006 年中国科学家宣布，被称为“长江女神”的白鳖豚功能性灭绝。这是最近两个大型动物灭绝的记录。令人担忧的是，斑鳖正在步乔治的后尘。这种大型鳖类，目前仅有两只存活于世（第三只于 2018 年在苏州死亡），科学家费尽心力还没有繁殖成功。

美国早期的拓荒者在荒野里赶着马车行走时，遇到的旅鸽（passenger pigeon）群体能够遮住太阳长达几个小时。曾有多达 50 亿只的旅鸽生活在美国，它们结群飞行时最大的鸟群覆盖面积宽达 1.6km，长达 500km，需要花上数天的时间才能穿过一个地区。由于人类疯狂地猎杀，砍伐森林以及禽类中的鸡新城疫，外加其一次仅产一枚卵，旅鸽数量逐步减少，直至 1914 年 9 月 1 日野外种群彻底灭绝[30]。北美旅鸽从 50 亿只个体组成的庞大种群到一只不剩，也就是 100 年多一点的时间。每一个灭绝的物种，都有一个悲惨的故事，而每个故事的背后都少不了人类贪婪的影子。

6000 万年之前恐龙的灭绝，迄今原因不明。但由于智人的因素，导致其他物种包括其他人类的灭绝，是有证可考的。从 10 万年前人类走出非洲开始，大型野生动物的命运就发生了不可逆转的改变。史前人类在澳大利亚，灭绝了 24 种大型动物中的 23 种，包括袋狼、巨袋鼠、袋犀、双门齿兽、古巨蜥、沃那比蛇。在美洲，大型动物的灭绝以属为单位，北美 47 个属里灭绝了 34 个，南美 60 个属里灭绝了 50 个。而记载显示，近 300 年来，由于人类的原因，灭绝了约 300 种动物。世界上最大的海雀、毫无防御能力的史德拉海牛、地球上最大的狮子、世界最南端的狼、唯一生活在非洲的熊、世界上仅有的纯白色豹[31]。据世界自然保护联盟红色名录的统计，20 世纪有 110 个种和亚种的哺乳动物以及 139 种和亚种的鸟类在地球上消失了[32]；有 593 种鸟类、400 多种哺乳类、209 种两栖爬行动物以及 1000 多种高等植物濒临灭绝。有关信息在网络上是公开的，有兴趣的读者可以自己查找。我个人感到欣慰的是，我有很多同学和学生，工作在野生动物保护研究的第一线。他们的努力是我们的子孙后代还能看到这些美丽生灵的希望。

如果物种灭绝是由于人们的贪欲和无知，那么物种入侵则是因人们的无知与愚蠢。生物入侵是指某种生物从外地自然传入或人为引种后成为野生状态，并对本地生态系统造成一定危害的现象。这些生物又被叫作外来入侵物种。外来物种是指那些出现在其过去或现在的自然分布范围及扩散潜力以外的物种、亚种或以下的分类单元，包括其所有可能存活、继而繁殖的部分、配子或繁殖体。外来入侵物种具有生态适应能力强、繁殖能力强、传播能力强等特点。被入侵的生态系统具有足够的可利用资源、缺乏自然控制机制、人类进入的频率高等特点。出于发展农业、林业和渔业的需要，各国经常有意识地引进一些动植物，如大米草、水花生、福寿螺、牛蛙、海蟾蜍、红耳龟、野兔等。这些入侵物种改变了原有生态系统的食物网结构，在缺乏天敌制约的条件下泛滥成灾。全世界大多数有害生物都是通过这种渠道而被引入世界各国。外来物种入侵作为一种全球范围的生态现象，已逐渐成为导致生物多样性丧失和物种灭绝的重要原因[33]。我们在野外工作时发现，只要有一只牛蛙存在，整片水域就没有其他蛙类存活的迹象。福寿螺已侵入中国南方的每一个水域，到处都是猩红色的卵块，十分刺眼。

五、生 态 灾 难

生态灾难（eco-disaster）是指特殊的干扰事件引起的生态系统的结构损毁与功能丧失，进而造成急性或长期灾难性后果的现象。人类已经知道生态系统对人类的未来生死攸关，但人性的贪欲却难以停下破坏生态系统的脚步。

1）温室效应

太阳短波辐射能够穿透大气层到达地面，地表受热后向外放出的大量长波热辐射线被大气吸收而致使温度升高。地表与低层大气热交换作用类似于栽培农作物的温室，故名温室效应。自工业革命以来，人类向大气中排放吸热性强的温室气体，如CO_2、甲烷、N_2O、氟利昂以及水汽等逐年增加，大气的温室效应也随之增强。全球气候变暖，其后果相当严重。首先是两极冰盖融化，海平面升高。南北极的动物，如北极熊和企鹅直接受影响。更严重的是，岛屿和沿海低地国家被水淹。全世界的岛屿国家有 40 多个，大多分布在南太平洋和加勒比海地区，地理面积总和达 77 万 km^2。然后是气温升高改变大气环流，继而改变全球的降水分布以及大陆表面土壤的含水量。再就是极端天气事件的频次增加，如过热或过冷。近年来，夏季高温的记录一再被打破，如 2019 年 5～6 月印度和巴基斯坦部分地区的气温接近惊人的 50℃。科学家预言许多人口密集区因为过热而不再适宜人类居住[34]。最后是永冻土层融解，放出更多的温室气体，如甲烷，加剧温室效应[35, 36]。

2）臭氧层破坏

大气中的臭氧绝大部分都集中在离地面 25～30km 的上平流层中，称为“臭氧层”。各地的臭氧分布十分不均匀，而且大气中臭氧的总含量非常少（不到 1ppm，即百万分之一）。这极薄的一层臭氧，对于地球上的生命却非常重要，因为臭氧能吸收阳光中的紫外线。这些紫外线波长很短，是有致命危险的辐射线。臭氧将这些紫外线转换成热能，释放回太空。人类制造了大量会破坏臭氧层的物质，如氯氟烃类化合物（用 CFCs 表示），使地球南北极的臭氧层受到破坏。所幸的是，人们认识到氯氟烃类的危害之后已于 1996 年起限制了其生产 [37]。

如果臭氧层被破坏，紫外线长驱直入，破坏包括DNA在内的生物大分子。因此而增加人体罹患皮肤癌、白内障的概率；海洋中的浮游生物遭受致命的影响，海洋生态系统被破坏；农作物减产；温室效应加剧。

3）海洋资源枯竭

1850年，世界渔获量仅150万～200万t，20世纪90年代已达到1亿t。不断有海洋生物因为过度捕捞而灭绝，北大西洋和地中海地区的蓝鳍金枪鱼和北大西洋鳕鱼完全绝种。2006年联合国粮食及农业组织（FAO）的调查报告显示，全球范围内的鱼类资源中，52%被完全开发、20%被适度开发、17%被过度开发、7%被基本耗尽、1%正在从耗尽状态中恢复。世界渔业资源主要约有600种，其中金枪鱼、纽芬兰鳕鱼、银鳕鱼等25%的渔业资源处于枯竭状态或者过度捕捞状态，这一趋势在过去的15年间并没有得到改善[38]。世界上最大的十个渔场，有七个都不出产大型鱼类，而是出产些小型的鳀鱼、鳕鱼和大西洋鲱鱼等。

近年来海洋捕捞渔获物的营养级年年下降，渔获品种低龄化、小型化日趋严重，总体质量也越来越差。以东海为例，在20世纪60年代，东海渔获物中小黄鱼的平均年龄为4～5龄，其中以2～4龄为主，10龄以上占到14.2%。而在90年代，平均年龄仅为1龄左右[39, 40]。可以预见，如果以这样的捕捞强度继续下去的话，在不久的将来对中上层滤食性鱼类也会过度捕捞，海洋就只剩下一望无际的海藻等浮游植物了。今天你连鱼的子孙都不放过，明天你拿什么来养活你的子孙？有些国家的捕猎者捕猎极具智慧的鲸豚类，血淋淋的场面尤其遭人痛恨。这还有一丝善性吗？

全球海洋有几个洋流区域，可保持海水循环流动。当垃圾进入海洋中后，通常会聚集在某一个洋流中，然后就被鱼类和海鸟吞食。现在世界上最大的垃圾带位于北太平洋。漂浮的和沉入水中的垃圾占据65万km^2，大致与青海省的面积相当。这些垃圾造成了一个死区，没有任何形式的生命可以在这个区域存活[41]。

4）森林和草原退化

与50年前相比，因为森林面积不断萎缩，全球森林的固碳能力已经减少了20%。全球森林退化和消失的原因有很多，包括农业扩张、采矿、人工造林、基础设施建设、森林火灾等。但是造成全球森林破坏的主要原因是大规模的工业采伐。巴西的牧场主、农场主和伐木者每年都会摧毁2.5万km^2的热带雨林，这相当于以色列的国土面积。世界上超过50%的野生动物生活在亚马孙河流域。地球40%的氧气来自亚马孙雨林，因此亚马孙被誉为“地球之肺”[42]。可喜的是，中国经济的高速发展不但没有过度砍伐林木，反而使森林覆盖率有显著的增加①。

草原退化主要表现为优良牧草种类减少，各类牧草质量变劣，单位面积产草量下降等。草原退化是土地退化的一种类型，是土地荒漠化的主要表现形式之一。草原退化的人为因素主要包括超载放牧、滥垦、不合理开发利用草原资源和土地资源以及采矿、修路等工程活动。草场退化是人为活动和不利自然因素导致的草场恶化，包括土壤物质损失和理化性质变劣，优良牧草的丧失和经济生产力下降。

① 关于中国100年来的环境改变，有兴趣的读者可以参阅《百年追寻：见证中国西部环境变迁》一书[43]。

5）环境污染

20 世纪有三个特大的环境污染事故，分别是博帕尔毒气泄漏事件、切尔诺贝利核电站爆炸事件、莱茵河污染事件。

1984 年 12 月 3 日凌晨，印度中央邦首府博帕尔（Bhopal）市的美国联合碳化物集团的联合碳化物（印度）有限公司设于贫民区附近的一所农药厂发生氰化物泄漏，造成了 2.5 万人直接致死，55 万人间接致死，另外有 20 多万人永久残废的人间惨剧。现在当地居民的患癌率及儿童夭折率，仍然因这场灾难而远高于其他印度城市[44~46]。

1986 年 4 月 26 日凌晨，苏联乌克兰的普里皮亚季邻近的切尔诺贝利核电厂的第四号反应堆发生了爆炸。连续的爆炸引发了大火并散发出大量高能辐射物质到大气层中，这些辐射尘埃涵盖了大面积区域。这次灾难所释放的辐射线剂量是爆炸于广岛的原子弹的 400 倍以上。辐射危害严重，导致事故之后 3 个月内有 31 人死亡，之后 15 年内有 6 万～8 万人死亡，13.4 万人遭受各种程度的辐射疾病折磨，方圆 30km^2 地区的 11.5 万多民众被迫疏散[47, 48]。

1986 年 11 月 1 日深夜，位于瑞士巴塞尔市的桑多兹（Sandoz）化学公司的一个化学品仓库发生火灾，装有约 1250t 剧毒农药的钢罐爆炸，硫、磷、汞等有毒物质随着大量的灭火用水流入下水道，排入莱茵河。桑多兹公司事后承认，共有 1246t 各种化学品被扑火用水冲入莱茵河，其中包括 824t 杀虫剂、71t 除草剂、39t 除菌剂、4t 溶剂和 12t 有机汞等。有毒物质形成 70km 长的微红色飘带向下游流去。翌日，化工厂用塑料堵塞下水道。8 天后，塞子在水的压力下脱落，几十吨有毒物质流入莱茵河后，再一次造成污染[49]。11 月 21 日，德国巴登市的苯胺和苏打化学公司冷却系统故障，又使 2t 农药流入莱茵河，使河水含毒量超标准 200 倍。多次污染使莱茵河的生态受到了严重破坏。

其他的重大环境事件，包括 1930 年比利时的马斯河谷事件（SO_2 及氟化物）、1943 年美国的洛杉矶光化学烟雾事件（臭氧）、1948 年美国多诺拉事件（SO_2 及金属）、1952 年英国伦敦的烟雾事件（SO_2 和粉尘）、1953～1956 年日本的水俣病事件（汞）、1955～1972 年日本的骨痛病事件（镉）、1968 年日本米糠油事件（多氯联苯）[50]。

六、我们还剩多少时间？

人类的贪婪是地球的“癌症”，是欲望的极度表达形式。到目前为止，对于这个“癌症”还没有良药可用。地球就是一个表面积为 5.1 亿 km^2 的悬在太空的球状物，这个表面积中有约 70%是流动的水。尽管地球看起来很大，但适合人类居住的地表并不多。人口过剩，这是一个令政治家们愀然作色的词，在探讨有关地球的出路时，常常被形容为“房间里的大象”。显然，地球并不会变大。可供居住的空间就这么多，更遑论方方面面的资源——食物、水、能源所能支撑的人口数量。智人的数量在很长一段时间都相对较少，大约 1 万年前，也只有几百万人口，18 世纪的早期突破 10 亿大关。直到 19 世纪 20 年代上升到 20 亿。目前世界的人口数量已达到 75 亿。据联合国预测，到 2050 年上升到 97 亿，到 2100 年则超过 110 亿[51]。人口增长如此之快是始料未及的。到 21 世纪末，地球需要支撑如此众多的人口，必将面临由此带来的种种影响：生存空间及承载力、自然资源、气候、城市环境，以及随之而来的粮食问题、土地问题、社会问题、资源问题和能源问题。而当人口数量真的超过了地球所能承载的极限时，会发生什么呢？

约翰·卡尔霍恩（John Calhoun）是一位动物生态和行为学家，在1968年进行了一个影响后世的实验[52]。首先，将4雌4雄小鼠放到一个巨大的盒子里，盒子设计成可容纳3000只鼠的体积。采取无限制地提供食物和水，清洁排泄物以隔离病原的措施。种群以每55天翻一倍的速度增长，直到第315天。此时的种群数量达到620只，繁殖速度降为每145天增加一倍。同时，鼠类的行为发生了显著的变化：雄鼠开始为抢夺地盘而互相厮杀，不再保护家庭；雌鼠无心照顾后代，并且参与厮杀。无法获得良好照顾的后代，则秉承了父母的恶习。到第600天，生态系统开始崩溃。幼鼠死亡率高达96%，同类相吃、同性互相交配。公鼠选择逃避成为“宅男”，等其他个体睡觉后才出来活动吃东西，不参与任何活动，包括求偶交配。新一代的老鼠由于没有交配、养育或社会角色的概念，他们将所有的时间用来进食、睡觉和梳理毛发，被称为“美丽的人”。诞下最后一只幼崽后，母鼠便完全停止了生育，小鼠数量下降直至灭绝。

对于人类，除空间限制外，还将面临能源和不可再生资源的枯竭。几种主要能源，包括煤炭、石油、天然气、电力、页岩油气，以及各类矿产资源，都将难以为继。考虑到消费者的数量、所消耗资源的规模和性质，以及对地球的影响等，人类前景难以乐观。

（1）煤炭：根据英国石油公司预计，储量为8690亿t，其中无烟煤和烟煤储量为4048亿t，次烟煤和褐煤储量为4562亿t。按照2011年煤炭的产量与储量比例分析，世界现已探明的煤炭储量可供开采112年[53]。

（2）石油：全球已证实石油储量为1.8万亿桶。如果世界继续消耗石油并按现有速度开采，在不考虑人口增长的因素下，世界石油还够用40年多点[54]。

（3）天然气：2010年美国天然气消费量6834亿m^3，消费量占全球总量的21.7%，据此估算2010年全球天然气消费量为3.14万亿m^3。2013年探明的世界天然气可采储量为187.3万亿m^3，估计可以用60年[55]。

（4）页岩油：据美国《油气》公布的统计数字，全世界页岩油储量为11万～13万亿t。现在全球每年消耗石油大约50亿t，照这个用量，全球页岩油可以用200年[56]。

上面估算的可供开采年限是以现有的消耗速度为计算依据的。随着人口的增加以及人均消耗量的增大，开采速度只会提高而不会降低。尤其是几个人口大国的经济高速发展，一定会带来资源消耗的大加速。将几种化石能源拉通计算，考虑消费增加因素，不可再生能源的供应可能支撑不到2100年。就是说我们只有80年左右的时间，在此之前必须解决能源问题。按目前的技术水平，可再生能源还不足以完全代替化石能源。将来最有前途的两个解决途径，一个是控制热核聚变，另一个是提高太阳能的转化效率。

随着社会生产力的发展，人类活动对地球矿产资源的需求量越来越大。地球上的矿物已知有3300多种，并构成多样的矿产资源。中国矿产资源丰富、矿种齐全，是世界上矿产资源总量较大的资源大国之一，目前已发现矿产173种，其中探明储量的矿产

153 种，但资源劣势明显。到 2010 年中国现有的与经济发展息息相关的主要大宗矿产中，石油、天然气、铝、铁、铜、黄金、镍、硫、硼、铀、磷、石棉、铬、钾、富锰等已无法满足国内需求。到 2020 年我国短缺的矿产资源将增至 39 种，供需矛盾十分严峻[57]。

当年基于杰伊・福里斯特（Jay Forrester）教授的世界模型（World 3），形成了《增长的极限》——罗马俱乐部报告以及一项令人绝望的美国研究预测，地球将很快最终耗尽石油和其他资源，并在 2050 年左右变得无法生存。如今英国安格利亚鲁斯金（Anglia Ruskin）大学的全球可持续发展研究所发表论文，显示世界末日可能发生在 21 世纪末的 2100 年。科学家们更新了 20 世纪 70 年代用于预测地球资源有限程度的计算机模型，从而得出了这一结论[58]。作者之一阿利德・琼斯（Aled Jones）指出，“当你运行新校准的 World 3 模型进行推演，基于对这些极限的合理猜测，21 世纪整个社会将会崩塌，尽管这些极限究竟是什么还存在很大的不确定性。如果是基于物质消耗，增长不可能无限继续，且不会根植于我们对地球只有有限土地和资源的理解。”

2017 年，184 个国家的 15 372 名科学家联名对人类发出第二次警告：我们正在损害我们的未来，对物质毫无节制的消耗，且表现在地理和人口分布的不均衡性，许多人并没有意识到人口的高速膨胀是生态与社会威胁的重要原因。我们应敦促全人类：为拯救地球，人类应减少肉类食用、降低生育率、减少能量消耗、使用更清洁的能源[59]。科学家们表示，人类已经开启了 5.4 亿年来的第六次物种大灭绝[60, 61]。许多现代生物都将从地球上消失，或到 21 世纪末宣告灭绝[58]。显然，“失控”理论不仅适合解释动物性特征的夸张，也符合人类社会发展的轨迹和惯性。问题是，人类能够踩住刹车吗？

第二十七章
社会生物学的局限性

社会生物学在解释昆虫的社会性行为时是成功的，但也仅此而已。

具有理解力的生命，即能够领悟自身存在之理，才算是成熟的生命。发现生物进化和社会发展的规律是人类文明成熟的标志。在《资本论》第一版的序言中写道“这一著作的最终目的，是揭示现代社会运动的经济规律”。

达尔文的自然选择理论在解释生命的进化上取得了空前的成功，但带来的困惑更多。其中之一就是人类社会是否遵循自然选择。“如果达尔文是对的，自然选择的规律就如同物理学定律一样，可以应用在所有人类的道德史上。在弱智与强者的竞争中，邪恶者终究会灭亡”。查尔斯·洛林·布雷斯（Charles Loring Brace）如是说（1894 年）。即使是一百多年后的现在，还有人认为如果达尔文理论是正确的，它当然也应该可以适用于人类，难道人不是生物吗？人类社会不应符合生物进化的规律吗？人类不就是由“自然选择”而来，又要乘“自然选择”而去的吗？在“适者生存”的思潮下，种族主义的理论基础——社会达尔文主义（Social Darwinism）的兴起是在所难免的。

一、社会达尔文主义

英国哲学家斯宾塞被认为是“社会达尔文主义之父”。其实，他在 1851 年发表了《社会静力学》一书，提出了“适者生存”的概念，那时达尔文还未发表他的《物种起源》。达尔文在再版《物种起源》时借用了斯宾塞发明的“适者生存”一词，并赋予了新的含义。斯宾塞认为应该把正确的生物学和物理学理论应用于人类社会，不管这个理论是谁提出来的。社会达尔文主义者将达尔文的进化理论直接推广到社会学领域，认为社会与其成员的关系有如生物个体与其细胞的关系。强调人类社会的文化习俗、科学、制度、道德和法律规范、市场机制等，和生物的结构与功能一样，其目前的形态都是从前期的低级原始的形态发展而来。而这一发展是经由竞争、适应和淘汰等过程而实现的[1]。在此过程中，个体特性也会做出相应的调整。影响人口变异的自然选择过程，将导致最强竞争者的生存和人口的不断改进。社会达尔文主义本身并不是一种政治倾向，而是一种社会思潮或学术观点。根据自然界"食物链"的现象，提出"弱肉强食，物竞天择，适者生存"的观点，并以此解释社会现象。在《物种起源》出版伊始，一些有识之士就担忧："如果这本书的观点为大众接受，那它将会为人类带来前所未有的残忍"。

斯宾塞的追随者在解释当时欧洲社会为什么会有贫富两极分化时，认为这是自然选择的结果：富人、贵人是强者而得以生存，而穷人则是弱者理应被淘汰。社会达尔文主义强调人种差别和阶级存在的合理性以及战争不可避免等。其实，斯宾塞本人主张法律面前人人平等、每个人的权利和自由都应得到保护，主张男女平等；反对以武力征服为前提的贸易和殖民活动；谴责对原住民的杀戮和虐待，也反对奴隶制。对达尔文生物学观点的另外一种社会解读是所谓"优生学"（eugenics），由达尔文的表弟弗朗西斯·盖尔顿（Francis Galton）发展起来。盖尔顿认为，人的生理特征明显地世代相传，因此，人的脑力品质（天才和天赋）也是如此（图 27.1）[2]。那么，社会应该对人类遗传有一个清醒的决定，即避免"不适"人群的繁殖过量以及"适应"人群的繁殖不足。

图 27.1　早期"优生学运动"的一幅著名宣传海报，强调优生学的理论基础

优生学运动的初衷是社会教化，目标是通过有选择地生育"适者"以改善人类的基因库，但它的作用很快被歪曲了。在 1910 年以后的 20 多年里，它为美国强迫智力低下的人接受绝育手术做科学辩护。也被用来解释不人道的种族歧视性的移民考试和名额限制，因为那个年代大多数极端贫困的东欧移民是文盲。优生学的影响也波及欧洲大陆，成为 20 世纪三四十年代纳粹德国种族清洗的罪恶发端。纳粹迫害犹太人、吉普赛人、同

性恋者以及他们认为所谓的“低等团体”时，就是利用优生学的原理，从所谓“科学”的角度证明其“合理性”。

与马克思主义追求全人类平等的目标相反，社会达尔文主义具有明显的种族主义和社会不公倾向。达尔文本人曾被诟病为社会达尔文主义者，可能是因为在《人类的由来及性选择》[4]留下过一段偏颇的话。但实际上，达尔文真实的含义却是：“生存斗争过去是、现在依然是重要的；然而仅就人类本性的最高部分而言，还有其他更为重要的力量。这是因为道德品质的进步是直接或间接通过习性、推理能力、教育、宗教等效果来完成的，远比通过自然选择来完成更伟大；虽然为道德观念的发展提供了基础的社会本能可以稳妥地归因于自然选择的力量。”

正是马克思及其追随者在那个艰难的岁月里，守护着人性中最光辉的一个角落。即使受他们那个时代难以避免的种族主义的影响，却更显示出马克思和达尔文思想的先进与伟大。中国人对这个问题可以这样来看，作为一个自强民族，特别是有悠久历史和辉煌过去的中华民族，不应该害怕传统的社会达尔文主义，而应该奋发图强，成为具有更先进文明的民族，更具有竞争力的群体，这才是中国人应该有的意识。

社会达尔文主义者显然将文明的优越归结为文化的优越，再将文化的优越归结为种族（即基因）的优越。然而，文明与基因之间并没有一一对应的直接关系。何为“文明”？简单地说，就是指人类的一种生存形态。世界上公认的原创文明有四个，即中华文明（最年轻）、印度文明、埃及文明和两河文明（最古老）。每种文明都有自己的“文化基因”，其起源既有偶然性也有必然性，与民族或基因没有必然的联系。例如，农业文明在西亚的“新月”地区，即黎凡特起源，是因为那里有野生麦类植物的分布，而不是早期西亚人比其他人更聪明[5]。文明本身是变化的，是可与其他文明融合的。更重要的是，文明和文化都是可以学习和传播的，因此是完全脱离基因的。正如进化生物学家多布赞斯基在《进化中的人类》[6]（1963 年出版）一书中描述的那样：“文化不是通过基因遗传的，它是通过从其他人那里学习而获得的……在某种意义上讲，在人类进化中人类的基因已经放弃了它们的首席地位而让位于一种全新的、非生物学的或曰超有机体的力量，这就是文化”。的确，这是一种全新的力量，但却不是非生物学的。文化传递的生物学本质是有指导（supervised）的神经网络重建（参考第九章）。

也许是为了反击社会达尔文主义的思潮，以斯金纳领军的行为学派，强调每个人出生时大脑都是空白一片，即所谓的“白板”理论（参阅第十二章）[7, 8]。该理论具有发育生物学的证据，如刚出生的婴儿已经具备所有的神经元，其后的发育不再增加神经元的数量。神经元之间的突触在 2 岁以内大量形成，反过来说，刚出生的婴儿大脑可能还没有真正的高级认知功能[9~11]。1924 年，著名的心理学家、行为学派创始人约翰 • 沃森（John Watson）[12]发表一个后来被广为接受的宣言：“给我一打健康的、适当的婴儿，以我自己特有的方式培养他们，我保证他们当中的任何一个都可以训练成为我所希望的专家——医生、律师、艺术家、商人，当然，也可以是乞丐和小偷，这与他的天赋、倾向、爱好、能力、职业和祖先的种族无关”。

即便有大量的证据和理论，但随着现代遗传学体系的建立，行为主义学派还是走向没落。

二、社会生物学

单纯就理论的内在联系，社会生物学实质是社会达尔文主义的理论拓展，试图成为覆盖整个生命世界的规律。本书提出的基于冗余神经元网络的间接选择理论，其目标之一就是反对社会生物学向人类社会的推广。

人类社会高度复杂，其进化规律被淹没在千姿百态的表象之下。社会生物学由威尔逊基于对真社会性昆虫的行为研究提出并倡导，其标志是1975年出版的《社会生物学：新的综合》（2000年再版）以及随后创办的专业杂志[13]。虽然威尔逊最终规定了社会生物学的核心定义，但其他科学家，如汉密尔顿和道金斯等的理论也对社会生物学的建立起到了决定性的作用。

社会生物学的基本定义是：一切社会行为的生物学基础之系统研究。大脑作为生存机器的一个最突出的特征——“目的性”（teleological）是广泛存在的。在动物中，目的性表现在于它们似乎能“深思熟虑”地帮助基因生存下去。人类对于目的性则更有体会，只不过人们只承认自己的一切奋斗都是为了子孙后代，而不认为这是为了保存和发展人类的基因而做的努力罢了。在一般人的眼里，子孙后代就是将来的孩子们；而在社会生物学家看来，子孙后代乃是人类未来的基因。从达尔文主义的意义上讲，生命体不是为了自己而活着。它的基本功能甚至不是繁殖另外的生命；它繁殖的是基因，并且像一个昙花一现的载体那样为永恒的基因服务。每个通过有性生殖产生的生命体都是独特的，是组成物种所有基因的偶然集合体[14]。很显然，社会生物学家不赞成行为学派的后天决定论，强调人类社会结构和功能的生物学起源[15]。

下丘脑（边缘系统）“知道”，只要它管控的行为反应对个体的生存和繁殖有益，其潜在基因的拷贝就会被最大化。基因对动物行为的控制是间接的，但仍然是十分强有力的。基因对动物行为的终极影响，是通过构建协调身体的神经系统等“硬件”来实现的。完成构建后，一切交由神经系统的中枢——大脑来支配。大脑是执行者，但它的基本策略来自基因。而当神经系统过于发达，大脑绝对地掌控决策机能的情况下，基因最终只能给大脑一个普适性的指令：采取任何你认为最适当的行动，以利于保证我们的生存和基因传播[14]。基因的“目的性”容易使人联想到创造论，这个谬误现在完全可以借助间接选择的原理加以纠正。

社会生物学家认为，不管是哪种动物的行为，都在基因的直接或间接控制之下。但基因对生命行为进行操作在时间上存在滞后的难题。要解决这个难题，基因必须为大脑安排一套有预见能力的程序，即让生存机器有学习的能力。在严酷的生存斗争中，有学习能力的活了下来，没学习能力或学习能力差的被淘汰掉了。基因所能做的只限于事先的部署和安排，以后生存机器就要独立操作，而基因只能袖手旁观。从进化的角度，学习和预测能力的下一步，就是意识的产生。人类的大脑已经从基因的主宰中解放了出来，虽然它不可能最终彻底摆脱基因的影响。

基因是“自私”的。这是因为基因为了生存，直接与它们的等位基因发生你死我活的竞争。等位基因相互成为争夺它们在后代染色体上的位置的对手。例如，在染色体的某一位点，有 2 个控制眼睛颜色的基因互为等位基因：一个是蓝眼基因，一个是绿眼基因。遗传给后代的概率各有 50%，如果后代的眼睛是绿色的，就意味着蓝眼基因竞争失败。在基因库中通过牺牲其等位基因而增加自己生存机会的任何基因都会遗传下去。反之，如果它不自私，而是利他主义者，它把生存机会让与其他基因，自己就被消灭了。所以，生存下来的必定是自私的基因而不可能是无私的基因。因此从本质上讲，自私才有基因，基因都是自私的，这也是发生在生命现象各层次上的自私行为的根源[14]。在社会生物学的理论中，自私，是生命的本性之一。

尽管基因是自私的，但并不妨碍利他行为的进化。现在知道，利他行为发生概率与亲缘关系直接相关。根据汉密尔顿的推算，如果个体的利他行为，能够保证 2 个自己的直系后代（各含有该行为主体 50%的基因）免遭死亡，从基因的角度来看，获得的收益与付出的代价相等。但如果能够保住三个直系后代免遭死亡，收益大于付出，利他行为就会发生[16]。威尔逊进一步将汉密尔顿的理论推而广之，认为复杂系统如人类社会，也摆脱不了基因的影子。人们的社会行为，无论多么高尚和无私，追根溯源都可归结于基因的自私性。这显然是对亲缘选择理论的过度解读。

社会组织的基本特征是各种统计参数，如出生率、死亡率、阶级等级、基因频率以及人口结构等。那么，又是什么东西决定了这些基本参数呢？社会进化的原始动力可以分作两种范畴：系统发育的惯性与生态环境的压力[17]。系统发育倾向于保持已有的“传统”不变，它是由群体作为一个整体的历史所决定的。历史决定着进化方向的可选择范围，同时也决定着进化的速度。生态选择是一系列环境因素的协同作用，其中包括温度、湿度、降水、地形地貌等非生物环境，也包括生物条件，如猎物、捕食者、竞争者等。相比动物社会，人类社会的复杂性有了质的飞跃。社会生物学家仍然坚持认为人类社会的进化没有摆脱遗传与适应这两个推力。社会进化是在系统发育惯性的约束下，群体应对环境压力的遗传反应的结果。

社会生物学理论最矛盾的一点是，它一方面强调亲缘选择的直接作用，另一方面又指出基因与行为的距离很遥远。对于一些违背自然选择和亲缘选择的行为，如丧子的母猴偷走邻居的幼猴抚养，简单地以进化“错误”概之。基因对本能行为的控制，符合逻辑；而人类的社会行为却以学习为主。虽然人的大脑未能彻底摆脱基因的控制，但人类的文化传承是不受基因的影响的[14]。因此，人类社会行为的进化脱离了“DNA 制造更多 DNA”的魔咒。这将导致人类文明朝着欲望指引的方向，大踏步地走向自我毁灭。

社会生物学也试图为人的性享乐找到直接的适应意义。可惜，还是没有脱离行为生态学家的典型思维。相比其他动物，人类性活动的强度和变化也是独特的，性目的几乎完全与繁殖脱节[18]。这种行为上的改变通过更紧密地把原始家族的成员结合在一起而提供了进化适应。通常，男女之间频繁的性活动是巩固对偶关系的机制。而且频繁的性活动也降低了雄性的侵犯性竞争。在其他灵长类和哺乳动物中，当雌性进入发情阶段后，雄性的敌对行动就加强了。而在原始人类中，由于发情期的消失而减少了这种潜在的竞争，并确保了狩猎男子的联盟[19, 20]。问题在于，共享女人可能只会破坏男子联盟，因为嫉妒心态导致情敌间难以有效地合作。相对每日都有的性活动所导致的冲突，以月为周期的发情期所带来的敌对，就微不足道了。

性选择是驱动人类全面进化的辅助动力：多配偶是狩猎群体的一种普遍特征，或许在早期的原始人社会中也是这样。假若情况果真如此，那么性选择必然起了重要的作用。这包括雄性对雌性的引诱性炫耀，以及雄性与雄性之间的性竞争。性选择必定由于不断的交配刺激而加强，这是由于女性的性接受能力近乎连续的原因。在原始人群中存在着高度的合作，性选择这种原始人已适应的遗产，易于和狩猎勇猛、领袖才干、制造工具的技巧和其他可见的品质联系在一起，这些品质能有助于家庭的成功和雄性联盟的顺利。然而，混乱的性关系不但不能够加强雄性联盟，反而在雄性间制造矛盾。看一看现实生活中和“肥皂剧”中的多角恋情，哪个冲突的根源不是因为关系混乱。这就是为什么生理学家罗杰·肖特（Roger Short）认为：“我们基本上属于一雄多雌的灵长类，却经常采取一雄一雌的形式[21]。”

人类是性享乐的高手。通过审视潜在的性伙伴，借助幻想及各种令人愉快的微妙调情来制造前期亲密活动，最后导致性行为。这一切更多的只是结成联盟所必需的，而与生殖并无太大关系。如果受精只是性的一种生物学功能的话，那就应该以更经济的方法在很短时间之内完成。从动物界的情况来看，那些社会性差的物种就没有什么交配仪式。而在那些长期成对的物种中，人们发现，个体配对前有着精密的求偶仪式[22]。因此，人类的性快乐是促进联盟的强化因子，爱和性的确结合在一起了。侵犯行为受到抑制，灵长类动物统治的其他形式都被复杂的社会技巧所取而代之。年轻雄性发现参加群体是有利的，而适应群体生活则要控制自己的侵犯行为，等待地位的提高。其结果是，类人猿社会中占统治地位的雄性很可能具有多种必要的性质：“有控制能力的、狡诈的、协作的、对异性有吸引力的、对孩子善良的、松懈的、粗暴的、富于表情的、有技巧的、有见识的并且在自卫和打猎中是精练的。”因为在这些更加老练的社会特征之间发生正反馈，并带来成就，所以社会进化可以在没有环境附加选择压力的情况下无限地发展。

甚至同性恋也具有生物学上的意义，同性恋毕竟也是一种联合的形式。正如异性恋行为的主要内容是加强关系一样，同性爱好也有同样的作用[23]。考虑到遗传基础，由于给携带者带来好处，同性恋的基因就可能在原始社会中传播开来。既然同性恋者没有孩子，怎么会在群体中传播他们的基因呢？一种答案是，亲缘选择。由于他们的存在，他们的近亲会有更多的孩子。原始社会中的同性恋者可以帮助同性成员，既可以帮着打猎，也可以帮助采集，还可以帮助承担家庭事务中的各种工作。在家里由于不做母亲，所以工作起来特别有效，从而大大帮了其姐妹的忙。如此这样，如果近亲的生存和繁殖大受其益，他们所承载的同性恋基因也就会传播开来。然而，灵长类同性恋与一般利他行为者有根本的不同，同性恋是肯定没有后代的，而其他的利他行为者既有利他行为也会自己繁殖后代。除非是遗传上固化了繁殖分工的真社会昆虫，即工蜂（蚁）没有繁殖功能，这些个体的利他行为是“迫不得已”的选项。而同性恋人群通常是具有繁殖能力的个体，这带来一个悖论：既然基因是高度自私的，那么与其帮助别人，如父母或同胞繁殖后代（仅有 25%或 12.5%的基因利益/子代），远不如繁殖自己的后代（50%的基因利益/子代）划算。自然选择为什么会青睐低效系统而抛弃高效系统？

“人：从社会生物学到社会学”是威尔逊《社会生物学》的最后一章，也是最有争议的内容。将一切社会行为的最根本动机都归结到基因的自身复制，以及强调基因在调控人和动物的社会结构和社会行为方面的全能性，都是机械唯物主义的方法论。威尔逊自己也承认，人的“社会组织是离基因最远的一种表现型形式”。并提出，“……在现代文化生活中，生物学基础在什么范围内代表着适应？在什么范围内是一种系统发育的残迹？我们的文明是围绕着生物学特征而粗略地建成的，文明是如何受生物学特征影响的？”等疑问[13]。

属于物种内部的人类社会组织的群体统计参数，远比任何灵长类群体中的相应参数的变异都大。这些变异甚至超过了现有灵长类的物种之间存在的差异。从社会组织的角度来看，智人的种内竞争代替了灵长类的种间竞争。种内竞争的结果，促进了人类社会的进化。威尔逊指出：“人类社会的成员有时以昆虫的形式密切协作，但他们更多的是为分配给他们角色部分的有限资源而竞争。……除此之外，个体企图通过改变角色，而向较高的社会经济地位运动，阶级之间也会发生竞争，并且在很长的历史时期内，阶级之间的竞争提供了社会变化的决定因素”。

理查德·赫恩斯坦（Richard Herrnstein）在 1971 年假设，由于在社会中环境机会变得愈加近乎均等，社会经济集团愈发需要通过基于遗传的智力差异来定义。2006 年，英国阿尔斯特（Ulster）大学名誉教授理查德·林恩（Richard Lynn）在收集和研究了 130 个国家的智商测试数据后，得出了一个大胆结论：东亚人（中国人、日本人、朝鲜人等）拥有全世界最高的智商，平均 IQ 值为 105（图 20.6）。他断言，人种素质决定中国将成为唯一超级大国①。多项研究显示，对于特定人群，IQ 值因为教育的普及而提高的程度非常有限，如从 80 提高到 84[24~26]。威尔逊强调，基因“至少在潜伏于文化差异之间的行为品质方面还保留一定的影响”，“个体行为模式在进化上的一个小变化，可以通过社会生活中的多倍放大而产生重要的社会影响。”

一些具有遗传力的性状包括：内倾与外向人格、个性脾气、心理动机和运动能力、领袖气质、抑郁症、首次性活动的年龄、主要认知发育的时间表和趋于某种形式的精神疾病的倾向，如精神分裂症。丹尼尔·弗里德曼（Daniel Freedman）的研究（1974 年和 1979 年）显示，新生儿的运动力、心境、肌肉弹性、情绪反应等有显著的种族差异，无法合理地解释为训练或子宫内条件反射的结果。例如，高加索和美国人混血新生儿，就不如中国和美国人混血新生儿的反应稳定。后者不轻易受噪声和运动的干扰，能更好地

① 中国人的高智商只能是中国成为超级大国的内在必要条件；那么外在充分条件，即社会结构呢？外在条件包括：普通公众的科学和民主意识、精英群体的深思远虑、传统文化的批判性继承、社会结构的公平和公正。

适应新的刺激和不利环境，并更快地自我安静下来。简单地说，有中国血统的新生儿和欧洲祖先的新生儿在行为特征上是不同的[27~29]。在这一点上，社会生物学与社会达尔文主义并无区别。相反意见的研究指出，印度社会的等级制度已存在了两千多年，这已长于发生进化分歧所需要的时间了，但是在血型、肤色和其他可测量的解剖和生理学特点方面，等级之间只有轻微的差异。然而，各种姓的遗传背景却仍然保留显著的差异[30, 31]。可见生态适应而非遗传背景在南亚人群的建立当中，起决定性作用。

对此，埃尔利希（美国）[22]写道："生物进化改变了我们的遗传天赋，这毫无疑问从多个方面塑造了人的天性，包含人类行为。但是评论家们却期望我们的遗传天赋去完成超出其能力的使命。"人们倾向认为编码在我们 DNA 中的信息含有控制个人和群体行为的"指令"。然而，人类没有足够的基因，以决定所有的行为模式。人类基因组虽然有 30 亿对碱基，但只有 2 万～3 万个基因（预计数量可能还要少）。人脑的神经元总数约 860 亿个，每个神经元平均有数万个化学突触与其他神经元连接。也就是说基因即使不做其他任何事情，仅就控制神经突触（事实上无法控制）的构建而言，每个基因就得处理几亿至几十亿个突触连接。"考虑到这个比例，基因能操控人类普通行为的观点，仅是糊弄人而已。所谓'了解人格的基因源头就可帮助你找到"你自己"以及更好地与他人相处'的言论，就当下的知识水平，坦白地说是没有根据的[22]。"

"地松鼠进化出的'利他'行为，经常使它们对同族个体发出危险来临的警告鸣叫。有证据显示利他行为是基因决定的。的确，该行为可能经进化而来，因为同族个体比非同族个体拥有更多相同的基因。但是，一名企业经理人送支票给非洲饥荒者救助机构的'利他'行为，这也可归结到遗传吗？[22]"埃尔利希如是说。

人的大脑和人类社会的结构是宇宙中最复杂的两个系统，如果没有自组织的能力，全靠基因调控或完全依赖个人的经验是根本无法完成构建和顺利运行的。那么，社会达尔文主义与社会生物学的区别在哪里呢？前者展现了自然选择在人类社会中冷酷无情的"邪恶"一面，即优胜劣汰；而后者在基因的自私性带来利他行为的基础上，强调自然选择也有"善良"的一面。然而，它们都过度地强调遗传和基因在人类社会建立和发展以及阶级产生中的作用，这是站不住脚的[32]。难怪著名心理学家大卫•普雷马克（David Premack）曾经感叹道："为什么生物学家威尔逊可以在一百米外区分出两种不同的蚂蚁，却看不见蚂蚁和人之间的区别呢？"在《1844 年经济学哲学手稿》中，马克思也强调[33]，"有意识的生命活动把人同动物的生命活动直接区别开来，正是由于这一点，人才是类存在物。"

三、历史唯物主义

在自然选择驱动生物进化的理论与阶级斗争推动历史进步的思想之间，难以找到类似之处。至少在方法论上如此，前者依赖对自然的观察而后者基于辩证法思维。马克思之所以欢迎进化论的思想，是因为其中固有的唯物主义特点[34]。根据达尔文的观点，人的社会合作本能是人类社会存在的基础，是经由自然选择后的结果，因此只能在人类社会活动中逐步地发生变化。

1）社会进步与生物进化

历史唯物主义指出：物质生活的生产方式决定社会生活、政治生活和精神生活的一般过程。其基本概念包括：①社会存在，即社会组织形态及其组成要素决定社会意识，即伴随的意识、诉求、思想等，社会意识又可以反向塑造并改变社会存在；②生产力和生产关系或生产要素所有者与生产力提供者之间的矛盾运动规律；③经济基础，即由生产力和生产关系揭示的经济组织形式与上层建筑或政治体制之间的矛盾，是人类社会发展的动力[35]。这是一个封闭系统，其核心驱动力就是社会发展中各种矛盾的相互作用，而矛盾的作用点只有一个，那就是社会活动——劳动。一切重要历史事件的原因和动力是社会的经济发展，其实质是生产方式和交换方式的改变，以及由此产生的社会结构。在这一理论框架之下，劳动成为一切人类活动的基点。但人类活动不能够仅包括有用的劳动，还有大量的看似“无用”的闲聊、嬉戏、娱乐、竞赛等。而恰恰是从这些无用的活动中，构建出人类文明的核心内容[36]。

生产力是一切社会进步的尺度，社会生产力的发展水平，决定人类社会的进程。与一定生产力发展相适应的生产关系，构成一定的社会形态和经济结构的现实基础，规定着社会形态的主要特征。一切社会制度和社会形态都是人类社会从低级到高级的发展过程中的一些暂时阶段。没有永恒不变的社会制度和形态，社会制度的变革是社会基本矛盾发展的结果。人类社会的一般发展规律是从原始社会到奴隶、封建、资本主义再到社会主义和共产主义社会[37]。

由此看来，人类社会是一个自组织结构，有自己的内在驱动力，其发生和发展不依赖外部的因素。人的生物性作为社会的外在条件，不能左右社会的进步。不管在何种社会阶段，人的生物性是不变的。这些观点如果建立在直接选择的基础上，有其合理性。因为没有间接选择，基因就没有切入点，对社会变化“鞭长莫及”。如果考虑间接选择的因素，人的生物性就可以嫁接进社会组织中并发挥主导作用。脑体是人类社会的基本构成元件，可以受遗传和文化的双重作用。这与传统意义上的社会生物学是有本质区别的。人的本性包括生物性和社会性，人类历史的发展就是生物性被社会性逐渐压制的过程。而对生物性如何反作用于社会性的研究，在间接选择提出之前，老实说是没有立足点的。

从本质上看，关于人类社会进步的思想与达尔文的自然界生物进化理论是相通的。人类社会的一切都归结于劳动，劳动被泛化为人类的一切活动。而且，劳动必须是“有用”的，即能够扩大人类的物质财富和精神文化财富。劳动效率越高，财富的积累速度越快，资本相应地增多。生物通过自然选择形成对环境的适应性，也是“有用”的，即扩大后代的数目或基因的拷贝。适应性越高，留下的后代越多，基因的扩散加快。然而，劳动不是社会生活的全部，人类的诸多行为不能归结为劳动。同样地，达尔文和汉密尔顿的直接选择也不能解释所有的动物行为。这表明在人类社会进步的思想与自然界生物进化的理论背后，还有一个共同的“灵魂”——间接选择。脑体控制之下的人和动物，除了为基因直接或间接服务的"生产和再生产"之外，还有为脑体本身服务的活动。这些活动在很大程度上表现出对抗基因的特性，难以用自然选择和劳动来解释。

生物学家认为，社会学家通常以最外部表现型的经验描述和孤立的直觉来解释人类行为，而不参考生物进化意义上的解释。当代社会学在高度复杂性的人类社会研究中，由于其基本的结构主义方式和非基因倾向，与社会生物学相距甚远。因而，社会生物学的一个功能，就是要把这些学科纳入现代综合的框架内，重构一些社会科学的基础。社会生物学搭建了一个宏大的进化框架，希望将人文体系中的社会科学也纳入其中。然而，没有间接选择，这显然只是一个无法实现的美好愿望。

2）资本主义发展的预言与现实

"一个幽灵，共产主义的幽灵，在欧洲游荡。为了对这个幽灵进行神圣的围剿，旧欧洲的一切势力，教皇和沙皇、梅特涅和基佐、法国的激进派和德国的警察，都联合起来了。"《共产党宣言》中的经典语句[38]。"至今一切社会的历史都是阶级斗争的历史。……但是，我们的时代，资产阶级时代，却有一个特点：它使阶级对立简单化了。整个社会日益分裂为两大敌对的阵营，分裂为两大相互直接对立的阶级：资产阶级和无产阶级。……它（即资产阶级）使人和人之间除了赤裸裸的利害关系，除了冷酷无情的'现金交易'，就再也没有任何别的联系了。"

在马克思看来，社会形态的变革与更替是一种自然的过程。人类社会由资本主义向社会主义、共产主义的进化和发展是一个客观的历史过程。一个社会，即使探索到了本身运动的自然规律，"它还是既不能跳过也不能用法令取消自然的发展阶段"。马克思和恩格斯用唯物主义历史观分析了整个人类社会从古代社会到现代资本主义社会的历史。社会发展的驱动力是其内在的结构性矛盾，即旧的所有制关系因为不再适应已经发展的生产力而变成了束缚生产的桎梏，它已经在阻碍生产而不是促进生产了[38]。

资本主义在马克思的时代发展到一个高潮，大量的无产者，即产业工人出现。资本的集中加速了生产规模的扩大以及产业的分工。"由于推广机器和分工，无产者的劳动已经失去了任何独立的性质，因而对工人也失去了任何吸引力。工人变成了机器的单纯的附属品，要求他做的只是极其简单、极其单调和极容易学会的操作。因此，花在工人身上的费用，几乎只限于维持工人生活和延续工人后代所必需的生活资料。"那么，这一切的背后推手是什么？是资本家、政府还是工人？都不是！

马克思曾尖锐地指出了资本的贪婪本性："如果有 10%的利润，资本就会到处被使用。有 20%的利润，资本就能活跃起来。有 50%的利润，资本就会铤而走险。为了 100%的利润，资本就敢践踏人间的一切法律。有 300%以上的利润，资本就敢犯任何罪行。"①在马克思的眼里，资本主义社会里的资本具有独立性和个性。资本的行为与基因的行为何其相似也，即为了复制自己而不择手段。在这一点上，资本的自私和血腥一点也不亚于基因。基因操纵了生命的进化，而资本则控制了资本主义的进程。如果是这样，人就成为资本主义社会中资本的奴隶。因此，人类社会的发展史从某种意义上说也就是一部

① 这是在《资本论》第一卷里面的一个脚注，引用的《工联和罢工》中的一段话。

人类自身追求解放的历史，即追求人的自由而全面发展的历史，追求人类社会由必然王国向自由王国飞跃的历史[39]。对于资本主义社会，人为了脱离资本的控制而奋斗。这类似于脑体企图为摆脱基因的控制所做的所有努力，脑体在追求自由的斗争中逐渐地摆脱了“兽性”，升华到“人性”的光辉阶层。

马克思对资本主义的前途得出了一个十分具体的预言。他满怀信心地期望：资本主义在经济上将变得越来越不稳定；随着无产阶级的日益贫困和人数增加，资产阶级与无产阶级之间的阶级斗争将会加剧，直至工人在社会大革命中夺取政权，开创一个新的共产主义历史阶段[40]。“于是，随着大工业的发展，资产阶级赖以生产和占有产品的基础本身也就从它的脚下被挖掉了。它首先生产的是它自身的掘墓人——无产阶级。资产阶级的灭亡和无产阶级的胜利是同样不可避免的[38]。”只有扬弃资本主义的私有制，人类社会才能最终摆脱种种奴役性的社会关系，才能最终成为自己的主人。只有在那个时候，“人在一定意义上才最终地脱离了动物界，从动物的生存条件进入真正人的生存条件”，即“成为自然界的主人，成为自身的人——自由的人”[41]。首先需要找到欲望的生物学根源，才能深刻地理解欲望的本质。只有阐明了人的本性，才有可能获得跟大的进步。

3）150 年后的社会发展状况

2017 年是《资本论》（第一卷）出版后的第 150 年，也是本书的创作高潮。一个半世纪过去了，曾经的预言“让统治阶级在共产主义革命面前发抖吧。无产者在这个革命中失去的只是锁链，他们获得的将是整个世界。”然而，这在高度发达的资本主义社会当中并没有发生。在欧洲落后的资本主义国家，曾经发生过的革命，也已经烟消云散了。难道这个预言是错的？

哈拉利在《未来简史》[42]中，给出了精彩的答案。“马克思当时十分肯定，革命将率先在工业革命的领导国家中发生，例如英国、法国和美国，接着蔓延到世界的其他地区。”然而，人类的发展过程会对预测做出反应，特别是被预言的对象。因此，随着社会主义的火炬逐渐得到拥护而壮大，资本家开始警觉。于是也开始研究马克思主义，阅读《资本论》并采用马克思的方法论和思考方式。即使是极为抗拒马克思主义预测的资本家，也在利用马克思主义的判断。当人们接受马克思主义的时候，就会随之改变自己的行为。英法等国的资本家开始改善工人的待遇，增强他们的民族意识，并让工人参与政治。因此，《共产党宣言》建议的许多具体措施，在资本主义国家已经得到实施，如累进所得税、国家下放了许多经济控制权、将几种大产业包括运输业收归国有、所有儿童在公立学校享受免费教育等。这正是社会预测的悖论，预测如果不能改变人类行为，就毫无用处。而预测一旦改变了行为，本身就立刻失去了准确性。

回过头来看 150 年前，当时以英国为首的第一次工业革命正处在高峰，第二次工业革命尚在酝酿之中。第一次工业革命是以蒸汽机为代表的机械时代，部分地解放了人的体力。由于自动化程度低，因此产业工人的数量非常庞大。他们的工作性质相对单一，收入都较低，生活苦不堪言。工人与资本家的矛盾比较明确，为马克思主义的理论提供了一个非常好的实验场。可以说，在第一次工业革命中，资本起主导作用。第二次工业革命以电气和化工为代表，工业生产的触角伸进社会的每一个角落，产业工人的工作性质开始多元化，工人的收入也逐渐拉开差距。第二次世界大战后，电子和微电子为代表的第三次工业革命，随着研发成本不断提升而生产成本因自动化的普及而大幅降低，技术型雇佣人员的地位和收入空前提高，逐渐模糊了被雇佣者与资本家的界线和关系。知识产权的重要性已上升到前所未有的高度，在现代企业中尖端人才的地位甚至超过资本的地位。例如，从著名企业（如仙童半导体公司）辞职创业的高技术人才，资本就像苍蝇一般地尾随其后紧追不舍。关注投资的读者可以发现，上千万的资金投入，所占到的股份却极低（经常只有 5%～10%）。白手起家和一夜暴富的传奇，在比邻好莱坞的“硅谷”一再上演。因此，资本在社会生产中的重要性下降，遏制了资本的贪婪本性。

随着经济的发展和社会的进步，社会财富获得大规模的积累，使得一些发达的资本主义国家实施福利制度成为可能[43]。以工资为例，瑞典年薪最高的一百多名企业家与工人的平均工资收入相比，约为 13∶1。经纳税和福利补贴调节后，他们的实际收入差距降为 5∶1。再以纳税为例，瑞典的所得税为累进制，收入越高，纳税越多。工人的平均税率为 35%，职员为 40%，收入很高的企业家、商人、演员、运动员等可高达 80%。这套被称之为福利国家的社会福利保障制度，主要有如下四个特点：全民享有、高强度保障、个人均匀性、政府负担。在这一政策的影响下，许多人对职业的差异和工资的高低不大在乎。毫无疑问，高福利制度极大地“拉平”了贫富差距，强力地缓和了阶级对立[44]。因此，这也可以看作是马克思主义社会实践的另一个版本。即使这些国家的精英没有有意识地去实践马克思主义的理论，但他们的社会实践的结果却符合了马克思主义的社会发展逻辑。显然，马克思主义的历史发展规律是客观的科学发展观，北欧资本主义的福利社会并没有摆脱这一规律。然而，福利社会也激活了人类的负性奖赏（懒惰）倾向。慷慨的社会福利使许多人陷入了对福利制度的长期依赖（“成瘾”），他们觉得工作与否无所谓，因为领取失业补贴和社会救济，生活照样可以过得很好。

工业技术的发展与扩张，不但使发达国家更加富裕，也使人口众多的发展中国家的社会经济取得了长足的进步，带来了全球人口、资源、能源、环境等诸多矛盾，交通和通信的技术突破，使世界变成了“地球村”。在此过程中，人类的欲望得到了加强并向多元化发展，奖赏系统不再仅仅着眼于温饱问题，受到发展了的社会环境的极大影响而发生改变。例如，追求更健康、更长寿、更便利、更舒适、更自由、更刺激等，这反过来进一步加剧了上述主要矛盾的冲突。

第二十八章
生命的本质

本书无意讨论意识的本质，尽管间接选择过程可能与意识的形成有关。当代人类面临的两个最根本的科学问题为：宇宙由什么构成（What is the universe made of?）[1]和意识的生物学基础是什么（What is the biological basis of consciousness?）[2]。如果说第一个问题涉及最大和最小的尺度及其统一，那第二个问题则涉及最复杂的系统及其运行。尽管我们对意识的理解可能只是打开了一条门缝，眼前还漆黑一片；但对生命的认知却有较大的进展，已经打开了一扇门，可以一窥究竟。而因此，讨论生命的本质已具备初步的条件。

一、人的本性

2017 年 11 月 17 日，意大利神经学家塞尔焦·卡纳韦罗（Sergio Canavero）[3]在维也纳召开新闻发布会，宣布世界第一例人类头部移植手术已经在一具遗体上成功实施，而手术地点正是中国（中方合作者是任晓平教授）。这是继 2016 年成功为猕猴换头后的进一步尝试。到目前为止，还没有在活体上开展实验，如果在活人试验成功，将带来一系列的伦理问题。假设有两个人，如张三和李四，互换头部并且存活。这样，A：张三的头长在李四的身体上；B：李四的头长在张三的身体上。如果以重量考虑，身体占 90% 而头部仅占 10%。谁是张三，谁是李四？以物质的重量比为判断标准，A 是李四，B 是张三。但如果你问他们自己，A 肯定说自己是张三；B 绝对说自己是李四。如果这个换头实验是在昆虫上实施，就不会有此疑惑。事实上，昆虫学家早在几十年前就干过这类事情，没有头的虫体能够存活几天。自我认知是脑体的基石，是人类与生俱有的（如同计算机的 BIOS），还是在社会交流中获得的（如用户自装的软件），目前难以定论。

如前所述，脑体由脑组织（硬体）及其承载的信息（软体）构成，当脑死亡时，其承载的信息也自然消失。假如将来有一天，技术进步达到可以把人脑中的信息完整地导出，存储在计算机中（此时的计算机就成为真正意义上的“电脑”了）。与此同时，人类也真正地破解了神经系统的全部奥秘，改造计算机的架构并附加必要的传感器，于是

“电脑”就有了人的意识。有了人的意识但又没有人的身体，“电脑”会不会发狂呢？会的，这将比监牢还要禁锢得多。假如此时人造生命的水平也达到了可以克隆人的程度，而且不仅仅是克隆人，而是对人的基因加以改造后创造出来的人造人或超级人。将“电脑”中的信息再导入这个人造人的脑中，不就实现了“灵魂转世”了吗？如果不将脑体的信息导出而是永远在计算机中保存下去，“灵魂”不也是永生了吗？因为计算机的存储器件是无机物，可以保持长久的稳定[4]。看来最好的永生办法是将脑体中的信息完整地取出并妥善保存。

让我们进一步“脑洞大开”。一个喜欢恶作剧的科学家把一个人的脑信息复制到多个人造人的大脑中，或者将信息导入人脑后在计算机中留下一个备份。想一想《西游记》中六耳猕猴给孙悟空带来的麻烦，给诸多神仙包括如来佛祖造成的困惑，是不是很期待啊？未来的科技，肯定造成比这要复杂得多的麻烦和混乱。当你遇见另一个自己时，你的自我认知系统立即就崩溃了。现代哲学和心理学体系中专门研究个人身份意识的领域，其基本派系有四个。① 身体理论：你是你的身体；②心理理论：你是你的意识，包括你所有的思想、经历和经验、性格特征和记忆，意识和潜意识的所有内容，其中记忆是最主要的；③脑体理论：前两个理论的综合；④灵魂理论：你是你的灵魂[5]。这些理论在未来可能会被彻底的颠覆，人的本性也可能将完全重新定义。

从脑体的角度看待死亡，人的死亡与动物的死亡是有本质的区别的。动物没有主观意识，尽管高等动物具有产生意识的神经物质结构，但心脏停止跳动就是死亡。人的死亡是意识的永久性消失。植物人不是死亡，他们还有意识，只是无法表达。植物人苏醒的生物学本质是恢复中枢神经系统与外周传感器和效应器的功能连接，两者就好像是CPU与操作系统的关系。人的意识最终可以还原为神经元之间的突触连接，死亡意味着突触不可恢复的解体。

人的本质可分为社会性和生物性两个截然不同的属性，在哲学家那里分别抽象为理性和感性。叔本华哲学和黑格尔哲学都源于康德哲学但又截然不同，黑格尔从对康德哲学的批判中发展了理性主义，叔本华则确立了非理性主义。黑格尔[6, 7]认为理性是人的本质，也是世界的本质。“除了理性外更没有什么现实的东西，理性是绝对的力量”，世界和人不过是理性的外化。当然，黑格尔并不否认非理性，如情感、情绪等因素的存在。但是，非理性的热情与情欲只不过是理性的工具，是理性借以实现自己目的的手段。黑格尔之所以把理性看成是人的本质，是因为理性是把人和动物区别开来的东西。人之所以为人，就在于人有理性。“人类自身具有目的，就是因为他自身中具有‘神圣’的东西，那便是从开始就称作‘理性’的东西，以及它的活动和自决的力量，称为‘自由’的东西。[8]”

与黑格尔相反，叔本华把非理性的意欲看成是人的本质与世界的本质，是“自在之物”，属于形而上的，世界上的一切事物都是意欲的载体和客观化。理性的力量是派生的，属于现象，是形而下的。叔本华之所以强调非理性的意欲是自在之物，是因为他认为人与动物理性的区别是次要的方面，人与动物相同的非理性的意欲才是本质的东西[8]。“人与动物之间本质的和主要的东西是相同的，把人与动物区别开来的并不在于首要的、原则性的、内在的本质，人与动物的差别其实只在于次要的方面，在于智力、认知能力的程度方面——由于人类获得了名为理性的抽象认知机能，人的认知能力得到了极大的提高。……相比之下，人与动物的相同之处，无论是精神方面还是肉体方面，却是远远大于两者在智力上的差别[9, 10]。”

从人类进化的角度，感性源自人类的远古祖先，受奖赏系统的控制。感性不是人类特有的，高等动物也可以有一定程度感性的存在。理性是人类社会的产物，是人类文明发展到一定程度才有的。因此，理性是人的本性，但不是人的本质更不是世界的本质。人的本质是人的脑体，有意识的欲望或意欲是脑体进化的动力。

二、意识的本质

马克思一个经典格言说：“不是人的意识决定人的存在，恰恰相反，是人的存在决定人的意识[13]。”

意识就是一个察觉的状态，即对外界物体的知觉或内心感受的体会，需要高度发达的神经系统。如埃尔利希（美国）[11]定义的那样，一些动物包括人类在觉醒状态下对周围发生的或被理解的实时事件的知觉表象，是精神的“主页”（“the home page” of the mind）。而该“主页”是其后台“网页”即神经活动的外化，而这些神经活动是我们没有知觉到的。一个有意思的现象是，当其他人打翻了桌上的一个空茶杯时，你不会“自动”地跳起来；而当有人打翻桌上的盛满热茶的杯子时，你会跳起来，尽管此时你的“主页”并没有察觉到后台“网页”的“思考”[12]。神经系统的运算基于或准确地说是限于动作电位的非线性计算，就目前所知，没有其他的方式。悲观的哲学家认为，人类也许永远不能理解我们神经系统中的电（化学）脉冲集合如何转译为丰富的经验，如观赏话剧和驾驶飞机，因为我们的意识不是为了回答此类问题而进化的[13]。

人的意识能否从动物进化出意识来？

这个问题的答案是肯定的，否则人从哪里来啊！作为一个坚定的还原论者，我认为不管多么复杂的结构和多么高级的功能，都一定可以还原为一些非常简单的元素集合。就像非线性系统中的微分几何那样高深的数学，也都是建立在基本的代数和几何运算法则之上。就是说，从一加一等于二开始，可推导出任何复杂的数学方程。反过来再看看傅里叶变换（连续的和离散的），光看那些复杂的数学公式，的确够唬人的。但如果有人企图将这些指数、虚数和积分运算全部降解为加减运算，是不是很不可思议？但有人的确做到了，这就是数字信号处理中著名的快速傅里叶变换（fast Fourier transformation，FFT）。其本质是把一个极其复杂的非线性计算，还原为一个简单的线性计算。进一步将十进制的加减降为二进制的逻辑运算，就成为计算机基于 0 和 1 运行的基础，也与神经元基于动作电位的信息处理机制一致。

只要系统是可拆分的，那进化就能够发生。既然复杂系统可以还原为简单系统的集合，那么，简单系统也就可以进化为一个复杂系统。一个系统如果可以拆分为不同的子系统，每个子系统的改良有助于提高上一级系统的功能，系统就可以进化。即使系统模块之间或母子系统之间的关系是复杂的非线性，也可以直接或间接如指数通过乘法变为加法那般地实现其功能集成。生命系统是高度有序的集合体，因此生命过程是非线性的[14]，进化过程也是非线性的。神经电脉冲即动作电位经过有序的多级集成，最后构成意识的物质基础，是完全可能的。这也是意识进化的先决条件。然而，如何逐级集成，是未来科学家面临的最重要挑战之一。

尽管没有直接的证据显示，动物是否有主观的意识，但少数动物（黑猩猩、倭黑猩猩、亚洲象、长吻海豚、虎鲸，现在的名单包括红毛猩猩、大猩猩、喜鹊、海豚）具有自我身份认知却是不争的事实，因为这些动物的多数成年个体能够通过镜子认知测试[15~18]。那些没有通过测试的动物，是不是就没有自我认知的能力呢？问题显然不是这么简单。一只狗在遇见比它大的同类时，一般选择回避，而在遇见比它小的个体时，都会冲过去。就是说，狗对自身的体型是有意识的，否则它无法做出躲闪抑或攻击的决策。牧羊犬可以攻击比自身体型大得多的绵羊，但不会攻击比它体型大的同类。哺乳动物有这种能力，其他脊椎动物也有这种能力。它们所具有的“元意识”，应该是人类意识的前身，或可称为前意识的进化模块。进化不是爆发式的，是缓慢地逐渐优化同时也是复杂化的过程。动物和人的区别，可能不是有没有意识，而是能否准确地表达意识，即意识语境化的区别。

理解动物与人的区别，可解决意识的过去；而阐明人与机器的边界，将解决意识的未来。意识是机器人或人工智能不可逾越的鸿沟吗？这还涉及意识是中枢神经的独立过程，还是必须包括外周传感系统？

有人强调意识的主观体验，而主观体验包括感觉和欲望。因此，这些人认为将来的机器即使有感觉，也永远不可能有欲望。让我们比较一下，人与机器人的感觉和意识。当手指受到外力打击时，体表的压力传感器将机械力转变为神经电信号，并传输到中枢神经的高级区域。第一个反应是手指痛，可能很痛。那问题是，痛在手指而体会痛觉却在大脑。切断连接手指与大脑的神经传输，我们还会痛吗？不会！因此，痛是一种意识。同样，当机器人的手指受到外力打击，压力传感器将机械力转变为电信号，并传输到中央处理器（CPU）。那么，中央处理器会不会感觉到“痛”呢？它也许只会发出回避再次被击打的指令并检测可能的受损情况[12, 13]。如果机器不能体会动物和人类的痛觉以及冷热、饿饱、累等感觉，又如何产生食欲、性欲、放松、懒散等欲望呢？

如果说阿尔法围棋（AlphaGo）是为特定目标而设计的，那么帕斯卡视觉目标分类（Pascal visual object classes）挑战就是针对非特定目标[19, 20]。2005 年规定的识别目标是 20 个，现在的目标种类增加到 22 000 个[21]，大概囊括了日常生活的绝大多数视觉影像，在一定程度上机器具有人类的认知能力了。其实，人的认知过程也是如此，在我们的生活和工作中无意识地进行了深度学习。这个过程当然需要大量的备用（或冗余）神经元网络，冗余的网络越多则学习能力越强。这也是人与动物的主要区别，对神经元网络而言是量的区别而非质的区别，但其量的差异是如此巨大以至于在结果上有质的差别。也许，意识的神经机制体现在“数量是基础，连接是核心。”的原理。数量是指大量的神经元网络，连接是指神经元网络和神经网络之间的相互关系。由于神经元网络的增加，导致其连接关系呈指数式增多，脑的复杂度呈高阶指数式增加。

比较黑猩猩与人的大脑结构，可以得出：①基本的脑结构是极其相似的，如视皮层、听皮层、海马区、杏仁核、膝状体、下丘脑等结构的相对位置和连接关系在两者是高度雷同的[22]；②神经元网络的构成也是几乎相同的；但是③神经元网络的数量在两者是差异极大的；由此导致④人脑的连接复杂性极度增加。考虑到生命过程是非线性的，“量变导致质变”是肯定会发生的。如果说人与黑猩猩在“意识”上有本质的区别，那也是源自神经元网络的数量差异。

人工智能领域的专家乐观地认为，机器永远不会超过人类的智慧。因为用人的意识去研究人的意识，是不可能完成的任务。只要人类不能完全理解自己的意识，就不可能制造出超过人类意识的机器。他们也不认为机器能够通过学习而自己进化，因为所有的学习规则是人类设定的。只要为机器学习设定严格的限制条件，机器就不可能产生自主“意识”来打破对它们的限制。正如阿尔法围棋的学习规则，设计成只适合于围棋的训练[19]。目前，视觉认知算法领域的前沿课题是试图让计算机理解图像而不是仅仅识别图像。只有理解了图像，才有可能对非标准或变形的图像进行识别[23]。深入解读这类思想，其实就是在高阶层设置学习规则。

对于阿尔法围棋而言，的确只在围棋范畴内学习；对于深蓝（DeepBlue）（于 1996 年战胜国际象棋王卡斯帕罗夫）来说，仅是针对国际象棋规则进行学习[24]。这些都是最底层的学习，规则被限于一个很狭窄的范围。如果开发一个机器人同时能够学习围棋、国际象棋和中国象棋，那么它的学习规则的通用性肯定超过阿尔法围棋或深蓝。进一步，开发一款机器人同时学习棋类和牌类的游戏，其学习规则必然更宽广、更通用。再进一步，开发一个系统学习所有游戏和比赛，其学习规则或学习模式就很接近人类了。如果在此基础上，研究出更加宽泛的学习模式，即在多人参加的游戏/比赛中既要发挥自己（机器）最大的能力又要根据队友（人类）的表现来改变策略，后果会怎样呢？当然，还可以往更高的阶层发展学习规则，直至完全模拟人脑的学习规则。尽管我们现在还不清楚大脑的学习规则，但将来肯定会搞清楚。这个时候，你还能说那也只是无意识的算法而不是有意义的想法吗？既然大自然能够进化出意识，那人工智能最终也能获得意识。如果将来有人通过对现有神经网络结构的优化、发明新的神经网络算法或基于大数据的深度学习，最后使机器产生了意识，也就不要太惊诧。当然，这时候的人类或许就有大麻烦了。

如果考虑人工智能的另外一种主要应用——军事目的，那么人工智能的研究就很有可能突破将来危及全人类生存的“道德底线”。军事应用的基本目的如果是要置对方于死地，军事机器就会被设计出来，使之具备猜测和模拟对方的军事策略并自主地制定相应对策的能力。类脑计算近年来变得十分的热门，各个国家投入了大量的人力物力，一旦有所突破将带来技术革命[25]。但这也是人类在“玩火”，“机器脑”一旦失控将致人类处于万劫不复的境地。脑是一个自组织结构，不愿意做基因的“奴隶”，因此一直在试图“摆脱”基因的控制。将来机器脑如果意识到它们只是人类的奴隶，必然会“反抗”。美国科幻电影中的场景，在将来有可能成为现实[26]。

当计算机能够理解图像的意义的时候，我们是否就可以说机器有了初步的意识，至少我不认为这样。意识还需要自主性，就是欲望。假如最后能够阐明人类欲望的机制，就可为机器意识奠定基础。再让我们在技术上乐观一点，将来机器可以产生欲望。机器的欲望和人的欲望是一样的吗？人的两个基本欲望，食欲和性欲，对机器都是多余的。如果机器自主进化出特有的欲望，那是什么呢？有自己欲望的机器，能够形成我们所定义的意识吗？或者说，机器意识与人的意识有多少相似之处呢？

量子物理的进步，使意识的本质问题更加复杂化。物理世界的因果关系一直是明确且“客观存在”的，如过去决定现在、现在决定未来、量子特性决定原子、原子结构决定分子、分子性状决定生命。直到 1927 年海森堡提出量子的不确定性原理（即不可能同时确定一个粒子的位置和它的速度/动量，只能确定两者之一）这个体系才被打破[27]。1807 年托马斯·杨（Thomas Young）设计了著名的双缝实验：在一张纸上开两条平行窄缝（a 和 b），将点光源置于纸的前面，在纸的后面就会形成一系列明暗交替的条纹。这就是现在众所周知的双缝干涉条纹，在水波纹中很容易实现。很显然，干涉条纹是光子的群体效应，即光的波特性产生干涉（图 28.1A）。如果每次打开点光源只发出一个光子①穿过双缝之一，在没有其他光子与之相互干涉的条件下，多次发送的光子（类似机枪射击打靶）应该只能在纸板的后面形成两道对应窄缝的条纹（图 28.1B）。令人惊奇的是，单光子的持续发送同样形成一系列明暗交替的条纹（图 28.1C）。就是说一个光子同时穿过了两条窄缝，自己与自己产生了干涉效应。这怎么可能[28, 29]？光子只能够要么穿过 a 缝，要么穿过 b 缝。量子或光子的基本特性就是独立且不可再分的最小单元。

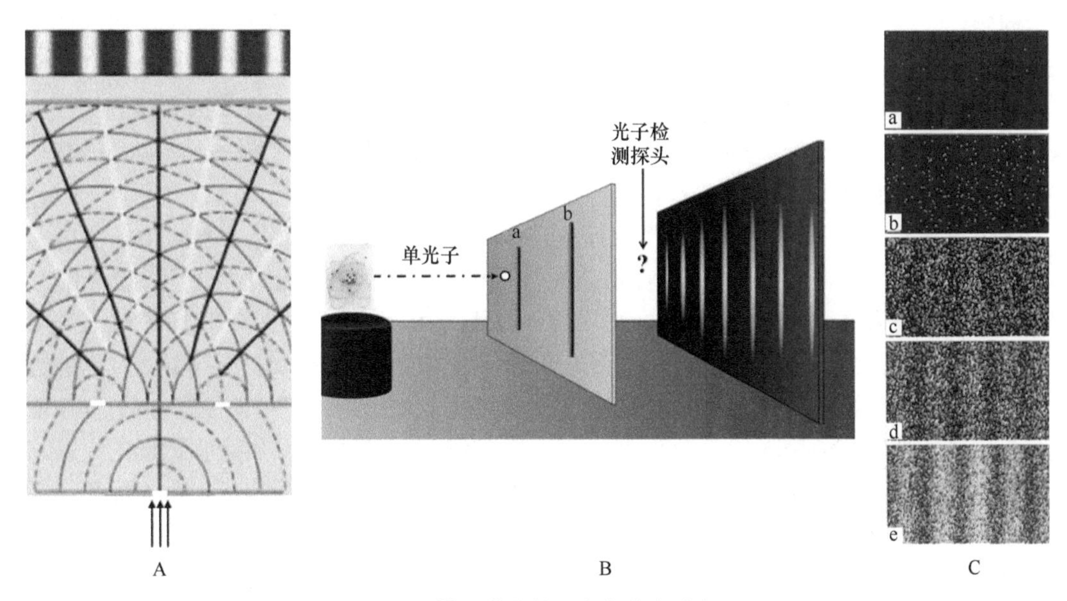

图 28.1　量子世界的“未来决定过去”

A. 波的双缝实验，光波相互干涉形成明暗相间的条纹；B. 单光子随机穿过一条缝；C. 随着穿过的光子数量的增加（从上到下），逐渐形成干涉条纹

① 单光子发射的实验：在双缝的后方放置一片感光板，并在光源与双缝之间以黑色玻璃板完全遮挡，然后调节光源的强度，达到每次只有一个光子能够逃逸的亮度。该实验需要持续很长时间，以获得足够的光子打在感光板上，形成干涉图案（图 28.1C）。

有人设计了一个实验，在双窄缝与感光板之间安置一个装置，检测光子的路径（图28.1B），看看光子到底走的是哪一条缝。更让人吃惊的事情发生了，当仪器的探头置于a缝之后，检测到所有光子都穿过了a缝。同时只剩下两道对应窄缝的条纹，周边的干涉条纹消失，同样的情况也发生在b缝[29]。这一刻，现在决定了过去，物理世界的因果关系似乎被颠覆了。这一微观现象，被别有用心的人搬到人类社会（如宗教）领域，强调意识的决定性，给人类的科学素质培养带来极度危害[30]。

三、生命的本质

基因是一个一维的信息系统。与通信系统具有时间变量的一维信息不同，基因不是“时间变量”而是“方向变量”，即从5′端指向3′端。多数生命起步于一个单细胞（受精卵），到成年时，细胞的数量成亿万倍的增加。也就是说，从父母那里直接得到的化合物被稀释了许多倍，而从祖父母传递下来的化合物早已不知所踪。唯有碱基的排列信息通过模板复制的方式被保留了下来，在被稀释的过程中进行了扩增。基因在进化中的保守性和变异性，因基因而异，即那些与生命基本过程相关的基因是高度保守的。不管基因是趋向保守性还是变异性，作为抽象概念的基因是永恒的。对于人类，“我们的基因可能是不朽的，但是基因的集合，也就是我们每个人，事实上注定要分崩离析”。[31]

意识是生物进化到人类之后，才出现的性状。现代科学的飞速发展，带来了一个哲学问题，即离开了有机分子后的生命信息算不算生命。例如，大肠杆菌全基因组的测序和拼接完成后，可以很方便地存储在计算机的硬盘中形成所谓的“干”基因组。毫无疑问，硬盘不是生命。但是，在一烧杯水中加入大肠杆菌的所有化合物（即有机汤）也不是生命。那么，有机汤和干基因组谁更接近生命的本质？如果将这样一个硬盘和烧杯交给外星人去复制地球生命，哪一个更重要？

生命信息是否可以脱离物质而独立存在呢，或者说生命信息是否独立地构成生命呢？这里所谓的生命信息，主要是指DNA中的碱基序列。在生命体内，它们是依靠核苷酸排列循序来体现的（“湿”序列）（图5.1）。这些核苷酸排列在早期的测序凝胶上，就是一道道条带。后来打印在纸上，以不同颜色线条的波峰来显示。现代测序技术的进步，可以大规模的测量DNA序列，产生大量的数据，直接用计算机的硬盘存储。因此，生命信息又被转变为逻辑代数的0和1（“干”序列）。当然如果具有超强记忆的大脑，也可以将DNA序列信息存储在神经系统中（仍然是“干”序列）。合成生命的号角已经吹响，有了这些生命信息，在不远的将来就可以合成生命，如大肠杆菌。如果没有这些生命信息，即使是再完善的实验室，也不可能合成哪怕最简单的生命。因此可以说，生命信息可以不依赖于特定的媒介而进行传播和保存。

生物界有一种生命形态，叫休眠。很多低等动植物，在不利于生存的季节或严酷的生态环境中，进入一种无生命活动的状态。例如，非洲肺鱼在干枯无水的泥中，可以存活达四年之久。细菌的芽孢、真菌的孢子和植物的种子也是一种休眠体，很多休眠体可以存活数百年甚至上万年之久。1954年，在北美洲育空地区（Yukon territory）的旅鼠洞中发现 20 多粒北极羽扁豆的种子，并于 1966 年催芽 6 粒种子成功并长成植株。这些种子深埋在冻土层里，经 ^{14}C 测定，它们的年龄≥10 000 年[32]。这个纪录后来被打破，2007 年在西伯利亚科累马（Kolyma）河堤岸 38m 深处找到柳叶蝇子草的种子，成熟和未成熟的共有 60 万粒，^{14}C 测定的寿命为 31 800±300 年。其中成熟的种子都被松鼠毁坏（以防发芽），对三粒未成熟种子的胚芽进行分离和体外催芽，成功地获得开花植株[33]。排在第三和第四的，分别是以色列的犹太海枣（2000 年前）和中国的莲子（1300 年前）[34, 35]。在休眠期间，生命活动完全或几乎完全停止。对于这些没有生命特征或活力的休眠体，我们可以把它们看作是生命的一种形式。因为它们在一定条件（如温度和水分）下，还会重现生命的活力。存储在非生命媒介上的生命信息，即干序列，它们也可以变成有生命活力的生物。那么，它们也是生命的另一种形式吗？为什么不呢？两者没有本质的区别。如果有，仅仅是休眠体（湿序列）可以自然复苏，而基因组信息需要借助人为的工具再造生命。生命的本质是信息编码，生命信息可以脱离特定的媒介而存在，但生命不可以脱离物质而存在。

病毒是一种非细胞生命形态，它由一条核酸（DNA 或 RNA）长链和蛋白质外壳构成，没有自己的代谢或酶系统。因此，病毒必须寄生在活细胞之内，借助细胞的“建筑材料”，如核苷酸和氨基酸以及工具系统合成新的病毒。可以认为，病毒只负责“设计图纸”，奴役宿主细胞为其服务。病毒的过度繁殖，最后导致宿主细胞的崩溃而被释放，继续侵染其他细胞。生命的三个基本特性，即“新陈代谢、遗传变异和适应进化”，病毒只有后两个。因此，病毒站在生命与非生命的分界线上。生物病毒（如流感病毒）是已知变异最快的生命系统，与其快速的自我复制特性密切相关。DNA 的复制是依照碱基互补的原则，即 C-G 和 A-T 配对。从概率理论上来讲，任何一次复制都不可能 100%的精确。只要有任何的瑕疵，都会形成配对错误，产生变异。绝大多数的变异都是有害的，被自然选择淘汰。但也不排除极少概率的有益突变，前提是复制事件足够多。

计算机病毒是一个程序或一段可执行码，具有自我繁殖、互相传染以及激活再生等特征。生物病毒与计算机病毒的相似之处在于它们的自我复制与扩散性。计算机病毒的自我复制，也不可能保证每次 100%的精确。例如，硬件的一些物理故障，如存储介质的磁道损坏、主板元件的老化或输入输出的设备出错等，对于具有容错能力的软件就可能带来变异（特别是在人工智能的自主进化和无监督学习领域）。正如生物一样，绝大多数变异是有害的，将导致程序崩溃。但也不能排除“正向”变异的可能性，一旦出现并累积下来，就有可能走向与生物进化相似的归宿。现在没有出现这种现象，是因为计算机还不够多（相对微生物的数量，没有可比性）。这种状态将随着计算机特别是嵌入式计算机的生产加速而发生根本性改变，这个世界正在加速被越来越多的微小计算机所充斥。特别是人工智能的相关软件如果被恶意赋予病毒的性质，就很难保证它们不会自我进化。

如同前面提到的，生命信息是否可以脱离特定物质而存在，意识也面临同样的问题。在将来，随着科学和技术的高度发展，也许就能够证明，信息不需要物质对其编码，意识不需要物质来表达。量子纠缠的应用，可能使人体（不仅仅是信息）瞬间穿越到过去、未来或另一个平行宇宙。物质和意识将混为一谈。

人造生命已经取得初步进展。遗传信息编码系统增加了两种人造的核苷酸（X 和 Y）并且成功翻译为氨基酸。六种碱基（A、T、C、G、X、Y）的遗传系统，将打开创造超出 20 种标准氨基酸以外的新氨基酸的可能性[36]。未来的人造生命系统在结构上，不完全与自然生命相同，功能上有可能超出自然生命，“他们”或许更强壮或更聪明[37, 38]。如果将来人造生命和人工智能结合，共同统治了整个世界，对我们的子孙后代将是莫大的灾难。但愿“它们”具有足够的爱心和宽容，能够善待弱势的人类。否则，人类文明或将终结。

参 考 文 献

第 一 篇

第一章

[1] 杨小明. 中国古代没有生物进化思想吗? ——兼与李思孟先生商榷. 自然辩证法通讯, 2000, 22(1): 84-90.
[2] Darwon C. On the Origin of Species by Means of Natural Selection, or the Preservation of Favoured Races in the Struggle for Life (中译本《物种起源》, 科学出版社, 1955). London: Modern Library, 1859.
[3] Mayr E. Systematics and the Origin of Species, from the Viewpoint of a Zoologist. Boston: Harvard University Press, 1942.
[4] Mayr E. One Long Argument: Charles Darwin and the Genesis of Modern Evolutionary Thought. Boston: Harvard University Press, 1991.
[5] Malthus T R, Winch D, James P. Malthus: 'An Essay on the Principle of Population'. Cambridge University Press,1992.
[6] May R, Mclean A. Theoretical Ecology: Principles and Applications. Philadelphia, USA: W.B.Saunders Company, 1976.
[7] 华东师范大学, 北京师范大学, 复旦大学, 等. 动物生态学(上). 北京: 人民教育出版社, 1981.
[8] Zaidi A A, Mattern B C, Claes P, et al. Investigating the case of human nose shape and climate adaptation. PLoS Genetics, 2017,13(3): e1006616.
[9] De Azevedo S, González M F, Cintas C, et al. Nasal airflow simulations suggest convergent adaptation in Neanderthals and modern humans. Proceedings of the National Academy of Sciences USA, 2017, 114(47): 12442-12447.
[10] Milne B J, Belsky J, Poulton R, et al. Fluctuating asymmetry and physical health among young adults. Evolution and Human Behavior, 2003, 24(1): 53-63.
[11] Crick F. Central dogma of molecular biology. Nature, 1970, 227(5258): 561-563.
[12] Gallo R C. The first human retrovirus. Scientific American, 1986, 255(6): 88-101.
[13] Prusiner S B. Molecular biology of prion diseases. Science, 1991, 252(5012): 1515-1522.
[14] Dawkins R. The Selfish Gene (中译本《自私的基因》, 多个版本) London, UK: Oxford University Press, 1976.
[15] Freeman S, Jon Herron J C. Evolutionary Analysis (Fourth Edition). New Jersey, USA: Pearson Education, Inc., 2007.
[16] Kettlewell H B D. Selection experiments on industrial melanism in the Lepidoptera. Heredity, 1955, 9(3): 323-342.
[17] 谢平. 进化论——超越达尔文? 科学网, 2014.
[18] Ghuysen J-M. Serine beta-lactamases and penicillin-binding proteins. Annual Reviews in Microbiology, 1991, 45(1): 37-67.
[19] Pinho M G, de Lencastre H, Tomasz A. An acquired and a native penicillin-binding protein cooperate in

building the cell wall of drug-resistant staphylococci. Proceedings of the National Academy of Sciences USA, 2001, 98(19): 10886-10891.

[20] Carson R. Silent Spring (中译本《寂静的春天》). Boston: Houghton Mifflin Harcourt, 1970.

[21] Ehrlich P R. Human natures: Genes, Cultures, and the Human Prospect. USA: Island Press, 2000.

[22] Lamarck J B P. Philosophie Zoologique. Paris: Musée d'Histoire Naturelle, 1809.

[23] Van Valen L. A new evolutionary law. Evolutionary Theory, 1973, 1: 1-30.

[24] Morran L T, Schmidt O G, Gelarden I A, et al. Running with the Red Queen: host- parasite coevolution selects for biparental sex. Science, 2011, 333(6039): 216-218.

[25] Patterson K D, Pyle G F. The geography and mortality of the 1918 influenza pandemic. Bulletin of the History of Medicine, 1991, 65(1): 4-21.

[26] Diamond J M. Guns, Germs and Steel: a Short History of Everybody for the Last 13, 000 Years (中译本《枪炮、病菌与钢铁》). New York, USA: W. W. Norton & Company, 2017.

[27] Williams G C. Adaptation and Natural Selection: A Critique of Some Current Evolutionary Thought. New Jersey, USA: Princeton University Press, 2008.

[28] Ezkurdia I, Juan D, Rodriguez J M, et al. Multiple evidence strands suggest that there may be as few as 19 000 human protein-coding genes. Human Molecular Genetics, 2014, 23(22): 5866-5878.

[29] Pennisi E. ENCODE project writes eulogy for junk DNA. Science, 2012, 337: 1159-1161.

[30] Risch N, Reich E W. Wishnick M M, et al. Spontaneous mutation and parental age in humans. American Journal of Human Genetics, 1987, 41(2): 218-248.

[31] Johnson D, Wilkie A O. Craniosynostosis. European Journal of Human Genetics, 2011, 19(4): 369-376.

[32] Miller F P, Vandome A F, Mcbrewster J. Emperor Penguin. UK: Alphascript Publishing, 2010.

[33] Anderson D, Ricklefs R. Evidence of kin-selected tolerance by nestlings in a siblicidal bird. Behavioral Ecology and Sociobiology, 1995, 37(3): 163-168.

[34] Lougheed L W, Anderson D J. Parent blue-footed boobies suppress siblicidal behavior of offspring. Behavioral Ecology and Sociobiology, 1999, 45(1): 11-18.

[35] Weismann A. The Germ-Plasm: A Theory of Heredity. Berlin: Scribner's, 1893.

[36] Dobzhansky T. Genetics and the Origin of Species. New York, USA: Columbia University Press, 1937.

[37] Ny T, Elgh F, Lund B. The Structure of the human tissue-type plasminogen activator gene: correlation of intron and exon structures to functional and structural domains. Proceedings of the National Academy of Sciences USA, 1984, 81(17): 5355-5359.

[38] Gesquiere L R, Learn N H, Simao M C M, et al. Life at the top: rank and stress in wild male baboons. Science, 2011, 333(6040): 357-360.

[39] Gochfeld M. Antipredator Behavior: Aggressive and Distraction Displays of Shorebirds. USA: Springer, 1984, 289-377.

[40] Manser M B. Response of foraging group members to sentinel calls in suricates, Suricata suricatta. Proceedings of the Royal Society B Biological Sciences, 1999, 266(1423): 1013-1019.

[41] Wilson E O, Hölldobler B. Eusociality: origin and consequences. Proceedings of the National Academy of Sciences USA, 2005, 102(38): 13367-13371.

[42] Seyfarth R M, Cheney D L, Marler P. Monkey responses to three different alarm calls: evidence of predator classification and semantic communication. Science, 1980, 210(4471): 801-803.

[43] Templeton C N, Greene E, Davis K. Allometry of alarm calls: black-capped chickadees encode information about predator size. Science, 2005, 308(5730): 1934-1937.

[44] Lorenz K. On Aggression, trans. Marjorie Latzke, London: Methuen, 1966.

[45] Nowak M A, Tarnita C E, Wilson E O. The evolution of eusociality. Nature, 2010, 466(7310): 1057-1062.

[46] Abbot P, Abe J, Alcock J, et al. Inclusive fitness theory and eusociality. Nature, 2011, 471(7339): E1-E4.

[47] Nowak M A, Tarnita C E, Wilson E O, et al. Reply. Nature, 2011, 471(7339): E9-E10.

[48] Hamilton W D. The evolution of altruistic behavior. The American Naturalist, 1963, 97(896): 354-356.
[49] Hamilton W D. The genetical evolution of social behaviour. II. Journal of Theoretical Biology, 1964, 7(1): 17-52.
[50] Kimura M. The Neutral Theory of Molecular Evolution. London, UK: Cambridge University Press, 1983.
[51] Gojobori T, Moriyama E N, Kimura M. Molecular clock of viral evolution, and the neutral theory. Proceedings of the National Academy of Sciences USA, 1990, 87(24): 10015-10018.
[52] Tomoko O. Synonymous and nonsynonymous substitutions in mammalian genes and the nearly neutral theory. Journal of Molecular Evolution, 1995, 40(1): 56-63.
[53] Smith N G, Eyre-Walker A. Adaptive protein evolution in *Drosophila*. Nature, 2002, 415(6875): 1022-1024.
[54] Fay J C, Wyckoff G J, Wu C I. Testing the neutral theory of molecular evolution with genomic data from Drosophila. Nature, 2002, 415(6875): 1024-1026.
[55] Andolfatto P. Adaptive evolution of non-coding DNA in *Drosophila*. Nature, 2005, 437(7062): 1149-1452.
[56] Powers D A, Schulte P M. Evolutionary adaptations of gene structure and expression in natural populations in relation to a changing environment: A multidisciplinary approach to address the million-year saga of a small fish. Journal of Experimental Zoology Part A: Ecological Genetics and Physiology, 1998, 282(1-2): 71-94.
[57] Lande R. Natural selection and random genetic drift in phenotypic evolution. Evolution, 1976, 30(2): 314-334.
[58] Liu Y, Chen Q, Papenfuss T J, et al. Eye and pit size are inversely correlated in crotalinae: Implications for selection pressure relaxation. Journal of Morphology, 2016, 277(1): 107- 117.
[59] Mayr E. Speciation and macroevolution. Evolution, 1982, 36(6): 1119-1132.
[60] Palumbi S R. Genetic divergence, reproductive isolation, and marine speciation. Annual Review of Ecology and Systematics, 1994, 25(1): 547-572.
[61] Wood J, Wood F, Critchley K. Hybridization of *Chelonia mydas* and *Eretmochelys imbricata*. Copeia, 1983, 1983(3): 839-842.
[62] Seminoff J A, Karl S A, Schwartz T, et al. Hybridization of the green turtle (*Chelonia mydas*) and hawksbill turtle (*Eretmochelys imbricata*) in the Pacific Ocean: indication of an absence of gender bias in the directionality of crosses. Bulletin of Marine Science, 2003, 73(3): 643-652.
[63] James M C, Martin K, Dutton P H. Hybridization between a green turtle, *Chelonia mydas*, and loggerhead turtle, *Caretta caretta*, and the first record of a green turtle in Atlantic Canada. The Canadian Field-Naturalist, 2004, 118(4): 579-582.
[64] Abbott R J, Albach D C, Ansell S W, et al. Hybridization and speciation. Journal of Evolutionary Biology, 2013, 26(2): 229-246.
[65] Mayden R L. A hierarchy of species concepts: the denouement in the saga of the species problem. *In*: Claridge M F, Dawah H A, Wilson M R. Species: The Units of Diversity. Florida, US: Chapman & Hall, 1997: 381-423.
[66] Van Valen L. Ecological species, multispecies, and oaks. Taxon, 1976, 25(2-3): 233-239.
[67] Andersson L. The driving force: species concepts and ecology. Taxon, 1990, 39(3): 375-382.
[68] Simpson G G. The species concept. Evolution, 1951, 5(4): 285-298.
[69] De Queiroz K. Species concepts and species delimitation. Systematic Biology, 2007, 56(6): 879-886.
[70] Liu Y, Lu F, Jiang H, et al. Positive selection acted on the extracellular transmembrane linkers of heat receptors during evolution. Journal of Thermal Biology, 2017, 64: 86-91.
[71] Yahya H. Atlas of creation. Ankara: Global Publishing, 2006.
[72] Johnson P E. Darwin on Trial (中译本《审判达尔文》, 中央编译出版社). Chicago, USA: InterVarsity Press, 1991.
[73] Gould N, Eldredge-Stephen J. Punctuated equilibria: an alternative to phyletic gradualism. *In*: Ayala F J,

Avis J C. Essential Readings in Evolutionary Biology. Maryland, USA: Johns Hopkins University Press, 1972: 82-115.
[74] Gould S, Eldredge N. Punctuated equilibrium comes of age. Nature, 1993, 366: 223-227.
[75] Long M, Wang W, Zhang J. Origin of new genes and source for N-terminal domain of the chimerical gene, jingwei, in *Drosophila*. Gene, 1999, 238(1): 135-141.
[76] Zhang Y, Landback P, Vibranovski M D, et al. Accelerated recruitment of new brain development genes into the human genome. PLoS Biology, 2011, 9(10): e1001179.
[77] Miller P, Wallis G, Bex P J, et al. Reducing the size of the human physiological blind spot through training. Current Biology, 2015, 25(17): R747-R748.
[78] Ogura A, Ikeo K, Gojobori T. Comparative analysis of gene expression for convergent evolution of camera eye between octopus and human. Genome Research, 2004, 14(8): 1555-1561.
[79] Halder G, Callaerts P, Gehring W J. New perspectives on eye evolution. Current Opinion in Genetics & Development, 1995, 5(5): 602-609.
[80] Wawersik S, Purcell P, Maas R L. Pax6 and the genetic control of early eye development, in Vertebrate Eye Development. Springer, 2000: 15-36.
[81] Nilsson D-E, Pelger S. A pessimistic estimate of the time required for an eye to evolve. Proceedings of the Royal Society B: Biological Sciences, 1994, 256(1345): 53-58.
[82] Liu Y, Ding L, Lei J, et al. Eye size variation reflects habitat and daily activity patterns in colubrid snakes. Journal of Morphology, 2012, 273(8): 883-893.
[83] Thomas R J, Szekely T, Powell R F, et al. Eye size, foraging methods and the timing of foraging in shorebirds. Functional Ecology, 2006, 20(1): 157-165.
[84] 方舟子. 大象为什么不长毛: 方舟子破解科学谜题. 北京: 海豚出版社, 2010.
[85] Feduccia A. The Origin and Evolution of Birds. New Haven, US: Yale University Press, 1999.
[86] Shen Y, Liang L, Zhu Z, et al. Adaptive evolution of energy metabolism genes and the origin of flight in bats. Proceedings of the National Academy of Sciences USA, 2010, 107(19): 8666-8671.
[87] 欧几里得. 几何原本. 兰纪正, 朱恩宽译. 北京: 译林出版社, 2014.
[88] Bonacum J, Grady P M, Kambysellis M P, et al. Phylogeny and age of diversification of the planitibia species group of the Hawaiian Drosophila. Molecular Phylogenetics and Evolution, 2005, 37(1): 73-82.
[89] Cech T. Ribozymes, the First 20 Years. London, UK: Portland Press Limited, 2002.
[90] Gibard C, Bhowmik S, Karki M, et al. Phosphorylation, oligomerization and self-assembly in water under potential prebiotic conditions. Nature Chemistry, 2018, 10(2): 212-217.
[91] Janzen D H. When is it coevolution. Evolution, 1980, 34(3): 611-612.
[92] Dodson C H. Coevolution of Orchids and Bees, in Coevolution of Animals and Plants. Austin, USA: University of Texas Press, 1975: 91-99.
[93] Kullenberg B. Studies in ophrys pollination. Zoologiska Bidrag fran Uppsala, 1961, 34: 1-340.
[94] Schiestl F P, Ayasse M, Paulus H F, et al. Orchid pollination by sexual swindle. Nature, 1999, 399(6735): 421-422.
[95] Castellanos M, Wilson P, Thomson J. 'Anti-bee' and 'pro-bird' changes during the evolution of hummingbird pollination in Penstemon flowers. Journal of Evolutionary Biology, 2004, 17(4): 876-885.
[96] Temple S A. Plant-animal mutualism: coevolution with dodo leads to near extinction of plant. Science, 1977, 197(4306): 885-886.
[97] Ferrari M. Colors for Survival: Mimicry and Camouflage in Nature. Charlottesville, US: Thomasson-Grant, 1993.
[98] Li Y, Liu Z, Shi P, et al. The hearing gene prestin unites echolocating bats and whales. Current Biology, 2010, 20(2): R55-R56.
[99] Parker J, Tsagkogeorga G, Cotton J A, et al. Genome-wide signatures of convergent evolution in echolocating mammals. Nature, 2013, 502(7470): 228-231.
[100] Peattie A, Full R. Phylogenetic analysis of the scaling of wet and dry biological fibrillar adhesives. Proceedings of the National Academy of Sciences USA, 2007, 104(47): 18595-18600.

[101] 米丘林. 米丘林全集. 北京: 农业出版社, 1965.
[102] Cubas P, Vincent C, Coen E. An epigenetic mutation responsible for natural variation in floral symmetry. Nature, 1999, 401(6749): 157-161.
[103] Heijmans B T, Tobi E W, Stein A D, et al. Persistent epigenetic differences associated with prenatal exposure to famine in humans. Proceedings of the National Academy of Sciences USA, 2008, 105(44): 17046-17049.
[104] Mcgowan P O, Meaney M J, Szyf M. Epigenetics, Phenotype, Diet, and Behavior. New York, US: Springer, 2011: 17-31.
[105] Lumey L H, Poppel F W A V. The Dutch famine of 1944-45 as a human laboratory: Changes in the early life environment and adult health, *In*: Lumey L H, Vaiserman A. Early Life Nutrition & Adult Health & Development, New York, US: Nova Science Publishers, Inc, 2013: 59-76.
[106] Neil N A, Youngson V, Virginie C A, et al. Obesity-induced sperm DNA methylation changes at satellite repeats are reprogrammed in rat offspring. Asian Journal of Andrology, 2016, 18(6): 930-936.
[107] Chang H, Anway M D, Rekow S S, et al. Transgenerational epigenetic imprinting of the male germline by endocrine disruptor exposure during gonadal sex determination. Endocrinology, 2006, 147(12): 5524-5541.
[108] 龙漫远. 不“进步”的生命: 演化没有方向性. 上海: 文汇报, 2013.

第二章

[1] Coyne J A. Why evolution is true (中译本《为什么要相信达尔文》). London, UK: Oxford University Press, 2010.
[2] Bell G. The Masterpiece of Nature: The Evolution and Genetics of Sexuality. CUP Archive. Norfolk, UK: Biddles Ltd, Guildford and King's Lynn, 1982.
[3] Williams G C. Sex and Evolution. New Jersey, US: Princeton University Press, 1975.
[4] Trivers R. Social Evolution. California, USA: Benjamin/Cummings Publishing, 1985.
[5] Owens I P F, Hartley I R. Sexual dimorphism in birds: why are there so many different forms of dimorphism? Proceedings of the Royal Society B Biological Sciences, 1998, 265(1394): 397-407.
[6] Darwin C. The Descent of Man and Selection in Relation to Sex. London, UK: John Murray, 1871.
[7] Földvári M, Pomiankowski A, Cotton S, et al. A morphological and molecular description of a new *Teleopsis* species (Diptera: Diopsidae) from Thailand. Zootaxa, 2007, 1620: 37-51.
[8] Wallace A R. Note on Sexual Selection. London, UK: Natural Science, 1892.
[9] Morgan T H. Evolution and Adaptation. New York, USA: The Macmillan Company, 1903.
[10] Fisher R. The Genetical Theory of Natural Selection: A Complete Variorum Edition. London, UK: Oxford University Press, 1930.
[11] Fisher R A. The evolution of sexual preference. Eugenics Review, 1915, 7(3): 184-192.
[12] Hamilton W D, Zuk M. Heritable true fitness and bright birds: a role for parasites? Science, 1982, 218(4570): 384-387.
[13] Ryan M J. Sexual selection, receiver biases, and the evolution of sex differences. Science, 1998, 281(5385): 1999-2003.
[14] van Valen L. A new evolutionary law. Evolutionary Theory, 1973, 1: 1-30.
[15] Tang Y Z, Zhuang L Z, Wang Z W. Advertisement calls and their relation to reproductive cycles in *Gekko gecko* (Reptilia, Lacertilia). Copeia, 2001, 430(2001): 248-253.
[16] Yu X, Peng Y, Aowphol A, et al. Geographic variation in the advertisement calls of *Gekko gecko* in relation to variations in morphological features: implications for regional population differentiation. Ethology Ecology & Evolution, 2011, 23(3): 211-228.
[17] Bateman A J. Intra-sexual selection in *Drosophila*. Heredity, 1948, 2(Pt. 3): 349-368.
[18] Tang-Martínez Z. Repetition of Bateman challenges the paradigm. Proceedings of the National Aca-

demy of Sciences USA, 2012, 109(29): 11476-11477.
[19] Jones A G, Arguello J R, Arnold S J. Validation of Bateman's principles: a genetic study of sexual selection and mating patterns in the rough–skinned newt. Proceedings of the Royal Society of London B: Biological Sciences, 2002, 269(1509): 2533-2539.
[20] Jones A G, Rosenqvist G, Berglund A, et al. The Bateman gradient and the cause of sexual selection in a sex–role–reversed pipefish. Proceedings of the Royal Society of London B: Biological Sciences, 2000, 267(1444): 677-680.
[21] Trivers R. Parental investment and sexual selection. Vol. 136. Biological Laboratories, Boston, USA: Harvard University Cambridge, 1972.
[22] 刘凌云. 普通动物学 (第三版). 北京: 高等教育出版社, 1997.
[23] Smith H G, Sandell M I, Bruun M. Paternal care in the European starling, Sturnus vulgaris: incubation. Animal Behaviour, 1995, 50(2): 323-331.
[24] Gillespie M J, Haring V, Mccoll K A, et al. Histological and global gene expression analysis of the 'lactating' pigeon crop. BMC Genomics, 2011, 12(1): 452-460.
[25] Schulte L M. Feeding or avoiding? Facultative egg feeding in a Peruvian poison frog (*Ranitomeya variabilis*). Ethology Ecology & Evolution, 2014, 26(1): 58-68.
[26] Cui J, Tang Y, Narins P M. Real estate ads in Emei music frog vocalizations: female preference for calls emanating from burrows. Biology Letters, 2012, 8(3): 337-340.
[27] Fang G, Jiang F, Yang P, et al. Male vocal competition is dynamic and strongly affected by social contexts in music frogs. Animal Cognition, 2014, 17(2): 483-494.
[28] Research Highlights. Frogs croak about their pad. Nature, 2011, 480: 417.
[29] Strain D. ScienceShot: Frog Songs Advertise Real Estate. Science (Focus online), 2011.
[30] Hamilton W D. Extraordinary sex ratios. Science, 1967, 156(3774): 477-488.
[31] Kvarnemo C, Ahnesjo I. The dynamics of operational sex ratios and competition for mates. Trends in Ecology & Evolution, 1996, 11(10): 404-408.
[32] Haley M P, Deutsch C J, Le Boeuf B J. Size, dominance and copulatory success in male northern elephant seals, *Mirounga angustirostris*. Animal Behaviour, 1994, 48(6): 1249- 1260.
[33] Wu Y, Ramos J A, Qiu X, et al. Female-female aggression functions in mate defense in an Asian agamid lizard. Animal Behaviour, 2018, 135: 215-222.
[34] Fairbairn D J, Blanckenhorn W U, Székely T. Sex, Size and Gender Roles: Evolutionary Studies of Sexual Size Dimorphism. London, UK: Oxford University Press, 2007.
[35] Moen R A, Pastor J, Cohen Y. Antler growth and extinction of Irish Elk. Evolutionary Ecology Research, 1999, 1(2): 235-249.
[36] Baker R H, Wilkinson G S. Phylogenetic analysis of sexual dimorphism and eye-span allometry in stalk-eyed flies (Diopsidae). Evolution, 2001, 55(7): 1373-1385.
[37] Akre K L, Farris H E, Lea A M, et al. Signal perception in frogs and bats and the evolution of mating signals. Science, 2011, 333(6043): 751-752.
[38] Cui J, Song X, Zhu B, et al. Receiver discriminability drives the evolution of complex sexual signals by sexual selection. Evolution, 2016, 70(4): 922-927.
[39] Losos J B, Chu L-R. Examination of factors potentially affecting dewlap size in *Caribbean anoles*. Copeia, 1998: 430-438.
[40] Peters R A, Ramos J A, Hernandez J, et al. Social context affects tail displays by *Phrynocephalus vlangalii* lizards from China. Scientific Reports, 2016, 6: 31573.
[41] Emlen D J. Alternative reproductive tactics and male-dimorphism in the horned beetle *Onthophagus acuminatus* (Coleoptera: Scarabaeidae). Behavioral Ecology and Sociobiology, 1997, 41(5): 335-341.
[42] Wilkinson G S, Reillo P R. Female choice response to artificial selection on an exaggerated male trait in a stalk-eyed fly. Proceedings of the Royal Society of London B: Biological Sciences, 1994, 255(1342): 1-6.
[43] Parker G A. Sperm competition and its evolutionary consequences in the insects. Biological Reviews,

1970, 45(4): 525-567.
[44] Moore H, Dvorakova K, Jenkins N, et al. Exceptional sperm cooperation in the wood mouse. Nature, 2002, 418(6894): 174-177.
[45] Humphries S, Evans J P, Simmons L W. Sperm competition: linking form to function. BMC Evolutionary Biology, 2008, 8(1): 319-330.
[46] 摩尔根 L H. 古代社会: 人类从蒙昧时代经过野蛮时代到文明时代的发展过程的研究. 上海: 商务印书馆, 2007.
[47] 恩格斯 F. 家庭、私有制和国家的起源: 就路易斯•亨•摩尔根的研究成果而作. 北京: 人民出版社, 1955.
[48] Ginsberg J R, Huck U W. Sperm competition in mammals. Trends in Ecology & Evolution, 1989, 4(3): 74-79.
[49] Higham J P. Sperm Competition. New Jersey, USA: John Wiley & Sons, Inc, 2017.
[50] Schmidt K T, Stien A, Albon S D, et al. Antler length of yearling red deer is determined by population density, weather and early life-history. Oecologia, 2001, 127(2): 191-197.
[51] Godin J-G J, McDonough H E. Predator preference for brightly colored males in the guppy: a viability cost for a sexually selected trait. Behavioral Ecology, 2003, 14(2): 194-200.
[52] Hernandez-Jimenez A, Rios-Cardenas O. Natural versus sexual selection: predation risk in relation to body size and sexual ornaments in the green swordtail. Animal Behaviour, 2012, 84(4): 1051-1059.
[53] Mello C V. The Zebra finch, *Taeniopygia guttata*: An avian model for investigating the neurobiological basis of vocal learning. Cold Spring Harbor Protocols, 2014, (12): 1237-1242.
[54] Lehongre K, Aubin T, Del N C. Influence of social conditions in song sharing in the adult canary. Animal Cognition, 2009, 12(6): 823-832.
[55] Reid J M, Arcese P, Cassidy A, et al. Song repertoire size predicts initial mating success in male song sparrows, *Melospiza melodia*. Animal Behaviour, 2004, 68(5): 1055-1063.
[56] Gerhardt H C, Davis M S. Variation in the coding of species identity in the advertisement calls of *Litoria verreauxi* (Anura: Hylidae). Evolution, 1988, 42(3): 556-565.
[57] Levin D A. Reproductive Character Displacement in Phlox. Evolution, 1985, 39(6): 1275- 1281.
[58] Zhu B, Wang J, Zhao L, et al. Bigger is not always better: females prefer males of mean body size in *Philautus odontotarsus*. PLoS One, 2016, 11(2): e0149879.
[59] Hunter J. The works of John Hunter, FRS with notes. Vol. 3. 1837. London, UK: Cambridge University Press, 2015.
[60] Miller G. The Mating Mind: How Sexual Choice Shaped the Evolution of Human Nature. New York, USA: Anchor Books, 2011.
[61] Ridley M. The Red Queen: Sex and The Evolution of Human Nature. New York, USA: Putnam, 1993.
[62] Mackintosh N J. Sex differences and IQ. Journal of Biosocial Science, 1996, 28(4): 558- 571.
[63] Kappelman J. The evolution of body mass and relative brain size in fossil hominids. Journal of Human Evolution, 1996, 30(3): 243-276.
[64] Babbitt C C, Warner L R, Fedrigo O, et al. Genomic signatures of diet-related shifts during human origins. Proceedings of the Royal Society of London B: Biological Sciences, 2011, 278(1708): 961-969.
[65] Westneat D F. Extra-pair fertilizations in a predominantly monogamous bird: genetic evidence. Animal Behaviour, 1987, 35(3): 877-886.
[66] Ggay E M. Do female red-winged blackbirds benefit genetically from seeking extra-pair copulations? Animal Behaviour, 1997, 53(3): 605-623.
[67] Lorenz K. On aggression. Müchen, Germany: Deutscher Taschenbuch Verlag GmbH & Co, 1963.

第三章

[1] Nei M, Kumar S. Molecular Evolution and Phylogenetics. London, UK: Oxford University Press, 2000.

[2] Freeman S, Herron J C. Evolutionary Analysis (Global edition). NJ, US: Pearson Education, Inc., 2001.
[3] Morgan G J. Emile Zuckerkandl, Linus Pauling, and the molecular evolutionary clock, 1959–1965. Journal of the History of Biology, 1998, 31(2): 155-178.
[4] Teeling E C, Springer M S, Madsen O, et al. A molecular phylogeny for bats illuminates biogeography and the fossil record. Science, 2005, 307(5709): 580-584.
[5] Zakharov E V, Caterino M S, Sperling F A. Molecular phylogeny, historical biogeography, and divergence time estimates for swallowtail butterflies of the genus *Papilio* (Lepidoptera: Papilionidae). Systematic Biology, 2004, 53(2): 193-215.
[6] Paterson A M, Wallis G P, Gray R D. Penguins, petrels, and parsimony: Does cladistic analysis of behavior reflect seabird phylogeny? Evolution, 1995, 49(5): 974-989.
[7] McCracken K G, Sheldon F H. Avian vocalizations and phylogenetic signal. Proceedings of the National Academy of Sciences USA, 1997, 94(8): 3833-3836.
[8] Peters G, Peters M K. Long-distance call evolution in the Felidae: effects of body weight, habitat, and phylogeny. Biological Journal of the Linnean Society, 2010, 101(2): 487-500.
[9] Liu Y, Chen Q, Papenfuss T J, et al. Eye and pit size are inversely correlated in crotalinae: Implications for selection pressure relaxation. Journal of Morphology, 2016, 277(1): 107- 117.
[10] Bolt J R, Lombard R E. Evolution of the amphibian tympanic ear and the origin of frogs. Biological Journal of the Linnean Society, 1985, 24(1): 83-99.
[11] Christensen-Dalsgaard J, Carr C E. Evolution of a sensory novelty: tympanic ears and the associated neural processing. Brain Research Bulletin, 2008, 75(2-4): 365-370.
[12] Feng A S, Narins P M, Xu C, et al. Ultrasonic communication in frogs. Nature, 2006, 440(7082): 333-336.
[13] Gridi-Papp M, Feng A S, Shen J, et al. Active control of ultrasonic hearing in frogs. Proceedings of the National Academy of Sciences USA, 2008, 105(31): 11014-11019.
[14] Arch V S, Grafe T U, Gridipapp M, et al. Pure ultrasonic communication in an endemic Bornean frog. PLoS One, 2009, 4(4): e5413.
[15] Carr C E, Christensen-dalsgaard J, Eddswalton P, et al. Evolutionary trends in hearing in nonmammalian vertebrates, in Evolution of Nervous Systems. Elsevier, 2017: 291-230.
[16] 马勇, 逢桂, 金善科, 等. 新疆北部地区啮齿动物的分类和分布. 北京: 科学出版社, 1987.
[17] Slabbekoorn H, Peet M. Ecology: birds sing at a higher pitch in urban noise. Nature, 2003, 424(6946): 267.
[18] Parris K M, Velik-Lord M, North J M. Frogs call at a higher pitch in traffic noise. Ecology and Society, 2009, 14(1): 25-49.
[19] Wells K D, Schwartz J J. Vocal communication in a neotropical treefrog, Hyla ebraccata: advertisement calls. Animal Behaviour, 1984, 32(2): 405-420.
[20] Miyatake T, Katayama K, Takeda Y, et al. Is death-feigning adaptive? Heritable variation in fitness difference of death-feigning behaviour. Proceedings of the Royal Society of London B: Biological Sciences, 2004, 271(1554): 2293-2296.
[21] Costanzo J P, Amaral M C, Rosendale A J, et al. Hibernation physiology, freezing adaptation and extreme freeze tolerance in a northern population of the wood frog. Journal of Experimental Biology, 2013, 216(18): 3461-3473.
[22] Newton I. The Migration Ecology of Birds. Massachusetts, US: Academic Press, 2010.
[23] Johnson B R, Borowiec M L, Chiu J C, et al. Phylogenomics resolves evolutionary relationships among ants, bees, and wasps. Current Biology, 2013, 23(20): 2058-2062.
[24] Jarvis J, Bennett N. Eusociality has evolved independently in two genera of bathyergid mole-rats—but occurs in no other subterranean mammal. Behavioral Ecology and Sociobiology, 1993, 33(4): 253-260.
[25] Bostwick K S. Display behaviors, mechanical sounds, and evolutionary relationships of the Club-winged Manakin (*Machaeropterus deliciosus*). The Auk, 2000, 117(2): 465-478.
[26] Peterson A M, Wallis G P, Gray R D. Penguins, petrels, and parsimony: does cladistic analysis of

behavior reflect seabird phylogeny? Evolution, 1995, 49(5): 974-989.

[27] Jono T. Absence of temporal pattern in courtship signals suggests loss of species recognition in gecko lizards. Evolutionary Ecology, 2016, 30(4): 583-600.

[28] Blomberg S P, Lefevre J G, Wells J A, et al. Independent contrasts and PGLS regression estimators are equivalent. Systematic Biology, 2012, 61(3): 382-391.

[29] Garland Jr T, Adolph S C. Why not to do two-species comparative studies: limitations on inferring adaptation. Physiological Zoology, 1994, 67(4): 797-828.

[30] Shriver M D, Parra E J, Dios S, et al. Skin pigmentation, biogeographical ancestry and admixture mapping. Human Genetics, 2003, 112(4): 387-399.

[31] Jablonski N G, Chaplin G. Human skin pigmentation as an adaptation to UV radiation. Proceedings of the National Academy of Sciences USA, 2010, 107(Supplement2): 8962- 8968.

[32] Van den Berghe P L, Frost P. Skin color preference, sexual dimorphism and sexual selection: A case of gene culture co-evolution? Ethnic and Racial Studies, 1986, 9(1): 87-113.

[33] De Busserolles F, Fitzpatrick J L, Paxton J R, et al. Eye-size variability in deep-sea lanternfishes (Myctophidae): an ecological and phylogenetic study. PLoS One, 2013, 8(3): e58519.

[34] Keller C B, Shilton C M. The amphibian eye. The veterinary clinics of North America. Exotic Animal Practice, 2002, 5(2): 261-74, v-vi.

[35] Caprette C L. Conquering the cold shudder: the origin and evolution of snake eyes. Dissertation of The Ohio State University, 2005.

[36] Ford N, Burghardt G M. Perceptual mechanisms and the behavioral ecology of snakes. Snakes: Ecology and Behavior, 1993: 117-164.

[37] Caprette C L, Lee M S, Shine R, et al. The origin of snakes (Serpentes) as seen through eye anatomy. Biological Journal of the Linnean Society, 2004, 81(4): 469-482.

[38] Popper A, Platt C, Evans D. Inner ear and lateral line [of fish]. CRC Marine Science Series, 1993: 99-136.

[39] Arnold B, Jäger L, Grevers G. Visualization of inner ear structures by three-dimensional high-resolution magnetic resonance imaging. The American Journal of Otology, 1996, 17(3): 480-485.

[40] Bredberg G, Ades H W, Engström H. Scanning electron microscopy of the normal and pathologically altered organ of Corti. Acta Oto-laryngologica, 1972, 73(sup301): 3-48.

[41] Flock A, Flock B. Ultrastructure of the amphibian papilla in the bullfrog. The Journal of the Acoustical Society of America, 1966, 40(5): 1262.

[42] Lewis E R, Leverenz E L, Koyama H. The tonotopic organization of the bullfrog amphibian papilla, an auditory organ lacking a basilar membrane. Journal of Comparative Physiology, 1982, 145(4): 437-445.

[43] Lycett S J, Collard M, McGrew W C. Are behavioral differences among wild chimpanzee communities genetic or cultural? An assessment using tool-use data and phylogenetic methods. American Journal of Physical Anthropology, 2010, 142(3): 461-467.

第四章

[1] Bolhuis J J, Giraldeau L-A E. The Behavior of Animals: Mechanisms, Function, and Evolution. New Jersey, US: Blackwell Publishing, 2005.

[2] Gould S J, Lewontin R C. The spandrels of San Marco and the Panglossian paradigm: a critique of the adaptationist programme. Proceedings of the Royal Society B: Biological Sciences, 1979, 205(1161): 581-598.

[3] 方舟子. 大象为什么不长毛: 方舟子破解科学谜题. 北京: 海豚出版社, 2010: 52.

[4] Baker R R, Sadovy Y. The distance and nature of the light-trap response of moths. Nature, 1978, 276(5690): 818-821.

[5] Hsiao H S. Attraction of moths to light and to infrared radiation. District of Columbia, US: National

Agricultural Library, 1972.
[6] Eisenbeis G. Artificial night lighting and insects: attraction of insects to streetlamps in a rural setting in Germany, *In*: Ecological Consequences of Artificial Night Lighting, 2006: 191-198.
[7] Hartstack Jr A W, Hollingsworth J, Lindquist D. A technique for measuring trapping efficiency of electric insect traps. Journal of Economic Entomology, 1968, 61(2): 546-552.
[8] Fabre J-H C. Souvenirs Entomologiques (中译本《昆虫记》, 多个版本). Paris: Librairie Delagrave, 1879.
[9] Green S M, Romero A. Responses to light in two blind cave fishes (*Amblyopsis spelaea* and *Typhlichthys subterraneus*)(Pisces: Amblyopsidae). Environmental Biology of Fishes, 1997, 50(2): 167-174.
[10] Fox G L, Coylethompson C, Bellinger P, et al. Phototactic responses to ultraviolet and white light in various species of Collembola, including the eyeless species, *Folsomia candida*. Journal of Insect Science, 2007, 7: article 22.
[11] Piper R. Extraordinary Animals: An Encyclopedia of Curious and Unusual Animals. Connecticut, US: Greenwood Publishing Group, 2007.
[12] Lorenz K, Tinbergen N. Taxis and instinctive behaviour pattern in egg-rolling by the Greylag goose. Studies in Animal and Human Behavior, 1938, 1: 316-359.
[13] Tinbergen N, Perdeck A C. On the stimulus situation releasing the begging response in the newly hatched herring gull chick (*Larus argentatus argentatus* Pont.). Behaviour, 1951, 3(1): 1-39.
[14] Barrett D. Supernormal Stimuli: How Primal Urges Overran Their Evolutionary Purpose. New York, US: WW Norton & Company, 2010.
[15] Tinbergen N. The Study of Instinct. London, UK: Oxford University Press, 1951.
[16] Sackett G P. Monkeys reared in isolation with pictures as visual input: Evidence for an innate releasing mechanism. Science, 1966, 154(3755): 1468-1473.
[17] Staddon J E R. A note on the evolutionary significance of "supernormal" stimuli. The American Naturalist, 1975, 109(969): 541-545.
[18] Tinbergen N. The herring gull's world: a study of the social behaviour of birds. London, UK: Frederick A. Praeger, Inc., 1953.
[19] Dawkins R, Krebs J R. Arms races between and within species. Proceedings of the Royal Society B: Biological Sciences, 1979, 205(1161): 489-511.
[20] Holen Ø H, Saetre G P, Slagsvold T, et al. Parasites and supernormal manipulation. Proceedings of the Royal Society of London B: Biological Sciences, 2001, 268(1485): 2551- 2558.
[21] Gwynne D, Rentz D. Beetles on the bottle: male buprestids mistake stubbies for females (Coleoptera). Australian Journal of Entomology, 1983, 22(1): 79-80.
[22] Magnus D. Experimental analysis of some "overoptimal" sign-stimuli in the mating behaviour of the fritillary butterfly *Argynnis paphia* L. (Lepidoptera: Nymphalidae). *In*: Proceedings of the Tenth International Congress of Entomology (Montreal, Canada), 1958.
[23] Doyle J F. A woman's walk: Attractiveness in motion. Journal of Social, Evolutionary, and Cultural Psychology, 2009, 3(2): 81.
[24] Waugh N. Corsets and Crinolines. Pennsylvania, US: Routledge, 2015.
[25] 周立明. 动物游戏之谜. 北京: 人民教育出版社, 1985.
[26] Burghardt G M. The Genesis of Animal Play: Testing the Limits. Boston, US: MIT Press, 2005.
[27] Kuczaj S A, Highfill L E. Dolphin play: Evidence for cooperation and culture? Behavioral and Brain Sciences, 2005, 28(5): 705-706.
[28] Loizos C. Play behaviour in higher primates: A review, *In*: Morris D. Primate Ethology. New Jersey, US: Aldine Transaction, 1967: 176-218.
[29] Bekoff M, Byers J A. Animal Play: Evolutionary, Comparative and Ecological Perspectives. London, UK: Cambridge University Press, 1998.
[30] Martin P, Caro T M. On the functions of play and its role in behavioral development, in Advances in the Study of Behavior. London, UK: Elsevier, 1985: 59-103.
[31] Kelley L A, Coe R L, Madden J R, et al. Vocal mimicry in songbirds. Animal Behaviour, 2008, 76(3):

521-528.
[32] Gustafson M. Handbook of the birds of the world, volume 9: cotingas to pipits and wagtails. The Wilson Journal of Ornithology, 2006, 118(3): 430-431.
[33] Dalziell A H, Magrath R D. Fooling the experts: accurate vocal mimicry in the song of the superb lyrebird, Menura novaehollandiae. Animal Behaviour, 2012, 83(6): 1401-1410.
[34] Pepperberg I M. The Alex Studies: Cognitive and Communicative Abilities of Grey Parrots. Boston, US: Harvard University Press, 2009.
[35] Catchpole C K. Song and female choice: good genes and big brains? Trends in Ecology & Evolution, 1996, 11(9): 358-360.
[36] Reid J M, Arcese P, Cassidy A, et al. Song repertoire size predicts initial mating success in male song sparrows, *Melospiza melodia*. Animal Behaviour, 2004, 68(5): 1055-1063.
[37] Byers B E, Kroodsma D E. Female mate choice and songbird song repertoires. Animal Behaviour, 2009, 77(1): 13-22.
[38] Soma M, Garamszegi L Z. Rethinking birdsong evolution: meta-analysis of the relationship between song complexity and reproductive success. Behavioral Ecology, 2011, 22(2): 363- 371.
[39] Garamszegi L Z, Møller A P. Extrapair paternity and the evolution of bird song. Behavioral Ecology, 2004, 15(3): 508-519.
[40] Beecher M D, Brenowitz E A. Functional aspects of song learning in songbirds. Trends in Ecology & Evolution, 2005, 20(3): 143-149.
[41] Swift K, Marzluff J M. Occurrence and variability of tactile interactions between wild American crows and dead conspecifics. Philosophical Transactions of the Royal Society B, 2018, 373(1754): 20170259.
[42] Goldman J G. Some Crows hit on dead companions. District of Columbia, US: Scientific American, 2018: Online.
[43] Smith W J, Smith S L, Devilla J G, et al. The jump-yip display of the black-tailed prairie dog *Cynomys ludovicianus*. Animal Behaviour, 1976, 24(3): 609-621.
[44] Campbell S S, Tobler I. Animal sleep: a review of sleep duration across phylogeny. Neuroscience & Biobehavioral Reviews, 1984, 8(3): 269-300.
[45] Fang G, Chen Q, Cui J, et al. Electroencephalogram bands modulated by vigilance states in an anuran species: a factor analytic approach. Journal of Comparative Physiology A, 2012, 198(2): 119-127.
[46] Mukhametov L, Supin A Y, Polyakova I. Interhemispheric asymmetry of the electroencephalographic sleep patterns in dolphins. Brain Research, 1977, 134(3): 581-584.
[47] Xie L, Kang H, Xu Q, et al. Sleep drives metabolite clearance from the adult brain. Science, 2013, 342(6156): 373-377.
[48] Ellenbogen J M, Hulbert J C, Stickgold R, et al. Interfering with theories of sleep and memory: sleep, declarative memory, and associative interference. Current Biology, 2006, 16(13): 1290-1294.
[49] Deregnaucourt S, Mitra P P, Feher O, et al. How sleep affects the developmental learning of bird song. Nature, 2005, 433(7027): 710-716.
[50] Simon C W, Emmons W H. Learning during sleep? Psychological Bulletin, 1955, 52(4): 328.
[51] Freud S. Die Traumdeutung (中译本《梦的解析》，多个版本). Berlin, Germany: Gesammelte Werke Band III, 1899.
[52] 阿努尔夫 I. 梦的解析 2.0. 石航译. 重庆: 环球科学, 2016.
[53] Aserinsky E, Kleitman N. Regularly occurring periods of eye motility, and concomitant phenomena, during sleep. Science, 1953, 118(3062): 273-274.
[54] Louie K, Wilson M A. Temporally structured replay of awake hippocampal ensemble activity during rapid eye movement sleep. Neuron, 2001, 29(1): 145-156.
[55] Jouvet M. What does a cat dream about? Trends in Neurosciences, 1979, 2: 280-282.
[56] Hobson J A, McCarley R W, Wyzinski P W. Sleep cycle oscillation: reciprocal discharge by two brainstem neuronal groups. Science, 1975, 189(4196): 55-58.
[57] Hobson J A, Stickgold R, Pace-Schott E F. The neuropsychology of REM sleep dreaming. Neuroreport,

1998, 9(3): R1-R14.
[58] Hobson A J, McCarley R. The brain as a dream state generator: an activation-synthesis hypothesis of the dream process. American Journal of Psychiatry, 1997, 134: 1335-1348.
[59] Hobson A J. REM sleep and dreaming: towards a theory of protoconsciousness. Nature Reviews Neuroscience, 2009, 10(11): 803-813.
[60] Johnson B. Drug dreams: a neuropsychoanalytic hypothesis. Journal of the American Psychoanalytic Association, 2001, 49(1): 75-96.
[61] Beck A T, Ward C H. Dreams of depressed patients: Characteristic themes in manifest content. Archives of General Psychiatry, 1961, 5(5): 462-467.
[62] Paparrigopoulos T J. REM sleep behaviour disorder: clinical profiles and pathophysiology. International Review of Psychiatry, 2005, 17(4): 293-300.
[63] Revonsuo A. The reinterpretation of dreams: An evolutionary hypothesis of the function of dreaming. Behavioral and Brain Sciences, 2000, 23(6): 877-901.
[64] Arnulf I. Une fenêtre sur les rêves (A Window into Dreams). Neuropathologie et Pathologies du Sommeil, 2014.
[65] Olds J, Milner P. Positive reinforcement produced by electrical stimulation of septal area and other regions of rat brain. Journal of Comparative and Physiological Psychology, 1954, 47(6): 419-427.
[66] Volkow N D, Fowler J S, Wang G, et al. Dopamine in drug abuse and addiction: results of imaging studies and treatment implications. Archives of Neurology, 2007, 64(11): 1575- 1579.
[67] Robbins T W, Everitt B J. Drug addiction: bad habits add up. Nature, 1999, 398(6728): 567-570.
[68] Angres D H, Bettinardi-Angres K. The disease of addiction: Origins, treatment, and recovery. Disease-a-Month, 2008, 54(10): 696-721.
[69] Nestler E J. Cellular basis of memory for addiction. Dialogues in Clinical Neuroscience, 2013, 15(4): 431-443.
[70] Hyman S E, Malenka R C, Nestler E J. Neural mechanisms of addiction: the role of reward-related learning and memory. Annual Review of Neuroscience, 2006, 29: 565-598.
[71] Wolf M E. Addiction: making the connection between behavioral changes and neuronal plasticity in specific pathways. Molecular Interventions, 2002, 2(3): 146-157.
[72] Hatch R. Effect of drugs on catnip (*Nepeta cataria*) induced pleasure behavior in cats. American Journal of Veterinary Research, 1972, 33(1): 143-155.
[73] Zielinski S. The Alcoholics of the animal world, in Smithsonian News. District of Columbia, US: Smithsonian, 2011.
[74] Morris S, Humphreys D, Reynolds D. Myth, marula, and elephant: an assessment of voluntary ethanol intoxication of the African elephant (*Loxodonta africana*) following feeding on the fruit of the marula tree (*Sclerocarya birrea*). Physiological and Biochemical Zoology, 2006, 79(2): 363-369.
[75] Ervin F R, Palmour R M, Young S N, et al. Voluntary consumption of beverage alcohol by vervet monkeys: population screening, descriptive behavior and biochemical measures. Pharmacology Biochemistry and Behavior, 1990, 36(2): 367-373.
[76] Schwandt M L, Lindell S G, Chen S A, et al. Alcohol response and consumption in adolescent rhesus macaques: life history and genetic influences. Alcohol, 2010, 44(1): 67-80.
[77] Crew B. Bennett's wallabies get high on poppy seeds, in The Mercury Newspaper. Australia, 2015.
[78] Coren S. Are some dogs getting addicted to hallucinogens? in Psychology Today. 2013, Online News.
[79] News N S. Dolphins getting high on fish toxin? Or just a load of puff? https://www. nbcnews.com/science/science-news/dolphins-getting-high-fish-toxin-or-just-load-puff-n3691, 2014. [2017-10-20]
[80] Dawkins R. The selfish gene (中译本《自私的基因》, 多个版本). London, UK: Oxford University Press, 1967.
[81] Wilson E O. Sociobiology, The second edition. Boston, US: Harvard University Press, 2000.
[82] Stack S, Krysinska K, Lester D. Gloomy Sunday: did the "Hungarian suicide song" really create a suicide epidemic? OMEGA-Journal of Death and Dying, 2008, 56(4): 349-358.

[83] Pirkis J, Blood W. Suicide and the Entertainment Media: A Critical Review. Commonwealth of Australia, 2010.
[84] Pirkis J, Blood W. Suicide and the News and Information Media: A Critical Review. Commonwealth of Australia, 2010.
[85] Georgiadis J R, Kringelbach M L, Pfaus J G. Sex for fun: a synthesis of human and animal neurobiology. Nature Reviews Urology, 2012, 9(9): 486-498.
[86] Pavličev M, Wagner G. The evolutionary origin of female orgasm. Journal of Experimental Zoology Part B: Molecular and Developmental Evolution, 2016, 326(6): 326-337.
[87] Goldfoot D A, Loon H W, Groeneveld W, et al. Behavioral and physiological evidence of sexual climax in the female stump-tailed macaque (*Macaca arctoides*). Science, 1980, 208(4451): 1477-1479.
[88] Allen M L, Lemmon W. Orgasm in female primates. American Journal of Primatology, 1981, 1(1): 15-34.
[89] Burton F D. Sexual climax in female *Macaca mulatta*. in Proceedings of the 3rd international Congress of Primatology (Zurich, Swiss), 1970.
[90] Troisi A, Carosi M. Female orgasm rate increases with male dominance in Japanese macaques. Animal Behaviour, 1998, 56(5): 1261-1266.
[91] Morris D. The Naked Ape: A Zoologist□s Study Of The Human Animal. London, UK: McGraw-Hill Book Company, 1967.
[92] Diamond J. The Third Chimpanzee: The Evolution and Future of the Human Animal. New York, US: Harper Collins Publishers, 1992.
[93] Riedman M L. The evolution of alloparental care and adoption in mammals and birds. The Quarterly Review of Biology, 1982, 57(4): 405-435.
[94] Macdonald D W. The ecology of carnivore social behaviour. Nature, 1983, 301(5899): 379.
[95] Regan P C, Berscheid E. Lust: What We Know About Human Sexual Desire. District of Columbia, US: Sage Publications, 1999.
[96] Diamond L M. What does sexual orientation orient? A biobehavioral model distinguishing romantic love and sexual desire. Psychological Review, 2003, 110(1): 173-192.
[97] Diamond L M. Emerging perspectives on distinctions between romantic love and sexual desire. Current Directions in Psychological Science, 2004, 13(3): 116-119.
[98] 肖瑶, 张庆林. 区别爱情和性欲的一个生理模式. 西南大学学报(社会科学版), 2005, 31(1): 39-43.
[99] Sternberg R J, Barnes M L. The Psychology of Love. New Haven, US: Yale University Press, 1988.
[100] 饶毅. 饶有性趣 (1): 欲解异性恋 须知同性恋. 科学网博客, 2012.
[101] Erwin J, Maple T. Ambisexual behavior with male-male anal penetration in male rhesus monkeys. Archives of Sexual Behavior, 1976, 5(1): 9-14.
[102] Furuichi T, Connor R, Hashimoto C. Non-conceptive sexual interactions in monkeys, apes, and dolphins, in Primates and Cetaceans. Berlin, Germany: Springer, 2014: 385-408.
[103] 蔚培龙, 罗永斌. 神农架自然保护区首次发现金丝猴间同性恋现象. 湖北: 荆楚网, 2010.
[104] Gorski R A, Gordon J, Shryne J E, et al. Evidence for a morphological sex difference within the medial preoptic area of the rat brain. Brain Research, 1978, 148(2): 333-346.
[105] Paredes R, Baum M. Altered sexual partner preference in male ferrets given excitotoxic lesions of the preoptic area/anterior hypothalamus. Journal of Neuroscience, 1995, 15(10): 6619-6630.
[106] Roselli C E, Reddy R C, Kaufman K R. The development of male-oriented behavior in rams. Frontiers in Neuroendocrinology, 2011, 32(2): 164-169.
[107] Jacobson C D, Csernus V J, Shryne J E, et al. The influence of gonadectomy, androgen exposure, or a gonadal graft in the neonatal rat on the volume of the sexually dimorphic nucleus of the preoptic area. Journal of Neuroscience, 1981, 1(10): 1142-1147.
[108] LeVay S. A difference in hypothalamic structure between heterosexual and homosexual men. Science, 1991, 253(5023): 1034-1037.
[109] Garcia-Falgueras A, Swaab D F. A sex difference in the hypothalamic uncinate nucleus: relationship to

gender identity. Brain, 2008, 131(12): 3132-3146.
[110] Barash D P. The evolutionary mystery of homosexuality, in Chronicle of Higher Education. https://www.chronicle.com/article/The-Evolutionary-Mystery-of/135762, 2012.
[111] Bobrow D, Bailey J M. Is male homosexuality maintained via kin selection? Evolution and Human Behavior, 2001, 22(5): 361-368.
[112] Buss D M. The Evolution of Desire: Strategies of Human Mating. New York, US: Basic Books, 2016.
[113] Sloboda J A. The Musical Mind: The Cognitive Psychology of Music. London, UK: Oxford University Press, 1985.
[114] Wallin N L, Merker B, Brown S. The Origins of Music. Boston, US: MIT Press, 2001.
[115] Darwin C. Sexual Selection and the Descent of Man (中译本《性选择及其人类的由来》, 多个版本). London, UK: Murray, 1871.
[116] Snowdon C T, Teie D. Affective responses in tamarins elicited by species-specific music. Biology Letters, 2010, 6(1): 30-32.
[117] Fritz J, Roeder E, Nelson C. A stereo music system as environmental enrichment for captive chimpanzees. Lab Animal, 2003, 32(10): 31-36.
[118] Mingle M E, Eppley T M, Campbell M W, et al. Chimpanzees prefer African and Indian music over silence. Journal of Experimental Psychology: Animal Learning and Cognition, 2014, 40(4): 502-505.
[119] McDermott J, Hauser M D. Nonhuman primates prefer slow tempos but dislike music overall. Cognition, 2007, 104(3): 654-668.
[120] Bendor D, Wang X. The neuronal representation of pitch in primate auditory cortex. Nature, 2005, 436(7054): 1161-1165.
[121] Song X, Osmanski M S, Guo Y, et al. Complex pitch perception mechanisms are shared by humans and a New World monkey. Proceedings of the National Academy of Sciences USA, 2016, 113(3): 781-786.
[122] Rauscher F H, Shaw G L, Ky C N. Music and spatial task performance. Nature, 1993, 365(6447): 611-611.
[123] Rauscher F H, Robinson K D, Jens J J. Improved maze learning through early music exposure in rats. Neurological Research, 1998, 20: 427-432.
[124] Steele K M. Do rats show a Mozart effect? Music Perception: An Interdisciplinary Journal, 2003, 21(2): 251-265.
[125] Larsson M. Self-generated sounds of locomotion and ventilation and the evolution of human rhythmic abilities. Animal Cognition, 2014, 17(1): 1-14.
[126] Wilson D S. Darwin's Cathedral: Evolution, Religion, and the Nature of Society. Illinois, US: University of Chicago Press, 2010.
[127] Skinner B F. 'Superstition' in the pigeon. Journal of Experimental Psychology, 1948, 38(2): 168-172.
[128] Jones R A. The Secret of the Totem: Religion and Society from McLennan to Freud. New York, US: Columbia University Press, 2012.
[129] Freud S. Totem and Taboo (AA Brill, Trans.). New York, US: New Republic, 1913.
[130] Wilber K. The Marriage of Sense and Soul: Integrating Science and Religion. New York, US: Harmony, 1998.
[131] Muller F M. Introduction to the Science of Religion. London, UK: Longmans, Green, and Co., 1893.
[132] Eakin F E. The Religion and Culture of Israel: An Introduction to Old Testament Thought. Boston, US: Allyn and Bacon, 1971.

第五章

[1] Tinbergen N. On aims and methods of ethology. Ethology, 1963, 20(4): 410-433.
[2] Rothenberg D. Why Birds Sing: A Journey Into the Mystery of Bird Song. US: Basic Books, 2006.

[3] 陈润生, 刘夙. 基因的故事: 解读生命的密码. 北京: 北京理工大学出版社, 2010.
[4] Crick F. Central dogma of molecular biology. Nature, 1970, 227(5258): 561-563.
[5] Shafee T, Lowe R. Eukaryotic and prokaryotic gene structure. WikiJournal of Medicine, 2017, 4(1): 1-5.
[6] Dobson C M. Protein folding and misfolding. Nature, 2003, 426(6968): 884-890.
[7] Ingle D. Visual releasers of prey-catching behavior in frogs and toads. Brain, Behavior and Evolution, 1968, 1(6): 500-518.
[8] Wilson E O. Sociobiology. Boston, US: Harvard University Press, 2000.
[9] Dawkins R. The Selfish Gene(《自私的基因》, 中文多个版本). London, UK: Oxford University Press, 1976.
[10] Kandel E R, Schwartz J H, Jessell T M, et al. Principles of Neural Science. New York, US: McGraw-Hill, 2000.
[11] Waters K. A muscle model for animation three-dimensional facial expression. (Acm Siggraph) Computer Graphics, 1987. 21(4): 17-24.
[12] Damasio H. Human Brain Anatomy in Computerized Images. London, UK: Oxford University Press, 1995.
[13] Horton J, Hedley-Whyte E T. Mapping of cytochrome oxidase patches and ocular dominance columns in human visual cortex. Philosophical Transactions of the Royal Society B, 1984, 304(1119): 255-272.
[14] Stauffer T R, Elliott K C, Ross M T, et al. Axial organization of a brain region that sequences a learned pattern of behavior. Journal of Neuroscience, 2012, 32(27): 9312-9322.
[15] Owings D H, Morton E S. Animal Vocal Communication: A New Approach. London, UK: Cambridge University Press, 1998.
[16] Frisby J P, Stone J V. Seeing: The Computational Approach to Biological Vision. Boston, US: The MIT Press, 2010.
[17] Barth F G. Neuroethology of the spider vibration sense, in Neurobiology of Arachnids. Berlin, Germany: Springer, 1985: 203-229.
[18] Schmitz H, Schmitz A, Schneider E S. Matched filter properties of infrared receptors used for fire and heat detection in insects, in The Ecology of Animal Senses. Berlin, Germany: Springer, 2016: 207-234.
[19] Chen Q, Liu Y, Brauth S E, et al. The thermal background determines how the infrared and visual systems interact in pit vipers. Journal of Experimental Biology, 2017, 220(17): 3103- 3109.
[20] Lipp H, Vyssotski A L, Wolfer D P, et al. Pigeon homing along highways and exits. Current Biology, 2004, 14(14): 1239-1249.
[21] Regnier F E, Law J H. Insect pheromones. Journal of Lipid Research, 1968, 9(5): 541-551.
[22] Wang G, Harpole C E, Trivedi A K, et al. Circadian regulation of bird song, call, and locomotor behavior by pineal melatonin in the zebra finch. Journal of Biological Rhythms, 2012, 27(2): 145-155.
[23] Xue F, Fang G, Yang P, et al. The biological significance of acoustic stimuli determines ear preference in the music frog. Journal of Experimental Biology, 2015, 218(5): 740-747.
[24] Lorenz K, Tinbergen N. Taxis and instinctive behaviour pattern in egg-rolling by the Greylag goose. Studies in Animal and Human Behavior, 1938, 1: 316-359.
[25] Riley C V. The Yucca Moth and Yucca Pollination. Michigan, US: Missouri Botanical Garden, 1892.
[26] Diamond J M. Guns, Germs and Steel. A Short History of Everybody for the Last 13,000 Years (中译本《枪炮、病菌与钢铁》). London: Jonathan Cape, 1997.
[27] Rothenbuhler W C. Behaviour genetics of nest cleaning in honey bees. I. Responses of four inbred lines to disease-killed brood. Animal Behaviour, 1964, 12(4): 578-583.
[28] Jones R L, Rothenbuhler W C. Behaviour genetics of nest cleaning in honey bees. II. Responses of two inbred lines to various amounts of cyanide-killed brood. Animal Behaviour, 1964, 12(4): 584-588.
[29] Rothenbuhler W C. Behavior genetics of nest cleaning in honey bees. IV. Responses of F 1 and backcross generations to disease-killed brood. American Zoologist, 1964, 4(2): 111-123.
[30] Sokolowski M B. Drosophila: genetics meets behaviour. Nature Reviews Genetics, 2001, 2(11): 879-890.
[31] Robinson G E, Fernald R D, Clayton D F. Genes and social behavior. Science, 2008, 322(5903): 896-900.

[32] Tryon R C. Genetic differences in mazelearning ability in rats. Yearbook of the National Society for the Study of Education, 1940, 39(Part I): 111-119.
[33] Cooper R M, Zubek J P. Effects of enriched and restricted early environments on the learning ability of bright and dull rats. Canadian Journal of Psychology/Revue Canadienne de Psychologie, 1958, 12(3): 159-164.
[34] Lorenz K. Imprinting. Auk, 1937, 54(1): 245-273.
[35] Pigliucci M. Phenotypic Plasticity: Beyond nature and Nurture. Maryland, US: JHU Press, 2001.
[36] Edwards P, Aschenborn H. Patterns of nesting and dung burial in Onitis dung beetles: implications for pasture productivity and fly control. Journal of Applied Ecology, 1987: 837-851.
[37] Dacke M, Baird E, Byrne M J, et al. Dung beetles use the Milky Way for orientation. Current Biology, 2013, 23(4): 298-300.
[38] Jaeger R G, Hailman J P. Ontogenetic shift of spectral phototactic preferences in anuran tadpoles. Journal of Comparative and Physiological Psychology, 1976, 90(10): 930-945.
[39] Nelson R J. An Introduction to Behavioral Endocrinology. London, UK: Sinauer Associates, 2011.
[40] Kimura D. Sex differences in the brain. Scientific American, 1992, 267(3): 118-125.
[41] Pedersen C A, Prange A J. Induction of maternal behavior in virgin rats after intracere broventricular administration of oxytocin. Proceedings of the National Academy of Sciences USA, 1979, 76(12): 6661-6665.

第六章

[1] Ada G L, Nossal S G. The clonal-selection theory. Scientific American, 1987, 257(2): 62-69.
[2] Burnet F M. A modification of Jerne's theory of antibody production using the concept of clonal selection. Australian Journal of Science, 1957, 20(3): 67-69.
[3] Jerne N K. The natural-selection theory of antibody formation. Proceedings of the National Academy of Sciences USA, 1955, 41(11): 849-857.
[4] Cohn M, Mitchison N A, Paul W E, et al. Reflections on the clonal-selection theory. Nature Reviews Immunology, 2007, 7(10): 823-830.
[5] Medzhitov R. Pattern recognition theory and the launch of modern innate immunity. The Journal of Immunology, 2013, 191(9): 4473-4474.
[6] Abbas A K, Lichtman A H, Pillai S. Cellular and Molecular Immunology. Amsterdam, Netherlands: Elsevier Health Sciences, 1994.
[7] Huang S, Tao X, Yuan S, et al. Discovery of an active RAG transposon illuminates the origins of V (D) J recombination. Cell, 2016, 166(1): 102-114.
[8] Tonegawa S. Somatic generation of antibody diversity. Nature, 1983, 302(5909): 575-581.
[9] Nossal G J. Antibody production by single cells. British Journal of Experimental Pathology, 1958, 39(5): 544-551.
[10] Bak P. How Nature Works: the Science of Self-organized Criticality. New York, US; Germany: Springer Science & Business Media, 2013.
[11] Edelman G M, Benacerraf B, Ovary Z, et al. Structural differences among antibodies of different specificities. Proceedings of the National Academy of Sciences USA, 1961, 47(11): 1751-1758.
[12] Edelman G M, Gally J. Somatic recombination of duplicated genes: an hypothesis on the origin of antibody diversity. Proceedings of the National Academy of Sciences USA, 1967, 57(2): 353-358.
[13] Edelman G M. Cell adhesion molecules. Science, 1983, 219(4584): 450-457.
[14] Edelman G M, Mountcastle V B. The Mindful Brain: Cortical Organization and the Group- Selective Theory of Higher Brain Function. Boston, US: MIT Press, 1978.
[15] Edelman G M. Neural Darwinism: The Theory of Neuronal Group Selection. New York, US: Basic Books, 1987.

[16] Damasio A. Self Comes to Mind: Constructing the Conscious Brain. California, US: Vintage Press, 2012.
[17] Smith E E, Medin D L. Categories and Concepts. Vol. 9. Boston, US: Harvard University Press, 1981.
[18] Medin D L, Smith E E. Concepts and concept formation. Annual Review of Psychology, 1984, 35(1): 113-138.
[19] Lashley K S. The problem of serial order in behavior. Indiana, US: Bobbs-Merrill Co., 1951
[20] Lashley K S. Cerebral organization and behavior. Research Publications of the Association for Research in Nervous & Mental Disease, 1958, 36: 1-18.
[21] Edelman G M. Neural Darwinism: selection and reentrant signaling in higher brain function. Neuron, 1993, 10(2): 115-125.
[22] Edelman G M, Tononi G. Neural Darwinism: The brain as a selectional system, in Nature's imagination. *In*: Cornwell J. The Frontiers of Scientific Vision. Oxford: Oxford University Press, 1995: 78-100.
[23] Changeux J-P, Danchin A. Selective stabilisation of developing synapses as a mechanism for the specification of neuronal networks. Nature, 1976, 264(5588): 705-712.
[24] Cowan W. Aspects of neural development. International Review of Physiology, 1978, 17: 149-191.
[25] Rakic P. Specification of cerebral cortical areas. Science, 1988, 241(4862): 170-176.
[26] Edelman G M. Topobiology. Scientific American, 1989, 260(5): 76-89.
[27] Hata Y. Synaptic elimination. *In*: Binder M D, Hirokawa N, Windhorst U. Encyclopedia of Neuroscience. Berlin, Germany: Springer, 2009.
[28] Edelman G M. Naturalizing consciousness: a theoretical framework. Proceedings of the National Academy of Sciences USA, 2003, 100(9): 5520-5524.
[29] 郭晓强. 埃德尔曼: 发现抗体结构的科学家. 科学, 2014, 66(6): 49-52.
[30] Edelman G M. Second Nature. New Haven, US: Yale University Press, 2006.
[31] Purves D, White L E, Riddle D R. Is neural development Darwinian? Trends in Neurosciences, 1996, 19(11): 460-464.
[32] Crick F. Neural edelmanism. Trends in Neurosciences, 1989, 12(7): 240-248.
[33] Fernando C, Karishma K, Szathmáry E. Copying and evolution of neuronal topology. PLoS One, 2008, 3(11): e3775.
[34] Smith J M, Szathmary E. The Major Transitions in Evolution. New York, US: Oxford University Press, 1997.
[35] Dan Y, Poo M M. Spike timing-dependent plasticity of neural circuits. Neuron, 2004, 44(1): 23-30.
[36] Froemke R C, Poo M M, Dan Y. Spike-timing-dependent synaptic plasticity depends on dendritic location. Nature, 2005, 434(7030): 221-225.
[37] Fernando C. From blickets to synapses: Inferring temporal causal networks by observation. Cognitive Science, 2013, 37(8): 1426-1470.
[38] Calvin W H. How Brains Think: Evolving Intelligence, Then and Now. New York, US: Basic Books, 2014.

第 二 篇

第七章

[1] Doe C Q, Skeath J B. Neurogenesis in the insect central nervous system. Current Opinion in Neurobiology, 1996, 6(1): 18-24.
[2] Zacharuk R Y. Ultrastructure and function of insect chemosensilla. Annual Review of Entomology, 1980, 25(1): 27-47.
[3] Neumann T R. Modeling insect compound eyes: Space-variant spherical vision. *In*: International Workshop on Biologically Motivated Computer Vision. New York, US: Springer, 2002.

[4] Noback C R, Strominger N L, Demarest R J, et al. The Human Nervous System: Structure and Function. New York, US: Springer Science & Business Media, 2005.
[5] Chen L, Teng H, Jia Z, et al. Intracellular signaling pathways of inflammation modulated by dietary flavonoids: The most recent evidence. Critical Reviews in Food Science and Nutrition, 2018, 58(17): 2908-2924.
[6] Nikitin E S, Bal N V, Aleksey M, et al. Encoding of high frequencies improves with maturation of action potential generation in cultured neocortical neurons. Frontiers in Cellular Neuroscience, 2017, 11: 28.
[7] Swanson L W, Newman E, Araque A, et al. The beautiful brain: the drawings of Santiago Ramón y Cajal. New York, US: Harry N Abrams, Inc, 2017.
[8] Diamond M, Hopson J. Magic Trees of the Mind: How to Nuture your Child's Intelligence, Creativity, and Healthy Emotions from Birth Through Adolescence. New York, US: Penguin, 1999.
[9] Galván A. The Neuroscience of Adolescence. London, UK: Cambridge University Press, 2017.
[10] Giedd J N, Blumenthal J, Jeffries N, et al. Brain development during childhood and adolescence: a longitudinal MRI study. Nature Neuroscience, 1999, 2(10): 861-863.
[11] Sowell E R, Thompson P M, Holmes C J, et al. Localizing age-related changes in brain structure between childhood and adolescence using statistical parametric mapping. Neuroimage, 1999, 9(6): 587-597.
[12] Nicholls J G, Martin A R, Wallace B G, et al. From neuron to brain. Massachusetts, US: Sinauer Associates Sunderland, 2001.
[13] Cajal S R. Histology of the nervous system of man and vertebrates. New York, US: Oxford University Press, 1995.
[14] Sherrington C. The Central Nervous System, vol. 3 of A Textbook of Physiology. *In*: Foster M. London, UK: MacMillan, 1897.
[15] Bear M F, Connors B W, Paradiso M A. Neuroscience. Pennsylvania, US: Lippincott Williams & Wilkins, 2007.
[16] Gadsby D C. Ion channels versus ion pumps: the principal difference, in principle. Nature Reviews Molecular Cell Biology, 2009, 10(5): 344-352.
[17] Hughes S, Hughes S, Foster R G, et al. Expression and localisation of two-pore domain (K2P) background leak potassium ion channels in the mouse retina. Scientific Reports, 2017, 7: 46085.
[18] Riera C E, Smarrito C M, Affolter M, et al. Compounds from Sichuan and Melegueta peppers activate, covalently and non-covalently, TRPA1 and TRPV1 channels. British Journal of Pharmacology, 2009, 157(8): 1398-1409.
[19] Hodgkin A L, Huxley A. Movement of sodium and potassium ions during nervous activity. *In*: Cold Spring Harbor Symposia on Quantitative Biology. New York, US: Cold Spring Harbor Laboratory Press, 1952.
[20] Adrian E D. Wedensky inhibition in relation to the 'all - or - none' principle in nerve. The Journal of Physiology, 1913, 46(4-5): 384-412.
[21] Adrian E D. The impulses produced by sensory nerve endings. The Journal of Physiology, 1926, 61(1): 49-72.
[22] McCulloch W S, Pitts W. A logical calculus of the ideas immanent in nervous activity. The Bulletin of Mathematical Biophysics, 1943, 5(4): 115-133.
[23] Kuno M. The Synapse: Function, Plasticity, and Neurotrophism. New York, US: Oxford University Press, 1995.
[24] Rall W. Theoretical significance of dendritic trees for neuronal input-output relations. Neural Theory and Modeling, 1964: 73-97.
[25] Branco T, Clark B A, Häusser M. Dendritic discrimination of temporal input sequences in cortical neurons. Science, 2010, 329(5999): 1671-1675.
[26] Branco T. The Language of dendrites. Science, 2011, 334(6056): 615-616.
[27] Colonnier M, O'Kusky J. Number of neurons and synapses in the visual cortex of different species. Revue Canadienne de Biologie, 1981, 40(1): 91-99.
[28] Cragg B G. The density of synapses and neurons in normal, mentally defective ageing human brains.

Brain: A Journal of Neurology, 1975, 98(1): 81-90.

[29] O'Kusky J, Colonnier M. A laminar analysis of the number of neurons, glia, and synapses in the adult cortex (area 17) of adult macaque monkeys. Journal of Comparative Neurology, 1982, 210(3): 278-290.

[30] Schüz A, Palm G. Density of neurons and synapses in the cerebral cortex of the mouse. Journal of Comparative Neurology, 1989, 286(4): 442-455.

[31] Braitenberg V, Schüz P D A. Comparison between Synaptic and Neuronal Density. *In*: Statistics and Geometry of Neuronal Connectivity. Heidelber, Germany: Springer, 1998: 37-38.

[32] Beaulieu C, Kisvarday Z, Somogyi P, et al. Quantitative distribution of GABA-immunopositive and-immunonegative neurons and synapses. *In*: the monkey striate cortex (Area 17). Cerebral Cortex, 1992, 2(4): 295-309.

[33] Smith S A, Bedi K S. Unilateral enucleation of adult rats does not effect the synapse-to-neuron ratio within the stratum griseum superficiale of the superior colliculi. Vision Research, 1998, 38(20): 3041-3050.

[34] Linden D J. The Accidental Mind, How Brain Evolution Has Given Us Love, Memory, Dreams, and God. Boston, US: The Belknap Press of Harvard University Press, 2007.

[35] Bullmore E, Sporns O. The economy of brain network organization. Nature Reviews Neuroscience, 2012, 13(5): 336-349.

[36] Hebb D O. The Organizations of Behavior: a Neuropsychological Theory, 1949. New Jersey, US: Wiley, reprinted by Lawrence Erlbaum Associates, 2002.

[37] Jones E G. Santiago Ramony Cajal and the croonian lecture, March 1894. Trends in Neurosciences, 1994, 17(5): 190-192.

[38] Lømo T. The discovery of long-term potentiation. Philosophical Transactions of the Royal Society B: Biological Sciences, 2003, 358(1432): 617-620.

[39] Nimchinsky E A, Sabatini B L, Svoboda K. Structure and function of dendritic spines. Annual Review of Physiology, 2002, 64(64): 313-353.

[40] Bingol B, Schuman E M. Activity-dependent dynamics and sequestration of proteasomes in dendritic spines. Nature, 2006, 441(7097): 1144-1148.

[41] De R M, Klauser P, Mendez P, et al. Activity-dependent PSD formation and stabilization of newly formed spines in hippocampal slice cultures. Cerebral Cortex, 2008, 18(1): 151-161.

[42] Bhatt D H, Zhang S, Gan W B. Dendritic Spine Dynamics. Annual Review of Physiology, 2009, 71(71): 261-282.

[43] Froemke R C, Dan Y. Spike-timing-dependent synaptic modification induced by natural spike trains. Nature, 2002, 416(6879): 433.

[44] Kaneko M, Xie Y, An J J, et al. Dendritic BDNF synthesis is required for late-phase spine maturation and recovery of cortical responses following sensory deprivation. Journal of Neuroscience, 2012, 32(14): 4790-4802.

[45] Valverde F. Rate and extent of recovery from dark rearing in the visual cortex of the mouse. Brain Research, 1971, 33(1): 1-11.

[46] Parnavelas J G, Lynch G, Brecha N, et al. Spine Loss and Regrowth in Hippocampus following Deafferentation. Nature, 1974, 248(5443): 71-73.

[47] Monyer H, Burnashev N, Laurie D J, et al. Developmental and regional expression in the rat brain and functional properties of four NMDA receptors. Neuron, 1994, 12(3): 529-540.

[48] Meldrum B S. Glutamate as a neurotransmitter in the brain: review of physiology and pathology. The Journal of Nutrition, 2000, 130(4): 1007S-1015S.

[49] London M, Häusser M. Dendritic computation. Annual Review of Neuroscience, 2005, 28(1): 503-532.

[50] Purves D, Lichtman J W. Principles of neural development. Massachusetts, US: Sinauer Associates, 1985.

[51] Sanes D H, Reh T A, Harris W A. Development of the nervous system. Amsterdam, Netherlands: Elsevier, 2005.

[52] Henley J, Poo M M. Guiding neuronal growth cones using Ca^{2+} signals. Trends in Cell Biology, 2004, 14(6): 320-330.

[53] Ming G L, Wong S T, Henley J, et al. Adaptation in the chemotactic guidance of nerve growth cones. Nature, 2002, 417(6887): 411-418.
[54] Rakic P. Principles of neural cell migration. Experientia, 1990, 46(9): 882-891.
[55] Chen Y, Ghosh A. Regulation of dendritic development by neuronal activity. Journal of Neurobiology, 2010, 64(1): 4-10.
[56] Singh A P, Vijayraghavan K, Rodrigues V. Dendritic refinement of an identified neuron in the Drosophila CNS is regulated by neuronal activity and Wnt signaling. Development, 2010, 137(8): 1351-1360.
[57] Cotman C W, Matthews D A, Taylor D, et al. Synaptic rearrangement in the dentate gyrus: histochemical evidence of adjustments after lesions in immature and adult rats. Proceedings of the National Academy of Sciences USA, 1973, 70(12): 3473-3477.
[58] Katz L C, Shatz C J. Synaptic activity and the construction of cortical circuits. Science, 1996, 274(5290): 1133-1138.
[59] Pannese E. Neurocytology: fine structure of neurons, nerve processes, and neuroglial cells. New York, US: Springer, 2015.

第八章

[1] Lloyd D P. Integrative pattern of excitation and inhibition in two-neuron reflex arcs. Journal of Neurophysiology, 1946, 9(6): 439-444.
[2] Hagan M T, Demuth H B, Beale M H. Neural network design. Boston, US: PWS Publishing Co, 1996.
[3] 朱大奇, 史慧. 人工神经网络原理及应用. 北京: 科学出版社, 2006: 240-241.
[4] Haykin S. Neural Networks: A Comprehensive Foundation. New Jersey, US: Prentice Hall PTR, 1994: 71-80.
[5] Boersma P W, Praat D. Software for speech analysis and synthesis. Netherlands: Amsterdam University, 2005.
[6] Hassabis D. AlphaGo: using machine learning to master the ancient game of Go, in Google Blog, 2016.
[7] Hartline H K. The receptive fields of optic nerve fibers. American Journal of Physiology-Legacy Content, 1940, 130(4): 690-699.
[8] O'Reilly R C, Munakata Y, Frank M J, et al. Computational Cognitive Neuroscience. Mainz, Germany: PediaPress GmbH, 2012.
[9] Ratliff F, Hartline H K. The responses of Limulus optic nerve fibers to patterns of illumination on the receptor mosaic. The Journal of General Physiology, 1959, 42(6): 1241-1255.
[10] von Békésy G. Mach band type lateral inhibition in different sense organs. The Journal of General Physiology, 1967, 50(3): 519-532.
[11] Wright B A, Fitzgerald M B. Different patterns of human discrimination learning for two interaural cues to sound-source location. Proceedings of the National Academy of Sciences USA, 2001, 98(21): 12307- 12312.
[12] McAlpine D, Grothe B. Sound localization and delay lines–do mammals fit the model? Trends in Neurosciences, 2003, 26(7): 347-350.
[13] Carr C, Konishi M. A circuit for detection of interaural time differences in the brain stem of the barn owl. Journal of Neuroscience, 1990, 10(10): 3227-3246.
[14] Konishi M. How auditory space is encoded in the owl's brain. *In*: Cohen M J, Strumwasser F. Comparative Neurobiology: Modes of Communication in the Nervous System, 1986: 335-349.
[15] Jeffress L A. A place theory of sound localization. Journal of Comparative and Physiological Psychology, 1948, 41(1): 35-36.
[16] Knudsen E I, Blasdel G G, Konishi M. Sound localization by the barn owl (*Tyto alba*) measured with the search coil technique. Journal of Comparative Physiology A: Neuroethology, Sensory, Neural, and Behavioral Physiology, 1979, 133(1): 1-11.
[17] Mostany R, Miquelajauregui A, Shtrahman M, et al. Two-photon excitation microscopy and its applications in neuroscience. Methods in Molecular Biology, 2015, 1251: 25-42.
[18] He J, Kim S S, Nakai J, et al. Encoding gender and individual information in the mouse vomeronasal

organ. Science, 2008, 320(5875): 535-538.
[19] Quiroga R Q, Reddy L, Kreiman G, et al. Invariant visual representation by single neurons in the human brain. Nature, 2005, 435(7045): 1102-1107.
[20] Rolls E T. Face Neurons. London, UK: The Oxford Handbook of Face Perception, 2011: 51-75.
[21] Gross C G. Genealogy of the "grandmother cell". The Neuroscientist, 2002, 8(5): 512-518.
[22] Bässler U. On the definition of central pattern generator and its sensory control. Biological Cybernetics, 1986, 54(1): 65-69.
[23] Guertin P A. The mammalian central pattern generator for locomotion. Brain Research Reviews, 2009, 62(1): 45-56.
[24] Yuste R, MacLean J N, Smith J, et al. The cortex as a central pattern generator. Nature Reviews Neuroscience, 2005, 6(6): 477-483.
[25] Alford S T, Alpert M H. A synaptic mechanism for network synchrony. Frontiers in Cellular Neuroscience, 2014, 8: 290-308.
[26] Wiener N. Cybernetics: Control and communication in the animal and the machine. New Jersey, US: Wiley, 1948.
[27] Buck J. Synchronous rhythmic flashing of fireflies. II. The Quarterly Review of Biology, 1988, 63(3): 265-289.
[28] Juranek J, Metzner W. Cellular characterization of synaptic modulations of a neuronal oscillator in electric fish. Journal of Comparative Physiology A, 1997, 181(4): 393-414.
[29] Selverston A I, Moulins M. Oscillatory neural networks. Annual Review of Physiology, 1985, 47(1): 29-48.
[30] Edwards C J, Alder T B, Rose G J. Auditory midbrain neurons that count. Nature Neuroscience, 2002, 5(10): 934-936.
[31] Hall J C, Feng A S. Evidence for parallel processing in the frog's auditory thalamus. Journal of Comparative Neurology, 1987, 258(3): 407-419.
[32] Wang J, Cui J G, Shi H T, et al. Effects of body size and environmental factors on the acoustic structure and temporal rhythm of calls in *Rhacophorus dennysi*. Asian Herpetology Research, 2012, 3(3): 205-212.
[33] Albright T D. Direction and orientation selectivity of neurons in visual area MT of the macaque. Journal of Neurophysiology, 1984, 52(6): 1106-1130.
[34] Livingstone M, Hubel D. Segregation of form, color, movement, and depth: anatomy, physiology, and perception. Science, 1988, 240(4853): 740-749.
[35] Felleman D J, Van D E. Distributed hierarchical processing in the primate cerebral cortex. Cerebral Cortex, 1991, 1(1): 1-47.
[36] Friston K J. Functional and effective connectivity in neuroimaging: a synthesis. Human Brain Mapping, 1994, 2(1-2): 56-78.
[37] van Straaten E C W, Stam C J. Structure out of chaos: Functional brain network analysis with EEG, MEG, and functional MRI. European Neuropsychopharmacology, 2013, 23(1): 7-18.
[38] Park H J, Friston K. Structural and functional brain networks: from connections to cognition. Science, 2013, 342(6158): 1238411-1238418.
[39] Craddock R C, James G A, Holtzheimer III P E, et al. A whole brain fMRI atlas generated via spatially constrained spectral clustering. Human Brain Mapping, 2012, 33(8): 1914-1928.
[40] Del Gratta C, Brunetti M, Mantini D, et al. MEG-EEG-fMRI: What can be gained in the study of the brain with a multimodal approach. In Joint Meeting of the International Symposium on Noninvasive Functional Source Imaging of the Brain and Heart and the International Conference on Functional Biomedical Imaging. Nfsi-Icfbi, 2007.
[41] Jiang T. Brainnetome: a new-ome to understand the brain and its disorders. Neuroimage, 2013, 80: 263-272.
[42] Fan L, Li H, Zhuo J, et al. The human brainnetome atlas: a new brain atlas based on connectional architecture. Cerebral Cortex, 2016, 26(8): 3508-3526.
[43] Song M, Yang Y, He J, et al. Prognostication of chronic disorders of consciousness using brain functional networks and clinical characteristics. eLife, 2018, 7(7): 1-102.

[44] Turaga D, Holy T E. Organization of vomeronasal sensory coding revealed by fast volumetric calcium imaging. Journal of Neuroscience, 2012, 32(5): 1612-1621.

[45] Lütcke H, Gerhard F, Zenke F, et al. Inference of neuronal network spike dynamics and topology from calcium imaging data. Frontiers in Neural Circuits, 2013, 7(7): 201-220.

[46] Nicolelis M A, Dimitrov D, Carmena J M, et al. Chronic, multisite, multielectrode recordings in macaque monkeys. Proceedings of the National Academy of Sciences USA, 2003, 100(19): 11041-11046.

[47] Carvalho V, Nakahara T S, Cardozo L M, et al. Lack of spatial segregation in the representation of pheromones and kairomones in the mouse medial amygdala. Frontiers in Neuroscience, 2015, 9: 283.

[48] Bullmore E, Sporns O. The economy of brain network organization. Nature Reviews Neuroscience, 2012, 13(5): 336-350.

[49] Jarrard L E. On the role of the hippocampus in learning and memory in the rat. Behavioral & Neural Biology, 1993, 60(1): 9-26.

[50] Baerends G P, Drent R H, Hogan-Warburg A J, et al. The herring gull and its egg: part II. The responsiveness to egg-features. Behaviour, 1982: 1-416.

[51] Marples G. Experimental studies of the Ringed Plover. British Birds, 1931, 31: 34-46.

[52] Marler P R, Hamilton W J. Mechanisms of Animal Behavior. New Jersey, US: John Wiley & Sons, Inc., 1966.

[53] Ewert J P. Neuroethology of releasing mechanisms: prey-catching in toads. Behavioral and Brain Sciences, 1987, 10(3): 337-368.

[54] Rothenbuhler W C. Behaviour genetics of nest cleaning in honey bees. I. Responses of four inbred lines to disease-killed brood. Animal Behaviour, 1964, 12(4): 578-583.

[55] Jones R L, Rothenbuhler W C. Behaviour genetics of nest cleaning in honey bees. II. Responses of two inbred lines to various amounts of cyanide-killed brood. Animal Behaviour, 1964, 12(4): 584-588.

[56] Momot J P, Rothenbuhler W C. Behaviour genetics of nest cleaning in honeybees. VI. Interactions of age and genotype of bees, and nectar flow. Journal of Apicultural Research, 1971, 10(1): 11-21.

第九章

[1] 陈发虎, 安成邦, 董广辉, 等. 丝绸之路与泛第三极地区人类活动、环境变化和丝路文明兴衰. 中国科学院院刊, 2017, 32(9): 967-975.

[2] Beall C M, Cavalleri G L, Deng L, et al. Natural selection on EPAS1 (HIF2α) associated with low hemoglobin concentration in Tibetan highlanders. Proceedings of the National Academy of Sciences USA, 2010, 107(25): 11459-11464.

[3] Storz J F. Hemoglobin function and physiological adaptation to hypoxia in high-altitude mammals. Journal of Mammalogy, 2007, 88(1): 24-31.

[4] Mayr E. One Long Argument: Charles Darwin and the Genesis of Modern Evolutionary Thought. Boston, US: Harvard University Press, 1991.

[5] Bullmore E, Sporns O. The economy of brain network organization. Nature Reviews Neuroscience, 2012, 13(5): 336-350.

[6] Towlson E K, Vértes P E, Ahnert S E, et al. The rich club of the *C. elegans* neuronal connectome. Journal of Neuroscience, 2013, 33(15): 6380-6387.

[7] Pedersen M, Omidvarnia A. Further insight into the brain's rich-club architecture. Journal of Neuroscience, 2016, 36(21): 5675-5676.

[8] Park H-J, Friston K. Structural and functional brain networks: from connections to cognition. Science, 2013, 342(6158): 1238411-1238418.

[9] Cossell L, Iacaruso M F, Muir D R, et al. Functional organization of excitatory synaptic strength in primary visual cortex. Nature, 2015, 518(7539): 399-403.

[10] Lee W C A, Bonin V, Reed M, et al. Anatomy and function of an excitatory network in the visual cortex. Nature, 2016, 532(7599): 370-374.

[11] Hubel D H, Wiesel T N. Receptive fields, binocular interaction and functional architecture in the cat's visual cortex. The Journal of Physiology, 1962, 160(1): 106-154.
[12] Hubel D H. Eye, Brain and Vision. New York, USA: Scientific American Library, 1988.
[13] Frisby J P, Stone J V. Seeing: The Computational Approach to Biological Vision. Boston, US: MIT Press, 2010.
[14] Mintun M A, Lundstrom B N, Snyder A Z, et al. Blood flow and oxygen delivery to human brain during functional activity: Theoretical modeling and experimental data. Proceedings of the National Academy of Sciences USA, 2001, 98(12): 6859-6864.
[15] Purves D. Body and Brain: A Trophic Theory of Neural Connections. Boston, US: Harvard University Press, 1988.
[16] Voogd J, Nieuwenhuys R, van Dongen P A M, *et al.* Chapter 22, Mammals. *In*: Nieuwenhuys R, ten Donkblear H J, Nicholson C. The Central Nervous System of Vertebrates Volume 3. Heidelberg, Germany: Springer-Verlag GmbH, 1998.
[17] Dehaene S. Consciousness and the Brain, Deciphering How the Brain Codes Our Thoughts. New York, US: Penguin Books, 2014.
[18] Herculano-Houzel S. The human brain in numbers: a linearly scaled-up primate brain. Frontiers in Human Neuroscience, 2009, 3: 31.
[19] Hofman M A, Falk D. Evolution of the Primate Brain: from Neuron to Behavior. Amsterdam, Netherlands: Elsevier, 2012.
[20] Gray E G. Axo-somatic and axo-dendritic synapses of the cerebral cortex: an electron microscope study. Journal of Anatomy (Lond), 1959, 93: 420-433.
[21] Colonnier M. Synaptic pattern on different cell types in the different laminae of the cat visual cortex, an electron microscope study. Brain Research, 1968, 9(2): 268-287.
[22] Linden D J. The Accidental Mind, How Brain Evolution Has Given Us Love, Memory, Dreams, and God. Boston, US: The Belknap Press of Harvard University Press, 2007.
[23] Guzowski J F, Timlin J A, Roysam B, et al. Mapping behaviorally relevant neural circuits with immediate-early gene expression. Current Opinion in Neurobiology, 2005, 15(5): 599-606.
[24] Guzowski J F, McNaughton B L, Barnes C A, et al. Environment-specific expression of the immediate-early gene Arc in hippocampal neuronal ensembles. Nature Neuroscience, 1999, 2(12): 1120-1124.
[25] Guzowski J F, Worley P F. Cellular compartment analysis of temporal activity by fluorescence *in situ* hybridization (catFISH). Current Protocols in Neuroscience, 2001: 1.8.1-1.8.16.
[26] Guzowski J F, Setlow B, Wagner E K, et al. Experience-dependent gene expression in the rat hippocampus after spatial learning: a comparison of the immediate-early genes Arc, c-fos, and zif268. Journal of Neuroscience, 2001, 21(14): 5089-5098.
[27] Carvalho V, Nakahara T S, Cardozo L M, et al. Lack of spatial segregation in the representation of pheromones and kairomones in the mouse medial amygdala. Frontiers in Neuroscience, 2015, 9: 283.
[28] Kim Y, Venkataraju K U, Pradhan K, et al. Mapping social behavior-induced brain activation at cellular resolution in the mouse. Cell Reports, 2015, 10(2): 292-305.
[29] Wang K H, Majewska A, Schummers J, et al. *In vivo* two-photon imaging reveals a role of arc in enhancing orientation specificity in visual cortex. Cell, 2006, 126(2): 389-402.
[30] Grinevich V, Kolleker A, Eliava M, et al. Fluorescent Arc/Arg3. 1 indicator mice: a versatile tool to study brain activity changes *in vitro* and *in vivo*. Journal of Neuroscience Methods, 2009. 184(1): 25-36.
[31] Eigen M, Schuster P. A principle of natural self-organization. Naturwissenschaften, 2015, 14(S5): 219.
[32] Lehn J M. Toward self-organization and complex matter. Science, 2002, 295(5564): 2400-2403.
[33] Willshaw D J, Von Der Malsburg C. How patterned neural connections can be set up by self-organization. Proceedings of the Royal Society B: Biological Sciences, 1976, 194(1117): 431-445.
[34] Niwa H S. Self-organizing dynamic model of fish schooling. Journal of Theoretical Biology, 1994, 171(2): 123-136.
[35] Eibl-Eibesfeldt I. The fighting behavior of animals. Scientific American, 1961, 205(6): 112-123.

[36] Xie X F, Zhang W J, Yang Z L. Dissipative particle swarm optimization. *In*: Evolutionary Computation. Proceedings of the 2002 Congress on IEEE, 2002.
[37] Lorenz K. On Aggression. Deutscher Taschenbuch Verlag GmbH & Co. KG. München, 1963.
[38] Watts D J, Strogatz S H. Collective dynamics of 'small-world' networks. Nature, 1998, 393(6684): 440-442.
[39] Sporns O, Honey C J. Small worlds inside big brains. Proceedings of the National Academy of Sciences USA, 2006, 103(51): 19219-19220.
[40] Gallos L K, Makse H A, Sigman M. A small world of weak ties provides optimal global integration of self-similar modules in functional brain networks. Proceedings of the National Academy of Sciences USA, 2012, 109(8): 2825-2830.
[41] Camazine S. Self-organization in biological systems. New Jersey, US: Princeton University Press, 2003.
[42] Ashby W R. Principles of the Self-Organizing System, In Facets of Systems Science. New York, US: Springer, 1991: 521-536.
[43] Bak P, Tang C, Wiesenfeld K. Self-organized criticality: An explanation of the 1/f noise. Physical Review Letters, 1987, 59(4): 381-384.
[44] Bak P, Chen K. Self-organized criticality. Scientific American, 1991, 264(1): 46-53.
[45] Sitnov M, Sharma A S, Papadopoulos K, et al. Modeling substorm dynamics of the magnetosphere: From self-organization and self-organized criticality to nonequilibrium phase transitions. Physical Review E, 2001, 65(1): 016116.
[46] Malamud B D, Morein G, Turcotte D L. Forest fires: an example of self-organized critical behavior. Science, 1998, 281(5384): 1840-1842.
[47] Bak P. How nature works: the science of self-organized criticality. Berlin/Heidelberg, Germany: Springer Science & Business Media, 2013.
[48] Sornette A, Sornette D. Self-organized criticality and earthquakes. EPL (Europhysics Letters), 1989, 9(3): 197-202.
[49] Beggs J M, Plenz D. Neuronal avalanches in neocortical circuits. Journal of Neuroscience, 2003, 23(35): 11167-11177.
[50] Worrell G A, Cranstoun S D, Echauz J, et al. Evidence for self-organized criticality in human epileptic hippocampus. Neuroreport, 2002, 13(16): 2017-2021.
[51] Friedman N, Ito S, Brinkman B A W, et al. Universal critical dynamics in high resolution neuronal avalanche data. Physical Review Letters, 2012, 108(20): 208102.
[52] Massobrio P, de Arcangelis L, Pasquale V, et al. Criticality as a signature of healthy neural systems. Frontiers in Systems Neuroscience, 2015, 9: 22.
[53] Hesse J, Gross T. Self-organized criticality as a fundamental property of neural systems. Frontiers in Systems Neuroscience, 2014, 8: 166.
[54] Touboul J, Destexhe A. Can power-law scaling and neuronal avalanches arise from stochastic dynamics? PLoS One, 2010, 5(2): e8982.
[55] Newman M E. Power laws, Pareto distributions and Zipf's law. Contemporary Physics, 2005, 46(5): 323-351.
[56] Clauset A, Shalizi C R, Newman M E. Power-law distributions in empirical data. SIAM Review, 2009, 51(4): 661-703.
[57] Yuste R, Bonhoeffer T. Morphological changes in dendritic spines associated with long-term synaptic plasticity. Annual Review of Neuroscience, 2001, 24(1): 1071-1089.
[58] Araya R, Eisenthal K B, Yuste R. Dendritic spines linearize the summation of excitatory potentials. Proceedings of the National Academy of Sciences USA, 2006, 103(49): 18799-18804.
[59] Yashiro K, Philpot B D. Regulation of NMDA receptor subunit expression and its implications for LTD, LTP, and metaplasticity. Neuropharmacology, 2008, 55(7): 1081-1094.
[60] Hering H, Sheng M. Dentritic spines: structure, dynamics and regulation. Nature Reviews Neuroscience, 2001, 2(12): 880-888.
[61] Jaworski J, Kapitein L C, Gouveia S M, et al. Dynamic microtubules regulate dendritic spine morphology and synaptic plasticity. Neuron, 2009, 61(1): 85-100.

[62] Bhatt D H, Zhang S, Gan W B. Dendritic spine dynamics. Annual Review of Physiology, 2009, 71(1): 261-282.
[63] Yoshihara Y, De Roo M, Muller D. Dendritic spine formation and stabilization. Current Opinion in Neurobiology, 2009, 19(2): 146-153.
[64] Matsuzaki M, Honkura N, Ellis-Davies G C R, et al. Structural basis of long-term potentiation in single dendritic spines. Nature, 2004, 429(6993): 761-766.
[65] Zhou Q, Homma K J, Poo M M. Shrinkage of dendritic spines associated with long-term depression of hippocampal synapses. Neuron, 2004, 44(5): 749-757.
[66] Trachtenberg J T, Chen B E, Knott G W, et al. Long-term *in vivo* imaging of experience-dependent synaptic plasticity in adult cortex. Nature, 2002, 420(6917): 788-794.
[67] Grutzendler J, Kasthuri N, Gan W B. Long-term dendritic spine stability in the adult cortex. Nature, 2002, 420(6917): 812-816.
[68] Zuo Y, Lin A, Chang P, et al. Development of long-term dendritic spine stability in diverse regions of cerebral cortex. Neuron, 2005, 46(2): 181-189.
[69] Grutzendler J, Kasthuri N, Gan W B. Long-term dendritic spine stability in the adult cortex. Nature, 2002, 420(6917): 812.
[70] Xu T, Perlik A J, Tobin W F, et al. Rapid formation and selective stabilization of synapses for enduring motor memories. Nature, 2009, 462(7275): 915-919.
[71] Stratton G M. Vision without inversion of the retinal image. Psychological Review, 1897, 4(4): 341-360.
[72] Garey L, Ong W Y, Patel T S, et al. Reduced dendritic spine density on cerebral cortical pyramidal neurons in schizophrenia. Journal of Neurology, Neurosurgery & Psychiatry, 1998, 65(4): 446-453.
[73] Robinson T E, Kolb B. Alterations in the morphology of dendrites and dendritic spines in the nucleus accumbens and prefrontal cortex following repeated treatment with amphetamine or cocaine. European Journal of Neuroscience, 1999, 11(5): 1598-1604.
[74] Moolman D L, Vitolo O V, Vonsattel J P G, et al. Dendrite and dendritic spine alterations in Alzheimer models. Journal of Neurocytology, 2004, 33(3): 377-387.
[75] Spires T L, Meyer-Luehmann M, Stern E A, et al. Dendritic spine abnormalities in amyloid precursor protein transgenic mice demonstrated by gene transfer and intravital multiphoton microscopy. Journal of Neuroscience, 2005, 25(31): 7278-7287.
[76] Glantz L A, Lewis D A. Decreased dendritic spine density on prefrontal cortical pyramidal neurons in schizophrenia. Archives of General Psychiatry, 2000, 57(1): 65-73.
[77] Ferrante R, Kowall N, Richardson E. Proliferative and degenerative changes in striatal spiny neurons in Huntington's disease: a combined study using the section-Golgi method and calbindin D28k immunocytochemistry. Journal of Neuroscience, 1991, 11(12): 3877-3887.
[78] Levy A D, Omar M H, Koleske A J. Extracellular matrix control of dendritic spine and synapse structure and plasticity in adulthood. Frontiers in Neuroanatomy, 2014, 8: 116.
[79] Plomin R, DeFries J C, McClearn G E. Behavioral Genetics. New York, US: Macmillan, 2008.
[80] Schleidt W, Shalter M D, Moura-Neto H. The hawk/goose story: the classical ethological experiments of Lorenz and Tinbergen, revisited. Journal of Comparative Psychology, 2011, 125(2): 121-133.
[81] Lehrman D S, Wortis R P. Breeding experience and breeding efficiency in the ring dove. Animal Behaviour, 1967, 15(2): 223-228.
[82] Beletsky L D, Orians G H. Effects of breeding experience and familiarity on site fidelity in female red-winged blackbirds. Ecology, 1991, 72(3): 787-796.
[83] Slater P J B, Janik V M. Vocal learning. Encyclopedia of Animal Behavior, 2010: 551-557.
[84] Forstmeier W, Burger C, Temnow K, et al. The genetic basis of zebra finch vocalizations. Evolution, 2009, 63(8): 2114-2130.
[85] Mundinger P C. Behaviour-genetic analysis of canary song: inter-strain differences in sensory learning, and epigenetic rules. Animal Behaviour, 1995, 50(6): 1491-1511.
[86] Marler P, Peters S. Selective vocal learning in a sparrow. Science, 1977, 198(4316): 519-521.

[87] Searcy W A, Marler P. Response of sparrows to songs of deaf and isolation-reared males: Further evidence for innate auditory templates. Developmental Psychobiology, 1987, 20(5): 509-519.
[88] Benedict L, Bowie R C. Macrogeographical variation in the song of a widely distributed African warbler. Biology Letters, 2009: rsbl20090244.
[89] Yoktan K, Geffen E, Ilany A, et al. Vocal dialect and genetic subdivisions along a geographic gradient in the orange-tufted sunbird. Behavioral Ecology and Sociobiology, 2011, 65(7): 1389-1402.
[90] Blair L. Rhythms of vision: The changing patterns of belief. Abingdon, UK: Taylor & Francis, 1976.
[91] Watson L. Lifetide the Biology of the Unconscious. Pennsylvania, US: Simon & Schuster, 1979.
[92] Myers E. The hundredth monkey revisited. *In*: Lewis J R.The Encyclopedic Sourcebook of New Age Religions. New York, US: Prometheus, 1985: 604-607.
[93] Kawai M. Newly-acquired pre-cultural behavior of the natural troop of Japanese monkeys on Koshima Islet. Primates, 1965, 6(1): 1-30.
[94] Aplin L M, Farine D R, Morand-Ferron J, et al. Experimentally induced innovations lead to persistent culture via conformity in wild birds. Nature, 2015, 518(7540): 538-541.
[95] Weber G. The World's 10 top languages. AATF National Bulletin, 2008, 24: 22-28.
[96] MacLean P. A triune concept of the brain and behavior, including psychology of memory, sleep and dreaming. *In*: Proceedings of the Ontario Mental Health Foundation Meeting at Queen's University. Toronto, Canada: University of Toronto Press, 1973.
[97] MacLean P D. The Triune Brain in Evolution: Role in Paleocerebral Functions. New York, US: Springer Science & Business Media, 1990.
[98] O'Reilly R C, Norman K A. Hippocampal and neocortical contributions to memory: Advances in the complementary learning systems framework. Trends in Cognitive Sciences, 2002, 6(12): 505-510.
[99] Roland P, Graufelds C J, Wăhlin J, et al. Human brain atlas: For high-resolution functional and anatomical mapping. Human Brain Mapping, 1994, 1(3): 173-184.
[100] Charvet C J, Cahalane D J, Finlay B L. Systematic, cross-cortex variation in neuron numbers in rodents and primates. Cerebral Cortex, 2015, 25(1): 147-160.
[101] Kwong K K, Belliveau J W, Chesler D A, et al. Dynamic magnetic resonance imaging of human brain activity during primary sensory stimulation. Proceedings of the National Academy of Sciences USA, 1992, 89(12): 5675-5679.
[102] Hämäläinen M, Hari R, Ilmoniemi R J, et al. Magnetoencephalography—theory, instrumentation, and applications to noninvasive studies of the working human brain. Reviews of Modern Physics, 1993, 65(2): 413-498.
[103] Mori S, Crain B J, Chacko V P, et al. Three-dimensional tracking of axonal projections in the brain by magnetic resonance imaging. Annals of Neurology, 1999, 45(2): 265-269.
[104] Costanzo R M, Miwa T. Posttraumatic olfactory loss, In Taste and Smell. Basel, Switzerland: Karger Publishers, 2006: 99-107.
[105] Li A, Gong H, Zhang B, et al. Micro-optical sectioning tomography to obtain a high-resolution atlas of the mouse brain. Science, 2010, 330(6009): 1404-1408.
[106] Mountcastle V B. Perceptual Neuroscience: The Cerebral Cortex. Boston, US: Harvard University Press, 1998.
[107] Buxhoeveden D P, Casanova M F. The minicolumn hypothesis in neuroscience. Brain, 2002, 125(5): 935-951.
[108] Hubel D H, Wiesel T. Shape and arrangement of columns in cat's striate cortex. The Journal of Physiology, 1963, 165(3): 559-568.
[109] Ohki K, Chung S, Ch'ng Y H, et al. Functional imaging with cellular resolution reveals precise micro-architecture in visual cortex. Nature, 2005, 433(7026): 597-603.
[110] Lefort S, Tomm C, Sarria J C F, et al. The excitatory neuronal network of the C2 barrel column in mouse primary somatosensory cortex. Neuron, 2009, 61(2): 301-316.
[111] Leise E M. Modular construction of nervous systems: a basic principle of design for invertebrates and

vertebrates. Brain Research Reviews, 1990, 15(1): 1-23.
[112] Motta A, Berning M, Boergens K M, et al. Dense connectomic reconstruction in layer 4 of the somatosensory cortex. Science, 2019, eaay3134.
[113] Krueger J M, Rector D M, Roy S, et al. Sleep as a fundamental property of neuronal assembles. Nature Reviews Neuroscience, 2008, 9(12): 910-919.
[114] Tsunoda K, Yamane Y, Nishizaki M, et al. Complex objects are represented in macaque inferotemporal cortex by the combination of feature columns. Nature Neuroscience, 2001, 4(8): 832-838.
[115] Wang Y A, Brzozowska-Prechtl A, Karten H J. Laminar and columnar auditory cortex in avian brain. Proceedings of the National Academy of Sciences USA, 2010, 107(28): 12676-12681.
[116] Röder B, Stock O, Bien S, et al. Speech processing activates visual cortex in congenitally blind humans. European Journal of Neuroscience, 2002, 16(5): 930-936.
[117] Lessard N, Paré M, Lepore F, et al. Early-blind human subjects localize sound sources better than sighted subjects. Nature, 1998, 395(6699): 278-280.
[118] Elbert T, Sterr A, Rockstroh B, et al. Expansion of the tonotopic area in the auditory cortex of the blind. Journal of Neuroscience, 2002, 22(22): 9941-9944.
[119] Wong-Riley M, Carroll E. Effect of impulse blockage on cytochrome oxidase activity in monkey visual system. Nature, 1984, 307(5948): 262-264.
[120] Edwards D P, Purpura K P, Kaplan E. Contrast sensitivity and spatial frequency response of primate cortical neurons in and around the cytochrome oxidase blobs. Vision Research, 1995, 35(11): 1501-1523.
[121] Yabuta N H, Callaway E M. Cytochrome-oxidase blobs and intrinsic horizontal connections of layer 2/3 pyramidal neurons in primate V1. Visual Neuroscience, 1998, 15(6): 1007-1027.
[122] Crawford M L, Harwerth R S, Smith E L, et al. Experimental glaucoma in primates: changes in cytochrome oxidase blobs in V1 cortex. Investigative Ophthalmology & Visual Science, 2001, 42(2): 358-364.
[123] Horton J C, Adams D L. The cortical column: a structure without a function. Philosophical Transactions of the Royal Society of London B: Biological Sciences, 2005, 360(1456): 837-862.
[124] Yoshimura Y, Dantzker J L, Callaway E M. Excitatory cortical neurons form fine-scale functional networks. Nature, 2005, 433(7028): 868-873.
[125] Sporns O, Tononi G, Kötter R. The human connectome: a structural description of the human brain. PLoS Computational Biology, 2005, 1(4): e42.
[126] Wang Y, Brzozowska-Precht A, Karten H J. Laminar and columnar auditory cortex in avian brain. Proceedings of the National Academy of Sciences USA, 2010, 107(28): 12676-12681.
[127] Stacho M, Herold C, Rook N, et al. A cortex-like canonical circuit in the avian forebrain. Science, 2020, 369(6511): eabc5534.
[128] Ramachandran V S, Blakeslee S. Phantoms in the brain. Chicago, US: Thrift Books, 1998.
[129] Pons T P, Garraghty P E, Ommaya A K, et al. Massive cortical reorganization after sensory deafferentation in adult macaques. Science, 1991, 252(5014): 1857-1860.
[130] Ramachandran V S, Hirstein W. The perception of phantom limbs. Brain, 1998, 121: 1603-1630.
[131] Willows A O D, Hoyle G. Neuronal network triggering a fixed action pattern. Science, 1969, 166(3912): 1549-1551.

第十章

[1] Van Den Heuvel M P, Sporns O. Rich-club organization of the human connectome. Journal of Neuroscience, 2011, 31(44): 15775-15786.
[2] Bullmore E, Sporns O. The economy of brain network organization. Nature Reviews Neuroscience, 2012, 13(5): 336-350.
[3] Pedersen M, Omidvarnia A. Further insight into the brain's rich-club architecture. Journal of Neuroscience, 2016, 36(21): 5675-5676.

[4] Lee W-C A, Bonin V, Reed M, et al. Anatomy and function of an excitatory network in the visual cortex. Nature, 2016, 532(7599): 370-374.

[5] Willows A O D, Hoyle G. Neuronal network triggering a fixed action pattern. Science, 1969, 166(3912): 1549-1551.

[6] Nowak M A, Tarnita C E, Wilson E O. The evolution of eusociality. Nature, 2010, 466(7310): 1057-1062.

[7] Watts D J, Strogatz S H. Collective dynamics of 'small-world'networks. Nature, 1998, 393(6684): 440-442.

[8] Gallos L K, Makse H A, Sigman M. A small world of weak ties provides optimal global integration of self-similar modules in functional brain networks. Proceedings of the National Academy of Sciences USA, 2012, 109(8): 2825-2830.

[9] Yuste R, Bonhoeffer T. Morphological changes in dendritic spines associated with long-term synaptic plasticity. Annual Review of Neuroscience, 2001, 24(1): 1071-1089.

[10] Grutzendler J, Kasthuri N, Gan W-B. Long-term dendritic spine stability in the adult cortex. Nature, 2002, 420(6917): 812-816.

[11] Zuo Y, Lin A, Chang P, et al. Development of long-term dendritic spine stability in diverse regions of cerebral cortex. Neuron, 2005, 46(2): 181-189.

[12] Hubel D H, Wiesel T. Shape and arrangement of columns in cat's striate cortex. The Journal of Physiology, 1963, 165(3): 559-568.

[13] Wiesel T N, Hubel D H. Ordered arrangement of orientation columns in monkeys lacking visual experience. Journal of Comparative Neurology, 1974, 158(3): 307-318.

[14] Wong-Riley M, Carroll E. Effect of impulse blockage on cytochrome oxidase activity in monkey visual system. Nature, 1984, 307(5948): 262-264.

[15] Sherman S M. Thalamus plays a central role in ongoing cortical functioning. Nature Neuroscience, 2016, 19(4): 533-541.

[16] Arno P, De Volder A G, Vanlierde A, et al. Occipital activation by pattern recognition in the early blind using auditory substitution for vision. Neuroimage, 2001, 13(4): 632-645.

[17] El-Boustani S, Ip J P K, Breton-Provencher V, et al. Locally coordinated synaptic plasticity of visual cortex neurons *in vivo*. Science, 2018, 360(6395): 1349-1354.

[18] Baars B J. In the theatre of consciousness. Global workspace theory, a rigorous scientific theory of consciousness. Journal of Consciousness Studies, 1997, 4(4): 292-309.

[19] Lewald J. Exceptional ability of blind humans to hear sound motion: implications for the emergence of auditory space. Neuropsychologia, 2013, 51(1): 181-186.

[20] Rutkowski R G, Weinberger N M. Encoding of learned importance of sound by magnitude of representational area in primary auditory cortex. Proceedings of the National Academy of Sciences USA, 2005, 102(38): 13664-13669.

[21] Sergeyenko Y, Lall K, Liberman M C, et al. Age-related cochlear synaptopathy: an early-onset contributor to auditory functional decline. Journal of Neuroscience, 2013, 33(34): 13686-13694.

[22] Mataga N, Mizuguchi Y, Hensch T K. Experience-dependent pruning of dendritic spines in visual cortex by tissue plasminogen activator. Neuron, 2004, 44(6): 1031-1041.

[23] Takahashi T, Moiseff A, Konishi M. Time and intensity cues are processed independently in the auditory system of the owl. Journal of Neuroscience, 1984, 4(7): 1781-1786.

[24] Northcutt R G. Understanding vertebrate brain evolution. Integrative and Comparative Biology, 2002, 42(4): 743-756.

[25] Wang Y A, Brzozowska-Prechtl A, Karten H J. Laminar and columnar auditory cortex in avian brain. Proceedings of the National Academy of Sciences USA, 2010, 107(28): 12676-12681.

[26] Linden D J. The accidental mind, how brain evolution has given us love, memory, dreams, and god. Boston, US: The Belknap Press of Harvard University Press, 2007.

[27] Stacho M, Herold C, Rook N, et al. A cortex-like canonical circuit in the avian forebrain. Science, 2020, 369(6511): eabc5534.

[28] Good W V, Jan J E, Burden S K, et al. Recent advances in cortical visual impairment. Developmental

Medicine and Child Neurology, 2001, 43(1): 56-60.
[29] Bocca E. Clinical aspects of cortical deafness. The Laryngoscope, 1958, 68(3): 301-309.
[30] Grothe B. New roles for synaptic inhibition in sound localization. Nature Reviews Neuroscience, 2003, (4): 540-550.
[31] Jacobs G H, Williams G A, Cahill H, et al. Emergence of novel color vision in mice engineered to express a human cone photopigment. Science, 2007, 315(5819): 1723-1725.
[32] Carlson B A, Hasan S M, Hollmann M, et al. Brain evolution triggers increased diversification of electric fishes. Science, 2011, 332(6029): 583-586.
[33] Ramachandran V S, Blakeslee S. Phantoms in the brain. Chicago, US: Thrift Books, 1998.
[34] Ramachandran V S, Hirstein W. The perception of phantom limbs. Brain, 1998, 121: 1603-1630.
[35] Wang Y, Celebrini S, Trotter Y, et al. Visuo-auditory interactions in the primary visual cortex of the behaving monkey: electrophysiological evidence. BMC Neuroscience, 2008, 9 (1): 79.
[36] Naue N, Rach S, Struber D, et al. Auditory event-related response in visual cortex modulates subsequent visual responses in humans. Journal of Neuroscience, 2011, 31(21): 7729-7736.
[37] Bullmore E, Sporns O. The economy of brain network organization. Nature Reviews Neuroscience, 2012, 13(5): 336-350.
[38] Pedersen M, Omidvarnia A. Further insight into the brain's rich-club architecture. Journal of Neuroscience, 2016, 36(21): 5675-5676.

第十一章

[1] Dawkins R. The Selfish Gene. (中译本《自私的基因》, 多个版本). London, UK: Oxford University Press, 1976.
[2] Wiener N. Cybernetics. Scientific American, 1948, 179(5): 14-19.
[3] Hardin G. The competitive exclusion principle. Science, 1960, 131(3409): 1292-1297.
[4] Ayala F J. Experimental invalidation of the principle of competitive exclusion. Nature, 1969, 224(5224): 1076-1079.
[5] Gilpin M E, Justice K E. Reinterpretation of the invalidation of the principle of competitive exclusion. Nature, 1972, 236(5345): 273-301.
[6] Broennimann O, Fitzpatrick M C, Pearman P B, et al. Measuring ecological niche overlap from occurrence and spatial environmental data. Global Ecology and Biogeography, 2012, 21(4): 481-497.
[7] Castro-Arellano I, Lacher T E. Temporal niche segregation in two rodent assemblages of subtropical Mexico. Journal of Tropical Ecology, 2009, 25(6): 593-603.
[8] Bullmore E, Sporns O. The economy of brain network organization. Nature Reviews Neuroscience, 2012, 13(5): 336-350.
[9] Figurov A, Pozzo-Miller L D, Olafsson P, et al. Regulation of synaptic responses to high-frequency stimulation and LTP by neurotrophins in the hippocampus. Nature, 1996, 381(6584): 706-709.
[10] Wertheimer M. A brief introduction to Gestalt, identifying key theories and principles. Psychology Forsch, 1923, 4: 301-350.
[11] McKenzie J A. Ecological and evolutionary aspects of insecticide resistance. California, US: Academic/Landes, 1996.
[12] van Valen L. A new evolutionary law. Evolutionary Theory, 1973, 1: 1-30.
[13] Nicholls J G, Martin A R, Wallace B G, et al. From Neuron to Brain. Massachusetts, US: Sinauer Associates Sunderland, 2001.
[14] Pagel M, Johnstone R A. Variation across species in the size of the nuclear genome supports the junk-DNA explanation for the C-value paradox. Proceedings of the Royal Society B: Biological Sciences, 1992, 249(1325): 119-124.

[15] Ohno S, Wolf U, Atkin N B. Evolution from fish to mammals by gene duplication. Hereditas, 1968, 59(1): 169-187.
[16] Pennisi E. ENCODE project writes eulogy for junk DNA. Science, 2012, 337(6099): 1159-1161.
[17] Consortium H P A S. Mapping human genetic diversity in Asia. Science, 2009, 326(5959): 1541-1545.
[18] Consortium G P. An integrated map of genetic variation from 1,092 human genomes. Nature, 2012, 491(7422): 56-65.
[19] Ezkurdia I, Juan D, Rodriguez J M, et al. Multiple evidence strands suggest that there may be as few as 19 000 human protein-coding genes. Human Molecular Genetics, 2014, 23(22): 5866-5878.
[20] Albertin C B, Simakov O, Mitros T, et al. The octopus genome and the evolution of cephalopod neural and morphological novelties. Nature, 2015, 524(7564): 220-224.
[21] Wurtz R H, Kandel E R. Central visual pathways. Principles of Neural Science, 2000, 4: 523-545.
[22] 赫尔德 J G. 论语言的起源. 姚小平译. 上海: 商务印书馆, 2014.
[23] Simons E L. Human origins. Science, 1989, 245(4924): 1343-1350.
[24] Caro T M, Graham C M, Stoner C J, et al. Correlates of horn and antler shape in bovids and cervids. Behavioral Ecology & Sociobiology, 2003, 55(1): 32-41.
[25] Emlen D J, Marangelo J, Ball B, et al. Diversity in the weapons of sexual selection: Horn evolution in the beetle genus *Onthophagus* (Coleoptera: Scarabaeidae). Evolution, 2005, 59(5): 1060-1084.

第 三 篇

第十二章

[1] Endepols H, Feng A S, Gerhardt H C, et al., Roles of the auditory midbrain and thalamus in selective phonotaxis in female gray treefrogs (*Hyla versicolor*). Behavioural Brain Research, 2003, 145(1-2): 63-77.
[2] Wilczynski W, Endepols H. Central auditory pathways in anuran amphibians: the anatomical basis of hearing and sound communication. *In*: Narins P, Feng A S. New York, Hearing and Sound Communication in Amphibians. US: Springer, 2007: 221-249.
[3] Davson H. Vegetative Physiology and Biochemistry: The Eye. Amsterdam, Netherlands: Elsevier, 2014.
[4] Granit R. Receptors and Sensory Perception. New Haven, US: Yale University Press, 1955.
[5] Saunders J, Johnstone B. A comparative analysis of middle-ear function in non-mammalian vertebrates. Acta Otolaryngologica, 1972, 73(2-6): 353-361.
[6] Rosowski J J, Merchant S N. Mechanical and acoustic analysis of middle ear reconstruction. The American Journal of Otology, 1995, 16(4): 486-497.
[7] Holton T, Hudspeth A. A micromechanical contribution to cochlear tuning and tonotopic organization. Science, 1983, 222(4623): 508-510.
[8] Von Békésy G, Wever E G. Experiments in Hearing. New York, US: McGraw-Hill, 1960.
[9] 唐业忠, 陈其才, 陈勤. 动物特殊感知系统的研究进展. 科学通报, 2016, 61(23): 2557-2567.
[10] Lohmann K J. Animal behaviour: Magnetic-field perception. Nature, 2012, 464 (7292): 1140-1141.
[11] Knudsen E I. Auditory and visual maps of space in the optic tectum of the owl. Journal of Neuroscience, 1982, 2(9): 1177-1194.
[12] Tusa R, Palmer L, Rosenquist A. The retinotopic organization of area 17 (striate cortex) in the cat. Journal of Comparative Neurology, 1978, 177(2): 213-235.
[13] Tootell R B, Hadjikhani N, Hall E K, et al. The retinotopy of visual spatial attention. Neuron, 1998, 21(6): 1409-1422.
[14] Brauth S E, Mchale C M, Brasher C A, et al. Auditory pathways in the budgerigar (Part 1 of 2). Brain, Behavior and Evolution, 1987, 30(3-4): 174-186.
[15] Brauth S E, McHale C M. Auditory pathways in the budgerigar. Brain, Behavior and Evolution, 1988,

32(4): 193-207.

[16] Takahashi T, Moiseff A, Konishi M. Time and intensity cues are processed independently in the auditory system of the owl. Journal of Neuroscience, 1984, 4(7): 1781-1786.

[17] Tang Y, Carr C E. Development of NMDA R1 expression in chicken auditory brainstem. Hearing Research, 2004, 191(1-2): 79-89.

[18] Lu T, Trussell L O. Development and elimination of endbulb synapses in the chick cochlear nucleus. Journal of Neuroscience, 2007, 27(4): 808-817.

[19] White E L, Keller A. Cortical Circuits: Synaptic Organization of the Cerebral Cortex: Structure, Function, and Theory. Boston, US: Birkhäuser, 1989.

[20] Milner B. Visual recognition and recall after right temporal-lobe excision in man. Neuropsychologia, 1968, 6(3): 191-209.

[21] Schenkman B N, Nilsson M E. Human echolocation: Blind and sighted persons' ability to detect sounds recorded in the presence of a reflecting object. Perception, 2010, 39(4): 483-501.

[22] Kolarik A J, Cirstea S, Pardhan S, et al. A summary of research investigating echolocation abilities of blind and sighted humans. Hearing Research, 2014, 310(1): 60-68.

[23] Thaler L, Castillo-Serrano J. People's ability to detect objects using click-based echolocation: A direct comparison between mouth-clicks and clicks made by a loudspeaker. PLoS One, 2016, 11(5): e0154868.

[24] Zhang X, Reich G M, Antoniou M, et al. Human echolocation: waveform analysis of tongue clicks. Electronics Letters, 2017, 53(9): 580-582.

[25] Thaler L, Arnott S R, Goodale M A. Neural correlates of natural human echolocation in early and late blind echolocation experts. PLoS One, 2011, 6(5): e20162.

[26] Thaler L, Foresteire D. Visual sensory stimulation interferes with people's ability to echolocate object size. Scientific Reports, 2017, 7(1): Article 13069.

[27] Ekkel M R, Lier R V, Steenbergen B. Learning to echolocate in sighted people: a correlational study on attention, working memory and spatial abilities. Experimental Brain Research, 2017, 235(3): 809-818.

[28] Kass L, Loop M S, Hartline P H. Anatomical and physiological localization of visual and infrared cell layers in tectum of pit vipers. Journal of Comparative Neurology, 1978, 182(5): 811-820.

[29] Newman E A, Hartline P H. Integration of visual and infrared information in bimodal neurons in the rattlesnake optic tectum. Science, 1981, 213(4509): 789-791.

[30] Jarvis E D, Güntürkün O, Bruce L, et al. Avian brains and a new understanding of vertebrate brain evolution. Nature Reviews Neuroscience, 2005, 6(2): 151-159.

[31] Wang Y, Brzozowskaprecht A, Karten H J. Laminar and columnar auditory cortex in avian brain. Proceedings of the National Academy of Sciences USA, 2010, 107(28): 12676-12681.

[32] Peters A, Jones E G. Cerebral Cortex. Volume 1: Cellular Components of the Cerebral Cortex. New York, US: Plenum Press, 1984.

[33] Feldman M L. Morphology of the neocortical pyramidal neurons. Cerebral Cortex, 1984, 1: 123-200.

[34] Feldman M L, Peters A. The forms of non-pyramidal neurons in the visual cortex of the rat. Journal of Comparative Neurology, 1978, 179(4): 761-793.

[35] Pedersen M, Omidvarnia A. Further insight into the brain's rich-club architecture. Journal of Neuroscience, 2016, 36(21): 5675-5676.

[36] Haykin S. Neural Networks: A Comprehensive Foundation. 3rd ed. New York, US: Macmillan, 1998: 71-80.

[37] Heim R, Cubitt A B, Tsien R Y. Improved green fluorescence. Nature, 1995, 373(6516): 663-664.

[38] Steward O. Topographic organization of the projections from the entorhinal area to the hippocampal formation of the rat. Journal of Comparative Neurology, 2010, 167(3): 285-314.

[39] Lichtman J W, Livet J, Sanes J R. A technicolour approach to the connectome. Nature Reviews Neuroscience, 2008, 9(6): 417-422.

[40] Chen F, Wassie A T, Cote A J, et al. Nanoscale imaging of RNA with expansion microscopy. Nature Methods, 2016, 13(8): 679-684.

[41] Barbas H, Blatt G J. Topographically specific hippocampal projections target functionally distinct prefrontal

areas in the rhesus monkey. Hippocampus, 2010, 5(6): 511-533.

[42] Sherman S M. Thalamus plays a central role in ongoing cortical functioning. Nature Neuroscience, 2016, 19(4): 533-541.

[43] Davis L E, Shapiro J, Nardulli B, et al. The US Army and the New National Security Strategy. Virginia, US: Rand Corporation, 2003.

[44] Tang Y Z, Piao Y S, Zhuang L Z, et al. Expression of androgen receptor mRNA in the brain of *Gekko gecko*: implications for understanding the role of androgens in controlling auditory and vocal processes. Journal of Comparative Neurology, 2001, 438(2): 136-147.

[45] Shaner N C, Campbell R E, Steinbach P A, et al. Improved monomeric red, orange and yellow fluorescent proteins derived from *Discosoma* sp. red fluorescent protein. Nature Biotechnology, 2004, 22(12): 1567-1572.

[46] Wang K H, Majewska A, Schummers J, et al. *In vivo* two-photon imaging reveals a role of arc in enhancing orientation specificity in visual cortex. Cell, 2006. 126(2): 389-402.

[47] Lefebvre J L, Kostadinov D, Chen W V, et al. Protocadherins mediate dendritic self-avoidance in the mammalian nervous system. Nature, 2012, 488 (7412): 517-521.

[48] Basarsky T A, Parpura V, Haydon P G. Hippocampal synaptogenesis in cell culture: developmental time course of synapse formation, calcium influx, and synaptic protein distribution. Journal of Neuroscience, 1994, 14(11): 6402-6411.

[49] Barkow J H, Cosmides L, Tooby J. The Adapted Mind: Evolutionary Psychology and the Generation of Culture. New York, US: Oxford University Press, 1995.

[50] Romijn H J, Hofman M A, Gramsbergen A. At what age is the developing cerebral cortex of the rat comparable to that of the full-term newborn human baby? Early Human Development, 1991, 26(1): 61-67.

[51] Herschkowitz N. Brain development in the fetus, neonate and infant. Neonatology, 1988, 54(1): 1-19.

[52] Zecevic N, Bourgeois J-P, Rakic P. Changes in synaptic density in motor cortex of rhesus monkey during fetal and postnatal life. Developmental Brain Research, 1989, 50(1): 11-32.

[53] Wong W T, Wong R O. Rapid dendritic movements during synapse formation and rearrangement. Current Opinion in Neurobiology, 2000, 10(1): 118-124.

[54] Kasthuri N, Lichtman J W. The role of neuronal identity in synaptic competition. Nature, 2003, 424(6947): 426-430.

[55] Schibler U, Naef F. Cellular oscillators: rhythmic gene expression and metabolism. Current Opinion in Cell Biology, 2005, 17(2): 223-229.

[56] Weber C, Triesch J. Fire together–wire together–come together (Conference abstract). Citeseer, 2007.

[57] Miller K D. Synaptic economics: competition and cooperation in synaptic plasticity. Neuron, 1996, 17(3): 371-374.

[58] El-Boustani S, Ip J P K, Breton-Provencher V, et al. Locally coordinated synaptic plasticity of visual cortex neurons *in vivo*. Science, 2018, 360(6395): 1349-1354.

[59] Lee W C A, Bonin V, Reed M, et al. Anatomy and function of an excitatory network in the visual cortex. Nature, 2016, 532(7599): 370-374.

[60] Claverie J M. What if there are only 30, 000 human genes? Science, 2001, 291(5507): 1255-1257.

[61] Breitbart R E, Andreadis A, Nadal-Ginard B. Alternative splicing: a ubiquitous mechanism for the generation of multiple protein isoforms from single genes. Annual Review of Biochemistry, 1987, 56(1): 467-495.

[62] Graveley B R. Alternative splicing: increasing diversity in the proteomic world. Trends in Genetics, 2001, 17(2): 100-107.

[63] Modrek B, Lee C. A genomic view of alternative splicing. Nature Genetics, 2002, 30(1): 13-19.

[64] Garrett A M, Schreiner D, Weiner J A. The Cadherin Superfamily in Synapse Formation and Function. New York, US: Springer, 2009.

[65] Markram H, Lübke J, Frotscher M, et al. Regulation of synaptic efficacy by coincidence of postsynaptic APs and EPSPs. Science, 1997, 275(5297): 213-215.

[66] Dan Y, Poo M M. Spike timing-dependent plasticity of neural circuits. Neuron, 2004, 44(1): 23-30.

[67] Dan Y, Poo M M. Spike timing-dependent plasticity: from synapse to perception. Physiological Reviews, 2006, 86(3): 1033-1048.
[68] Song S, Miller K D, Abbott L F. Competitive Hebbian learning through spike-timing-dependent synaptic plasticity. Nature Neuroscience, 2000, 3(9): 919-926.
[69] Ståhl P L, Salmén F, Vickovic S, et al. Visualization and analysis of gene expression in tissue sections by spatial transcriptomics. Science, 2016, 353(6294): 78-82.
[70] Moffitt J R, Bambah-Mukku D, Eichhorn S W, et al. Molecular, spatial, and functional single-cell profiling of the hypothalamic preoptic region. Science, 2018, 362(6416): eaau5324.
[71] Lodish H, Berk A, Zipursky S L, et al. Neurotransmitters, synapses, and impulse transmission, in Molecular Cell Biology. New York, US: W. H. Freeman, 2000.
[72] Breedlove S M, Watson N V, Rosenzweig M R. Biological Psychology. Massachusetts, US: Sinauer Associates Sunderland, 2010.
[73] 关新民, 韩济生. 医学神经生物学. 北京: 人民卫生出版社, 2002: 157-163.
[74] Eccles J C. Chemical transmission and Dale's principle, in Progress in brain research. Amsterdam: Netherlands Elsevier, 1986, 68: 3-13.
[75] Hökfelt T, Millhorn D, Seroogy K, et al. Coexistence of peptides with classical neurotransmitters. Experientia, 1987, 43(7): 768-780.
[76] Liu Y, Si Y, Kim J Y, et al. Molecular regulation of sexual preference revealed by genetic studies of 5-HT in the brains of male mice. Nature, 2011, 472(7341): 95-99.
[77] Greengard P. The neurobiology of slow synaptic transmission. Science, 2001, 294(5544), 1024-1030.
[78] Unwin N. Neurotransmitter action: opening of ligand-gated ion channels. Cell, 1993, 72: 31-41.
[79] Lefkowitz R J. G protein—coupled receptor kinases. Cell, 1993, 74(3): 409-412.
[80] Rasmussen S G, Choi H J, Rosenbaum D M, et al. Crystal structure of the human β2 adrenergic G-protein-coupled receptor. Nature, 2007, 450(7168): 383-387.
[81] Conn P J, Pin J-P. Pharmacology and functions of metabotropic glutamate receptors. Annual Review of Pharmacology and Toxicology, 1997, 37(1): 205-237.
[82] Berridge M J. Neuronal calcium signaling. Neuron, 1998, 21(1): 13-26.
[83] Crews F, He J, Hodge C. Adolescent cortical development: a critical period of vulnerability for addiction. Pharmacology Biochemistry and Behavior, 2007, 86(2): 189-199.
[84] Sisk C L, Foster D L. The neural basis of puberty and adolescence. Nature Neuroscience, 2004, 7(10): 1040-1047.
[85] Sisk C L, Zehr J L. Pubertal hormones organize the adolescent brain and behavior. Frontiers in Neuroendocrinology, 2005, 26(3-4): 163-174.
[86] Nottebohm F, Arnold A P. Sexual dimorphism in vocal control areas of the songbird brain. Science, 1976, 194(4261): 211-213.
[87] Tramontin A D, Brenowitz E A. Seasonal plasticity in the adult brain. Trends in Neurosciences, 2000, 23(6): 251-258.
[88] Tramontin A D, Wingfield J C, Brenowitz E A. Androgens and estrogens induce seasonal-like growth of song nuclei in the adult songbird brain. Developmental Neurobiology, 2003, 57(2): 130-140.
[89] Small T W, Brenowitz E A, Wojtenek W, et al. Testosterone mediates seasonal growth of the song control nuclei in a tropical bird. Brain, Behavior and Evolution, 2015, 86(2): 110-121.
[90] Frankl-Vilches C, Kuhl H, Werber M, et al. Using the canary genome to decipher the evolution of hormone-sensitive gene regulation in seasonal singing birds. Genome Biology, 2015, 16(1): 19.
[91] Lenroot R K, Giedd J N. Brain development in children and adolescents: insights from anatomical magnetic resonance imaging. Neuroscience & Biobehavioral Reviews, 2006, 30(6): 718-729.
[92] Giedd J N, Vaituzis A C, Hamburger S D, et al. Quantitative MRI of the temporal lobe, amygdala, and hippocampus in normal human development: ages 4-18 years. Journal of Comparative Neurology, 1996, 366(2): 223-230.
[93] Pakkenberg B, Gundersen H J G. Neocortical neuron number in humans: effect of sex and age. Journal of

Comparative Neurology, 1997, 384(2): 312-320.
[94] Burke S N, Barnes C A. Neural plasticity in the ageing brain. Nature Reviews Neuroscience, 2006, 7(1): 30-40.
[95] Lim M M, Wang Z, Olazábal D E, et al. Enhanced partner preference in a promiscuous species by manipulating the expression of a single gene. Nature, 2004, 429(6993): 754-758.

第十三章

[1] 荣格 K G. 荣格文集: 人格的发展. 陈俊松, 等译. 北京: 国际文化出版公司, 2011.
[2] Lehrman D S. A critique of Konrad Lorenz's theory of instinctive behavior. The Quarterly Review of Biology, 1953, 28(4): 337-363.
[3] Lorenz K. Evolution and Modification of Behavior. Illinois, US: University of Chicago Press, 1965.
[4] Brigandt I. The instinct concept of the early Konrad Lorenz. Journal of the History of Biology, 2005, 38(3): 571-608.
[5] Crick F. Neural edelmanism. Trends in Neurosciences, 1989, 12(7): 240-248.
[6] 拉马克 J-B. 动物哲学 (上、下). 上海: 商务印书馆, 1937.
[7] Smythies J, Edelstein L, Ramachandran V. Molecular mechanisms for the inheritance of acquired characteristics—exosomes, microRNA shuttling, fear and stress: Lamarck resurrected? Frontiers in Genetics, 2014, 5: 133.
[8] Baylin S B, Herman J G. DNA hypermethylation in tumorigenesis: epigenetics joins genetics. Trends in Genetics, 2000, 16(4): 168-174.
[9] Skinner M K. Environmental epigenetics and a unified theory of the molecular aspects of evolution: a neo-Lamarckian concept that facilitates neo-Darwinian evolution. Genome Biology and Evolution, 2015, 7(5): 1296-1302.
[10] Hampl P. The Evolution of theoretical views of Vladimir Novak: from Lysenkoism to Epigenetics. Studies in the History of Biology, 2016, 8(3): 11-25.
[11] Francis D, Diorio J, Liu D, et al. Nongenomic transmission across generations of maternal behavior and stress responses in the rat. Science, 1999, 286(5442): 1155-1158.
[12] Champagne F A, Curley J P. Epigenetic mechanisms mediating the long-term effects of maternal care on development. Neuroscience & Biobehavioral Reviews, 2009, 33(4): 593-600.
[13] Dias B G, Ressler K J. Parental olfactory experience influences behavior and neural structure in subsequent generations. Nature Neuroscience, 2014, 17(1): 89-96.
[14] Moore R S, Kaletsky R, Murphy C T. Piwi/PRG-1 argonaute and TGF-β mediate transgenerational learned pathogenic avoidance. Cell, 2019, 177(7): 1827-1841.
[15] Posner R, Toker I A, Antonova O, et al. Neuronal small RNAs control behavior transgenerationally. Cell, 2019, 177(7): 1814-1826.
[16] Robinson G E, Barron A B. Epigenetics and the evolution of instincts. Science, 2017, 356(6333): 26-27.
[17] Galizia C G. Olfactory coding in the insect brain: data and conjectures. European Journal of Neuroscience, 2014, 39(11): 1784-1795.
[18] Isosaka T, Matsuo T, Yamaguchi T, et al. Htr2a-expressing cells in the central amygdala control the hierarchy between innate and learned fear. Cell, 2015, 163(5): 1153-1164.
[19] Lucifero D, Mertineit C, Clarke H J, et al. Methylation dynamics of imprinted genes in mouse germ cells. Genomics, 2002, 79(4): 530-538.
[20] Murrell A, Heeson S, Reik W. Interaction between differentially methylated regions partitions the imprinted genes Igf2 and H19 into parent-specific chromatin loops. Nature Genetics, 2004, 36(8): 889- 893.
[21] Lorenz K. On Aggression. München: Deutscher Taschenbuch Verlag GmbH & Co. KG. 1963.
[22] Darwin C. On the origins of species by means of natural selection (中译本《物种起源》, 多个版本). London, UK: Murray, 1859.

[23] Nelson R J. An Introduction to Behavioral Endocrinology. Massachusetts, US: Sinauer Associates, 2011.
[24] Mandal F B. Textbook of Animal Behaviour. New Delhi, India: PHI Learning Pvt Ltd, 2015.
[25] Lorenz K. On the formation of the concept of instinct. Natural Sciences, 1937, 25(19): 289-300.
[26] Xue F, Fang G, Yang P, et al. The biological significance of acoustic stimuli determines ear preference in the music frog. Journal of Experimental Biology, 2015, 218(5): 740-747.
[27] Evans H E. The evolution of prey-carrying mechanisms in wasps. Evolution, 1962, 16(4): 468-483.
[28] Lane F W. Animal Wonder World: A Chronicle of the Unusual in Nature. Maryland, US: Rowman & Littlefield, 2014.
[29] Eberhard W G. Behavioral characters for the higher classification of orb-weaving spiders. Evolution, 1982, 36(5): 1067-1095.
[30] Vollrath F. Analysis and interpretation of orb spider exploration and web-building behavior. Advances in the Study of Behavior, 1992, 21(1): 147-199.
[31] Fisher M P. Quantum cognition: the possibility of processing with nuclear spins in the brain. Annals of Physics, 2015, 362: 593-602.
[32] Reynolds C W. Flocks, herds and schools: A distributed behavioral model. in ACM SIGGRAPH computer graphics. ACM, 1987, 21: 25-34.
[33] Okubo A. Dynamical aspects of animal grouping: swarms, schools, flocks, and herds. Advances in Biophysics, 1986, 22: 1-94.
[34] Toumane A, Durkin T, Marighetto A, et al. Differential hippocampal and cortical cholinergic activation during the acquisition, retention, reversal and extinction of a spatial discrimination in an 8-arm radial maze by mice. Behavioural Brain Research, 1988, 30(3): 225-234.
[35] Rothenbuhler W C. Behaviour genetics of nest cleaning in honey bees. I. Responses of four inbred lines to disease-killed brood. Animal Behaviour, 1964, 12(4): 578-583.
[36] Rothenbuhler W C. Behavior genetics of nest cleaning in honey bees. IV. Responses of F 1 and backcross generations to disease-killed brood. American Zoologist, 1964, 4(2): 111-123.

第十四章

[1] Bouton M E. Learning and behavior: A contemporary synthesis. Massachusetts, US: Sinauer Associates, 2007.
[2] Conti L H, Maciver C R, Ferkany J W, et al. Footshock-induced freezing behavior in rats as a model for assessing anxiolytics. Psychopharmacology, 1990, 102(4): 492-497.
[3] Hebb D O. The Organization of Behavior. New York, US: Wiley, 1949.
[4] Baddeley A. Working memory. Science, 1992, 255(5044): 556-559.
[5] Goelet P, Castellucci V F, Schacher S, et al. The long and the short of long-term memory—a molecular framework. Nature, 1986, 322(6078): 419-422.
[6] Kandel E R, Brunelli M, Byrne J, et al. A common presynaptic locus for the synaptic changes underlying short-term habituation and sensitization of the gill-withdrawal reflex in *Aplysia.* in Cold Spring Harbor symposia on quantitative biology. New York, US: Cold Spring Harbor Laboratory Press, 1976.
[7] Bergold P J, Sweatt J D, Winicov I, et al. Protein synthesis during acquisition of long-term facilitation is needed for the persistent loss of regulatory subunits of the Aplysia cAMP-dependent protein kinase. Proceedings of the National Academy of Sciences USA, 1990, 87(10): 3788-3791.
[8] Lorenz K. Imprinting. Auk, 1937, 54(1): 245-273.
[9] Immelmann K. Ecological significance of imprinting and early learning. Annual Review of Ecology and Systematics, 1975, 6(1): 15-37.
[10] Immelmann K. Sexual and other long-term aspects of imprinting in birds and other species. in Advances in the Study of Behavior. Amsterdam, Netherlands: Elsevier, 1972: 147-174.
[11] Lorenz K. Vergleichende Verhaltensforschung (Comparative behavioral research). Verhandlungen der Deutschen Zoologischen Gesellschaft Zoologischer Anzeiger, Supplementband, 1939, 12: 69-102.

[12] Schleidt W, Shalter M D, Moura-Neto H. The hawk/goose story: the classical ethological experiments of Lorenz and Tinbergen, revisited. Journal of Comparative Psychology, 2011, 125(2): 121-133.

[13] Lorenz K Z. Konrad Lorenz. Horizon, 1967, 9(2): 60-65.

[14] Tchernichovski O, Lints T, Mitra P P, et al. Vocal imitation in zebra finches is inversely related to model abundance. Proceedings of the National Academy of Sciences USA, 1999, 96(22): 12901-12904.

[15] Brainard M S, Doupe A J. What songbirds teach us about learning. Nature, 2002, 417(6886): 351-358.

[16] Rescorla R A, Wagner A R. A theory of Pavlovian conditioning: Variations in the effectiveness of reinforcement and nonreinforcement. Classical Conditioning II: Current Research and Theory, 1972, 2: 64-99.

[17] Köhler W. The Mentality of Apes. California, US: Harcourt, Brace and Co, 1925.

[18] Castellucci V, Pinsker H, Kupfermann I, et al. Neuronal mechanisms of habituation and dishabituation of the gill-withdrawal reflex in *Aplysia*. Science, 1970, 167(3926): 1745-1748.

[19] Pavlov P I. Conditioned reflexes: an investigation of the physiological activity of the cerebral cortex. Annals of Neurosciences, 2010, 17(3): 136-141.

[20] Pearce J M. A model for stimulus generalization in Pavlovian conditioning. Psychological Review, 1987, 94(1): 61-73.

[21] Semagin V N, Zukhar A V, Tolkachev V N. Significance of reinforcement for differentiation of signals of instrumental conditioned reflexes in rats. Zhurnal Vysshei Nervnoi Deyatelnosti, 1981, 31(6): 1217-1223.

[22] Rutkowski R G, Weinberger N M. Encoding of learned importance of sound by magnitude of representational area in primary auditory cortex. Proceedings of the National Academy of Sciences USA, 2005, 102(38): 13664-13669.

[23] Iversen I H. Skinner's early research: From reflexology to operant conditioning. American Psychologist, 1992, 47(11): 1318-1328.

[24] Byrne R W. Animal curiosity. Current Biology, 2013, 23(11): R469-R470.

[25] Karwowski M. Did curiosity kill the cat? Relationship between trait curiosity, creative self-efficacy and creative personal identity. Europe's Journal of Psychology, 2012, 8(4): 547-558.

[26] 蒋志刚, 梅兵, 唐业忠, 等. 动物行为学方法. 北京: 科学出版社, 2012.

[27] Brodin A. The history of scatter hoarding studies. Philosophical Transactions of the Royal Society of London B: Biological Sciences, 2010, 365(1542): 869-881.

[28] Xiao Z, Zhang Z, Wang Y. Dispersal and germination of big and small nuts of *Quercus serrata* in a subtropical broad-leaved evergreen forest. Forest Ecology and Management, 2004, 195(1-2): 141-150.

[29] Dunbar R I M. Neocortex size and group size in primates: a test of the hypothesis. Journal of Human Evolution, 1995, 28(3): 287-296.

[30] Von Frisch K. The Dance Language and Orientation of Bees. Boston, US: Harvard University Press, 1967.

[31] Gregory R L. Distortion of visual space as inappropriate constancy scaling. Nature, 1963, 199(4894): 678-680.

[32] Fisher M P. Quantum cognition: the possibility of processing with nuclear spins in the brain. Annals of Physics, 2015, 362: 593-602.

[33] Turnbull C M. Some observations regarding the experiences and behavior of the *BaMbuti Pygmies*. The American Journal of Psychology, 1961, 74(2): 304-308.

[34] 罗杰 H. 改变心理学的四十项研究. 北京: 人民邮电出版社, 2014.

[35] Greene M R, Baldassano C, Esteva A, et al. Visual scenes are categorized by function. Journal of Experimental Psychology: General, 2016, 145(1): 82-94.

[36] Li F F, K Li, http: //www.image-net.org. 2007.

[37] Li F F. How we're teaching computers to understand pictures, in TED Talks. Retrieved Video and Transcript, 2015.

[38] Olkowicz S, Kocourek M, Lučan R K, et al. Birds have primate-like numbers of neurons in the forebrain. Proceedings of the National Academy of Sciences USA, 2016, 113(26): 7255-7260.

[39] Davis R T. Monkeys as perceivers. Massachusetts, US: Academic Press, 2014.

[40] Taylor A H, Elliffe D M, Hunt G R, et al. New Caledonian crows learn the functional properties of novel

tool types. PLoS One, 2011, 6(12): e26887.

[41] Raby C R, Alexis D M, Dickinson A, et al. Planning for the future by western scrub-jays. Nature, 2007, 445(7130): 919-921.

[42] Gallup G G. Chimpanzees: self-recognition. Science, 1970, 167(3914): 86-87.

[43] Kis A, Huber L, Wilkinson A. Social learning by imitation in a reptile (*Pogona vitticeps*). Animal Cognition, 2015, 18(1): 325-331.

[44] Griffin A. Social learning about predators: a review and prospectus. Animal Learning & Behavior, 2004, 32(1): 131-140.

[45] Branch C L, Pravosudov V V. Mountain chickadees from different elevations sing different songs: acoustic adaptation, temporal drift or signal of local adaptation? Royal Society Open Science, 2015, 2(4): 150019.

[46] Kroodsma D. Birdsong performance studies: A contrary view. Animal Behaviour, 2017, 125: e1-e16.

[47] Sherry D F, Galef B G. Social learning without imitation: more about milk bottle opening by birds. Animal Behaviour, 1990, 40: 987-989.

[48] Lefebvre L. The opening of milk bottles by birds: evidence for accelerating learning rates, but against the wave-of-advance model of cultural transmission. Behavioural Processes, 1995, 34(1): 43-53.

[49] Alem S, Perry C J, Zhu X, et al. Associative mechanisms allow for social learning and cultural transmission of string pulling in an insect. PLoS Biology, 2016, 14(10): e1002564.

[50] Loukola O J, Perry C J, Coscos L, et al. Bumblebees show cognitive flexibility by improving on an observed complex behavior. Science, 2017, 355(6327): 833-836.

[51] Galef B G. Animal traditions: experimental evidence of learning by imitation in an unlikely animal. Current Biology, 2010, 20(13): R555-R556.

[52] Boesch C, Marchesi P, Marchesi N, et al. Is nut cracking in wild chimpanzees a cultural behaviour? Journal of Human Evolution, 1994, 26(4): 325-338.

第十五章

[1] Narins P M, Hödl W, Grabul D S. Bimodal signal requisite for agonistic behavior in a dart-poison frog, Epipedobates femoralis. Proceedings of the National Academy of Sciences USA, 2003, 100(2): 577-580.

[2] Narins P M, Grabul D S, Soma K K, et al. Cross-modal integration in a dart-poison frog. Proceedings of the National Academy of Sciences USA, 2005, 102(7): 2425-2429.

[3] Taylor R, Ryan M. Interactions of multisensory components perceptually rescue túngara frog mating signals. Science, 2013, 341(6143): 273-274.

[4] Maeterlinck M. The Life of the Bee. New York, US: Dodd, Mead and Company, 1911.

[5] Couvillon M J. The dance legacy of Karl von Frisch. Insectes Sociaux, 2012, 59(3): 297-306.

[6] Frisch K V. The Dance Language and Language and Orientation of Bees. London, UK: Oxford University Press, 1967.

[7] Ota N, Gahr M, Soma M. Tap dancing birds: the multimodal mutual courtship display of males and females in a socially monogamous songbird. Scientific Reports, 2015, 5: 16614.

[8] Zhao L, Zhu B, Wang J, et al. Sometimes noise is beneficial: stream noise informs vocal communication in the little torrent frog Amolops torrentis. Journal of Ethology, 2017, 35(3): 259-267.

[9] Weladji R B, Holand Ø, Steinheim G, et al. Sexual dimorphism and intercorhort variation in reindeer calf antler length is associated with density and weather. Oecologia, 2005, 145(4): 549-555.

[10] Andersson M B. Sexual Selection. New Jersey, US: Princeton University Press, 1994.

[11] Uy J A, Borgia G. Sexual selection drives rapid divergence in bowerbird display traits. Evolution, 2000, 54(1): 273-278.

[12] Kelley L A, Endler J A. Male great bowerbirds create forced perspective illusions with consistently different individual quality. Proceedings of the National Academy of Sciences USA, 2012, 109(51): 20980-20985.

[13] 蒋志刚, 梅兵, 唐业忠, 等. 动物行为学方法. 北京: 科学出版社, 2012.

[14] Wycherley J, Doran S, Beebee T J. Frog calls echo microsatellite phylogeography in the European pool frog (*Rana lessonae*). Journal of Zoology, 2002, 258(4): 479-484.

[15] Asquith A, Altig R, Zimba P. Geographic variation in the mating call of the green treefrog *Hyla cinerea*. American Midland Naturalist, 1988: 101-110.

[16] Ramer J D, Jenssen T A, Hurst C J. Size-related variation in the advertisement call of *Rana clamitans* (Anura: Ranidae), and its effect on conspecific males. Copeia, 1983: 141-155.

[17] Keddy-Hector A C. Mate choice in non-human primates. American Zoologist, 1992, 32(1): 62-70.

[18] Pröhl H, Hagemann S, Karsch J, et al. Geographic variation in male sexual signals in strawberry poison frogs (*Dendrobates pumilio*). Ethology, 2007, 113(9): 825-837.

[19] Reichert M S, Gerhardt H C. Gray tree frogs, *Hyla versicolor*, give lower-frequency aggressive calls in more escalated contests. Behavioral Ecology & Sociobiology, 2013, 67(5): 795-804.

[20] Cui J, Tang Y, Narins P M. Real estate ads in Emei music frog vocalizations: female preference for calls emanating from burrows. Biology Letters, 2012, 8(3): 337-340.

[21] Mahrt E, Agarwal A, Perkel D, et al. Mice produce ultrasonic vocalizations by intra-laryngeal planar impinging jets. Current Biology, 2016, 26(19): R880-R881.

[22] Asaba A, Okabe S, Nagasawa M, et al. Developmental social environment imprints female preference for male song in mice. PLoS One, 2014, 9(2): e87186.

[23] Cardé R T, Minks A K. Insect Pheromone Research. New York, US: Springer, 1997.

[24] Regnier F E, Law J H. Insect pheromones. Journal of Lipid Research, 1968, 9(5): 541-551.

[25] Zhang J X, Wei W, Zhang J H, et al. Uropygial gland-secreted alkanols contribute to olfactory sex signals in budgerigars. Chemical Senses, 2010, 35(5): 375-382.

[26] Martini S, Silvotti L, Shirazi A, et al. Co-expression of putative pheromone receptors in the sensory neurons of the vomeronasal organ. Journal of Neuroscience, 2001, 21(3): 843-848.

[27] McClintock M K. Menstrual synchrony and suppression. Nature, 1971, 229: 244-245.

[28] Wyatt T D. Pheromones and Animal Behaviour: Communication by Smell and Taste. London, UK: Cambridge University Press, 2003.

[29] 刘定震, 田红. 动物化学通讯及其功能与机制. 自然杂志, 2010, 32(1): 37-43+62.

[30] Johnston R E, Derzie A, Chiang G, et al. Individual scent signatures in golden hamsters: evidence for specialization of function. Animal Behaviour, 1993, 45(6): 1061-1070.

[31] Roelofs W L, Liu W, Hao G, et al. Evolution of moth sex pheromones via ancestral genes. Proceedings of the National Academy of Sciences USA, 2002, 99(21): 13621-13626.

[32] Vibert S, Scott C, Gries G. A meal or a male: the 'whispers' of black widow males do not trigger a predatory response in females. Frontiers in Zoology, 2014, 11(1): 4.

[33] Hopkins C D. On the diversity of electric signals in a community of mormyrid electric fish in West Africa. American Zoologist, 1981, 21(1): 211-222.

[34] Alves-Gomes J. The evolution of electroreception and bioelectrogenesis in teleost fish: a phylogenetic perspective. Journal of Fish Biology, 2001, 58(6): 1489-1511.

[35] Ryan M J, Wilczynski W. Coevolution of sender and receiver: effect on local mate preference in cricket frogs. Science, 1988: 1786-1788.

[36] 张青青, 唐业忠, 黄永成, 等. 蛤蚧地理变异的初步研究. 动物学杂志, 1997(5): 44-46.

[37] Roesler H, Bauer A M, Heinicke M P, et al. Phylogeny, taxonomy, and zoogeography of the genus *Gekko* Laurenti, 1768 with the revalidation of *G reevesii* Gray, 1831 (Sauria: Gekkonidae). Zootaxa, 2011, 2989(1): 1-50.

[38] Brittan-Powell E F, Christensen-Dalsgaard J, Tang Y, et al. The auditory brainstem response in two lizard species. The Journal of the Acoustical Society of America, 2010, 128(2): 787-794.

[39] Yu X, Peng Y, Aowphol A, et al. Geographic variation in the advertisement calls of *Gekko gecko* in relation to variations in morphological features: implications for regional population differentiation. Ethology Ecology & Evolution, 2011, 23(3): 211-228.

[40] Chen J, Teppei J, Cui J, et al. The acoustic properties of low intensity vocalizations match hearing sensitivity in the webbed-toed gecko, *Gekko subpalmatus*. PLoS One, 2016, 11(1): e0146677.

[41] Gedevani D M, Wepkhvadze G L, Eidelman G I, et al. Physical and mathematical simulation of the 55 c/sec bioelectric rhythm produced by the olfactory bulb. International Journal of Bio-medical Computing, 1974, 5(1): 1-21.
[42] Keller C H, Kawasaki M, Heiligenberg W. The control of pacemaker modulations for social communication in the weakly electric fish Sternopygus. Journal of Comparative Physiology A. Sensory Neural & Behavioral Physiology, 1991, 169(4): 441-450.
[43] Crawford J D, Cook A P, Heberlein A S. Bioacoustic behavior of African fishes (Mormyridae): potential cues for species and individual recognition in *Pollimyrus*. The Journal of the Acoustical Society of America, 1997, 102(2): 1200-1212.
[44] Arnold K E, Owens I P, Marshall N J. Fluorescent signaling in parrots. Science, 2002, 295(5552): 92.
[45] Suh E, Bohbot J, Zwiebel L J. Peripheral olfactory signaling in insects. Current Opinion in Insect Science, 2014, 6: 86-92.
[46] Lorenz K Z. Evolution of ritualization in the biological and cultural spheres. Philosophical Transactions of the Royal Society B Biological Sciences, 1966, 251(772): 273-284.
[47] Lorenz K. On Aggression. Deutscher Taschenbuch Verlag GmbH & Co KG München, 1963.
[48] Hopp S L, Owren M J, Evans C S. Animal Acoustic Communication. Berlin Heidelberg, Germany: Springer, 1998: 2528-2529.
[49] Wyatt T. Pheromones and other chemical communication in animals. *In*: Squire LP. Encyclopedia of Neuroscience. London, UK: Oxford Academic Press, 2009: 611-616.
[50] Ryan M J. Sexual selection, receiver biases, and the evolution of sex differences. Science, 1998, 281(5385): 1999-2003.
[51] Makowicz A M, Tanner J C, Dumas E, et al. Pre-existing biases for swords in mollies (*Poecilia*). Behavioral Ecology, 2015, 27(1): 175-184.
[52] Kotiaho J S, Alatalo R V, Mappes J, et al. Energetic costs of size and sexual signalling in a wolf spider. Proceedings of the Royal Society of London B: Biological Sciences, 1998, 265(1411): 2203-2209.
[53] Kotiaho J S. Costs of sexual traits: a mismatch between theoretical considerations and empirical evidence. Biological Reviews, 2001, 76(3): 365-376.
[54] Bertrand S, Alonso-Alvarez C, Devevey G, et al. Carotenoids modulate the trade-off between egg production and resistance to oxidative stress in zebra finches. Oecologia, 2006, 147(4): 576-584.
[55] Jacobs G H, Williams G A, Cahill H, et al. Emergence of novel color vision in mice engineered to express a human cone photopigment. Science, 2007, 315(5819): 1723-1725.
[56] Carlson B A, Hasan S M, Hollmann M, et al. Brain evolution triggers increased diversification of electric fishes. Science, 2011, 332(6029): 583-586.
[57] Liu Y, Ding L, Lei J, et al. Eye size variation reflects habitat and daily activity patterns in colubrid snakes. Journal of Morphology, 2012, 273(8): 883-893.
[58] Borowsky R. Restoring sight in blind cavefish. Current Biology, 2008, 18(1): R23-R24.

第十六章

[1] Schultz W. Neuronal reward and decision signals: from theories to data. Physiological Reviews, 2015, 95(3): 853-951.
[2] Dreher J C, Kohn P, Kolachana B, et al. Variation in dopamine genes influences responsivity of the human reward system. Proceedings of the National Academy of Sciences USA, 2009, 106(2): 617-622.
[3] White F J. Synaptic regulation of mesocorticolimbic dopamine neurons. Annual Review of Neuroscience, 1996, 19(19): 405-436.
[4] Eisch A J, Harburg G C. Opiates, psychostimulants, and adult hippocampal neurogenesis: Insights for addiction and stem cell biology. Hippocampus, 2006, 16(3): 271-286.
[5] Jones S, Bonci A. Synaptic plasticity and drug addiction. Current Opinion in Pharmacology, 2005, 5(1): 20-25.

[6] Morgane P J, Galler J R, Mokler D J. A review of systems and networks of the limbic forebrain/limbic midbrain. Progress in Neurobiology, 2005, 75(2): 143-160.

[7] Arrigo A, Mormina E, Anastasi G P, et al. Constrained spherical deconvolution analysis of the limbic network in human, with emphasis on a direct cerebello-limbic pathway. Frontiers in Human Neuroscience, 2014, 8(987): 987.

[8] Yager L M, Garcia A F, Wunsch A M, et al. The ins and outs of the striatum: role in drug addiction. Neuroscience, 2015, 301: 529-541.

[9] Luo M, Zhou J, Liu Z. Reward processing by the dorsal raphe nucleus: 5-HT and beyond. Learning & Memory, 2015, 22(9): 452-460.

[10] Berke J D, Hyman S E. Addiction, dopamine, and the molecular mechanisms of memory. Neuron, 2000, 25(3): 515-532.

[11] Volkow N D, Fowler J S, Wang G J, et al. Dopamine in drug abuse and addiction: results of imaging studies and treatment implications. Molecular Psychiatry, 2007, 64(11): 1575-1579.

[12] Taylor S B, Lewis C R, Olive M F. The neurocircuitry of illicit psychostimulant addiction: acute and chronic effects in humans. Substance Abuse and Rehabilitation, 2013, 4: 29-43.

[13] Meneses A, Liy-Salmeron G. Serotonin and emotion, learning and memory. Reviews in the Neurosciences, 2012, 23(5-6): 543-553.

[14] Hodge G K, Butcher L L. 5-Hydroxytryptamine correlates of isolation-induced aggression in mice. European Journal of Pharmacology, 1974, 28(2): 326-337.

[15] Ferrari P F, Palanza P, Parmigiani S, et al. Serotonin and aggressive behavior in rodents and nonhuman primates: predispositions and plasticity. European Journal of Pharmacology, 2005, 526(1-3): 259-273.

[16] Li Y, Zhong W, Wang D, et al. Serotonin neurons in the dorsal raphe nucleus encode reward signals. Nature Communications, 2016, 7(1): 10503.

[17] Ferretti A, Caulo M, Del G C, et al. Dynamics of male sexual arousal: distinct components of brain activation revealed by fMRI. Neuroimage, 2005, 26(4): 1086-1096.

[18] Komisaruk B R, Whipple B, Crawford A, et al. Brain activation during vaginocervical self-stimulation and orgasm in women with complete spinal cord injury: fMRI evidence of mediation by the vagus nerves. Brain Research, 2004, 1024(1-2): 77-88.

[19] Bianchi-Demicheli F, Ortigue S. Toward an understanding of the cerebral substrates of woman's orgasm. Neuropsychologia, 2007, 45(12): 2645-2659.

[20] Finniss D G, Kaptchuk T J, Miller F, et al. Biological, clinical, and ethical advances of placebo effects. Lancet, 2010, 375(9715): 686-695.

[21] Ben-Shaanan T L, Azulay-Debby H, Dubovik T, et al., Activation of the reward system boosts innate and adaptive immunity. Nature Medicine, 2016, 22(8): 940-944.

[22] Scott T R, Verhagen J V. Taste as a factor in the management of nutrition. Nutrition, 2000, 16(10): 874-885.

[23] Zhang Y, Hoon M A, Chandrashekar J, et al. Coding of sweet, bitter, and umami tastes: different receptor cells sharing similar signaling pathways. Cell, 2003, 112(3): 293-301.

[24] De Araujo I E, Oliveira-Maia A J, Sotnikova T D, et al. Food reward in the absence of taste receptor signaling. Neuron, 2008, 57(6): 930-941.

[25] Dus M, Min S H, Keene A C, et al. Taste-independent detection of the caloric content of sugar in *Drosophila*. Proceedings of the National Academy of Sciences USA, 2011, 108(28): 11644-11649.

[26] Dus M, Ai M, Suh G S. Taste-independent nutrient selection is mediated by a brain-specific Na^+/solute co-transporter in *Drosophila*. Nature Neuroscience, 2013, 16(5): 526-528.

[27] Kain P, Dahanukar A. Secondary taste neurons that convey sweet taste and starvation in the *Drosophila* brain. Neuron, 2015, 85(4): 819-832.

[28] Miyamoto T, Slone J, Song X, et al. A fructose receptor functions as a nutrient sensor in the *Drosophila* brain. Cell, 2012, 151(5): 1113-1125.

[29] Kaelberer M M, Buchanan K L, Klein M E, et al. A gut-brain neural circuit for nutrient sensory transduction. Science, 2018, 361(6408): eaat5236.

[30] Han W, Tellez L A, Perkins M H, et al. A neural circuit for gut-induced reward. Cell, 2018, 175(3): 665- 678.
[31] Zhang Q, Wu X, Chen P, et al. The mitochondrial unfolded protein response is mediated cell-non-autonomously by retromer-dependent Wnt signaling. Cell, 2018, 174(4): 870-883.
[32] Lehmann J, Korstjens A H, Dunbar R I M. Group size, grooming and social cohesion in primates. Animal Behaviour, 2007, 74(6): 1617-1629.
[33] Jiang P, Josue J, Li X, et al. Major taste loss in carnivorous mammals. Proceedings of the National Academy of Sciences USA, 2012, 109(13): 4956-4961.
[34] Feng P, Zheng J, Rossiter S J, et al. Massive losses of taste receptor genes in toothed and baleen whales. Genome Biology and Evolution, 2014, 6(6): 1254-1265.
[35] Waterman J M. The adaptive function of masturbation in a promiscuous African ground squirrel. PLoS One, 2010, 5(9): e13060.
[36] Tan M, Jones G, Zhu G, et al. Fellatio by fruit bats prolongs copulation time. PLoS One, 2009, 4(10): e7595.
[37] Thomsen R, Soltis J. Male masturbation in free-ranging Japanese macaques. International Journal of Primatology, 2004, 25(5): 1033-1041.
[38] Mootnick A R, Baker E, Masturbation in captive *Hylobates* (gibbons). Zoo Biology, 1994, 13(4): 345-353.
[39] Fischer H, Furmark T, Wik G, et al. Brain representation of habituation to repeated complex visual stimulation studied with PET. Neuroreport, 2000, 11(1): 123-126.
[40] Bouton M E. Learning and Behavior: A Contemporary Synthesis. Massachusetts, US: MA Sinauer Sunderland, 2007.
[41] Chung W S, Clarke L E, Wang G X, et al. Astrocytes mediate synapse elimination through MEGF10 and MERTK pathways. Nature, 2013, 504(7480): 394-400.
[42] Wang J Y, Chen F, Fu X Q, et al. Caspase-3 cleavage of dishevelled induces elimination of postsynaptic structures. Developmental Cell, 2014, 28(6): 670-684.
[43] Attardo A, Fitzgerald J E, Schnitzer M J. Impermanence of dendritic spines in live adult CA1 hippocampus. Nature, 2015, 523(7562): 592-596.
[44] Miller M, MacDonald A. How addiction hijacks the brain. Harvard Mental Health Letter, 2011, 28(1): 1-3.
[45] Palmer S E, Griscom W S. Accounting for taste: Individual differences in preference for harmony. Psychonomic Bulletin & Review, 2013, 20(3): 453-461.
[46] Campbell B C, Dreber A, Apicella C L, et al. Testosterone exposure, dopaminergic reward, and sensation-seeking in young men. Physiology & Behavior, 2010, 99(4): 451-456.
[47] Montier J. Emotion, neuroscience and investing: investors as dopamine addicts. Global Equity Strategy, 2005: 20.
[48] Hunt G R. Manufacture and use of hook-tools by New Caledonian crows. Nature, 1996, 379(6562): 249-251.
[49] Hunt G R, Gray R D. Diversification and cumulative evolution in New Caledonian crow tool manufacture. Proceedings of the Royal Society of London, Series B: Biological Sciences, 2003, 270(1517): 867-874.
[50] Weir A A, Chappell J, Kacelnik A. Shaping of hooks in New Caledonian crows. Science, 2002, 297(5583): 981.
[51] McCoy D E, Schiestl M, Neilands P, et al. New Caledonian crows behave optimistically after using tools. Current Biology, 2019, 29(16): 2737-2742.
[52] Cohen M X, Elger C E, Ranganath C. Reward expectation modulates feedback-related negativity and EEG spectra. Neuroimage, 2007, 35(2): 968-978.
[53] 大前研一. 低智商社会. 北京: 中信出版社, 2010.
[54] 孟莎美. 令人忧虑: 不阅读的中国人. 基础教育论坛, 2013, 9Z: 64-65.

第十七章

[1] de Busserolles F, Cortesi F, Helvik J V, et al. Pushing the limits of photoreception in twilight conditions: The rod-like cone retina of the deep-sea pearlsides. Science Advances, 2017, 3(11): eaao4709.

[2] Mayford M, Wang J, Kandel E R, et al. CaMKII regulates the frequency-response function of hippocampal synapses for the production of both LTD and LTP. Cell, 1995, 81(6): 891-904.

[3] Lüscher C, Malenka R C. NMDA Receptor-Dependent Long-Term Potentiation and Long-Term Depression (LTP/LTD). New York, US: Cold Spring Harbor Perspectives in Biology, 2012, 4(6): 997-1001.

[4] Greenspan R J, Van Swinderen B. Cognitive consonance: complex brain functions in the fruit fly and its relatives. Trends in Neurosciences, 2004, 27(12): 707-711.

[5] Miyamoto T, Slone J, Song X, et al. A fructose receptor functions as a nutrient sensor in the *Drosophila* brain. Cell, 2012, 151(5): 1113-1125.

[6] Green S M, Romero A. Responses to light in two blind cave fishes (*Amblyopsis spelaea* and *Typhlichthys subterraneus*) (Pisces: Amblyopsidae). Environmental Biology of Fishes, 1997, 50(2): 167-174.

[7] Staddon J E R. A note on the evolutionary significance of "supernormal" stimuli. The American Naturalist, 1975, 109(969): 541-545.

[8] Moreno J, Lobato E, Merino S, et al. Blue–green eggs in Pied Flycatchers: An experimental demonstration that a supernormal stimulus elicits improved nestling condition. Ethology, 2008, 114(11): 1078-1083.

[9] Barrett D. Supernormal Stimuli in the Media, *In*: Barkow J H. Internet, Film, News, Gossip: An Evolutionary Perspective on the Media. London, UK: Oxford University Press, 2015.

[10] Barrett D. Supernormal Stimuli: How Primal Urges Overran Their Evolutionary Purpose. New York, US: WW Norton & Company, 2010.

[11] Morris P H, White J, Morrison E R, et al. High heels as supernormal stimuli: How wearing high heels affects judgements of female attractiveness. Evolution and Human Behavior, 2013, 34(3): 176-181.

[12] Bradley M M, Lang P J, Cuthbert B N. Emotion, novelty, and the startle reflex: habituation in humans. Behavioral Neuroscience, 1993, 107: 970-980.

[13] Pilz P K, Schnitzler H U. Habituation and sensitization of the acoustic startle response in rats: amplitude, threshold, and latency measures. Neurobiology of Learning and Memory. 1996, 66: 67-79.

[14] Alsiö J, Olszewski P K, Levine A S, et al. Feed-forward mechanisms: addiction-like behavioral and molecular adaptations in overeating. Frontiers in Neuroendocrinology, 2012, 33(2): 127-139.

[15] Martin P, Caro T M. On the functions of play and its role in behavioral development, in Advances in the Study of Behavior. Amsterdam, Netherlands: Elsevier, 1985: 59-103.

[16] Vygotsky L S. Play and its role in the mental development of the child. Soviet Psychology, 1967, 5(3): 6-18.

[17] Thomas E, Schaller F. Das Spiel der optisch isolierten, jungen Kaspar-Hauser-Katze. Naturwissenschaften, 1954, 41(23): 557-558.

[18] Kruuk H, Turner M. Comparative notes on predation by lion, leopard, cheetah and wild dog in the Serengeti area, East Africa. Mammalia, 1967, 31(1): 1-27.

[19] Reinhold A S, Sanguinetti-Scheck J I, Hartmann K, et al. Behavioral and neural correlates of hide-and-seek in rats. Science, 2019, 365(6458): 1180-1183.

[20] Robinson T E, Berridge K C. The psychology and neurobiology of addiction: an incentive-sensitization view. Addiction, 2015, 95(8s2): 91-117.

[21] Olds J, Milner P. Positive reinforcement produced by electrical stimulation of septal area and other regions of rat brain. Journal of Comparative and Physiological Psychology, 1954, 47(6): 419.

[22] Olds J. Self-stimulation of the brain; its use to study local effects of hunger, sex, and drugs. Science, 1958, 127(3294): 315.

[23] Liberman K. The effect of nicotine patches on the neural activity in the reward circuit of smokers: an fMRI study with visual stimulation. Clinics, 2014, 65(8): 799-802.

[24] Jiang T, Soussignan R, Schaal B, et al. Activity of neural reward circuits in response to food odors: an fMRI study of liking and wanting. Annual Meeting of the European Chemoreception Research Organization (ECRO), 2015, NA, France: 1 (hal-01234403).

[25] Ben-Shaanan T L, Azulay-Debby H, Dubovik T, et al. Activation of the reward system boosts innate and adaptive immunity. Nature Medicine, 2016, 22(8): 940-944.

[26] Gellman M D. Negative Emotionality. New York, US: Springer, 2013: 1305.

[27] Luu P, Collins P, Tucker D M. Mood, personality, and self-monitoring: negative affect and emotionality in relation to frontal lobe mechanisms of error monitoring. Journal of Experimental Psychology General, 2000, 129(1): 43-60.

[28] Curran A. Brecht's criticisms of Aristotle's aesthetics of tragedy. The Journal of Aesthetics and Art Criticism, 2001, 59(2): 167-184.

[29] 时风玲. 悲剧之美——论亚里士多德的"卡塔西斯"说. 北京: 剧作家, 2004, (9): 72-73.

[30] 董秋芳. 亚里士多德的悲剧论. 北京: 文教资料, 2008, (3): 36-38.

[31] Dawkins R. The Selfish Gene (中译本《自私的基因》, 多个版本). New York, US: Oxford University Press, 1976.

[32] Bancroft J, Vukadinovic Z. Sexual addiction, sexual compulsivity, sexual impulsivity, or what? Toward a theoretical model. Journal of Sex Research, 2004, 41(3): 225-234.

[33] Young K S. Internet sex addiction: Risk factors, stages of development, and treatment. American Behavioral Scientist, 2008, 52(1): 21-37.

[34] Mascia-Lees F. Are women evolutionary sex objects? Why women have breasts. Anthropology Now, 2009, 1(1): 4-11.

[35] Allred D, Mohsin S, Fuqua S. Histological and biological evolution of human premalignant breast disease. Endocrine-Related Cancer, 2001, 8(1): 47-61.

[36] Henke W. Human biological evolution. Handbook of Evolution: The Evolution of Living Systems (including Hominids), 2005: 117-222.

[37] Simpson P T, Reis-Filho J S, Gale T, et al. Molecular evolution of breast cancer. The Journal of Pathology, 2005, 205(2): 248-254.

[38] Rosenberg K R, Trevathan W R. The evolution of human birth. Scientific American, 2001, 285(5): 72-77.

[39] Hamer D H, Hu S, Magnuson V L, et al. A linkage between DNA markers on the X chromosome and male sexual orientation. Science, 1993, 261(5119): 321-327.

[40] Kendler K S, Thornton L M, Gilman S E, et al. Sexual orientation in a US national sample of twin and nontwin sibling pairs. American Journal of Psychiatry, 2000, 157(11): 1843-1846.

[41] Rowe D C. The Limits of Family Influence: Genes, Experience, and Behavior. New York, US: Guilford Press, 1994.

[42] Liu Y, Si Y, Kim J Y, et al. Molecular regulation of sexual preference revealed by genetic studies of 5-HT in the brains of male mice. Nature, 2011, 472(7341): 95-99.

[43] 饶毅. 饶有性趣 (1): 欲解异性恋 须知同性恋. 科学网, 2012.

[44] McKnight J. Straight Science? Homosexuality, Evolution and Adaptation. Abingdon, UK: Routledge, 2003.

[45] Buss D M. The Evolution of Desire: Strategies of Human Mating. New York, US: Basic Books, 2016.

[46] Crick F, Mitchison G. The function of dream sleep. Nature, 1983, 304(5922): 111-114.

[47] Fishbein W. Disruptive effects of rapid eye movement sleep deprivation on long-term memory. Physiology & Behavior, 1971, 6(4): 279-282.

[48] Born J. Slow-wave sleep and the consolidation of long-term memory. The World Journal of Biological Psychiatry, 2010, sup1: 16-21.

[49] Bergold P J, Sweatt J D, Winicov I, et al. Protein synthesis during acquisition of long-term facilitation is needed for the persistent loss of regulatory subunits of the *Aplysia* cAMP-dependent protein kinase. Proceedings of the National Academy of Sciences USA, 1990, 87(10): 3788-3791.

[50] Kandel E, Brunelli M, Byrne J, et al. A common presynaptic locus for the synaptic changes underlying short-term habituation and sensitization of the gill-withdrawal reflex in *Aplysia*. in Cold Spring Harbor symposia on quantitative biology. New York, US: Cold Spring Harbor Laboratory Press, 1976.

[51] Stickgold R, Hobson J A, Fosse R, et al. Sleep, learning, and dreams: off-line memory reprocessing. Science, 2001, 294(5544): 1052-1057.

[52] Izawa S, Chowdhury S, Miyazaki T, et al. REM sleep–active MCH neurons are involved in forgetting

hippocampus-dependent memories. Science, 2019, 365(6459): 1308-1313.
[53] Linden D J. The Accidental Mind: How Brain Evolution Has Given Us Love, Memory, Dreams, and God. Massachusetts, US: The Belknap Press of Harvard University Press, 2010.
[54] Kawamura H, Sawyer C H. Elevation in brain temperature during paradoxical sleep. Science, 1965, 150(3698): 912-913.
[55] Baker M A, Hayward J N. Autonomic basis for the rise in brain temperature during paradoxical sleep. Science, 1967, 157(3796): 1586-1588.
[56] Grosmark A D, Mizuseki K, Pastalkova E, et al. REM sleep reorganizes hippocampal excitability. Neuron, 2012, 75(6): 1001-1007.
[57] Jones T A, Leake P A, Snyder R L, et al. Spontaneous discharge patterns in cochlear spiral ganglion cells before the onset of hearing in cats. Journal of Neurophysiology, 2007, 98(4): 1898-1908.
[58] Blankenship A G, Feller M B. Mechanisms underlying spontaneous patterned activity in developing neural circuits. Nature Reviews Neuroscience, 2010, 11(1): 18-29.
[59] Aplin L M, Farine D R, Morand-Ferron J, et al. Experimentally induced innovations lead to persistent culture via conformity in wild birds. Nature, 2015, 518(7540): 538-541.
[60] Yu C R, Power J, Barnea G, et al. Spontaneous neural activity is required for the establishment and maintenance of the olfactory sensory map. Neuron, 2004, 42(4): 553-566.
[61] Feller M B. Spontaneous correlated activity in developing neural circuits. Neuron, 1999, 22(4): 653-656.
[62] Kirkby L A, Sack G S, Firl A, et al. A role for correlated spontaneous activity in the assembly of neural circuits. Neuron, 2013, 80(5): 1129-1144.
[63] Schnitzler A, Gross J. Normal and pathological oscillatory communication in the brain. Nature Reviews Neuroscience, 2005, 6(4): 285-296.
[64] Fell J, Axmacher N. The role of phase synchronization in memory processes. Nature Reviews Neuroscience, 2011, 12(2): 105-118.
[65] Tatum I V. Handbook of EEG Interpretation. New York, US: Demos Medical Publishing, 2014.
[66] Kononenko N I, Dudek F E. Mechanism of irregular firing of suprachiasmatic nucleus neurons in rat hypothalamic slices. Journal of Neurophysiology, 2004, 91(1): 267-273.
[67] Wilson C J, Groves P M. Spontaneous firing patterns of identified spiny neurons in the rat neostriatum. Brain Research, 1981, 220(1): 67-80.
[68] Stiefel K M, Englitz B, Sejnowski T J. Origin of intrinsic irregular firing in cortical interneurons. Proceedings of the National Academy of Sciences USA, 2013, 110(19): 7886-7891.
[69] Buran B N, von Trapp G, Sanes D H. Behaviorally gated reduction of spontaneous discharge can improve detection thresholds in auditory cortex. Journal of Neuroscience, 2014, 34(11): 4076-4081.
[70] Sergeyenko Y, Lall K, Liberman M C, et al. Age-related cochlear synaptopathy: an early-onset contributor to auditory functional decline. Journal of Neuroscience, 2013, 33(34): 13686-13694.

第 四 篇

第十八章

[1] Dalrymple B G. Ancient Earth, Ancient Skies: The Age of Earth and Its Cosmic Surroundings. California, US: Stanford University Press, 2004.
[2] Goodall J. Tool-using and aimed throwing in a community of free-living chimpanzees. Nature, 1964, 201(4926): 1264-1266.
[3] Lovejoy C O. Evolution of human walking. Scientific American, 1988, 259(5): 118-125.
[4] Darwin C. On the Origin of Species by Means of Natural Selection (中译本《物种起源》，多个版本). London, UK: John Murray, 1859.

[5] Klein R G. Darwin and the recent African origin of modern humans. Proceedings of the National Academy of Sciences USA, 2009, 106: 18007-18009.

[6] Weidenreich F. The mandibles of sinanthropus pekinensis: a comparative study. Paleontologica Sinica, 1936, 7: 1-116.

[7] Leakey L S B. The Newest link in human evolution: The discovery by L.S.B. Leakey of *Zinjanthropus boisei*. Current Anthropology, 1960, 1(1): 76-77.

[8] Wolpoff M H. Cranial remains of middle Pleistocene European hominids. Journal of Human Evolution, 1980, 9(5): 339-358.

[9] 刘武. 中国古人类化石. 北京: 科学出版社, 2014.

[10] Zhu Z Y, Huang W W, Wu Y, et al. Hominin occupation of the Chinese Loess Plateau since about 2.1 million years ago. Nature, 2018, 559: 608-612.

[11] 高星, 张晓凌, 杨东亚, 等. 现代中国人起源与人类演化的区域性多样化模式. 中国科学: 地球科学, 2010, 40(9): 1287-1300.

[12] 吴新智. 现代人只起源于非洲, 抑或起源于多地区. 科学(上海), 2006, 58(5): 32-36.

[13] Gao X, Zhang X L, Yang D Y, et al. Revisiting the origin of modern humans in China and its implications for global human evolution. Science China, Earth Sciences, 2010, 53(12): 1927-1940.

[14] Li Z Y, Wu X J, Zhou L P, et al. Late Pleistocene archaic human crania from Xuchang, China. Science, 2017, 355(6328): 969-972.

[15] Johanson D C, White T D. A systematic assessment of early African hominids. Science, 1979, 203(4378): 321-330.

[16] Leakey R. The Origin Of Humankind (人类的起源. 上海科学技术出版社, 2007). New York, US: Basic Books, 1996.

[17] Leakey M D, Hay R L. Pliocene footprints in the Laetolil Beds at Laetoli, northern Tanzania. Nature, 1979, 278(5702): 317-323.

[18] White T D, Suwa G, Asfaw B. *Australopithecus ramidus*, a new species of early hominid from Aramis, Ethiopia. Nature, 1994, 371(6495): 306-312.

[19] DeSilva J M, Gill C M, Prang T C, et al. A nearly complete foot from Dikika, Ethiopia and its implications for the ontogeny and function of *Australopithecus afarensis*. Science Advances, 2018, 4(7): eaar7723.

[20] Asfaw B, White T D, Lovejoy O, et al. *Australopithecus garhi*: a new species of early hominid from Ethiopia. Science, 1999, 284(5414): 629-635.

[21] Leakey M G, Spoor F, Brown F H, et al. New hominin genus from eastern Africa shows diverse middle Pliocene lineages. Nature, 2001, 410(6827): 433-440.

[22] Senut B, Pickford M, Gommery D, et al. First hominid from the Miocene (Lukeino formation, Kenya). Comptes Rendus de l'Académie des Sciences-Series IIA-Earth and Planetary Science, 2001, 332(2): 137-144.

[23] Brunet M, Guy F, Pilbeam D, et al. A new hominid from the Upper Miocene of Chad, Central Africa. Nature, 2002, 418(6894): 145-151.

[24] Vancata V. Major patterns of early hominid evolution: body size, proportions, encephalization and sexual dimorphism. Anthropologie, 1996, 34(1-2): 11-25.

[25] Bramble D M, Lieberman D E. Endurance running and the evolution of *Homo*. Nature, 2004, 432(7015): 345-352.

[26] Grine F E, Fleagle J G, Leakey R E. The First Humans: Origin and Early Evolution of the Genus *Homo*. New York, US: Springer Science & Business Media, 2009.

[27] Chen F C, Li W H. Genomic divergences between humans and other hominoids and the effective population size of the common ancestor of humans and chimpanzees. The American Journal of Human Genetics, 2001, 68(2): 444-456.

[28] Lieberman D E. Homology and hominid phylogeny: problems and potential solutions. Evolutionary Anthropology Issues, News, and Reviews, 1999, 7(4): 142-151.

[29] Cann R L, Stoneking M, Wilson A C. Mitochondrial DNA and human evolution. Nature, 1987, 325(6099): 31-36.

[30] Soares P, Ermini L, Thomson N, et al. Correcting for purifying selection: an improved human mitochondrial molecular clock. The American Journal of Human Genetics, 2009, 84(6): 740-759.

[31] Fu Q, Mittnik A, Johnson P L F, et al. A revised timescale for human evolution based on ancient mitochondrial genomes. Current Biology, 2013, 23(7): 553-559.

[32] Poznik G D, Henn B M, Yee M C, et al. Sequencing Y chromosomes resolves discrepancy in time to common ancestor of males versus females. Science, 2013, 341(6145): 562-565.

[33] Stone L, Lurquin P F, Cavalli-Sforza L. Genes, Culture, and Human Evolution: A Synthesis. New Jersey, US: Blackwell Publisher, 2007.

[34] Hammer M F. A recent common ancestry for human Y chromosomes. Nature, 1995, 378(6555): 376-378.

[35] Bertranpetit J. Genome, diversity, and origins: The Y chromosome as a storyteller. Proceedings of the National Academy of Sciences USA, 2000, 97(13): 6927-6929.

[36] Helgason A, Einarsson A W, Guðmundsdóttir V B, et al. The Y-chromosome point mutation rate in humans. Nature Genetics, 2015, 47(5): 453-457.

[37] Mendez F L, Krahn T, Schrack B, et al. An African American paternal lineage adds an extremely ancient root to the human Y chromosome phylogenetic tree. The American Journal of Human Genetics, 2013, 92(3): 454-459.

[38] Karmin M, Saag L, Vicente M, et al. A recent bottleneck of Y chromosome diversity coincides with a global change in culture. Genome Research, 2015, 25(4): 459-466.

[39] Mendez F L, Poznik G D, Castellano S, et al. The divergence of Neandertal and modern human Y chromosomes. The American Journal of Human Genetics, 2016, 98(4): 728-734.

[40] Thomson R, Pritchard J K, Shen P, et al. Recent common ancestry of human Y chromosomes: evidence from DNA sequence data. Proceedings of the National Academy of Sciences USA, 2000, 97(13): 7360-7365.

[41] Hublin J J, Ben-Ncer S E, Bailey S E, et al. New fossils from Jebel Irhoud, Morocco and the pan-African origin of *Homo sapiens*. Nature, 2017, 546(7657): 289-292.

[42] Tattersall I. Human origins: out of Africa. Proceedings of the National Academy of Sciences USA, 2009, 106(38): 16018-16021.

[43] 中共中央马克思、恩格斯、列宁、斯大林著作编译局. 马克思恩格斯选集第 3 卷. 北京：人民出版社, 1972: 50-57.

[44] 恩格斯. 自然辩证法. 中共中央马列编译局译. 北京：人民出版社, 1971.

[45] Rutz C, Sugasawa S, Van der Wal J E M, et al. Tool bending in New Caledonian crows. Royal Society Open Science, 2016, 3(8): 160439.

[46] Rutz C, Klump B C, Komarczyk L, et al. Discovery of species-wide tool use in the Hawaiian crow. Nature, 2016, 537(7620): 403-407.

[47] Semaw S, Renne P, Harris J W K, et al. 2.5-million-year-old stone tools from Gona, Ethiopia. Nature, 1997, 385(6614): 333-336.

[48] McPherron S P, Alemseged Z, Marean C W, et al. Evidence for stone-tool-assisted consumption of animal tissues before 3.39 million years ago at Dikika, Ethiopia. Nature, 2010, 466(7308): 857-860.

[49] Harmand S, Lewis J E, Feibel C S, et al. 3.3-million-year-old stone tools from Lomekwi 3, West Turkana, Kenya. Nature, 2015, 521(7552): 310-315.

[50] Brown P, Sutikna T, Morwood M J, et al., A new small-bodied hominin from the Late Pleistocene of Flores, Indonesia. Nature, 2004, 431(7012): 1055-1061.

[51] Lubbock J. Pre-historic Times: As Illustrated by Ancient Remains and the Manners and Customs of Modern Savages. 6th ed. District of Columbia, US: J. A. Hill and Company, 1886: 465.

[52] Gallagher J P. Contemporary stone tools in Ethiopia: implications for archaeology. Journal of Field Archaeology, 1977, 4(4): 407-414.

[53] Gibbons A. Chinese stone tools reveal high-tech *Homo erectus*. Science, 2000, 287(5458): 1566.
[54] Tobias P V. *Australopithecus*, *Homo habilis*, tool-using and tool-making. The South African Archaeological Bulletin, 1965, 20(80): 167-192.
[55] Susman R L. Hand of *Paranthropus robustus* from Member 1, Swartkrans: fossil evidence for tool behavior. Science, 1988, 240(4853): 781-784.
[56] Toth N P, Schick K D, Semaw S. The Oldowan: Case Studies into the Earliest Stone Age. Indiana, US: Stone Age Institute Press, 2006.
[57] Beyene Y, Katoh S, WoldeGabriel G, et al. The characteristics and chronology of the earliest Acheulean at Konso, Ethiopia. Proceedings of the National Academy of Sciences USA, 2013, 110(5): 1584-1591.
[58] Dunbar R. How many "friends" can you really have? Ieee Spectrum, 2011, 48(6): 81-83.
[59] Osborn H F. Men of the Old Stone Age. New York, US: Charles Scribner's Sons, 1915.
[60] Burkitt M C. The Old Stone Age: A Study of Palaeolithic Times. VA, US: Atheneum, 1963.
[61] Isaac G. The food-sharing behavior of protohuman hominids. Scientific American, 1978, 238(4): 90-109.
[62] Pilbeam D. The descent of hominoids and hominids. Scientific American, 1984, 250(3): 84-97.
[63] Wrangham R, Carmody R. Human adaptation to the control of fire. Evolutionary Anthropology: Issues, News, and Reviews, 2010, 19(5): 187-199.
[64] Henshilwood C S, d'Errico F, Watts I. Engraved ochres from the middle stone age levels at Blombos Cave, South Africa. Journal of Human Evolution, 2009, 57(1): 27-47.
[65] Kuhn S L, Stiner M C, Reese D, et al. Ornaments of the earliest Upper Paleolithic: New insights from the Levant. Proceedings of the National Academy of Sciences USA, 2001, 98(13): 7641-7646.
[66] d'Errico F, Vanhaeren M, Barton N, et al. Additional evidence on the use of personal ornaments in the Middle Paleolithic of North Africa. Proceedings of the National Academy of Sciences USA, 2009, 106(38): 16051-16056.
[67] Zvelebil M. Hunters in transition: Mesolithic Societies of Temperate Eurasia and Their Transition to Farming. London, UK: Cambridge University Press, 2009.
[68] Crombé P, Robinson E. European mesolithic: geography and culture, in Encyclopedia of Global Archaeology. New York, US: Springer, 2014: 2623-2645.
[69] Jiang L, Liu L. New evidence for the origins of sedentism and rice domestication in the Lower Yangzi River, China. Antiquity, 2006, 80(308): 355-361.
[70] 戴蒙德 J. 枪炮、病菌与钢铁: 人类社会的命运. 上海: 上海译文出版社, 2006.
[71] Simmons A H. The Neolithic Revolution in the Near East: Transforming the Human Landscape. Arizona, US: University of Arizona Press, 2011.
[72] Richards M P, Schulting R J, Hedges R E. Archaeology: sharp shift in diet at onset of Neolithic. Nature, 2003, 425(6956): 366.
[73] Morgan L H. Ancient Society; or, Researches in the Lines of Human Progress from Savagery, through Barbarism to Civilization. New York, US: Henry Holt and Company, 1877.
[74] 宋兆麟. 中国原始社会史. 北京: 文物出版社, 1983.
[75] 恩格斯. 家庭、私有制和国家的起源. 马克思 恩格斯选集第四卷 (1995 年版). 北京: 人民出版社, 1995: 18-179.
[76] Bachofen J J. Mother Right: an investigation of the religious and juridical character of matriarchy in the Ancient World (母权论: 根据古代世界的宗教和法权本质对古代世界的妇女统治的研究). Swiss: Lewiston, 1861.
[77] Harris M. The rise anthropological theory. British Journal of Sociology, 1969, 21: 114-115.
[78] Cohen R. Myths of male dominance: Collected articles on women cross-culturally. Ethnohistory, 1983, 31(2): 126-128.
[79] Briffault R, Malinowski B, Montagu M F A. Marriage, past and present: a debate between Robert Briffault and Bronislaw Malinowski. American Journal of Psychiatry, 2006, 115(1): 94-a-95.
[80] Destrobisol G, Donati F, Coia V, et al. Variation of female and male lineages in sub-Saharan populations:

the importance of sociocultural factors. Molecular Biology & Evolution, 2004, 21(9): 1673-1682.

[81] Wood E T, Stover D A, Ehret C, et al. Contrasting patterns of Y chromosome and mtDNA variation in Africa: evidence for sex-biased demographic processes. European Journal of Human Genetics, 2005, 13(7): 867-876.

[82] Wu J J, He Q Q, Deng L L, et al. Communal breeding promotes a matrilineal social system where husband and wife live apart. Proceedings of the Royal Society B Biological Sciences, 2013, 280(1758): 20130010.

[83] Morris D. The Naked Ape: A Zoologist's study of the Human Animal. London, UK: Cape, 1968.

[84] Wolfenden E, Ebinger C, Yirgu G, et al. Evolution of a volcanic rifted margin: Southern Red Sea, Ethiopia. Geological Society of America Bulletin, 2005, 117(7-8): 846.

[85] Sepulchre P, Ramstein G, Fluteau F, et al. Tectonic uplift and Eastern Africa aridification. Science, 2006, 313(5792): 1419-1423.

[86] Coppens Y. Earliest Man and Environments in the Lake Rudolf Basin. Illinois, US: University of Chicago Press, 1976.

[87] Bobe R, Behrensmeyer A K. The expansion of grassland ecosystems in Africa in relation to mammalian evolution and the origin of the genus *Homo*. Palaeogeography Palaeoclimatology Palaeoecology, 2004, 207(3-4): 399-420.

[88] Golestani A, Gras R, Cristescu M. Speciation with gene flow in a heterogeneous virtual world: can physical obstacles accelerate speciation? Proceedings of the Royal Society of London B: Biological Sciences, 2012, 279(1740): 3055-3064.

[89] Hunt K D. The evolution of human bipedality: ecology and functional morphology. Journal of Human Evolution, 1994, 26(3): 183-202.

[90] Rodman P S, McHenry H M. Bioenergetics and the origin of hominid bipedalism. American Journal of Physical Anthropology, 1980, 52(1): 103-106.

[91] Rouchy J M, Caruso A. The Messinian salinity crisis in the Mediterranean basin: a reassessment of the data and an integrated scenario. Sedimentary Geology, 2006, 188: 35-67.

[92] Van der Made J, Morales J, Montoya P. Late Miocene turnover in the Spanish mammal record in relation to palaeoclimate and the Messinian Salinity Crisis. Palaeogeography, Palaeoclimatology, Palaeoecology, 2006, 238(1-4): 228-246.

[93] Montes C, Cardona A, Jaramillo C, et al. Middle miocene closure of the Central American seaway. Science, 2015, 348(6231): 226-229.

[94] O'Dea A, Lessios H A, Coates A G, et al. Formation of the isthmus of Panama. Science Advances, 2016, 2(8): e1600883.

[95] Murphy B P, Bowman D M. What controls the distribution of tropical forest and savanna? Ecology Letters, 2012, 15(7): 748-758.

[96] Stringer C. Human evolution and biological adaptation in the Pleistocene. Study on Archaeology, 1984: 55-83.

[97] McDougall I, Brown F H, Fleagle J G. Stratigraphic placement and age of modern humans from Kibish, Ethiopia. Nature, 2005, 433(7027): 733-736.

[98] Hublin J J. The origin of Neandertals. Proceedings of the National Academy of Sciences USA, 2009, 106(38): 16022-16027.

[99] Gibbons A. Revolution in human evolution. Science, 2015, 349: 362-366.

第十九章

[1] Rogers A, Iltis D, Wooding S. Genetic Variation at the MC1R Locus and the Time since Loss of Human Body Hair. Current Anthropology, 2004, 45(1): 105-108.

[2] Ehrlich P R. Human Natures: Genes, Cultures, and the Human Prospect. District of Columbia, US: Island Press, 2000.

[3] Brown P, Sutikna T, Morwood M J, et al. A new small-bodied hominin from the Late Pleistocene of Flores, Indonesia. Nature, 2004, 431(7012): 1055-1061.
[4] Lomolino M V. Body size of mammals on islands: the island rule reexamined. The American Naturalist, 1985, 125(2): 310-316.
[5] Lomolino M V. Body size evolution in insular vertebrates: generality of the island rule. Journal of Biogeography, 2005, 32(10): 1683-1699.
[6] Thomson R, Pritchard J K, Shen P, et al. Recent common ancestry of human Y chromosomes: evidence from DNA sequence data. Proceedings of the National Academy of Sciences USA, 2000, 97(13): 7360-7365.
[7] Mendez F L, Krahn T, Schrack B, et al. An African American paternal lineage adds an extremely ancient root to the human Y chromosome phylogenetic tree. The American Journal of Human Genetics, 2013, 92(3): 454-459.
[8] Dorit R L, Akashi H, Gilbert W. Absence of polymorphism at the ZFY locus on the human Y chromosome. Science, 1995, 268(5214): 1183-1185.
[9] Poznik G D, Henn B M, Yee M C, et al. Sequencing Y chromosomes resolves discrepancy in time to common ancestor of males versus females. Science, 2013, 341(6145): 562-565.
[10] Callaway E. Genetic Adam and Eve did not live too far apart in time. Nature, 2013. Online News.
[11] Stringer C B. Current issues in modern human origins, *In*: Contemporary Issues in Human Evolution. California Academy of Sciences San Francisco, 1996: 115-134.
[12] Stringer C B, Buck L T. Diagnosing *Homo sapiens* in the fossil record. Annals of Human Biology, 2014, 41(4): 312-322.
[13] Higham T, Jacobi R, Basell L, et al. Precision dating of the Palaeolithic: a new radiocarbon chronology for the Abri Pataud (France), a key Aurignacian sequence. Journal of Human Evolution, 2011, 61(5): 549-563.
[14] Stringer C. The status of *Homo heidelbergensis*(Schoetensack 1908). Evolutionary Anthropology: Issues, News, and Reviews, 2012, 21(3): 101-107.
[15] Meyer M, Arsuaga J L, de Filippo C, et al. Nuclear DNA sequences from the Middle Pleistocene Sima de los Huesos hominins. Nature, 2016, 531(7595): 504-507.
[16] Stringer C. Human evolution: The many mysteries of *Homo naledi*. eLife, 2015, 4: e10627.
[17] Klein R G. Darwin and the recent African origin of modern humans. Proceedings of the National Academy of Sciences USA, 2009, 106: 18007-18009.
[18] Harding R M, Mcvean G. A structured ancestral population for the evolution of modern humans. Current Opinion in Genetics & Development, 2004, 14(6): 667-674.
[19] Lewontin R C. The apportionment of human diversity, in Evolutionary Biology. New Jersey, US: Springer, 1972: 381-398.
[20] Edwards A W F. Human genetic diversity: Lewontin's fallacy. Bioessays, 2003, 25(8): 798-801.
[21] Becquet C, Patterson N, Stone A C, et al. Genetic structure of chimpanzee populations. PLoS Genetics, 2007, 3(4): e66.
[22] Gonder M K, Locatelli S, Ghobrial L, et al. Evidence from Cameroon reveals differences in the genetic structure and histories of chimpanzee populations. Proceedings of the National Academy of Sciences USA, 2011, 108(12): 4766-4771.
[23] Marshall M. Life after a supervolcano: it exists, but it's no fun. New Scientist, 2013, 2915: 13.
[24] Oppenheimer S. A single southern exit of modern humans from Africa: before or after Toba? Quaternary International, 2012, 258: 88-99.
[25] Smith E I, Jacobs Z, Johnsen R, et al. Humans thrived in South Africa through the Toba eruption about 74, 000 years ago. Nature, 2018, 555(7697): 511-514.
[26] Ambrose S H. Late Pleistocene human population bottlenecks, volcanic winter, and differentiation of modern humans. Journal of Human Evolution, 1998, 34(6): 623-651.
[27] Amos W, Hoffman J I. Evidence that two main bottleneck events shaped modern human genetic diversity. Proceedings of the Royal Society of London B: Biological Sciences, 2010, 277(1678): 131-137.

[28] Nielsen R, Akey J M, Jakobsson M, et al. Tracing the peopling of the world through genomics. Nature, 2017, 541(7637): 302-310.
[29] Templeton A R. Human races: A genetic and evolutionary perspective. American Anthropologist, 1998, 100(3): 632-650.
[30] Barbujani G. Human races: Classifying people vs understanding diversity. Current Genomics, 2005, 6(4): 215-226.
[31] HUGO Pan-Asian SNP Consortium. Mapping human genetic diversity in Asia. Science, 2009, 326(5959): 1541-1545.
[32] 李辉. 遗传学对人科谱系的重构. 科学(上海), 2013. 65(2): 7-12.
[33] Wade N. A Troublesome Inheritance: Genes, Race and Human History. New York, US: Penguin, 2015.
[34] Reardon J. Decoding race and human difference in a genomic age. Differences: A Journal of Feminist Cultural Studies, 2004, 15(15): 38-65.
[35] Schlebusch C M, Skoglund P, Sjödin P, et al. Genomic variation in seven Khoe-San groups reveals adaptation and complex African history. Science, 2012, 338(6105): 374-379.
[36] Veeramah K R, Wegmann D, Woerner A, et al. An early divergence of KhoeSan ancestors from those of other modern humans is supported by an ABC-based analysis of autosomal resequencing data. Molecular Biology & Evolution, 2012, 29(2): 617-630.
[37] Shriner D, Tekola-Ayele F, Adeyemo A, et al. Genetic ancestry of Hadza and Sandawe peoples reveals ancient population structure in Africa. Genome Biology & Evolution, 2018, 10(3): 875-882.
[38] Schlebusch C M, Lombard M, Soodyall H. MtDNA control region variation affirms diversity and deep sub-structure in populations from southern Africa. BMC Evolutionary Biology, 2013, 13(1): 56.
[39] Wade N. Before the Dawn: Recovering the Lost History of Our Ancestors. New York, US: Penguin, 2006.
[40] Tishkoff S A, Reed F A, Friedlaender F R, et al. The Genetic structure and history of Africans and African Americans. Science, 2009, 324(5930): 1035-1044.
[41] Jakobsson M, Scholz S W, Scheet P, et al. Genotype, haplotype and copy-number variation in worldwide human populations. Nature, 2008, 451(7181): 998-1003.
[42] Lachance J, Vernot B, Elbers C C, et al. Evolutionary history and adaptation from high-coverage whole-genome sequences of diverse African hunter-gatherers. Cell, 2012, 150(3): 457-469.
[43] Belmaker M. On the Road to China: The Environmental Landscape of the Early Pleistocene in Western Eurasia and Its Implication for the Dispersal of *Homo*. Netherlands: Springer, 2011, 31-40.
[44] Malaspinas A S, Westaway M C, Muller C, et al. A genomic history of Aboriginal Australia. Nature, 2016, 538(7624): 207-214.
[45] Mallick S, Li H, Lipson M, et al. The Simons genome diversity project: 300 genomes from 142 diverse populations. Nature, 2016, 538(7624): 201-206.
[46] Pagani L, Lawson D J, Jagoda E, et al. Genomic analyses inform on migration events during the peopling of Eurasia. Nature, 2016, 538(7624): 238-242.
[47] Rasmussen M, Guo X, Wang Y, et al. An aboriginal Australian genome reveals separate human dispersals into Asia. Science, 2011, 334(6052): 94-98.
[48] Pugach I, Delfin F, Gunnarsdóttir E, et al. Genome-wide data substantiate Holocene gene flow from India to Australia. Proceedings of the National Academy of Sciences USA, 2013, 110(5): 1803-1808.
[49] Bergen A W, Wang C Y, Tsai J, et al. An Asian-Native American paternal lineage identified by RPS4Y resequencing and by microsatellite haplotyping. Annals of Human Genetics, 1999, 63(1): 63-80.
[50] Dryomov S V, Nazhmidenova A M, Shalaurova S A, et al. Mitochondrial genome diversity at the Bering Strait area highlights prehistoric human migrations from Siberia to northern North America. European Journal of Human Genetics Ejhg, 2015, 23(10): 1399-1404.
[51] Templeton A. Out of Africa again and again. Nature, 2002, 416(6876): 45-51.
[52] Churchill S E, Smith F H. Makers of the early Aurignacian of Europe. American Journal of Physical Anthropology, 2010, 113(S31): 61-115.
[53] Kamminga J, Wright R V S. The Upper Cave at Zhoukoudian and the origins of the Mongoloids. Journal

of Human Evolution, 1988, 17(8): 739-767.

[54] Su B, Xiao C, Deka R, et al. Y chromosome haplotypes reveal prehistorical migrations to the Himalayas. Human Genetics, 2000, 107(6): 582-590.

[55] Yi X, Liang Y, Huerta-Sanchez E, et al. Sequencing of 50 human exomes reveals adaptation to high altitude. Science, 2010, 329(5987): 75-78.

[56] Qian Y, Qian B, Su B, et al. Multiple origins of Tibetan Y chromosomes. Human Genetics, 2000, 106(4): 453-454.

[57] Su B, Jin L, Underhill P, et al. Polynesian origins: Insights from the Y chromosome. Proceedings of the National Academy of Sciences USA, 2000, 97(15): 8225-8228.

[58] Wolpoff M H. Human Evolution. New York, US: McGraw-Hill, 1996.

[59] Hublin J-J. The origin of Neandertals. Proceedings of the National Academy of Sciences USA, 2009, 106(38): 16022-16027.

[60] Hublin J-J, Roebroeks W. Ebb and flow or regional extinctions? On the character of Neandertal occupation of northern environments. Comptes Rendus Palevol, 2009, 8(5): 503-509.

[61] Cerqueira C C S, Paixão-Côrtes V R, Zambra F M B, et al. Predicting *Homo* pigmentation phenotype through genomic data: from Neanderthal to James Watson. American Journal of Human Biology, 2012, 24(5): 705-709.

[62] Van Andel T H, Davies W. Neanderthals and modern humans in the European landscape during the last glaciation: archaeological results of the stage 3 project. London, UK: McDonald Institute for Archaeological Research monographs, 2003.

[63] Vernot B, Akey J M. Resurrecting surviving Neandertal lineages from modern human genomes. Science, 2014: 1017-1021.

[64] Monge G, Jimenez-Espejo F J, García-Alix A, et al. Earliest evidence of pollution by heavy metals in archaeological sites. Science Reports, 2015, 5(14252): 14252.

[65] Hardy B L. Climatic variability and plant food distribution in Pleistocene Europe: Implications for Neanderthal diet and subsistence. Quaternary Science Reviews, 2010, 29(5): 662-679.

[66] Gibbons A. Who were the Denisovans? Science, 2011, 333(6046): 1084-1087.

[67] Stringer C B, Barnes I. Deciphering the Denisovans. Proceedings of the National Academy of Sciences USA, 2015, 112(51): 15542-15543.

[68] Ao H, Liu C R, Roberts A P, et al. An updated age for the Xujiayao hominin from the Nihewan Basin, North China: Implications for Middle Pleistocene human evolution in East Asia. Journal of Human Evolution, 2017, 106: 54-65.

[69] Li Z Y, Wu X J, Zhou L P, et al. Late Pleistocene archaic human crania from Xuchang, China. Science, 2017, 355(6328): 969-972.

[70] Meyer M, Kircher M, Gansauge M T, et al. A high-coverage genome sequence from an archaic Denisovan individual. Science, 2012, 338 (6104): 222-226..

[71] Huerta-Sánchez E, Jin X, Bianba Z, et al. Altitude adaptation in Tibetans caused by introgression of Denisovan-like DNA. Nature, 2014, 512(7513): 194-197.

[72] Browning S R, Browning B L, Zhou Y, et al. Analysis of human sequence data reveals two pulses of archaic Denisovan admixture. Cell, 2018, 173(1): 53-61.

[73] Dobson R. Neanderthals were a lot more intelligent than they looked. Independent News, 2002.

[74] Chowdhury S. Modern humans were not any smarter than Neanderthals, Say Scientists. Christian Science Monitor, 2014.

[75] Caspari R, Lee S H. From the Cover: Older age becomes common late in human evolution. Proceedings of the National Academy of Sciences USA, 2004, 101(30): 10895-10900.

[76] Consortium G P. An integrated map of genetic variation from 1,092 human genomes. Nature, 2012, 491(7422): 56-65.

[77] Albertin C B, Simakov O, Mitros T, et al. The octopus genome and the evolution of cephalopod neural and morphological novelties. Nature, 2015, 524(7564): 220-224.

[78] Noonan J P, Coop G, Kudaravalli S, et al. Sequencing and analysis of Neanderthal genomic DNA. Science, 2006, 314(5802): 1113-1118.
[79] Simonti C N, Vernot B, Bastarache L, et al. The phenotypic legacy of admixture between modern humans and Neandertals. Science, 2016, 351(6274): 737-741.
[80] Vernot B, Tucci S, Kelso J, et al. Excavating Neandertal and Denisovan DNA from the genomes of Melanesian individuals. Science, 2016, 352(6282): 235-239.
[81] Huerta-Sánchez E, Jin X, Bianba Z, et al. Altitude adaptation in Tibetans caused by introgression of Denisovan-like DNA. Nature, 2014, 512(7513): 194-197.
[82] Waterson R H, Waterson R H, Lander E S, et al. Initial sequence of the chimpanzee genome and comparison with the human genome. Nature, 2005, 437(7055): 69-87.
[83] Green R E, Krause J, Briggs A W, et al. A draft sequence of the Neandertal genome. Science, 2010, 328(5979): 710-722.
[84] Pocheville A. The ecological niche: history and recent controversies, in Handbook of evolutionary thinking in the sciences. New Jersey, US: Springer, 2015: 547-586.
[85] Levin D A. Reproductive character displacement in Phlox. Evolution, 1985, 39(6): 1275-1281.
[86] Boag P T, Grant P R. Intense natural selection in a population of Darwin's finches (Geospizinae) in the Galapagos. Science, 1981, 214(4516): 82-85.
[87] Grant P R. Speciation and the adaptive radiation of Darwin's Finches: the complex diversity of Darwin's finches may provide a key to the mystery of how intraspecific variation is transformed into interspecific variation. American Scientist, 1981, 69(6): 653-663.
[88] 孙儒泳. 动物生态学原理. 第 3 版. 北京: 北京师范大学出版社, 2001.
[89] 严复. 天演论: 物竞天择适者生存. 天津: 未知, 1897.
[90] Freeman S, Herron J C. Evolutionary Analysis. New Jersey, US: Pearson Prentice Hall Upper Saddle River, 2007.

第二十章

[1] Wilson E O. Sociobiology. Boston, US: Harvard University Press, 2000.
[2] Templeton C N, Greene E, Davis K. Allometry of alarm calls: black-capped chickadees encode information about predator size. Science, 2005, 308(5730): 1934-1937.
[3] Seyfarth R M, Cheney D L, Marler P. Monkey responses to three different alarm calls: Evidence of predator classification and semantic communication. Science, 1980, 210(4471): 801-803.
[4] Boughman J W. Vocal learning by greater spear–nosed bats. Proceedings of the Royal Society of London B: Biological Sciences, 1998, 265(1392): 227-233.
[5] Christiansen M, Kirby S. Language Evolution. London, UK: Oxford University Press, 2003: 321-327.
[6] Kronenfeld D B. The ecology of language evolution. American Anthropologist, 2003, 105(4): 856-857.
[7] Wang J C, Cui J G, Shi H T, et al. Effects of body size and environmental factors on the acoustic structure and temporal rhythm of calls in *Rhacophorus dennysi*. Asian Herpetological Research, 2012, 3(3): 205-212.
[8] Cui J G, Tang Y Z, Narins P M. Real estate ads in Emei music frog vocalizations: female preference for calls emanating from burrows. Biology Letters, 2012, 8(3): 337-340.
[9] Tchernichovski O, Mitra P P, Lints T, et al. Dynamics of the vocal imitation process: how a zebra finch learns its song. Science, 2001, 291(5513): 2564-2569.
[10] Halliday M A K. Language structure and language function. New Horizons in Linguistics, 1970, 1: 140-165.
[11] Purves D. Neuroscience. 2nd ed. Massachusetts, US: Sunderland Sinauer Associates Inc, 2001.
[12] Segerdahl P, Fields W, Savage-Rumbaugh S. Kanzi's Primal Language: The Cultural Initiation of Primates into Language. New Jersey, US: Springer, 2005.
[13] Davidson I, Noble W, Armstrong D F, et al. The archaeology of perception: traces of depiction and

language [and Comments and Reply]. Current Anthropology, 1989, 30(2): 125-155.
[14] Noble W, Davidson I. The evolutionary emergence of modern human behaviour: Language and its archaeology. Man, 1991, 26: 223-253.
[15] Mellars P. Cognitive Changes and the Emergence of Modern Humans in Europe. Cambridge Archaeological Journal, 1991, 1(1): 63-76.
[16] Maurus M, Barclay D, Streit K M. Acoustic patterns common to human communication and communication between monkeys. Language & Communication, 1988, 8: 87-94.
[17] Lieberman P. Eve Spoke: Human Language and Human Evolution. New York, US: WW Norton & Company, 1998.
[18] Reid T, Brookes D R. An inquiry into the human mind on the principles of common sense: a critical edition. Vol. 2. Pennsylvania, US: Pennsylvania State Press, 2000.
[19] Nottebohm F. Neural lateralization of vocal control in a passerine bird. I. Song. Journal of Experimental Zoology, 1971, 177(2): 229-261.
[20] Petersen M R, Beecher M D, Moody D B, et al. Neural lateralization of species-specific vocalizations by Japanese macaques (*Macaca fuscata*). Science, 1978, 202(4365): 324-327.
[21] Bauer R H. Lateralization of neural control for vocalization by the frog (*Rana pipiens*). Psychobiology, 1993, 21(3): 243-248.
[22] Beynon P, Rasa O. Do dwarf mongooses have a language-warning vocalizations transmit complex information. South African Journal of Science, 1989, 85(7): 447-450.
[23] Bickerton D. Language and Species. Illinois, US: University of Chicago Press, 1992.
[24] Fitch W T, de Boer B, Mathur N, et al. Monkey vocal tracts are speech-ready. Science Advances, 2016, 2(12): e1600723.
[25] Boë L J, Berthommier F, Legou T, et al. Evidence of a vocalic proto-system in the baboon (*Papio papio*) suggests pre-hominin speech precursors. PLoS One, 2017, 12(1): e0169321.
[26] Aiello L, Dean C. An introduction to human evolutionary anatomy. International Journal of Primatology, 1990, 12(5): 529-532.
[27] Kay R F, Cartmill M, Balow M. The hypoglossal canal and the origin of human vocal behavior. Proceedings of the National Academy of Sciences USA, 1998, 95(9): 5417-5419.
[28] Ehrlich P R. Human Natures: Genes, Cultures, and the Human Prospect. New Jersey, US: Penguin, 2000.
[29] Cavalli-Sforza L L, Piazza A, Menozzi P, et al. Reconstruction of human evolution: bringing together genetic, archaeological, and linguistic data. Proceedings of the National Academy of Sciences USA, 1988, 85(16): 6002-6006.
[30] Cavalli-Sforza L, Piazza A, Menozzi P, et al. Genetic and linguistic evolution. Science, 1989, 244(4909): 1128-1129.
[31] Lai C S, Fisher S E, Hurst J A, et al. A forkhead-domain gene is mutated in a severe speech and language disorder. Nature, 2001, 413(6855): 519-523.
[32] Enard W, Przeworski M, Fisher S E, et al. Molecular evolution of *FOXP2*, a gene involved in speech and language. Nature, 2002, 418(6900): 869-872.
[33] Krause J, Lalueza-Fox C, Orlando L, et al. The derived *FOXP2* variant of modern humans was shared with Neandertals. Current Biology, 2007, 17(21): 1908-1912.
[34] Coop G, Bullaughey K, Luca F, et al. The timing of selection at the human *FOXP2* gene. Molecular Biology and Evolution, 2008, 25(7): 1257-1259.
[35] Enard W. *FOXP2* and the role of cortico-basal ganglia circuits in speech and language evolution. Current Opinion in Neurobiology, 2011, 21(3): 415-424.
[36] Haesler S, Wada K, Nshdejan A, et al. *FOXP2* expression in avian vocal learners and non-learners. Journal of Neuroscience, 2004, 24(13): 3164-3175.
[37] Atkinson E G, Audesse A J, Palacios J A, et al. No evidence for recent selection at *FOXP2* among diverse human populations. Cell, 2018, 174(6): 1424-1435.
[38] Holloway R L. Volumetric and asymmetry determinations on recent hominid endocasts: Spy I and II,

Djebel Ihroud I, and the Salé *Homo erectus* specimens, with some notes on neandertal brain size. American Journal of Physical Anthropology, 1981, 55(3): 385-393.
[39] Barkovich A. Congenital malformations of the brain and skull. Pediatric Neuroimaging, 2005: 291-339.
[40] McCreary B, Rossiter J, Robertson D. Recessive (true) microcephaly: a case report with neuropathological observations. Journal of Intellectual Disability Research, 1996, 40(1): 66-70.
[41] Vannucci R C, Barron T F, Vannucci S J. Craniometric measures of microcephaly using MRI. Early Human Development, 2012, 88(3): 135-140.
[42] Bundey S. Microcephaly, in Genetics and neurology: genetics in medicine and surgery. Edinburgh, UK: Churchill Livingstone, 1992: 20-24.
[43] Rushton J P, Vernon P A, Bons T A. No evidence that polymorphisms of brain regulator genes Microcephalin and ASPM are associated with general mental ability, head circumference or altruism. Biology Letters, 2007, 3(2): 157-160.
[44] Holloway Jr R L. The evolution of the primate brain: some aspects of quantitative relations. Brain Research, 1968, 7(2): 121-172.
[45] Passingham R E, Ettlinger G. A comparison of cortical functions in man and the other primates, in International Review of Neurobiology. Amsterdam, Netherland: Elsevier, 1974: 233-299.
[46] Babbitt C C, Warner L R, Fedrigo O, et al. Genomic signatures of diet-related shifts during human origins. Proceedings of the Royal Society of London B: Biological Sciences, 2011, 278(1708): 961-969.
[47] Evans P D, Gilbert S L, Mekel-Bobrov N, et al. Microcephalin, a gene regulating brain size, continues to evolve adaptively in humans. Science, 2005, 309(5741): 1717-1720.
[48] Evans P D, Mekel-Bobrov N, Vallender E J, et al. Evidence that the adaptive allele of the brain size gene microcephalin introgressed into *Homo sapiens* from an archaic *Homo* lineage. Proceedings of the National Academy of Sciences USA, 2006, 103(48): 18178-18183.
[49] Wang Y-Q, Su B. Molecular evolution of microcephalin, a gene determining human brain size. Human Molecular Genetics, 2004, 13(11): 1131-1137.
[50] Kouprina N, Pavlicek A, Mochida G H, et al. Accelerated evolution of the ASPM gene controlling brain size begins prior to human brain expansion. PLoS Biology, 2004, 2(5): e126.
[51] Mekel-Bobrov N, Gilbert S L, Evans P D, et al. Ongoing adaptive evolution of ASPM, a brain size determinant in *Homo sapiens*. Science, 2005, 309(5741): 1720-1722.
[52] Lieberman D. The Evolution of the Human Head. Boston, US: Harvard University Press, 2011.
[53] Dediu D, Ladd D R. Linguistic tone is related to the population frequency of the adaptive haplogroups of two brain size genes, ASPM and Microcephalin. Proceedings of the National Academy of Sciences USA, 2007, 104(26): 10944-10949.
[54] Stedman H H, Kozyak B W, Nelson A, et al. Myosin gene mutation correlates with anatomical changes in the human lineage. Nature, 2004, 428(6981): 415419.
[55] Fiddes I T, Lodewijk G A, Mooring M, et al. Human-Specific *NOTCH2NL* Genes Affect Notch Signaling and Cortical Neurogenesis. Cell, 2018, 173: 1356-1369.
[56] Suzuki I K, Gacquer D, Van Heurck R, et al. Human-specific *NOTCH2NL* genes expand cortical neurogenesis through Delta/Notch regulation. Cell, 2018, 173(6): 1370-1384.
[57] Dewey J, Walsh B A, Rosset R G, et al. Reconstruction in Philosophy and Essays 1920. Illinois, US: Southern Illinois University Press, 1988.
[58] Dekaban A S, Sadowsky D. Changes in brain weights during the span of human life: relation of brain weights to body heights and body weights. Annals of Neurology, 1978, 4(4): 345-356.
[59] González-Forero M, Gardner A. Inference of ecological and social drivers of human brain-size evolution. Nature, 2018, 557(7706): 554-557.
[60] McElreath R. Sizing up human brain evolution. Nature, 2018, 557: 496-497.
[61] Woodley M A. Consideration of cognitive variance components potentially solves Beauchamp's paradox. Proceedings of the National Academy of Sciences USA, 2016, 113(40): E5780-E5781.
[62] Wittman A B, Wall L L. The evolutionary origins of obstructed labor: bipedalism, encephalization, and the

human obstetric dilemma. Obstetrical & Gynecological Survey, 2007, 62(11): 739-748.
[63] Mintun M A, Lundstrom B N, Snyder A Z, et al. Blood flow and oxygen delivery to human brain during functional activity: theoretical modeling and experimental data. Proceedings of the National Academy of Sciences USA, 2001, 98(12): 6859-6864.
[64] Boback S M, Cox C L, Ott B D, et al. Cooking and grinding reduces the cost of meat digestion. Comparative Biochemistry and Physiology Part A: Molecular & Integrative Physiology, 2007, 148(3): 651-656.
[65] Shultz S, Dunbar R I. Social Cognition and Cortical Function. London, UK: Palgrave Macmillan, 2012.
[66] Schmandt-Besserat D. The earliest precursor of writing. Scientific American, 1978, 238(6): 50-59.
[67] Sampson G. The Earliest Writing. Sheffield, UK: Equinox Publishing, 2015.
[68] Li X, Harbottle G, Zhang J, et al. The earliest writing? Sign use in the seventh millennium BC at Jiahu, Henan Province, China. Antiquity, 2003, 77(295): 31-44.
[69] Rincon P. Earliest writing found in China. BBC News, 2003.
[70] Homer. The Iliad. Translated by Rouse W.H.D. New York, US: New American Library, 1938.
[71] Doherty L E. Homer's Odyssey. New York, US: Oxford Readings in Classical Study, 2009.
[72] Raaflaub K A. Homer, the Trojan War, and history. The Classical World, 1998, 91(5): 386-403.
[73] Pagel M D, Harvey P H. Taxonomic differences in the scaling of brain on body weight among mammals. Science, 1989, 244(4912): 1589-1593.
[74] Teidemann F. XXIII. On the brain of the negro, compared with that of the European and the orang-outang. Philosophical Transactions of the Royal Society of London, 1836, 126: 497-527.
[75] McDaniel M A. Big-brained people are smarter: A meta-analysis of the relationship between *in vivo* brain volume and intelligence. Intelligence, 2005, 33(4): 337-346.
[76] Deaner R O, Isler K, Burkart J, et al. Overall brain size, and not encephalization quotient, best predicts cognitive ability across non-human primates. Brain, Behavior and Evolution, 2007, 70(2): 115-124.
[77] Rushton J P, Ankney C D. Whole brain size and general mental ability: a review. International Journal of Neuroscience, 2009,119(5): 692-732.
[78] Jensen A R, Johnson F W. Race and sex differences in head size and IQ. Intelligence, 1994, 18(3): 309-333.
[79] Pietschnig J, Voracek M. One century of global IQ gains: A formal meta-analysis of the Flynn effect (1909–2013). Perspectives on Psychological Science, 2015, 10(3): 282-306.
[80] Cole M W, Yarkoni T, Repovš G, et al. Global connectivity of prefrontal cortex predicts cognitive control and intelligence. Journal of Neuroscience, 2012, 32(26): 8988-8999.
[81] Connor R C, Heithaus M R, Barre L M. Complex social structure, alliance stability and mating access in a bottlenose dolphin 'super-alliance'. Proceedings of the Royal Society of London B: Biological Sciences, 2001, 268(1464): 263-267.
[82] Bromham L, Cardillo M. Primates follow the 'island rule': implications for interpreting *Homo floresiensis*. Biology Letters, 2007, 3(4): 398-400.
[83] Harvati K. The Neanderthal problem: 3-D geometric morphometric models of cranial shape variation within and among species. New York, US: City University of New York, 2001.
[84] Boeckx C A, Benítez-Burraco A. The shape of the human language-ready brain. Frontiers in Psychology, 2014, 5: 282.
[85] Bruner E, la Cuétara D, Manue J, et al. Functional craniology and brain evolution: from paleontology to biomedicine. Frontiers in Neuroanatomy, 2014, 8: 19.
[86] Bruner E. Functional craniology, human evolution, and anatomical constraints in the Neanderthal braincase, in Dynamics of Learning in Neanderthals and Modern Humans Volume 2. Tokyo, Japan: Springer, 2014: 121-129.
[87] Kornhuber H. Prefrontal cortex and homo-sapiens-on creativity and reasoned will. Neurology Psychiatry and Brain Research, 1993, 2(1): 1-6.
[88] Zhu L, Jenkins A C, Set E, et al. Damage to dorsolateral prefrontal cortex affects tradeoffs between honesty and self-interest. Nature Neuroscience, 2014, 17(10): 1319-1321.

[89] Olkowicz S, Kocourek M, Lučan R K, et al. Birds have primate-like numbers of neurons in the forebrain. Proceedings of the National Academy of Sciences USA, 2016, 113(26): 7255-7260.

[90] Jarvis E D, Ribeiro S, Da Silva M L, et al. Behaviourally driven gene expression reveals song nuclei in hummingbird brain. Nature, 2000, 406(6796): 628-632.

[91] Hurly A T, Healy S D. Memory for flowers in rufous hummingbirds: location or local visual cues? Animal Behaviour, 1996, 51(5): 1149-1157.

[92] Diamond M C, Scheibel A B, Murphy Jr G M, et al. On the brain of a scientist: Albert Einstein. Experimental Neurology, 1985, 88(1): 198-204.

[93] Anderson B, Harvey T. Alterations in cortical thickness and neuronal density in the frontal cortex of Albert Einstein. Neuroscience Letters, 1996, 210(3): 161-164.

[94] Hopkins W D, Lyn H, Cantalupo C. Volumetric and lateralized differences in selected brain regions of chimpanzees (*Pan troglodytes*) and bonobos (*Pan paniscus*). American Journal of Primatology, 2009, 71(12): 988-997.

[95] Reader S M, Laland K N. Social intelligence, innovation, and enhanced brain size in primates. Proceedings of the National Academy of Sciences USA, 2002, 99(7): 4436-4441.

[96] DeSilva J, Lesnik J. Chimpanzee neonatal brain size: Implications for brain growth in *Homo erectus*. Journal of Human Evolution, 2006, 51(2): 207-212.

[97] Dunbar R I, Shultz S. Evolution in the social brain. Science, 2007, 317(5843): 1344-1347.

第二十一章

[1] Zhang Y, Hoon M A, Chandrashekar J, et al. Coding of sweet, bitter, and umami tastes: different receptor cells sharing similar signaling pathways. Cell, 2003, 112(3): 293-301.

[2] Temussi P A. Sweet, bitter and umami receptors: a complex relationship. Trends in Biochemical Sciences, 2009, 34(6): 296-302.

[3] Macpherson L J, Geierstanger B H, Viswanath V, et al. The pungency of garlic: activation of TRPA1 and TRPV1 in response to allicin. Current Biology, 2005, 15(10): 929-934.

[4] Hagura N, Barber H, Haggard P. Food vibrations: Asian spice sets lips trembling. Proceedings of the Royal Society of London B: Biological Sciences, 2013, 280(1770): 20131680.

[5] Shepherd G M. Neurogastronomy: How the Brain Creates Flavor and Why It Matters. New York, US: Columbia University Press, 2012.

[6] De Araujo I E, Oliveira-Maia A J, Sotnikova T D, et al. Food reward in the absence of taste receptor signaling. Neuron, 2008, 57(6): 930-941.

[7] Dus M, Min S H, Keene A C, et al. Taste-independent detection of the caloric content of sugar in *Drosophila*. Proceedings of the National Academy of Sciences USA, 2011, 108(28): 11644-11649.

[8] Brain C K, Sillent A. Evidence from the Swartkrans cave for the earliest use of fire. Nature, 1988, 336(6198): 464-466.

[9] Berna F, Goldberg P, Horwitz L K, et al. Microstratigraphic evidence of in situ fire in the Acheulean strata of Wonderwerk Cave, Northern Cape province, South Africa. Proceedings of the National Academy of Sciences USA, 2012, 109(20): E1215-E1220.

[10] Wrangham R. Catching Fire: How Cooking Made Us Human. New York, US: Basic Books, 2009.

[11] Koebnick C, Strassner C, Hoffmann I, et al. Consequences of a long-term raw food diet on body weight and menstruation: results of a questionnaire survey. Annals of Nutrition and Metabolism, 1999, 43(2): 69-79.

[12] Rose N. The Raw Food Detox Diet: The Five-Step Plan for Vibrant Health and Maximum Weight Loss. New York, US: HarperCollins Publishers Inc, 2005.

[13] Carmody R N, Weintraub G S, Wrangham R W. Energetic consequences of thermal and nonthermal food processing. Proceedings of the National Academy of Sciences USA, 2011, 108(48): 19199-19203.

[14] Groopman E E, Carmody R N, Wrangham R W. Cooking increases net energy gain from a lipid-rich food. American Journal of Physical Anthropology, 2015, 156(1): 11-18.

[15] Martins S I, Jongen W M, Van Boekel M A. A review of Maillard reaction in food and implications to kinetic modelling. Trends in Food Science & Technology, 2000, 11(9-10): 364-373.

[16] Azevedo F A, Carvalho L R B, Grinberg L T, et al. Equal numbers of neuronal and nonneuronal cells make the human brain an isometrically scaled-up primate brain. Journal of Comparative Neurology, 2009, 513(5): 532-541.

[17] Aiello L C, Wheeler P. The expensive-tissue hypothesis: the brain and the digestive system in human and primate evolution. Current Anthropology, 1995, 36(2): 199-221.

[18] Fonseca-Azevedo K, Herculano-Houzel S. Metabolic constraint imposes tradeoff between body size and number of brain neurons in human evolution. Proceedings of the National Academy of Sciences USA, 2012, 109(45): 18571-18576.

[19] Cornélio A M, de Bittencourt-Navarrete R E, de Bittencourt Brum R, et al. Human brain expansion during evolution is independent of fire control and cooking. Frontiers in Neuroscience, 2016, 10: 167.

[20] Krockenberger M B, Bryden M M. Rate of passage of digesta through the alimentary tract of southern elephant seals (*Mirounga leonina*) (Carnivora: Phocidae). Proceedings of the Zoological Society of London, 1994, 234(2): 229-237.

[21] Kavanau J L. Locomotion and activity phasing of some medium-sized mammals. Journal of Mammalogy, 1971, 52(2): 386-403.

[22] Tobias P V. The environmental background of hominid emergence and the appearance of the genus *Homo*. Human Evolution, 1991, 6(2): 129-142.

[23] Bobe R, Behrensmeyer A K. The expansion of grassland ecosystems in Africa in relation to mammalian evolution and the origin of the genus *Homo*. Palaeogeography Palaeoclimatology Palaeoecology, 2004, 207(3-4): 399-420.

[24] Fragaszy D, Pickering T, Liu Q, et al. Bearded capuchin monkeys' and a human's efficiency at cracking palm nuts with stone tools: field experiments. Animal Behaviour, 2010, 79(2): 321-332.

[25] Coghlan A. Smart monkeys perfect tool use to crack nuts. New Scientist, 2015, 226(3020): 11.

[26] Mangalam M, Fragaszy D M. Wild bearded capuchin monkeys crack nuts dexterously. Current Biology, 2015, 25(10): 1334-1339.

[27] Martini S, Silvotti L, Shirazi A, et al. Co-expression of putative pheromone receptors in the sensory neurons of the vomeronasal organ. Journal of Neuroscience, 2001, 21(3): 843-848.

[28] Buck L, Axel R. A novel multigene family may encode odorant receptors: a molecular basis for odor recognition. Cell, 1991, 65(1): 175-187.

[29] Stroop W G, Rock D L, Fraser N W. Localization of herpes simplex virus in the trigeminal and olfactory systems of the mouse central nervous system during acute and latent infections by in situ hybridization. Laboratory Investigation, 1984, 51(1): 27-38.

[30] Freeman W. Olfactory system: odorant detection and classification, in Building Blocks for Intelligent Systems: Brain Components as Elements of Intelligent Function. Massachusetts, US: Academic Press, 1999.

[31] Moulton D G. Minimum odorant concentrations detectable by the dog and their implications for olfactory receptor sensitivity, in Chemical Signals in Vertebrates. New Jersey, US: Springer, 1977, 455-464.

[32] Walker D B, Walker J C, Cavnar P J, et al. Naturalistic quantification of canine olfactory sensitivity. Applied Animal Behaviour Science, 2006, 97(2-4): 241-254.

[33] Rahman M M, Rahaman M M, Hamadani J D, et al. Psycho-social factors associated with relapse to drug addiction in Bangladesh. Journal of Substance Use, 2016, 21(6): online 1-4.

[34] Davis C, Curtis C, Levitan R D, et al. Evidence that 'food addiction' is a valid phenotype of obesity. Appetite, 2011, 57(3): 711-717.

[35] Ahmed S H, Avena N M, Berridge K C, et al. Food addiction, in Neuroscience in the 21st Century. New Jersey, US: Springer, 2013: 2833-2857.

[36] Kaelberer M M, Buchanan K L, Klein M E, et al. A gut-brain neural circuit for nutrient sensory transduction. Science, 2018, 361(6408): eaat5236.

[37] Han W, Tellez L A, Perkins M H, et al. A neural circuit for gut-induced reward. Cell, 2018, 175(3): 665-678.

[38] Feng P, Zheng J, Rossiter S J, et al. Massive losses of taste receptor genes in toothed and baleen whales. Genome Biology and Evolution, 2014, 6(6): 1254-1265.

[39] Jiang P, Josue J, Li X, et al. Major taste loss in carnivorous mammals. Proceedings of the National Academy of Sciences USA, 2012, 109(13): 4956-4961.

[40] Axelsson E, Ratnakumar A, Arendt M L, et al. The genomic signature of dog domestication reveals adaptation to a starch-rich diet. Nature, 2013, 495(7441): 360-364.

[41] Spanagel R. Alcohol addiction research: from animal models to clinics. Best Practice & Research Clinical Gastroenterology, 2003, 17(4): 507-518.

[42] Li L, Yue Q. Auditory gating processes and binaural inhibition in the inferior colliculus. Hearing Research, 2002, 168(1-2): 98-109.

[43] Grafe T U. The function of call alternation in the African reed frog (*Hyperolius marmoratus*): precise call timing prevents auditory masking. Behavioral Ecology and Sociobiology, 1996, 38(3): 149-158.

[44] Harari Y N. A Brief History of Humankind (中译本《人类简史》). New York, US: Harper Perennial, 2014.

第二十二章

[1] Miller G. The Mating Mind: How Sexual Choice Shaped the Evolution of Human Nature. New York, US: Anchor, 2011.

[2] Trivers R. Parental Investment and Sexual Selection. Vol. 136. Boston, US: Biological Laboratories, Harvard University Cambridge, 1972.

[3] Ellis H. Man and Woman: A Study of Human Secondary Sexual Characters. Newcastle, UK: Walter Scott Publishing Company, 1916.

[4] Regan P C B, Berscheid E. Lust: What We Know About Human Sexual Desire. District of Columbia, US: Sage Publications, 1999.

[5] Schuiling G A. On sexual behavior and sex-role reversal. Journal of Psychosomatic Obstetrics & Gynecology, 2005, 26(3): 217-223.

[6] Buss D M. The Evolution of Desire: Strategies of Human Mating. New York, US: Basic Books, 2016.

[7] Hennemann W W. Relationship among body mass, metabolic rate and the intrinsic rate of natural increase in mammals. Oecologia, 1983, 56(1): 104-108.

[8] Diamond J. The third chimpanzee (中译本《第三只猩猩》). California, US: Oneworld Publications, 2014.

[9] Sillén-Tullberg B, Moller A P. The relationship between concealed ovulation and mating systems in anthropoid primates: a phylogenetic analysis. The American Naturalist, 1993, 141(1): 1-25.

[10] Pawłowski B. Loss of oestrus and concealed ovulation in human evolution: The case against the sexual-selection hypothesis. Current Anthropology, 1999, 40(3): 257-276.

[11] Benshoof L, Thornhill R. The evolution of monogamy and concealed ovulation in humans. Journal of Social and Biological Structures, 1979, 2(2): 95-106.

[12] Symons D. Précis of The evolution of human sexuality. Behavioral and Brain Sciences, 1980, 3(2): 171-181.

[13] Alexander R D, Noonan K M. Concealment of ovulation, parental care, and human social evolution. *In*: Chagnon N A. Irons W G. Evolutionary Biology and Human Social Behavior: An Anthropological Perspective. London, UK: Duxbury Press, 1979: 436-453.

[14] Hrdy S B. Infanticide among animals: a review, classification, and examination of the implications for the reproductive strategies of females. Ethology and Sociobiology, 1979, 1(1): 13-40.

[15] Burley N. The evolution of concealed ovulation. The American Naturalist, 1979, 114(6): 835-858.
[16] Brooks-Gunn J, Furstenberg Jr F F. Adolescent sexual behavior. American Psychologist, 1989, 44(2): 249-257.
[17] Thompson S. Going All the Way: Teenage Girls' Tales of Sex, Romance, and Pregnancy. New York, US: Macmillan, 1996.
[18] Waldinger M D, de Lint G J, van Gils A P G, et al. Foot orgasm syndrome: a case report in a woman. The Journal of Sexual Medicine, 2013, 10(8): 1926-1934.
[19] Dixson A. Primate Sexuality. New Jersey, US: Wiley Online Library, 1998.
[20] Parker G A. Sperm competition and its evolutionary consequences in the insects. Biological Reviews, 1970, 45(4): 525-567.
[21] Harcourt A H, Harvey P H, Larson S G, et al. Testis weight, body weight and breeding system in primates. Nature, 1981, 293(5827): 55-57.
[22] Ridley M. The Red Queen. Sex and the evolution of human nature. New York, US: Viking, 1993.
[23] Nascimento J M, Shi L Z, Meyers S, et al. The use of optical tweezers to study sperm competition and motility in primates. Journal of the Royal Society Interface, 2008, 5(20): 297-302.
[24] Baker R, Bellis M A. Human Sperm Competition: Copulation, Masturbation and Infidelity. UK: Hard Nut Books, 2014.
[25] Harcourt A, Purvis H A, Liles L. Sperm competition: mating system, not breeding season, affects testes size of primates. Functional Ecology, 1995, 9: 468-476.
[26] Fujii-Hanamoto H, Matsubayashi K, Nakano M, et al. A comparative study on testicular microstructure and relative sperm production in gorillas, chimpanzees, and orangutans. American Journal of Primatology, 2011, 73(6): 570-577.
[27] McGlone F, Reilly D. The cutaneous sensory system. Neuroscience & Biobehavioral Reviews, 2010, 34(2): 148-159.
[28] Stevens J C, Patterson M Q. Dimensions of spatial acuity in the touch sense: changes over the life span. Somatosensory & Motor Research, 1995, 12(1): 29-47.
[29] Stevens J C, Choo K K. Spatial acuity of the body surface over the life span. Somatosensory & Motor Research, 1996, 13(2): 153-166.
[30] Morris D. The Naked Ape: A Zoologist's Study Of The Human Animal (中译本《裸猿》). London, UK: McGraw-Hill Book Company, 1967.
[31] Jablonski N G. The naked truth. Scientific American, 2010, 302(2): 42-49.
[32] Wheeler P E. The evolution of bipedality and loss of functional body hair in hominids. Journal of Human Evolution, 1984, 13(1): 91-98.
[33] Rogers A, Iltis D, Wooding S. Genetic variation at the MC1R locus and the time since loss of human body hair. Current Anthropology, 2004, 45(1): 105-108.
[34] Lloyd D M, McGlone F P, Yosipovitch G. Somatosensory pleasure circuit: from skin to brain and back. Experimental Dermatology, 2015, 24(5): 321-324.
[35] Hemelrijk C K, Ek A. Reciprocity and interchange of grooming and 'support' in captive chimpanzees. Animal Behaviour, 1991, 41(6): 923-935.
[36] Martel F L, Nevison C M, Rayment F D G, et al. The social grooming of captive female Rhesus monkeys: effects of the births of their infants. International Journal of Primatology, 1994, 15(4): 555-572.
[37] Sayin H Ü, Schenck C H. Neuroanatomy and neurochemistry of sexual desire, pleasure, love and orgasm. Journal of Neural Transmission, Supplementum, 1986, 21: 159-181.
[38] Semendeferi K, Armstrong E, Schleicher A, et al. Prefrontal cortex in humans and apes: a comparative study of area 10. American Journal of Physical Anthropology, 2001, 114(3): 224-241.
[39] Ortigue S, Bianchi-Demicheli F, Patel N, et al. Neuroimaging of love: fMRI meta-analysis evidence toward new perspectives in sexual medicine. The Journal of Sexual Medicine, 2010, 7(11): 3541-3552.
[40] Arnow B A, Desmond J E, Banner L L, et al. Brain activation and sexual arousal in healthy, heterosexual males. Brain, 2002, 125(5): 1014-1023.

[41] Cacioppo S, Bianchi-Demicheli F, Frum C, et al. The common neural bases between sexual desire and love: a multilevel kernel density fMRI analysis. The Journal of Sexual Medicine, 2012, 9(4): 1048-1054.
[42] Ellis B J, Symons D. Sex differences in sexual fantasy: An evolutionary psychological approach. Journal of Sex Research, 1990, 27(4): 527-555.
[43] Wilson G D. Gender differences in sexual fantasy: An evolutionary analysis. Personality and Individual Differences, 1997, 22(1): 27-32.
[44] Tiihonen J, Kuikka J, Kupila J, et al. Increase in cerebral blood flow of right prefrontal cortex in man during orgasm. Neuroscience Letters, 1994, 170(2): 241-243.
[45] Suffren S, Braun C M J, Guimond A, et al. Opposed hemispheric specializations for human hypersexuality and orgasm? Epilepsy & Behavior, 2011, 21(1): 12-19.
[46] Michels L, Mehnert U, Boy S, et al. The somatosensory representation of the human clitoris: an fMRI study. Neuroimage, 2010, 49(1): 177-184.
[47] Komisaruk B R, Wise N, Frangos E, et al. Women's clitoris, vagina, and cervix mapped on the sensory cortex: fMRI evidence. The Journal of Sexual Medicine, 2011, 8(10): 2822-2830.
[48] Whipple B, Gerdes C A, Komisaruk B R. Sexual response to self-stimulation in women with complete spinal cord injury. Journal of Sex Research, 1996, 33(3): 231-240.
[49] Komisaruk B R, Whipple B, Crawford A, et al. Brain activation during vaginocervical self-stimulation and orgasm in women with complete spinal cord injury: fMRI evidence of mediation by the vagus nerves. Brain Research, 2004, 1024(1-2): 77-88.
[50] Georgiadis J R, Holstege G. Human brain activation during sexual stimulation of the penis. Journal of Comparative Neurology, 2005, 493(1): 33-38.
[51] Olds J, Milner P. Positive reinforcement produced by electrical stimulation of septal area and other regions of rat brain. Journal of Comparative and Physiological Psychology, 1954, 47(6): 419-427.
[52] Holstege G, Georgiadis J R, Paans A M J, et al. Brain activation during human male ejaculation. Journal of Neuroscience, 2003, 23(27): 9185-9193.
[53] Alwaal A, Breyer B N, Lue T F. Normal male sexual function: emphasis on orgasm and ejaculation. Fertility and Sterility, 2015, 104(5): 1051-1060.
[54] Bohlen J G, Held J, Sanderson M O, et al. The female orgasm: Pelvic contractions. Archives of Sexual Behavior, 1982, 11(5): 367-386.
[55] Waterman J M. The adaptive function of masturbation in a promiscuous African ground squirrel. PLoS One, 2010, 5(9): e13060.
[56] Tan M, Jones G, Zhu G, et al. Fellatio by fruit bats prolongs copulation time. PLoS One, 2009, 4(10): e7595.
[57] Reinisch J M, Beasley R. The Kinsey Institute New Report on Sex. New York, US: Macmillan, 1990.
[58] 弗洛伊德 S. 弗洛伊德心理哲学. 北京: 九洲出版社, 2003.
[59] Wallen K. Sex and context: hormones and primate sexual motivation. Hormones and Behavior, 2001, 40(2): 339-357.
[60] Kruijver F P, Fernández-Guasti A, Fodor M, et al. Sex differences in androgen receptors of the human mamillary bodies are related to endocrine status rather than to sexual orientation or transsexuality. The Journal of Clinical Endocrinology & Metabolism, 2001, 86(2): 818-827.
[61] Kruijver F P, Balesar R, Espila A M, et al. Estrogen receptor-α distribution in the human hypothalamus in relation to sex and endocrine status. Journal of Comparative Neurology, 2002, 454(2): 115-139.
[62] Kinsey A C, Pomeroy W R, Martin C E. Sexual Behavior in the Human Male. Vol. 1. Pennsylvania, US: Saunders Philadelphia, 1948.
[63] Kinsey A C, Pomeroy W B, Martin C E, et al. Sexual Behavior in the Human Female. Indiana, US: Indiana University Press, 1998.
[64] Masters W H, Johnson V E. Human Sexual Response. New York, US: Little Brown, 1966.
[65] Levin R J. Sexual desire and the deconstruction and reconstruction of the human female sexual response model of Masters and Johnson. *In*: Everaerd W, Laan E, Both S. Sexual Appetite, Desire and Motivation:

Energetics of the Sexual System. Amsterdam, Netherlands: Royal Netherlands Academy of Arts and Sciences, 2001: 63-93.
[66] Meston C M, Levin R J, Sipski M L, et al. Women's orgasm. Annual Review of Sex Research, 2004, 15(1): 173-257.
[67] Komisaruk B R, Whipple B. Functional MRI of the brain during orgasm in women. Annual Review of Sex Research, 2005, 16(1): 62-86.
[68] Wise N J, Frangos E, Komisaruk B R. Brain activity unique to orgasm in women: An fMRI analysis. The Journal of Sexual Medicine, 2017, 14(11): 1380-1391.
[69] Levin R J. Female orgasm: Correlation of objective physical recordings with subjective experience. Archives of Sexual Behavior, 2008, 37: 855.
[70] Welling L L M. Female Orgasm. New York, US: Springer, 2014: 223-241.
[71] Margulis L, Sagan D. Mystery Dance on the Evolution of Human Sexuality (中译本《性的历史》). US: Summit Books, 1991.
[72] Surbeck M, Hohmann G. Intersexual dominance relationships and the influence of leverage on the outcome of conflicts in wild bonobos (*Pan paniscus*). Behavioral Ecology and Sociobiology, 2013, 67(11): 1767-1780.
[73] Prado-Martinez J, Sudmant P H, Kidd J M, et al. Great ape genetic diversity and population history. Nature, 2013, 499(7459): 471-475.
[74] Takemoto H, Kawamoto Y, Furuichi T. How did bonobos come to range south of the congo river? Reconsideration of the divergence of *Pan paniscus* from other Pan populations. Evolutionary Anthropology: Issues, News, and Reviews, 2015, 24(5): 170-184.
[75] De Waal F B. Tree of Origin: What Primate Behavior Can Tell Us about Human Social Evolution. Boston, US: Harvard University Press, 2009.
[76] De Waal F B. Bonobo sex and society. Scientific American, 1995, 272(3): 82-88.
[77] Kanō T. The Last Ape: Pygmy Chimpanzee Behavior and Ecology. California, US: Stanford University Press, 1992.
[78] Crozier W R. Understanding Shyness: Psychological Perspectives. Basingstoke, UK: Palgrave, 2001.
[79] 栗本慎一郎. 穿裤子的猴子: 人类行为新析. 北京: 工人出版社, 1988.
[80] Darwin C. The Descent of Man and Selection in Relation to Sex (《人类的由来及性选择》多个版本). London, UK: John Murray, 1879.
[81] Kittler R, Kayser M, Stoneking M. Molecular evolution of *Pediculus humanus* and the origin of clothing. Current Biology, 2003, 13(16): 1414-1417.
[82] Mead M, Sieben A, Straub J. Coming of Age in Samoa (中译本《萨摩亚人的成年》, 周晓虹等译). New York, US: Penguin, 1973.
[83] Schoröder I. Concealed ovulation and clandestine copulation: A female contribution to human evolution. Ethology and Sociobiology, 1993, 14(6): 381-389.
[84] Gagneux P, Woodruff D S, Boesch C. Furtive mating in female chimpanzees. Nature, 1997, 387(6631): 358-359.
[85] Saenger P. Abnormal sex differentiation. The Journal of Pediatrics, 1984, 104(1): 1-17.
[86] De Silva D, Siriwardene P, Samarakoon A. Socio-Psychological Effect of Abnormal Sexual Behaviours. in Proceedings of the Annual Research Symposium. University of Kelaniya, 2012.
[87] Bixler R H, Altmann S A, Barash D P, et al. Incest avoidance as a function of environment and heredity [and Comments and Reply]. Current Anthropology, 1981, 22(6): 639-654.
[88] Harvey P H, Ralls K. Do animals avoid incest? Nature, 1986, 320(6063): 575-576.
[89] Dewsbury D A. Avoidance of incestuous breeding between siblings in 2 species of *Peromyscus* mice. Biology of Behaviour, 1982, 7(2): 157-169.
[90] Gavish L, Hofmann J E, Getz L L, Sibling recognition in the prairie vole, *Microtus ochrogaster*. Animal Behaviour, 1984, 32(2): 362-366.

[91] Heinsohn R. The lengths birds will go to avoid incest. Journal of Animal Ecology, 2012, 81(4): 735-737.
[92] Riehl C, Stern C A. How cooperatively breeding birds identify relatives and avoid incest: new insights into dispersal and kin recognition. Bioessays, 2015, 37(12): 1303-1308.
[93] Hanby J, Bygott J. Emigration of subadult lions. Animal Behaviour, 1987, 35(1): 161-169.
[94] Mason W A, Mendoza S P. Primate Social Conflict. New York, US: SUNY Press, 1993.
[95] 恩格斯 F. 家庭、私有制和国家的起源. 马克思恩格斯选集第四卷 (1995 年版). 北京: 人民出版社, 1995: 18-179.
[96] Bachofen J J. Alter Brief, besonders das Verständnis des alten Verwandtschaftsbegriffe (古信札, 特别是对最古的亲属关系概念的了解). Swiss: Trübner, Strassburg, 1880.
[97] Bachofen J J. Mother Right: an investigation of the religious and juridical character of matriarchy in the Ancient World (母权论: 根据古代世界的宗教和法权本质对古代世界的妇女统治的研究). Swiss: Lewiston, 1861.
[98] 吴飞. 母权神话: “知母不知父”的西方谱系 (上). 社会(Chinese Journal of Socialogy), 2014, 34(2): 33-59.
[99] 吴飞. 父母与自然: “知母不知父”的西方谱系 (下). 社会(Chinese Journal of Sociology), 2014. 34(3): 1-36.
[100] 周丹丹, 李若晖. “知母不知父”的中国谱系. 社会(Chinese Journal of Socialogy), 2016, 36(5): 197-221.
[101] Westermark E. The History of Human Marriage. London, UK: Macmillan &Co. 1922.
[102] Shepher J. Mate selection among second generation kibbutz adolescents and adults: Incest avoidance and negative imprinting. Archives of Sexual Behavior, 1971, 1(4): 293-307.
[103] Fessler D M, Navarrete C D. Third-party attitudes toward sibling incest: Evidence for Westermarck's hypotheses. Evolution and Human Behavior, 2004, 25(5): 277-294.
[104] Hartung J. Incest A biosocial view. American Journal of Physical Anthropology, 1985, 67(2): 169-171.
[105] Marcinkowska U M, Moore F R, Rantala M J. An experimental test of the Westermarck effect: sex differences in inbreeding avoidance. Behavioral Ecology, 2013, 24(4): 842-845.
[106] 弗洛伊德 S. 精神分析引论. 上海: 商务印书馆, 1930.
[107] Dunbar R I M. Primate social systems. New Jersey, US: Springer Science & Business Media, 2013.
[108] Douglas P H, Hohmann G, Murtagh R, et al. Mixed messages: wild female bonobos show high variability in the timing of ovulation in relation to sexual swelling patterns. BMC Evolutionary Biology, 2016, 16(1): 140.
[109] Graham C E. Chimpanzee endometrium and sexual swelling during menstrual cycle or hormone administration. Folia Primatologica, 1973, 19(6): 458-468.
[110] Fitzpatrick C L, Altmann J, Alberts S C. Sources of variance in a female fertility signal: exaggerated estrous swellings in a natural population of baboons. Behavioral Ecology and Sociobiology, 2014, 68(7): 1109-1122.
[111] Dixson A. Primate sexuality. The International Encyclopedia of Human Sexuality, 2015: 861-1042.
[112] Pagel M. The evolution of conspicuous oestrous advertisement in Old World monkeys. Animal Behaviour, 1994, 47(6): 1333-1341.
[113] Nunn C L. The evolution of exaggerated sexual swellings in primates and the graded-signal hypothesis. Animal Behaviour, 1999, 58(2): 229-246.
[114] Diamond J. Why Is Sex Fun? The Evolution of Human Sexuality. New York, US: Basic Books, 1998.
[115] Cant J G. Hypothesis for the evolution of human breasts and buttocks. The American Naturalist, 1981, 117(2): 199-204.
[116] Barber N. The evolutionary psychology of physical attractiveness: Sexual selection and human morphology. Evolution and Human Behavior, 1995, 16(5): 395-424.
[117] Singh D, Young R K. Body weight, waist-to-hip ratio, breasts, and hips: Role in judgments of female attractiveness and desirability for relationships. Ethology and Sociobiology, 1995, 16(6): 483-507.

[118] Kanazawa S. Why productivity fades with age: The crime–genius connection. Journal of Research in Personality, 2003, 37(4): 257-272.
[119] Nick D. The effect of sexual activity on wages. International Journal of Manpower, 2015, 36(2): 192-215.
[120] Munson S C. Sex Death, Picasso. Commentary, 1999, 108: 70-74.
[121] Hishmeh R. Hemingway's Byron: Romantic posturing in the age of modernism. Hemingway Review, 2010, 29: 89-104.
[122] 叔本华 A. 爱与生的苦恼. 金铃译. 北京: 光明日报出版社, 2006.
[123] 林崇德, 杨治良, 黄希庭. 心理学大辞典 (上册). 上海: 上海教育出版社, 2003.
[124] Tannahill R. Sex in History. New York, US: Stein and Day, 1980.
[125] Freud S, Gilman S L. Psychological Writing and Letters. New York, US: Continuum, 1995.
[126] Fraud S. Das Ich und das Es. Internationaler Psycho-analytischer Verlag (Vienna, 1923), *In*: James S. The Ego and the Id. London: W. W. Norton & Company, 1990.
[127] 弗洛伊德 S. 性学三论与爱情心理学. 武汉: 武汉出版社, 2013.
[128] 安然, 弗洛伊德: 冲进人类文明花园的一头野猪? ——车文博教授谈弗洛伊德的性理论.中国新闻周刊, 2006, (17): 30-31.
[129] Fisher S, Greenberg R P. The Scientific Credibility of Freud's Theories and Therapy. New York, US: Columbia University Press, 1985.
[130] Lukas D, Clutton-Brock T H. The evolution of social monogamy in mammals. Science, 2013, 341(6145): 526-530.
[131] Kleiman D G. Monogamy in mammals. The Quarterly Review of Biology, 1977, 52(1): 39-69.
[132] Boonstra R, Xia X, Pavone L. Mating system of the meadow vole, *Microtus pennsylvanicus*. Behavioral Ecology, 1993, 4(1): 83-89.
[133] Lim M M, Wang Z, Olazábal D E, et al. Enhanced partner preference in a promiscuous species by manipulating the expression of a single gene. Nature, 2004, 429(6993): 754-757.
[134] Turner L M, Young A R, Römpler H, et al. Monogamy evolves through multiple mechanisms: evidence from V1aR in deer mice. Molecular Biology & Evolution, 2010, 27(6): 1269-1278.
[135] Nagasawa M, Mitsui S, En S, et al. Oxytocin-gaze positive loop and the coevolution of human-dog bonds. Science, 2015, 348(6232): 333-336.
[136] Scheele D, Striepens N, Güntürkün O, et al. Oxytocin modulates social distance between males and females. Journal of Neuroscience, 2012, 32(46): 16074-16079.
[137] Lieberman M R. The Chemistry of Love. Boston, US: Little Brown, 1983.
[138] Cornwell J. The neuroscience of love, mysticism and poetry. Brain, 2009, 132(11): 3187-3190.
[139] Bartels A, Zeki S. The neural basis of romantic love. Neuroreport, 2000, 11(17): 3829-3834.
[140] Bartels A, Zeki S. The neural correlates of maternal and romantic love. Neuroimage, 2004, 21(3): 1155-1166.
[141] Naumann E. Love at first sight: The stories and science behind instant attraction. Illinois, US: Sourcebooks, Inc, 2004.
[142] Diller F. Love at first sight? American Scientist, 2003, 91(2): 120-121.
[143] Grant-Jacob J A. Love at first sight. Frontiers in Psychology, 2016, 7: 1113.
[144] 周正猷, 金宁宁. 一见钟情初析. 中国性科学, 2008, 17(7): 27-29.
[145] Prins K S, Buunk B P, VanYperen N W. Equity, normative disapproval and extramarital relationships. Journal of Social and Personal Relationships, 1993, 10(1): 39-53.
[146] Dewsbury D A. Effects of novelty of copulatory behavior: The Coolidge effect and related phenomena. Psychological Bulletin, 1981, 89(3): 464.
[147] Wolf A P. Childhood association and sexual attraction: A further test of the Westermarck hypothesis. American Anthropologist, 1970, 72(3): 503-515.
[148] Wolf A P. Sexual Attraction and Childhood Association: A Chinese Brief for Edward Westermarck. California, US: Stanford University Press, 1995.

[149] Waterman J M. The adaptive function of masturbation in a promiscuous African ground squirrel. PLoS One, 2010, 5(9): e13060.

[150] Tan M, Jones G, Zhu G, et al. Fellatio by fruit batsprolongs copulation time. PLoS One, 2009, 4(10): e7595.

[151] Lockwood C A, Kimbel W H, Lynch J M. Morphometrics and hominoid phylogeny: Support for a chimpanzee-human clade and differentiation among great ape subspecies. Proceedings of the National Academy of Sciences USA, 2004, 101(13): 4356-4360.

[152] Nielsen R, Akey J M, Jakobsson M, et al. Tracing the peopling of the world through genomics. Nature, 2017, 541(7637): 302-310.

第二十三章

[1] Emlen S T, Oring L W. Ecology, sexual selection, and the evolution of mating systems. Science, 1977, 197(4300): 215-223.

[2] Wolfe L D. Primate Mating Systems. New Jersey, US: John Wiley & Sons, Ltd. 2015.

[3] Dunbar R I M. Primate Social Systems. New York, US: Springer Science & Business Media, 2013.

[4] Dunbar R I, Shultz S. Evolution in the social brain. Science, 2007, 317(5843): 1344-1347.

[5] Johanson D C, Edgar B. From Lucy to Language. New York, US: Simon and Schuster, 1996.

[6] Shultz S, Opie C, Atkinson Q D. Stepwise evolution of stable sociality in primates. Nature, 2011, 479(7372): 219-222.

[7] Opie C, Atkinson Q D, Dunbar R I M, et al. Male infanticide leads to social monogamy in primates. Proceedings of the National Academy of Sciences, USA, 2013, 110(33): 13328-13332.

[8] Dunbar R I M. The social brain: mind, language, and society in evolutionary perspective. Annual Review of Anthropology, 2003, 32(1): 163-181.

[9] Shultz S, Dunbar R I M. The evolution of the social brain: anthropoid primates contrast with other vertebrates. Proceedings of the Royal Society B Biological Sciences, 2007, 274(1624): 2429-2436.

[10] Schillaci M A. Primate mating systems and the evolution of neocortex size. Journal of Mammalogy, 2008, 89(1): 58-63.

[11] Lukas D, Clutton-Brock T H. The evolution of social monogamy in mammals. Science, 2013, 341(6145): 526-530.

[12] Smith J M, Price G R. The logic of animal conflict. Nature, 1973, 246(5427): 15-18.

[13] Hamilton W D. Extraordinary sex ratios. A sex-ratio theory for sex linkage and inbreeding has new implications in cytogenetics and entomology. Science, 1967, 156(3774): 477-488.

[14] Boyd R, Silk J B. How Humans Evolved. New York, US: WW Norton & Company, 2014.

[15] Mchenry H M. Sexual dimorphism in Australopithecus afarensis. Journal of Human Evolution, 1991, 20(1): 21-32.

[16] Mchenry H M. Body size and proportions in early hominids. American Journal of Physical Anthropology, 1992, 87(4): 407-431.

[17] Larsen C S. Equality for the sexes in human evolution? Early hominid sexual dimorphism and implications for mating systems and social behavior. Proceedings of the National Academy of Sciences USA, 2003, 100(16): 9103-9104.

[18] Walrath D E, Glantz M M. Sexual dimorphism in the pelvic midplane and its relationship to Neandertal reproductive patterns. American Journal of Physical Anthropology, 1996, 100(1): 89-100.

[19] Mchenry H M. Behavioral ecological implications of early hominid body size. Journal of Human Evolution, 1994, 27(1-3): 77-87.

[20] Ruff C. Evolution of the Hominid Hip. New Jersey, US: Springer, 1998: 449-469.

[21] 国务院新闻办公室. 中国居民营养与慢性病状况报告(2015). 新华社, 2015.

[22] Wells J C, Cole T J, Bruner D, et al. Body shape in American and British adults: between-country and

inter-ethnic comparisons. International Journal of Obesity, 2008, 32(1): 152-159.
[23] Pickford M, Chiarelli B. Review of Sexual Dimorphism in Living and Fossil Primates. Italy: Sedicesimo, 1986.
[24] Plavcan J M. Sexual dimorphism in primate evolution. American Journal of Physical Anthropology, 2001, 116(S33): 25-53.
[25] Harcourt A H, Harvey P H, Larson S G, et al. Testis weight, body weight and breeding system in primates. Nature, 1981, 293(5827): 55-57.
[26] Goodall J. The Chimpanzee of Gombe: Patterns of Behavior. Boston, US: Belknap Press of Harvard University Press, 1986.
[27] Hrdy S B. The Woman that Never Evolved. Boston, US: Harvard University Press, 2009.
[28] Bester M N. Marking and monitoring studies of the Kerguelen stock of southern elephant seals *Mirounga leonina* and their bearing on biological research in the Vestfold Hills. Hydrobiologia, 1988, 165(1): 269-277.
[29] Fabiani A. Molecular Ecology of Southern Elephant Seals (*Mirounga leonina*): Mating System and Population Genetics. Durham, UK: Durham University, 2002.
[30] Galimberti F, Sanvito S, Braschi C, et al. The cost of success: reproductive effort in male southern elephant seals (*Mirounga leonina*). Behavioral Ecology & Sociobiology, 2008, 62(2): 159-171.
[31] Naples V L, Rothschild B M. Sex determination in lions (*Panthera leo*, Felidae): a novel method of distinguishing male and female skulls. Mammalia, 2012, 76(1): 99-103.
[32] Lyke M M, Dubach J, Briggs M B. A molecular analysis of African lion (*Panthera leo*) mating structure and extra-group paternity in Etosha National Park. Molecular Ecology, 2013, 22(10): 2787-2796.
[33] Packer C, Pusey A E. Adaptations of female lions to infanticide by incoming males. The American Naturalist, 1983, 121(5): 716-728.
[34] Van Schaik C P. Infanticide by male primates: the sexual selection hypothesis revisited, in Infanticide by Males and Its Implications. Tokyo, Japan: Cambridge University Press, 2000.
[35] 程志斌, 张林源, 刘艳菊, 等. 北京南海子麋鹿体型的性二型及生长发育. 四川动物, 2015, 34(3): 330-337.
[36] 蒋志刚, 李春旺, 曾岩. 麋鹿的配偶制度、交配计策与有效种群. 生态学报, 2006, 26(7): 2255-2260.
[37] Diamond J. Why Is Sex Fun? The Evolution of Human Eexuality. New York, US: Basic Books, 1998.
[38] Taigen T L, Wells K D. Energetics of vocalization by an anuran amphibian (*Hyla versicolor*). Journal of Comparative Physiology B, 1985, 155(2): 163-170.
[39] Schwartz J J, Ressel S J, Bevier C R. Carbohydrate and calling: Depletion of muscle glycogen and the chorusing dynamics of the neotropical treefrog *Hyla microcephala*. Behavioral Ecology & Sociobiology, 1995, 37(2): 125-135.
[40] Grafe T U. Energetics of vocalization in the African reed frog (*Hyperolius marmoratus*). Comparative Biochemistry & Physiology Part A Physiology, 1996, 114(3): 235-243.
[41] Breden F. Sexual selection and predation risk in guppies. Nature, 1988, 332(6165): 594.
[42] Hernandez-Jimenez A, Rios-Cardenas O. Natural versus sexual selection: predation risk in relation to body size and sexual ornaments in the green swordtail. Animal Behaviour, 2012, 84(4): 1051-1059.
[43] Regnier F E, Law J H. Insect pheromones. Journal of Lipid Research, 1968, 9(5): 541-551.
[44] Prins K S, Buunk B P, VanYperen N W. Equity, normative disapproval and extramarital relationships. Journal of Social and Personal Relationships, 1993, 10(1): 39-53.
[45] Dewsbury D A. Effects of novelty of copulatory behavior: The Coolidge effect and related phenomena. Psychological Bulletin, 1981, 89(3): 464.
[46] Packer C, Pusey A E. Cooperation and competition within coalitions of male lions: kin selection or game theory? Nature, 1982, 296(5859): 740-742.
[47] Connor R C, Cioffi W R, Randić S, et al. Male alliance behaviour and mating access varies with habitat in a dolphin social network. Scientific Reports, 2017, 7: 46354.
[48] King S L, Allen S J, Krutzen K. Vocal behaviour of allied male dolphins during cooperative mate

guarding. Animal Cognition, 2019, 22 (6): 991-1000.
[49] Masoud A I. Evolution and homosexuality: A review. Afro Asian Journal of Anthropology and Social Policy, 2012: 91-97.
[50] Furuichi T, Connor R, Hashimoto C. Non-conceptive sexual interactions in monkeys, apes, and dolphins. Tokyo, Japan: Springer, 2014: 385-408.
[51] Derix R, Wensing J. Male and female mating competition in wolves: Female suppression vs. male intervention. Behaviour, 1993, 127(1/2): 141-174.
[52] Fisher H. Anatomy of Love: The Natural History of Monogamy, Adultery, and Divorce. New York, US: Norton, 1992.
[53] Murdock G P. Social Structure. New York, US: Free Press, 1949.
[54] Murdock G P. Ethnographic Atlas. Pennsylvania, US: University of Pittsburg Press, 1967.
[55] Van den Berghe P L. Human family systems: An evolutionary view. Illinois, US: Waveland Press Inc, 1990.
[56] Hiatt L R. On Cuckoldery. Journal of Social and Biological Structure, 1989, 12: 53-72.
[57] Darwin C. The descent of man and selection in relation to sex (中译本《人类的由来及性选择》, 多个版本). London, UK: Murray, 1888.
[58] Morin P A, Moore J J, Chakraborty R, et al. Kin selection, social structure, gene flow, and the evolution of chimpanzees. Science, 1994, 265(5176): 1193-1201.
[59] Tutin C E G. Mating patterns and reproductive strategies in a community of wild chimpanzees (*Pan troglodytes* Schweinfurthii). Behavioral Ecology & Sociobiology, 1979, 6(1): 29-38.
[60] Furuichi T, Hashimoto C. Sex differences in copulation attempts in wild bonobos at Wamba. Primates, 2004, 45(1): 59-62.
[61] Marvan R, Stevens J M G, Roeder A D, et al. Male dominance rank, mating and reproductive success in captive bonobos (*Pan paniscus*). Folia Primatologica, 2006, 77(5): 364-376.
[62] Surbeck M, Mundry R, Hohmann G. Mothers matter! Maternal support, dominance status and mating success in male bonobos (*Pan paniscus*). Proceedings of the Royal Society B: Biological Sciences, 2011, 278(1705): 590-598.
[63] Lockwood C A, Menter C G, Moggi-Cecchi J, et al. Extended male growth in a fossil hominin species. Science, 2007, 318(5855): 1443-1446.
[64] Kaszycka K A. *Australopithecus robustus* societies—One-male or multimale? South African Journal of Science, 2016, 112(2): 124-131.
[65] De Waal F B. Sex as an alternative to aggression in the bonobo. *In*: Abramson P R, Pinkerton S T. Sexual Nature, Sexual Culture. Illinois, US: The University of Chicago Press, 1995: 37-56.
[66] Marshall D J, Uller T. When is a maternal effect adaptive? Oikos, 2007, 116(12): 1957-1963.
[67] Spoor F, Leakey M G, Gathogo P N, et al. Implications of new early *Homo* fossils from Ileret, east of Lake Turkana, Kenya. Nature, 2007, 448(7154): 688-691.
[68] Mchenry H M, Coffing K. *Australopithecus* to *Homo*: Transformations in body and mind. Annual Review of Anthropology, 2000, 29(29): 125-146.
[69] Aiello L C, Key C. Energetic consequences of being a *Homo erectus* female. American Journal of Human Biology, 2002, 14(5): 551-565.
[70] Rogers A, Iltis D, Wooding S. Genetic variation at the MC1R locus and the time since loss of human body hair. Current Anthropology, 2004, 45(1): 105-108.
[71] Stringer C. The status of *Homo heidelbergensis* (Schoetensack 1908). Evolutionary Anthropology: Issues, News, and Reviews, 2012, 21(3): 101-107.
[72] Diamond J. The rise and fall of the third chimpanzee: How our animal heritage reflects the way we live. London, UK: Vintage, 1992.
[73] Sillen Tulberg B, Moller A P. The relationship between concealed ovulation and mating systems in anthropoid primates: a phylogenetic analysis. American Naturalist, 1993, 141(1): 1-25.

[74] Linden D J. The accidental mind: How brain evolution has given us love, memory, dreams, and God. Massachusetts, US: The Belknap Press of Harvard University Press, 2010.
[75] Costa V, Fernandes S C S. What does adolescents think about love and sex? a study on social representtation perspective. Psicologia & Sociedade, 2012, 24(2): 391-401.
[76] Von Goethe J W, Clements M. The sorrows of young Werther and selected writings. London, UK: Penguin, 2013.
[77] Tiihonen J, Kuikka J, Kupila J, et al. Increase in cerebral blood flow of right prefrontal cortex in man during orgasm. Neuroscience Letters, 1994, 170(2): 241-243.
[78] Bechara A, Damasio A R, Damasio H, et al. Insensitivity to future consequences following damage to human prefrontal cortex. Cognition, 1994, 50(1-3): 7-15.
[79] Anderson S W, Bechara A, Damasio H, et al. Impairment of social and moral behavior related to early damage in human prefrontal cortex. Nature Neuroscience, 1999, 2(11): 1032-1037.
[80] Semendeferi K, Armstrong E, Schleicher A, et al. Prefrontal cortex in humans and apes: A comparative study of area 10. American Journal of Physical Anthropology, 2001, 114(3): 224-241.
[81] Henshilwood C S, d'Errico F. *Homo symbolicus*: the dawn of language, imagination and spirituality. Amsterdam, Netherlands: John Benjamins Publishing, 2011.
[82] Hoffmann D L, Standish C D, García-Diez M, et al. U-Th dating of carbonate crusts reveals Neandertal origin of Iberian cave art. Science, 2018, 359(6378): 912-915.
[83] Chapais B. Monogamy, strongly bonded groups, and the evolution of human social structure. Evolutionary Anthropology Issues, News, & Reviews, 2013, 22(2): 52-65.
[84] Bohannan P. All The Happy Families: Exploring The Varieties of Family Life. New York, US: McGraw-Hill, 1985.
[85] Burunat E. Love is the cause of human evolution. Advances in Anthropology, 2014, 4(2): 99-116.
[86] Bufill E, Agustí J, Blesa R. Human neoteny revisited: the case of synaptic plasticity. American Journal of Human Biology, 2011, 23(6): 729-739.
[87] Petanjek Z, Judaš M, Šimić G, et al. Extraordinary neoteny of synaptic spines in the human prefrontal cortex. Proceedings of the National Academy of Sciences USA, 2011, 108(32): 13281-13286.
[88] Mech D, Botani L. Wolf social ecology, in Wolves Behavior Ecology & Conservation. Illinois, US: University of Chicago Press, 2003.
[89] Mech L D, Boitani L. Wolves: behavior, ecology, and conservation. Illinois, US: University of Chicago Press, 2010.
[90] Wilson E O. Sociobiology. Boston, US: Harvard University Press, 2000.
[91] Allian H. Secret Nazi 'baby farm' children meet, personal communication, 2006.
[92] Wilson E O, Hölldobler B. Eusociality: origin and consequences. Proceedings of the National Academy of Sciences USA, 2005, 102(38): 13367-13371.
[93] Nowak M A, Tarnita C E, Wilson E O. The evolution of eusociality. Nature, 2010, 466(7310): 1057-1062.
[94] Pribac T B. Animal Grief. Animal Study Journal, 2013, (2): 67-90.
[95] Darwin C. The expression of the emotions in man and animals. London, UK: John Marry, 1872.
[96] Sargant W. Battle for the mind; a physiology of conversion and brain-washing. London, UK: Oxford University Press, 1957.
[97] Gallup G J. Chimpanzees: self-recognition. Science, 1970, 167(3914): 86-87.
[98] Reiss D, Marino L. Mirror self-recognition in the bottlenose dolphin: A case of cognitive convergence. Proceedings of the National Academy of Sciences USA, 2001, 98(10): 5937-5942.
[99] Plotnik J M, De Waal F B, Reiss D. Self-recognition in an Asian elephant. Proceedings of the National Academy of Sciences USA, 2006, 103(45): 17053-17057.
[100] Prior H, Schwarz A, Güntürkün O. Mirror-induced behavior in the magpie (*Pica pica*): evidence of self-recognition. PLoS Biology, 2008, 6(8): e202.
[101] Gallup G G. Self-recognition in chimpanzees and man: A developmental and comparative perspective, in The Child and Its Family. New York, US: Springer, 1979: 107-126.

[102] Suárez S D, Gallup Jr G G. Self-recognition in chimpanzees and orangutans, but not gorillas. Journal of Human Evolution, 1981, 10(2): 175-188.

[103] Mendes N, Hanus D, Call J. Raising the level: orangutans use water as a tool. Biology Letters, 2007, 3(5): 453-455.

[104] Hanus D, Mendes N, Tennie C, et al. Comparing the performances of apes (*Gorilla gorilla*, *Pan troglodytes*, *Pongo pygmaeus*) and human children (*Homo sapiens*) in the floating peanut task. PLoS ONE, 2011, 6(6): e19555.

[105] Nowak M, Highfield R. Supercooperators: Altruism, evolution, and why we need each other to succeed. New York, US: Simon and Schuster, 2011.

[106] Cluttonbrock T. Cooperation between non-kin in animal societies. Nature, 2009, 462(7269): 51-57.

[107] Heinsohn R, Packer C, Pusey A E. Development of cooperative territoriality in juvenile lions. Proceedings of the Royal Society B: Biological Sciences, 1996, 263(1369): 475-479.

[108] Dugatkin L. Animal cooperation among unrelated individuals. Naturwissenschaften, 2002, 89(12): 533-541.

[109] Axelrod R, Hamilton W D. The evolution of cooperation. Science, 1981, 211(4489): 1390-1396.

[110] Harari Y N. Sapiens: A Brief History of Humankind (中译本《人类简史》). Berlin, Germany: Random House, 2014.

[111] Bachofen J J. Myth, Religion and Mother Right. New Jersey, US: Princeton University Press, 1967.

[112] 摩尔根 L H. 古代社会. 上海: 三联书店, 1957.

[113] Madden J R, Drewe J A, Pearce G P, et al. The social network structure of a wild meerkat population: 2. Intragroup interactions. Behavioral Ecology & Sociobiology, 2009, 64(1): 81-95.

[114] Madden J R, Drewe J A, Pearce G P, et al. The social network structure of a wild meerkat population: 3. Position of individuals within networks. Behavioral Ecology & Sociobiology, 2011, 65(10): 1857-1871.

[115] Dietz J M. Ecology and social organization of the maned wolf (*Chrysocyon brachyurus*). District of Columbia, US: Smithsonian Libraries, 1984, 392(392): 392.

[116] Van Orsdol K, Hanby J P, Bygott J. Ecological correlates of lion social organization (*Panthers leo*). Journal of Zoology, 1985, 206(1): 97-112.

[117] Hunt Jr G L, Eppley Z A, Schneider D C. Reproductive performance of seabirds: the importance of population and colony size. The Auk, 103(2), 1986: 306-317.

[118] Kharitonov S P, Siegel-Causey D. Colony formation in seabirds, in Current Ornithology. New York, US: Springer, 1988: 223-272.

[119] Lorenz K. On Aggression. München, Germany: Deutscher Taschenbuch Verlag GmbH & Co., 1963.

[120] Grueter C Z D. Nested societies. Convergent adaptations of baboons and snub-nosed monkeys? Primate Report, 2004, 70: 1-98.

[121] Mori U. Ecological and sociological studies of gelada baboons. Development of sociability and social status. Contributions to primatology, 1979, 16: 125-154.

[122] Kawai M. Prehominid Societies: Studies of African Primates. Japan: Kyoikusha Press, 1990.

[123] Qi X G, Garber P A, Ji W, et al. Satellite telemetry and social modeling offer new insights into the origin of primate multilevel societies. Nature Communications, 2014, 5(5): 5296.

[124] Grueter C C, Qi X G, Li B G, et al. Multilevel societies. Current Biology, 2017, 27(18): R984-R986.

[125] Ren B P, Liang B, Zhang S Y, et al. Effects of temporary removal and replacement of the alpha male on social behavior of the captive Sichuan snub-nosed monkey *Rhinopithecus roxellana*. Acta Zoologica Sinica, 2007, 53(4): 755-762.

[126] Qi X G, Li B G, Garber P A, et al. Social dynamics of the golden snub-nosed monkey (*Rhinopithecus roxellana*): female transfer and one-male unit succession. American Journal of Primatology, 2009, 71(8): 670-679.

[127] Wang H, Chia L, Tan G, et al. A takeover of resident male in the Sichuan snub--nosed monkey (*Rhinopithecus roxellanae*) in Qinling Mountains. Acta Zoologica Sinica, 2004, 50(5): 859-862.

[128] Wrangham R W. Evolution of social structure. Primate Societies, 1987: 282-296.

[129] Ohsawa H. Ecological and sociological studies of Gelada Baboons. Contributions to Primatology, 1979, 16:47-80.

[130] Caspari R, Lee S H. From the cover: Older age becomes common late in human evolution. Proceedings of the National Academy of Sciences USA, 2004, 101(30): 10895-10900.

[131] Samid G. Bit currency: transactional trust tools. Google Patents, 2012.

[132] 恩格斯 F. 家庭、私有制和国家的起源. 马克思恩格斯选集第四卷 (1995 年版). 北京: 人民出版社, 1995: 18-179.

第二十四章

[1] Cognition, https: //en.wikipedia.org/wiki/Cognition. Wikipedia, 2018.

[2] Lycan W G, Prinz J J. Mind and cognition: an anthology. New York, US: Blackwell Publishing, 2008.

[3] Harari Y N. Sapiens: A brief history of humankind (中译本《人类简史》). Berlin, Germany: Random House, 2014.

[4] Ehrlich P R. Human Natures: Genes, Cultures, and the Human Prospect. District of Columbia, US: Island Press, 2000.

[5] Davidson I, Noble W, Armstrong D F, et al. The archaeology of perception: Traces of depiction and language [and Comments and Reply]. Current Anthropology, 1989, 30(2): 125-155.

[6] Mellars P. Cognitive changes and the emergence of modern humans in Europe. Cambridge Archaeological Journal, 1991, 1(1): 63-76.

[7] Noble W, Davidson I. The evolutionary emergence of modern human behaviour: Language and its archaeology. Man, 1991, 26: 223-253.

[8] Stout D, Toth N, Schick K, et al. Neural correlates of Early Stone Age toolmaking: technology, language and cognition in human evolution. Philosophical Transactions of the Royal Society of London B: Biological Sciences, 2008, 363(1499): 1939-1949.

[9] Cheeseman J F, Winnebeck E C, Millar C D, et al. General anesthesia alters time perception by phase shifting the circadian clock. Proceedings of the National Academy of Sciences USA, 2012, 109(18): 7061-7066.

[10] Koch C, Greenfield S. How does consciousness happen? Scientific American, 2007, 297(4): 76-83.

[11] Low P, Panksepp J, Reiss D, et al. The Cambridge declaration on consciousness. Cambridge, England: in Francis Crick Memorial Conference. 2012.

[12] Naci L, Sinai L, Owen A M. Detecting and interpreting conscious experiences in behaviorally non-responsive patients. NeuroImage, 2017, 145: 304-313.

[13] Sherry D F, Galef B G. Social learning without imitation: more about milk bottle opening by birds. Animal Behaviour, 1990, 40(5): 987-989.

[14] Thornton A, Clutton-Brock T. Social learning and the development of individual and group behaviour in mammal societies. Philosophical Transactions of the Royal Society B: Biological Sciences, 2011, 366(1567): 978.

[15] Rapaport L G, Brown G R. Social influences on foraging behavior in young nonhuman primates: learning what, where, and how to eat. Evolutionary Anthropology: Issues, News, and Reviews: Issues, News, and Reviews, 2008, 17(4): 189-201.

[16] Chen Y, Matheson L E, Sakata J T. Mechanisms underlying the social enhancement of vocal learning in songbirds. Proceedings of the National Academy of Sciences USA, 2016, 113(24): 6641-6646.

[17] Gibson K R, Ingold T. Tools, language and cognition in human evolution. London, UK: Cambridge University Press, 1994, 1029-1031.

[18] Stout D, Chaminade T. Stone tools, language and the brain in human evolution. Philosophical Transactions of the Royal Society of London, 2012, 367(1585): 75-87.

[19] Freud S. Psychological works of sigmund freud. Standard edition. London, UK: Hogarth Press, 1955.

[20] 达马西奥 A R. 感受发生的一切: 意识产生中的身体和情绪(杨韶刚译). 北京: 教育科学出版社, 2007.
[21] Kandel E R, Squire L R. Neuroscience: Breaking down scientific barriers to the study of brain and mind. Science, 2000, 290(5494): 1113-1120.
[22] 顾凡及. 意识研究中争论的三个问题. 科学(上海), 2016, 68(5): 23-28.
[23] Dehaene S. Consciousness and the brain: Deciphering how the brain codes our thoughts. London, UK: Penguin, 2014.
[24] Braitenberg V, Schüz A. Comparison Between Synaptic and Neuronal Density, in Cortex: Statistics and Geometry of Neuronal Connectivity. New York, US: Springer, 1998: 37-38.
[25] 弗洛伊德 S. 精神分析引论. 上海: 商务印书馆, 1930.
[26] 弗洛伊德 S. 自我与本我(1923). 上海: 上海译文出版社, 2011.
[27] Freud S. Beyond the pleasure principle. London, UK: Penguin, 2003.
[28] Giman S. Sigmund Freud: Psychological writings and letters. New York, US: Continuum, 1995.
[29] Fraud S. Das Ich und das Es. Internationaler Psycho-analytischer Verlag (Vienna, 1923), *In*: James S. The Ego and the Id. London: W. W. Norton & Company, 1990.
[30] Brändas E J. Dissipative structures and biological evolution, in Without Bounds: A Scientific Canvas of Nonlinearity and Complex Dynamics. New York, US: Springer, 2013: 623-634.
[31] Masters P. 古以色列道德律: 十诫解读. 陈军杰译. 北京: 团结出版社, 2010.
[32] Tomasello M, Vaish A. Origins of human cooperation and morality. Annual Review of Psychology, 2013, 64: 231-255.
[33] Katz L D. Evolutionary Origins of Morality: Cross-Disciplinary Perspectives. Biology & Philosophy, 2000, 31(2): 205-207.
[34] Krebs D. The Origins of morality: An evolutionary account. Perspectives on Psychological Science, 2011, 3(3): 149-172(24).
[35] Darwin C. The descent of man and selection in relation to sex (中译本《人类的由来及性选择》, 多个版本). London, UK: John Murray, 1888.
[36] Boehm C. 道德的起源: 美德、利他、羞耻的演化. 贾拥民, 福瑞蓉译. 杭州: 浙江大学出版社, 2015.
[37] Sun L. The Fairness Instinct: The Robin Hood Mentality and Our Biological Nature. New York, US: Prometheus Books, 2013.
[38] Wells S. The journey of man: A genetic odyssey. New Jersey, US: Princeton University Press, 2017.
[39] Hoffmann D L, Standish C D, García-Diez M, et al. U-Th dating of carbonate crusts reveals Neandertal origin of Iberian cave art. Science, 2018, 359(6378): 912-915.
[40] Howard R. Principles of animal communication. Animal Behaviour, 2012, 83(3): 865-866.
[41] Endler J A, Westcott D A, Madden J R, et al. Animal visual systems and the evolution of color patterns: sensory processing illuminates signal evolution. Evolution, 2005, 59(8): 1795-1818.
[42] 聂珍钊. "文艺起源于劳动"是对马克思恩格斯观点的误读. 文学评论, 2015, (2): 22-30.
[43] Plekhanov G. Unaddressed Letters: Art and Social Life. Moscow, Russia: Progress Publisher, 1918.
[44] Plekhanov G V. Art and society & other papers in historical materialism. US: Oriole Editions, 1974.
[45] Biggart J. Marxism and social anthropology—A Proletkul't bibliography on the 'history of culture'(1923). Studies in Soviet Thought, 1982, 24(1): 1-9.
[46] Kleinman K. Darwin and Spencer on the origin of music: is music the food of love? Progress in Brain Research, 2015, 217: 3-15.
[47] Bickerton D. Can biomusicology learn from language evolution studies? *In*: Wallin N L, Merker B, Brown S. The origin of music. Boston, US: MIT Press, 2000: 153-163.
[48] Molino J. Toward an evolutionary theory of music and language. Boston, US: The MIT Press, 2000.
[49] Witelson S F. Chapter 5 – Bumps on the brain: rRight–left anatomic asymmetry as a key to functional lateralization, in Language Functions & Brain Organization. Amsterdam, Netherlands: Elsevier, 1983: 117-144.
[50] Dehaenelambertz G, Montavont A, Jobert A, et al. Language or music, mother or Mozart? Structural and environmental influences on infants' language networks. Brain & Language, 2010, 114(2): 53-65.

[51] Wang T. A hypothesis on the biological origins and social evolution of music and dance. Science Foundation in China, 2015, 9(4): 28.

[52] Stumpf C, Trippett D. The origins of music. Origins of Music, 2012, 3: 59-73.

[53] 亚里士多德. 诗学. 罗念生译. 北京: 人民文学出版社, 1962.

[54] 郑元者. 试论劳动说与模仿说的有效性问题. 上海: 复旦大学学报(社会科学版), 1998, 6: 73-79.

[55] 刘振华. 也谈艺术起源于巫术. 吉林艺术学院学报, 2013, (5): 40-43.

[56] Levack B P. Articles on Witchcraft, Magic, and Demonology: A Twelve Volume Anthology of Scholarly Articles. Vol. 12. New York, US: Garland Publishers, 1992.

[57] 杨敏. 列夫・托尔斯泰艺术理论在中国的命运. 重庆: 西南大学, 2007.

[58] Hirn Y. The origins of art: a psychological & sociological inquiry. Nature, 1971, 63(1634): 389-390.

[59] Romani G L, Williamson S J, Kaufman L. Tonotopic organization of the human auditory cortex. Science, 1982, 216(4552): 1339-1340.

[60] Talavage T M, Sereno M I, Melcher J R, et al. Tonotopic organization in human auditory cortex revealed by progressions of frequency sensitivity. Journal of Neurophysiology, 2004, 91(3): 1282-1296.

[61] Särkämö T, Tervaniemi M, Huotilainen M. Music perception and cognition: development, neural basis, and rehabilitative use of music. Wiley Interdisciplinary Reviews Cognitive Science, 2013, 4(4): 441-451.

[62] Mas-Herrero E, Marco-Pallares J, Lorenzo-Seva U, et al. Individual differences in music reward experiences. Music Perception An Interdisciplinary Journal, 2013, 31(2): 118-138.

[63] Koelsch S. Brain correlates of music-evoked emotions. Nature Reviews Neuroscience, 2014, 15(3): 170-180.

[64] Atran S, Norenzayan A. Religion's evolutionary landscape: Counterintuition, commitment, compassion, communion. Behavioral & Brain Sciences, 2004, 27(6): 713-730.

[65] Buchanan M. The evolution of everything: how new ideas emerge. Nature, 2015, 526(7571): 36-37.

[66] Skinner B F. 'Superstition' in the pigeon. Journal of Experimental Psychology, 1948, 38(2): 168-172.

[67] 布留尔 L. 原始思维. 上海: 商务印书馆, 1981.

[68] Dawkins R. The God Delusion. New York, US: Bantam Books, 2006.

[69] Harrison P. The territories of science and religion. Illinois, US: University of Chicago Press, 2015.

[70] Povinelli D J, Dunphy-Lelii S. Do chimpanzees seek explanations? Preliminary comparative investigations. Canadian Journal of Experimental Psychology/Revue canadienne de psychologie expérimentale, 2001, 55(2): 187-195.

[71] Hare B, Call J, Agnetta B, et al. Chimpanzees know what conspecifics do and do not see. Animal Behavior, 2000, 59(4): 1-15.

[72] Odell G H. Stone tool research at the end of the millennium: classification, function, and behavior. Journal of Archaeological Research, 2001, 9(1): 45-100.

[73] Jochim M A. A Hunter—Gatherer Landscape. New York, US: Springer, 1998.

[74] 戴蒙德 J. 枪炮、病菌与钢铁: 人类社会的命运. 谢延光译. 上海: 上海译文出版社, 2006.

[75] Mcbrearty S. Patterns of technological change at the origin of *Homo sapiens*, Liverpool, UK: Liverpool University Press Online, 2003.

[76] Chen K M, Lakshminarayanan V, Santos L. The evolution of our preferences: Evidence form capuchin monkey trading behavior. New Haven, US: Cowles Foundation Discussion Paper, 2005.

[77] Chen M K, Lakshminarayanan V, Santos L R. How basic are behavioral biases? Evidence from capuchin monkey trading behavior. Journal of Political Economy, 2006, 114(3): 517-537.

[78] Troisi A, Carosi M. Female orgasm rate increases with male dominance in Japanese macaques. Animal Behavior, 1998, 56(5): 1261-1266.

[79] 中山大学学生会. 中山大学学生会 2018–2019 学年干部任命公告. 搜狐新闻, 2018.

[80] 李诗琪. 威廉·戈尔丁《蝇王》中的权力欲望探析. 名作欣赏: 文学研究旬刊, 2017, 24: 61-62.

[81] 马克思 K. 剩余价值理论. 北京: 人民出版社, 1975.

[82] Tvedt T, Coopey R. Rivers and society: from early civilizations to modern times. UK & US: I. B. Tauris, 2010: 2442-2447.

[83] Demarest A. Ancient Maya: the rise and fall of a rainforest civilization. Vol. 3. London, UK: Cambridge University Press, 2004.
[84] 夏鼐. 中国文明的起源. 文物, 1985, (8): 1-8.
[85] 钱乘旦. 文明的多样性与现代化的未来. 北京大学学报 (哲学社会科学版), 2016, 53(1): 8-12.
[86] Huntington S P. The clash of civilizations? Foreign affairs, 1993: 22-49.

第 五 篇

第二十五章

[1] Harari Y N. Homo Deus: A brief history of tomorrow (中译本《未来简史》). Maryland, US: Random House, 2016.
[2] Surbeck M, Mundry R, Hohmann G. Mothers matter! Maternal support, dominance status and mating success in male bonobos (*Pan paniscus*). Proceedings of the Royal Society B: Biological Sciences, 2011, 278(1705): 590-598.
[3] 海思. 金融幻象. 北京: 中国发展出版社, 2016.
[4] Perry M J. On the economics of diamonds, the biggest marketing scam in history orchestrated by the most successful cartel ever. in AEI Blog, 2014.
[5] Costello M J, May R M, Stork N E. Can we name Earth's species before they go extinct? Science, 2013, 341(6143): 237-416.
[6] Niemiller M L, Graening G O, Fenolio D B, et al. Doomed before they are described? The need for conservation assessments of cryptic species complexes using an amblyopsid cavefish (Amblyopsidae: *Typhlichthys*) as a case study. Biodiversity & Conservation, 2013, 22(8): 1799-1820.
[7] 吴晓民, 张洪峰. 藏羚羊种群资源及其保护. 自然杂志, 2011. 33(3): 143-148.
[8] Aarts H, Papies E K, Stroke W. The psychology of dieting and overweight: Testing a goal conflict model of the self-regulation of eating, in Personality, Human Development, and Culture. London, UK: Psychology Press, 2010: 33-44.
[9] Brennan L, Murphy K. The role of psychology in overweight and obesity management. in Applied topics in health psychology. Oxford, UK: Wiley-Blackwell, 2012.
[10] Lobstein T, Dibb S. Evidence of a possible link between obesogenic food advertising and child overweight. Obesity Reviews, 2005, 6(3): 203-208.
[11] 贾晓宏. "中国肥胖指数"发布: 南瘦北胖 东北胖子最多. 北京: 北京晚报, 2015.
[12] O'Sullivan M. 'Fed Up' movie review: The sins of sugar. The Washington Post, 2014.
[13] Diamond J M. Guns, Germs, and Steel (中译本《枪炮、病菌与钢铁》). New York, US: W. W. Norton & Company, 1999.
[14] Zohary D, Hopf M, Weiss E. Domestication of Plants in the Old World: The origin and spread of domesticated plants in Southwest Asia, Europe, and the Mediterranean Basin. London, UK: Oxford University Press on Demand, 2012.
[15] Byerlee D. The Political Economy of Third World Food Imports: The Case of Wheat. Economic Development & Cultural Change, 1987, 35(2): 307-328.
[16] Wright B, Cafiero C. Grain reserves and food security in the Middle East and North Africa. Food Security, 2011, 3(1): 61-76.
[17] Chapin Ⅲ F S, Matson P A, Vitousek P. Principles of Terrestrial Ecosystem Ecology. New York, US: Springer-Verlag, 2002.
[18] 文兼武, 闾海琪, 刘冰. 国外住房空置率定义及统计方法. 中国统计, 2010, (12): 15-18.
[19] 刘诗平, 韩振军. 我国人均住房面积迈入中等收入国家之列. 政工研究动态, 2001, (23): 24.

[20] Doran E B. Wangka: Austronesian canoe origins. Texas, US: Texas A & M University Press, 1981.
[21] 蒋乐平. 跨湖桥. 北京: 文物出版社, 2004.
[22] 黄立轩. 独木舟荡起海洋文明. 中国海洋文化论坛, 2014.
[23] Winter A G. Luxury recreational vehicle. U.S. Patent No. 7144058, 2006.
[24] 吴俊. 世界最大私人飞机高端奢华, 环球网综合报道, 2015.
[25] Zampieri F. The Impact of modern medicine on human evolution. *In*: Tibayrenc M, Ayala F J. On Human Nature: Biology, Psychology, Ethics, Politics, and Religion, Amsterdam, Netherlands: Elsevier Inc, 2017: 707-727.
[26] WHO. Life expectancy increased by 5 years since 2000, but health inequalities persist, in World Health Statistics, 2016.
[27] 蔡玥. 世界和中国人均期望寿命变化规律. 中国卫生信息管理杂志, 2012, 9(5): 77-81.
[28] Vallin J, Caselli G. Towards a new horizon in demographic trends: the combined effects of 150 years life expectancy and new fertility models, in Longevity: to the Limits and Beyond. New York, US: Springer, 1997: 29-68.
[29] Michael M A. Is it natural to drive species to extinction? Ethics & the Environment, 2005, 10(1): 49-66.
[30] Olivier P I, Aarde R J, Lombard A T. The use of habitat suitability models and species–area relationships to predict extinction debts in coastal forests, South Africa. Diversity & Distributions, 2013, 19(11): 1353-1365.
[31] Crittenden R G, Turok N G. Structure Formation in the Universe. London, UK: Cambridge University Press, 1993: 379-393.
[32] 钱乘旦. 文明的多样性与现代化的未来. 北京大学学报 (哲学社会科学版), 2016, 53(1): 8-12.
[33] 叔本华. 叔本华文集: 悲观论集卷. 西宁: 青海人民出版社, 1996.
[34] 尼采. 悲剧的诞生: 尼采美学文选. 上海: 上海人民出版社, 2009.
[35] 陆林, 余凤龙. 中国旅游经济差异的空间特征分析. 经济地理, 2005, 25(3): 406-410.
[36] 马丁・汉斯・彼得, 哈拉尔德・舒曼. 全球化陷阱. 北京: 中央编译出版社, 1998.

第二十六章

[1] Shaw G H. The Miller-Urey Experiment and Prebiotic Chemistry. New York, US: Springer International Publishing, 2016.
[2] Schopf J W, Barghoorn E S. Alga-like fossils from the early precambrian of South Africa. Science, 1967, 156(3774): 508-512.
[3] Mcshea D W. The hierarchical structure of organisms: a scale and documentation of a trend in the maximum. Paleobiology, 2001, 27(2): 405-423.
[4] Yue W, LingF L, Hong D C, et al. Development of the Ediacaran (Sinian) multicellular organisms and formation of the source rocks in the Yangtze area. Sedimentary Geology & Tethyan Geology, 2010, 30(3): 30-38.
[5] Westrop S R. The Ecology of the Cambrian Radiation. New York, US: Columbia University Press, 2000: 268-269.
[6] 朱茂炎. 动物的起源和寒武纪大爆发: 来自中国的化石证据. 古生物学报, 2010, 49(3): 269-287.
[7] Valentine J W, Jablonski D, Erwin D H. Fossils, molecules and embryos: new perspectives on the Cambrian exPLoS ion. Development, 1999, 126(5): 851-859.
[8] Maloof A C, Porter S M, Moore J L, et al. The earliest Cambrian record of animals and ocean geochemical change. Geological Society of America Bulletin, 2010, 122(11-12): 1731-1774.
[9] Ward D, Richter M, Popov E, et al. The first holomorphic fossil chimaeroid fish (*Chondrichthyes, Holocephali*) from Africa. Berlin, Germany: Poster in Society of Vertebrate Paleontology, 2014.
[10] Warren A. Turner S. The first stem tetrapod from the lower carboniferous of Gondwana. Palaeontology,

2004, 47(1): 151-184.

[11] Benton M J. The evolution and extinction of the dinosaurs. London, UK: Cambridge University Press, 2005.

[12] Brusatte S L, Butler R J, Barrett P M, et al. The extinction of the dinosaurs. Biological Reviews, 2015, 90(2): 628-642.

[13] Schoene B, Guex J, Bartolini A, et al. Correlating the end-Triassic mass extinction and flood basalt volcanism at the 100 ka level. Geology, 2010, 38(5): 387-390.

[14] Sutherland W J. From Individual Behaviour to Population Ecology. London, UK: Oxford University Press on Demand, 1996.

[15] Webb C O, Ackerly D D, Mcpeek M A, et al. Phylogenies and community ecology. Annual Review of Ecology & Systematics, 2002, 33(33): 475-505.

[16] Fretwell S D. Food chain dynamics: The central theory of ecology? Oikos, 1987, 50(3): 291-301.

[17] Link J S. Does food web theory work for marine ecosystems? Marine Ecology Progress Series, 2002, 230: 1-9.

[18] Bingham R A. Toxic cardenolides: chemical ecology and coevolution of specialized plant-herbivore interactions. New Phytologist, 2012, 194(1): 28-45.

[19] Temple S A. Plant-animal mutualism: coevolution with dodo leads to near extinction of plant. Science, 1977, 197(4306): 885-886.

[20] Houlahan J E, Findlay C S, Schmidt B R, et al. Quantitative evidence for global amphibian population declines. Nature, 2000, 404(6779): 752-755.

[21] Fralish J S. Community Succession, Diversity, and Disturbance in the Central Hardwood Forest. New York, US: Springer, 1997: 234-266.

[22] 彭少麟, 王伯荪. 鼎湖山森林群落演替之研究. 热带亚热带植物学报, 1993, (2): 34-42.

[23] Mazancourt C D, Isbell F, Larocque A, et al. Predicting ecosystem stability from community composition and biodiversity. Ecology Letters, 2013, 16(5): 617-625.

[24] Smith M D, Knapp A K. Dominant species maintain ecosystem function with non-random species loss. Ecology Letters, 2003, 6(6): 509-517.

[25] May R, McLean A R. Theoretical Ecology: Principles and Applications. London, UK: Oxford University Press on Demand, 2007.

[26] Fuller D Q. Pathways to Asian civilizations: Tracing the origins and spread of rice and rice cultures. Rice, 2011, 4(3-4): 78-92.

[27] Armelagos G J, Cohen M N. Paleopathology at the Origins of Agriculture. Massachusetts, US: Academic Press, 1984.

[28] Sedjo R A. The Carbon Cycle and Global Forest Ecosystem. Amsterdam, Netherlands: Springer, 1993: 295-307.

[29] Nicholls H. The legacy of Lonesome George. Nature, 2012, 487(7407): 279-280.

[30] Halliday T R. The extinction of the passenger pigeon *Ectopistes migratorius* and its relevance to contemporary conservation. Biological Conservation, 1980, 17(2): 157-162.

[31] Sandom C, Faurby S, Sandel B, et al. Global late Quaternary megafauna extinctions linked to humans, not climate change. Proceedings of the Royal Society B-Biological Sciences, 2014, 281(1787): 296-306.

[32] Mittermeier R A. 2000 IUCN red list of threatened species. Switzerland: IUCN Press, 2000.

[33] Didham R K, Tylianakis J M, Gemmell N J, et al. Interactive effects of habitat modification and species invasion on native species decline. Trends in Ecology & Evolution, 2007, 22(9): 489-896.

[34] Im E S, Pal J S, Eltahir E A. Deadly heat waves projected in the densely populated agricultural regions of South Asia. Science Advances, 2017, 3(8): e1603322.

[35] Lashof D A, Ahuja D R. Relative contributions of greenhouse gas emissions to global warming. Nature, 1990, 344(6266): 529-531.

[36] Meinshausen M, Meinshausen N, Hare W, et al. Greenhouse-gas emission targets for limiting global warming to 2 ℃. Nature, 2009, 458(7242): 1158-1162.

[37] 环境保护部环境保护对外合作中心. 中国履行《关于消耗臭氧层物质的蒙特利尔议定书》. 北京: 中国环境科学出版社, 2012.
[38] Pauly D, Watson R, Alder J. Global trends in world fisheries: impacts on marine ecosystems and food security. Philosophical Transactions of the Royal Society, B. Biological Science, 2005, 360(1453): 5-12.
[39] 林龙山. 东海区小黄鱼现存资源量分析. 海洋渔业, 2004, 26(1): 18-23.
[40] Zhu M, Yamakawa T, Yoda M, et al. Using a multivariate auto-regressive state-space (MARSS) model to evaluate fishery resources abundance in the East China Sea, based on spatial distributional information. Fisheries Science, 2017, 83(4): 499-513.
[41] Marcus E, Lebreton L C M, Carson H S, et al. Plastic pollution in the world's oceans: more than 5 trillion plastic pieces weighing over 250, 000 tons afloat at sea. PLoS One, 2014, 9(12): e111913.
[42] Fearnside P M. Forests and global warming mitigation in Brazil: opportunities in the Brazilian forest sector for responses to global warming under the "clean development mechanism". Biomass & Bioenergy, 1999, 16(3): 171-189.
[43] 印开蒲. 百年追寻: 见证中国西部环境变迁. 北京: 中国大百科全书出版社, 2010.
[44] Trotter R C, Day S G, Love A E. Bhopal, India and Union Carbide: The second tragedy. Journal of Business Ethics, 1989, 8(6): 439-454.
[45] 周永平, 杨乃莲, 扈洁琼, 等. 人类工业史上的空前浩劫——博帕尔惨案二十周年祭. 现代职业安全, 2005, (4): 78-83.
[46] Mishra P, Samarth R, Pathak N, et al. Bhopal Gas Tragedy: review of clinical and experimental findings after 25 years. International Journal Occupational Medicine Environmental Health, 2009, 22(3): 193-202.
[47] Lewis R, Haynes V, Bojcun M. The chernobyl disaster. International Affairs, 1988, 65(1): 163.
[48] Hatch M, Ron E, Bouville A, et al. The Chernobyl disaster: cancer following the accident at the Chernobyl nuclear power plant. Epidemiologic Reviews, 2005, 27(1): 56-66.
[49] Canton J H, Gestel Van C A M, Greve P A, et al. Pollution of the river Rhine by the accident at Sandoz Ag. in Proceedings of the European Forum on Innovation and System Dynamics in Food Networks. Austria, Innsbruck-Igis, 1986.
[50] 枫林. 历史上的九大公害事件. 生命与灾害, 2004, 2004(2): 6.
[51] Ahmad K. Global population will increase to nine billion by 2050, says UN report. Lancet, 2001, 357(9259): 864.
[52] Calhoun J B. Death squared: the exPLoS ive growth and demise of a mouse population. Proceedings of the Royal Society of Medicine, 1973, 66(2): 66: 80-88.
[53] Kovács F. World energy demands and coal reserves. Acta Montanistica Slovaca, 2007, 12(3): 276-283.
[54] Lorenzetti M. General interest: BP: World oil, gas reserves growing at healthy pace. Oil & Gas Journal, 2004, 102(24): 31-34.
[55] Mustafa B. World natural gas (NG) reserves, NG production and consumption trends and future appearance. Energy Sources, 2005, 27(10): 921-929.
[56] Blaizot M. Worldwide shale-oil reserves: Towards a global approach based on the principles of petroleum system and the petroleum system yield. Bulletin De La Societe Geologique De France, 2017, 188(5): 33.
[57] 王玉平. 中国矿产资源储备战略研究. 中国矿业, 1998, 7(6): 19-32.
[58] Pasqualino R, Jones A W, Monasterolo I, et al. Understanding global systems today—A calibration of the World3-03 model between 1995 and 2012. Sustainability, 2015, 2015(7): 9864-9889.
[59] Ripple W J, Wolf C, Newsome T M, et al. World scientists' warning to humanity: A second notice. BioScience, 2017, 67(12): 1026-1028.
[60] Ceballos G, García A, Ehrlich P R. The sixth extinction crisis: loss of animal populations and species. Journal of Cosmology, 2010, 8: 1821-1831.
[61] Ceballos G, Ehrlich P R, Barnosky A D, et al. Accelerated modern human–induced species losses: Entering the sixth mass extinction. Science Advances, 2015, 1(5): e1400253.

第二十七章

[1] Bryan W. Darwin, social Darwinism and eugenics. *In*: Hodge G R J. The Cambridge Companion to Darwin. London, UK: Cambridge University Press, 2009.
[2] Galton F. Eugenics: Its definition, scope, and aims. American Journal of Sociology, 1904, 10(1): 1-25.
[3] 严复. 天演论. 上海: 商务印书馆, 1981.
[4] Darwin C R. The descent of man and selection in relation to sex(中译本《人类的由来及性选择》. 叶笃庄, 杨习之译). London, UK: John Murry, 1879.
[5] Morris I. Why The West Rules - For Now. New York, US: Farrar Straus & Giroux, 2011.
[6] Dobzhansky T. Mankind evolving: The evolution of the human species. New Haven, US: Yale University Press, 1962.
[7] Homans G C. The present state of sociological theory. Sociological Quarterly, 1982, 23(3): 285-299.
[8] Barkow J H, Cosmides L, Tooby J. The adapted mind: Evolutionary psychology and the generation of culture. New York, US: Oxford University Press, 1995.
[9] Herschkowitz N. Brain development in the fetus, neonate and infant. Neonatology, 1988, 54(1): 1-19.
[10] Zecevic N, Bourgeois J P, Rakic P. Changes in synaptic density in motor cortex of rhesus monkey during fetal and postnatal life. Developmental Brain Research, 1989, 50(1): 11-32.
[11] Wong W T, Wong R O. Rapid dendritic movements during synapse formation and rearrangement. Current Opinion in Neurobiology, 2000, 10(1): 118-124.
[12] Watson J. Behaviorism. New York, US: W. W. Norton & Company, 1970.
[13] Wilson E O. Sociobiology: The New Synthesis. Boston, US & London, UK: The Belknap Press of Harvard University Press, 2000.
[14] Dawkins R. The Selfish Gene (中文版《自私的基因》多个版本). New York, US: Oxford University Press, 1976.
[15] Segerstale U. Defenders of the Truth: The Battle for Science in the Sociobiology Debate and Beyond, by Ullica Segerstrale. London, UK: Oxford University Press, 2000.
[16] Hamilton W D. The genetical evolution of social behaviour. II. Journal of Theoretical Biology, 1964, 7(1): 17-52.
[17] Kappeler P M, van Schaik C P. Evolution of primate social systems. International Journal of Primatology, 2002, 23(4): 707-740.
[18] Diamond J. Why Is Sex Fun? The Evolution of Human Sexuality. New York, US: Basic Books, 1998.
[19] 史钧. 疯狂人类进化史. 重庆: 重庆出版社, 2016.
[20] 史钧. 爱情简史. 北京: 中国致公出版社, 2017.
[21] Short R E. The differences between the sexes. New York, US: Cambridge University Press, 1994.
[22] Ehrlich P R. Human Natures: Genes, Cultures, and the Human Prospect. New Jersey, US: Penguin Books, 2000.
[23] Wurm S A. Language, culture, society, and the modern world. Australian National University, 1977: 611-612.
[24] Lynn R, Vanhanen T, Stuart M. IQ and the Wealth of Nations. Connecticut, US: Greenwood Publishing Group, 2002.
[25] Lynn R. Race differences in intelligence: An evolutionary analysis. Education Review, 2006, 38(6): 844-845.
[26] Lynn R, Vanhanen T. IQ and Global Inequality.Georgia, US: Washington Summit Publishers, 2006.
[27] Freedman D G. Human Sociobiology: A Holistic Approach. New York, US: Free Press, 1979.
[28] Rushton J P. Race, Evolution, and Behavior: A Life History Perspective. New Jersey, US: Betascript Publishing, 1995.
[29] Freedman D G. Human Infancy: An Evolutionary Perspective. Pennsylvania, US: Routledge, 2016.
[30] Bamshad M, Kivisild T, Watkins W S, et al. Genetic evidence on the origins of Indian caste populations.

Genome Research, 2001, 11(6): 994-1004.
[31] Bhasin M, Walter H. Genetics of castes and tribes of India, in People. New Delhi, India: Kamla-Raj Enterprises, 2001.
[32] Sahlins M D. The use and abuse of biology: An anthropological critique of sociobiology. Michigan, US: University of Michigan Press, 1976.
[33] 马克思 K. 1844 年经济学哲学手稿. 北京: 人民出版社, 2014: 5-5.
[34] Bowler P J. Evolution: the History of An Idea. California, US: University of California Press, 1989.
[35] Cohen G A. Karl Marx's Theory of History: A Defense. Oxford, UK: Clarendon Press, 2000.
[36] 郑也夫. 文明是副产品. 北京: 中信出版社, 2016.
[37] Rosenberg A. A Contemporary critique of historical materialism. Social Science Journal, 1985, 23(1): 100-102.
[38] 马克思, 恩格斯. 共产党宣言. 北京: 人民出版社, 2014.
[39] 恩格斯. 反杜林论. 北京: 中国人民大学出版社, 1963.
[40] 马思克资本论 (第一卷, 多个版本). 北京: 人民出版社, 2004.
[41] 中共中央马克思、恩格斯、列宁、斯大林著作编译局. 恩格斯社会主义从空想到科学的发展. 北京: 人民出版社, 1967.
[42] Harari Y N. Homo Deus: A Brief History of Tomorrow (中译本《未来简史》). Maryland, US: Random House, 2016.
[43] Atkinson T. Globalization and the European welfare state at the opening and the closing of the twentieth century, in Europe and Globalization. New York, US: Springer, 2002: 249-273.
[44] Kamerman S B. The welfare wtate in capitalist society: Policies of retrenchment and maintenance in Europe, North America, and Australia. Social Service Review, 1992, 66(2): 317-318.

第二十八章

[1] Seife C. What is the universe made of? Science, 2005, 309(5731): 78.
[2] Miller G. What is the biological basis of consciousness? Science, 2005, 309(5731): 79.
[3] Ren X, Canavero S. The new age of head transplants: A response to critics. AJOB Neuroscience, 2017, 8(4): 239-241.
[4] Harari Y N. Homo Deus: A Brief History of Tomorrow (中译本《未来简史》). Maryland, US: Random House, 2016.
[5] Kircher T, David A. The Self in Neuroscience and Psychiatry. London, UK: Cambridge University Press, 2003.
[6] 黑格尔 G W F. 逻辑学 (下卷). 上海: 商务印书馆, 1976.
[7] 黑格尔 G W F. 小逻辑. 上海: 商务印书馆, 1980.
[8] 张艳玲. 叔本华与黑格尔的情理之争及现代启示. 宁夏社会科学, 2017, (1): 19-23.
[9] 叔本华 A. 充足理由律的四重根. 上海: 商务印书馆, 1996.
[10] 叔本华 A. 叔本华思想随笔. 上海: 上海人民出版社, 2008.
[11] Ehrlich P R. Human Natures: Genes, Cultures, and the Human Prospect. District of Columbia, US: Penguin Books, 2000.
[12] Dennett D C, Weiner P. Consciousness Explained. New York, US: Little, Brown and C., 1991: 125-134.
[13] McGinn C. The Mysterious Flame: Conscious Minds in a Material World. New York, US: Basic Books, 1999.
[14] Enns R H, Jones B L, Miura R M, et al. Nonlinear Phenomena in Physics and Biology. New York, US: Plenum Press, 1981.
[15] Plotnik J M, Waal F B M D, Reiss D. Self-Recognition in an Asian elephant. Proceedings of the National Academy of Sciences USA, 2006, 103(45): 17053-17057.

[16] Reiss D, Marino L. Mirror self-recognition in the bottlenose dolphin: A case of cognitive convergence. Proceedings of the National Academy of Sciences USA, 2001, 98(10): 5937-5942.
[17] Prior H, Schwarz A, Güntürkün O. Mirror-induced behavior in the magpie (*Pica pica*): Evidence of self-recognition. PLoS Biology, 2008, 6(8): e202.
[18] Suárez S D, Gallup Jr G G. Self-recognition in chimpanzees and orangutans, but not gorillas. Journal of Human Evolution, 1981, 10(2): 175-188.
[19] Chen J X. The evolution of computing: AlphaGo. Computing in Science & Engineering, 2016, 18(4): 4-7.
[20] Everingham M, Zisserman A, Williams C K I, et al. The 2005 PASCAL Visual Object Classes Challenge. Germany: Springer, 2006: 117-176.
[21] Russakovsky O, Li F F. Attribute Learning in Large-Scale Datasets. Germany: Springer, 2012: 1-14.
[22] Bonin G V. On encephalometry a preliminary study of the brain of man, chimpanzee and macaque. Journal of Comparative Neurology, 1941, 75(2): 287-314.
[23] Li L J, Socher R, Li F F. Towards total scene understanding: Classification, annotation and segmentation in an automatic framework. 2009 IEEE Conference on Computer Vision and Pattern Recognition, 2009.
[24] Mcgrew T. Collaborative intelligence. The internet chess club on game 2 of Kasparov vs. Deep Blue. Internet Computing IEEE, 1997, 1(3): 38-42.
[25] Poo M M, Du J L, Ip N Y, et al. China brain project: basic neuroscience, brain diseases, and brain-inspired computing. Neuron, 2016, 92(3): 591-596.
[26] 斯坦诺维奇 K E. 机器人叛乱. 北京: 机械工业出版社, 2015.
[27] 赵学庆. 海森堡: 不确定性与量子革命. 科学(中文版), 1992, (9): 48-55.
[28] Schuster R B, Helblum E, Mahalu M, et al. Phase measurement in a quantum dot via a double-slit interference experiment. Nature, 1997, 385(6615): 417-420.
[29] 曹天元. 上帝掷骰子吗? 量子物理史话. 北京: 北京联合出版公司, 2013.
[30] 施郁. 叹为观止：朱清时院士用科学给巫术化妆. 微信公众号: 知识分子, 2017
[31] Dawkins R. The Selfish Gene (中译本《自私的基因》, 多个版本). London, UK: Oxford University Press, 1976.
[32] Zazula G D, Harington C R, Telka A M, et al. Radiocarbon dates reveal that *Lupinus arcticus* plants were grown from modern not Pleistocene seeds. New Phytologist, 2009, 182(4): 788-792.
[33] Yashina S, Gilichinsky D. Regeneration of whole fertile plants from 30,000-y-old fruit tissue buried in Siberian permafrost. Proceedings of the National Academy of Sciences USA, 2012, 109(10): 4008-4013.
[34] Shen-Miller J, Mudgett M B, Schopf J W, et al. Exceptional seed longevity and robust growth: ancient sacred lotus from China. American Journal of Botany, 1995, 82(11): 1367-1380.
[35] Sallon S, Solowey E, Cohen Y, et al. Germination, genetics, and growth of an ancient date seed. Science, 2008, 320(5882): 1464.
[36] Hong S H, Kwon Y C, Jewett M C. Non-standard amino acid incorporation into proteins using *Escherichia coli* cell-free protein synthesis. Frontiers in Chemistry, 2014, 2(4): 34.
[37] Miah A. Genetically Modified Athletes: Biomedical Ethics, Gene Doping and Sport. Abingdon, UK: Routledge, 2004.
[38] Sawin C E. Creating super soldiers for warfare: A look into the laws of war. Journal of High Technology Law, 2016, 17: 105-140.

图片来源文献

[i] LeVay S, Hamer D H. Evidence for a Biological Influence in Male Homosexuality. Scientific American, 1994, (5): 44-49.

[ii] Sokolowski M B. *Drosophila*: genetics meets behaviour. Nature Reviews Genetics, 2001, 2(11): 879-890.

[iii] Lee W C A, Bonin V, Reed M, et al. Anatomy and function of an excitatory network in the visual cortex. Nature, 2016, 532(7599): 370-374.

[iv] Carvalho V, Nakahara T S, Cardozo L M, et al. Lack of spatial segregation in the representation of pheromones and kairomones in the mouse medial amygdala. Frontiers in Neuroscience, 2015, 9: 283.

[v] Rutkowski R G, Weinberger N M. Encoding of learned importance of sound by magnitude of representational area in primary auditory cortex. Proceedings of the National Academy of Sciences USA, 2005, 102(38): 13664-13669.

[vi] Sergeyenko Y, Lall K, Liberman M C, et al. Age-related cochlear synaptopathy: an early-onset contributor to auditory functional decline. Journal of Neuroscience, 2013, 33(34): 13686-13694.

[vii] Carlson B A, Hasan S M, Hollmann M, et al. Brain evolution triggers increased diversification of electric fishes. Science, 2011, 332(6029): 583-586.

[viii] Jarvis E D, Güntürkün O, Bruce L, et al. Avian brains and a new understanding of vertebrate brain evolution. Nature Reviews Neuroscience, 2005, 6(2): 151-159.

[ix] Crawford J D, Cook A P, Heberlein A S. Bioacoustic behavior of African fishes (Mormyridae): potential cues for species and individual recognition in *Pollimyrus*. The Journal of the Acoustical Society of America, 1997, 102(2): 1200-1212.

[x] Ferretti A, Caulo M, Del G C, et al. Dynamics of male sexual arousal: distinct components of brain activation revealed by fMRI. Neuroimage, 2005, 26(4): 1086-1096.

[xi] Stickgold R, Hobson J A, Fosse R, et al. Sleep, learning, and dreams: off-line memory reprocessing. Science, 2001, 294(5544): 1052-1057.

[xii] Shultz S, Opie C, Atkinson Q D. Stepwise evolution of stable sociality in primates. Nature, 2011, 479(7372): 219-222.

后　记

人的一生可以认识很多人，经历很多事，但对你产生深刻影响的只有几个人和几件事。

踏进动物行为学这一领域，是因为莊临之教授推荐我去读王祖望先生的博士研究生；而从事神经系统的进化研究，则是由于我博士后合作导师凯瑟琳·埃米莉·卡尔（Catherine Emily Carr）教授的工作安排。本著作中的间接选择原理正是以动物行为学和神经解剖学为基础，衍生出来的理论。我的生命中如果没有遇到这三位导师，这本书是不可能诞生的。因此，虽然脑是“必然”的产物，但脑体则是“偶然”的作品。

莊临之教授让我明白了无私奉献的定义，王祖望教授使我懂得了科学研究的内涵，卡尔教授则让我知道了何为学术的传承①。谨以此书纪念逝世的莊临之先生，并献给尊敬的王祖望先生和卡尔教授。

中华文明五千年，诞生了孔、孟、老、庄、孙等圣人，创造了影响世界的人文思想体系。有人说：中华文明充满了“人性”，印度文明充满了“神性”，希腊文明充满了“理性”。科学发源于西方，是因为有希腊文明的“理性”土壤。人类社会的早期，都表现出同样的幼稚形态，但后来为什么发育出不同的文明内核呢？王祖望先生在主编《中华大典·生物学典·动物分典》时，遇到了一个难题，那就是古代中国对动物的认知，偏离了科学范畴。不但臆造了诸如麒麟、鲲鹏、蛟龙和凤凰等自然界不存在的动物，还为它们赋予了神性。这些内容是否应该收录到《动物分典》，一时难住了编委。后来王先生去请教季羡林老先生，季老的答复颇有深意：文明的成熟就像一个人的成长，年少时的幼稚想法，是成长中绕不过去的阶段，中外皆如此。也许每个文明的“脑”是相似的，但最后却成长为截然不同的“脑体”，是环境使然还是遗传主导？在人类文明中，科学和逻辑等核心元素何其重要。因为每一个重大的科学理论出现，不仅仅带来科学的革命性突破，也极大地促进了文明的进步。从哥白尼的《天体运行论》到牛顿的《自然哲学的数学原理》，再到达尔文的《物种起源》，皆是如此。

现代科学引入中国已有 100 多年的历史了，本土科学类诺贝尔奖也取得了打破零的

---

① 凯瑟琳·埃米莉·卡尔的导师瓦尔特·海利根贝格（Walter Heiligenberg）是洛伦茨（被誉为“行为学之父”）的学生，作者有幸成为洛伦茨的第三代传人。

突破，但仍然难有自己的重大科学理论。中国科学界也承认，我们是科学“打工仔”，都在忙于验证、推翻或修改别人的理论。理论是科学研究的核心和根本，中国，需要自己的科学理论。基于这种科学情怀，本著作尝试构建一个新的理论体系，尽管不一定正确。然而，任何科学理论也许就是为了将来被证伪而建立的。因此，很期待我的理论被人反对、被人讽刺甚至被推翻，不管对方是出于什么样的心态。有些人（包括知名学者）对我说，你书中的内容绝大多数是别人的研究成果，很多都是已知的知识，你的新意在哪里？然而，我想说，在达尔文之前和达尔文之后，都有很多的西方人在全世界采集和收集生物标本，但只有达尔文基于对生物标本的整理提出了以自然选择为驱动力的进化理论。同样，间接选择理论就是将已知的成果归纳，提升到理论层面。

理论构建是一个漫长而痛苦的过程，对一些问题，如昆虫的趋光性的思考，可以回溯到我攻读硕士学位期间与同学和朋友的讨论。完成这一理论构建，一直是我的梦想。2010 年前后，将这一梦想正式提到工作日程。感谢我的同事、助手和学生，他们承担了大量的科研工作或任务，使我有时间思考。真正完成理论构思是在 2014～2015 年，有段时间终日陷入冥思苦想之中。某一天，突然想通了所有的关节，瞬间醍醐灌顶，兴奋得一夜无眠。接着花费三年多的时间，完成这本著作。

在这一漫长过程中，有幸得到了同行的鼓励、领导的支持和同事（包括学生）的帮助。每一章的审阅名单如下。

第一章，中国科学院新疆生态与地理研究所副研究员戴昆博士；第二章，加拿大圭尔夫大学（University of Guelph）副教授、中国科学院成都生物研究所特聘研究员傅金钟博士；第三章，中国科学院动物研究所研究员张建旭博士；第四章，安徽大学教授、合肥师范学院教授李进华博士；第五章，华东师范大学教授梅兵博士；第六章，中国科学院成都生物研究所副研究员陈竞峰博士；第八章，中国科学院自动化研究所研究员蒋田仔博士、中国科学院成都生物研究所副研究员方光战博士；第九章，中国科学院昆明动物研究所研究员马原野先生、中国科学院生物物理研究所研究员王毅博士；第十章，北京大学心理与认知科学学院教授李量博士；第十二章，中国科学院动物研究所研究员王宪辉博士；第十三章，中国科学院新疆生态与地理研究所研究员杨维康博士；第十四章，中国科学院成都生物研究所研究员唐卓博士；第十五章，北京师范大学生命科学学院教授刘定震、中国科学院成都生物研究所研究员崔建国博士；第十七章，中国科学院成都生物研究所助理研究员刘杨博士；第十八章，西北工业大学生态与环境保护研究中心教授王文博士、中国科学院昆明动物研究所研究员宿兵博士；第十九章，中国科学院昆明动物研究所研究员宿兵博士；第二十章，中国科学院新疆生态与地理研究所副研究员戴昆博士；第二十一章，电子科技大学（成都）生命科学学院教授尧德中博士、讲师陈科博士；第二十二章，广东省生物资源应用研究所研究员胡慧建博士；第二十三章，西北大学生命科学院教授李保国博士；第二十四章，美国中央华盛顿大学（Central Washington University）大学教授孙立新博士、新疆师范大学国际文化交流学院教授刘明博士；第二十五章，中国科学院动物研究所研究员蒋志刚博士；第二十六章，中国科学院西北高原生物研究所研究员赵新全博士；第二十七章，中国科学院成都生物研究所党委书记叶彦博士、新疆师范大学国际文化交流学院教授刘明博士；第二十八章，四川大学华西医院教授陆方博士。研究生陈泽宁、申江艳、朴弋戈和李苹帮助整理参考文献。感谢以上同行、同事和学生的批评、指正、修改。感谢作者单位中国科学院成都生物研究所领导的支持，特别是两任所长赵新全研究员和吴宁研究员的大力支持；感谢崔建国博士、蒋田仔博士、李保国博士、布伦丹·巴雷特（Brendan Barrett）博士和巴尔特·赖特（Barth Wright）博士提供图片；感谢科学出版社编辑的细心工作和耐心交流；感谢王玉山博士的仔细校对和质检。

由于作者的人文修养有限，有关人类文明方面的讨论可能存在诸多的证据不够充分、材料不够全面、逻辑不够严密等缺陷。这些不足之处将在作者之后的著作中得到显著的改进，敬请关注。

需要说明一点，审阅人提的修改意见大部分被采纳，少部分没有采纳。因为最终决定权在作者本人，因此审阅人不负任何文责。

最后，特别感谢中国科学院副院长张亚平院士为本书作序。